SHIYONG
JIANZHU WUJIN SHOUCE

实用
建筑五金手册

卢庆生　主编

中国电力出版社
CHINA ELECTRIC POWER PRESS

内 容 提 要

本书详细介绍了工程中常用的各种建筑五金的品种、规格、性能，各类常见材料牌号的使用条件、性能特点、应用范围，以及应用实例等。全书共 13 章，内容包括非金属材料，钢铁材料，有色金属材料，建筑五金工具，建筑门窗和门窗五金，建筑小五金，龙骨、吊顶与隔板，焊接器材，水暖器材，建筑消防器材，卫生洁具及配件，给排水管材与管件，电工器材等。

本书内容丰富、新颖，数据准确，取材实用，结构层次分明，叙述简明扼要，可作为从事建筑五金商品经营、采购、生产、设计、咨询、科研等相关人员的常备工具书，也可供广大建筑五金商品消费者参考之用。

图书在版编目(CIP)数据

实用建筑五金手册/卢庆生主编. —北京：中国电力出版社，2016.5
ISBN 978-7-5123-8034-9

Ⅰ．①实… Ⅱ．①卢… Ⅲ．①建筑五金-技术手册 Ⅳ．①TU513-62

中国版本图书馆 CIP 数据核字(2015)第 158989 号

中国电力出版社出版、发行

（北京市东城区北京站西街 19 号　100005　http://www.cepp.sgcc.com.cn）
北京盛通印刷股份有限公司印刷
各地新华书店经售

*

2016 年 5 月第一版　　2016 年 5 月北京第一次印刷
850 毫米×1168 毫米　32 开本　38 印张　1102 千字
印数 0001—3000 册　　定价 **88.00** 元

前言

建筑五金商品种类繁多，品种多样，性能用途各异，建筑五金产品在国民经济的发展和人民生活的改善中起着十分重要的作用，而且已成为国计民生、进出口贸易和人民生活不可缺少的产品。近年来，随着高新技术在建筑五金设计与制造中的应用，新型建筑五金商品不断涌现，而且国家标准更新速度加快，与之相应的标准也日趋完善，故编写一本能够全面反映新标准、新规范、门类齐全的建筑五金速查手册，已成迫在眉睫之事。为此，我们在广泛搜集资料的基础上，组织编写了本手册。

本书在编写过程中全面核查了最新的国家标准和行业标准，并进行了精心整理。从行业应用出发，以科学、先进、实用性为编写原则，力求内容新颖、准确、实用，结构层次分明，叙述简明扼要，形式以图表为主，广泛收集工程中常用的各种建筑五金的品种、规格、性能数据，各类常见材料牌号的使用条件、性能特点、应用范围，以及应用实例等，是一部建筑五金类的综合性工具书。

本书由卢庆生担任主编。参加编写人员有王荣、陈伟、邓杨、唐艳玲、唐雄辉、耿万贺、章奇、张能武、陈锡春、张婷婷、刘文军、刘玉妍、余玉芳、胡俊、陈利军、郭大龙、卢学玉、范丰、牛志远、周韵、刘欢、徐晓东。编写过程中，编者参阅了部分国内外相关资料，得到了众多标准管理机构、材料生产厂家和科研单位的大力支持，在此表示衷心地感谢。

　　由于时间仓促，加之编者水平所限，书中不妥之处敬请广大读者批评指正。

编　者

目录

第三章 | 有色金属材料

第四章｜建筑五金工具

第五章 建筑门窗和门窗五金

第六章 ｜ 建筑小五金

第九章 ｜ 水暖器材

第十章　建筑消防器材

第十一章　卫生洁具及配件

第十二章 | 给排水管材与管件

第十三章 电工器材

第一章 非金属材料

一、非金属材料的基本知识

（一）材料的分类

非金属材料分有机高分子材料和无机非金属材料，其具体分类见表1-1。

表 1-1　　　　　　　　　　　非金属材料的分类

类别		分　类
有机高分子材料	橡胶	通用橡胶、特种橡胶等
	塑料	热塑性塑料、热固性塑料等
	胶粘剂	通用胶粘剂、结构胶粘剂、特种胶粘剂等
	涂料	清漆、调和漆、磁漆、底漆、腻子等
	润滑材料	润滑油、润滑脂、固体润滑材料等
	木材	圆材、成材、人造板、改良木等
	纸张	文化用纸、包装用纸、技术用纸、生活装饰用纸等
	纺织材料	纱线、织品、针织品、毡品、无纺织布等
无机非金属材料	水泥	建筑水泥、快硬水泥、膨胀水泥、耐蚀水泥等
	砂、石子	分粗、中、细、精细等
	陶瓷	日用陶瓷、建筑陶瓷、绝缘陶瓷、化工陶瓷等
	玻璃	普通平板玻璃、浮法玻璃、夹丝玻璃、钢化玻璃等
	耐火材料	耐火黏土砖、硅砖、镁砖、白云石等
	石棉	石棉绳、石棉板、石棉橡胶板、石棉盘根等
	云母	云母板、云母带、云母箔、云母管等
	铸石	通用铸石制品、铸石直管、灰渣沟铸石镶板等
	磨料	刚玉、碳化物、人造金刚石、立方氮化硼等

（二）常用非金属材料的特性和用途

常用非金属材料的特性和用途见表1-2。

表 1-2 　　　　　　　　　常用非金属材料的特性和用途

类别		特 性 和 用 途
有机高分子材料	橡胶	具有高弹性和积储能量的能力，有良好的耐磨性、绝缘性、隔声性和阻尼性。主要用于动、静态密封件，减振、防振件，传动件及各种耐磨件等
	塑料	具有高的比强度，优良的耐磨性和良好的自润滑性，优异的电绝缘性和抗化学品性，良好的消声性和隔热性；但耐热性差，易变形，易老化，强度较低。主要用于一般结构件，减磨、耐磨件及传动件，耐磨蚀件，透明件等
	胶粘剂	可将各种材料胶接，胶接件表面光滑、美观，应力分布均匀，整体强度高、刚性大，胶层具有绝缘、密封及耐腐蚀作用；但胶接强度分散性大，胶接件的修补较困难。可代替某些环境下的螺纹连接、铆接和焊接，用作金属、非金属及它们之间的胶接
	涂料	具有保护和装饰作用，此外，还具有标志、绝缘和抗静电作用。主要用于制件的防腐、美化等
	润滑材料	具有减少摩擦和磨损的特性，用于机械摩擦部位，起润滑、冷却和密封作用。主要用于传动件的润滑和冷却
	木材	具有质量轻、强度较大、电绝缘性好、（干料）易加工等特性；其缺点是易燃、易腐，力学性能具有异向性。主要用于机械制造、铁路、建筑、车辆、造船、农机等部门
无机非金属材料	陶瓷	具有硬度高，抗压强度大，耐高温，耐腐蚀，耐磨损；但性脆，冲击强度低，急冷急热性差。主要用于制作耐高温、耐磨损零件，如刀具、轴承和耐酸砖等
	玻璃	具有良好的光学效果、透光、透视、硬度高、化学稳定性优良；但脆性大、热稳定性差。主要用于仪表、光学、化工、机电、交通运输等部门
	水泥	具有良好的粘结性和可塑性，加水并与水化学反应后，能由可塑浆体凝结硬化成为石状的固体，且能在水中继续增大其强度。其不仅用于各种建筑，还用以制造机械设备底座、船体、轨枕等
	耐火材料	在高温下具有一定的荷重软化温度、良好的热震稳定性、体积稳定性和化学稳定性，主要用于砌筑工业炉和各种热工设备
	石棉	自然界中唯一的天然矿物纤维，质地柔软而且有弹性，能耐高温，不燃烧，导热和导电性很低，并具有一定的耐酸、耐碱性能。主要用做隔热、保温、防火、隔声和电绝缘材料

类 别		特 性 和 用 途
无机非金属材料	云母	具有易分剥成很薄的、平坦的、光滑的和有弹性的薄片的特性，此外还具有高抗电性和耐热性，化学稳定性好，机械强度高。主要用做电子、电机、电信、电器、仪表等电绝缘材料，制作高压锅炉、仪器上的特殊零件
	铸石	具有较高的硬度和抗压强度，良好的耐磨、耐腐蚀和电绝缘性能；但冲击韧度和耐急冷急热性较差。主要用于制作机械、矿山、冶金、化工等设备中的耐磨、耐腐蚀件等

二、水泥

1. 水泥的分类

水泥的分类方法见表 1-3。

表 1-3　　　　　　　　　　水泥的分类方法

分类方法		说　　明
按用途和性能分	通用水泥	用于一般土木建筑工程的水泥，如硅酸盐水泥、普通水泥、矿渣水泥、火山灰水泥、粉煤灰水泥、复合水泥等
	专用水泥	专门用途的水泥，如油井水泥、砌筑水泥、道路水泥、装饰水泥等
	特性水泥	某种性能比较特殊的水泥，如快硬高强水泥、低热水泥、抗硫酸盐水泥、膨胀水泥、耐高温水泥、防射线水泥等
按主要水硬性物质分	硅酸盐水泥	适当成分的生料，烧至部分熔融，所得以硅酸钙为主要成分的硅酸盐水泥熟料，加入适量的石膏，磨细制成的水硬性胶凝材料，称为硅酸盐水泥，国外称其为波特兰水泥
	铝酸盐水泥	适当成分的生料，烧至完全或部分熔融，所得以铝酸钙为主要成分的铝酸盐水泥熟料，磨细制成的水硬性胶凝材料，称为铝酸盐水泥
	硫铝酸盐水泥	适当成分的生料，经煅烧所得以无水硫铝酸钙和硅酸二钙为主要成分的硫铝酸盐水泥熟料，加入适量石膏磨细制成的水硬性胶凝材料，称为硫铝酸盐水泥
	氟铝酸盐水泥	适当成分的生料，经煅烧所得以氟铝酸钙和硅酸钙为主要成分的氟铝酸盐水泥熟料。加入适量外加物，磨细制成的水硬性胶凝材料，称为氟铝酸盐水泥

分类方法		说　　明
按主要水硬性物质分	火山灰质混合料	天然的或人工的氧化硅、氧化铝为主要成分的矿物质材料，本身磨细加水拌和并不硬化，但与气硬性石灰混合后，再加水拌和，不但能在空气中硬化，而且能在水中继续硬化者，称为火山灰质混合料
	矿渣	高炉冶炼生铁时，所得以硅酸钙与铝硅酸盐为主要成分的熔融物，经淬冷等处理后的产品，称为粒化高炉矿渣
	粉煤灰	从煤粉炉烟道气体中收集的粉末，称为粉煤灰
按技术特性分	快硬性水泥	快硬水泥和特快硬水泥
	水化热水泥	低热水泥和中热水泥
	抗硫酸盐水泥	抗硫酸盐水泥和高抗硫酸盐水泥
	膨胀性水泥	膨胀水泥和自应力水泥
	耐高温性水泥	铝酸盐水泥

2. 水泥的主要质量指标

水泥的主要质量指标见表 1-4。

表 1-4　　　　　　　　　水泥的主要质量指标

名　　称	性能含义及其在使用上的意义
细度	水泥的颗粒粗细程度，称为细度，水泥由几微米至几十微米的大小不同的颗粒组成，颗粒越细，水泥硬化越快，早期强度越高，但在空气中硬化时，有较大的收缩，水泥的细度用筛余量或比表面积表示，筛余量以筛余量占总质量的百分数表示，比表面积则以 1kg 水泥所具有的表面积表示，单位为 m^2/kg，硅酸盐水泥的比表面积一般介于 $250\sim420m^2/kg$
凝结时间	水泥凝结时间分为初凝和终凝，从加水（调成标准稠度）到开始失去可塑性所需的时间，称为初凝时间，以分钟表示。水泥从加水，到完全失去塑性并开始产生强度所需的时间称为终凝时间，以小时表示。为了保证有足够的时间来满足施工中操作的要求，水泥的初凝时间不宜过早（一般应大于 45min），终凝时间也不宜过迟
强　　度	强度系数指水泥硬化一定时间后，单位面积所能承受的最大载荷，以 MPa 表示。一般规定为 3、7、28d 的抗压强度和抗折强度，以 28d 的抗压强度来确定其标号。快硬和特快硬水泥则以小时测定

名　　称	性能含义及其在使用上的意义
标号	水泥的规格一般以标号表示。确定标号的依据是水泥的强度。一般水泥以 28d 龄期的抗压强度来划分标号，但也有某些特种水泥以 3d（如快硬水泥）或 12h（如特快硬水泥）龄期的抗压强度来划分标号的抗压强度以 4903325Pa 或 9806650 为梯级，通常分为 225、275、325、425、525、625、725 七个标号，也有划分为 200、250、300、400、500、700、800 等几个标号的。标号越大，水泥的强度越高
体积安定性	体积安定性是指水泥在硬化过程中，体积变化是否均匀，以及由此产生的裂缝、弯曲等现象的性能。检验方法是用水泥做成试饼在规定的条件下蒸煮，煮后经肉眼观察未发现裂缝，用直尺检查没有弯曲，则认为体积安定性合格
氧化镁、三氧化硫含量	氧化镁是添加石膏时带入的有害成分。它水化、硬化缓慢，待水泥浆硬化后才硬化，且体积膨胀，易造成开裂现象，所以水泥中严格限制其含量。三氧化硫类似氧化镁
水化热	水泥加水后，逐渐凝结硬化，会不断放出热量，这种热量称为水化热，单位为 kJ/kg。水化热的大小与放热的快慢及水泥的成分和细度有关，细度大的水泥早期放热量较多
烧失量	烧失量指水泥在一定温度一定时间内加热后烧失的数量，用百分数（%）表示。如果水泥中含有水分及二氧化碳较多，会使部分水泥水化或碳酸化，从而使水泥活性降低、凝结速度减慢、硬化时放热量减少、早期强度也大大降低
耐蚀系数	水泥耐蚀性能的一种指标。以同一龄期下水泥试体在侵蚀性溶液中的强度与在淡水中养护强度之比表示

3. 常用水泥的特性和用途

常用水泥的特性和用途见表 1-5。

表 1-5　　　　　常用水泥的特性和用途

名称	特　　性	用　　途
普通水泥	与硅酸盐水泥相比，早期强度增进率、抗冻性、耐磨性、水化热等略有降低，低温凝结时间略有延长，抗硫酸盐性能有所增强	适应性较强，无特殊要求的工程都可以使用

名称	特　性	用　途
硅酸盐水泥	标号高、块硬、早强、抗冻性好，耐磨性、抗渗透性强，耐热性仅次于矿渣水泥，水化热高，抗水性、耐蚀性差	高强混凝土工程，要求块硬的混凝土工程、低温下施工的工程等，不宜用于大体积混凝土工程
矿渣水泥	抗水、抗硫酸盐性能好，水化热低、耐热性好，早强低，抗冻性、保水性差，低温凝结硬化慢，蒸汽养护效果较好	地面、地下、水工及海工工程，大体积混凝土工程，高温车间建筑等，不宜用于要求早强的工程及冻融循环、干湿交换环境和冬季施工
火山灰水泥	抗渗、抗水、抗硫酸盐性能好，水化热低，保水性好，早强低，对养护温度敏感，需水量、干缩性大，抗大气、抗冻性较差	更适用于地下、水中、潮湿环境工程和大体积混凝土工程等，地上工程要加强养护，不宜用于受冻、干燥环境和要求早强的工程
粉煤灰水泥	干缩性小，抗裂性好，水化热低，抗蚀性较好，强度早期发展较慢，后期增进率大，抗冻性差	一般工业和民用建筑，尤其适用于大体积混凝土及地下、海港工程等，不宜用于受冻、干燥环境和要求早强的工程
复合水泥	标准规定的强度指标与普通水泥相近，水化热较低，抗渗、抗硫酸盐性能较好	根据所掺混合材料的种类与数量，考虑其用途
白水泥	颜色白净，性能同普通水泥	建筑物的装饰及雕塑、制造彩色水泥
快硬水泥	硬化快，早强高，按 3d 强度定标号	要求早强、紧急抢修和冬季施工的混凝土工程
低热微膨胀水泥	水化热低，硬化初期微膨胀，抗渗性、抗裂性较好	水工大体积混凝土及大仓面浇筑的混凝土工程
膨胀水泥	硬化过程中体积略有膨胀，膨胀值略小	填灌构件接缝、接头或加固修补，配制防水砂浆及混凝土
自应力水泥	硬化过程中体积略有膨胀，膨胀值较大	填灌构件接缝、接头，配制自应力钢筋混凝土，制造自应力钢筋混凝土压力管
矿渣大坝水泥	水化热低，抗冻、耐磨性较差，抗水性、抗硫酸盐侵蚀能力较强	大坝或大体积建筑物内部及水下等工程条件

名称	特　性	用　途
抗硫酸盐水泥	抗硫酸盐侵蚀性强，抗冻性较好，水化热较低	受硫酸盐侵蚀和冻融作用的水利、港口及地下、基础工程
高铝水泥	硬化快，早强高，按 3d 强度定标号，具有较高的抗渗性、抗冻性和抗侵蚀性	配制不定形耐火材料、石膏矾土膨胀水泥、自应力水泥等特殊用途水泥，以及抢建、抢修、抗硫酸盐侵蚀和冬季工程等

4. 建筑水泥的品种及强度指标

配制普通混凝土所用的水泥，应采用硅酸盐水泥、普通硅酸盐水泥、矿渣硅酸盐水泥、火山灰质硅酸盐水泥或粉煤灰硅酸盐水泥。

硅酸盐水泥是由硅酸盐水泥、0%～5%石灰石或粒化高炉矿渣、适量石膏磨细制成的水硬性胶凝材料。硅酸盐水泥分为两种类型，不掺加混合材料的称为Ⅰ类硅酸盐水泥，代号 P·I。在硅酸盐水泥粉磨时掺加不超过水泥质量 5%的石灰石或粒化高炉矿渣混合材料的称为Ⅱ型硅酸盐水泥，代号 P·Ⅱ。硅酸盐水泥强度等级分为 42.5、42.5R、52.5、52.5R、62.5、62.5R。

普通硅酸盐水泥是由硅酸盐水泥熟料、6%～15%混合材料、适量石膏磨细制成的水硬性胶凝材料（简称普通水泥），代号 P·O。普通硅酸盐水泥强度等级分为 32.5、32.5R、42.5、42.5R、52.5、52.5R。

矿渣硅酸盐水泥是由硅酸盐水泥熟料和粒化高炉矿渣、适量石膏磨细制成的水硬性胶凝材料（简称矿渣水泥），代号 P·S。矿渣硅酸盐水泥强度等级分为 32.5、32.5R、42.5、42.5R、52.5、52.5R。

火山灰质硅酸盐水泥是由硅酸盐水泥熟料和火山灰质混合材料、适量石膏磨细制成的水硬性胶凝材料（简称火山灰水泥），代号 P·P。火山灰水泥强度等级分为 32.5、32.5R、42.5、42.5R、52.5、52.5R。

粉煤灰硅酸盐水泥是由硅酸盐水泥熟料和粉煤灰、适量石膏磨细制成的水硬性胶凝材料（简称粉煤灰水泥），代号 P·F。粉煤灰水泥强度等级分为 32.5、32.5R、42.5、42.5R、52.5、52.5R。

水泥强度等级按规定龄期的抗压强度和抗折强度来划分，各强度等级水泥的各龄期强度不得低于表 1-6 的数值。

　　水泥凝结时间：硅酸盐水泥初凝不得早于 45min，终凝不得迟于 6.5h。普通水泥、矿渣水泥、火山灰水泥、粉煤灰水泥初凝不得早于 45min，终凝不得迟于 10h。

　　水泥可以袋装或散装，袋装水泥每袋净含量 50kg，且不得少于标志质量的 98％。水泥袋上应清楚标明：产品名称、代号，净含量，强度等级，生产许可证编号，生产者名称和地址，出厂编号，执行标准号，包装年、月、日。

　　（1）通用硅酸盐水泥的强度等级和各龄期的强度要求（GB 175）。通用硅酸盐水泥的强度等级和各龄期的强度要求见表 1-6。

表 1-6　　通用硅酸盐水泥的强度等级和各龄期的强度要求

品　种	强度等级	抗压强度（MPa）		抗折强度（MPa）	
		3d	28d	3d	28d
硅酸盐水泥	42.5	17.0	42.5	3.5	6.5
	42.5R	22.0	42.5	4.0	6.5
	52.5	23.0	52.5	4.0	7.0
	52.5R	27.0	52.5	5.0	7.0
	62.5	28.0	62.5	5.0	8.0
	62.5R	32.0	62.5	5.5	8.0
普通水泥	32.5	11.0	32.5	2.5	5.5
	32.5R	16.0	32.5	3.5	5.5
	42.5	16.0	42.5	3.5	6.5
	42.5R	21.0	42.5	4.0	6.5
	52.5	22.0	52.5	4.0	7.0
	52.5R	26.0	52.5	5.0	7.0
矿渣水泥、火山灰水泥、粉煤灰水泥	32.5	10.0	32.5	2.5	5.5
	32.5R	15.0	32.5	3.5	5.5
	42.5	15.0	42.5	3.5	6.5
	42.5R	19.0	42.5	4.0	6.5
	52.5	21.0	52.5	4.0	7.0
	52.5R	23.0	52.5	4.5	7.0

注　1. 水泥中碱含量按 $Na_2O+0.658K_2O$ 计算值来表示，若使用活性骨料，用户要求提供低碱水泥时，水泥中碱含量不得大于 0.60％或由供需双方商定。
　　2. 水泥标号后带 R 的为早期强度水泥。

（2）复合硅酸盐水泥（GB 175）。

1）复合硅酸盐水泥的定义。复合硅酸盐水泥指由硅酸盐水泥熟料、两种或两种以上规定的混合材料、适量石膏磨细制成的水硬性胶凝材料，称为复合硅酸盐水泥（简称复合水泥），代号为 P·C。水泥中混合材料总掺加量按质量百分比计应大于 15%，但不应超过 50%。水泥中允许用不超过 8% 的窑灰代替部分混合材料；掺矿渣时混合材料掺量不得与矿渣硅酸盐水泥重复。

2）复合硅酸盐水泥的强度指标。复合硅酸盐水泥的强度指标见表 1-7。

表 1-7 　　　　　　复合硅酸盐水泥强度指标　　　　　　MPa

强度等级	抗压强度		抗折强度	
	3d	28d	3d	28d
32.5	11.0	32.5	2.5	5.5
32.5R	16.0	32.5	3.5	5.5
42.5	16.0	42.5	3.5	6.5
42.5R	21.0	42.5	4.0	6.5
52.5	22.0	52.5	4.0	7.0
52.5R	26.0	52.5	5.0	7.0

（3）道路硅酸盐水泥（GB 13693）。道路硅酸盐水泥的代号为 P·R。道路硅酸盐水泥的强度指标见表 1-8。

表 1-8 　　　　　　道路硅酸盐水泥的强度指标　　　　　　MPa

强度等级	抗压强度		抗折强度	
	3d	28d	3d	28d
32.5	16.0	32.5	3.5	6.5
42.5	21.0	42.5	4.0	7.0
52.5	26.0	52.5	5.0	7.5

（4）白色硅酸盐水泥（GB/T 2015）。白色硅酸盐水泥（简称白水泥）的强度指标见表 1-9，白水泥等级产品分等方法见表 1-10。

表 1-9　　　　　　　　　白色硅酸盐水泥的强度指标　　　　　　　　MPa

	标号	抗压强度			抗折强度		
		3d	7d	28d	3d	7d	28d
强度 ≥	325	14.0	20.5	32.5	2.5	3.5	5.5
	425	18.0	26.5	42.5	3.5	4.5	6.5
	525	23.0	33.5	52.5	4.0	5.3	7.0
	625	28.0	42.0	62.5	5.0	6.0	8.0
白度	特级		一级		二级		三级
	86%		84%		80%		75%

表 1-10　　　　　　　　　白水泥等级产品分等方法

白水泥等级	白　　度	标　　号
	级　　别	
优等品	特级	625
		525
一等品	一级	525
		425
	二级	525
		425
合格品	二级	325
	三级	425
		325

（5）中热硅酸盐水泥和低热矿渣硅酸盐水泥（GB 200）。中热硅酸盐水泥和低热矿渣硅酸盐水泥的强度和水化热指标见表 1-11。

表 1-11　中热硅酸盐水泥和低热矿渣硅酸盐水泥的强度和水化热指标

品　种	强度等级	内　容　或　指　标								
		抗压强度（MPa）≥			抗折强度（MPa）≥			水化热（kJ/kg）≤		
		3d	7d	28d	3d	7d	28d	3d	7d	28d
中热水泥	42.5	12.0	22.0	42.5	3.0	4.5	6.5	251	293	—
低热水泥	42.5	—	13.0	42.5	—	3.5	6.5	230	260	310
低热矿渣水泥	32.5	—	12.0	32.5	—	3.0	5.5	197	230	310

（6）自应力铝酸盐水泥（JC 214）。自应力铝酸盐水泥技术指标见表1-12。

表 1-12　　　　　　　　自应力铝酸盐水泥技术指标

项　目		指　标	
三氧化硫		≤17.5%	
细度		80μm 方孔筛筛余不得超过 10%	
凝结时间		初凝不得早于 30min	
		终凝不得迟于 4h	
		7 天	28 天
自由膨胀率		≤1.0%	≤2.0%
抗压强度（MPa）		≥28.0	≥34.0
自应力值* （MPa）	3.0 级	2.0	3.0
	4.5 级	2.8	4.5
	6.0 级	3.8	6.0

*　根据用户要求，生产厂家应提供最高自应力值。

（7）自应力硅酸盐水泥（JC/T 218）

自应力硅酸盐水泥技术指标见表1-13。

表 1-13　　　　　　　　自应力硅酸盐水泥技术指标

项　目		指　标
比表面积（m²/kg）		>340
细度		80μm 方孔筛筛余不得超过 10%
凝结时间		初凝不得早于 30min
		终凝不得迟于 6.5h
自由膨胀率（28d）（%）		≤300
抗压强度（MPa≥）		脱模强度为(12±3)MPa，28d 强度≥1.0MPa
自应力值 （MPa）	S1 级	1.0≤S1<2.0
	S2 级	2.0≤S2<3.0
	S3 级	3.0≤S3<4.0
	S4 级	4.0≤S4<5.0

（8）钢渣矿渣水泥（GB 13590）

钢渣矿渣水泥标号分为 275、325、425 三个标号。钢渣矿渣水泥技术指标见表 1-14。

表 1-14　　　　　　　钢渣矿渣水泥技术指标

项　目	指　标			
二氧化硫	≤4%			
比表面积（m²/kg）	≥350			
凝结时间	初凝不得早于 45min			
	终凝不得迟于 12h			
安定性	用 GB 1346 检验必须合格，用氧化镁含量大于 13% 的钢渣制成的水泥，经压蒸安定性检验，必须合格，钢渣中氧化镁含量为 5%～13% 时，如粒化高炉渣掺加量大于 40% 制成的水泥，可不做压蒸法检验			
强度等级	抗压强度（MPa，≥）		抗折强度（MPa，≥）	
	7d	28d	7d	28d
275	13.0	27.5	2.5	5.0
325	15.0	32.5	3.0	5.5
425	21.0	42.5	4.0	6.5

5．其他水泥

（1）快硬硅酸盐水泥。快硬硅酸盐水泥的强度指标见表 1-15。

表 1-15　　　　　　快硬硅酸盐水泥的强度指标　　　　　　MPa

标号	抗压强度			抗折强度		
	1d	3d	28d*	1d	3d	28d*
325	15.0	32.5	52.5	3.5	5.0	7.2
375	17.0	37.5	57.5	4.0	6.0	7.6
125	19.0	42.5	62.5	4..5	6.4	8.0

*　供需双方参考指标。

（2）快硬铁铝酸盐水泥（JC 933）。快硬铁铝酸盐水泥用于快硬、早强、耐腐蚀、负温施工、海工、道路等特殊工程及一般建筑工程。

快硬铁铝酸盐水泥代号为 R·FAC。快硬铁铝酸盐水泥的强度指标见表 1-16。

表 1-16　　　　　　　快硬铁铝酸盐水泥的强度指标　　　　　　MPa

标号	抗压强度			抗折强度		
	1d	3d	28d	1d	3d	28d
425	34.5	4.25	48.0	6.5	7.0	7.5
525	44.0	52.5	58.0	7.0	7.5	8.0
625	52.5	62.5	68.0	7.0	8.0	8.5
725	59.0	72.5	78.0	8.0	8.5	9.0

（3）快硬硫铝酸盐水泥（JC933）。快硬硫铝酸盐水泥用做配制早强、抗渗和抗硫酸盐侵蚀腐蚀等混凝土，负温施工、浆锚、喷锚支护，拼装、节点、地质固井、抢修、堵漏，水泥制品、玻璃纤维增强水泥（GRC）制品及一般建筑工程。

快硬硫铝酸盐水泥代号为 R·SAC。快硬硫铝酸盐水泥的强度指标见表 1-17。

表 1-17　　　　　　　快硬硫铝酸盐水泥的强度指标　　　　　　MPa

标号	抗压强度			抗折强度		
	1d	3d	28d	1d	3d	28d
425	34.5	42.5	48.0	6.5	7.0	7.5
525	44.0	52.5	58.0	7.0	7.5	8.0
625	52.5	62.5	68.0	7.5	8.0	8.5
725	59.0	72.5	78.0	8.0	8.5	9.0

（4）快硬高强铝酸盐水泥（JC/T 416）。快硬高强铝酸盐水泥用于早强、高强、抗渗、抗硫酸盐及抢修等特殊工程。

快硬高强铝酸盐水泥强度指标见表 1-18。

表 1-18　　　　　　快硬高强铝酸盐水泥强度指标　　　　　　MPa

标号	抗压强度		抗折强度	
	1d	28d	1d	28d
625	35.0	62.5	5.5	7.8
725	40.0	72.5	6.0	8.6
825	45.0	82.5	6.5	9.4
925	47.5	92.5	6.7	10.2

注　若用户需要小时（h）强度，则 6h 抗压强度不得低于 20MPa。

（5）铝酸盐水泥（GB 201）。铝酸盐水泥用于配制不定型耐火材料、石膏矾土膨胀水泥、自应力水泥等特殊用途的水泥，以及抢建、抢修、抗硫酸盐侵蚀和冬季施工等。

铝酸盐水泥的化学成分及强度指标见表 1-19 及表 1-20。

表 1-19　　　　　　铝酸盐水泥的化学成分

类型	化学成分（质量分数）					
	Al_2O_3	SiO_2	Fe_2O_3	$R_2O(Na_2O+0.658K_2O)$	S^*（全硫）	Cl^*
CA-50	≥50%，<60%	≤8.0%	≤2.5%	≤0.40%	≤0.1%	≤0.1%
CA-60%	≥60%，<68%	≤5.0%	≤2.0%			
CA-70%	≥68%，<77%	≤1.0%	≤0.7%			
CA-80	≥77%	≤0.5%	≤0.5%			

* 当用户需要时，生产厂家提供结果和测定方法。

表 1-20　　　　　　铝酸盐水泥的强度指标　　　　　　MPa

标号	抗压强度				抗折强度			
	6h	1d	3d	28d	6h	1d	3d	28d
CA-50	20*	40	50	—	3.0	0.3	6.5	—
CA-60	—	20	45	85	—	2.5	5.0	10.0
CA-70	—	30	40	—	—	5.0	6.0	—
CA-80	—	25	30	—	—	4.0	5.0	—

* 当用户需要时，生产厂家应提供结果。

6. 水泥受潮程度的简易鉴别和处理方法

水泥受潮程度的简易鉴别和处理方法见表1-21。

表 1-21　　　　　水泥受潮程度的简易鉴别和处理方法

受潮程度分类	水泥外观	手　感	强度降低	处理方法
轻微受潮	水泥新鲜，有流动性，肉眼观察完全呈细粉状	用手捏捻无硬粒	强度降低不超过5%	使用不改变
开始受潮	水泥凝有小球粒，但易散成粉末	用手捏捻无硬粒	强度降低15%以下	用于要求不严格的工程部位
受潮加重	水泥细度变粗，有大量小球粒和松块	用手捏捻，球粒仍可成粉末，无硬粒	强度降低15%～20%	将松块压成粉末，降低标号，用于要求不严格的工程部位
受潮较重	水泥结成粒块，有少量硬块，但硬块较松，容易击碎	用手捏捻，不能变成粉末，有硬粒	强度降低30%～50%	用筛子筛去硬粒、硬块，降低一半标号，用于要求较低的工程部位
受潮严重	水泥中有许多硬粒、硬块，难以压碎	用手捏捻不动	强度降低50%以上	需采用再粉碎办法进行恢复强度处理，然后掺入到新鲜水泥中使用

三、砂和石子

(一) 砂

砂按其产源可分为天然砂、人工砂。由自然条件作用而形成的，粒径在5mm以下的岩石颗粒，称为天然砂。天然砂可分为河砂、海砂和山砂。人工砂分为机制砂、混合砂。机制砂是由机械破碎、筛分制成的，粒径小于4.75mm的岩石颗粒（不含软质岩、风化岩的颗粒）。混合砂是由机制砂和天然砂混合制成的砂。

1. 砂的分类、技术要求及使用

砂按其细度模数或平均粒径划分为粗砂、中砂、细砂，砂的分类、技术要求及使用见表1-22。

表1-22 砂的分类、技术要求及使用

项目	技术要求及使用
作用、制成及品种分类	1）砂又称细骨料，在混凝土中主要用来填充石子空隙，与石子共同起骨架作用；一般多用自然形成的天然砂。 2）按产源不同，砂分为河砂、海砂和山砂；按细度模量不同，分为粗砂（细度模数在3.7～3.1，平均粒径0.5mm以上）、中砂（细度模数在3.0～2.0，平均粒径0.5～0.35mm）、细砂（细度模数在2.2～1.6，平均粒径0.35～0.25mm）和特细砂（细度模数在1.5～0.7，平均粒径0.25mm以下）四级
质量要求及应用要点	1）对细度模数为3.7～1.6的砂，0.63mm筛孔的累计筛余量（以质量百分率计）分为三个级配区，砂的颗粒级配应处于其中的任何一个级配区。级配良好的砂其空隙率不应超过40%。 2）配制混凝土一般采用粗砂或中砂，细砂也可使用，但比同等条件下用粗砂配制的混凝土强度降低100以上，但和易性较用粗、中砂好，一般在粗砂中掺入20%的细砂使用，以改善和易性。 3）特细砂也可用于配制混凝土，但在使用时要采取一定的技术措施，如采用低砂率、低稠度；掺塑化剂；模板拼缝严密，养护时间不少于14d等。 4）砂子应按品种、规格分别堆放，不得混杂，严禁混入杂质。 5）砂中常含有泥土和杂质，含量过大会降低混凝土的强度和耐久性。 6）砂的质量要求应符合表1-23的要求

注 细度模数为砂子通过0.15、0.3、0.6、1.2、2.5mm等筛孔的全部筛余量之和除以100。细度模数值大，表示砂子较粗，反之较细。

2. 普通混凝土用砂技术要求（JGJ 52）

普通混凝土用砂技术要求见表1-23。

表1-23 普通混凝土用砂技术要求

项 目		质量指标
含泥量 （按质量计，%）	≥C6	≤2.0
	混凝土强度等级 C55～C30	≤3.0
	≤C25	≤5.0
泥块含量 （粒径≥5mm） （按质量计，%）	≥C60	≤0.5
	混凝土强度等级 C55～C30	≤1.0
	≤C25	≤2.0

项目		质量指标
有害物质限量	云母含量（按质量计,%）	≤2.0
	轻物质含量（按质量计,%）	≤1.0
	硫化物及硫酸盐含量 （折算成 SO₃ 按质量计,%）	≤1.0
	有机物含量 （用比色法试验）	颜色不应深于标准色。当颜色深于标准色时,应按水泥胶砂强度试验方法进行强度对比试验,抗压强度比应不低于 0.95
含泥量（按质量计,%） 泥块含量 （粒径≥5mm） （按质量计,%）	抗冻、抗渗及其他特殊要求的≤C25 的混凝土	≤3.0
		≤1.0
云母含量 （按质量计,%）	抗冻、抗渗混凝土	≤1.0

（二）石子

石子的分类、技术要求及使用见表 1-24。

表 1-24   石子的分类、技术要求及使用

项目	技术要求及使用
作用、制成及品种分类	1）石子又称粗骨料，在混凝土中起主要骨架作用。拌制混凝土用的石子有碎石和卵石两种。碎石是由硬质岩石（如花岗岩、辉绿岩、石灰岩或砂岩等）经轧细、筛分而成；卵石为天然岩石风化而成。 2）按制成方式，石子可分为碎石和卵石；卵石按其来源，分为河卵石、海卵石和山卵石。碎石和卵石的颗粒尺寸一般为 5～80mm，按颗粒大小分为粗（40～80mm）、中（20～40mm）、细（5～20mm）和精细（5～10mm）四级。 3）按级配方式分连续级配石子和间断级配石子两种。前者是最大粒径开始由大到小各级相连，其中每一级石子都有一定的数量，一般工程上多用之；后者的大颗粒和小颗粒间有相当大的空档（如最大粒径为40mm，其分级可为 5～10mm，20～40mm），大颗粒间的空隙直接由比它小很多的小骨料填充，使空隙率降低，组合更密实，强度更高，多用于有特殊要求（如抗冻、抗渗、高强）的混凝土。碎石或卵石常用颗粒级配范围见表 1-25

项目	技术要求及使用
质量要求及应用要点	1）石子颗粒之间应具有适当级配，其空隙及总表面积尽量减少，以保持一定的和易性和减少水泥用量。级配组合比例应通过试验确定。 2）在石子级配适合的条件下，可选用颗粒较大尺寸的，可使其空隙率及总表面积减少，节省水泥并充分利用石子强度，但石子粗颗粒的最大颗粒尺寸不得超过结构截面最小尺寸的1/4，且不得超过钢筋间最小净距的3/4，对混凝土实心板，石子的最大粒径不宜超过板厚的1/2，且不得超过50mm。 3）石子应按品种、规格分别堆放，不得混杂，骨料中严禁混入煅烧过的白云石或石灰石。 4）碎石或卵石中允许有害杂质含量应符合表1-26的要求

表 1-25　　　　碎石或卵石的颗粒级配范围

级配情况	公称粒级(mm)	累计筛余（按质量计,%）							
		筛孔尺寸（圆孔筛，mm）							
		2.5	5	10	15(20)	25(30)	40	50(60)	80(100)
连续粒级	5~10	95~100	80~100	0~15	0	—	—	—	—
	5~15	95~100	90~100	30~60	0~10(0)	—	—	—	—
	5~20	95~100	90~100	40~70	(0~10)	0	—	—	—
	5~30	95~100	90~100	70~90	(15~45)	(0~5)	0	—	—
	5~40	—	95~100	75~90	(30~65)	—	(0~5)	0	—
单粒级	10~20	—	95~100	85~100	(0~15)	0	—	—	—
	15~30	—	—	95~100	85~100	(0~10)	0	—	—
	20~40	—	—	—	95~100	(80~100)	0~10	0	—
	30~60	—	—	—	95~100	(75~100)	45~75	(0~10)	0
	40~80	—	—	—	(95~100)	—	70~100	(30~60)	(0~10)(0)

注　1. 公称粒级的上限为该粒级的最大粒径。单粒级一般用于组合成具有要求级配的连续粒级，也可与连续粒级的碎石或卵石混合使用，以改善它们的级配或配成较大粒度的连续粒级。

　　2. 根据混凝土工程和资源的具体情况，进行综合技术经济分析后，在特定的情况下允许直接采用单粒级，但必须避免混凝土发生离析。

表 1-26　　　　　　　　　　碎石或卵石质量要求

项　目			质量指标
片状颗粒含量 （按质量计，%）	混凝土强度 等级	≥C60	≤8
		C55～C30	≤15
		≤C25	≤25
含泥量 （按质量计，%）	混凝土强度 等级	≥C60	≤0.5
		C55～C30	≤1.0
		≤C25	≤2.0
含泥量 （按质量计，%）	抗冻、抗渗或其他特殊要求的＜C30 混凝土		≤1.0
泥块含量 （粒径≥5mm） （按质量计，%）	混凝土 强度等级	≥C60	≤0.2
		C55～C30	≤0.5
		≤C25	≤0.7
	抗冻、抗渗或其他特殊要求的＜C30 混凝土		≤0.5
有害物质限量	硫化物及硫酸盐含量（折算成 SO_3 按 质量计，%）		≤1.0
	卵石中有机物含量（用比色法试验）		颜色应不深于标准 色。当颜色深于标准色 时，应配制成混凝土进 行强度对比试验，抗压 强度比应不低于0.95

注　当碎石或卵石的含泥是非黏土质的石粉时，其含泥重可由表中的 0.5%、1.0%、
　　2.0%分别提高到 1.0%、1.5%、3.0%。

四、橡胶

（一）橡胶软管

1. 焊接、切割和类似作业用橡胶软管（GB/T 2550）

适用于－20～45℃环境中输送氧气及乙炔气体，供焊接器材做熔焊或切割金属以及类似焊接和切割用橡胶软管。其规格见表1-27。

表 1-27 公称内径、内径

公称内径（mm）	4	5	6.3	8	10	12.5	16	20	25	32	40	50
内径（mm）	4	5	6.3	8	10	12.5	16	20	25	32	40	50

2. 压缩空气用织物增强橡胶软管（GB/T 1186）

压缩空气用织物增强橡胶软管适用于－40～70℃环境下输送工作压力为 2.5MPa 以下的工业用压缩空气，用以驱动各种风动工具等。软管分为七种型别、两种类别。

七种型别分别为

（1）1 型：最大工作压力为 1.0MPa 的一般工业用空气软管。

（2）2 型：最大工作压力为 1.0MPa 的重型建筑空气软管。

（3）3 型：最大工作压力为 1.0MPa 的具有良好耐油性能的重型建筑用空气软管。

（4）4 型：最大工作压力为 1.6MPa 的重型建筑用空气软管。

（5）5 型：最大工作压力为 1.6MPa 的具有良好耐油性能的重型建筑用空气软管。

（6）6 型：最大工作压力为 2.5MPa 的重型建筑用空气软管。

（7）7 型：最大工作压力为 2.5MPa 的具有良好耐油性能的重型建筑用空气软管。

两个类别为

（1）A 类：软管工作温度范围为－25～70℃。

（2）B 类：软管工作温度范围为－40～70℃。

压缩空气用织物增强橡胶软管的规格见表 1-28，其性能要求见表 1-29 和表 1-30。

表 1-28 公 称 内 径

公称内径（mm）	5	6.3	8	10	12.5	16	20(19)	25	31.5	40(38)	50	63	80(76)	100(102)

注 括号中的数字是供选择的。

表 1-29 抗拉强度和拉断伸长率

软管类型	软管组成	抗拉强度（MPa）	拉断伸长率（%）
1	内衬层	5.0	200
	外覆层	7.0	250

软管类型	软管组成	抗拉强度（MPa）	拉断伸长率（%）
2、3、4、	内衬层	7.0	250
5、6、7	外覆层	10.0	300

表 1-30 　　　　　　　　　　　　　　　**静液压要求**

软管型别	工作压力（MPa）	试验压力（MPa）	最小爆破压力（MPa）	在试验压力下尺寸变化	
				长度	直径
1、2、3	1.0	2.0	4.0	±5%	±5%
4、5	1.6	3.2	6.4	±5%	±5%
6、7	2.5	5.0	10.0	±5%	±5%

3. **钢丝增强液压橡胶软管（油基流体适用）（GB/T 3683.1）**

钢丝增强液压橡胶软管由耐液体的内胶层、一层或多层钢丝增强层及耐气候优良的合成橡胶外胶层组成（外胶层也可增添织物辅助层加固）。适用于使用普通液压液体（如矿物油、可溶性油、油水乳浊液、乙二醇水溶液及水等），工作温度范围为－40～100℃，但不适用于蓖麻油基和酯基液体。其尺寸规格见表 1-31，性能要求见表 1-32 和表 1-33。

钢丝增强液压橡胶软管根据其结构、工作压力和耐油性能分为8 个型别：

（1）1ST 和 R1A 型，具有单层钢丝编织增强层和厚外覆层的软管。

（2）2ST 和 R2A 型，具有两层钢丝编织增强层和厚外覆层的软管。

（3）1SN 和 R1AT 型，具有单层钢丝编织增强层和薄外覆层的软管。

（4）2SN 和 R2AT 型，具有两层钢丝编织增强层和薄外覆层的软管。

表1-31　　钢丝增强液压橡胶软管的尺寸

mm

公称内径	所有类别 内径		1ST/R1A型 增强层外径		软管外径		1SN/R1AT型 软管外径	外覆层厚度		2ST/R2A型 增强层外径		软管外径		2SN/R2AT型 软管外径	外覆层厚度	
	最小	最大	最小	最大	最小	最大	最大	最小	最大	最小	最大	最小	最大	最大	最小	最大
5	4.6	5.4	8.9	10.1	11.9	13.5	12.5	0.8	1.5	10.6	11.7	15.1	16.7	14.1	0.8	1.5
6.3	6.2	7.0	10.6	11.7	15.1	16.7	14.1	0.8	1.5	12.1	13.3	16.7	18.3	15.7	0.8	1.5
8	7.7	8.5	12.1	13.3	16.7	18.3	15.7	0.8	1.5	13.7	14.9	18.3	19.9	17.3	0.8	1.5
10	9.3	10.1	14.5	15.7	19.0	20.6	18.1	0.8	1.5	16.1	17.3	20.6	22.2	19.7	0.8	1.5
12.5	12.3	13.5	17.5	19.1	22.0	23.8	21.5	0.8	1.5	19.0	20.6	23.8	25.4	23.1	0.8	1.5
16	15.5	16.7	20.6	22.2	25.4	27.0	24.7	0.8	1.5	22.2	23.8	27.0	28.6	26.3	0.8	1.5
19	18.6	19.8	24.6	26.2	29.4	31.0	28.6	0.8	1.5	26.2	27.8	31.0	32.6	30.2	0.8	1.5
25	25.0	26.4	32.5	34.1	36.9	39.3	36.6	0.8	1.5	34.1	35.7	38.5	40.9	38.9	1.0	2.0
31.5	31.4	33.0	39.3	41.7	44.4	47.6	44.8	1.0	2.0	43.2	45.7	49.2	52.4	49.6	1.0	2.0
38	37.7	39.3	45.6	48.0	50.8	54.0	52.1	1.5	2.5	49.6	52.0	55.6	58.8	56.0	1.3	2.5
51	50.4	52.0	58.7	61.9	65.1	68.3	65.9	1.5	2.5	62.3	64.7	68.2	71.4	68.6	1.3	2.5

表 1-32 　　　　　　　钢丝增强液压橡胶软管的最大工作压力、

验证压力和最小爆破压力　　　　　　　MPa

公称内径	最大工作压力		验证压力		最小爆破压力	
	1ST 和 1SN 型	2ST 和 2SN 型	1ST 和 1SN 型	2ST 和 2SN 型	1ST 和 1SN 型	2ST 和 2SN 型
5	25.0	41.5	50.0	83.0	100.0	165.0
6.3	22.5	40.0	45.0	80.0	90.0	160.0
8	21.5	35.0	43.0	70.0	85.0	140.0
10	18.0	33.0	36.0	66.0	72.0	132.0
12.5	16.0	27.5	32.0	55.0	64.0	110.0
16	13.0	25.0	26.0	50.0	52.0	100.0
19	10.5	21.5	21.0	43.0	42.0	86.0
25	8.8	16.5	17.5	32.5	35.0	65.0
31.5	6.3	12.5	12.5	25.0	25.0	50.0
38	5.0	9.0	10.0	18.0	20.0	36.0
51	4.0	8.0	8.0	16.0	16.0	32.0

公称内径	最大工作压力		验证压力		最小爆破压力	
	R1A 和 R1AT 型	R2A 和 R2AT 型	R1A 和 R1AT 型	R2A 和 R2AT 型	R1A 和 R1AT 型	R2A 和 R2AT 型
5	21.0	35.0	42.0	70.0	84.0	140.0
6.3	19.2	35.0	38.5	70.0	77.0	140.0
8	17.5	29.7	35.0	59.5	70.0	119.0
10	15.7	28.0	31.5	56.0	63.0	112.0
12.5	14.0	24.5	28.0	49.0	56.0	98.0
16	10.5	19.2	21.0	38.5	42.0	77.0
19	8.7	15.7	17.5	31.5	35.0	63.0
25	7.0	14.0	14.0	28.0	28.0	56.0
31.5	4.3	11.3	8.7	22.7	17.5	45.5
38	3.5	8.7	7.0	17.5	14.0	35.0
51	2.6	7.8	5.2	15.7	10.5	31.5

表 1-33　　　　　　　　　　　　最小弯曲半径　　　　　　　　　　　　　mm

公称内径	5	6.3	8	10	12.5	16	19	25	31.5	38	51
最小弯曲半径	90	100	115	130	180	200	240	300	420	500	630

4. 液化石油气（LPG）用橡胶软管（GB/T 10546）

液化石油气用橡胶软管适用于铁路罐车和公路槽车及管线散装输送液化石油气（LPG），最大工作压力为 2MPa，在 $-40\sim60℃$ 温度范围内可长期充以液化石油气。不适用于汽车燃油输送管线。软管应由橡胶内衬层、一层或多层织物增强层和橡胶外覆层组成。如有需要，可将外覆层针刺打孔。软管不得有泡、海绵孔和其他缺陷。其规格和性能见表 1-34。

表 1-34　　　　　液化石油气（LPG）用橡胶软管规格和性能

项　目	抗拉强度（MPa）	拉断伸长率（%）	内径（mm）
内衬层	≥7.0	≥200	8.0，10，12.5，16，20，
外覆层	≥10.0	≥250	25，31.5，40，50，63，80，100，160，200

5. 油基流体用织物增强液压型橡胶软管（GB/T 15329.1）

油基流体用织物增强液压型橡胶软管适用于在 $-40\sim100℃$ 温度范围内，工作介质为符合 GB/T 7631.2 的液压流体 HH、HL、HM、HR 和 HV 的软管。由耐液压流体的橡胶内衬层、一层或多层织物增强层和耐油耐气候的橡胶外覆层组成。根据结构、工作压力和最小弯曲半径分为以下型别：

（1）1 型。带有一层织物增强层。

（2）2 型。带有一层或多层织物增强层。

（3）3 型。带有一层或多层织物增强层（有较大工作压力）。

（4）R6 型。带有一层织物增强层。

（5）R3 型。带有二层织物增强层。

油基流体用织物增强液压型橡胶软管尺寸见表 1-35，其最大工作压力、试验压力和爆破压力见表 1-36，最小弯曲半径见表 1-37。

表 1-35　　　　　油基流体用织物增强液压型橡胶软管尺寸　　　　　　　　mm

公称内径	内径 所有型别		外径 1型		2型		3型		R6型		R3型	
	最小	最大	最小	最大	最小	最大	最小	最大	最小	最大	最小	最大
5	4.4	5.2	10.0	11.6	11.0	12.6	12.0	13.5	10.3	11.9	11.9	13.5
6.3	5.9	6.9	11.6	13.2	12.6	14.2	13.6	15.2	11.9	13.5	13.5	15.1
8	7.4	8.4	13.1	14.7	14.1	15.7	16.1	17.7	13.5	15.1	16.7	18.3
10	9.0	10.0	14.7	16.3	15.7	17.3	17.7	19.3	15.1	16.7	18.3	19.8
12.5	12.1	13.3	17.7	19.7	18.7	20.7	20.7	22.7	19.0	20.6	23.0	24.6
16	15.3	16.5	21.9	23.9	22.9	24.9	24.9	26.9	22.2	23.8	26.2	27.8
19	18.2	19.8	—	—	26.0	28.0	28.0	30.0	25.4	27.8	31.0	32.5
25	24.6	26.2	—	—	32.9	35.9	34.4	37.4	—	—	36.9	39.3
31.5	30.8	32.8	—	—	—	—	40.8	43.8	—	—	42.9	46.0
38	37.1	39.1	—	—	—	—	47.6	51.6	—	—	—	—
51	49.8	51.8	—	—	—	—	60.3	64.3	—	—	—	—
60	58.8	61.2	—	—	—	—	70.0	74.0	—	—	—	—
80	78.8	81.2	—	—	—	—	91.5	96.5	—	—	—	—
100	98.6	101.4	—	—	—	—	113.5	118.5	—	—	—	—

表 1-36　　　　油基流体用织物增强液压型橡胶
软管最大工作压力、试验压力和爆破压力　　　　　MPa

公称内径	最大工作压力					试验压力					最小爆破压力				
	1型	2型	3型	R6型	R3型	1型	2型	3型	R6型	R3型	1型	2型	3型	R6型	R3型
5	2.5	8.0	16.0	3.5	10.5	5.0	16.0	32.0	7.0	21.0	10.0	32.0	64.0	14.0	42.0
6.3	2.5	7.5	14.5	3.0	8.8	5.0	15.0	29.0	6.0	17.5	10.0	30.0	58.0	120	35.0
8	2.0	6.8	13.0	3.0	8.2	4.0	13.6	26.0	6.0	16.5	8.0	27.2	52.0	120	33.0
10	2.0	6.8	11.0	3.0	7.9	4.0	12.6	22.0	6.0	15.8	8.0	25.2	44.0	120	31.5
12.5	1.6	5.8	9.3	3.0	7.0	3.2	11.6	18.6	6.0	14.0	6.4	23.2	37.2	120	28.0
16	1.6	5.0	8.0	2.6	6.1	3.2	10.0	16.0	5.2	12.2	6.4	20.0	32.0	105	24.5
19	—	4.5	7.2	2.6	5.2	—	9.0	14.0	5.2	10.5	—	18.0	28.0	88	21.0
25	—	4.0	5.5	—	3.9	—	8.0	11.0	—	7.9	—	16.0	22.0	—	15.8
31.5	—	—	4.5	—	2.6	—	—	9.0	—	5.2	—	—	18.0	—	10.5

公称内径	最大工作压力					试验压力					最小爆破压力				
	1型	2型	3型	R6型	R3型	1型	2型	3型	R6型	R3型	1型	2型	3型	R6型	R3型
38	—	—	4.0	—	—	—	—	8.0	—	—	—	—	16.0	—	—
51	—	—	3.3	—	—	—	—	6.6	—	—	—	—	13.2	—	—
60	—	—	2.5	—	—	—	—	5.0	—	—	—	—	10.0	—	—
80	—	—	1.8	—	—	—	—	3.6	—	—	—	—	7.2	—	—
100	—	—	1.0	—	—	—	—	2.0	—	—	—	—	4.0	—	—

表 1-37　　　　　　　　　　软管最小弯曲半径　　　　　　　　　　mm

公称内径	最小弯曲半径					公称内径	最小弯曲半径				
	1型	2型	3型	R6型	R3型		1型	2型	3型	R6型	R3型
5	35	25	40	50	80	25	—	150	150	—	205
6.3	45	40	45	65	80	31.5	—	—	190	—	255
8	65	50	55	80	100	38	—	—	240	—	—
10	75	60	70	80	100	51	—	—	300	—	—
12.5	90	70	85	100	125	60	—	—	400	—	—
16	115	90	105	125	140	80	—	—	500	—	—
19	—	110	130	150	159	100	—	—	600	—	—

6. 耐稀酸碱橡胶软管（HG/T 2183）

耐稀酸碱橡胶软管适用于在 −20~45℃ 环境中输送浓度不高于 40% 的硫酸溶液及浓度不高于 15% 的氢氧化钠溶液及与上述浓度程度相当的酸碱溶液（除硝酸）。耐稀酸碱橡胶软管分类、性能和规格尺寸见表 1-38。

表 1-38　　　　　耐稀酸碱橡胶软管分类、性能和规格尺寸

型号	结构	用途	使用压力（MPa）	规格尺寸（mm）			
A	有增强层	输送酸碱液体	0.3，0.5，0.7	内径	12.5，16，20，25	31.5，40，50	63，80
				胶层厚度不小于　内胶层	2.2	2.5	2.8
				胶层厚度不小于　外胶	1.2	1.5	1.5

型号	结构	用途	使用压力 (MPa)	规格尺寸 (mm)	
B	有增强层和钢丝螺旋线	吸引酸碱液体	负压	内径	31.5, 40, 50, 63, 80
C		排吸酸碱液体	负压 0.3, 0.5, 0.7		

7. 通用输水织物增强橡胶软管（HG/T 2184）

通用输水织物增强橡胶软管适用于在－25～70℃下输水用，也可用于输送降低水的冰点的添加剂，但不适用于输送饮用水、洗衣机进水和专用农业机械，也不可以用作消防软管或可折叠式水管。最大工作压力为 2.5MPa。其分类、性能和规格尺寸见表 1-39。

表 1-39　通用输水织物增强橡胶软管分类、性能和规格尺寸

型号	类型	级别	工作压力 p (MPa)	规格尺寸 (mm)		
				内径	内胶层	外胶层
I	低压型	a 级	$p \leqslant 0.3$	10, 12.5, 16	1.5	1.5
		b 级	$0.3 < p \leqslant 0.5$	19, 20, 22	2.0	1.5
		c 级	$0.5 < p \leqslant 0.7$	25, 27, 32, 38, 40	2.5	1.5
II	中压型	d 级	$0.7 < p \leqslant 1$	50, 63, 76, 80, 100	3.0	2.0
III	高压型	e 级	$1 < p \leqslant 2.5$			

（二）橡胶板

1. 工业用橡胶板（GB/T 5574）

由天然橡胶或合成橡胶制成，用做橡胶垫圈、密封衬垫、缓冲零件以及铺设地板、工作台。根据需要橡胶板可制成光面或带花纹、布纹、夹杂物的橡胶板。花纹橡胶板有防滑作用，主要用于铺地。带夹杂物的橡胶板，具有较高的强度和不易伸长的特点，多用于具有一定压力和不允许过度伸长的场合。耐酸碱、耐油和耐热橡胶板，分别适宜在稀酸碱溶液、油类和蒸汽、热空气等介质中使用。其分类和规格见表1-40。

表 1-40　　　　　　　　工业用橡胶板分类和规格

<table>
<tr><td colspan="2">厚度（mm）</td><td>0.5、1.0、1.5、2.0、2.5、3.0、4.0、5.0、6.0、8.0、10、12、14、16、18、20、22、25、30、40、50</td></tr>
<tr><td colspan="2">宽度（mm）</td><td>500～2000</td></tr>
<tr><td rowspan="7">橡胶板性能分类</td><td>耐油性能</td><td>A类：不耐油；B类：中等耐油；C类：耐油</td></tr>
<tr><td>体积变化率（%）</td><td>B类：＋40～＋90；C类－5～＋40</td></tr>
<tr><td>抗拉强度（MPa）</td><td>1型≥3、2型≥4、3型≥5、4型≥7、5型≥10、6型≥14、7型≥17</td></tr>
<tr><td>拉断伸长率（%）</td><td>1级≥100、2级≥150、3级≥200、4级≥250、5级≥300、6级≥350、7级≥400、8级≥500、9级≥600</td></tr>
<tr><td>耐热性能（℃）</td><td>Hr1：100、Hr2：125、Hr3：150</td></tr>
<tr><td>耐低温性能（℃）</td><td>Tb1：－20、Tb2：－40</td></tr>
</table>

注　1. 橡胶板尚有按"耐热空气老化性能（代号 Ar）分类"：Ar1（70℃×72h），Ar2（100℃×72h）。老化后，其抗拉强度降低率分别≤25%和20%；拉断伸长率降低率分别≤35%和50%。B类和C类橡胶板必须符合 Ar2 要求；如不满足要求，由供需双方商定。
　　2. 耐热性能和耐低温性能为附加性能，由供需双方商定。
　　3. 橡胶板的公称长度，以及表面花纹型和颜色，由供需双方商定。

2. 橡胶板的尺寸及用途
橡胶板的尺寸及用途见表1-41。

表 1-41　　　　　　　　橡胶板的尺寸及用途

宽度（mm）	厚度（mm）	用　　途
工业用橡胶板（GB/T 5574）		
500～2000	0.5，1，1.5，2，2.5，3，4，5，6，10，12，14，15，18，20，22，25，30，40，50	用于做垫圈、密封圈、缓冲垫片及铺地等
电绝缘橡胶板（HG/T 2949）		
1000、1200	4，6，8，10，12	适用于电器、电信、仪表及建筑工程中有绝缘要求之处

3. 工业用橡胶板的品种代号及适用范围

工业用橡胶板的品种代号及适用范围见表 1-42。

表 1-42　　　　　　　　工业用橡胶板的品种代号及适用范围

品种	代号	适　用　范　围
普通橡胶板	1704 1804	硬度较高，物理力学性能一般，可在压力不高、温度为－30～60℃的空气中工作；用于冲制密封垫圈和铺设地板、工作台等
	1608 1708	中等硬度，物理力学性能较好，可在压力不高、温度为－30～60℃的空气中工作；用于冲制各种密封缓冲胶圈、胶垫、门窗密封条和铺设工作台及地板
	1613	硬度中等，有较好的耐磨性和弹性，能在较高压力、温度为－35～60℃的空气中工作；用于冲制具有耐磨、耐冲击及缓冲性能的垫圈、门窗密封条和垫板
	1615	低硬度，高弹性，能在较高压力，温度为－35～60℃的空气中工作；用于冲制耐冲击、密封性能好的垫圈和垫板
耐酸碱橡胶板	2707 2807	硬度较高，耐酸碱，可在温度为－30～60℃的20%的酸碱液体介质中工作；用于冲制各种形状的垫圈及铺盖机械设备
	2709	硬度中等，耐酸碱，可在温度为－30～60℃的20%的酸碱液体介质中工作；用于冲制密封性能较好的垫圈
耐油橡胶板	3707 3807	硬度较高，具有较好的耐溶剂、介质膨胀性能，可在温度为－30～100℃的润滑油、变压器油、汽油等介质中工作；用于冲制各种形状的垫圈
	3709 3809	硬度较高，具有耐溶剂、介质膨胀性能，可在温度为－30～80℃的润滑油、汽油等介质中工作；用于冲制各种形状的垫圈
耐热橡胶板	4708 4808	硬度较高，具有耐热性，可在温度为－30～100℃、压力不大的蒸汽、热空气介质中工作；用于冲制各种垫圈和隔热垫板
	4710	硬度中等，具有耐热性，可在温度为－30～100℃、压力不大的蒸汽和热空气介质中工作；用于冲制各种垫圈和隔热垫板
	4604	低硬度，具有优良的耐热老化、耐臭氧等性能，可在温度为－60～250℃条件下的介质中工作；可供冲制各种密封垫圈、垫板等

注　代号中，左起第1位数字，表示橡胶板品种；第2位数字的10倍，表示橡胶板硬度值；第3、4位数字，表示橡胶板抗拉强度（MPa）。

（三）橡胶的选用

橡胶的选用见表 1-43。

表 1-43　　　　　　　　　　橡胶的选用

使用要求	天然橡胶	丁苯橡胶	异戊橡胶	顺丁橡胶	丁基橡胶	氯丁橡胶	丁腈橡胶	乙丙橡胶
高强度	A	C	AB	C	B	B	C	C
耐磨	B	AB	B	AB	C	B	B	B
防振	A	B	AB	A	—	B	—	B
气密	B	B	B	—	A	B	B	B
耐热	—	C	—	C	B	B	B	B
耐寒	B	C	B	AB	C	C	—	B
耐燃	—	—	—	—	—	AB	—	—
耐臭氧	—	—	—	—	A	AB	—	A
电绝缘	A	AB	—	—	A	C	—	A
磁性	A	—	—	—	—	A	—	—
耐水	A	B	A	A	B	A	A	A
耐油	—	—	—	—	—	C	B	—
耐酸碱	—	—	—	—	AB	B	C	AB
高真空	—	—	—	—	A	—	B①	—

使用要求	聚氨酯橡胶	丙烯酸酯橡胶	氯醇橡胶	聚硫橡胶	硅橡胶	氟橡胶	氯磺化聚乙烯橡胶	氯化聚乙烯橡胶
高强度	A	—	—	—	—	B	B	—
耐磨	A	C	—	—	C	B	AB	B
防振	AB	—	—	—	B	—	—	—
气密	B	B	B	AB	C	AB	B	—
耐热	—	AB	B	—	A	A	B	C
耐寒	C	—	—	—	A	—	C	—
耐燃	—	—	—	—	C	A	B	B
耐臭氧	AB	A	A	A	A	A	A	A
电绝缘	—	—	—	—	A	B	C	—
磁性	—	—	—	—	—	—	—	—

使用要求	聚氨酯橡胶	丙烯酸酯橡胶	氯醇橡胶	聚硫橡胶	硅橡胶	氟橡胶	氯磺化聚乙烯橡胶	氯化聚乙烯橡胶
耐水	C	—	A	C	B	A	B	B
耐油	B	AB	B	A②	—	A②	C	C
耐酸碱	—	C	B	BC	—	A	C	B
高真空	—	—	—	—	—	B	—	—

注 选用顺序可按 A→AB→B→BC→C 进行。

① 高丙烯腈成分的丁腈橡胶。

② 聚硫橡胶的耐油性虽很突出，但因其综合性能均较差以及易燃烧，有催泪性气味等严重缺点，故工业上很少选做耐油制品。氟橡胶的耐油性是耐油橡胶中最好的，但其价格高，故目前耐油制品中一般多选用丁腈橡胶。

（四）常用橡胶的简易鉴别方法

常用橡胶的简易鉴别方法见表 1-44。

表 1-44   **常用橡胶的简易鉴别方法**

橡胶名称	燃烧难易	离火情况	火焰状态	产物气味
硅橡胶	难燃	自熄	白烟，有白色残渣	—
氯化天然橡胶			根部绿色，有黑烟	盐酸味
氯丁橡胶	可燃		绿色，外边黄色	橡胶烧焦味和盐酸味
氯磺化聚乙烯			根部绿色，有黑烟	
氯化丁基橡胶			绿色带黄，有黑烟	
天然橡胶	容易	继续燃烧	黄色，冒黑烟	烧橡胶臭味
环化橡胶			黄色，冒黑烟	烧橡胶臭味
顺丁橡胶			黄色，中间带蓝，黑烟	烧橡胶臭味
丁腈橡胶			黄色，冒黑烟	烧毛发味
丁苯橡胶			黄色，冒浓黑烟	苯乙烯味
丁基橡胶			黄色，下带蓝	轻微似蜡味
丁丙橡胶			上黄下蓝	烧石蜡味
聚异丁烯橡胶			黄色	似蜡和橡胶味
聚硫橡胶			蓝紫色，外砖红色	硫化氢味
聚氨酯橡胶			黄色，边缘蓝色	稍有味
聚丙烯酸酯橡胶			闪亮，下部蓝色	水果香味

（五）影响橡胶制品老化的原因

影响橡胶制品老化的原因见表 1-45。

表 1-45　　　　　　　　　影响橡胶制品老化的原因

名称	说　明
日光	日光中含有紫外线、可见光和红外线，都能促使轮胎表面发生氧化反应，致使轮胎逐渐硬化、裂纹，甚至脱皮，失去弹性和抗拉力，严重影响质量
热度	轮胎不论由于外部受热，或因连续变形内部受热，致使轮胎温度升高，就会加速橡胶的老化反应。一般来说，温度每升高 10℃，老化反应速度约增加 1 倍。当温度高达 120℃以上，老化反应的速度就相当快了。若在没有氧气的环境下，即使在 200℃高温下也能使用较长时间
油	接触油类，尤其是矿物油，轮胎被溶解侵蚀，从而失去弹性、耐拉力、耐压力、耐胀性、抗撕裂性等物理性能变坏，大大降低了轮胎的使用价值，甚至报废
湿	轮胎遇水或潮气，外胎的帘布层外露时，很容易吸收水分，由于帘布层中的纤维有毛细管作用，能将水分吸入里帘布层。轮胎在行驶过程中，不断与路面摩擦并发生变形，都会发热，使吸入的水分汽化变为水蒸气，这些气体在帘布层里到处乱窜，结果造成帘布与橡胶脱离，使外胎发生肿胀起泡，影响强度，使用时极易破裂
风	通风处，新鲜空气多，氧气也多，易使橡胶老化，发生龟裂、皱纹等现象
温度	热量除能加速老化反应外，也能促使老化反应进行。例如：在真空或惰性气体中加热，大多数橡胶在 300～450℃范围内发生分解。实际上轮胎行驶时，会受到氧气、阳光等因素的综合作用，故在较低温度下就会分解。例如：氯丁橡胶甚至在室温条件下就会脱去 HCl 而受破坏。受热又会使轮胎中某些助剂挥发，配方遭受破坏，致使轮胎失去原有优良性能 气温太低也能使橡胶失去弹性而易于撕裂
燃烧	轮胎是由橡胶、硫磺、炭黑等组分制成的，所以遇火极易燃烧
重压	轮胎一般是在受力状态下使用的（有负载），在机械应力作用引发下，能催化老化反应，致使橡胶分子链发生断裂或交联，称为纯机械的氧化作用，或称疲劳老化
其他	轮胎不应与铜、锰、钴及其盐类接触，以免促使橡胶老化，更不可与酸、碱、盐等化学物品放在一起，以免受其侵蚀而造成分解变质

（六）常用橡胶的特性及用途

常用橡胶的特性及用途见表 1-46。

表 1-46   **常用橡胶的特性及用途**

名称	特 性	用 途
天然橡胶 （NR）	弹性大、定伸强力高，抗撕裂性和电绝缘性优良，耐磨性和耐寒性良好，加工性佳，易与其他材料粘合。缺点是耐氧及耐臭氧性差，容易老化变质；耐油和耐溶剂性不好，抵抗酸碱的腐蚀能力低；耐热性不高，不适用于 100℃以上	制作轮胎、胶鞋、胶管、胶带、电线电缆的绝缘层和护套以及其他通用制品
丁苯橡胶 （SBR）	性能接近天然橡胶，其特点是耐磨性、耐老化和耐热性超过天然橡胶、质地较天然橡胶均匀。缺点是弹性较低，抗屈挠、抗撕裂性能差，加工性能差，特别是自黏性差；制成的轮胎，使用时发热量大、寿命较短	主要用以代替天然橡胶制作轮胎、胶板、胶管、胶鞋及其他通用制品
顺丁橡胶 （BR）	突出优点：弹性与耐磨性优良，耐老化性佳，耐低温性优越。缺点是强力较低，抗撕裂性差，加工性能与自黏性差	一般多和天然或丁苯橡胶混用，主要做轮胎胎面、运输带
异戊橡胶 （IR）	性能接近天然橡胶，耐老化性优于天然橡胶，但弹性和强力比天然橡胶稍低，加工性能差，成本较高	代替天然橡胶制作轮胎、胶鞋、胶管、胶带及其他通用制品
氯丁橡胶 （CR）	具有优良的抗氧、抗臭氧性、耐油、耐溶剂、耐酸碱以及耐老化、气密性好等特点。主要特点是耐寒性较差、密度较大、电绝缘性不好、加工性差	主要用于制造重型电缆护套，耐油、耐腐蚀胶管、胶带，以及各种垫圈、密封圈、模型制品等
丁基橡胶 （IIR）	最大特点是气密性小，耐臭氧、耐老化性能好，耐热性较高，能耐无机强酸（如硫酸、硝酸等）和一般有机溶剂，电绝缘性好。缺点是弹性不好，加工性能差，黏着性和耐油性差	主要用作内胎、水胎、气球、电线电缆绝缘层、防振制品、耐热运输带等
丁腈橡胶 （NBR）	特点是耐汽油及脂肪烃油类的性能特别好，耐热性好，气密性、耐磨及耐水性均较好，黏接力强。缺点是耐寒性较差，强力及弹性较低，耐酸性差，电绝缘性不好	主要用于制作各种耐油的胶管、密封圈、贮油槽衬里等，也可作耐热运输带

名称	特　性	用　途
乙丙橡胶（EPM）	特点是耐化学稳定性很好（仅不耐浓硝酸），耐老化性能优异，电绝缘性能突出，耐热可达 150℃。缺点是黏着性差、硫化缓慢	主要用作化工设备衬里、电线电缆包皮、汽车配件及其他工业制品
聚氨酯橡胶（UR）	耐磨性能高、强度高、弹性好、耐油性优良、耐臭氧、耐老化、气密性好等。缺点是耐温性能较差，耐水、耐酸性不好	制作轮胎及耐油零件、垫圈、防振制品等
聚丙烯酸酯橡胶（AR）	兼有良好的耐热、耐油性能，可在 180℃以下热油中使用；还耐老化、耐氧、耐紫外光线，气密性较好。缺点是耐寒性较差，弹性和耐磨、电绝缘性差，加工性能不好	可用作耐油、耐热、耐老化的制品，如密封件、耐热油软管等
硅橡胶（SR）	主要特性是耐高温（最高 300℃），又耐低温（最低 -100℃），电绝缘性优良。缺点是机械强度低，耐油、耐酸碱性差，价格较高	主要用作耐高低温制品、耐高温电缆电线绝缘层
氟橡胶（FPM）	特性是耐高温（可达 300℃），不怕酸碱，耐油性最好，抗辐射及高真空性优良，电绝缘性、力学性能、耐老化等。缺点是加工性差，弹性和透气性较低，耐寒性差，价格高	主要用于国防工业制作飞机火箭上的耐真空、耐高温、耐化学腐蚀的密封件、胶管或其他零件
氯磺化聚乙烯橡胶（CSM）	耐臭氧及耐老化性能优良，不易燃、耐热、耐溶剂及耐酸碱性能都较好，电绝缘性尚可。缺点是抗撕裂性较差，加工性不好，价格较高	可用作臭氧发生器上的密封材料，制作耐油垫圈、电线电缆包皮等

五、塑料

（一）塑料管材

1. 织物增强液压型热塑性塑料软管（GB/T 15908）

织物增强型热塑性塑料软管公称内径为 5～25mm。根据最大工作压力的不同，软管分为两种型别：

（1）R7 型。具有一层或多层织物增强层。

（2）R8 型。较高工作压力下工作，具有一层或多层织物增强层。

根据导电性要求，每种型别分为两个等级：

（1）1级。没有电性能要求。

（2）2级。非导电。

它们适用于：液压流体 HH、HL、HM、HR、HV，温度范围为 -40～100℃；水基液压流体 HFC、HFAE、HFAS、HFB，温度范围为 0～60℃。织物增强液压型热塑性塑料软管的规格和压力要求见表1-47。

表1-47　　织物增强液压型热塑性塑料软管的规格和压力要求

公称内径（mm）	内径范围（mm）				最大外径（mm）		最大工作压力（MPa）		验证压力（MPa）		最小爆破压力（MPa）		最小弯曲半径（mm）	
	R7 型		R8 型		R7型	R8型	R7型	R8型	R7型	R8型	R7型	R8型	R7型	R8型
	最小	最大	最小	最大										
5	4.6	5.4	4.6	5.4	11.4	14.6	21.0	35.0	42.0	70.0	84.0	140.0	90	
6.3	6.2	7.0	6.2	7.0	13.7	16.8	19.2	35.0	38.5	70.6	77.0	140.0	100	
8	7.7	8.5	7.7	8.5	15.6	18.6	17.5	—	35.0	—	70.0	—	115	
10	9.3	10.3	9.3	10.3	18.4	20.3	15.8	28.0	31.5	56.0	63.0	112.0	125	
12.5	12.3	13.5	12.3	13.5	22.5	24.6	14.0	24.5	28.0	49.0	56.0	98.0	180	
16	15.6	16.7	15.5	16.7	25.8	29.8	10.5	19.2	21.0	38.0	42.0	77.0	205	
19	18.6	19.8	18.6	19.8	28.6	33.0	8.8	15.8	17.6	31.5	35.0	63.0	240	
25	25.0	26.4	25.0	26.4	36.7	38.6	7.0	14.0	14.0	28.0	28.0	56.0	300	

注　软管按买方规定的长度供货。

2. 压缩空气用织物增强热塑性塑料软管（HG/T 2301）

由耐油雾的柔性热塑性塑料内层、天然或合成织物的增强层及柔性热塑性塑料外层组成。适用于工作温度为 -10～55℃ 范围内的压缩空气。压缩空气用织物增强热塑性塑料软管规格见表1-48。

表1-48　　　压缩空气用织物增强热塑性塑料软管规格　　　mm

公称直径	内径	最小壁厚			
		A 型	B 型	C 型	D 型
4	4	1.5	1.5	1.5	2.0
5	5	1.5	1.5	1.5	2.0
6.3	6.3	1.5	1.5	1.5	2.3

公称直径	内径	最小壁厚			
		A 型	B 型	C 型	D 型
8	8	1.5	1.5	1.5	2.3
9	9	1.5	1.5	1.5	2.3
10	10	1.5	1.5	1.8	2.3
12.5	12.5	2.0	2.0	2.3	2.8
16	16	2.4	2.4	2.8	3.0
19	19	2.4	2.4	2.8	3.5
25	25	2.7	3.0	3.3	4.0
31.5	31.5	3.0	3.3	3.5	4.5
38	38	3.0	3.5	3.8	4.5
40	40	3.3	3.5	4.1	5.0
50	50	3.5	3.8	4.5	5.0

3. 吸引和低压排输石油液体用塑料软管（HG/T 2799）

用于排吸煤油、供暖用油、柴油和润滑油，使用温度－10～60℃。不适用于输送机动车或航空用燃油，也不适用于计量输送液体。吸引和低压排输石油液体用塑料软管规格尺寸和性能见表1-49。

表 1-49 吸引和低压排输石油液体用塑料软管规格尺寸和性能

尺寸规格（公称内径）（mm）	1 型（轻型）	12.5，16，20，25，31.5，40，50，63，80，100，125
	2 型（重型）	12.5，16，20，25，31.5，40，50
耐燃油性能	抗拉强度的最大变化率（%）	－30
	拉断伸长率的最大变化率（%）	－50
	体积变化率（%）	－5～25
耐油性能	抗拉强度的最大变化率（%）	40
	拉断伸长率的最大变化率（%）	40
	体积变化率（%）	5～25

老化性能变化	抗拉强度的最大变化率（%）	—20
	拉断伸长率的最大变化率（%）	50
	最大硬度变化（邵尔 A）	10

4. 工业用硬聚氯乙烯（PVCU）管道系统管材（GB/T 4219.1）

以聚氯乙烯（PVC）树脂为主要原料，经挤出成型。适用于工业用硬聚氯乙烯管道系统，也适用于承压给排水输送以及污水处理、水处理、石油、化工、电子电力、冶金、电镀、造纸、食品饮料、医药、中央空调、建筑等领域的粉体、液体的输送。当用于输送易燃易爆介质时，应符合防火、防爆的有关规定。设计时应考虑输送介质随温度变化对管材的影响，应考虑管材的低温脆性和高温蠕变，建议使用温度范围为—5～45℃。当输送饮用水、食品饮料、医药时，其卫生性能应符合有关规定。管材规格尺寸、壁厚见表1-50。

表 1-50　　　　　　管材规格尺寸、壁厚　　　　　　mm

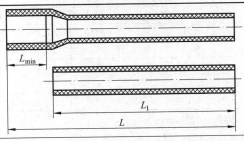

公称外径 d_n	壁厚 e						
	管系列 S 和标准尺寸比 SDR						
	S20 SDR41	S16 SDR33	S12.5 SDR26	S10 SDR21	S8 SDR17	S6.3 SDR13.6	S5 SDR11
	e_{min}	e_{min}	e_{min}	e_{min}	e_{min}	e_{min}	e_{min}
16	—	—	—	—	—	—	2.0
20	—	—	—	—	—	—	2.0
25	—	—	—	—	—	2.0	2.3

公称外径 d_n	壁厚 e						
	管系列 S 和标准尺寸比 SDR						
	S20 SDR41	S16 SDR33	S12.5 SDR26	S10 SDR21	S8 SDR17	S6.3 SDR13.6	S5 SDR11
	e_{min}	e_{min}	e_{min}	e_{min}	e_{min}	e_{min}	e_{min}
32	—	—	—	—	2.0	2.4	2.9
40	—	—	—	2.0	2.4	3.0	3.7
50	—	—	2.0	2.4	3.0	3.7	4.6
63	—	2.0	2.5	3.0	3.8	4.7	5.8
75	—	2.3	2.9	3.6	4.5	5.6	6.8
90	—	2.8	3.5	4.3	5.4	6.7	8.2
110	—	3.4	4.2	5.3	6.6	8.1	10.0
125	—	3.9	4.8	6.0	7.4	9.2	11.4
140	—	4.3	5.4	6.7	8.3	10.3	12.7
160	4.0	4.9	6.2	7.7	9.5	11.8	14.6
180	4.4	5.5	6.9	8.6	10.7	13.3	16.4
200	4.9	6.2	7.7	9.6	11.9	14.7	18.2
225	5.5	6.9	8.6	10.8	13.4	16.6	—
250	6.2	7.7	9.6	11.9	14.8	18.4	—
280	6.9	8.6	10.7	13.4	16.6	20.6	—
315	7.7	9.7	12.1	15.0	18.7	23.2	—
355	8.7	10.9	13.6	16.9	21.1	26.1	—
400	9.8	12.3	15.3	19.1	23.7	29.4	—

注 1. 考虑到安全性，最小壁厚应不小于 2.0mm。

2. 除了有其他规定之外，尺寸应与 GB/T 10798 一致。

5. 给水用硬聚氯乙烯管材（GB/T 10002.1）

给水用硬聚氯乙烯管材适用于输送温度不超过 45℃的水。包括一般用途和饮用水的输送，管材按连接形式分为弹性密封圈连接型和溶剂黏接型，管材按公称压力分为 0.6、0.8、1.0、1.25、1.6MPa 五级。公称压力是指管材在 20℃条件下输送水的工作压力，若水温在 25～45℃时，管材的公称压力应乘以折减系数，见表 1-51。公称压力等级和规格尺寸见表 1-52 和表 1-53。管材弯曲度要求见表 1-54，承口尺寸见表 1-55，管材长度示意如图 1-1 所示。

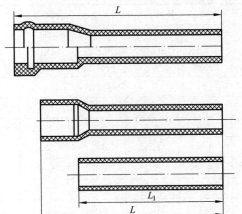

图 1-1　管材长度示意

表 1-51　　　　　　　　　　　　**温度对压力的折减系数**

温度 t（℃）	折减系数 f_t
0＜t≤25	1
25＜t≤35	0.8
35＜t≤45	0.63

表 1-52　　　　　　　　　　　**公称压力等级和规格尺寸**　　　　　　　　　　mm

公称外径 d_n	管材 S 系列 SDR 系列和公称压力						
	S16 SDF33 PN0.63	S12.5 SDR26 PN0.8	S10 SDR21 PN1.0	S8 SDR17 PN1.25	S6.3 SDR13.6 PN1.6	S5 SDR11 PN2.0	S4 SDR9 PN2.5
	公称壁厚 e_n						
20	—	—	—	—	—	2.0	2.3
25	—	—	—	—	2.0	2.3	2.8
32	—	—	—	2.0	2.4	2.9	3.6
40	—	—	2.0	2.4	3.0	3.7	4.5
50	—	2.0	2.4	3.0	3.7	4.6	5.6
63	2.0	2.5	3.0	3.8	4.7	5.8	7.1
75	2.3	2.9	3.6	4.5	5.6	6.9	8.4
90	2.8	3.5	4.3	5.4	6.7	8.2	10.1

注　公称壁厚 e_n 根据设计应力 σ_s＝10MPa 确定，最小壁厚不小于 2.0mm。

表 1-53　　　　　　　　　　公称压力等级和规格尺寸　　　　　　　　mm

公称外径 d_n	管材 S 系列 SDR 系列和公称压力						
	S20 SDF41 PN0.63	S16 SDR33 PN0.8	S12.5 SDR26 PN1.0	S10 SDR21 PN1.25	S8 SDR17 PN1.6	S6.3 SDR13.6 PN2.0	S5 SDR11 PN2.5
	公称壁厚 e_n						
110	2.7	3.4	4.2	5.3	6.6	8.1	10.0
125	3.1	3.9	4.8	6.0	7.4	9.2	11.4
140	3.5	4.3	5.4	6.7	8.3	10.3	12.7
160	4.0	4.9	6.2	7.7	9.5	11.8	14.6
180	4.4	5.5	6.9	8.6	10.7	13.3	16.4
200	4.9	6.2	7.7	9.1	11.9	14.7	18.2
225	5.5	6.9	8.6	10.8	13.4	16.6	—
250	6.2	7.7	9.6	11.9	14.8	18.4	—
280	6.9	8.6	10.7	13.4	16.6	20.6	—
315	7.7	9.7	12.1	15.0	18.7	23.2	—
355	8.7	10.9	13.6	16.9	21.1	26.1	—
400	9.8	12.3	15.3	19.1	23.7	29.4	—
450	11.0	13.8	17.2	21.5	26.7	33.1	—
500	12.3	15.3	19.1	23.9	29.7	36.8	—
560	13.7	17.2	21.4	26.7	—	—	—
630	15.4	19.3	24.1	30.0	—	—	—
710	17.4	21.8	27.2	—	—	—	—
800	19.6	24.5	30.6	—	—	—	—
900	22.0	27.6	—	—	—	—	—
1000	24.5	30.6	—	—	—	—	—

注　公称壁厚 e_n 根据设计应力 $\sigma_s = 12.5$ MPa 确定。

表 1-54　　　　　　　　　　管材弯曲度

公称外径 d_n（mm）	≤38	40～200	≥225
弯曲度（%）	不规定	≤1.0	≤0.5

给水用硬聚氯乙烯管材根据连接方式不同，可分为弹性密封圈式和溶剂黏接式两种。弹性密封圈式承插口如图1-2（a）所示，溶剂黏接式承插口如图1-2（b）所示。

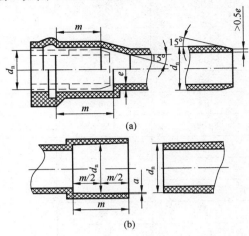

图 1-2　承插口
（a）弹性密封圈式；（b）溶剂黏接式

表 1-55　　　　　　　　　　　　　　承口尺寸　　　　　　　　　　　　　　　mm

公称外径 d_n	弹性密封圈承口最小配合深度 m_{min}	溶剂黏接承口最小深度 m_{min}	溶剂黏接承口中部平均内径 d_{sm}	
			$d_{sm, max}$	$d_{sm, max}$
20	—	16.0	20.1	20.3
25	—	18.5	25.1	25.3
32	—	22.0	32.1	32.3
40	—	26.0	40.1	40.3
50	—	31.0	50.1	50.3
63	64	37.5	63.1	63.3
75	67	43.5	75.1	75.3
90	70	51.0	90.1	90.3
110	75	61.0	110.1	110.4
125	78	68.5	125.1	125.4

公称外径 d_n	弹性密封圈承口最小配合深度 m_{min}	溶剂黏接承口最小深度 m_{min}	溶剂黏接承口中部平均内径 d_{sm}	
			$d_{sm,max}$	$d_{sm,max}$
140	81	76.0	140.2	140.5
160	86	86.0	160.2	160.5
180	90	96.0	180.3	180.6
200	94	106.0	200.3	200.6
225	100	118.5	225.3	225.6
250	105	—	—	—
280	112	—	—	—
315	118	—	—	—
355	124	—	—	—
400	130	—	—	—
450	138	—	—	—
500	145	—	—	—
560	154	—	—	—
630	165	—	—	—
710	177	—	—	—
800	190	—	—	—
1000	220	—	—	—

注 1. 承口中部的平均内径是指在承口深度 1/2 处所测定的相互垂直的两直径的算术平均值。承口的最大锥度 α 不超过 $0°30'$。

2. 当管材长度大于 12m 时，密封圈式承口深度 m_{min} 需另行设计。

6. 给水用聚乙烯（PE）管材（GB/T 13663）

以聚乙烯树脂为主要原料，经挤出成型。适用于建筑物内外，输水温度在 45℃ 以下底架空和埋地底给水用管材。按材料类型（PE）和分级数将材料命名为 PE63、PE80 和 PE100。各级聚乙烯管材公称压力和规格尺寸见表 1-56。

表 1-56 　　　　　　　　各级聚乙烯管材公称压力和规格尺寸

材料分级	PE63 级				
	公称壁厚 e_n（mm）				
	标准尺寸比				
公称外径 d_n（mm）	SDR33	SDR26	SDR17.6	SDR13.6	SDR11
	公称压力（MPa）				
	0.32	0.4	0.6	0.8	1.0
16	—	—	—	—	2.3
20	—	—	—	2.3	2.3
25	—	—	2.3	2.3	2.3
32	—	—	2.3	2.4	2.9
40	—	2.3	2.3	3.0	3.7
50	—	2.3	2.9	3.7	4.6
63	2.3	2.5	3.6	4.7	5.8
75	2.3	2.9	4.3	5.6	6.8
90	2.8	3.5	5.1	6.7	8.2
110	3.4	4.2	6.3	8.1	10.0
125	3.9	4.8	7.1	9.2	11.4
140	4.3	5.4	8.0	10.3	12.7
160	4.9	6.2	9.0	11.8	14.6
180	5.5	6.9	10.2	13.3	16.4
200	6.2	7.7	11.4	14.7	18.2
225	6.9	8.6	12.8	16.6	20.5
250	7.7	9.6	14.2	18.4	22.7
280	8.6	10.7	15.9	20.6	25.4
315	9.7	12.1	17.9	23.2	28.6
355	10.9	13.6	20.1	26.1	32.2
400	12.3	15.3	22.7	29.4	36.3
450	13.8	17.2	25.5	33.1	40.5
500	15.3	19.1	28.3	36.8	45.4

材料分级	PE63 级				
	公称壁厚 e_n（mm）				
公称外径 d_n（mm）	标准尺寸比				
	SDR33	SDR26	SDR17.6	SDR13.6	SDR11
	公称压力（MPa）				
	0.32	0.4	0.6	0.8	1.0
560	17.2	21.4	31.7	41.2	50.8
630	19.3	24.1	35.7	46.3	57.2
710	21.8	27.2	40.2	52.2	—
800	24.5	30.6	45.3	58.8	—
900	27.6	34.4	51.0	—	—
1000	30.6	38.2	56.6	—	—
材料分级	PE80 级				
	公称壁厚 e_n（mm）				
公称外径 d_n（mm）	标准尺寸比				
	SDR33	SDR21	SDR17	SDR13.6	SDR11
	公称压力（MPa）				
	0.4	0.6	0.8	1.0	1.25
16	—	—	—	—	—
20	—	—	—	—	—
25	—	—	—	—	2.3
32	—	—	—	—	3.0
40	—	—	—	—	3.7
50	—	—	—	—	4.6
63	—	—	—	4.7	5.8
75	—	—	4.5	5.6	6.8
90	—	4.3	5.4	6.7	8.2
110	—	5.3	6.6	8.1	10.0
125	—	6.0	7.4	9.2	11.4
140	4.3	6.7	8.3	10.3	12.7

材料分级	PE80 级				
	公称壁厚 e_n（mm）				
公称外径 d_n（mm）	标准尺寸比				
	SDR33	SDR21	SDR17	SDR13.6	SDR11
	公称压力（MPa）				
	0.4	0.6	0.8	1.0	1.25
160	4.9	7.7	9.5	11.8	14.6
180	5.5	8.6	10.7	13.3	16.4
200	6.2	9.6	11.9	14.7	18.2
225	6.9	10.8	13.4	16.6	20.5
250	7.7	11.9	14.8	18.4	22.7
280	8.6	13.4	16.6	20.6	25.4
315	9.7	15.0	18.7	23.2	28.6
355	10.9	16.9	21.1	26.1	32.2
400	12.3	19.1	23.7	29.4	36.3
450	13.8	21.5	26.7	33.1	40.9
500	15.3	23.9	29.7	36.8	45.4
560	17.2	26.7	33.2	41.8	50.8
630	19.3	30.0	37.4	46.3	57.2
710	21.8	33.9	42.1	52.2	—
800	24.5	38.1	47.4	58.8	—
900	27.6	42.9	53.3	—	
1000	30.6	47.7	59.3		

材料分级	PE100 级				
	公称壁厚 e_n（mm）				
公称外径 d_n（mm）	标准尺寸比				
	SDR26	SDR21	SDR17	SDR13.6	SDR11
	公称压力（MPa）				
	0.6	0.8	1.0	1.25	1.6
32	—	—	—	—	3.0
40	—	—	—	—	3.7
50	—	—	—	—	4.6
63	—	—	—	4.7	5.8

材料分级	PE100 级				
	公称壁厚 e_n（mm）				
公称外径 d_n（mm）	标准尺寸比				
	SDR26	SDR21	SDR1.7	SDR13.6	SDR11
	公称压力（MPa）				
	0.6	0.8	1.0	1.25	1.6
75	—	—	4.5	5.6	6.8
90	—	4.3	5.4	6.7	8.2
110	4.2	5.3	6.6	8.1	10.0
125	4.8	6.0	7.4	9.2	11.4
140	5.4	6.7	8.3	10.3	12.7
160	6.2	7.7	9.5	11.8	14.6
180	6.9	8.6	10.7	13.3	16.4
200	7.7	9.6	11.9	14.7	18.2
225	8.6	10.8	13.4	16.6	20.5
250	9.6	11.9	14.8	18.4	22.7
280	10.7	13.4	16.6	20.6	25.4
315	12.1	15.0	18.7	23.2	28.6
355	13.6	16.9	21.1	26.1	32.2
400	15.3	19.1	23.7	29.4	36.3
450	17.2	21.5	26.7	33.1	40.9
500	19.1	23.9	29.7	36.8	45.4
560	21.4	26.7	33.2	41.2	50.8
630	24.1	30.0	37.4	46.3	57.2
710	27.2	33.9	42.1	52.2	—
800	30.6	38.1	47.4	58.8	—
900	34.4	42.9	53.3	—	—
1000	38.2	47.7	59.3	—	—

7. 埋地给水用聚丙烯（PP）管材（QB/T 1929）

以聚丙烯树脂为原料，经挤出成型，适用于 40℃以下乡镇给水及农业灌溉用埋地管材。埋地给水用聚丙烯（PP）管材规格及性能见表 1-57。

表1-57　　埋地给水用聚丙烯管材规格及性能

公称外径（mm）	系列	公称压力 (MPa)	公称壁厚 e_n (mm)	50	63	75	90	110	125	140	160	180	200	225	250
	S16	PN0.4		2.0	2.0	2.3	2.8	3.4	3.9	4.3	4.9	5.5	6.2	6.9	7.7
	S10	PN0.6		2.4	3.0	3.6	4.3	5.3	6.0	6.7	7.7	8.6	9.6	10.8	11.9
	S8	PN0.8		3.0	3.8	4.5	5.4	6.6	7.4	8.3	9.5	10.7	11.9	13.4	14.8
	S6.3	PN1.0		3.7	4.7	5.6	6.7	8.1	9.2	10.3	11.8	13.3	14.7	16.6	18.4

	项目	试验参数			指标
		试验温度（℃）	试验时间（h）	环向静液压应力（MPa）	
物理力学性能	纵向回缩率	PP-H, PP-B: 150±2 PP-R: 135±2	≤8mm: 1 8mm<e_n≤18mm: 2 >8mm: 4		2%
	静液压试验	20	1	16.0	无破裂、无渗漏
		80	22	4.8	
		80	165	4.2	
	熔体质量流动速率 MFR（230℃/2.16kg）/（g/10min）				变化率≤原料 MFR 的 30%
	落锤冲击试验				无裂纹、龟裂、破碎

8. 给水用低密度聚乙烯管材（QB/T 1930）

给水用低密度聚乙烯管材为低密度聚乙烯（LDPF）树脂或线性低密度聚乙烯（LLDPE）树脂及两者的混合物经挤出成型。公称压力不大于 0.6MPa、公称外径 16～110mm、输送水温在 40℃以下。给水用低密度聚乙烯管材规格及性能见表 1-58。

表 1-58　　　给水用低密度聚乙烯管材规格和性能

公称外径 d_n（mm）	公称压力（MPa）			项　目		指　标
	PN0.25	PN0.4	PN0.6			
	公称壁厚（mm）					
16	0.8	1.2	1.8	氧化诱导时间（190℃）（mm）		≥20
20	1.0	1.5	2.2	拉断伸长率（%）		≥350
25	1.2	1.9	2.7	纵向回缩率（%）		≤3
32	1.6	2.4	3.5	耐环境应力开裂		折弯处不合格数不超过10%
40	1.9	3.0	4.3	静液压强度	短期	20℃
50	2.4	3.7	5.4			6.9MPa 环压力
63	3.0	4.7	6.8			1h
75	3.6	5.6	8.1			70℃
90	4.3	6.7	9.7		长期	2.5MPa 环压力
110	5.3	8.1	11.8			100h

（静液压强度 短期/长期 对应指标：不断裂　不泄漏）

9. 建筑排水用硬聚氯乙烯管材（GB/T 5836.1）

建筑排水用硬聚氯乙烯管材以聚氯乙烯树脂为主要原料，加入必需的助剂，经挤出成型。适用于民用建筑内排水。在考虑材料的耐化学性和耐热性的条件下也可用于工业排水。管材平均外径与壁厚见表 1-59，胶粘剂粘接型管材承口尺寸见表 1-60，弹性密封圈连接型管材承口尺寸见表 1-61，管材物理力学性能见表 1-62，管材长度示意如图 1-3 所示。胶粘剂粘接型管材承口示意图如图 1-4 所示，弹性密封圈连接型管材承口如图 1-5 所示。

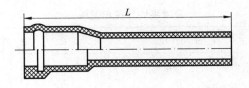

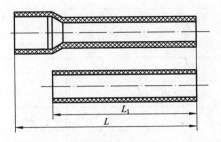

图 1-3　管材长度示意图

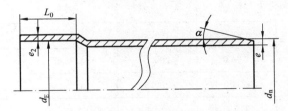

图 1-4　胶粘剂粘接型管材承口示意图

d_n—公称外径；d_E—承口中部内径；e—管材壁厚；
e_2—承口壁厚；L_0—承口深度；α—倒角

注：倒角 α，当管材需要倒角时，倒角方向与管材轴线夹角 α
应在 15°～45°，倒角后管端所保留的壁厚应不小于最小
壁厚 e_{min} 的 1/3；管材承口壁厚 e_2 不宜小于同规格管材
壁厚的 0.75 倍。

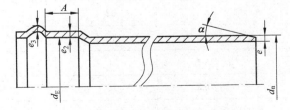

图 1-5　弹性密封圈连接型管材承口示意图

d_n—公称外径；d_E—承口中部内径；e—管材壁厚；e_2—承口
壁厚；e_3—密封圈槽壁厚；A—承口配合深度；α—倒角

注：管材承口壁厚 e_2 不宜小于同规格管材壁厚的 0.9 倍，密
封圈槽壁厚 e_3 不宜小于同规格管材壁厚的 0.75 倍。

表 1-59　　　　　　　　　　　　　　管材平均外径与壁厚　　　　　　　　　　　　mm

公称外径 d_n	平均外径		壁　厚	
	最小平均外径 $d_{cm, min}$	最大平均外径 $d_{cm, max}$	最小壁厚 e_{min}	最大壁厚 e_{max}
32	32.0	32.2	2.0	2.4
40	40.0	40.2	2.0	2.4
50	50.0	50.2	2.0	2.4
75	75.0	75.3	2.3	2.7
90	90.0	90.3	3.0	3.5
110	110.0	110.3	3.2	3.8
125	125.0	125.3	3.2	3.8
160	160.0	160.4	4.0	4.6
200	200.0	200.5	4.9	5.6
250	250.0	250.5	6.2	7.0
315	315.0	315.6	7.8	8.6

表 1-60　　　　　　　　　　　　胶粘剂粘接型管材承口尺寸　　　　　　　　　　mm

公称外径 d_n	承口中部平均内径		承口深度 $L_{0, min}$
	$d_{sm, min}$	$d_{sm, max}$	
32	32.1	32.4	22
40	40.1	40.4	25
50	50.1	50.4	25
75	75.2	75.5	40
90	90.2	90.5	46
110	110.2	110.6	48
125	125.2	125.7	51

公称外径	承口中部平均内径		承口深度
d_n	$d_{sm, min}$	$d_{sm, max}$	$L_{0, min}$
160	160.3	160.8	58
200	200.4	200.9	60
250	250.4	250.9	60
315	315.5	316.0	60

表 1-61　　　　弹性密封圈连接型管材承口尺寸　　　　mm

公称外径 d_n	承口端部平均内径 $d_{am, min}$	承口配合深度 A_{min}	公称外径 d_n	承口端部平均内径 $d_{am, min}$	承口配合深度 A_{min}
32	32.3	16	125	125.4	35
40	40.3	18	160	160.5	42
50	50.3	20	200	200.6	50
75	75.4	25	250	250.8	55
90	90.4	28	315	316.0	62
110	110.4	32			

表 1-62　　　　　　　管材物理力学性能

项　目	要　求	项　目	要　求
密度（kg/m³）	1350～1550	二氯甲烷浸渍试验	表面变化不劣于 4L
维卡软化温度（VST）（℃）	≥79	拉伸屈服强度（MPa）	≥40
纵向回缩率（%）	≤5	落锤冲击试验 TIR	TIR≤10%

（二）塑料板材和棒材

1. 硬质聚氯乙烯板材（GB/T 22789.1）

硬质聚氯乙烯板材按加工工艺分为层压板材和挤出板材。根据板材的特点及其主要性能（拉伸屈服应力、简支梁冲击强度、维卡软化温度）可将层压板材和挤出板材各分为五类。第一类：一般用途级；第二类：透明级；第三类：高模量级；第四类：高抗冲击级；第五类：耐热级。硬质聚氯乙烯板材基本性能见表1-63。

表1-63　　　　　　　　　　　　硬质聚氯乙烯板材基本性能

性能	试验方法	层压板材					挤出板材				
		第一类 一般用途级	第二类 透明级	第三类 高模量级	第四类 高抗冲级	第五类 耐热级	第一类 一般用途级	第二类 透明级	第三类 高模量级	第四类 高抗冲级	第五类 耐热级
拉伸屈服应力 (MPa)	GB/T 1042.2 ⅠB型	≥50	≥45	≥60	≥45	≥60	≥50	≥45	≥60	≥45	≥60
拉断伸长率 (%)	GB/T 1042.2 ⅠB型	≥5	≥5	≥8	≥10	≥8	≥6	≥5	≥3	≥8	≥10
拉伸弹性模量 (MPa)	GB/T 1042.2 ⅠB型	≥2500	≥2500	≥3000	≥2000	≥2500	≥2500	≥2000	≥3200	≥2300	≥2500
缺口冲击强度① (kJ/m²)	GB/T 1043.1 1epA型	≥2	≥1	≥2	≥10	≥2	≥2	≥1	≥2	≥5	≥2
维卡软化温度 (℃)	ISO 306:2004 方法B50	≥75	≥65	≥78	≥70	≥90	≥70	≥60	≥70	≥70	≥85
加热尺寸变化率	GB/T 22789.1	-3~3					厚度: 1.0≤d≤2.0mm: -10%~10%; 2.0<d≤5.0mm: -5%~5%; 5.0<d≤10.0mm: -4%~4%; d>10.0: -4%~4%				
层间性 (层间剥离力)	GB/T 22789.1	无气泡/破裂或剥落(分层剥离)					—				
总透光率 (适用于第2类)	ISO 13468—1	厚度: d≤2.0mm: ≥82%; 2.0<d≤6.0mm: ≥78%; 6.0<d≤10.0mm: ≥75%; d>10.0%									

注　压花板材的基本性能由当事双方协商确定。
① 厚度小于4mm的板材不做缺口冲击强度。

2. 硬质聚氯乙烯泡沫塑料板材（QB/T 1650）

硬质聚氯乙烯泡沫塑料质地较坚硬，强度较高，并具有密度小，不燃，隔声，绝热保温，防潮，耐酸、碱、油等特性，常用作隔热、保温、防震及包装材料和水上救生工具等。硬质聚氯乙烯泡沫塑料物理机械性能见表1-64。

表 1-64　　　　　　　　硬质聚氯乙烯泡沫塑料物理力学性能

项　目	要　求	
	Ⅰ类	Ⅱ类
表观密度（kg/m³）	35～45	＞45
压缩强度（相对形变10%时的压缩应力）（MPa）	≥0.10	≥0.20
抗拉强度（MPa）	≥0.40	≥0.45
尺寸变化率（70℃，48h）（%）	≤5.0	
吸水性（kg/m²）	≤0.1	
导热系数［W/（m·K）］	≤0.044	
氧指数（%）	≥30	
耐寒性	−35℃，30min 无龟裂	
耐热性	80℃，2h 不发黏	
耐油性	零号柴油中浸泡24h无变化	

3. 聚四氟乙烯板材（QB/T 3625）

聚四氟乙烯板材分为三类：SFB-1 主要用在电气绝缘方面；SFB-2 主要用做腐蚀介质中的衬垫、密封件及润滑材料；SFB-3 主要用做腐蚀介质中的隔膜及视镜。聚四氟乙烯板材的规格尺寸及性能见表1-65。

表 1-65　　　　聚四氟乙烯板材的规格尺寸及性能　　　　mm

厚度	宽度	长度	厚度	宽度	长度
0.5 0.6 0.7 0.8 0.9 1.0	60，90、120，150， 200、250、300、600， 1000，1200，1500	≥500	2.5	120 160 200 250	120 160 200 250
1.0	120 160 200 250	120 160 200 250	3.0 4.0 5.0 6.0 7.0 8.0 9.0 10.0 11.0 12.0 13.0 14.0 15.0	120 160 200 300 400 450	120 160 200 300 400 450
1.2	60，90，120，150、 200，250，300、600， 1000、1500	≥500			
	120 160 200 250	120 160 200 250			
1.5	60、90、120、150、 200、250、300、600， 1000、1200、1500	≥300	16、17、 18、19、 20、22、 24、26、 28、30、 32、34、 36、38、 40、45、 50、55、 60、65、 70、75	120 160 200 300 400 450	120 160 200 300 400 450
	120 160 200 250	120 160 200 250			
2.0 2.5	60、90、120、150、 200、250、300、600， 1000、1200、1500	≥500			
2.0	120 160 200 250 300 400 450	120 160 200 250 300 400 450	80 85 90 95 100	300 400 450	300 400 450

牌号	SFB-1	SFB-2	SFB-3
密度（g/cm³）	2.10～2.30	2.10～2.30	2.10～2.30
抗拉强度（MPa）	≥14.7	≥14.7	≥29.4
拉断伸长率（%）	≥150	≥150	≥30
耐电压（kV/mm）	10	—	—
用途	主要做电气绝缘之用	主要做腐蚀介质中的衬垫、密封件及润滑材料之用	主要做腐蚀介质中的隔膜与视镜之用

注 厚度 0.8、1.0、1.2、1.5mm 的圆形板材直径为 100、120、140、160、180、200、250mm。

4. 热固性树脂层压棒（GB/T 5132.5）

在管芯上卷绕浸渍过的材料层，脱去管芯之后在热和压力作用下于圆柱形模中固化，然后磨销到规定尺寸而形成的一种棒。其性能要求和规格尺寸见表 1-66。

表 1-66　　　　　热固性树脂层压棒性能要求和规格尺寸

性能	GB/T 5132.2—2009	最大或最小	要求										
			EP CC 41	EP GC 41	EP GC 42	EP GC 43	PF CC 41	PF CC 42	PF CC 43	PF CP 43	PF CP 41	PF CP 43	SP GC 41
垂直层向弯曲强度（MPa）	5.1	最小	125	220	220	220	125	90	90	120	110	100	180
轴向压缩强度（MPa）	5.2	最小	80	175	175	175	90	80	80	80	80	80	40
90℃油中平行层向击穿电压（kV）	6.1	最小	30	40	40	40	5	5	1	13	10	10	30
浸水后绝缘电阻(MΩ)	6.2	最小	50	1000	150	1000	5.0	1.0	0.1	75	30	0.1	150

性能	GB/T 5132.2— 2009	最大 或 最小	要　　求										
			EP CC 41	EP GC 41	EP GC 42	EP GC 43	PF CC 41	PF CC 42	PF CC 43	PF CP 43	PF CP 41	PF CP 43	SP GC 41
长期耐热性 TI	7.1	最小	130	130	155	130	120	120	120	120	120	120	120
吸水性 （mg/cm^2）	7.2	最大	2	3	5	3	5	8	8	3	5	8	2
密度 （g/cm^3）	7.3	范围	1.2~ 1.4	1.7~ 1.9	1.7~ 1.9	1.7~ 1.9	1.2~ 1.4	1.2~ 1.4	1.2~ 1.4	1.2~ 1.4	1.2~ 1.4	1.2~ 1.4	1.6~ 1.8
燃烧 性级	7.4		V-O										V-O

注　EP GC42 型"垂直层向弯曲强度"经过 1h、150℃±3℃ 处理后在 150℃±3℃ 测得的弯曲强度应不小于规定值的 50%；燃烧性试验主要是用来监控层压板生产的一致性，如此测得的结果不应被看作是全面表示这些层压板在实际应用条件下的潜在着火危险性。

5. 聚四氟乙烯棒材（QB/T 3626）

聚四氟乙烯棒材用于各种腐蚀性介质中工作的衬垫、密封件和润滑材料以及在各种频率下使用的电绝缘零件。其规格型号和性能见表 1-67。

表 1-67　　　　　　　聚四氟乙烯棒材的规格型号和性能

分类	SFB-1	SFB-2
直径（mm）	1，2，3，4，5，6，7，8，9，10，11，12，13，14，15，16	18，20，22，24，26，28，30，32，34，36，38，40，42，44，46，48，50，55，60，70，75，80，85，90，95，100，110，120，130，140，150，160，170，180，190，200，220，240，260，280，300，350，400，450
长度（mm）	≥100	100
相对密度	2.10~2.30	2.10~2.3
抗拉强度（MPa）	≥14.0	—
拉断伸长率	≥140%	—

6. 常用塑料地板

常用塑料地板特性与应用见表1-68。

表 1-68　　　　常用塑料地板特性与应用

名　称	规格/mm	主要特性	应用举例
聚氯乙烯石棉塑料地板	长×宽×厚 303×303×1.6 333×333×1.6 （有单层、复合、普通三种）	以聚氯乙烯树脂为基料，加入增塑剂、稳定剂、填充料制成。具有耐磨、美观、施工方便等优点	用于宾馆、医院、住宅、净化和防尘车间等楼地面
聚氯乙烯再生胶地板（复合地板）	长 120～480 宽 120～480 厚 1.6～2.0	以聚氯乙烯作面层，再生胶毡为基层，加工热压而生。有各种颜色。美观耐磨，防潮，行走舒适，但面层较薄，使用寿命短	用于防尘车间、宾馆、幼儿园、民用建筑等地面，不宜用于公共建筑等人群行走频繁的场合
聚氯乙烯塑料地板	长×宽 120×120 240×240 305×305 480×480 333×333 厚 1.5～2.0	以聚氯乙烯树脂、填料、增塑剂、颜料配制而成。质轻、耐油、耐磨、隔声、耐腐蚀、色彩鲜艳。硬聚氯乙烯塑料地板又称地板砖	用于宾馆、超净车间、医院、剧院以及民用、公共建筑的楼地面和墙裙等处
聚氯乙烯地毡（人造地板革）	长 20 000 宽 800～1200 厚 2.7～3.0	有多种颜色，色彩鲜艳，光泽一致，表面平整，耐磨，易冲刷清洗	用于宾馆及民用、公用建筑楼地面
弹性塑料卷材地板	长：20 000 宽：900～930 厚：1.4～1.5	以聚氯乙烯为主要原料制成，面层与底层间复合软质泡沫塑料一层。具有美观、耐磨、隔声、隔潮、弹性好、易清扫等优点	用于宾馆、饭店及民用、公共建筑等
聚氯乙烯钙塑地板	长×宽 250×250 300×300 150×150 厚：1.5～2.0	以聚氯乙烯为主要原料经高压制成。有多种颜色	用于工业、民用、公共建筑物的楼地面等处工程

（三）几种典型塑料制品的尺寸及质量

1. 聚氯乙烯塑料制品

（1）硬聚氯乙烯塑料板材。硬聚氯乙烯塑料板材的尺寸及质量见表 1-69。

表 1-69　　　　　硬聚氯乙烯塑料板材的尺寸及质量

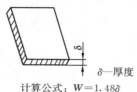

δ—厚度

计算公式：$W = 1.48\delta$

其中，W 单位 kg/m^2；δ 单位为 mm

厚度 δ (mm)	质量 W (kg/m^2)	厚度 δ (mm)	质量 W (kg/m^2)	厚度 δ (mm)	质量 W (kg/m^2)
2	2.96	7	10.04	14	20.70
2.5	3.70	7.5	11.10	15	22.20
3	4.44	8	11.84	16	23.70
3.5	5.18	8.5	12.60	17	25.20
4	5.92	9	13.30	18	26.60
4.5	6.66	9.5	14.10	19	28.10
5	7.40	10	14.80	20	29.60
5.5	8.14	11	16.30	25	34.83
6	8.88	12	17.80	28	41.40
6.5	9.62	13	19.20	30	44.40

注　质量按密度 $1.48g/cm^3$ 计算。

（2）硬聚氯乙烯塑料管材。硬聚氯乙烯塑料管材的尺寸及质量见表 1-70。

表 1-70　　　　　　　　硬聚氯乙烯塑料管材的尺寸及质量

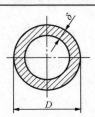

D—外径；δ—壁厚

计算公式：$W = 4.6596 \times 10^{-3} \delta (D - \delta)$

外径 D (mm)	轻　型		重　型	
	壁厚 δ (mm)	近似质量 W (kg/m)	壁厚 δ (mm)	近似质量 W (kg/m)
10	—	—	1.5	0.06
12	—	—	1.5	0.07
16	—	—	2.0	0.13
20	—	—	2.0	0.17
25	1.5	0.17	2.5	0.27
32	1.5	0.22	2.5	0.35
40	2.0	0.36	3.0	0.52
50	2.0	0.45	3.5	0.77
63	2.5	0.71	4.0	1.11
75	2.5	0.85	4.0	1.34
90	3.0	1.23	4.5	1.81
110	4.0	1.75	5.5	2.71
125	4.0	2.29	6.0	3.35
140	4.5	2.88	7.0	4.38
160	5.0	3.65	8.0	5.72
180	5.5	4.52	9.0	7.26
200	6.0	5.48	10.0	9.00
225	7.0	7.20	—	—

注　质量按密度 1.48g/cm³ 计算。

（3）硬聚氯乙烯塑料电线管材。硬聚氯乙烯塑料电线管材的尺寸及质量见表1-71。

表 1-71   **硬聚氯乙烯塑料电线管材的尺寸及质量**

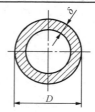

D—外径；δ—壁厚

计算公式：$W=4.6596\times10^{-3}\delta\,(D-\delta)$

公称口径		外径 D	壁厚 δ	内径	内径面积	内孔面积（mm²）			质量 W
mm	in	（mm）	（mm）	（mm）	（mm²）	33%	27.5%	22%	（kg/m）
15	5/8	16	1.5	13	133	44	37	29	0.1
20	3/4	20	1.5	17	227	75	62	50	0.13
25	1	25	1.5	22	380	125	105	84	0.17
32	1¼	32	1.5	29	660	218	181	145	0.22
40	1½	40	2.0	36	1017	336	280	224	0.36
50	2	50	2.0	46	1661	548	457	365	0.45
70	2½	63	2.5	58	2641	871	726	581	0.71
80	3	75	2.5	70	3847	1270	1058	846	0.85

注　质量按密度 1.48g/cm³ 计算。

（4）软聚氯乙烯塑料板材。软聚氯乙烯塑料板材的尺寸及质量见表 1-72。

表 1-72   **软聚氯乙烯塑料板材的尺寸及质量**

δ—厚度

计算公式：$W=1.35\delta$

厚度 δ（mm）	近似质量 W（kg/m²）	厚度 δ（mm）	近似质量 W（kg/m²）
1	1.35	5	6.75
2	2.70	6	8.10
3	4.05	8	10.80
4	5.40	10	13.50

注　质量按密度 1.35g/cm³ 计算。

（5）软聚氯乙烯塑料液体输送管材。软聚氯乙烯塑料液体输送管材的尺寸及质量见表 1-73。

表 1-73　　　**软聚氯乙烯塑料液体输送管材的尺寸及质量**

δ—厚度；d—内径

计算公式：$W = 0.418\,73\delta\,(d + \delta)$

内径 d （mm）	壁厚 δ （mm）	质量 W （kg/100m）	内径 d （mm）	壁厚 δ （mm）	质量 W （kg/100m）
2.0	2.0	—	12	3.9	26.3
3.0	3.1	—	14	3.9	29.6
4.0	3.1	—	16	3.9	32.8
5.0	3.2	11.1	20	3.9	39.7
6.0	3.2	12.5	25	3.9	47.8
7.0	3.2	13.8	30	4.7	77.0
8.0	3.2	15.2	34	4.7	81.0
9.0	3.3	16.5	36	4.7	89.0
10.0	3.9	23.0	40	5.0	116.8

注　质量按密度 1.33g/cm³ 计算。

（6）软聚氯乙烯塑料电器套管材。软聚氯乙烯塑料电器套管材的尺寸及质量见表 1-74。

表 1-74   软聚氯乙烯塑料电器套管材的尺寸及质量

δ—厚度；d—内径

计算公式：$W = 0.418\,73\delta\,(d + \delta)$

内径 d (mm)	壁厚 δ (mm)	质量 W (kg/100m)	内径 d (mm)	壁厚 δ (mm)	质量 W (kg/100m)
1.0	0.4	0.238	10	0.7	3.170
1.5	0.4	0.323	12	0.7	3.760
2.0	0.4	0.408	14	0.7	4.350
2.5	0.4	0.493	16	0.9	6.450
3.0	0.4	0.578	18	1.15	9.750
3.5	0.4	0.663	20	1.15	10.800
4.0	0.6	1.170	22	1.15	11.800
4.5	0.6	1.300	25	1.15	13.300
5.0	0.6	1.420	28	1.40	17.400
6.0	0.6	1.680	30	1.40	18.600
7.0	0.6	1.930	34	1.40	21.000
8.0	0.6	2.190	36	1.40	22.200
9.0	0.6	2.440	40	1.75	31.000

注   质量按密度 $1.33 \mathrm{g/cm^3}$ 计算。

2. 聚乙烯塑料（PE）制品

（1）聚乙烯塑料板材。聚乙烯塑料板材的尺寸及质量见表 1-75。

表 1-75 　　　　　　　**聚乙烯塑料板材的尺寸及质量**

δ—厚度

计算公式：$W=0.94\delta$

厚度 δ (mm)	质量 W (kg/m²)	厚度 δ (mm)	质量 W (kg/m²)	厚度 δ (mm)	质量 W (kg/m²)
2	1.88	8	7.52	30	28.2
3	2.82	10	9.4	35	32.9
4	3.76	15	14.1	40	37.6
5	4.70	20	18.8	45	42.3
6	5.64	25	23.5	50	47.0

注　质量按密度 0.94g/cm³ 计算。

（2）聚乙烯塑料管材。聚乙烯塑料管材的尺寸及质量见表 1-76。

表 1-76 　　　　　　　**聚乙烯塑料管材的尺寸及质量**

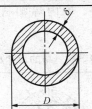

D—外径；δ—壁厚

计算公式：$W=2.9531\times10^{-3}\delta\ (D-\delta)$

外径 D (mm)	壁厚 δ (mm)	质量 W (kg/m)	外径 D (mm)	壁厚 δ (mm)	质量 W (kg/m)
12	1.5	0.05	15	2.0	0.08
14	1.5	0.05	16	2.0	0.08
20	2.0	0.10	75	5.0	0.90
23	2.5	0.13	85	5.0	1.10
25	2.5	0.14	90	5.0	1.30
32	3.4	0.21	100	5.0	1.50
40	3.0	0.32	112	6.0	1.90
50	4.0	0.53	123	6.0	2.28
60	5.0	0.70	140	7.0	3.00

注　质量按密度 0.94g/cm³ 计算。

（3）聚乙烯塑料棒材。聚乙烯塑料棒材的尺寸及质量见表1-77。

表 1-77　　　　聚乙烯塑料棒材的尺寸及质量

d—直径

计算公式：$W = 0.738\ 3 \times 10^{-3}\ d^2$

直径 d （mm）	质量 W （kg/m）	直径 d （mm）	质量 W （kg/m）	直径 d （mm）	质量 W （kg/m）
10	0.07	25	0.46	40	1.18
15	0.17	30	0.66	45	1.60
20	0.30	35	0.90	50	1.85

注　质量按密度 0.94g/cm³ 计算。

3. 聚丙烯塑料（PP）制品

（1）聚丙烯塑料管材。聚丙烯塑料管材的尺寸及质量见表1-78。

表 1-78　　　　聚丙烯塑料管材的尺寸及质量

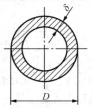

D—外径；δ—壁厚

计算公式：$W = 2.827\ 4 \times 10^{-3} \delta\ (D - \delta)$

外径 D （mm）	I 类（使用压力 0.4MPa）		II 类（使用压力 0.6MPa）		III 类（使用压力 1MPa）	
	壁厚 δ （mm）	参考质量 W （kg/m）	壁厚 δ （mm）	参考质量 W （kg/m）	壁厚 δ （mm）	参考质量 W （kg/m）
20	—	—	—	—	2	0.11
25	—	—	—	—	2.1	0.15

外径 D (mm)	Ⅰ类(使用压力 0.4MPa)		Ⅱ类(使用压力 0.6MPa)		Ⅲ类(使用压力 1MPa)	
	壁厚 δ (mm)	参考质量 W (kg/m)	壁厚 δ (mm)	参考质量 W (kg/m)	壁厚 δ (mm)	参考质量 W (kg/m)
32	—	—	—	—	2.7	0.26
40	—	—	2.1	0.25	3.4	0.37
50	2	0.30	2.6	0.38	4.2	0.58
63	2.3	0.44	3.3	0.61	5.3	0.94
75	2.7	0.61	3.9	0.85	6.3	1.32
90	3.2	0.37	4.7	1.23	7.5	1.88
110	3.9	1.27	5.7	1.83	9.2	2.81
140	5.0	2.21	7.3	2.94	11.7	4.52
160	5.7	2.68	8.3	3.18	13.4	6.20
200	7.1	4.18	10.4	5.96	16.7	9.19

注 质量按密度 0.90g/cm³ 计算。

（2）聚丙烯塑料电线管材。聚丙烯塑料电线管材的尺寸及质量见表1-79。

表 1-79　　　　　**聚丙烯塑料电线管材的尺寸及质量**

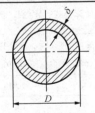

D—外径；δ—壁厚

计算公式：$W = 2.827\ 4 \times 10^{-3} \delta\ (D - \delta)$

公称口径		外径 D (mm)	壁厚 δ (mm)	内径 (mm)	内径面积 (mm²)	内孔面积（mm²）			质量 (kg/m)
mm	in					33%	27.5%	22%	
15	5/8	16	1.5	13	133	44	37	29	0.1
20	3/4	20	1.5	17	227	75	62	50	0.13
25	1	25	1.5	22	380	125	105	84	0.17

| 公称口径 | | 外径 D | 壁厚δ | 内径 | 内径面积 | 内孔面积（mm²） | | | 质量 |
mm	in	（mm）	（mm）	（mm）	（mm²）	33%	27.5%	22%	（kg/m）
32	1¼	32	1.5	29	660	218	181	145	0.22
40	1½	40	2.0	36	1017	336	280	224	0.36
50	2	50	2.0	46	1661	548	457	365	0.45
70	2½	63	2.5	58	2641	871	726	581	0.71
80	3	75	2.5	70	3847	1270	1058	846	0.85

注 质量按密度 0.90g/cm³ 计算。

4. 聚苯乙烯塑料（PS）制品

（1）聚苯乙烯塑料板材。聚苯乙烯塑料板材的尺寸及质量见表 1-80。

表 1-80 　　　　　　聚苯乙烯塑料板材的尺寸及质量

δ—厚度

计算公式：$W = 1.06δ$

厚度δ（mm）	质量 W（kg/m²）	厚度δ（mm）	质量 W（kg/m²）	厚度δ（mm）	质量 W（kg/m²）
2	2.12	8	8.48	30	31.80
3	3.18	10	10.60	35	37.10
4	4.24	15	15.90	40	42.40
5	5.30	20	21.20	45	47.70
6	6.36	25	26.5	50	53.0

注 质量按密度 1.06g/cm³ 计算。

（2）聚苯乙烯塑料棒材。聚苯乙烯塑料棒材的尺寸及质量见表 1-81。

表 1-81 　　　　　　　　聚苯乙烯塑料棒材的尺寸及质量

d—直径

计算公式：$W=0.831\times10^{-3}d^2$

直径 d （mm）	质量 W （kg/m）	直径 d （mm）	质量 W （kg/m）	直径 d （mm）	质量 W （kg/m）
10	0.083	25	0.52	40	1.33
15	0.19	30	0.75	45	1.69
20	0.33	35	1.02	50	2.08

注　质量按密度 1.06g/cm³ 计算。

5. 有机玻璃（聚甲基丙烯酸甲酯）（PMMA）

（1）有机玻璃板材。有机玻璃板材的尺寸及质量见表 1-82。

表 1-82 　　　　　　　　有机玻璃板材的尺寸及质量

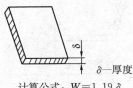

δ—厚度

计算公式：$W=1.19\delta$

厚度 δ（mm）	质量（kg/m²）	厚度 δ（mm）	质量（kg/m²）
1	1.19	6	7.14
2	2.38	7	8.33
3	3.57	8	9.52
4	4.76	9	10.71
5	5.95	10	11.90

注　质量按密度 1.19g/cm³ 计算。

（2）有机玻璃棒材。有机玻璃棒材的尺寸及质量见表1-83。

表 1-83 有机玻璃棒材的尺寸及质量

d—直径

计算公式：$W = 0.934\ 6 \times 10^{-3}\ d^2$

直径 d (mm)	质量 W (kg/m)	直径 d (mm)	质量 W (kg/m)	直径 d (mm)	质量 W (kg/m)
5	0.02	14	0.14	28	0.73
6	0.03	15	0.21	30	0.84
7	0.05	16	0.24	32	0.96
8	0.06	18	0.30	35	1.14
9	0.08	20	0.37	38	1.35
10	0.09	22	0.45	40	1.49
12	0.13	25	0.58	—	—

注 质量按密度 1.19g/cm³ 计算。

6. 聚四氟乙烯塑料（PTFE）制品

（1）聚四氟乙烯塑料板材。聚四氟乙烯塑料板材的尺寸及质量见表1-84。

表 1-84 聚四氟乙烯塑料板材的尺寸及质量

δ—厚度

计算公式：$W = 2.1\delta$

厚度 δ (mm)	质量 W (kg/m²)	厚度 δ (mm)	质量 W (kg/m²)
1	2.10	10	21.00
1.5	3.15	12	25.20
2	4.20	14	29.40
3	6.30	16	33.60
4	8.40	18	37.80
5	10.55	20	42.00
6	12.60	22	46.20
7	14.70	25	52.50
8	16.80	30	63.00
9	18.30	—	—

注 质量按密度 2.1g/cm³ 计算。

（2）聚四氟乙烯塑料管材。聚四氟乙烯塑料管材的尺寸及质量见表1-85。

表 1-85   **聚四氟乙烯塑料管材的尺寸及质量**

δ—厚度；d—内径

计算公式：$W = 6.597\,4 \times 10^{-3} \delta\,(d - \delta)$

内径 d （mm）	壁厚 δ （mm）	质量 （kg/m）	内径 d （mm）	壁厚 δ （mm）	质量 （kg/m）
5	1	0.04	10	2	0.16
5	2	0.09	11	1	0.08
6	1	0.05	11	6.5	0.75
6	2	0.11	13	1	0.09
7	1	0.05	15	2	0.22
7	2	0.12	17	2	0.25
8	1	0.06	18	3	0.42
8	2	0.13	19	2	0.28
9	1	0.07	25	2	0.36
9	2	0.15	29	2	0.41
10	1	0.07	30	2	0.42

注   质量按密度 2.1g/cm^3 计算。

（3）聚四氟乙烯塑料棒材。聚四氟乙烯塑料棒材的尺寸及质量见表1-86。

表 1-86　　　　　　聚四氟乙烯塑料棒材的尺寸及质量

d—直径

计算公式：$W=1.6494\times10^{-3}d^2$

直径 d （mm）	质量 W （kg/m）	直径 d （mm）	质量 W （kg/m）	直径 d （mm）	质量 W （kg/m）
4	0.03	26	1.12	50	4.12
6	0.06	28	1.30	55	4.99
8	0.11	30	1.48	60	5.94
10	0.17	32	1.69	65	6.97
12	0.24	34	1.91	70	8.08
13	0.28	36	2.14	75	9.28
14	0.32	38	2.39	80	10.56
16	0.42	40	2.64	90	13.36
18	0.53	42	2.91	100	16.49
20	0.66	44	3.19	140	32.33
22	0.80	46	3.49	170	47.67
24	0.95	48	3.80	—	—

注　质量按密度 2.1g/cm³ 计算。

7. 聚酰胺（尼龙）塑料（PA）制品

（1）聚酰胺（尼龙1010）塑料板材。聚四氟乙烯塑料棒材的尺寸及质量见表1-87。

表 1-87   聚四氟乙烯塑料棒材的尺寸及质量

δ—厚度

计算公式：$W=1.05\delta$

厚度 δ (mm)	质量 (kg/m²)	厚度 δ (mm)	质量 (kg/m²)	厚度 δ (mm)	质量 (kg/m²)
3	3.15	7	7.35	12	12.60
5	5.25	8	8.40	15	15.75
6	6.30	10	10.50	20	21.00

注 质量按密度 1.05g/cm³ 计算。

（2）聚酰胺塑料管材。聚酰胺塑料管材的尺寸及质量见表 1-88。

表 1-88   聚酰胺塑料管材的尺寸及质量

δ—厚度；d—内径

计算公式：$W=3.298\ 7\times10^{-3}\delta\ (d+\delta)$

内径 d (mm)	壁厚 δ (mm)	质量 W (kg/m)	内径 d (mm)	壁厚 δ (mm)	质量 W (kg/m)
3	0.5	0.01	6	1	0.02
4	1	0.02	8	1	0.03
10	1	0.04	15	2	0.11
11	2	0.04	19	2.5	0.18

注 质量按密度 1.05g/cm³ 计算。

（3）聚酰胺塑料棒材。聚酰胺塑料棒材的尺寸及质量见表1-89。

表 1-89   **聚酰胺塑料棒材的尺寸及质量**

d—直径

计算公式：$W = 0.824\ 7 \times 10^{-3}\ d^2$

直径 d (mm)	质量 W (kg/m)	直径 d (mm)	质量 W (kg/m)	直径 d (mm)	质量 W (kg/m)
8	0.05	30	0.74	70	4.04
10	0.08	35	1.01	80	5.28
12	0.12	40	1.32	90	6.68
15	0.19	45	1.67	100	8.25
20	0.33	50	2.06	120	11.88
25	0.52	60	2.97	—	—

注   质量按密度 1.05g/cm^3 计算。

（四）常用塑料的特性和应用

1. 常用塑料的特性和应用

常用塑料的特性和应用见表1-90。

表 1-90   **常用塑料的特性和应用**

类 别	主 要 特 性	应用举例
聚氯乙烯（PVC）	价廉；硬质、软质可通过配方调节；耐腐蚀性较好；有较高的强度；难燃；耐热性较低	电器零部件、通用机械零件、手轮、手柄等
氟塑料	耐热性、耐腐蚀性、介电性能优异；摩擦系数很小，能自润滑；力学性能较差	飞机起落架、液压系统、油泵的密封件，润滑油、冷气系统的软管，绝缘材料等
聚酰胺（PA）	韧性、耐磨性突出；耐油；吸水性强	轴承、齿轮、衬套、凸轮、泵和阀门零件等

类　别	主要特性	应用举例
聚碳酸酯 （PC）	冲击韧度优良；尺寸稳定性良好；透明；有应力开裂倾向；耐磨性差，可在－60～120℃下工作	航空、电子、机电工业中用作风挡玻璃、防弹玻璃、仪器仪表观察窗等
聚对苯二甲酸乙二酯 （PETP）	电绝缘性能优良；吸湿性小；摩擦系数较小	适用于作结构件、高强度绝缘材料及耐焊接部件
聚乙烯 （PF）	加工性能优良；耐腐蚀性及高频电性能好；力学性能较低；热变形温度较低	小载荷齿轮、轴承和一般电缆包皮、电器和通用机械零件
聚丙烯 （PP）	耐腐蚀性及电性能优良；抗曲挠疲劳和应力开裂性较好；低温性脆；对铜敏感；易老化；可镀层，可在－30～100℃下工作	用作电器、机械零件及防腐包装材料
聚苯乙烯 （PS）	价廉；易加工、着色；透明；性脆；高频电性能优异	仪表系统、汽车灯罩、光学电信零件及生活用品等
丙烯腈－丁二烯－苯乙烯 （ABS）	刚韧；耐蚀性良好；吸湿性小；易镀层；耐候性差	汽车、电器、仪表和机械工业中零件、电镀装饰板和装饰件等
改性聚苯醚 （MPPO）	吸湿性小；力学性能、介电性能优良；尺寸稳定性好；收缩率低。比聚苯醚熔融黏度降低，流动性改善；成形加工性良好	适用于做电器仪表、计算机、打印机、雷达等的外壳与基座等较大的机件
聚苯硫醚 （PPS）	高温耐蚀性良好；尺寸稳定性和抗蠕变性良好；难燃；加工温度高；性脆，用玻璃纤维增强后，冲击强度显著提高，其他力学性能也有改善	适用于做高温电器元件、汽车及机械零部件，航空天线、高频线圈骨架等
聚砜 （PSU）	耐热性好，热变形温度高；韧性好；抗蠕变性好；介电性能优良；可镀层；熔融黏度大，可在－100～150℃下使用	适用于做绝缘制品和结构件，常用做集成电路架、线圈管、灯具插座等

类　别	主要特性	应用举例
聚酰亚胺 （PI）	耐高温性优异，使用高温达200～260℃；耐辐射；耐磨性优良，有良好的自润滑性；热膨胀系数较小；加工困难；价格高	高、低温密封垫圈、阀门、自润滑轴承、印制电路底板、接插件等
聚对苯二甲酸丁二酯 （PBTB）	吸湿性小；成形性良好；耐油性能优异；热变形温度较低；对缺口冲击敏感。力学性能优良，刚性好；摩擦系数低；对有机溶剂有很好的耐应力开裂性	适用于作阻燃耐热、电绝缘、耐化学品零部件，如电子和电器仪表各种变压器骨架、接线板等
聚甲醛 （POM）	刚性好；耐疲劳，在热塑性塑料中最佳；耐磨、耐水性极佳；耐热性、耐燃性较差，可在－40～100℃下使用	航空、机电、仪器仪表等工业中用作轴承、衬套、齿轮、凸轮、滑轮、滑轮、手柄等
氯化聚醚	耐化学腐蚀性突出；吸湿性低；耐腐性好；耐低温性能较差	主要做耐腐蚀产品，如泵、轴承保持器、齿轮等
聚苯醚 （PPO）	吸湿性小，力学性能和制品尺寸稳定；电性能优异；熔融黏度高，工艺性较差；制品易发生应力开裂	适用于电气、仪表绝缘零件，如旋钮、衬套、接插件、手柄等
酚醛塑料	价廉；工艺性好；有较好的耐热性；力学性能和电绝缘性能也较好；色调有限	适用于模塑耐热耐酸、有湿热要求的机电、仪器仪表零件
氨基塑料	价廉；易着色；易于模塑成型；耐溶剂性良好，但易变形、老化，不适合于湿热条件下工作	适用于塑制家用电器、机械零件，如着色按钮、开关面板、插座等
聚邻苯二甲酸二烯丙酯 （PDAP）	在高温、高湿环境中性能和尺寸几乎不变；易于模塑成型；可在－60～180℃下使用	航空、宇航、电子工业中塑制可调微型电容、接插板、分线板、各种开关、按钮等
有机硅塑料	使用温度可达200～250℃；憎水、电绝缘性良好，耐电弧；力学性能较差；成型工艺性较差	适用于模塑高温下工作的各种耐电弧开关、接插件和接线盒等

2. 常用热塑性塑料的特性和用途

常用热塑性塑料的特性和用途见表1-91。

表 1-91 常用热塑性塑料的特性和用途

种 类	特 性	用 途
硬聚氯乙烯（硬 PVC）	有一定的强度，价廉，耐腐蚀，电绝缘性优良，耐老化性能较好，大冷易裂，使用温度 $-15\sim60℃$，应用广	板、管、棒、焊条等型材，耐腐件，化工机械零件
软聚氯乙烯（软 PVC）	强度较硬聚氯乙烯低，伸长率较高，天冷会变硬，其他与硬质相同	板、管、薄膜、焊条，电气绝缘材料，密封件
高压聚乙烯（LDPE）	柔软性、伸长率，冲击韧度和透明性较好，其他性能同（HDPE），抗拉强度 98MPa	电缆电线绝缘，高强度薄膜，管材和其他型材，一般注塑制品
低压聚乙烯（HDPE）	相对密度 $0.94\sim0.96$，使用温度 $-60\sim100℃$。电绝缘尤其是高频绝缘性好，可用玻璃纤维增强，耐腐蚀。室温下不被有机酸溶剂、各种强酸（除浓硝酸外）浸蚀，抗水性好，抗拉强度 19.8MPa	日用工业品，耐腐蚀性、绝缘件涂层
聚丙烯（PP）	相对密度 $0.9\sim0.91$，力学性能、耐热性均优于低压聚乙烯，可在 100℃ 左右使用。除浓硫酸、浓硝酸外，不被其他酸、碱浸蚀。高频绝缘性好，抗水性好，但低温发脆，不耐磨，较易老化，成型收缩大，对紫外线敏感	机械零件，绝缘件，耐腐蚀件，化工容器，衬里表涂层
聚苯乙烯（PS）	电绝缘性，尤其是高频绝缘性优良。透光率 $75\%\sim88\%$ 仅次于有机玻璃。耐碱及浓硫酸、磷酸、硼酸、$10\%\sim36\%$的盐酸、25%以下的醋酸、$10\%\sim19\%$甲酸及其他有机酸，不耐氧化性酸。可溶于苯，甲、乙苯，酯类，汽油等。质脆，着色性好，强度不高，耐热性低，工作温度 $-20\sim65℃$	绝缘件透明件装饰件，泡沫保温材料，耐腐蚀件

种　类	特　性	用　途
丙烯腈—丁二烯—苯乙烯（ABS）	力学性能好，抗拉强度 38～50MPa，电绝缘性好，易于成型和机械加工，不被水、无机盐、酸、碱浸蚀，但不耐浓硫酸、硝酸、冰醋酸，工作温度-20～50℃	电绝缘件，机械零件，纺织器材，减磨，耐磨件及传动件
聚甲基丙烯酸甲酯（有机玻璃）（PMMA）	透光率 99%，透过紫外线光达73.5%，布氏硬度 140～180，抗拉强度 54～63MPa，优良的耐气候性、绝缘性、耐腐蚀性，有一定的耐热性。易成型及机械加工。耐磨性差，着色性好	板，棒，管型材，透明件，装饰件
聚酰胺（尼龙）（PA）	抗拉强度 40～130MPa，聚酰胺 1010冲击韧度（无缺口）高达 24～44J/cm²，耐磨性、耐燃性突出，好的减振性，耐弱酸碱和一般溶剂，对强酸、碱、酚类抗蚀力较差，耐油性好、无毒、无味、无臭，导热率低，热膨胀大，吸水性大，可在-60～100℃内使用	广泛用于机械化工做机械零件，减磨耐磨零件，装饰件，金属表面喷涂层
聚碳酸树脂（PC）	抗拉强度 70MPa，冲击韧度 2～2.4J/cm²，抗蠕变性优，工作温度为60～130℃，尺寸稳定性好。抗老化、电绝缘性优，稀酸、盐溶液、汽油、润滑油、脂肪烃、醇类溶剂对它不能浸蚀，小耐碱、酮浸蚀	仪表零件，透明件，电绝缘件，耐低温零件，高温透镜或视孔，耐冲击件
聚甲醛（POM）	抗拉强度 40～70MPa，工作温度为40～100℃。耐疲劳和耐蠕变性极好，摩擦系数低。制品尺寸稳定。抗氧化及耐候性好。价格低于 PA，日晒使性能下降	机械，化工，汽车零件，减磨，耐磨件
聚四氟乙烯（PTFE）	抗拉强度 14～22MPa；几乎所有化学药品不能浸蚀，熔融碱金属能浸蚀，摩擦系数在塑料中最小（$\mu=0.04$）；耐候性、抗老化性、电绝缘性、润滑性良好；不黏不吸水；力学性能较低；工作温度为-180～260℃；冷流性大，不能注射成型。俗称塑料王	耐腐蚀件，减磨耐磨件，密封件，电绝缘件；人造器官如血管、心肺；金属玻璃、陶器表面的防腐涂层

种 类	特 性	用 途
聚苯醚 （PPO）	抗拉强度 70MPa，冲击韧度（无缺口）$6J/cm^2$；能耐稀酸、碱及合成洗涤剂，长期暴晒会变质，耐水及耐蒸汽性能好；电绝缘性好，工作温度为$-127\sim121℃$，耐摩擦，易于成型，收缩率小，尺寸稳定性好	高温下工作零件，医疗器件，高频电路板、机壳、电子设备零件
聚砜 （PSU）	抗拉强度 49MPa，抗蠕变性、电绝缘性好，除浓硝酸、硫酸外，耐其他化学药品浸蚀，溶于氯化烃和芳香烃；工作温度为$-100\sim150℃$	适合用做工程塑料，可制作各种型材，耐热件，电绝缘件，减磨耐磨件

3. 工程塑料的选用

工程塑料的用途、要求及应用见表 1-92。

表 1-92　　　　　　工程塑料的用途、要求及应用

用途	要 求	应用举例	材 料
一般结构零件	强度和耐热性无特殊要求，一般用来代替钢材或其他材料，但由于批量大，要求有较高的生产率，成本低，有时对外观有一定的要求	汽车调节器盖及喇叭后罩壳、电动机罩壳、各种仪表罩壳、盖板、手轮、手柄、油管、管接头、紧固件等	低压聚乙烯、聚氯乙烯、改性聚苯乙烯（203A、204）、ABS、聚丙烯等。这些材料只承受较低的载荷，当受力小时，在$60\sim80℃$范围内使用
	强度和耐热性无特殊要求，一般用来代替钢材或其他材料，但由于批量大，要求有较高的生产率，成本低，有时对外观有一定的要求并要求有一定的强度	罩壳、支架、盖板、紧固件等	聚甲醛、尼龙 1010

用途	要求	应用举例	材料
透明结构零件	除上述要求外，还必须具有良好的透明度	透明罩壳、汽车用各类灯罩、油标、油杯、视镜、光学镜片、信号灯、防爆灯、防护玻璃以及透明管道等	改性有机玻璃（372）、改性聚苯乙烯（204）、聚碳酸酯
耐磨受力传动零件	要求有较高的强度、刚性、韧性、耐磨性、耐疲劳性，并有较高的热变形温度、尺寸稳定	轴承、齿轮、齿条、蜗轮、凸轮、辊子、联轴器等	尼龙、MC尼龙、聚甲醛、聚碳酸酯、聚酚氧、氯化聚醚、线型聚酯等。这类塑料的抗拉强度都在58.8kPa以上，使用温度可达80～120℃
减磨自润滑零件	对机械强度要求往往不高，但运动速度较高，故要求具有低的摩擦系数，优异的耐磨性和自润滑性	活塞环、机械动密封圈、填料、轴承等	聚四氟乙烯、填充的聚四氟乙烯、聚四氟乙烯填充的聚甲醛、聚全氟乙丙烯（F-46）等；在小载荷、低速时可采用低压聚乙烯
耐高温结构零件	除耐磨受力传动零件和减磨自润滑零件要求外，还必须具有较高的热变形温度及高温抗蠕变性	高温工作的结构传动零件如汽车变速器盖、轴承、齿轮、活塞环、密封圈、阀门、阀杆、螺母等	聚苯醚、氟塑料（F-4，F-46）、聚酰亚胺、聚苯硫醚，以及各种玻璃纤维增强塑料等。这些材料都可在150℃以上使用
耐腐蚀设备与零件	对酸、碱和有机溶剂等化学药品具有良好的抗腐蚀能力，还具有一定的机械强度	化工容器、管道、阀门、泵、风机、叶轮、搅拌器以及它们的涂层或衬里等	聚四氟乙烯、聚全氟乙丙烯、聚三氟氯乙烯F-3、氯化聚醚、聚氯乙烯、低压聚乙烯、聚丙烯、酚醛塑料等

注 由于塑料的导热性很差，故选用时必须设计最优的散热条件，如采取以金属为基体的复合塑料或加入导热性能良好的填充剂或采取利于散热的机械结构设计等。

（五）PVC塑料平开门窗型材

PVC塑料平开门窗型材的规格及型材截面尺寸如图1-6～图1-8所示。

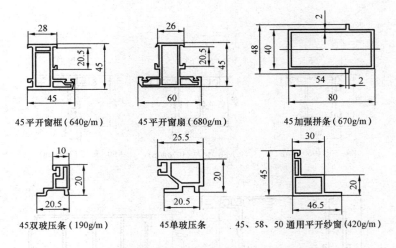

45平开窗框（640g/m） 45平开窗扇（680g/m） 45加强拼条（670g/m）

45双玻压条（190g/m） 45单玻压条 45、58、50通用平开纱窗（420g/m）

图1-6　45系列PVC塑料平开门窗型材的规格及截面尺寸

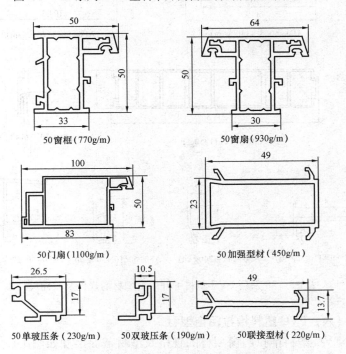

50窗框（770g/m） 50窗扇（930g/m）

50门扇（1100g/m） 50加强型材（450g/m）

50单玻压条（230g/m） 50双玻压条（190g/m） 50联接型材（220g/m）

图1-7　50系列PVC塑料平开门窗型材的规格及截面尺寸

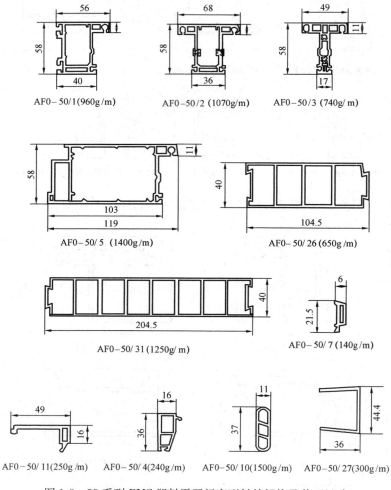

图 1-8　58 系列 PVC 塑料平开门窗型材的规格及截面尺寸

（六）PVC 塑料推拉门窗型材

PVC 塑料推拉门窗型材的规格及型材截面尺寸如图 1-9～图 1-13 所示。

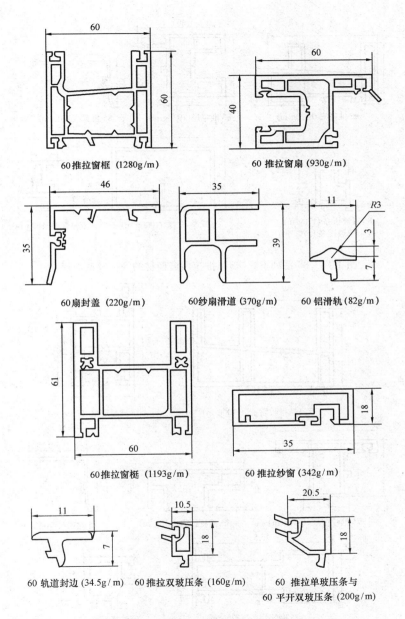

60 推拉窗框 (1280g/m)

60 推拉窗扇 (930g/m)

60 扇封盖 (220g/m)

60 纱扇滑道 (370g/m)

60 铝滑轨 (82g/m)

60 推拉窗梃 (1193g/m)

60 推拉纱窗 (342g/m)

60 轨道封边 (34.5g/m)

60 推拉双玻压条 (160g/m)

60 推拉单玻压条与
60 平开双玻压条 (200g/m)

图 1-9 60 系列 PVC 塑料推拉门窗型材的规格及截面尺寸

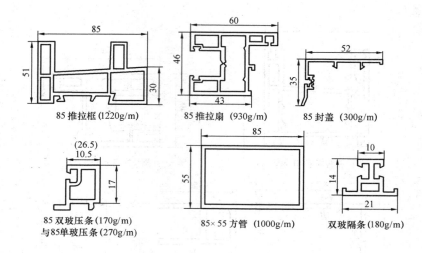

图 1-10　85 系列 PVC 塑料推拉门窗型材的规格及截面尺寸

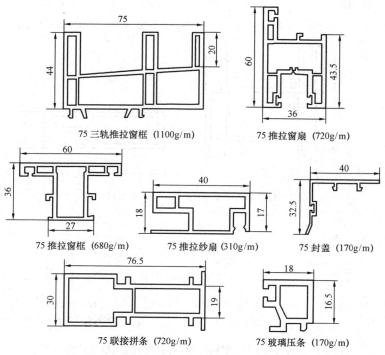

图 1-11　75 三轨系列 PVC 塑料推拉门窗型材的规格及截面尺寸

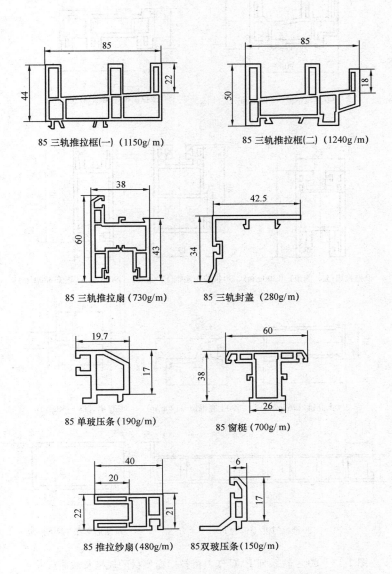

85 三轨推拉框(一)（1150g/m）

85 三轨推拉框(二)（1240g/m）

85 三轨推拉扇（730g/m）

85 三轨封盖（280g/m）

85 单玻压条（190g/m）

85 窗框（700g/m）

85 推拉纱扇（480g/m）

85双玻压条（150g/m）

图 1-12　85 三轨系列 PVC 塑料推拉门窗型材的规格及截面尺寸

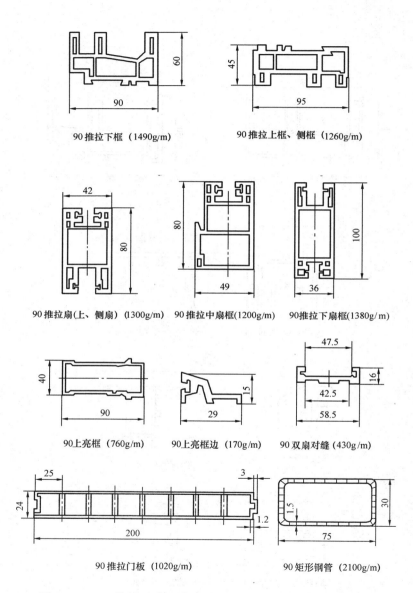

90 推拉下框（1490g/m）　　　　90 推拉上框、侧框（1260g/m）

90 推拉扇(上、侧扇)(1300g/m)　90 推拉中扇框(1200g/m)　90推拉下扇框(1380g/m)

90上亮框（760g/m）　　90上亮框边（170g/m）　　90双扇对缝（430g/m）

90 推拉门板（1020g/m）　　　　　90 矩形钢管（2100g/m）

图 1-13　90 三轨系列 PVC 塑料推拉门窗型材的规格及截面尺寸

(七）常用热塑性塑料的简易鉴别方法

常用热塑性塑料的简易鉴别方法见表1-93。

表 1-93 常用热塑性塑料的简易鉴别方法

塑料名称	燃烧难易程度	离火后是否燃烧	火焰状态	塑料变化状态	气味
聚乙烯	容易	继续燃烧	上端黄、下端蓝	熔融滴落	石蜡燃烧气味
聚丙烯	容易	继续燃烧	上端黄、下端蓝、少量黑烟	熔融滴落	石油味
聚苯乙烯	容易	继续燃烧	橙黄，浓黑烟，炭束	软化起泡	特殊苯乙烯单体味
聚氯乙烯	难	离火即熄	黄色，下端绿，自烟	软化	刺激性酸味
有机玻璃	容易	继续燃烧	浅蓝、顶端白色	融化、起泡	强烈花果臭，腐烂蔬菜臭
ABS	容易	继续燃烧	黄色、黑烟	软化、烧焦	特殊气味
聚酰胺	慢慢燃烧	慢慢熄灭	蓝色，上端黄色	熔融滴落，起泡	羊毛、指甲烧焦气味
聚甲醛	容易	继续燃烧	上端黄、下端蓝	熔融滴落	强烈甲醛味，鱼腥臭
聚碳酸酯	慢燃	慢灭	黄色、黑烟炭束	熔融起泡	特殊气味、花果臭
聚砜	难	熄灭	黄褐色烟	熔融	略有橡胶燃烧味
聚四氟乙烯	不燃	—	—	—	—
酚醛	慢慢燃烧	自燃或继续燃烧	黄色或少量黑烟	膨胀开裂	木材、布或纸和酚醛味

六、木材

1. 木材的分类

木材的分类见表1-94。

表 1-94 木材的分类

类别		分 类
按树种分	针叶树	树叶细长如针,多为常绿树。一般树干通直、高大,材质一般轻软易加工,木纹较直,木节较少,大部分含树脂,强度较高,涨缩变形小,吸湿性较大,常称为软材。如红松、落叶松、樟子松、马尾松、云杉、冷杉、杉木、铁杉、柏木、油松等
	阔叶树	树叶宽大,叶脉呈网状,大都为落叶树。小材重而坚硬,强度高、吸湿性小,耐蚀性强,纹理均匀。木节多,胸径小不易得大材,常称为硬材。如水曲柳、樟木、榉木、栎术、色小、山毛榉等。也有少数质地较软的,如桦木、椴术、山杨、青杨等
按用途分	原木	直接使用的原小、锯材原小、化学加工用原木、镟、刨加工用原木
	改良木	(1) 压缩木——主要用于纺织工业; (2) 层积木——用做电工绝缘材料及机械零件; (3) 浸渍木——可做冲模材料
	原条	杉杆、交手杆(横杆或立杆)
	成材	(1) 锯材——板材、枋材; (2) 枕木——标准轨枕木、宽轨枕木、窄轨枕木
	人造板	(1) 胶合板——普通胶合板、特种胶合板; (2) 细木工板——空心板、实心板; (3) 纤维板——硬质纤维板、中密度纤维板、软质纤维板; (4) 刨花板——未饰面刨花板、饰面刨花板; (5) 木丝板——用做隔墙板、天花板等; (6) 贴面板——用于车辆、船舶、飞机和建筑物内部的装饰等; (7) 其他人造板,如刨切单板、浸渍胶膜纸饰面人造板等

2. 木材的性能术语

木材的性能术语见表 1-95。

表 1-95 木材的性能术语

性能术语	说 明
含水率或含水量	木材中水分的含量用水分质量和木材质量之比的百分率表示,一般木材可分为潮湿木材(含水率超过 23%时)、半干木材(含水率在 23%～18%时)、气干木材(含水率在 18%～10%时)、窑干木材(含水率在 12%～8%时)和全干木材〔又称绝干材,含水率近于 0(0.5%～2%)〕。枕木和建筑用木材的含水率一般要求达到气干,车辆用材则要求在 12%以下,多采用窑干木材

性能术语	说　　明
干缩率和湿胀率	木材干燥后尺寸的减小值与绝干时尺寸的比值称为干缩率。木材吸湿后尺寸的增大值与绝干时尺寸的比值称为湿胀率
密度（g/cm³）	木材单位体积的质量。通常以含水率为15％时的气干材的密度为标准，称为气干密度
抗压强度（MPa）	木材所能承受压力载荷的最大压力。其中，顺纹抗压强度是木材使用的主要指标
抗拉强度（MPa）	木材所能承受拉力载荷的最大能力。一般顺纹抗拉强度比顺纹抗压强度大2～3倍，但在使用中无法充分利用
抗弯强度（MPa）	木材承受逐渐施加的弯曲载荷的最大能力。木材一般具有优良的抗弯强度
冲击韧度（J/cm³）	衡量木材韧性强度大小的强度指标。根据木材受冲击而弯曲折断时断面处单位面积所消耗的功来计算的，可供做木材品质比较，但不能用于结构计算
硬度（MPa）	木材抵抗其他刚体压入其表面的能力。通常根据端部硬度的大小，将木材分为软质树种、软硬适中树种和硬质树种
抗劈力（N）	木材抵抗楔子从端部劈开的能力。反映木材劈开的难易程度和钉子是否牢固
握钉力（N）	从木材中拔出钉子所需的能力。容重大的握钉力大，但钉子阻力大，易开裂
磨损率	表示木材耐磨性的一项指标，以木材磨损后失重与原来质量的百分比（％）值来表示

3. 板方材的规格

板方材的规格见表1-96。

表1-96　　　　　　　　　　板方材的规格

材种	厚度（mm）	宽　　度　（mm）										
板材	10	50	60	70	80	90	100	120	150	—	—	—
	12	50	60	70	80	90	100	120	150	180	210	—
	15	50	60	70	80	90	100	120	150	180	210	240

材种	厚度（mm）	宽度（mm）												
	18	50	60	70	80	90	100	120	150	180	210	240	—	—
	21	50	60	70	80	90	100	120	150	180	210	240	270	—
	25	50	60	70	80	90	100	120	150	180	210	240	270	—
	30	50	60	70	80	90	100	120	150	180	210	240	270	300
	35	50	60	70	80	90	100	120	150	180	210	240	270	300
	40	50	60	70	80	90	100	120	150	180	210	240	270	300
	45	50	60	70	80	90	100	120	150	180	210	240	270	300
	50	50	60	70	80	90	100	120	150	180	210	240	270	300
	55	—	60	70	80	90	100	120	150	180	210	240	270	300
	60	—	60	70	80	90	100	120	150	180	210	240	270	300
	65	—	—	70	80	90	100	120	150	180	210	240	270	300
	70	—	—	70	80	90	100	120	150	180	210	240	270	300
	75	—	—	—	80	90	100	120	150	180	210	240	270	300
方材	80	—	—	—	80	90	100	120	150	180	210	240	270	300
	85	—	—	—	—	90	100	120	150	180	210	240	270	300
	90	—	—	—	—	90	100	120	150	180	210	240	270	300
	100	—	—	—	—	—	100	120	150	180	210	240	270	300
	120	—	—	—	—	—	—	120	150	180	210	240	270	300
	150	—	—	—	—	—	—	—	150	180	210	240	270	—
	160	—	—	—	—	—	—	—	—	180	210	240	270	—
	180	—	—	—	—	—	—	—	—	180	210	240	270	—
	200	—	—	—	—	—	—	—	—	—	210	240	270	—
	220	—	—	—	—	—	—	—	—	—	—	240	270	—
	240	—	—	—	—	—	—	—	—	—	—	240	270	—
	250	—	—	—	—	—	—	—	—	—	—	—	270	—
	270	—	—	—	—	—	—	—	—	—	—	—	270	—
	300	—	—	—	—	—	—	—	—	—	—	—	—	300

4.常用木材的产地、特性和用途

常用木材的产地、特性和用途见表1-97。

表 1-97　　　　　　　　常用木材的产地、特性和用途

树种	主要产地	主要识别特征和一般性质	主要用途
香樟（樟木、小叶樟、乌樟）	长江流域以南	树皮黄褐色略带暗灰，心材红褐色，石细胞层环状排列。有樟脑气味。边材宽、黄褐色至灰褐色；心材红褐色。散孔材。木材有显著樟脑气味。 纹理交错，结构细。易加工，切削后光滑，干燥后不易变形，耐久性强	家具、雕刻、细木工贴面等
紫椴（椴木）	东北、山东、山西、河北	树皮土黄色，一般平滑，纵裂，裂沟浅，表面单层翘离，内皮粉黄色较厚，剥落成纸条状。木材黄白色略带褐，有腻子气味，与杨树区别，表面不规则，弦面波痕略显明，显微镜下导管具螺纹加厚。与本种近似的有糠椴，但较松软，旋切易起毛，质稍差。散孔材。加工后易与杨木混淆。 材质略轻软，纹理直，结构细，手感光滑，易加工，易雕刻，不耐磨	胶合板，仿古门窗及家具、绘图板等
水曲柳	东北	树皮灰白色微黄，皮沟纺锤形；内皮淡黄色，味苦，干后浅驼色，浸入水中30min，溶液绿蓝色。边材窄、黄白色；心材褐色略黄。环孔材。与水曲柳近似的还有花曲柳，但心、边区别不明显，材色较浅，黄白色。加工后易与榆木混淆。 材质光滑，纹理直，结构中等。易加工，不易干燥，耐久，油漆和胶合均易	胶合板面板、家具、栏杆扶手、室内装饰、木地板等
泡桐（桐树）	北起辽宁、南止广东	树皮灰色，平滑，皮孔显著。木材浅灰褐色。环孔材。年轮甚宽。髓心大而中空。 材质轻柔，纹理直或斜结构粗。易加工切面不光滑，易干燥，不翘裂。钉着力弱	胶合板的心板、绝热和电的绝缘材料、家具的背板

树种	主要产地	主要识别特征和一般性质	主要用途
柳桉 （红柳桉）	国外产于 菲律宾	树皮较厚，皮沟深，边材淡灰色至红褐色；心材淡红色至暗红褐色。心材管孔内常含有褐色树胶或白色沉积物，散孔材，此外尚未有白柳桉，属于白柳桉属，材色灰白，树胶道小，在放大镜下可见。 材质轻重适中，纹理交错，形成带状花纹，结构略粗。易加工，易干燥，稍有翘曲和开裂，胶合性良好	胶合板、家具、船舶和建筑内部装修
红松（果松、海松、朝鲜松）	东北长白山、小兴安岭	树皮灰红褐色，皮沟不深，鳞片状开裂；内皮浅驼色，裂纹呈红褐色，在原木断面有明显的油脂圈；心材黄褐微带肉红。年轮窄而均匀，树脂道明显。 材质轻软，纹理直，结构中等。干燥性能良好，易加工，切削面光滑，油漆和胶接甚易。耐久性比马尾松强	门窗、屋架、檩条、模板等
马尾松（本松、松树）	长江流域以南	外皮深红褐色微灰，纵裂，长方形剥落；内皮枣红色微黄。边材浅褐黄色，甚宽，常有青变；心材深黄褐色微红。树脂道大而多，呈针孔状。轮生节明显。 材质硬度中，纹理直或斜不匀，结构中至粗。不耐腐，松脂气味显著，钉着力强	模板、门窗、椽条、地板及胶合板等
兴安落叶松（黄花松、内蒙古落叶松、落叶松）	东北大、小兴安岭	树皮暗灰色，皮沟深，裂片内鲜紫红色，折断后断面深褐色；内皮淡肉红色。边材黄白色微带褐；心材黄褐至棕褐色。早晚材急变，手摸感到起凸不平。树脂道小而少。 材质坚硬，不易干燥和防腐处理，干燥易开裂，不易加工，耐磨损、磨损后材面凹凸不平	檩条、地板、木桩等
华山松（马岱松、黄松、葫芦松）	陕西、甘肃	心材为浅红褐色至鹅黄色，边材为黄白色至浅黄色，年轮明显，不很均匀；有正常树脂，在肉眼下明显至明晰或可见；木射线很细，肉眼不可见；木材不具光泽，具有松脂气味；材身多圆满，材表光滑。 纹理直，易干燥，中等耐腐，加工容易，切削面光滑，胶合、油漆性质良好	模板、门窗、胶合板等

树种	主要产地	主要识别特征和一般性质	主要用途
油松	陕西、甘肃	心材浅褐色，边材浅黄褐色；年轮显著，不均匀，树脂道正常；木射线很细，肉眼不可见；具有松脂气味；材身圆满，材表光滑。 纹理直，易气干，干燥性质较好，中等耐腐，材质良好易加工，因含油脂油漆不易	模板、屋架等
云杉	—	心材、边材区别不明显，材色乳白色、米色略带褐色；年轮明晰有树脂道分布于晚材附近；木射线很细，纹理通直，木材具有光泽，材身圆满，材表平滑。 木材易气干，少见干裂现象，易腐，质量轻、强重比大，无节木材加工容易，但因大节易使刀具变钝，握钉力弱，胶合、油漆性能良好	木模、胶合板、门窗、室内装饰等
冷杉 （蒲木）	陕西、四川	树皮浅褐色至黄褐色；心、边材区别不明显，木材为黄白色至浅黄色，年轮明晰略均匀；木射线很细；无正常树脂道；纹理通直，材身圆满，材表平滑。 易气干，较少干裂，易腐，力学强度低，加工容易，钉着容易但握钉力较差，油漆、磁针合性能良好	门窗、胶合板、室内装修等
卜氏杨 （科瓜杨、水冬瓜）	陕西、四川、甘肃	树皮呈灰黄色至黄褐色，呈片状层剥离；木材为浅褐黄色而略带微红色；年轮略明晰，管孔极小，肉眼不见，纹理通直，材身常圆满，材表平滑。 气干容易，常见干裂与翘曲，木材易腐，力学强度低，易于加工，但表面不光滑，钉着容易但握钉力弱，胶合、油漆性能中等	家具、模板等
红桦 （纸皮桦）	陕西、甘肃	树皮光滑，为浅红褐色或略带紫色，具有灰色粉末，外皮做纸片状剥落；木材为浅红色或浅褐红色，年轮明晰不很均匀；管孔小，木射线细；纹理常通直有时倾斜，材身圆满，材表光滑。 气干速度中等，有干裂和变形情况，原材多端裂；易腐朽，力学强度中等，加工容易至中等难度，材质良好，加工表面光滑，打光、胶合、钉着、油漆等性能良好	胶合板、家具等

树种	主要产地	主要识别特征和一般性质	主要用途
枫杨 （麻柳、 柳木）	甘肃、 陕西、 山东、 长江流域	外皮灰褐色，浅裂；内皮黄白色。木材褐色至灰白色半散孔材。髓心呈隔膜状。 材质轻柔，纹理交错，结构中等。易加工，干燥易翘曲	家具、胶合板、建筑模板
青冈栎 （铁槠、 青栲树）	长江流域以南	外皮深灰色，薄而光滑，无皮沟；内皮似菊花状。木材灰褐色至红褐色，边材色较浅。辐射孔材。 材质坚硬，富有弹性，纹理直、结构中。不易加工，切削面光滑。耐磨性强，油漆或胶合性能很好	楼梯扶手等

5. 建筑工程常用木材的选用

建筑工程常用木材的选用见表 1-98。

表 1-98　　　　　　　　　建筑工程常用木材的选用

使用部位	材质要求	建议选用的树种
门窗	要求木材容易干燥、干燥后不变形、材质较轻、易加工、油漆、胶黏性质良好，并具有一定的花纹和材色的木材	异叶罗汉松、黄杉、铁杉、云南铁杉、云杉、红皮云杉、细叶云杉、鱼鳞云杉、紫果云杉、冷杉、杉松冷杉、臭冷杉、油杉、云南油杉、杉木、柏木、华山松、白皮松、红松、广东松、七裂槭、色木槭、青榨槭、满州槭、紫椴、椴木、大叶桉、水曲柳、野核桃、核桃楸、胡桃、山核桃、枫杨、枫桦、红桦、黑桦、亮叶桦、香桦、白桦、长柄山毛榉、栗、珍珠栗、红楠、楠木等
地板	要求耐腐、耐磨、质硬和具有装饰花纹的木材	黄杉、铁杉、云南铁杉、油杉、云南油杉、兴安落叶松、四川红杉、长白落叶松、红杉、黄山松、马尾松、樟子松、油松、云南松、柏木、山核桃、枫桦、红桦、黑桦、亮叶桦、香桦、白桦、长柄山毛榉、栗、珍珠栗、米槠、栲树、苦槠、包栎树、铁槠、槲栎、白栎、柞栎、麻栎、小叶栎、花榈木、红豆木、岑、水曲柳、大叶桉、七裂槭、色木槭、青榨槭、满州槭、金丝李、红松、杉木、红楠、楠木等

使用部位	材质要求	建议选用的树种
装饰材、家具	要求材色悦目、具有美丽的花纹、加工性质良好、切面光滑、油漆和胶黏性质均好、不劈裂的木材	银杏、红豆杉、异叶罗汉松、云杉、红皮云杉、细叶云杉、鱼鳞云杉、紫果云杉、红松、桧木、福建柏、侧柏、柏木、响叶杨、青杨、大叶杨、辽杨、小叶杨、毛白杨、山杨、旱柳、胡桃、野核桃、核桃楸、山核桃、枫杨、枫桦、红桦、黑桦、亮叶桦、香桦、白桦、长柄山毛榉、栗、珍珠栗、包栎树、铁槠、槲树、白栎、柞栎、麻栎、小叶栎、春榆、大叶榆、大果榆、椆榆、白榆、光叶榉、樟木、红楠、楠木、檫木、白克木、枫香、悬铃木、金丝李、大叶合欢、皂角、花桐李、红豆木、黄檀、黄菠萝、香椿、七裂槭、色木槭、青榨槭、满州槭、蚬木、紫椴、大叶桉、水曲柳、岑楸树等
屋架（包括木梁、格栅、桁条、柱）	要求纹理直、有适当的强度、耐久性好、钉着力强，干缩小的木材	黄杉、铁杉、云南铁杉、云杉、红皮云杉、细叶云杉、鱼鳞云杉、紫果云杉、冷杉、杉松冷杉、臭冷杉、油杉、云南油杉、兴安落叶松、四川红杉、红杉、长白落叶松、金钱松、华山松、白皮松、红松、广东松、黄山松、马尾松、樟子松、油松、云南松、水杉、柳杉、杉木、福建柏、侧柏、柏木、桧木、响叶畅、青杨、辽杨、小叶杨、毛白杨、山杨、樟木、红楠、楠木、木荷、西南木荷、大叶桉等
墙板、镶板、天花板	要求具有一定的强度、质较轻和有装饰价值花纹的木材	除以上树种外，还有异叶罗汉松、红豆杉、野核桃、核桃楸、胡桃、山核桃、长柄山毛榉、栗、珍珠栗、木槠、栲树、苦槠、包栎树、铁槠、面槠、槲栎、白栎、柞栎、麻栎、小叶栎、白克术、悬铃木、皂角、香椿、刺楸、金丝李、水曲柳、岑楸树、红楠、楠木等
椽子、挂瓦条、平顶筋、灰板条、墙筋等	要求纹理直、无翘曲、钉钉子时不劈裂的木材	通常利用制材中的废材，以松、杉树种为主

使用部位	材质要求	建议选用的树种
电杆横担木	要求纹理直、强度大、耐久、不劈裂的木材	红椎、包栎树、铁槠、面槠、槲栎、白栎、柞栎、麻栎、小叶栎、栓皮栎、槐、刺槐、水曲柳、岑等
电杆	要求树干长而直、具有适当的强度、耐久性好的木材	杉木、红豆杉、云杉、红皮云杉、细叶云杉、鱼鳞云杉、紫果云杉、冷杉、杉松冷杉、臭冷杉、兴安落叶松、四川红杉、长白落叶松、红杉、红松、马尾松、云南松、铁杉、云南铁杉、柳杉、桧木、侧柏、栗、珍珠栗、大叶桉等
桩木坑木	要求抗剪、抗劈、抗压、抗冲击力好、耐久、纹理直，并具有高度天然抗灾害性能的木材	红豆杉、云杉、红皮云杉、细叶云杉、鱼鳞云杉、紫果云杉、冷杉、杉松冷杉、臭冷杉、铁杉、云南铁杉、黄杉、油杉、云南油杉、兴安落叶松、四川红杉、长白落叶松、红杉、华山松、白皮松、红松、广东松、黄山松、马尾松、樟子松、油松、云南松、杉木、桧木、柏木、包栎树、铁槠、面槠、槲栎、白栎、柞栎、麻栎、小叶栎、栓皮栎、栗、珍珠栗、春榆、大叶榆、大果榆、榔榆、白榆、光叶榉、金丝李、樟木、檫木、山合欢、大叶合欢、皂角、槐、刺槐、大叶桉等
枕木	要求抗冲击、耐磨、具有适当强度、耐腐蚀性能好的木材	红豆杉、黄杉、铁杉、云南铁杉、油杉、云南油杉、兴安落叶松、四川红杉、长白落叶松、红杉、油松、马尾松、红松、云南松、华山松、云杉、冷杉、杉木、桧木、柏木、侧柏、枫桦、红桦、黑桦、亮叶桦、香桦、白桦、栗、珍珠栗、长柄山毛榉、包栎树、铁槠、槲栎、白栎、柞栎、麻栎、小叶栎、白克木、枫香、槐、刺槐、黄菠萝、春榆、大叶榆、大果榆、榔榆、白榆、大叶桉、梓树、楸树、七裂槭、色木槭、青榨槭、满州槭等

七、玻璃和有机玻璃制品

玻璃是由熔融物经一定的冷却方法冷却后而获得的一种非晶形

无机非金属固体材料，其特性是具有良好的光学效果，透光、透视、硬度高、脆性大、热稳定性差、化学稳定性好的一种材料。常用建筑玻璃的分类见表1-99，常用玻璃的物理性能见表1-100。

表 1-99 建筑玻璃的分类

类　别	玻　璃　品　种
平板玻璃	普通平板玻璃、高级平板玻璃（浮法玻璃）
声、光、热控制玻璃	热反射膜镀膜玻璃、低辐射膜镀膜玻璃、导电膜镀膜玻璃、磨砂玻璃、喷砂玻璃、压花玻璃、中空玻璃、泡沫玻璃、玻璃空心砖
安全玻璃	夹丝玻璃、夹层玻璃、钢化玻璃
装饰玻璃	彩色玻璃、压花玻璃、磨花玻璃、喷花玻璃、冰花玻璃、刻花玻璃、磨光玻璃、镜面玻璃、彩釉钢化玻璃、玻璃马赛克、玻璃大理石、镭射玻璃
特种玻璃	防辐射玻璃（铅玻璃）、防盗玻璃、电热玻璃、防火玻璃
玻璃纤维及制品	玻璃棉、毡、板，玻璃纤维布、带、纱等

表 1-100 常用玻璃的物理性能

类型	密度（g/cm^3）	热膨胀系数（×10^{-6}/℃）	折射率系数	软化温度（℃）	安全工作温度（℃）	弹性模量（10^{4}MPa）
普通玻璃	2.47	9	1.512	693	110	6.86
铅玻璃	2.85	9	1.542	627	110	5.32
硅酸硼玻璃	2.32	3.24	1.474	821	230	6.37
石英玻璃	2.20	0.54	1.459	1649	1000	6.2～7.2
高硅氧玻璃	2.18	0.72	1.458	1491	800	6.79

1. 常用玻璃的特性和用途

常用玻璃的特性和用途见表1-101。

表 1-101 常用玻璃的特性和用途

名称	特　性	用　途
普通平板玻璃	有较好的透明度，表面平整	用于建筑物采光、商店柜台、橱窗、交通工具、制镜、仪表、农业温室、暖房以及加工其他产品等

名称	特　性	用　途
浮法玻璃	玻璃表面特别平整光滑、厚度非常均匀、光学畸变较小	用于高级建筑门窗、橱窗、指挥塔窗、夹层玻璃原片、中空玻璃原片、制镜玻璃、有机玻璃模具，以及汽车、火车、船舶的风窗玻璃等
压花玻璃	由于玻璃表面凹凸不平，当光线通过玻璃时即产生漫射，因此从玻璃的一面看另一面的物体时，物像就模糊不清，造成了这种玻璃透光不透明的特点，另外，又具有各种花纹图案，各种颜色，艺术装饰效查甚佳	用于办公室、会议室、浴室、厕所、厨房、卫生间以及公共场所分隔用的门窗和隔断等
夹丝玻璃	具有均匀的内应力和一定的冲击韧度，当玻璃受外力引起破裂时，由于碎片黏在金属丝网上，故可裂而不碎，碎而不落，不致伤人，具有一定的安全作用及防振、防盗作用	用于高层建筑、天窗、振动较大的厂房及其他要求安全、防振、防盗、防火之处
夹层玻璃	这种玻璃受剧烈振动或撞击时，由于衬片的黏合作用，玻璃仅呈现裂纹，而不落碎片。它具有防弹、防振、防爆性能	用于高层建筑门窗、工业厂房门窗、高压设备观察窗、飞机和汽车挡风窗及防弹车辆、水下工程、动物园猛兽展窗、银行等
着色玻璃	分透明和不透明两种，透明的着色玻璃是在配料中加入某种金属氧化物使玻璃着色。不透明的着色玻璃是在平板玻璃的一个表面喷以色釉，经热处理制成，一般品种有红、蓝、绿、黄、乳白、紫等色。这种玻璃耐腐蚀，易清洗，可按需要拼接不同的图案或花纹	大型公用建筑物，如剧场、影院、大堂、体育馆门窗装饰，可用各种色彩嵌并成图案，也达到隔热、遮光、光线柔和的使用目的
钢化玻璃	具有弹性好、冲击韧度高、抗弯强度高、热稳定性好以及光洁、透明的特点，在遇到强冲击破坏时，碎片呈分散细小颗粒状，无尖锐棱角，因此不致伤人	用于建筑门窗、幕墙、船舶、车辆、仪器仪表、家具、装饰等

名称	特性	用途
中空玻璃	具有优良的保温、隔热、控光、隔声性能，如在玻璃与玻璃之间，充以各种漫射光材料或介质等，可获得更好的声控、光控、隔热等效果	用于建筑门窗、幕墙、采光顶棚、花盆温室、冰柜门、细菌培养箱、防辐射透视窗以及车船挡风玻璃等
磨砂玻璃及喷砂玻璃	均具有透光不透视的特点。由于光线通过这种玻璃后形成温射，所以它们还具有避免眩光的特点	用于需要透光不透视的门窗、隔断、浴室、卫生间及玻璃黑板、灯具等
磨花玻璃及喷花玻璃	具有部分透光透视，部分透光不透视的特点。其图案清晰，雅洁美观，装饰性强	用做玻璃屏风、桌面、家具，装饰材料之用
防弹防爆玻璃	具有高强度和抗冲击能力，耐热、耐寒性能好	用于飞机、坦克、装甲车、防爆车、舰船、工程车等国防武器装备及其他行业有特殊安全防护要求的设施
防盗玻璃	既有夹层玻璃破裂不落碎片的特点，又可及时发出警报（声、光）信号	用于银行门窗、金银首饰店柜台、展窗、文物陈列窗等既需采光透明，又要防盗的部门
电热玻璃	具有透光、隔声、隔热、电加温、表面不结霜冻、结构轻便等特点	用于严寒条件下的汽车、电车、火车、轮船和其他交通工具的挡风玻璃以及室外作业的瞭望、探视窗等
泡沫玻璃	具有质轻、强度好、隔热、保温、吸声、不燃等特点，而且可锯割、可黏接、加工容易	用于建筑、船舶、化工等部门，作为声、热绝缘材料之用

2. 平板玻璃（GB 11614）

用于建筑采光、商店柜台、橱窗、交通工具、制镜、仪表、农业温室、暖房以及加工其他产品。按颜色属性分为无色透明平板玻璃和本体着色平板玻璃；按外观质量分为合格品、一等品和优等品。平板玻璃外观质量要求，见表 1-102，规格及性能见表 1-103。

表 1-102

平板玻璃外观质量

点状缺陷①

缺陷种类	合格品 尺寸 L (mm)	合格品 允许个数限度	一等品 尺寸 L (mm)	一等品 允许个数限度	优等品 尺寸 L (mm)	优等品 允许个数限度
点状缺陷①	0.5≤L≤1.0	2×S	0.3≤L≤0.5	2×S	0.3≤L≤0.5	1×S
	1.0＜L≤2.0	1×S	0.5＜L≤1.0	0.5×S	0.5＜L≤1.0	0.2×S
	2.0＜L≤3.0	0.5×S	1.0＜L≤1.5	0.2×S	L＞1.0	0
	L＞3.0	0	L＞1.5	0		

其他质量要求

缺陷种类	合格品	一等品	优等品
点状缺陷密集度	尺寸≥0.5mm 的点状缺陷最小间距不小于 300mm；直径 100mm 圆内尺寸≥0.3mm 的点状缺陷不超过 3 个	尺寸≥0.3mm 的点状缺陷最小间距不小于 300mm；直径 100mm 圆内尺寸≥0.2mm 的点状缺陷不超过 3 个	尺寸≥0.3mm 的点状缺陷最小间距小于 300mm；直径 100mm 圆内尺寸≥0.1mm 的点状缺陷不超过 3 个
线道	不允许	不允许	不允许
裂纹	不允许	不允许	不允许

划伤

缺陷种类	合格品 允许条数限度	合格品 允许范围	一等品 允许条数限度	一等品 允许范围	优等品 允许条数限度	优等品 允许范围
划伤	3×S	宽≤0.5mm，长≤60mm	2×S	宽≤0.2mm，长≤40mm	2×S	宽≤0.1mm，长≤30mm

光学变形

缺陷种类	合格品 公称厚度 (mm)	合格品 无色透明平板玻璃	合格品 本体着色平板玻璃	一等品 公称厚度 (mm)	一等品 无色透明平板玻璃	一等品 本体着色平板玻璃	优等品 公称厚度 (mm)	优等品 无色透明平板玻璃	优等品 本体着色平板玻璃
光学变形	2	≥40°	≥40°	2	≥50°	≥45°	2	≥50°	≥50°
	3	≥45°	≥40°	3	≥55°	≥50°	3	≥55°	≥50°
	≥4	≥50°	≥45°	4～12	≥60°	≥55°	4～12	≥60°	≥55°
				≥15	≥55°	≥50°	≥15	≥55°	≥50°

断面缺陷

公称厚度不超过 8mm 时，不超过玻璃板的厚度；8mm 以上时，不超过 8mm

注：S 是以 m² 为单位的玻璃板面积数值，按 GB/T 8170 修约，保留小数点后两位，点状缺陷的允许个数限度及划伤的允许条数限度为各系数与 S 相乘所得的数值，按 GB/T 8170 修约至整数。

① 合格品光畸变点视为 0.5～1.0mm。

表 1-103 平板玻璃的规格及性能

厚度（mm）	2	3	4	5	6	8	10	12	15	19	22	25
透光率（%）≥	89	88	87	86	85	83	81	79	76	72	69	67

3. 建筑用安全玻璃——防火玻璃（GB 15763.1）

在规定的耐火实验中能够保持其完整性和隔热性的特种玻璃，适用于建筑用复合防火玻璃及经钢化工艺制造的单片防火玻璃。

（1）产品分类。按用途分

1）A 类：建筑中防火玻璃及其他防火玻璃。

2）B 类：船用防火玻璃，包括舷窗防火玻璃和矩形窗防火玻璃，外表面玻璃板是钢化安全玻璃，内表面玻璃板材料可以任意选择。

按耐火性能可分为

1）A 类防火玻璃按耐火性能分为甲级、乙级、丙级。

2）B 类防火玻璃按耐火性能分为 B-级、B-15 级。

（2）防火玻璃的尺寸及允许偏差。

A 类防火玻璃的尺寸及允许偏差见表 1-104 和表 1-105。

表 1-104 A 类防火玻璃的尺寸允许偏差 mm

玻璃的总厚度 δ	长度或宽度	
	$L \leq 1200$	$1200 < L < 2400$
$5 \leq \delta < 11$	±2	±3
$11 \leq \delta < 17$	±3	±4
$17 \leq \delta < 24$	±4	±5
$\delta > 24$	±5	±6

表 1-105 A 类防火玻璃厚度允许偏差 mm

玻璃的总厚度 δ	允许偏差
$5 \leq \delta < 11$	±1
$11 \leq \delta < 17$	±1
$17 \leq \delta < 24$	±1.3
$\delta > 24$	±1.5

A 类防火玻璃的外观质量必须符合表 1-106 的规定。周边 15mm 范围内不做规定。

表 1-106　　　　　　　A 类防火玻璃的外观质量

种类	甲　级		乙　级		丙　级	
	优等品	合格品	优等品	合格品	优等品	合格品
气泡	直径 300mm 圆内，允许长 0.5～1mm 的气泡 3 个	直径 300mm 圆内，允许长 1～2mm 的气泡 6 个	直径 300mm 圆内，允许长 0.5～1mm 的气泡 2 个	直径 300mm 圆内，允许长 1～2mm 的气泡 4 个	直径 300mm 圆内，允许长 0.5～1mm 的气泡 1 个	直径 300mm 圆内，允许长 1～2mm 的气泡 3 个
胶合层杂质	直径 500mm 圆内，允许长 2mm 以下的杂质 4 个	直径 500mm 圆内，允许长 3mm 以下的杂质 5 个	直径 500mm 圆内，允许长 2mm 以下的杂质 3 个	直径 500mm 圆内，允许长 3mm 以下的杂质 4 个	直径 500mm 圆内，允许长 2mm 以下的杂质 2 个	直径 500mm 圆内，允许长 3mm 以下的杂质 3 个
裂痕	不允许存在					
爆边	每平方米允许有长度不超过 20mm，自玻璃边部向玻璃表面延伸深度不超过厚度一半的爆边					
	4 个	6 个	4 个	6 个	4 个	6 个
叠差 摩伤 脱胶	不得影响使用，可由供需双方商定					

A 类和 B 类防火玻璃的耐火性能应符合表 1-107 和表 1-108。

表 1-107　　　　　　　A 类防火玻璃的耐火性能　　　　　　　mm

耐火等级	耐火性能
甲级≥	72
乙级≥	54
丙级≥	36

表 1-108　　　　　　　B 类防火玻璃的耐火性能

耐火等级	耐火性能
B-0 级	经过 30min 试验后，火焰不穿透
B-15 级	经过 30min 试验后，火焰不穿透。此外，在 15min 内，背火面玻璃的平均温度升高不超过起始温度 139℃，玻璃外表面的任何地方，温度升高也不得超过起始温度 225℃

（3）光学性能。A 类防火玻璃透光度必须符合表 1-109 的
规定。

表 1-109　　　　　　　　**A 类防火玻璃透光度**

玻璃的总厚度 δ（mm）	透光度（%）
5≤δ<11	≥75
11≤δ<17	≥70
17≤δ<24	≥65
δ>24	≥60

（4）耐火性能。隔热型防火玻璃（A 类）和非隔热型防火玻
璃（C 类）的耐火性能应满足表 1-110 中的要求。

表 1-110　　　　　　　　**防火玻璃的耐火性能**

分类名称	耐火极限等级	耐火性能要求
隔热型防火玻璃（A 类）	3.00h	耐火隔热性时间≥3.00h，且耐火完整性时间≥3.00h
	2.00h	耐火隔热性时间≥2.00h，且耐火完整性时间≥2.00h
	1.50h	耐火隔热性时间≥1.50h，且耐火完整性时间≥1.50h
	1.00h	耐火隔热性时间≥1.00h，且耐火完整性时间≥1.00h
	0.50h	耐火隔热性时间≥0.50h，且耐火完整性时间≥0.50h
非隔热型防火玻璃（C 类）	3.00h	耐火隔热性时间≥3.00h，耐火隔热性无要求
	2.00h	耐火隔热性时间≥2.00h，耐火隔热性无要求
	1.50h	耐火隔热性时间≥1.50h，耐火隔热性无要求
	1.00h	耐火隔热性时间≥1.00h，耐火隔热性无要求
	0.50h	耐火隔热性时间≥0.50h，耐火隔热性无要求

4. 建筑用安全玻璃——钢化玻璃（GB 15763.2）

经热处理工艺之后的玻璃，其特点是在玻璃表面形成压应力
层，机械强度和耐热冲击强度得到提高，并具有特殊的碎片状态。
按生产工艺分为垂直法钢化玻璃和水平法钢化玻璃。钢化玻璃规格
和性能要求见表 1-111。

表 1-111　　　　　　　　钢化玻璃规格和性能要求

厚度（mm）			3，4，5，6，8，10，12，15，19，＞19	
性能	抗冲击性		取 6 块钢化玻璃进行试验，试样破坏数不超过 1 块为合格，多于或等于 3 块为不合格。破坏数为 2 块时，再另取 6 块进行试验，试样必须全部不被破坏为合格	
	碎片状态		公称厚度（mm）	最小碎片数（片）
		平面钢化玻璃	3	30
			4～12	40
			≥15	30
		曲面钢化玻璃	≥4	30
	耐热冲击性		200℃温差下不破坏	

5. 建筑用安全玻璃——夹层玻璃（GB 15763.3）

夹层玻璃是安全玻璃的一种，由两片或多片玻璃之间嵌加透明塑料薄片，经加热、加压黏结合成平面或弯曲的复合玻璃制品。其生产方法分直接合片法和预聚法两种。夹层玻璃的品种有减薄夹层玻璃、遮阳夹层玻璃、电热夹层玻璃、隔声夹层玻璃、防紫外线夹层玻璃、防弹夹层玻璃、报警夹层玻璃、玻璃纤维增强玻璃等。

夹层玻璃是两片或多片玻璃之间嵌夹透明塑料薄片，经加热、加压粘合而成。

生产夹层玻璃的原片可采用一等品的引上法平板玻璃或浮法玻璃，也可采用钢化玻璃、夹丝抛光玻璃、吸热玻璃、热反射玻璃或彩色玻璃等，玻璃厚度可为 2、3、5、6、8mm。夹层玻璃的层数有 3、5、7 层，最多可达 9 层，达 9 层时则一般子弹不易穿透，称为防弹玻璃。

夹层玻璃按形状可分为平面和曲面两类。按抗冲击性、抗穿透性可分 LⅠ和 LⅡ两类。按夹层玻璃的特性分，有多个品种：如破碎时能保持能见度的减薄型；可减少日照量和眩光的遮阳型；通电后可保持表面干燥的电热型、防弹型、玻璃纤维增强型、报警型、防紫外线型以及隔声夹层玻璃等。夹层玻璃的抗冲击性能比平板玻璃高几倍，破碎时只产生裂纹而不分离成碎片，不致伤人。它还具有耐久、耐热、耐湿、耐寒和隔声等性能，适用于有特殊安全要求的建筑物的门窗、隔墙，工业厂房的天窗和某些水下工程等。

夹层玻璃的外观质量要求见表1-112。

表1-112　　　　夹层玻璃的外观质量要求

	缺陷尺寸λ（mm）		0.5<λ≤1.0	1.0<λ≤3.0			
可视区允许点状缺陷数	玻璃面积S（m²）		S不限	S≤1	1<S≤2	2<S≤3	3<S
	允许缺陷数（个）	玻璃层数 2	不得密集存在	1	2	1.0m²	1.2m²
		3		2	3	1.5m²	1.8m²
		4		3	4	2.0m²	2.4m²
		≥5		4	5	2.5m²	3.0m²

注：（1）不大于0.5mm的缺陷不考虑，不允许出现大于3mm的缺陷。

（2）当出现下列情况之一时，视为密集存在：

1）两层玻璃时，出现4个或4个以上的缺陷，且彼此相距<200mm；

2）三层玻璃时，出现4个或4个以上的缺陷，且彼此相距<180mm；

3）四层玻璃时，出现4个或4个以上的缺陷，且彼此相距<150mm；

4）五层以上玻璃时，出现4个或4个以上的缺陷，且彼此相距<100mm；

（3）单层中间层单层厚度大于2mm时，上表允许缺陷数总数增加1

	缺陷尺寸（长度 L，宽度 B）(mm)	$L≤30$ 且 $B≤0.2$	$L≤30$ 且 $B≤0.2$		
可视区允许线状缺陷数	玻璃面积S(m²)	S不限	S≤5	5<S≤8	8<S
	允许缺陷数（个）	允许存在	不允许	1	2

周边区缺陷	使用时装有边框的夹层玻璃周边区域，允许直径不超过5mm的点状缺陷存在；如点装缺陷是气泡，气泡面积之和不应超过边缘区面积的5%。 使用时不带边框夹层玻璃的周边区缺陷由供需双方商定
裂口	不允许存在
爆边	长度或宽度不得超过玻璃的厚度
脱胶	不允许存在
皱痕和条纹	不允许存在

6. 建筑用安全玻璃——均质钢化玻璃（GB 15763.4）

建筑幕墙上大多使用钢化玻璃，但是钢化玻璃的自爆大大限制了钢化玻璃的应用。均质钢化玻璃是对钢化玻璃进行均质（第二次热处理工艺）处理以降低钢化玻璃的自爆率。

其外观和性能要求同钢化玻璃（GB 15763.2）的要求，见表1-111。

7. 中空玻璃（GB/T 11944）

具有优良的保温、隔热、控光隔声性能，如在玻璃与玻璃之间，充以各种漫射光材料或介质等，可获得更好的声控、光控、隔热等效果。用于建筑门窗、幕墙、采光顶棚、花盆温室、冰柜门、细菌培养箱、防辐射透射窗以及车船挡风玻璃等。常用中空玻璃规格尺寸见表1-113。中空玻璃的长度及宽度允许偏差见表1-114。中空玻璃的厚度允许偏差见表1-115。中空玻璃两对角线的允许偏差见表1-116。

表1-113　　　　　　　　常用中空玻璃规格尺寸　　　　　　　mm

玻璃厚度	间隔厚度	长边最大尺寸	短边最大尺寸（正方形除外）	最大面积（m²）	正方形边长最大尺寸
3	6	2110	1270	2.4	1270
	9~12	2110	1270	2.4	1270
4	6	2420	1300	2.86	1300
	9~10	2440	1300	3.17	1300
	12~20	2440	1300	3.17	1300
5	9~10	3000	1750	4.00	1750
	12~20	3000	1750	4.80	2100
		3000	1815	5.10	2100
6	6	4550	1980	5.88	2000
	9~10	4550	2280	8.54	2440
	12~20	4550	2440	9.00	2440
10	6	4270	2000	8.54	2440
	9~10	5000	3000	15.00	3000
	12~20	5000	3180	15.90	3250
12	12~20	5000	3180	15.90	3250

表 1-114　　　　　中空玻璃的长度及宽度允许偏差　　　　　mm

长度	允许偏差
＜1000	±2.0
1000～2000	±2.5
≥2000～2500	±3.0

表 1-115　　　　　中空玻璃的厚度允许偏差　　　　　mm

玻璃厚度	公称厚度	允许偏差
≤6	＜18	±1.0
	18～25	±1.5
＞6	＞25	±2.0

表 1-116　　　　　中空玻璃两对角线的允许偏差　　　　　mm

对角线长度	偏差
＜1000	4
≥1000～2500	6

8. 光栅玻璃（JC/T 510）

光栅玻璃以玻璃为基材，用特种材料采用特殊工艺处理，在玻璃表面构成全息光栅或其他几何光栅。在光源的照射下，产生物理衍射的七彩光。单层非钢化光栅玻璃必须具有普通玻璃同样的加工性能，即可任意切割、钻孔、磨边，其玻璃与光学结构层仍为一体。

（1）产品分类。

按结构分：普通夹层光栅玻璃、钢化夹层光栅玻璃和单层光栅玻璃。

按品种分：透明光栅玻璃、印刷图案光栅玻璃、半透明半反射光栅玻璃和金属质感光栅玻璃。

按耐化学稳定性分：A 类光栅玻璃和 B 类光栅玻璃。

（2）技术要求。

材料的要求：光栅玻璃所用玻璃原片应分别符合 GB 4871、

GB 9963 和 GB 11614 的规定。

尺寸及允许偏差：光栅玻璃的形状、长度、宽度和厚度由供需双方商定。光栅玻璃的长度和宽度偏差应符合表 1-117 的规定。光栅玻璃的厚度偏差应符合表 1-118 的规定。

表 1-117　　　　　　　　长度和宽度偏差　　　　　　　　mm

长度或宽度 L	允许偏差
$L \leqslant 500$	$+1$ -2
$500 < L \leqslant 1000$	± 2
$L > 1000$	± 3

表 1-118　　　　　　　　厚　度　偏　差　　　　　　　　mm

厚度 L		允许偏差
单层		± 4
夹层	$\leqslant 58$	$+0.8$ -0.5
	> 8	$+1$ -0.5

（3）外观质量。光栅玻璃的外观质量必须符合表 1-119 的规定。

表 1-119　　　　　　　　光栅玻璃的外观质量

缺陷种类	说　　明	允许数量
光栅层气泡	长 0.5～1mm，每 0.1m² 面积内	3
	长大于 1～3mm	2
	距离边部 10mm 范围内	
	其他部位	不允许
划伤	宽度在 0.1mm 以下的轻划伤	不限
	宽度在 0.1～0.5mm，每 0.1m² 面积内	4
爆边	每片玻璃每米长度上允许有长度不超过 20mm，自玻璃边部向玻璃板表面延伸长度不超过 6mm，自板面向玻璃厚度延伸深度不超过厚度的一半	6
	小于 1m	2

缺陷种类	说　　明	允许数量
缺角	玻璃的角残缺以等分角线计算，长度不超过5mm	1
图案	图案清晰、色泽均匀，不允许有明显漏缺	
折皱	不允许有明显折皱	
叠差	由供需双方商定	

9. **吸热玻璃** （JC/T 536）

（1）产品分类。

吸热玻璃按用途分：吸热普通平板玻璃和吸热浮法玻璃。

按颜色分：茶色、灰色和蓝色等。

按厚度分：2、3、4、5、6、8、10mm 和 12mm。

按外观质量分：优等品、一等品、合格品。

（2）技术要求。

1）厚度偏差、尺寸偏差（包括偏斜）、弯曲度、边角缺陷和外观质量：吸热普通平板玻璃按 GB 4871 有关条款规定；吸热浮法玻璃按 GB 11614 有关条款规定。

2）光学性能。吸热玻璃的光学性能，用可见光透射比和太阳光直接透射比来表述，两者的数值换算成为 5mm 标准厚度的值后，应符合表 1-120 的规定。

表 1-120　　　　　　　　　　**吸热玻璃的光学性能**

颜色	可见光透射比（≥）	太阳光直透射比（≤）
茶色	42%	60%
灰色	30%	60%
蓝色	45%	70%

10. **浮法玻璃** （GB 11614）

（1）产品分类。浮法玻璃按用途分：制镜玻璃、汽车级、建筑级。

按厚度分：2、3、4、5、6、8、10、12、15、19mm。

（2）技术要求。

1）浮法玻璃应为正方形或长方形。其长度和宽度尺寸允许偏差见表1-121。

表 1-121　　　　　　　　　　尺寸允许偏差　　　　　　　　　　mm

厚度	尺寸允许偏差	
	尺寸小于3000	尺寸3000~5000
2，3，4	±2	—
5，6		±3
8，10	+2，-3	+3，-4
12，15	±3	±4
19	±5	±5

2）浮法玻璃的厚度允许偏差见表1-122。同一片玻璃厚薄差：厚度2、3mm为0.2mm；厚度4、5、6、8、10mm为0.3mm。

表 1-122　　　　　　　　　　厚度允许偏差　　　　　　　　　　mm

厚度	允许偏差	厚度	允许偏差
2，3，4，5，6	±0.2	15	±0.6
8，10	±0.3	19	±1.0
12	±0.4	—	—

3）建筑级浮法玻璃的外观质量见表1-123。

表 1-123　　　　　　　　　建筑级浮法玻璃外观质量

缺陷种类	质 量 要 求			
气泡	长度L及个数允许范围			
	0.5mm≤L≤1.5mm	1.5mm<L≤3.0mm	3.0mm<L≤5.0mm	L>5.0mm
	(5.5S) 个	(1.1S) 个	(0.44S) 个	0 个
夹杂物	长度L及个数允许范围			
	0.5mm≤L≤1.0mm	1.0mm<L≤2.0mm	2.0mm<L≤3.0mm	L>3.0mm
	(2.2S) 个	(0.44S) 个	(0.22S) 个	0 个
点状缺陷密集度	长度大于1.5mm的气泡和长度大于1.0mm的夹杂物：气泡与气泡、夹杂物与夹杂物或气泡与夹杂物的间距应大于300mm			

缺陷种类	质 量 要 求
线道	检验时肉眼不应看见
划伤	长度和宽度允许范围及条数：宽 0.5mm，长 60mm，(3S) 条
光学变形	入射角：2mm，40°；3mm，45°；4mm 以上，50°
表面裂纹	检验时肉眼不应看见
断面缺陷	爆边、凹凸、缺角等不应超过玻璃板的厚度

注 S 为以 m^2 为单位的玻璃板面积，保留小数点后两位。气泡、夹杂物的个数及划伤条数允许范围为各系数与 S 相乘所得的数值，应按 GB/T 8170 修约至整数。下同。

4）汽车级浮法玻璃厚度以 2、3、4、5、6mm 为主。其外观质量见表 1-124。

表 1-124　　　　　　　**汽车级浮法玻璃外观质量**

缺陷种类	质 量 要 求			
气泡	长度 L 及个数允许范围			
	0.3mm≤L≤0.5mm	0.5mm<L≤1.0mm	1.0mm<L≤1.5mm	L>1.5mm
	(3S) 个	(2S) 个	(0.5S) 个	0 个
夹杂物	长度 L 及个数允许范围			
	0.3mm≤L≤0.5mm	0.5mm<L≤1.0mm	L>1.0mm	
	(2S) 个	(1S) 个	0 个	
点状缺陷密集度	长度大于 1.0mm 的气泡和长度大于 0.5mm 的夹杂物：气泡与气泡、夹杂物与夹杂物或气泡与夹杂物的间距应大于 300mm			
线道	检验时肉眼不应看见			
划伤	长度及宽度允许范围及条数：宽 0.2mm，长 40mm，(2S) 条			
光学变形	入射角：2mm，45°；3mm，50°；4、5、6mm，60°			
表面裂纹	检验时肉眼不应看见			
断面缺陷	爆边、凹凸、缺角等不应超过玻璃板的厚度			

5）制镜级浮法玻璃厚度以 2、3、5、6mm 为主。其外观质量见表 1-125。

表 1-125　　　　　　　　　**制镜级浮法玻璃外观质量**

缺陷种类	质 量 要 求			
气泡	2mm 玻璃长度及个数允许范围			
	$0.3mm{\leqslant}L{\leqslant}0.5mm$	$0.5mm{<}L{\leqslant}1.0mm$	$1.0mm{<}L{\leqslant}1.5mm$	$L{>}1.5mm$
	(2S) 个	(1S) 个	(0.5S) 个	0 个
	3、5、6mm 玻璃长度及个数允许范围			
	$0.3mm{\leqslant}L{\leqslant}0.5mm$	$0.5mm{<}L{\leqslant}1.0mm$	$1.0mm{<}L{\leqslant}1.5mm$	$L{>}1.5mm$
	(3S) 个	(2S) 个	(0.5S) 个	0 个
夹杂物	2mm 玻璃长度及个数允许范围			
	$0.3mm{\leqslant}L{\leqslant}0.5mm$		$0.5mm{<}L{\leqslant}1.0mm$	$L{>}1.5mm$
	(2S) 个		(0.5S) 个	0 个
	3、5、6mm 玻璃长度及个数允许范围			
	$0.3mm{\leqslant}L{\leqslant}0.5mm$		$0.5mm{<}L{\leqslant}1.0mm$	$L{>}1.5mm$
	(1S) 个		(0.5S) 个	0 个
点状缺陷密集度	长度大于 0.5mm 的气泡及夹杂物的间距应大于 300mm			
线道	检验时肉眼不应看见			
划伤	长度和宽度允许范围及条数：宽度 0.1mm，长 30mm，(2S) 条			
光学变形	入射角：2mm，45°；3mm，55°；5、6mm，60°			
表面裂纹	检验时肉眼不应看见			
断面缺陷	爆边、凹凸、缺角等不应超过玻璃板的厚度			

6）浮法玻璃对角线差应不大于对角线平均长度的 0.2%。

7）浮法玻璃弯曲度不应超过 0.2%。

8）浮法玻璃的可见光透射比应不小于表 1-126 的规定。

表 1-126　　　　　　　　　**浮法玻璃可见光透射比**　　　　　　　　mm

厚度	可见光透射比	厚度	可见光透射比
2	89%	8	82%
3	88%	10	81%
4	87%	12	78%
5	86%	15	76%
6	84%	19	72%

（3）浮法玻璃面积分类。浮法玻璃面积分类见表1-127。

表 1-127　　　　　　　　**浮法玻璃面积分类**　　　　　　m^2

类　别	面积范围	类　别	面积范围
1	0.050 0～1.000 0	5	3.005 0～3.500 0
2	1.005 0～2.000 0	6	3.505 0～4.500 0
3	2.005 0～2.500 0	7	4.500 0 以上
4	2.505 0～3.000 0		

注　面积范围等于浮法玻璃的"长度×宽度"。

（4）生产单位及其产品规格。生产单位及其产品规格见表1-128。

表 1-128　　　　　　　　**生产单位及其产品规格**

生产单位	产品规格（mm）
通辽玻璃厂	3厚：面积范围1～5类 4、5、6厚：面积范围1～6类
蚌埠平板玻璃厂	3、4、5、6厚：面积范围1～5类
广东浮法玻璃有限公司	2～12厚：1500×（800～3300）×3000
秦皇岛耀华玻璃厂	3～12厚：最大规格 6000×3000
北京市昌平县玻璃工业公司	5厚：1400×700、1500×1200、（1500、2000）×1500
辽宁凌源向东浮法玻璃厂	3～10厚：常备规格2000×（1500，1200） 最大规格3000×2000 最小规格600×400
辽宁开原市玻璃厂	3、5、6厚，常备规格：1800×（1300、1800），2000×1500
上海耀华皮尔金顿玻璃有限公司	2、2.5、3、4、5、6、8、10、12、15、19、25厚：最小规格1150×900 5～6厚：最大规格6000×3600； 8～25厚：最大规格6000×3000
湖南省郴州玻璃厂	3～6厚：各种规格
南宁平板玻璃厂	3～6厚：常备规格（1000，1800）×1200，2000×（1300，1500）
沈阳玻璃厂	3厚：2000×（1200、1300、1500） 1000×（1200、1500），900×（1200、1500） 4、5、6厚：2000×（1200、1300、1500、1600、1800、2500） 2200×（1500、2000），1000×1500

八、涂料和胶粘剂

(一) 涂料

涂料按化学组成分为有机涂料和无机涂料两类。有机涂料是一种特制的液态物质，将其涂布在物件表面上能形成一层坚牢的保护层、可隔绝水、气等介质对物件的侵蚀，防止锈蚀或腐蚀变化，并能经受一定的摩擦和外力破坏，延长物件使用寿命。同时它也能调制成各种颜色，色泽鲜明美丽，具有良好的装饰作用。

有机涂料是以树脂或油料为主要成膜物质，添加或不添加颜料制成。早期的涂料用天然漆与植物油为原料制成，故称为"油漆"。现代的涂料由不挥发物与挥发物两种物质构成，不挥发物主要是各种油料、树脂、颜料、助剂等，挥发物质是各种化学溶剂或称稀释剂。各种涂料的特性及其应用范围见表1-129。

表 1-129　　　　　　各种涂料的特性及其应用范围

涂料类别	特　　性	应用范围
油脂漆	耐大气性好，涂刷性能及渗透性也很好，可内用与外用，作底漆或面漆，价廉。缺点是干燥较慢，膜软，机械性能差，水膨胀性大，不能磨抛光，不耐碱	可供房屋建筑用漆。清油可涂装油布、雨伞、调配厚漆，也可直接或以麻丝嵌填金属水管接头，制作帆布防水涂层。油性调和漆可涂装大面积建筑物、门窗以及室外铁、木器材之用
天然树脂漆	干燥比油脂漆稍快，短油度的漆膜坚硬易打磨，长油度的漆膜柔韧，耐大气性较好。但短油度的耐大气性差，长油度的不能打磨、抛光	可供作各种一般内用底漆、二道浆、腻子和面漆。虫胶清漆可涂装木器家具
酚醛树脂漆	漆膜坚硬，耐水性良好，纯酚醛的耐化学腐蚀性良好，有一定的绝缘强度，附着力好。缺点是漆膜较脆，颜色易泛黄变深，耐大气性比醇酸漆差、易粉化，不能制作白色或浅色漆	可涂装铁桶容器外壁、室内家具、地板、食品罐头内壁、饮料桶内壁、通风机外壳、耐化工防腐蚀设备内壁、金属纱窗、绝缘材料。聚酰胺改性酚醛涂料可代替虫胶漆用于木材、纸张涂装

涂料类别	特　性	应用范围
沥青漆	耐水、耐潮、耐酸、耐碱，有一定的绝缘强度，价廉，黑度好。缺点是色黑，不能制作白色或浅色漆，对日光不稳定，耐溶剂性差，自干漆干燥不爽滑	可涂装化工防腐蚀的机械设备、管道、车辆底盘、车架、金属屋顶、船底、蓄电池槽等。油性沥青烘漆可涂装自行车车架、缝纫机头、航空发动机的汽缸、仪表盘、绝缘材料。此外，尚可作防声、密封材料
醇酸树脂漆	光泽较高、耐候性优良、性能好，可刷、可喷、可烘、附着力较好。缺点是漆膜较软、耐水、耐碱性差，干燥较挥发性漆慢，不能打磨	可涂装室内外建筑物、门窗、家具、办公室用具、各种交通车辆、船舶水线以上建筑物、船壳、船舱、桥梁、高架铁塔、井架、建筑机械、农业机械、绝缘器材等
氨基树脂漆	漆膜坚硬，可打磨抛光；光泽亮，丰满度好；色浅，不易泛黄；附着力较好，耐候性和耐水性好，有一定的耐热性。缺点是须高温下烘烤才能固化，烘烤过度漆膜发脆	公共汽车、中级轿车、自行车用的烘干涂料。缝纫机、热水瓶、计算机、仪器仪表、医疗设备、电机设备、罐头涂层、空气调节器、电视机、小型金属零件等涂装
硝基漆（硝基纤维漆）	干燥迅速，耐油，漆膜坚韧，可打磨抛光。缺点是易燃、清漆不耐紫外线，不能在 60℃ 以上温度使用，固体分低	可涂装航空翼布、汽车、皮革、木器、铅笔、工艺美术品，以及需要迅速干燥的机械设备。调制金粉、铝粉涂料、美术复色漆、裂纹漆、闪光漆等
纤维素漆（如乙基纤维漆、戊酸丁酸纤维漆）	耐大气性、保色性好，可打磨抛光，个别品种有耐热、耐碱性，绝缘性也较好，但附着力和耐潮性均较差，价格高	应用不如硝基纤维漆广，且品种不多，一般多制成可剥性涂料。可作为钢铁和有色金属制成的精密机械零件的临时防锈保护用，不需要涂层时可以剥离
过氯乙烯漆	耐候性优良，耐化学腐蚀性和耐水、耐油、三防性能、防延燃性均很好。缺点是附着力和打磨抛光性较差，不能在 70℃ 以上高温使用	可涂装各种机床、电动机外壳和混凝土、砖石、水泥设备表面。航空、化工设备防腐蚀、木材防延烧、金属及非金属防潮、防霉，可供湿热带地区做三防涂料

涂料类别	特 性	应用范围
乙烯类树脂漆	有一定的柔韧性、色泽浅淡、耐水、耐化学腐蚀性较好，但耐溶剂性差，清漆不耐紫外光线，固体分低，高温时要碳化	用于织物防水，储罐防油、玻璃、纸张、牙膏软管、电缆、船底防锈、防污、防延烧以及涂装放射性污染物的可剥性涂料
丙烯酸酯漆	漆膜色浅，保色性优良；耐候性优良，有一定的耐化学腐蚀性和耐热性。缺点是耐溶剂性差，固体分低	用于织物处理，人造皮革、金属防腐，罐头外壁、纸张上光、高级木器、仪表、表盘、医疗器械、小轿车、轻工产品、砖石、水泥、混凝土、黄铜、铝、银器等罩光，湿热带工业机械设备涂装。乳胶漆可涂刷门窗、墙壁、织物、纸张
聚酯漆	固体分高，耐磨，能抛光，耐一定的温度，具有较好的绝缘性。缺点是干性不易掌握，施工方法较复杂，对金属附着力差	用于木材、竹器、高级家具、防化学腐蚀设备、漆包线表面涂装，又可制成不易收缩的聚酯腻子
环氧树脂漆	附着力强，耐碱、耐溶剂，漆膜坚韧，具有较好的绝缘性能。缺点是室外曝晒易粉化，保光性差，色泽较深，漆膜外观较差	各种化工石油设备的保护，化工设备及贮槽，包括容器内壁。家用机具、缝纫机、电工绝缘、汽车、农机作底漆、腻子；食品罐头内壁、船舶油罐衬里，地板、甲板、船舱内壁、电镀槽。环氧煤焦沥青涂料，可用于海洋构筑物的防腐蚀涂层
聚氨酯漆（聚氨基甲酸酯漆）	耐腐性强，附着力好，耐潮、耐水、耐热、耐溶剂性好，耐化学药品和石油腐蚀，耐候性好，具有良好的绝缘性。缺点是漆膜易粉化、泛黄，对酸、碱、盐、醇、水等物很敏感，因此施工要求高，有一定的毒性	可涂装化工、船舶、耐大气曝晒的设备，耐化学药品设备。车辆内壁、油罐、槽车、甲板、地板、木制家具、航空飞机骨架及蒙皮。车辆水下潮湿表面，以及木材、皮革、塑料、混凝土、电线、织物、纸张、铝和马口铁等表面
有机硅树脂漆	耐高温，耐候性极优，耐潮、耐水性好，具有良好的绝缘性。缺点是耐汽油性差，漆膜坚硬较脆，附着力较差，一般需要烘烤干燥	可涂装耐高温机械设备（如：烟囱、锅炉、高温反应塔、回转窑、烧结炉），H级绝缘材料，大理石防风蚀，长期维护的室外装置，耐化学腐蚀制件等

涂料类别	特　性	应用范围
橡胶漆	耐化学腐蚀性强，耐磨，耐水性好。缺点是易变色，清漆不耐紫外光，耐溶剂性差，个别品种施工复杂	可涂装化工机械设备、橡胶制品、车辆顶篷、内燃机点火线圈、道路标志、水泥、砖石、防延燃材料、耐大气曝晒机械设备以及冬季施工要求不影响干燥的工业设备等

1. 防锈漆

(1)各色酚醛防锈漆(HG/T 3345)。酚醛防锈漆有锌黄、灰、铁红、红丹等色。各色酚醛防锈漆的技术要求见表 1-130。锌黄酚醛防锈漆具有良好的防锈性能，用于轻金属表面作防锈打底。可用 200 号油漆溶剂油或松节油做稀释剂，以刷涂为主。使用时必须充分搅拌均匀。灰酚醛防锈漆具有良好的防锈性能，用于钢铁表面涂覆。可用 200 号油漆溶剂油或松节油做稀释剂，以刷涂为主。铁红酚醛防锈漆具有一般的防锈性能，主要用于防锈性能要求不高的钢铁表面涂覆，作为防锈打底之用。可用 200 号油漆溶剂油或松节油做稀释剂，以刷涂为主。耐候性较差，不能作面漆用，配套面漆为醇酸磁漆、酚醛磁漆。

表 1-130　　　　　　　各色酚醛防锈漆的技术要求

项　目		指　　标			
		红丹	铁红	灰	锌黄
漆膜颜色与外观		色调不定、漆膜平整、允许略有刷痕			
细度(μm)	≤	60	50	40	40
流出时间(s)	≥	35	45	45	55
遮盖力(g/m²)	≤	200	55	80	180
干燥时间(h)	≤	—	—	—	—
表干		5	5	4	5
实干		24	24	24	24
硬度	≥	0.25	0.25	0.25	0.15
耐冲击性(cm)		50	50	50	50

项　目	指　　标			
	红丹	铁红	灰	锌黄
耐盐水性	浸 120h 不起泡、不生锈、允许轻微变色失光	浸 48h 不起泡、不生锈、允许轻微变色失光	浸 72h 不起泡、不生锈、允许轻微变色失光	浸 168h 不起泡、不生锈、允许轻微变色失光
闪点（℃）　≥	34	34	34	34

（2）红丹醇酸防锈漆（HG/T 3346）。红丹酚醛防锈漆具有良好的防锈性能，用于钢铁表面涂覆，做防锈打底用。可用 200 号油漆溶剂油或松节油做稀释剂，以刷涂为主。不能单独使用（耐候性不好），一定要与其他面漆配套，如醇酸磁漆、酚醛磁漆。红丹醇酸防锈漆，干燥快，附着力强。用于钢铁结构表面做防锈打底（不能直接用在锌、铝材质上），可用 X-6 醇酸漆稀释剂稀释，刷涂和喷漆均可。其技术要求见表 1-131。

表 1-131　　　　　　　各红丹醇酸防锈漆技术要求

项　　目	指　　标
容器中状态	搅拌后无硬块，呈均匀状态
细度（μm）	≤50
施工性	刷涂无障碍
干燥时间（h）	
实干	≤24
漆膜的外观	漆膜外观正常
对面漆的适应性	对面漆无不良影响
耐弯曲性（mm）	≤6
耐盐水性（96h）	漆膜无异常
不挥发物含量（%）	≥75.0
防锈性（经 2 年自然曝晒后测定）	漆膜表面无锈，将涂膜除掉进行观察，底材生锈等级不超过 3（S4）

（3）云铁酚醛防锈漆（HG/T 3369）。云铁酚醛防锈漆防锈性能好，干燥快，遮盖力、附着力强，无铅毒。用于钢铁桥梁、铁

塔、车辆、船舶、油罐等户外钢铁结构上做防锈打底。可用200号油漆溶剂稀释，使用时要搅拌均匀，刷涂和喷漆均可。配套面漆为醇酸磁漆、酚醛漆、酯胶漆，其技术要求见表1-132。

表 1-132 云铁酚醛防锈漆技术要求

项　　目	指　　标
漆膜颜色及外观	红褐色，色调不定，允许略有刷痕
黏度（涂-4）（s）	70～100
细度（μm）	≤75
干燥时间（h）	—
表干	≤3
实干	≤20
遮盖力（g/m²）	≤65
硬度	≥0.30
耐冲击性（cm）	50
柔韧性（mm）	1
附着力（级）	1
耐盐水性（浸入3%NaCl溶液120h）	不起泡，不生锈

2. 底漆、防腐漆

（1）铁红醇酸底漆（HG/T 2009）。铁红醇酸底漆漆膜具有良好的附着力和一定的防锈性能，与硝基、醇酸等面漆结合力好。在一般的气候条件下耐久性好，但在湿热条件下耐久性差。用于黑色金属表面打底防锈。可用X-6醇酸漆稀释剂或二甲苯稀释，喷涂、刷涂均可。配套面漆为醇酸磁漆、氨基烘漆、沥青漆、硝基漆等，刷涂时也可用松节油做稀释剂，其技术要求见表1-133。

表 1-133 铁红醇酸底漆技术要求

项　　目		指　　标
液态漆的性质： 在容器中的状态		无结皮，无干硬块
黏度（s）	不小于	≥45
密度（g/mL）	不小于	≥1.20
细度（μm）	不大于	≤50

项　　目	指　　标
干漆膜的性能：	
漆膜颜色及外观	铁红色，色调不定，漆膜平整
硬度	2B
耐液体介质：	
耐盐水性（浸于 3%NaCl 水溶液 24h）	不起泡，不生锈
耐硝基性	不咬起，不渗色
杯突试验（mm）	≥6
附着力（级）	≥1
施工使用性能：	
刷涂性	较好
干燥时间	
表干（min）	≤20
无印痕干（1000g）（h）	≤36
烘干［（105±2)℃，1000g］（h）	≤0.5
贮存稳定性，级	
结皮性（48h）	≥10
沉降性	≥6
打磨性	易打磨，不黏砂纸
安全卫生：	
闪点（℃）	≥29

（2）G52-31 各色过氯乙烯防腐漆（HG/T 3358）。漆膜具有优良的耐腐蚀性和耐潮性，适用于各种化工机械、管道、设备、建筑等金属和木材表面上，可防止酸、碱及其他化学药品的腐蚀。其性能要求和特性见表 1-134。

表 1-134　　G52-31 各色过氯乙烯防腐漆性能要求和特性

	黏度（s）（涂-4)		30～75
	固体含量（%）	铝色、红、蓝、黑色	≥20
G52-31		其他色	≥28
各色过氯	遮盖力（g/m²）	黑色	≤30
乙烯防腐漆		深灰色	≤50
（ZB G51 067)		浅灰色	≤65
		白色	≤70
		红、黄色	≤90
		深蓝色	≤110

G52-31 各色过氯乙烯防腐漆 (ZB G51 067)	干燥时间（min）（实干）	≤60
	硬度	≥0.40
	柔韧性（mm）	1
	冲击强度（N·cm）	490
	附着力（级）	≤3
	复合涂层耐酸性（浸20h）	不起泡，不脱落
	复合涂层耐碱性（浸30h）	不起泡，不脱落

3. 面漆

（1）各色酚醛磁漆（HG/T 3349）。各色酚醛磁漆漆膜坚硬、光泽、附着力较好，但耐候性差。主要用于建筑工程、交通工具、机械设备等室内木材和金属表面的涂覆，做保护装饰之用。可用 SH005 油漆溶剂油或松节油做稀释剂。配套底漆为酯胶底漆、红丹防锈漆、灰及铁红防锈漆等，其技术要求见表 1-135。

表 1-135　　　　　　　　　各色酚醛磁漆的技术要求

项　目	指　标	项　目	指　标
漆膜颜色及外观	各色，平整光滑	干燥时间（h）	—
黏度（涂-4）（s）	≥70	表干	≤6
细度（μm）	≤30	实干	≤18
遮盖力（g/m²）	—	硬度	≥0.25
黑色	40	柔韧性（mm）	1
铁红、草绿色	60	耐冲击性（cm）	50
绿、灰色	70	附着力（级）	≤2
蓝色	80	光泽（60°）	≥90
浅灰色	100	耐水性（浸2h，取出后恢复2h）	保持原状，附着力不减
红、黄色	160		
其他色	商定	回黏性（级）	≤2

（2）铝粉有机硅烘干耐热漆（双组分）（HG/T 3362）。铝粉有机硅烘干耐热漆可以在150℃烘干，能耐500℃高温。主要用于涂覆高温设备的钢铁零件，如发动机的外壳、烟囱、排气管、烘箱、火炉等。可用二甲苯做稀释剂；喷涂、刷涂均可，一般以二道为宜。其技术要求见表1-136。

表1-136　　　铝粉有机硅烘干耐热漆（双组分）技术要求

项　目	指　标
漆膜颜色及外观	银灰色，漆膜平整
黏度（清漆）（涂-4）（s）	12～20
酸值（清漆）（以KOH计）（mg/g）	≤10
固体含量（清漆）（%）	≥34
干燥时间（150±2）℃（h）	≤2
柔韧性（mm）	≤3
耐冲击性（cm）	≥35
附着力（级）	≤2
耐水性（浸于蒸馏水中24h，取出放置2h后观察）	漆膜外观不变
耐汽油性（浸于RH 75汽油中24h，取出放置1h后观察）	漆膜不起泡，不变软
耐热性［（500±20）℃，烘3h后，测耐冲击性］/cm	≥15

（3）溶剂型聚氨酯涂料（HG/T 2454）。各色聚氨酯磁漆为二组分产品，使用时要按规定的比例调配，一次调配量不宜过多，配制好的漆液要在4h内用完（23±2）℃，下道喷涂或刷涂时间间隔夏季2h，冬季4h。常温干燥，也可烘干，刷涂、喷涂均可。调节黏度可用X-10聚氨酯稀释剂，忌用含醇类、氨类、硝基类漆稀释剂稀释。用于木器家具及室内用金属制品表面做装饰用。溶剂型聚氨酯涂料类型和应用领域见表1-137，其技术要求见表1-138和表1-139。

表 1-137 溶剂型聚氨酯涂料的类型和应用领域

类型	应 用 领 域
Ⅰ型	室内用木器涂料。根据各类涂料的使用功能，Ⅰ型产品又分为家具厂和装修用面漆、地板用面漆和通用底漆
Ⅱ型	金属表面用涂料。Ⅱ型产品又分为内用面漆和外用面漆，内用面漆适用于室内管道、金属家具、五金制品等表面的装饰和保护，外用面漆适用于金属设备和构件、桥梁、化工设备等表面的装饰和保护

表 1-138 溶剂型聚氨酯涂料Ⅰ型产品技术要求

项　　目		指标		
		家具厂和装修用面漆	地板用面漆	通用底漆
在容器中状态		搅拌后均匀无硬块		
施工性		施涂无障碍		
遮盖率（色漆）		商定		—
干燥时间	表干（h）	≤1		
	实干（h）	≤24		
涂膜外观		正常		—
贮存稳定性（50℃/7d）		无异常		
打磨性		—		易打磨
光泽（60°）		商定		—
铅笔硬度（擦伤）		≥F	≥H	
附着力（级）（划格间距2mm）		≤1		
耐干热性（级）[（90±2）℃，15min]		≤2		
耐磨性（g）（750g/500r）		0.050	0.040	
耐冲击性		—	涂膜无脱落、无开裂	
耐水性（24h）		无异常		—
耐碱性（2h）		无异常		—

项　目			指　标		
			家具厂和装修用面漆	地板用面漆	通用底漆
耐醇性（8h）			无异常		—
耐污染性（1h）	醋		无异常		—
	茶		无异常		—
耐黄变性①（168h）ΔE	清漆	一级	≤3.0		
		二级	≤6.0		
	色漆		≤3.0		

① 该项目仅限于标称具有耐黄变等类似功能的产品。

表 1-139　　溶剂型聚氨酯涂料Ⅱ型产品技术要求

项　目		指　标	
		内用面漆	外用面漆
在容器中状态		搅拌后均匀无硬块	
遮盖率	白色和浅色①	≥0.90	
	其他色	商定	
干燥时间	表干（h）	≤2	
	实干（h）	≤24	
涂膜外观		正常	
贮存稳定性（50℃/7d）		无异常	
试用期（h）		商定	
光泽（60°）		商定	
耐弯曲性（mm）		2	
耐冲击性（cm）		50	
附着力（级）（划格间距1mm）		≤1	
铅笔硬度（擦伤）		≥H	
耐碱性		48h 无异常	168h 无异常
耐酸性		48h 无异常	168h 无异常
耐盐水性		168h 无异常	—
耐湿冷热循环性（5次）		—	无异常

项　　目		指　　标	
		内用面漆	外用面漆
耐人工气候老化性	白色和浅色①	—	800h②不起泡、不生锈、不开裂不脱落
	粉化/级		≤2
	变色/级		≤2
	失光/级		≤2
	其他色		商定
耐盐雾性		—	800h②不起泡、不生锈、不开裂
耐湿热性		—	800h②不起泡、不生锈、不开裂

① 浅色是指以白色涂料为主要成分，添加适量色浆后配制成的浅色涂料形成的涂膜所呈现的浅颜色，按 GB/T 15608 中 4.3.2 规定明度值为 6～9（三刺激值中的 Y_{D55}≥31.26）。

② 耐人工气候老化性、耐盐雾性、耐湿热性试验时间也可根据使用场合的要求进行商定。

（4）各色氨基烘干磁漆（HG/T 2594）。各色氨基烘干磁漆分为三种型号，Ⅰ型适用于室外车辆、照明设备；Ⅱ型适用于室内家用电器、钢制家具、照明设备；Ⅲ型适用于室内外耐湿性金属设备。漆膜色彩鲜艳，光亮坚硬，并具有良好的柔韧性、冲击性和耐水性。若与 X06-1 磷化底漆，H06-2 环氧酯底漆配套使用具有一定的耐湿热、耐盐性能。使用时必须搅拌均匀，以喷涂为主；可用 X-4 氨基稀释剂或二甲苯和丁醇（4：1）的混合溶剂稀释。其技术要求见表 1-140。

表 1-140　　　　　各色氨基烘干磁漆技术要求

项　　目	指　　标		
	Ⅰ 型	Ⅱ 型	Ⅲ 型
容器中状态	搅拌后无硬块，呈均匀状态		
施工性	喷涂二道无障碍		
干燥时间（min）	30（130℃）	30（120℃）	30（130℃）
漆膜外观	平整光滑		

项　目	指　标		
	Ⅰ型	Ⅱ型	Ⅲ型
遮盖力（g/m²） 白色 黑色 红色 中绿色 其他色	≤110 ≤40 ≤160 ≤55 商定		
光泽，60°	≥90		
耐冲击性（cm）	≥40		
渗色性	除红色允许有轻微渗色外，其他颜色不应有渗色		
硬度（铅笔）	≥HB		
耐光性	—	允许颜色变化 不大于灰卡 三级	—
弯曲试验（mm）　不大于	3		
漆膜加热试验（150℃，1.5h）	颜色光泽稍有变化并通过 10mm 弯曲试验		
耐水性 （40±1）℃（72h） （40±1）℃（24h）	— —	— 无异常	无异常 —
耐碱性：（40±1）℃，5%（m/m） NaCO₃ 24h	—	无异常	无异常
耐酸性：10%（V/V）H₂SO₄ 溶液 5h	无起泡，无剥落，与标准样品相比，其颜色、光泽差异不大	—	无起泡、无剥落，与标准样品相比，其颜色、光泽差异不大
耐湿热性（6h）	—	—	不起泡
耐挥发油性（4h）	无异常		
不挥发物（%） 白色 浅色 深色及其他色	≥60 ≥55 ≥47		
耐污染性	商定		

项　目	指　标		
	Ⅰ型	Ⅱ型	Ⅲ型
溶剂可溶物组成： 　硝基纤维素 　邻苯二甲酸酐(%) 　含氮量(%)	不存在 ≥12 ≥4		
贮存稳定性(50℃，72h)	稳定		
耐候性(12个月)	无起泡、开裂、剥落、生锈，与标准样品相比颜色和光泽变化不大，粉化二级		无起泡、开裂、剥落、生锈，与标准样品相比颜色和光泽变化不大，粉化二级
细度(μm)	≤20		

4. 腻子、稀释剂、脱漆剂

(1) 各色醇酸腻子（HG/T 3352）。各色醇酸腻子色调不定，易于涂刮，涂层坚硬，附着力好。涂刮后腻子层平整，无明显粗粒，干后无裂纹。用于填平金属及木制品表面。其技术要求见表1-141。可用松香水或醇酸稀释剂稀释。配套面漆为醇酸磁漆、氨基烘漆、沥青漆等。

表 1-141　　　　　　各色醇酸腻子的技术要求

项　目	指　标
腻子外观	无结皮和搅不开的硬块
腻子膜颜色及外观	各色，色调不定，腻子膜应平整，无明显粗粒，无裂纹
稠度（cm）	9~13
干燥时间（实干）(h)	≤18
涂刮性	易涂刮，不卷边
柔韧性（mm）	≤100
打磨性（加200g砝码，400号水砂纸打磨100次）	易打磨成均匀平滑表面，无明显白点，不沾砂纸

（2）各色环氧酯腻子（HG/T 3354）。各色环氧酯腻子色调不定。膜坚硬，耐潮性好，与底漆有良好的结合力，经打磨后表面光洁。涂刮后的腻子层平整，干后无裂纹。供各种预先涂有底漆的金属表面填平用。其技术要求见表1-142。可用二甲苯稀释。配套漆为铁红醇酸底漆、环氧底漆、醇酸磁漆、氨基烘干磁漆、环氧烘漆。

表 1-142 各色环氧酯腻子的技术要求

项　目	指　标	
	Ⅰ 型	Ⅱ 型
腻子外观	无结皮和搅不开的硬块	
腻子膜颜色及外观	各色，色调不定，腻子膜应平整，无明显粗粒，无裂纹	
稠度（cm）	10～12	
干燥时间（h）		
自干	—	24
烘干（105±2）℃	1	—
涂刮性	易涂刮，不卷边	
柔韧性（mm）	50	
耐冲击性（cm）	≥15	—
打磨性（加200g砝码，用400号或320号水砂纸打磨100次）	打磨成平滑无光表面，不粘水砂纸	
耐硝基漆性	漆膜不膨胀，不起皱，不渗色	

（3）各色硝基腻子（HG/T 3356）。各色硝基腻子干燥快，附着力好，容易打磨。用于涂有底漆的金属和木质物面，做填平细孔或缝隙用。其技术要求见表1-143。可用Ⅰ型硝基漆稀释剂稀释，与各种硝基漆和硝基底漆配套使用。

表 1-143 各色硝基腻子的技术要求

项　目	指　标
腻子膜颜色及外观	各色，色调不定，腻子膜应平整，无明显粗粒，无裂纹
固体含量（%）	≥65

项　目	指　标
干燥时间（h）	≤3
柔韧性（mm）	≤100
耐热性（湿膜干燥 3h 后，再在 65～70℃烘 6h）	无可见裂纹
打磨性（加 200g 砝码，用 300 号水砂纸打磨 100 次）	打磨后应平整，无明显颗粒或其他杂质
涂刮性	易涂刮，不卷边

（4）过氯乙烯腻子（HG/T 3357）。各色过氯乙烯腻子干燥快。主要用于填平已涂有醇酸底漆或过氯乙烯底漆的各种车辆、机床等钢铁或木质表面。其技术要求见表 1-144。可用过氯乙烯漆稀释剂稀释，配套用面漆为过氯乙烯面漆、酚醛磁漆及醇酸磁漆等。

表 1-144　　　　　　过氯乙烯腻子的技术要求

项　目	指　标
腻子外观	无机械杂质和搅不开的硬块
腻子膜颜色及外观	各色，色调不定，腻子膜应平整，无明显粗粒，无裂纹
固体含量（%）	≥70
干燥时间（实干）（h）	≤3
柔韧性（mm）	≤100
耐油性（浸入 HJ-20 号机械油中 24h）	不透油
耐热性（湿膜自干 3h 后，再在 60～70℃烘 6h）	无裂纹
打磨性（加砝码 200g，用 200 号水砂纸打磨：100 次）	打磨后应平整，无明显颗粒或其他杂质
涂刮性	易涂刮，不卷边
稠度（cm）	8.5～14.0

（5）硝基漆稀释剂（HG/T 3378）。Ⅰ型硝基漆稀释剂中，酯、酮溶剂比例较高，溶解性能较好，可做硝基清漆、磁漆、底漆稀释之用。Ⅱ型硝基漆稀释剂中，酯、酮溶剂比例较低，溶解性能稍差，可做要求不高的硝基漆及底漆的稀释用，或做洗涤硝基漆施工工具及用品等。该稀释剂不能用于稀释过氯乙烯漆。其技术要求见表 1-145。

表 1-145　　　　　　　　硝基漆稀释剂技术要求

项　目	指　标	
	Ⅰ型	Ⅱ型
颜色（铁钴比色计）	1 号	1 号
外观和透明度	清澈透明，无机械杂质	
酸值（以 KOH 计）（mg/g）	≤0.15	≤0.20
水分	不浑浊、不分层	
胶凝数（mL）	≥20	≥18
白化性	漆膜不发白及没有无光斑点	

（6）脱漆剂（HG/T 3381）。脱漆剂Ⅰ型具有溶解、溶胀漆膜等使之剥离的性能。含有石蜡，主要用于清除油基漆的旧漆膜。对金属无任何腐蚀现象，使用时应搅拌均匀，决不能与其他溶剂混合使用。Ⅱ型具有较高的溶解、溶胀漆膜性能，脱漆速度快（涂后 5min 内漆膜起皱膨胀）。不含石蜡，主要用于清除油基、醋酸及硝基漆的旧漆膜。不能与其他脱漆剂混合使用。其技术要求见表 1-146。

表 1-146　　　　　　　　脱漆剂的技术要求

项　目	指　标	
	Ⅰ型	Ⅱ型
外观和透明度	乳白色糊状物，36℃时为均匀透明的液体	均匀透明液体
酸值（以 KOH 计）（mg/g）	—	≤0.08
脱漆效率①（％）	≥85	≥90
对金属的腐蚀作用	无任何腐蚀现象	无任何腐蚀现象

①　Ⅰ型：涂脱漆剂 30min 后测试；Ⅱ型：涂脱漆剂 5min 后测试。

（二）胶粘剂

1. 陶瓷墙地砖胶粘剂（JC/T 547）

（1）产品分类及型号表示方法。陶瓷墙地砖胶粘剂按化学组成和物理形态分为5类：A类——由水泥等无机胶凝材料、矿物集料和有机外加剂等组成的粉状产品；B类——由聚合物分散液与填料等组成的膏糊状产品；C类——由聚合物分散液和水泥等无机胶凝材料、矿物集料等两部分组成的双包装产品；D类——由聚合物溶液和填料等组成的膏糊状产品；E类——由反应性聚合物及其填料等组成的双包装或多包装产品。

按耐水性分为3个级别：F级——较快具有耐水性的产品；S级——较慢具有耐水性的产品；N级——无耐水性要求的产品。

胶粘剂的型号按以下顺序标记：产品名称、类别、级别和本标准号。例如：由水泥等无机胶凝材料、矿物集料和有机外加剂等组成、较快具有耐水性的陶瓷墙地砖胶粘剂标记为：陶瓷墙地砖胶粘剂 A-F-JC/T 547。

（2）技术要求。陶瓷墙地砖胶粘剂技术要求应符合表1-147的规定。

表 1-147　　　　　陶瓷墙地砖胶粘剂技术要求

项　目		技术指标		
		F级	S级	N级
拉伸胶接强度达到 0.17MPa 的时间间隔（min）	晾置时间	≥10		
	调整时间	>5		
收缩性① （%）		<0.50		
压剪胶接强度（MPa）	原强度	≥1.00		
	耐水	≥0.70	≥0.70	
	耐温	≥0.70		
	耐冻融	≥0.70	≥0.70	
防霉性② 等级		1		

① B类、D类产品免测；

② 仅测防霉型产品。

2. 壁纸胶粘剂（JC/T 548）

（1）产品分类及型号表示方法。壁纸胶粘剂按其材料性质和应用分为两大类：第1类，适用于一般纸基壁纸粘贴的胶粘剂；第2类，具有高湿黏性、高干强、适用于各种基底壁纸粘贴的胶粘剂。每类按其物理形态又分为粉型、调制型、成品型三种形态。第1类三种形态代号依次为1F、1H、1Y；第2类三种形态代号依次为2F、2H、2Y。

胶粘剂型号按以下顺序标记：产品名称、种类、湿黏性质量等级和标准号。例如：湿黏性优等品第1类粉型壁纸胶粘剂标记为壁纸胶粘剂1F-200-JC/T 548。

（2）技术要求。壁纸胶粘剂技术要求应符合表1-148的规定。

表1-148　　　　　　　壁纸胶粘剂技术要求

项　目		技 术 指 标			
		第1类		第2类	
		优等品	合格品	优等品	合格品
成品胶外观		均匀无团块胶液			
pH值		6～8			
适用期		不变质（不腐败、不变稀、不长霉）			
晾置时间（min）		≥15		≥10	
湿黏性	标记线距离（mm）	200	150	300	250
	30s移动距离（mm）	<5			
干黏性	纸破率（%）	100			
滑动性（N）		≤2		≤5	
防霉性①等级		1		0	1

① 仅测防霉型产品。

3. 天花板胶粘剂（JC/T 549）

这种胶粘剂是以合成树脂及其乳液或合成胶乳为粘料，加入添加剂而制得的天花板胶粘剂，主要用于各类天花板材料与基材的粘贴。

（1）产品分类及型号表示方法。天花板胶粘剂分为四个系列：

乙酸乙烯系——以乙酸乙烯树脂及其乳液为粘料，加入添加剂；乙烯共聚系——以乙酸乙烯和乙烯共聚物为粘料，加入添加剂；合成胶乳系——以合成胶乳为粘料，加入添加剂；环氧树脂系——以环氧树脂为粘料，加入添加剂。其基材和材料代号见表 1-149。

表 1-149　　　　　　天花板胶粘剂的基材和材料代号

胶粘剂	代号	材料	代　　号					
乙酸乙烯系	VA	基材	石膏板		石棉水泥板		木板	
乙烯共聚系	EC		GY		AS		WO	
合成胶乳系	SL	天花板材料	胶合板	纤维板	石膏板	石棉水泥板	硅酸钙板	矿棉板
环氧树脂系	ER		GL	FI	GY	AS	SI	MI

这种胶粘剂的型号按下列顺序标记：产品名称、基材—天花板组合形式、类型和标准号。例如，乙酸乙烯天花板（石膏板—矿棉板）胶粘剂标记为天花板胶粘剂 VA（GY-MI）JC/T 549。

（2）技术要求。天花板胶粘剂的质量应符合表 1-150 的规定。

表 1-150　　　　　　天花板胶粘剂的质量要求

试验项目		技术指标												
外　观		胶液均匀、无块状颗粒												
涂布性		容易涂布、梳齿不零乱												
流挂① （mm）＜		3												
拉伸胶接强度（MPa）≥	基材	石膏板					石棉水泥板②			木板				
	天花板材料	胶合板	纤维板	石②膏板	石②棉水泥板	硅酸钙板	矿棉板	石膏板	硅酸钙板	矿棉板	胶合板	纤维板	石②膏板	石②棉水泥板	硅酸钙板	矿棉板
	试验条件													
	(23±2)℃（96h）	0.2						0.2	0.2	1	0.5	0.2	0.5		0.2
	(23±2)℃（96h）浸水（24h）	—						0.1	0.5	0.2	—		0.2		0.1

① 仅对实际施工时不需要临时固定的腻子状胶粘剂进行流挂试验；

② 此处石棉水泥板为混凝土、水泥砂浆、TK 板、FC 板等的代替品。

（3）天花板、基材和胶粘剂的组合。使用不同材质的基材和天花板材料组合时，推荐按表1-151选择胶粘剂类别。

表1-151　　　　　　基材和天花板组合时胶粘剂的选择

天花板材料 基材	胶合板	纤维板	石膏板	石棉水泥板	硅酸钙板	矿棉板
石膏板	［VA］ ［SL］	［VA］ ［SL］	［VA］［EC］ ［SL］	［VA］［EC］ ［SL］	［VA］［EC］ ［SL］	（VA） （EC）
石棉水泥板	—	—	［ER］	—	—	（VA）SL （ER）
木板	［VA］ ［SL］	［VA］ ［SL］	［VA］［EC］ ［SL］	［VA］［EC］ ［SL］	［VA］［EC］ ［SL］	（VA）（EC） SL

注　（　）—需要临时固定；［　］—需要和铁钉或小螺丝并用；——实际上很少组合，不予规定。

　　VA—乙酸乙烯系；EC—乙烯共聚系；SL—合成胶乳系；ER—环氧树脂系。

4. 硬质聚氯乙烯块状塑料地板胶粘剂（JC/T 550）

这种胶粘剂是以合成树脂或合成胶乳为粘料，加入其他添加剂而制得的半硬质聚氯乙烯块状塑料地板胶粘剂（简称PVC地板胶粘剂），主要用于PVC地板与水泥砂浆或混凝土地面的粘贴。

（1）产品分类及型号表示方法。

1）按粘料分。乙酸乙烯系——以乙酸乙烯树脂为粘料，加入其他添加剂，又分乳液型和溶剂型两种。乙烯共聚系——以乙烯和乙酸乙烯共聚物为粘料，加入其他添加剂，又分乳液型和溶剂型两种；合成胶乳系——以合成胶乳为粘料，加入其他添加剂；环氧树脂系——以环氧树脂为粘料，加入其他添加剂。

2）按用途分。A型普通用——粘贴后用于不受水影响的场合；B型耐水用——粘贴后用于易受水影响的场合。PVC地板胶粘剂分类代号见表1-152。

表1-152　　　　　　PVC地板胶粘剂分类代号

分　类		代　号
乙酸乙烯系	乳液型	VA1
	溶剂型	VA2

分　类		代　号
乙烯共聚系	乳液型	EC1
	溶剂型	EC2
合成胶乳系		SL
环氧树脂系		ER

地板胶粘剂型号按下列顺序标记：产品名称、类型、质量等级和本标准号。例如，一等品普通用乙酸乙烯系乳液型 PVC 地板胶粘剂标记为 PVC 地板胶粘剂 VA1-A-等品 JC/T550。

（2）技术要求。PVC 地板胶粘剂技术要求应符合表 1-153 的规定。

表 1-153　　　　　　　　　PVC 地板胶粘剂技术要求

试 验 项 目			技 术 指 标	
			一等品	合格品
外观			胶体均匀，无团块颗粒	
涂布性			容易涂布，梳齿不零乱	
胶接强度 （MPa） ≥	普通用	VA1	0.60	0.50
		VA2	0.60	0.50
		EC1	0.30	0.20
		EC2	0.60	0.50
		SL	0.30	0.20
		ER	0.90	0.80
	耐水用①	168h	0.60	0.50

① 在满足普通用胶接强度下，再浸水 168h 后的指标。

5. 木地板胶粘剂（JC/T 636）

这种胶粘剂是以合成树脂为粘料，加入添加剂而制得的木地板胶粘剂，主要用于木地板与混凝土、水泥砂浆基材的粘贴。

（1）产品分类及型号表示方法。木地板胶粘剂分为四种类型：聚乙烯醇系——以聚乙烯醇改性物为粘料，加入添加剂；乙酸乙烯系——以乙酸乙烯树脂为粘料，加入添加剂；乙烯共聚系——以乙酸乙烯和以乙烯共聚物为粘料，加入添加剂；丙烯酸系——以丙烯酸树脂为粘料，加入添加剂。

木地板胶粘剂代号见表 1-154。

表 1-154 木地板胶粘剂代号

胶粘剂类型	聚乙烯醇系	乙酸乙烯系	乙烯共聚系	丙烯酸系
代号	PV	VA	EC	AC

木地板胶粘剂型号按下列顺序标记：产品名称、类型和标准号。例如，木地板胶粘剂 VA-JC/T 636。

（2）技术要求。木地板胶粘剂的质量要求应符合表 1-155 的规定。

表 1-155 木地板胶粘剂的质量要求

试 验 项 目	技术指标
涂布性	容易涂布、胶层均匀
拉伸劈裂胶接强度 （23±2）℃，96h，再浸水 24h （N/cm）	≥200

第二章 钢 铁 材 料

一、钢铁材料的基本知识

(一) 钢铁材料的分类

1. 钢铁的分类

钢铁的分类见表 2-1。

表 2-1   钢铁的分类

名称	定义	用途
工业纯铁	杂质总含量（质量分数）＜0.2%及含碳量在 0.02%～0.04%的纯铁	重要的软磁材料，也是制造其他磁性合金的原材料
生铁	含碳量（质量分数）＞2%，并含硅、锰、硫、磷等杂质的铁碳合金	通常分为炼钢用生铁和铸造用生铁两大类
铸铁	用铸造生铁为原料，在重熔后直接浇注成铸件，是含碳量（质量分数）＞2%的铁碳合金	主要有灰铸铁、可锻铸铁、球墨铸铁、耐磨铸铁和耐热铸铁
铸钢	铸钢是指采用铸造方法产出来的一种钢铸件，其含碳量（质量分数）一般在 0.15%～0.60%	一般分为铸造碳钢和铸造合金钢两大类
钢	以铁为主要元素，含碳量（质量分数）一般＜2%，并含有其他元素的材料	炼钢生铁经炼钢炉熔炼的钢，除少数是直接浇注成钢铸件外，绝大多数是先铸成钢锭、连铸坯，再经过锻压或轧制成锻件或各种钢材。通常所说的钢，一般是指轧制成各种型材的钢

2. 钢的分类

钢的分类见表 2-2。

表 2-2   钢 的 分 类

分类方法	分类名称	特 征 说 明
按化学成分	碳素钢	按含碳量不同，可分为 (1) 低碳钢：含碳量（质量分数）≤0.25%； (2) 中碳钢：含碳量（质量分数）0.25%～0.60%； (3) 高碳钢：含碳量（质量分数）＞0.60%

分类方法	分类名称	特 征 说 明
按化学成分	合金钢	在冶炼碳素钢的基础上，加入一些合金元素而炼成的钢。按其合金元素总含量，可分为 （1）低合金钢：合金元素总含量（质量分数）≤5%； （2）中合金钢：合金元素总含量（质量分数）5%～10%； （3）高合金钢：合金元素总含量（质量分数）>10%
按冶炼设备分	平炉钢	平炉钢是指用平炉炼制的钢，分为酸性平炉钢、碱性平炉钢
	转炉钢	转炉钢是指用转炉吹炼的钢，分为酸性转炉钢、碱性转炉钢
	电炉钢	电炉钢是指用电炉炼制的钢，分为电弧炉钢、电渣炉钢、感应炉钢、真空自耗炉钢、电子束炉钢
按脱氧程度分	沸腾钢	该钢脱氧不完全，浇铸时产生沸腾现象。优点是冶炼成本低，表面质量及深冲性能好；缺点是化学成分和质量不均匀，抗腐蚀性能和机械强度较差，且晶粒粗化，有较大的时效趋向性、冷脆性。在温度0℃以下焊接时，接头内可能出现脆性裂纹。一般不宜用于重要结构
	镇静钢	完全获得脱氧的钢，化学成分均匀，晶粒细化，不存在非金属夹杂物，其冲击韧性比晶粒粗化的钢提高1～2倍。一般优质碳素钢和合金钢均是镇静钢
	半镇静钢	脱氧程度介于上述两种钢之间，因生产较难控制，产量较少
按钢的品质分	普通钢	钢中含杂质元素较多，含硫量（质量分数）一般≤0.055%，含磷量（质量分数）≤0.045%，如碳素结构钢、低合金结构钢等。或磷（硫）含量（质量分数）≤0.05%
	优质钢	钢中含杂质元素较少，一般含硫量及含磷量（质量分数）均≤0.04%，如优质碳素结构钢、合金结构钢、碳素工具钢和合金工具钢、弹簧钢、轴承钢等
	高级优质钢	钢中含杂质元素较少，一般含硫量（质量分数）≤0.030%；含磷量（质量分数）≤0.035%，如合金结构钢和工具钢等。高级优质钢号后面，通常在钢号后面加"A"或汉字"高"，以便识别
按结构钢的强度等级分	Q235	屈服强度 $\sigma_S = 235MPa$，使用很普遍
	Q345	屈服强度 $\sigma_S = 345MPa$，使用很普遍
	Q390	屈服强度 $\sigma_S = 390MPa$；综合性能好，如 15MnVR，15MnTi
	Q400	屈服强度 $\sigma_S \geq 400MPa$（如 30SiTi）
	Q440	屈服强度 $\sigma_S \geq 440MPa$（如 15MnVNR）

分类方法	分类名称	特 征 说 明
按钢的用途分	结构钢	（1）建筑及工程用结构钢。简称建造用钢，是指建筑、桥梁、船舶、锅炉或其他工程上用于制作金属结构件的钢，如碳素结构钢、低合金钢、钢筋钢等。 （2）机械制造用结构钢。指用于制造机械设备上结构零件的钢。这类钢基本上都是优质钢或高级优质钢，主要有优质碳素结构钢、合金结构钢、易切结构钢、弹簧钢、轴承钢等
	专用钢	指各个工业部门用于专业用途的钢，如： （1）锅炉用钢（牌号末位用 g 表示）； （2）桥梁用钢（牌号末位用 q 表示），如 16q、16Mnq 等； （3）船体用钢，一般强度钢分为 A、B、C、D、E 五个等级； （4）压力容器用钢（牌号末位用 R 表示）； （5）低温压力容器用钢（牌号末位用 DR 表示）； （6）汽车大梁用钢（牌号末位用 L 表示）； （7）焊条用钢（手工电弧焊条冠以 "E"；埋弧焊焊条冠以 "H"）
	工具钢	一般用于制造各种工具，如碳素工具钢、合金工具钢、高速工具钢等。按其用途又可分为刃具钢、模具钢、量具钢
	特殊钢	指具有特殊性能的钢，如不锈耐酸钢、耐热不起皮钢、高电阻合金钢、耐磨钢、磁钢等
按制造加工形式分	铸钢	指采用铸造方法生产出来的一种钢铸件，主要用于制造一些形状复杂、难以锻造或切削加工成型而又有较高强度和塑性要求的零件
	锻钢	指采用锻造方法生产出来的各种锻材和锻件。锻钢件的质量比铸钢件高，能承受大的冲击力，塑性、韧性和其他力学性能均高于铸钢件，所以重要的机器零件都应当采用锻钢件
	热轧钢	指用热轧方法生产出来的各种钢材。热轧方法常用来生产型钢、钢管、钢板等大型钢材，也用于轧制线材
	冷轧钢	指用冷轧方法生产出来的各种钢材。与热轧钢相比，冷轧钢的特点是表面光洁、尺寸精确、力学性能good。冷轧常用来轧制薄板、钢带和钢管

3. 钢材的分类

钢材的分类见表2-3。

表 2-3　　　　　　　　　　　　　　　钢材的分类

类别	说　　明
型钢	按断面形状分圆钢、扁钢、方钢、六角钢、八角钢、角钢、工字钢、槽钢、丁字钢、乙字钢等
钢板	（1）按厚度分厚钢板（厚度大于4mm）和薄钢板（厚度小于等于4mm）； （2）按用途分一般用钢板、锅炉用钢板、造船用钢板、汽车用厚钢板、一般用薄钢板、屋面薄钢板、酸洗薄钢板、镀锌薄钢板、镀锡薄钢板和其他专用钢板等
钢带	按交货状态分热轧钢带和冷轧钢带
钢管	（1）按制造方法分无缝钢管（有热轧、冷拔两种）和焊接钢管； （2）按用途分一般用钢管、水煤气用钢管、锅炉用钢管、石油用钢管和其他专用钢管等； （3）按表面状况分镀锌钢管和不镀锌钢管； （4）按管端结构分带螺纹钢管和不带螺纹钢管
钢丝	（1）按加工方法分冷拉钢丝和冷轧钢丝等； （2）按用途分一般用钢丝、包扎用钢丝、架空通信用钢丝、焊接用钢丝、弹簧钢丝、琴钢丝和其他专用钢丝等； （3）按表面情况分抛光钢丝、磨光钢丝、酸洗钢丝、光面钢丝、黑钢丝、镀锌钢丝和其他金属钢丝等
钢丝绳	（1）按绳股数目分单股钢绳、六股钢绳和十八股钢绳等； （2）按内芯材料分有机物芯钢绳和金属芯钢绳等； （3）按表面状况分不镀锌钢绳和镀锌钢绳

（二）钢材的标记代号（GB/T 15575）

钢材的标记代号见表2-4。

表 2-4　　　　　　　　　　　　　　　钢材的标记代号

类　别	细　类	标记代号
加工状态	（1）热轧（含热扩、热挤、热锻）； （2）冷轧（含冷挤压）； （3）冷拉（拔）	

类　别	细　类	标记代号
尺寸精度	（1）普通精度；	PA
	（2）较高精度；	PB
	（3）高级精度；	PC
	（4）厚度较高精度；	PT
	（5）宽度较高精度；	PW
	（6）厚度、宽度较高精度	PTW
边缘状态	（1）切边；	EC
	（2）不切边；	EM
	（3）磨边；	ER
表面质量	（1）普通级；	FA
	（2）较高级；	FB
	（3）高级	FC
表面种类	（1）酸洗（喷丸）；	SA
	（2）剥皮；	SF
	（3）光亮；	SL
	（4）磨光；	SP
	（5）抛光；	SB
	（6）麻面；	SG
	（7）发蓝；	SBL
	（8）热镀锌；	SZH
	（9）电镀锌；	SZE
	（10）热镀锡；	SSH
	（11）电镀锡	SSE
表面化学处理	（1）钝化（铬酸）；	STC
	（2）磷化；	STP
	（3）锌合金化	STZ
软化程度	（1）半软；	S1/2
	（2）软；	S
	（3）特软	S2
硬化程度	（1）低冷硬；	H1/4
	（2）半冷硬；	H1/2
	（3）冷硬；	H
	（4）特硬	H2

类　　别	细　　类	标记代号
热处理	（1）退火；	TA
	（2）球化退火；	TG
	（3）光亮退火；	TL
	（4）正火；	TN
	（5）回火；	TT
	（6）淬火＋回火；	TQT
	（7）正火＋回火；	TNT
	（8）固溶	TS
力学性能	（1）低强度；	MA
	（2）普通强度；	MB
	（3）较高强度；	MC
	（4）高强度；	MD
	（5）超高强度	ME
冲压性能	（1）普通冲压；	CQ
	（2）深冲压；	DQ
	（3）超深冲压	DDQ
用途	（1）一般用途；	UG
	（2）重要用途；	UM
	（3）特殊用途；	US
	（4）其他用途；	UO
	（5）压力加工用；	UP
	（6）切削加工用；	UC
	（7）顶锻用；	UF
	（8）热加工用；	UH
	（9）冷加工用	UC

注　1. 本标准适用于钢丝、钢板、型钢、钢管等的标记代号。

　　2. 钢材标记代号采用与类别名称相应的英文名称首位字母（大写）和阿拉伯数字组合表示。

　　3. 其他用途可以指某种专门用途，在"U"后面加专用代号。

（三）生铁和钢材的涂色标记

1. 生铁的涂色

生铁的涂色标记见表 2-5。

表 2-5

表 2-5   生铁的涂色标记

类　　别	牌号或级别	涂色标记
铸造用生铁 YB（T）14	Z34	绿色一条
	Z30	绿色二条
	Z26	红色一条
	Z22	红色二条
	Z18	红色三条
	Z14	蓝色一条
炼钢用生铁 GB/T 717	L04	白色一条
	L08	黄色一条
	L10	黄色二条
球墨铸铁用生铁 GB/T 1412	Q10	灰色一条
	Q12	灰色二条
	Q16	灰色三条

2. 钢材的涂色标记

钢材的涂色标记见表 2-6。

表 2-6   钢材的涂色标记

类　　别	牌号或级别	涂色标记
优质碳素结构钢	05～15	白色
	20～25	棕色＋绿色
	30～40	白色＋蓝色
	45～85	白色＋棕色
	15Mn～40Mn	白色二条
	15Mn～70Mn	绿色三条
高速工具钢	W12Cr4V4Mo	棕色一条＋黄色一条
	W18Cr4V2	棕色一条＋蓝色一条
	W9Cr4V2	棕色二条
	W9Cr4V	棕色一条
铬轴承钢	GCr6	绿色一条＋白色一条
	GCr9	白色一条＋黄色一条
	GCr9SiMn	绿色二条
	GCr15	蓝色一条
	GCr15SiMn	绿色一条＋蓝色一条

类　别	牌号或级别	涂色标记
不锈耐酸钢	铬钢	铝色＋黑色
	铬钛钢	铝色＋黄色
	铬锰钢	铝色＋绿色
	铬钼钢	铝色＋白色
合金结构钢	锰钢	黄色＋蓝色
	硅锰钢	红色＋黑色
	锰钒钢	蓝色＋绿色
	铬钢	绿色＋黄色
	铬硅钢	蓝色＋红色
	铬锰钢	蓝色＋黑色
	铬锰硅钢	红色＋紫色
	铬钒钢	绿色＋黑色
	铬锰钛钢	黄色＋黑色
	铬钨钒钢	棕色＋黑色
	钼钢	紫色
	铬钼钢	绿色＋紫色
	铬锰钼钢	绿色＋白色
	铬钼钒钢	紫色＋棕色
	铬硅钼钒钢	紫色＋棕色
	铬铝钢	铝白色
	铬钼铝钢	黄色＋紫色
	铬钨钒铝钢	黄色＋红色
	硼钢	紫色＋蓝色
	铬钼钨钒钢	紫色＋黑色
不锈耐酸钢	铬镍钢	铝色＋红色
	铬锰镍钢	铝色＋棕色
	铬镍钛钢	铝色＋蓝色
	铬镍铌钢	铝色＋蓝色
	铬钼钛钢	铝色＋白色＋黄色
	铬钼钒钢	铝色＋红色＋黄色
	铬镍钼钛钢	铝色＋紫色
	铬钼钒钴钢	铝色＋紫色
	铬镍铜钛钢	铝色＋蓝色＋白色
	铬镍钼铜钛钢	铝色＋黄色＋绿色
	铬镍钼铜铌钢	铝色＋黄色＋绿色
		（铝色为宽条，余为窄色条）

类　别	牌号或级别	涂色标记
耐热钢	铬硅钢	红色＋白色
	铬钼钢	红色＋绿色
	铬硅钼钢	红色＋蓝色
	铬钢	铝色＋黑色
	铬钼钒钢	铝色＋紫色
	铬镍钛钢	铝色＋蓝色
	铬铝硅钢	红色＋黑色
	铬硅钛钢	红色＋黄色
	铬硅钼钛钢	红色＋紫色
	铬硅钼钒钢	红色＋紫色
	铬铝钢	红色＋铝色
	铬镍钨钼钛钢	红色＋棕色
	铬镍钨钼钢	红色＋棕色
	铬镍钨钛钢	铝色＋白色＋红色 （前为宽色条，后为窄色条）

（四）钢铁材料的性能指标简介

1. 建筑钢材的使用性能

（1）建筑钢材的力学性能见表 2-7。

表 2-7　　　　　　　　建筑钢材的力学性能

项　目		说　明	备　注
塑性性能		钢的塑性性能反映钢的塑性变形能力的大小。塑性指标有伸长率和断面收缩率，都在断裂的拉伸试件上测得，一般用延伸率表示	建筑结构在弹性范围内使用时，有可能产生局部应力集中。应力集中处的应力超过屈服极限，可通过塑性变形使应力发生重分布，以保证结构的安全
强度性能 一般通过拉伸试验测得，均可在拉伸时的应力—应变图上表示	弹性极限	指不会出现残留塑性变形时的最大应力	建筑结构在使用中不允许破坏，也不允许产生较大的塑性变形。因此，表示钢对小量塑性变形抵抗能力的弹性极限及屈限极限具有很大的实际意义。钢的强度极限高，可增加钢在使用时的安全度，使之不致因局部超载而破坏
	强度极限	相当于拉伸变形曲线上最大负荷时的应力	
	屈服极限	指在拉伸变形曲线上出现屈服台阶时的应力。对含碳量较高的钢和热处理钢，不出现屈服台阶，以塑性变形为 0.2% 时的条件应力来表示，称为条件屈服极限	

项　目	说　明	备　注
冲击韧性	钢的冲击韧性以标准冲击试件在弯曲冲击试验时单位截面（cm^2）上所吸收的冲击断裂功来表示	钢的冲击韧性比塑性指标在更大程度上揭示钢的质量，特别是对在冲击荷载作用下使用的结构尤为重要
冷脆性	钢的冷脆性用规定温度下的冲击韧性或临界脆性温度来表示	测定钢的冷脆指标，可防止钢在低温使用时的脆性破坏
疲劳强度	一般把钢在荷载交变 10×10^6 次时不破坏的最大应力定名为疲劳强度或疲劳极限	对于承受交变荷载的结构（如工业厂房的吊车梁），在选择钢材时，必须考虑疲劳强度

（2）建筑钢材的工艺性能见表 2-8。

表 2-8　　　　　　　　建筑钢材的工艺性能

项　目	说　明	备　注
钢的焊接性能	指在一定焊接工艺条件下，能否形成性能相当于基本金属性能或技术条件规定的焊接件的能力	钢的焊接性能是钢材加工中必须测定和注明的重要工艺性能
钢的冷弯性能	钢的冷弯性能以钢在常温下能承受的弯曲程度来表示。钢能承受弯曲的程度越大，钢的冷弯性能就越好；钢的塑性越大，钢能承受的弯曲程度就越大	钢的冷弯性能对于钢是否能顺利通过必需的冷加工过程是很重要的

（3）影响建筑钢材性能的主要因素见表 2-9。

表 2-9　　　　　　　　影响建筑钢材性能的主要因素

影响因素	说　明	备　注
含碳量 W（C）	提高钢的含碳量，可以提高其强度性能（屈服极限和强度极限），但使钢的塑性、冲击韧性和腐蚀稳定性下降，并使钢的焊接性能和冷弯性变差	建筑钢的含碳量不可过高，但是在用途上允许时，可用含碳量较高的钢。最高可达 0.6%

影响因素	说 明	备 注
含硅量 $W(Si)$	少量硅是钢中的有益元素，可以提高屈服极限和强度极限。但当硅的含量大于0.8%～1.0%时，会使钢的塑性和冲击韧性显著降低，且增加钢的冷脆性，并使钢的焊接性能变差	—
含锰量 $W(Mn)$	锰能在保持钢的原有塑性和冲击韧性的条件下，较显著地提高热轧钢的屈服极限和强度极限，改善钢的热加工性能，降低冷脆性。锰的有害作用是使钢的延伸率略为降低及在含量甚高时，焊接性能变差	在允许含量范围内，锰对钢的性能是益多而害少的
含磷量 $W(P)$	磷可使钢的屈服极限和强度极限显著提高，并可提高钢的抗大气腐蚀的稳定性，但增加钢的冷脆性，使钢的焊接性能及冷弯性能变差，并降低钢的塑性	建筑钢的含磷量应控制在规定的指标以内
含氧量 $W(O)$	氧化物对钢的热加工力学性能、横向力学性、疲劳强度、热脆性、焊接性能、冷弯性能均有不利影响	建筑钢的含氧量应尽量减少
含硫量 $W(S)$	硫对钢的绝大部分性能起极有害的作用，如焊接性能、冲击韧性、疲劳强度、腐蚀稳定性等	建筑钢的含硫量应尽量减少
含氮量 $W(N)$	氮引起钢的热脆性，使焊接时热裂纹形成的倾向增加，使钢的焊接性能变差，还会使钢的塑性急剧下降，相应降低钢的冷弯性能	建筑钢的含氮量应尽量减少
冷加工	钢的冷加工能显著提高钢的屈服极限和强度极限并提高钢的疲劳强度。但同时却降低钢的伸长率、断面收缩率、冷弯性能、冲击韧性、腐蚀稳定性及腐蚀疲劳强度等，并会增加钢的冷脆性	在建筑钢的使用中，应合理利用冷加工的有益使用

2. 钢铁材料的性能简介

钢铁材料的性能主要是指力学性能、物理性能、化学性能和工艺性能等。

（1）力学性能。钢铁材料的力学性能是指钢铁材料在外力作用下表现出来的特性，如强度、硬度、塑性和冲击韧性值等，详细见表 2-10。

表 2-10　　钢铁材料常用的力学性能

名　称	表示符号	单位	定　义
正弹性模量	E		正弹性模量，表示材料的刚度，也就是抵抗弹性变形能力的大小。在应力—应变图上，弹性模量是材料在弹性形变部分的斜率
抗拉强度	R_n		材料受拉力作用，一直到破断时所能承受的最大应力，称为抗拉强度
抗压强度	σ_{bc}		材料受压力作用，直到破坏时所能承受的最大应力，称为抗压强度
抗弯强度	σ_{bb}		材料受弯曲力作用，直到破断时所能承受的最大弯曲应力，称为抗弯强度
屈服强度	σ_s	MPa	材料受外力作用，载荷增大到某一数值时外力不再增加，而材料继续产生塑性变形的现象，称为屈服。材料开始产生屈服时的应力称为屈服强度
条件屈服强度	$\sigma_{0.2}$		对于无明显屈服现象的材料，技术上规定试样产生 0.2%永久变形量时的应力，称为条件屈服强度
疲劳强度	σ_1		在变动负载作用下，零件发生断裂的现象称为金属疲劳。疲劳曲线的水平部分，称为疲劳极限，它表示材料承受无限次循环变动负载而不破坏的能力。当最大应力低于 σ_1 时，材料可能承受无限次循环而不断裂，此应力就称为材料的疲劳强度。生产中一般规定 10^7 循环周次而不断裂的最大应力为疲劳极限
比例极限	σ_p		在拉伸图上，应力与伸长成正比关系的最大应力值，即拉伸图上开始偏离直线时的应力，称为比例极限
弹性极限	σ_e		金属开始产生塑性变形时的抗力，称为弹性极限

名 称	表示符号	单位	定 义
拉断伸长率	A	%	试样在断裂时相对伸长的大小，称为伸长率，以百分数表示，即 $$A=\frac{L_1-L_0}{L_0}\times100\%$$ 式中 L_1——断裂后试样的长度，mm； L_0——试样原始长度，mm
断面收缩率	φ		断裂后试样横截面积的减少量 $\Delta F=F_0-F_k$，与试样原始横截面积 F_0 之比，称为断面收缩率，以百分数表示： $$\varphi=\frac{F_0-F_k}{F_0}\times100\%$$
冲击韧度	a_k	J/cm²	材料抵抗冲击作用而不破坏的能力，称为冲击韧度

（2）物理性能。钢铁材料的物理性能是指金属的密度、熔点、热膨胀、导热性、导电性和磁性等，它们的代号和含义见表 2-11 和表 2-12。

表 2-11   **钢铁材料的物理性能的代号和含义**

名称	含 义	计量单位
密度（ρ）	单位体积金属的质量 $\rho<5$，称为轻金属； $\rho>5$，称为重金属	kg/m³
熔点	金属或合金的熔化温度。钨、钼、铬、钒等属于难熔金属；锡、铅、锌等属于易熔金属	℃
热膨胀（线膨胀系数）（α）	金属或合金受热时，体积增大，冷却时收缩的性能。热膨胀大小用线膨胀系数表示	/℃
导热性（热导率）（λ）	金属材料在加热或冷却时能够传导热能的性质。设导热性最好的银为 1，则铜为 0.9，铝为 0.5，铁为 0.15	W/(m·K)
导电性	金属能够传导电流的性能。导电性最好的是银，其次是铜、铝	—
磁性	金属能导磁的性能，具有导磁能力的金属能被磁铁吸引	—

表 2-12 常用材料的热导率和线膨胀系数

加工材料	热导率 λ [W/(m·K)]	线膨胀系数 α (/℃)
45 钢	0.115	12
灰铸铁	0.12	8.7～11.1
黄铜	0.14～0.58	18.2～20.6
紫铜	0.94	19.2
锡青铜	0.14～0.25	17.5～19
铝合金	0.36	24.3
不锈钢	0.039	15.5～16.5

（3）化学性能。钢铁在常温或高温时抵抗各种化学作用的能力称为化学性能，如耐腐蚀性和热稳定性等，它们的名称和含义见表 2-13。

表 2-13 钢铁材料化学性能的种类和含义

名 称	含 义
耐腐蚀性	钢铁材料抵抗各种介质（如大气、水蒸气、其他有害气体及酸、碱、盐等）侵蚀的能力
抗氧化性	金属材料在高温下抵抗氧化作用的能力
化学稳定性	钢铁材料耐腐蚀性和抗氧化性的总和。钢铁材料在高温下的化学稳定性又称为热稳定性

（4）工艺性能。钢铁材料是否易于加工成形的性能称为工艺性，如铸造性能、锻造性能、焊接性能、可切削加工性能和热处理工艺性能等，它们的名称和含义见表 2-14。

表 2-14 钢铁材料工艺性能的含义

名称	含 义
铸造性能	钢铁能否用铸造方法制成优良铸件的性能，包括金属的液态流动性，冷却时的收缩率等
锻造性能	钢铁在锻造时的抗氧化性能及氧化皮的性质，以及冷镦性、锻后冷却要求等
焊接性能	钢铁是否容易用一定的焊接方法焊成优良接缝的性能。焊接性好的材料能获得没有裂缝、气孔等缺陷的焊缝，并且焊接接头具有一定的力学性能
热处理工艺性能	钢铁在热处理时的淬透性、变形、开裂、脆性等

（五）钢铁产品牌号的表示方法（GB/T 221）

1. 各种钢、纯铁牌号表示法

各种钢、纯铁牌号表示法见表 2-15。

表 2-15　　各种钢、纯铁牌号表示法

产品名称	第一部分			第二部分	第三部分	第四部分	牌号示例
	汉字	汉语拼音	采用字母				
车辆车轴用钢	辆轴	LIANG ZHOU	LZ	碳含量（质量分数）：0.40%~0.48%	—	—	LZ45
机车车辆用钢	机轴	JI ZHOU	JZ	碳含量（质量分数）：0.40%~0.48%	—	—	JZ45
非调质机械结构钢	非	FEI	F	碳含量（质量分数）：0.32%~0.39%	钒含量（质量分数）：0.06%~0.13%	硫含量（质量分数）：0.035%~0.075%	F35VS
碳素工具钢	碳	TAN	T	碳含量（质量分数）：0.80%~0.90%	锰含量（质量分数）：0.40%~0.60%	高级优质钢	T8MnA
合金工具钢	碳含量（质量分数）：0.85%~0.95%			硅含量（质量分数）：1.20%~1.60% 铬含量（质量分数）：0.95%~1.25%	—	—	9SiCr
高速工具钢	碳含量（质量分数）：0.80%~0.90%			钨含量（质量分数）：5.50%~6.75% 钼含量（质量分数）：4.50%~5.50% 铬含量（质量分数）：3.80%~4.40% 钒含量（质量分数）：1.75%~2.201%	—	—	W6Mo5Cr4V2

产品名称	第一部分			第二部分	第三部分	第四部分	牌号示例
	汉字	汉语拼音	采用字母				
高速工具钢		碳含量（质量分数）：0.86%～0.94%		钨含量（质量分数）：5.90%～6.70% 钼含量（质量分数）：4.70%～5.20% 铬含量（质量分数）：3.80%～4.50% 钒含量（质量分数）：1.75%～2.10%		—	CW6Mo5Cr4V2
高碳铬轴承钢	滚	GUN	G	铬含量（质量分数）：1.40%～1.65%	硅含量（质量分数）：0.45%～0.75% 锰含量（质量分数）：0.95%～1.25%	—	GCr15SiMn
钢轨钢	轨	GUI	U	碳含量（质量分数）：0.66%～0.74%	硅含量（质量分数）：0.85%～1.15% 锰含量（质量分数）：0.85%～1.15%	—	U70MnSi

产品名称	第一部分			第二部分	第三部分	第四部分	牌号示例
	汉字	汉语拼音	采用字母				
冷镦钢	铆螺	MAO LUO	ML	碳含量（质量分数）：0.26%~0.34%	铬含量（质量分数）：0.80%~1.10% 钼含量（质量分数）：0.15%~0.25%	—	ML30CrMo
焊接用钢	焊	HAN	H	碳含量（质量分数）：≤0.10%的高级优质碳素结构钢	—	—	H08A
焊接用钢	焊	HAN	H	铬含量（质量分数）：0.80%~1.10% 钼含量（质量分数）：0.40%~0.60%的高级优质合金结构钢	—	—	H08CrMoA
电磁纯铁	电铁	DIAN TIE	DT	顺序号4	磁性能A级	—	DT4A
原料纯铁	原铁	YUAN TIE	YT	顺序号1	—	—	YT1

2. 碳素结构钢和低合金高强度钢牌号表示方法

碳素结构钢和低合金高强度钢牌号表示方法见表 2-16。

表 2-16 碳素结构钢和低合金高强度钢牌号构成要素

构成要素	表 示 内 容
第一部分	前缀符号＋强度值（以 N/mm^2 或 MPa 为单位），其中通用结构钢前缀符号为代表屈服强度的拼音字母 Q，专用结构钢的前缀符号见表 2-17
第二部分（必要时）	钢的质量等级，用英文字母 A、B、C、D、E、F 等表示
第三部分（必要时）	脱氧方式表示符号，即沸腾钢、半镇静钢、镇静钢、特殊镇静钢分别以 F、b、Z、TZ 表示。镇静钢、特殊镇静钢表示符号通常可以省略
第四部分（必要时）	产品用途、特性和工艺方法表示符号，见表 2-18

注 根据需要，低合金高强度结构钢的牌号也可以采用两位阿拉伯数字（表示平均含碳量，以万分之几计）加"常用化学元素符号"规定的元素符号及必要时加代表产品用途、特性和工艺方法的表示符号，按顺序表示。

表 2-17 专用结构钢的前缀符号

产品名称	采用的汉字及汉语拼音或英文单词			采用字母	位置
	汉字	汉语拼音	英文单词		
热轧光圆钢筋	热轧光圆钢筋	—	Hot Rolled Plain Bars	HPB	牌号头
热轧带肋钢筋	热轧带肋钢筋	—	Hot Rolled Ribbed Bars	HRB	牌号头
晶粒热轧带肋钢筋	热轧带肋钢筋＋细	—	Hot Rolled R. hbed Bars＋Flne	HRBF	牌号头
冷轧带肋钢筋	冷轧带肋钢筋	—	Cold Rolled RIhbed Bars	CRB	牌号头
预应力混凝土用螺纹钢筋	预应力、螺纹、钢筋	—	Prestressing、Screw、Bars	PSB	牌号头
焊接气瓶用钢	焊瓶	HAN PING	—	HP	牌号头
管线用钢	管线	—	Line	L	牌号头
船用锚链钢	船锚	CHUAN MAO	—	CM	牌号头
煤机用钢	煤	MEI	—	M	牌号头

表 2-18 碳素结构钢和低合金结构钢产品用途、特性和工艺方法表示符号

产品名称	采用的汉字及汉语拼音或英文单词			采用字母	位置
	汉字	汉语拼音	英文单词		
锅炉和压力容器用钢	容	RONG	—	R	牌号尾
锅炉用钢（管）	锅	GUO	—	G	牌号尾
低温压力容器用钢	低容	DIRONG	—	DR	牌号尾
桥梁用钢	桥	QIAO	—	Q	牌号尾
耐候钢	耐候	NAIHOU	—	NH	牌号尾
高而寸候钢	高耐候	GAO NAI HOU	—	GNH	牌号尾
汽车人梁用钢	梁	LIANG	—	L	牌号尾
高性能建筑结构用钢	高建	GAOJIAN	—	GJ	牌号尾
低焊接裂纹敏感性钢	低焊接裂纹敏感性	—	Crack Free	CF	牌号尾
保证淬透性钢	淬透性	—	Hardenability	H	牌号尾
矿用钢	矿	KUANG	—	K	牌号尾
船用钢	采用国际符号				

3. 碳素结构钢和低合金结构钢的牌号示例

碳素结构钢和低合金结构钢的牌号示例见表 2-19。

表 2-19 碳素结构钢和低合金结构钢的牌号示例

产品名称	第一部分	第二部分	第三部分	第四部分	牌号示例
碳素结构钢	最小屈服强度 235N/mm^2	A 级	沸腾钢	—	Q235AF
低合金高强度结构钢	最小屈服强度 345N/mm^2	D 级	特殊镇静钢	—	Q345D
热轧光圆钢筋	屈服强度特征值 235N/mm^2	—	—	—	HPB235
热轧带肋钢筋	屈服强度特征值 335N/mm^2	—	—	—	HRB335
细晶粒热轧带肋钢筋	屈服强度特征值 335N/mm^2	—	—	—	HBRBF335

产品名称	第一部分	第二部分	第三部分	第四部分	牌号示例
冷轧带肋钢筋	最小抗拉强度 550N/mm²	—	—	—	CRB550
预应力混凝土用螺纹钢筋	最小屈服强度 830N/mm²	—	—	—	PSB830
焊接气瓶用钢	最小屈服强度 345N/mm²	—	—	—	HP345
管线用钢	最小规定总延伸强度 415N/mm²	—	—	—	L415
船用锚链钢	最小抗拉强度 370N/mm²	—	—	—	CM370
煤机用钢	最小抗拉强度 510N/mm²	—	—	—	M510
钢炉和压力容器用钢	最小屈服强度 345N/mm²	—	特殊镇静钢	压力容器"容"的汉语拼音首位字母"R"	Q345R

（六）钢材理论质量计算

1. 钢材断面面积的计算方法

钢材断面面积的计算方法见表 2-20。

表 2-20 钢材断面面积的计算方法

钢材类型	断面面积（mm²）	说 明
方 钢	$A=a^2$	a—边宽
圆角方钢	$A=a^2-0.858\,4r^2$	a—边宽 r—圆角半径
钢板、扁钢、钢带	$A=at$	a—边宽 t—厚度
六角钢	$A=0.866\,6a^2=2.598s^2$	a—对边距离
八角钢	$A=0.828\,4a^2=4.828\,6s^2$	s—边宽
钢管	$A=3.141\,6$ $t(D-t)$	D—外径 t—壁厚
等边角钢	$A=d(2b-d)+0.214\,6(r^2-2r_1^2)$	d—边厚 b—边宽 r—内面圆角半径 r_1—端边圆角半径

钢材类型	断面面积（mm²）	说　　明
圆角扁钢	$A = at - 0.858\ 4r^2$	a—边宽 t—厚度 r—圆角半径
圆钢、圆盘条、钢丝	$A = 0.785\ 4d^2$	d—外径
不等边角钢	$A = d\ (B + b - d) +$ $0.214\ 6\ (r^2 - 2r_1^2)$	d—边厚 B—长边长 b—短边长 r—内面圆角半径 r_1—端边圆角半径
工字钢	$A = hd + 2t(b-d) +$ $0.58(r^2 - r_1^2)$	h—高度 b—腿宽 d—腰厚 t—平均腿厚 r—内面圆角半径 r_1—端边圆角半径
槽钢	$A = hd + 2t(b-d) +$ $0.34(r^2 - r_1^2)$	

2. 钢材的规格表示及理论质量计算

钢材的规格表示及理论质量计算见表 2-21。

二、常用建筑钢种

1. 碳素结构钢（GB/T 700）

碳素结构钢是一种普通碳素钢，除含碳（<2%）外，还含有少量硅、锰、硫、磷等杂质元素。钢中硫、磷含量较高，力学性能一般。通常在热轧状态下使用。这种钢大量用作建筑工程、桥梁、船舶上各种静负载、无特殊要求的金属结构件。在机械制造上，用于制造一些不太重要的、不需热处理的零件和一般焊接件。

（1）碳素结构钢的力学性能见表 2-22。

用 Q195 和 Q235 B 级沸腾钢轧制的钢材，其厚度（或直径）不大于 25mm。做拉伸和冷弯试验时，型钢和钢棒取纵向试样；钢板、钢带取横向试样，拉断伸长率允许比表 2-22 降低 2%（绝对值）。窄钢带取横向试样，如果受宽度限制时，可以取纵向试样。如供方能保证冷弯试验符合表 2-23 的规定，可不做检验。A 级钢冷弯试验合格时，抗拉强度上限可以不作为交货条件。

表 2-21

钢材的规格表示及理论质量计算

钢材类型	横断面形状及标注方法	各部分名称及代号	规格表示方法（mm）	理论质量计算公式
圆钢、钢丝		d—直径	直径 例：$\phi25$	$W=0.006\ 17d^2$
方钢		a—边宽	边长 例：50^2 或 50×50	$W=0.007\ 85a^2$
六角钢		a—对边距离	对边距离 例：25	$W=0.006\ 8a^2$
六角中空钢		d—芯孔直径 D—内切圆直径	内切圆直径 例：25	$W=0.006\ 8D^2-0.006\ 17d^2$

续表

钢材类型	横断面形状及标注方法	各部分名称及代号	规格表示方法（mm）	理论质量计算公式
扁钢		δ—厚度 b—宽度	厚度×宽度 例：6×20	$W=0.007\,85b\delta$
钢板		δ—厚度 b—宽度	厚度或厚度×宽度×长度 例：9 或 9×1400×1800	$W=7.85\delta$
工字钢		h—高度 b—腿宽 d—腰厚 N—型号	高度×腿宽×腰厚或以型号表示 例：100×68×4.5 或 10 钢	(1) $W=0.007\,85d\,[h+3.34\,(b-d)]$ (2) $W=0.007\,85d\,[h+2.65\,(b-d)]$ (3) $W=0.007\,85d\,[h+2.26\,(b-d)]$
槽钢		h—高度 b—腿宽 d—腰厚 N—型号	高度×腿宽×腰厚或以型号表示 例：100×48×5.3 或 10 钢	(1) $W=0.007\,85d\,[h+3.26\,(b-d)]$ (2) $W=0.007\,85d\,[h+2.44\,(b-d)]$ (3) $W=0.007\,85d\,[h+2.24\,(b-d)]$

钢材类型	横断面形状及标注方法	各部分名称及代号	规格表示方法(mm)	理论质量计算公式
等边角钢		b—边宽 d—边厚	边宽²×边厚 例：$75^2×10$ 或 $75×75×10$	$W=0.007\,95d(2b-d)$
不等边角钢		B—长边宽度 b—短边宽度 d—边厚	长边宽度×短边宽度×边厚 例：$100×75×10$	$W=0.007\,95d(B+b-d)$
无缝钢管		D—外径 t—壁厚	外径×壁厚×长度-钢号 或外径×壁厚 例：$102×4×700-20$号 或$102×4$	$W=0.024\,66t(D-t)$

注：1. 钢的密度为 7.85g/cm²。

2. W 为每米长度（钢板公式中指每平方米）的理论重量（kg）。

3. 螺纹钢筋的规格以计算用直径表示；预应力混凝土用钢绞线以钢绞线公称直径表示；水、煤气输送钢管及电线套管以公称口径或英寸表示。

表2-22

碳素结构钢的力学性能

牌号	等级	屈服强度① R_{eH}（MPa），≥ 厚度（或直径）(mm)						抗拉强度② R_m（MPa）	断后伸长率 A（%），≥ 厚度（或直径）(mm)					冲击试验（V型缺口）温度（℃）	冲击试验（V型缺口）冲击功（纵向）(J) ≥
		≤16	>16~40	>40~60	>60~100	>100~150	>150~200		≤40	>40~60	>60~100	>100~150	>150~200		
Q195	—	195	185	—	—	—	—	315~430	33	—	—	—	—	—	—
Q215	A	215	205	195	185	175	165	335~450	31	30	29	27	26	—	—
Q215	B													+20	27
Q235	A	235	225	215	195	185	185	370~500	26	25	24	22	21	—	—
Q235	B													+20	27
Q235	C													0	27
Q235	D													-20	
Q275	A	275	265	255	245	225	215	410~540	22	21	20	18	17	—	—
Q275	B													+20	27
Q275	C													0	27
Q275	D													-20	

注　厚度小于25mm的Q235 B级钢材，如供方能保证冲击功合格，经需方同意，可不做检验。

① 表示Q195的屈服强度值仅供参考，不做交货条件。

② 表示厚度大于100mm的钢材，抗拉强度下限允许降低20MPa。宽带钢（包括剪切钢板）抗拉强度上限不做交货条件。

（2）碳素结构钢的冷弯实验见表 2-23。

表 2-23　　　　　　　　　　碳素结构钢的冷弯

牌　　号	试样方向	冷弯试验 180° $B=2a$[①]	
		钢材厚度（或直径）[②]（mm）	
		≤60	>600～100
		弯心直径 d	
Q195	纵	0	—
	横	0.5a	
Q215	纵	0.5a	1.5a
	横	a	2a
Q235	纵	a	2a
	横	1.5a	2.5a
Q275	纵	1.5a	2.5a
	横	2a	3a

① 表示 B 为试样宽度，a 为试样厚度（或直径）。
② 表示钢材厚度（或直径）大于 100mm 时，弯曲试验由双方协商确定。

　　厚度不小于 12mm 或直径不小于 16mm 的钢材应做冲击试验，试样尺寸为 10mm×10mm×55mm。经供需双方协议，厚度为 6～12mm 或直径为 12～16mm 的钢材可以做冲击试验，试样尺寸为 10mm×7.5mm×55mm 或 10mm×5mm×55mm 或 10mm×产品厚度×55mm。在 GB/T 700 附录 A 中给出规定的冲击功，如：当采用 10mm×5mm×55mm 试样时，其试验结果应不小于规定值的 50%。

　　夏比（V形缺口）冲击吸收功值按一组 3 个试样单值的算术平均值计算，允许其中 1 个试样的单个值低于规定值，但不得低于规定值的 70%。如果没有满足上述条件，可从同一抽样产品上再取 3 个试样进行试验，先后 6 个试样的平均值不得低于规定值，允许有 2 个试样低于规定值，但其中低于规定值 70% 的试样只允许有 1 个。

　　2. 优质碳素结构钢（GB/T 699）

　　（1）优质碳素结构钢的力学性能见表 2-24。

表2-24

优质碳素结构钢的力学性能

牌号	试样毛坯尺寸 (mm)	推荐热处理 (℃)			力学性能					钢材交货状态硬度 HBS10/3000≤	
		正火	淬火	回火	R_m (MPa)	σ_s (MPa)	A_5	ϕ (%)	A_{KU2} (J)	未热处理钢	退火钢
							≥				
08F	25	930	—	—	295	175	35	60	—	131	—
10F	25	930	—	—	315	185	33	55	—	137	—
15F	25	930	—	—	355	205	29	55	—	143	—
08	25	930	—	—	325	195	33	60	—	131	—
10	25	930	—	—	335	205	31	55	—	137	—
15	25	920	—	—	375	225	27	55	—	143	—
20	25	910	—	—	410	245	25	55	—	156	—
25	25	900	870	600	450	275	23	50	71	170	—
30	25	880	860	600	490	295	21	50	63	179	—
35	25	870	850	600	530	315	20	45	55	197	—
40	25	860	840	600	570	335	19	45	47	217	187
45	25	850	840	600	600	355	16	40	39	229	197
50	25	830	830	600	630	375	14	40	31	241	207
55	25	820	820	600	645	380	13	35	—	255	217
60	25	810	—	—	675	400	12	35	—	255	229
65	25	810	—	—	695	410	10	30	—	255	229
70	25	790	—	—	715	420	9	30	—	269	229

牌号	试样毛坯尺码 (mm)	推荐热处理 (℃)			力学性能					钢材交货状态硬度 HBS10/3000≤	
		正火	淬火	回火	R_m (MPa) ≥	σ_s (MPa)	A_5 (%)	ϕ (%)	A_{KU2} (J)	未热处理钢	退火钢
75	试样	—	820	480	1080	880	7	30	—	285	241
80	试样	—	820	480	1080	930	6	30	—	285	241
85	试样	—	820	480	1130	980	6	30	—	302	255
15Mn	25	920	—	—	410	245	26	55	—	163	—
20Mn	25	910	—	—	450	275	24	50	—	197	—
25Mn	25	900	870	600	490	295	22	50	71	207	—
30Mn	25	880	860	600	540	315	20	45	63	217	187
35Mn	25	870	850	600	560	335	18	45	55	229	197
40Mn	25	860	840	600	590	355	17	45	47	229	207
45Mn	25	850	840	600	620	375	15	40	39	241	217
50Mn	25	830	830	600	645	390	13	40	31	255	217
60Mn	25	810	—	—	695	410	11	35	—	269	229
65Mn	25	830	—	—	735	430	9	30	—	285	229
70Mn	25	790	—	—	785	450	8	30	—	285	229

注 1. 对于直径或厚度小于25mm的钢材，热处理是在与成品尺寸截面尺寸相同的试样毛坯上进行。

2. 表中所列正火推荐保温时间不少于30min；淬火推荐保温时间不少于30min，75、80和85钢油冷，其余钢水冷；回火推荐保温时间不少于1h。

（2）优质碳素结构钢的特性和应用见表 2-25。

表 2-25　　　　　　　　优质碳素结构钢的特性和应用

牌号	主要特性	应用举例
08F	优质沸腾钢，强度、硬度低，塑性极好。深冲压、深拉延性好，冷加工性、焊接性好。成分偏析倾向大，时效敏感性大，故冷加工时，可采用消除应力热处理，或水韧处理，防止冷加工断裂	易轧成薄板、薄带，冷变形材、冷拉钢丝用作冲压件、压延件，各类不承受载荷的覆盖件、渗碳、渗氮、氰化件，制作各类套筒、靠模、支架
08	极软低碳钢，强度、硬度很低，塑性、韧性极好，冷加工性好，淬透性、淬硬性极差，时效敏感性比 08F 稍弱，不宜切削加工，退火后，导磁性能好	宜轧制成薄板、薄带、冷变形材、冷拉、冷冲压、焊接件、表面硬化件
10F 10	强度低（稍高于 08 钢），塑性、韧性很好，焊接性优良，无回火脆性。易冷热加工成型、淬透性很差，正火或冷加工后切削性能好	宜用冷轧、冷冲、冷镦、冷弯、热轧、热挤压、热镦等工艺成型，制造要求受力不大、韧性高的零件，如摩擦片、深冲器皿、汽车车身、弹体等
15F 15	强度、硬度、塑性与 10F、10 钢相近。为改善其切削性能需进行正火或水韧处理适当提高硬度。淬透性、淬硬性低、韧性、焊接性好	制造受力不大，形状简单，但韧性要求较高或焊接性能较好的中、小结件、螺钉、螺栓、拉杆、起重钩、焊接容器等
20	强度硬度稍高于 15F、15 钢，塑性焊接性都好，热轧或正火后韧性好	制作不太重要的中、小型渗碳、碳氮共渗件、锻压件，如杠杆轴、变速箱变速叉、齿轮，重型机械拉杆，钩环等
25	具有一定强度、硬度。塑性和韧性好。焊接性、冷塑性加工性较高，被切削性中等、淬透性、淬硬性差。淬火后低温回火后强韧性好，无回火脆性	焊接件、热锻、热冲压件渗碳后用作耐磨件

牌号	主要特性	应用举例
30	强度、硬度较高，塑性好、焊接性尚好，可在正火或调质后使用，适用于热锻、热压。被切削性良好	用于受力不大，温度低于150℃的低载荷零件，如丝杆、拉杆、轴键、齿轮、轴套筒等。渗碳件表面耐磨性好，可作耐磨件
35	强度适当，塑性较好，冷塑性高，焊接性尚可。冷态下可局部镦粗和拉丝。淬透性低，正火或调质后使用	适于制造小截面零件，可承受较大载荷的零件，如曲轴、杠杆、连杆、钩环等，各种标准件、紧固件
40	强度较高，可切削性良好，冷变形能力中等，焊接性差，无回火脆性，淬透性低，易生水淬裂纹，多在调质或正火态使用，两者综合性能相近，表面淬火后可用于制造承受较大应力件	适于制造曲轴心轴、传动轴、活塞杆、连杆、链轮、齿轮等，做焊接件时需先预热，焊后缓冷
45	最常用中碳调质钢，综合力学性能良好，淬透性低，水淬时易生裂纹。小型件宜采用调质处理，大型件宜采用正火处理	主要用于制造强度高的运动件，如透平机叶轮、压缩机活塞。轴、齿轮、齿条、蜗杆等。焊接件注意焊前预热，焊后消除应力退火
50	高强度中碳结构钢，冷变形能力低，可切削加工性中等。焊接性差，无回火脆性，淬透性较低，水淬时，易生裂纹。使用状态：正火，淬火后回火，高频表面淬火，适用于在动载荷及冲击作用不大的条件下耐磨性高的机械零件	锻造齿轮、拉杆、轧辊、轴摩擦盘、机床主轴、发动机曲轴、农业机械犁铧、重载荷芯轴及各种轴类零件等，及较次要的减振弹簧、弹簧垫圈等
55	具有高强度和硬度，塑性和韧性差，被切削性中等，焊接性差，淬透性差，水淬时易淬裂。多在正火或调质处理后使用，适用于制造高强度、高弹性、高耐磨性机件	齿轮、连杆、轮圈、轮缘、机车轮箍、扁弹簧、热轧轧辊等

牌号	主要特性	应用举例
60	具有高强度、高硬度和高弹性。冷变形时塑性差，可切削性能中等，焊接性不好，淬透性差，水淬易生裂纹，故大型件用正火处理	轧辊、轴类、轮箍、弹簧圈、减振弹簧、离合器、钢丝绳
65	适当热处理或冷作硬化后具有较高强度与弹性。焊接性不好，易形成裂纹，不宜焊接，可切削性差，冷变形塑性低，淬透性不好，一般采用油淬，大截面件采用水淬油冷，或正火处理。其特点是在相同组态下其疲劳强度可与合金弹簧钢相当	宜用于制造截面、形状简单、受力小的扁形或螺形弹簧零件。如汽门弹簧、弹簧环等也宜用于制造高耐磨性零件，如轧辊、曲轴、凸轮及钢丝绳等
70	强度和弹性比 65 钢稍高，其他性能与 65 钢近似	弹簧、钢丝、钢带、车轮圈等
75 80	性能与 65、70 钢相似，但强度较高而弹性略低，其淬透性也不高。通常在淬火、回火后使用	板弹簧、螺旋弹簧、抗磨损零件、较低速车轮等
85	含碳量高的高碳结构钢，强度、硬度、比其他高碳钢高，但弹性略低，其他性能与 64、70、75、80 钢相近似。淬透性仍然不高	铁道车辆、扁形板弹簧、圆形螺旋弹簧、钢丝钢带等
15Mn	含锰 [ω（Mn）0.70%～1.00%] 较高的低碳渗碳钢，因锰高故其强度、塑性、可切削性和淬透性均比 15 钢稍高，渗碳与淬火时表面形成软点较少，宜进行渗碳、碳氮共渗处理，得到表面耐磨而心部韧性好的综合性能。热轧或正火处理后韧性好	齿轮、曲柄轴。支架、铰链、螺钉、螺母。铆焊结构件。板材适于制造油罐等。寒冷地区农具，如奶油罐等
20Mn	其强度和淬透性比 15Mn 高略高，其他性能与 15Mn 钢相近	与 15Mn 钢基本相同
25Mn	性能与 Mn 及 25 钢相近，强度稍高	与 20Mn 及 25 钢相近
30Mn	与 30 钢相比具有较高的强度和淬透性，冷变形时塑性好，焊接性中等，可切削性良好。热处理时有回火脆性倾向及过热敏感性	螺栓、螺母、螺钉、拉杆、杠杆、小轴、刹车机齿轮

牌号	主要特性	应用举例
35Mn	强度及淬透性比 30Mn 高,冷变形时的塑性中等。可切削性好,但焊接性较差。宜调质处理后使用	转轴、啮合杆、螺栓、螺母、铆钉等,心轴、齿轮等
40Mn	淬透性略高于 40 钢。热处理后,强度、硬度、韧性比 40 钢稍高,冷变形塑性中等,可切削性好,焊接性能差,具有过热敏感性和回火脆性,水淬易裂	耐疲劳件、曲轴、辊子、轴、连杆。高应力下工作的螺钉、螺母等
45Mn	中碳调质结构钢,调质后具有良好的综合力学性能。淬透性、强度、韧性比 45 钢高,可切削性尚好,冷变形塑性低,焊接性差,具有回火脆性倾向	转轴、芯轴、花键轴、汽车半轴、万向接头轴、曲轴、连杆、制动杠杆、啮合杆、齿轮、离合器、螺栓、螺母等
50Mn	性能与 50 钢相近,但其淬透性较高,热处理后强度、硬度、弹性均稍高于 50 钢。焊接性差,具有过热敏感性和回火倾向	用作承受高应力零件。高耐磨零件。如齿轮、齿轮轴、摩擦盘、心轴、平板弹簧等
60Mn	强度、硬度、弹性和淬透性比 60 钢稍高,退火态可切削性良好,冷变形塑性和焊接性差。具有过热敏感和回火脆性倾向	大尺寸螺旋弹簧、板簧、各种圆扁弹簧,弹簧环、片,冷拉钢丝及发条
65Mn	强度、硬度、弹性和淬透性均比 65 钢高,具有过热敏感性和回火脆性倾向,水淬有形成裂纹倾向。退火态可切削加工性尚可,冷变形塑性低,焊接性差	受中等载荷的板弹簧,直径达 7～20mm 螺旋弹簧及弹簧垫圈、弹簧环。高耐磨性零件,如磨床主轴、弹簧卡头、精密机床丝杆、犁、切刀、螺旋辊子轴承上的套环、铁道钢轨等
70Mn	性能与 70 钢相近,但淬透性稍高,热处理后强度、硬度、弹性均比 70 钢好,具有过热敏感性和回火脆性倾向,易脱碳及水淬时形成裂纹倾向,冷塑性变形能力差,焊接性差	承受大应力、磨损条件下工作零件。如各种弹簧圈、弹簧垫圈、止推环、锁紧圈、离合器盘等

3. 合金结构钢（GB/T 3077）

（1）合金结构钢的力学性能见表 2-26。

表 2-26   合金结构钢的力学性能

牌号	试样毛坯尺码(mm)	热处理						力学性能					钢材退火或高温回火供应状态布氏硬度 BS 100/3000
		淬火			回火		抗拉强度 R_m (MPa)	屈服点 σ_s (MPa)	断后伸长率 A_5 (%)	断面收缩率 ψ (%)	冲击吸收功 A_{KU2} (J)	
		加热温度(℃)		冷却剂	加热温度(℃)	冷却剂						
		第一次淬火	第二次淬火						≥			≤
20Mn2	15	850	—	水、油	200	水、空	785	590	10	40	47	187
30Mn2	25	880	—	水、油	440	水、空	785	635	12	45	63	207
35Mn2	25	840	—	水	500	水	835	685	12	45	55	207
40Mn2	25	840	—	水	500	水	885	735	12	45	55	217
45Mn2	25	840	—	水、油	540	水	885	735	10	45	47	217
50Mn2	25	820	—	油	550	水、油	930	785	9	40	39	229
20MnV	15	880	—	油	550	水、油	785	590	10	40	55	187
27SiMn	25	920	—	水、油	200	水、空	980	835	12	40	39	217
35SiMn	25	900	—	水	450	水、油	885	735	15	45	47	229

牌号	试样毛坯尺寸 (mm)	热处理					力学性能					钢材退火或高温回火供应状态布氏硬度 BS 100/3000 ≤
		淬火			回火		抗拉强度 R_m (MPa)	屈服点 σ_s (MPa)	断后伸长率 A_5 (%) ≥	断面收缩率 φ (%)	冲击吸收功 A_{KU2} (J)	
		加热温度 (℃)		冷却剂	加热温度 (℃)	冷却剂						
		第一次淬火	第二次淬火									
42SiMn	25	880	—	水	570	水、油	885	735	15	40	47	229
20SiMn2MoV	试样	900	—	水	590	水	1380	—	10	45	55	269
25SiMn2MoV	试样	900	—	油	200	水、空	1470	—	10	40	47	269
37SiMn2MoV	25	870	—	油	200	水、空	980	835	12	50	63	269
40B	25	840	—	水、油	650	水、空	785	635	12	45	55	207
45B	25	840	—	水	550	水	835	685	12	45	47	217
50B	20	840	—	水	550	水	785	540	10	45	39	207
40MnB	25	850	—	油	600	空	980	785	10	45	47	207
45MnB	25	840	—	油	500	水、油	1030	835	9	40	39	217
20MnMoB	15	880	—	油	2000	水、油	1080	885	10	50	55	207
15MnVB	15	860	—	油	200	油、空	885	635	10	45	55	207

牌号	试样毛坯尺寸 (mm)	热处理					力学性能					钢材退火或高温回火供应状态布氏硬度 BS 100/3000 ≤
		淬火			回火		抗拉强度 R_m (MPa)	屈服点 σ_s (MPa)	断后伸长率 A_5 (%)	断面收缩率 φ (%)	冲击吸收功 A_{KU2} (J)	
		加热温度 (℃)		冷却剂	加热温度 (℃)	冷却剂			≥			
		第一次淬火	第二次淬火									
20MnVB	15	860	—	油	200	水、空	1080	885	10	45	55	207
40MnVB	25	850	—	油	520	水、油	980	785	10	45	47	207
20MnTiB	15	860	—	油	200	水、空	1130	930	10	45	55	187
25MnTiBRE	试样	860	—	油	200	水、空	1380	—	10	40	47	229
15Cr	15	880	780~820	水、油	200	水、空	735	490	11	45	55	179
15CrA	15	880	770~820	水、油	180	油、空	685	490	12	45	55	179
20Cr	15	880	780~820	水、油	200	水、空	835	540	10	40	47	179
30Cr	25	860	—	油	500	油	885	685	11	45	47	187
35Cr	25	860	—	油	500	油	930	735	11	45	47	207
40Cr	25	850	—	油	520	油	980	785	9	45	47	207
45Cr	25	840	—	油	520	油	1030	835	9	40	39	217

牌号	试样毛坯尺码 (mm)	热处理					力学性能					钢材退火或高温回火供应状态布氏硬度 BS 100/3000 ≤
		淬火			回火		抗拉强度 R_m (MPa)	屈服点 σ_s (MPa)	断后伸长率 A_5 (%) ≥	断面收缩率 φ (%)	冲击吸收功 A_{KU2} (J)	
		加热温度 (℃)		冷却剂	加热温度 (℃)	冷却剂						
		第一次淬火	第二次淬火									
50Cr	25	830	—	油	520	水、油	1080	930	9	40	39	229
38CrSi	25	900	—	油	600	水、油	980	835	12	50	55	255
12CrMo	30	900	—	空	650	空	410	265	24	60	110	179
15CrMo	30	900	—	空	650	空	440	295	22	60	94	179
20CrMo	15	880	—	水、油	500	水、油	885	685	12	50	78	197
30CrMo	25	880	—	水、油	540	水、油	930	785	12	50	63	229
30CrMoA	15	880	—	油	540	水、油	930	735	12	50	71	229
35CrMo	25	850	—	油	550	水、油	980	835	12	45	63	229
42CrMo	25	850	—	油	560	水、油	1080	930	12	45	63	217
12CrMoV	30	970	—	空	750	空	440	225	22	50	78	241
35CrMoV	25	900	—	油	630	水、油	1080	930	10	50	71	241

牌号	试样毛坯尺码 (mm)	热处理					力学性能					钢材退火或高温回火供应状态布氏硬度 BS 100/3000 ≤
		淬火			回火		抗拉强度 R_m (MPa)	屈服点 σ_s (MPa)	断后伸长率 A_5 (%)	断面收缩率 φ (%)	冲击吸收功 A_{KU2} (J)	
		加热温度 (℃)		冷却剂	加热温度 (℃)	冷却剂						
		第一次淬火	第二次淬火				≥		≥			
12Cr1MoV	30	970	—	空	750	空	490	245	22	50	71	179
25Cr2MoV	25	900	—	油	640	空	930	785	14	55	63	241
25Cr2Mo1VA	25	1040	—	空	700	空	735	590	16	50	47	241
38CrMoAl	30	940	—	水、油	640	水、油	980	835	14	50	71	229
40CrV	25	880	—	油	650	水、油	885	735	10	50	71	241
50CrVA	25	860	—	油	500	水、油	1280	1130	10	40	—	255
15CrMn	15	880	—	油	200	水、空	785	590	12	50	47	179
20CrMn	15	850	—	油	200	水、空	930	735	10	45	47	187
40CrMn	25	840	—	油	550	水、油	980	835	9	45	47	229
20CrMnSi	25	880	—	油	480	水、油	785	635	12	45	55	207
25CrMnSi	25	880	—	油	480	水、油	1080	885	10	40	39	217

牌号	试样毛坯尺码(mm)	热处理					力学性能					钢材退火或高温回火供应状态布氏硬度 BS 100/3000
		淬火			回火		抗拉强度 R_m(MPa)	屈服点 σ_s(MPa)	断后伸长率 A_5(%)	断面收缩率 φ(%)	冲击吸收功 A_{KU2}(J)	
		加热温度(℃)		冷却剂	加热温度(℃)	冷却剂						≤
		第一次淬火	第二次淬火				≥	≥	≥	≥	≥	
30CrMnSi	25	880	—	油	520	水、油	1080	885	10	45	39	229
30CrMnSiA	25	880	—	油	540	水、油	1080	835	10	45	39	229
35CrMnSiA	试样	加热到880℃,于280~310℃等温淬火			230	空、油	1620	1280	9	40	31	241
20CrMnMo	试样	950	890	油	200	水、空	1180	885	10	45	55	217
40CrMnMo	15	850	—	油	600	水、油	980	785	10	45	63	217
20CrMnTi	25	880	870	油	200	水、油	1080	850	10	45	55	217
30CrMnTi	15	880	850	油	200	水、油	1470	—	9	40	47	229
20CrNi	试样	850	—	水、油	460	水、空	785	590	10	50	63	197
40CrNi	25	820	—	油	500	水、空	980	785	10	45	55	241
45CrNi	25	820	—	油	530	水、油	980	785	10	45	55	255
50CrNi	25	820	—	油	500	水、油	1080	835	8	40	39	255
12CrNi2	15	860	780	水、油	200	水、空	785	590	12	50	63	207

牌号	试样毛坯尺码 (mm)	热处理					力学性能					钢材退火或高温回火供应状态布氏硬度 BS 100/3000 ≤
		淬火			回火		抗拉强度 R_m (MPa)	屈服点 σ_s (MPa)	断后伸长率 A_5 (%)	断面收缩率 φ (%)	冲击吸收功 A_{KU2} (J)	
		加热温度 (℃)		冷却剂	加热温度 (℃)	冷却剂						
		第一次淬火	第二次淬火				≥	≥	≥	≥	≥	≤
12CrNi3	15	860	780	油	200	水、空	930	685	11	50	71	217
20CrNi3	25	860	—	水、油	480	水、油	930	735	11	55	78	241
30CrNi3	25	830	—	油	500	水、油	980	785	9	45	63	241
37CrNi3	25	820	—	油	500	水、油	1130	980	10	50	47	269
12Cr2Ni4	15	860	780	油	200	水、空	1080	835	10	50	71	269
20Cr2Ni4	15	880	780	油	200	水、空	1180	1080	10	45	63	269
20CrNiMo	15	850	—	油	200	空	980	785	9	40	47	197
40CrNiMoA	25	850	—	油	600	水、油	980	835	12	55	78	269
18CrMnNiMoA	15	830	—	油	200	空	1180	885	10	45	71	269
45CrMnNiMoVA	试样	860	—	油	460	油	1470	1330	7	35	31	269
18Cr2Ni4WA	15	950	850	空	200	水、空	1180	835	10	45	78	269
25Cr2Ni4WA	25	850	—	油	550	水、油	1080	930	11	45	71	269

注　1. 表中所列热处理温度允许调整范围；淬火±20℃，高温回火±50℃。

2. 硼钢中淬火前先可先经正火，正火温度应不高于其淬火温度，铬锰钛钢第一次淬火可用正火代替。

3. 拉伸试验时试样上不能发现屈服，无法测定屈服点σ_s的情况下，可以测定规定残余伸长余力$\sigma_{r0.2}$。

（2）合金结构钢的特性和作用见表 2-27。

表 2-27　　　　　　　　合金结构钢的特性和作用

牌号	主要特性	应用举例
20Mn2	具有中等强度，较小截面尺寸的 20Mn2 和 20Cr 性能相似，低温冲击韧度、焊接性能较 20Cr 好，冷变形时塑性高，切削加工性良好，淬透性比相应的碳钢要高，热处理时有过热、脱碳敏感性及回火脆性倾向	用于制造截面尺寸小于 50mm 的渗碳零件，如渗碳的小齿轮、小轴、力学性能要求不高的十字头销、活塞销、柴油机套筒、汽门顶杆、变速齿轮操纵杆、钢套，热轧及正火状态下用于制造螺栓、螺钉、螺母及铆焊件等
30Mn2	30Mn2 通常经挑字处理之后使用，其强度高，韧性好，并有优良的耐磨性能，当制造截面尺寸小的零件时，具有良好的静强度和疲劳强度，拉丝、冷镦、热处理工艺性都良好，切削加工性中等，焊接性尚可，一般不做焊接件，需焊接时，应将零件预热到 200℃ 以上，具有较高的淬透性，淬火变形小，但有过热、脱碳敏感性及回火脆性	用于制造汽车、拖拉机中的车架、纵横梁、变速箱齿轮、轴、冷镦螺栓、较大截面的调质件，也可制造心部强度较高的渗碳件，如起重机的后车轴等
35Mn2	比 30Mn2 的含碳量高，因而具有更高的强度和更好的耐磨性，淬透性也提高，但塑性略有下降，冷变形时塑性中等，切削加工性能中等，焊接性低，且有白点敏感性、过热倾向及回火脆性倾向，水冷易产生裂纹，一般在调质或正火状态下使用	制造小于直径 20mm 的较小零件时，可代替 40Cr，用于制造直径小于 15mm 的各种冷镦螺栓、力学性能要求较高的小轴、轴套、小连杆、操纵杆、曲轴、风机配件、农机中的锄铲柄、锄铲
40Mn2	中碳调质锰钢，其强度、塑性及耐磨性均优于 40 钢，并具有良好的热处理工艺性及切削加工性，焊接性差，当含碳量在下限时，需要预热至 100～425℃ 才能焊接，存在回火脆性，过热敏感性，水冷易产生裂纹，通常在调质状态下使用	用于制造重载工作的各种机械零件，如曲轴、车轴、轴、半轴、杠杆、连杆、操纵杆、蜗杆、活塞杆、承载螺栓、螺钉、加固环、弹簧，当制造直径小于 40mm 的零件时，其静强度及疲劳性能与 40Cr 相似，因而可代替 40Cr 制作小直径的重要零件

牌号	主要特性	应用举例
45Mn2	中碳调质钢，具有较高的强度、耐磨性及淬透性，调质后能获得良好的综合力学性能，适宜于油冷再高温回火，常在调质状态下使用，需要时也可在正火状态下使用，切削加工性尚可，但焊接性能差，冷变形塑性低，热处理有过热敏感性和回火脆性倾向，水冷易产生裂纹	用于制造承受高应力和耐磨损的零件，如果制作直径小于60mm的零件，可代替40Cr使用，在汽车、拖拉机及通用机械中，常用于制造轴、车轴、万向接头轴、蜗杆、齿轮轴、齿轮、连杆盖、摩擦盘、车厢轴、电车和蒸汽机车轴、重负载机架、冷拉状态中的螺栓和螺母等
50Mn2	中碳调质高强度锰钢，具有高强度、高弹性及优良的耐磨性，并且淬透性较高，切削加工性尚好，冷变形塑性低，焊接性能差，具有过热敏感、白点敏感及回火脆性，水冷易产生裂纹，采用适当低调质处理，可获得良好低综合力学性能，一般在调质后使用，也可在正火及回火后使用	用于制造高应力、高磨损工作低大型零件，如通用机械中的齿轮轴、曲轴、各种轴、连杆、蜗杆、万向接头轴、齿轮等，汽车的传动轴、花键轴、承受强烈冲击负荷的车轴，重型机械中的滚动轴承支撑的主轴、轴及大型齿轮以及用于制造手卷簧等，如果用于制作直径小于80mm的零件，可代替45Cr使用
20MnV	20MnV 性能好，可以代替 20Cr、20CrNi 使用，其强度、韧性及塑性均优于 15Cr 和 20Mn2，淬透性也好，切削加工性尚可，渗碳后，可以直接淬火，不需要第二次淬火来改善心部组织，焊接性较好，但热处理时，在 300~360℃ 时有回火脆性	用于制造高压容器、锅炉、大型高压管道等的焊接构件（工作温度不超过 450~475℃），还用于制造冷轧、冷拉、冷冲压加工的零件，如齿轮、自行车链条、活塞销等，还广泛用于制造直径小于20mm的矿用链环
27SiMn	27SiMn 的性能高于 30Mn2，具有较高的强度和耐磨性，淬透性较高，冷变形时塑性中等，切削加工性良好，焊接性能尚可，热处理时，钢的韧性降低较少，水冷时仍能保持较高的韧性，但有过热敏感性、白点敏感性及回火脆性倾向，大多数在调质后使用，也可在正火或热轧供货状态下使用	用于制造高韧性、高耐磨性的热冲压件，不需热处理或正火状态下使用的零件，如拖拉机履带销

牌号	主要特性	应用举例
35SiMn	合金调质钢，性能良好，可以代替 40Cr 使用，还可部分代替 40CrNi 使用，调质处理后具有高的静强度、疲劳强度和耐磨性以及良好的韧性，淬透性良好，冷变形时塑性中等，切削加工性良好，但焊接性能差，焊前应预热，且有过热敏感性、白点敏感性及回火脆性，并且容易脱碳	在调质状态下用于制造中速、中负载的零件，在淬火回火状态下用于制造高负载、小冲击震动的零件以及制作截面较大、表面淬火的零件，如汽轮机的主轴和轮毂（直径小于 250mm，工作温度小于 400℃）、叶轮（厚度小于 170mm）以及各种重要的紧固件，通用机械中的传动轴、主轴、心轴、连杆、齿轮、蜗杆、电车轴、发电机轴、曲轴、飞轮及各种锻件，农机中的锄铲柄、犁辕等耐磨件，另外还可制作薄壁无缝钢管
42SiMn	性能与 35SiMn 相近，其强度、耐磨性及淬透性均略高于 35SiMn，在一定条件下，此钢的强度、耐磨及热加工性能优于 40Cr，还可代替 40CrNi 使用	在高频淬火及中温回火状态下，用于制造中速、中载的齿轮传动件，在调质后高频淬火、低温回火状态下，用于制造较大截面的表面高硬度、较高耐磨性的零件，如齿轮、主轴、轴等，在淬火后低、中温回火状态下，用于制造中速、重载的零件，如主轴、齿轮、液压泵转子、滑块等
20SiMn2MoV	高强度、高韧性低碳淬火新型结构钢，有较高的淬透性，油冷变形及裂纹倾向很小，脱碳倾向低，锻造工艺性能良好，焊接性较好，复杂形状零件焊前应预热到 300℃，焊后缓冷，但切削加工性差，一般在淬火及低温回火状态下使用	在低温回火状态下可代替调质状态下使用的 35CrMo、35CrNi3MoA、 40CrNiMoA 等中碳合金结构钢使用，用于制造重载荷、应力状况复杂或低温下长期工作的零件，如石油机械中的吊卡、吊环、射孔器以及其他较大截面的连接件

牌号	主要特性	应用举例
25SiMn$_2$MoV	性能与 20SiMn$_2$MoV 基本相同，但强度和淬硬性稍高于 20SiMn$_2$MoV，而塑性及韧性又略有降低	用途和 20SiMn$_2$MoV 基本相同，用该钢制成的石油钻机吊环等零件，使用性能良好，较之 35CrNi$_3$Mo 和 10CrNi$_3$Mo 制作的同类零件更安全可靠，且质量轻，节省材料
37SiMn$_2$MoV	高级调质钢，具有优良的综合力学性能，热处理工艺性良好，淬透性好，淬裂敏感性小，回火稳定性高，回火脆性倾向很小，高温强度较佳，低温韧性也好，调质处理后能得到高强度和高韧性，一般在调质状态下使用	调质处理后，用于制造重载、大截面的重要零件，如重型机器中的齿轮、轴、连杆、转子、高压无缝钢管等，石油化工用的高压容器及大螺栓，制作高温条件下的大螺栓紧固件（工作温度低于 450℃），淬火低温回火后可做为超高强度钢使用，可代替 35CrMo、40CrNiMo 使用
40B	硬度、韧性、淬透性都比 40 钢高，调质后的综合力学性能良好，可代替 40Cr，一般在调质状态下使用	用于制造比 40 钢截面大、性能要求高的零件，如轴、拉杆、齿轮、拖拉机曲轴等，制作小截面尺寸零件，可代替 40Cr 使用
45B	强度、耐磨性、淬透性都比 45 钢好，多在调质状态下使用，可代替 40Cr 使用	用于制造截面较大、强度要求较高的零件，如拖拉机的连杆、曲轴及其他零件，制造小尺寸且性能要求不高的零件，可代替 40Cr 使用
50B	调质后，比 50 钢的综合力学性能要高，淬透性好，正火时硬度偏低，切削性尚可，一般在调质状态下使用，因抗回火性能较差，调质时应降低回火温度 50℃左右	用于代替 50、50Mn、50Mn$_2$ 制造强度较高、淬透性较高、截面尺寸不大的各种零件，如凸轮、花键轴、曲轴、惰轮、左右分离叉、轴套等

牌号	主要特性	应用举例
40MnB	具有高强度、高硬度、良好的塑性及韧性，高温回火后，低温冲击韧度良好，调质或淬火+低温回火后，承受动载荷能力有所提高，淬透性和40Cr相近，回火稳定性比40Cr低，有回火脆性倾向，冷热加工性良好，工作温度范围为-20～425℃，一般在调质状态下使用	用于制造拖拉机、汽车及其他通用机器设备中但中小重要调质零件，如汽车半轴、转向轴、花键轴、蜗杆和机床主轴、齿轴等可代替40Cr制造较大截面的零件，如卷扬机中轴，制造小尺寸零件时，可代替40CrNi
45MnVB	强度、淬透性均高于40Cr塑性和韧性略低，热加工和切削加工性能良好，加热时晶粒长大，氧化脱碳、热处理变形都小，在调质状态下使用	用于代替40Cr、45Cr和45Mn₂制造中、小截面耐磨的调质件及高频淬火件，如钻床主轴、拖拉机拐轴、机床齿轮、凸轮、花键轴、曲轴、惰轮、左右分离叉、轴套等
15MnVB	低碳马氏体淬火钢可完全代替40Cr钢，经淬火低温回火后，具有较高的强度，良好的塑性及低温冲击韧性，较低的缺口敏感性，淬透性好，焊接性能佳	采用淬火+低温回火，用以制造高强度的重要螺栓零件，如汽车上的气缸盖螺栓、半轴螺栓、连杆螺栓，也可用于制造中负载的渗碳零件
20MnVB	渗碳钢，其性能与20CrMnTi及20CrNi相近，具有高强度、高耐磨性及良好的淬透性，切削加工性，渗碳及热处理工艺性能均较好，渗碳后可直接降温淬火，但淬火变形、脱碳较20CrMnTi、20Cr、20CrNi	常用于制造较大载荷的中小渗碳零件，如重型机床上的轴、大模数齿轮、汽车后桥的主、从动齿轮
40MnVB	综合力学性能优于40Cr，具有高强度、高韧性和塑性，淬透性良好，热处理过热敏感性较小，冷拔、切削加工性均好，调质状态下使用	常用于代替40Cr、45Cr及38CrSi，制造低温回火、中温回火及高温回火状态的零件，还可以代替42CrMo、40CrNi制造重要调质，如机床和汽车上的齿轮、轴等

牌号	主要特性	应用举例
20MnTiB	具有良好的力学性能和工艺性能，正火后切削加工性良好，热处理后的疲劳强度较高	较多地用于制造汽车、拖拉机中尺寸较小、中载荷的各种齿轮及渗碳零件，可代替 20CrMnTi 使用
25MnTiBRE	综合力学性能比 20CrMnTi 好，且具有很好的工艺性能及较好的淬透性，冷热加工性良好，锻造温度范围大，正火后切削加工性较好，RE 加入后，低温冲击韧度提高，缺口敏感性降低，热处理变形比铬钢稍大，但可以控制工艺条件予以调整	常用以代替 20CrMnTi、20CrMo 使用，用于制造中载荷的拖拉机齿轮（渗碳）、推土机和中、小汽车变速箱齿轮和轴等渗碳、碳氮共渗零件
15Cr	低碳合金渗碳钢，比 15 钢的强度和淬透性均高，冷变形塑性高，焊接性良好，退火后切削加工性较好，对性能要求不高且形状简单的零件，渗碳后可直接淬火，但热处理变形较大，有回火脆性，一般均做为渗碳钢使用	用于制造表面耐磨、心部强度和韧性较高、较高工作速度但断面尺寸在 30mm 以内的各种渗碳碳零件，如曲柄销、活塞销、活塞环、联轴器、小凸轮轴、小齿轮、滑阀、活塞、衬套、轴承圈、螺钉、铆钉等，还可以用作淬火钢，制造要求一定强度和韧性，但变形要求较宽的小型零件
20Cr	比 15Cr 和 20 钢的强度和淬透性高，经淬火＋低温回火后，能得到良好的综合力学性能和低温冲击韧度，无回火脆性，渗碳时，钢的晶粒仍有长大的倾向，因而应进行二次淬火以提高心部韧性，不宜降温淬火，冷弯形时塑性较高，可进行冷拉丝，高温正火或调质后，切削加工性良好，焊接性较好（焊前一般应预热至 100～150℃），一般作为渗碳钢使用	用于制造小截面（小于300mm），形状简单、较高转速、载荷较小，表面耐磨、心部强度较高的各种渗碳或碳氮共渗零件，如小齿轮、小轴、阀、活塞销、衬套棘轮、托盘、凸轮、蜗杆、牙形离合器等，对热处理变形小、耐磨性要求高的零件，渗碳后尖进行一次淬火或高频淬火，如小模数（小于3mm）齿轮、花键轴、轴等，也可作调质钢用于制造低速、中载（冲击）的零件

牌号	主要特性	应用举例
30Cr	强度和淬透性均高于 30 钢，冷弯塑性沿好，退火或高温回火后的切削加工性良好，焊接性中等，一般在调质后使用，也可在正火后使用	用于制造耐磨或受冲击的各种零件，如齿轮、滚子、轴、杠杆、摇杆、连杆、螺栓、螺母等，还可用作高频表面淬火用钢，制造耐磨、表面高硬度的零件
35Cr	中碳合金调质钢，强度和韧性较高，其强度比 35 钢高，淬透性比 30Cr 略高，性能基本上与 30Cr 相近	用于制造齿轮、轴、滚子、螺栓以及其他重要调质件，用途和 30Cr 基本相同
40Cr	经调质处理后，具有良好的综合力学性能、低温冲击韧度及低的缺品敏感性，淬透性良好，油冷若冰霜时可得到较高的疲劳强度，水冷时复杂形状的零件易产生裂纹，冷弯塑性中等，正火或调节器质后切削加工性好，但焊接性不好，易产生裂纹，焊前应预热到 100～150℃，一般在调质状态下使用，还可以进行碳氮共渗和高频表面淬火处理	使用最广泛的钢种之一，调质处理后用于制造中速、中载的零件，如机床齿轮、轴、蜗杆、花键轴、顶针套等，调质并高频表面淬火后面于制造表面高硬度、耐磨的零件，如齿轮、轴、主轴、曲轴、心轴、套筒、销子、连杆、螺钉、螺母、进气阀等，经淬火及中温回火后用于制造重载、中速冲击的零件，如油泵转子，滑块、齿轮、主轴、套环等，经淬火及低温回火后用于制造重载、低温冲击、耐磨的零件，如蜗杆、主轴、轴、套环等，碳氮共渗处理后制造尺寸较大、低温冲击韧度较高的传动零件，如轴、齿轮等。401Cr 的代用钢有 40MnB、45MnB、35SiMn、 42SiMn、40MnVB、42MnV、40MnMoB、40MnWB 等

牌号	主要特性	应用举例
45Cr	强度、耐磨性及淬透性均优于40Cr，但韧性稍低，性能与40Cr相近	与40Cr的用途相似，主要用于制造高频表面淬火的轴、齿轮、套筒、销子等
50Cr	淬透性好，在油冷及回火后，具有高强度、高硬度、水冷易产生裂纹，切削加工性良好，但冷弯形时塑性低，且焊接性不好，有裂纹倾向，焊前预热到200℃，焊后热处理消除应力，一般在淬火及回火或调质状态下使用	用于制造重载、耐磨的零件，如600mm以下的热轧辊、传动轴、齿轮、止推环、支承辊的心轴、柴油机连杆、挺杆、拖拉机离合器、螺栓、重型矿山机械中耐磨、高强度的油膜轴承套、齿轮，也可用于制造高频表面淬火零件、中等弹性的弹簧等
38CrSi	具有高强度、较高的耐磨性及韧性，淬管性好，低温冲击韧度较高，回火稳定性好，切削加工性沿可，焊接性差，一般在淬火加回火后使用	一般用于制造直径为30～40mm，强度和耐磨性要求较高的各种零件，如拖拉机、汽车等机器设备中的小模数齿轮、拨叉轴、履带轴、小轴、起重钩、螺栓、进气阀、铆钉机压头等
12CrMo	耐热钢，具有高的热强度，且无热脆性，冷变形塑性及切削加工性良好，焊接性能尚好，一般在正火及高温回火后使用	正火回火后用于制造蒸汽温度510℃的锅炉及汽轮机之主汽管，管壁温度不超过540℃的各种导管，过热器管，淬火回火后还可制造各种高温弹性零件
15CrMo	珠光体耐热钢，强度优于12CrMo，韧性稍低，在500～500℃温度以下，持久强度较高，切削加工性及冷应变塑性良好，焊接性尚可（焊前预热至300℃，焊后热处理）一般在正火及高温回火状态下使用	正火及高温回火后用于制造蒸汽温度至510℃的锅炉过热器、中高压蒸汽导管及联箱，蒸汽温度至510℃的主汽管，淬火＋回火后，可用于制造常温工作的各种主要零件

牌号	主要特性	应用举例
20CrMo	热强性较高，在 500～520℃时，热强度仍高，淬透性较好，无回火脆性，冷应变塑性、切削加工性及焊接性均良好，一般在调质或渗碳淬火状态下使用	用于制造化工设备中非辅蚀介工作温度 250℃以下、氮氢介质的高压管和各种紧固件，汽轮机、锅炉中的叶片、隔板、锻件、轧制型材，一般机器中的齿轮、轴等重要渗碳零件，还可以替代 1Cr13 钢使用，制造中压、低压汽轮机处在过热蒸汽区压力级工作叶片
30CrMo	具有高强度、高韧性、在低于 500℃ 温度时，具有良好的高温强度，切削加工性良好，冷弯塑性中等，淬透性较高，焊接性能良好，一般在调质状态下使用	用于制造工作温度 400℃以下的导管，锅炉、汽轮机中工作温度低于 450℃的紧固件，工作温度低于 500℃、高压用的螺母及法兰，通用机械中受载荷大的主轴、轴、齿轮、螺栓、螺柱、操纵轮，化工设备中低于 250℃、氮氢介质中工作的高压导管以及焊件
35CrMo	高温下具有高的持久强度和蠕变强度，低温冲击韧度较好，工作温度高温可达 500℃，低温可至－110℃，并具有高的静强度、冲击韧度及较高的疲劳强度，淬透性良好，无过热倾向，淬火变形小，冷变形时塑性尚可，切削加工性中等，但有第一类回火脆性，焊接性不好，焊前需预热至 150～400℃，焊后热处理以消除应力，一般调质处理后使用，也可在高中频表面淬火或淬火及低、中温回火后使用	用于制造承受冲击、弯扭、高载荷的各种机器中的主要零件，如轧钢机人字齿轮、曲轴、锤杆、连杆、紧固件、汽轮发动机主轴、车轴、发动机传动零件，大型电动机轴，石油机械中的穿孔器，工作温度低于 400℃的锅炉用螺栓，低于 510℃的螺母，化工机械中高压无缝厚壁的导管（温度 450～500℃，无腐蚀性介质）等，还可代替 40CrNi 用于制造高载荷传动轴、汽轮发电机转子、大截面齿轮、支承轴（直径小于 50mm）等

牌号	主要特性	应用举例
42CrMo	与 35CrMo 的性能相近，由于碳和铬含量增高，因而其强度和淬透性均优于 35CrMo，调质后有较高的疲劳强度和抗多次冲击能力，低温冲击韧度良好，且无明显的回火脆性，一般在调质后使用	一般用于制造比 35CrMo 强度要求更高、断面尺寸较大的重要零件，如轴、齿轮、连杆、变速箱齿轮、增压器齿轮、发动机气缸、弹簧、弹簧夹、1200～2000mm 石油钻杆接头、打捞工具以及代替含镍较高的调质钢使用
12CrMoV	珠光体耐热钢，具有较高的高温力学性能，冷变形时塑性高，无回火脆性倾向，切削加工性较好，焊接性尚可（壁厚零件焊前应预热焊后需热处理消除应力），使用温度范围较大，高温达560℃，低温可至－40℃，一般在高温正火及高温回火状态下使用	用于制造汽轮机温度 540℃ 的主汽管道、转向导叶环、隔板以及温度低于或等于 570℃ 的各种过热汽导管
35CrMoV	强度较高，淬透性良好，焊接性差，冷变形时塑性低，经调质后使用	用于制造高应力下的重要零件，如 500～520℃ 以下工作的汽轮机叶轮、高级涡轮鼓风机和压缩机的转子、盖盘、轴盘、发动机轴、强力发动机的零件等
12Cr1MoV	此钢具有蠕变极限与持久强度数值相近的特点，在持久拉伸时，具有高的塑性，其抗氧化性及热强性均比 12CrMoV 更高，且工艺性与焊接性良好（焊前应预热，焊后热处理消除应力），一般在正火及高温回火后使用	用于制造工作温度不超过 570～585℃ 的高压设备中的过热钢管、导管、散热器管及有关的锻件
25Cr2MoV	中碳耐热钢，强度和韧性均高，低于500℃时，高温性能良好，无热脆倾向，淬透性较好，切削加工性尚可，冷变形塑性中等，焊接性差，一般在调质状态下使用，也可在正火及高温回火后使用	用于制造高温条件下的螺母（小于或等于 550℃）、螺栓、螺柱（小于 530℃），长期工作温度至 510℃ 左右的紧固件、汽轮机整体转子、套筒、主气阀、调节阀，还可作为渗氮钢，用以制作阀杆、齿轮等

牌号	主要特性	应用举例
38CrMoA1	高级渗氮钢，具有很高的渗氮性能和力学性能，良好的耐热性和耐蚀性，经渗氮处理后，能得到高的表面硬度、高的疲劳强度及良好的抗过热性，无回火脆性，切削加工性尚可，高温工作温度可达500℃，但冷变形时塑性低，焊接性差，淬透性低，一般在调质及渗氮使用	用于制造高疲劳强度、高耐磨性、热处理后尺寸精确、强度较高的各种尺寸不大的渗氮零件，如气缸套、座套、底盖、活塞螺栓、检验规、精密磨床主轴、搪杆、精密丝杠和齿轮、蜗杆、高压阀门、阀杆、仿模、滚子、样板、汽轮机的调速器、转动套、固定套、塑料挤压机上的一些耐磨零件
40CrV	调质钢，具有高强度和高屈服点，综合力学性能比40Cr要好，冷变形塑性和切削性均属中等，过热敏感性小，但有回火脆性倾向及白点敏感性，一般在调质状态下使用	用于制造变载、高负荷的各种重要零件，如机车连杆、曲轴、推杆、螺旋桨、横梁、轴套支架、双头螺柱、螺钉、不渗碳齿轮、经渗氮处理的各种齿轮和销子、高压锅炉水浆轴（直径小于30mm）、高压气缸、钢管以及螺栓（工作温度小于420℃，30MPa）
50CrV	合金弹簧钢，具有良好的综合力学性能和工艺性，淬透性较好，回火稳定性良好，疲劳强度高，工作温度最高可达500℃，低温冲击韧度良好，焊接性差，通常在淬火并中温回火后使用	用于制造工作温度低于210℃的各种弹簧以及其他机械零件，如内燃机气门弹簧、喷油嘴弹簧、锅炉安全阀弹簧、轿车缓冲弹簧
15CrMn	属淬透性好的渗氮钢，表面硬度高，耐磨性好，可用于代替15CrMo	制造齿轮、蜗轮、塑料模子、汽轮机油封和汽轴套等
20CrMn	渗氮钢，强度、韧性均高，淬透性良好，热处理后所得到的性能优于20Cr，淬火变形小，低温韧性良好，切削加工性较好，但焊接性能低，一般在渗碳淬火或调质后使用	用于制造重载大截面的调质零件及小截面的渗碳零件，还可用于制造中等负载、冲击较小的中小零件时，代替20CrNi使用，如齿轮、轴、摩擦轮、蜗杆调速器的套筒等

牌号	主要特性	应用举例
40CrMn	淬透性好，强度高，可替代 42CrMo 和 40CrNi	制造在高速和高弯曲负荷工作条件下泵的轴和连杆、无强力冲击负荷的齿轮泵、水泵转子、离合器、高压容器盖板的螺栓等
20CrMnSi	具有较高的强度和韧性，冷变形加工塑性高，冲压性能较好，适于冷拔、冷轧等冷作工艺，焊接性能较好，淬透性较低，回火脆性较大，一般不用于渗碳或其他热处理，需要时，也可在淬火＋回火后使用	用于制造强度较高的焊接件、韧性较好的受拉力的零件以及厚度小于 16mm 的薄板冲压件、冷拉零件、冷冲零件，如矿山设备中较大截面的链条、链环、螺栓
20CrMnSi	强度较 20CrMnSi 高，韧性较差，经热处理后，强度、塑性、韧性都好	制造拉杆、重要的焊接和冲压零件、高强度的焊接构件
30CrMnSi	高强度调质结构钢，具有很高的强度和韧性，淬透性较高，冷变形塑性中等，切削加工性良好，有回火脆性倾向，横向的冲击韧度差，焊接性能较好，但厚度大于 3mm 时，应先预热到 150℃，焊后，需热处理，一般调质后使用	多用于制造高负载、高速各种重要零件，如齿轮、轴、离合器、链轮、砂轮轴、轴套、螺栓、螺母等，也用于制造耐磨、工作温度不高的零件、变载荷的焊接构件，如高压鼓风机的叶片、阀板以及非腐蚀性管道管子
35CrMnSi	低合金超高强度钢，热处理后具有良好的综合力学性能，高强度，足够的韧性，淬透性、焊接性（焊前预热）、加工成形性均较好，但耐蚀性和抗氧化性能低，使用温度通常不高于 200℃，一般是低温回火后使用	用于制造中速、重载、高强度的零件及高强度构件，如飞机起落架等高度零件、高压鼓风机叶片，在制造中小截面零件时，可以部分替代相应的铬镍钼合金使用

牌号	主要特性	应用举例
20CrMnMo	高强度的高级渗碳钢，强度高于15CrMnMo，塑性及韧性稍低，淬透性及力学性能比20CrMnTi较高，淬火低温回火后具有良好的综合力学性能和低温冲击韧皮部度，渗碳淬火后具有较高的抗弯强度和耐磨性能，但磨削时易产生裂纹，焊接性不好，适于电阻焊接，焊前需预热，焊后需回火处理，切削加工性和热加工性良好	常用于制造高硬度、高强度、高韧性的较大的重要渗碳件（其要求均高于15CrMnMo），如曲轴、凸轮轴、连杆、齿轮轴、齿轮、销轴，还可代替12CrNi4使用
40CrMnMo	调质处理后具有良好的综合力学性能，淬透性较好，回火稳定性较高，大多数在调质状态下使用	用于制造重载、截面较大的齿轮轴、齿轮、大卡车的后桥半轴、轴、偏心轴、连杆、汽轮机的类似零件，还可代替40CrNiMo使用
20CrMnTi	渗碳钢，也可做为调质钢使用，淬火＋低温回火后，综合力学性能和低温冲击韧度良好，渗碳后具有良好的耐磨性和抗弯强度，热处理工艺简单，热加工和冷加工性较好，但高温回火时有回火脆性倾向	是应用广泛、用量很大的一种合金结构钢，用于制造汽车拖拉机中的截面尺寸小于30mm的中载或重载、冲击耐磨且高速的各种重要零件，如齿轮轴，齿圈、齿轮、十字轴、滑动轴承支撑的主轴、蜗杆、牙形离合器，有时，还可以代替20SiMoVB、20MnTiB使用
30CrMnTi	主要用钛渗碳钢，有时也可作为调质钢使用，经渗碳及淬火后具有耐磨性好、静强度高的特点，热处理工艺性小，渗碳后可直接降温淬火，且淬火变形很小，高温回火时有回火脆性	用于制造心部强度特高的渗碳零件，如齿轮轴、齿轮、蜗杆等，也可制造调质零件，如汽车、拖拉机上较大截面的主动齿轮等

牌号	主要特性	应用举例
20CrNi	具有高强度、高韧性、良好的淬透性，经渗碳及淬火后，心部具有韧性好，表面硬度高，切削加工性尚好，冷变形时塑性中等，焊接性差，焊前应预热到100~150℃；一般经渗碳及淬火回火后使用	用于制造重载大型重要的渗碳零件，如花键轴、轴、键、齿轮、活塞销，也可用于制造高冲击韧度的调质零件
40CrNi	中碳合金调质钢，具有高强度、高韧性以及高淬透性，调质状态下，综合力学性能良好，低温冲击韧度良好，有回火脆性倾向，水冷易产生裂纹，切削加工性良好，但焊接性差，在调质状态下使用	用于制造锻造和冷冲压且截面尺寸较大的重要调质件，如连杆、圆盘、曲轴、齿轮、、螺钉等
45CrNi	性能和40CrNi相近，由于含碳量高，因而其强度和淬透性均稍有提高	用于制造各种重要的调质件，与40CrNi用途相近，如制造内燃机曲轴、汽车、拖拉机主轴、连杆、气门及螺栓等
50CrNi	性能比45CrNi更好	可制造重要的轴、曲轴、传动轴等
12CrNi$_2$	低碳合金渗碳结构钢，具有高强度、高韧性及高淬透性，冷变形时塑性中等，低温韧性较好，切削加工性和焊接性较好，大型锻件时有形成白点的倾向，回火脆性倾向小	适于制造心部韧性较高、强度要求不太高的受力复杂的中、小渗碳和碳氮共渗零件，如活塞销、轴套、推杆、小轴、小齿轮、齿套等
12CrNi$_3$	高级渗碳钢，淬火加低温回火或高温回火后，均具有良好佛如综合力学性能，低温韧度好，缺口敏感性小，切削加工性及焊接性尚好，但有回火脆性，白点敏感性较高，渗碳后均需进行二次淬火，特殊情况还需要冷处理	用于制造表面硬度高、心部力学性能良好、重负荷、冲击、磨损等要求的各种渗碳或碳氮共渗零件，如传动轴、主轴、凸轮轴、心轴、连杆、齿轮、轴套、滑轮、气阀托盘、油泵转子、活塞涨圈、活塞销、万向联轴器十字头、重要螺杆、调节螺钉等

牌号	主要特性	应用举例
$20CrNi_3$	钢调质或淬火低温回火后都有良好的综合力学性能，低温冲击韧性也较好，此钢有白点敏感倾向，高温回火有回火脆性倾向。淬火到半马氏体硬度，油淬时可淬透 $\phi50\sim\phi70mm$，可切削加工性良好，焊接性中等	多用于制造高载荷条件下工作的齿轮、轴、蜗杆及螺钉、双头螺栓、销钉等
$30CrNi_3$	具有极佳的淬透性，强度和韧性较高，经淬火加低温回火或高温回火后均具有良好的综合力学性能，切削加工性良好，但冷变形时塑性低，有白点敏感性及回火脆性倾向，一般均在调质状态下使用	用于制造大型、载荷的重要零件或热锻、热冲压负荷高的零件，如轴、蜗杆、连杆、曲轴、传动轴、方向轴、前轴、齿轮、键、螺栓、螺母等
$37CrNi_3$	具有高韧性，淬透性很高，油冷可把 $\phi150mm$ 的零件安全淬透，在450℃时抗蠕变性稳定，低温冲击韧度良好，在 $450\sim550℃$ 范围内回火时有第二类回火脆性，形成白点倾向较大，由于淬透性很好，必须采用正火及高温回火降低硬度，改善切削加工性，一般在调质状态下使用	用于制造重载、冲击、截面较大的零件或低温、受冲击的零件或热锻、热冲压的零件，如转子轴、叶轮、重要的紧固件等
$12Cr_2Ni_4$	合金渗碳钢，具有高强度、高韧性，淬透性良好，渗碳淬火后表面硬度和耐磨性很高，切削加工性尚好，冷变形时塑性中等，但有白点敏感性及回火脆性，焊接性差，焊前需预热，一般在渗碳及二次淬火，低温回火后使用	采用渗碳及二次淬火、低温回火后，用于制造高载荷的大型渗碳件，如各种齿轮、蜗轮、轴等，也可经淬火及低温回火后使用，制造高强度、高韧性的机械零件
$20Cr_2Ni_4$	强度、韧性及淬透性均高于 $12Cr_2Ni_4$，渗碳后不能直接淬火，而在淬火前需进行一次高温回火，以减少表层大量残余奥氏体，冷变形时塑性中等，切削加工性尚可，焊接性差，焊前应预热到150℃，白点敏感性大，有回火脆性倾向	用于制造要求高于 $12Cr_2Ni_4$ 性能的大型渗碳件，如大型齿轮、轴等，也可用于制造强度、韧性均高的调质件

牌号	主要特性	应用举例
20CrNiMo	20CrNiMo 钢原系美国 AISI、SAE 标准中的钢号 8720。淬透性能与 $20Cr_2Ni_4$ 钢相似。虽然钢中 Ni 含量为 20CrNi 钢的一半，但由于加入少量 Mo 元素，使奥氏体等温转变曲线的上部往右移；又因适当提高 Mn 含量，致使此钢的淬透性仍然很好，强度也比 20CrNi 钢高	常用于制造中小型汽车、拖拉机的发动机和传动系统中的齿轮；也可代替 $12CrNi_3$ 钢制造要求心部性能较高的渗碳件、氰化件，如石油钻探和冶金漏天矿用的牙轮钻头的牙爪和牙轮体
40CrNiMoA	具有高的强度、高的韧性和良好的淬透性，当淬硬到半马氏体硬度时（HRC45），水淬临界淬透直径为 $\phi \geqslant 100mm$；油淬临界淬透直径为 $\phi \geqslant 75mm$；当淬硬到 90% 马氏体时水淬临界直径为 $\phi 80 \sim \phi 90mm$，油淬临界直径为 $\phi 55 \sim \phi 66mm$。此钢又具有抗过热的稳定性，但白点敏感性高，有回火脆性，钢的焊接性很差，焊前需经高温预热，焊后要进行消除应力处理	经调质后使用，用于制造要求塑性好，强度高及大尺寸的重要零件，如重载机械中高载荷的轴类、直径大于 250mm 的汽轮机轴、叶片、高载荷的传动件、紧固件、曲轴、齿轮等；也可用于操作温度超过 400℃ 的转子轴和叶片等，此外，这种钢还可以进行氮化处理后用来制作特殊性能要求的重要零件
45CrNiMoVA	这是一种低合金超高强度钢，钢的淬透性高，油中临界淬透直径为 60mm（96% 马氏体），钢在淬火回火后可获得很高的强度，并具有一定的韧性，且可加工成型；但冷变形塑性与焊接性降低。抗腐蚀性能较差，受回火温度的影响，使用温度不宜过高，通常均在淬火、低温（或中温）回火后使用	主要用于制作飞机发动机曲轴、大梁、起落架、压力容器和中小型火箭壳体等高强度结构零、部件。在重型机器制造中，用于制作重载荷的扭力轴、变速箱轴、摩擦离合器轴等
$18Cr_2Ni_4W$	力学性能比 $12Cr_2Ni_4$ 钢还好，工艺性能与 $12Cr_2Ni_4$ 钢相近	用于断面更大、性能要求比 $12Cr_2Ni_4$ 钢更高的零件
$25Cr_2Ni_4WA$	综合性能良好，且耐较高的工作温度	制造在动负载下工作的重要零件，如挖掘机的轴齿轮等

4. 低合金高强度结构钢（GB/T 1591）

（1）低合金高强度结构钢的拉伸性能见表 2-28。

表 2-28 低合金高强度结构钢的拉伸性能

牌号	质量等级	拉伸试验①②③											
		下屈服强度 R_{eL} (MPa) 以下公称厚度（直径、边长、单位 mm）									抗拉强度 R_m (MPa) 以下公称厚度（直径、边长、单位 mm）		
		≤16	>16~40	>40~63	>63~80	>80~100	>100~150	>150~200	>200~250	>250~400	≤40	>40~63	>63~80
Q345	A	≥345	≥335	≥325	≥315	≥305	≥285	≥275	≥265	—	470~630	470~630	470~630
	B												
	C												
	D									≥265			
	E												
Q390	A	≥390	≥370	≥350	≥330	≥330	≥310	—	—	—	490~650	490~650	490~650
	B												
	C												
	D												
	E												

续表

牌号	质量等级	拉伸试验①②③											
		下屈服强度 R_{eL}（MPa）以下公称厚度（直径、边长，单位 mm）									抗拉强度 R_m（MPa）以下公称厚度（直径、边长，单位 mm）		
		≤16	>16~40	>40~63	>63~80	>80~100	>100~150	>150~200	>200~250	>250~400	≤40	>40~63	>63~80
Q420	A	≥420	≥400	≥380	≥360	≥360	≥340	—	—	—	520~680	520~680	520~680
	B												
	C												
	D												
	E												
Q460	C	≥460	≥440	≥420	≥400	≥400	≥380	—	—	—	550~720	550~720	550~720
	D												
	E												
Q500	C	≥500	≥480	≥470	≥450	≥440	≥440	—	—	—	610~770	600~760	590~750
	D												
	E												

牌号	质量等级	拉伸试验①② 下屈服强度 R_{eL} (MPa) 以下公称厚度（直径、边长，单位 mm）									抗拉强度 R_m (MPa) 以下公称厚度（直径、边长，单位 mm）		
		≤16	>16~40	>40~63	>63~80	>80~100	>100~150	>150~200	>200~250	>250~400	≤40	>40~63	>63~80
Q550	C	≥550	≥530	≥520	≥50	≥490					670~830	620~810	600~790
	D												
	E												
Q620	C	≥620	≥600	≥590	≥570	—					710~880	690~880	670~860
	D								—				
	E												
Q690	C	≥690	≥670	≥660	≥640			—	—	—	770~940	750~920	730~900
	D												
	E												

牌号	质量等级	以下公称厚度（直径、边长、单位 mm）抗拉强度 R_m（MPa）					拉伸试验①②③						
							断后伸长率 A（%）						
							公称厚度（直径、边长）（mm）						
		>80~100	>100~150	>150~250	>250~400		≤40	>40~63	>63~100	>100~150	>150~250	>250~400	
Q345	A	470~630	450~600	450~600	—		≥20	≥19	≥19	≥18	≥17	—	
	B												
	C												
	D				450~600		≥21	≥20	≥20	≥19	≥18	≥17	
	E												
Q390	A	490~650	470~620	—	—		≥20	≥19	≥19	≥18	—	—	
	B												
	C												
	D												
	E												

续表

牌号	质量等级	拉伸试验①②③									
		以下公称厚度（直径、边长，单位 mm）抗拉强度 R_m（MPa）				断后伸长率 A（%）					
						公称厚度（直径、边长）（mm）					
		>80~100	>100~150	>150~250	>250~400	≤40	>40~63	>63~100	>100~150	>150~250	>250~400
Q420	A										
	B										
	C	520~680	500~650	—	—	≥19	≥18	≥18	≥18	—	—
	D										
	E										
Q460	C	550~720	530~700	—	—	≥17	≥16	≥16	≥16	—	—
	D										
	E										
Q500	C	540~730	—	—	—	≥17	≥17	≥17	—	—	—
	D										
	E										

牌号	质量等级	抗拉强度 R_m（MPa）以下公称厚度（直径、边长、单位 mm）				断后伸长率 A（%）公称厚度（直径、边长）（mm）					
		>80~100	>100~150	>150~250	>250~400	≤40	>40~63	>63~100	>100~150	>150~250	>250~400
Q550	C										
	D	590~780	—	—	—	≥16	≥16	≥16			
	E		—		—				—	—	—
Q620	C										
	D	—	—	—	—	≥15	≥15	≥15			
	E								—	—	—
Q690	C										
	D	—	—	—	—	≥14	≥14	≥14			
	E								—	—	—

① 当屈服不明显时，可测量 $R_{p0.2}$ 代替下屈服强度。
② 宽度不小于 600mm 的扁平材，拉伸试验取横向试样；宽度小于 600mm 的扁平材、型材及棒材取纵向试样，断后伸长率最小值相应提高 1%（绝对值）。
③ 厚度大于 250~400mm 的数值适用于扁平材。

（2）夏比（Ⅴ形）冲击试验的试验温度和冲击吸收能量见表2-29。

表2-29　　低合金高强度结构钢夏比（Ⅴ形）冲击试验的试验温度和冲击吸收能量

牌　　号	质量等级	试验温度（℃）	冲击吸收能量 KV_2[①]（J）		
			公称厚度（直径、边长）（mm）		
			12～150	＞150～250	＞250～400
Q345	B	20	≥34	≥27	27
	C	0			
	D	−20			
	E	−40			
Q390	B	20	≥34		
	C	0			
	D	−20			
	E	−40			
Q420	B	20	≥34		
	C	0			
	D	−20			
	E	−40			
Q460	C	0	≥34		
	D	−20			
	E	−40			
Q500、Q550、Q620、Q690	C	0	≥55		
	D	−20	≥47		
	E	−40	≥31		

①　冲击试验取纵向试样。

（3）低合金高强度结构钢的特性和应用见表 2-30。

表 2-30　　　　　　　　低合金高强度结构钢的特性和应用

牌　　号	主要特性	应用举例
Q345 Q390	综合力学性能好，焊接性、冷、热加工性能和耐蚀性能均好，C、D、E 等钢具有良好的低温韧性	船舶，锅炉，压力容器，石油储罐，桥梁，电站设备，起重运输机械及其他较高载荷的焊接结构件
Q420	强度高，特别是在正火或正火加回火状态有较高的综合力学性能	大型船舶，桥梁，电站设备，中、高压锅炉，高压容器，机车车辆，起重机械，矿山机械及其他大型焊接结构件
Q460	强度最高，在正火，正火加回火或淬火加回火状态有很高的综合力学性能，全部用铝补充脱氧，质量等级为 C、D、E 级，可保证钢的良好韧性	备用钢种，用于各种大型工程结构及要求强度高，载荷大的轻型结构
09MnV 09MnNb	具有良好的塑性、韧性、冷弯性能、冷热压力加工性能和焊接性能，且有一定的耐蚀性能。通常在热轧和正火状态下使用	用于制造各种容器、螺旋焊管、拖拉机轮圈、农机结构件、建筑结构、车辆用冲压件和船体等
12Mn	具有良好的综合力学性能、焊接性能、冷弯性能和冷、热压力加工性能、中温（＜400℃）和低温性能、冶炼工艺简单、成本低、常在轧制状态下使用，正火状态力学性能更好	已大量用于制造低压锅炉、车辆、容器、油罐、造船等焊接结构
18Nb	含铌半镇静钢，具有镇静钢的优点，但材料利用率高。综合力学性能和低温冲击韧度良好。焊接性能和冷、热压力加工性能良好	用于建筑结构、化工容器、管道、起重机械、鼓风机等

牌　号	主要特性	应用举例
12MnV	性能与 12Mn 相似，但由于钒的作用，该钢具有较高的强韧性。一般在热轧或正火状态下使用	主要用于船体、车辆、桥梁、农机构件和一般钢结构
14MnNb	具有综合力学性能、焊接性能、压力加工性能。一般在热轧或正火状态下使用	主要用做建筑机构、低压锅炉、化工容器、桥梁等焊接结构。使用温度为 $-20\sim450℃$
16Mn	具有综合力学性能、低温冲击韧度、冷冲压、切削加工性、焊接性能等。16Mn 钢的综合性能明显优于 Q235A，但缺口敏感性较大，在带有缺口时，16Mn 的疲劳强度低于 Q235A。该钢在热轧或正火状态下使用，正火状态具有较好塑性、冲击韧性、冷压成形性能	广泛用于受动载荷作用的焊接结构，如桥梁、车辆、船舶、管道、锅炉、大容器、油罐、重型机械设备、矿山机械、电站、厂房结构、$-40℃$ 的低温压力容器等
16MnRE	性能与 16Mn 相近，但由于稀土元素对钢液的净化作用，该钢具有更好的韧性和冷弯性能	主要用途与 16Mn 钢相同
15MnV	强度高于 16Mn，在 520℃ 时有一定的热稳定性、缺口敏感性和时效敏感性较 16Mn 大，冷加工变形性较差。使用温度在 $-20\sim520℃$。该钢一般在热轧或正火状态下使用，正火状态有较好冲击韧度	用于制造高、中压石油、化工容器、锅炉气包、桥梁、船体、起重机、较高负荷度焊接结构、锅炉钢管，也可作为低碳淬火马氏体钢使用
15MnTi	性能和用途与 15MnV 钢相近。正火处理的冷冲压性能和焊接性能优于 15MnV 和 16Mn 钢可以代替 15MnV 制造承受动载荷的构件	主要用途与 15MnV 相同。此外，可用作汽轮机的蜗壳和汽轮发电机电弹簧板等

牌 号	主要特性	应用举例
16MnNb	焊接性能、冷、热加工性能和低温冲击韧性均优于 16Mn，一般在热轧和正火状态下使用	用于制造容器、管道及起重型机械的焊接结构
14MnVTiRE	具有很高的低温冲击韧度，良好的综合力学性能和焊接性能，一般在热轧或正火状态下使用	用于制造高压容器、重型机械的焊接结构件、桥梁、船舶、低温钢结构等
15MnVN	综合力学性能优于 15MnV，具有良好的焊接性能和冷、热压力加工性能。但冷加工时对缺口的敏感性较大	用于车辆、船舶、中/高压锅炉、容器、桥梁等焊接结构

5. 耐候结构钢（高耐候结构钢、焊接结构用耐候钢、集装箱用耐腐蚀钢及钢带）（GB/T 4171）

耐候钢即耐大气腐蚀钢。高耐候钢是在钢中加入少量的合金元素，如 Cu、P、Cr 和 Ni、Mo、Nb、Ti、Zr、V 等，使其在金属基体表面形成保护层，以提高钢材的耐候性能。这类钢的耐候性能比焊接结构用耐候钢好，所以称为高耐候性结构钢。适用于车辆、建筑、塔架和其他结构，制作螺栓连接、铆接和焊接的结构件。品种有热轧、冷轧钢板、钢带和型钢。作为焊接的结构件用钢的厚度一般不大于 16mm。

（1）高耐候性结构钢的化学成分见表 2-31。

表 2-31　　　　　　　　高耐候性结构钢的化学成分　　　　　　%

牌 号	化学成分（质量分数）				
	C≤	Si	Mn	P	S≤
Q295GNH	0.12	0.20~0.40	0.20~0.60	0.07~0.15	0.035
Q295GNHL	0.12	0.10~0.40	0.20~0.50	0.07~0.12	0.035
Q345GNH	0.12	0.20~0.60	0.50~0.90	0.07~0.12	0.035
Q345GNHL	0.12	0.25~0.75	0.20~0.50	0.07~0.15	0.035
Q390GNH	0.12	0.15~0.65	≤1.40	0.07~0.12	0.035

牌 号	化学成分（质量分数）				
	Cu	Cr	Ni	Ti	RE（加入量）
Q295GNH	0.25～0.55	—	—	≤0.10	≤0.15
Q295GNHL	0.25～0.45	0.30～0.65	0.25～0.50	—	—
Q345GNH	0.25～0.50	—	—	≤0.03	≤0.15
Q345GNHL	0.25～0.55	0.30～1.25	≤0.65	—	—
Q390GNH	0.25～0.55	—	—	≤0.10	≤0.12

注 热轧钢材以热轧、控轧或正火状态交货。冷轧钢材一般以退火状态交货。

（2）高耐候性结构钢的力学性能和工艺性能见表 2-32。

表 2-32 　　　　　　　高耐候性结构钢的力学性能和工艺性能

牌 号	交货状态	厚度（mm）	屈服点 σ_s(MPa)	抗拉强度 R_m(MPa)	拉断伸长率 A_5(%)	180° 弯曲试验
Q295GNH	热轧	≤6	295	390	24	$d=a$
		>6				$d=2a$
Q295GHL		≤6	295	430	24	$d=a$
		>6				$d=2a$
Q345GNH		≤6	345	440	22	$d=a$
		>6				$d=2a$
Q345GNHL		≤6	345	480		$d=a$
		>6				$d=2a$
Q390GNH		≤6	390	490		$d=a$
		>6				$d=2a$
Q295GNH	冷轧	≤2.5	260	390	27	$d=a$
Q295GNHL			260	390	27	
Q345GNHL			320	450	26	

注 d 为弯心直径；a 为钢材厚度。

（3）当采用 5mm×10mm×55mm 或 7.6mm×10mm×55mm 小尺寸试样做冲击试验时，其试验结果应不小于表 2-33 规定值的

50%或75%。

表 2-33   冲击试验

牌　　号	V 型缺口冲击试验		
	试验方向	温度（℃）	平均冲击力（J）
Q295GNH			
Q295GNHL			
Q345GNH	纵向	0～20	≥27
Q345GNHL			
Q390GNH			

注 试验温度应在合同中注明。

三、常用型钢

1. 热轧圆钢、方钢（GB/T 702）

主要适用于直径为 5.5～250mm 的热轧圆钢和边长为 5.5～200mm 的热轧方钢。热轧圆钢、方钢的尺寸规格及质量见表 2-34。热轧圆钢、方钢的精度等级及允许偏差见表 2-35。

表 2-34   热轧圆钢、方钢的尺寸规格及质量

d—直径；a—边长

计算公式：圆钢 $W = 0.00617d^2$；方钢 $W = 0.00785a^2$

圆钢公称直径 d 或方钢公称边长 a（mm）	圆　钢		方　钢	
	截面面积（cm^2）	理论质量（kg/m）	截面面积（cm^2）	理论质量（kg/m）
5.5	0.237	0.186	0.30	0.237
6	0.283	0.222	0.36	0.283

圆钢公称直径 d 或 方钢公称边长 a （mm）	圆　钢		方　钢	
	截面面积 （cm²）	理论质量 （kg/m）	截面面积 （cm²）	理论质量 （kg/m）
6.5	0.332	0.260	0.42	0.332
7	0.385	0.302	0.49	0.385
8	0.503	0.395	0.64	0.502
9	0.636	0.499	0.81	0.636
10	0.785	0.617	1.00	0.785
11	0.950	0.746	1.2	0.950
12	1.131	0.888	1.4	1.13
13	1.327	1.04	1.7	1.33
14	1.539	1.21	2.0	1.54
15	1.767	1.39	2.3	1.77
16	2.011	1.58	2.6	2.01
17	2.27	1.78	2.9	2.27
18	2.545	2.00	3.2	2.54
19	2.835	2.23	3.6	2.83
20	3.142	2.47	4.0	3.14
21	3.464	2.72	4.4	3.46
22	3.801	2.98	4.8	3.80
23	4.155	3.26	5.3	4.15
24	4.524	3.55	5.8	4.52
25	4.909	3.85	6.3	4.91
26	5.309	4.17	6.8	5.31
27	5.726	4.49	7.3	5.72
28	6.158	4.83	7.8	6.15
29	6.605	5.19	8.4	6.60
30	7.069	5.55	9.0	7.07
31	7.548	5.92	9.6	7.54

圆钢公称直径 d 或 方钢公称边长 a （mm）	圆　钢		方　钢	
	截面面积 （cm²）	理论质量 （kg/m）	截面面积 （cm²）	理论质量 （kg/m）
32	8.042	6.31	10.2	8.04
33	8.553	6.71	10.9	8.55
34	9.079	7.13	11.6	9.07
35	9.621	7.55	12.3	9.62
36	10.18	7.99	13.0	10.2
38	11.34	8.90	14.4	11.3
40	12.57	9.86	16.0	12.6
42	13.85	10.9	17.6	13.8
45	15.9	12.5	20.3	15.9
48	18.1	14.2	23.0	18.1
50	19.64	15.4	25.0	19.6
53	22.06	17.3	28.1	22.1
55	23.76	18.7	30.3	23.7
56	24.63	19.3	31.4	24.6
58	26.42	20.7	33.6	26.4
60	28.27	22.2	36.0	28.3
63	31.17	24.5	39.7	31.2
65	33.18	26.0	42.3	33.2
68	36.32	28.5	46.2	36.3
70	38.48	30.2	49.0	38.5
75	44.18	34.7	56.3	44.2
80	50.27	39.5	64.0	50.2
85	56.75	44.5	72.3	56.7
90	63.62	49.9	81.0	63.6
95	70.88	55.6	90.3	70.8
100	78.54	61.7	100	78.5

圆钢公称直径 d 或 方钢公称边长 a （mm）	圆 钢		方 钢	
	截面面积 （cm²）	理论质量 （kg/m）	截面面积 （cm²）	理论质量 （kg/m）
105	86.59	68.0	110	86.5
110	95.03	74.6	121	95.0
115	103.9	81.5	132	104
120	113.1	88.8	144	113
125	122.7	96.3	156	123
130	132.7	104	169	133
135	—	112	—	143
140	153.9	121	196	154
145	—	130	—	165
150	176.7	139	225	177
155	—	148	—	189
160	201.1	158	256	201
165	—	168	—	214
170	227.0	178	289	227
180	254.5	200	324	254
190	283.5	223	361	283
200	314.2	247	400	314
210	—	272	—	—
220	380.1	298	—	—
230	—	326	—	—
240	—	355	—	—
250	490.9	385	—	—
260	—	417	—	—
270	—	449	—	—
280	—	483	—	—
290	—	518	—	—
300	—	555	—	—
310	—	592	—	—

注 表中钢的理论质量按密度 7.85g/cm³ 计算。

表 2-35　　　　　　　热轧圆钢、方钢的精度等级及允许偏差

直径 d 或对边距 a（mm）	精度等级		
	1 组	2 组	3 组
	允许的偏差（±）（mm）		
>5.5～7.0	0.20	0.30	0.40
>8～20	0.25	0.35	0.40
>20～30	0.30	0.40	0.50
>30～50	0.40	0.50	0.60
>50～80	0.60	0.70	0.80
>80～110	0.90	1.00	1.10
>110～150	1.20	1.30	1.40
>150～200	1.60	1.80	2.00
>200～280	2.00	2.50	3.00
>280～310	—	—	5.00

2. 热轧六角钢和八角钢（GB/T 702）

热轧六角钢和八角钢的尺寸规格及质量见表 2-36，尺寸允许偏差见表 2-37。

表 2-36　　　　　热轧六角钢和八角钢的尺寸规格及质量

s—对边距离

计算公式：六角钢 $W=0.0068s^2$；八角钢 $W=0.0065s^2$

对边距离 s（mm）	六角钢		八角钢	
	截面面积（cm²）	理论质量（kg/m）	截面面积（cm²）	理论质量（kg/m）
8	0.5543	0.435	—	—
9	0.7015	0.551	—	—

对边距离 s (mm)	六角钢		八角钢	
	截面面积 (cm²)	理论质量 (kg/m)	截面面积 (cm²)	理论质量 (kg/m)
10	0.866	0.680	—	—
11	1.048	0.823	—	—
12	1.247	0.979	—	—
13	1.464	1.15	—	—
14	1.697	1.33	—	—
15	1.949	1.53	—	—
16	2.217	1.74	2.12	1.66
17	2.503	1.96	—	—
18	2.806	2.20	2.683	2.16
19	3.126	2.45	—	—
20	3.464	2.72	3.312	2.6
21	3.819	3.00	—	—
22	4.192	3.29	4.008	3.15
23	4.581	3.60	—	—
24	4.988	3.92	—	—
25	5.413	4.25	5.175	4.06
26	5.854	4.60	—	—
27	6.314	4.96	—	—
28	6.790	5.33	6.492	5.10
30	7.794	6.12	7.452	5.85
32	8.868	6.96	8.479	6.66
34	10.011	7.86	9.572	7.51
36	11.223	8.81	10.731	8.42
38	12.505	9.82	11.956	9.39
40	13.86	10.88	13.250	10.40
42	15.28	11.99	—	—

对边距离 s	六角钢		八角钢	
(mm)	截面面积 (cm²)	理论质量 (kg/m)	截面面积 (cm²)	理论质量 (kg/m)
45	17.54	13.77	—	—
48	19.95	15.66	—	—
50	21.65	17.00	—	—
53	24.33	19.10	—	—
56	27.16	21.32	—	—
58	29.13	22.87	—	—
60	31.18	24.47	—	—
63	34.37	26.98	—	—
65	36.59	28.72	—	—
68	40.05	31.43	—	—
70	42.43	33.30	—	—

注 表中钢的理论质量按密度 7.85g/cm³ 计算。

表 2-37 热轧六角钢、八角钢尺寸允许偏差

对边距离 s (mm)	精度等级		
	1组	2组	3组
	允许的偏差（±）(mm)		
≥8~17	0.25	0.35	0.40
>17~20	0.25	0.35	0.40
>21~30	0.30	0.40	0.50
>30~50	0.40	0.50	0.60
>50~70	0.60	0.70	0.80

3. 热轧扁钢（GB/T 702）

热扎扁钢的尺寸规格见表 2-38，尺寸允许偏差见表 2-39。

表 2-38

热扎扁钢的尺寸规格

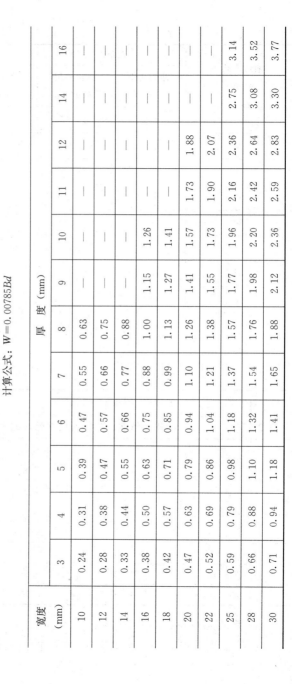

B—宽度；d—厚度

计算公式：$W = 0.00785Bd$

宽度 (mm)	厚 度 (mm)											
	3	4	5	6	7	8	9	10	11	12	14	16
10	0.24	0.31	0.39	0.47	0.55	0.63	—	—	—	—	—	—
12	0.28	0.38	0.47	0.57	0.66	0.75	—	—	—	—	—	—
14	0.33	0.44	0.55	0.66	0.77	0.88	—	—	—	—	—	—
16	0.38	0.50	0.63	0.75	0.88	1.00	1.15	1.26	—	—	—	—
18	0.42	0.57	0.71	0.85	0.99	1.13	1.27	1.41	—	—	—	—
20	0.47	0.63	0.79	0.94	1.10	1.26	1.41	1.57	1.73	—	—	—
22	0.52	0.69	0.86	1.04	1.21	1.38	1.55	1.73	1.90	2.07	—	—
25	0.59	0.79	0.98	1.18	1.37	1.57	1.77	1.96	2.16	2.36	2.75	3.14
28	0.66	0.88	1.10	1.32	1.54	1.76	1.98	2.20	2.42	2.64	3.08	3.52
30	0.71	0.94	1.18	1.41	1.65	1.88	2.12	2.36	2.59	2.83	3.30	3.77

宽度 (mm)	厚 度 (mm)											
	3	4	5	6	7	8	9	10	11	12	14	16
32	0.75	1.00	1.26	1.51	1.76	2.01	2.26	2.51	2.76	3.01	3.52	4.02
35	0.82	1.10	1.37	1.65	1.92	2.20	2.47	2.75	3.02	3.30	3.85	4.40
40	0.94	1.26	1.57	1.88	2.20	2.51	2.83	3.14	3.45	3.77	4.40	5.02
45	1.06	1.41	1.77	2.12	2.47	2.83	3.18	3.53	3.89	4.24	4.95	5.65
50	1.18	1.57	1.96	2.36	2.75	3.14	3.53	3.93	4.32	4.71	5.50	6.28
55	—	1.73	2.16	2.59	3.02	3.45	3.89	4.32	4.75	5.18	6.04	6.91
60	—	1.88	2.36	2.83	3.30	3.77	4.24	4.71	5.18	5.65	6.59	7.54
65	—	2.04	2.55	3.06	3.57	4.08	4.59	5.10	5.61	6.12	7.14	8.16
70	—	2.20	2.75	3.30	3.85	4.40	4.95	5.50	6.04	6.59	7.69	8.79
75	—	2.36	2.94	3.53	4.12	4.71	5.30	5.89	6.48	7.07	8.24	9.42
80	—	2.51	3.14	3.77	4.40	5.02	5.65	6.28	6.91	7.54	8.79	10.05
85	—	—	3.34	4.00	4.67	5.34	6.01	6.67	7.34	8.01	9.34	10.68
90	—	—	3.53	4.24	4.95	5.65	6.36	7.07	7.77	8.48	9.89	11.30
95	—	—	3.73	4.47	5.22	5.97	6.71	7.46	8.20	8.95	10.44	11.93
100	—	—	3.93	4.71	5.50	6.28	7.07	7.85	8.64	9.42	10.99	12.56
105	—	—	4.12	4.95	5.77	6.59	7.42	8.24	9.07	9.89	11.54	13.19

宽度(mm)	厚度 (mm)											
	3	4	5	6	7	8	9	10	11	12	14	16
110	—	—	4.32	5.18	6.04	6.91	7.77	8.64	9.50	10.36	12.09	13.82
120	—	—	4.71	5.65	6.59	7.54	8.48	9.42	10.36	11.30	13.19	15.07
125	—	—	—	5.89	6.87	7.85	8.83	9.81	10.79	11.78	13.74	15.7
130	—	—	—	6.12	7.14	8.16	9.18	10.21	11.23	12.25	14.29	16.33
140	—	—	—		7.69	8.79	9.89	10.99	12.09	13.19	15.39	17.58
150	—	—	—		8.24	9.42	10.60	11.78	12.95	14.13	16.48	18.84
160					8.79	10.05	11.30	12.56	13.82	15.07	17.58	20.10
180					9.89	11.30	12.72	14.13	15.54	16.96	19.78	22.61
200					10.99	12.56	14.13	15.70	17.27	18.84	21.98	25.12

宽度(mm)	厚度 (mm) 理论质量/(kg/m)(密度7.85g/cm³)												
	18	20	22	25	28	30	32	36	40	45	50	56	60
30	4.24	4.71	—	—	—	—	—	—	—	—	—	—	—
32	4.52	5.02	—	—	—	—	—	—	—	—	—	—	—
35	4.95	5.50	6.04	6.87	7.69	—	—	—	—	—	—	—	—

厚度（mm）

理论质量/（kg/m）（密度 7.85g/cm³）

宽度 （mm）	18	20	22	25	28	30	32	36	40	45	50	56	60
40	5.65	6.28	6.91	7.85	8.79	—	—	—	—	—	—	—	—
45	6.36	7.07	7.77	8.83	9.89	10.60	11.30	12.72	—	—	—	—	—
50	7.07	7.85	8.64	9.81	10.99	11.78	12.56	14.13	—	—	—	—	—
55	7.77	8.64	9.50	10.79	12.09	12.95	13.82	15.54	—	—	—	—	—
60	8.48	9.42	10.36	11.78	13.19	14.13	15.07	16.96	18.84	21.20	—	—	—
65	9.18	10.21	11.23	12.76	14.29	15.31	16.33	18.37	20.41	22.96	—	—	—
70	9.89	10.99	12.09	13.74	15.39	16.49	17.58	19.78	21.98	24.73	—	—	—
75	10.60	11.78	12.95	14.72	16.49	17.66	18.84	21.20	23.55	26.49	—	—	—
80	11.30	12.56	13.82	15.70	17.58	18.84	20.10	22.61	25.12	28.26	31.40	35.17	—
85	12.01	13.35	14.68	16.68	18.68	20.02	21.35	24.02	26.69	30.03	33.36	37.37	40.04
90	12.72	14.13	15.54	17.66	19.78	21.20	22.61	25.43	28.26	31.79	35.33	39.56	42.39
95	13.42	14.92	16.41	18.64	20.88	22.37	23.86	26.85	29.83	33.56	37.29	41.76	44.75

宽度 (mm)	厚度（mm）												
	18	20	22	25	28	30	32	36	40	45	50	56	60
	理论质量／（kg/m）（密度 7.85g/cm³）												
100	14.13	15.70	17.27	19.63	21.98	23.55	25.12	28.26	31.40	35.33	39.25	43.96	47.10
105	14.84	16.49	18.13	20.61	23.08	24.73	26.38	29.67	32.97	37.09	41.21	46.16	49.46
110	15.54	17.27	19.00	21.59	24.18	25.91	27.63	31.09	34.54	38.86	43.18	48.36	51.31
120	16.96	18.84	20.72	23.55	26.38	28.26	30.14	33.91	37.68	42.39	47.10	52.75	56.52
125	17.66	19.63	21.59	24.53	27.48	29.44	31.40	35.33	39.25	44.16	49.06	54.95	58.88
130	18.37	20.41	22.45	25.51	28.57	30.62	32.66	36.74	40.82	45.92	51.03	57.15	61.23
140	19.78	21.98	24.18	27.48	30.77	32.97	35.17	39.56	43.96	49.46	54.95	61.54	65.94
150	21.20	23.55	25.91	29.44	32.97	35.32	37.68	42.39	47.10	52.99	58.88	65.94	70.65
160	22.61	25.12	27.63	31.40	35.17	37.68	40.19	45.22	50.24	56.52	62.80	70.34	75.36
180	25.43	28.26	31.09	35.32	39.56	42.39	45.22	50.87	56.52	63.58	70.65	79.13	84.78
200	28.26	31.40	34.54	39.25	43.96	47.10	50.24	56.52	62.80	70.65	78.50	87.91	94.20

注 1. 扁钢按理论质量分组，第一组：理论重量小于等于19kg/m，长为3～9m；第二组：理论质量大于19kg/m，长为3～7m。

2. 在同一截面任意两点的厚度公差不得大于厚度公差的50%。

表 2-39　　　　　　　　　　　热轧扁钢的尺寸允许偏差

宽度（mm）			厚度（mm）		
公称尺寸	允许偏差		公称尺寸	1组	2组
	1组	2组		允许的偏差（±）（mm）	
≥10～50	+0.3 −0.9	+0.5 −1.0	3～16	+0.3 −0.5	+0.2 −0.4
>50～75	+0.4 −1.2	+0.6 −1.3			
>75～100	+0.7 −1.7	+0.9 −1.8	>16～60	+1.5% −3.0%	+1.0% −2.5%
>100～150	+0.8% −1.8%	+1.0% −2.0%			
>150～200	供需双方协商				

注　1. 尺寸允许偏差组别应在相应产品标准或订货合同中注明，未注明时按第2组允许偏差执行。

　　2. 在同一截面任意两点的厚度公差不得大于厚度公差的50%。

4. 热轧等边角钢（GB/T 706）

热轧等边角钢的尺寸规格及理论质量见表2-40。

表 2-40　　　　　　　　热轧等边角钢的尺寸规格及理论质量

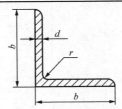

b—边宽；d—边厚；r—内圆弧半径

计算公式：$W=0.00785d(2b−d)$

角钢号数	尺寸（mm）			截面面积 （cm²）	理论质量 （kg/m）	外表面积 （m²/m）
	b	d	r			
2.0	20	3	3.5	1.132	0.889	0.078
		4		1.459	1.145	0.077

角钢号数	尺寸（mm）			截面面积（cm²）	理论质量（kg/m）	外表面积（m²/m）
	b	d	r			
2.5	25	3	3.5	1.432	1.124	0.098
		4		1.859	1.459	0.097
3.0	30	3	4.5	1.749	1.373	0.117
		4		2.276	1.787	0.117
3.6	36	3	4.5	2.109	1.656	0.141
		4		2.756	2.163	0.141
		5		3.382	2.655	0.141
4.0	40	3	5	2.359	1.852	0.157
		4		3.086	2.423	0.157
		5		3.792	2.977	0.156
4.5	45	3	5	2.659	2.088	0.177
		4		3.486	2.737	0.177
		5		4.292	3.369	0.176
		6		5.076	3.985	0.176
5.0	50	3	5.5	2.971	2.332	0.197
		4		3.897	3.059	0.196
		5		4.803	3.770	0.196
		6		5.688	4.465	0.196
5.6	56	3	6	3.343	2.624	0.221
		4		4.390	3.446	0.220
		5		5.415	4.251	0.220
		8		8.367	6.568	0.219
6.3	63	4	7	4.978	3.907	0.248
		5		6.143	4.822	0.248
		6		7.288	5.721	0.247
		8		9.515	7.469	0.247
		10		11.657	9.151	0.246

角钢号数	尺寸（mm）			截面面积 （cm²）	理论质量 （kg/m）	外表面积 （m²/m）
	b	d	r			
7.0	70	4	8	5.570	4.372	0.275
		5		6.875	5.397	0.275
		6		8.160	6.406	0.275
		7		9.424	7.398	0.275
		8		10.667	8.373	0.274
(7.5)	75	5	9	7.412	5.818	0.295
		6		8.797	6.905	0.294
		7		10.160	7.976	0.294
		8		11.503	9.030	0.294
		10		14.126	11.089	0.293
8.0	80	5	9	7.912	6.211	0.315
		6		9.397	7.376	0.314
		7		10.860	8.525	0.314
		8		12.303	9.658	0.314
		10		15.126	11.874	0.313
9.0	90	6	10	10.637	8.350	0.354
		7		12.301	9.656	0.354
		8		13.944	10.946	0.353
		10		17.167	13.476	0.353
		12		20.306	15.940	0.352
10.0	100	6	12	11.932	9.367	0.393
		7		13.796	10.830	0.393
		8		15.639	12.276	0.393
		10		19.261	15.120	0.392
		12		22.800	17.898	0.391
		14		26.256	20.611	0.391
		16		29.627	23.257	0.390

| 角钢号数 | 尺寸（mm） | | | 截面面积
（cm²） | 理论质量
（kg/m） | 外表面积
（m²/m） |
	b	d	r			
		7		15.196	11.929	0.433
		8		17.239	13.532	0.433
11.0	110	10	12	21.261	16.690	0.432
		12		25.200	19.782	0.431
		14		29.056	22.809	0.431
		8		19.750	15.504	0.492
12.5	125	10	14	24.373	19.133	0.491
		12		28.912	22.696	0.491
		14		33.367	26.193	0.490
		10		27.373	21.488	0.551
14.0	140	12	14	32.512	25.522	0.551
		14		37.567	29.490	0.550
		16		42.539	33.393	0.549
		10		31.502	24.729	0.630
16.0	160	12	16	37.441	29.391	0.630
		14		43.296	33.987	0.629
		16		49.067	38.518	0.629
		12		42.241	33.159	0.710
18.0	180	14	16	48.896	38.383	0.709
		16		55.467	43.542	0.709
		18		61.955	48.635	0.708
		14		54.642	42.894	0.788
		16		62.013	48.680	0.788
20.0	200	18	18	69.301	54.401	0.787
		20		76.505	60.056	0.787
		24		90.661	71.169	0.785

| 角钢号数 | 尺寸（mm） | | | 截面面积 | 理论质量 | 外表面积 |
	b	d	r	（cm²）	（kg/m）	（m²/m）
		16		68.664	53.901	0.866
		18		76.752	60.250	0.866
22.0	220	20	21	84.756	66.533	0.865
		22		92.676	72.751	0.865
		24		100.512	78.902	0.864
		26		108.264	84.987	0.864
		18		87.842	68.956	0.985
		20		97.045	76.180	0.984
		24		115.201	90.433	0.983
25	250	26	24	124.154	97.461	0.982
		28		133.022	104.422	0.982
		30		141.807	111.318	0.981
		32		150.508	118.149	0.981
		35		163.402	128.271	0.980

注 1. 括号内型号不推荐使用。

2. 理论质量按钢的密度 $7.85\mathrm{g/cm^3}$ 计算。

5. 热轧不等边角钢（GB/T 706）

热轧不等边角钢的尺寸规格及理论质量见表 2-41。

表 2-41　　　　　热轧不等边角钢的尺寸规格及理论质量

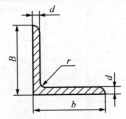

B—长边宽；b—短边宽；d—边厚；r—内圆弧半径

计算公式：$W=0.00785d\ (B+b-d)$

| 角钢号数 | 尺寸（mm） | | | | 截面面积 | 理论质量 | 外表面积 |
	B	b	d	r	（cm²）	（kg/m）	（m²/m）
2.5/1.6	25	16	3	3.5	1.162	0.912	0.08
			4		1.499	1.176	0.079

角钢号数	尺寸（mm）				截面面积（cm²）	理论质量（kg/m）	外表面积（m²/m）
	B	b	d	r			
3.2/2	32	20	3	3.5	1.492	1.171	0.102
			4		1.939	1.522	0.101
4/2.5	40	25	3	4	1.890	1.484	0.127
			4		2.467	1.936	0.127
4.5/2.8	45	28	3	5	2.149	1.687	0.143
			4		2.806	2.203	0.143
5/3.2	50	32	3	5.5	2.431	1.908	0.161
			4		3.177	2.494	0.16
5.6/3.6	56	36	3	6	2.743	2.153	0.181
			4		3.590	2.818	0.18
			5		4.415	3.446	0.18
6.3/4	63	40	4	7	4.058	3.185	0.202
			5		4.993	3.92	0.202
			6		5.908	4.638	0.201
			7		6.802	5.339	0.201
7/4.5	70	45	4	7.5	4.547	3.57	0.226
			5		5.609	4.403	0.225
			6		6.647	5.218	0.225
			7		7.657	6.011	0.225
(7.5/5)	75	50	5	8	6.125	4.808	0.245
			6		7.260	5.699	0.245
			8		9.467	7.431	0.244
			10		11.590	9.098	0.244
8/5	80	50	5	8.5	6.375	5.005	0.255
			6		7.560	5.935	0.255
			7		8.724	6.848	0.255
			8		9.867	7.745	0.254

角钢号数	尺寸（mm）				截面面积（cm²）	理论质量（kg/m）	外表面积（m²/m）
	B	b	d	r			
9/5.6	90	56	5	9	7.212	5.661	0.287
			6		8.557	6.717	0.286
			7		9.880	7.756	0.286
			8		11.183	8.779	0.286
10/6.3	100	63	6	10	9.617	7.550	0.32
			7		11.111	8.722	0.32
			8		12.534	9.878	0.319
			10		15.467	12.142	0.319
10/8	100	80	6	10	10.637	8.350	0.354
			7		12.301	9.656	0.354
			8		13.944	10.946	0.353
			10		17.167	13.476	0.353
11/7	100	70	6	10	10.637	8.350	0.354
			7		12.301	9.656	0.354
			8		13.944	10.946	0.353
			10		17.167	13.476	0.353
12.5/8	125	80	7	11	14.096	11.066	0.403
			8		15.989	12.551	0.403
			10		19.712	15.474	0.402
			12		23.351	18.330	0.402
14/9	140	90	8	12	18.038	14.160	0.453
			10		22.261	17.475	0.452
			12		26.400	20.724	0.451
			14		30.456	23.908	0.451

角钢号数	尺寸 (mm)				截面面积	理论质量	外表面积
	B	b	d	r	(cm²)	(kg/m)	(m²/m)
15/9	150	90	8	12	18.839	14.788	0.473
			10		23.261	18.260	0.472
			12		27.600	21.666	0.471
			14		31.856	25.007	0.471
			15		33.952	26.652	0.471
			16		36.027	28.281	0.470
10/16	160	100	10	13	25.315	19.872	0.512
			12		30.054	23.592	0.511
			14		34.709	27.247	0.510
			16		39.281	30.835	0.510
11/18	180	110	10	14	28.373	22.273	0.571
			12		33.712	26.440	0.571
			14		38.967	30.589	0.570
			16		44.139	34.649	0.569
20/12.5	200	125	12	14	37.912	29.761	0.641
			14		43.687	34.436	0.640
			16		49.739	39.045	0.639
			18		55.526	43.588	0.639

注　1. 括号内型号不推荐使用。

　　2. 理论质量按钢的密度 7.85g/cm³ 计算。

6. 不锈钢热轧等边角钢（GB/T 5309）

不锈钢热轧等边角钢的尺寸规格见表 2-42。

表 2-42

不锈钢热轧等边角钢的尺寸规格

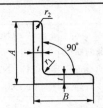

计算公式：$W = 0.0785t(A + B - t)$

标准截面尺寸（mm）					理论质量（kg/m）		
$A \times B$	t	r_1	r_{23}	截面面积 （cm²）	1Cr₁₈Ni₉ 0Cr₁₉Ni₉ 00Cr₁₉Ni₁₁ 0Cr₁₈Ni₁₁Ti	0Cr₁₇Ni₁₂Mo₂ 00Cr₁₇Ni₁₄Mo₂ 0Cr₁₈Ni₁₁Nb	1Cr₁₇
20×20	3	4	2	1.127	0.894	0.90	0.868
25×25	3	4	2	1.427	1.13	1.14	1.10
	4		3	1.836	1.46	1.47	1.41
30×30	3	4	2	1.727	1.37	1.38	1.33
	4		3	2.236	1.77	1.78	1.72
	5		3	2.746	2.18	2.19	2.11
	6		4	3.206	2.54	2.56	2.47
40×40	3	4.5	2	2.336	1.85	1.86	1.80
	4		3	3.045	2.45	2.46	2.38
	5		3	3.755	2.98	3.00	2.89
	6		4	4.415	3.61	3.63	3.51
50×50	4	6.5	3	3.892	3.09	3.11	3.00
	5		3	4.802	3.81	3.83	3.70
50×50	6	6.5	4.5	5.644	4.48	4.50	4.35
60×60	5	6.5	3	5.802	4.60	4.63	4.47
	6		4	6.862	5.44	5.48	5.28

$$t \quad 90°$$

标准截面尺寸（mm）					理论质量（kg/m）		
$A \times B$	t	r_1	r_{23}	截面面积（cm²）	$1Cr_{18}Ni_9$ $0Cr_{19}Ni_9$ $00Cr_{19}Ni_{11}$ $0Cr_{18}Ni_{11}Ti$	$0Cr_{17}Ni_{12}Mo_2$ $00Cr_{17}Ni_{14}Mo_2$ $0Cr_{18}Ni_{11}Nb$	$1Cr_{17}$
65×65	5	8.5	3	6.367	5.05	5.08	4.90
	6		4	7.527	5.97	6.01	5.80
	7		5	8.658	6.87	6.91	6.67
	8		6	9.761	7.74	7.79	7.52
70×70	6	8.5	4	8.127	6.44	6.49	6.26
	7		5	9.358	7.42	7.47	7.21
	8		6	10.56	8.37	8.43	8.13
75×75	6	8.5	4	8.727	6.92	6.96	6.72
	7		5	10.06	7.98	8.03	7.75
	8		6	11.36	9.01	9.07	8.75
	9		6	12.69	10.10	10.10	9.77
80×80	6	8.5	4	9.327	7.40	7.44	7.18
	7		5	10.76	8.53	8.59	8.29
	8		6	12.16	9.64	9.7	9.36
	9		6	13.59	10.8	10.8	10.5
90×90	8	10	6	13.82	11	11	10.9
	9		6	15.45	12.3	12.3	11.6
	10		7	17.00	13.5	13.6	13.1
100×100	8	10	6	15.42	12.2	12.3	11.9
	9		6	17.25	13.7	13.8	13.3
	10		7	19.00	15.1	15.2	14.6

7. 热轧 L 型钢（GB/T 706）

热轧 L 型钢主要用于造船、海洋工程结构及一般建筑结构等。热轧 L 型钢的尺寸规格见表 2-43。

表 2-43　　　　　　　热轧 L 型钢的尺寸规格

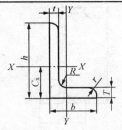

h—长边宽度；b—短边宽度；t—长边厚度；T—短边厚度；

R—内圆弧半径；r—边端圆弧半径

截面面积计算公式：$W = ht + T(b - t) + 0.215(R^2 - r^2)$

型　号	尺寸(mm)						截面面积 $A(\text{cm}^2)$	理论质量 $M(\text{kg/m})$
	h	b	t	T	R	r		
L250×90×9×13			9	13			33.40	26.2
L250×90×10.5×15	250	90	10.5	15			38.50	30.3
L250×90×11.5×16			11.5	16	15	7.5	41.70	32.70
L300×100×10.5×15			10.5	15			45.30	35.60
L300×100×11.5×16	300	100	11.5	16			49.00	38.50
L350×120×10.5×16			10.5	16			54.90	43.10
L350×120×11.5×18	350	120	11.5	18			60.40	47.40
L400×120×11.5×23				23			71.60	56.20
L450×120×11.5×25	450	120	11.5	25	20	10	79.50	62.40
L500×120×12.5×33			12.5	33			98.60	77.40
L500×120×13.5×35	500	120	13.5	35			105.00	82.20

注　1. 表中理论密度按 7.85g/cm^3 计算。

　　2. 型钢通常的长度为 6～12m，型钢直线度不大于其长度的 0.3%。

8. 热轧工字钢（GB/T 706）

热轧工字钢的尺寸规格及理论质量见表2-44。

表 2-44　　　　　　　　热轧工字钢的尺寸规格

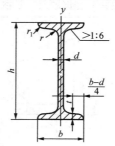

h—高度；b—腿宽度；d—腰厚度；t—平均腰厚度；r—内圆弧半径；r_1—腿端圆弧半径

计算公式：$W = 0.00785d[h + f(b - d)]$

（f 值：一般型号及带 a 的为 3.34，带 b 的为 2.65，带 c 的为 2.26）

型号	尺寸（mm）						截面面积	理论质量
	h	b	d	t	r	r_1	（cm²）	（kg/m）
10	100	68	4.5	7.6	6.5	3.4	14.345	11.261
12	120	74	5.0	8.4	7.0	3.5	17.818	13.987
12.6	126	74	5.0	8.4	7.0	3.5	18.118	14.223
14	140	80	5.5	9.1	7.5	3.8	21.516	16.890
16	160	88	6.0	9.9	8.0	4.0	26.131	20.51
18	180	94	6.5	10.7	8.5	4.3	30.756	24.14
20a	200	100	7.0	11.4	9.0	4.5	35.578	27.93
20b		102	9.0				39.578	31.07
22a	220	110	7.5	12.3	9.5		42.128	33.07
22b		112	9.5			4.8	46.528	36.52
24a	240	116	8.0				47.741	37.477
24b		118	10.0	13.0	10.0	5.0	52.541	41.245
25a	250	116	8.0				48.541	38.105
25b		118	10.0				53.541	42.030

型号	尺寸（mm）						截面面积	理论质量
	h	b	d	t	r	r_1	（cm²）	（kg/m）
27a	280	122	8.5	13.7	10.5	5.3	54.554	42.825
27b		124	10.5				59.954	47.064
28a	280	122	8.5				55.404	43.492
28b		124	10.5				61.004	47.888
30a	300	126	9.0	14.4	11.0	5.5	64.254	48.084
30b		128	11.0				67.254	52.794
30c		130	13.0				73.254	57.504
32a	320	130	9.5	15.0	11.5	5.8	67.156	52.717
32b		132	11.5				73.556	57.741
32c		134	13.5				79.956	62.765
36a	360	136	10.0	15.8	12.0	6.0	76.480	60.037
36b		138	12.0				83.680	65.689
36c		140	14.0				90.880	71.341
40a	400	142	10.5	16.5	12.5	6.3	86.112	67.698
40b		144	12.5				94.112	73.878
40c		146	14.5				102.112	80.158
45a	450	150	11.5	18.0	13.5	6.8	102.466	80.420
45b		152	13.5				111.446	87.485
45c		154	15.5				120.446	94.550
50a	500	158	12.0	20.0	14.0	7.0	119.304	93.654
50b		160	14.0				129.304	101.504
50c		162	16.0				139.304	109.354
55a	560	166	12.5	21.0	14.5	7.3	134.185	105.335
55b		168	14.5				145.185	113.970
55c		170	16.5				156.185	122.605
56a	560	166	12.5				135.435	106.316
56b		168	14.5				146.635	115.108
56c		170	16.5				157.835	123.900

型号	尺寸（mm）						截面面积	理论质量
	h	b	d	t	r	r_1	（cm²）	（kg/m）
63a		176	13.0				154.66	121.407
63b	630	178	15.0	22.0	15.0	7.5	167.26	131.298
63c		180	17.0				179.86	141.189

注 表中的理论质量按密度 7.85g/cm³ 计算。

9. 热轧槽钢（GB/T 706）

热轧槽钢的尺寸规格及理论质量见表 2-45。

表 2-45　　　　　热轧槽钢的尺寸规格及理论质量

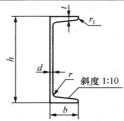

h—高度；b—腿宽度；d—腰厚度；t—平均腰厚度；r—内圆弧半径；r_1—腿端圆弧半径

计算公式：$W = 0.00785d[h + e(b - d)]$

（e 值：一般型号及带 a 的为 3.26，带 b 的为 2.44，带 c 的为 2.24）

型号	尺寸（mm）						截面面积	理论质量
	h	b	d	t	r	r_1	（cm²）	（kg/m）
5	50	37	4.5	7.0	7.0	3.5	6.928	5.438
6.3	63	40	4.8	7.5	7.5	3.8	8.451	6.634
6.5	65	40	4.8	7.5	7.5	3.8	8.547	6.709
8	80	43	5.0	8.0	8.0	4.0	10.248	8.045
10	100	48	5.3	8.5	8.5	4.2	12.748	10.007
12	120	53	5.5	9.0	9.0	4.5	15.362	12.059
12.6	126	53	5.5	9.0	9.0	4.5	15.692	12.318
14a	140	58	6.0	9.5	9.5	4.8	18.516	14.535
14b		60	8.0				21.316	16.733

型号	尺寸（mm）						截面面积（cm²）	理论质量（kg/m）
	h	b	d	t	r	r_1		
16a	160	63	6.5	10.0	10.0	5.0	21.962	17.240
16b	160	65	6.5	10.0	10.0	5.0	25.162	19.752
18a	180	68	7.0	10.5	10.5	5.2	25.699	20.174
18b		70	9.0				29.299	23.000
20a	200	73	7.0	11.0	11.0	5.5	28.837	22.637
20b		75	9.0				32.837	25.777
22a	220	77	7.0	11.5	11.5	5.8	31.846	24.999
22b		79	9.0				36.246	28.453
24a		78	7.0	12.0	12.0	6.0	34.217	26.860
24b	240	80	9.0				39.017	30.628
24c		82	11.0				43.817	34.396
25a		78	7.0	12.0	12.0	6.0	34.917	27.410
25b	250	80	9.0				39.917	31.335
25c		82	11.0				44.917	35.260
27a		82	7.5	12.5	12.5	6.2	39.284	30.838
27b	270	84	9.5				44.684	35.077
27c		86	11.5				50.084	39.316
28a		82	7.5	12.5	12.5	6.2	40.034	31.427
28b	280	84	9.5				45.634	35.823
28c		86	11.5				51.234	40.219
30a		85	7.5	13.5	13.5	6.8	43.902	34.463
30b	300	87	9.5				49.902	39.173
30c		89	11.5				55.902	43.883
32a		88	8.0	14.0	14.0	7.0	48.513	38.083
32b	320	90	10.0				54.913	43.107
32c		92	12.0				61.313	48.131

型号	尺寸（mm）						截面面积（cm²）	理论质量（kg/m）
	h	b	d	t	r	r_1		
36a		96	9.0				60.916	47.814
36b	360	98	11.0	16.0	16.0	8.0	68.110	53.466
36c		100	13.0				75.110	59.118
40a		100	10.5				75.068	58.928
40b	400	102	12.5	18.0	18.0	9.0	83.068	65.208
40c		104	14.5				91.068	71.488

注 表中的理论质量按密度 $7.85g/cm^3$ 计算。

10. 护栏波形梁用冷弯型钢（YB/T 4081）

护栏波形梁用冷弯型钢按截面型式分为 A 型和 B 型，如图 2-1 所示。

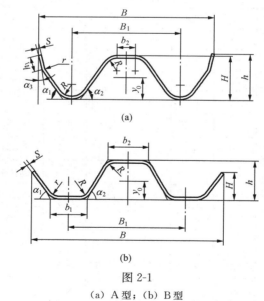

图 2-1

（a）A 型；（b）B 型

（1）护栏波形梁用冷弯型钢基本尺寸与主要参数。护栏波形梁用冷弯型钢截面型式护栏波形梁用冷弯型钢基本尺寸与主要参数见表 2-46。

表 2-46　护栏波形梁用冷弯型钢基本尺寸与主要参数

| 分类 | 尺寸 (mm) | | | | | | | | | | 弯曲角度 (°) | | | 截面面积 (cm²) | 理论重量 (kg/m) | 重心位置 i_{yo} (cm) | 截面二次矩 I_{yo} (cm⁴) | 截面系数 W_{yo} (cm³) |
	H	h	h_1	B	B_1	b_1	b_2	R	r	S	α_1	α_2	α_3					
A	83	85	27	310	192	—	28	24	10	3	55	55	10	14.5	11.4	4.4	110.7	24.6
	75	55	—	350	214	63	69	25	25	4	55	60		18.6	14.6	3.2	119.9	27.9
	75	53	—	350	218	68	75	25	20	4	57	62		18.7	14.7	3.1	117.8	26.8
B	79	42	—	350	227	45	60	14	14	4	45	50		17.8	14.0	3.4	122.1	27.1
	53	34	—	350	223	63	63	14	14	3.2	45	45		13.2	10.4	2.1	45.5	14.2
	52	33	—	350	224	63	63	14	14	2.3	45	45		9.4	7.4	2.1	33.2	10.7

注　表中理论质量按密度为 7.85g/cm³ 计算。

(2) 护栏波形梁用冷弯型钢的尺寸偏差及定尺长度偏差。护栏波形梁用冷弯型钢的尺寸偏差及定尺长度偏差见表 2-47。

表 2-47　护栏波形梁用冷弯型钢尺寸偏差及定尺长度偏差

尺寸偏差	尺寸	允许偏差 (mm)
	h	+3.0 / -2.0
	H	±2.0
	B	±5.0

定尺长度偏差	精度＼长度 (mm)	≤6000	>6000
	普通定尺	+10	+20
	精确定尺	+5	+10

11. 焊接 H 型钢（YB 3301）

焊接 H 型钢主要用于工业与民用建筑、构筑物及其他钢结构。焊接 H 型钢的规定符号为 WH，W 为焊接的英文第一个字母，H 代表 H 型钢。

焊接 H 型钢的型号、尺寸、截面面积、理论质量及参数值等见表 2-48。

焊接 H 型钢的通常长度为 6～12m，经供需双方协商，可按定尺长度供货（在合同中注明）。

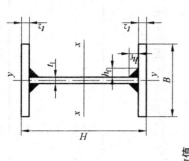

表 2-48　焊接 H 型钢的型号、尺寸、截面面积、理论重量及参考数值

型号	尺　寸				截面面积 (cm²)	理论质量 (kg/m)	截面特性参数						焊脚尺寸
	H	B	t_1	t_2			$x-x$			$y-y$			h_f
	(mm)						I_x (cm⁴)	W_x (cm³)	i_x (cm)	I_y (cm⁴)	W_y (cm³)	i_y (cm)	(mm)
WH100×50	100	50	3.2	4.5	7.41	5.82	122	24	4.05	9	3	1.10	3
	100	50	4	5	8.60	6.75	137	27	3.99	10	4	1.07	4
WH100×75	100	75	4	6	12.5	9.83	221	44	4.20	42	11	1.83	4
WH100×100	100	100	4	6	15.5	12.2	288	57	4.31	100	20	2.54	4
	100	100	6	8	21.0	16.5	369	73	4.19	133	26	2.51	5

续表

型号	尺寸 (mm)				截面面积 (cm²)	理论质量 (kg/m)	截面特性参数						焊脚尺寸 h_f (mm)
							x—x			y—y			
	H	B	t_1	t_2			I_x (cm⁴)	W_x (cm³)	i_x (cm)	I_y (cm⁴)	W_y (cm³)	i_y (cm)	
WH125×75	125	75	4	6	13.5	10.6	366	58	5.20	42	11	1.76	4
WH125×125	125	125	4	6	19.5	15.3	579	92	5.44	195	31	3.16	4
WH150×75	150	75	3.2	4.5	11.2	8.8	432	57	6.21	31	8	1.66	3
	150	75	4	6	14.5	11.4	554	73	6.18	42	11	1.70	4
	150	75	5	8	18.7	14.7	705	94	6.14	56	14	1.73	5
WH150×100	150	100	3.2	4.5	13.5	10.6	551	73	6.38	75	15	2.35	3
	150	100	4	6	17.5	13.8	710	94	6.36	100	20	2.39	4
	150	100	5	8	22.7	17.8	907	120	6.32	133	36	2.42	5
WH150×150	150	150	4	6	23.5	18.5	1021	136	6.59	337	44	3.78	4
	150	150	5	8	30.7	24.1	1311	174	6.53	450	60	3.82	5
	150	150	6	8	32.0	25.2	1331	177	6.44	450	60	3.75	5
WH200×100	200	100	3.2	4.5	15.1	11.9	1045	104	8.31	75	15	2.22	3
	200	100	4	6	19.5	15.3	i350	135	8.32	100	20	2.26	4
	200	100	5	8	25.2	19.8	1734	173	8.29	133	26	2.29	5

型号	尺寸 (mm)				截面面积 (cm²)	理论质量 (kg/m)	截面特性参数						焊脚尺寸 h_f (mm)
	H	B	t_1	t_2			$x-x$			$y-y$			
							I_x (cm⁴)	W_x (cm³)	i_x (cm)	I_y (cm⁴)	W_y (cm³)	i_y (cm)	
WH200×150	200	150	4	6	25.5	20.0	1915	191	8.66	337	44	3.63	4
	200	150	5	8	33.2	26.1	2472	247	8.62	450	60	3.68	5
WH200×200	200	200	5	8	41.2	32.3	3210	321	8.82	1066	106	5.08	5
	200	200	6	10	50.8	39.9	3904	390	8.76	1333	133	5.12	5
WH250×125	250	125	4	6	24.5	19.2	2682	214	10.4	195	31	2.82	4
	250	125	5	8	31.7	24.9	3463	277	10.4	260	41	2.86	5
	250	125	6	10	38.8	30.5	4210	336	10.4	325	52	2.89	5
WH250×150	250	150	4	6	27.5	21.6	3129	250	10.6	337	44	3.50	4
	250	150	5	8	35.7	28.0	4048	323	10.6	450	60	3.55	5
	250	150	6	10	43.8	34.4	4930	394	10.6	562	74	3.58	5
WH250×200	250	200	5	8	43.7	34.3	5220	417	10.9	1066	106	4.93	5
	250	200	5	10	51.5	40.4	6270	501	11.0	1333	133	5.08	5
	250	200	6	10	53.8	42.2	6371	509	10.8	1333	133	4.97	5
	250	200	6	12	61.5	48.3	7380	590	10.9	1600	160	5.10	6

型号	尺寸 (mm)				截面面积 (cm²)	理论质量 (kg/m)	截面特性参数						焊脚尺寸 h_f (mm)
	H	B	t_1	t_2			$x-x$			$y-y$			
							I_x (cm⁴)	W_x (cm³)	i_x (cm)	I_y (cm⁴)	W_y (cm³)	i_y (cm)	
WH250×250	250	250	6	10	63.8	50.1	7812	624	11.0	2604	208	6.38	5
	250	250	6	12	73.5	57.7	9080	726	11.1	3125	250	6.52	6
	250	250	8	14	87.7	68.9	10 487	838	10.9	3646	291	6.44	6
WH300×200	300	200	6	8	49.0	38.5	7968	531	12.7	1067	106	4.66	5
	300	200	6	10	56.8	44.6	9510	634	12.9	1333	133	4.84	5
	300	200	6	12	64.5	50.7	11 010	734	13.0	1600	160	4.98	6
	300	200	8	14	77.7	61.0	12 802	853	12.8	1867	186	4.90	6
	300	200	10	16	90.8	71.3	14 522	968	12.6	2135	213	4.84	6
WH300×250	300	250	6	10	66.8	52.4	11 614	774	13.1	2604	208	6.24	5
	300	250	6	12	76.5	60.1	13 500	900	13.2	3125	250	6.39	6
	300	250	8	14	91.7	72.0	15 667	1044	13.0	3646	291	6.30	6
	300	250	10	16	106	83.8	17 752	1183	12.9	4168	333	6.27	6

型号	尺寸				截面面积	理论质量	截面特性参数							焊脚尺寸
	H	B	t_1	t_2			$x-x$			$y-y$				h_f
	(mm)				(cm²)	(kg/m)	I_x (cm⁴)	W_x (cm³)	i_x (cm)	I_y (cm⁴)	W_y (cm³)	i_y (cm)	(mm)
WH300×300	300	300	6	10	76.8	60.3	13 717	914	13.3	4500	300	7.65	5
	300	300	8	12	94.0	73.9	16 340	1089	13.1	5401	360	7.58	6
	300	300	8	14	105	83.0	18 532	1235	13.2	6301	420	7.74	6
	300	300	10	16	122	96.4	20 981	1398	13.1	7202	480	7.68	6
	300	300	10	18	134	106	23 033	1535	13.1	8102	540	7.77	7
	300	300	12	20	151	119	25 317	1687	12.9	9003	600	7.72	8
WH350×175	350	175	4.5	6	36.2	28.4	7661	437	14.5	536	61.2	3.84	4
	350	175	4.5	8	43.0	33.8	9586	547	14.9	714	81	4.07	4
	350	175	6	8	48.0	37.7	10 051	574	14.4	715	81.7	3.85	5
	350	175	6	10	54.8	43.0	11 914	680	14.7	893	102	4.03	5
	350	175	6	12	61.5	48.3	13 732	784	14.9	1072	122	4.17	6
	350	175	8	12	68.0	53.4	14 310	817	14.5	1073	122	3.97	6
	350	175	8	14	74.7	58.7	16 063	917	14.6	1251	142	4.09	6
	350	175	10	16	87.8	68.9	18 309	1046	14.4	1431	163	4.03	6

型号	尺 寸 (mm)				截面面积 (cm²)	理论质量 (kg/m)	截面特性参数						焊脚尺寸 h_f (mm)
							$x-x$			$y-y$			
	H	B	t_1	t_2			I_x (cm⁴)	W_x (cm³)	i_x (cm)	I_y (cm⁴)	W_y (cm³)	i_y (cm)	
WH350×200	350	200	6	8	52.0	40.9	11 221	641	14.6	1067	106	4.52	5
	350	200	6	10	59.8	46.9	13 360	763	14.9	1333	133	4.72	5
	350	200	6	12	67.5	53.0	15 447	882	15.1	1600	160	4.86	6
	350	200	8	10	66.4	52.1	13 959	797	14.4	1334	133	4.48	5
	350	200	8	12	74.0	58.2	16 024	915	14.7	1601	160	4.65	6
	350	200	8	14	81.7	64.2	18 040	1030	14.8	1868	186	4.78	6
	350	200	10	16	95.8	75.2	20 542	1173	14.6	2135	213	4.72	6
WH350×250	350	250	6	10	69.8	54.8	16 251	928	15.2	2604	208	6.10	5
	350	250	6	12	79.5	62.5	18 876	1078	15.4	3125	250	6.26	6
	350	250	8	12	86.0	67.6	19 453	1111	15.0	3126	250	6.02	6
	350	250	8	14	95.7	75.2	21 993	1256	15.1	3647	291	6.17	6
	350	250	10	16	111	87.8	25 008	1429	15.0	4169	333	6.12	6
WH350×300	350	300	6	10	79.8	62.6	19 141	1093	15.4	4500	300	7.50	5
	350	300	6	12	91.5	71.9	22 304	1274	15.6	5400	360	7.68	6
	350	300	8	14	109	86.2	25 947	1482	15.4	6301	420	7.60	6
	350	300	10	16	127	100	29 473	1684	15.2	7202	480	7.53	6
	350	300	10	18	139	109	32 369	1849	15.2	8102	540	7.63	7

续表

型号	尺寸 H (mm)	尺寸 B (mm)	尺寸 t_1 (mm)	尺寸 t_2 (mm)	截面面积 (cm²)	理论质量 (kg/m)	截面特性参数 $x-x$ I_x (cm⁴)	W_x (cm³)	i_x (cm)	$y-y$ I_y (cm⁴)	W_y (cm³)	i_y (cm)	焊脚尺寸 h_f (mm)
WH350×350	350	350	6	12	103	81.3	25 733	1470	15.8	8575	490	9.12	6
	350	350	8	14	123	97.2	29 901	1708	15.5	10005	571	9.01	6
	350	350	8	16	137	108	33 403	1908	15.6	11, 434	653	9.13	6
	350	350	10	16	143	113	33 939	1939	15.4	11435	653	8.94	6
	350	350	10	18	157	124	37 334	2133	15.4	12865	735	9.05	7
	350	350	12	20	177	139	41 140	2350	15.2	14296	816	8.98	8
WH400×200	400	200	6	8	55.0	43.2	15 125	756	16.5	1067	106	4.40	5
	400	200	6	10	62.8	49.3	17 956	897	16.9	1334	133	4.60	5
	400	200	6	12	70.5	55.4	20 728	1036	17.1	1600	160	4.76	6
	400	200	8	12	78.0	61.3	21 614	1080	16.6	1601	160	4.53	6
	400	200	8	14	85.7	67.3	24 300	1215	16.8	1868	186	4.66	6
	400	200	8	16	93.4	73.4	26 929	1346	16.9	2134	213	4.77	6
	400	200	8	18	101	79.4	29 500	1475	17.0	2401	240	4.87	7
	400	200	10	16	100	79.1	27 759	1387	16.6	2136	213	4.62	6
	400	200	10	18	108	85.1	30 304	1515	16.7	2403	240	4.71	7
	400	200	10	20	116	91.1	32 794	1639	16.8	2669	266	4.79	7

型号	尺寸 (mm)				截面面积 (cm²)	理论质量 (kg/m)	截面特性参数						焊脚尺寸 h_f (mm)
	H	B	t_1	t_2			x—x			y—y			
							I_x (cm⁴)	W_x (cm³)	i_x (cm)	I_y (cm⁴)	W_y (cm³)	i_y (cm)	
WH400×250	400	250	6	10	72.8	57.1	21 760	1088	17.2	2604	208	5.98	5
	400	250	6	12	82.5	64.8	25 246	1262	17.4	3125	250	6.15	6
	400	250	8	14	99.7	78.3	29 517	1475	17.2	3647	291	6.04	6
	400	250	8	16	109	85.9	32 830	1641	17.3	4168	333	6.18	6
	400	250	8	18	119	93.5	36 072	1803	17.4	4689	375	6.27	7
	400	250	10	16	116	91.7	33 661	1683	17.0	4169	333	5.99	6
	400	250	10	18	126	99.2	36 876	1843	17.1	4690	375	6.10	7
	400	250	10	20	136	107	40 021	2001	17.1	5211	416	6.19	7
WH400×300	400	300	6	10	82.8	65.0	25 563	1278	17.5	4500	300	7.37	5
	400	300	6	12	94.5	74.2	29 764	1488	17.7	5400	360	7.55	6
	400	300	8	14	113	89.3	34 734	1736	17.5	6301	420	7.46	6
	400	300	10	16	132	104	39 562	1978	17.3	7203	480	7.38	6
	400	300	10	18	144	113	43 447	2172	17.3	8103	540	7.50	7
	400	300	10	20	156	122	47 248	2362	17.4	9003	600	7.59	7
	400	300	12	20	163	128	48 025	2401	17.1	9005	600	7.43	8

型号	尺寸 (mm)				截面面积 (cm²)	理论质量 (kg/m)	截面特性参数						焊脚尺寸 h_f (mm)
	H	B	t_1	t_2			$x—x$			$y—y$			
							I_x (cm⁴)	W_x (cm³)	i_x (cm)	I_y (cm⁴)	W_y (cm³)	i_y (cm)	
WH400×400	400	400	8	14	141	111	45 169	2258	17.8	14934	746	10.2	6
	400	400	8	18	173	136	55 786	2789	17.9	19201	960	10.5	7
	400	400	10	16	164	129	51 366	2568	17.6	17069	853	10.2	6
	400	400	10	18	180	142	56 590	2829	17.7	19203	960	10.3	7
	400	400	10	20	196	154	61 701	3085	17.7	21336	1066	10.4	7
	400	400	12	22	218	172	67 451	3372	17.5	23471	1173	10.3	8
	400	400	12	25	242	190	74 704	3735	17.5	26671	1333	10.4	8
	400	400	16	25	256	201	76 133	3806	17.2	26678	1333	10.2	10
	400	400	20	32	323	254	93 211	4660	16.9	34155	1707	10.2	12
	400	400	20	40	384	301	109 568	5478	16.8	42688	2134	10.5	12
WH450×250	450	250	8	12	94.0	73.9	33 937	1508	19.0	3126	250	5.76	6
	450	250	8	14	103	81.5	38 288	1701	19.2	3647	291	5.95	6
	450	250	10	16	121	95.6	43 774	1945	19.0	4170	333	5.87	6
	450	250	10	18	131	103	47 924	2130	19.1	4690	375	5.98	7
	450	250	10	20	141	111	52 001	2311	19.2	5211	416	6.07	7
	450	250	12	22	158	125	57 112	2538	19.0	5735	458	6.02	8
	450	250	12	25	173	136	62 910	2796	19.0	6516	521	6.13	8

| 型号 | 尺寸 (mm) | | | | 截面面积 (cm²) | 理论质量 (kg/m) | 截面特性参数 | | | | | | 焊脚尺寸 h_f (mm) |
| | H | B | t_1 | t_2 | | | x—x | | | y—y | | | |
							I_x (cm⁴)	W_x (cm³)	i_x (cm)	I_y (cm⁴)	W_y (cm³)	i_y (cm)	
WH450×300	450	300	8	12	106	83.3	39 694	1764	19.3	5401	360	7.13	6
	450	300	8	14	117	92.4	44 943	1997	19.5	6301	420	7.33	6
	450	300	10	16	137	108	51 312	2280	19.3	7203	480	7.25	6
	450	300	10	18	149	117	56 330	2503	19.4	8103	540	7.37	7
	450	300	10	20	161	126	61 253	2722	19.5	9003	600	7.47	7
	450	300	12	20	169	133	62 402	2773	19.2	9005	600	7.29	8
	450	300	12	22	180	142	67 196	2986	19.3	9905	660	7.41	8
	450	300	12	25	198	155	74 212	3298	19.3	11 255	750	7.53	8
WH450×400	450	400	8	14	145	114	58 255	2589	20.0	14 935	746	10.1	6
	450	400	10	16	169	133	66 387	2950	19.8	17 070	853	10.0	6
	450	400	10	18	185	146	73 136	3250	19.8	19 203	960	10.1	7
	450	400	10	20	201	158	79 756	354~	19.9	21 336	1066	10.3	7
	450	400	12	22	224	176	87 364	3882	19.7	23 472	1173	10.2	8
	450	400	12	25	248	195	96 816	4302	19.7	26 672	1333	10.3	8

型号	H	B	t_1	t_2	截面面积 (cm²)	理论质量 (kg/m)	I_x (cm⁴)	W_x (cm³)	i_x (cm)	I_y (cm⁴)	W_y (cm³)	i_y (cm)	焊脚尺寸 h_f (mm)
	尺　寸 (mm)						x—x			y—y			
WH500×250	500	250	8	12	98.0	77.0	42 918	1716	20.9	3127	250	5.64	6
	500	250	8	14	107	84.6	48 356	1934	21.2	3647	291	5.83	6
	500	250	8	16	117	92.2	53 701	2148	21.4	4168	333	5.96	6
	500	250	10	16	126	99.5	55 410	2216	20.9	4170	333	5.75	6
WH500×250	500	250	10	18	136	107	60 621	2424	21.1	4691	375	5.87	7
	500	250	10	20	146	115	65 744	2629	21.2	5212	416	5.97	7
	500	250	12	22	164	129	72 359	2894	21.0	5735	458	5.91	8
	500	250	12	25	179	141	79 685	3187	21.0	6516	521	6.03	8
	500	300	8	12	110	86.4	50 064	2002	21.3	5402	360	7.00	6
	500	300	8	14	121	95.6	56 625	2265	21.6	6302	420	7.21	6
	500	300	8	16	133	105	63 075	2523	21.7	7201	480	7.35	6
WH500×300	500	300	10	16	142	112	64 783	2591	21.3	7203	480	7.12	6
	500	300	10	18	154	121	71 081	2843	21.4	8103	540	7.25	7
	500	300	10	20	166	130	77 271	3090	21.5	9003	600	7.36	7
	500	300	12	22	186	147	84 934	3397	21.3	9906	660	7.29	8
	500	300	12	25	204	160	93 800	3752	21.4	11 256	750	7.42	8

型号	尺寸 (mm)				截面面积 (cm²)	理论质量 (kg/m)	截面特性参数						焊脚尺寸 h_f (mm)
	H	B	t_1	t_2			$x-x$			$y-y$			
							I_x (cm⁴)	W_x (cm³)	i_x (cm)	I_y (cm⁴)	W_y (cm³)	i_y (cm)	
WH500×400	500	400	8	14	149	118	73 163	2926	22.1	14 935	746	10.0	6
	500	400	10	16	174	137	83 531	3341	21.9	17 075	853	9.90	6
	500	400	10	18	190	149	92 000	3680	22.0	19 203	960	10.0	7
	500	400	10	20	206	162	100 324	4012	22.0	21 337	1066	10.1	7
	500	400	12	22	230	181	110 085	4403	21.8	23 473	1173	10.1	8
	500	400	12	25	254	199	122 029	4881	21.9	26 673	1333	10.2	8
WH500×500	500	500	10	18	226	178	112 919	4516	22.3	37 503	1500	12.8	7
	500	500	10	20	246	193	123 378	4935	22.3	41 670	1666	13.0	7
	500	500	12	22	274	216	135 236	5409	22.2	45 839	1833	12.9	8
	500	500	12	25	304	239	150 258	6010	22.2	52 089	2083	13.0	8
	500	500	20	25	340	267	156 333	6253	21.4	52 113	2084	12.3	12
WH600×300	600	300	8	14	129	102	84 603	2820	25.6	6302	420	6.98	6
	600	300	10	16	152	120	97 144	3238	25.2	7204	480	6.88	6
	600	300	10	18	164	129	106 435	3547	25.4	8104	540	7.02	7
	600	300	10	20	176	138	115 594	3853	25.6	9004	600	7.15	7
	600	300	12	22	198	156	127 488	4249	25.3	9908	660	7.07	8
	600	300	12	25	216	170	140 700	4690	25.5	11 257	750	7.21	8

型号	尺寸 (mm)				截面面积 (cm²)	理论质量 (kg/m)	截面特性参数						焊脚尺寸 h_f (mm)
	H	B	t_1	t_2			$x-x$			$y-y$			
							I_x (cm⁴)	W_x (cm³)	i_x (cm)	I_y (cm⁴)	W_y (cm³)	i_y (cm)	
WH600×400	600	400	8	14	157	124	108 645	3621	26.3	14 935	746	9.75	6
	600	400	10	16	184	145	124 436	4147	26.0	17 071	853	9.63	6
	600	400	10	18	200	157	136 930	4564	26.1	19 204	960	9.79	7
	600	400	10	20	216	170	149 248	4974	26.2	21 338	1066	9.93	7
	600	400	10	25	255	200	179 281	5976	26.5	26 671	1333	10.2	8
	600	400	12	22	242	191	164 255	5475	26.0	23 474	1173	9.84	8
	600	400	12	28	289	227	199 468	6648	26.2	29 874	1493	10.1	8
	600	400	12	30	304	239	210 866	7028	26.3	32 007	1600	10.2	9
	600	400	14	32	331	260	224 663	7488	26.0	34 145	1707	10.1	9
WH700×300	700	300	10	18	174	137	150 008	4285	29.3	8105	540	6.82	7
	700	300	10	20	186	146	162 718	4649	29.5	9005	600	6.95	7
	700	300	10	25	215	169	193 822	5537	30.0	11 255	750	7.23	8
	700	300	12	22	210	165	179 979	5142	29.2	9909	660	6.86	8
	700	300	12	25	228	179	198 400	5668	29.4	11 259	750	7.02	8
	700	300	12	28	245	193	216 484	6185	29.7	12 609	840	7.17	8
	700	300	12	30	256	202	228 354	6524	29.8	13 509	900	7.26	9
	700	300	12	36	291	229	263 084	7516	30.0	16 209	1080	7.46	9
	700	300	14	32	281	221	244 364	6981	29.4	14 414	960	7.16	9
	700	300	16	36	316	248	271 340	7752	29.3	16 221	1081	7.16	10

| 型号 | 尺寸 (mm) | | | | 截面面积 (cm²) | 理论质量 (kg/m) | 截面特性参数 | | | | | | 焊脚尺寸 h_f (mm) |
| | H | B | t_1 | t_2 | | | $x-x$ | | | $y-y$ | | | |
							I_x (cm⁴)	W_x (cm³)	i_x (cm)	I_y (cm⁴)	W_y (cm³)	i_y (cm)	
WH700×350	700	350	10	18	192	151	170 944	4884	29.8	12 868	735	8.18	7
	700	350	10	20	206	162	185 844	5309	30.0	14 297	816	8.33	7
	700	350	10	25	240	188	222 312	6351	30.4	17 870	1021	8.62	8
	700	350	12	22	232	183	205 270	5864	29.7	15 730	898	8.23	8
	700	350	12	25	253	199	226 889	6482	29.9	17 873	1021	8.40	8
	700	350	12	28	273	215	248 113	7088	30.1	20 017	1143	8.56	8
	700	350	12	30	286	225	262 044	7486	30.2	21 446	1225	8.65	9
	700	350	12	36	327	257	302 803	8651	30.4	25 734	1470	8.87	9
	700	350	14	32	313	246	280 090	8002	29.9	22 881	1307	8.54	9
	700	350	16	36	352	277	311 059	8887	29.7	25 746	1471	8.55	10
WH700×400	700	400	10	18	210	165	191 879	5482	30.2	19 205	960	19.56	7
	700	400	10	20	226	177	208 971	5970	30.4	21 338	1066	9.71	7
	700	400	10	25	265	208	250 802	7165	30.7	26 672	1333	10.0	8
	700	400	12	22	254	200	230 561	6587	30.1	23 476	1173	9.61	8
	700	400	12	25	278	218	255 379	7296	30.3	26 676	1333	9.79	8
	700	400	12	28	301	237	279 742	7992	30.4	29 875	1493	9.96	8
	700	400	12	30	316	249	295 734	8449	30.5	32 009	1600	10.0	9
	700	400	12	36	363	285	342 523	9786	30.7	38 409	1920	10.2	9
	700	400	14	32	345	271	315 815	9023	30.2	34 147	1707	9.94	9
	700	400	16	36	388	305	350 779	10 022	30.0	38 421	1921	9.95	10

型号	尺寸				截面面积 (cm²)	理论质量 (kg/m)	截面特性参数						焊脚尺寸 h_f (mm)
							$x-x$			$y-y$			
	H	B	t_1	t_2			I_x (cm⁴)	W_x (cm³)	i_x (cm)	I_y (cm⁴)	W_y (cm³)	i_y (cm)	
	(mm)												
WH800×300	800	300	10	18	184	145	202 302	5057	33.1	8106	540	6.63	7
	800	300	10	20	196	154	219 141	5478	33.4	9006	600	6.77	7
	800	300	10	25	225	177	260 468	6511	34.0	11 256	750	7.07	8
	800	300	12	22	222	175	243 005	6075	33.0	9910	660	6.68	8
	800	300	12	25	240	188	267 500	6687	33.3	11 260	750	6.84	8
	800	300	12	28	257	202	291 606	7290	33.6	12 610	840	7.00	8
	800	300	12	30	268	211	307 462	7686	33.8	13 510	900,	7.10	9
	800	300	12	36	303	238	354 011	8850	34.1	16 210	1080	7.31	9
	800	300	14	32	295	232	329 792	8244	33.4	14 416	961	6.99	9
	800	300	16	36	332	261	366 872	9171	33.2	16 224	1081	6.99	10
WH800×350	800	350	10	18	202	159	229 826	5745	33.7	12 868	735	7.98	7
	800	350	10	20	216	170	249 568	6239	33.9	14 298	817	8.13	7
	800	350	10	25	250	196	298 020	7450	34.5	17 870	1021	8.45	8
	800	350	12	22	244	192	276 304	6907	33.6	15 731	898	8.02	8
	800	350	12	25	265	208	305 052	7626	33.9	17 875	1021	8.21	8
	800	350	12	28	285	224	333 343	8333	34.1	20 019	1143	8.38	8
	800	350	12	30	298	235	351 952	8798	34.3	21 448	1225	8.48	9
	800	350	12	36	339	266	406 583	10 164	34.6	25 735	1470	8.71	9
	800	350	14	32	327	257	377 006	9425	33.9	22 883	1307	8.36	9
	800	350	16	36	368	289	419 444	10 486	33.7	25 749	1471	8.36	10

| 型号 | 尺寸 (mm) | | | | 截面面积 (cm^2) | 理论质量 (kg/m) | 截面特性参数 | | | | | | 焊脚尺寸 h_f (mm) |
| | H | B | t_1 | t_2 | | | $x-x$ | | | $y-y$ | | | |
							I_x (cm^4)	W_x (cm^3)	i_x (cm)	I_y (cm^4)	W_y (cm^3)	i_y (cm)	
WH800×400	800	400	10	18	220	173	257 349	6433	34.2	19 206	960	9.34	7
	800	400	10	20	236	185	279 994	6999	34.4	21 339	1066	9.50	7
	800	400	10	25	275	216	335 572	8389	34.9	26 672	1333	9.84	8
	800	400	10	28	298	234	368 216	9205	35.1	29 872	1493	10.0	8
	800	400	12	22	266	209	309 604	7740	34.1	23 477	1173	9.39	8
	800	400	12	25	290	228	342 604	8565	34.3	26 677	1333	9.59	8
	800	400	12	28	313	246	375 080	9377	34.6	29 877	1493	9.77	8
	800	400	12	32	344	270	417 574	10 439	34.8	34 143	1707	9.96	9
	800	400	12	36	375	295	459 154	11 478	34.9	38 410	1920	10.1	9
	800	400	14	32	359	282	424 219	10 605	34.3	34 150	1707	9.75	9
	800	400	16	36	404	318	472 015	11 800	34.1	38 424	1921	9.75	10
WH900×350	900	350	10	20	226	177	324 091	7202	37.8	14 298	817	7.95	7
	900	350	12	20	243	191	334 692	7437	37.1	14 304	817	7.67	8
	900	350	12	22	256	202	359 574	7990	37.4	15 733	899	7.83	8
	900	350	12	25	277	217	396 464	8810	37.8	17 876	1021	8.03	8
	900	350	12	28	297	233	432 837	9618	38.1	20 020	1144	8.21	8
	900	350	14	32	341	268	490 274	10 894	37.9	22 885	1307	8.19	9
	900	350	14	36	367	289	536 792	11 928	38.2	25 743	1471	8.37	9
	900	350	16	36	384	302	546 253	12 138	37.7	25 753	1471	8.18	10

型号	尺 寸 (mm)				截面面积 (cm²)	理论质量 (kg/m)	截面特性参数						焊脚尺寸 h_f (mm)
	H	B	t_1	t_2			$x-x$			$y-y$			
							I_x (cm⁴)	W_x (cm³)	i_x (cm)	I_y (cm⁴)	W_y (cm³)	i_y (cm)	
WH900×400	900	400	10	20	246	193	362 818	8062	38.4	21 340	1067	9.31	7
	900	400	12	20	263	207	373 418	8298	37.6	21 345	1067	9.00	8
	900	400	12	22	278	219	401 982	8932	38.0	23 478	1173	9.18	8
	900	400	12	25	302	237	444 329	9873	38.3	26 678	1333	9.39	8
	900	400	12	28	325	255	486 082	10 801	38.6	29 878	1493	9.58	8
	900	400	12	30	340	268	513 590	11 413	38.8	32 012	1600	9.70	9
	900	400	14	32	373	293	550 575	12 235	38.4	34 152	1707	9.56	9
	900	400	14	36	403	317	604 015	13 422	38.7	38 418	1920	9.76	9
	900	400	14	40	434	341	656 432	14 587	38.8	42 685	2134	9.91	10
	900	400	16	36	420	330	613 476	13 632	38.2	38 428	1921	9.56	10
	900	400	16	40	451	354	665 622	14 791	38.4	42 694	2134	9.72	10
WH1100×400	1100	400	12	20	287	225	585 714	106 49	45.1	21 348	1067	8.62	8
	1100	400	12	22	302	238	629 146	11 439	45.6	23 481	1174	8.81	8
	1100	400	12	25	326	256	693 679	12 612	46.1	26 681	1334	9.04	8
	1100	400	12	28	349	274	757 478	13 772	46.5	29 881	1494	9.25	8
	1100	400	14	30	385	303	818 354	14 879	46.1	32 023	1601	9.12	9
	1100	400	14	32	401	315	859 943	15 635	46.3	34 157	1707	9.22	9
	1100	400	14	36	431	339	942 163	17 130	46.7	38 423	1921	9.44	9
	1100	400	16	40	483	379	1 040 801	18 923	46.4	42 701	2135	9.40	10

型号	尺 寸 (mm)				截面面积 (cm²)	理论质量 (kg/m)	截面特性参数						焊脚尺寸 h_f (mm)
							$x-x$			$y-y$			
	H	B	t_1	t_2			I_x (cm⁴)	W_x (cm³)	i_x (cm)	I_y (cm⁴)	W_y (cm³)	i_y (cm)	
WH1100×500	1100	500	12	20	327	257	702 368	12 770	46.3	41 681	1667	11.2	8
	1100	500	12	22	346	272	756 993	13 763	46.7	45 848	1833	11.5	8
	1100	500	12	25	376	295	838 158	15 239	47.2	52 098	2083	11.7	8
	1100	500	12	28	405	318	918 401	16 698	47.6	58 348	2333	12.0	8
	1100	500	14	30	445	350	990 134	18 002	47.1	62 523	2500	11.8	9
	1100	500	14	32	465	365	1 042 497	18 954	47.3	66 690	2667	11.9	9
	1100	500	14	36	503	396	1 146 018	20 836	47.7	75 023	3000	12.2	9
	1100	500	16	40	563	442	1 265 627	23 011	47.4	83 368	3334	12.1	10
WH1200×400	1200	400	14	20	322	253	739 117	12 318	47.9	21 359	1067	8.1	9
	1200	400	14	22	337	265	790 879	13 181	48.4	23 493	1174	8.3	9
	1200	400	14	25	361	283	867 852	14 464	49.0	26 692	1334	8.5	9
	1200	400	14	28	384	302	944 026	15 733	49.5	29 892	1494	8.8	9
	1200	400	14	30	399	314	994 366	16 572	49.9	32 026	1601	8.9	9
	1200	400	14	32	415	326	1 044 355	17 405	50.1	34 159	1707	9.0	9
	1200	400	14	36	445	350	1 143 281	19 054	50.6	38 425	1921	9.2	9
	1200	400	16	40	499	392	1 264 230	21 070	50.3	42 704	2135	9.2	10

型号	尺 寸 (mm)				截面面积 (cm²)	理论质量 (kg/m)	截面特性参数						焊脚尺寸 h_f (mm)
							x—x			y—y			
	H	B	t_1	t_2			I_x (cm⁴)	W_x (cm³)	i_x (cm)	I_y (cm⁴)	W_y (cm³)	i_y (cm)	
WH1200×450	1200	450	14	20	342	269	808 744	13 479	48.6	30 401	1351	9.4	9
	1200	450	14	22	359	282	867 210	14 453	49.1	33 438	1486	9.6	9
	1200	450	14	25	386	303	954 154	15 902	49.7	37 995	1688	9.9	9
	1200	450	14	28	412	324	1 040 195	17 336	50.2	42 551	1891	10.1	9
	1200	450	14	30	429	337	1 097 056	18 284	50.5	45 588	2026	10.3	9
	1200	450	14	32	447	351	1 153 520	19 225	50.7	48 625	2161	10.4	9
	1200	450	14	36	481	378	1 265 261	21 087	51.2	54 700	2431	10.6	9
	1200	450	16	36	504	396	1 289 182	21 486	50.5	54 713	2431	10.4	10
	1200	450	16	40	539	423	1 398 843	23 314	50.9	60 788	2701	10.6	10
WH1200×500	1200	500	14	20	362	284	878 371	14 639	49.2	41 693	1667	10.7	9
	1200	500	14	22	381	300	943 542	15 725	49.7	45 859	1834	10.9	9
	1200	500	14	25	411	323	1 040 456	17 340	50.3	52 109	2084	11.2	9
	1200	500	14	28	440	346	1 136 364	18 939	50.8	58 359	2334	11.5	9
	1200	500	14	32	479	376	1 262 686	21 044	51.3	66 692	2667	11.7	9
	1200	500	14	36	517	407	1 387 240	23 120	51.8	75 025	3001	12.0	9
	1200	500	16	36	540	424	1 411 161	23 519	51.1	75 038	3001	11.7	10
	1200	500	16	40	579	455	1 533 457	25 557	51.4	83 371	3334	11.9	10
	1200	500	16	45	627	493	1 683 888	28 064	51.8	93 787	3751	12.2	41

续表

| 型号 | 尺寸 (mm) | | | | 截面面积 (cm²) | 理论质量 (kg/m) | 截面特性参数 | | | | | | 焊脚尺寸 h_f (mm) |
| | H | B | t_1 | t_2 | | | $x-x$ | | | $y-y$ | | | |
							I_x (cm⁴)	W_x (cm³)	i_x (cm)	I_y (cm⁴)	W_y (cm³)	i_y (cm)	
WH1200×600	1200	600	14	30	519	408	1 405 126	23 418	52.0	108 026	3600	14.4	9
	1200	600	16	36	612	481	1 655 120	27 585	52.0	129 638	4321	14.5	10
	1200	600	16	40	659	517	1 802 683	30 044	52.3	144 038	4801	14.7	10
	1200	600	16	45	717	563	1 984 195	33 069	52.6	162 037	5401	15.0	11
WH1300×450	1300	450	16	25	425	334	1 174 947	18 076	52.5	38 011	1689	9.4	10
	1300	450	16	30	468	368	1 343 126	20 663	53.5	45 604	2026	9.8	10
	1300	450	16	36	520	409	1 541 390	23 713	54.4	54 716	2431	10.2	10
	1300	450	18	40	579	455	1 701 697	26 179	54.2	60 809	2702	10.2	11
	1300	450	18	45	622	489	1 861 130	28 632	54.7	68 402	3040	10.4	11
WH1300×500	1300	500	16	25	450	353	1 276 562	19 639	53.2	52 126	2085	10.7	10
	1300	500	16	30	498	391	1 464 116	22 524	54.2	62 542	2501	11.2	10
	1300	500	16	36	556	437	1 685 222	25 926	55.0	75 041	3001	11.6	10
	1300	500	18	40	619	486	1 860 510	28 623	54.8	83 392	3335	11.6	11
	1300	500	18	45	667	524	2 038 396	31 359	55.2	93 808	3752	11.8	11

型号	尺寸 (mm)				截面面积 (cm²)	理论质量 (kg/m)	截面特性参数						焊脚尺寸 h_f (mm)
	H	B	t_1	t_2			x—x			y—y			
							I_x (cm⁴)	W_x (cm³)	i_x (cm)	I_y (cm⁴)	W_y (cm³)	i_y (cm)	
WH1300×600	1300	600	16	30	558	438	1 706 096	26 247	55.2	108 042	3601	13.9	10
	1300	600	16	36	628	493	1 972 885	30 352	56.0	129 641	4321	14.3	10
	1300	600	18	40	699	549	2 178 137	33 509	55.8	144 059	4801	14.3	11
	1300	600	18	45	757	595	2 392 929	36 814	56.2	162 058	5401	14.6	11
	1300	600	20	50	840	659	2 633 000	40 507	55.9	180 080	6002	14.6	12
WH1400×450	1400	450	16	25	441	346	1 391 643	19 880	56.1	38 014	1689	9.2	10
	1400	450	16	30	484	380	1 587 923	22 684	57.2	45 608	2027	9.7	10
	1400	450	18	36	563	442	1 858 657	26 552	57.4	54 739	2432	9.8	11
	1400	450	18	40	597	469	2 010 115	28 715	58.0	60 814	2702	10.0	11
	1400	450	18	45	640	503	2 196 872	31 383	58.5	68 407	3040	10.3	11
WH1400×500	1400	500	16	25	466	366	1 509 820	21 568	56.9	52 129	2085	10.5	10
	1400	500	16	30	514	404	1 728 713	24 695	57.9	62 545	2501	11.0	10
	1400	500	18	36	599	470	2 026 141	28 944	58.1	75 064	3002	11.1	11
	1400	500	18	40	637	501	2 195 128	31 358	58.7	83 397	3335	11.4	11
	1400	500	18	45	685	538	2 403 501	34 335	59.2	93 813	3752	11.7	11

续表

型号	尺寸 (mm)				截面面积 (cm²)	理论质量 (kg/m)	截面特性参数						焊脚尺寸 h_f (mm)
	H	B	t_1	t_2			$x-x$			$y-y$			
							I_x (cm⁴)	W_x (cm³)	i_x (cm)	I_y (cm⁴)	W_y (cm³)	i_y (cm)	
WH1400×600	1400	600	16	30	574	451	2 010 293	28 718	59.1	108 045	3601	13.7	10
	1400	600	16	36	644	506	2 322 074	33 172	60.0	129 645	4321	14.1	10
	1400	600	18	40	717	563	2 565 155	36 645	59.8	144 064	4802	14.1	11
	1400	600	18	45	775	609	2 816 758	40 239	60.2	162 063	5402	14.4	11
	1400	600	18	50	834	655	3 064 550	43 779	60.6	180 063	6002	14.6	11
WH1500×500	1500	500	18	25	511	401	1 817 189	24 229	59.6	52 153	2086	10.1	11
	1500	500	18	30	559	439	2 068 797	27 583	60.8	62 569	2502	10.5	11
	1500	500	18	36	617	484	2 366 148	31 548	61.9	75 069	3002	11.0	11
	1500	500	18	40	655	515	2 561 626	34 155	62.5	83 402	3336	11.2	11
	1500	500	20	45	732	575	2 849 616	37 994	62.3	93 844	3753	11.3	12
WH1500×550	1500	550	18	30	589	463	2 230 887	29 745	61.5	83 257	3027	11.8	11
	1500	550	18	36	653	513	2 559 083	34 121	62.6	99 894	3632	12.3	11
	1500	550	18	40	695	546	2 774 839	36 997	63.1	110 985	4035	12.6	11
	1500	550	20	45	777	610	3 087 857	41 171	63.0	124 875	4540	12.6	12

型号	尺寸 (mm)				截面面积 (cm²)	理论质量 (kg/m)	截面特性参数						焊脚尺寸 h_f (mm)
	H	B	t_1	t_2			$x-x$			$y-y$			
							I_x (cm⁴)	W_x (cm³)	i_x (cm)	I_y (cm⁴)	W_y (cm³)	i_y (cm)	
WH1500×600	1500	600	18	30	619	486	2 392 977	31 906	62.1	108 069	3602	13.2	11
	1500	600	18	36	689	541	2 752 019	36 693	63.1	129 669	4322	13.7	11
	1500	600	18	40	735	577	2 988 053	39 840	63.7	144 069	4802	14.0	11
	1500	600	20	45	822	645	3 326 098	44 347	63.6	162 094	5403	14.0	12
	1500	600	20	50	880	691	3 612 333	48 164	64.0	180 093	6003	14.3	12
WH1600×600	1600	600	18	30	637	500	2 766 519	34 581	65.9	108 074	3602	13.0	11
	1600	600	18	36	707	555	3 177 382	39 717	67.0	129 674	4322	13.5	11
	1600	600	18	40	753	592	3 447 731	43 096	67.6	144 073	4802	13.8	11
	1600	600	20	45	842	661	3 839 070	47 988	67.5	162 100	5403	13.8	12
	1600	600	20	50	900	707	4 167 500	52 093	68.0	180 100	6003	14.1	12
WH1600×650	1600	650	18	30	667	524	2 951 409	36 892	66.5	137 387	4227	14.3	11
	1600	650	18	36	743	583	3 397 570	42 469	67.6	164 849	5072	14.8	11
	1600	650	18	40	793	623	3 691 144	46 139	68.2	183 157	5635	15.1	11
	1600	650	20	45	887	696	4 111 173	51 389	68.0	206 069	6340	15.2	12
	1600	650	20	50	950	746	4 467 916	55 848	68.5	228 954	7044	15.5	12

型号	尺寸 (mm)				截面面积 (cm²)	理论质量 (kg/m)	截面特性参数						焊脚尺寸 h_f (mm)
	H	B	t_1	t_2			x—x			y—y			
							I_x (cm⁴)	W_x (cm³)	i_x (cm)	I_y (cm⁴)	W_y (cm³)	i_y (cm)	
WH1600×700	1600	700	18	30	697	547	3 136 299	39 203	67.0	171 574	4902	15.6	11
	1600	700	18	36	779	612	3 617 757	45 221	68.1	205 874	5882	16.2	11
	1600	700	18	40	833	654	3 934 557	49 181	68.7	228 740	6535	16.5	11
	1600	700	20	45	932	732	4 383 277	54 790	68.5	257 350	7352	16.6	12
	1600	700	20	50	1000	785	4 768 333	59 604	69.0	285 933	8169	16.9	12
WH1700×600	1700	600	18	30	655	514	3 171 921	37 316	69.5	108 079	3602	12.8	11
	1700	600	18	36	725	569	3 638 098	42 801	70.8	129 679	4322	13.3	11
	1700	600	18	40	771	606	3 945 089	46 412	71.5	144 078	4802	13.6	11
	1700	600	20	45	862	677	4 394 141	51 695	71.3	162 107	5403	13.7	12
	1700	600	20	50	920	722	4767 666	56 090	71.9	180 106	6003	13.9	12
WH1700×650	1700	650	18	30	685	538	338 1111	39 777	70.2	137 392	4227	14.1	11
	1700	650	18	36	761	597	3 887 337	45 733	71.4	164 854	5072	14.7	11
	1700	650	18	40	811	637	4 220 702	49 655	72.1	183 162	5635	15.0	11
	1700	650	20	45	907	712	4 702 358	55 321	72.0	206 076	6340	15.0	12
	1700	650	20	50	970	761	5 108 083	60 095	72.5	228 960	7044	15.3	12

型号	尺　寸 H (mm)	B (mm)	t₁ (mm)	t₂ (mm)	截面面积 (cm²)	理论质量 (kg/m)	x—x I_x (cm⁴)	W_x (cm³)	i_x (cm)	y—y I_y (cm⁴)	W_y (cm³)	i_y (cm)	焊脚尺寸 h_f (mm)
WH1700×700	1700	700	18	32	742	583	3 773 285	44 391	71.3	183 012	5228	15.7	11
	1700	700	18	36	797	626	4 136 577	48 665	72.0	205 879	5882	16.0	11
	1700	700	18	40	851	669	4 496 315	52 897	72.6	228 745	6535	16.3	11
	1700	700	20	45	952	747	5 010 574	58 947	72.5	257 357	7353	16.4	12
	1700	700	20	50	1020	801	5 448 500	64 100	73.0	285 940	8169	16.7	12
WH1700×750	1700	750	18	32	774	608	3 995 890	47 010	71.8	225 079	6002	17.0	11
	1700	750	18	36	833	654	4 385 816	51 597	72.5	253 204	6752	17.4	11
	1700	750	18	40	891	700	4 771 929	56 140	73.1	281 328	7502	17.7	11
	1700	750	20	45	997	783	5 318 790	62 574	73.0	316 513	8440	17.8	12
	1700	750	20	50	1070	840	5 788 916	68 104	73.5	351 669	9377	18.1	12
WH1800×600	1800	600	18	30	673	528	3 610 083	40 112	73.2	108 084	3602	12.6	11
	1800	600	18	36	743	583	4 135 065	45 945	74.6	129 683	4322	13.2	11
	1800	600	18	40	789	620	4 481 027	49 789	75.3	144 083	4802	13.5	11
	1800	600	20	45	882	692	4 992 313	55 470	75.2	162 114	5403	13.5	12
	1800	600	20	50	940	738	5 413 833	60 153	75.8	180 113	6003	13.8	12

型号	尺寸 (mm)				截面面积 (cm²)	理论质量 (kg/m)	截面特性参数						焊脚尺寸 h_f (mm)
	H	B	t_1	t_2			x—x			y—y			
							I_x (cm⁴)	W_x (cm³)	i_x (cm)	I_y (cm⁴)	W_y (cm³)	i_y (cm)	
WH1800×650	1800	650	18	30	703	552	3 845 073	42 723	73.9	137 397	4227	13.9	11
	1800	650	18	36	779	612	4 415 156	49 057	75.2	164 858	5072	14.5	11
	1800	650	18	40	829	651	4 790 840	53 231	76.0	183 166	5635	14.8	11
	1800	650	20	45	927	728	5 338 892	59 321	75.8	206 082	6340	14.9	12
	1800	650	20	50	990	777	5 796 750	64 408	76.5	228 967	7045	15.2	12
WH1800×700	1800	700	18	32	760	597	4 286 071	47 623	75.0	183 017	5229	15.5	11
	1800	700	18	36	815	640	4 695 248	52 169	75.9	205 883	5882	15.8	11
	1800	700	18	40	869	683	5 100 653	56 673	76.6	228 750	6535	16.2	11
	1800	700	20	45	972	763	5 685 471	63 171	76.4	257 364	7353	16.2	12
	1800	700	20	50	1040	816	6 179 666	68 662	77.0	285 946	8169	16.5	12
WH1800×750	1800	750	18	32	792	622	4 536 164	50 401	75.6	225 084	6002	16.8	11
	1800	750	18	36	851	668	4 975 339	55 281	76.4	253 208	6752	17.2	11
	1800	750	18	40	909	714	5 410 467	60 116	77.1	281 333	7502	17.5	11
	1800	750	20	45	1017	798	6 032 049	67 022	77.0	316 520	8440	17.6	12
	1800	750	20	50	1090	856	6 562 583	72 917	77.5	351 675	9378	17.9	12

型号	尺寸 H (mm)	B (mm)	t₁ (mm)	t₂ (mm)	截面面积 (cm²)	理论质量 (kg/m)	x—x Iₓ (cm⁴)	x—x Wₓ (cm³)	x—x iₓ (cm)	y—y I_y (cm⁴)	y—y W_y (cm³)	y—y i_y (cm)	焊脚尺寸 h_f (mm)
WH1900×650	1900	650	18	30	721	566	4 344 195	45 728	77.6	137 401	4227	13.8	11
	1900	650	18	36	797	626	4 981 928	52 441	79.0	164 863	5072	14.3	11
	1900	650	18	40	847	665	5 402 458	56 867	79.8	183 171	5636	14.7	11
	1900	650	20	45	947	743	6 021 776	63 387	79.7	206 089	6341	14.7	12
	1900	650	20	50	1010	793	6 534 916	68 788	80.4	228 974	7045	15.0	12
WH1900×700	1900	700	18	32	778	611	483 6881	50 914	78.8	183 022	5229	15.3	11
	1900	700	18	36	833	654	529 4671	55 733	79.7	205 888	5882	15.7	11
	1900	700	18	40	887	697	574 8471	60 510	80.5	228 755	6535	16.0	11
	1900	700	20	45	992	779	640 8967	67 462	80.3	257 370	7353	16.1	12
	1900	700	20	50	1060	832	696 2833	73 292	81.0	285 953	8170	16.4	12
WH1900×750	1900	750	18	34	839	659	5 362 275	56 445	79.9	239 151	6377	16.8	11
	1900	750	18	36	869	682	5 607 415	59 025	80.3	253 213	6752	17.0	11
	1900	750	18	40	927	728	6 094 485	64 152	81.0	281 338	7502	17.4	11
	1900	750	20	45	1037	814	6 796 158	71 538	80.9	316 526	8440	17.4	12
	1900	750	2	50	1110	871	7 390 750	77 797	81.5	351 682	9378	17.7	12

| 型号 | 尺寸 (mm) | | | | 截面面积 (cm²) | 理论质量 (kg/m) | 截面特性参数 | | | | | | 焊脚尺寸 h_f (mm) |
| | H | B | t_1 | t_2 | | | x—x | | | y—y | | | |
							I_x (cm⁴)	W_x (cm³)	i_x (cm)	I_y (cm⁴)	W_y (cm³)	i_y (cm)	
WH1900×800	1900	800	18	34	873	686	5 658 274	59 560	80.5	290 222	7255	18.2	11
	1900	800	18	36	905	710	5 920 158	62 317	80.8	307 288	7682	18.4	11
	1900	800	18	40	967	760	6 440 498	67 794	81.6	341 421	8535	18.7	11
	1900	800	20	45	1082	849	7 183 350	75 614	81.4	384 120	9603	18.8	12
	1900	800	20	50	1160	911	7 818 666	82 301	82.0	426 786	10 669	19.1	12
WH2000×650	2000	650	18	30	739	580	4 879 377	48 793	81.2	137 406	4227	13.6	11
	2000	650	18	36	815	640	5 588 551	55 885	82.8	164 868	5072	14.2	11
	2000	650	18	40	865	679	6 056 456	60 564	83.6	18 317	5636	14.5	11
	2000	650	20	45	967	759	6 752 010	67 520	83.5	206 096	6341	14.5	12
	2000	650	20	50	1030	809	7 323 583	73 235	84.3	228 980	7045	14.9	12
WH2000×700	2000	700	18	32	796	625	5 426 616	54 266	82.5	183 027	5229	15.1	11
	2000	700	18	36	851	668	5 935 746	59 357	83.5	205 893	5882	15.5	11
	2000	700	18	40	905	711	6 440 669	64 406	84.3	228 759	6535	15.8	11
	2000	700	20	45	1012	794	7 182 064	71 820	84.2	257 377	7353	15.9	12
	2000	700	20	50	1080	848	7 799 000	77 990	84.9	285 960	8170	16.2	12

型号	尺　寸 (mm)				截面面积 (cm²)	理论质量 (kg/m)	截面特性参数						焊脚尺寸 hf (mm)
	H	B	t₁	t₂			x—x			y—y			
							Ix (cm⁴)	Wx (cm³)	ix (cm)	Iy (cm⁴)	Wy (cm³)	iy (cm)	
WH2000×750	2000	750	18	34	857	673	6 010 279	60 102	83.7	239 156	6377	16.7	11
	2000	750	18	36	887	696	6 282 942	62 829	84.1	253 218	6752	16.8	11
	2000	750	18	40	945	742	6 824 883	68 248	84.9	281 343	7502	17.2	11
	2000	750	20	45	1057	830	7 612 118	76 121	84.8	316 533	8440	17.3	12
	2000	750	20	50	1130	887	8 274 416	82 744	85.5	351 689	9378	17.6	12
WH2000×800	2000	800	18	34	891	700	6 338 850	63 388	84.3	290 227	7255	18.0	11
	2000	800	18	36	923	725	6 630 137	66 301	84.7	307 293	7682	18.2	11
	2000	800	20	40	1024	804	7 327 061	73 270	84.5	341 461	8536	18.2	12
	2000	800	20	45	1102	865	8 042 171	80 421	85.4	384 127	9603	18.6	12
	2000	800	20	50	1180	926	8 749 833	87 498	86.1	426 793	10 669	19.0	12
WH2000×850	2000	850	18	36	959	753	6 977 333	69 773	85.2	368 568	8672	19.6	11
	2000	850	18	40	1025	805	7 593 309	75 933	86.0	409 509	9635	19.9	11
	2000	850	20	45	1147	900	8 472 225	84 722	85.9	460 721	10 840	20.0	12
	2000	850	20	50	1230	966	9 225 249	92 252	86.6	511 897	12 044	20.4	12
	2000	850	20	55	1313	1031	9 970 389	99 703	87.1	563 073	13 248	20.7	12

注：1. 表列 H 型钢的板件宽厚比应根据钢材牌号和 H 型钢用于结构的类型验算板腹板和翼缘的局部稳定性，当不满足时应按 GB 50017 及相关规范、规程的规定进行验算并采取相应措施（如设置加劲肋等）。

2. 特定工作条件下的焊接 H 型钢板件宽厚比限值，应遵守现行相关国家规范、规程的规定。

3. 表中理论质量未包括焊缝质量。

四、钢板和钢带

1. 冷轧钢板和钢带（GB/T 708）

冷轧钢板和钢带的尺寸规格见表2-49。

表2-49   冷轧钢板和钢带的尺寸规格

公称厚度 （mm）	宽度（mm）									
	600	650	700	(710)	750	800	850	900	950	1000
	最小和最大长度（mm）									
0.20，0.25，0.30 0.35，0.40，0.45	1200 2500	1300 2500	1400 2500	1400 2500	1500 2500	1500 2500	1500 2500	1500 3000	1500 3000	1500 3000
0.56，0.60，0.65	1200 2500	1300 2500	1400 2500	1400 2500	1500 2500	1500 2500	1500 2500	1500 3000	1500 3000	1500 3000
0.70，0.75	1200 2500	1300 2500	1400 2500	1400 2500	1500 2500	1500 2500	1500 2500	1500 3000	1500 3000	1500 3000
0.80，0.90，1.00	1200 3000	1300 3000	1400 3000	1400 3000	1500 3000	1500 3000	1500 3000	1500 3500	1500 3500	1500 3500
1.1，1.2，1.3	1200 3000	1300 3000	1400 3000	1400 3000	1500 3000	1500 3000	1500 3000	1500 3500	1500 3500	1500 3500
1.4，1.5，1.6， 1.7，1.8，2.0	1200 3000	1300 3000	1400 3000	1400 3000	1500 3000	1500 3000	1500 3000	1500 3000	1500 3000	1500 4000
2.2，2.5	1200 300	1300 3000	1400 3000	1400 3000	1500 3000	1500 3000	1500 3000	1500 3000	1500 3000	1500 4000
2.8，3.0，3.2	1200 3000	1300 3000	1400 3000	1400 3000	1500 3000	1500 3000	1500 3000	1500 3000	1500 3000	1500 4000

公称厚度 (mm)	宽度 (mm) 最小和最大长度 (mm)									
	1100	1250	1400	(1420)	1500	1600	1700	1800	1900	2000
0.20, 0.25, 0.30 0.35, 0.40, 0.45	1500 3000	—	—	—	—	—	—	—	—	—
0.56, 0.60, 0.65	1500 3000	1500 3500	—	—	—	—	—	—	—	—
0.70, 0.75	1500 3000	1500 3500	2000 4000	2000 4000	—	—	—	—	—	—
0.80, 0.90, 1.00	1500 3500	1500 4000	2000 4000	2000 4000	2000 4000	—	—	—	—	—
1.1, 1.2, 1.3	1500 3500	1500 4000	2000 4000	2000 4000	2000 4000	2000 4000	2000 4200	2000 4200	—	—
1.4, 1.5, 1.6, 1.7, 1.8, 2.0	1500 4000	1500 6000	2000 6000	2000 6000	2000 6000	2000 6000	2000 6000	2500 6000	—	—
2.2, 2.5	1500 4000	2000 6000	2000 6000	2000 6000	2000 6000	2000 6000	2500 6000	2500 6000	2500 6000	2500 6000
2.8, 3.0, 3.2	1500 4000	2000 6000	2000 6000	2000 6000	2000 6000	2000 2750	2500 2750	2500 2700	2500 2700	2500 2700
3.5, 3.8, 3.9	—	2000 4500	2000 4500	2000 4500	2000 4750	2000 2750	2500 2750	2500 2700	2500 2700	2500 2700
4.0, 4.2, 4.5	—	2000 4500	2000 4500	2000 4500	2000 4500	1500 2500	1500 2500	1500 2500	1500 2500	1500 2500
4.8, 5.0	—	2000 4500	2000 4500	2000 4500	2000 4500	1500 2300	1500 2300	1500 2300	1500 2300	1500 2300

2. 热轧钢板和钢带（GB/T 709）

（1）热轧钢板的尺寸规格见表 2-50。

热轧钢板的尺寸规格

表 2-50

钢板公称厚度 (mm)	在下列钢板宽度下的最小和最大长度 (m)												
	0.6	0.65	0.7	0.71	0.75	0.8	0.85	0.9	0.95	1.0	1.1	1.25	1.4
0.50、0.55、0.60	1.2	1.4	1.42	1.42	1.5	1.5	1.7	1.8	1.9	2.0	—	—	—
0.65、0.70、0.75	2.0	2.0	1.42	1.42	1.5	1.5	1.7	1.8	1.9	2.0	—	—	—
0.80、0.90	2.0	2.0	1.42	1.42	1.5	1.5	1.7	1.8	1.9	2.0	—	—	—
1.0	2.0	2.0	1.42	1.42	1.5	1.6	1.7	1.8	1.9	2.0	—	—	—
1.2、1.3、1.4	2.0	2.0	2.0	2.0	2.0	2.0	2.0	2.0	2.0	2.0	2.0	2.5/3.0	—
1.5、1.6、1.8	2.0	2.0	2.0	2.0/6.0	2.0/6.0	2.0/6.0	2.0/6.0	2.0/6.0	2.0/6.0	2.0/6.0	2.0/6.0	2.0/6.0	2.0/6.0
2.0、2.2	2.0	2.0	2.0/6.0	2.0/6.0	2.0/6.0	2.0/6.0	2.0/6.0	2.0/6.0	2.0/6.0	2.0/6.0	2.0/6.0	2.0/6.0	2.0/6.0
2.5、2.8	2.0	2.0	2.0/6.0	2.0/6.0	2.0/6.0	2.0/6.0	2.0/6.0	2.0/6.0	2.0/6.0	2.0/6.0	2.0/6.0	2.0/6.0	2.0/6.0
3.0、3.2、3.5、3.8、3.9	2.0	2.0	2.0/6.0	2.0/6.0	2.0/6.0	2.0/6.0	2.0/6.0	2.0/6.0	2.0/6.0	2.0/6.0	2.0/6.0	2.0/6.0	2.0/6.0
4.0、4.5、5.0	—	—	2.0/6.0	2.0/6.0	2.0/6.0	2.0/6.0	2.0/6.0	2.0/6.0	2.0/6.0	2.0/6.0	2.0/6.0	2.0/6.0	2.0/6.0
6、7	—	—	2.0/6.0	2.0/6.0	2.0/6.0	2.0/6.0	2.0/6.0	2.0/6.0	2.0/6.0	2.0/6.0	2.0/6.0	2.0/6.0	2.0/6.0
8、9、10	—	—	2.0/6.0	2.0/6.0	2.0/6.0	2.0/6.0	2.0/6.0	2.0/6.0	2.0/6.0	2.0/6.0	2.0/6.0	2.0/6.0	2.0/6.0

钢板公称厚度 (mm)	在下列钢板宽度下的最小和最大长度 (m)											
	1.42	1.5	1.6	1.7	1.8	1.9	2.0	2.1	2.2	2.3	2.4	2.5
1.5、1.6、1.8	2.0 / 6.0	2.0 / 6.0	—	—	—	—	—	—	—	—	—	—
2.0、2.2	2.0 / 6.0	2.0 / 6.0	2.0 / 6.0	2.0 / 6.0	—	—	—	—	—	—	—	—
2.5、2.8	2.0 / 6.0	2.0 / 6.0	2.0 / 6.0	2.0 / 6.0	2.0 / 6.0	—	—	—	—	—	—	—
3.0、3.2、3.5、3.8、3.9	2.0 / 6.0	2.0 / 6.0	2.0 / 6.0	2.0 / 6.0	2.0 / 6.0	—	—	—	—	—	—	—
4.0、4.5、5.0	2.0 / 6.0	2.0 / 6.0	2.0 / 6.0	2.0 / 6.0	2.0 / 6.0	2.0 / 6.0	—	—	—	—	—	—
6、7	2.0 / 6.0	2.0 / 12	3.0 / 12	3.0 / 12	3.0 / 12	3.0 / 12	—	—	—	—	—	—
8、9、10	2.0 / 6.0	2.0 / 12	3.0 / 12	3.0 / 12	3.0 / 12	3.0 / 12	3.0 / 12	3.0 / 12	3.0 / 12	3.0 / 12	4.0 / 12	4.0 / 12

钢板公称厚度 (mm)	在下列钢板宽度下的最小和最大长度 (m)												
	1.0	1.1	1.25	1.4	1.42	1.5	1.6	1.7	1.8	1.9	2.0	2.1	2.2
11、12	2.0 6.0	2.0 6.0	2.0 6.0	2.0 6.0	2.0 6.0	2.0 12	3.0 12	3.0 12	3.0 10	3.0 12	3.0 10	3.0 10	3.0 10
13、14、15、16、17、18、19、20、21、22、25	2.5 6.5	2.5 6.5	2.5 12	2.5 12	2.5 12	3.0 12	3.0 11	3.5 11	4.0 10	4.0 10	4.0 10	4.5 10	4.5 9.0
26、28、30、32、34、36、38、40	—	—	2.5 12	2.5 12	2.5 12	3.0 12	3.0 12	3.5 12	3.5 12	4.0 12	4.0 12	4.0 12	4.5 12
42、45、48、50、52、55、60、65、70、75、80、85、90、95、100、105、110、120、125、130、140、150、160、165、170、180、185、190、195、200	—	—	2.5 9.0	2.5 9.0	3.0 9.0	3.0 9.0	3.0 9.0	3.5 9.0	3.5 9.0	3.5 9.0	3.5 9.0	3.5 9.0	3.5 9.0

钢板公称厚度 (mm)	在下列钢板宽度下的最小和最大长度 (m)											
	2.3	2.4	2.5	2.6	2.7	2.8	2.9	3.0	3.2	3.4	3.6	3.8
11、12	3.0 9.0	4.0 9.0	4.0 9.0	—	—	—	—	—	—	—	—	—
13、14、15、16、 17、18、19、20、 21、22、25	4.5 9.0	4.0 9.0	4.0 9.0	3.5 9.0	3.5 8.2	3.5 8.2	—	—	—	—	—	—
26、28、30、32、 34、36、38、40	4.5 12	4.0 11	4.0 11	3.5 10	3.5 10	3.5 10	3.5 10	3.0 9.5	3.2 9.5	3.4 9.5	3.6 9.5	—
42、45、48、50、 52、55、60、65、 70、75、80、85、 90、95、100、 105、110、120、 125、130、140、 150、160、165、 170、180、185、 190、195、200	3.5 9.0	3.5 9.0	3.5 9.0	3.0 9.0	3.0 9.0	3.0 9.0	3.0 9.0	3.0 9.0	3.2 9.0	3.4 8.5	3.6 8.0	3.6 7.0

（2）热轧钢带的尺寸规格见表2-51。

表 2-51   **热轧钢带的尺寸规格**

钢带公称厚度 （mm）	1.2，1.4，1.5，1.8，2.0，2.5，2.8，3.0，3.2，3.5，3.8，4.0，4.5，5.0，5.5，6.0，6.5，7.0，8.0，10.0，11.0，13.0，14.0，15.0，16.0，18.0，19.0，20.0，22.0，25.0
钢带公称宽度 （mm）	600，650，700，800，850，900，1000，1050，1100，1150，1200，1250，1300，1350，1400，1450，1500，1550，1600，1700，1800，1900

3. 热轧花纹钢板和钢带（YB/T 4159）

热轧花纹钢板和钢带是由碳素结构钢、船体用结构钢、高耐候性结构钢生产的具有菱形花纹、扁豆形花纹、圆豆形花纹或组合型花纹的热轧钢板。其具有防滑作用，可用作厂房扶梯、防滑地面、车辆踏步板、操作平台板、地沟盖板等。钢板和钢带花纹的尺寸、外形及其分布如图2-2所示。

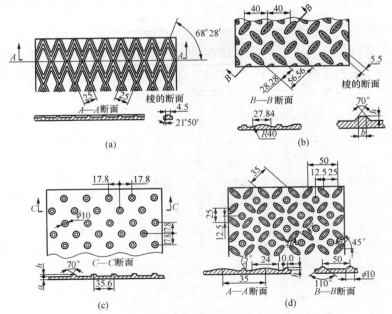

图 2-2   **钢板和钢带花纹的尺寸、外形及其分布**

（a）菱形花纹；（b）扁豆形花纹；（c）圆豆形花纹；（d）组合型花纹

钢板和钢带的分类和代号如下：

（1）按边缘形状分。切边（EC）、不切边（EM）。

（2）按花纹形状分。菱形（CX）、扁豆形（BD）、圆豆形（YD）、组合型（ZH）。

钢板和钢带的尺寸按表 2-52 的规定。钢板和钢带的基本厚度允许偏差和纹高符合表 2-53 的规定。热轧花纹钢板理论计重方法见表 2-54。

钢板和钢带用钢的牌号和化学成分（熔炼分析）应符合 GB/T 700、GB 712、GB/T 4171 的规定。经供需双方协议，也可供其他牌号的钢板和钢带。

表 2-52　　　　　钢板和钢带的尺寸　　　　　　　mm

基本厚度	宽度	长度	
2.0～10.0	600～1500	钢板	2000～12 000
		钢带	—

表 2-53　　　钢板和钢带的基本厚度允许偏差和纹高　　　mm

基本厚度	允许偏差	纹高	基本厚度	允许偏差	纹高
2.0	±0.25	≥0.4	6.0	±0.40 −0.50	≥0.7
2.5	±0.25	≥0.4	3.0	±0.30	≥0.5
4.0	±0.40	≥0.6	3.5	±0.30	≥0.5
4.5	±0.40	≥0.6	7.0	±0.40 −0.50	≥0.7
5.0	±0.40 −0.50	≥0.6	8.0	±0.50 −0.70	≥0.9
5.5	±0.40 −0.50	≥0.7	10.0	±0.50 −0.70	≥1.0

表 2-54　　　　　　　热轧花纹钢板理论计重方法

基本厚度 (mm)	钢板理论质量 W/（kg/m²）			
	菱形	圆豆形	扁豆形	组合形
2.0	17.7	16.1	16.8	16.5
2.5	21.6	20.4	20.7	20.4
3.0	25.9	24.0	24.8	24.5
3.5	29.9	27.9	28.8	28.4
4.0	34.4	31.9	32.8	32.4
4.5	38.3	35.9	36.7	36.4
5.0	42.2	39.8	40.1	40.3
5.5	46.6	43.8	44.9	44.4
6.0	50.5	47.7	48.8	48.4
7.0	58.4	55.6	56.7	56.2
8.0	67.1	63.6	64.9	64.4
10.0	83.2	79.3	80.8	80.27

4. 建筑用压型钢板（GB/T 12755）

建筑用压型钢板用于建筑物维护结构（屋面、墙面）及组合楼盖并独立使用的压型钢板。建筑用压型钢板分为屋面用板、墙面用板与楼盖用板三类。其型号由压型代号（代号 Y）、用途代号（屋面板用 W、墙面板用 Q、楼盖板用 L）与板型特征代号（用波高尺寸与覆盖长度组合表示）三部分组成。

压型钢板典型板型示意如图 2-3（a）所示，压型钢板典型连接构造示意如图 2-3（b）所示。

原板应采用冷轧、热轧板或钢带。压型钢板板型的展开宽度（基板宽度）宜符合 600、1000mm 或 1200mm 系列基本尺寸的要求。常用宽度尺寸宜为 1000mm。

基板与涂层板均可直接辊压成型为压型钢板使用。基板钢材按屈服强度级别宜选用 250 级（MPa）或 350 级（MPa）结构级钢。

工程中墙面压型钢板基板的公称厚度不宜小于 0.5mm，屋面压型钢板基板的公称厚度不宜小于 0.6mm，楼盖压型钢板基板的公称厚度不宜小于 0.8mm。

基板的镀层（锌、铝锌、锌铝）应采用热浸镀方法。

压型钢板用涂层板的涂层类别、性能、质量等技术要求及检验方法均应符合国家标准 GB/T 12754 的规定。

建筑用压型钢板不应采用电镀锌钢板或无任何镀层与涂层的钢板（带）。

组合楼盖用压型钢板应采用热镀锌钢板。

压型钢板长度宜按使用及运输条件妥善确定。

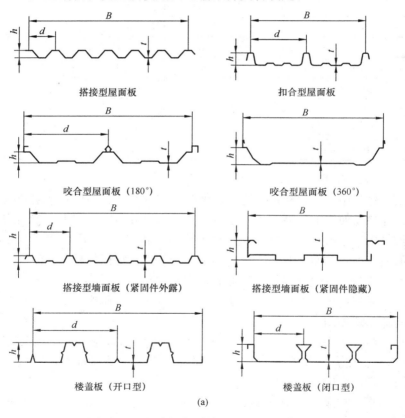

搭接型屋面板

扣合型屋面板

咬合型屋面板（180°）

咬合型屋面板（360°）

搭接型墙面板（紧固件外露）

搭接型墙面板（紧固件隐藏）

楼盖板（开口型）

楼盖板（闭口型）

(a)

图 2-3　压型钢板典型板型及连接构造（一）

（a）压型钢板典型板型

B—板宽；d—波距；h—波高；t—板厚

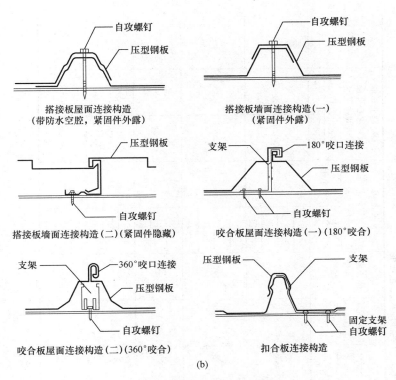

搭接板屋面连接构造
（带防水空腔，紧固件外露）

搭接板墙面连接构造（一）
（紧固件外露）

搭接板墙面连接构造（二）（紧固件隐藏）

咬合板屋面连接构造（一）（180°咬合）

咬合板屋面连接构造（二）（360°咬合）

扣合板连接构造

(b)

图2-3　压型钢板典型板型及连接构造（二）

（b）压型钢板典型连接构造

5. 建筑结构用钢板（GB/T 19879）

适用于制造高层建筑结构、大跨度结构及其他重要建筑结构用厚度为6～100mm的钢板。钢板的牌号由代表屈服强度的汉语拼音字母（Q）、屈服强度数值、代表高性能建筑结构用钢的汉语拼音字母（GJ）、质量等级符号（B、C、D、E）组成，如Q345GJC；对于厚度方向性能钢板，在质量等级后加上厚度方向性能级别（Z15、Z25或Z35），如Q345GJCZ25。钢板的尺寸、外形、质量及允许偏差应符合GB/T 709的规定，厚度负偏差限定为－0.3mm。

钢板的交货状态为热轧、正火、正火轧制、正火＋回火、淬火＋回火或温度—形变控轧控冷。交货状态由供需双方商定，并在合同中注明。钢板的力学性能和工艺性能应符合表2-55的规定。

表2-55　　　　　　　　　钢板的力学性能和工艺性能

牌号	质量等级	屈服强度 R_{eH} (N/mm²) 钢板厚度 (mm)				抗拉强度 R_m (N/mm²)	伸长率 A (%)	冲击功(纵向) AK_v (J) 温度 (℃)	不小于	180°弯曲试验 d=弯心直径 a=试样厚度 钢板厚度 (mm) ≤16	>16	屈强比 ≤
		6~16	>16~35	>35~50	>50~100							
Q235GJ	B	≥235	235~355	225~345	215~335	400~510	≥23	20		$d=2a$	$d=3a$	0.80
	C							0	34			
	D							−20				
	E							−40				
Q345GJ	B	≥345	345~465	335~455	325~445	490~610	≥22	20		$d=2a$	$d=3a$	0.83
	C							0	34			
	D							−20				
	E							−40				
Q390GJ	C	≥390	390~510	380~500	370~490	490~650	≥20	0	34	$d=2a$	$d=3a$	0.85
	D							−20				
	E							−40				
Q420GJ	C	≥420	420~550	410~540	400~530	520~680	≥19	0	34	$d=2a$	$d=3a$	0.85
	D							−20				
	E							−40				
Q460GJ	C	≥460	460~600	450~590	440~580	550~720	≥17	0	34	$d=2a$	$d=3a$	0.85
	D							−20				
	E							−40				

注：
1. 1N/mm²=1MPa。
2. 拉伸试样采用系数为5.65的比例试样。
3. 伸长率按有关标准进行换算时，表中伸长率 $A=17\%$ 与 $A_{50mm}=20\%$ 相当。

6. 连续热镀锌钢板及钢带（GB/T 2518）

连续热镀锌钢带通常按实际质量交货。连续热镀锌钢板通常按理论交货，理论质量的计算方法应符合以下规定：

（1）镀层公称厚度的计算方法。

公称镀层厚度＝[面镀层公称质量之和$(g/m^2)/50(g/m^2)$]×$7.1×10^{-3}(mm)$

连续热镀锌钢板的推荐公称镀层质量见表 2-56。

表 2-56　　　　　连续热镀锌钢板的推荐公称镀层质量

镀层种类	镀层形式	推荐的公称镀层质量（g/m^2）	镀层代号
ZF	等厚镀层	60	60
		90	90
		120	120
		140	140
Z	差厚镀层	30/40	30/40
		40/60	40/60
		40/100	40/100

注　纯锌镀层表示为 Z，锌铁合金镀层表示为 ZF。

（2）钢板理论计重时的质量计算方法按表 2-57 的规定。

表 2-57　　　　连续热镀锌钢板理论计重时的质量计算方法

计算顺序		计算方法	结果的修约
基板的基本质量[kg/$(mm \cdot m^2)$]		7.85（厚度 1mm·面积 1m^2 的质量）	
基板的单位质量（kg/m^2）		基板基本质量[kg/$(mm \cdot m^2)$]×(订货公称厚度－公称镀层厚度)(mm)	修约到有效数字 4 位
镀后的单位质量（kg/m^2）		基板单位质量（kg/m^2）＋公称镀层质量（kg/m^2）	修约到有效数字 4 位
钢板	钢板的面积（m^2）	宽度（mm）×长度（mm）×10^{-4}	修约到有效数字 4 位
	1 块钢板，质量（kg）	镀锌后的单位质量（kg/m^2）×面积（m^2）	修约到有效数字 3 位
	单捆质量（kg）	1 块钢板质量（kg）×1 捆中同规格钢板块数	修约到整数值
	总质量（kg）	各捆质量（kg）相加	修约到整数值

五、钢筋、钢丝及钢丝绳

1. 钢筋混凝土用热轧带肋钢筋（GB 1499.2）

钢筋的公称直径范围为 6～50mm，标准推荐的钢筋公称直径为 6、8、10、12、16、20、25、32、40、50mm。钢筋的类型如图 2-4 所示。公称横截面面积与理论质量见表 2-58。带纵肋的月牙肋钢筋截面尺寸见表 2-59。

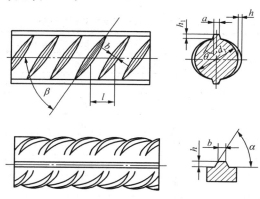

图 2-4　钢筋的类型

α—横肋斜角；θ—纵肋斜角；β—横肋与钢筋轴线夹角；

h—横肋高度；h_1—纵肋高度；

a—纵肋顶距；b—横肋顶宽；l—横肋间距；d_1—钢筋内径

表 2-58　　　　　　公称横截面面积与理论质量

公称直径 （mm）	公称横截面面积 （mm²）	理论质量 （kg/m）	公称直径 （mm）	公称横截面面积 （mm²）	理论质量 （kg/m）
6	28.27	0.222	22	380.1	2.98
8	50.27	0.395	25	490.9	3.85
10	78.54	0.617	28	615.8	4.83
12	113.1	0.888	32	804.2	6.31
14	153.9	1.21	36	1018	7.99
16	201.1	1.58	40	1257	9.87
18	254.5	2.00	50	1964	15.42
20	314.2	2.47			

注　表中理论质量按密度为 7.85g/cm³ 计算。

表 2-59 带纵肋的月牙肋钢筋截面尺寸

公称直径 d (mm)	内径 d_1 (mm)	横肋宽 h (mm)	纵肋高 h_1 (不大于)	横肋宽 b (mm)	纵肋宽 a (mm²)	间距 l (mm)	横肋末端最大间距(公称周长的10%弦长)
6	5.8	0.6	0.8	0.4	1.0	4.0	1.8
8	7.7	0.8	1.1	0.5	1.5	5.5	2.5
10	9.6	1.0	1.3	0.6	1.5	7.0	3.1
12	11.5	1.2	1.6	0.7	1.5	8.0	3.7
14	13.4	1.4	1.8	0.8	1.8	9.0	4.3
16	15.4	1.5	1.9	0.9	1.8	10.0	5.0
18	17.3	1.6	2.0	1.0	2.0	10.0	5.6
20	19.3	1.7	2.1	1.2	2.0	10.0	6.2
22	21.3	1.9	2.4	1.3	2.5	10.5	6.8
25	24.2	2.1	2.6	1.5	2.5	12.5	7.7
28	27.2	2.2	2.7	1.7	3.0	12.5	8.6
32	31.0	2.4	3.0	1.9	3.0	14.0	9.9
36	35.0	2.6	3.2	2.1	3.5	15.0	11.1
40	38.7	2.9	3.5	2.2	3.5	15.0	12.4
50	48.5	3.2	3.8	2.5	4.0	16.0	15.5

注 1. 纵肋斜角 θ 为 $0\sim30°$;

2. 尺寸 a、b 为参考。

2. 钢筋混凝土用热轧光圆钢筋（GB 1499.1)

适用于钢筋混凝土用热轧直条、盘卷光圆钢筋，不适用于由成品钢材再次轧制成的再生钢筋。

热轧光圆钢筋是经热轧成型，横截面通常为圆形，表面光滑的成品钢筋。钢筋按屈服强度特征值分为 235、300 级。钢筋的公称直径范围为 6~22mm，标准推荐的钢筋公称直径为 6、8、10、12、16、20mm。公称横截面面积与公称质量见表 2-60。力学、工艺性能见表 2-61。

表 2-60　　　　　　　　　　钢筋公称横截面面积与公称质量

公称直径 (mm)	公称横截面面积 (mm²)	公称质量 (kg/m)	公称直径 (mm)	公称横截面面积 (mm²)	公称质量 (kg/m)
6(6.5)	28.27(33.18)	0.222(0.260)	16	201.1	1.58
8	50.27	0.395	18	254.5	2.00
10	78.54	0.617	20	314.2	2.47
12	113.1	0.888	22	380.1	2.98
14	153.9	1.21			

注 表中理论质量按密度为 $7.85g/cm^3$ 计算。公称直径 6.5mm 的产品为过渡性产品。

表 2-61　　　　　　　　　　力学、工艺性能

牌号	屈服强度 R_{eL} (MPa) 不小于	抗拉强度 R_m (MPa) 不小于	伸长率 A (%)	最大力总伸长率 A_{gt} (%)	冷弯 180° (d—弯心直径；a—钢筋公称直径)
HPB235	235	370	25.0	10.0	$d=a$
HPB300	300	420			$d=a$

3. **钢筋混凝土用余热处理钢筋**（GB 13014）

钢筋混凝土用余热处理钢筋是热轧后立即穿水，进行表面控制冷却，然后利用芯部余热自身完成回火处理所得的成品钢筋。

余热处理带肋钢筋的级别为 Ⅲ 级，强度等级代号为 KL400（其中，K 为"控制"的汉语拼音字头）。

钢筋的公称直径范围为 8～40mm，标准推荐的钢筋公称直径为 6、8、10、12、16、20、25、32、40mm。钢筋按直条交货时，其通常长度为 3.5～12m。其中，长度为 3.5m 至小于 6m 之间的钢筋不应超过每批的 3%。带肋钢筋以盘卷钢筋交货时每盘应是一整条钢筋，其盘重及盘径应由供需双方协商。

月牙肋钢筋的表面及截面形状如图 2-5 所示，截面尺寸见表 2-62。公称横截面面积与理论质量见表 2-63。力学和工艺性能见表 2-64。

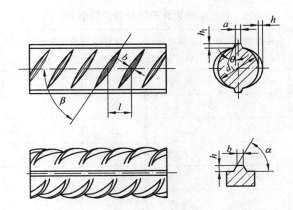

图 2-5　月牙肋钢筋表面及截面形状

表 2-62　　　　　　　　　　月牙肋钢筋截面尺寸　　　　　　　　　　mm

公称 直径	内径 d	横肋高 h	纵肋高 h_1	横肋宽 b	纵肋宽 a	间距 l	横肋末端最大间距 (公称周长的10%弦长)
8	7.7	0.8	0.8	0.5	1.5	5.5	2.5
10	9.6	1.0	1.0	0.6	1.5	7.0	3.1
12	11.5	1.2	1.2	0.7	1.5	8.0	3.7
14	13.4	1.4	1.4	0.8	1.8	9.0	4.3
16	15.4	1.5	1.5	0.9	1.8	10.0	5.0
18	17.3	1.6	1.6	1.0	2.0	10.0	5.6
20	19.3	1.7	1.7	1.2	2.0	10.0	6.2
22	21.3	1.9	1.9	1.3	2.5	10.5	6.8
25	24.2	2.1	2.1	1.5	2.5	12.5	7.7
28	27.2	2.2	2.2	1.7	3.0	12.5	8.6
32	31.0	2.4	2.4	1.9	3.0	14.0	9.9
36	35.0	2.6	2.6	2.1	3.5	15.0	11.1
40	38.7	2.9	2.9	2.2	3.5	15.0	12.4

注　1. 纵肋斜 θ 角为 0°～30°。
　　2. 尺寸 a、b 为参考。

表 2-63

公称横截面面积与理论质量

公称直径 (mm)	公称横截面面积 (mm²)	公称质量 (kg/m)	公称直径 (mm)	公称横截面面积 (mm²)	公称质量 (kg/m)
8	50.27	0.395	22	380.1	2.98
10	78.54	0.617	25	490.9	3.85
12	113.1	0.888	28	615.8	4.83
14	153.9	1.21	32	804.2	6.31
16	201.1	1.58	36	1018	7.99
18	254.5	2.00	40	1257	9.87
20	314.2	2.47			

注 表中公称质量按密度为 7.85g/cm³ 计算。

表 2-64　　　　　　　　**力学和工艺性能**

表面形状	钢筋级别	强度等级代号	公称直径 (mm)	屈服点 σ_s(MPa)	抗拉强度 σ_b(MPa)	伸长率 δ_5(%)	冷弯 (d—弯芯直径； a—钢筋公称直径)
				不小于			
月牙肋	Ⅲ	KL400	8～25 28～40	440	600	14	$90°d=3a$ $90°d=4a$

4. 冷轧带肋钢筋（GB 13788）

冷轧带肋钢筋是热轧圆盘条经冷轧后，在其表面带有沿长度方向均匀分布的三面或二面横肋的钢筋。

冷轧带肋钢筋的牌号由 CRB 和钢筋的抗拉强度最小值构成。C、R、B 分别为冷轧（coldrolled）、带肋（Ribbed）、钢筋（Bar）三个词的英文首位字母。冷轧带肋钢筋分为 CRB550、CRB650、CRB800、CRB970 四个牌号。CRB550 为普通钢筋混凝土用钢筋，其他牌号为预应力混凝土用钢筋。

CRB550 钢筋的公称直径范围为 4～12mm，CRB650 以上牌号钢筋的公称直径为 4、5、6mm。

钢筋通常按盘卷交货，CRB550 钢筋也可按直条交货。钢筋按直条交货时，其长度及允许偏差按供需双方协商确定。

三面肋和二面肋钢筋的表面及截面形状如图 2-6（a）和（b）所示，尺寸和质量见表 2-65。冷轧带肋钢筋的力学性能见表 2-66。

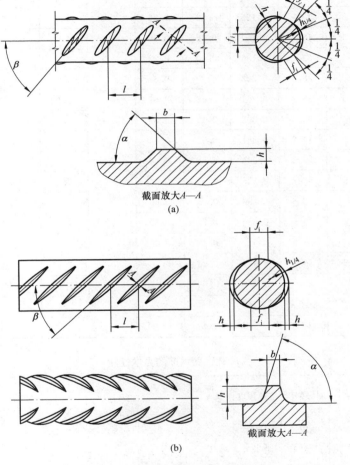

截面放大 A—A

(a)

截面放大 A—A

(b)

图 2-6　钢筋表面及截面形状

（a）三面肋钢筋表面及截面形状；（b）二面肋钢筋表面及截面形状

α—横肋斜角；β—横肋与钢筋轴线夹角；h—横肋中点高；l—横肋间距；

b—横肋顶宽；f_i—横肋间隙

表 2-65

三面肋和二面肋钢筋的尺寸和质量

公称直径 d (mm)	公称横截面积 (mm^2)	理论质量 (kg/m)	横肋中点高 h (mm)	横肋 1/4 处高 $h_1/4$ (mm)	横肋顶宽 b (mm)	横肋间距 l (mm)	相对肋面积 f_τ 不小于
4	12.6	0.099	0.30	0.24		4.0	0.036
4.5	15.9	0.125	0.32	0.26		4.0	0.039
5	19.6	0.154	0.32	0.26		4.0	0.039
5.5	23.7	0.186	0.40	0.32		5.0	0.039
6	28.3	0.222	0.40	0.32		5.0	0.039
6.5	33.2	0.261	0.46	0.37		5.0	0.045
7	38.5	0.302	0.46	0.37		5.0	0.045
7.5	44.2	0.347	0.55	0.44		6.0	0.045
8	50.3	0.395	0.55	0.44	~0.2d	6.0	0.045
8.5	56.7	0.445	0.55	0.44		7.0	0.045
9	63.6	0.499	0.75	0.60		7.0	0.052
9.5	70.8	0.556	0.75	0.60		7.0	0.052
10	78.5	0.617	0.75	0.60		7.0	0.052
10.5	86.5	0.679	0.75	0.60		7.4	0.052
11	95.0	0.746	0.85	0.68		7.4	0.056
11.5	103.8	0.815	0.95	0.76		8.4	0.056
12	113.1	0.888	0.95	0.76		8.4	0.056

表 2-66　　　　　　冷轧带肋钢筋的力学性能

牌号	屈服强度 $R_{P0.2}$ (MPa) 不小于	抗拉强度 R_m (MPa) 不小于	伸长率（%）不长于		弯曲试验 180°	反复弯曲次数	应力松弛初始应力应相当于公称抗拉强度的 70% 1000h 松弛率（%）不大于
			$A_{11.3}$	A_{100}			
CRB550	500	550	8.0	—	$D=3d$	—	—
CRB650	585	650		4.0		3	8
CRB800	720	800		4.0		3	8
CRB970	875	970		4.0		3	8

注　表中 D 为弯心直径，d 为钢筋公称直径。

5. 冷轧扭钢筋（JG 190）

冷轧扭钢筋是低碳钢热轧圆盘条经专用钢筋冷轧扭机调直、冷轧并冷扭（或冷滚）一次成型具有规定截面形式和相应节距的连续螺旋状钢筋。冷轧扭钢筋形状及截面控制尺寸如图 2-7 所示。

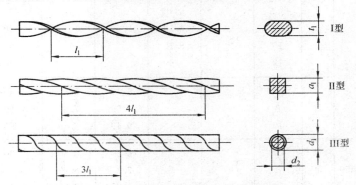

图 2-7 冷轧扭钢筋形状及截面控制尺寸

冷轧扭钢筋按其截面形状不同，分为近似矩形截面为 I 型；近似正方形截面为 II 型；近似圆形截面为 III 型三种类型。

冷轧扭钢筋按其强度级别不同，分为 550 级、650 级二级。

生产冷轧扭钢筋的原材料应选用符合 GB/T 701 规定的低碳钢热轧圆盘条。采用低碳钢的牌号应为 Q235 或 Q215。当采用 Q215 牌号时，其碳的含量不应低于 0.12%。

冷轧扭钢筋截面控制尺寸、节距见表 2-67，公称横截面面积和理论质量见表 2-68，力学性能和工艺性能指标见表 2-69。

对于 550 级 I、II 和 III 型冷轧钢筋均应以冷加工状态直条交货；对于 650 级 III 型钢筋，可采用冷加工状态盘条交货。

表 2-67   **截面控制尺寸、节距**

强度级别	型号	标志直径 d (mm)	截面控制尺寸（mm）不小于				节距 l_1 (mm) 不大于
			轧扁厚度 (t_1)	正方形边长 (a_1)	外圆直径 (d_1)	内圆直径 (d_2)	
CTB550	I	6.5 8 10 12	3.7 4.2 5.3 6.2	— 	— 	— 	75 95 110 150

第二章 钢铁材料   279

强度级别	型号	标志直径 d (mm)	截面控制尺寸（mm）不小于				节距 l_1 (mm) 不大于
			轧扁厚度 (t_1)	正方形边长 (a_1)	外圆直径 (d_1)	内圆直径 (d_2)	
CTB550	Ⅱ	6.5	—	5.40	—	—	30
		8		6.50			40
		10		8.10			50
		12		9.60			80
	Ⅲ	6.5	—	—	6.17	5.67	40
		8			7.59	7.09	60
		10			9.49	8.89	70
CTB650	Ⅲ	6.5	—	—	6.00	5.50	30
		8			7.38	6.88	50
		10			9.22	8.67	70

表 2-68　　　　　公称横截面面积和理论质量

强度级别	型号	标志直径 d (mm)	公称横截面面积 A_s (mm²)	理论质量 (kg/m)
CTB550	Ⅰ	6.5	29.50	0.232
		8	45.30	0.356
		10	68.30	0.536
		12	96.14	0.755
	Ⅱ	6.5	29.20	0.229
		8	42.30	0.332
		10	66.10	0.519
		12	92.74	0.728
	Ⅲ	6.5	29.86	0.234
		8	45.2d	0.355
		10	70.69	0.555
CTB650	Ⅲ	6.5	28.20	0.221
		8	42.73	0.335
		10	66.76	0.524

强度级别	型号	抗拉强度 R_m (N/mm^2)	拉断伸长率 A (%)	180°弯曲试验 (弯心直径=3d)	应力松弛率（%） （当 $\sigma_{con}=0.7f_{ptk}$）	
					10h	1000h
CTB550	I	≥550	$A_{11.3}$≥4.5	受弯曲部位钢筋 表面不得 产生裂纹	—	—
	II	≥550	A≥10		—	—
	III	≥550	A≥12		—	—
CTB650	III	≥650	A_{100}≥4		≤5	≤8

注 1. d 为冷轧扭钢筋标志直径。

2. A、$A_{11.3}$ 分别表示以标距 $5.65\sqrt{S_0}$ 或 $11.3\sqrt{S_0}$（S_0 为试样原始截面面积）的试样拉断伸长率，A_{100} 表示标距为 100mm 的试样拉断伸长率。

3. σ_{con} 为预应力钢筋张拉控制应力；f_{ptk} 为预应力冷轧扭钢筋抗拉强度标准值。

6. 预应力混凝土用钢棒（GB/T 5223.3）

预应力混凝土用钢棒为用低合金钢热轧圆盘条经冷加工后（或不经冷加工）淬火和回火所得。预应力混凝土用钢棒按表面形状分为光圆钢棒、螺旋槽钢棒、螺旋肋钢棒、带肋钢棒四种。代号及意义见表 2-70。钢棒的公称直径、横截面积、质量及性能符合表 2-71 的规定。

螺旋槽钢棒的外形尺寸见表 2-72；螺旋肋钢棒的外形尺寸见表 2-73；有纵肋带肋钢棒的外形尺寸见表 2-74；无纵肋带肋钢棒的外形尺寸见表 2-75。

产品可以盘卷或直条交货。

表 2-70   代号及意义

代 号	意 义	代 号	意 义
PCB	预应力混凝土用钢棒	R	带肋钢棒
P	光圆钢棒	N	普通松弛
HG	螺旋槽钢棒	L	低松弛
HR	螺旋肋钢棒		

表2-71

钢棒的公称直径、横截面积、质量及性能

表面形状类型	公称直径 D_n (mm)	公称横截面积 S_n (mm²)	横截面积 S (mm²) 最小	最大	每米参考质量 (g/m)	抗拉强度 R_m 不小于 (MPa)	规定非比例延伸强度 $R_{p0.2}$ 不小于 (MPa)	弯曲性能 性能要求	弯曲半径 (mm)
光圆	6	28.3	26.8	29.0	222			反复弯曲不小于 4次/180°	15
	7	38.5	36.3	39.5	302				20
	8	50.3	47.5	51.5	394				20
	10	78.5	74.1	80.4	616				25
	11	95.0	93.1	97.4	746	对所有规格钢棒	对所有规格钢棒	弯曲 160°~180° 后弯曲处无裂纹	弯芯直径为钢棒公称直径的 10 倍
	12	113	106.8	115.8	887	1080	930		
	13	133	130.3	136.3	1044	1230	1080		
	14	154	145.6	157.8	1209	1420	1280		
	16	201	190.2	206.0	1578	1570	1420		
螺旋槽	7.1	40	39.0	41.7	314				
	9	64	62.4	66.5	502				
	10.7	90	87.5	93.6	707				
	12.6	125	121.5	129.9	981				

表面形状类型	公称直径 D_n (mm)	公称横截面积 S_n (mm²)	横截面积 S (mm²) 最小	最大	每米参考质量 (g/m)	抗拉强度 R_m 不小于 (MPa)	规定非比例延伸强度 $R_{p0.2}$ 不小于 (MPa)	弯曲性能 性能要求	弯曲半径 (mm)
螺旋肋	6	28.3	26.8	29.0	222	对所有规格钢棒 1080	对所有规格钢棒 930	反复弯曲 不小于 4次/180°	15
	7	38.5	36.3	39.5	302	1230	1080		20
	8	50.3	47.5	51.5	394	1420	1280		20
	10	78.5	74.1	80.4	616	1570	1420		25
	12	113	106.8	115.8	888				
	14	154	145.6	157.8	1209				
带肋	6	28.3	26.8	29.0	222			弯曲 160°~180° 后弯曲处无裂纹	弯芯直径为钢棒公称直径的 10 倍
	8	50.3	47.5	51.5	394				
	10	78.5	74.1	80.4	616				
	12	113	106.8	115.8	887				
	14	154	145.6	157.8	1209				
	16	201	190.2	206.0	1578				

| 表 2-72 | 螺旋槽钢棒的尺寸 | | | | mm |

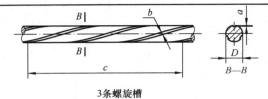

3条螺旋槽

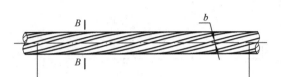

6条螺旋槽

| 公称直径 | 螺旋槽数量 | 外轮廓直径 | 螺旋槽尺寸 | | 导程 |
D_n	（条）	D	深度 a	宽度 b	
7.1	3	7.25	0.20	1.70	
9	6	9.15	0.30	1.50	公称直径的10倍
10.7	6	11.10	0.30	2.00	
12.6	6	13.10	0.45	2.20	

| 表 2-73 | 螺旋肋钢棒的外形尺寸 | | | | mm |

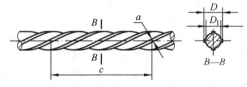

| 公称直径 | 螺旋肋数量 | 基圆直径 | 外轮廓直径 | 单肋宽度 | 螺旋肋导程 |
D_n	（条）	D_1	D	a	c
6	4	5.80	6.30	2.20～2.60	40～50
7	4	6.73	7.46	2.60～3.00	50～60
8	4	7.75	8.45	3.00～3.40	60～70
10	4	9.75	10.45	3.60～4.20	70～85
12	4	11.70	12.50	4.20～5.00	85～100
14	4	13.75	14.40	5.00～5.80	100～115

表 2-74 　　　　　　　　有纵肋带肋钢棒的外形尺寸 　　　　　　　　　　　mm

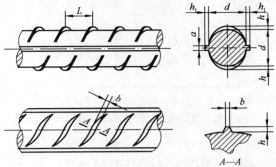

公称直径 D_n	内径 d	横肋高 h	纵肋高 h_1	横肋宽 b	纵肋宽 a	间距 L	横肋末端最大间隙（公称周长的10%弦长）
6	5.8	0.5	0.6	0.4	1.0	4	1.8
8	7.7	0.7	0.8	0.6	1.2	5.5	2.5
10	9.6	1.0	1.0	1.0	1.5	7	3.1
12	11.5	1.2	1.2	1.2	1.5	8	3.7
14	13.4	1.4	1.4	1.2	1.8	9	4.3
16	15.4	1.5	1.5	1.2	1.8	10	5.0

注　1. 钢棒的横截面积、每米参考质量应参照表 2-70 中相应规格对应的数值。
　　2. 公称直径是指横截面积等同于光圆钢棒横截面积时所对应的直径。
　　3. 纵肋斜角 θ 为 0～30°。
　　4. 尺寸 a、b 为参考数据。

表 2-75 　　　　　　　　无纵肋带肋钢棒的外形尺寸 　　　　　　　　　　mm

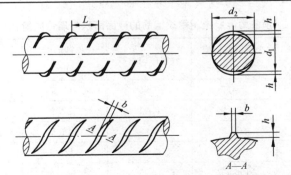

公称直径 D_n	垂直内径 d_1	水平内径 d_2	横肋高 h	横肋宽 b	间距 L
6	5.7	6.2	0.5	0.4	4
8	7.5	8.3	0.7	0.6	5.5

公称直径 D_n	垂直内径 d_1	水平内径 d_2	横肋高 h	横肋宽 b	间距 L
10	9.4	10.3	1.0	1.0	7
12	11.3	12.3	1.2	1.2	8
14	13	14.3	1.4	1.2	9
16	15	16.3	1.5	1.2	10

注　1. 钢棒的横截面积、每米参考质量应参照表 2-70 中相应规格对应的数值。

　　2. 公称直径是指横截面积等同于光圆钢棒横截面积时所对应的直径。

　　3. 尺寸 b 为参考数据。

7. 预应力混凝土用螺纹钢筋（GB 1499.1）

本标准定义的螺纹钢筋是一种热轧成带有不连续的外螺纹的直条钢筋，该钢筋在任意截面处，均可用带有匹配形状的内螺纹的连接器或锚具进行连接或锚固。

预应力混凝土用螺纹钢筋以屈服强度划分级别，其代号为 PSB 加上规定屈服强度最小值表示。P、S、B 分别为 Prestressing、Screw、Bars 的英文首位字母。例如：PSB830 表示屈服强度最小值为 830MPa 的钢筋。

钢筋的公称直径范围为 18～50mm，本标准推荐的钢筋公称直径为 25、32mm。可根据用户要求提供其他规格的钢筋。

钢筋的公称截面面积与理论重量见表 2-76。

表 2-76　预应力混凝土用螺纹钢筋的截面面积与理论质量

公称直径 （mm）	公称截面面积 （mm^2）	有效截面系数	理论截面面积 （mm^2）	公称质量 （kg/m）
18	254.5	0.95	267.9	2.11
25	490.9	0.94	522.2	4.10
32	804.2	0.95	846.5	6.65
40	1256.6	0.95	1322.7	10.34
50	1963.5	0.95	2066.8	16.28

钢筋外形采用螺纹状无纵肋且钢筋两侧螺纹在同一螺旋线上，其外形如图 2-8 所示。

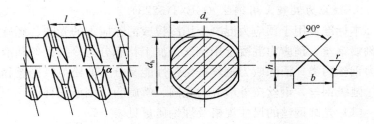

图 2-8　钢筋表面及截面形状

d_h—基圆直径；d_v—基圆直径；h—螺纹高；

b—螺纹度宽；l—螺距；r—螺纹根弧；α—导角

　　钢筋外形尺寸应符合表 2-77 的规定。钢筋通常按定尺长度交货，具体交货长度应在合同中注明。可按需方要求长度进行锯切再加工。

　　钢筋的熔炼分析中，硫、磷含量不大于 0.035%。生产厂应进行化学成分和合金元素的选择，以保证经过不同方法加工的成品钢筋能满足表 2-78 规定的力学性能要求。

表 2-77　　　　　　　　钢筋外形尺寸　　　　　　　　mm

公称直径	基圆直径		螺纹高	螺纹底宽	螺距	螺纹根弧	导角
	d_h	d_v	h	b	l	r	α
18	18.0	18.0	1.2	4.0	9.0	1.0	80°42′
25	25.0	25.0	1.6	6.0	12.0	1.5	81°19′
32	32.0	32.0	2.0	7.0	16.0	2.0	80°40′
40	40.0	40.0	2.5	8.0	20.0	2.5	80°29′
50	50.0	50.0	3.0	9.0	24.0	2.5	81°19′

表 2-78　　　　　　　　钢筋的力学性能

级别	屈服强度 R_{eL}(MPa)	抗拉强度 R_m(MPa)	拉断伸长率 A(%)	最大力下总伸长率 A_{gt}(%)	应力松弛性能	
					初始应力	1000h 后应力松弛率 V_r(%)
	不小于					
PSB785	785	980	7	3.5	$0.8R_{eL}$	≤3
PSB830	830	1030	6			
PSB930	930	1080	6			
PSB1080	1080	1230	6			

　　注　无明显屈服时，用规定非比例延伸强度（$R_{p0.2}$）代替。

8. 预应力混凝土用钢丝（GB/T 5223）

本标准适用于预应力混凝土用冷拉或消除应力的光圆、螺旋肋和刻痕钢丝。预应力混凝土用钢丝按加工状态分为冷拉钢丝和消除应力钢丝两类。消除应力钢丝按松弛性能又分为低松弛级钢丝和普通松弛级钢丝，钢丝按外形分为光圆、螺旋肋、刻痕三种。

（1）光圆钢丝的尺寸规格及理论质量见表 2-79。

表 2-79　　　　　光圆钢丝的尺寸规格及理论质量

公称直径 D_n (mm)	直径允许偏差 (mm)	公称横截面积 S_n (mm²)	参考质量 (g/m)
3.00	±0.04	7.07	55.5
4.00		12.57	98.6
5.00	±0.05	19.63	154
6.00		28.27	222
6.25		30.68	241
7.00		38.48	302
8.00	±0.06	50.26	394
9.00		63.62	499
10.00		78.54	616
12.00		113.1	888

注　每盘钢丝由一根组成，其盘重不小于 500kg，允许有 10% 的盘数小于 500kg 但不小于 100kg。

（2）螺旋肋钢丝的尺寸规格及理论质量见表 2-80。

表 2-80　　　　　螺旋肋钢丝的尺寸规格及理论质量

公称直径 D_n (mm)	螺旋肋数量 (条)	基圆直径 D_1 (mm)	外轮廓直径 D (mm)	单肋宽度 a (mm)	螺旋肋导程 C (mm)
4.00	4	3.85	4.25	0.90～1.30	24～30
4.80	4	4.60	5.10	1.30～1.70	28～36
5.00	4	4.80	5.30		

公称直径 D_n（mm）	螺旋肋数量（条）	基圆直径 D_1（mm）	外轮廓直径 D（mm）	单肋宽度 a（mm）	螺旋肋导程 C（mm）
6.00	4	5.80	6.30	1.60～2.00	30～38
6.25	4	6.00	6.70		30～40
7.00	4	6.73	7.46	1.80～2.20	35～45
8.00	4	7.75	8.45	2.00～2.40	40～50
9.00	4	8.75	9.45	2.10～2.70	42～52
10.00	4	9.75	10.45	2.50～3.00	45～58

注 钢丝的公称横截面积、每米参考质量与光圆钢丝相同。

（3）三面刻痕钢丝的尺寸规格及理论质量见表 2-81。

表 2-81　　　　　　三面刻痕钢丝的尺寸规格及理论质量

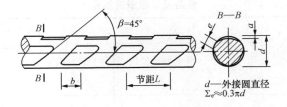

公称直径 D_n（mm）	刻痕深度 a（mm）	刻痕长度 b（mm）	节距 L（mm）
≤5.00	0.12	3.5	5.5
＞5.00	0.15	5.0	8.0

注 1. 公称直径指横截面积等同于光圆钢丝横截面积时所对应的直径。

　　2. 钢丝的横截面积、每米参考质量与光圆钢丝相同。三条痕中的其中一条倾斜方向与其他两条相反。

9. 一般用途低碳钢丝（YB/T 5294）

冷拉钢丝也称光面钢丝，主要用于轻工和建筑行业，如制钉、制作钢筋、焊接骨架、焊接网、水泥船织网、小五金等。退火钢丝又称黑铁丝，主要用于一般捆扎、牵拉、纺织以及经镀锌制成镀锌低碳钢丝。镀锌钢丝也称铅丝，适用于需耐腐蚀的捆绑、牵拉、纺织等用途。

（1）一般用途低碳钢丝的分类见表 2-82。

表 2-82　　　　　　　　　一般用途低碳钢丝的分类

按交货状态分	代号	按用途分
冷拉钢丝	WCD	Ⅰ类：普通用
退火钢丝	TA	Ⅱ类：制钉用
镀锌钢丝	SZ	Ⅲ类：建筑用

（2）捆重。一般用途低碳钢丝的直径、每捆钢丝的质量、根数及单根最低质量见表 2-83。

表 2-83　　　　　一般用途低碳钢丝的直径、每捆钢丝的质量、
　　　　　　　　　　　根数及单根最低质量

钢丝直径 (mm)	标 准 捆			非标准捆最低质量 (kg)
	捆重（kg）	每捆根数不多于	单根最低质量 (kg)	
≤0.30	5	6	0.5	0.5
>0.30~0.50	10	5	1	1
>0.50~1.00	25	4	2	2
>1.00~1.20	25	3	3	3
>1.20~3.00	50	3	4	4
>3.00~4.50	50	3	6	10
>4.50~6.00	50	2	6	12

（3）力学性能。钢丝的力学性能见表 2-84。

表2-84

钢丝的力学性能

公称直径 (mm)	抗拉强度 R_m (MPa)					180°弯曲试验 (次)			拉断伸长率 A (%) (标距100mm)		
	冷拉普通钢丝	制钉用钢丝	建筑用钢丝	退火钢丝	镀锌钢丝①	冷拉普通用钢丝	建筑用钢丝	建筑用钢丝	建筑用钢丝	建筑用钢丝	镀锌钢丝
≤0.30	≤980	—	—			见 YB/5294—2009中 6.2.3	—	—	—	—	
>0.30~0.80	≤980	—	—				—	—	—	—	≥10
>0.80~1.20	≤980	880~1320	—				—	—	—	—	
>1.20~1.80	≤1060	785~1220	—	295~540	295~540	≥6	—	—	—	—	
>1.80~2.50	≤1010	735~1170	—				—	—	—	—	
>2.50~3.50	≤960	685~1120	≥550			≥4	≥4	≥2	≥4	≥2	≥12
>3.50~5.00	≤890	590~1030	≥550								
>5.00~6.00	≤790	540~930	≥550			—					
>6.00	≤690	—	—								

① 对于先镀后拉的镀锌钢丝的力学性能按冷拉钢丝的力学性能执行。

10. 预应力混凝土用钢绞线（GB/T 5224）

本标准适用于由冷拉光圆钢丝及刻痕钢丝捻制的用于预应力混凝土结构的钢绞线。预应力混凝土用钢绞线按结构分为5类：用2根钢丝捻制的钢绞线（代号1×2）、用3根钢丝捻制的钢绞线（代号1×3）、用3根刻痕钢丝捻制的钢绞线（代号1×3I）、用7根钢丝捻制的标准型钢绞线（代号1×7）、用7根钢丝捻制又经模拔的钢绞线［代号（1×7）C］。

1×2结构钢绞线的尺寸、每米参考质量应符合表2-85的规定，力学性能应符合表2-86的规定；1×3结构钢绞线尺寸、每米参考质量应符合表2-87的规定，力学性能应符合表2-88的规定；1×7结构钢绞线尺寸、每米参考质量应符合表2-89的规定，力学性能应符合表2-90的规定。

制造钢绞线用钢由供方根据产品规格和力学性能确定。牌号和化学成分应符合YB/T146或YB/T170的规定，也可采用其他的牌号制造。成分不作为交货条件。

表 2-85　　　　　　　1×2结构钢绞线的尺寸、每米参考质量

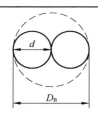

1×2结构钢绞线外形示意图

钢绞线结构	公称直径		钢绞线参考截面积 S_n（mm²）	钢绞线参考质量（g/m）
	钢绞线直径 D_n（mm）	钢丝直径 d（mm）		
1×2	5.00	2.50	9.82	77.1
	5.80	2.90	13.2	104
	8.00	4.00	25.1	197
	10.00	5.00	39.3	309
	12.00	6.00	56.5	444

表 2-86   1×2 结构钢绞线力学性能

钢绞线结构	钢绞线公称直径 D_n (mm)	抗拉强度 R_m (MPa) $\geqslant$	整根钢绞线的最大力 F_m (kN) $\geqslant$	规定非比例延伸力 $F_{p0.2}$ (kN) $\geqslant$	最大力总伸长率 ($L_0 \geqslant$ 400mm) A_{gt} (%) $\geqslant$	应力松弛性能	
						初始负荷相当于公称最大力的百分数 (%)	1000h后应力松弛率 r (%) $\leqslant$
1×2	5.00	1570	15.4	13.9	对所有规格 3.5	对所有规格 60 70 80	对所有规格 1.0 2.5 4.5
		1720	16.9	15.2			
		1860	18.3	16.5			
		1960	19.2	17.3			
	5.80	1570	20.7	18.6			
		1720	22.7	20.4			
		1860	24.6	22.1			
		1960	25.9	23.3			
	8.00	1470	36.9	33.2			
		1570	39.4	35.5			
		1720	43.2	38.9			
		1860	46.7	42.0			
		1960	49.2	44.3			
	10.00	1470	57.8	52.0			
		1570	61.7	55.5			
		1720	67.6	60.8			
		1860	73.1	65.8			
		1960	77.0	69.3			
	12.00	1470	83.1	74.8			
		1570	88.7	79.8			
		1720	97.2	87.5			
		1860	105	94.5			

注 规定非比例延伸力 $F_{p0.2}$ 值不小于整根钢绞线公称最大力 F_m 的 90%。

表 2-87　　　　　　1×3 结构钢绞线的尺寸、每米参考质量

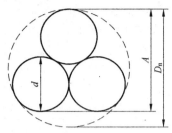

1×3 结构钢绞线外形示意图

钢绞线结构	公称直径		钢绞线测量尺寸 A（mm）	钢绞线参考截面积 S_n（mm^2）	钢绞线参考质量（g/m）
	钢绞线直径 D_n（mm）	钢丝直径 d（mm）			
1×3	6.20	2.90	5.41	19.8	155
	6.50	3.00	5.60	21.2	166
	8.60	4.00	7.46	37.7	296
	8.74	4.05	7.56	38.6	303
	10.80	5.00	9.33	58.9	462
	12.90	6.00	11.2	84.8	666
1×3I	8.74	4.05	7.56	38.6	303

表 2-88　　　　　　1×3 结构钢绞线力学性能

钢绞线结构	钢绞线公称直径 D_n（mm）	抗拉强度 R_m（MPa）$\geqslant$	整根钢绞线的最大力 F_m（kN）$\geqslant$	规定非比例延伸力 $F_{p0.2}$（kN）$\geqslant$	最大力总伸长率（$L_0 \geqslant$ 400mm）A_{gt}（%）$\geqslant$	应力松弛性能	
						初始负荷相当于公称最大力的百分数（%）	1000h 后应力松弛率 r（%）$\leqslant$
1×3	6.20	1570	31.1	28.0	对所有规格	对所有规格	对所有规格
		1720	34.1	30.7			
		1860	36.8	33.1			
		1960	38.8	34.9			

钢绞线结构	钢绞线公称直径 D_n（mm）	抗拉强度 R_m（MPa）$\geqslant$	整根钢绞线的最大力 F_m（kN）$\geqslant$	规定非比例延伸力 $F_{p0.2}$（kN）$\geqslant$	最大力总伸长率（$L_0 \geqslant$ 400mm）A_{gt}（%）$\geqslant$	应力松弛性能	
						初始负荷相当于公称最大力的百分数（%）	1000h后应力松弛率 r（%）$\leqslant$
1×3	6.50	1570	33.3	30.0	对所有规格	对所有规格	对所有规格
		1720	36.5	32.9			
		1860	39.4	35.5			
		1960	41.6	37.4			
	8.60	1470	55.4	49.9			
		1570	59.2	53.3			
		1720	64.8	58.3			
		1860	70.1	63.1			
		1960	73.9	66.5			
	8.74	1570	60.6	54.5		60	1.0
		1670	64.5	58.1			
		1860	71.8	64.6			
	10.80	1470	86.6	77.9		70	2.5
		1570	92.5	83.3			
		1720	101	90.9			
		1860	110	99.0			
		1960	115	104		80	4.5
	12.90	1470	125	113	3.5		
		1570	133	120			
		1720	146	131			
		1860	158	142			
		1960	166	149			
1×3I	8.74	1570	60.6	54.5			
		1670	64.5	58.1			
		1860	71.8	64.6			

注　规定非比例延伸力 $F_{p0.2}$ 值不小于整根钢绞线公称最大力 F_m 的 90%。

表 2-89　　　　**1×7 结构钢绞线的尺寸、每米参考质量**

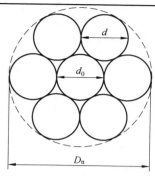

1×7 结构钢绞线外形示意图

钢绞线结构	公称直径 D_n （mm）	钢绞线参考截面积 S_n （mm²）	钢绞线参考质量 （g/m）	中心钢丝直径 d_0 加大范围（%）$\geqslant$
	9.50	54.8	430	
	11.10	74.2	582	
1×7	12.70	98.7	775	
	15.20	140	1101	
	15.70	150	1178	2.5
	17.80	191	1500	
	12.70	112	890	
(1×7) C	15.20	165	1295	
	18.00	223	1750	

表 2-90　　　　**1×7 结构钢绞线力学性能**

钢绞线结构	钢绞线公称直径 D_n （mm）	抗拉强度 R_m （MPa）$\geqslant$	整根钢绞线的最大力 F_m （kN）$\geqslant$	规定非比例延伸力 $F_{p0.2}$ （kN）$\geqslant$	最大力总伸长率 （$L_0 \geqslant$ 400mm） A_{gt} （%）$\geqslant$	应力松弛性能	
						初始负荷相当于公称最大力的百分数 （%）	1000h 后应力松弛率 r （%）$\leqslant$
		1720	94.3	84.9			
1×7	9.50	1860	102	91.8	对所有规格	对所有规格	对所有规格
		1960	107	96.3			

钢绞线结构	钢绞线公称直径 D_n（mm）	抗拉强度 R_m（MPa）≥	整根钢绞线的最大力 F_m（kN）≥	规定非比例延伸力 $F_{p0.2}$（kN）≥	最大力总伸长率（$L_0 \geq$ 400mm）A_{gt}（%）≥	应力松弛性能	
						初始负荷相当于公称最大力的百分数（%）	1000h后应力松弛率 r（%）≤
1×7	11.10	1720	128	115	3.5	对所有规格 60 70 80	对所有规格 1.0 2.5 4.5
		1860	138	124			
		1960	145	131			
	12.70	1720	170	153			
		1860	184	166			
		1960	193	174			
	15.20	1470	206	185			
		1570	220	198			
		1670	234	211			
		1720	241	217			
		1860	260	234			
		1960	274	247			
	15.70	1770	266	239			
		1860	279	251			
	17.80	1720	327	294			
		1860	353	318			
(1×7)C	12.70	1860	208	187			
	15.20	1820	300	270			
	18.00	1720	384	346			

注 规定非比例延伸力 $F_{p0.2}$ 值不小于整根钢绞线公称最大力 F_m 的 90%。

六、钢管

1. 流体输送用不锈钢无缝钢管（GB/T 14976）

流体输送用不锈钢无缝钢管主要用于输送流体的耐腐蚀管道。

按制造方法分热轧（挤、扩）钢管和冷拔（轧）钢管。需方要求某一种制造方法的钢管时，应在合同中注明。

交货状态：钢管经热皂皂处理并酸洗送货。凡经整体磨、镗或经保护气氛热处理的钢管，可不经酸洗交货。

（1）热轧钢管的外径和壁厚见表2-91。

表 2-91　　　　热轧钢管的外径和壁厚　　　　mm

外径	壁厚	外径	壁厚
68，70，73，76，80，83，89	4.5～12	168	7～18
95，102，108	4.5～14	180，194，219	8～18
114，121，127，133	5～14	245	10～18
140，146，152，159	6～16	237，351，377，426	12～18

壁厚系列（mm）：4.5，5，6，7，8，9，10，11，12，13，14，15，16，17，18

（2）冷拔钢管的外径和壁厚见表2-92。

表 2-92　　　　冷拔钢管的外径和壁厚　　　　mm

外径	壁厚	外径	壁厚	外径	壁厚
6,7,8	0.5～2.0	18,19,20	0.5～4.5	30,32,34,35	0.5～7.0
9.5,10,11	0.5～2.5	21,22,23	0.5～5.0	36,38,40	0.5～7.0
12,13	0.5～3.0	24	0.5～5.5	42	0.5～7.5
14,15	0.5～3.5	25,27	0.5～6.0	45,48	0.5～8.5
16,17	0.5～4.0	28	0.5～6.5	50,51	0.5～9.0
54,56,57,60	0.5～10	75	2.5～10	102,108	3.5～15
63,65	1.5～10	76	2.5～12	114,127	3.5～15
58	1.5～12	80,83	2.5～15	133,140	3.5～15
70	2.0～12	85,89	2.5～15	146,159	3.5～15
73	2.5～12	90,95,100	3.0～15		

壁厚系列（mm）0.5，0.6，0.8，1.0，1.2，1.4，1.6，2.0，2.2，2.5，2.8，3.0，3.5，4.0，4.5，5.0，5.5，6.0，6.5，7.0，7.5，8.0，8.5，9.0，9.5，10，11，12，13，14，15

（3）钢管的尺寸允许偏差和长度见表2-93。

表2-93   **钢管的尺寸允许偏差和长度**

热轧（挤、扩钢管）				冷拔（轧钢管）			
尺寸（mm）		允许偏差（%）		尺寸（mm）		允许偏差（mm）	
		普通级	较高级			普通级	较高级
外径 D	≤159	±1.25	±1	外径	6~10	±0.20	±0.15
					>10~30	±0.30	±0.20
	>159	±1.5			>30~50	±0.40	±0.30
					>50	±0.9%	±0.8%
壁厚 S	<15	+15 −12.5	±12.5	壁厚 S	0.5~1	±0.15	±0.12
					>1~3	±14%	+12% −10%
	≥15	+20 −15			>3	+12% −10%	±10%

注 通常长度：热轧钢管为2~12m，冷拔钢管为2~8m；定尺和倍尺长度：应在通常长度范围内，定尺长度允许偏差为+1.5mm，倍尺长度允许偏差为+20mm。每个倍尺长度应在留出规定的切口余量；外径≤159mm 为5~10mm；外径>159mm 为10~15mm。

（4）钢管经热处理并酸洗后交化，成品钢管的推荐热处理制度见表2-95。热处理状态钢管的纵向力学性能（抗拉强度 σ_b，断后伸长率 δ_5）应符合表2-94 的规定。

表2-94   **流体输送用不锈钢无缝钢管热处理制度及力学性能**

组织类型	序号	牌号	推荐热处理制度	力学性能			密度
				σ_b (MPa)	$\sigma_{p0.2}$ (MPa)	δ (%)	(kg/dm³)
				≥	≥	≥	
奥氏体型	1	$0Cr_{18}Ni_9$	1010~1150℃，急冷	520	205	35	7.93
	2	$1Cr_{18}Ni_9$	1010~1150℃，急冷	520	205	35	7.90
	3	$00Cr_{19}Ni_{10}$	1010~1150℃，急冷	480	175	35	7.93
	4	$0Cr_{18}Ni_{10}Ti$	920~1150℃，急冷	520	205	35	7.95

组织类型	序号	牌号	推荐热处理制度	力学性能			密度(kg/dm³)
				σ_b (MPa)	$\sigma_{p0.2}$ (MPa)	δ (%)	
				≥			
奥氏体型	5	$0Cr_{18}Ni_{11}Nb$	980～1150℃，急冷	520	205	35	7.98
	6	$0Cr_{17}Ni_{12}Mo_2$	1010～1150℃，急冷	520	205	35	7.98
	7	$00Cr_{17}Ni_{14}Mo_2$	1010～1150℃。急冷	480	175	35	7.98
	8	$0Cr_{18}Ni_{12}Mo_2Ti$	1000～1100℃，急冷	530	205	35	8.00
	9	$1Cr_{18}Ni_{12}Mo_2Ti$	1000～1100℃，急冷	530	205	35	8.00
	10	$0Cr_{18}Ni_{12}Mo_3Ti$	1000～1100℃，急冷	530	205	35	8.10
	11	$1Cr_{18}Ni_{12}Mo_3Ti$	1000～1100℃，急冷	530	205	35	8.10
	12	$1Cr_{18}Ni_9Ti$	1000～1100℃，急冷	520	205	35	7.90
	13	$0Cr_{19}Ni_{13}Mo_3$	1010～1150℃，急冷	520	205	35	7.98
	14	$00Cr_{19}Ni_{13}Mo_3$	1010～1150℃，急冷	480	175	35	7.98
	15	$00Cr_{18}Ni_{10}N$	1010～1150℃，急冷	550	245	40	7.90
	16	$0Cr_{19}Ni_9N$	1010～1150℃，急冷	550	275	35	7.90
	17	$0Cr_{19}Ni_{10}NbN$	1010～1150℃，急冷	685	345	35	7.98
	18	$0Cr_{23}Ni_{13}$	1030～1150℃，急冷	520	205	40	7.98
	19	$0Cr_{25}Ni_{20}$	1030～1180℃，急冷	520	205	40	7.98
	20	$00Cr_{17}Ni_{13}Mo_2N$	1010～1150℃，急冷	550	245	40	8.00
	21	$0Cr_{17}Ni_{12}Mo_2N$	1010～1150℃，急冷	550	275	35	7.80
	22	$0Cr_{18}Ni_{12}Mo_2Cu_2$	1010～1150℃，急冷	520	205	35	7.98
	23	$00Cr_{18}Ni_{14}Mo_2Cu_2$	1010～1150℃，急冷	480	180	35	7.98
铁素体型	24	$1Cr_{17}$	780～850℃，空冷或缓冷	410	245	20	7.70
马氏体型	25	$0Cr_{13}$	800～900℃，缓冷或750℃快冷	370	180	22	7.70
奥一铁双相型	26	$0Cr_{26}Ni_5Mo_2$	≥950℃，急冷	590	390	18	7.80
	27	$00Cr_{18}Ni_5Mo_3Si_2$	920～1150℃，急冷	590	390	20	7.98

注 热挤压管的抗拉强度允许降低 20MPa。

2. 低压流体输送用焊接钢管（GB/T 3091）

低压流体输送用焊接钢管主要用于输送水、空气、采暖蒸汽、燃气等低压流体。

低压流体输送用焊接钢管的尺寸规定如下。

（1）公称外径不大于 168.3mm 钢管的尺寸质量见表 2-95。

（2）公称外径大于 168.3mm 钢管的尺寸质量见表 2-96。

表 2-95　　　　　公称外径不大于 168.3mm 钢管的尺寸质量

公称口径 （mm）	公称外径 （mm）	普通钢管		加厚钢管	
		公称壁厚 （kg/m）	理论质量 （kg/m）	公称壁厚 （kg/m）	理论质量 （kg/m）
6	10.2	2.0	0.40	2.5	0.47
8	13.5	2.5	0.68	2.8	0.74
10	17.2	2.5	0.91	2.8	0.99
15	21.3	2.8	1.28	3.5	1.54
20	26.9	2.8	1.66	3.5	2.02
25	33.7	3.2	2.41	4.0	2.93
32	42.4	3.5	3.36	4.0	3.79
40	48.3	3.5	3.87	4.5	4.86
50	60.3	3.8	5.29	4.5	6.19
65	76.1	4.0	7.11	4.5	7.95
80	88.9	4.0	8.38	5.0	10.35
100	114.3	4.0	10.88	5.0	13.48
125	139.7	4.0	13.39	5.5	18.20
150	168.3	4.5	18.18	6.0	24.02

注　1. 适用于水、污水、煤气、空气、采暖蒸气等低压流体输送及其他用途。

　　2. 公称口径系近似内径的名义尺寸，不表示公称外径减去两个公称壁厚所得的内径。

　　3. 根据需方要求，经供需双方协议，并在合同中注明，可供表中规定以外尺寸的钢管。

公称外径大于 168.3mm 钢管的尺寸质量

表2-96

外径(mm)	公称壁厚(mm) 理论质量(kg/m)														
	4.0	4.5	5.0	5.5	6.0	6.5	7.0	8.0	9.0	10.0	11.0	12.5	14.0	15.0	16.0
177.8	17.14	19.23	21.31	23.37	25.42	—	—	—	—	—	—	—	—	—	—
193.7	18.71	21.00	23.27	25.53	27.77	—	—	—	—	—	—	—	—	—	—
219.1	21.22	23.82	26.40	28.97	31.53	34.08	36.61	41.65	46.63	51.57	—	—	—	—	—
244.5	23.72	26.63	29.53	32.42	35.29	38.15	41.00	46.66	52.27	57.83	—	—	—	—	—
273.0	—	—	33.05	36.28	39.51	42.72	45.92	52.28	58.60	64.86	—	—	—	—	—
323.9	—	—	39.32	43.19	47.04	50.88	54.71	62.32	69.89	77.41	84.88	95.99	—	—	—
355.6	—	—	—	47.49	51.73	55.96	60.18	68.58	76.93	85.23	93.48	105.77	—	—	—
406.4	—	—	—	54.38	59.25	64.10	68.95	78.60	88.20	97.76	107.26	121.43	—	—	—
457.2	—	—	—	61.27	66.76	72.25	77.72	88.62	99.48	110.29	121.04	137.09	—	—	—
508	—	—	—	68.16	74.28	80.39	86.49	98.65	110.75	122.81	134.82	152.75	—	—	—
559	—	—	—	75.08	81.83	88.57	95.29	108.71	122.07	135.39	148.66	168.47	188.17	201.24	214.26
610	—	—	—	81.99	89.37	96.74	104.10	118.77	133.39	147.97	162.49	184.19	205.78	220.10	234.38

外径 (mm)	公称壁厚（mm）									
	6.0	6.5	7.0	8.0	9.0	10.0	11.0	13.0	14.0
	理论质量（kg/m）									
660	96.77	104.76	112.73	128.63	144.49	160.30	176.06	207.43	223.04
711	104.32	112.93	121.53	138.70	155.81	172.88	189.89	223.78	240.65
762	111.86	121.11	130.34	148.76	167.13	185.45	203.73	240.13	258.26
813	119.41	129.28	139.14	158.82	178.45	198.03	217.56	256.48	275.86
864	126.96	137.46	147.94	168.88	189.77	210.61	231.40	272.83	293.47
914	134.36	145.47	156.58	178.75	200.87	222.94	244.96	288.86	310.73
1016	149.45	161.82	174.18	198.87	223.51	248.09	272.63	321.56	345.95
1067	157.00	170.00	182.99	208.93	234.83	260.67	286.47	337.91	363.56
1118	164.54	178.17	191.79	218.99	246.15	273.25	300.30	354.26	381.17
1168	171.94	186.19	200.42	228.86	257.24	285.58	313.87	370.29	398.43
1219	179.49	194.36	209.23	238.92	268.56	298.16	327.70	386.64	416.04
1321	194.58	210.71	226.84	259.04	291.20	323.31	355.37	419.34	451.26
1422	209.52	226.90	244.27	278.97	3t3.62	348.22	382.77	451.72	486.13
1524	224.62	243.25	261.88	299.09	336.26	373.38	410.44	484.43	521.34
1626	239.71	259.61	279.49	319.22	358.90	398.53	438.11	517.13	556.56

外径 (mm)	公称壁厚 (mm)							
	15.0	16.0	18.0	19.0	20.0	22.0	25.0	
	理论质量（kg/m）							
660	238.60	254.11	284.99	300.35	315.67	346.15	391.50	
711	257.47	274.24	307.63	324.25	340.82	373.82	422.94	
762	276.33	294.36	330.27	348.15	365.98	401.49	454.39	
813	295.20	314.48	352.91	372.04	391.13	429.16	485.83	
864	314.06	334.61	375.55	395.94	416.29	456.83	517.27	
914	332.56	354.34	397.74	419.37	440.95	483.96	548.10	
1016	370.29	394.58	443.02	467.16	491.26	539.30	610.99	
1067	389.16	414.71	465.66	491.06	516.41	566.97	642.43	
1118	408.02	434.83	488.30	514.96	541.57	594.64	673.88	
1168	426.52	454.56	510.49	538.39	566.23	621.77	704.70	
1219	445.39	474.68	533.13	562.28	591.38	649.44	736.15	
1321	483.12	514.93	578.41	610.08	641.69	704.78	799.03	
1422	520.48	554.79	623.25	657.40	691.51	759.57	861.30	
1524	558.21	595.03	668.52	705.20	741.82	814.91	924.19	
1626	595.95	635.28	713.80	752.99	792.13	870.26	987.08	

3. 薄壁不锈钢水管（GB/T 151）

适用于工作压力不大于 1.6MPa。输送饮用净水、生活饮用水、热水和温度不大于 135℃的高温水等，其他如海水、空气、医用气体等管道也可参照使用。其尺寸规格见表 2-97。

表 2-97　　　　　　　　　薄壁不锈钢水管的尺寸规格

公称通经 D_N (mm)	管子外径 D_W (mm)	外径允许偏差 (mm)	壁厚 S (mm)	重量 W (kg/m)	
				$0Cr_{18}Ni_9$	$0Cr_{17}Ni_{12}Mo_2$ / $0Cr_{17}Ni_{14}Mo_2$
10	10	±0.10	0.6 / 0.8	$W = 0.02491(D_W - S)S$	$W = 0.02507(D_W - S)S$
	12				
15	14				
	16				
20	20		0.8 / 1.0		
	22				
25	25.4				
	28				
32	35	±0.12	1.0 / 1.2		
	38				
40	40				
	42	±0.15			
50	50.8	±0.15			
	54	±0.18	1.2 / 1.5		
65	67	±0.20			
	70				
80	76.1	±0.23	1.5 / 2.0		
	88.9	±0.25			
100	102.0	±0.4%D_W			
	108.0		2.0 / 3.0		
125	133.0				
150	159.0				

注　1. 表中壁厚栏中厚壁管为不锈钢卡压式管件用。
　　2. 水管的壁厚允许偏差为名义壁厚的±10%。

4. 输送流体用无缝钢管（GB/T 8163）

输送流体用无缝钢管用于输送流体的一般管道，其尺寸规格按 GB/T 17395 的规定。钢管由 10、20、Q295、Q345、Q390、Q420、Q460 牌号的钢制造。钢管的力学性能应符合表 2-98 的规定。

表 2-98　　　　　输送流体表用无缝钢管力学性能

牌号	质量等级	抗拉强度 R_m（MPa）	下屈服强度 R_{eL}[①]（MPa） 壁厚（mm）			断后伸长率 A（%）	冲击试验 温度（℃）	吸收能量 KV_2（J）
			≤16	>16~30	>30			
			≥					≥
10	—	335~475	205	195	185	24	—	—
20	—	410~530	245	235	225	20	—	—
Q295	A	390~570	295	275	255	22	—	—
	B						+20	34
Q345	A	470~630	345	325	295	20	—	—
	B						+20	34
	C						0	
	D					21	—20	
	E						—40	27
Q390	A	490~650	390	370	350	18	—	—
	B						+20	34
	C						0	
	D					19	—20	
	E						- 40	27
Q420	A	520~680	420	400	380	18	—	—
	B						+20	34
	C						0	
	D					19	—20	
	E						—40	27
Q460	C	550~720	460	440	420	17	0	34
	D						—20	
	E						—40	27

① 拉伸试验时，如不能测定屈服强度，可测定规定非比例延伸强度 $R_{p0.2}$ 代替 R_{eL}。

5. 普通无缝钢管（GB/T 17395）

普通无缝钢管截面如图 2-9 所示，普通无缝钢管的外径、壁厚及理论质量见表 2-99。

表2-99

普通无缝钢管的外径、壁厚及理论质量

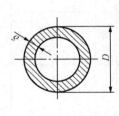

图 2-9　普通无缝钢管截面

D—外径；δ—壁厚；计算公式：$W=0.02466\delta(D-\delta)$

| 外径 (mm) | | | 壁厚 δ (mm) | | | | | | | |
系列 1	系列 2	系列 3	0.25	0.3	0.4	0.5	0.6	0.8	1	1.2
			理论质量 W (kg/m)							
	6		0.035	0.042	0.055	0.068	0.08	0.103	0.123	0.142
	7		0.042	0.05	0.065	0.08	0.095	0.122	0.148	0.172
	8		0.048	0.057	0.075	0.092	0.109	0.142	0.173	0.201
	9		0.054	0.064	0.085	0.105	0.124	0.162	0.197	0.231
10 (10.2)			0.06	0.072	0.095	0.117	0.139	0.182	0.222	0.26
	11		0.066	0.079	0.105	0.129	0.154	0.201	0.247	0.29
	12		0.072	0.087	0.114	0.142	0.169	0.221	0.271	0.32
	13 (12.7)		0.079	0.094	0.124	0.154	0.183	0.241	0.296	0.349
13.5			0.082	0.098	0.129	0.16	0.191	0.251	0.308	0.364

外径（mm）			壁厚 δ（mm）							
系列 1	系列 2	系列 3	理论质量 W（kg/m）							
			0.25	0.3	0.4	0.5	0.6	0.8	1	1.2
		14	0.085	0.101	0.134	0.166	0.198	0.26	0.321	0.379
	16		0.097	0.116	0.154	0.191	0.228	0.3	0.37	0.438
17 (17.2)			0.103	0.124	0.164	0.203	0.243	0.32	0.395	0.468
		18	0.109	0.131	0.174	0.216	0.257	0.339	0.419	0.497
	19		0.116	0.138	0.183	0.228	0.272	0.359	0.444	0.527
	20		0.122	0.146	0.193	0.24	0.287	0.379	0.469	0.556
21 (21.3)			—	—	0.203	0.253	0.302	0.399	0.493	0.586
		22	—	—	0.213	0.265	0.317	0.418	0.518	0.616
		25.4	—	—	0.243	0.302	0.361	0.477	0.592	0.704
	25		—	—	0.247	0.307	0.367	0.485	0.602	0.716
27 (26.9)			—	—	0.262	0.327	0.391	0.517	0.641	0.764
	28		—	—	0.272	0.339	0.405	0.537	0.666	0.793
		30	—	—	0.292	0.364	0.435	0.576	0.715	0.852
	32 (31.8)		—	—	0.312	0.388	0.465	0.616	0.765	0.911
34 (33.7)			—	—	0.331	0.413	0.494	0.655	0.814	0.971

续表

外径 (mm)			壁厚 δ (mm) 理论质量 W (kg/m)							
系列 1	系列 2	系列 3	0.25	0.3	0.4	0.5	0.6	0.8	1	1.2
		35	—	—	0.341	0.425	0.509	0.675	0.838	1.000
	38		—	—	0.371	0.462	0.553	0.734	0.912	1.089
	40		—	—	0.391	0.487	0.583	0.773	0.962	1.148
42 (42.4)			—	—	—	—	—	—	1.011	1.207
		45 (44.5)	—	—	—	—	—	—	1.085	1.296
48 (48.3)			—	—	—	—	—	—	1.159	1.385
	51		—	—	—	—	—	—	1.233	1.474
		54	—	—	—	—	—	—	1.307	1.563
	57		—	—	—	—	—	—	1.381	1.651
60 (60.3)			—	—	—	—	—	—	1.455	1.74
	64 (63.5)		—	—	—	—	—	—	1.529	1.829
	65		—	—	—	—	—	—	1.578	1.888
	68		—	—	—	—	—	—	1.652	1.977
	70		—	—	—	—	—	—	1.702	2.036
		73	—	—	—	—	—	—	1.776	2.125
76 (76.1)			—	—	—	—	—	—	1.85	2.214

外径 (mm)			壁厚 (mm)							
系列 1	系列 2	系列 3	1.4	1.5	1.6	1.8	2	2.2 −2.3	2.5 −2.6	2.8
			理论质量 (kg/m)							
	6		0.159	0.166	0.174	0.186	0.197			
	7		0.193	0.203	0.213	0.231	0.247	0.26	0.277	
	8		0.228	0.24	0.253	0.275	0.296	0.315	0.339	
	9		0.262	0.277	0.292	0.32	0.345	0.369	0.401	0.428
10 (10.2)			0.297	0.314	0.331	0.364	0.395	0.423	0.462	0.497
	11		0.331	0.351	0.371	0.408	0.444	0.477	0.524	0.566
	12		0.366	0.388	0.41	0.453	0.493	0.532	0.586	0.635
	13 (12.7)		0.401	0.425	0.45	0.497	0.543	0.586	0.647	0.704
13.5			0.418	0.444	0.47	0.519	0.567	0.613	0.678	0.739
		14	0.435	0.462	0.489	0.542	0.592	0.64	0.709	0.773
	16		0.504	0.536	0.568	0.63	0.691	0.749	0.832	0.911
17 (17.2)			0.539	0.573	0.608	0.675	0.74	0.803	0.894	0.981
		18	0.573	0.61	0.647	0.719	0.789	0.857	0.956	1.05
	19		0.608	0.647	0.687	0.764	0.838	0.911	1.017	1.119

外径 (mm)			壁厚 (mm) 理论质量 (kg/m)							
系列 1	系列 2	系列 3	1.4	1.5	1.6	1.8	2	2.2 -2.3	2.5 -2.6	2.8
	20		0.642	0.684	0.726	0.808	0.888	0.966	1.079	1.188
21 (21.3)			0.677	0.721	0.765	0.852	0.937	1.02	1.141	1.257
		22	0.711	0.758	0.805	0.897	0.986	1.074	1.202	1.326
	25		0.815	0.869	0.923	1.03	1.134	1.237	1.387	1.533
		25.4	0.829	0.884	0.939	1.048	1.154	1.259	1.412	1.561
27 (26.9)			0.884	0.943	1.002	1.119	1.233	1.346	1.511	1.671
	28		0.918	0.98	1.042	1.163	1.282	1.4	1.572	1.74
		30	0.987	1.054	1.121	1.252	1.381	1.508	1.695	1.878
	32 (31.8)		1.057	1.128	1.200	1.341	1.48	1.617	1.819	2.016
34 (33.7)			1.126	1.202	1.278	1.429	1.578	1.725	1.942	2.154
		35	1.16	1.239	1.318	1.474	1.628	1.78	2.004	2.223
	38		1.264	1.35	1.436	1.607	1.776	1.942	2.189	2.431
	40		1.333	1.424	1.515	1.696	1.874	2.051	2.312	2.569
42 (42.4)			1.402	1.498	1.594	1.785	1.973	2.159	2.435	2.707

外径 (mm)			壁厚 (mm)							
系列 1	系列 2	系列 3	1.4	1.5	1.6	1.8	2	2.2 —2.3	2.5 —2.6	2.8
			理论质量 (kg/m)							
		45 (44.5)	1.505	1.609	1.712	1.918	2.121	2.322	2.62	2.914
48 (48.3)			1.609	1.72	1.831	2.051	2.269	2.485	2.805	3.121
	51		1.712	1.831	1.949	2.184	2.417	2.648	2.99	3.328
		54	1.816	1.942	2.068	2.317	2.565	2.81	3.175	3.535
	57		1.92	2.053	2.186	2.45	2.713	2.973	3.36	3.743
60 (60.3)			2.023	2.164	2.304	2.584	2.861	3.136	3.545	3.95
	64 (63.5)		2.127	2.275	2.423	2.717	3.009	3.299	3.73	4.157
	65		2.196	2.349	2.502	2.805	3.107	3.407	3.853	4.295
	68		2.299	2.46	2.62	2.939	3.255	3.57	4.038	4.502
	70		2.368	2.534	2.699	3.027	3.354	3.679	4.162	4.64
		73	2.472	2.645	2.817	3.161	3.502	3.841	4.347	4.847

| 外径 (mm) | | | 壁厚 (mm) 理论质量 (kg/m) | | | | | | | |
系列 1	系列 2	系列 3	1.4	1.5	1.6	1.8	2	2.2 (-2.3)	2.5 (-2.6)	2.8
76 (76.1)			2.576	2.756	2.936	3.294	3.65	4.004	4.532	5.055
	77		2.61	2.793	2.975	3.338	3.699	4.058	4.593	5.124
	80		2.714	2.904	3.094	3.471	3.847	4.221	4.778	5.331
		83 (82.5)	2.817	3.015	3.212	3.605	3.995	4.384	4.963	5.538
	85		2.886	3.089	3.291	3.693	4.094	4.492	5.086	5.676
89 (88.9)			3.024	3.237	3.449	3.871	4.291	4.709	5.333	5.952
	95		3.232	3.459	3.685	4.137	4.587	5.035	5.703	6.367
	102 (101.6)		3.473	3.718	3.962	4.448	4.932	5.415	6.135	6.85
		108	3.68	3.94	4.198	4.714	5.228	5.74	6.504	7.264
114 (114.3)			—	4.162	4.435	4.981	5.524	6.066	6.874	7.679
	121		—	4.421	4.711	5.291	5.869	6.446	7.306	8.162
	127		—	—	—	5.558	6.165	6.771	7.676	8.576
	133		—	—	—	—	—	—	8.046	8.991

外径 (mm)			壁厚 (mm)							
系列 1	系列 2	系列 3	(2.9) 3	3.2	3.5 −3.6	4	4.5	5	−5.4 5.5	6
			理论质量 (kg/m)							
10 (10.2)			0.518	0.537	0.561	—	—	—	—	—
	11		0.592	0.616	0.647	—	—	—	—	—
	12		0.666	0.694	0.734	0.789	—	—	—	—
	13 (12.7)		0.74	0.773	0.82	0.888	—	—	—	—
13.5			0.777	0.813	0.863	0.937	—	—	—	—
		14	0.814	0.852	0.906	0.986	—	—	—	—
	16		0.962	1.01	1.079	1.184	1.276	1.356	—	—
17 (17.2)			1.036	1.089	1.165	1.282	1.387	1.48	—	—
		18	1.11	1.168	1.252	1.381	1.498	1.603	—	—
	19		1.184	1.247	1.338	1.48	1.609	1.726	1.831	1.924
	20		1.258	1.326	1.424	1.578	1.72	1.85	1.967	2.072
21 (21.3)			1.332	1.405	1.511	1.677	1.831	1.973	2.102	2.22
	22		1.406	1.484	1.597	1.776	1.942	2.096	2.238	2.368
	25		1.628	1.72	1.856	2.072	2.275	2.466	2.645	2.811

外径 (mm)			壁厚 (mm) 理论质量 (kg/m)							
系列1	系列2	系列3	(2.9) 3	3.2	3.5 —3.6	4	4.5	5	—5.4 5.5	6
		25.4	1.657	1.752	1.89	2.111	2.319	2.515	2.699	2.871
27 (26.9)			1.776	1.878	2.028	2.269	2.497	2.713	2.916	3.107
	28		1.85	1.957	2.115	2.368	2.608	2.836	3.052	3.255
		30	1.998	2.115	2.287	2.565	2.83	3.083	3.323	3.551
	32 (31.8)		2.146	2.273	2.46	2.762	3.052	3.329	3.594	3.847
34 (33.7)			2.294	2.431	2.633	2.959	3.274	3.576	3.866	4.143
		35	2.368	2.51	2.719	3.058	3.385	3.699	4.001	4.291
	38		2.589	2.746	2.978	3.354	3.718	4.069	4.408	4.735
	40		2.737	2.904	3.151	3.551	3.94	4.316	4.68	5.031
42 (42.4)		45 (44.5)	2.885	3.062	3.323	3.749	4.162	4.562	4.951	5.327
48 (48.3)			3.107	3.299	3.582	4.044	4.495	4.932	5.358	5.771
	51		3.329	3.535	3.841	4.34	4.828	5.302	5.765	6.215
		54	3.551	3.772	4.1	4.636	5.16	5.672	6.172	6.659
			3.773	4.009	4.359	4.932	5.493	6.042	6.578	7.103

外径 (mm)			壁厚 (mm) 理论质量 (kg/m)							
系列1	系列2	系列3	(2.9) 3	3.2	3.5 −3.6	4	4.5	5	−5.4 5.5	6
	57		3.995	4.246	4.618	5.228	5.826	6.412	6.985	7.546
60 (60.3)			4.217	4.482	4.877	5.524	6.159	6.782	7.392	7.99
	64 (63.5)		4.439	4.719	5.136	5.82	6.492	7.152	7.799	8.434
	65		4.587	4.877	5.308	6.017	6.714	7.398	8.07	8.73
	68		4.809	5.114	5.567	6.313	7.047	7.768	8.477	9.174
	70		4.957	5.272	5.74	6.511	7.269	8.015	8.749	9.47
		73	5.179	5.508	5.999	6.807	7.602	8.385	9.156	9.914
76 (76.1)			5.401	5.745	6.258	7.103	7.935	8.755	9.563	10.36
	77		5.475	5.824	6.344	7.201	8.046	8.878	9.698	10.51
	80		5.697	6.061	6.603	7.497	8.379	9.248	10.11	10.95
		83 (82.5)	5.919	6.298	6.862	7.793	8.712	9.618	10.51	11.39
	85		6.067	6.455	7.035	7.99	8.934	9.865	10.78	11.69
89 (88.9)			6.363	6.771	7.38	8.385	9.378	10.36	11.33	12.28
	95		6.807	7.245	7.898	8.977	10.04	11.1	12.14	13.17

外径 (mm)			壁厚 (mm) 理论质量 (kg/m)							
系列1	系列2	系列3	(2.9) 3	3.2	3.5 −3.6	4	4.5	5	−5.4 5.5	6
	102 (101.6)		7.324	7.797	8.502	9.667	10.82	11.96	13.09	14.21
		108	7.768	8.271	9.02	10.26	11.49	12.7	13.9	15.09
114 (114.3)			8.212	8.744	9.538	10.85	12.15	13.44	14.72	15.98
	121		8.73	9.296	10.14	11.54	12.93	14.3	15.67	17.02
	127		9.174	9.77	10.66	12.13	13.6	15.04	16.48	17.9
	133		9.618	10.243	11.18	12.73	14.26	15.78	17.29	18.79
140 (139.7)			10.136	10.796	11.78	13.42	15.04	16.65	18.24	19.83
		142 (141.2)	10.284	10.954	11.96	13.61	15.26	16.89	18.52	20.12
	146		10.58	11.269	12.3	14.01	15.7	17.39	19.06	20.72
		152 (152.4)	11.024	11.743	12.82	14.6	16.37	18.13	19.87	21.6
		159	—	—	13.42	15.29	17.15	18.99	20.82	22.64
168 (168.3)			—	—	14.2	16.18	18.15	20.1	22.04	23.97
		180 (177.8)	—	—	15.24	17.36	19.48	21.58	23.67	25.75
		194 (193.7)	—	—	16.44	18.74	21.03	23.31	25.57	27.82
	203		—	—	17.22	19.63	22.03	24.42	26.79	29.15
219 (219.1)			—	—	—	—	—	—	—	31.52
		245 (244.5)	—	—	—	—	—	—	—	35.37

外径 (mm)			壁厚 (mm) 理论质量（kg/m）							
系列 1	系列 2	系列 3	−6.3 / 6.5	7 / −7.1	7.5	8	8.5	−8.8 / 9	9.5	10
	25		2.966	3.107	—	—	—	—	—	—
		25.4	3.03	3.176	—	—	—	—	—	—
27 (26.9)			3.286	3.453	—	—	—	—	—	—
	28		3.446	3.625	—	—	—	—	—	—
		30	3.767	3.971	4.162	4.34	—	—	—	—
	32 (31.8)		4.088	4.316	4.532	4.735	—	—	—	—
34 (33.7)			4.408	4.661	4.901	5.13	—	—	—	—
		35	4.569	4.834	5.086	5.327	5.555	5.771	—	—
	38		5.049	5.352	5.641	5.919	6.184	6.437	6.677	6.905
	40		5.37	5.697	6.011	6.313	6.603	6.881	7.146	7.398
42 (42.4)			5.691	6.042	6.381	6.708	7.022	7.324	7.614	7.892
		45 (44.5)	6.172	6.56	6.936	7.3	7.651	7.99	8.317	8.632
48 (48.3)			6.652	7.078	7.491	7.892	8.28	8.656	9.02	9.371
	51		7.133	7.596	8.046	8.484	8.909	9.322	9.723	10.11

外径 (mm)			壁厚 (mm)							
系列 1	系列 2	系列 3	—6.3 6.5	—7.1 7	7.5	8	8.5	—8.8 9	9.5	10
			理论质量 (kg/m)							
		54	7.614	8.114	8.601	9.075	9.538	9.988	10.43	10.85
	57		8.095	8.632	9.156	9.667	10.17	10.65	11.13	11.59
60 (60.3)			8.576	9.149	9.71	10.259	10.8	11.32	11.83	12.33
	64 (63.5)		9.057	9.667	10.27	10.851	11.42	11.99	12.53	13.07
	65		9.378	10.01	10.64	11.246	11.84	12.43	13	13.56
	68		9.858	10.53	11.19	11.838	12.47	13.1	13.71	14.3
	70		10.18	10.88	11.56	12.232	12.89	13.54	14.17	14.8
		73	10.66	11.39	12.12	12.824	13.52	14.21	14.88	15.54
76 (76.1)			11.14	11.91	12.67	13.416	14.15	14.87	15.58	16.28
	77		11.3	12.08	12.86	13.613	14.36	15.09	15.81	16.52
	80		11.78	12.6	13.41	14.205	14.99	15.76	16.52	17.26
		83 (82.5)	12.26	13.12	13.97	14.797	15.62	16.43	17.22	18
	85		12.58	13.47	14.34	15.192	16.04	16.87	17.69	18.5
89 (88.9)			13.23	14.16	15.07	15.981	16.88	17.76	18.63	19.48

| 外径 (mm) | | | 壁厚 (mm) | | | | | | | |
系列1	系列2	系列3	6.5 (−6.3)	7 (−7.1)	7.5	8	8.5	9 (−8.8)	9.5	10
			理论质量 (kg/m)							
	95		14.19	15.19	16.18	17.164	18.13	19.09	20.03	20.96
	102 (101.6)		15.31	16.4	17.48	18.545	19.6	20.64	21.67	22.69
		108	16.27	17.44	18.59	19.729	20.86	21.97	23.08	24.17
114 (114.3)			17.23	18.47	19.7	20.913	22.12	23.31	24.48	25.65
	121		18.35	19.68	20.99	22.294	23.58	24.86	26.12	27.37
	127		19.32	20.72	22.1	23.478	24.84	26.19	27.53	28.85
	133		20.28	21.75	23.21	24.662	26.1	27.52	28.93	30.33
140 (139.7)			21.4	22.96	24.51	26.043	27.57	29.08	30.57	32.06
		142 (141.2)	21.72	23.31	24.88	26.437	27.99	29.52	31.04	32.55
	146		22.36	24	25.62	27.226	28.82	30.41	31.98	33.54
		152 (152.4)	23.32	25.03	26.73	28.41	30.08	30.41	33.39	35.02
	159		24.45	26.24	28.02	29.791	31.55	33.29	35.03	36.75
168 (168.3)			25.89	27.79	29.69	31.567	33.44	35.29	37.13	38.97
		180 (177.8)	27.81	29.87	31.91	33.934	35.95	37.95	39.95	41.93

外径 (mm)			壁厚 (mm)							
系列1	系列2	系列3	−6.3 / 6.5	7 / −7.1	7.5	8	8.5	−8.8 / 9	9.5	10
			理论质量 (kg/m)							
		194 (193.7)	30.06	32.28	34.5	36.696	38.89	41.06	43.23	45.38
	203		31.5	33.84	36.16	38.472	40.77	43.06	45.33	47.6
219 (219.1)			34.06	36.6	39.12	41.629	44.13	46.61	49.08	51.54
		245 (244.5)	38.23	41.09	43.93	46.758	49.58	52.38	55.17	57.96
273			42.72	45.92	49.11	52.283	55.45	58.6	61.73	64.86
	299		—	—	53.92	57.412	60.9	64.37	67.83	71.27
325 (323.9)			—	—	58.73	62.542	66.35	70.14	73.92	77.68
	340 (339.7)		—	—	—	65.501	69.49	73.47	77.43	81.38
	351		—	—	—	67.671	71.8	75.91	80.01	84.1
356 (355.6)			—	—	—	—	—	77.02	81.18	85.33
	377		—	—	—	—	—	81.68	86.1	90.51

| 外径 (mm) | | | 壁厚 (mm)　理论质量 (kg/m) | | | | | | | |
系列1	系列2	系列3	−6.3 / 6.5	−7 / 7.1	7.5	8	8.5	−8.8 / 9	9.5	10
	402		—	—	—	—	—	87.23	91.96	96.67
406 (406.4)			—	—	—	—	—	88.12	92.89	97.66
	426		—	—	—	—	—	92.56	97.58	102.6
	450		—	—	—	—	—	97.88	103.2	108.5
457			—	—	—	—	—	99.44	104.8	110.2
	480		—	—	—	—	—	104.5	110.2	115.9
	500		—	—	—	—	—	109	114.9	120.8
508			—	—	—	—	—	110.8	116.8	122.8
	530							115.6	121.9	128.2
		560 (559)						122.3	129	135.6
610								133.4	140.7	148
	630							137.8	145.4	152.9
		660						144.5	152.4	160.3

外径 (mm)			壁厚 (mm) 理论质量 (kg/m)							
系列1	系列2	系列3	11	12 (-12.5)	13	14 (-14.2)	15	16	17 (-17.5)	18
		45 (44.5)	9.223	9.766	—	—	—	—	—	—
48 (48.3)			10.04	10.65	—	—	—	—	—	—
	51		10.85	11.54	—	—	—	—	—	—
		54	11.67	12.43	13.15	13.81	—	—	—	—
	57		12.48	13.32	14.11	14.846	—	—	—	—
60 (60.3)			13.29	14.21	15.07	15.882	16.647	17.362	—	—
	64 (63.5)		14.11	15.09	16.03	16.918	17.756	18.545	—	—
	65		14.65	15.69	16.67	17.608	18.496	19.335	—	—
	68		15.46	16.57	17.63	18.644	19.606	20.518	—	—
	70		16.01	17.16	18.27	19.335	20.346	21.308	22.22	—
		73	16.82	18.05	19.24	20.37	21.456	22.491	23.478	24.415
76 (76.1)			17.63	18.94	20.2	21.406	22.565	23.675	24.735	25.747
	77		17.9	19.24	20.52	21.751	22.935	24.07	25.155	26.191
	80		18.72	20.12	21.48	22.787	24.045	25.253	26.412	27.522

外径 (mm)			壁厚 (mm) 理论质量 (kg/m)							
系列1	系列2	系列3	11	12 −12.5	13	14 −14.2	15	16	17 −17.5	18
		83 (82.5)	19.53	21.01	22.44	23.823	25.155	26.437	27.67	28.854
	85		20.08	21.6	23.08	24.514	25.895	27.226	28.509	29.742
89 (88.9)			21.16	22.79	24.37	25.895	27.374	28.805	30.186	31.517
	95		22.79	24.56	26.29	27.966	29.594	31.172	32.701	34.181
	102 (101.6)		24.69	26.63	28.53	30.383	32.183	33.934	35.636	37.288
		108	26.31	28.41	30.46	32.455	34.403	36.302	38.151	39.952
114 (114.3)			27.94	30.19	32.38	34.526	36.622	38.669	40.667	42.615
	121		29.84	32.26	34.63	36.943	39.212	41.431	43.602	45.722
	127		31.47	34.03	36.55	39.014	41.431	43.799	46.117	48.386
	133		33.1	35.81	38.47	41.086	43.651	46.166	48.632	51.049
140 (139.7)			35	37.88	40.72	43.503	46.24	48.928	51.567	54.157
		142 (141.2)	35.54	38.47	41.36	44.193	46.98	49.718	52.406	55.044
	146		36.62	39.66	42.64	45.574	48.46	51.296	54.083	56.82
		152 (152.4)	38.25	41.43	44.56	47.646	50.679	53.663	56.598	59.484

外径 (mm)			壁厚 (mm) 理论质量 (kg/m)							
系列 1	系列 2	系列 3	11	12 -12.5	13	14 -14.2	15	16	17 -17.5	18
		159	40.15	43.5	46.81	50.063	53.269	56.426	59.533	62.591
168 (168.3)			42.59	46.17	49.69	53.17	56.598	59.977	63.306	66.586
		180 (177.8)	45.85	49.72	53.54	57.313	61.037	64.712	68.337	71.913
		194 (193.7)	49.64	53.86	58.03	62.147	66.216	70.236	74.206	78.128
	203		52.09	56.52	60.91	65.254	69.545	73.787	77.98	82.123
219 (219.1)			56.43	61.26	66.04	70.778	75.464	80.101	84.688	89.225
		245 (244.5)	63.48	68.95	74.38	79.755	85.082	90.36	95.588	100.767
273			71.08	77.24	83.36	89.423	95.44	101.408	107.327	113.196
	299		78.13	84.93	91.69	98.399	105.06	111.667	118.227	124.738
325 (323.9)			85.18	92.63	100	107.38	114.68	121.926	129.128	136.279
	340 (339.7)		89.25	97.07	104.8	112.56	120.23	127.845	135.416	142.938
	351		92.23	100.3	108.4	116.35	124.29	132.186	140.028	147.821
356 (355.6)			93.59	101.8	110	118.08	126.14	134.159	142.124	150.041
	377		99.29	108	116.7	125.33	133.91	142.445	150.928	159.363

外径 (mm)			壁厚 (mm) 理论质量 (kg/m)							
系列 1	系列 2	系列 3	11	12 −12.5	13	14 −14.2	15	16	17 −17.5	18
	402		106.1	115.4	124.7	133.96	143.16	152.309	161.409	170.46
406 (406.4)			107.2	116.6	126	135.34	144.64	153.888	163.086	172.236
	426		112.6	122.5	132.4	142.25	152.04	161.779	171.471	181.114
	450		119.1	129.6	140.1	150.53	160.92	171.249	181.533	191.768
457			121	131.7	142.3	152.95	163.51	174.012	184.468	194.875
	480		127.2	138.5	149.7	160.89	172.01	183.087	194.111	205.085
	500		132.7	144.4	156.1	167.8	179.41	190.979	202.496	213.963
508			134.8	146.8	158.7	170.56	182.37	194.135	205.85	217.514
	530		140.8	153.3	165.8	178.16	190.51	202.816	215.073	227.28
		560 (559)	148.9	162.2	175.4	188.51	201.61	214.654	227.65	240.598
610			162.5	177	191.4	205.78	220.1	234.383	248.613	262.793

| 外径 (mm) | | | 壁厚 (mm) 理论质量 (kg/m) | | | | | | | |
系列1	系列2	系列3	11	12 −12.5	13	14 −14.2	15	16	17 −17.5	18
	630		167.9	182.9	197.8	212.68	227.5	242.28	257.00	271.67
		660	176.1	191.8	207.4	223.04	238.60	254.11	269.58	284.99
		699	—	203.31	219.9	236.50	253.03	269.50	285.93	302.30
711			—	206.86	223.78	240.65	257.47	274.24	290.96	307.63
	720		—	209.52	226.66	243.75	260.80	277.79	294.73	311.62
	762		—	—	—	—	—	—	—	—
		788.5	—	—	—	—	—	—	—	—
813			—	—	—	—	—	—	—	—
		864	—	—	—	—	—	—	—	—
914			—	—	—	—	—	—	—	—
		965	—	—	—	—	—	—	—	—
1016			—	—	—	—	—	—	—	—

外径 (mm)			壁厚 (mm)							
系列 1	系列 2	系列 3	19	20	22 (−22.2)	24	25	26	28	30
			理论质量 (kg/m)							
		73	25.303	—	—	—	—	—	—	—
76 (76.1)			26.708	27.621	—	—	—	—	—	—
	77		27.177	28.114	—	—	—	—	—	—
	80		28.583	29.594	—	—	—	—	—	—
		83 (82.5)	29.988	31.073	33.096	—	—	—	—	—
	85		30.926	32.06	34.181	—	—	—	—	—
89 (88.9)			32.8	34.033	36.351	38.472	—	—	—	—
	95		35.611	36.992	39.606	42.023	—	—	—	—
	102 (101.6)		38.891	40.445	43.404	46.166	47.473	48.731	51.099	—
		108	41.703	43.404	46.66	49.718	51.173	52.578	55.242	57.708
114 (114.3)			44.514	46.364	49.915	53.269	54.872	56.426	59.385	62.147
	121		47.794	49.816	53.713	57.412	59.188	60.914	64.219	67.326
	127		50.605	52.776	56.968	60.963	62.887	64.761	68.362	71.765
	133		53.417	55.735	60.223	64.514	66.586	68.608	72.505	76.204

外径（mm）			壁厚（mm）							
系列1	系列2	系列3	19	20	22 －22.2	24	25	26	28	30
			理论质量（kg/m）							
140 (139.7)			56.697	59.188	64.021	68.658	70.902	73.097	77.338	81.383
		142 (141.2)	57.634	60.174	65.106	69.841	72.135	74.379	78.719	82.863
	146		59.508	62.147	67.277	72.209	74.601	76.944	81.482	85.822
		152 (152.4)	62.32	65.106	70.532	75.76	78.3	80.791	85.625	90.261
		159	65.6	68.559	74.33	79.903	82.616	85.279	90.458	95.44
168 (168.3)			69.817	72.998	79.213	85.23	88.165	91.05	96.673	102.1
		180 (177.8)	75.44	78.917	85.723	92.333	95.563	98.745	104.96	110.98
		194 (193.7)	81.999	85.822	93.319	100.62	104.2	107.72	114.63	121.34
	203		86.217	90.261	98.202	105.95	109.74	113.49	120.84	127.99
219 (219.1)			93.714	98.153	106.88	115.42	119.61	123.75	131.89	139.83
		245 (244.5)	105.896	110.98	120.99	130.81	135.64	140.42	149.84	159.07
273			119.016	124.79	136.18	147.38	152.9	158.38	169.18	179.78
	299		131.199	137.61	150.29	162.77	168.93	175.05	187.13	199.02
325 (323.9)			143.382	150.44	164.39	178.16	184.96	191.72	205.09	218.25

外径 (mm)			壁厚 (mm)							
系列 1	系列 2	系列 3	19	20	22（-22.2）	24	25	26	28	30
			理论质量 (kg/m)							
	340 (339.7)		150.41	157.83	172.53	187.03	194.21	201.34	215.44	229.35
	351		155.565	163.26	178.5	193.54	200.99	208.39	223.04	237.49
356 (355.6)			157.908	165.73	181.21	196.5	204.07	211.6	226.49	241.19
	377		167.748	176.08	192.61	208.93	217.02	225.06	240.99	256.73
	402		179.462	188.41	206.17	223.73	232.44	241.09	258.26	275.22
406 (406.4)			181.336	190.39	208.34	226.1	234.9	243.66	261.02	278.18
	426		190.707	200.25	219.19	237.93	247.23	256.48	274.83	292.98
	450		201.953	212.09	232.21	252.14	262.03	271.87	291.4	310.74
457			205.233	215.54	236.01	256.28	266.34	276.36	296.23	315.91
	480		216.01	226.89	248.49	269.9	280.53	291.1	312.12	332.93
	500		225.381	236.75	259.34	281.73	292.86	303.93	325.93	347.73
508			229.13	240.7	263.68	286.47	297.79	309.06	331.45	353.65

外径 (mm)			壁厚 (mm) 理论质量 (kg/m)							
系列1	系列2	系列3	19	20	22 (-22.2)	24	25	26	28	30
	530		239.438	251.55	275.62	299.49	311.35	323.16	346.64	369.92
		560 (559)	253.496	266.34	291.89	317.25	329.85	342.4	367.36	392.12
610			276.924	291.01	319.02	346.84	360.67	374.46	401.88	429.11
	630		286.295	300.87	329.87	358.68	373.01	387.29	415.70	443.91
		660	300.352	315.67	346.15	376.43	391.50	406.52	436.41	466.10
		699	286.30	334.90	367.31	399.52	415.55	431.53	463.34	494.96
711			300.35	340.82	373.82	406.62	422.95	439.22	471.63	503.84
	720		318.63	345.26	378.70	411.95	428.49	444.99	477.84	510.49
	762		324.25	365.98	401.49	436.81	454.39	471.92	506.84	541.57
		788.5	328.47	379.05	415.87	452.49	470.73	488.92	525.14	561.17
813			—	391.13	429.16	466.99	485.83	504.62	542.06	579.30
		864	—	416.29	456.83	497.18	517.28	537.33	577.28	617.03
914			—	—	—	—	548.10	569.39	611.80	654.02
		965	—	—	—	—	579.55	602.09	647.02	691.76
1016			—	—	—	—	610.99	634.79	682.24	729.49

外径 (mm)			壁厚 (mm) 理论质量 (kg/m)							
系列 1	系列 2	系列 3	32	34	36	38	40	42	45	48
	121		70.24	—	—	—	—	—	—	—
	127		74.97	—	—	—	—	—	—	—
	133		79.71	83.011	86.118	—	—	—	—	—
140 (139.7)			85.23	88.88	92.333	—	—	—	—	—
		142 (141.2)	86.81	90.557	94.108	—	—	—	—	—
	146		89.97	93.911	97.66	101.211	104.565	—	—	—
		152 (152.4)	94.7	98.942	102.99	106.834	110.484	—	—	—
		159	100.2	104.81	109.2	113.394	117.389	121.187	126.513	—
168 (168.3)			107.3	112.36	117.19	121.828	126.267	130.509	136.501	—
		180 (177.8)	116.8	122.42	127.85	133.073	138.104	142.938	149.819	156.255
		194 (193.7)	127.8	134.16	140.28	146.193	151.915	157.439	165.355	172.828
	203		134.9	141.71	148.27	154.628	160.793	166.761	175.343	183.482
219 (219.1)			147.6	155.12	162.47	169.622	176.576	183.334	193.1	202.422
		245 (244.5)	168.1	176.92	185.55	193.987	202.224	210.264	221.953	233.199

| 外径 (mm) | | | 壁厚 (mm) | | | | | | | |
系列 1	系列 2	系列 3	32	34	36	38	40	42	45	48
			理论质量 (kg/m)							
273			190.2	200.4	210.41	220.227	229.845	239.266	253.027	266.344
	299		210.7	222.2	233.5	244.593	255.493	266.196	281.881	297.122
325 (323.9)			231.2	244	256.58	268.958	281.141	293.127	310.735	327.899
	340 (339.7)		243.1	256.58	269.9	283.015	295.938	308.663	327.381	345.656
	351		251.7	265.8	279.66	293.324	306.789	320.057	339.589	358.677
356 (355.6)			255.7	269.99	284.1	298.01	311.721	325.236	345.138	364.596
	377		272.3	287.6	302.75	317.689	332.437	346.987	368.443	389.454
	402		292	308.57	324.94	341.118	357.098	372.882	396.187	419.048
406 (406.4)			295.1	311.92	328.49	344.866	361.044	377.025	400.626	423.783
	426		310.9	328.69	346.25	363.609	380.774	397.741	422.821	447.458
	450		329.9	348.81	367.56	386.1	404.449	422.599	449.456	475.868
457			335.4	354.68	373.77	392.66	411.354	429.85	457.224	484.155
	480		353.5	373.97	394.19	414.215	434.042	453.673	482.749	511.381
	500		369.3	390.74	411.95	432.957	453.772	474.389	504.944	535.056

外径 (mm)			壁厚 (mm) 理论质量 (kg/m)							
系列 1	系列 2	系列 3	32	34	36	38	40	42	45	48
508			375.6	397.45	419.05	440.454	461.663	482.675	513.822	544.526
	530		393	415.89	438.58	461.071	483.365	505.462	538.237	570.568
		560 (559)	416.7	441.05	465.21	489.185	512.959	536.536	571.53	606.081
610			456.14	482.97	509.61	536.042	562.282	588.325	627.019	665.269
	630		471.92	499.74	527.36	554.79	582.01	609.04	649.22	688.95
		660	495.60	524.90	554.00	582.90	611.61	640.12	682.51	724.46
		699	526.38	557.60	588.62	619.45	650.08	680.51	725.79	770.62
711			535.85	567.66	599.28	630.69	661.92	692.94	739.11	784.83
	720		542.95	575.21	607.27	639.13	670.79	702.26	749.09	795.48
	762		576.09	610.42	644.55	678.49	712.23	745.77	795.71	845.20
		788.5	597.01	632.64	668.08	703.32	738.37	773.21	825.11	876.57
813			616.34	653.18	689.83	726.28	762.54	798.59	852.30	905.57
		864	656.59	695.95	735.11	774.08	812.85	851.42	908.90	965.94
914			696.05	737.87	779.50	820.93	862.17	903.20	964.39	1025.13
		965	736.30	780.64	824.78	868.73	912.48	956.03	1020.99	1085.50
1016			776.54	823.40	870.06	916.52	962.79	1008.86	1077.59	1145.87

| 外径（mm） | | | 壁厚（mm） | | | | | |
| 系列 1 | 系列 2 | 系列 3 | 理论质量（kg/m） | | | | | |
			50	55	60	65	70	75
		180（177.8）	160.3	—	—	—	—	—
		194（193.7）	177.56	—	—	—	—	—
	203		188.66	200.75	—	—	—	—
219（219.1）			208.39	222.45	—	—	—	—
		245（244.5）	240.45	257.71	273.74	288.54	—	—
273			274.98	295.69	315.17	333.42	350.44	366.22
	299（298.5）		307.04	330.96	353.65	375.10	395.32	414.31
		302	310.74	335.03	358.09	379.91	400.50	419.86
		318.5	331.08	357.41	382.50	406.36	428.99	450.38
325（323.9）			339.1	366.22	392.12	416.78	400.21	462.40
	340（339.7）		357.59	386.57	414.31	440.82	428.99	490.15
	351		371.16	401.49	430.59	458.46	485.09	510.49
356（355.6）			377.32	408.27	437.99	466.47	493.72	519.74

| 外径（mm） | | | 壁厚（mm） | | | | | |
系列 1	系列 2	系列 3	50	55	60	65	70	75
			理论质量（kg/m）					
		368	392.12	424.55	455.75	485.71	514.44	541.94
	377		403.22	436.76	469.06	500.14	529.98	558.58
	402		434.04	470.67	506.05	540.21	573.13	604.82
406（406.4）			438.98	476.09	511.97	546.62	580.04	612.22
		419	455.01	493.72	531.21	567.46	602.48	636.27
	426		463.64	503.22	541.57	578.68	614.57	649.22
	450		493.23	535.77	577.08	617.15	656.00	693.61
457			501.86	545.27	587.44	628.38	668.08	706.55
	473		521.59	566.97	611.11	654.02	695.07	736.15
	480		530.22	576.46	621.47	665.24	707.79	749.09
	500		554.88	603.59	651.06	697.3	742.31	786.09
508			564.75	614.44	662.9	710.13	756.12	800.88
	530		591.88	644.28	695.45	745.39	794.10	841.58

外径（mm）			壁厚（mm） 理论质量（kg/m）					
系列1	系列2	系列3	50	55	60	65	70	75
		560（559）	628.87	684.97	739.85	793.48	845.89	897.06
610			690.52	752.79	813.83	873.63	932.21	989.55
	630		715.19	779.92	843.42	905.70	966.73	1026.54
		660	752.18	820.61	887.81	953.78	1018.52	1082.03
		699	800.27	873.51	945.52	1016.30	1085.85	1154.16
711			815.06	889.79	963.28	1035.54	1106.56	1176.36
	720		826.16	902.00	976.60	1049.97	1122.10	1193.00
	762		877.95	958.96	1038.74	1117.29	1194.61	1270.69
		788.5	910.63	994.91	1077.96	1159.77	1240.35	1319.70
813			940.84	1028.14	1114.21	1199.05	1282.65	1365.02
	864		1003.73	1097.32	1189.67	1280.80	1370.69	1459.35
914			1065.38	1165.14	1263.66	1360.95	1457.00	1551.83
	965		1128.27	1234.31	1339.12	1442.70	1545.05	1646.16
1016			1191.15	1303.49	1414.59	1524.45	1633.09	1740.49

外径 (mm)			壁厚 (mm) 理论质量 (kg/m)					
系列 1	系列 2	系列 3	80	85	90	95	100	110
273			380.77	394.09	—	—	—	—
	299 (298.5)		432.07	448.59	463.88	477.94	490.77	—
		302	437.99	454.88	470.54	484.97	498.16	—
		318.5	470.54	489.47	507.16	523.63	538.86	—
325 (323.9)			483.37	503.10	521.59	538.86	554.89	—
	340 (339.7)		512.96	534.54	554.89	574.00	591.88	—
	351		534.66	557.60	579.30	599.77	619.01	—
356 (355.6)			544.53	568.08	590.40	611.48	631.34	—
		368	568.20	593.23	617.03	639.60	660.93	—
	377		585.96	612.10	637.01	660.68	683.13	—
	402		635.28	664.51	692.50	719.25	744.78	—
406 (406.4)			643.17	672.89	701.37	728.63	754.64	—
		419	668.82	700.14	730.23	759.08	786.70	—
	426		682.63	714.82	745.77	775.48	803.97	—
	450		729.98	765.12	799.03	831.71	863.15	—
457			743.79	779.80	814.57	848.11	880.42	—
	473		775.36	813.34	850.08	885.60	919.88	—

外径（mm）			壁厚（mm）理论质量（kg/m）						
系列1	系列2	系列3	80	85	90	95	100	110	
	480		789.17	828.01	865.62	902.00	937.14	—	—
	500		828.63	869.94	910.01	948.85	986.46	1057.98	—
508			844.41	886.71	927.77	967.60	1006.19	1079.68	—
	530		887.82	932.82	976.60	1019.14	1060.45	1139.36	1213.35
		560（559）	947.00	995.71	1043.18	1089.42	1134.43	1220.75	1302.13
610			1045.65	1100.52	1154.16	1206.57	1257.74	1356.39	1450.10
	630		1085.11	1142.45	1198.55	1253.42	1307.06	1410.64	1509.29
		660	1144.30	1205.33	1265.14	1323.71	1381.05	1492.02	1598.07
		699	1221.24	1287.09	1351.70	1415.08	1477.23	1597.82	1713.49
711			1244.92	1312.24	1378.33	1443.19	1506.82	1630.38	1749.00
	720		1262.67	1331.11	1398.31	1464.28	1529.02	1654.79	1775.63
	762		1345.53	1419.15	1491.53	1562.68	1632.60	1768.73	1899.93
		788.5	1397.82	1474.70	1550.35	1624.77	1697.95	1840.62	1978.35
813			1446.15	1526.06	1604.73	1682.17	1758.37	1907.08	2050.86
		864	1546.77	1632.97	1717.92	1801.65	1884.14	2045.43	2201.78
914			1645.42	1737.78	1828.90	1918.79	2007.45	2181.07	2349.75
		965	1746.04	1844.68	1942.10	2038.28	2133.22	2319.42	2500.68
1016			1846.66	1951.59	2055.29	2157.76	2259.00	2457.77	2651.61

注　1. 括号内尺寸为相应的 ISO 4200 的规格。
　　2. 理论质量按密度 7.85kg/dm³ 计算。理论质量按公式计算。

6. 建筑装饰用不锈钢焊接钢管（JG/T 3030）

建筑装饰用不锈钢焊接钢管主要适用于建筑装饰、家具、一般机械结构部件以及其他装饰用不锈钢焊管。其尺寸规格见表2-100、表2-101。允许偏差见表2-102、表2-103。

表 2-100　　　　建筑装饰用不锈钢焊接钢管圆管的尺寸规格

外径 (mm)	总壁厚 (mm)															
	0.4	0.5	0.6	0.7	0.8	0.9	1.0	1.2	1.4	1.5	1.8	2.0	2.2	2.5	2.8	3.0
6	√	√	√	—	—	—	—	—	—	—	—	—	—	—	—	—
7	√	√	√	√	√	—	—	—	—	—	—	—	—	—	—	—
8	√	√	√	√	√	—	—	—	—	—	—	—	—	—	—	—
9	√	√	√	√	√	—	—	—	—	—	—	—	—	—	—	—
(9.53)	√	√	√	√	√	√	√	—	—	—	—	—	—	—	—	—
10	√	√	√	√	√	√	√	—	—	—	—	—	—	—	—	—
11	√	√	√	√	√	√	√	√	—	—	—	—	—	—	—	—
12	√	√	√	√	√	√	√	√	—	—	—	—	—	—	—	—
(12.7)	√	√	√	√	√	√	√	√	—	—	—	—	—	—	—	—
13	√	√	√	√	√	√	√	√	—	—	—	—	—	—	—	—
14	√	√	√	√	√	√	√	√	—	—	—	—	—	√	—	—
15	√	√	√	√	√	√	√	√	√	√	—	—	—	—	—	—
(15.9)	—	√	√	√	√	√	√	√	√	√	—	—	—	—	—	—
16	—	√	√	√	√	√	√	√	√	√	—	—	—	—	—	—
17	—	√	√	√	√	√	√	√	√	√	—	—	—	—	—	—
18	—	√	√	√	√	√	√	√	√	√	—	√	—	—	—	—
19	—	√	√	√	√	√	√	√	√	√	—	—	—	—	—	—
20	—	√	√	√	√	√	√	√	√	√	—	—	—	—	—	—
21	—	—	√	√	√	√	√	√	√	√	—	—	√	—	—	—
22	—	—	√	√	√	√	√	√	√	√	—	—	√	—	—	—
24	—	—	√	√	√	√	√	√	√	√	—	—	—	—	—	—
25	—	—	√	√	√	√	√	√	√	√	—	—	—	√	—	—
(25.4)	—	—	√	√	√	√	√	√	√	√	—	—	—	√	—	—

外径 (mm)	总壁厚 (mm)															
	0.4	0.5	0.6	0.7	0.8	0.9	1.0	1.2	1.4	1.5	1.8	2.0	2.2	2.5	2.8	3.0
26	—	—	—	√	√	√	√	√	√	√	√	√	—	—	—	—
28	—	—	—	√	√	√	√	√	√	√	√	√	—	—	—	—
30	—	—	—	—	√	√	√	√	√	√	√	√	—	—	—	—
(31.8)	—	—	—	√	√	√	√	√	√	√	√	√	√	—	—	—
32	—	—	—	—	√	√	√	√	√	√	√	√	√	—	—	—
36	—	—	—	—	√	√	√	√	√	√	√	√	√	√	√	√
(38.1)	—	—	—	—	√	√	√	√	√	√	√	√	√	√	√	√
40	—	—	—	—	√	√	√	√	√	√	√	√	√	√	√	√
45	—	—	—	—	√	√	√	√	√	√	√	√	√	√	√	√
50	—	—	—	—	—	√	√	√	√	√	√	√	√	√	√	√
(50.8)	—	—	—	—	—	√	√	√	√	√	√	√	√	√	√	√
56	—	—	—	—	—	√	√	√	√	√	√	√	√	√	√	√
(57.1)	—	—	—	—	—	√	√	√	√	√	√	√	√	√	√	√
(60.3)	—	—	—	—	—	√	√	√	√	√	√	√	√	√	√	√
63	—	—	—	—	—	—	√	√	√	√	√	√	√	√	√	√
(63.5)	—	—	—	—	—	√	√	√	√	√	√	√	√	√	√	√
71	—	—	—	—	—	—	√	√	√	√	√	√	√	√	√	√
(76.2)	—	—	—	—	—	—	√	√	√	√	√	√	√	√	√	√
80	—	—	—	—	—	—	√	√	√	√	√	√	√	√	√	√
90	—	—	—	—	—	—	—	√	√	√	√	√	√	√	√	√
100	—	—	—	—	—	—	—	√	√	√	√	√	√	√	√	√
(101.6)	—	—	—	—	—	—	—	√	√	√	√	√	√	√	√	√
(108)	—	—	—	—	—	—	—	—	√	√	√	√	√	√	√	√
110	—	—	—	—	—	—	—	—	√	√	√	√	√	√	√	√
(114.3)	—	—	—	—	—	—	—	—	√	√	√	√	√	√	√	√
125	—	—	—	—	—	—	—	—	—	√	√	√	√	√	√	√
(140)	—	—	—	—	—	—	—	—	—	√	√	√	√	√	√	√
160	—	—	—	—	—	—	—	—	—	√	√	√	√	√	√	√

注 括号内尺寸不推荐使用。√表示圆管的产品尺寸。

表 2-101　建筑装饰用不锈钢焊接钢管方管、矩形管的尺寸规格

外径 (mm)	总壁厚（mm）															
	0.4	0.5	0.6	0.7	0.8	0.9	1.0	1.2	1.4	1.5	1.8	2.0	2.2	2.5	2.8	3.0
方　管																
10	√	√	√	√	√	√	√	√	—	—	—	—	—	—	—	—
(12.7)	—	√	√	√	√	√	√	√	√	√	—	—	—	—	—	—
(15.9)	—	√	√	√	√	√	√	√	√	√	√	√	—	—	—	—
16	—	√	√	√	√	√	√	√	√	√	√	√	—	—	—	—
20	—	—	√	√	√	√	√	√	√	√	√	√	√	—	—	—
25	—	—	—	√	√	√	√	√	√	√	√	√	√	√	—	—
(25.4)	—	—	—	—	√	√	√	√	√	√	√	√	√	√	√	—
30	—	—	—	—	√	√	√	√	√	√	√	√	√	√	√	√
(31.8)	—	—	—	—	√	√	√	√	√	√	√	√	√	√	√	√
(38.1)	—	—	—	—	√	√	√	√	√	√	√	√	√	√	√	√
40	—	—	—	—	√	√	√	√	√	√	√	√	√	√	√	√
50	—	—	—	—	—	√	√	√	√	√	√	√	√	√	√	√
60	—	—	—	—	—	—	√	√	√	√	√	√	√	√	√	√
70	—	—	—	—	—	—	√	√	√	√	√	√	√	√	√	√
80	—	—	—	—	—	—	—	√	√	√	√	√	√	√	√	√
90	—	—	—	—	—	—	—	—	√	√	√	√	√	√	√	√
100	—	—	—	—	—	—	—	—	—	√	√	√	√	√	√	√
矩　形　管																
20×10	—	√	√	√	√	√	√	√	√	√	√	—	—	—	—	—
25×13	—	—	√	√	√	√	√	√	√	√	√	√	—	—	—	—
(31.8×15.0)	—	—	—	—	√	√	√	√	√	√	√	√	√	√	—	—
(38.1×24.5)	—	—	—	—	√	√	√	√	√	√	√	√	√	√	√	√
40×20	—	—	—	—	√	√	√	√	√	√	√	√	√	√	√	√
50×25	—	—	—	—	—	—	√	√	√	√	√	√	√	√	√	√
60×30	—	—	—	—	—	—	√	√	√	√	√	√	√	√	√	√
70×30	—	—	—	—	—	√	√	√	√	√	√	√	√	√	√	√

外径	总壁厚（mm）															
（mm）	0.4	0.5	0.6	0.7	0.8	0.9	1.0	1.2	1.4	1.5	1.8	2.0	2.2	2.5	2.8	3.0
75×45	—	—	—	—	—	—	√	√	√	√	√	√	√	√	√	√
80×45	—	—	—	—	—	—	√	√	√	√	√	√	√	√	√	√
90×25	—	—	—	—	—	—	√	√	√	√	√	√	√	√	√	√
90×45	—	—	—	—	—	—	√	√	√	√	√	√	√	√	√	√
100×25	—	—	—	—	—	—	√	√	√	√	√	√	√	√	√	√
100×45	—	—	—	—	—	—	—	√	√	√	√	√	√	√	√	√

注 括号内尺寸不推荐使用。√表示方管、矩形管的产品尺寸。

表 2-102　　　　　管材的外径、边长允许偏差

供货状态	外径或边长 A（mm）	允许偏差（mm）		
		普通级	较高级	高级
焊接	≤20	±0.13	±0.20	—
	>20~50	±0.50	±0.40	—
	>50	±1.0%A	±0.5%A	—
热处理状态	≤13	±0.25	±0.20	—
	≥13~25	±0.40	±0.30	—
	≥25~40	±0.60	±0.40	—
	≥40~65	±0.80	±0.60	—
	≥65~90	±1.00	±0.80	—
	≥90~140	±0.12	±1.00	—
	>140	按协议	按协议	—
磨（抛）光状态	≤25	±0.15	±0.12	±0.10
	≥25~40	±0.18	±0.15	±0.12
	≥40~50	±0.20	±0.18	±0.15
	≥50~60	±0.23	±0.20	±0.18
	≥60~70	±0.25	±0.23	±0.20
	≥70~80	±0.30	±0.25	±0.23
	≥80~90	±0.40	±0.30	±0.25
	≥90~100	±0.50	±0.40	±0.30
	≥100~160	±0.55%A	±0.5%A	±0.4%A

表 2-103   **管材的壁厚允许偏差**

壁厚	允许偏差（mm）	
（mm）	普通级	较高级
≥0.4～0.8	±0.10	±0.08
>0.8～1.00	±0.12	±0.10
>1.00～1.25	±0.13	±0.12
>1.25～1.60	±0.14	±0.13
>1.60～2.00	±0.16	±0.14
>2.00～2.50	±0.18	±0.16
>2.50～3.00	±0.20	±0.18

7. 热轧（挤压、扩）无缝钢管（GB/T 8162、GB/T 8163）

热轧（挤压、扩）无缝钢管的尺寸规定见表 2-104。

表 2-104   **热轧（挤压、扩）无缝钢管**

外径	壁厚（mm）							
（mm）	2.5	3	3.5	4	4.5	5	5.5	6
	钢管理论质量（kg/m）							
32	1.82	2.15	2.46	2.76	3.05	3.33	3.59	3.85
38	2.19	2.59	2.98	3.35	3.72	4.07	4.41	4.74
42	2.44	2.89	3.35	3.75	4.16	4.56	4.95	5.33
45	2.62	3.11	3.58	4.04	4.49	4.93	5.36	5.77
50	2.93	3.48	4.01	4.54	5.05	5.55	6.04	6.51
54	—	3.77	4.36	4.93	5.49	6.04	6.58	7.10
57	—	4.00	4.62	5.23	5.83	6.41	6.99	7.55
60	—	4.22	4.88	5.52	6.16	6.78	7.39	7.99
63.5	—	4.48	5.18	5.87	6.55	7.21	7.87	8.51
68	—	4.81	5.57	6.31	7.05	7.77	8.48	9.17
70	—	4.96	5.74	6.51	7.27	8.01	8.75	9.47
73	—	5.18	6.00	6.81	7.60	8.38	9.16	9.91

外径 （mm）	壁厚（mm）							
	2.5	3	3.5	4	4.5	5	5.5	6
	钢管理论质量（kg/m）							
76	—	5.40	6.26	7.10	7.93	8.75	9.56	10.36
83	—	—	6.86	7.79	8.71	9.62	10.51	11.39
89	—	—	7.38	8.38	9.38	10.36	11.33	12.28
96	—	—	7.90	8.98	10.04	11.10	12.14	13.17
102	—	—	8.50	9.67	10.82	11.96	13.09	14.21
108	—	—	—	10.26	11.49	12.70	13.90	15.09
114	—	—	—	10.85	12.15	13.44	14.72	15.98
121	—	—	—	11.54	12.93	14.30	15.67	17.02
127	—	—	—	12.13	13.59	15.04	16.48	17.90
133	—	—	—	12.73	14.26	15.78	17.29	18.79
140	—	—	—	—	15.04	16.65	18.24	19.83
146	—	—	—	—	15.74	17.39	19.06	20.72
152	—	—	—	—	16.37	18.13	19.87	21.60
159	—	—	—	—	17.15	18.99	20.82	22.64
168	—	—	—	—	—	20.10	22.04	23.97
180	—	—	—	—	—	21.59	23.70	25.75
194	—	—	—	—	—	23.31	25.60	27.82
203	—	—	—	—	—	—	—	29.14
219	—	—	—	—	—	—	—	31.52

外径 （mm）	壁厚（mm）							
	6.5	7	7.5	8	8.5	9	9.5	10
	钢管理论质量（kg/m）							
32	4.09	4.32	4.53	4.74	—	—	—	—
38	5.05	5.35	5.64	5.92	—	—	—	—
42	5.69	6.04	6.38	6.71	7.02	7.32	7.60	7.88
45	6.17	6.56	6.94	7.30	7.65	7.99	8.32	8.63

外径 （mm）	壁厚（mm）							
	6.5	7	7.5	8	8.5	9	9.5	10
	钢管理论质量（kg/m）							
50	6.97	7.42	7.86	8.29	8.70	9.10	9.49	9.86
54	7.61	8.11	8.60	9.08	9.54	9.99	10.43	10.85
57	8.10	8.63	9.16	9.67	10.17	10.65	11.13	11.59
60	8.58	9.15	9.21	10.26	10.80	11.32	11.83	12.33
63.5	9.14	9.75	10.36	10.95	11.53	12.10	12.65	13.19
68	9.86	10.53	11.19	11.84	12.47	13.10	13.71	14.30
70	10.18	10.88	11.56	12.23	12.89	13.54	14.17	14.80
73	10.66	11.39	12.11	12.82	13.52	14.21	14.88	15.54
76	11.14	11.91	12.67	13.42	14.15	14.87	15.58	16.28
83	12.26	13.12	13.96	14.80	15.62	16.42	17.22	18.00
89	13.22	14.16	15.07	15.98	16.87	17.76	18.63	19.48
96	14.19	15.19	16.18	17.16	18.13	19.09	20.03	20.96
102	16.31	16.40	17.48	18.55	19.60	20.64	21.67	22.69
108	16.27	17.44	18.59	19.73	20.86	21.97	23.08	24.17
114	17.23	18.47	19.70	20.91	22.12	23.31	24.48	25.65
121	18.35	19.68	20.99	22.29	23.58	24.86	26.12	27.37
127	19.32	20.72	22.10	23.48	24.84	26.19	27.53	28.85
133	20.28	21.75	23.21	24.66	26.10	27.52	28.93	30.33
140	21.40	22.96	24.51	26.04	27.57	29.08	30.57	32.06
146	22.36	24.00	25.62	27.23	28.82	30.41	31.98	33.54
152	23.32	25.03	26.73	28.41	30.08	31.74	33.39	35.02
159	24.45	26.24	28.02	29.79	31.55	33.29	35.03	36.75
168	25.89	27.79	29.69	31.57	33.48	35.29	37.13	38.97
180	27.70	29.87	31.91	33.93	35.95	37.95	39.95	41.92
194	30.00	32.28	34.50	36.70	38.89	41.06	43.23	45.38
203	31.50	33.83	36.16	38.47	40.77	43.05	45.33	47.59

外径 （mm）	壁厚（mm）							
	6.5	7	7.5	8	8.5	9	9.5	10
	钢管理论质量（kg/m）							
219	34.06	36.60	39.12	41.63	44.12	46.61	49.08	51.54
245	38.23	41.09	43.85	46.76	49.56	52.38	55.17	57.95
273	42.64	45.92	49.10	52.28	55.45	58.60	61.73	64.86
299	—	—	53.91	57.41	60.89	64.37	67.83	71.27
325	—	—	58.74	62.54	56.35	70.14	73.92	77.68
351	—	—	—	57.67	71.80	75.91	80.01	84.10
377	—	—	—	—	—	81.68	86.10	90.51
402	—	—	—	—	—	87.21	91.95	96.67
426	—	—	—	—	—	92.55	97.57	102.59
450	—	—	—	—	—	97.87	103.20	108.50
(465)	—	—	—	—	—	101.10	106.48	112.20
480	—	—	—	—	—	104.52	110.22	115.90
500	—	—	—	—	—	108.96	114.91	120.83
530	—	—	—	—	—	115.62	121.94	128.23
(550)	—	—	—	—	—	120.07	126.62	133.10
560	—	—	—	—	—	122.28	128.97	135.63
600	—	—	—	—	—	131.17	138.34	145.50
630	—	—	—	—	—	137.81	145.36	152.89

外径 （mm）	壁厚（mm）							
	11	12	13	14	15	16	17	18
	钢管理论质量（kg/m）							
54	11.67	—	—	—	—	—	—	—
57	12.48	13.32	14.11	—	—	—	—	—
60	13.29	14.21	15.07	15.88	—	—	—	—
63.5	14.24	15.24	16.19	17.09	—	—	—	—
68	15.46	16.57	17.63	18.64	19.61	20.52	—	—

外径 （mm）	壁厚（mm）							
	11	12	13	14	15	16	17	18
	钢管理论质量（kg/m）							
70	16.01	17.16	18.27	19.33	20.35	21.31	—	—
73	16.82	18.05	19.24	20.37	21.46	22.49	23.48	24.41
76	17.63	18.94	20.20	21.41	22.57	23.68	24.74	25.75
83	19.53	21.01	22.44	23.82	25.15	26.44	27.67	28.85
89	21.16	22.79	24.37	25.89	27.37	28.80	30.19	31.52
95	22.79	24.56	26.29	27.97	29.59	31.17	32.70	34.18
102	24.69	26.63	28.53	30.38	32.18	39.93	35.64	37.29
108	26.31	28.41	30.46	32.45	34.40	36.30	38.15	39.95
114	27.94	30.19	32.38	34.53	36.62	38.67	40.67	42.62
121	29.84	32.26	34.62	36.94	39.21	41.43	43.60	45.72
127	31.47	34.03	36.55	39.01	41.41	43.80	46.12	48.39
133	33.10	35.81	38.47	41.09	43.61	46.17	48.63	51.05
140	34.99	37.88	40.72	43.50	46.24	48.93	51.57	54.16
146	36.62	39.66	42.64	45.57	48.46	51.30	54.08	56.82
152	38.25	41.43	44.56	47.65	50.63	53.66	56.60	59.48
159	40.15	43.50	46.81	50.06	53.27	56.43	59.53	62.59
168	42.59	46.17	49.69	53.17	56.60	59.98	63.31	66.59
180	45.85	49.72	53.54	57.31	61.04	64.71	68.34	71.91
194	49.64	53.86	58.03	62.15	66.22	70.24	74.21	78.13
203	52.08	56.52	60.91	65.94	69.54	73.71	77.97	82.12
219	56.41	61.26	66.04	70.78	75.40	80.10	84.69	89.23
245	63.48	68.95	74.38	79.76	83.08	90.36	95.59	100.77
273	71.07	77.24	83.36	89.42	95.44	101.41	107.33	113.20
299	78.13	84.93	91.69	98.40	105.06	111.67	118.23	124.74
325	85.18	92.63	100.03	107.38	114.68	121.93	129.13	136.28
351	92.23	100.32	108.36	116.35	124.29	132.19	140.03	147.82

外径 （mm）	壁厚（mm）							
	11	12	13	14	15	16	17	18
	钢管理论质量（kg/m）							
377	99.29	108.02	117.00	125.33	133.91	142.44	150.93	159.36
402	106.06	115.41	124.71	133.94	143.15	152.30	161.40	170.45
426	112.58	122.52	132.41	142.25	152.04	161.78	171.47	181.11
450	119.08	130.61	140.09	150.52	160.90	171.24	181.52	191.76
(465)	123.15	134.05	144.90	155.70	166.46	177.16	187.81	198.41
480	127.22	139.49	149.71	160.88	172.00	183.08	194.10	205.07
500	132.65	145.41	156.12	167.79	179.40	190.97	202.48	213.95
530	140.78	154.25	165.74	178.14	190.50	202.80	215.06	227.27
(550)	146.21	159.20	172.15	185.05	197.90	210.70	223.44	236.14
560	146.92	163.16	175.36	188.50	201.60	214.64	227.64	246.58
600	159.78	175.00	188.18	202.31	216.39	230.42	244.40	258.34
630	167.91	183.88	197.80	212.67	227.49	242.26	256.98	271.66

外径 （mm）	壁厚（mm）							
	19	20	22	(24)	25	(26)	28	30
	钢管理论质量（kg/m）							
73	25.30	—	—	—	—	—	—	—
76	26.71	—	—	—	—	—	—	—
83	29.99	—	—	—	—	—	—	—
89	32.80	34.03	36.35	38.47	—	—	—	—
95	35.61	36.99	39.61	42.02	—	—	—	—
102	38.89	40.44	43.40	46.17	—	—	—	—
108	41.70	43.40	46.66	49.72	51.17	52.58	55.24	—
114	44.51	46.36	49.91	53.27	54.87	56.43	59.38	—
121	47.79	49.82	53.71	57.41	59.19	60.91	64.22	
127	50.61	52.78	56.97	60.96	62.89	64.76	68.36	71.76
133	53.42	55.73	60.22	64.51	66.59	68.61	72.50	76.20

外径 (mm)	壁厚（mm）							
	19	20	22	(24)	25	(26)	28	30
	钢管理论质量（kg/m）							
140	56.70	59.19	64.02	68.66	70.90	73.10	77.34	81.38
146	59.51	62.15	67.27	72.21	74.66	76.94	81.48	85.82
152	62.32	65.11	70.59	75.76	78.30	80.79	85.62	90.26
159	65.60	68.56	74.33	79.90	82.62	85.28	90.46	95.44
168	69.82	73.00	79.21	85.23	88.16	91.05	96.67	102.10
180	75.44	78.92	85.72	92.33	95.56	98.74	104.96	110.98
194	82.00	85.28	93.32	100.62	104.19	107.72	114.63	121.33
203	86.21	90.26	98.20	105.94	109.74	113.49	120.83	127.99
219	93.71	98.15	106.88	115.42	119.61	123.75	131.89	139.83
245	105.90	110.96	120.90	130.80	135.64	140.42	149.84	159.07
273	119.02	124.79	136.18	147.38	152.90	158.38	169.18	179.78
299	131.20	137.61	150.29	162.77	168.93	175.05	187.13	199.02
325	143.38	150.44	164.39	178.15	184.96	191.72	205.09	218.25
351	155.56	163.26	178.50	193.54	200.99	208.39	223.04	237.49
377	167.75	176.08	192.61	208.93	217.02	225.06	240.99	256.73
402	179.45	188.40	206.16	223.72	232.42	241.08	258.24	275.21
426	190.71	200.25	219.19	237.93	247.23	256.48	274.83	292.98
450	201.94	212.08	232.20	252.12	262.01	271.85	291.38	310.72
(465)	208.97	219.47	240.34	261.00	271.26	281.47	301.74	321.81
480	216.00	226.87	248.47	269.88	280.51	291.09	312.10	332.91
500	225.37	236.74	259.32	281.72	292.84	303.91	325.91	347.71
530	239.42	251.53	275.60	299.47	317.50	323.14	346.62	369.90
(550)	248.80	261.40	286.45	311.31	323.66	335.97	360.43	384.70
560	253.48	266.33	291.88	317.23	—	—	—	—
600	272.22	286.06	313.58	340.90	—	—	—	—
630	286.28	300.85	329.85	358.66	—	—	—	—

外径 (mm)	壁厚（mm）							
	32	(34)	(35)	36	(38)	40	(42)	(45)
	钢管理论质量（kg/m）							
133	79.71	—	—	—	—	—	—	—
140	85.23	88.88	90.63	92.33	—	—	—	—
146	89.97	93.91	95.81	97.66	—	—	—	—
152	94.70	98.94	100.99	102.99	—	—	—	—
159	100.22	104.81	107.03	109.20	—	—	—	—
168	107.33	112.30	114.80	117.19	121.83	126.27	130.51	136.50
180	116.80	122.42	125.16	127.85	133.07	138.10	142.94	149.82
194	127.85	134.16	137.24	140.27	146.19	151.91	157.44	165.36
203	134.94	141.70	145.00	148.26	154.62	160.78	166.75	175.33
219	147.57	155.12	158.82	162.47	169.63	176.58	183.33	193.10
245	168.09	176.92	181.26	185.55	193.99	202.22	210.26	221.95
278	190.19	100.40	205.43	210.41	220.23	129.85	239.27	253.03
299	210.71	222.20	227.87	233.50	244.59	255.49	266.20	281.88
325	231.23	244.00	250.31	256.53	268.94	281.14	293.13	310.73
351	251.74	265.80	272.76	279.66	293.32	206.79	320.06	339.59
377	272.26	287.61	295.20	302.77	317.69	332.44	346.99	368.44
402	291.18	308.55	316.76	324.92	341.10	357.08	372.86	396.16
426	310.93	328.69	337.49	346.27	363.61	380.77	397.74	422.82
450	329.84	348.79	358.19	367.53	386.08	404.42	422.56	449.43
(465)	341.69	361.37	371.12	380.85	400.13	419.22	438.11	466.07
480	353.52	373.94	384.08	394.17	414.19	436.01	453.64	482.72
500	369.30	390.71	401.34	411.92	432.93	453.74	474.35	504.91
530	392.92	415.87	427.23	438.55	461.04	483.34	505.42	538.20
(550)	406.70	432.64	444.30	456.31	479.79	503.06	526.15	560.40

外径 (mm)	壁厚（mm）							
	（48）	50	56	60	63	（65）	70	75
	钢管理论质量（kg/m）							
203	183.47	188.65	—	—	—	—	—	—
219	202.41	208.38	—	—	—	—	—	—
245	233.25	240.44	—	—	—	—	—	—
278	266.40	274.96	—	—	—	—	—	—
299	297.10	307.02	335.57	353.62	366.64	375.01	395.30	414.29
325	327.90	339.10	371.49	392.09	407.04	416.75	440.34	462.28
351	358.68	371.16	407.40	430.59	447.41	458.43	485.24	510.46
377	389.45	403.22	442.30	469.06	484.82	500.14	529.98	558.55
402	319.02	434.01	477.81	506.02	526.66	540.17	573.10	604.79
426	447.46	463.64	510.97	541.57	560.47	578.68	614.56	649.21
450	475.84	493.20	544.10	577.04	601.24	617.12	655.96	963.56
（465）	493.59	511.70	564.83	599.24	624.54	641.16	681.84	721.31
480	511.35	530.19	585.53	621.43	632.31	665.20	707.74	749.05
500	535.02	554.85	613.15	651.02	678.91	697.26	742.27	786.04
530	570.53	591.84	654.58	695.41	725.52	745.35	794.05	841.52
（550）	594.21	616.50	682.19	725.00	756.59	777.41	828.58	878.51
560	—	—	—	—	—	—	—	—
600	—	—	—	—	—	—	—	—
630	—	—	—	—	—	—	—	—

外径 (mm)	壁厚 (mm)	外径 (mm)	壁厚 (mm)	外径 (mm)	壁厚 (mm)	外径 (mm)	壁厚 (mm)
32	2.5～8	70	3～16	127	4～30	219	6～50
38	2.5～8	73	3～19	133	4～32	245	6.5～50
42	2.5～10	76	3～19	140	4.5～36	273	6.5～50
45	2.5～10	83	3.5～19	146	4.5～36	299	7.5～75
50	2.5～10	89	3.5～24	152	4.5～36	325	7.5～75
54	3～11	95	3.5～24	159	4.5～36	351	8～75
57	3～13	102	3.5～24	168	5～45	377	9～75
60	3～14	108	4～28	180	5～45	402	9～75
63.5	3～14	114	4～28	194	5～45	406	9～75
68	3～16	121	4～28	203	6～50	450	9～75
465)	9～75	500	9～75	(550)	9～75	600	9～24
480	9～75	530	9～75	560	9～24	630	9～24

壁厚系列 (mm)	2.5, 3, 3.5, 4, 4.5, 5, 5.5, 6, 6.5, 7, 7.5, 8, 8.5, 9, 9.5, 10, 11, 12, 13, 14, 15, 16, 17, 18, 19, 20, 22, (24), 25, (26), 28, 30, 32, (34), (35), 36, (38), 40, (42), (45), (48), (50), 56, 60, 63, (65), 70, 75

注　1. GB/T 8162《结构用无缝钢管》，GB/T 8163《输送流体用无缝钢管》。

　　2. 带括号的尺寸不推荐使用，钢管通常的长度为 3～12m。

　　3. 钢管以热处理状态交货。

8. 冷拔（轧）无缝钢管（GB/T 8162、GB/T 8163）

冷拔（轧）无缝钢管的尺寸规定见表 2-105。

表 2-105　　　　冷拔（轧）无缝钢管的尺寸规格

外径 (mm)	壁厚（mm）					
	0.25	0.30	0.40	0.50	0.60	0.80
	钢管理论质量（kg/m）					
6	0.0354	0.0421	0.055	0.068	0.080	0.103

外径 (mm)	壁厚 (mm)					
	0.25	0.30	0.40	0.50	0.60	0.80
	钢管理论质量 (kg/m)					
7	0.0416	0.0496	0.065	0.080	0.095	0.122
8	0.0477	0.057	0.075	0.092	0.110	0.142
9	0.054	0.064	0.085	0.105	0.125	0.162
10	0.060	0.072	0.095	0.117	0.139	0.182
11	0.066	0.079	0.105	0.129	0.154	0.201
12	0.072	0.087	0.115	0.142	0.169	0.221
14	0.085	0.101	0.134	0.166	0.199	0.260
16	0.097	0.116	0.154	0.191	0.228	0.300
18	0.109	0.131	0.174	0.216	0.258	0.340
20	0.122	0.146	0.193	0.240	0.288	0.379
22	—	—	0.212	0.265	0.318	0.419
25	—	—	0.242	0.302	0.363	0.478
28	—	—	0.272	0.340	0.406	0.536
29	—	—	0.282	0.352	0.410	0.553
30	—	—	0.292	0.364	0.436	0.576
32	—	—	0.311	0.389	0.466	0.615
34	—	—	0.331	0.413	0.496	0.655
36	—	—	0.350	0.438	0.525	0.695
38	—	—	0.370	0.464	0.555	0.734
40	—	—	0.390	0.494	0.585	0.774

外径 (mm)	壁厚（mm）					
	1.0	1.2	1.4	1.5	1.6	1.8
	钢管理论质量（kg/m）					
6	0.123	0.142	0.159	0.166	0.174	0.186
7	0.148	0.172	0.193	0.203	0.213	0.230
8	0.173	0.202	0.227	0.240	0.253	0.275
9	0.197	0.231	0.262	0.277	0.292	0.319
10	0.222	0.261	0.296	0.314	0.332	0.363
11	0.247	0.290	0.331	0.351	0.371	0.407
12	0.271	0.320	0.365	0.388	0.411	0.452
14	0.321	0.379	0.434	0.462	0.490	0.541
16	0.370	0.438	0.503	0.536	0.568	0.629
18	0.419	0.497	0.572	0.610	0.647	0.717
20	0.469	0.556	0.642	0.684	0.726	0.806
22	0.518	0.616	0.710	0.758	0.806	0.895
25	0.592	0.703	0.813	0.869	0.925	1.03
28	0.666	0.792	0.916	0.98	1.04	1.16
29	0.691	0.823	0.951	1.02	1.076	1.22
30	0.715	0.851	0.986	1.05	1.12	1.25
32	0.765	0.910	1.053	1.13	1.20	1.34
34	0.814	0.968	1.122	1.20	1.28	1.43
36	0.863	1.027	1.192	1.28	1.36	1.52
38	0.912	1.087	1.26	1.35	1.44	1.61
40	0.962	1.146	1.33	1.42	1.52	1.69
42	1.010	1.208	1.41	1.50	1.60	1.79
44.5	1.070	1.281	1.48	1.59	1.65	1.88
45	1.090	1.295	1.51	1.61	1.71	1.91
48	1.160	1.382	1.61	1.72	1.83	2.05
50	1.21	1.44	1.68	1.79	1.91	2.14

外径 (mm)	壁厚（mm）					
	1.0	1.2	1.4	1.5	1.6	1.8
	钢管理论质量（kg/m）					
53	1.28	1.53	1.78	1.91	2.03	2.27
56	1.36	1.62	1.89	2.02	2.15	2.40
60	1.46	1.74	2.02	2.16	2.31	2.58
63	1.53	1.83	2.13	2.27	2.42	2.71
65	1.58	1.89	2.20	2.35	2.50	2.80
70	1.70	2.03	2.37	2.53	2.70	3.02
75	1.82	2.18	2.54	2.71	2.90	3.24
80	—	—	2.71	2.90	3.09	3.47
85	—	—	2.88	3.08	3.29	3.69
90	—	—	3.05	3.27	3.49	3.91
95	—	—	3.21	3.46	3.68	4.13
100	—	—	3.40	3.64	3.88	4.35
110	—	—	3.74	4.03	4.28	4.81
120	—	—	—	4.36	4.66	5.25
125	—	—	—	—	—	5.46

外径 (mm)	壁厚（mm）					
	2.0	2.2	2.5	2.8	3.0	3.2
	钢管理论质量（kg/m）					
	0.197	—	—	—	—	—
7	0.247	0.260	0.277	—	—	—
8	0.296	0.315	0.339	—	—	—
9	0.345	0.369	0.401	0.427	—	—
10	0.395	0.423	0.462	0.496	0.518	0.536
11	0.444	0.477	0.524	0.566	0.592	0.615
12	0.493	0.532	0.586	0.635	0.666	0.694
14	0.592	0.640	0.709	0.772	0.814	0.852

外径 （mm）	壁厚（mm）					
	2.0	2.2	2.5	2.8	3.0	3.2
	钢管理论质量（kg/m）					
16	0.691	0.747	0.832	0.91	0.962	1.0l
18	0.789	0.856	0.956	1.05	1.11	1.17
20	0.888	0.965	1.08	1.19	1.26	1.33
22	0.986	1.07	1.20	1.33	1.41	1.49
25	1.13	1.24	1.39	1.53	1.63	1.72
28	1.28	1.40	1.57	1.74	1.85	1.96
29	1.33	1.47	1.63	1.83	1.92	2.02
30	1.38	1.51	1.70	1.88	2.00	2.12
32	1.48	1.62	1.82	2.02	2.15	2.28
34	1.58	1.72	1.94	2.15	2.29	2.43
36	1.68	1.83	2.07	2.29	2.44	2.59
38	1.78	1.94	2.19	2.43	2.59	2.75
40	1.87	2.05	2.31	2.56	2.74	2.91
42	1.97	2.16	2.44	2.70	2.89	3.07
44.5	2.10	2.29	2.59	2.89	3.07	3.25
45	2.12	2.32	2.62	2.9l	3.11	3.31
48	2.27	2.48	2.81	3.11	3.33	3.54
50	2.37	2.59	2.93	3.25	3.48	3.70
53	2.52	2.76	3.11	3.46	3.70	3.94
56	2.66	2.92	3.30	3.66	3.92	4.17
60	2.86	3.13	3.55	3.94	4.22	4.49
63	3.01	3.30	3.72	4.15	4.44	4.73
65	3.1l	3.40	3.85	4.29	4.59	4.89
70	3.35	3.68	4.16	4.63	4.96	5.28
75	3.66	3.95	4.46	4.97	5.32	5.68
80	3.84	4.22	4.77	5.32	5.69	6.07

外径 （mm）	壁厚（mm）					
	2.0	2.2	2.5	2.8	3.0	3.2
	钢管理论质量（kg/m）					
85	4.09	4.48	5.08	5.66	6.06	6.46
90	4.34	4.76	5.39	6.01	6.43	6.86
95	4.59	5.02	5.70	6.76	6.81	7.26
100	4.83	5.30	6.00	6.70	7.17	7.65
110	5.32	5.84	6.62	7.39	7.92	8.43
120	5.83	6.38	7.24	8.07	8.66	9.22
125	6.06	6.64	7.54	8.42	9.02	9.61
130	—	—	7.86	8.78	9.40	10.00
140	—	—	—	—	10.11	10.79
150	—	—	—	—	10.85	11.52

外径 （mm）	壁厚（mm）					
	3.5	4.0	4.5	5.0	5.5	6.0
	钢管理论质量（kg/m）					
10	0.561	—	—	—	—	—
11	0.647	—	—	—	—	—
12	0.734	0.789	—	—	—	—
14	0.906	0.986	—	—	—	—
16	1.08	1.18	1.28	1.35	—	—
18	1.25	1.38	1.50	1.60	—	—
20	1.42	1.58	1.72	1.85	1.97	2.07
22	1.60	1.77	1.94	2.10	2.24	2.37
25	1.86	2.07	2.28	2.47	2.64	2.81
28	2.11	2.37	2.61	2.84	3.05	3.26
29	2.20	2.47	2.72	2.96	3.19	3.40
30	2.29	2.56	2.83	3.08	3.32	3.55
32	2.46	2.76	3.05	3.33	3.59	3.85

外径 (mm)	壁厚 (mm)					
	3.5	4.0	4.5	5.0	5.5	6.0
	钢管理论质量（kg/m）					
34	2.63	2.96	3.27	3.58	3.87	4.14
36	2.81	3.16	3.50	3.82	4.14	4.44
38	2.98	3.35	3.72	4.07	4.41	4.74
40	3.15	3.55	3.94	4.32	4.68	5.03
42	3.32	3.75	4.16	4.56	4.95	5.33
44.5	3.54	4.00	4.44	4.87	5.29	5.70
45	3.58	4.04	4.49	4.93	5.36	5.77
48	3.84	4.34	4.83	5.30	5.76	6.21
50	4.01	4.54	5.05	5.55	6.04	6.51
53	4.27	4.83	5.38	5.92	6.44	6.95
56	4.53	5.13	5.71	6.29	6.85	7.40
60	4.88	5.52	6.16	6.78	7.39	7.99
63	5.13	5.81	6.49	7.14	7.77	8.41
65	5.31	6.02	6.71	7.40	8.07	8.73
70	5.74	6.51	7.27	8.01	8.75	9.47
75	6.17	7.00	7.82	8.62	9.41	10.18
80	6.60	7.49	8.37	9.24	10.07	10.91
85	7.04	7.98	8.93	9.86	10.75	11.65
90	7.47	8.47	9.49	10.47	11.42	12.39
95	7.90	8.98	10.04	11.10	12.14	13.17
100	8.32	9.46	10.59	11.71	12.77	13.87
110	9.19	10.46	11.70	12.93	14.19	15.40
120	10.06	11.44	12.93	14.30	15.51	16.89
125	10.50	11.94	13.37	14.80	16.15	17.55
130	10.92	12.43	13.92	15.48	16.88	18.35
140	11.80	13.42	15.05	16.65	18.24	19.83

外径 (mm)	壁厚 (mm)					
	3.5	4.0	4.5	5.0	5.5	6.0
	钢管理论质量 (kg/m)					
150	12.65	14.39	16.11	17.85	19.55	21.25
160	13.53	15.38	17.25	19.09	20.96	22.79
170	14.31	16.31	18.35	20.30	22.31	24.27
180	15.20	17.30	19.50	21.59	23.67	25.75
190	—	18.29	20.60	22.80	25.02	27.22
200	—	19.67	21.65	24.00	26.38	28.70

外径 (mm)	壁厚 (mm)					
	6.5	7.0	7.5	8.0	8.5	9.0
	钢管理论质量 (kg/m)					
25	2.97	3.11	—	—	—	—
28	3.45	3.68	—	—	—	—
29	3.61	3.80	3.98	—	—	—
30	3.77	3.97	4.16	4.34	—	—
32	4.09	4.32	4.53	4.74	—	—
34	4.41	4.66	4.90	5.13	—	—
36	4.73	5.01	5.27	5.52	—	—
38	5.05	5.35	5.64	5.92	6.18	6.44
40	5.37	5.70	6.01	6.31	6.60	6.88
42	5.69	6.04	6.38	6.71	7.02	7.32
44.5	6.09	6.47	6.84	7.20	7.55	7.88
45	6.17	6.56	6.94	7.30	7.65	7.99
48	6.65	7.08	7.49	7.89	8.28	8.66
50	6.97	7.42	7.86	8.29	8.70	9.10
53	7.45	7.94	8.42	8.88	9.33	9.77
56	7.93	8.40	8.97	9.47	9.96	10.43
60	8.58	9.15	9.71	10.26	10.80	11.32

外径 （mm）	壁厚（mm）					
	6.5	7.0	7.5	8.0	8.5	9.0
	钢管理论质量（kg/m）					
63	9.04	9.57	10.23	10.81	11.40	11.96
65	9.38	10.01	10.65	11.25	11.84	12.43
70	10.18	10.88	11.56	12.23	12.89	13.54
75	10.96	11.71	12.48	13.17	13.91	14.61
80	11.75	12.59	13.39	14.15	14.96	15.71
85	12.55	13.45	14.31	15.13	16.01	16.85
90	13.35	14.31	15.22	16.11	17.05	17.95
95	14.19	15.19	16.18	17.16	18.13	19.09
100	14.95	16.03	17.09	18.09	19.15	20.15
110	16.60	17.75	19.00	20.08	21.30	22.50
120	18.20	19.50	20.85	22.10	23.40	24.70
125	19.02	20.35	21.73	23.08	24.42	25.75
130	19.80	21.20	22.70	24.10	25.50	26.90
140	21.40	22.96	24.51	26.04	27.57	29.08
150	23.00	24.68	26.36	28.01	29.66	31.29
160	24.60	26.41	28.20	29.99	31.76	33.51
170	26.21	28.14	30.05	31.96	33.85	35.73
180	27.81	29.87	31.91	33.93	35.95	37.95
190	29.41	31.59	33.75	35.90	38.04	40.17
200	31.02	33.32	35.60	37.88	40.14	42.39

外径 （mm）	壁厚（mm）					
	9.5	10	11	12	13	14
	钢管理论质量（kg/m）					
45	8.32	8.63	—	—	—	—
48	9.02	9.37	—	—	—	—
50	9.49	9.86	10.59	11.25	—	—
53	10.19	10.60	11.39	12.13	—	—
56	10.90	11.34	12.21	13.02	—	—
60	11.83	12.33	13.29	14.21	15.07	15.88
63	12.49	13.05	14.07	15.09	—	—
65	13.00	13.56	14.65	15.68	—	—
70	14.17	14.80	16.01	17.16	18.27	19.33
75	15.30	15.90	17.31	18.65	—	—
80	16.45	17.22	18.66	20.10	—	—
85	17.63	18.45	20.01	21.60	—	—
90	18.79	19.67	21.43	23.08	—	—
95	20.03	20.96	22.79	24.56	—	—
100	21.15	22.19	24.14	26.04	—	—
110	23.54	24.70	26.85	29.00	—	—
120	25.89	27.20	29.57	31.96	—	—
125	27.06	28.36	30.92	33.44	—	—
130	28.23	29.70	32.27	34.92	—	—
140	30.57	32.06	34.09	37.88	—	—
150	32.91	34.52	37.71	40.84	—	—
160	35.26	36.99	40.42	43.80	—	—
170	37.60	39.46	43.13	46.76	—	—
180	39.95	41.92	45.85	49.72	—	—
190	42.28	44.39	48.56	52.67	—	—
200	44.63	46.85	51.27	55.63	—	—

外径 (mm)	壁厚 (mm)	外径 (mm)	壁厚 (mm)	外径 (mm)	壁厚 (mm)	外径 (mm)	壁厚 (mm)
6	0.25~2.0	16	0.25~5.0	27	0.40~7.0	42	1.0~9.0
7	0.25~2.5	(17)	0.25~5.0	28	0.40~7.0	445	1.0~9.0
8	0.25~2.5	18	0.25~5.0	29	0.40~7.5	45	1.0~10
9	0.25~2.8	19	0.25~6.0	30	0.40~8.0	48	1.0~10
10	0.25~3.5	20	0.25~6.0	32	0.40~8.0	50	1.0~12
11	0.25~3.5	(21)	0.40~6.0	34	0.40~8.0	51	1.0~12
12	0.25~4.0	22	0.40~6.0	(35)	0.40~8.0	53	1.0~12
(13)	0.25~4.0	(23)	0.40~6.0	36	0.40~8.0	54	1.0~12
14	0.25~4.0	(24)	0.40~7.0	38	0.40~9.0	56	1.0~12
(15)	0.25~5.0	25	0.40~7.0	40	0.40~9.0	57	1.0~13
60	1.0~14	80	1.4~12	108	1.4~12	160	3.5~12
63	1.0~12	(83)	1.4~14	110	1.4~12	170	3.5~12
65	1.0~12	85	1.4~12	120	1.5~12	180	3.5~12
(68)	1.0~14	89	1.4~14	125	1.8~12	190	4.0~12
70	1.0~14	90	1.4~12	130	2.5~12	200	4.0~12
73	1.0~14	95	1.4~12	133	2.5~12	—	—
75	1.0~12	100	1.4~12	140	3.0~12	—	—
76	1.0~14	102	1.4~12	150	3.0~12	—	—
壁厚 系列 (mm)	0.25, 0.30, 0.40, 0.50, 0.60, 0.80, 1.0, 1.2, 1.4, 1.5, 1.6, 3.5, 4.0, 4.5, 8.5, 9.0, 9.5, 1.8, 2.0, 2.2, 2.5, 2.8, 3.0, 3.2, 5.0, 5.5, 6.0, 6.5, 7.0, 7.5, 8.0, 10, 11, 12, 13, 14						

注　1. 带括号的尺寸不推荐使用，钢管通常长度为3~10.5m。

　　2. 钢管以热轧或热处理状态交货。

9. 结构用高强度耐候焊接钢管（YB/T 4112）

结构用高强度耐候焊接钢管的尺寸及质量见表 2-106。

表 2-106　　　　结构用高强度耐候焊接钢管的尺寸及质量

外径 (mm)	壁厚 δ (mm)						
	2.0	2.2,(2.3)	2.5,(2.6)	2.8	3.0,(2.9)	3.2	3.5,(3.6)
	理论质量 W (kg/m)						
21(21.3)	0.94	1.02	1.14	1.26	1.33	1.41	—
27(26.9)	1.23	1.34	1.51	1.67	1.78	1.88	—
34(33.7)	1.58	1.72	1.94	2.15	2.29	2.43	2.63
42(42.4)	1.97	2.16	2.44	2.71	2.89	3.06	3.32
48(48.3)	2.27	2.48	2.81	3.12	3.33	3.54	3.84
60(60.3)	2.86	3.14	3.55	3.95	4.22	4.48	4.88
76(76.1)	3.65	4.00	4.53	5.05	5.40	5.75	6.26
89(88.9)	4.29	4.71	5.33	5.95	6.36	6.77	7.38
114(114.3)	5.52	6.07	6.87	7.68	8.21	8.74	9.54
140(139.7)	—	—	—	—	10.14	10.80	11.78
168(168.3)	—	—	—	—	—	—	14.20
外径 (mm)	壁厚 δ(mm)						
	4.0	4.5	5.0	5.5,(5.4)	6.0	6.5,(6.3)	7.0,(7.1)
	理论质量 W (kg/m)						
21(21.3)	—	—	—	—	—	—	—
27(26.9)	—	—	—	—	—	—	—
34(33.7)	2.96	—	—	—	—	—	—
42(42.4)	3.75	—	—	—	—	—	—
48(48.3)	4.34	4.83	5.30	—	—	—	—
60(60.3)	5.52	6.16	6.78	—	—	—	—
76(76.1)	7.10	7.93	8.75	9.56	10.36	—	—

外径 (mm)	壁厚 δ(mm)						
	4.0	4.5	5.0	5.5,(5.4)	6.0	6.5,(6.3)	7.0,(7.1)
	理论质量 W (kg/m)						
89(88.9)	8.38	9.38	10.36	11.33	12.28	—	—
114(114.3)	10.85	12.15	13.44	14.72	15.98	17.23	18.47
140(139.7)	13.42	15.04	16.65	18.24	19.83	21.40	22.96
168(168.3)	16.18	18.14	20.10	22.04	23.97	25.89	27.79

10. 建筑装饰用不锈钢焊接钢管（JG/T 3030）

建筑装饰用不锈钢焊接钢管主要适用于建筑装饰、家具、一般机械结构部件以及其他装饰用不锈钢焊管。

11. 建筑结构用冷弯矩形钢管（JG/T 178）

（1）冷弯正方形钢管的尺寸及质量见表 2-107。

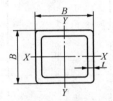

表 2-107　　　　　　　冷弯正方形钢管的尺寸及质量

边长 B (mm)	壁厚 t (mm)	理论质量 W (kg/m)	截面面积 A (cm²)	边长 B (mm)	壁厚 t (mm)	理论质量 W (kg/m)	截面面积 A (cm²)
100	4.0	11.7	11.9	120	4.0	14.2	18.1
	5.0	14.4	18.4		5.0	17.5	22.4
	6.0	17.0	21.6		6.0	20.7	26.4
	8.0	21.4	27.2		8.0	26.8	34.2
	10	25.5	32.6		10	31.8	40.6
110	4.0	13.0	16.5	130	4.0	15.5	19.8
	5.0	16.0	20.4		5.0	19.1	24.4
	6.0	18.8	24.0		6.0	22.6	28.8
	8.0	23.9	30.4		8.0	28.9	36.8
	10	28.7	36.5		10	35.0	44.6
					12	39.6	50.4

边长 B (mm)	壁厚 t (mm)	理论质量 W (kg/m)	截面面积 A (cm²)	边长 B (mm)	壁厚 t (mm)	理论质量 W (kg/m)	截面面积 A (cm²)
135	4.0	16.1	20.5	180	4.0	21.8	27.7
	5.0	19.9	25.3		5.0	27.0	34.4
	6.0	23.6	30.0		6.0	32.1	40.8
	8.0	30.2	38.4		8.0	41.5	52.8
	10	36.6	46.6		10	50.7	64.6
	12	41.5	52.8		12	58.4	74.5
	13	44.1	56.2		14	66.4	84.5
140	4.0	16.7	21.3	190	4.0	23.0	29.3
	5.0	20.7	26.4		5.0	28.5	36.4
	6.0	24.5	31.2		6.0	33.9	43.2
	8.0	31.8	40.6		8.0	44.0	56.0
	10	38.1	48.6		10	53.8	68.6
	12	43.4	55.3		12	62.2	79.3
	13	46.1	58.8		14	70.8	90.2
150	4.0	18.0	22.9	200	4.0	24.3	30.9
	5.0	22.3	28.4		5.0	30.1	38.4
	6.0	26.4	33.6		6.0	35.8	45.6
	8.0	33.9	43.2		8.0	46.5	59.2
	10	41.3	52.6		10	57.0	72.6
	12	47.1	60.1		12	66.0	84.1
	14	53.2	67.7		14	75.2	95.7
					16	83.8	107
170	4.0	20.5	26.1	220	5.0	33.2	42.4
	5.0	25.4	32.3		6.0	39.6	50.4
	6.0	30.1	38.4		8.0	51.5	65.6
	8.0	38.9	49.6		10	63.2	80.6
	10	47.5	60.5		12	73.5	93.7
	12	54.6	69.6		14	83.9	107
	14	62.0	78.9		16	93.9	119

边长 B (mm)	壁厚 t (mm)	理论质量 W (kg/m)	截面面积 A (cm²)	边长 B (mm)	壁厚 t (mm)	理论质量 W (kg/m)	截面面积 A (cm²)
250	5.0	38.0	48.4	380	8.0	91.7	117
	6.0	45.2	57.6		10	113	144
	8.0	59.1	75.2		12	134	170
	10	72.7	92.6		14	154	197
	12	84.8	108		16	174	222
	14	97.1	124		19	203	259
	16	109	139		22	231	294
280	5.0	42.7	54.4	400	8.0	96.5	123
	6.0	50.9	64.8		9.0	108	138
	8.0	66.6	84.8		10	120	153
	10	82.1	104		12	141	180
	12	96.1	122		14	163	208
	14	110	140		16	184	235
	16	124	158		19	215	274
					22	245	312
300	6.0	54.7	69.6	450	9.0	122	156
	8.0	71.6	91.2		10	135	173
	10	88.4	113		12	160	204
	12	104	132		14	185	236
	14	119	153		16	209	267
	16	135	172		19	245	312
	19	156	198		22	279	355
320	6.0	58.4	74.4	480	9.0	130	166
	8.0	76.6	97		10	144	184
	10	94.6	120		12	171	218
	12	111	141		14	198	252
	14	128	163		16	224	285
	16	144	183		19	262	334
	19	167	213		22	300	382
350	6.0	64.1	81.6	500	9.0	137	174
	7.0	74.1	94.4		10	151	193
	8.0	84.2	108		12	179	228
	10	104	133		14	207	264
	12	124	156		16	235	299
	14	141	180		19	275	350
	16	159	203		22	314	400
	19	185	236				

（2）冷弯长方形钢管的尺寸及质量见表 2-108。

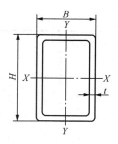

表 2-108　　　　　　　　冷弯长方形钢管的尺寸及质量

边长（mm）		壁厚 t	理论质量 W	截面面积 A
H	B	（mm）	（kg/m）	（cm² ）
120	80	4.0	11.7	11.9
		5.0	14.4	18.3
		6.0	16.9	21.6
		7.0	19.1	24.4
		8.0	21.4	27.2
140	80	4.0	13.0	16.5
		5.0	15.9	20.4
		6.0	18.8	24.0
		8.0	23.9	30.4
150	100	4.0	14.9	18.9
		5.0	18.3	23.3
		6.0	21.7	27.6
		8.0	28.1	35.8
		10	33.4	42.6
160	60	4.0	13.0	16.5
		4.5	14.5	18.5
		6.0	18.9	24.0
160	80	4.0	14.2	18.1
		5.0	17.5	22.4
		6.0	20.7	26.4
		8.0	26.8	33.6

实用建筑五金手册

边长（mm）		壁厚 t	理论质量 W	截面面积 A
H	B	（mm）	（kg/m）	（cm²）
180	65	4.0	14.5	18.5
		4.5	16.3	20.7
		6.0	21.2	27.0
180	100	4.0	16.7	21.3
		5.0	20.7	26.3
		6.0	24.5	31.2
		8.0	31.5	40.4
		10	38.1	48.5
200	100	4.0	18.0	22.9
		5.0	22.3	28.3
		6.0	26.1	33.6
		8.0	34.4	43.8
		10	41.2	52.6
200	120	4.0	19.3	24.5
		5.0	23.8	30.4
		6.0	28.3	36.0
		8.0	36.5	46.4
		10	44.4	56.6
200	150	4.0	21.2	26.9
		5.0	26.2	33.4
		6.0	31.1	39.6
		8.0	40.2	51.2
		10	49.1	62.6
		12	56.6	72.1
		14	64.2	81.7

边长（mm）		壁厚 t	理论质量 W	截面面积 A
H	B	(mm)	(kg/m)	(cm²)
220	140	4.0	21.8	27.7
		5.0	27.0	34.4
		6.0	32.1	40.8
		8.0	41.5	52.8
		10	50.7	64.6
		12	58.5	74.5
		13	62.5	79.6
250	150	4.0	24.3	30.9
		5.0	30.1	38.4
		6.0	35.8	45.6
		8.0	46.5	59.2
		10	57.0	72.6
		12	66.0	84.1
		14	75.2	95.7
250	200	5.0	34.0	43.4
		6.0	40.5	51.6
		8.0	52.8	67.2
		10	64.8	82.6
		12	75.4	96.1
		14	86.1	110
		16	96.4	123
260	180	5.0	33.2	42.4
		6.0	39.6	50.4
		8.0	51.5	65.6
		10	63.2	80.6
		12	73.5	93.7
		14	84.0	107

边长（mm）		壁厚 t	理论质量 W	截面面积 A
H	B	（mm）	（kg/m）	（cm²）
300	200	5.0	38.0	48.4
		6.0	45.2	57.6
		8.0	59.1	75.2
		10	72.7	92.6
		12	84.8	108
		14	97.1	124
		16	109	139
350	200	5.0	41.9	53.4
		6.0	49.9	63.6
		8.0	65.3	83.2
		10	80.5	102
		12	94.2	120
		14	108	138
		16	121	155
350	250	5.0	45.8	58.4
		6.0	54.7	69.6
		8.0	71.6	91.2
		10	88.4	113
		12	104	132
		14	119	152
		16	134	171
350	300	7.0	68.6	87.4
		8.0	77.9	99.2
		10	96.2	122
		12	113	144
		14	130	166
		16	146	187
		19	170	217

边长（mm）		壁厚 t	理论质量 W	截面面积 A
H	B	(mm)	(kg/m)	(cm²)
		6.0	54.7	69.6
		8.0	71.6	91.2
400	200	10	88.4	113
		12	104	132
		14	119	152
		16	134	171
		5.0	49.7	63.4
		6.0	59.4	75.6
		8.0	77.9	99.2
400	250	10	96.2	122
		12	113	144
		14	130	166
		16	146	187
		7.0	74.1	94.4
		8.0	84.2	107
		10	104	133
400	300	12	122	156
		14	141	180
		16	159	203
		19	185	236
		6.0	64.1	81.6
		8.0	84.2	107
450	250	10	104	133
		12	123	156
		14	141	180
		16	159	203

边长（mm）		壁厚 t	理论质量 W	截面面积 A
H	B	（mm）	（kg/m）	（cm²）
450	350	7.0	85.1	108
		8.0	96.7	123
		10	120	153
		12	141	180
		14	163	208
		16	184	235
		19	215	274
450	400	9.0	115	147
		10	127	163
		12	151	192
		14	174	222
		16	197	251
		19	230	293
		22	262	334
500	200	9.0	94.2	120
		10	104	133
		12	123	156
		14	141	180
		16	159	203
500	250	9.0	101	129
		10	112	143
		12	132	168
		14	152	194
		16	172	219
500	300	10	120	153
		12	141	180
		14	163	208
		16	184	235
		19	215	274

边长（mm）		壁厚 t	理论质量 W	截面面积 A
H	B	（mm）	（kg/m）	（cm²）
		9.0	122	156
		10	135	173
		12	160	204
500	400	14	185	236
		16	209	267
		19	245	312
		22	279	356
		10	143	183
		12	170	216
500	450	14	196	250
		16	222	283
		19	260	331
		22	297	378
		10	148	189
		12	175	223
500	480	14	203	258
		16	229	292
		19	269	342
		22	307	391

第三章 有色金属材料

一、有色金属材料的基本知识

（一）有色金属材料的涂色标记

有色金属材料交货状态及说明见表 3-1。

表 3-1 有色金属材料的交货状态及说明

名称及标准号	牌号或级别	标记涂色	名称及标准号	牌号或级别	标记涂色
锌锭 GB/T 470	Zn-01	红色二条	铝锭 GB/T 1196	Al-00（特一号）	白色一条
	Zn-1	红色一条		Al-0（特二号）	白色二条
	Zn-2	黑色二条		Al-1	红色一条
	Zn-3	黑色二条		Al-2	红色二条
	Zn-4	绿色二条		Al-3	红色三条
	Zn-5	绿色一条	镍板 GB/T 2057	Ni-01	红色
铅锭 GB/T 469	Pb-1	红色二条		Ni-1	蓝色
	Pb-2	红色一条		Ni-2	黄色
	Pb-3	黑色二条	铸造碳化钨 GB/T 2967	二号	绿色
	Pb-4	黑色一条		三号	黄色
	Pb-5	绿色二条		四号	白色
	Pb-6	绿色一条		六号	浅蓝色

（二）有色金属产品牌号的表示方法

1. 有色金属及其合金牌号的表示方法

根据贵金属及其合金牌号表示方法参照 GB/T 18035 的规定，有色金属及其合金牌号的表示方法如下：

（1）产品牌号的命名，以代号字头或元素符号后的成分数字或顺序号结合产品类别或组别名称表示。

（2）产品代号，采用标准规定的汉语拼音字母、化学元素符号及阿拉伯数字相结合的方法表示，见表 3-2 和表 3-3。

表 3-2　　常用有色金属、合金名称及其汉语拼音字母的代号

名　称	采用汉字	采用符号	名　称	采用汉字	采用符号
铜	铜	T	黄铜	黄	H
铝	铝	L	青铜	青	Q
镁	镁	M	白铜	白	B
镍	镍	N	钛及钛合金	钛	T

表 3-3　　专用金属、合金名称及其汉语拼音字母的代号

名　称	采用符号	采用汉字
防锈铝	LF	铝、防
锻铝	LD	铝、锻
硬铝	LY	铝、硬
超硬铝	LC	铝、超
特殊铝	LT	铝、特
硬钎焊铝	LQ	铝、钎
无氧铜	TU	铜、无
金属粉末	F	粉
喷铝粉	FLP	粉、铝、喷
涂料铝粉	FLU	粉、铝、涂
细铝粉	FLX	粉、铝、细
特细铝粉	FLT	粉、铝、特
炼钢、化工用铝粉	FLG	粉、铝、钢
镁粉	FM	粉、镁
铝镁粉	FLM	粉、铝、镁
镁合金（变形加工用）	MB	镁、变
焊料合金	HI	焊、料
阳极镍	NY	镍、阳
电池锌板	XD	锌、电
印刷合金	I	印
印刷锌板	XI	锌、印
稀土	Xt[①]	稀土

名　称	采用符号	采用汉字
钨钴硬质合金	YG	硬、钴
钨钛钴硬质合金	YT	硬、钛
铸造碳化钨	YZ	硬、铸
碳化钛—（铁）镍钼硬质合金	YN	硬、镍
多用途（万能）硬质合金	YW	硬、万
钢结硬质合金	YE	硬、结

① 稀土代号 Xt 于 1987 年 6 月 1 日起正式改用 RE 表示（单一稀土金属仍用化学元素符号表示）。

（3）产品的统称（如铜材、铝材）、类别（如黄铜、青铜）以及产品标记中的品种（如板、管、带、线、箔）等，均用汉字表示。

（4）产品的状态、加工方法、特性的代号，采用标准规定的汉语拼音字母表示，见表 3-4。

表 3-4　　有色产品状态名称、特性及其汉语拼音字母的代号

名　称	采用代号
（1）产品状态代号	
热加工（如热轧、热挤）	R
退火	M
淬火	C
淬火后冷轧（冷作硬化）	CY
淬火（自然时效）	CZ
淬火（人工时效）	CS
硬	Y
3/4 硬、1/2 硬	Y_1、Y_2
1/3 硬	Y_3
1/4 硬	Y_4
特硬	T

名　　称		采用代号
（2）产品特性代号		
优质表面		O
涂漆蒙皮板		Q
加厚包铝的		J
不包铝的		B
硬质合金	表面涂层	U
	添加碳化钽	A
	添加碳化铌	N
	细颗粒	X
	粗颗粒	C
	超细颗料	H
（3）产品状态、特性代号组合举例		
不包铝（热轧）		BR
不包铝（退火）		BM
不包铝（淬火、冷作硬化）		BCY
不包铝（淬火、优质表面）		BCO
不包铝（淬火、冷作硬化、优质表面）		BCYO
优质表面（退火）		MO
优质表面淬火、自然时效		CZO
优质表面淬火、人工时效		CSO
淬火后冷轧、人工时效		CYS
热加工、人工时效		RS
淬火、自然时效、冷作硬化、优质表面		CZYO

2. 常用有色金属及其合金产品的牌号表示方法

常用有色金属及其合金产品的牌号表示方法见表 3-5。

表 3-5　　　　常用有色金属及其合金产品的牌号表示方法

产品类型及牌号	表　示　方　法
铜及铜合金 （纯铜、黄铜、青铜、白铜） T1、T2-M、Tu1、H62、 HSn90-1、QSn4-3、 QSn4-4-2.5、QA110- 3-1.5、B25、BMn3-12	以 QA110-3-1.5 为例： Q——分类代号；T—纯铜（TU—无氧铜；TK—真空铜）；H—黄铜；Q—青铜；B—白铜。 Al——主添加元素符号：纯铜、一般黄铜、白铜不标三元以上黄铜、白铜为第二主添加元素（第一主添加元素分别为 Zn、Ni 青铜为第一主添加元素）。 10——主添加元素以百分号表示，纯铜中为金属顺序号、黄铜中为铜含量（Zn 为余数）、白铜为 Ni 或（Ni＋Co）含量、青铜为第一主添加元素含量。 —3～1.5——添加元素量以百分号表示，纯铜、一般黄铜、白铜无此数字三元以上黄铜、白铜为第二添加元素合金、青铜为第二主添加元素含量。 M——状态，符号含义见表 3-4
铝及铝合金 （纯铝、铝合金） 1A99、2A50、3A21	<table><tr><td></td><td>组　　别</td><td>牌号系列</td></tr><tr><td>1—</td><td>纯铝（铝含量不小于 99.00%）</td><td>1×××</td></tr><tr><td></td><td>以铜为主要合金元素的铝合金</td><td>2×××</td></tr><tr><td></td><td>以锰为主要合金元素的铝合金</td><td>3×××</td></tr><tr><td></td><td>以硅为主要合金元素的铝合金</td><td>4×××</td></tr><tr><td></td><td>以镁为主要合金元素的铝合金</td><td>5×××</td></tr><tr><td></td><td>以镁和硅为主要合金元素并以 Mg₂Si 相为强化相的铝合金</td><td>6×××</td></tr><tr><td></td><td>以锌为主要合金元素的铝合金</td><td>7×××</td></tr><tr><td></td><td>以其他合金元素为主要合金元素的铝合金</td><td>8×××</td></tr><tr><td></td><td>备用合金组</td><td>9×××</td></tr></table> A——表示原始纯铝； B～Y 的其他英文字母——表示铝合金的改型情况； 99- ①××系列（纯铝）——表示最低铝百分含量； ②××～8×××系列——用来区分同一组中不同的铝合金

续表

产品类型及牌号	表 示 方 法
钛及钛合金 TA1-M，TA4，TB2，TC1，TC4，TC9	以 TA1-M 为例： TA——分类代号，表示金属或合金组织类型[TA—α 型 Ti 及合金、TB—β 型 Ti 合金、TC—(α+β) 型 Ti 合金]； 1——顺序号 金属或合金的顺序号； -M——状态，符号含义见表 1-29
镁合金 MB1，MB8-M	以 MB8-M 为例： MB——分类代号[M——纯镁；MB——变形镁合金]； 8——顺序号金属或合金的顺序号； -M——状态，符号含义见表 3-4
镍及镍合金 N4NY1，NSi0.19，NMn2-2-1，NCu28-2.5-1.5，NCr10	以 NCu28-2.5-1.5 为例： N——分类代号[N—纯镍或镍合金，NY—阳极镍]； Cu——主添加元素，用国际化学符号表示； 28——序号或主添加元素含量[纯镍中为顺序号，以百分之几表示主添元素符号]； 2.5——添加元素含量，以百分之几表示； -M——状态，符号含义见表 3-4
专用合金 (焊料 HICuZn64、HISbPb39，印刷合金 IPbSP14-4，轴承合金 ChSnSb8-4、ChPbSb2-0.2-0.15，硬质合金 YG6、YT5、YZ2，喷铝粉 FLP2、FLXI、FMI)	以 HI Ag Cu20-15 为例： HI——分类代号[HI—焊接合金；I—印刷合金；Ch—轴承合金；YG—钨钴合金；YT—钨钛合金；YZ—铸造碳化钨；F—金属粉末；FLP—喷铝粉；FLX—细铝粉；FLM—铝镁粉；FM—纯镁粉]； Ag——第一基体元素，用国际化学元素符号表示； Cu——第二基体元素，用国际化学元素符号表示； 20——含量或等级数[合金中第二基元素含量，以百分号表示，硬质合金中决定其特性的主元素成分，金属粉末中纯度等级]； 15——含量或规格[合金中其他添加元素含量，以百分号表示，金属粉末之粒度规格]

二、铝及铝合金产品

1. 铝合金建筑型材的基材（GB 5237.1）

铝合金建筑型材具有强度高、质量轻、耐腐蚀、装饰性好、使用寿命长、色彩丰富等优点。产品种类可分为阳极氧化着色型材、电泳涂漆型材、粉末喷涂型材、氟碳漆喷涂型材、隔热型材。

（1）合金牌号和供应状态见表 3-6。

表 3-6 合金牌号和供应状态

合 金 牌 号	供应状态
6005、6060、6063、6063A、6463、6463A	T5、T6
6061	T4、T6

注 1. 订购其他牌号或状态时，需供需双方协商。
  2. 如果同一建筑结构型材同时选用 6005、6060、6061、6063 等不同合金（或同一合金不同状态），采用同一工艺进行阳极氧化，将难以获得颜色一致的阳极氧化表面，建议选用合金牌号和供应状态时，充分考虑颜色不一致性对建筑结构的影响。

（2）室温力学性能见表 3-7。

表 3-7 室温力学性能

合金牌号	供应状态		壁厚 (mm)	拉伸性能					硬度[①]	
				抗拉强度 R_m (MPa)	规定非比例延伸强度 $R_{p0.2}$ (MPa)	拉断伸长率（%）		试样厚度 (mm)	硬度 HV	硬度 HW
						A	A_{50mm}			
				不小于						
6005	T5		≤6.3	260	240	—	8	—	—	—
	T6	实心型材	≤5	270	225		6			
			>5~10	260	215		6			
			>10~25	250	200	8	6			
		空心型材	≤5	255	215		6			
			>5~15	250	200	8	6			

合金牌号	供应状态	壁厚(mm)	拉伸性能				硬度①		
			抗拉强度 R_m (MPa)	规定非比例延伸强度 $R_{p0.2}$ (MPa)	拉断伸长率(%)		试样厚度(mm)	硬度HV	硬度HW
					A	A_{50mm}			
			不小于						
6060	T5	≤5	160	120	—	6	—	—	—
		>5~25	140	100	8	6	—	—	—
	T6	≤3	190	150	—	6	—	—	—
		>3~25	170	140	8	6	—	—	—
6061	T4	所有	180	110	16	16	—	—	—
	116	所有	265	245	8	8	—	—	—
6063	T5	所有	160	110	8	8	0.8	58	8
	T6	所有	205	180	8	8	—	—	—
6063A	T5	≤10	200	160	—	5	0.8	65	10
		>10	190	150	5	5	0.8	65	40
	T6	≤10	230	190	—	5	—	—	—
		>10	220	180	4	4	—	—	—
6463	T5	≤50	150	110	8	6	—	—	—
	T6	≤50	195	160	10	8	—	—	—
6463A	T5	≤12	150	110	—	6	—	—	—
	T6	≤3	205	170	—	6	—	—	—
		>3~12	205	170	—	8	—	—	—

① 硬度仅作参考。

（3）尺寸及偏差见表 3-8。壁厚尺寸（分为 A、B、C 三组）如图 3-1 所示。

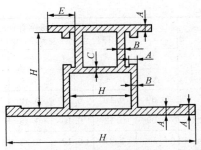

图 3-1　壁厚尺寸示意图

A—翅壁壁厚；B—封闭空腔周壁壁厚；C—两个封闭空腔间的隔断壁厚；
H—非壁厚尺寸；E—对开口部位的 H 尺寸偏差有重要影响的基准尺寸

表 3-8　　　　　　　　　　　　型材壁厚允许偏差

级别	公称壁厚（mm）	对应于下列外接圆直径的型材壁厚尺寸允许偏差（mm）[①][②][③][④]					
		≤100		>100~250		>250~350	
		A	B、C	A	B、C	A	B、C
普通级	≤1.50	0.15	0.23	0.20	0.30	0.38	0.45
	>1.50~3.00	0.15	0.25	0.23	0.38	0.54	0.57
	>3.00~6.00	0.18	0.30	0.27	0.45	0.57	0.60
	>6.00—10.00	0.20	0.60	0.30	0.90	0.62	1.20
	>10.00~15.00	0.20	—	0.30	—	0.62	—
	>15.00~20.00	0.23	—	0.35	—	0.65	—
	>20.00~30.00	0.25	—	0.38	—	0.69	—
	>30.00~40.00	0.30	—	0.45	—	0.72	—
高精级	≤1.50	0.13	0.21	0.15	0.23	0.30	0.35
	>1.50~3.00	0.13	0.21	0.15	0.25	0.36	0.38
	>3.00~6.00	0.15	0.26	0.18	0.30	0.38	0.45
	>6.00~10.00	0.17	0.51	0.20	0.60	0.41	0.90
	>10.00~15.00	0.17	—	0.20	—	0.41	—
	>15.00~20.00	0.20	—	0.23	—	0.43	—
	>20.00~30.00	0.21	—	0.25	—	0.46	—
	>30.00~40.00	0.26	—	0.30	—	0.48	—

级别	公称壁厚 （mm）	对应于下列外接圆直径的型材壁 厚尺寸允许偏差（mm）①、②、③、④					
		≤100		>100～250		>250～350	
		A	B、C	A	B、C	A	B、C
超高精级	≤1.50	0.09	0.10	0.10	0.12	0.15	0.25
	>1.50～3.00	0.09	0.13	0.10	0.15	0.15	0.25
	>3.00～6.00	0.10	0.21	0.12	0.25	0.18	0.35
	>6.00～10.00	0.11	0.34	0.13	0.40	0.20	0.70
	>10.00～15.00	0.12	—	0.14	—	0.22	—
	>15.00～20.00	0.13	—	0.15	—	0.23	—
	>20.00～30.00	0.15	—	0.17	—	0.25	—
	>30.00～40.00	0.17	—	0.20	—	0.30	—

① 表中无数值处表示偏差不要求。

② 含封闭空腔的空心型材或含不完全封闭空腔，但所包围空腔截面积不小于豁口尺寸平方的2倍的空心型材，当空腔某一边的壁厚大于或等于其对边壁厚的3倍时，其壁厚允许偏差由供需双方协商；当空腔对边壁厚不相等，且厚边壁厚小于其对边壁厚的3倍时，其任一边壁厚的允许偏差均应采用两对边平均壁厚对应的B组允许偏差值。

③ 当型材所包围的空腔截面积不小于 $70mm^2$，且大于等于豁口尺寸二次方的2倍时，未封闭的空腔周壁壁厚允许偏差采用B组壁厚允许偏差。

④ 含封闭空腔的空心型材，所包围的空腔截面积小于 $70mm^2$ 时，其空腔周壁壁厚允许偏差采用A组壁厚允许偏差。

2. 铝合金建筑型材的阳极氧化型材（GB 5237.2）

（1）型材阳极氧化膜膜厚级别、典型用途及表面处理方式见表 3-9。

表 3-9　型材阳极氧化膜膜厚级别、典型用途及表面处理方式

膜厚级别	典型用途	表面处理方式
AA10	室内、外建筑或车辆部件	阳极氧化、阳极氧化加电解着色、 阳极氧化加有机着色
AA15	室外建筑或车辆部件	
AA20	室外苛刻环境下使用的建筑部件	
AA25		

（2）尺寸偏差。尺寸偏差按 GB 5237.1 规定的方法测量。

3. 铝及铝合金波纹板（GB/T 4438）

铝及铝合金波纹板系工程围护结构材料之一，主要用于墙面装饰，也可用做屋面。表面经阳极氧化着色处理后，有银白、金黄、古铜等多种颜色。其有很强的光反射能力，且质经、强度好、抗震、防火、防潮、隔热、保温、耐腐蚀，可抗 8～10 级风力不损坏。

波纹板坯料（波纹板成形前的板材）的化学成分应符合 GB/T 3190 的规定。波纹板坯料的室温拉伸力学性能应符合 GB/T 3808 的规定。

（1）合金牌号、供应状态、波型代号及规格见表 3-10。

表 3-10　　　　　合金牌号、供应状态、波型代号及规格

牌号	状态	波型代号	规格尺寸（mm）				
			坯料厚度	长度	宽度	波高	波距
1050A、1050、1060、1070A、1100、1200、3003	H18	波 20-106 [波型见图 24-2（a）]	0.60～1.00	2000～10 000	1115	20	106
		波 33-131 [波型见图 24-2（b）]			1008	33	131

注　需方需要其他波型时，可供需双方协商并在合同中注明。

（2）波纹形状与规格如图 3-2 所示。

（3）尺寸及允许偏差。

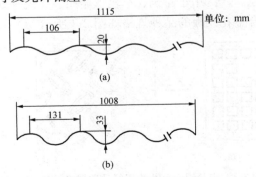

图 3-2　波纹形状示意图

（a）波纹形状一；（b）波纹形状二

1）波纹板坯料的厚度偏差应符合 GB/T 3880 的规定。

2）波纹板长度允许偏差：上偏差为 ＋25mm；下偏差为 －10mm。

3 波纹板宽度及波型偏差见表 3-11。

表 3-11　　　　　　　　波纹板宽度及波型偏差

波型代号	宽度及允许偏差		波高及允许偏差		波距及允许偏差	
	宽度 (mm)	允许偏差	波高 (mm)	允许偏差	波距 (mm)	允许偏差
波 20-106	1115	＋25 －10	20	±2	106	±2
波 33-131	1008	＋25 －10	25	±2.5	131	±3

注　波高和波距偏差为 5 个波的平均尺寸与其公称尺寸的差。

4．铝及铝合金花纹板（GB/T 3618）

铝及铝合金花纹板是将坯料用特制的花纹轧辊轧制而成的。花纹美观大方、不易磨损、防滑性能好。表面经阳极氧化着色处理后可呈各种颜色。广泛用于建筑、车辆、船舶、飞机等处的防滑。

铝及铝合金花纹板的品种规格如图 3-3 所示。

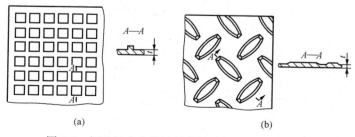

(a)　　　　　　　　　　(b)

图 3-3　铝及铝合金花纹板的品种规格示意图（一）

(a) 1 号花纹板；(b) 2 号花纹板

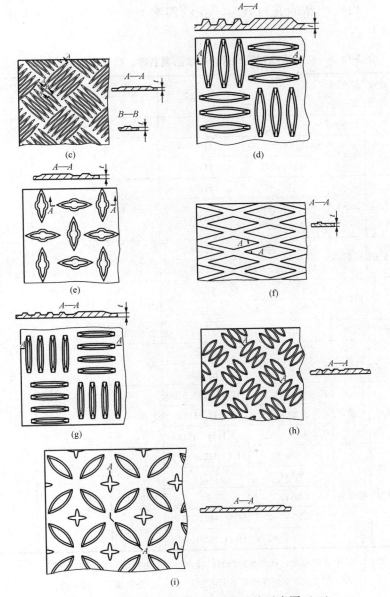

图 3-3　铝及铝合金花纹板的品种规格示意图（二）
(c) 3 号花纹板；(d) 4 号花纹板；(e) 5 号花纹板；(f) 6 号花纹板；
(g) 7 号花纹板；(h) 8 号花纹板；(i) 9 号花纹板

（1）产品的花纹代号、花纹图案、牌号、状态、规格见表 3-12。

表 3-12　　花纹板的花纹代号、花纹图案名称、牌号、状态、规格

花纹代号	花纹图案名称	牌　号	状　态	底板厚度	筋高	宽度	长度
				mm			
1 号	方格形	2A12	T4	1.0～3.0	10	1000～1600	2000～10 000
2 号	扁豆形	2A11、5A02、5052	H234	2.0～4.0	1.0		
		3105、3003	H194				
3 号	五条形	1×××、3003	H194	1.5～4.5	1.0		
		5A02、5052、3105、5A43、3003	O、H114				
4 号	三条形	1×××、3003	H194	1.5～4.5	1.0		
		2A11、5A02、5052	H234				
5 号	指针形	1×××	H194	1.5～4.5	1.0		
		5A02、5052、5A43	O、H114				
6 号	菱形	2A11	H234	3.0～8.0	0.9		
7 号	四条形	6061	O	2.0～4.0	1.0		
		5A02、5052	O、H234				
8 号	三条形	1×××	H114、H234、H194	1.0～4.5	0.3		
		3003	H114、H194				
		5A02、5052	O、H114、H194				
9 号	星月形	1×××	H114、H234、H194	1.0～4.0	0.7		
		2A11	H194				
		2A12	T4	1.0～3.0			
		3003	H114、H234、H194	1.0～4.0			
		5A02、5052	H114、H234、H194				

注　1. 要求其他合金、状态及规格时，应由供需双方协商并在合同中注明。

　　2. 2A11、2A12 合金花纹板双面可带有 1A50 合金包覆层，其每面包覆层平均厚度应不小于底板公称厚度的 4%。

（2）尺寸允许偏差见表 3-13～表 3-16。

表 3-13 底板厚度、切边供应的花纹板的宽度及花纹板长度的尺寸偏差

底板厚度 （mm）	底板厚度 允许偏差 （mm）	宽度允 许偏差 （mm）	长度允 许偏差 （mm）	底板厚度 （mm）	底板厚度 允许偏差 （mm）	宽度允 许偏差 （mm）	长度允 许偏差 （mm）
1.00～1.20	0 −0.18			>2.50～ 3.20	0 −0.36	±5	
>1.20～ 1.60	0 −0.22	±5	±5	>3.20～ 4.00	0 −0.42		±5
>1.60～ 2.00	0 −0.26			>4.00～ 5.00	0 −0.47	—	
>2.00～ 2.50	0 −0.30			>5.00～ 8.00	0 −0.52		

注 1. 要求底板厚度偏差为正值时，需供需双方协商并在合同中注明。

2. 厚度>4.5～8.0mm 的花纹板不切边供货。但经双方协商并在合同中注明，也可切边供货。

表 3-14 供方应以工艺保证花纹板的肋高偏差

花纹板代号	筋高允许偏差（mm）
1号、2号、3号、4号、5号、6号	±0.4
7号	±0.5
8号、9号	±0.1

表 3-15 花纹板的平面度

状　态	平面度（mm）	
	长度方向	宽度方向
O、H114、H234、H194	≤15	≤20
T4	≤20	≤25

表 3-16 当需方对切边供应的花纹板对角线偏差有要求时的对角线偏差

公称长度（mm）	两对角线长度差（mm）
≤4000	≤10
>4000～6000	≤11
>6000	≤12

（3）花纹板的力学性能见表3-17。

表3-17　　　　　　　　　　花纹板的力学性能

花纹代号	牌号	状态	抗拉强度 R_m (MPa)	规定非比例延伸强度 $R_{p0.2}$ (MPa)	拉断伸长率 A_{50}（%）	弯曲系数
			≥			
1号、9号	2A12	T4	405	255	10	—
2号、4号、6号、9号	2A11	H234、H194	215	—	3	
4号、8号、9号	3003	H114、H234	120	—	4	4
		H194	140	—	3	8
3号、4号、5号、8号、9号	1×××	H114	80	—	4	2
		H194	100	—	3	6
3号、7号	5A02、5052	O	≤150	—	14	3
2号、3号		H114	180	—	3	3
2号、4号、7号、8号、9号		H194	195	—	3	8
3号	5A43	O	≤100	—	15	2
		H114	120	—	4	4
7号	6061	O	≤150	—	12	

注　1. 计算截面积所用的厚度为底板厚度。
　　2. 1号花纹板的室温拉伸试验结果应符合本表的规定，当需方对其他代号的花纹板的室温拉伸试验性能或任意代号的花纹板的弯曲系数有要求时，供需双方应参考本表中的规定具体协商，并在合同中注明。

（4）新、旧牌号对照及新状态代号说明见表3-18和表3-19。

表3-18　　　　　　　　　　新、旧牌号对照

新牌号	旧牌号	新牌号	旧牌号	新牌号	旧牌号
1070A	代L1	1A50	代LB2	3003	—
1060	代L2	2A11	原LY11	5A02	原LF2
1050A	代L3	2A12	原LY12	5A43	原LF43
1100	代L5-1	3A21	原LF21	6061	原LD30
1200	代L5	3105	—	8A06	代L6

表 3-19 新状态代号说明

新状态代号	状态代号含义
T4	花纹板淬火自然时效
O	花纹板成品完全退火
H114	用完全退火（O）状态的平板，经过一个道次的冷轧得到的花纹板材
H234	用不完全退火（H22）状态的平板，经过一个道次的冷轧得到的花纹板材
H194	用硬状态（H18）的平板，经过一个道次的冷轧得到的花纹板材

（5）花纹板单位面积的理论质量。2A11 合金花纹板单位面积的理论质量见表 3-20。2A12 合金 1 号花纹板单位面积的理论质量见表 3-21。当花纹板花型不变，只改变牌号时，按该牌号的密度及密度换算系数见表 3-22，换算该牌号花纹板单位面积的理论质量。

表 3-20 2A11 合金花纹板单位面积的理论质量

底板厚度（mm）	单位面积的理论质量（kg/m²）				
	花纹代号				
	2 号	3 号	4 号	6 号	7 号
1.80	6.340	5.719	5.500	—	5.668
2.00	6.900	6.279	6.060	—	6.228
2.50	8.300	7.679	7.460	—	7.628
3.00	9.700	9.079	8.860	—	9.028
3.50	11.100	10.479	10.260	—	10.428
4.00	12.500	11.879	11.660	12.343	11.828
4.50	—	—	—	13.743	—
5.00	—	—	—	15.143	—
6.00	—	—	—	17.943	—
7.00	—	—	—	20.743	—

表 3-21 2A12 合金 1 号花纹板单位面积的理论质量

底板厚度（mm）	1 号花纹板单位面积的理论质量（kg/m²）	底板厚度（mm）	1 号花纹板单位面积的理论质量（kg/m²）
1.00	3.452	2.00	6.232
1.20	4.008	2.50	7.622
1.50	4.842	3.00	9.012
1.80	5.676		

表 3-22　　　　　　　　　　密度换算系数

牌　号	密度 (kg/m^2)	密度换 算系数	牌　号	密度 (kg/m^2)	密度换 算系数
2A11	2.80	1.000	3105	2.72	0.971
纯铝	2.71	0.968	5A02、5A43、5052	2.68	0.957
2A12	2.78	0.993	6061	2.70	0.964
3A21	2.73	0.975			

5. 铝及铝合金压型板（GB/T 6891）

铝及铝合金压型板主要用于工业及民用建筑、设备围护结构材料。其具有质量轻、外观美观、耐久性好、安装简便等优点，表面经氧化处理后可呈各种颜色。

（1）技术要求见表 3-23。

表 3-23　　　　　　　　技　术　要　求

项目	要　求
尺寸允许偏差	（1）压型板的宽度允许偏差为$^{+15}_{-5}$mm； （2）压型板的长度允许偏差为$^{+25}_{-5}$mm； （3）压型板的波高允许偏差为±3mm，波距允许偏差为±3mm（为3～5个波的平均值）； （4）压型板边部波浪高度每米长度内不大于5mm； （5）压型板纵向弯曲每米长度内不大于5mm（距端部250mm内除外）； （6）压型板侧向弯曲每米长度内不大于4mm，任取10m长时，其侧向弯曲不大于20mm； （7）压型板对角线长度允许偏差不大于20mm； （8）压型板边部应整齐，不允许有裂边
化学成分	符合 GB/T 3190—2008《铝及铝合金加工产品的化学成分》的规定
表面质量	压型板表面清洁，不允许有裂纹、腐蚀、起皮及穿透气孔等影响使用的缺陷。Y2 状态的压型板允许有轻微的油斑

（2）压型板坯料力学性能见表3-24。

表3-24　　　　　　　　　压型板坯料力学性能

合金牌号	供应状态	厚度(mm)	抗拉强度 σ_b(MPa)	伸长率 δ_{10}(%)
L1~L6	Y	0.6~0.9	≤137	2
		>0.9~1.2		3
	Y_2	0.6~0.7	≤98	4
		>0.7~1.2		5
LF21	Y	0.6~0.8	≤186	2
		>0.8~1.2		3
	Y_2	0.6~1.2	147~217	6

（3）压型板型号规格见表3-25。

表3-25　　　　　　　　　压型板型号规格

型号	合金牌号	供应状态	波高(mm)	波距(mm)	厚度(mm)	宽度(mm)	长度(mm)
V25-150 I	L1~L6 LF21	Y	25	150	0.6~1.0	635	1700~6200
V25-150 II						935	
V25-150 III						970	
V25-150 IV						1170	
V60-187.5		Y、Y_2	60	187.5	0.9~1.2	826	
V25-300		Y_2	25	300	0.6~1.0	985	1700~5000
V35-115 I			35	115	0.7~1.2	720	≥1700
V35-115 II			35	115	0.7~1.2	710	
V35-125		Y、Y_2	35	125	0.7~1.2	807	
V130-550			130	550	1.0~1.2	625	≥6000
V173			173	—	0.9~1.2	387	≥1700
Z295		Y	—	—	0.6~1.0	295	1200~2500

（4）压型板坯料厚度允许偏差见表 3-26。

表 3-26 压型板坯料厚度允许偏差

厚度	坯料标准宽度（mm）		
	≤1000	1200	1500
	厚度允许偏差（mm）		
0.6		−0.12	
0.7	−0.12		−0.14
0.8		−0.13	
0.9	−0.14	−0.15	−0.16
1.0			
1.1	−0.15	−0.16	−0.17
1.2			

6. 铝合金建筑型材（GB/T 5237）

适用于建筑及其他行业用 LD30 和 LD31 合金热挤压型。

（1）技术要求见表 3-27。

表 3-27 铝合金建筑型材的技术要求

项目	要　求
铸锭状态	挤压型材所使用的铸锭应符合 YS67 的规定。铸锭应经均匀化处理
化学成分	型材的化学成分应符合 GB/T 3190 的规定
力学性能	热挤压状态的型材无力学性能的规定，其他状态型材的室温纵向力学性能应符合表 3-28 的规定。
表面质量	（1）型材表面应清洁，不允许有裂纹、起皮、腐蚀和气泡存在。 （2）型材表面上允许有轻微的压坑，碰伤、擦伤和划伤存在，其允许深度应符合下表规定；由模具造成的纵向挤压深度，LD30 合金不得超过 0.08mm、LD31 合金产的超过 0.05mm。 （3）阳极氧化膜及色泽质量：需表面处理的型材，应在合同中注明色泽、氧化膜厚度级别

表 3-28　　　　　　　　　　　　型材的力学性能

合金牌号	状态	拉伸试验≥			硬度试验≥	
		抗拉强度 σ_b （MPa）	规定非比例伸长应力 $\sigma_{p0.2}$ （MPa）	伸长率 δ （%）	试样厚度 （mm）	HV
LD30	CZ	177	108	16	—	—
	CS	265	245	8	—	—
LD31	RCS	157	108	8	0.8	58
	CS	205	177	8		

注　1. 型材取样部位的壁厚小于 1.2mm 时，不测定伸长率。

　　2. 淬火自然时效型材的室温纵向力学性能，是常温时效一个月的数值。

　　3. 硬度和拉伸试验只做其中一项，仲裁试验为拉伸试验。

表 3-29　　　　　　　　　　　　表面质量规定　　　　　　　　　　mm

合金状态	允许深度			
	装饰面		非装饰面	
	普通级	高精级、超高精级	普通级	高精级、超高精级
RCS	≤0.08	≤0.05	<0.20	<0.15
其他	<0.15	<0.1	<0.20	<0.15

（2）型材的合金牌号、状态及表面处理方式见表 3-30。

表 3-30　　　　　　型材的合金牌号、状态及表面处理方式

合金牌号	供应状态	表面处理方式		
LD30	R，CZ，CS	不处理	阳极氧化	阳极氧化电解着色
LD31	R，RCS，CS			

注　R 为热挤压状态；CZ 为淬火自然时效状态；CS 为淬火人工时效状态；RCS 为高温成型后快速冷却及人工时效状态。

（3）尺寸及其允许偏差。

1）型材尺寸允许偏差分为普通级、高精级、超高精级三个等级。经供需双方协商，型材部分（或全部）选用高精级或超高精级尺寸偏差时，应在双方签订的技术图样、协议、订货合同上注明。

2）横截面尺寸允许偏差。技术图样上标注尺寸偏差应符合表

3-31（高精级）或表 3-32（超高精级）的规定。技术图样上未注偏差且可以直接测量的尺寸偏差应符合表 3-32（普通级）的规定。

表 3-31 　　　　　　　　　高精级尺寸偏差 　　　　　　　　mm

外接圆直径	指定部位尺寸	允许偏差（±）							
		金属实体不小于75%的部位尺寸		空间大于25%（金属实体小于75%的所有部位尺寸）						
		3栏以外的所有尺寸	空心型材*包围面积不小于70mm²时的壁厚	测量点与基准边的距离 L					
				>6~15	>15~30	>30~60	>60~100	>100~150	>150~200
		1栏	2栏	3栏	4栏	5栏	6栏	7栏	8栏	9栏
≤250	≤3	0.15	壁厚的10%最大1.52，最小0.25	0.25	0.30	—	—	—	—
	>3~6	0.18		0.30	0.36	0.41	—	—	—
	>6~12	0.20		0.36	0.41	0.46	0.51	—	—
	>12~19	0.23		0.41	0.46	0.51	0.56	—	—
	>19~25	0.25		0.46	0.51	0.56	0.64	0.76	—
	>25~38	0.30		0.53	0.58	0.66	0.76	0.89	—
	>38~50	0.36		0.61	0.66	0.79	0.91	1.07	1.27
	>50~100	0.61		0.86	0.97	1.22	1.45	1.73	2.03
	>100~150	0.86		1.12	1.27	1.63	1.98	2.39	2.79
	>150~200	1.12		1.37	1.57	2.08	2.51	3.05	3.56
	>200~250	1.37		1.63	1.88	2.54	3.05	3.68	4.32

注　表中"＊"表示除另有说明外，空心型材包括通孔未完全封闭且空心部分的面积大于开口宽度平方数两倍的型材。

表 3-32 **超高精级尺寸偏差** mm

外接圆直径	指定部位尺寸	允许偏差(±)							
		金属实体不小于75%的部位尺寸	空间大于25%(金属实体小于75%的所有部位尺寸)						
		3栏以外的所有尺寸	空心型材*包围面积不小于70mm²时的壁厚	测量点与基准边的距离 L					
				>6～15	>15～30	>30～60	>60～100	>100～150	>150～200
	1栏	2栏	3栏	4栏	5栏	6栏	7栏	8栏	9栏
≤250	≤3	0.10	壁厚的5%最大1.00,最小0.16	0.18	0.20	—	—	—	—
	>3～6	0.12		0.21	0.24	0.26	—	—	—
	>6～12	0.13		0.26	0.27	0.29	0.30	—	—
	>12～19	0.15		0.29	0.31	0.32	0.33	—	—
	>19～25	0.17		0.33	0.34	0.35	0.38	0.42	—
	>25～38	0.20		0.38	0.39	0.41	0.45	0.49	—
	>38～50	0.24		0.44	0.45	0.49	0.54	0.59	0.71
	>50～100	0.41		0.61	0.65	0.76	0.85	0.96	1.13
	>100～150	0.57		0.80	0.85	1.02	1.16	1.33	1.55
	>150～200	0.75		0.98	1.05	1.30	1.46	1.69	1.98
	>200～250	0.91		1.16	1.25	1.58	1.79	2.04	2.40

注 表中"*"表示除另有说明外,空心型材包括通孔未完全封闭且空心部分的面积大于开口宽度平方数两倍的型材。

外接圆直径	指定部位尺寸	允许偏差($\pm$)							
		金属实体不小于75％的部位尺寸		空间大于25％（金属实体小于75％的所有部位尺寸）					
		3栏以外的所有尺寸	空心型材*包围面积不小于70mm^{2}时的壁厚	测量点与基准边的距离 L					
				$>6\sim$15	$>15\sim$30	$>30\sim$60	$>60\sim$100	$>100\sim$150	$>150\sim$200
		1栏	2栏	3栏	4栏	5栏	6栏	7栏	8栏
≤250	≤3	0.23	壁厚的15％最大2.30，最小0.38		0.33	0.38	—	—	—
	>3～6	0.27			0.39	0.45	0.51	—	—
	>6～12	0.30			0.47	0.51	0.58	0.61	—
	>12～19	0.35			0.53	0.58	0.64	0.67	—
	>19～25	0.38			0.60	0.64	0.70	0.77	0.89
	>25～38	0.45			0.69	0.73	0.83	0.91	1.00
	>38～50	0.54			0.79	0.83	0.99	1.10	1.20
	>50～100	0.92			1.10	1.20	1.50	1.70	2.00
	>100～150	1.30			1.50	1.60	2.00	2.40	2.80
	>150～200	1.70			1.80	2.00	2.60	3.00	3.60
	>200～250	2.10			2.10	2.40	3.20	3.70	4.30

（注：上表 9栏 $>150\sim200$ 数据列）

9栏
—
—
—
—
—
—
1.40
2.30
3.20
4.10
4.90

注 表中"*"表示除另有说明外，空心型材包括通孔未完全封闭且空心部分的面积大于开口宽度平方数两倍的型材。

对表 3-31～表 3-33 的横截面尺寸允许偏差表使用说明：

a. 表中 2～9 栏的划分如图 3-4（a）所示。

b. 由两个以上的分尺寸组成一个尺寸时，该尺寸的允许偏差为各部分尺寸允许偏差的总和。

c. 如图 3-4（b）所示中 x 为包括空间在内的尺寸。该尺寸的实体金属部分不小于 75% 时，其允许偏差采用 2 栏；该尺寸的实体金属部分小于 75% 时，其允许偏差采用 4 栏。图 3-4 中 Y 为金属实体尺寸，其允许偏差按 2 栏。

d. 如图 3-4（c）所示空心型材的宽度 B 和高度 H，应采用下述方法来确定其允许偏差：宽度 B 的尺寸允许偏差，采用与高度 H 相对应的 4 栏；反之，高度 H 的尺寸允许偏差，采用与宽度 B 相对应的 4 栏。但是，当这些数值小于本身所对应的 2 栏数值时，则按 2 栏。

e. 对于空心型材，当包围的中空面积小于 70mm² 时，其壁厚的允许偏差采用 2 栏；当包围的中空面积不小于 70mm² 时，其壁厚的允许偏差采用 3 栏。若两对边壁厚不等，应用两对边壁厚的平均值作为 1 栏中的指定尺寸，取 2 栏或 3 栏中的数值作为两边壁厚的允许偏差。

f. 如图 3-4（d）所示及如图 3-4（e）所示型材，即使金属实体部分尺寸 Y 不小于 X 的 75%，X 或 Z 的允许偏差也不采用 2 栏，而是根据 L 尺寸，按 4～9 栏来确定。

g. 如图 3-4（f）～图 3-4（n）所示型材，其开口部分 X 的尺寸允许偏差用 L 尺寸所对应的 4～9 栏确定。尺寸 A 不适宜做基准尺寸。

h. 如图 3-4（m）及如图 3-4（n）所示的型材，当型材所包围的中空面积 S 大于等于开口部分宽度 X 平方的 2 倍（$S \geqslant 2X^2$）时，也定义为空心型材，称为未封闭的空心型材。开口尺寸 X 的允许偏差，用 B 尺寸对应的 1 栏及 L 尺寸所对应的 4～9 栏确定。

i. 见图 3-4（b）和图 3-4（n）所示空心型材，其一侧壁厚 T 为相对边壁厚 t 的 3 倍及以上时，各侧壁厚的允许偏差不采用表 3-31～表 3-33 的规定，而由供需双方协商确定。

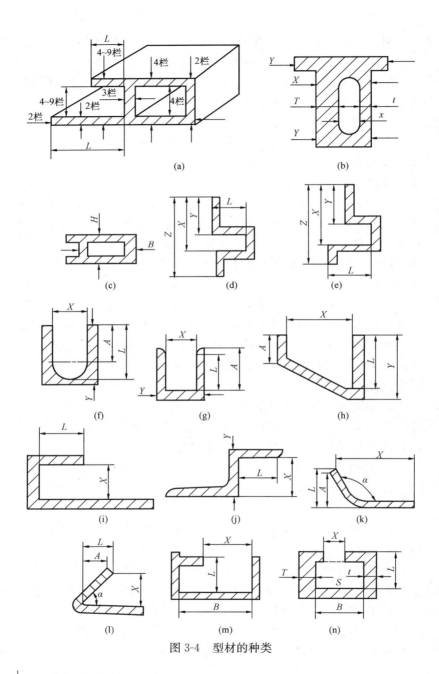

图 3-4 型材的种类

j. 测量点与基准边距离等于或小于 6mm 时，按 2 栏确定其允许偏差。

k. 当允许偏差只规定（＋）或（－）时，应为表中数值的 2 倍，如非均等的偏差时，上、下偏差的绝对值之和也应为表中数值的 2 倍。

3）型材的角度允许偏差。型材的角度允许偏差见表 3-34。

表 3-34 **型材角度允许偏差**

级　　别	允　许　偏　差
普通级	±2°
高精级	±1°
超高精级	±0.5°

注 当允许偏差只要求（＋）或（－）时，则为表中数值的 2 倍。

4）型材的平面间隙。把直尺横放在型材任一平面上，如图 3-5（a）所示，型材平面与直尺之间的间隙应符合表 3-35 的规定。

表 3-35 **型材平面间隙的规定**　　　　　　　　　　　　mm

型材宽度 B	平面间隙			
	普通级	高精级		超高精级
	空、实心型材	实心型材	空心型材	空、实心型材
≤25	≤0.20	≤0.10	≤0.15	＜0.10
＞25	≤0.8％×B	≤0.4％×B	≤0.6％×B	＜0.4％×B
任意 25mm 宽度上	≤0.20	≤0.10	≤0.15	＜0.10

注 1. B 为所测型材平面的宽度。

2. 对于包括开口部分的型材平面不适用。如果要求将开口两边的平面及开口部分合起来作为一个完整的平面时，应在图样中注明。

5）型材的曲面间隙。将标准弧样板紧贴在型材的曲面上，如图 3-5（b）所示，型材曲面与标准弧样板之间的间隙叫做曲面间隙。要求检查曲面间隙的型材，必须在图样上注明。曲面间隙用样板检查，样板由需方提供。

曲面间隙规定如下：每 25mm 弦长上允许的最大曲面间隙为 0.13mm，不足 25mm 的部分按 25mm 计算。

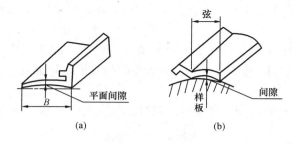

图 3-5 型材的间隙

(a) 型材的平面间隙；(b) 型材的曲面间隙

6）型材的弯曲度。型材的弯曲度是将型材放在平台上，借自重使弯曲达到稳定时，沿型材长度方向测得的型材底面与平台最大间隙值（h_t）。或用 300mm 长直尺沿型材长度方向靠在型材表面上，测得的直尺与型材表面最大间隙值（h_s）及弯曲度如图 3-6 所示及表 3-36。

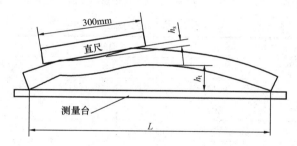

图 3-6 直尺与型材表面最大间隙值

表 3-36 型 材 弯 曲 度 mm

外接圆直径	最小壁厚	弯曲度					
		普通级		高精级		超高精级	
		任意 300mm 长度上 h_s	全长 L m 上 h_t	任意 300mm 长度上 h_s	全长 L m 上 h_t	任意 300mm 长度上 h_s	全长 L m 上 h_t
		≤					
≤38	≤2.4	2.0	6L	1.3	4L	1.0	3L
	>2.4	0.5	2L	0.3	1L	0.3	0.7L
>38		0.5	2L	0.3	1L	0.3	0.7L

7）型材的扭拧度。扭拧度的测量方法：将型材放在平台上，借自重使之达到稳定时，沿型材的长度方向测量型材底面与平台之间的最大距离 N 见图 3-7，从 N 值中扣除该处弯曲度后的数值即为扭拧度。扭拧度按型材外接圆直径分档，以型材每毫米宽度上允许扭拧的毫米数表示。

8）圆角半径允许偏差。当用户要求型材圆角半径有偏差规定时，在图样中标明。

9）型材的长度允许偏差。

a. 以定尺交货的型材，长度小于等于 6m 时，其长度允许偏差为 +15mm；长度大于 6m 时，其长度允许偏差由供需双方商定，并在合同上注明。

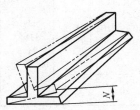

图 3-7　型材的扭拧度

b. 以倍尺交货的型材，其总长度允许偏差为 +20mm。需加锯口余量时，应在合同中注明。

c. 合同中没有注明时，交货长度为 1～6m。

10）型材端头的要求。

a. 型材端头应切齐，其切斜度不应超过 3°。

b. 型材端头允许因锯切而产生的局部变形。其纵向长度不应超过 20mm。

注：长度小于等于 6m 的型材的扭拧度应符合表 3-37 的规定。长度大于 6m 的型材，其扭拧度由供需双方商定。

表 3-37　　　　　　　　　　**型材的扭拧度**　　　　　　　　　　　　mm

外接圆直径	扭拧度（宽）≤					
	普通级		高精级		超高精级	
	每米长度上	总长度上	每米长度上	总长度上	每米长度上	总长度上
>12.5～40	0.087	0.176	0.052	0.123	0.026	0.052
>40～80	0.052	0.123	0.026	0.087	0.017	0.035
>80～250	0.026	0.079	0.017	0.052	0.009	0.026

7. 铝及铝合金彩色涂层板、带材（YS/T 431）

（1）产品分类。产品的牌号、状态及规格见表 3-38。

表 3-38　　　　　　　　　　　　产品的牌号、状态及规格

牌号①	合金类别②	涂层板、带状态	基材状态	基材厚度(mm)	板材规格(mm)		带材规格(mm)	
					宽度	长度	宽度	套筒内径
1050、1100、3003、3004、3005、3104、3105、5005、5050	A 类	H42、H44、H46、H4合金8	H12、H22、H14、H24、H16、H26、H18	0.20≤t ≤1.80	500～1600	500～4000	50～1600	200、300、350、405、505
5052	B 类							

① 需要其他牌号、规格或状态的材料，可双方协商。
② A、B类合金的分类应符合 GB/T 3880 的规定。
注 标记示例。产品标记按产品名称、合金牌号、供应状态、规格及标准编号的顺序表示。标记示例如下。
示例1：用 3003 合金制造的、供应状态为 H46、基材厚度为 0.50mm，宽度为 1200mm、长度为 2000mm 的涂层板材，标记为涂层板 3003-H46　0.5×1200×2000　YS/T 431—2009
示例2：用 3003 合金制造的供应状态为 H46、基材厚度为 0.50mm，宽度为 1200mm，套筒内径为 505mm 的涂层带材，标记为涂层带 3003-H46　0.5×1200φ505　YS/T 431—2009

（2）力学性能。基材的室温拉伸性能、弯曲性能见表 3-39。

表 3-39　　　　　　　　　基材的室温拉伸性能、弯曲性能

牌号	状态	厚度（t）(mm)	室温拉伸性能			弯曲性能	
			抗拉强度 R_m (MPa)	规定非比例延伸强度 $R_{p0.2}$ (MPa)	拉断伸长率 A_{50mm} (%)	弯曲半径	
						180°	90°
			≥				
1050	H12	>0.2～0.3	80～120	—	2	—	0t
		>0.3～0.5	80～120	—	3	—	0t
		>0.5～0.8	80～120	—	4	—	0t
		>0.8～1.5	80～120	65	6	—	0.5t
		>1.5～1.8	80～120	65	8	—	0.5t

牌号	状态	厚度（t）（mm）	室温拉伸性能			弯曲性能	
			抗拉强度 R_m（MPa）	规定非比例延伸强度 $R_{p0.2}$（MPa）	拉断伸长率 A_{50mm}（%）	弯曲半径	
						180°	90°
			≥				
1050	H22	>0.2～0.3	80～120	—	2	—	0t
		>0.3～0.5	80～120	—	3	—	0t
		>0.5～0.8	80～120	—	4	—	0t
		>0.8～1.5	80～120	65	6	—	0.5t
		>1.5～1.8	80～120	65	8	—	0.5t
	H14	>0.2～0.3	95～130	—	1	—	0.5t
		>0.3～0.5	95～130	—	2	—	0.5t
		>0.5～0.8	95～130	—	3	—	0.5t
		>0.8～1.5	95～130	75	4	—	1.0t
		>1.5～1.8	95～130	75	5	—	1.0t
	H24	>0.2～0.3	95～130	—	1	—	0.5t
		>0.3～0.5	95～130	—	2	—	0.5t
		>0.5～0.8	95～130	—	3	—	0.5t
		>0.8～1.5	95～130	75	4	—	1.0t
		>1.5～1.8	95～130	75	5	—	1.0t
	H16	>0.2～0.5	120～150	—	1	—	2.0t
		>0.5～0.8	120～150	85	2	—	2.0t
		>0.8～1.5	120～150	85	3	—	2.0t
		>1.5～1.8	120～150	85	4	—	2.0t
	H26	>0.2～0.5	120～150	—	1	—	2.0t
		>0.5～0.8	120～150	85	2	—	2.0t
		>0.8～1.5	120～150	85	3	—	2.0t
		>1.5～1.8	120～150	85	4	—	2.0t
	H18	>0.2～0.5	130	—	1	—	—
		>0.5～0.8	130	—	2	—	—
		>0.8～1.5	130	—	3	—	—
		>1.5～1.8	130	—	4	—	—

牌号	状态	厚度（t）（mm）	室温拉伸性能			弯曲性能	
			抗拉强度 R_m （MPa）	规定非比例延伸强度 $R_{p0.2}$ （MPa）	拉断伸长率 A_{50mm} （％）	弯曲半径	
						180°	90°
				$\geqslant$			
1100	H12	>2.0～0.5	95～130	75	3	—	0t
		>0.5～1.5	95～130	75	5	—	0t
		>1.5～1.8	95～130	75	8	—	0t
	H22	>0.2～0.5	95～130	75	3	—	0t
		>0.5～1.5	95～130	75	5	—	0t
		>1.5～1.8	95～130	75	8	—	0t
	H14	>0.2～0.3	110～145	95	1	—	0t
		>0.3～0.5	110～145	95	2	—	0t
		>0.5～1.5	110～145	95	3	—	0t
		>1.5～1.8	110～145	95	5		0t
	H24	>0.2～0.3	110～145	95	1	—	0t
		>0.3～0.5	110～145	95	2	—	0t
		>0.5～1.5	110～145	95	3	—	0t
		>1.5～1.8	110～145	95	5	—	0t
	H16	>0.2～0.3	130～165	115	1	—	2t
		>0.3～0.5	130～165	115	2	—	2t
		>0.5～1.5	130～165	115	3	—	2t
		>1.5～1.8	130～165	115	4	—	2t
	H26	>0.2～0.3	130～165	115	1	—	2t
		>0.3～0.5	130～165	115	2	—	2t
		>0.5～1.5	130～165	115	3	—	2t
		>1.5～1.8	130～165	115	4	—	2t
	H18	>0.2～0.5	150	—	1	—	—
		>0.5～1.5	150		2		—
		>1.5～1.8	150		4		—

牌号	状态	厚度（t）（mm）	室温拉伸性能			弯曲性能	
			抗拉强度 R_m（MPa）	规定非比例延伸强度 $R_{p0.2}$（MPa）	拉断伸长率 A_{50mm}（％）	弯曲半径	
						$180°$	$90°$
			$\geqslant$				
3003	H12	＞0.2～0.5	120～160	90	3	1.5t	0t
		＞0.5～1.5	120～160	90	4	1.5t	0.5t
		＞1.5～1.8	120～160	90	5	1.5t	1.0t
	H22	＞0.2～0.5	120～160	80	6	1.0t	0t
		＞0.5～1.5	120～160	80	7	1.0t	0.5t
		＞1.5～1.8	120～160	80	8	1.0t	1.0t
	H14	＞0.2～0.5	145～185	125	2	2.0t	0.5t
		＞0.5～1.5	145～185	125	2	2.0t	1.0t
		＞1.5～1.8	145～185	125	3	2.0t	1.0t
	H24	＞0.2～0.5	145～185	115	4	1.5t	0.5t
		＞0.5～1.5	145～185	115	4	1.5t	1.0t
		＞1.5～1.8	145～185	115	5	1.5t	1.0t
	H16	＞0.2～0.5	170～210	150	1	2.5t	1.0t
		＞0.5～1.5	170～210	150	2	2.5t	1.5t
		＞1.5～1.8	170～210	150	2	2.5t	2.0t
	H26	＞0.2～0.5	170～210	140	2	2.0t	1.0t
		＞0.5～1.5	170～210	140	3	2.0t	1.5t
		＞1.5～1.8	170～210	140	3	2.0t	2.0t
	H18	＞0.2～0.5	190	170	1	—	1.5t
		＞0.5～1.5	190	170	2	—	2.5t
		＞1.5～1.8	190	170	2	—	3.0t

牌号	状态	厚度（t）（mm）	室温拉伸性能			弯曲性能	
			抗拉强度 R_m （MPa）	规定非比例延伸强度 $R_{p0.2}$ （MPa）	拉断伸长率 A_{50mm} （%）	弯曲半径	
						180°	90°
					≥		
3004	H12	＞0.2～0.5	190～240	155	2	1.5t	0t
		＞0.5～1.5	190～240	155	3	1.5t	0.5t
		＞1.5～1.8	190～240	155	4	2.0t	1.0t
	H22	＞0.2～0.5	190～240	145	4	1.0t	0t
		＞0.5～1.5	190～240	145	5	1.0t	0.5t
	H22	＞1.5～1.8	190～240	145	6	1.5t	1.0t
	H14	＞0.2～0.5	220～265	180	1	2.5t	0.5t
		＞0.5～1.5	220～265	180	2	2.5t	1.0t
		＞1.5～1.8	220～265	180	2	2.5t	1.5t
	H24	＞0.2～0.5	220～265	170	3	2.0t	0.5t
		＞0.5～1.5	220～265	170	4	2.0t	1.0t
		＞1.5～1.8	220～265	170	4	2.0t	1.5t
	H16	＞0.2～0.5	240～285	200	1	3.5t	1.0t
		＞0.5～1.5	240～285	200	1	3.5t	1.5t
		＞1.5～1.8	240～285	200	2	—	2.5t
	H26	＞0.2～0.5	240～285	190	3	3.0t	1.0t
		＞0.5～1.5	240～285	190	3	3.0t	1.5f
		＞1.5～1.8	240～285	190	3	—	2.5t
	H18	＞0.2～0.5	260	230	1	—	1.5t
		＞0.5～1.5	260	230	1	—	2.5t
		＞1.5～1.8	260	230	2	—	—

牌号	状态	厚度（t）（mm）	室温拉伸性能			弯曲性能	
			抗拉强度 R_m（MPa）	规定非比例延伸强度 $R_{p0.2}$（MPa）	拉断伸长率 A_{50mm}（%）	弯曲半径	
						180°	90°
			$\geqslant$				
3005	H12	>0.2~0.5	145~195	125	3	1.5t	0t
		>0.5~1.5	145~195	125	4	1.5t	0.5t
		>1.5~1.8	145~195	125	4	2.0t	1.0t
	H22	>0.2~0.5	145~195	110	5	1.0t	0t
		>0.5~1.5	145~195	110	5	1.0t	0.5t
		>1.5~1.8	145~195	110	6	1.5t	1.0t
	H14	>0.2~0.5	170~215	150	1	2.5t	0.5t
		>0.5~1.5	170~215	150	2	2.5t	1.0t
		>1.5~1.8	170~215	150	2	—	1.5t
	H24	>0.2~0.5	170~215	130	4	1.5t	0.5t
	H24	>0.5~1.5	170~215	130	4	1.5t	1.0t
		>1.5~1.8	170~215	130	4	—	1.5t
	H16	>0.2~0.5	195~240	175	1	—	1.0t
		>0.5~1.5	195~240	175	2	—	1.5t
		>1.5~1.8	195~240	175	2	—	2.5t
	H26	>0.2~0.5	195~240	160	3	—	1.0t
		>0.5~1.5	195~240	160	3	—	1.5t
		>1.5~1.8	195~240	160	3	—	2.5t
	H18	>0.2~0.5	220	200	1	—	1.5t
		>0.5~1.5	220	200	2	—	2.5t
		>1.5~1.8	220	200	2	—	—

牌号	状态	厚度（t）（mm）	室温拉伸性能			弯曲性能	
			抗拉强度 R_m（MPa）	规定非比例延伸强度 $R_{p0.2}$（MPa）	拉断伸长率 A_{50mm}（%）	弯曲半径	
						180°	90°
			$\geqslant$				
3104	H12	>0.2～0.5	190～240	155	2	—	0t
		>0.5～1.5	190～240	155	3	—	0.5t
		>1.5～1.8	190～240	155	4	—	1.0t
	H22	>0.2～0.5	190～240	145	4	—	0t
		>0.5～1.5	190～240	145	5	—	0.5t
		>1.5～1.8	190～240	145	6	—	1.0t
	H14	>0.2～0.5	220～265	180	1	—	0t
		>0.5～1.5	220～265	180	2	—	0.5t
		>1.5～1.8	220～265	180	2	—	1.0t
	H24	>0.2～0.5	220～265	170	3	—	0.5t
		>0.5～1.5	220～265	170	4	—	1.0t
		>1.5～1.8	220～265	170	4	—	1.5t
	H16	>0.2～0.5	240～285	200	1	—	1.0t
		>0.5～1.5	240～285	200	1	—	1.5t
		>1.5～1.8	240～285	200	2	—	2.5t
	H26	>0.2～0.5	240～285	190	3	—	1.0t
		>0.5～1.5	240～285	190	3	—	1.5t
		>1.5～1.8	240～285	190	3	—	2.5t
	H18	>0.2～0.5	260	230	1	—	1.5t
		>0.5～1.5	260	230	1	—	2.5t
		1.5～1.8	260	230	2	—	—

牌号	状态	厚度（t）（mm）	室温拉伸性能			弯曲性能	
						弯曲半径	
			抗拉强度 R_m （MPa）	规定非比例延伸强度 $R_{p0.2}$ （MPa）	拉断伸长率 A_{50mm} （%）	180°	90°
			≥				
3015	H12	>0.2～0.5	130～80	105	3	1.5t	—
		>0.5～1.5	130～180	105	4	1.5t	—
		>1.5～1.8	130～180	105	4	1.5t	—
	H22	>0.2～0.5	130～180	105	6	—	—
		>0.5～1.5	130～180	105	6	—	—
		>1.5～1.8	130～180	105	7	—	—
	H14	>0.2～0.5	150～200	130	2	2.5t	—
		>0.5～1.5	150～200	130	2	2.5t	—
		>1.5～1.8	150～200	130	2	2.5t	—
	H24	>0.2～0.5	150～200	120	4	2.5t	—
		>0.5～1.5	150～200	120	4	2.5t	—
		>1.5～1.8	150～200	120	5	2.5t	—
	H16	>0.2～0.5	175～225	160	1	—	—
		>0.5～1.5	175～225	160	2	—	—
		>1.5～1.8	175～225	160	2	—	—
	H26	>0.2～0.5	175～225	150	3	—	—
		>0.5～1.5	175～225	150	3	—	—
		>1.5～1.8	175～225	150	3	—	—
	H18	>0.2～0.5	195	180	1	—	—
		>0.5～1.5	195	180	1	—	—
		>1.5～1.8	195	180	1	—	—

牌号	状态	厚度（t）（mm）	室温拉伸性能			弯曲性能	
			抗拉强度 R_m（MPa）	规定非比例延伸强度 $R_{p0.2}$（MPa）	拉断伸长率 A_{50mm}（%）	弯曲半径	
						180°	90°
			$\geqslant$				
5005	H12	>0.2~0.5	125~165	95	2	1.0t	0t
		>0.5~1.5	125~165	95	2	1.0t	0.5t
		>1.5~1.8	125~165	95	4	1.5t	1.0t
	H22	>0.2~0.5	125~165	80	4	1.0t	0t
		>0.5~1.5	125~165	80	5	1.0t	0.5t
		>1.5~1.8	125~165	80	6	1.5t	1.0t
	H14	>0.2~0.5	145~185	120	2	2.0t	0.5t
		>0.5~1.5	145~185	120	2	2.0t	1.0t
		>1.5~1.8	145~185	120	3	2.5t	1.0t
	H24	>0.2~0.5	145~185	110	3	1.5t	0.5t
		>0.5~1.5	145~185	110	4	1.5t	1.0t
		>1.5~1.8	145~185	110	5	2.0t	1.0t
	H16	>0.2~0.5	165~205	145	1	—	1.0t
		>0.5~1.5	165~205	145	2	—	1.5t
		>1.5~1.8	165~205	145	3	—	2.0t
	H26	>0.2~0.5	165~205	135	2	—	1.0t
		>0.5~1.5	165~205	135	3	—	1.5t
		>1.5~1.8	165~205	135	4	—	2.0t
	H18	>0.2~0.5	185	165	1	—	1.5t
		>0.5~1.5	185	165	2	—	2.5t
		>1.5~1.8	185	165	2	—	3.0t

牌号	状态	厚度（t）(mm)	室温拉伸性能			弯曲性能	
			抗拉强度 R_m (MPa)	规定非比例延伸强度 $R_{p0.2}$ (MPa)	拉断伸长率 A_{50mm} （%）	弯曲半径	
						180°	90°
				$\geqslant$			
5050	H12	>0.2~0.5	155~195	130	2	—	0t
		>0.5~1.5	156~195	130	2	—	0.5t
		>1.5~1.6	155~195	130	4	—	1.0t
	H22	>0.2~0.5	155~195	110	4	1.0t	0t
		>0.5~1.5	155~195	110	5	1.0t	0.5t
		>1.5~1.8	155~195	110	7	1.5t	1.0t
	H14	>0.2~0.5	175~215	150	2	—	0.5t
		>0.6~1.5	175~215	150	2	—	1.0t
		>1.5~1.8	175~215	150	3	—	1.5t
	H24	>0.2~0.5	175~215	135	3	1.5t	0.5t
		>0.5~1.5	175~215	135	4	1.5t	1.0t
		>1.5~1.8	175~215	135	5	2.0t	1.5t
	H16	>0.2~0.5	195~235	170	1	—	1.0t
		>0.5~1.5	195~235	170	2	—	1.5t
		>1.5~1.8	195~235	170	2	—	2.5t
	H26	>0.2~0.5	195~235	160	2	—	1.0t
		>0.5~1.5	195~235	160	3	—	1.5t
		>1.5~1.8	195~235	160	4	—	2.5t
	H18	>0.2~0.5	220	190	1	—	1.5t
		>0.5~1.5	220	190	2	—	2.5t
		>1.5~1.8	220	190	2	—	—

牌号	状态	厚度（t） （mm）	室温拉伸性能			弯曲性能	
			抗拉强度 R_m （MPa）	规定非比例 延伸强度 $R_{\mathrm{p}0.2}$ （MPa）	拉断伸长率 $A_{50\mathrm{mm}}$ （％）	弯曲半径	
						180°	90°
			$\geqslant$				
5052	H12	＞0.2～0.5	210～260	160	4	—	—
		＞0.5～1.5	210～260	160	5	—	—
		＞1.5～1.8	210～260	160	6	—	—
	H22	＞0.2～0.5	210～260	130	5	1.5t	0.5t
		＞0.5～1.5	210～260	130	6	1.5t	1.0t
		＞1.5～1.8	210～260	130	7	1.5t	1.5t
	H14	＞0.2～0.5	230～280	180	3	—	—
		＞0.5～1.5	230～280	180	3	—	—
		＞1.5～1.8	230～280	180	4	—	—
	H24	＞0.2～0.5	230～280	150	4	2.0t	0.5t
		＞0.5～1.5	230～280	150	5	2.0t	1.5t
		＞1.5～1.8	230～280	150	6	2.0t	2.0t
	H16	＞0.2～0.5	250～300	210	2	—	—
		＞0.5～1.5	250～300	210	3	—	—
		＞1.5～1.8	250～300	210	3	—	—
	H26	＞0.2～0.5	250～300	180	3	—	1.5t
		＞0.5～1.5	250～300	180	4	—	2.0t
		＞1.5～1.8	250～300	180	5	—	3.0t
	H18	＞0.2～0.5	270	240	1	—	—
		＞0.5～1.5	270	240	2	—	—
		＞1.5～1.8	270	240	2	—	—

8. 建筑幕墙用铝塑复合板（GB/T 17748）

（1）分类。按幕墙板的燃烧性能分为普通型和阻燃型。

（2）规格尺寸。幕墙板的常见规格尺寸如下：

1）长度：2000、2440、3000、3200mm 等。

2）宽度：1220、1250、1500mm 等。

3）最小厚度：4mm。

（3）标记。

1）代号：普通型，代号为 G；阻燃型，代号为 FR；氟碳树脂涂层装饰面，代号为 FC。

2）标记方法和示例。

按幕墙板的产品名称、分类、装饰面、规格尺寸、铝材厚度以及标准编号顺序进行标记。

规格为 2440mm×1220mm×4mm、铝材厚度为 0.50mm、表面为氟碳树脂涂层的阻燃型幕墙板，其标记为示例建筑幕墙用铝塑复合板 FR FC 2440mm×1220mm×40.50mm GB/T 17748。

（4）幕墙板的性能，见表 3-40。

表 3-40　　　　　　　　　　幕墙板的性能

项　　目		技术要求
表面铅笔硬度		≥HB
涂层光泽度偏差		≤10
涂层柔韧性		≤2
涂层附着力[①]/级	划格法	0
	划圈法	1
耐冲击性(kg·cm)		≥50
涂层耐磨耗性(L, μm)		≥5
涂层耐盐酸性		无变化
涂层耐油性		无变化
涂层耐碱性		无鼓泡、凸起、粉化等异常，色差 ΔE≤2
涂层耐硝酸性		无鼓泡、凸起、粉化等异常，色差 ΔE≤5
涂层耐溶剂性		不露底

项　　目		技术要求
涂层耐沾污性(%)		≤5
耐人工气候老化	色差 ΔE	≤4.0
	失光等级(级)	不次于 2
	其他老化性能(级)	0
耐盐雾性(级)		不次于 1
弯曲强度(MPa)		≥100
弯曲弹性模量(GPa)		≥20
贯穿阻力(kN)		≥7.0
剪切强度(MPa)		≥22.0
剥离强度(N·mm/mm)	平均值	≥130
	最小值	≥120
耐温差性	剥离强度下降率(%)	≤10
	涂层附着力①(级)	划格法	0
		划圈法	1
	外观	无变化
热膨胀系数(℃$^{-1}$)		≤4.00×10^{-5}
热变形温度(℃)		≥95
耐热水性		无异常
燃烧性能②(级)		不低于 C

① 表示划圈法为仲裁方法；
② 表示燃烧性能仅针对阻燃型铝塑板。

三、铜及铜合金

纯铜是紫红色的重金属，又称紫铜，相对密度 8.92g/cm³，溶点 1083℃，具有高导电性（电阻率为 0.015 6Ω·mm²/m）、导热性、耐蚀性良好的延伸性，易于加工，但强度低，主要用作电线、电缆等导电及设备维修材料。黄铜是铜和锌的合金。其颜色随含锌量的增加由黄红色变到淡黄色，其机械性能比纯铜高，价格较纯铜低，不易生锈腐蚀，适宜于加工制成各种建筑五金、水暖及机械零件。

1. 纯铜板（GB 2040）

纯铜板的力学性能见表 3-41

纯铜板的牌号状态和规格见表 3-42。

表 3-41 纯铜板的力学性能

牌号	制造方法和状态[①]		规格[②] （mm）	抗拉强度 R_m （MPa）≥	伸长率[③]（%）≥		硬度 HB
					δ_5	δ_{10}	
T2、T3、 TP1、TP2、 TU1、TU2	热轧	R	4～14	195	—	30	—
	冷轧	M	0.3～10	205	—	30	—
		Y_1		215～275	—	25	55～100
		Y_2		245～345	—	8	75～120
		Y		295	—	—	≥80

① 状态栏中：R—(热)挤制、热轧；M—软；Y_2—1/2硬(半硬)；Y—硬。

② 规格栏中：圆棒(线)指直径；方、六角、八角棒(线)指内切圆直径；矩形棒指厚度×宽度；板、带、箔指厚度；箔材指外径。

③ 伸长率指标如有 δ_5 和 δ_{10} 两种时，仲裁时以 δ_{10} 为准。

表 3-42 纯铜板的牌号状态和规格　　　　mm

牌号	状态	厚度	宽度	长度
T2	热轧(R)			
T3	软(M)	0.2～10.0	200～3000	400～6000
TP1	半硬(Y_2)			
TP2	硬(Y)			

2. 导电用铜板（GB 2529）

导电用铜板的力学性能见表 3-43。

表 3-43 导电用铜板的力学性能

牌号	制造方法和状态		规格 （mm）	抗拉强度 R_m （MPa）≥	伸长率（%）≥		硬度 HB
					δ_5	δ_{10}	
T2	热轧	R	5～15	196	—	30	—
		M	5～10	196	—	30	—
		Y		294	—	3	—

3. 纯铜线（GB/T 14953）

纯铜线的力学性能见表3-44。

表 3-44　　　　　　　　　纯铜线的力学性能

牌号	制造方法和状态	规格（mm）	抗拉强度 R_m（MPa）≥	伸长率(%)≥		硬度 HB
				δ_5	δ_{10}	
T2 T3	M	0.1～0.3	196	—	15	—
		＞0.3～1.0	196	—	20	—
		＞1.0～2.5	205	—	25	—
		＞2.5～6.0	205	—	30	—
	Y	0.1～2.5	380	—	—	—
		＞2.5～4.0	365	—	—	—
		＞4.0～6.0	365	—	—	—
TU1 TU2	M、Y	0.05～6.0	—	—	—	—

4. 专用铜及铜合金线（GB/T 14956）—纯铜线部分

专用铜及铜合金线的力学性能见表3-45。

表 3-45　　　　　　专用铜及铜合金线的力学性能

牌号	制造方法和状态	规格（mm）	抗拉强度 R_m（MPa）≥	伸长率(%)≥		硬度 HB
				δ_5	δ_{10}	
T2、T3	Y_2	1.0～6.0	335	15	15	—

5. 铜及铜合金扁线（GB/T 3114）

（1）线材的每卷（轴）质量见表3-46。

表 3-46　　　　铜及铜合金扁线线卷（轴）的质量

扁线宽度(mm)	每卷重量(kg)	
	标准卷	软轻卷
0.5～1.0	10±1	8±1
＞1.0～3.0	22±2	20±2
＞3.0～5.0	25±3.40±4	22±3.30±3
＞5	70±5	50±

（2）线材的牌号、状态、规格尺寸见表3-47。

表 3-47 　　　　　　　　　线材的牌号、状态、规格尺寸

牌　　　号	状　　　态	规格（厚度×宽度）(mm)
T2、TU1、TP2	软（M），硬（Y）	(0.5～6.0)×(0.5～15.0)
H62、H65、H68、H70、H80、H85、H90B	软（M），半硬（Y₂），硬（Y）	(0.5～6.0)×(0.5～15.0)
HPb59-3、HPb62-3	半硬（Y₂）	(0.5～6.0)×(0.5～15.0)
HBi60-1.3、HSb60-0.9、HSb61-0.8-0.5	半硬（Y₂）	(0.5～6.0)×(0.5～12.0)
QSn6.5-0.1、QSn6.5-0.4、QSn7-0.2、QSn5-0.2	软（M），半硬（Y₂），硬（Y）	(0.5～6.0)×(0.5～12.0)
QSn4-3、QSi3-1	硬（Y）	(0.5-6.0)×(0.5～12.0)
BZn15-20、BZn18-20、BZn22-16	软（M），半硬（Y₂）	(0.5～6.0)×(0.5～15.0)
QCr1-0.18、QCr1	固溶＋冷加工＋时效（CYS），固溶＋时效＋冷加工（CSY）	(0.5～6.0)×(0.5～15.0)

（3）产品的力学性能见表3-48。

表 3-48 　　　　　　　　　产品的力学性能

牌号	状态	对边距 (mm)	抗拉强度 R_m (N/mm²)	伸长率 A_{100mm} （％）
			≥	
T2、TU1、TP2	M	0.5～15.0	175	25
	Y	0.5～15.0	325	—
H62	M	0.5～15.0	295	25
	Y₂	0.5～15.0	345	10
	Y	0.5～15.0	460	—
H68、H65	M	0.5～15.0	245	28
	Y₂	0.5～1.0	340	10
	Y	0.5～15.0	440	—
H70	M	0.5～15.0	275	32
	Y₂	0.5～15.0	340	15
H80、H85、1-190B	M	0.5～15.0	240	28
	Y₂	0.5～15.0	330	6
	Y	0.5～15.0	485	—

牌号	状态	对边距 (mm)	抗拉强度 R_m （N/mm²） ≥	伸长率 A_{100mm} （%） ≥
HPb59-3	Y_2	0.5～15.0	380	15
HPb52-3	Y_2	0.5～15.0	420	8
HSb60-0.9	Y_2	0.5～12.0	330	10
HSb61-0.8-0.5	Y_2	0.5～12.0	380	8
HBi60-1.3	Y_2	0.5～12.0	350	8
QSn6.5-0.1、QSn6.5-0.4、 QSn7-0.2、QSn5-0.2	M	0.5～12.0	370	30
	Y_2	0.5～12.0	390	10
	Y	0.5～12.0	540	—
QSn4-3、QSi3-1	Y	0.5～12.0	735	—
BZn15-20、BZn18-20、 BZn22-18	M	0.50～15.0	345	25
	Y_1	0.5～15.0	550	—
QCr1-0.18、QCr1	CYS CSY	0.5～15.0	400	10

注 1. 经双方协议可供其他力学性能的扁线，具体要求应在合同中注明。

2. 半硬态线和硬态线应进行反复弯曲试验，半硬态线不少于3次，硬态线不少于2次，弯曲处不产生裂纹。

6. 加工铜的性能特点及用途

加工铜的性能特点及用途见表3-49。

表3-49 　　　　　　　　加工铜的性能特点及用途

代号	主　要　特　性	用　途
T1 T2	有良好的导电、导热、耐蚀和加工性能，含降低导电、导热性的杂质较少，可以焊接和钎焊；微量的氧对导电、导热和加工等性能的影响不大，但易引起"氢病"，不宜在高于370℃环境还原性气氛中加工（退火、焊接等）和使用	主要用做导电、导热、耐蚀器材，如电线、电缆、导电螺钉、爆破用雷管、化工用蒸发器、储藏器、各种管道等

代号	主 要 特 性	用 途
T3	有较好的导电、导热、耐蚀和加工性能,可以焊接和钎焊;但含降低导电、导热性杂质较多,含氧量更高,更易引起"氢病",不能在高温还原性气氛中加工和使用	用做一般铜材,如电气开关、垫圈、垫片、铆钉、管嘴、油管、其他管道等
TU1 TU2	特性纯度高,导电、导热性极好,几乎无"氢病",加工性能和焊接、耐蚀、耐寒性均好	主要用作电真空仪器、仪表器件
TP1 TP2	焊接性能和冷弯性能好,一般无"氢病"倾向,可在还原性气氛(不能在氧化环境中)加工、使用;TP1的残留磷量比TP2少,故其导电、导热性比TP2好	主要以管材供应,也可以板、带或棒、线材供应;用做汽油或气体输送管、排水管、冷凝管、蒸发器、热交换器、火车箱零件等
Tag0.1	铜中加入少量的银,可显著提高软化温度(再结晶温度)和蠕变强度,而很少降低铜的导电、导热性和塑性;实用的银铜其时效硬化的效果不显著,一般采用冷作硬化来提高强度;它具有很好的耐磨性、电接触性和耐蚀性,如制成电车线时,使用寿命比一般硬铜高2~4倍	用做耐热、导电器材,如导线、通信线、电机整流子片、发电机转子用导体、点焊电极、引线、电子管材料等

7. 加工铜及铜合金板带材(GB/T 17793)

(1)板材的牌号和规格,见表3-50。

表3-50 板材的牌号和规格 mm

牌 号	状态	厚度	宽度	长度
T2、T3、TP1、TP2、TUI、TU2、H96、H90、H85、H80、H70、H68、H65、H63、H62、H59、HPb59-1、HPb60-2 HSn62-1、HMn58-2	热轧	4~60	≤3000	≤6000
	冷轧	0.2~12		

牌　　号	状态	厚度	宽度	长度
HMn55-3-1、HMn57-3-1、HA160-1-1、HA167-2.5、HA166-6-3-2、HNi65-5	热轧	4～40	≤1000	≤2000
QSn6.5-0.1、QSn6.5-0.4、QSn4-3、QSn4-0.3、QSn7-0.2、QSn8-0.3	热轧	9～50	≤600	≤2000
	冷轧	0.2～12		
QA15、QA17、QA19-2、QA19-4	冷轧	0.4～12	≤1000	≤2000
QCd1	冷轧	0.5～10	200～300	800～1500
QCr0.5、QCr0.5-0.2-0.1	冷轧	0.5～15	100～600	≥300
QMn1.5、QMn5	冷轧	0.5～5	100～600	≤1500
QSi3-1	冷轧	0.5～10	100～1000	≥500
QSn4-4-2.5、QSn4-4-4	冷轧	0.8～5	200～600	800～2000
B5、B19、BFe10-1-1、BFe30-1-1、BZn15-20、BZn18-17	热轧	7～60	≤2000	≤4000
	冷轧	0.5～10	≤600	≤1500
BA16-1.5、Ba113-3	冷轧	0.5～12	≤600	≤1500
BMN3-12、BMn40-1.5	冷轧	0.5～10	100～600	800～1500

（2）带材牌号和规格，见表 3-51。

表 3-51　　　　　　　**带材的牌号和规格**　　　　　　　mm

牌　　号	厚度	宽度
T2、T3、TU1、TU2、TP1、TP2、H96、H90、H85、H80、H70、H68、H65、H63、H62、H59	＞0.15～0.5	≤600
	0.5～3	≤1200
HPb59-1、HSn62-1、HMn58-2	＞0.15～0.2	≤300
	＞0.2～2	≤550
QA15、QA17、QA19-2、QA19-4	＞0.15～1.2	≤300
QSn7-0.2、QSn6.5-0.4、QSn6.5-0.1、QSn4-3、QSn4-0.3	＞0.15～2	≤610
QSn8-0.3	＞0.15～2.6	≤610
QSn4-4-2.5、QSn4-4-4	0.8～1.2	≤200
QCd1、QMn1.5、QMn5、QSi3-1	＞0.15～1.2	≤300
BZn18-17	＞0.15～1.2	≤610
B5、B19、BZn15-20、BFe10-1-1、BFe30-1-1、BMn40-1.5、BMN3-12、Ba113-3、BA16-1.5	＞0.15～1.2	≤400

8. 铜及铜合金板材（GB/T 2040）

（1）铜及铜合金板材的牌号、状态及规格见表 3-52。

表 3-52　　　　　　　铜合金板材的牌号、状态及规格　　　　　　　mm

牌号	状态	厚度	宽度	长度
T2、T3、TP1、TP2、TU1、TU2	R	4～60	≤3000	≤6000
	M、Y_4、Y_2、Y、T	0.2～12	≤3000	≤6000
H96、H80	M、Y	0.2～10	≤3000	≤6000
H90、H85	M、Y_2、Y	0.2～10	≤3000	≤6000
H65	M、Y_1、Y_2、Y、T、TY	0.2～10	≤3000	≤6000
H70、H68	R	4～60	≤3000	≤6000
	M、Y_4、Y_2、Y、T、TY	0.2～10	≤3000	≤6000
H63、H62	R	4～60	≤3000	≤6000
	M、Y_2、Y、T	0.2～10	≤3000	≤6000
H59	R	4～60	≤3000	≤6000
	M、Y	0.2～10	≤3000	≤6000
HPb59-1	R	4～60	≤3000	≤6000
	M、Y_2、Y	0.2～10	≤3000	≤6000
HPb60-2	Y、T	0.5～10	≤3000	≤6000
HMn58-2	M、Y_2、Y	0.2～10	≤3000	≤6000
HSn62-1	R	4～60	≤3000	≤6000
	M、Y_2、Y	0.2～10	≤3000	≤6000
HMn55-3-1、HMn57-3-1、HA160-1-1、HA167-2.5、HA166-6-3-2、HNi65-5	R	4～40	≤1000	≤2000
QSn6.5-0.1	R	9～50	≤600	≤2000
	M、Y_4、Y_2、Y、T、TY	0.2～12	≤600	≤2000
QSn6.5-0.4、QSn4-3、QSn4-0.3、QSn7-0.2	M、Y、T	0.2～12	≤600	≤2000
QSn8-0.3	M、Y_4、Y_2、Y、T	0.2～5	≤600	≤2000

牌号	状态	厚度	宽度	长度
BA16-1.5、	Y	0.5～12	≤600	≤1500
BA113-3	CYS	0.5～12	≤600	≤1500
BZn15-20	M、Y₂、Y、T	0.5～10	≤600	≤1500
BZn18-17	M、Y₂、Y	0.5～5	≤600	≤1500
B5、B19、BFe10-1-1、	R	7～60	≤2000	≤4000
BFe30-1-1	M、Y	0.5～10	≤600	≤1500
QA15	M、Y	0.4～12	≤1000	≤2000
QA17	Y₂、Y	0.4～12	≤1000	≤2000
QA19-2	M、Y	0.4～12	≤1000	≤2000
QA19-4	Y	0.4～12	≤1000	≤2000
QCd1	Y	0.5～10	200～300	800～1500
QCr0.5、QCr00.5-0.2-0.1	Y	0.5～15	100～600	≥300
QMn1.5	M	0.5～5	100～600	≤1500
QMn5	M、Y	0.5～5	100～600	≤1500
QSi3-1	M、Y、T	0.5～10	100～1000	≥500
QSn4-4-2.5、QSn4-4-4	M、Y3、Y2、Y	0.8～5	200～600	800～2000
BMn40-1.5	M、Y	0.5～10	100～600	800～1500
BMn3-12	M	0.5～10	100～600	800～1500

(2)板材室温横向力学性能见表 3-53。

表 3-53　　　　　　　**板材室温横向力学性能**

牌　号	状态	拉伸试验			硬度试验		
		厚度 (mm)	抗拉强度 R_m (MPa)	拉断伸长率 $A_{11.3}$ (%)	厚度 (mm)	硬度 HV	硬度 HRB
	R	4～14	≥195	≥30	—	—	—
T2、T3 TP1、TP2 TU1、TU2	M	0.3～10	≥205	≥30	≥0.3	≤70	
	Y₁		215～275	≥25		60～90	
	Y₂		245～345	≥8		80～110	
	Y		295～380	—		90～120	
	T		≥350	—		≥110	

牌　号	状态	拉伸试验			硬度试验		
		厚度 （mm）	抗拉强度 R_m （MPa）	拉断伸 长率 $A_{11.3}$ （%）	厚度 （mm）	硬度 HV	硬度 HRB
H96	M Y	0.3～10	≥215 ≥320	≥30 ≥3	—	—	—
H90	M Y_2 Y	0.3～10	≥245 330～440 ≥390	≥35 ≥5 ≥3	—	—	—
H85	M Y_2 Y	0.3～10	≥260 305～380 ≥350	≥35 ≥15 ≥3	≥0.3	≤85 80～115 ≥105	—
H80	M Y	0.3～10	≥265 ≥390	≥50 ≥3	—	—	—
H70、H68	R	4～14	≥290	≥40	—	—	—
H70 H68 H65	M Y_1 Y_2 Y T TY	0.3～10	≥290 325～410 355～440 410～540 520～620 ≥570	≥40 ≥35 ≥25 ≥10 ≥3 —	≥0.3	≤90 85～115 100～130 120～160 150～190 ≥180	
H63 H62	R	4～14	≥290	≥30	—	—	—
	M Y_2 Y T	0.3～10	≥290 350～470 410～630 ≥585	≥35 ≥20 ≥10 ≥2.5	≥0.3	≤95 90～130 125～165 ≥155	
H59	R	4～14	≥290	≥25	—	—	—
	M Y	0.3～10	≥290 ≥410	≥10 ≥5	≥0.3	— ≥130	
HPb59.1	R	4～14	≥370	≥18	—	—	—
	M Y_2 Y	0.3～10	≥340 390～490 ≥440	≥25 ≥12 ≥5			
HPb60-2	Y	—	—	—	0.5～2.5	165～190	
	Y	—	—	—	2.6～10	—	75～92
	T	—	—	—	0.5～1.0	≥180	
HMn58-2	M Y_2 Y	0.3～10	≥380 440～610 ≥585	≥30 ≥25 ≥3	—	—	—

牌　号	状态	拉伸试验			硬度试验		
		厚度（mm）	抗拉强度 R_m（MPa）	拉断伸长率 $A_{11.3}$（%）	厚度（mm）	硬度 HV	硬度 HRB
HSn62.1	R	4～14	≥340	≥20	—	—	—
	M	0.3～10	≥295	≥35	—	—	—
	Y_2		350～400	≥15			
	Y		≥390	≥5			
HMn5713.1	R	4～8	≥440	≥10	—	—	—
HMr155-3.1	R	4～15	≥490	≥15	—	—	—
HA160-1-1	R	4～15	≥440	≥15	—	—	—
HA167-2.5	R	4～15	≥390	≥15	—	—	—
HA166-6.3-2	R	4～8	≥685	≥3	—	—	—
HNi65-5	R	4～15	≥290	≥35	—	—	—
QA15	M	0.4～12	≥275	≥33	—	—	—
	Y		≥585	≥2.5			
QA17	Y_2	0.4～12	585～740	≥10	—	—	—
	Y		≥635	≥5			
QA19-2	M	0.4～12	≥440	≥18	—	—	—
	Y		≥585	≥5			
QA19-4	Y	0.4～12	≥585		—	—	—
QSn6.5-0.1	R	9～14	≥290	≥38	—	—	—
	M	0.2～12	≥315	≥40	≥0.2	≤120	
	Y_4	0.2～12	390～510	≥35		110～155	
	Y_2	0.2～12	490～610	≥8		150～190	
	Y	0.2～3	590～690	≥5		180～230	
		＞3～12	540～690	≥5	≥0.2	180～230	
	T	0.2～5	635～720	≥1		200～240	
	TY		≥690			≥210	
QSn6.5-0.4 QSn7-0.2	M	0.2～12	≥295	≥40	—	—	—
	Y		540～690	≥8			
	T		≥665	≥2			
QSn4-3 QSn4-0.3	M	0.2～12	≥290	≥40	—	—	—
	Y		540～690	≥3			
	T		≥635	≥2			
QSn8-0.3	M	0.2～5	≥345	≥40	≥0.2	≤120	—
	Y_4		390～510	≥35		100～160	
	Y_2		490～610	≥20		150～205	
	Y		590～705	≥5		180～235	
	T		≥685			≥210	

牌　　号	状态	拉伸试验			硬度试验		
		厚度（mm）	抗拉强度 R_m（MPa）	拉断伸长率 $A_{11.3}$（%）	厚度（mm）	硬度 HV	硬度 HRB
QCd1	Y	0.5～10	≥390	—	—	—	—
QCr0.5 QCr0.5-0.2-0.1	Y	—	—	—	0.5～15	≥110	—
QMn1.5	M	0.5～5	≥205	≥30	—	—	—
QMn5	M Y	0.5～5	≥290 ≥440	≥30 ≥3	—	—	—
QSi3-1	M Y T	0.5～10	≥340 585～735 ≥685	≥40 ≥3 ≥1	—	—	—
QSn4-4-2.5 QSn4-4-4	M Y_3 Y_2 Y	0.8～5	≥290 390～490 420～510 ≥510	≥35 ≥10 ≥9 ≥5	≥0.8	—	— 65～85 70～90
BZn15-20	M Y_2 Y T	0.5～10	≥340 440～570 540～690 ≥640	≥35 ≥5 ≥1.5 ≥1	—	—	—
BZn18-17	M Y_2 Y	0.5～5	≥375 440～570 ≥540	≥20 ≥5 ≥3	≥0.5	120～180 ≥150	—
B5	R	7～14	≥215	≥20	—	—	—
	M Y	0.5～10	≥215 ≥370	≥30 ≥10	—	—	—
B19	R	7～14	≥295	≥20	—	—	—
	M Y	0.5～10	≥290 ≥390	≥25 ≥3	—	—	—
BFe10-1-1	R	7～14	≥275	≥20	—	—	—
	M Y	0.5～10	≥275 ≥370	≥28 ≥3	—	—	—
BFe30-1-1	R	7～14	≥345	≥15	—	—	—
	M Y	0.5～10	≥370 ≥530	≥20 ≥3	—	—	—
BA16-1.5	Y	0.5～12	≥535	≥3	—	—	—
Ba113-3	CYS		≥635	≥5	—	—	—

牌 号	状态	拉伸试验			硬度试验		
		厚度 (mm)	抗拉强度 R_m (MPa)	拉断伸长率 $A_{11.3}$ (%)	厚度 (mm)	硬度 HV	硬度 HRB
BMn40.1.5	M Y	0.5~10	390~590 ≥590	实测 实测	—	—	—
BMn3-12	M	0.5~10	≥350	≥25	—	—	—

注 厚度超出规定范围的板材,其性能由供需双方商定。

（3）板材的电性能见表3-54。

表 3-54   **板材的电性能**

牌号	电阻率 ρ(20℃±1℃) ($\Omega \cdot mm^2$/m)	电阻温度系数 a (0℃~100%) (1/℃)	与铜的热电动势率 Q(0℃~100%)(μV/℃)
BMn3.12	0.42~0.52	±6×10⁻⁵	≤1
BMn40.1.5	0.43~0.53	—	
QMn1.5	≤0.087	≤0.9×100	

注 需方如有要求,并在合同中注明时,可对 BMn3-12、BMn40-1.5、QMn1.5 牌号的板材进行电性能试验。板材的电性能应符合本表的规定。

9. 铜及铜合金箔 （GB/T 5187）

（1）铜及铜合金箔材的牌号、状态及规格见表3-55。

表 3-55   **铜及铜合金箔材的牌号、状态及规格**

牌 号	状 态	（厚度×宽度）(mm)
T1，T2，T3，TU1，TU2	软(M)、1/4 硬(Y_4)、半硬(Y_2)、硬(Y)	
H62，H65，H68	软(M)、1/4 硬(Y_4)、半硬(Y_2)、硬(Y)、特硬(T)、弹硬(TY)	
QSn6.5-0.1，QSn7-0.2	硬(Y)、特硬(T)	(0.012~0.025)×≤300 (0.025~0.15)×≤600
QSi3-1	硬(Y)	
QSn8-0.3	特硬(T)、弹硬(TY)	
BMn40-1.5	软(M)、硬(Y)	
BZn15-20	软(M)、半硬(Y_2)、硬(Y)	
BZn18-18，BZn18-26	半硬(Y_2)、硬(Y)、特硬(T)	

（2）铜及铜合金箔材的厚度、宽度尺寸偏差见表3-56。

表 3-56　　　　　铜及铜合金箔材的厚度、宽度允许偏差　　　　　mm

厚度	厚度允许偏差（±）		宽度允许偏差（±）	
	普通级	高精级	普通级	高精级
＜0.030	0.003	0.0025		
0.030～＜0.050	0.005	0.0041	0.15	0.10
0.050～0.15	0.007	0.005		

注　按高精级订货时应在合同中注明，未注明时按普通级供货。

（3）铜及铜合金箔材的室温力学性能见表3-57。

表 3-57　　　　　　　铜及铜合金箔材的室温力学性能

牌号	状态	抗拉强度 R_m (MPa)	伸长率 $A_{11.3}$ (%)	硬度 HV
T1、T2、T3 TU1、TU2	M	≥205	≥30	≤70
	Y_4	215～275	≥25	60～90
	Y_2	245～345	≥8	80～110
	Y	≥295	—	≥90
H68、H65、H62	M	≥290	≥40	≤90
	Y_4	325～410	≥35	85～115
	Y_2	340～460	≥25	100～130
	Y	400～530	≥13	120～160
	T	450～600	—	150～190
	TY	≥500	—	≥180
QSn6.5-0.1 QSn7-0.2	Y	540～690	≥6	170～200
	T	≥650	—	≥190
QSn8-0.3	T	700～780	≥11	210～240
	TY	735～835	—	230～270
QSi3-1	Y	≥635	≥5	—
BZn15-20	M	≥340	≥35	
	Y_2	440～570	≥5	—
	Y	≥540	≥1.5	

牌号	状态	抗拉强度 R_m (MPa)	伸长率 $A_{11.3}$ (%)	硬度 HV
BZn18-18 BZn18-26	Y_2	≥525	≥8	180～210
	Y	610～720	≥4	190～220
	T	≥700	—	210～240
BMn40-1.5	M	390～590	—	—
	Y	≥635		

注 厚度不大于0.05mm的黄铜、白铜箔材的力学性能仅供参考。

10. 铜及铜合金挤制棒（SY/T 649）

（1）铜及铜合金挤制棒材的牌号、状态及规格见表3-58。

表3-58　　　　铜及铜合金挤制棒材的牌号、状态及规格　　　　mm

牌　　　号	挤制状态	直径		
		圆棒	矩形棒	方、六角棒
T2、T3	R	30～300	20～120	20～120
TU1、TU2、TP2	R	16～300	—	16～120
H96、HFe58-1-1、HA160-1-1	R	10～160	—	10～120
HSn62-1、HMn58-2、HFe59-1-1	R	10～220	—	10～120
H80、H68、H59	R	16～120	—	16～120
H62、HPb59-1	R	10～220	5～50	10～120
HSn70-1、HAl77-2	R	10～160	—	10～120
HMn55-3-1、HMn57-3-1、HA166-6-3-2、HA167-2.5	R	10～160	—	10～120
QA19-2	R	10～200	—	—
QA19-4、QA110-3-1.5、QA110-4-4、QA110-5-5	R	10～200	—	—
QA11-6-6、HSi80-3、HNi56-3	R	10～160	—	—
QSi1-3	R	20～100	—	—
QSi3-1	R	20～160	—	—

牌　　号	挤制状态	直径		
		圆棒	矩形棒	方、六角棒
QSi3.5-3-1.5、BFe10-1-1、BFe30-1-1、Ba13-3、BMn40-1.5	R	40~120	—	—
QCd1	R	20~120	—	—
QSn4-0.3	R	60~180	—	—
QSn4-3、QSn7-0.2	R	40~180	—	40~120
QSn6.5-0.1、QSn6.4-0.4	R	40~180	—	30~120
QCr0.5	R	18~160	—	—
BZn15-20	R	25~120	—	—

注　1. 直径（或对边距）为 10~50mm 的棒材，供应长度为 1000~5000mm；直径（或对边距）大于 50~75mm 的棒材，供应长度为 500~5000mm；直径（或对边距）大于 75~120mm 的棒材，供应长度为 500~4000mm；直径（或对边距）大于 120mm 的棒材，供应长度为 300~4000mm。

　　2. 矩形棒的对边距指两边短边的距离。

（2）尺寸及尺寸允许偏差。

铜及铜合金挤制棒的直径、对边距的允许偏差见表 3-59。

表 3-59　　　　铜及铜合金挤制棒的直径、对边距的允许偏差

牌号（种类）①	直径、对边距的允许偏差	
	高精级	高精级
纯铜、无氧铜、磷脱氧铜	±2.0%直径或对边距	±1.8%直径或对边距
普通黄铜、黄铜	±1.2%直径或对边距	±1.0%直径或对边距
复杂黄铜、（除铅黄铜外）、青铜	±1.5%直径或对边距	±1.2%直径或对边距
白铜	±2.2%直径或对边距	±2.0%直径或对边距

注　1. 允许偏差的最小值不应小于±0.3mm。

　　2. 精度等级应在合同中注明，否则按普通级供货。

　　3. 如要求正偏差或负偏差，其值应为表中数值的 2 倍。

①　铜及铜合金牌号和种类的定义见 GB/T 5231 及 GB/T 11086。

　　（3）力学性能棒材的室温纵向力学性能应符合表 3-60 的规定。需方有要求并在合同中注明时，可选择布氏硬度试验。当选择硬度试验时，不进行拉伸试验。

表 3-60　　　　　　　　　　　**棒材的力学性能**

牌　　号	直径（对边距）（mm）	抗拉强度 R_m（MPa）	拉断伸长率 A（%）	硬度 HBW
T2、T3、TU1、TU2、TP2	≤120	≥186	≥40	—
H96	≤80	≥196	≥35	—
H80	≤120	≥275	≥45	—
H68	≤80	≥295	≥45	—
H62	≤160	≥295	≥35	—
H59	≤120	≥295	≥30	—
HPb59-1	≤160	≥340	≥17	—
HSn62-1	≤120	≥365	≥22	—
HSn70-1	≤75	≥245	≥45	—
HMn58-2	≤120	≥395	≥29	—
HMn55-3-1	≤75	≥490	≥17	—
HMn57-3-1	≤70	≥490	≥16	—
HFe58-1-1	≤120	≥295	≥22	—
HFe59-1-1	≤120	≥430	≥31	—
HA160-1-1	≤120	≥440	≥20	—
HA166-6-3-2	≤75	≥735	≥8	—
HA167-2.5	≤75	≥395	≥17	—
HA177-2	≤75	≥245	≥45	—
HNi56-3	≤75	≥440	≥28	—
HSi80-3	≤75	≥295	≥28	—
QA19-2	≤45	≥490	≥18	110～190
QA19-2	>45～160	≥470	≥24	—
QA19-4	≤120	≥540	≥17	110～190
QA19-4	>120	≥450	≥13	110～190
QA110-3-1.5	≤16	≥610	≥9	130～190
QA110-3-1.5	>16	≥590	≥13	130～190

牌　　号	直径(对边距) (mm)	抗拉强度 R_m (MPa)	拉断伸长率 A (%)	硬度 HBW
QA110-4-4 QA110-5-5	≤29	≥690	≥5	170~260
	>29~120	≥635	≥6	
	>120	≥590	≥6	
QAn1-6-6	≤28	≥690	≥4	—
	>28~50	≥635	≥5	
QSi1-3	≤80	≥490	≥11	—
QSi3-1	≤100	≥345	≥23	—
QSi3.5-3-1.5	40~120	≥380	≥35	—
QSn4-0.3	60~120	≥280	≥30	—
QSn4-3	40~120	≥275	≥30	—
QSn6.5-0.1、 QSn6.5-0.4	≤40	≥355	≥55	—
	>40~100	≥345	≥60	
	>100	≥315	≥64	
QSn7-0.2	40~120	≥355	≥64	≥70
QCd1	20~120	≥196	≥38	≤75
QCr0.5	20~160	≥230	≥35	—
BZn15-20	≤80	≥295	≥33	—
BFe10-1-1	≤80	≥280	≥30	—
BFe30-1-1	≤80	≥345	≥28	—
Ba113-3	≤80	≥685	≥7	—
BMn40-1.5	≤80	≥345	≥28	—

注　直径大于 50mm 的 QA110-3-1.5 棒材,当断后伸长率 A 不小于 16% 时,其抗拉强度可不小于 540MPa。

11. 铜及铜合金拉制棒(GB/T 4423)

(1)铜及铜合金拉制棒材的牌号、状态及规格见表 3-61。

表 3-61　　　铜及铜合金拉制棒材的牌号、状态及规格　　　mm

牌　　　号	状态	直径	
		圆形棒、方形棒、六角形棒	矩形棒
T2、T3、TP2、H96、TU1、TU2	硬(Y) 软(M)	3～80	3～80
H80、H65	硬(Y) 软(M)	3～40	—
H68	半硬(Y$_2$) 软(M)	3～80 13～35	
H90	硬(Y)	3～40	—
H62、HPb59-1	半硬(Y$_2$)	3～80	3～80
H63、HPb63-0.1	半硬(Y$_2$)	3～40	—
HPb63-3	硬(Y) 半硬(Y$_2$)	3～30 3～60	3～80
HFe59-1-1、HFe58-1-1、HSn62-1、HMn58-2	硬(Y)	4～60	—
QSn6-5-0.1、QSn6.5-0.4、QSn4-3、QSn4-0.3、QSi3-1、QA19-2、QA19-4、QA110-3-1.5、QZn0.2、QZn0.4	硬(Y)	4～40	—
QSn7-0.2	硬(Y) 特硬(T)	4～40	—
QCd1	硬(Y) 软(M)	4～60	—
QCr0.5	硬(Y) 软(M)	4～40	—
QSi1.8	硬(Y)	4～15	
BZn15-30	硬(Y) 软(M)	4～40	

牌　　号	状态	直径	
		圆形棒、方形棒、六角形棒	矩形棒
BZn15-24-1.5	特硬(T) 硬(Y) 软(M)	5～13	—
BFe30-1-1	硬(Y) 软(M)	16～50	—
BMn40-1.5	硬(Y)	7～40	

注　经双方协商,可供其他规格棒材,具体要求应在合同中注明。

（2）矩形棒截面的宽高比见表 3-62。

表 3-62　　　　　　　　矩形棒截面的宽高比　　　　　　　　mm

高度	宽度/高度不大于
≤10	2.0
>10～≤20	3.0
>20	3.5

注　经双方协商,可供其他规格棒材,具体要求应在合同中注明。

（3）尺寸及允许偏差。

圆形棒、方形棒和六角形棒材的尺寸及其允许偏差见表 3-63 和矩形棒材的尺寸及其允许偏差见表 3-64。

表 3-63　　　圆形棒、方形棒和六角形棒材的尺寸及其允许偏差　　　mm

直径 (或对边距)	圆形棒				方形棒或六角形棒			
	纯铜、黄铜类		青、白铜类		纯铜、黄铜类		青、白铜类	
	高精级	普通级	高精级	普通级	高精级	普通级	高精级	普通级
≥3～≤6	±0.02	±0.04	±0.03	±0.06	±0.04	±0.07	±0.06	±0.10
>6～≤10	±0.03	±0.05	±0.04	±0.06	±0.04	±0.08	±0.08	±0.11

直径 （或对边距）	圆形棒				方形棒或六角形棒			
	纯铜、黄铜类		青、白铜类		纯铜、黄铜类		青、白铜类	
	高精级	普通级	高精级	普通级	高精级	普通级	高精级	普通级
>10～≤18	±0.03	±0.06	±0.05	±0.08	±0.05	±0.10	±0.10	±0.13
>18～≤30	±0.04	±0.07	±0.06	±0.10	±0.06	+0.10	±0.10	±0.15
>30～≤50	±0.08	±0.10	±0.09	±0.10	±0.12	±0.13	±0.13	±0.16
>50～≤80	±0.10	±0.12	±0.12	±0.15	±0.15	±0.24	±0.24	±0.30

注 1. 单向偏差为表中数值的 2 倍。

2. 棒材直径或对边距允许偏差等级应在合同中注明，否则按普通级精度供货。

表 3-64　　　　　矩形棒材的尺寸及其允许偏差　　　　　mm

宽度或高度	纯铜、黄铜类		青铜类	
	高精级	普通级	高精级	普通级
3	±0.08	±0.10	±0.12	±0.15
>3～≤6	±0.08	±0.10	±0.12	±0.15
>6～≤10	±0.08	±0.10	±0.12	±0.15
>10～≤18	±0.11	±0.14	±0.15	±0.18
>18～≤30	±0.18	±0.21	±0.20	±0.24
>30～≤50	±0.25	±0.30	±0.30	±0.38
>50～≤80	±0.30	±0.35	±0.40	±0.50

注 1. 单向偏差为表中数值的 2 倍。

2. 矩形棒的宽度或高度允许偏差等级应在合同中注明，否则按普通级精度供货。

（4）圆形棒、方形棒和六角形棒材的力学性能见表 3-65 和表 3-66。

表 3-65　　　　　圆形棒、方形棒和六角形棒材的力学性能

牌　号	状态	直径、 对边距 （mm）	抗拉强度 R_m （MPa）	拉断伸 长率 A （%）	硬度 HBW
			≥		
T2 T3	Y	3～40	275	10	—
		40～60	245	12	—
		60～80	210	16	—
	M	3～80	200	40	—

牌　号	状态	直径、对边距 (mm)	抗拉强度 R_m (MPa)	拉断伸长率 A (%)	硬度 HBW
				≥	
TU1　TU2　TP2	Y	3～80	—	—	—
H96	Y	3～40	275	8	—
		40～60	245	10	—
		60～80	205	14	—
	M	3～80	200	40	—
H90	Y	3～40	330	—	—
H80	Y	3～40	390	—	—
	M	3～40	275	50	—
H68	Y_2	3～12	370	18	—
		12～40	315	30	—
		40～80	295	34	—
	M	13～35	295	50	—
H65	Y	3～40	390	—	—
	M	3～40	295	44	—
H62	Y_2	3～40	370	18	—
		40～80	335	24	—
HPb61-1	Y_2	3～20	390	11	—
HPb59-1	Y_2	3～20	420	12	—
		20～40	390	14	—
		40～80	370	19	—
HPb63-0.1 H63	Y_2	3～20	370	18	—
		20～40	340	21	—
HPb63-3	Y	3～15	490	4	—
		15～20	450	9	—
		20～30	410	12	—
HPb63-3	Y_2	3～20	390	12	—
		20～60	360	16	—

牌　号	状态	直径、对边距（mm）	抗拉强度 R_m（MPa）	拉断伸长率 A（%）	硬度 HBW
			≥		
HMn58-2	Y	4～12	440	24	—
		12～40	410	24	—
		40～60	390	29	—
HFe58-1-1	Y	4～40	440	11	—
		40～60	390	13	—
HFe59-1-1	Y	4～12	490	17	—
		12～40	440	19	—
		40～60	410	22	—
QAl 9-2	Y	4～40	540	16	—
QAl 9-4	Y	4～40	580	13	—
QAl 10-3-1.5	Y	4～40	630	8	—
QSi3-1	Y	4～12	490	13	—
		12～40	470	19	—
QSi1.8	Y	3～15	500	15	—
QSn6.5-0.1 QSn6.5-0.4	Y	3～12	470	13	—
		12～25	440	15	—
		25～40	410	18	—
QSn7-0.2	Y	4～40	440	19	130～200
	T	4～40	—	—	≥180
QSn4-0.3	Y	4～12	410	10	—
		12～25	390	13	—
		25～40	355	15	—
QSn4-3	Y	4～12	430	14	—
		12～25	370	21	—
		25～35	335	23	—
		35～40	315	23	—

牌 号	状态	直径、对边距 (mm)	抗拉强度 R_m (MPa)	拉断伸长率 A (%)	硬度 HBW
				≥	
QCd1	Y	4～60	370	5	≥100
	M	4～60	215	36	≤75
QCr0.5	Y	4～40	390	6	—
	M	4～40	230	40	—
QZr0.2 QZr0.4	Y	3～40	294	6	130①
BZn15-20	Y	4～12	440	6	—
		12～25	390	8	—
HSn62-1	Y	4～40	390	17	—
		40～60	360	23	—
BZn15-20	Y	25～40	345	13	—
	M	3～40	295	33	—
BZn15-24-1.5	T	3～18	590	3	—
	Y	3～18	440	5	—
	M	3～18	295	30	—
BFe30-1-1	Y	16～50	490		—
	M	16～50	345	25	—
BMn40-1.5	Y	7～20	540	6	—
		20～30	490	8	—
		30～40	440	11	—

注 1. 直径或对边距离小于10mm的棒材不做硬度试验。

2. 此硬度值为经淬火处理及冷加工时效后的性能参考值。

表3-66　　　　　　矩形棒材的力学性能

牌号	状态	高度(mm)	抗拉强度 R_m (MPa)≥	拉断伸长率 A (%)≥
T2	M	3～80	196	36
	Y	3～80	245	9

牌号	状态	高度(mm)	抗拉强度 R_m (MPa)$\geqslant$	拉断伸长率 A (%)$\geqslant$
H62	Y_2	3～20	335	17
		20～80	335	23
HPb59-1	Y_2	5～20	390	12
		20～80	375	18
HPb63-3	Y_2	3～20	380	14
		20～80	365	19

第四章 建筑五金工具

一、手工工具

（一）钳类

1. 圆嘴钳（见图 4-1）

用途：用于将金属薄片或细丝弯曲成圆形，为仪表、电信器材、家用电器等装配、维修工作中常用的工具。

规格：分柄部不带塑料套和带塑料套两种。长度：125、140、160、180、200mm。

2. 弯嘴钳（见图 4-2）

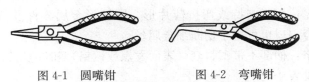

图 4-1 圆嘴钳　　　　　　图 4-2 弯嘴钳

用途：与尖嘴钳相似，主要用于在狭窄或凹下的工作空间中夹持零件。

规格：分柄部不带塑料套和带塑料套两种。长度：140、160、180、200mm。

3. 斜嘴钳（图 4-3、图 4-4）

用途：用于切断金属丝，平口斜嘴钳适宜在凹下的工作空间中使用。

规格：分柄部不带塑料套和带塑料套两种。长度：125、140、160、180、200mm。

图 4-3 普通斜嘴钳　　　　　　图 4-4 平口斜嘴钳

4. 扁嘴钳（见图 4-5）

用途：能弯曲金属薄片及细丝成为
所需的形状，在检修中，用来装拔销子、
弹簧等。

图 4-5　扁嘴钳

规格：按嘴的长短分为长嘴钳和短嘴钳两种。按全长分为短
嘴：125、140、160mm；长嘴：120、140、160、180、200mm。

5. 钢丝钳（QB/T 2442.1）

钢丝钳如图 4-6、图 4-7 所示。

 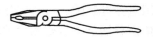

图 4-6　带塑料套钢丝钳　　　图 4-7　不带塑料套钢丝钳

用途：用于夹持或弯折薄片形、圆柱形金属零件及切断金属
丝，其旁刃口也可用于切断细金属丝。

规格：柄部不带塑料套（表面发黑或镀铬）和带塑料套两种钢
丝钳，见表 4-1。

表 4-1　　　　　　　柄部不带塑料套（表面发黑或镀铬）和
带塑料套两种钢丝钳的规格

全长(mm)		160	180	200
加载距离(mm)		80	90	100
可承载荷 （N）	甲级	1200	1260	1400
	乙级	950	1170	1340
剪切力 （N）	甲级	580	580	580
	乙级	630	630	630

6. 鲤鱼钳（QB/T 2442.4）

鲤鱼钳如图 4-8 所示。

用途：用于夹持扁形或圆柱形金属零件，其特点是钳口的开口
宽有两档调节位置，可以夹持尺寸较大的零件，刃口可用于切断金
属丝。

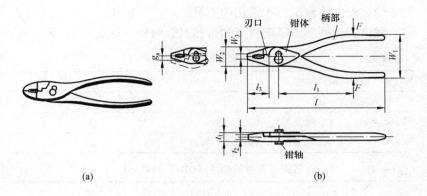

图 4-8　鲤鱼钳

（a）示意图；（b）截面

规格：鲤鱼钳的规格，见表 4-2。

表 4-2　　　　　　　　　　　鲤鱼钳的规格

公称长度 l (mm)	W_1 (mm)	W_2 (mm)	W_3 (mm)	t_{1max} (mm)	t_1 (mm)	t_2 (mm)	g_a (mm)	抗弯强度	
								载荷 F (N)	永久变形量 s_{max}^a (mm)
125 ± 8	40_{-5}^{+15}	23	8	9	70	25 ± 5	7	900	1
160 ± 8	48_{-5}^{+15}	32	8	10	80	30 ± 5	7	1000	1
180 ± 9	49_{-5}^{+15}	35	10	11	90	35 ± 5	8	1120	1
200 ± 10	50_{-5}^{+15}	40	125	125	100	35 ± 5	9	1250	1
250 ± 10	50_{-5}^{+15}	45	125	125	125	40 ± 5	10	1400	15

$S = W_1 - W_2$，见 GB/T 6291

7. 尖嘴钳

尖嘴钳如图 4-9 所示。

用途：用于在比较狭小的工作空间中夹持零件，带刃尖嘴钳还可用于切断细金属丝，为仪表、电信器材、家用电

图 4-9　尖嘴钳

器等的装配、维修工作中常用的工具。

规格：分柄部不带塑料套和带塑料套两种，见表4-3、表4-4。

表4-3　　　　　普通尖嘴钳的规格（QB/T 2442.1）

全长(mm)		125	140	160	180	200
加载距离(mm)		56	63	71	80	90
可承载荷 （N）	甲级	560	630	710	800	900
	乙级	400	460	550	640	740

表4-4　　　　　带刃尖嘴钳的规格（QB/T 2442.3）

全长(mm)		125	140	160	180	200
加载距离(mm)		56	63	71	80	90
剪切力 （N）	甲级	570	570	570	570	570
	乙级	620	620	620	620	620

8. 鸭嘴钳

鸭嘴钳如图4-10所示。

用途：与扁嘴钳相似，但钳口内常无棱形齿纹，故最适用于纺织厂修理钢筘。

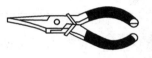

图4-10　鸭嘴钳

规格：柄部分有不带塑料管（表面发黑或镀铬）和带塑料管两种，见表4-5。

表4-5　　　　　鸭嘴钳的类型和规格　　　　　　　　mm

类型	规格（全长）	加载距离	载荷(N)		最大变形
			甲级	乙级	
短嘴	125	63	630	460	0.5
	140	71	710	550	1.0
	160	80	800	640	1.0
长嘴	125	56	560	400	0.5
	140	63	630	460	1.0
	160	71	710	550	1.0
	180	80	800	640	1.0
	200	90	900	740	1.0

9. 修口钳

修口钳如图 4-11 所示。

图 4-11　修口钳

用途：钳的头部比鸭嘴钳狭而薄，钳口内制有齿纹，多用于纺织厂修理钢筘。

规格：长度为 160mm。

10. 挡圈钳（JB/T 3411/488）

挡圈钳如图 4-12 所示。

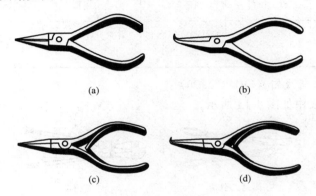

(a)　　　　　　　　　　(b)

(c)　　　　　　　　　　(d)

图 4-12　挡圈钳

(a) 直嘴式轴用；(b) 弯嘴式轴用；(c) 直嘴式孔用；(d) 弯嘴式孔用

用途：专供装拆弹性挡圈用。由于挡圈有孔用、轴用之分，以及安装部位的不同，可根据需要，分别选用直嘴式或弯嘴式、孔用或轴用挡圈钳。

规格：挡圈钳的规格见表 4-6。

表 4-6　　　　　　　　　　挡圈钳的规格　　　　　　　　　　mm

名称	孔用弯嘴		孔用直嘴		轴用弯嘴		轴用直嘴	
规格	150	175	150	175	150	175	150	175
总长	146	175	150	183	150	183	146	175

11. 大力钳（QB/T 40602）

大力钳如图 4-13 所示。

用途：用以夹紧零件进行铆接、焊
接、磨削等加工。钳口可以锁紧，并产
生很大的夹紧力，使被夹紧零件不会松

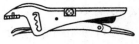

图 4-13　大力钳

脱；钳口有多档调节位置，供夹紧不同厚度零件使用；可作扳手
使用。

规格：大力钳的规格见表 4-7。

表 4-7　　　　　　　　大力钳的规格　　　　　　　mm

品种	直形钳口	圆形钳口	曲线形钳口	尖嘴型钳口
全长	140、180、220	130、180、230、255、290	100、140、180、220	135、165、220

12. 断线钳（QB/T 2206）

断线钳如图 4-14 所示。

　　　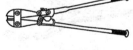

普通式(铁柄)　　　　　　　　　　管柄式

图 4-14　断线钳

用途：用于切断较粗的、硬度不大于 HRC30 的金属线材、刺
丝及电线等。

规格：有双连臂、单连臂、无连臂三种形式。用于切断较粗
的、硬度小于等于 HRC30 的金属线材、刺铁丝及电线等。钳柄分
有管柄式、可锻铸铁柄式和绝缘柄式等。断线钳的规格见表 4-8。

表 4-8　　　　　　　　断线钳的规格　　　　　　　mm

规格		300	350	450	600	750	900	1050
长度		305	365	460	620	765	910	1070
剪切直径	黑色金属	≤4	≤5	≤6	≤8	≤10	≤12	≤14
	有色金属（参考）	2～6	2～7	2～8	2～10	2～12	2～14	2～16

13. 羊角起钉钳

羊角起钉钳如图 4-15 所示。

用途：开、拆木结构件时起拔钢
钉子。

规格：长度×直径：250mm×16mm。

图 4-15　羊角起钉钳

14. 开箱钳

开箱钳如图 4-16 所示。

用途：开、拆木结构件时起拔钢钉子。

规格：总长为 450mm。

15. 多用钳

多用钳如图 4-17 所示。

图 4-16　开箱钳　　　　图 4-17　多用钳

用途：切割、剪、轧金属薄板或丝材。

规格：长度为 200mm。

16. 鹰嘴断线钳

鹰嘴断线钳如图 4-18 所示。

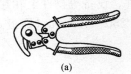　　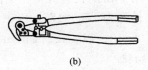

(a)　　　　　　　　　(b)

图 4-18　鹰嘴断线钳

(a) 230mm；(b) 450～900mm

用途：用于切断较粗的、硬度≤HRC30 的金属线材等，特别
适用于高空等露天作业。

规格：（YQ 型）。鹰嘴断线钳的规格见表 4-9。

17. 水泵钳（QB/T 2240.4）

水泵钳如图 4-19 所示。

长度		230	450	600	750	900
剪切直径	黑色金属	≤4/≤2.5	2～5	2～6	2～8	2～10
	有色金属	≤5	2～6	2～8	2～10	2～12

注 长度为230mm的剪切黑色金属直径，分子为剪切抗拉强度小于等于490MPa的低碳钢丝值，分母为剪切抗拉强度小于等于1265MPa的碳素弹簧钢丝值。

用途：水泵钳的类型有滑动销轴式、榫槽叠置式和钳腮套入式三种。水泵钳用于夹持、旋拧扁形或圆柱形金属零件，其特点是钳口的开口宽度有多挡（3～10

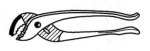

图 4-19 水泵钳

挡）调节位置，以适应夹持不同尺寸零件的需要，为室内管道等安装、维修工作中常用的工具。水泵钳的规格见表4-10。

表 4-10   水泵钳的规格

长度(mm)	100	120	140	160	180	200	225	250	300	350	400	500
最大开口宽度(mm)	12	12	12	16	22	22	25	28	35	45	80	125
可载距(mm)	3	3	3	3	4	4	4	4	4	6	8	10
可承载荷(N)	400	500	560	630	735	800	900	1000	1250	1400	1600	2000

18. 铅印钳

铅印钳如图 4-20 所示。

用途：用于在仪表、包裹、文件、设备等物件上轧封铅印。

规格：长度为 150、175、200、250、240mm（拖板式），轧封铅印直径：9、10、11、12、15mm。

19. 顶切钳

顶切钳如图 4-21 所示。

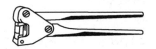

图 4-20 铅印钳   图 4-21 顶切钳

用途：它是剪切金属丝的工具，常用于机械、电器的装配及维修。

规格：长度为 100、125、140、160、180、200mm。

（二）扳手类

1. 管活两用扳手（GB/T 4388）

管活两用扳手如图 4-22 所示。

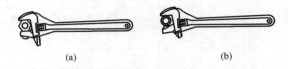

（a）   （b）

图 4-22　管活两用扳手

（a）当活扳手使用；（b）当管子钳使用

用途：该扳手的结构特点是固定钳口制成带有细齿的平钳口；活动钳口一端制成平钳口，另一端制成带有细齿的凹钳口。向下按动蜗杆，活动钳口可迅速取下，调换钳口位置。如利用活动钳口的平钳口，即当活扳手使用，装拆六角头或方头螺栓、螺母；利用凹钳口，可当管子钳使用，装拆管子或圆柱形零件。

规格：管活两用扳手的规格见表 4-11。

表 4-11　　　　　　管活两用扳手的规格　　　　　　　mm

类型	Ⅰ 型		Ⅱ 型			
长度	250	300	200	250	300	375
夹持六角对边宽度≤	30	36	24	30	36	46
夹持管子外径≤	30	36	25	32	40	50

2. 呆扳手、梅花扳手（GB/T 4388）

呆扳手型式如图 4-23 所示。

（1）双头呆扳手和双头梅花扳手的对边尺寸组配及基本尺寸见

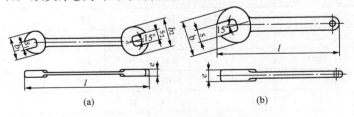

（a）   （b）

图 4-23　呆扳手型式

（a）双头呆扳手；（b）单头呆扳手

表 4-12。

表 4-12　双头呆扳手和双头梅花扳手的对边尺寸组配及基本尺寸 mm

规格[①] （对边尺寸组配） $s_1 \times s_2$	双头呆扳手			双头梅花扳手			
	厚度	短型	长型	直颈、弯颈		矮颈、高颈	
	e_{max}	全长 l_{min}		厚度 e_{max}	全长 l_{min}	厚度 e_{max}	全长 l_{min}
3.2×4	3	72	81	—	—	—	—
4×5	3.5	78	87	—	—	—	—
5×5.5	3.5	85	95	—	—	—	—
5.5×7	4.5	89	99	—	—	—	—
（6×7）	4.5	92	103	6.5	73	7	134
7×8	4.5	99	111	7	81	7.5	143
（8×9）	5	106	119	7.5	89	8.5	152
8×10	5.5	106	119	8	89	9	152
（9×11）	6	113	127	8.5	97	9.5	161
10×11	6	120	135	8.5	105	9.5	170
（10×12）	6.5	120	135	9	105	10	170
10×13	7	120	135	9.5	105	11	170
11×13	7	127	143	9.5	113	11	179
（12×13）	7	134	151	9.5	121	11	188
（12×14）	7	134	159	9.5	121	11	188
（13×14）	7	141	159	9.5	129	11	197
13×15	7.5	141	159	10	129	12	197
13×16	8	141	159	10.5	129	12	197
（13×17）	8.5	141	159	11	129	13	197
（14×15）	7.5	148	167	10	137	12	206
（14×16）	8	148	167	10.5	137	12	206
（14×17）	8.5	148	167	11	137	13	206
15×16	8	155	175	10.5	145	12	215
（15×18）	8.5	155	175	11.5	145	13	215
（16×17）	8.5	162	183	11	153	13	224

规格① (对边尺寸组配) $s_1 \times s_2$	双头呆扳手			双头梅花扳手			
	厚度 e_{max}	短型	长型	直颈、弯颈		矮颈、高颈	
		全长 l_{min}		厚度 e_{max}	全长 l_{min}	厚度 e_{max}	全长 l_{min}
16×18	8.5	162	183	11.5	153	13	224
(17×19)	9	169	191	11.5	166	14	233
(18×19)	9	176	199	11.5	174	14	242
18×21	10	176	199	12.5	174	14	242
(19×22)	10.5	183	207	13	182	15	251
(19×24)	11	183	207	13.5	182	16	251
(20×22)	10	190	215	13	190	15	260
(21×22)	10	202	223	13	198	15	269
(21×23)	10.5	202	223	13	198	15	269
21×24	11	202	223	13.5	198	16	269
(22×24)	11	209	231	13.5	206	16	278
(24×26)	11.5	223	247	15.5	222	16.5	296
24×27	12	223	247	14.5	222	17	296
(24×30)	13	223	247	15.5	222	18	296
(25×28)	12	230	255	15	230	17.5	305
(27×29)	12.5	244	271	15	246	18	323
27×30	13	244	271	15.5	246	18	323
(27×32)	13.5	244	271	16	246	18	323
(30×32)	13.5	265	295	16	275	19	330
30×34	14	265	295	16.5	275	20	330
(30×36)	14.5	265	295	17	275	21	330
(32×34)	14	284	311	16.5	291	20	348
(32×36)	14.5	284	311	17	291	21	348
34×36	14.5	298	327	17	307	21	366
36×41	16	312	343	18.5	323	22	384
41×46	17.5	357	383	20	363	24	429
46×50	19	392	423	21	403	25	474

规格① （对边尺寸组配） $s_1 \times s_2$	双头呆扳手			双头梅花扳手			
	厚度 e_{max}	短型	长型	直颈、弯颈		矮颈、高颈	
		全长 l_{min}		厚度 e_{max}	全长 l_{min}	厚度 e_{max}	全长 l_{min}
50×55	20.5	420	455	22	435	27	510
55×60	22	455	495	23.5	475	28.5	555
60×65	23	490	—	—	—	—	—
65×70	24	525	—	—	—	—	—
70×75	25.5	560	—	—	—	—	—
75×80	27	600	—	—	—	—	—

① 括号内的对边尺寸组配为非优先组配。

（2）矮颈型和高颈型双头梅花扳手如图 4-24 所示，其规格尺寸见表 4-12。

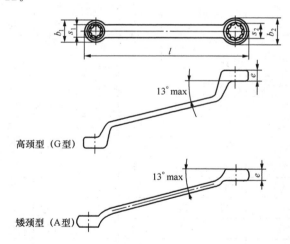

图 4-24　矮颈型和高颈型双头梅花扳手示意图

（3）直颈型和弯颈型双头梅花扳手如图 4-25 所示，其规格尺寸见表 4-12。

（4）矮颈型和高颈型单头梅花扳手如图 4-26 所示，其规格尺寸见表 4-13。

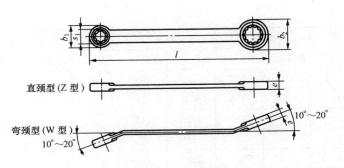

图 4-25　直颈型和弯颈型双头梅花扳手示意图

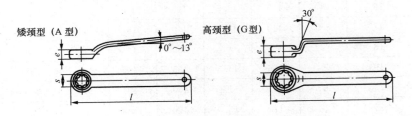

图 4-26　矮颈型和高颈型单头梅花扳手示意图

（5）单头呆扳手、单头梅花扳手、两用扳手的规格及其基本尺寸见表 4-13。

表 4-13　　　单头呆扳手、单头梅花扳手、两用扳手的
规格及其基本尺寸　　　　　　　　　　mm

规格 s	单头呆扳手		单头梅花扳手		两用扳手		
	厚度 e_{max}	全长 l_{min}	厚度 e_{max}	全长 l_{min}	厚度 e_{max}	厚度 e_{max}	全长 l_{min}
3.2	—	—	—	—	5	3.3	55
4	—	—	—	—	5.5	3.5	55
5	—	—	—	—	6	4	65
5.5	4.5	80	—	—	6.3	4.2	70
6	4.5	85	—	—	6.5	4.5	75
7	5	90	—	—	7	5	80
8	5	95	—	—	8	5	90
9	5.5	100	—	—	8.5	5.5	100

规格 s	单头呆扳手		单头梅花扳手		两用扳手		
	厚度 e_{max}	全长 l_{min}	厚度 e_{max}	全长 l_{min}	厚度 e_{max}	厚度 e_{max}	全长 l_{min}
10	6	105	9	105	9	6	110
11	6.5	110	9.5	110	9.5	6.5	115
12	7	115	10.5	115	10	7	125
13	7	120	11	120	11	7	135
14	7.5	125	11.5	125	11.5	7.5	145
15	8	130	12	130	12	8	150
16	8	135	12.5	135	12.5	8	160
17	8.5	140	13	140	13	8.5	170
18	9	150	14	150	14	9	180
19	9	155	14.5	155	14.5	9	185
20	9.5	160	15	160	15	9.5	200
21	10	170	15.5	170	15.5	10	205
22	10.5	180	16	180	16	10.5	215
23	10.5	190	16.5	190	16.5	10.5	220
24	11	200	17.5	200	17.5	11	230
25	11.5	205	18	205	18	11.5	240
26	12	215	18.5	215	18.5	12	245
27	12.5	225	19	225	19	12.5	255
28	12.5	235	19.5	235	19.5	12.5	270
29	13	245	20	245	20	13	280
30	13.5	255	20	255	20	13.5	285
31	14	265	20.5	265	20.5	14	290
32	14.5	275	21	275	21	14.5	300
34	15	285	22.5	285	22.5	15	320
36	15.5	300	23.5	300	23.5	15.5	335
41	17.5	330	26.5	330	26.5	17.5	380
46	19.5	350	28.5	350	29.5	19.5	425
50	21	370	32	370	32	21	460

规格 s	单头呆扳手		单头梅花扳手		两用扳手		
	厚度 e_{max}	全长 l_{min}	厚度 e_{max}	全长 l_{min}	厚度 e_{max}	厚度 e_{max}	全长 l_{min}
55	22	390	33.5	390	—	—	—
60	24	420	36.5	420	—	—	—
65	26	450	39.5	450	—	—	—
70	28	480	42.5	480	—	—	—
75	30	510	46	510	—	—	—
80	32	540	49	540	—	—	—

3. 两用扳手（GB/T 4388）

两用扳手的型式及尺寸如图 4-27 所示，其规格尺寸见表 4-13。

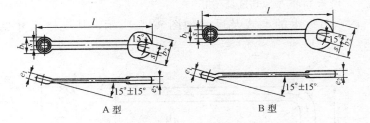

A 型   B 型

图 4-27　两用扳手

4. 活扳手（GB/T 4440）

活扳手的型式及尺寸如图 4-28 所示，其规格尺寸见表 4-14。

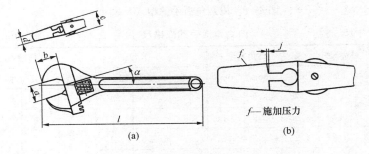

f—施加压力

(a)   (b)

图 4-28　活扳手

（a）活扳手的型式；（b）活动扳口与扳体之间的小肩离缝 j

表 4-14　　　　　　　　　　活扳手的规格尺寸　　　　　　　　　mm

长度 l		开口尺寸 $a\geqslant$	开口深度 b_{min}	扳口前端厚度 d_{max}	头部厚度 e_{max}	夹角 $\alpha(°)$		小肩缝 j_{max}
规格	公差					A 型	B 型	
100		13	12	6	10			0.25
150	+15 0	19	17.5	7	13			0.25
200		24	22	8.5	15			0.28
250		28	26	11	17			0.28
300	+30 0	34	31	13.5	20	15	22.5	0.30
375		43	40	16	26			0.30
450	+45 0	52	48	19	32			0.36
600		62	57	28	36			0.50

5. 内六角扳手（GB/T 5356）

内六角扳手的型式及尺寸如图 4-29 所示，其规格尺寸见表 4-15。

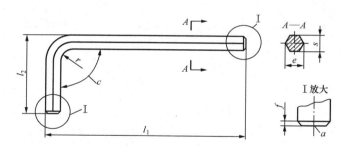

图 4-29　内六角扳手的型式及尺寸

表 4-15　　　　　　　　　　内六角扳手的规格尺寸　　　　　　　　　mm

对边尺寸 s			对角宽度 e		长度 l_1				长度 l_2	
标准	max	min	max	min	标准	长型 M	加型 L	偏差	长度	偏差
0.7	0.71	0.70	0.79	0.76	33	—	—		7	
0.9	0.89	0.88	0.99	0.96	33	—	—		11	
1.3	1.27	1.24	1.42	1.37	41	63.5	81	0 −2	13	0 −2
1.5	1.50	1.48	1.68	1.63	46.5	63.5	91.5		15.5	
2	2.00	1.96	2.25	2.18	52	77	102		18	

对边尺寸 s			对角宽度 e		长度 l_1				长度 l_2	
标准	max	min	max	min	标准	长型 M	加型 L	偏差	长度	偏差
2.5	2.50	2.46	2.82	2.75	58.5	87.5	114.5		20.5	
3	3.00	2.96	3.39	3.31	66	93	129		23	
3.5	3.50	3.45	3.96	3.91	69.5	98.5	140	0 −4	25.5	
4	4.00	3.95	4.53	4.44	74	104	144		29	
4.5	4.50	4.45	5.10	5.04	80	114.5	156		30.5	
5	5.00	4.95	5.67	5.58	85	120	165		33	0 −2
6	6.00	5.95	6.81	6.71	96	141	186		38	
7	7.00	6.94	7.94	7.85	102	147	197		41	
8	8.00	7.94	9.09	8.97	108	158	208		44	
9	9.00	8.94	10.23	10.10	114	169	219	0 −6	47	
10	10.00	9.94	11.37	11.23	122	180	234		50	
11	11.00	10.89	12.51	12.31	129	191	247		53	
12	12.00	11.89	13.65	13.44	137	202	262		57	
13	13.00	12.89	14.79	14.56	145	213	277		63	
14	14.00	13.89	15.93	15.70	154	229	294		70	
15	15.00	14.89	17.07	16.83	161	240	307		73	
16	16.00	15.89	18.21	17.97	168	240	307	0 −7	76	0 −3
17	17.00	16.89	19.35	19.09	177	262	337		80	
18	18.00	17.89	20.49	20.21	188	262	358		84	
19	19.00	18.87	21.63	21.32	199	—	—		89	
21	21.00	20.87	23.91	23.58	211	—	—		96	
22	22.00	21.87	25.05	24.71	222	—	—		102	
23	23.00	22.87	26.16	25.86	233	—	—		108	
24	24.00	23.87	27.33	26.97	248	—	—		114	
27	27.00	26.87	30.75	30.36	277	—	—	0 −12	127	0 −5
29	29.00	28.87	33.03	32.59	311	—	—		141	
30	30.00	29.87	34.17	33.75	315	—	—		142	
32	32.00	31.84	36.45	35.98	347	—	—		157	
36	36.00	35.84	41.01	40.50	391	—	—		176	

6. 敲击呆扳手（GB/T 4392）

敲击呆扳手如图 4-30 所示。

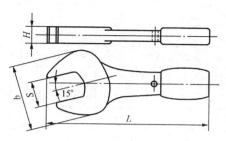

图 4-30　敲击呆扳手

用途：用于紧固或拆卸一种规格的六角头及方头螺栓、螺母和螺钉，其松紧力可以通过锤子敲击。

规格：规格以开口宽度（s）表示。敲击呆扳手的规格尺寸见表 4-16。

表 4-16　　　　　　　敲击呆扳手的规格尺寸　　　　　　　mm

规格 s	头部宽度	头部厚度	全 长
	b（最大）	H（最大）	L（最小）
50	110.0	20	300
55	120.5	22	
60	131.0	24	350
65	141.5	26	
70	152.0	48	375
75	162.5	52	
80	173.0	54	400
85	183.5	58	
90	188.0	36	450
95	198.0	38	
100	208.0	40	500
105	218.0	42	
110	228.0	44	
115	238.0	46	

规格 s	头部宽度	头部厚度	全 长
	b（最大）	H（最大）	L（最小）
120	248.0	48	
130	268.0	52	600
135	278.0	54	
145	298.0	58	
150	308.0	60	
155	318.0	62	700
165	338.0	66	
170	345.0	68	
180	368.0	72	
185	378.0	74	
190	388.0	76	800
200	408.0	80	
210	425.0	84	
—			—

7. 敲击梅花扳手（GB/T 4392）

敲击梅花扳手如图 4-31 所示。

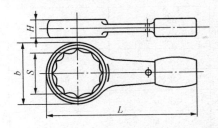

图 4-31　敲击梅花扳手

用途：用于紧固或拆卸一种规格的六角头螺栓、螺母和螺钉，其松紧力可以通过锤子敲击。

规格：规格以六角头头部对边距离（s）来表示。敲击梅花扳手的规格尺寸见表 4-17。

表 4-17

规格 s	头部宽度	头部厚度	全长
	b(最大)	H(最大)	L(最小)
50	83.5	25.0	300
55	91.0	27.0	
60	98.5	29.0	350
65	106.0	30.6	
70	113.5	32.5	375
75	121.0	34.0	
80	128.5	36.5	400
85	136.0	38	
90	143.5	40.0	450
95	151.0	42.0	
100	158.5	44.0	500
105	166.0	45.6	
110	173.5	47.5	
115	181.0	49.0	
120	188.5	51.0	600
130	203.5	55.0	
135	211.0	57.0	
145	226.0	60.6	
150	233.5	62.5	700
155	241.0	64.5	
165	256.0	68.0	
170	263.5	70.0	
180	278.5	74.0	800
185	286.0	75.6	
190	293.5	77.5	
200	308.5	81.0	
210	323.5	85.0	
—			

8.调节扳手

调节扳手如图 4-32 所示。

用途：功用与活扳手相似，但其开口宽度在扳动时可自动适应相应尺寸的六角头或方头螺栓、螺钉和螺母。

规格：长度为 250、300mm。

9.钩形扳手（GB/ZQ 4624）

钩形扳手如图 4-33 所示。

图 4-32　调节扳手　　　　图 4-33　　钩形扳手

用途：专供紧固或拆卸机床、车辆、机械设备上的圆螺母用。

规格：钩形扳手规格见表 4-18。

表 4-18　　　　　　　　　钩形扳手规格　　　　　　　　　mm

螺母外径	长　度	螺母外径	长　度
12～14	100	110～115	280
16～18		120～130	
16～20		135～145	320
20～22		155～165	
25～28	120	180～195	380
30～32		205～220	
34～36	150	230～245	460
40～42		260～270	
45～50	180	280～300	550
52～55		300～320	
58～62	210	320～345	
68～75		350～375	585
80～90	240	380～400	620
95～100		480～500	800

10. 内六角扳手（GB/T 5356）

内六角扳手如图 4-34 所示。

用途：用于紧固或拆卸内六角螺钉。扳拧性能等级为 8.8 级和 12.9 级内六角螺钉。扳手按性能等级分为普通级和增强级（增强级代号为 R）。其规格以六角对边距离（s）表示。

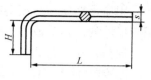

图 4-34　内六角扳手

规格：内六角扳手规格尺寸见表 4-19。

表 4-19　　　　　　　　内六角扳手规格尺寸

规格 s(mm)	长脚长度 L(mm)	短脚长度 H(mm)	试验扭矩(N·m)	
			普通级	增强级
2.5	56	18	3.0	3.8
3	63	20	5.2	6.6
4	70	25	12.0	16.0
5	80	28	24.0	30.0
6	90	32	41.0	52.0
8	100	36	95.0	120
10	112	40	180	220
12	125	45	305	370
14	140	56	480	590
17	160	63	830	980
19	180	70	1140	1360
22	200	80	1750	2110
24	224	90	2200	2750
27	250	100	3000	3910
32	315	125	4850	6510
36	355	140	6700	9260

11. 内六角花形扳手（GB/T 5357）

内六角花形扳手如图 4-35 所示。

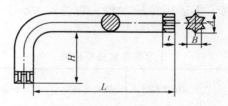

图 4-35　内六角花形扳手

用途：用途与内六角扳手相似。用于扳拧性能等级为 8.8 级和
10.9 级内六角花形螺钉。

规格：内六角花形扳手规格尺寸见表 4-20。

表 4-20　　　　　　　　内六角花形扳手规格尺寸　　　　　　　　mm

代　号	适应的螺钉	L	H	t	A	B
T30	M6	70	24	3.30	5.575	3.990
T40	M8	76	26	4.57	6.705	4.798
T50	M10	96	32	6.05	8.890	6.398
T55	M12～14	108	35	7.65	11.277	7.962
T60	M16	120	38	9.07	13.360	9.547
T80	M20	145	46	10.62	17.678	12.705

12. 十字柄套筒扳手（GB/T 14765）

十字柄套筒扳手如图 4-36 所示。

用途：用于装配汽车等车辆轮胎上的六角头螺栓（螺母）。每

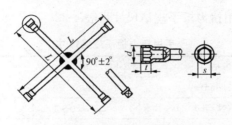

图 4-36　十字柄套筒扳手

一型号套筒扳手上有 4 个不同规格套筒，也可用一个传动方榫代替其中一个套筒。

规格：规格 s 指适用螺栓六角头对边尺寸。其规格型号见表 4-21。

表 4-21 　　　　　　　　十字柄套筒扳手规格 　　　　　　　　mm

型号	最大套筒的对边尺寸 s（最大）	方榫系列	最大外径 d	最小柄长 L	套筒的最小深度 t
1	24	12.5	38	355	
2	27	12.5	42.5	450	
3	34	20	55	630	$0.8s$
4	41	20	63	700	

13. 手用扭力扳手（GB/T 15729）

手用扭力扳手如图 4-37 所示。

 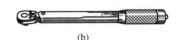

(a)　　　　　　　　　　　　　　　(b)

图 4-37　手用扭力扳手

（a）指示式（指针型）；（b）预置式（带刻度可调型）

用途：配合套筒扳手套筒紧固六角头螺栓、螺母用，在扭紧时可表示出扭矩数值。凡是对螺栓、螺母的扭矩有明确规定的装配工作（如汽车、拖拉机等的气缸装配），都要使用这种扳手。预置式扭力扳手可事先设定（预置）扭矩值，操作时，施加扭矩超过设定值，扳手即产生打滑现象，保证螺栓（母）上承受的扭矩不超过设定值。

规格：手用扭力扳手规格尺寸见表 4-22。

表 4-22 　　　　　　　　手用扭力扳手规格尺寸

指示式	扭矩≤(N·m)		100，200，300		500
	方榫边长(mm)		12.5		20
预置式	扭矩范围(N·m)	0～10	20～100，80～300	280～760	750～2000
	方榫边长(mm)	6.3	12.5	20	25

14. 双向棘轮扭力扳手

双向棘轮扭力扳手如图 4-38 所示。

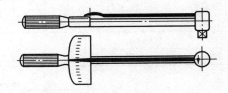

图 4-38 双向棘轮扭力扳手

用途：双向棘轮扭力扳手头部为棘轮，拨动旋向板可选择正向或反向操作，力矩值由指针指示。扭力扳手是检测紧固件拧紧力矩的手动工具。

规格：双向棘轮扭力扳手规格尺寸见表 4-23。

表 4-23　　　　　　　双向棘轮扭力扳手的规格尺寸

力矩(N·m)	精度(%)	方榫(mm)	总长(mm)
0～300	±5	12.7×12.7，14×14	400～478

15. 增力扳手

增力扳手如图 4-39 所示。

用途：配合扭力扳手、棘轮扳手或套筒扳手套筒，紧固或拆卸六角头螺栓、螺母。施加正常的力，通过减速机构可输出数倍到数十倍的力矩。在缺乏动力源的情况下，汽

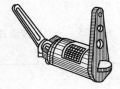

图 4-39　增力扳手

车、船舶、铁路、桥梁、石油、化工、电力等工程中。常用以手工安装和拆卸大型螺栓、螺母。

规格：增力扳手的规格尺寸见表 4-24。

表 4-24　　　　　　　增力扳手的规格尺寸

型号	输出扭矩(N·m)≤	减速比	输入端方孔(mm)	输出端方榫(mm)
Z-120	1200	5.1	12.5	20
Z-135	1350	4.0	12.5	20
Z-180	1800	6.0	12.5	25
Z-300	3000	12.4	12.5	25

型号	输出扭矩(N·m)≤	减速比	输入端方孔(mm)	输出端方榫(mm)
Z-400	4000	16.0	12.5	六方 32
Z-500	5000	18.4	12.5	六方 32
Z-750	7500	68.6	12.5	六方 36
Z-1200	12000	82.3	12.5	六方 46

16. 套筒扳手

套筒扳手如图 4-40 所示。

用途：分手动和机动（电动、气动）两种，手动套筒扳手应用较广。由各种套筒（头）、传动附件和连接件组成，除具有一般扳手紧固或拆卸六角头螺栓、螺母的功能外，特别适用于工作空间狭小或深凹的场合。

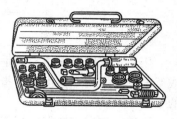

图 4-40　套筒扳手

规格：一般以成套（盒）形式供应，也可以单件形式供应。传动方孔（方榫）公称尺寸及基本尺寸见表 4-25，套筒扳手规格尺寸见表 4-26。

表 4-25　　　传动方孔（方榫）的工程尺寸及基本尺寸
（GB/T 3390.2）　　　　　　mm

	公称尺寸		6.3	10	12.5	20	25
基本尺寸	方榫	max	6.35	9.53	12.70	19.05	25.40
		min	6.25	9.44	12.59	18.92	25.27
	方孔	max	6.63	9.80	13.03	19.44	25.79
		min	6.41	9.58	12.76	19.11	25.46

表 4-26　　　　套筒扳手规格尺寸（GB/T 3390.1）

传动方孔（榫）尺寸（mm）	每盒件数（件）	每盒具体规格(mm)	
		套 筒	附 件
小型套筒扳手			
6.3×10	20	4，4.5，5，5.5，6，7，8（以上 6.3 方孔），10，11，12，13，14，17，19 和 20（13/16in）火花塞套筒（以上 10 方孔）	200 棘轮扳手，75 旋柄，75、100 接杆（以上 10 方孔、方榫），10×6.3 接头

传动方孔（榫）尺寸（mm）	每盒件数（件）	每盒具体规格(mm)	
		套　筒	附　件
10	10	10，11，12，13，14，17，19 和 20（13/16in）火花塞套筒	200 棘轮扳手，75 接杆
12.5	9	10，11，12，14，17，19，22，24	225 弯柄
12.5	13	10，11，12，14，17，19，22，24，27	250 棘轮扳手，直接头，250 转向手柄，257 通用手柄
12.5	17	10，11，12，14，17，19，22，24，27，30，32	250 棘轮扳手，直接头，250 滑行头手柄，420 快速摇柄，125、250 接杆
12.5	24	10，11，12，13，14，15，16，17，18，19，20，21，22，23，24，27，30，32	250 棘轮扳手，250 滑行头手柄，420 快速摇柄，125、250 接杆，75 万向接头
12.5	28	10，11，12，13，14，15，16，17，18，19，20，21，22，23，24，26，27，28，30，32	250 棘轮扳手，直接头，250 滑行头手柄，420 快速摇柄，125、250 接杆，75 万向接头，52 旋具接头
12.5	32	8，9，10，11，12，13，14，15，16，17，18，19，20，21，22，23，24，26，27，28，30，32 和 20（13/16in）火花塞套筒	50 棘轮扳手，250 滑行头手柄，420 快速摇柄，230、300 弯柄，75 万向接头，52 旋具接头，125、250 接杆
重型套筒扳手			
20×25	26	21，22，23，24，26，27，28，29，30，31，32，34，36，38，41，46，50（以上 20 方孔），55，60，65（以上 25 方孔）	125 棘轮扳头，525 滑行头手柄，525 加力杆，200 接杆（以上 20 方孔、方榫），83 大滑行头（20×25 方榫），万向接头
25	21	30，31，32，34，36，38，41，46，50，55，60，65，70，75，80	125 棘轮扳头，525 滑行头手柄，220 接杆，135 万向接头，525 加力杆，滑行头

17. 手动套筒扳手附件

用途：手动套筒扳手附件按用途分有传动附件和连接附件两类。根据传动方榫对边尺寸分为 6.3、10、12.5、20、25（mm）五个系列，代号分别为 6.3、10、12.5、20 和 25。

规格：传动附件的规格、特点及用途见表 4-27。连接附件的规格尺寸见表 4-28。

表 4-27   传动附件的规格类型（GB/T 3390.3）

类型	名称	示意图	规格（mm）（方榫系列）	特点及用途
H	滑动头手柄		6.3 10 12.5 20 25	滑行头的位置可以移动，以便根据需要调整旋动时力臂的大小。特别适用于 180°范围内的操作场合
K	快速摇柄		10 6.3 12.5	操作时利用弓形柄部可以快速、连续地旋转
J₁	普通式棘轮扳手		6.3 10 12.5 20 25	利用棘轮机构可在旋转角度较小的工作场合进行操作。普通式须与方榫尺寸相应的直接头配合使用
J₂	可逆式棘轮扳式		6.3 10 12.5 20 25	利用棘轮机构可在旋转角度较小的工作场合进行操作。旋转方向可正向或反向
X	旋柄		6.3 10	适用于旋动位于深凹部位的螺栓、螺母
Z	转向手柄		6.3 10 12.5 20 25	手柄可围绕方榫轴线旋转，以便在不同角度范围内旋动螺栓、螺母
WB	弯柄		6.3 10 12.5 20 25	配用于件数较少的套筒扳手

名称	示意图	规格（方榫系列）		基本尺寸	
		方榫	方孔	l_{max}	d_{max}
接头		6.3	10	32	20
		10	12.5	44	25
		12.5	20	58	38
		20	25	85	52
		方榫	方孔	l_{max}	d_{max}
		10	6.3	27	16
		12.5	10	38	23
		20	12.5	50	40
		25	20	68	40
接杆		方榫和方孔		l	d_{max}
		6.3		55 ± 3	12.5
				100 ± 5	
				150 ± 8	
		10		75 ± 4	20
				125 ± 6	
				250 ± 12	
		12.5		75 ± 4	25
				125 ± 6	
				250 ± 12	
		20		100 ± 6	38
				200 ± 6	
				400 ± 20	
		25		200 ± 10	52
				400 ± 20	

名称	示意图	规格（方榫系列）	基本尺寸	
		方榫和方孔	l_{max}	d_{max}
万向接头		6.3	45	14
		10	68	23
		12.5	80	28
		20	110	42
		方榫和方孔	l_{max}	d
方榫传动杆（用于螺旋棘轮驱动）		6.3	50	5.5 / 7 / 8
		10	55	7 / 8

18. 手动套筒扳手套筒（GB/T 3390.1）

手动套筒扳手套筒如图 4-41 所示。

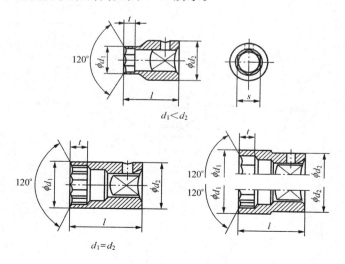

图 4-41　手动套筒扳手套筒

用途：用于紧固或拆卸螺栓、螺母。

规格：手动套筒扳手套筒规格及尺寸见表 4-29。

表 4-29 　　　　　　　　**手动套筒扳手套筒的尺寸** 　　　　　　　mm

s	t_{min}	d_{1max}	d_{2max}	l	
				A 型（普通型）	B 型（加长型）
6.3 系列					
3.2	1.6	5.9			
4	2	6.9			
5	2.5	8.2			
5.5	3	8.8	12.5		
6	3.5	9.4			
7	4	11			
8	5	12.2		25	45
9		13.5	13.5		
10	6	14.7	14.7		
11	7	16	16		
12	8	17.2	17.2		
13		18.5	18.5		
14	10	19.7	19.7		
10 系列					
6	3.5	9.6			
7	4	11			
8	5	12.2			
9		13.5	20		
10	6	14.7		32	45
11	7	16			
12	8	17.2			
13		18.5			
14	10	19.7			
15		21	24		
16		22.2			
17		23.5		35	60
18	12	24.7	24.7		
19		26	26		
21	14	28.5	28.5	38	
22		29.7	29.7		

12.5 系列

s	t_{min}	d_{1max}	d_{2max}	l	
				A 型（普通型）	B 型（加长型）
8	5	13			
9	5.5	14.4			
10	6	15.5			
11	7	16.7	24	40	
12	8	18			
13		19.2			
14		20.5			
15	10	21.7			75
16		23			
17		24.2	25.5		
18	12	25.5		42	
19		26.7	26.7		
21	14	29.2	29.2	44	
22		30.5	30.5		
24	16	33	33	46	
27	18	36.7	36.7	48	
30	20	40.5	40.5	50	
32	22	43	43		

20 系列

s	t_{min}	d_{1max}	d_{2max}	l	
				A 型（普通型）	B 型（加长型）
19	12	30	38	50	
21	14	32.1			
22		33.3	40	55	
24	16	35.8			
27	18	39.6			85
30	20	43.3	43.3	60	
32	22	45.8	45.8		
34	24	48.3	48.3	65	
36		50.8	50.8		
41	27	57.1	57.1	70	
46	30	63.3	63.3	75	
50	33	68.3	68.3	80	100
55	36	74.6	74.6	85	

25 系列				
s	t_{min}	d_{max}	l	
			A 型（普通型）	B 型（加长型）
27	18	42.7	50	65
30	20	47		
32	22	49.4		
34	23	51.9	52	70
36	24	54.2		
41	27	60.3		75
46	30	66.4	55	80
50	33	71.4		85
55	36	77.6	57	90
60	39	83.9	61	95
65	40	90.3	65	100
70	42	96.9	68	105
75		104.0	72	110
80	48	111.4	75	115

19. 冲击式机动四方传动套筒（GB/T 3228）

冲击式机动四方传动套筒如图 4-42 所示。

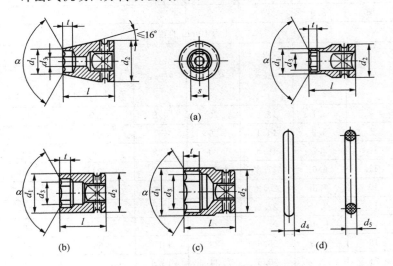

(a)

(b)　　　　(c)　　　　(d)

图 4-42　冲击式机动四方传动套筒

(a) $d_1 < d_2$；(b) $d_1 = d_2$；(c) $d_1 > d_2$；(d) 定位销和胀圈

用途：用于紧固或拆卸螺栓、螺母。

规格：机动四方传动套筒的尺寸见表 4-30。

表 4-30　　　　　　　机动四方传动套筒的尺寸　　　　　　　mm

方孔为 6.3mm 的套筒

s	$t_{min}^{①}$	d_{1max}	d_{2max}	d_{3max}	l	
					max A 型（普通）	min B 型（加长）
3.2	1.8	6.8	14	1.9	25	45
4	2.1	7.8	14	2.4	25	45
5	2.5	9.1	14	3	25	45
5.5	2.9	9.7	14	3.6	25	45
7	3.7	11.6	14	4.8	25	45
8	5.2	12.8	14	6	25	45
10	5.7	15.3	16	7.2	25	45
11	6.6	16.6	16 6	8.4	25	45
13	7.3	19.1	19.1	9.6	25	45
15	8.3	21.6	22	11.3	30	45
16	8.9	22	22	12.3	35	45

方孔为 10mm 的套筒

s	$t_{min}^{①}$	d_{1max}	d_{2max}	d_{3max}	l	
					max A 型（普通）	min B 型（加长）
7	3.7	12.8	20	4.8	34	44
8	5.2	14.1	20	6	34	44
10	5.7	16.6	20	7.2	34	44
11	6.6	17.8	20	8.4	34	44
13	7.3	20.3	28	9.6	34	44
15	8.3	22.8	28	11.3	34	45
16	8.9	24.1	28	12.3	34	50
18	11.3	26.6	28	14.4	34	54
21	13.3	30.6	34	16.8	34	54
24	15.3	34.3	34	19.2	34	54

方孔为 12.5mm 的套筒

s	$t_{min}^{①}$	d_{1max}	d_{2max}	d_{3max}	l	
					max A 型（普通）	min B 型（加长）
8	5.2	15.5	28	6	40	75
10	5.7	17.8	28	7.2	40	75
11	6.6	19	28	8.4	40	75
13	7.3	21.5	28	9.6	40	75
15	8.3	24	37	11.3	40	75
16	8.9	25.3	37	12.3	40	75
18	11.3	27.8	37	14.4	40	75
21	13.3	31.5	37	16.8	40	75
24	15.3	36	37	19.2	45	75
27	17.1	39	39	21.6	50	75
30	18.5	44.6	44.6	24	50	75
34	20.2	49.5	49.5	26.4	50	75

方孔为 16mm 的套筒

s	$t_{min}^{①}$	d_{1max}	d_{2max}	d_{3max}	l	
					max A 型（普通）	min B 型（加长）
15	8.3	26.3	35	11.3	48	85
16	8.9	27.5	35	12.3	48	85
18	11.3	30	35	14.4	48	85
21	13.3	33.8	35	16.8	48	85
24	15.3	37.5	37.5	19.2	51	85
27	17.1	41.3	41.3	21.6	51	85
30	18.5	45	45	24	51	85
34	20.2	50	50	26.4	55	85
36	22	52.5	52.5	28.8	55	85

方孔为 20mm 的套筒

s	$t^{①}_{min}$	d_{1max}	d_{2max}	d_{3max}	l	
					max A型（普通）	min B型（加长）
18	11.3	32.4	48	14.4	51	85
21	13.3	36.1	48	16.8	51	85
24	15.3	39.9	48	19.2	51	85
27	17.1	43.6	48	21.6	54	85
30	18.5	47.4	48	24	54	85
34	20.2	52.4	58	26.4	58	85
36	22	54.9	58	28.8	58	85
41	24.7	61.1	61.1	32.4	63	85
46	26.1	67.4	67.4	36	63	100
50	28.6	74	74	39.6	89	100
55	31.5	80	80	43.2	95	100
60	33.9	86	86	45.6	100	100

方孔为 25mm 的套筒

s	$t^{①}_{min}$	d_{1max}	d_{2max}	d_{3max}	l	
					max A型（普通）	min B型（加长）
27	17.1	46.7	58	21.6	60	
30	18.5	50.4	58	24	62	
34	20.2	55.4	58	26.4	63	
36	22	57.9	58	28.8	67	
41	24.7	64.2	68	32.4	70	
46	26.1	70.4	68	36	76	—
50	28.6	75.4	68	39.6	82	
55	31.5	81.7	68	43.2	87	
60	33.9	87.9	68	45.6	91	
65	34.5	95.9	70.6	50.4	110	
70	36.5	98	70.6	55.2	116	

方孔为 40mm 的套筒

s	$t_{min}^{①}$	d_{1max}	d_{2max}	d_{3max}	l_{max} A 型（普通）
36	22	64.2	86	28.8	84
41	24.7	70.4	86	32.4	84
46	26.1	76.7	86	36	87
50	28.6	81.7	86	39.6	90
55	31.5	87.9	86	43.2	90
60	33.9	94.2	86	45.6	95

定位销和胀圈

传动四方	d_4		d_5
	min	max	
6.3	1.4	2.0	2.5
10	2.4	2.9	3.5
12.5	2.9	4	4
16	2.9	4	4.5
20	3.8	4.8	5
25	4.8	6.0	7
40	5.8	7.0	10

① $t_{min} = k_{max} + 0.5$（k_{max} 为 GB/T 5782 规定的六角头高度）。

（三）旋具类

1. 一字形螺钉旋具（QB/T 2564.4）

用途：用于紧固或拆卸一字槽螺钉。木柄和塑柄螺钉旋具分普通式和穿心式两种。穿心式能承受较大的扭矩，并可在尾部用手锤敲击。方形旋杆螺钉旋具能用相应的扳手夹住旋杆扳动，以增大扭矩。

规格：一字形螺钉旋具的规格尺寸见表 4-31。

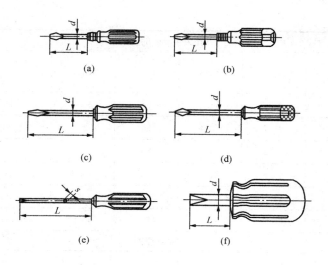

图 4-43　一字形螺钉旋具

（a）1P 型—木柄（普通式）；（b）1C 型—木柄（空心式）；

（c）2P 型—塑料柄（普通式）；（d）2C 型—塑料柄（穿心式）；

（e）3 型—方形旋杆；（f）4 型—粗短型

表 4-31　　　　　　　　一字形螺钉旋具的规格尺寸　　　　　　　mm

类型	规格 $L \times a \times b$ 旋杆长度×口厚×口宽	旋杆长度 L	圆形旋杆直径 d	方形旋杆对边宽度 s
1 型—木柄型 2 型—塑料柄型 3 型—方形旋杆型	50×0.4×2.5	50	3	5
	75×0.6×4	75	4	5
	100×0.6×4	100	5	5
	125×0.8×5.5	125	6	6
	150×1×6.5	150	7	6
	200×1.2×8	200	8	7
	250×1.6×10	250	9	7
	300×2×13	300	9	8
	350×2.5×16	350	11	8
4 型—粗短型	25×0.8×5.5	25	6	6
	40×1.2×8	40	8	7

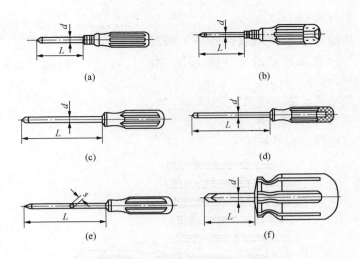

图 4-44　十字形螺钉旋具

(a) 1P 型十字槽螺钉旋具；(b) 1C 型十字槽螺钉旋具；

(c) 2P 型十字槽螺钉旋具；(d) 2C 型十字槽螺钉旋具；

(e) 3 型十字槽螺钉旋具；(f) 4 型十字槽螺钉旋具

2. 十字形螺钉旋具（QB/T 2564.5）

用途：用于紧固或拆卸十字槽螺钉。木柄和塑柄螺钉旋具分普通式和穿心式两种。穿心式能承受较大的扭矩，可在尾部用手锤敲击。方形旋杆能用相应的扳手夹住旋杆扳动，以增大扭矩。

规格：十字形螺钉旋具的规格尺寸见表 4-32。

表 4-32　　　　　　十字形螺钉旋具的规格尺寸　　　　　　mm

| 类型 | 槽号 | 旋杆长度 L | | 圆形旋杆直径 d | 方形旋杆对边宽度 s | 适用螺钉规格 |
		A 系列	B 系列			
1 型—木柄型 2 型—塑料柄型 3 型—方形旋杆型	0	—	60	3	4	≤M2
	1	25（35）	75（80）	4	5	M2.5，M3
	2	25（35）	100	6	6	M4，M5
	3	—	150	8	7	M6
	4	—	200	9	8	M8，M10
4 型—粗短型	1	25		4.5	5	M2.5，M3
	2	40		6.0	6	M4，M5

3. 夹柄螺钉旋具

用途：用于紧固或拆卸一字槽螺

钉，并可在尾部敲击，但禁止用于有

电的场合。

图 4-45　夹柄螺钉旋具

规格：长度（连柄）为 150、200、250、300mm。

4. 多用螺钉旋具

多用螺钉旋具如图 4-46 所示。

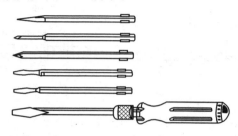

图 4-46　多用螺钉旋具

用途：紧固或拆卸带槽螺钉、木螺钉，钻木螺钉孔眼，可作测电笔用。

规格：全长（手柄加旋杆）为 230mm，并分 6、8、12 件三种。其规格尺寸见表 4-33。

表 4-33　　　　　　　　多用螺钉旋具的规格尺寸

件数	一字形旋杆头宽（mm）	十字形旋杆（十字槽号）	钢锥（把）	刀片（片）	小锤（只）	木工钻（mm）	套筒（mm）
6	3，4，6	1，2	1	—	—	—	—
8	3，4，5，6	1，2	1	1	—	—	—
12	3，4，5，6	1，2	1	1	1	6	6.8

5. 快速多用途螺钉旋具

快速多用途螺钉旋具如图 4-47 所示。

用途：有棘轮装置，旋杆可单向相对转动并有转向调整开关。配有多种不同规格的螺钉刀头和尖锥，放置于尾部后盖内。使用时选出适用的刀头放入头部磁性套筒内，并调整好转向开关，即可快

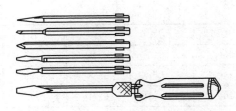

图 4-47　快速多用途螺钉旋具

速旋动螺钉。

　　规格：配有 3 只一字螺钉刀头，直径为 $\phi3$、$\phi4$、$\phi5$mm；配有 3 只十字螺钉刀头，直径为 $\phi3$mm（1 号），$\phi4$、$\phi5$mm（2 号）；另配有一只尖锥。

　　6. 内六角花形螺钉旋具

　　内六角花形螺钉旋具如图 4-48 所示。

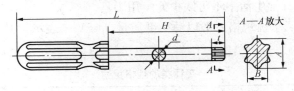

图 4-48　内六角花形螺钉旋具

　　用途：用于扳拧性能等级为 4.8 级的内六角花形螺钉。

　　内六角花形螺钉旋具的规格尺寸见表 4-34。

表 4-34　　　　　　　**内六角花形螺钉旋具的规格尺寸**

代号	L	d	A	B	t（参考）
T6	75	3	1.65	1.21	1.52
T7	75	3	1.97	1.42	4.52
T8	75	4	2.30	1.65	1.52
T9	75	4	2.48	1.79	1.52
T10	75	5	2.78	2.01	2.03
T15	75	5	3.26	2.34	2.16
T20	100	6	3.94	2.79	2.29
T25	125	6	4.48	3.20	2.54

代号	L	d	A	B	t（参考）
T27	150	6	4.96	3.55	2.79
T30	150	6	5.58	3.99	3.18
T40	200	8	6.71	4.79	3.30
T45	250	8	7.77	5.54	3.81
T50	300	9	8.89	6.39	4.57

注　旋杆长度（L）尺寸可根据用户需要由供需双方商定。

（四）手锤、斧头、冲子类

1. 手锤类

用途：手锤是钳工、锻工、冷作、建筑、安装和钣金工等用于敲击工件和整形用的手工具，多用锤、羊角锤还有起钉或其他功能，也是日常生活中不可缺少的家用工具。

规格：手锤规格一般以锤头部质量（kg）来表示。其规格用途见表4-35。

表 4-35　　　　　　　　手锤类的规格用途

简　图	名称	规　格	特点及用途
	八角锤 （QB/T 1290.1）	锤重(kg)：0.9，1.4，1.8，2.7，3.6，4.5，5.4，6.3，7.2，8.1，9.0，10.0，11.0； 锤高(mm)：105，115，130，152，165，180，190，198，208，216，224，230，236	用于锤锻钢件，敲击工件，安装机器以及开山、筑路时凿岩、碎石等敲击力较大的场合

简　图	名　称	规　格			特点及用途
		锤重 (kg)	锤高 (mm)	全长 (mm)	
	圆头锤 (QB/T 1290.2)	0.11 0.22 0.34 0.45 0.68 0.91 1.13 1.36	66 80 90 101 106 127 137 147	260 285 315 335 355 375 400 400	用于钳工、冷 作、装配、维修 等工种(市场供应 分连柄和不连柄 两种)
	钳工锤 (QB/T 1290.3)	锤重(kg)：0.1, 0.2，0.3，0.4， 0.5，0.6，0.8， 1.0，1.5，2.0			供钳工、锻工、 安装工、冷作工、 维修装配工作敲 击或整形用
	检查锤 (QB/T 1290.5)	锤重(不连柄)： 0.25kg； 锤全高：120mm； 锤端直径：φ18mm			用于避免因操 作中产生机械火 花而引爆爆炸性 气体的场所(分有 尖头锤和扁头锤 两种)
		锤重 (kg)	锤高 (mm)	全长 (mm)	
	敲锈锤 (QB/T 1290.8)	0.2 0.3 0.4 0.5	115 126 134 140	285 300 310 320	用于加工中除 锈、除焊渣

简 图	名 称	规 格			特点及用途
	焊工锤 (QB/T 1290.7)	锤重：0.25、0.3、 0.5、0.75kg			用于电焊加工中除锈、除焊渣（分有 A 型、B 型和 C 型 3 种）
 A型 B型 C型 D型 E型	羊角锤 (QB/T 1290.8)	—	锤重 (kg)	锤高 (mm)	全长 (mm)	按锤击端的截面形状分为 A、B、C、D、E 型五种
		（圆柱型）	0.25 0.35 0.45	105 120 130	305 320 340	锤头部为圆柱形
		（圆锥型）	0.50 0.55 0.65	130 135 140	340 340 350	锤头部为圆锥形有钢柄、玻璃钢柄
		（正棱型）	0.75	140	350	锤头部有正四棱柱形和正八棱柱形
	木工锤 (QB/T 1290.9)	锤重 (kg)	锤高 (mm)	全长 (mm)	木工使用之锤，有钢柄及木柄
		0.2 0.25 0.33 0.42 0.50	90 97 104 111 118	280 285 295 308 320	

简　图	名称	规　格			特点及用途
		锤重 (kg)	锤高 (mm)	全长 (mm)	
	石工锤 (QB/T 1290.10)	0.8	90	240	石工使用之锤，用于采石、敲碎小石块等
		1.0	95	260	
		1.25	100	260	
		1.50	110	280	
		2.0	120	300	
	安装锤	锤直径(mm)：20，25，30，35，40，45，50； 锤重(kg)：0.11，0.19，0.31，0.45，0.65，0.80，1.05			锤头两端用塑料或橡胶制成，被敲击面不留痕迹、伤疤。适用于薄板的敲击、整形
	什锦锤 (QB/T 2209)	全长：162mm； 附件：螺钉旋具、木凿、锥子、三角锉			除作锤击或起钉使用外，如将锤头取下，换上装在手柄内的一项附件，即可分别做三角锉、锥子、木凿或螺钉旋具使用。主要用于仪器、仪表、量具等检修工作中，也可供实验室或家庭使用
	橡胶锤	锤重(kg)：0.22，0.45，0.67，0.9			用于精密零件的装配作业
	电工锤	锤重(不连柄)：0.5kg			供电工安装和维修线路时用

2. 斧头类

用途：斧刃用于砍剁，斧背用于敲击，多用斧还具有起钉、开箱、旋具等功能。

规格：斧头类的规格见表 4-36。

表 4-36   **斧头类的规格**

简图	名称	用途	斧头重量 (kg)	全长 (mm)
	采伐斧 (QB/T 2565.2)	采伐树木 木材加工	0.7，0.9，1.1， 1.3，1.6，1.8， 2.0，2.2，2.4	380，430， 510，710～ 910
	劈柴斧 (QB/T 2565.3)	劈木材	5.5，7.0	810～910
	厨房斧 (QB/T 2565.4)	厨房砍、剁	0.6，0.8，1.0， 1.2，1.4，1.6， 1.8，2.0	360，380， 400，610～ 810，710～ 901
	木工斧 (QB/T 2565.5)	木工作业， 敲击，砍劈 木材，分有 偏刃（单刃）和 中刃（双刃） 两种	1.0，1.25，1.5	（斧体长） 120，135， 160
	多用斧 (QB/T 2565.6)	锤击、砍 削、起钉、 开箱		260，280， 300，340
	消防斧 (GA 138)	消防破拆 作业用（斧把 绝缘），分平 斧和尖斧两种	≤1.8，≤3.5， ≤2.0，≤3.5	610，710， 810，910， 715，815

3. 冲子类

用途：尖冲子用于在金属材料上冲凹坑；圆冲子在装配中使用；半圆头铆钉冲子用于冲击铆钉头；四方冲子、六方冲子用于冲内四方孔及内六方孔；皮带冲是在非金属材料（如皮革、纸、橡胶板、石棉板等）上冲制圆形孔的工具。

规格：冲子类的规格见表4-37。

表 4-37　　　　　　　　　　冲子类的规格　　　　　　　　　　mm

名　称	简图	用途	规格		
			冲头直径	外径	全长
尖冲子 (JB/T 3411.29)		用于在金属材料上冲凹坑	2	8	80
			3	8	80
			4	10	80
			6	14	100
			圆冲直径	外径	全长
圆冲子 (JB/T 3411.30)		用作装配中的冲击工具	3	8	80
			4	10	80
			5	12	100
			6	14	100
			8	16	125
			10	18	125

名称	简图	用途	铆钉直径	凹球半径	外径	全长
半圆头铆钉冲子 (JB/T 3411.31)		用于冲击铆钉头	2.0	1.9	10	80
			2.5	2.5	12	100
			3.0	2.9	14	100
			4.0	3.8	16	125
			5.0	4.7	18	125
			6.0	6.0	20	140
			8.0	8.0	22	140

名　称	简图	用途	规格		
四方冲子 (JB/T 3411.33)		用于冲内 四方孔	四方对边距	外径	全长
			2.0，2.24， 2.50，2.80	8	80
			3.0，3.15，3.55	14	
			4.0，4.5，5.0	16	
			5.6，6.0，6.3	16	100
			7.1，8.0	18	
			9.0，10.0， 11.2，12.0	20	125
			12.5，14.0，16.0	25	
			17.0，18.0，20.0	30	
			22.0，22.4	35	150
			25.0	40	
六方冲子 (JB/T 3411.34)		用于冲内 六方孔	六方对边距	外径	全长
			3，4	14	80
			5，6	16	100
			8，10	18	100
			12.14	20	125
			17.19	25	125
			22，24	30	150
			27	35	150
皮带冲		用于在皮革及其他非金属材料(如纸、橡胶板、石板制品等)上冲制圆形孔	单支冲头直径：1.5，2.5，3，4，5，5.5，6.5，8，9.5，11，12.5，14，16，19，21，22，24，25，28，32，35，38mm；组套：8支套，10支套，12支套，15支套，16支套		

二、泥瓦工工具

1. 压子（QB/T 2212.8～QB/T 2212.10）

压子如图 4-49 所示。

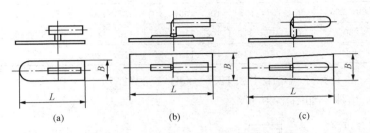

图 4-49　压子

(a) 尖头形（QB/T 2212.8）；(b) 长方形（QB/T 2212.9）；

(c) 梯形（QB/T 2212.10）

用途：用于对灰砂、水泥作业面的整平和压光。

规格：压子的尺寸规格见表 4-38。

表 4-38	压子的尺寸规格	mm
压板长 L	压板宽 B	压板厚
190，195，200，205，210	50，55，60	≤2.0

2. 平抹子（QB/T 2212.3～QB/T 2212.5）

平抹子的类型同图 4-49 所示。

用途：用于在砌墙或做水泥平面时刮平、抹平灰或水泥。

规格：平抹子的规格尺寸见表 4-39。

表 4-39		平抹子的尺寸规格				mm
平抹板长 L	平抹板宽 B			平抹板厚 δ		
	尖头形	长方形	梯形	尖头形	长方形、梯形	
220，225	80，85，90	85，90，95	90，95	≤2.5	≤2.0	
230，235，240	80，85，90，95	90，95，100	95，100			
250	90，95，100	95，100，105	100，105			

平抹板长 L	平抹板宽 B			平抹板厚 δ	
	尖头形	长方形	梯形	尖头形	长方形、梯形
260，265	95，100，105	100，105，110	105，110		
280	100，105，110	105，110，115	110，115	≤2.5	≤2.0
300	105，110，115	110，115，120	118，120		

3. 角抹子（QB/T 2212.6～QB/T 2212.7）

角抹子如图 4-50 所示。

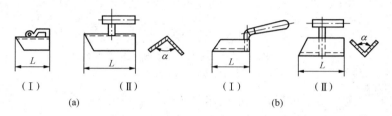

（Ⅰ） 　　　（Ⅱ） 　　　（Ⅰ） 　　　（Ⅱ）

（a） 　　　　　　　　　（b）

图 4-50 　角抹子

（a）阳角抹子（QB/T 2212.6）；（b）阴角抹子（QB/T 2212.7）

用途：用于在垂直内角、外角及圆角处抹灰砂或水泥。

规格：角抹子的规格尺寸见表 4-40。

表 4-40 　　　　　　　　角抹子的尺寸规格

角抹板长 L（mm）				角抹板角度 α	
阳角抹子		阴角抹子		阳角抹子	阴角抹子
60，70，80	Ⅰ	80	Ⅰ		
90，100，110，115	Ⅰ，Ⅱ，Ⅲ	90，100，105，110，120	Ⅰ，Ⅱ，Ⅲ	93°	87°
120，130，140	Ⅱ，Ⅲ	130，140，150	Ⅱ，Ⅲ		
150，160，170，180		160，170，180			

注 　角抹板厚≤2.0mm。

4. 钢锹（QB/T 2095）

钢锹的类型如图 4-51 所示。

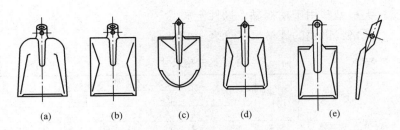

图 4-51　钢锹的类型

(a) Ⅰ型；(b) Ⅱ型；(c) 尖锹；(d) 方锹；(e) 深翻锹

用途：农用锹适用于田间铲土、兴修水利、开河挖沟等。尖锹主要用于挖土、搅拌灰土等。方锹多用于铲水泥、黄沙、石子等。煤锹用于铲煤块、砂土、垃圾等。深翻锹用于深翻、掘泥、开沟等。

规格：钢锹的规格尺寸见表 4-41。

表 4-41　　　　　　　钢锹的尺寸规格　　　　　　　mm

品种	全长			身长			锹裤外径	厚度
	1号	2号	3号	1号	2号	3号		
农用锹	345（不分号）			290（不分号）			37	1.7
尖锹	460	425	380	320	295	265	37	1.6
方锹	420	380	340	295	280	235	37	4.6
煤锹	550	510	490	400	380	360	42	1.6
深翻锹	450	400	350	300	265	225	37	1.7

5. 钢镐（QB/T 2290）

钢镐如图 4-52 所示。

用途：用于掘土、开山、垦荒、造林、修建公路、铁道、挖井、开矿和兴修水利等。双尖型多用于开凿岩山、混凝土等硬性土

图 4-52　钢镐

(a) 双尖型；(b) 尖扁型

质；尖扁型多用于挖掘黏、韧性土质。

规格：钢镐的规格尺寸见表4-42。

表 4-42 钢镐的规格尺寸

品种	型式代号	质量（不连柄）(kg)					
		1.5	2	2.5	3	3.5	4
		总长（mm）					
双尖 A 型钢镐	SJA	450	500	520	560	580	600
双尖 B 型钢镐	SJB	—	—	—	500	520	540
尖扁 A 型钢镐	JBA	450	500	520	560	600	620
尖扁 B 型钢镐	JBB	420	—	520	550	570	—

6. 钢钎

钢钎如图4-53所示。

图 4-53 钢钎

用途：用于开山、筑路、打井勘探中凿钻岩石。

规格：钢钎的规格尺寸见表4-43。

表 4-43 钢钎的规格尺寸 mm

六角形对边距离	长度
25，30，32	1200，1400，1600，1800

7. 撬棍

撬棍如图4-54所示。

图 4-54 撬棍

用途：用于开山、筑路、搬运笨重物体等时撬挪重物。

规格：撬棍的规格尺寸见表4-44。

表 4-44 撬棍的规格尺寸 mm

直径	长度
20，25，32，38	500，1000，1200，1500

8. *砌铲*（QB/T 2212.11～QB/T 2212.16）

砌铲如图 4-55 所示。

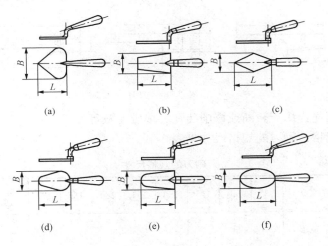

图 4-55　砌铲

（a）尖头形砌铲（QB/T 2212.11）；（b）梯形砌铲（QB/T 2212.12）；
（c）菱形砌铲（QB/T 2212.13）；（d）叶形砌铲（QB/T 2212.14）；
（e）圆头形砌铲（QB/T 2212.15）；（f）椭圆形砌铲（QB/T2212.16）

用途：用于在砌砖和铲灰等。

规格：砌铲的规格尺寸见表 4-45。

表 4-45　　　　　　　　　　砌铲的规格尺寸　　　　　　　　　　mm

铲板长 L			铲板宽 B		
尖头形	梯形、叶形、圆头形、椭圆形	菱形	尖头形	梯形、叶形、圆头形、椭圆形	菱形
140	125、130	180	170	60、65	125
145	140	200	175	70	140
150	150、155	230	180	75	160
155	165	250	185	80、85	175
160	170、180		190	90	
165	190		195	95	
170	200、205		200	100、105	
175	215		205	105、110	
180	225、230		210	115	
	240			120	
	250、255			125、130	

9. 砌刀 (QB/T 2212.5)

砌刀如图 4-56 所示。

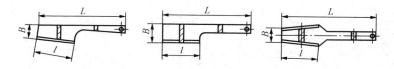

图 4-56　砌刀

用途：用于斩断或修削砖瓦、填敷泥灰等。

规格：砌刀的规格尺寸见表 4-46。

表 4-46　　　　　　　　　　砌刀的规格尺寸　　　　　　　　　　mm

刀体刃长 l	135	140	145	150	155	160	165	170	175	180
刀体前宽 B		50			55			60		
刀长 L	335	340	345	350	355	360	365	370	375	380
刀厚 δ					≤8.0					

10. 打砖刀和打砖斧 (QB/T 2212.6)

打砖刀和打砖斧如图 4-57 所示。

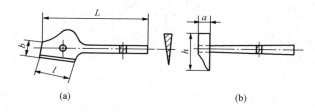

(a)　　　　　　　　　　　　(b)

图 4-57　打砖刀和打砖斧
(a) 打砖刀；(b) 打砖斧

用途：用于斩断或修削砖瓦。

规格：打砖刀和打砖斧的规格尺寸见表 4-47。

表 4-47	打砖刀和打砖斧的规格尺寸		mm
打砖刀	刀体刀长 *l*	刀体头宽 *b*	刀长 *L*
	110	75	300

	斧头边长 *a*	斧体高 *h*	斧体刃宽 *L*	斧体边长 *b*
打砖斧	20	110	50	25
	22		55	
	25	120	50	30
	27		55	

11. 分格器（QB/T 2212.7）

分格器如图 4-58 所示。

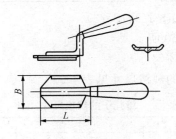

图 4-58 分格器

用途：用在地面、墙面抹灰时分格。

规格：分格器的规格尺寸见表 4-48。

表 4-48	分格器的规格尺寸	mm
抿板长 *L*	抿板宽 *B*	抿板厚
80	45	
100	60	≤2.0
110	65	

12. 缝溜子（QB/T 2212.22）

缝溜子如图 4-59 所示。

用途：用于溜光外砖墙灰缝。

规格：缝溜子的规格尺寸见表 4-49。

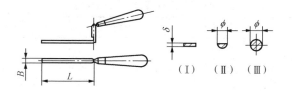

图 4-59　缝溜子

表 4-49　　　　　　　缝溜子的规格尺寸　　　　　　　　　　mm

溜板长 L	溜板宽 B	抵板厚	
		δ	φ
100，110，120，130，140，150，160	10	≤3.0	≥12

13. 缝扎子（QB/T 2212.23）

缝扎子如图 4-60 所示。

用途：用于墙体勾缝。

规格：缝扎子的规格尺寸见表 4-50。

表 4-50　　　　　　　缝扎子的规格尺寸　　　　　　　　　　mm

扎板长 L	50	80	90	100	110	120	130	140	150
扎板宽 B	20	25	30	35	40	45	50	55	60
扎板厚 δ	≤2.0，≤1.0								

14. 线锤（QB/T 2212.1）

线锤如图 4-61 所示。

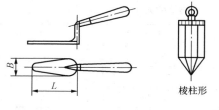

图 4-60　缝扎子

棱柱形　圆锥形　圆柱形

图 4-61　线锤

用途：在建筑测量工作时，做垂直基准线用，也用于机械安装中。

规格：线锤的规格尺寸见表 4-51。

表 4-51   **线锤的规格尺寸**

材料	质量（kg）
铜质	0.0125，0.025，0.05，0.1，0.15，0.2，0.25，0.3，0.4，0.5，0.6，0.75，1，1.5
钢质	0.1，0.15，0.2，0.25，0.3，0.4，0.5，0.75，1，1.25，2，2.5

15. 铁水平尺

铁水平尺如图 4-62 所示。

图 4-62　铁水平尺

用途：用在土木建筑中检查建筑物或在机械安装中检查普通设备的水平位置误差。

规格：铁水平尺的规格尺寸见表 4-52。

表 4-52   **铁水平尺的规格尺寸**

长度(mm)	150	200，250，300，350，400，450，500，550，600
主水准刻度值(mm/m)	0.5	2

16. 瓷砖刀

瓷砖刀如图 4-63 所示。

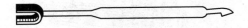

图 4-63　瓷砖刀

用途：专为划割瓷砖使用，瓷砖刀刀杆由 45 号中碳钢制成，刀头由 YG6 硬质合金刀片制成，刀头坚硬锋利。工作时选用刀头在瓷砖上划一条线，然后用另一头将瓷砖掰开。

规格：瓷砖刀长约 200mm。

17. 瓷砖切割机及刀具

瓷砖切割机及刀具如图 4-64 所示。

用途：用于手工切割瓷砖、地板砖、玻璃等。

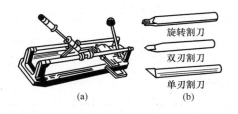

图 4-64　瓷砖切割机及刀具

（a）瓷砖切割机；（b）刀具

规格：瓷砖切割机及刀具的规格尺寸见表 4-53。

表 4-53　　　　瓷砖切割机及刀具的规格尺寸

最大切割长度（mm）	最大切割厚度（mm）	质量（kg）
36	12	6.5
切割刀具及用途	ϕ5mm 旋转割刀：切割瓷砖、玻璃； 硬质合金单刃割刀：切割瓷砖、铺地细砖； 硬质合金双刃割刀：备用	

18. 墙地砖切割机

墙地砖切割机如图 4-65 所示。

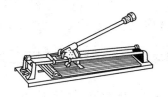

图 4-65　墙地砖切割机

用途：用于精密切割各种墙砖、地砖、陶瓷板、玻璃装饰砖及平板玻璃等。

规格：墙地砖切割机的规格尺寸见表 4-54。

表 4-54　　　　墙地砖切割机的规格尺寸

切割厚度（mm）	切割宽度（mm）	质量（kg）
5～12	300～400	6.5

19. QA-300 型墙地砖切割机

QA-300 型墙地砖切割机如图 4-66 所示。

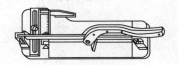

图 4-66   QA-300 型墙地砖切割机

用途：用于切割墙地砖。

规格：QA-300 型墙地砖切割机的规格尺寸见表 4-55。

表 4-55   QA-300 型墙地砖切割机的规格尺寸

切割厚度(mm)	切割深度(mm)	刀片寿命(m)
300	5～10	累计 1000～2000

20. 手持式混凝土切割机

手持式混凝土切割机如图 4-67 所示。

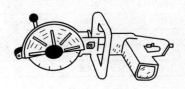

图 4-67   手持式混凝土切割机

用途：用于对混凝土及其构件的切割，也可切割大理石、耐火砖、陶瓷等硬脆性材料。

规格：手持式混凝土切割机的规格尺寸见表 4-56。

表 4-56   手持式混凝土切割机的规格尺寸

型号	刀片转速 (r/min)	最大切割深度 (mm)	外形 (mm)	净重 (kg)
Z1HQ-250	2100	70	878×292×300	13

21. 混凝土钻孔机 (JG/T 5005)

混凝土钻孔机如图 4-68 所示。

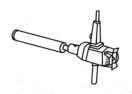

图 4-68　混凝土钻孔机

用途：用于对混凝土墙壁及楼板、砖墙、瓷砖、岩石、玻璃等硬脆性非金属材料的钻孔。

规格：混凝土钻孔机的规格尺寸见表 4-57。

表 4-57　　　　　　混凝土钻孔机的规格尺寸

型号	钻孔直径 （mm）	最大钻孔深度 （mm）	转速 （r/min）	净重 （kg）
HZ-100	37.5～118	370	850	103
HZ-100	30～100	500	875	105
◎Z1ZS-100	＜100	300	710～2200	85
Z1JZ-80	10～80	350	600～1500	50
HZ$_1$-100	＜107	250	900	12
HZ$_1$-200	＜280	500	450/900	28
Z1Z-36	＜36	400	1500	—
Z1Z-56	＜56	400	1200	—
Z1Z-110	＜110	400	900	—

◎ 表示双重绝缘。

22. 混凝土开槽机

用途：用于混凝土墙面、砖墙、水泥制品、轻质材料上进行开槽埋设暗管、暗线，也可用单片刀切割人造大理石、地板砖等建筑材料。

规格：混凝土开槽机的规格尺寸见表 4-58。

表 4-58　　　　　　混凝土开槽机的规格尺寸

型号规格	开槽深度 （mm）	开槽宽度 （mm）	输入功率 （W）	额定转速 （r/min）	工作方式	质量 （kg）
SKH-5	20～50 可调	30～50 可调	2000	3800	干切、湿切	10
SKH-25A	0～25 可调	25	2000	3100	干切、湿切	8

23. 砖墙铣沟机

砖墙铣沟机如图4-69所示。

用途：配用硬质合金专用铣刀，对砖墙、泥类墙、石膏和木材等材料表面进行铣切沟槽作业。

规格：砖墙铣沟机的规格尺寸见表4-59。

表4-59　　　　　　　　　　砖墙铣沟机的规格尺寸

型号	输入功率(W)	负载转速(r/min)	铣沟能力(mm)≤	质量(kg)
Z1R-16	400	800	20×16	3.1

24. 宝富梯具

宝富梯具如图4-70所示。

图4-69　砖墙铣沟机　　　　　图4-70　宝富梯具

用途：用于登高。

规格：宝富梯具的规格尺寸见表4-60。

表4-60　　　　　　　　　　宝富梯的规格尺寸

折梯				
型号	伸长(m)	折长(m)	净重(kg)	特　点
L2105 (二关节折梯)	3.2	1.6	10.5	为多功能折合式铝梯，具有64种形式 高强度铝合金管材，专利自动上锁关节，平稳强固的防滑梯脚，适用多种使用坡度
L2125 (二关节折梯)	3.8	1.9	12.5	
L2145 (二关节折梯)	4.5	2.2	14.5	
L6145 (六关节折梯)	3.8	0.95	12.5	
L6165 (六关节折梯)	5.0	1.25	16.5	
L6205 (六关节折梯)	6.3	1.58	20.5	

伸缩梯（铝合金）			
型号	伸长（m）	缩长（m）	
AP-50	5.04	3.15	踩杆为强化铝合金挤压成型，表面具有防滑条纹；由上下二节梯组合，借滑轮组及拉绳使上节梯升梯，自由调整所需的高度，锁扣装置固定
AP-60	6.03	3.18	
AP-70	7.02	4.14	
AP-80	8.04	4.83	
AP-90	9.03	5.16	
AP-100	10.02	5.82	

25. GTC 高空作业平台

GTC 高空作业平台如图 4-71 所示。

图 4-71　GTC 高空作业平台

用途：用于登高。

规格：GTC 高空作业平台的规格尺寸见表 4-61。

表 4-61　　　　　GTC 高空作业平台的规格尺寸

型号	工作平台最大升起高度（m）	额定载重（kg）	工作平台尺寸（m）	外形尺寸（m×m×m）	整机重（kg）
GTC2 GTC2A	2	150	0.62×0.62	1.25×0.7×1.85	190
GTC3 GTC3A	3	150	0.62×0.62	1.25×0.7×1.85	200

型号	工作平台最大升起高度 (m)	额定载重 (kg)	工作平台尺寸 (m)	外形尺寸 (m×m×m)	整机重 (kg)
GTC4 GTC4A	4	150	0.62×0.62	1.25×0.7×1.64	210
GTC5 GTC5A	5	100	0.62×0.62	1.25×0.7×1.64	220
GTC6 GTC6A	6	100	0.62×0.62	1.25×0.7×1.64	230
GTC7 GTC7A	7	100	0.62×0.62	1.25×0.7×1.80	242
GTC8 GTC8A	8	100	0.62×0.62	1.25×0.7×1.80	254

注 A 型表示手动、电动两用型（加装手动泵）。

三、测量工具

1. 钢直尺

钢直尺如图 4-72 所示。

图 4-72　钢直尺

用途：用于测量一般工件的尺寸。

规格：标称长度为 150、300、500、600、1000、1500、2000mm。

2. 纤维卷尺（QB/T 1519）

纤维卷尺如图 4-73 所示。

用途：用于测量较长的距离，其准确度比钢卷尺低。

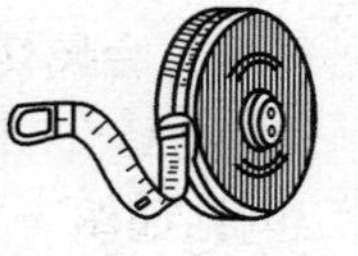

规格：标称长度为 10、15、20、30、50、

图 4-73　纤维卷尺

100、150、200m。

3. 钢卷尺（QJB/T 2443）

钢卷尺如图 4-74 所示。

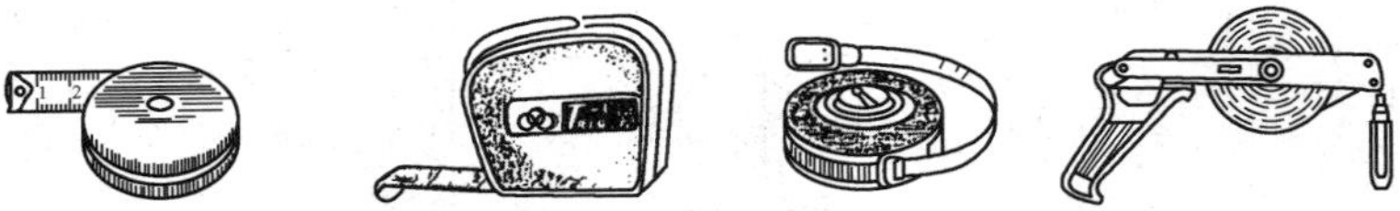

A 型—自卷式　　　　B 型—制动式　　　　C 型—摇卷盒式　　　　D 型—摇卷架式

图 4-74　钢卷尺

用途：用于测量较长尺寸的工件或丈量距离。

规格：钢卷尺的规格见表 4-62。

表 4-62　　　　　　　　　　　　钢卷尺的规格　　　　　　　　　　　　　　　m

型式	自卷式、制动式	摇卷盒式、摇卷架式
标称长度	1，2，3，3.5，5，10	5，10，15，20，30，50，100

4. 壁厚千分尺（GB/T 6312）

用途：用于测量管子的壁厚。

规格：壁厚千分尺的规格见表 4-63。

表 4-63　　　　　　　　　　　　壁厚千分尺的规格　　　　　　　　　　　mm

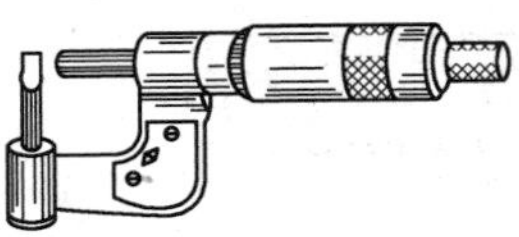	测量范围	分度值	测微螺杆距离
Ⅱ型壁厚千分尺	0.25	0.01	0.5

四、电动工具

（一）金属切削电动工具

1. 电钻（GB/T 5580）

电钻如图 4-75 所示。

用途：用于在金属及其他非坚硬质脆的材料上钻孔。

图 4-75　电钻

（a）小型手；（b）大型手

规格：电钻的型号规格见表 4-64。

表 4-64　　　　　　　　　电钻的型号规格

型号	规格（mm）	类型	额定输出功率（W）	额定转矩（N·m）	质量（kg）
J1Z-4A	4	A 型	≥80	≥0.35	—
J1Z-6C		C 型	≥90	≥0.50	1.4
J1Z-6A	6	A 型	≥120	≥0.85	1.8
J1Z-6B		B 型	≥160	≥1.20	—
J1Z-8C		C 型	≥120	≥1.00	1.5
J1Z-8A	8	A 型	≥160	≥1.60	—
J1Z-8B		B 型	≥200	≥2.20	—
J1Z-10C		C 型	≥140	≥1.50	—
J1Z-10A	10	A 型	≥180	≥2.20	2.3
J1Z-10B		B 型	≥230	≥3.00	—
J1Z-13C		C 型	≥200	≥2.5	—
J1Z-13A	13	A 型	≥230	≥4.0	2.7
J1Z-13B		B 型	≥320	≥6.0	2.8
J1Z-16A	16	A 型	≥320	≥7.0	—
J1Z-16B	16	B 型	≥400	≥9.0	—
J1Z-19A	19	A 型	≥400	≥12.0	5
J1Z-23A	23	A 型	≥400	≥16.0	5
J1Z-32A	32	A 型	≥500	≥32.0	—

注　1. 电钻规格指电钻钻削 45 钢时允许使用的最大钻头直径。
　　2. 单相串励电动机驱动。电源电压为 220V，频率为 50Hz，软电缆长度为 2.5m。
　　3. 按基本参数和用途分为类型，A 型—普通型电钻；B 型—重型电钻；C 型—轻型电钻。

2. 磁座钻(JB/T 9609)

磁座钻如图 4-76 所示。

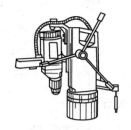

图 4-76　磁座钻

用途：应用于大型工程现场施工及高空作业。

规格：磁座钻型号规格见表 4-65。

表 4-65　　　　　　　　　磁座钻的型号规格

| 型号 | 钻孔直径(mm) | 额定电压(V) | 电钻 | | 磁座钻架 | | 导板架 | 断电保护器 | | 电磁铁吸力(kN) |
			主轴额定输出功率(W)	主轴额定转矩(N·m)	回转角度(°)	水平位移(mm)	最大行程(mm)	保护吸力(kN)	保护时间(min)	
J1C-13	13	220	≥320	≥6.00	≥300	≥20	≥140	≥7	≥10	≥8.5
J1C-19	19	220	≥400	≥12.00	≥300	≥20	≥180	≥8	≥8	≥10
J3C-19		380	≥400							
J1C-23	23	220	≥400	≥16.00	≥60	≥20	≥180	≥8	≥8	≥11
J3C-23		380	≥500							
J1C-32	32	220	≥1000	≥25.00	≥60	≥20	≥200	≥9	≥6	≥13.5
J3C-32		380	≥1250							

3. 型材切割机 (JB/T 9608)

型材切割机有可移式和箱座式两种，如图 4-77 所示。

用途：用于切割圆形或异型钢管、铸铁管、圆钢、角钢、槽钢、扁钢等型材。

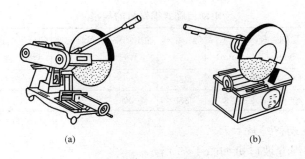

图 4-77 型材切割机

(a) 可移式；(b) 箱座式

规格：型材切割机型号规格见表 4-66。

表 4-66 型材切割机的型号规格

型 号	规格 (mm)	薄片砂轮外径 (mm)	额定输出功率 (W)≥	额定转矩 (N·m)≥	抗拉强度为 390MPa 圆钢最大切割直径 (mm)	质量 (kg)
J1G-200	200	200	600	2.3	20	—
J1G-250	250	250	700	3.0	25	—
J1G-300	300	300	800	3.5	30	15
J1G-350	350	350	900	4.2	35	16.5
J1G-400	400	400	1100	5.5	50	20
J3G-400			2000	6.7	50	80

4. 电动自爬式锯管机

电动自爬式锯管机如图 4-78 所示。

图 4-78 电动自爬式锯管机

用途：用于锯割大口径钢管、铸铁管等金属管材。

规格：电动自爬式锯管机规格见表 4-67。

表 4-67　　　　　　　　电动自爬式锯管机的规格

型号	切割管径 (mm)	切割壁厚 (mm)	额定电压 (V)	输出功率 (W)	铣刀轴转速 (r/min)	爬行进给速度 (mm/min)	质量 (kg)
J3UP-35	133~1000	≤35	380	1500	35	40	80
J3UP-70	200~1000	≤20	380	1000	70	85	60

5. 电动焊缝坡口机

电动焊缝坡口机如图 4-79 所示。

图 4-79　电动焊缝坡口机

用途：用于各种金属构件，在气焊或电焊之前开各种形状（如 V 形、双 V 形、K 形、Y 形等）及各种角度（20°、25°、30°、37.5°、45°、50°、55°、60°）的坡口。

规格：电动焊缝坡口机型号规格见表 4-68。

表 4-68　　　　　　　　电动焊缝坡口机的型号规格

型号	切口斜边最大宽度 (mm)	输入功率 (W)	加工速度 (m/min)	加工材料厚度 (mm)	质量 (kg)
J1P1-10	10	2000	≤2.4	4~25	14

6. 电动攻丝机

电动攻丝机如图 4-80 所示。

用途：用于在钢、铸铁和铜、铝合金等有色金属工件上加工内

图 4-80　电动攻丝机

螺纹。

规格：电动攻丝机型号规格见表4-69。

表4-69　　　　　　　　电动攻丝机的型号规格

型号	攻丝范围 （mm）	额定电流 （A）	额定转速 （r/min）	输入功率 （W）	质量 （kg）
J1S-8	M4～M8	1.39	310/650	288	1.8
J1SS-8 （固定式）	M4～M8	1.1	270	230	1.6
J1SH-8 （活动式）	M4～M18	1.1	270	230	1.6
J1S-12	M6～M12	—	250/560	567	3.7

7. 手持式电剪刀（JB/T 8641）

手持式电剪刀如图4-81所示。

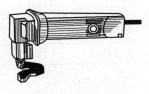

用途：用于剪切薄钢板、钢带、有色金属板材、带材及橡胶板、塑料板等，尤其适宜修剪工件边角，切边平整。

规格：手持式电剪刀的型号规格见表4-70。

图4-81　手持式电剪刀

表4-70　　　　　　　　手持式电剪刀的型号规格

型号	规格 （mm）	额定输 出功率 （W）	刀杆额定每分 钟往复次数	剪切进给速度 （m/min）	剪切余料宽度 （mm）	每次剪切长度 （mm）
J1J-1.6	1.6	≥120	≥2000	2～2.5	45±3	560±10
J1J-2	2	≥140	≥1100			
J1J-2.5	2.5	≥180	≥800	1.5～2	40±3	470±10
J1J-3.2	3.2	≥250	≥650	1～1.5	35±3	500±10
J1J-4.5	4.5	≥540	≥400	0.5～1	30±3	400±10

注　规格是指电剪刀剪切抗拉强度为390MPa热轧钢板的最大厚度。

8. 双刃电剪刀 (JB/T 6208)

双刃电剪刀如图 4-82 所示。

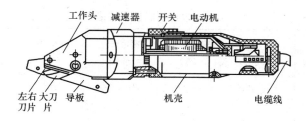

图 4-82　双刃电剪刀

用途：用于剪切各种薄壁金属异型材。

规格：双刃电剪刀的型号规格见表 4-71。

表 4-71　　　双刃电剪刀的型号规格

型号	规格(mm)	最大剪切厚度 (mm)	额定输出功率 (W)	额定往复次数 (min)
J1R-1.5	1.5	1.5	≥130	≥1850
J1R-2	2	2	≥180	≥1500

9. 电冲剪

电冲剪如图 4-83 所示。

用途：用于冲剪金属板材以及塑料板、布层压板、纤维板等非金属板材，尤其适宜于冲剪各种几何形状的内孔。

图 4-83　电冲剪

规格：电冲剪的型号规格见表 4-72。

表 4-72　　　电冲剪的型号规格

型号	规格 (mm)	额定电压 (V)	功率 (W)	每分钟冲切次数	质量 (kg)
J1H-1.3	1.3	220	230	1260	2.2
J1H-1.5	1.5	220	370	1500	2.5
J1H-2.5	2.5	220	430	700	4
J1H-3.2	3.2	220	650	900	5.5

注　电冲剪的规格是指冲切抗拉强度为 390MPa 热轧钢板的最大厚度。

10. 电动刀锯 (GB/T 22678)

电动刀锯如图 4-84 所示。

图 4-84　电动刀锯

用途：用于锯割金属板、管、棒等材料及合成材料、木材。

规格：电动刀锯的型号规格见表 4-73。

表 4-73　　　　　　　　　　电动刀锯的型号规格

规格 (mm)	电动机额定 输出功率 (W)	空载往复次数 (次/min)≥	额定转矩 (N·m)≥	锯割范围(mm)	
				管材外径	钢板厚度
24	430	2400	2.3	115	12
26	430	2400	2.3		
28	570	2700	2.6		
30	570	2700	2.6		

注　额定输出功率指刀具拆除往复机构后的额定输出功率。

(二) 装配作业电动工具

1. 充电式电钻旋具

充电式电钻旋具如图 4-85 所示。

用途：配用麻花钻头或一字、十字旋具头，进行钻孔和装拆机器螺钉、木螺钉等作业。对于野外、高空、管道、无电源及特殊要求的场合尤为适用。

图 4-85　充电式
电钻旋具

规格：充电式电钻旋具的型号规格见表 4-74。

表 4-74　　　　　　　　　充电式电钻旋具的型号规格

型号	钻孔直径 (mm)	适用螺钉规格 (mm)≤	额定输出功率 (W)	空载转速 (r/min)	额定转矩 (N·m)
J0ZS-6	钢板≤6 硬木≤10	机器螺钉 M6 木螺钉 5×25	55	慢档≥250 快档≥900	慢档>2 快档>0.5

注　1. 所配用的镍镉电池容量为 1.2Ah，电压为 9.6V。
　　　2. 带有专用快速充电器，使用电源为交流 220V，频率为 50Hz，充电电流为 1～
　　　　 1.2A，充电时间为 1～1.5h。

图 4-86　电动螺丝刀

2. 电动螺丝刀（GB/T 22679）

电动螺丝刀如图 4-86 所示。

用途：用于拧紧或拆卸一字槽或十字槽的机螺钉、木螺钉和自攻螺钉。

规格：电动螺丝刀的型号规格见表 4-75。

表 4-75　　　　　电动螺丝刀的型号规格

规格 （mm）	适用范围（mm）			输出功率 （W）	拧紧力矩 （N·m）
	机螺钉	木螺钉	自攻螺钉		
M6	M4～M6	≥4	ST3.9～ST4.8	≥85	2.45～8.5

3. 电动自攻螺丝刀（JB/T 5354）

用途：用于拧紧或拆卸机器上的自攻螺钉。

电动自攻螺丝刀的型号规格见表 4-76。

表 4-76　　　　　电动自攻螺丝刀的型号规格

型号	规格（mm）	适用自攻螺钉范围	输出功率（W）	负载转速（r/min）
P1U-5	5	ST3～ST5	≥140	≥1600
P1U-6	6	ST4～ST6	≥200	≥1500

4. 电动扳手（JB/T 5342）

电动扳手如图 4-87 所示。

用途：配用六角套筒头，用于装拆六角头螺栓及螺母。

规格：按其离合器结构分成安全离合器式（A）和冲击式（B），其型号规格见表 4-77。

图 4-87　电动扳手

表 4-77　　　　　电动扳手的型号规格

型号	规格 （mm）	适用范围 （mm）	额定电压 （V）	方头公称尺寸 （mm）	边心距 （mm）	力矩范围 （N·m）
P1B-8	8	M6～M8	220	10×10	≤26	4～15
P1B-12	12	M10～M12	220	12.5×12.5	≤36	15～60

型号	规格 （mm）	适用范围 （mm）	额定电压 （V）	方头公称尺寸 （mm）	边心距 （mm）	力矩范围 （N·m）
P1B-16	16	M14～M16	220	12.5×12.5	≤45	50～150
P1B-20	20	M18～M20	220	20×20	≤50	120～220
P1B-24	24	M22～M24	220	20×20	≤50	220～400
P1B-30	30	M27～M30	220	25×25	≤56	380～800
P1B-42	42	M36～M42	220	25×25	≤66	750～2000
P3B-42	42	M27～M42	380	25.4×25.4	≤66	750～2000

注 电动扳手的规格是指拆装六角头螺栓、螺母的最大螺纹直径。

5. 电动胀管机

电动胀管机如图 4-88 所示。

图 4-88 电动胀管机

用途：用于锅炉、热交换器等压力容器坚固管子和管板。

电动胀管机的型号规格见表 4-78。

表 4-78 　　　　　　　　电动胀管机的型号规格

型号	钢管内径适用 范围（mm）	额定电压 （V）	主轴额定转矩 （N·m）	主轴额定转速 （r/min）	质量 （kg）
P3Z2-13	8～13	380	5.6	500	13
P3Z2-19	13～19	380	9	310	13
P3Z2-25	19～25	380	17	240	13
P3Z-38	25～38	380	39	180	9.2
P3Z2-51	38～51	380	45	90	13
P3Z-51	38～51	380	140	72	14.5
P3Z-76	51～76	380	200	42	14.5

6. 微型永磁直流旋具（JB/T 2703）

微型永磁直流旋具如图 4-89 所示。

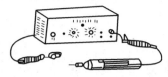

图 4-89　微型永磁直流旋具

用途：用于拧紧或拆卸 2mm 及以下的机螺钉和自攻螺钉，适用手表、无线电、仪器仪表、电器、电子、照相机、电视机等行业。

规格：微型永磁直流旋具的型号规格见表 4-79。

表 4-79　　　　　微型永磁直流旋具的型号规格

型号	规格 （mm）	最大拧紧螺钉 规格 （mm）	额定转矩 （N·m）	额定转速 （r/min）	调速范围 （r/min）	质量 （kg）
POL-1	1	M1	≥0.011	≥800	300～800	2
POL-2	2	M2	≥0.022	≥320	150～320	2

7. 电动拉铆枪

电动拉铆枪如图 4-90 所示。

用途：用于各种结构件的铆接，尤其适用于对封闭结构、盲孔的铆接。

规格：电动拉铆枪型号规格见表 4-80。

图 4-90　电动拉铆枪

表 4-80　　　　　电动拉铆枪的型号规格

型　号	最大拉铆钉 （mm）	额定电压 （V）	额定电流 （A）	输入功率 （W）	最大拉力 （kN）
P1M-5	φ5	220	1.4	280～350	7.5～8.0

（三）砂磨类电动工具

1. 平板砂光机（JB/T 22675）

平板砂光机如图 4-91 所示。

用途：用于金属构件和木制品及建筑装潢等表平面的砂磨、抛

图 4-91 平板砂光机

光除锈，也可用作清除涂料。

规格：平板砂光机型号规格见表 4-81。

表 4-81 平板砂光机的型号规格

规格（mm）	最小额定功率（W）	空载摆动次数（次/min）≥
90	100	
100	100	
125	120	
140	140	
150	160	
180	180	10 000
200	200	
250	250	
300	300	
350	350	

2. 盘式砂光机

盘式砂光机如图 4-92 所示。

用途：用于金属构件和木制表面的砂磨、抛光或除锈，也可用于清除工件表面涂料、涂层。

图 4-92 盘式砂光机

规格：盘式砂光机型号规格见表 4-82。

表 4-82　　　　　　　盘式砂光机的型号规格

型号	砂盘直径(mm)	额定电压(V)	输入功率(W)	转速(r/min)	质量(kg)
SIA-180	180	220	570	4000	2.3

3. 电动角向磨光机（GB/T 7442）

用途：用于锻件、铸件、焊件等金属机件的砂磨、修磨或切割；焊接前开坡口以及清理工件飞边、毛刺、除锈或进行其他砂光作业；配用金刚石切割片，可切割非金属材料，如砖、石等。

规格：电动角向磨光机型号规格见表 4-83。

表 4-83　　　　　　　电动角向磨光机的型号规格

型号	砂轮外径×孔径 (mm)	类型	额定输出功率 (W)	最高空载转速 (r/min)	质量 (kg)
S1M-100A S1M-100B	100×16	A B	≥200 ≥250	15 000	1.6
S1M-115A S1M-115B	115×16 或 115×22	A B	≥250 ≥320	13 200	1.9
S1M-125A S1M-125B	125×22	A B	≥320 ≥400	12 200	3
S1M-150A	150×22	A	≥500	10 000	4
S1M-180C S1M-180A S1M-180B	180×22	C A B	≥710 ≥1000 ≥1250	8480	5.7
S1M-230A S1M-230B	230×22	A B	≥1000 ≥1250	6600	6

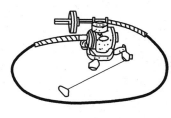

图 4-93　软轴砂轮机

4. 软轴砂轮机

软轴砂轮机如图 4-93 所示。

用途：用于对大型笨重及不易搬动的机件或铸件进行磨削，去除毛刺，清理飞边。

规格：软轴砂轮机的型号规格见表 4-84。

表 4-84   软轴砂轮机的型号规格

型号	砂轮外径×厚度×孔径 (mm×mm×mm)	功率 (W)	转速 (r/min)	软轴(mm) 直径	软轴(mm) 长度	质量 (kg)
M3415	150×20×32	1000	2820	13	2500	45
M3420	200×25×32	1500	2850	16	3000	50

5.手持式直向砂轮机（JB/T 22682）

手持式直向砂轮机如图 4-94 所示。

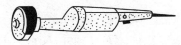

图 4-94　手持式直向砂轮机

用途：配用平形砂轮，以其圆周面对大型不易搬动的钢铁件、铸件进行磨削加工，清理飞边、毛刺和金属焊缝、割口。换上抛轮，可用于抛光、除锈等。

规格：手持式直向砂轮机的型号规格见表 4-85。

表 4-85   手持式直向砂轮机的型号规格

型号	砂轮外径× 厚度×孔径 (mm)	额定输出功率 (W)	额定转矩 (N·m)	最高空载转速 (r/min)	许用砂轮 安全线速 度(m/s)
交直流两用、单相串激及三相中频手持式砂轮机					
S1S-80A	φ80×20×20(13)	≥200	≥0.36	≤11 900	
S1S-80B		≥280	≥0.40		
S1S-100A	φ100×20×20	≥300	≥0.50	≤9500	
S1S-100B		≥350	≥0.60		
S1S-125A	φ125×20×20	≥380	≥0.80	≤7600	≥50
S1S-125B		≥500	≥1.10		
S1S-150A	φ150×20×32	≥520	≥1.35	≤6300	
S1S-150B		≥750	≥2.00		
S1S-175A	φ175×20×32	≥800	≥2.40	≤5400	
S1S-175B		≥1000	≥3.15		

6. 模具电磨（JB/T 8643）

模具电磨如图 4-95 所示。

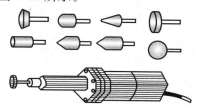

图 4-95　模具电磨

用途：配用安全线速度不低于 35m/s 的各种型式的磨头或各种成型铣刀，对金属表面进行磨削或铣切。特别适用于金属模、压铸模及塑料模中复杂零件和型腔的磨削，是以磨代粗刮的工具。

模具电磨的型号规格见表 4-86。

表 4-86　　　　　　　模具电磨的型号规格

型　号	磨头尺寸 （mm）	额定输出 功率（W）	额定转矩 （N·m）	最高空载转速 （r/min）	质量 （kg）
S1J-10	φ10×16	≥40	≥0.022	≤47 000	0.6
S1J-25	φ25×32	≥110	≥0.08	≤26 700	1.3
S1J-30	φ30×32	≥150	≥0.12	≤22 200	1.9

7. 台式砂轮机（JB/T 4143）

台式砂轮机如图 4-96 所示。

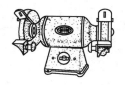

用途：固定在工作台上，用于修磨刀具、刃具，也可对小型机件和铸件的表面进行去刺、磨光、除锈等。

图 4-96　台式砂轮机

台式砂轮机的型号规格见表 4-87。

表 4-87　　　　　　　台式砂轮机的型号规格

型号	砂轮外径×厚度×孔径 （mm×mm×mm）	输入功率 （W）	额定电压 （N）	转速 （r/min）	质量 （kg）
MD3215	150×20×32	250	220	2800	18
MD3220	200×25×32	500	220	2800	35

型号	砂轮外径×厚度×孔径 （mm×mm×mm）	输入功率 （W）	额定电压 （N）	转速 （r/min）	质量 （kg）
M3215	150×20×32	250	380	2800	18
M3220	200×25×32	500	380	2850	35
M3225	250×25×32	750	380	2850	40

8. 电磨头 （JB/T 8643）

电磨头如图 4-97 所示。

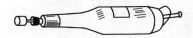

图 4-97　电磨头

用途：用于对金属模、压铸模及塑料模中的复杂零件和型腔进行磨削，是以磨代粗刮的工具。也可配用各种磨头或各种成型铣刀，对金属件进行磨削或铣削。配用各种磨头时的安全线速不低于 35m/s。

电磨头的型号规格见表 4-88。

表 4-88　　　　　　　　电磨头的型号规格

型　　号	S1J-10	S1J-25	S1J-30
最大磨头直径×长度（mm×mm）	10×16	25×32	30×32
额定输出功率（W）　≥	40	110	150
额定转矩（N·m）　≥	0.022	0.08	0.12
空载转速（最大）（r/min）	47 000	26 700	22 200
电源电压/频率	220V/50Hz		
质量（kg）	0.6	1.3	1.9

9. 砂带磨光机

砂带磨光机如图 4-98 所示。

用途：用于砂磨地板、木板，清除涂料，金属表面除锈，磨斧

图 4-98　砂带磨光机

头等。

砂带磨光机的型号规格见表 4-89。

表 4-89　　　　　　　　**砂带磨光机的型号规格**

型 式	2M5415 （台式）	手持式 （进口产品）	手持式 （进口产品）
砂带的宽度×长度(mm×mm)	150×1200	110×620	76×533
砂带速度(m/min)	640	350/300(双速)	450/360(双速)
输入功率(W)	750	950	
质量(kg)	60	7.3	4.4
电源电压/频率	380V/50Hz	220V/50Hz	

10. 多功能抛砂磨机

多功能抛砂磨机如图 4-99 所示。

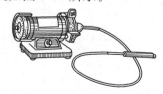

图 4-99　多功能抛砂磨机

　　用途：其主体为微型台式砂轮机，在外伸轴端配有软轴，软轴端有夹头可夹持各种异型砂轮、磨头、抛光轮或铣刀。用于对金属件修磨、清理，对各种小型零件抛光、除锈及对木制品进行雕刻等。

多功能抛砂磨机的型号规格见表4-90。

表4-90　　　　　　多功能抛砂磨机的型号规格

型　号	M(E)R3208	安全线速(m/s)	60
电源电压/频率	220V/50Hz	空载转速(r/min)	12 000
质量(kg)	3.4	输出功率侧	120
砂(抛)轮直径×孔径×厚度		75mm×10mm×20mm	

11. 电动抛光机（JB/T 6090）

电动抛光机如图4-100所示。

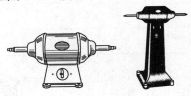

图4-100　电动抛光机

用途：用布、毡等抛光轮对各种材料制件的表面进行抛光。

电动抛光机的型号规格见表4-91。

表4-91　　　　　　电动抛光机的型号规格

抛光轮外径(mm)	200	300	400
电动机额定功率(kW)	0.75	1.5	3
电动机同步转速(r/min)	3000		1500
电源电压/频率	380V/50Hz		

（四）林业类电动工具

1. 电刨（JB/T 7843）

电刨如图4-101所示。

用途：适合刨削各种木材平面、倒棱

图4-101　电刨

和裁口。广泛用于各种装修及移动性强的工作场所。

电刨的型号规格见表4-92。

表 4-92 电刨的型号

型号	刨削宽度 （mm）	刨削深度 （mm）	额定输出功率 （W）	额定转矩 （N·m）	质量 （kg）
M1B-60/1	60	1	≥180	≥0.16	2.2
M1B-80/1	80	1	≥250	≥0.22	2.5
M1B-80/2	80	2	≥320	≥0.30	4.2
M1B-80/3	80	3	≥370	≥0.35	5
M1B-90/2	90	2	≥370	≥0.35	5.3
M1B-90/3	90	3	≥420	≥0.42	5.3
M1B-100/2	100	2	≥420	≥0.42	4.2

2. 电动曲线锯（GB/T 22680）

电动曲线锯如图 4-102 所示。

用途：用于直线或曲线锯割木材、金属、塑料、皮革等各种形状的板材。装上锋利的刀片，还可以裁切橡皮、皮革、纤维织物、泡沫塑料、纸板等。

电动曲线锯的型号规格见表 4-93。

图 4-102 电动曲线锯

表 4-93 电动曲线锯的型号规格

型 号	锯割厚度（mm）		电动机额定输出 功率（mm）	工作轴每分钟额定 往复次数	往复行程 （mm）
	硬木	钢板①			
M1Q-40	40	3	≥140	≥1600	18
M1Q-55	55	6	≥200	≥1500	18
M1Q-65	65	8	≥270	≥1400	18
M1Q-80	75	10	≥420	≥1200	18

① 抗拉强度 300MPa。

3. 电圆锯（GB/T 22761）

电圆锯如图 4-103 所示。

用途：用于锯割木材、纤维板、塑料以及其他类似材料。

电圆锯的型号规格见表 4-94。

表 4-94　　　　　　　　　电圆锯的型号规格

型　号	规格 （mm）	额定输出功率 （W）	额定转矩 （N·m）	最大锯割深度 （mm）	最大调节角度
M1Y-160	160×30	≥550	≥1.70	≥55	≥45°
M1Y-180	185×30	≥600	≥1.90	≥60	≥45°
M1Y-200	200×30	≥700	≥2.30	≥65	≥45°
M1Y-250	235×30	≥850	≥3.00	≥84	≥45°
M1Y-315	270×30	≥1000	≥4.20	≥98	≥45°

注　规格指可使用的最大锯片外径×孔径。

4. 电动木工凿眼机

电动木工凿眼机如图 4-104 所示。

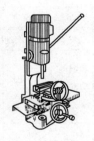

图 4-103　电圆锯　　　　图 4-104　电动木工凿眼机

用途：配用方眼钻头，用于在木质工件上凿方眼，去掉方眼钻头的方壳后也可钻圆孔。

电动木工凿眼机的型号规格见表 4-95。

表 4-95　　　　　　　电动木工凿眼机的型号规格

型号	凿眼宽度 （mm）	凿孔深度 （mm）	夹持工件尺寸 （mm）≤	电动机功率 （W）	质量 （kg）
ZMK-16	8～16	≤100	100×100	550	74

5. 手持式木工电钻

手持式木工电钻如图 4-105 所示。

图 4-105　手持式木工电钻

用途：用于在木质工件及大型木构件上钻削大直径孔、深孔。

手持式木工电钻的型号规格见表 4-96。

表 4-96　　　　　　　　手持式木工电钻的型号规格

型号	钻孔直径 (mm)	钻孔深度 (mm)	钻轴转速 (r/min)	额定电压 (V)	输出功率 (W)	质量 (kg)
M2Z-26	≤26	800	480	380	600	10.5

类型代号	手把类型	型号	电动机基本参数							锯切机构参数			电锯质量(不含导板、锯链) (kg)
			额定功率 (kW)	转速 (r/min)	电压 (V)	频率 (Hz)	功率因数	效率 (%)	最大转矩与额定转矩之比	导板有效长度 (mm)	锯链节距 (mm)	链速 (m/s)	
A	高矮把	DJ-40	4.0	2000	220	400	>0.8	>70	>2.6	400～700	10.26	10～15	<9.75
		DJ-37	3.7										
B		DJ-30	3.0	2000	220	400 或 200	>0.8	>70	>2.6	300～500	10.26	10～15	<9.25
		DJ-32	2.2								9.52		
		DJ-18	1.8										
		DJ-15	1.5								(15)	(5.5)	
C	矮把	DJ-11	1.1	3000	380 或 220	50	>0.8	>70	1.8～2.2	300～400	9.52 8.25 6.35	15～22	<10.25
		DJ-10	(1.0)										

注　括号中参数为暂保留参数。

（五）其他类电动工具

1. 电动锤钻

电动锤钻如图 4-106 所示。

用途：电动锤钻具有两种运动功能：①当冲击带旋转时，配用电锤钻头，可在混凝土、岩石、砖墙等脆性材料上进行钻孔、开槽、凿毛等作业；②当有旋转而无冲击时，配用麻花钻头或机用木工钻头，可对金属等韧性材料及塑料、木材等进行钻孔作业。

规格，电动锤钻的型号规格见表 4-97。

表 4-97　　　　　　　　电动锤钻的型号规格

型号	钻孔范围（mm）		工作转速（r/min）	每分钟冲击次数	额定输入功率（W）	质量（kg）
	混凝土	钢板				
Z1A-14	8～14	3～8	770	3500	380	3.2

2. 冲击电钻（GB/T 22676）

冲击电钻如图 4-107 所示。

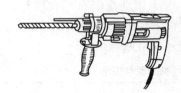

图 4-106　电动锤钻　　　　图 4-107　冲击电钻

用途：冲击电钻具有两种运动形式。当调节至第一旋转状态时，配用麻花钻头，与电钻一样，适用于在金属、木材、塑料等材料上钻孔；当调节至旋转带冲击状态时，配用硬质合金冲击钻头，适用于在砖石、轻质混凝土、陶瓷等脆性材料上钻孔。

规格：冲击电钻的型号规格见表 4-98。

表 4-98　　　　　　　　冲击电钻的型号规格

规格（mm）	额定输出功率（W）≥	额定转矩（N·m）≥	每分钟额定冲击次数（次/min）≥
10	220	1.2	46 400

规格 （mm）	额定输出功率 （W）≥	额定转矩 （N·m）≥	每分钟额定冲击 次数（次/min）≥
13	280	1.7	43 200
16	350	2.1	41 600
20	430	2.8	38 400

3. 电动石材切割机（GB/T 22664）

电动石材切割机如图 4-108 所示。

图 4-108　电动石材切割机

用途：配用金刚石切割片，用于切割花岗石、大理石、云石、瓷砖等脆性材料。

规格：电动石材切割机的型号规格见表 4-99。

表 4-99　　　　　　　　电动石材切割机的型号规格

规格	切割片尺寸 （mm×mm） 外径×内径	额定输出 功率（W）	额定转矩 （N·m）	最大切割深度 （mm）	质量 （kg）
110C	110×20	≥200	≥0.3	≥20	2.6
110	110×20	≥450	≥0.5	≥30	2.7
125	125×20	≥450	≥0.7	≥40	3.2
150	150×20	≥550	≥1.0	≥50	3.3
180	185×25	≥550	≥1.6	≥60	6.8
200	200×25	≥650	≥2.0	≥70	9.0

4. 电锤（GB/T 7443）

电锤如图 4-109 所示。

图 4-109　电锤

用途：用于对混凝土、岩石、砖墙等脆性材料上钻孔、开槽、凿毛等作业。

规格：电锤的型号规格见表 4-100。

表 4-100　　　　　　　　　电锤的型号规格

型号	Z1C-16	Z1C-18	Z1C-20	Z1C-22	Z1C-26	Z1C-32	Z1C-38	Z1C-50
电锤规格（mm）	16	18	20	22	26	32	38	50
钻削率（cm³/min）≥	15	18	21	24	30	40	50	70
脱扣力矩（N·m）≤	35	35	35	45	45	50	50	50
质量（kg）	3	3.1	—	4.2	4.4	6.4	7.4	—

注　电锤规格指在 300 号混凝土（抗压强度 30～35MPa）上作业时的最大钻孔直径。

5. 移动式电动管道清理机

移动式电动管道清理机如图 4-110 所示。

图 4-110　移动式电动管道清理机

用途：配用各种切削刀，用于清理管道污垢，疏通管道淤塞。

规格：移动式电动管道清理机的型号规格见表 4-101。

表 4-101　　　　　　移动式电动管道清理机的型号规格

型号	清理管道直径 （mm）	清理管道长度 （m）	额定电压 （V）	电机功率 （W）	清理最高转速 （r/min）
Z-50	12.7～50	12	220	185	400
Z-500	50～250	16	220	750	400

型号	清理管道直径 (mm)	清理管道长度 (m)	额定电压 (V)	电机功率 (W)	清理最高转速 (r/min)
GQ-75	20~100	30	220	180	400
GQ-100	20~100	30	220	180	380
GQ-200	38~200	50	200	180	700

6. 电喷枪（GB/T 14469）

电喷枪如图 4-111 所示。

用途：主要用于喷漆、喷射药水、防霉剂、除虫剂、杀菌剂等低、中黏度的液体。

规格：电喷枪的型号规格见表 4-102。

表 4-102　　　　　　　　　电喷枪的型号规格

型号	Q1P-50	Q1P-100	Q1P-150	Q1P-260	Q1P-320
额定流量(mL/min)	50	100	150	260	320
额定最大输入功率(W)	25	40	60	80	100
额定电压/频率	220V/50Hz				
密封泵压(MPa)	>10				

7. 电动套丝机（JB/T 5334）

电动套丝机如图 4-112 所示。

图 4-111　电喷枪　　　图 4-112　电动套丝机

用途：用于在钢、铸铁、铜、铝合金等管材上铰制圆锥或圆柱管螺纹、切断钢管、管子内口倒角等作业，为多功能电动工具，适用于水暖、建筑等行业流动性大的管道现场施工中。

规格：电动套丝机的型号规格见表4-103。

表4-103　　　　　　　　电动套丝机的型号规格

型号	规格（mm）	套制圆锥外螺纹范围（尺寸代号）	电动机额定功率（W）	主轴额定转速（r/min）
Z1T-50	50	$\frac{1}{2} \sim 2$	≥600	≥16
Z1T-80	80	$\frac{1}{2} \sim 3$	≥750	≥10
ZIT-100	100	$\frac{1}{2} \sim 4$	≥750	≥8
Z1T-150	150	$2\frac{1}{2} \sim 4$	≥750	≥5

五、气动与液压工具

（一）气动工具

1. 气动铆钉机

气动铆钉机有直柄式、枪柄式、弯柄式、环柄式4种，如图4-113所示。

用途：用于建筑、航空、车辆、造船和电信器材等行业的金属结构件上铆接钢铆钉（如20钢）或硬铝铆钉（如LY10硬铝）。

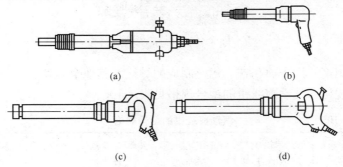

(a)

(b)

(c)

(d)

图4-113　气动铆钉机

（a）直柄式；（b）枪柄式；（c）弯柄式；（d）环柄式

规格：气动铆钉机的规格见表 4-104。

表 4-104   气动铆钉机的规格

铆钉直径（mm）		冲击能	冲击频率	耗气量	缸径	气管内径	机重
冷铆硬铝 LY10	热铆钢 20	（J）≥	（Hz）≥	（L/s）≤	（mm）	（mm）	（kg）
4	—	2.9	35	6.0	14	10	1.2
5	—	4.3	24	7.0			1.5
		4.3	28	7.0	18	13	1.8
6	—	9.0	13	9.0			2.3
		9.0	20	10	22		2.5
8	12	16	15	12			4.5
—	16	22	20	18	27	16	7.5
	19	26	18	18			8.5
	22	32	15	19			9.5
	28	40	14	19			10.5
	36	60	10	22	30		13.0

2. 气动剪线钳

气动剪线钳如图 4-114 所示。

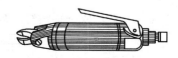

图 4-114　气动剪线钳

用途：用于剪切铜、铝丝制成的导线及其他金属丝。

规格：气动剪线钳的型号规格见表 4-105。

表 4-105   气动剪线钳的型号规格

型号	剪切铜丝直径（mm）	工作气压（MPa）	外形尺寸（直径×长度）（mm×mm）	质量（kg）
XQ2	2	0.49	32×150	0.22
XQ3	1.2	0.63	29×120	0.17

3. 气动冷压接钳

气动冷压接钳如图 4-115 所示。

用途：气动冷压接钳用于冷压连接导线与接线端子。

规格：气动冷压接钳的型号规格见表 4-106。

表 4-106   **气动冷压接钳的型号规格**

型号	缸体直径 （mm）≤	气管内径 （mm）	质量（kg）	钳口尺寸 （mm）	工作气压 （MPa）
XCD2	60	10	2.2	0.5～10	0.63

4. 手持式气动切割机

手持式气动切割机如图 4-116 所示。

 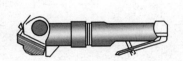

图 4-115   气动冷压接钳   图 4-116   手持式气动切割机

用途：手持式气动切割机用于切割钢、铝合金、木材、塑料、瓷砖、玻璃纤维等材料。

手持式气动切割机的型号规格见表 4-107。

表 4-107   **手持式气动切割机的型号规格**

锯片（mm）	转速（r/min）	切割材料	质量（kg）
50	620	厚 1.2mm 以下中碳钢、铝合金、铜	1.0
	3500	塑钢、塑料、木材	
	7000	钢、玻璃纤维、陶瓷	

5. 气钻（JB/T 9847）

气钻有直柄式、枪柄式、侧柄式三种，如图 4-117 所示。

用途：用于对金属、木材、塑料等材质的工件钻孔。

规格：气钻的规格见表 4-108。

图 4-117　气钻

（a）直柄式；（b）枪柄式；（c）侧柄式

表 4-108　　　　　　　　气钻的规格

产品系列 （mm）	功率 （kW）≥	空转转速 （r/min）≥	耗气量 （L/s）≤	气管内径 （mm）	机　重 （kg）≤
6	0.2	900	44	10	0.9
8		700			1.3
10	0.29	600	36	12.5	1.7
13		400			2.6
16	0.66	360	35		6
22	1.07	260	33	16	9
32	1.24	180	27		13
50	2.87	110	26	20	23
80		70			35

注　1. 验收气压为 0.63MPa。

　　2. 噪声空运转下测量。

　　3. 机重不包括钻卡；角式气钻质量可增加 25%。

6. 气剪刀

气剪刀如图 4-118 所示。

用途：用于机械、电器等各行业剪切金属薄板，可以剪裁直线或曲线零件。

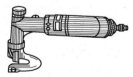

图 4-118　气剪刀

规格：气剪刀的规格见表 4-109。

表 4-109　　　　　　　　　　**气剪刀的规格**

型号	工作气压 （MPa）	剪切厚度 （mm）	剪切频率 （Hz）	气管内径 （mm）	质量 （kg）
JD2	0.63	≤2.0	30	10	1.6
JD3	0.63	≤2.5	30	10	1.5

注　剪切厚度指标系指剪切退火低碳钢板。

7. 气动攻丝机

气动攻丝机的类型如图 4-119 所示。

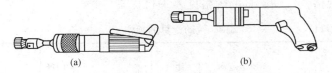

图 4-119　气动攻丝机

（a）直柄式；（b）枪柄式

用途：用于在工件上攻内螺纹孔。适用于汽车、车辆、船舶、飞机等大型机械制造及维修业。

规格：气动攻丝机的规格见表 4-110。

表 4-110　　　　　　　　　　**气动攻丝机的规格**

型号	攻丝直径 （mm）≤		空载转速 （r/min）		功率 （W）	质量 （kg）	结构 型式
	铝	钢	正转	反转			
2G8-2	M8	—	300	300	—	1.5	枪柄
GS6Z10	M6	M5	1000	1000	170	1.1	直柄
GS6Q10	M6	M5	1000	1000	170	1.2	枪柄
GS8Z09	M8	M6	900	1800	190	1.55	直柄
GS8Q09	M8	M6	900	1800	190	1.7	枪柄
GS10Z06	M10	M8	550	1100	190	1.55	直柄
GS10Q06	M10	M8	550	1100	190	1.7	枪柄

8. 气动旋具（JB/T 5129）

气动旋具有直柄和枪柄两种，如图 4-120 所示。

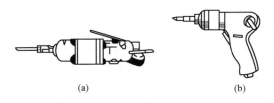

图 4-120　气动旋具

(a) 直柄；(b) 枪柄

用途：用于在各种机械制造与修理工作中旋紧和拆卸螺钉，尤其适用于连续装配生产线。

规格：气动旋具的规格见表 4-111。

表 4-111　　　　　　　　气动旋具的规格

产品系列	拧紧螺纹规格（mm）	扭矩范围（N·m）	最大空转耗气（L/s）≤	空转转速（r/min）≥	气管内径（mm）	最大机重（kg）	
						直柄式	枪柄式
2	M1.6～M2	0.128～0.264	4.00	1000	6.3	0.50	0.55
3	M2～M3	0.264～0.935	5.00			0.70	0.77
4	M3～M4	0.935～2.300	7.00			0.80	0.88
5	M4～M5	2.300～4.200	8.50	800		1.00	1.10
6	M5～M6	4.200～7.220	10.50	600			

9. 气动射钉枪

气动射钉枪有圆盘式、圆头钉式、码钉式、T 型钉式四种，如图 4-121 所示。

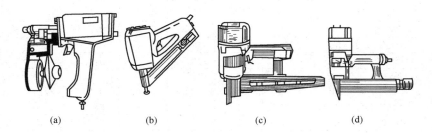

(a)　　　　　(b)　　　　　(c)　　　　　(d)

图 4-121　气动射钉枪

(a) 圆盘式；(b) 圆头钉式；(c) 码钉式；(d) T 型钉式

用途：气动圆盘、圆头钉式均适用于将射钉钉于混凝土、砌砖体、岩石和钢铁上以及紧固建造构件、水电线路和某些金属结构件等；气动码钉、T 型钉式可把口形钉射在建筑构件、包装箱上，或将 T 型钉射钉在被紧固物上。

规格：气动射钉枪的规格见表 4-112。

表 4-112　　　　　　　气动射钉枪的规格

种类	空气压力 （MPa）	射钉频率 （枚/s）	盛钉容量 （枚）	质量 （kg）
气动圆盘射钉枪	0.4～0.7	4	385	2.5
	0.45～0.75	4	300	3.7
	0.4～0.7	4	285/300	3.2
	0.4～0.7	3	300/250	3.5
气动圆头钉射钉枪	0.45～0.7	3	64/70	5.5
	0.4～0.7	3	64/70	3.6
气动码钉射钉枪	0.4～0.7	6	110	1.2
	0.45～0.85	5	165	2.8
气动 T 型钉射钉枪	0.4～0.7	4	120/104	3.2

10. 气动压铆机

气动压铆机如图 4-122 所示。

用途：用于压铆接宽度较小的工件或大型工件的边缘部位。

规格：气动压铆机的规格见表 4-113。

表 4-113　　　　　　　气动压铆机的规格

型号	铆钉直径（mm）	最大压铆力（kN）	工作气压（MPa）	机重（kg）
MY5	5	40	0.49	3.3

11. 气动砂光机

气动砂光机如图 4-123 所示。

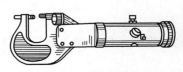

图 4-122　气动压铆机

(a)　　　　　　(b)

图 4-123　气动砂光机

(a) MG 型；(b) 其他型号

用途：在底板上粘贴不同粒度的砂纸或抛光布，可对金属木材等表面进行砂光、抛光、除锈等。

气动砂光机的型号规格见表 4-114。

表 4-114　　　　　　气动砂光机的型号规格

型号	底板面积 （mm×mm）	功率 （kW）	空载转速 （r/min）≤	耗气量 （L/min）≤	工作气压 （MPa）	外形尺寸 （mm×mm×mm）	质量 （kg）
N3	102×204	0.15	7500	500	0.5	280×102×130	3
F66			5500			275×120×130	2.5
322	75×150	1.0	4000	400	0.4	225×75×120	1.6
MG	φ146	0.18	8500		0.49	250×70×125	1.8

12. 气动端面砂轮机

气动端面砂轮机如图 4-124 所示。

图 4-124　气动端面砂轮机

用途：配用纤维增强钹形砂轮，可用于修磨焊缝、焊接坡口及其他金属表面，切割金属薄板及小型钢材。配用钢丝轮，可用以除锈、清除旧漆层等。配用砂布轮，可砂磨金属表面。配用布轮，可抛光金属表面。

气动端面砂轮机的型号规格见表 4-115。

表 4-115　　　　　　气动端面砂轮机的型号规格

型号	SZD100		
砂轮直径（mm）	≤100	气管内径（mm）	10
空载转速（r/min）	12 000	工作气压（MPa）	0.63
耗气量（L/min）	540	质量（kg）	2

13. 定转矩气扳机

用途：适用于对拧紧力矩有较高精度要求的六角头螺栓（母）的装配作业。

规格：定转矩气扳机的型号规格见表 4-116。

表 4-116　　　　定转矩气扳机的型号规格

型号	适用螺纹 (mm)≤	转矩 (N·m)	质量 (kg)	外形尺寸 (mm)	A声级 噪声 (dB)≤	工作 气压 (MPa)	空载 转速 (r/min)	空载耗 气量 (L/min)
ZB10K	M10	70×150	2.6	197×220×55	92	0.63	7000	900

14. 冲击式气扳机（JB/T 8411）

冲击式气扳机的型号规格见表 4-117。

表 4-117　　　　冲击式气扳机的型号规格

产品 系列	拧紧螺纹 范围 (mm)	最小拧紧 力矩 (N·m)	最大拧紧 时间 (s)	A声级噪声 (dB)≤	最大负荷 耗气量 (L/s)	最小空 载转速 (r/min)
6	5～6	20			10	8000、3000
10	8～10	70		113	16	6500、2500
14	12～14	150	2			6000、1500
16	14～16	196			18	5000、1400
20	18～20	496			30	500、1000
24	22～24	735	3	118		4800
30	24～30	882			40	4800、800
36	32～36	1350	5		25	—
42	38～42	1960			50	2800
56	45～56	6370	10		60	
76	58～76	14700	20	123	75	
100	78～100	34300	30		90	

15. 高速气扳机（见图 4-125）

用途：适用于拆装大型六角头螺栓（母），具有转矩大、反转

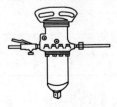

图 4-125　高速气板机

矩小、体积小等优点。

规格：高速气扳机的型号规格见表 4-118。

表 4-118　　　　　　　高速气扳机的型号规格

型号	适用螺栓直径 (mm)≤	全长 (mm)	边心距 (mm)	气管内径 (mm)	质量 (kg)	转矩 (N·m)	工作气压 (MPa)	空载转速 (L/min)	耗气量 (L/s)
BG110	M100	688	105	25	60	36 400	0.49～0.63	4500	116

16. 直柄式气动砂轮机（JB/T 7172）

直柄式气动砂轮机如图 4-126 所示。

图 4-126　直柄式气动砂轮机

用途：配用砂轮，用于修磨铸件的浇冒口、大型机件、模具及焊缝。如配用布轮，可进行抛光；配用钢丝轮，可清除金属表面铁锈及旧漆层。

规格：直柄式气动砂轮机的规格见表 4-119。

表 4-119　　　　　　　直柄式气动砂轮机的规格

产品系列 (mm)	工作气压 (MPa)	空载转速 (r/min)≤	主轴功率 (kW)≥	耗气量 (L/s)≤	气管内径 (mm)	机重 (kg)
40	0.63	17 500	—	—	6	1.0
50	0.63	17 500	—	—	10	1.2
60	0.63	16 000	0.36	13.1	13	2.1
80	0.63	12 000	0.44	16.3		3.0
100	0.63	9500	0.73	27.0	16	4.2
150	0.63	6600	1.14	37.5		6

17. 端面气动砂轮机（JB/T 5128）

端面气动砂轮机如图 4-127 所示。

用途：配用纤维增强铙形砂轮，用于修磨焊接坡口、焊缝及其他金属表面，切割金属薄板及小型钢。如配用钢丝轮，可进行除锈及清除旧漆层；配用布轮，可进行金属表面抛光；配用砂布轮，可进行金属表面砂光。

图 4-127　端面气动砂轮机

规格：立式端面气动砂轮机的规格见表 4-120。

表 4-120　　　　　　立式端面气动砂轮机的规格

型号	配装砂轮直径(mm)	空载转速(r/min)≤	功率(kW)≥	空载耗气量[L/(s·kW)]	空转噪声[dB(A)]	气管内径(mm)	质量(kg)≤
100	100	—	13 000	0.5	≤50	≤102	13	2
125	125	100	11 000	0.6	≤48	≤102	13	2.5
150	150	100	10 000	0.7	≤48	≤106	16	3.5
180	180	150	7500	1.0	≤46	≤113	16	4.5
200	203	150	7000	1.5	≤44	≤113	16	4.5

18. 气镐（JB/T 9848）

气镐如图 4-128 所示。

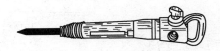

图 4-128　气镐

用途：用于软岩石开凿、煤炭开采、混凝土破碎、冻土与冰层破碎、机械设备中销钉的装卸等。

规格：气镐基本参数见表 4-121。

表 4-121　　　　　　气镐基本参数

规格	质量(kg)	冲击能量(J)≥	工作气压(MPa)	耗气量(L/s)≤	冲击频率(Hz)≥	噪声(声功率级)[db(A)]≤	气管内径(mm)	镐钎尾柄直径(mm)
8	8	30		20	18	116	16	25×75
10	10	43	0.63	26	16	118	16	25×75
20	20	55		28	16	120	16	30×87

19. 气铲（JB/T 9412）

分类：按手柄型分为直柄式气铲、弯柄式气铲和环柄式气铲。其基本参数见表 4-122。

表 4-122　　　　　　　　　　气铲的基本参数

规格	质量① (kg)	验收气压 0.63MPa				气管内径 (mm)	镐钎尾柄 (mm)
		冲击能量 (J)	耗气量 (L/s)≤	冲击频率 (Hz)≥	噪声 [dB(A)]≤		
2	2	2	7	50	103	10	$\phi10\times44$
		0.7		65			$\phi12\times45$
3	3	5	9	50			$\phi17\times48$
5	5	8	19	35	116	13	$\phi17\times60$
6	6	14	15	20			
		15	21	32	120		
7	7	17	16	13	116		

① 机重应在指标值的±10%之内。

20. 气动吹尘枪

气动吹尘枪如图 4-129 所示。

图 4-129　气动吹尘枪

用途：用于清除零件内腔及内外表面上的污物、切屑。还可清理工作台及机床导轨等。尤其对边角、缝隙等半封闭部位的清理更为适用。

规格：气动吹尘枪的型号规格见表 4-123。

表 4-123　　　　　　　　　　气动吹尘枪的型号规格

型　　号	工作气压 (MPa)	耗气量 (L/s)	气管内径 (mm)	质　　量 (kg)
CC	0.2~0.49	3.7	—	0.19
TCQ2	0.63	8	10	0.15

21. 气动充气枪

气动充气枪如图 4-130 所示。

图 4-130　气动充气枪

用途：对汽车、拖拉机轮胎、橡皮艇、救生圈等充入压缩空气用。手柄上有测定充气压力的压力表。

规格：气动充气枪的型号规格见表 4-124。

表 **4-124**　　　　　　**气动充气枪的型号规格**

型　　号	工作气压（MPa）	质量（kg）	外形尺寸（mm×mm）
CQ	0.4～0.8	0.15	28×168

22. 气动泵

气动泵如图 4-131 所示。

用途：用于排除污水、积水、污油等。特别适用于易燃、易爆的工作环境。

气动泵的型号规格见表 4-125。

图 4-131　气动泵

表 **4-125**　　　　　　**气动泵的型号规格**

型号	扬程（m）≥	流量（L/min）≥	空载转速（r/min）≤	负载耗气量（L/s）	气管内径（mm）	排水螺纹（mm）	高度（mm）	工作气压（MPa）	质量（kg）
TB335A	20	335	6000	50	13	M85×4	500	0.49	17
TB335B				45			390		13

23. 气动捣固机（JB/T 9849）

气动捣固机如图 4-132 所示。

用途：用于捣固铸件砂型、混凝土、砖坯及修补炉衬等。

规格：气动捣固机基本参数见表 4-126。

图 4-132　气动捣固机

表 4-126　　　　　气动捣固机基本参数

规格	质　量 （kg） ≤	工作气压 （MPa）	耗气量 （L/s） ≥	冲击频率 （Hz） ≥	缸径 （mm）	活塞工 作行程 （mm）	气管内径 （mm）
2	3		7	18	18	55	10
			9.5	16	20	80	
4	5	0.63	10	15	22	90	
6	7		13	14	25	100	13
9	10		15	10	32	120	
18	19		19	8	38	140	

24. 高压无气喷涂机（JG/T 5018）

高压无气喷涂机如图 4-133 所示。

图 4-133　高压无气喷涂机

用途：以压缩空气为动力，高压泵把贮漆容器中的漆料吸入并增压到 14.4～21.6MPa，再由喷枪喷嘴喷出，漆料被雾化喷向工件表面。可喷涂黏度低于等于 100s（涂-4 黏度计）的各种底漆、磁漆、油性漆等。适用于对家具、车辆、机器、桥梁、大型建筑物、化工设备、汽车、船舶、飞机等进行油漆施工。

规格：高压无气喷涂设备的型号规格见表 4-127。

表 4-127	高压无气喷涂设备的型号规格
型　号	GP2A
高压泵气缸与柱塞缸的压力转换比	36：1
泵行程（mm）	≤80
喷枪移动速度（m/s）	0.3～1.2
质量（kg）	55
空气缸径（mm）	180
喷枪配 2 只喷嘴规格（mL/s）	10～40
往复速度（次/min）	25～30
喷嘴与工件距离（mm）	350～400
空气工作压力（MPa）	0.4～0.6

25. 气刻笔

气刻笔如图 4-134 所示。

图 4-134　气刻笔

用途：用于在玻璃、陶瓷、金属、塑料等材料的表面上刻字或刻线。

气刻笔的型号规格见表 4-128。

表 4-128			气刻笔的型号规格				
型号	外形尺寸 （mm×mm）	质量 （kg）	刻写深度 （mm）	A 声级噪声 （dB）≤	工作气压 （MPa）	空载频率 （Hz）	耗气量 （L/min）
ZB10K	$\phi12×145$	0.07	0.1～0.3	80	0.49	216	20

26. 多彩喷枪

多彩喷枪如图 4-135 所示。

用途：用于喷涂内墙涂料、釉料、油漆、粘合剂及密封剂等液体。换上扇形喷嘴可作向上 45°扇形喷涂天花板、顶棚等。

规格：多彩喷枪的型号规格见表 4-129。

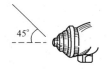

图 4-135　多彩喷枪

表 4-129　　　　　　　　多彩喷枪的型号规格

型号	贮气罐容量 (L)	出漆嘴孔径 (mm)	喷涂表面的直径或宽度 (mm)	工作气压 (MPa)	有效喷涂距离 (mm)
CD-2	1	2.5	长轴 300(椭圆形)，300(扇形)	0.4~0.5	300~400

27. 气动高压注油器

气动高压注油器如图 4-136 所示。

图 4-136　气动高压注油器

用途：以高压空气为动力，给汽车、拖拉机、石油钻井机、各种机床及动力机械等加注润滑脂（如锂基脂、钠基脂、钙基脂、一般凡士林等）。

规格：气动高压注油器的型号规格见表 4-130。

表 4-130　　　　　　　气动高压注油器的型号规格

型号	外形尺寸 (mm×mm ×mm)	质量 (kg)	行程 (mm)	往复次数 (min)	气缸直径 (mm)	输油量 (L/min)	输出压力 (MPa)	工作气压 (MPa)	压力比 (不计损失)
GZ-2	250×150 ×880	10.5	35	0~ 190	70	0~0.9	30	0.63	50∶1

28. 风动磨石子机

风动磨石子机如图 4-137 所示。

图 4-137　风动磨石子机

用途：适用于建筑部门对水磨石、大理石等建筑材料进行磨光加工。

规格：风动磨石子机的规格见表 4-131。

表 4-131 风动磨石子机的规格

型 号	工作气压（MPa）	空载气量（m³/min）	空载转速（r/min）	输出功率（W）	适用碗形砂轮（mm）	气管内径（mm）	机重（kg）
FM-150	0.5～0.6	≤1	1600	294	BW×150×50×32	10	3.5

29. 风动磨腻子机

风动磨腻子机如图 4-138 所示。

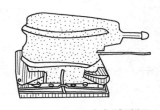

图 4-138 风动磨腻子机

用途：适用于木器、电器、车辆、仪表、机床等行业产品外表腻子、涂料的磨光作业。特别适宜于水磨作业。将绒布代替砂布则可进行抛光、打蜡等。

规格：风动磨腻子机的规格见表 4-132。

表 4-132 风动磨腻子机的规格

型 号	使用气压（MPa）	空载耗气量（m³/min）	磨削压力（N）	气管内径（mm）	体积（长×宽×高）（mm×mm×mm）	机重（kg）
NO7	0.5	0.24	20～50	8	166×110×97	0.7

30. 低压微小型活塞式空气压缩机

低压微小型活塞式空气压缩机如图 4-139 所示。

用途：空气压缩机是用于提供各种压力等级的空气以供建筑工地、桥梁道路施工、室内外装修所需的压缩空气。空气压缩机为气动工具、喷涂、喷浆、喷漆及装修用风动工具提供动力。装饰工程需用的压缩空气量较小，一般选用 $0.3～0.9\text{m}^3/\text{min}$ 的低压微小型活塞式空气压缩机。

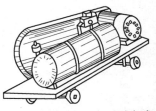

图 4-139 低压微小型活塞式空气压缩机

规格：低压微小型活塞式空气压

缩机的规格见表 4-133。

表 4-133   低压微小型活塞式空气压缩机的规格

型　号	级数/列数	排气量 （m³/min）	排气压力 （kPa）	活塞行程 （mm）	转速 （r/min）	轴功率 （kW）
2V-0.6/7	1/2	0.6	700	55	1450	4.8
2V-0.05/7	1/2	0.06	700	30	1350	0.6
2V-0.5/7	1/2	0.50	700	55	1210	4.3
2ZF-1	1/2	0.09	700	50	800	0.85
Z-0.1/10	1/1	0.10	1000	55	1000	1.0
3W-0.4/10	2/3	0.4	1000	55	1250	3.6
3W-0.6/7	1/3	0.6	700	60	860	4.5
3W-0.8/10	2/3	0.8	1000	55	1450	7.5

型　号	发动机		外形（长×宽×高）	质量（kg）
	转速（r/min）	功率		
2V-0.6/7	2920	5.5	1550×500×950	57
2V-0.05/7	1380	0.8	800×380×560	73
2V-0.5/7	2820	5.5	1220×480×900	50
2ZF-1	1400	1.1	865×315×725	86
Z-0.1/10	2800	1.5	1080×500×650	35
3W-0.4/10	2890	4	350×500×450	25
3W-0.6/7	1450	5.5	1230×640×1720	355
3W-0.8/10	2970	7.5	1050×600×780	285

（二）液压工具

1. 液压钳

液压钳如图 4-140 所示。

用途：专供压接多股铝、铜芯电缆导线的接头或封端（利用液

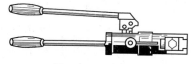

图 4-140　液压钳

压作动力）。

规格：适用导线断面积范围（mm²）：铝线 16～240，铜线 16～150；活塞最大行程（m）：17；最大作用力（kN）：100；压模规格（mm²）：16，25，35，50，70，95，120，150，185，240。

2. 液压扭矩扳手（JB/T 5557）

液压扭矩扳手如图 4-141 所示。

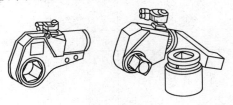

图 4-141　液压扭矩扳手

用途：适用一些大型设备的安装、检修作业，用以装拆一些大直径六角头螺栓副。其对扭紧力矩有严格要求，操作无冲击性。中空式扳手适用于操作空间狭小的场合。有多种类型和型号，在使用时须与超高压电动液压泵站配合。

规格：液压扭矩扳手的型号规格见表 4-134。

表 4-134　　　　　　　　液压扭矩扳手的型号规格

型　号	最大扭矩 （N·m）	适用螺母对边宽度 （mm）	扳手质量 （kg）
驱动轴式			
YQ34	3400	36～60	6
YQ68	6 800	55～75	10
YQ135	13 500	70～95	16
YQ270	27 000	90～115	27
YQ450	45 000	115～145	35
棘轮型			
YJ34	3400	30～75	7
YJ68	6800	41～95	10
YJ135	13 500	46～115	16
YJ270	27 000	60～145	22
YJ460	46 000	80～180	32

型 号	最大扭矩 (N·m)	适用螺母对边宽度 (mm)	扳手质量 (kg)
中空式			
YK60	6000	41～65	8
YK100	10 000	60～85	15
YK200	20 000	85～110	22
YK350	35 000	105～130	32
扁平型			
YB6	6000	55～60	
YB10	10 000	65～80	
YB20	20 000	80～105	
YB30	30 000	95～115	
YB50	50 000	110～130	
YB70	70 000	130～210	

注 1. 各种扳手均配备工作压力为 63MPa 的超高压电动液压泵站一台，功率为
　　　0.75W，采用三相异步电动机驱动，电压为 380V，频率为 50Hz，机重 25kg。
　　2. 每种型号的扳手，通常配 3 只套筒头出厂。

3. 液压弯管机（JB/T 2671.1）

液压弯管机有三脚架式和小车式，如图 4-142 所示。

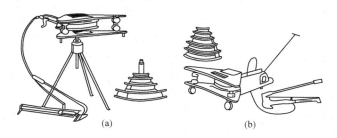

(a) (b)

图 4-142　液压弯管机

（a）三脚架式；（b）小车式

用途：用于把管子弯成一定弧度。多用于水、蒸汽、煤气、油等管路的安装和修理工作。当卸下弯管油缸时，可作分离式液压起顶机用。

规格：液压弯管机的型号规格见表 4-135。

表 4-135　　　　液压弯管机的型号规格

型号	弯曲角度（°）	管子公称通径(mm)×壁厚（mm）						外形尺寸（mm）			质量（kg）
		1.5×2.75	20×2.75	25×3.25	32×3.25	40×3.5	50×3.5				
		弯曲半径（mm）						长	宽	高	
LWG₁-10B 型三脚架式	90	130	160	200	250	290	360	642	760	860	81
LWG₂-10B 型小车式	120	65	80	100	125	145	—	642	760	255	76

注　工作压力 63MPa；最大载荷 10t；最大行程 200mm。

4.液压钢丝绳切断器

液压钢丝绳切断器如图 4-143 所示。

图 4-143　液压钢丝绳切断器

用途：切断钢丝缆绳、起吊钢丝网兜、捆扎和牵引钢丝绳索等的专用工具。

规格：液压钢丝绳切断器的型号规格见表 4-136。

表 4-136　　　　液压钢丝绳切断器的型号规格

型　号	可切钢丝绳直径（mm）	动刀片行程（mm）	油泵直径（mm）	手柄力（N）	贮油量（kg）	剪切力（kN）	外形尺寸（mm×mm×mm）（长×宽×高）	质量（kg）
YQ10-32	10～32	45	50	200	0.3	98	400×200×104	15

六、常用建筑机械

1.锥形反转出料混凝土搅拌机

锥形反转出料混凝土搅拌机如图 4-144 所示。

图 4-144　锥形反转出料混凝土搅拌机

用途：它除了能拌制塑性混凝土以外，还能拌低流动性混凝土。

规格：锥形反转出料混凝土搅拌机的规格见表 4-137。

表 4-137　　　　　　锥形反转出料混凝土搅拌机的规格

项　目	JZ-150	JZ-200	JZ-250	JZ-350
出料容量（m³）	0.15	0.20	0.25	0.35
进料容量（L）	240	300	400	560
生产率（m³/h）	4.5～6	6～7.5	7.5～10	11～13
搅拌筒转速（r/min）	18.5	18.5	16	17.5
允许骨料粒径（mm）	60	60	60	60
搅拌电动机功率（kW）	3	4	4	5.5
提升电动机功率（kW）	2.2	2.2	3	4
水泵型号	11/2WZ-9.5	11/2WZ-9.5	JZ7112	
供水方式	时间继电器	时间继电器	水箱	定量水表
料斗提升速度（m/min）	19.4	19.4	19	18
整机质量（kg）	1500	1550	2110	2500

2. 钢筋切断机

图 4-145 所示为 GQ40 型钢筋切断机。

用途：用于施工现场和混凝土预制构件厂钢筋剪切工作，是建筑施工企业的常规设备，同时也可供其他行业作为圆钢、方钢的下料使用。

图 4-145　GQ40 型钢筋切断机

规格：钢筋切断机的规格见表 4-138。

表 4-138　　　　　　　钢筋切断机的规格

项　目		Q40A	GQ40B	GQ40C(D)	GQ60
切断钢筋直径（mm）		6～40	6～40	6～40	6～60
冲切次数（次/min）		28	39	28（33）	25
电动机	型号	Y112M-4-B3	Y132S-4	Y90L-2-B3	J132M-4-B3
	功率（kW）	4	5.5	2.2	7.5
	转速（r/min）	1400	1440	2840	1440
外形尺寸	长（mm）	1485	1485	1142	1930
	宽（mm）	640	640	324	880
	高（mm）	740	740	661	1067
机重（kg）		670	650	470	1200

3. 钢筋弯曲机

钢筋弯曲机有 GW40A、B、C 等品种，如图 4-146 所示。

图 4-146　GW40 型钢筋弯曲机

用途：专供弯曲钢筋。

规格：钢筋弯曲机的规格见表4-139。

表 4-139　　　　　　　钢筋弯曲机的规格

项　目		GW40A	GW40B	GW40C
弯曲钢筋直径（mm）		6～40	6～40	6～40
工作盘直径（mm）		350	442	330
工作盘转速（r/min）		5，10	9	5，10
电动机	型号	Y100L2-4		
	功率（kW）	3		
	转速（r/min）	1420		
外形尺寸 （mm）	长	870	1052	870
	宽	760	760	760
	局	710	828	710
机重（kg）		435	450	435

七、木工工具

1. 木工绕锯（QB/T 2094.4）

木工绕锯如图4-147所示。

图 4-147　木工绕锯

用途：用于锯条狭窄，锯割灵活，适用于对竹、木工件沿圆弧或曲线的锯割。

规格：木工绕锯的规格见表4-140。

表 4-140　　　　　　　木工绕锯的规格　　　　　　　　　　mm

长　度	宽　度	厚　度	齿　距
400.00，450.00，500.00，550.00，600.00， 650.00，700.00，750.00，800.00	10.00	0.50	2.5，3.0
		0.60，0.70	3.0，4.0

2. 木工锯条（QB/T 2094.1）

木工锯条如图 4-148 所示。

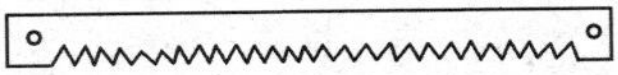

图 4-148　木工锯条

用途：装在木制工字形锯架上，手动锯割木材。

规格：木工锯条的规格见表 4-141。

表 4-141　　　　　　　　　木工锯条的规格　　　　　　　　mm

长　　度	宽　　度	厚　　度	齿　　距
400.00	22.00，25.00	0.50	2.00，2.50，3.00
450.00			
500.00	25.00，32.00	0.50	3.00，4.00
550.00			
600.00	32.00，38.00	0.60	4.00，5.00
650.00			
600.00		0.70	
650.00			5.00，6.00
600.00	38.00，44.00	0.70	
650.00			
600.00			6.00，7.00，8.00
950.00			
1000.00	44.00，50.00	0.80 0.90	
1050.00			8.00，9.00
1100.00			
1150.00			

3. 木工带锯

木工带锯如图 4-149 所示。

用途：木工带锯条装置在带锯机上，用于锯切大型木材。

规格：有开齿和未开齿两种。其规格

图 4-149　木工带锯

见表 4-142。

表 4-142 　　　　　　　　　 **木工带锯的规格** 　　　　　　　　 mm

宽　　度	厚　　度	最小长度
6.3	0.40、0.50	
10、12.5、16	0.40、0.50、0.60	
20、25、32	0.40、0.50、0.60、0.70	
40	0.60、0.70、0.80	7500
50、63	0.60、0.70、0.80、0.90	
75	0.70、0.80、0 90	
90	0.80、0.90、0.95	
100	0.80、0.90、0.95、1.00	
125	0.90、0.95、1.00、1.10	8500
150	0.95、1.00、1.10、1.25、1.30	
180	1.25、1.30、1 40	
200	1.30、1.40	12500

4. 木工圆锯片（GB/T 13573）

木工圆锯片如图 4-150 所示。

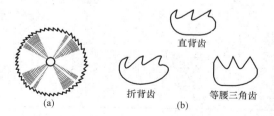

图 4-150　木工圆锯片
（a）锯片；（b）齿的型号

用途：装在圆锯机上，用于锯割木材、人造板、塑料等。

规格：木工圆锯片的规格见表 4-143。

表 4-143		木工圆锯片的规格	

外 径(mm)	孔径(mm)	厚度(mm)	齿数(个)
160	20、(30)	0.8、1.0、1.2、1.6	80、100
(180)、200、(225)、250、(280)	30、60	0.8、1.0、1.2、1.6、2.0	80、100
315、(355)	30、60	1.0、1.2、1.6、2.0、2.5	80、100
400	30、85	1.0、1.2、1.6、2.0、2.5	80、100
(450)	30、85	1.2、1.6、2.0、2.5、3.2	80、100
500、(560)	30、85	1.2、1.6、2.0、2.5、3.2	80、100
630	30、85	1.6、2.0、2.5、3.2、4.0	80、100
(710)、800	40、(50)	1.6、2.0、2.5、3.2、4.0	72、100
(900)、1000	40、(50)	2.0、2.5、3.2、4.0、5.0	72、100
1250	60	3.2、3.6、4.0、5.0	72、100
1600	60	3.2、4.5、5.0、6.0	72、100
2000	60	3.6、5.0、7.0	72、100

注　1. 括号内的尺寸尽量不选用。

　　2. 齿形分直背齿(N)、折背齿(K)等腰三角齿(A)三种。

5. 夹背锯(QB/T 2094.6)

夹背锯如图 4-151 所示。

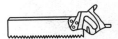 

图 4-151　夹背锯

用途：锯片很薄，锯齿很细，用于贵重木材的锯割或在精细工件上锯割凹槽。

规格：夹背锯的规格见表 4-144。

表 4-144	夹背锯的规格		mm

长　度	锯身宽度		厚　度
	A 型	B 型	
250		70	
300	100		0.8
350		80	

6. 手板锯(QB/T 2094.3)

手板锯如图 4-152 所示。

(a)   (b)

图 4-152　手板锯

(a)A 型(封闭式)；(b)B 型(敞开式)

用途：锯割狭小的孔槽。

规格：手板锯的规格见表 4-145。

表 4-145　　　　　　　手板锯的规格　　　　　　　　　mm

锯身长度		300.0，350.0	400.0	450.0	500.0	550.0	600.0
锯身宽度	大端	90.0，100.0	100.0	110.0	110.0	125.0	125.0
	小端	25.0		30.0	30.0	35.0	35.0
锯身厚度		0.80，0.85，0.90		0.85，0.90，0.95，1.00			
齿距		3.0，4.0		4.0，5.0		5.0	

7. 鸡尾锯(QB/T 2094.5)

鸡尾锯如图 4-153 所示。

图 4-153　鸡尾锯

用途：锯割狭小的孔槽。

规格：鸡尾锯的规格见表 4-146。

表 4-146　　　　　　　鸡尾锯的规格　　　　　　　　　mm

锯身长度	锯身宽度		锯身厚度	齿距
	大　端	小　端		
250.0	25.0			
300.0	30.0	6.0，9.0	0.85	4.0

锯身长度	锯身宽度		锯身厚度	齿距
	大 端	小 端		
350.0 400.0	40.0	6.0，9.0	0.85	4.0

8. 横锯（QB/T 2094.2）

横锯如图 4-154 所示。

图 4-154 横锯

用途：装在木架上，由双人推拉锯割木材大料。

规格：横锯的规格见表 4-147。

表 4-147　　　　　　　　横锯的规格　　　　　　　　mm

长度	端面宽度	最大宽度	厚度	齿距
1000	70	110	1.00	14，16
1200		120	1.20	
1400		130		
1600		140	1.40	18，20
1800		150	1.40，1.60	

注　锯条按齿形不同分为 DW 型、DE 型、DH 型三种。

9. 钢丝锯

钢丝锯如图 4-155 所示。

用途：适用于锯割曲线或花样。

规格：锯身长度为 400mm。

10. 正锯器

正锯器如图 4-156 所示。

图 4-155 钢丝锯　　　　图 4-156 正锯器

用途：用以使锯齿朝两面倾斜成为锯路，校正锯齿。

规格：适用厚度为 1～5mm；长（mm）×宽（mm）为 105mm×33mm。

11. 木工硬质合金圆锯片（GB/T 14388）

木工硬质合金圆锯片如图 4-157 所示。

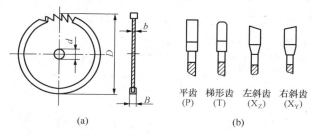

图 4-157　木工硬质合金圆锯片
（a）锯片；（b）齿形

用途：装在圆锯机上，用于手锯割木材、人造板、塑料及有色金属等。

规格：木工硬质合金圆锯片的规格见表 4-148。

表 4-148　　　　　　　　木工硬质合金圆锯片的规格　　　　　　　mm

外径 D	锯齿厚度 B	锯盘厚度 b	孔径 d	近 似 齿 距					
				10	13	16	20	30	40
				齿　　数					
100 125 (140) 160	2.5	1.6	20	32 40 40 48	24 32 36 40	20 24 28 32	16 20 24 24	10 12 16 16	8 10 12 12
(180) 200 (225)	2.5, 3.2	1.6, 2.2	30, 60	56 64 72	40 48 56	36 40 48	28 32 36	20 20 24	16 16 16
250 (280) 315	2.5, 3.2, 3.6	1.6, 2.2, 2.6	30, 60, (85)	80 96 96	64 64 72	48 56 64	40 40 48	28 28 32	20 20 24
(355) 400	3.2, 3.6, 4.0, 4.5	2.2, 2.5, 2.8, 3.2	30, 60, (85)	112 128	96 96	72 80	56 64	36 40	28 32
(450) 500	3.6, 4.0, 4.5, 5.0	2.6, 2.8, 3.2, 3.6	30, 85	— —	112 128	96 96	72 80	48 48	36 40

外径 D	锯齿厚度 B	锯盘厚度 b	孔径 d	近似齿距					
				10	13	16	20	30	40
				齿　数					
(560)	4.5，5.0，	3.2，3.6，	30，85	—	—	112	96	56	48
630	4.5，5.0	3.2，3.6	40	—	—	128	96	64	48

注　1. 括号内的尺寸尽量避免采用。

2. 锯齿形状组合举例：梯形齿和平齿（TP）、左右斜齿（X_zX_Y）、左右斜齿和平齿（X_zPX_Y）。

12. 刨台

刨台如图 4-158 所示。

用途：装上刨铁、盖铁和楔木后，可将木材的表面刨削平整光滑。

规格：有荒刨、中刨、细刨三种。另还有才口刨、线刨、偏口刨、拉刨、槽刨、花边刨、外圆刨和内圆刨等类型的刨台。

13. 刨刀（QB/T 2082）

刨刀如图 4-159 所示。

图 4-158　刨台　　　　图 4-159　刨刀

用途：装于刨台中，配上盖铁，用手工刨削木材。

规格：刨刀的规格见表 4-149。

表 4-149　　　　　　刨刀的规格　　　　　　　　mm

宽　　度		长度	槽宽	槽眼直径	前头厚度	镶钢长度
25	±0.42		9	16		
32						
38	±0.50					
44		175			3	56
51			11	19		
57	±0.60					
64						

14. 木工夹

木工夹如图 4-160 所示。

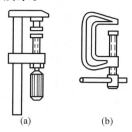

图 4-160　木工夹

（a）F 型；（b）G 型

用途：用于夹持两板料及待粘接构架的特殊工具。按其外形分为 F 型和 G 型两种。F 型夹专用夹持胶合板；G 型夹是多功能夹，可用来夹持各种工件。

规格：木工夹的规格见表 4-150。

表 4-150　　　　　　　　　　木工夹的规格

类型	型号	夹持范围 （mm）	负荷界限 （kg）	类型	型号	夹持范围 （mm）	负荷界限 （kg）
F 型	FS150	150	180	G 型	GQ8150	50	300
	FS200	200	160		GQ8175	75	350
					GQ81100	100	350
	FS250	250	140		GQ81125	125	450
					GQ81150	150	500
	FS300	300	100		GQ81200	200	1000

15. 木工台虎钳

木工台虎钳如图 4-161 所示。

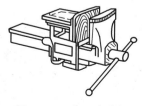

图 4-161　木工台虎钳

用途：装在工作台上，用以夹稳木制工件，进行锯、刨、锉等操作。钳口除可通过丝杆旋动移动外，还具有快速移动机构。

规格：钳口长度为 150mm。夹持工件最大尺寸为 250mm。

16. 木工钻 （QB/T 1736）

木工钻如图 4-162 所示。

双刃短柄　　双刃长柄

电工木工钻（铁柄）

单刃短柄　　单刃长柄

图 4-162　木工钻

用途：木工钻是对木材钻孔用的刀具，分长柄式与短柄式两种；按头部形式又分有双刃木工钻与单刃木工钻两种。长柄木工钻要安装木棒当执手，用于手工操作；短柄木工钻柄尾是 1：6 的方锥体，可以安装在弓摇钻或其他机械上进行操作。

规格：木工钻的规格见表 4-151。

表 4-151　　　　　　　　　木工钻的规格　　　　　　　　mm

种　类	直　径
电工钻	4，5，6，8，10，12，(14)
木工钻	5，6，6.5，8，9.5，10，11，12，13，14，　(14.5)，16，19，20，22，22.5，24，25，(25.5)，28，(28.5)，30，32，38

注　带括号的规格尽可能不采用。

17. 木工方凿钻 （JB/T 3872）

木工方凿钻如图 4-163 所示。

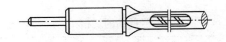

图 4-163　木工方凿钻

用途：在木工机床上加工木制品榫槽。

规格：木工方凿钻由钻头和空心凿刀组合而成。钻头工作部分采用蜗旋式（Ⅰ型）或螺旋式（Ⅱ型）。其规格见表 4-152。

表 4-152		木工方凿钻的规格			mm
空 心 凿 刀			钻 头		
凿刃宽度	柄直径	全长	钻头直径	全长	
(6.3)	12	120	(6.3)	160	
8			8		
(9.5)	19		(9.5)		
10			10		
11		135	11	188	
12			12		
(12.5)			(12.5)		
14		145	14	200	
16			16		
20	28.5	205	20	255	
22			22		
25			25		

18. 弓摇钻（QB/T 2510）

弓摇钻如图 4-164 所示。

图 4-164　弓摇钻

用途：供夹持短柄木工钻，对木材、塑料等钻孔用。

规格：按夹爪数目分二爪和四爪两种；按换向机构形式分持式（Z）、推式（T）和按式（A）三种。其规格见表 4-153。

表 4-153	弓摇钻的规格			mm
型　号	最大夹持木工钻直径	全　长	回转半径	弓架距
GZ25	22	320～360	125	150
GZ30	28.5	340～380	150	150
GZ35	38	360～400	175	160

19. 木工锉（QB/T 2569.2）

木工锉如图 4-165 所示。

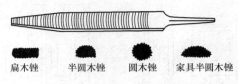

扁木锉　　半圆木锉　　圆木锉　　家具半圆木锉

图 4-165　木工锉

用途：锉削或修整木制品的圆孔、槽眼及不规则的表面等。

规格：木工锉规格见表 4-154。

表 4-154　　　　　　　　　　木工锉的规格　　　　　　　　　　mm

名　称	代　号	长度	柄长	宽度	厚度
扁木锉	M-01-200	200	55	20	6 5
	M-01-250	250	65	25	7.5
	M-01-300	300	75	30	8.5
半圆木锉	M-02-150	150	45	16	6
	M-02-200	200	55	21	7.5
	M-02-250	250	65	25	8.5
	M-02-300	300	75	30	10
圆木锉	M-03-150	150	45	$d=7.5$	$d_1 \leqslant 80\% d$
	M-03-200	200	55	$d=9.5$	
	M-03-250	250	65	$d=11.5$	
	M-03-300	300	75	$d=13.5$	
家具半圆木锉	M-04-150	150	45	18	4
	M-04-200	200	55	25	6
	M-04-250	250	65	29	7
	M-04-300	300	75	34	8

20. 木工机用直刃刨刀（JB/T 3377）

用途：木工机用直刃刨刀有三种类型：Ⅰ型——整体薄刨刀；
Ⅱ型——双金属薄刨刀；Ⅲ型——带紧固槽的双金属原刨刀，如图

4-166 所示。在木工刨床上，刨削各种木材。

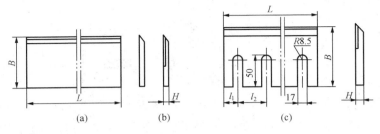

图 4-166 木工机用直刃刨刀

(a) Ⅰ型；(b) Ⅱ型；(c) Ⅲ型

规格：木工机用直刃刨刀的规格见表 4-155、表 4-156。

表 4-155　　　　Ⅰ、Ⅱ型刨刀尺寸的规格　　　　mm

长 L	110	135	170	210	260	(310)	325	410	510	(610)	810	1010	1260
宽 B	30 (35，40)							35，40					
厚 H	3，4												

注 括号内的尺寸尽量避免采用。

表 4-156　　　　Ⅲ型刨刀尺寸的规格　　　　mm

长 L	40	60	80	110	135	170	210	260	325
宽 B	90，100								
厚 H	8，10								

21. 木工凿（QB/T 1201）

木工凿有平口、斜口和半圆三种，如图 4-167 所示。

平口

斜口

半圆

图 4-167　木工凿

用途：木工在木料上凿制榫头、槽沟及打眼等用。

规格：木工凿的规格见表 4-157。

表 4-157 　　　　　　　　　　木工凿的规格 　　　　　　　　　mm

	类型	无　　柄	有　　柄
刃口 宽度	斜	4，6，8，10，13，16，19，22，25	6，8，10，12，13，16，18，19，20，22，25，32，38
	平	13，16，19，22，25，32，38	6，8，10，12，13，16，18，19，20，22，25，32，38
	半圆	4，6，8，10，13，16，19，22，25	10，13，16，19，22，25

22. 盖铁（QB/T 2082）

盖铁如图 4-168 所示。

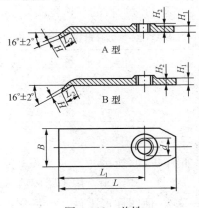

16°±2°

A 型

16°±2°

B 型

图 4-168　盖铁

用途：装在木工手用刨台中，保护刨铁刃口部分，并使刨铁在工作时不易活动及易于排出刨花（木屑）。

规格：刨用盖铁有 A 型和 B 型两种。其规格见表 4-158。

表 4-158 　　　　　　　　　　　　盖铁的规格 　　　　　　　　　mm

宽度 B（规格）	螺孔 d	长度 L	前头厚 H	弯头长 L_2	螺孔距 L_1
25	-0.84	M8			
32 38 44	-1.00	M10	96	$\leqslant 1.2$	8	68
51 57 64	1.20					

八、管工工具

1. 手动弯管机

手动弯管机如图 4-169 所示。

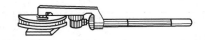

图 4-169　手动弯管机

用途：供手动冷弯金属管用。

规格：SWG 型。手动弯管机的规格见表 4-159。

表 4-159　　　　　　SWG 型手动弯管机的规格

钢管规格	外径	8	10	12	14	16	19	22
（mm）	壁厚		2.25				2.75	
冷弯角度		180°						
弯曲半径（mm）≥		40	50	60	70	80	90	110

2. 快速管子扳手

快速管子扳手如图 4-170 所示。

图 4-170　快速管子扳手

用途：用于紧固或拆卸小型金属和其他圆柱形零件，也可作扳手使用，是管路安装和修理工作的常用工具。

规格：快速管子扳手的规格见表 4-160。

表 4-160　　　　　　快速管子扳手的规格

规格[长度（mm）]	200	250	300
夹持管子外径（mm）	12～25	14～30	16～40
适用螺栓规格（mm）	M6～M14	M8～M18	M10～M24
试验扭矩（N·m）	196	323	490

3. 轻、小型管螺纹铰板

图 4-171 为轻便式管螺纹铰板。

用途：轻、小型管螺纹铰板和板牙是手工铰制水管、煤气管等管子外螺纹用的手工具，用于维修或安装工程中。

图 4-171 轻便式管螺纹铰板

规格：轻、小型管螺纹铰板的规格见表 4-161。

表 4-161　　　　　轻、小型管螺纹铰板的长度规格

型　号		铰制管子外螺纹范围（mm）	板牙规格（in）	特　点
轻型	Q74-1	6.35～25.4	1/4、3/8、1/2、3/4、1	
	Q71-1A	12.7～25.4	1/2、3/4、1	单板杆
	SH-76	12.7～38.1	1/2、3/4、1.25、1.5	
小型管螺纹铰板及板牙		12.7～19.05	1/2、3/4、1、1.25	盒式

4.管子割刀（QB/T 2350）

管子割刀如图 4-172 所示。

用途：切割各种金属管、软金属管及硬塑管的刀具，刀体用可锻铸铁和锌铝合金制造，结构坚固。割刀轮刀片用合金钢制造，锋利耐磨，切口整齐。

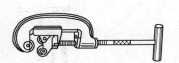

图 4-172　管子割刀

规格：管子割刀类分为通用型（代号为 GT）和轻型（代号为 GQ）两种。其规格见表 4-162。

表 4-162　　　　　　　管子割刀的规格

规　格（mm）	全长（mm）	割管范围（mm）	最大割管壁厚（mm）	质量
1	130	5～25	1.5～2（钢管）	0.3
	310		5	0.75，1
2	380～420	12～50	5	2.5
3	520～570	25～75		5
4	630	50～100	6	4
	1000			8.5，10

		割刀轮刀体与刀片			mm
规格	刀片直径	刀体直径	孔径	刀体厚	刀片厚
1	18	10	5	6	2
2	32～35	16，17	9	18	3
3	40～43	20	10	28	3.5，4
4	45	24	10	30	4

5. C 型管子台虎钳

C 型管子台虎钳如图 4-173 所示。

用途：其结构比普通管子台虎钳简单，体积小，使用方便；钳口接触面大，不易磨损，管子夹紧较牢。

规格：适用管子公称直径为 10～65mm。

6. 管子台虎钳（QB/T 2211）

管子台虎钳如图 4-174 所示。

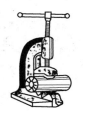

图 4-173　C 型管子台虎钳　　　图 4-174　管子台虎钳

用途：安装在工作台上，用于夹紧管子进行铰制螺纹或切断及连接管子等，为管工必备工具。

规格：按工作范围（夹紧管子外径）分为 1～6 号等 6 种。其直径规格见表 4-163。

表 4-163　　　　　　　　管子台虎钳直径规格

型号（号数）	1	2	3	4	5	6
夹持管子直径（mm）	10～60	10～90	15～115	15～165	30～220	30～300
加于试验棒力矩（N·m）	90	120	130	140	170	200

7. 水泵钳（QB/T 2440.4）

水泵钳如图 4-175 所示。

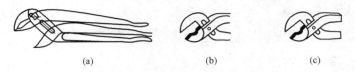

(a)   (b)   (c)

图 4-175　水泵钳
(a) 滑动销轴式（A 型）；(b) 榫槽叠置式（B 型）；
(c) 钳腮套入式（C 型）

用途：水泵钳的类型有滑动销轴式、榫槽叠置式和钳腮套入式三种。用于夹持、旋拧圆柱形管件，钳口有齿纹，开口宽度有 3～10 挡调节位置，可以夹持尺寸较大的零件，主要用于水管、煤气管道的安装、维修工程以及各类机械维修工作。

规格：水泵钳的规格见表 4-164。

表 4-164　　　　　　　　　　水泵钳的规格

规格（mm）	100	120	140	160	180	200	225	250	300	350	400	500
最大开口宽度（mm）	12	12	12	16	22	22	25	28	35	45	80	125
位置调节挡数	3	3	3	3	4	4	4	4	4	6	8	10
加载距（mm）	71	78	90	100	115	125	145	160	190	221	250	315
可承载荷（N）	400	500	560	630	735	800	900	1000	1250	1400	1600	2000

8. 铝合金管子钳

铝合金管子钳如图 4-176 所示。

图 4-176　铝合金管子钳

用途：用于紧固或拆卸各种管子、管路附件或圆柱形零件，管路安装和修理工作常用工具。钳体柄用铝合金铸造，质量比普通管子钳轻，不易生锈，使用轻便。

规格：指夹持管子最大外径时管子钳全长，见表 4-165。

表 4-165　　　　　　　铝合金管子钳的规格

规　格（mm）	150	200	250	300	350	450	600	900	1200
夹持管子外径（mm）	20	25	30	40	50	60	75	85	110
试验扭矩（N·m）	98	196	324	490	588	833	1176	1960	2646

9. 管子钳

管子钳如图 4-177 所示。

(a)　　　　　　　　　　　　(b)

图 4-177　管子钳

（a）Ⅰ型轻型管子钳；（b）Ⅱ型铸柄管子钳

用途：管子钳是用来夹持及旋转钢管、水管、煤气管等各类圆形工件用的手工具。按其承载能力分为重级（用 Z 表示）、普通级（用 P 表示）、轻级（用 Q 表示）三个等级；按其结构形式不同分为铸柄、锻柄、铝合金柄等多种形式。类型有Ⅰ型、Ⅱ型、Ⅲ型、Ⅳ型和Ⅴ型。

规格：规格指夹持管子最大外径时管子钳全长，见表 4-166。

表 4-166　　　　　　　管子钳的规格

规　格（mm）		150	200	250	300	350	450	600	900	1200
夹持管子外径（mm）≤		20	25	30	40	50	60	75	85	110
试验扭矩 （N·m）	轻级（Q）	98	196	324	490	—	—	—	—	—
	普通级（P）	105	203	340	540	650	920	1300	2260	3200
	重级（Z）	165	330	550	830	990	1440	1980	3300	4400

10. 自紧式管子钳

自紧式管子钳如图 4-178 所示。

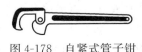

图 4-178　自紧式管子钳

用途：钳柄顶端有渐开线钳口。钳口工作面均为锯齿形，以利于夹紧管子；工作时可以自动夹紧不同直径的管子，夹管时三点受力，不做任何调节。

规格：自紧式管子钳的规格见表 4-167。

表 4-167 自紧式管子钳的规格

公称尺寸 （mm）	可夹持管 子外径 （mm）	钳柄长度 （mm）	活动钳 口宽度 （mm）	扭矩试验	
				试棒直径 （mm）	承受扭矩 （N·m）
300	20～34	233	14	28	450
400	34～48	305	16	40	750
500	48～66	400	18	48	1050

11. 链条管子扳手（QB/T 1200）

链条管子扳手有 A、B 型，如图 4-179 所示。

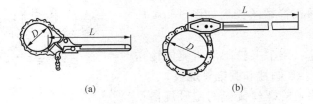

(a) (b)

图 4-179 链条管子扳手
(a) A 型；(b) B 型

用途：用于紧固或拆卸较大金属管或圆柱形零件，是管路安装和修理工作常用工具。

规格：链条管子扳手的长度规格见表 4-168。

表 4-168 链条管子扳手的长度规格

型 号	A 型	B 型			
公称尺寸 *L*（mm）	300	900	1000	1200	1300
夹持管子外径 *D*（mm）	50	100	150	200	250
试验扭矩（N·m）	300	830	1230	1480	1670

12. 电线管螺纹铰板及板牙

电线管螺纹铰板及板牙如图 4-180 所示。

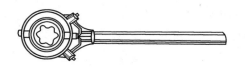

图 4-180 电线管螺纹铰板及板牙

用途：用于手工铰制电线套管上的外螺纹。

规格：电线管螺纹铰板及板牙的规格见表 4-169。

表 4-169   **电线管螺纹铰板及板牙的规格**

型　　号	铰制钢管外径（mm）	圆板牙外径尺寸（mm）
SHD-25	12.77，15.88，19.05，25.40	41.2
SHD-50	31.75，38.10，50.80	76.2

13. 管螺丝铰板（QB/T 2509）

普通式管螺丝铰板如图 4-181 所示。

用途：用手工铰制低压流体输送用钢管上 55°圆柱和圆锥管螺纹。

图 4-181 普通式管螺丝铰板

规格：管螺丝铰板的型号规格见表 4-170。

表 4-170   **管螺纹铰板的型号规格**

型　　号	铰螺纹范围（mm）		板牙规格（mm）		特　　点
	管子外径	管子内径	规　格	管子内径	
GJB-60	21.3～26.8	12.70～19.05	21.3～26.8	12.70～19.05	无间歇机构
COB-60W	33.5～42.3 48.0～60.0	25.40～31.75 38.10～50.80	33.5～42.3 48.0～60.0	25.40～31.75 38.10～50.80	有间歇机构，使用具有万能性
GJB-114W	66.5～88.5 101.0～114.0	57.15～76.20 88.90～101.60	66.5～88.5 101.0～114.0	57.15～76.213 88.90～101.60	
GJB-2W (114)	0.5～2（in） 2.25～4（in）		0.25～0.75（in） 1～1.25（in） 1.5～2（in）		有间歇机构，使用具有万能性
GJB-4W (117)	2.25～4（in）		2.25～4（in） 3.5～4（in）		

14. 胀管器

胀管器有直通式、翻边式两种，如图4-182所示。

用途：制造、维修锅炉时，用来扩大钢管端部的内外径，使钢管端部与锅炉管板接触部位紧密胀合，不会漏水、漏气。翻边式胀管器在胀管同时还可以对钢管端部进行翻边。

规格：胀管器长度规格见表4-171。

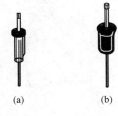

图 4-182　胀管器
（a）直通式；（b）翻边式

表 4-171　　　　　　胀管器长度规格

公称规格	全长	适用管子范围			公称规格	全长	适用管子范围		
		内径		胀管长度			内径		胀管长度
		最小	最大				最小	最大	
01 型直通胀管器					02 型直通胀管器				
10	114	9	10	20	70	326	63	70	32
13	195	11.5	13	20	76	345	68.5	76	36
14	122	12.5	14	20	82	379	74.5	82.5	38
16	150	14	16	20	88	413	80	88.5	40
18	133	16.2	18	20	102	477	91	102	44
02 型直通胀管器					03 型特长直通胀管器				
19	128	17	19	20					
22	145	19.5	22	20	25	170	20	23	38
25	161	22.5	25	25	28	180	22	25	50
28	177	25	28	20	32	194	27	31	48
32	194	28	32	20	38	201	33	36	52
35	210	30.5	35	25	04 型翻边胀管器				
38	226	33.5	38	25					
40	240	35	40	25	38	240	33.5	38	40
44	257	39	44	25	51	290	42.5	48	54
48	265	43	48	27	57	380	48.5	55	50
51	274	45	51	28	64	360	54	61	55
57	292	51	57	30	70	380	61	69	50
64	309	57	64	32	76	340	65	72	61

15. 液压弯管机

液压弯管机有三脚架式和小车式两种，如图 4-183 所示。

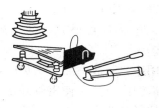

(a)   (b)

图 4-183　液压弯管机

（a）三脚架式；（b）小车式

用途：用于把管子弯成一定弧度。多用于水、蒸汽、煤气、油等管路的安装和修理工作。当卸下弯管油缸时，可作分离式液压起顶机用。

规格：液压弯管机的型号规格见 4-172。

表 4-172　　　　　液压弯管机的型号规格

型号	弯曲角度（°）	管子公称通径（mm）×壁厚（mm）						外形尺寸（mm）			质量（kg）
		1.5×2.75	20×2.75	25×3.25	32×3.25	40×3.5	50×3.5	长	宽	高	
		弯曲半径（mm）									
LWG₁-10B 型三脚架式	90	130	160	200	250	290	360	642	760	860	81
LWG₂-10B 型小车式	120	65	80	100	125	145	—	642	760	255	76

注　工作压力 63MPa；最大载荷 10t；最大行程 200mm。

16. 手摇台钻

手摇台钻如图 4-184 所示。

用途：用于在金属工件或其他材料上手摇钻孔，对无电源或缺乏电动设备的机械工场、修配场所及工地等。

规格：规格分开启式和封闭式两种，见表 4-173。

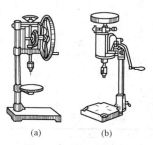

(a)   (b)

图 4-184　手摇台钻

（a）开启式；（b）封闭式

型　式	钻孔直径（mm）	钻孔深度（mm）	转速比
开启式	1～12	80	1∶1，1∶2.5
封闭式	1.5～13	50	1∶2.6，1∶7

17. 手摇钻（QB/T 2210）

用途：手摇钻按使用方式分为手持式（用 S 表示）和胸压式（用 X 表示），如图 4-185 所示，根据其结构分为 A 型和 B 型。手摇钻装夹圆柱柄钻头后，在金属或其他材料上手摇钻孔。

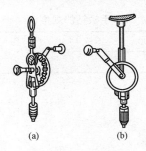

图 4-185　手摇钻

（a）手持式；（b）胸压式

规格：有手持式和胸压式两种，见表 4-174。

表 4-174   手摇的规格

型　　式		规格	L_{max} (mm)	L_{1max} (mm)	L_{2max} (mm)	d_{max}	夹持直径 (max)
手持式	A 型	6	200	140	45	28	6
		9	250	170	55	34	9
	B 型	6	150	85	45	28	6
胸压式	A 型	9	250	170	55	34	9
		12	270	180	65	38	12
	B 型	9	250	170	55	34	9

18. 手板钻

手板钻如图 4-186 所示。

图 4-186　手板钻

用途：在各种大型钢铁工程上，当无法使用钻床或电钻时，就用手板钻来进行钻孔或攻制内螺纹或铰制圆（锥）孔。

规格：手板钻的规格见表 4-175。

表 4-175　　　　　　　　　　手板钻的规格　　　　　　　　　　mm

手柄长度	250	300	350	400	450	500	550	600
最大钻孔直径			25			40		

第五章　建筑门窗和门窗五金

一、塑钢门窗

塑钢门窗是由硬聚氯乙烯（PVC-U）门窗框、门窗扇，再配装上玻璃、橡塑密封条、毛条、五金件等配件制成的门窗。其中，门窗框和门窗扇由硬聚氯乙烯异型材经切割、添加钢衬、焊接等工序制成。硬聚氯乙烯异型材是以 PVC-U 树脂为主要原料，加上一定比例的稳定剂、着色剂、填充剂、紫外线吸收剂等配料，经过配混、挤出成型的。

门窗是建筑物的重要组成部分。门在房屋建筑中的作用主要是交通联系，并兼采光和通风；窗的作用主要是采光、通风及眺望。在不同情况下，对门和窗还有分隔、保温、隔声、防火、防辐射、防风沙等要求。门窗在建筑立面构图中的影响也较大，其尺寸、比例、形状、组合、透光材料的类型等，都影响着建筑的艺术效果。在全国很多地区，塑钢门窗越来越多地进入家庭，市场占有率迅速提高。目前，塑钢门窗的制作技术越来越先进，许多国家都能实现工业化生产。

（一）塑钢门窗的性能和特点

塑钢门窗具有防水、密封、隔声、隔热、节能、耐久等良好性能，这不仅与塑钢门窗的材质有关，而且与塑钢门窗的构造有密切关系。塑钢门窗的性能和特点见表 5-1。

表 5-1　　　　　　　　　塑钢门窗的性能和特点

类　型		说　明
塑钢门窗的性能	良好的空气渗透与雨水渗透性	空气渗透性，俗称门窗的气密性，是指当窗扇、门扇关闭以后，在标准状态下室内或室外的空气在单位时间内单位密封间隙长度上渗透的空气体积。由于塑钢门窗的框、扇之间是搭接与镶嵌相结合的构造形式，在框、扇之间的搭接部位及玻璃与门窗框之间采用密封条密封，使塑钢门窗在关闭状态时，具有弹性的密封胶条、毛条处

类　型	说　　明
良好的空气渗透与雨水渗透性	于受压状态，而将缝隙密封。这就是塑钢门窗空气渗透少的主要原因。雨水渗透性，又称门窗的水密性，是指关闭门窗时阻止雨水进入室内的能力。 PVC-U 塑钢门窗的水密性好，主要是由于其具有良好的密闭性，加之塑钢门窗框、扇主型材都设有排水腔，能将落入框内的水及时排出框外
塑钢门窗的性能 良好的抗风压性与隔声性	抗风压性是指建筑外窗所具有的承受风荷载作用的能力。塑料材质自身弹性模量较低，但在型材的中空多腔室结构中加装增强钢衬后，使得整个门窗的抗风压性得以保证。现在我国已有 30 多层的高层住宅工程项目使用塑钢门窗，实践证明只要通过抗风压设计，合理选用型材、增强钢衬，塑钢门窗是可以应用于高层建筑的。 塑钢门窗具有良好的隔声性。塑钢门窗中空多腔室截面结构使焊后形成内腔空气相对静止的空气层，该静止的空气层是阻隔声音传递的最佳介质。而玻璃四周的弹性胶条的弹性可以吸收空气分子振动造成的玻璃的微振动，从而使通过整窗的声音减弱。框、扇之间及玻璃四周的良好密封也是提高隔声性的重要因素。 塑钢门窗的隔声性能约为 30dB（A）以上。实验表明：塑钢门窗距离公路 16m 的隔声效果与钢、铝、木门窗距离公路 50m 的效果相当
良好的保温性与防火性	建筑门窗的保温性是指在门窗两侧存在空气温差的条件下，门窗阻止从高温一侧向低温一侧传热的能力。门窗保温性可用传热系数表示。PVC-U 塑钢门窗型材本身的传热系数很小，其传热系数是铝材传热系数的 1/1250，加之型材为多腔式结构，所以具有良好的隔热性能。另外，塑钢门窗良好的密闭性使其隔热保温效果更加显著。实践证明：使用塑钢门窗比使用木门窗的房间，冬季室内温度可提高 4～5℃，北方地区如使用双层玻璃窗效果更佳。 塑钢门窗不自燃、不助燃、能自熄、安全可靠，这一性能更扩大了塑钢门窗的使用范围。经检测，PVC-U 型材的氧指数为 47%，符合 GB/T 8814《门、窗用未增塑聚氯乙烯（PVC-U）型材》规定的氧指数不低于 38% 的要求

类　型	说　明
塑钢门窗的性能 / 抗老化，寿命长	PVC-U 型材的配方中添加了稳定剂和抗紫外线剂，从而提高了其耐候性，实践表明：夏季烈日的暴晒、潮湿都不易使塑钢门窗出现变形、老化等现象，塑钢门窗可长期使用于温差（－50～70℃）较大的环境中。国产塑钢门窗在海口发电厂、南极长城站的使用都证明了这一点；国外最早的塑钢门窗已使用近 50 年，其材质完好如初。因此，正常环境条件下塑钢门窗的使用寿命可达 50 年以上。 PVC-U 型材因其独特的配方而具有良好的耐腐蚀性能，因此，塑钢门窗的耐腐蚀性能主要取决于五金件材料的选用。正常环境下，可使用金属五金件；具有腐蚀性的环境下，如食品、医药、卫生、化工及沿海地区、阴雨潮湿的地区，可选用耐腐蚀五金件（或工程塑料）
较好的尺寸稳定性与尺寸精密性	PVC-U 型材材质细密平滑、质量内外一致，无须进行表面特殊处理，易加工，经切割、熔接加工后，成品的长、宽及对边差均能控制在±2 mm 内，加工精度稳定，角强度可达 3500N 以上。同时，焊接处经清角机除去凸纹（焊迹），型材熔接表面平整
良好的绝缘性与装饰性	PVC-U 型材本身就是优良的电绝缘体，正常条件下不导电，电安全性很高。PVC-U 塑钢门窗还具有良好的装饰性，这主要是因为塑料异型材的配方及挤出方式有多种，所以型材的花色品种丰富，可利用表面印花、双色共挤、贴膜等工艺使型材表面呈白色、棕色、古铜色等各种颜色。同时，型材表面光洁、手感细腻，能给人舒适感。因此，塑钢门窗外形美观，具有良好的装饰效果
塑钢门窗的特点	塑钢门窗与其他门窗相比除了材质不同以外，还具有以下特点： （1）塑钢门窗的框与扇之间有 6～8 mm 的搭接量（两处），而且在搭接处设有弹性密封条，极大地减轻了猛烈关闭时的撞击，对门窗和玻璃都有保护作用，同时也改善了门窗的密封性。 （2）框或扇的四角采用热熔焊接方式，而不用榫接，其焊角强度与材料本身的强度基本一致，不易开裂。 （3）在主型材内腔装有钢衬，型材之间采用拉铆钉或自攻螺钉连接，以增加门窗的机械强度和刚度（如抗风压性能指标）。钢衬的材料厚度可根据建筑物的楼层高度和门窗大小来选择。 （4）框、扇内部结合处留有一定的间隙，不致因热胀冷缩造成开启困难。

类　型	说　明
塑钢门窗的特点	（5）可以在单扇窗或门上安装双层玻璃，提高保温、隔声性能，而不必做成双扇结构。 （6）所有五金件均按PVC-U型材寿命同步考虑，采用耐用防腐不锈钢或硬塑材料。 （7）塑钢门窗异型材是采用挤出工艺制造的，表面光亮洁净，花色品种繁多，门窗组装采用热熔焊接方法，外表无缝隙和凹凸不平，线条流畅，美观高雅，能适应现代建筑对门窗造型的要求。 （8）综合经济效益突出。 　1）塑钢门窗的密闭性高于木门窗，在节能效果、防污染效果、防噪声效果、降低维修费用等方面均优于木门窗。 　2）从保温效果上来看，铝合金门窗热传导性高、保温性能差，特别是在采暖地区，冬季有冷凝水结露的现象，而塑钢门窗却不会出现此现象。检测结果表明，一般情况下，塑钢门窗建筑比铝合金门窗建筑节能24％～30％，经济效益非常显著

（二）塑钢门窗材料种类和规格尺寸

1. 塑钢门窗的种类

塑钢门窗的种类按启闭形式分为平开窗、推拉窗、推拉门、固定窗、悬窗等。

按构造分为单层窗（一层窗扇的玻璃窗）、双层窗（二层窗扇的玻璃窗）、双玻窗（一层窗扇二层玻璃的窗）。

按其性能还可分为普通型和防腐型。普通型的五金件为金属制品，适用于一般的工业、民用建筑；防腐型的五金件为优质工程塑料，适用于有腐蚀性气体环境下的工业建筑以及沿海地区的民用建筑。

2. 塑钢门窗的规格尺寸

塑钢门窗的规格尺寸见表5-2。

表5-2　　　　　　　　　塑钢门窗的规格尺寸

生产单位	型　号	洞口宽（mm）	洞口高（mm）
中山市威力塑料建材实业公司产品	01PSM	700、800、900、1000	2000、2100、2400、2700
	02PSM	700、800、900	2000、2100
	03PSM	700、800、900	2000、2100、2400、2700

生产单位	型号	洞口宽（mm）	洞口高（mm）
中山市威力塑料建材实业公司产品	04PSM	700、800、900	2000、2100、2400、2700
	05PSM	700、800、900	2000、2100
	06PSM	700、800、900	2000、2100
	07PSM	700、800	2000、2100
	08PSM	700、800	2000、2100
	01GSC	900、1200、1500、1800、2100	900、1200、1800
	02GSC	900、1200、1500、1800、2100	900、1200、1800
	01PSC	600、900、1200、1500	900、1200、1400
	02PSC	600、900、1200、1500	1500、1600、1800
	03PSC	1500、1800、2100	1600、1800
	01TSC	1200、1500、1800、2100	900、1200、1400
	02TSC	1200、1500、1800、2100	1500、1600、1800
	03TSC	2400、2700、3000、3300 4200、4500、4800、5400 6000	1200、1500、1600、1800
	04TSC	1000、1200、1500、1800 2400、2700、3000、3300 4200、4500、4800、5400	1200、1500、1600、180

注　1. 型号字母代号：P—平开式；S—塑料；M—门；G—固定式；C—窗。

2. PVC塑料窗力学性能及耐候性技术条件必须符合 GB 11793.2 规定。

（三）塑钢门窗型材

要想了解塑钢门窗都使用了哪些材料，必须先了解塑钢门窗的结构，再看这些组成构件是用何种材料制成的。塑钢门窗主要是由主型材、副型材、玻璃及五金配件组成，主型材包括框用型材、扇用异型材；副型材又可称为辅助异型材，主要包括玻璃压条、密封条、盖缝条、压条、毛刷条等。

1. 塑钢门窗型材的规格尺寸

塑钢门窗型材的规格尺寸见表 5-3。

表 5-3　　　　　　　　塑钢门窗型材的规格尺寸

名称及型号	型 材 截 面 图（mm）	质量（kg/m）	钢衬尺寸（mm×mm）
80 推拉框 TC80K 普通型		1.12	28×16
80 推拉框 TC80K 豪华型		1.35	35×17
80 推拉扇 TC80S1 豪华型		0.66	23×8
80 推拉扇 TC80S 豪华型		0.87	28×15
80 扇中梃 TC80ST		0.76	28×12

名称及型号	型 材 截 面 图（mm）	质量 （kg/m）	钢衬尺寸 （mm×mm）
固定框 TC80GDK		0.85	26×14
80 纱扇 TC80SS		0.42	26×10
双玻压条 TC80SY		0.12	—
80 单玻压条 TC80DY		0.17	—
80 拼条 TC80PT		0.33	—

名称及型号	型 材 截 面 图（mm）	质量 （kg/m）	钢衬尺寸 （mm×mm）
60 上亮框 TC60SLK		0.67	26×14
60 圆转角 PC60YZJ		0.67	—
圆管 PC60YG		0.59	—
60 双玻压条 PC60SY		0.19	—
60 拼管 PC60PG		0.71	45×24

名称及型号	型 材 截 面 图（mm）	质量 （kg/m）	钢衬尺寸 （mm×mm）
135°转角 IY60-09		0.68	16×55
60 单玻压条 PC60DY		0.28	—
封盖 J260-07		0.15	—
拼条 PC60PT		0.10	—
60°转角 TC60ZJ		0.78	55×55

名称及型号	型 材 截 面 图（mm）	质量 （kg/m）	钢衬尺寸 （mm×mm）
平开门窗 PM60S		1.51	35×53
平开外开扇 PC60WKS		1.08	13×33×25
中梃扇 PC60ST		1.10	33×16
平开框 PC60K		1.00	28×21
门板 PM60B		0.87	—

名称及型号	型 材 截 面 图（mm）	质量 （kg/m）	钢衬尺寸 （mm×mm）
盖帽 TC80GM		0.27	—
80 防风条 TC80FG		0.21	—
80 转角 TC80DZJ		0.85	75×75
装饰条 J2-06		0.12	—
百叶条 J2-07		0.17	—

名称及型号	型材截面图（mm）	质量 （kg/m）	钢衬尺寸 （mm×mm）
55 推拉框 TC55K	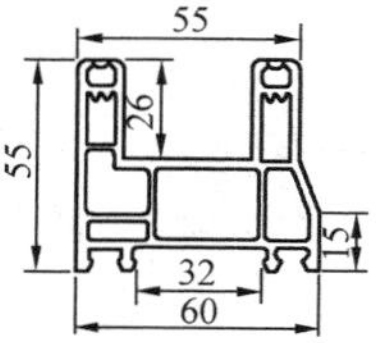	1.00	26×16
扇封	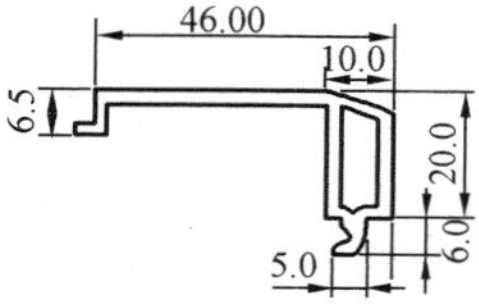	0.26	—

2. 钢门窗框用异型材

（1）塑钢窗框用异型材。常见塑钢窗的打开方式有推拉式和平开式两种。因其打开方式的不同，塑钢窗框用异型材的截面构造也不相同，但它们都是由 PVC-U 塑料制成的，即材质相同。具体说明见表 5-4。

表 5-4　　　　　　　　塑钢窗框用型材说明

类型	说明
推拉窗窗框异型材	推拉窗窗框异型材断面结构如图 5-1 所示。推拉窗窗框异型材有两轨道及三轨道形式。三轨道窗框异型材的其中两个轨道同两轨道窗框异型材一样用来装窗扇，另一个轨道用来装纱扇 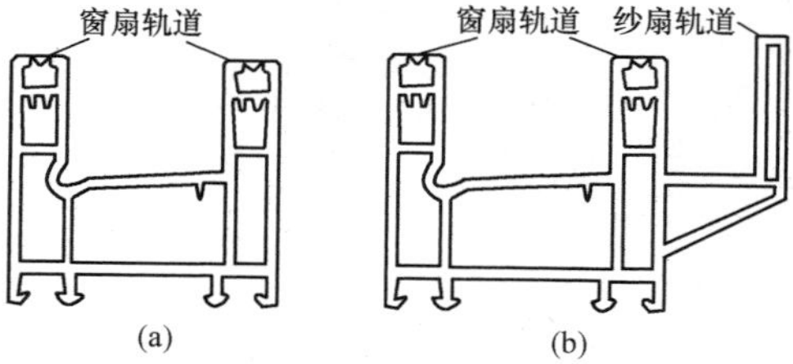 图 5-1　推拉窗窗框异型材断面结构示意 （a）两轨道窗框异型材；（b）三轨道窗框异型材

类　型	说　　明
平开窗窗框异型材 — 边框、上框、下框异型材	开窗的边框、上框、下框异型材一般为 L 形。其一臂安装增强型钢及与墙体连接等，另一臂安装密封条，与窗扇形成搭接镶嵌的密封结构（制作固定窗时，安装玻璃、密封条和压条）。平开窗窗框边框、上框、下框异型材断面结构如图 5-2 所示 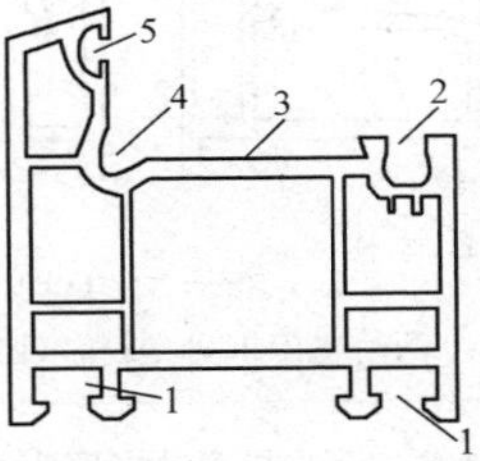 图 5-2　平开窗窗框边框、上框、下框异型材断面结构示意 1—用于安装、拼接槽；2—玻璃压条压脚槽；3—玻璃镶嵌槽； 4—加工排水槽、气压平衡槽部位；5—密封胶条安装槽
平开窗窗框异型材 — 中框异型材	中框异型材用来隔开窗的亮窗与开启部分，它有 Z 形截面和 T 形截面两种形式，如图 5-3 所示 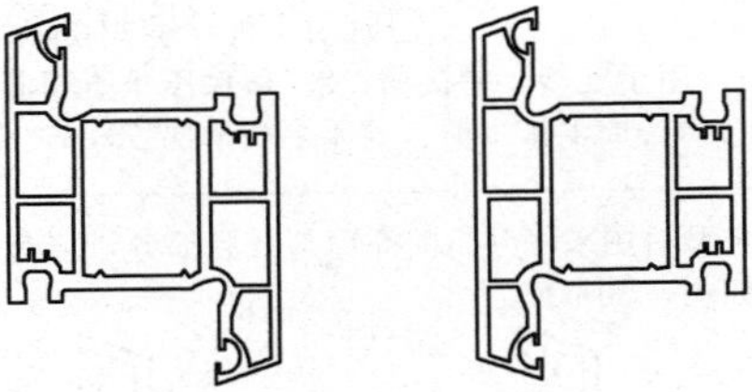 图 5-3　平开窗窗框中框异型材断面结构示意 （a）Z 形框框；（b）T 形框框

　　（2）塑钢门框用异型材。常见塑钢门的打开方式有推拉式和平开式，因其打开方式不同，塑钢门框用异型材的截面构造也不相同，但也都由 PVC-U 塑料制成。具体说明见表 5-5。

表 5-5 　　　　　　　　　　　　**塑钢门框用型材说明**

类型	说　　明
推拉门门框异型材	推拉门门框异型材的断面结构与推拉窗相同，但门框异型材一般只用两轨道框材，如图5-4所示。 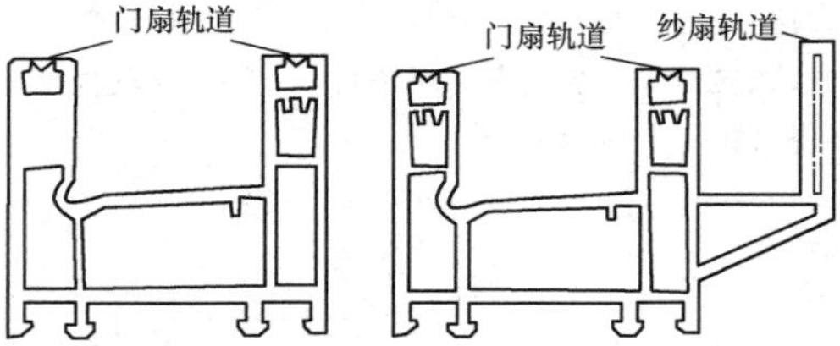 　　　　（a）　　　　　　　　　　　（b） 图 5-4　推拉门门框异型材断面结构 （a）两轨道门框异型材；（b）三轨道门框异型材
平开门门框异型材 — 边框、上框、下框异型材	平开门边框、上框、下框异型材的截面结构与平开窗相同，如图5-5所示。 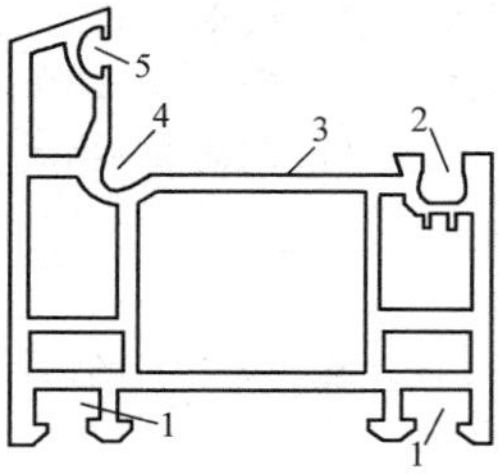 图 5-5　平开门门框异型材断面结构示意 1—用于安装、拼接槽；2—玻璃压条压脚槽；3—玻璃镶嵌槽； 4—加工排水槽、气压平衡槽部位；5—密封胶条安装槽
平开门门框异型材 — 中框异型材	中框异型材用来隔开门的亮窗与开启部分，它有Z形截面和T形截面两种形式，如图5-6所示。 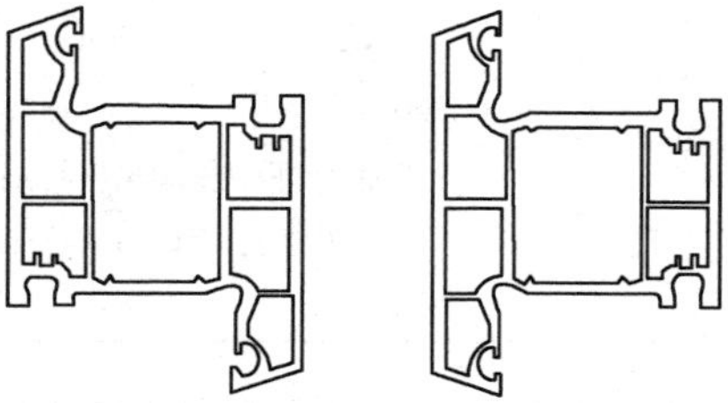 　　　（a）　　　　　　　　　　　（b） 图 5-6　开门门框中框异型材断面结构示意 （a）Z形框梃；（b）T形框梃

3. 塑钢门窗扇用异型材

（1）塑钢窗扇用异型材。开启方式不同，塑钢窗扇用异型材的截面构造也不相同。

1）推拉窗窗扇异型材。推拉窗窗扇的边梃、上冒头、下冒头异型材一般为 h 形断面，其结构如图 5-7 所示。

2）平开窗窗扇异型材。平开窗窗扇的边梃、上冒头、下冒头异型材的断面一般为 Z 形或 T 形。其中，Z 形异型材用做内平开窗扇，T 形异型材用做外平开窗扇。Z 形异型材和 T 形异型材又分别包括带欧式槽和不带欧式槽的两种结构形式，其中带欧式槽的结构可以安装传动器类五金件。平开窗窗扇异型材断面结构如图 5-8 所示。

（2）塑钢门扇用异型材。

1）推拉门门扇异型材。推拉门门扇异型材的断面结构与推拉窗相同。

2）平开门门扇异型材。平开门门扇异型材的断面结构与平开窗相同。

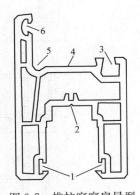

图 5-7 推拉窗窗扇异型
材断面结构示意

1—毛条槽；2—滑轮槽；
3—玻璃压条槽；4—玻璃
镶嵌槽；5—加工排水槽、
气压平衡槽部位；6—密封
胶条安装槽

3）拼凑型塑钢门门扇异型材。拼凑型塑钢门门扇异型材的断

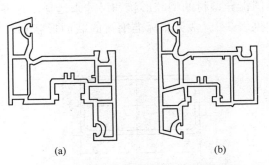

(a)   (b)

图 5-8 平开窗窗扇异型材断面结构示意

(a) 带欧式槽 Z 形扇材；(b) 带欧式槽 T 形扇材

面结构如图 5-9 所示。

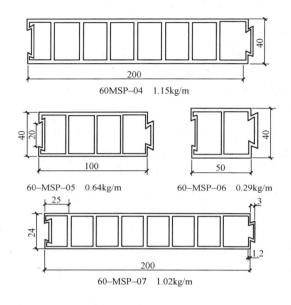

图 5-9　拼凑型塑钢门门窗异型材的断面结构示意

4. 塑钢门窗钢衬

（1）钢衬的种类。塑钢门窗所用钢衬的截面形状和尺寸有很多，我国把塑钢门窗的钢衬分为标准钢衬和非标准钢衬两类，钢衬可根据塑钢门窗异型材的型腔形状和尺寸来选择。标准钢衬的截面形状和尺寸见表 5-6。常见非标准钢衬的截面形状和尺寸如图 5-10 所示。

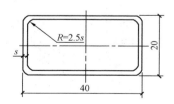

图 5-10　非标准钢衬的截面形状和尺寸

表 5-6　　　　　　　　　　　塑钢钢衬的规格尺寸

钢衬轧制厚度（mm）			1.0～2.0	
钢衬轧制长度（m）			4.6	
名　称	简　图	名　称	简　图	
方管		异型乙		
U 形		异型丙		
C 形		L 形		
U 形（不等边）		C 形		
C 形（不等边）		大角		
单边 C 形		加强角		
L 形		不等角		
异型甲		加强不等角		

（2）钢衬的使用规定。

1）平开窗：

a. 窗框构件长度大于或等于1300mm，窗扇构件长度大于或等于1200mm时，必须设置钢衬。

b. 中横框和中竖框构件大于或等于900mm时，必须设置钢衬。

c. 采用大于50系列的异型材，窗框构件长度大于或等于1000mm，窗扇构件长度大于或等于900mm时，必须设置钢衬。

d. 安装五金配件的部位要设置钢衬。

2）推拉窗：

a. 窗框构件长度大于或等于1300mm时，必须设置钢衬。

b. 断面厚度为45mm以上的型材，窗扇边框的长度大于或等于1000mm时；断面厚度为25mm以上的型材，窗扇边框的长度大于或等于900mm时，必须设置钢衬。

c. 窗扇下框长度大于或等于700mm时，滑轮直接承受玻璃质量的不加钢衬。

d. 安装五金配件的部位要设置钢衬。

e. 钢衬要和空腔内壁贴紧，其尺寸应与型材内腔尺寸相一致。钢衬两端应比框料最短长度少5～10mm，以不影响端头焊接和型钢涨缩变形为宜。用于固定每根钢衬的紧固件不应少于3个，其间距不大于300mm，距型钢端头不大于100mm。固定后的钢衬不得松动。

5. 塑钢门窗玻璃

以往的钢木门窗往往是分割成较小的块，所以玻璃的面积都比较小，一般都采用厚度为3mm的普通玻璃。而塑钢门窗与普通钢木门窗有很大的不同，窗扇上中冒头较少，一般一个扇就是一块大玻璃，所以玻璃的面积相对来说就较大。对有些固定窗而言，单块玻璃的面积甚至可达到3～4m，这时就要采用安全玻璃。塑钢门窗一般都采用厚度不小于5mm的玻璃。由于塑钢门经常开关，为了安全，必须限制门上使用玻璃面积的大小。

实用建筑五金手册

（1）四边支撑普通浮法玻璃的最大许用面积。四边支撑普通浮法玻璃的最大许用面积应符合表 5-7 的要求。

表 5-7　　　　　四边支撑普通浮法玻璃的最大许用面积

风荷载标准值（kPa）	普通浮法玻璃厚度（m²）						
	3mm	4mm	5mm	6mm	8mm	10mm	12mm
0.75	1.92	3.23	4.82	6.70	8.49	11.68	15.27
1.00	1.44	2.42	3.62	5.03	6.37	8.76	11.45
1.25	1.15	1.94	2.89	4.02	5.09	7.00	9.16
1.50	0.95	1.61	2.41	3.35	4.24	5.84	7.63
1.75	0.82	1.38	2.07	2.87	3.64	5.00	6.54
2.00	0.72	1.21	1.81	2.51	3.18	4.38	5.72
2.25	0.64	1.07	1.61	2.23	2.83	3.89	5.09
2.50	0.57	0.97	1.44	2.01	2.54	3.50	4.58
2.75	0.52	0.88	1.31	1.82	2.31	3.18	4.16
3.00	0.48	0.80	1.20	1.67	2.12	2.92	3.81
3.25	0.44	0.74	1.11	1.54	1.96	2.96	3.52
3.50	0.41	0.69	1.03	1.43	1.82	2.50	3.27
3.75	0.38	0.64	0.96	1.34	1.69	2.33	3.05
4.00	0.36	0.60	0.90	1.25	1.59	2.19	2.86
4.25	0.33	0.57	0.85	1.18	1.49	2.06	2.69
4.50	0.32	0.53	0.80	1.11	1.41	1.94	2.54
4.75	0.30	0.51	0.76	1.05	1.34	1.84	2.41
5.00	0.28	0.48	0.72	1.00	1.27	1.75	2.29

（2）四边支撑中空玻璃的最大许用面积。四边支撑中空玻璃的最大许用面积应符合表 5-8 的要求。

表 5-8　　　　　　　　**四边支撑中空玻璃的最大许用面积**

风荷载标准值 (kPa)	中空玻璃厚度 (m²)				
	(3+3)mm	(4+4)mm	(5+5)mm	(6+6)mm	(8+8)mm
0.75	2.88*	4.85*	7.24*	10.06*	12.74*
1.00	2.16	3.63*	5.43*	7.54*	9.55*
1.25	1.73	2.91	4.34	6.03	7.64*
1.50	1.44	2.42	3.62	5.03	6.37
1.75	1.23	2.07	3.10	4.31	5.46
2.00	1.08	1.81	2.71	3.77	4.77
2.25	0.96	1.61	2.41	3.35	4.24
2.50	0.86	1.45	2.17	3.01	3.82
2.75	0.78	1.32	1.97	2.74	3.47
3.00	0.72	1.21	1.81	2.51	3.18
3.25	0.66	1.11	1.67	2.32	2.94
3.50	0.61	1.03	1.55	2.15	2.73
3.75	0.57	0.97	1.44	2.01	2.54
4.00	0.54	0.90	1.35	1.88	2.38
4.25	0.50	0.85	1.27	1.77	2.24
4.50	0.48	0.80	1.20	1.67	2.12
4.75	0.45	0.76	1.14	1.58	2.01
5.00	0.43	0.72	1.08	1.50	1.91

*　表示国内非常规大板面玻璃尺寸。

（3）四边支撑夹层玻璃及压花玻璃的最大许用面积。四边支撑夹层玻璃及压花玻璃的最大许用面积应符合表 5-9 的要求。

表 5-9　　　四边支撑夹层玻璃及压花玻璃的最大许用面积

风荷载标准值（kPa）	夹层玻璃总厚度（m²）		压花玻璃厚度（m²）	
	6mm	10mm	3mm	5mm
0.745	3.35	5.84*	1.15*	2.89*
1.00	2.51	4.38	0.86	2.17*
1.25	2.01	3.50	0.69	1.73
1.50	1.67	2.92	0.57	1.44
1.75	1.43	2.50	0.49	1.24
2.00	1.25	2.19	0.43	1.08
2.25	1.11	1.94	0.38	0.96
2.50	1.00	1.75	0.34	0.86
2.75	0.91	1.59	0.31	0.79
3.00	0.83	1.46	0.28	0.72
3.25	0.77	1.34	0.26	0.66
3.50	0.71	1.25	0.24	0.62
3.75	0.67	1.16	0.23	0.57
4.00	0.62	1.09	0.21	0.54
4.25	0.59	1.03	0.20	0.51
4.50	0.55	0.97	0.19	0.48
4.75	0.52	0.92	0.18	0.45
5.00	0.50	0.87	0.17	0.43

* 表示国内非常规大板面玻璃尺寸。

（4）四边支撑半钢化玻璃的最大许用面积。四边支撑半钢化玻璃的最大许用面积应符合表 5-10 的要求。

表 5-10　　　　　　　　四边支撑半钢化玻璃的最大许用面积

风荷载标准值（kPa）	半钢化玻璃厚度（m²）					
	3mm	4mm	5mm	6mm	8mm	10mm
0.75	3.08*	5.17*	7.73*	10.73*	13.59*	18.69*
1.00	2.31	3.88	5.79*	8.05*	10.19*	14.01*
1.25	1.84	3.10	4.63	6.44*	8.15*	11.21*
1.50	1.54	2.58	3.86	5.36	6.79*	9.34*
1.75	1.32	2.21	3.31	4.60	5.82	8.01*
2.00	1.15	1.94	2.89	4.02	5.09	7.00
2.25	1.02	1.72	2.57	3.57	4.53	6.23
2.50	0.92	1.55	2.31	3.22	4.07	5.60
2.75	0.84	1.41	2.10	2.92	3.70	5.09
3.00	0.77	1.29	1.93	2.68	3.39	4.67
3.25	0.71	1.19	1.78	2.47	3.13	4.31
3.50	0.66	1.10	1.65	2.30	2.91	4.00
3.75	0.61	1.03	1.54	2.14	2.71	3.73
4.00	0.57	0.97	1.44	2.01	2.54	3.50
4.25	0.54	0.91	1.36	1.89	2.39	3.29
4.50	0.51	0.86	1.28	1.78	2.26	3.11
4.75	0.48	0.81	1.22	1.69	2.14	2.95
5.00	0.46	0.77	1.15	1.61	2.03	2.80

＊　表示国内非常规大板面的玻璃尺寸。

6. 塑钢门窗辅助异型材

塑钢门窗辅助异型材主要包括玻璃压条、密封条、弹性隔垫条（块）、封盖与封边、压条、拼接异型材、毛条等。

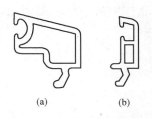

图 5-11 玻璃压条截面结构
（a）单玻压条；（b）双玻压条

（1）玻璃压条。用于固定玻璃的异型材称为玻璃压条，玻璃压条也是由 PVC-U 材料制成的，它有各种尺寸规格和结构形状，以分别适应安装单层、双层及中空玻璃的需要，其截面结构如图 5-11 所示。

（2）密封条。

1）玻璃密封条。玻璃密封条又称 K 形密封条，是安装门窗玻璃的专用密封条，根据安装的方法分为压入式和穿入式两种，如图 5-12 所示。

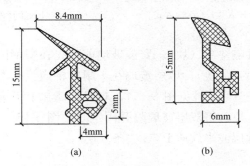

图 5-12 玻璃密封条断面示意图
（a）压入式；（b）穿入式

a. 压入式。将密封条箭头形状部分用压轮压入型材的槽内，在成窗（门）组焊完成后安装，密封条拐角处须成 45°斜面对接，如图 5-12（a）所示。

b. 穿入式。将密封条丁字部分直接穿入型材槽内，在成窗（门）组装前即装入槽内一道焊接。穿入式密封条的材料必须是全塑料的（含有橡胶成分的材料不能与异型材一道焊接），如图 5-12（b）所示。

2）框扇密封条。框扇密封条又称 V 形密封条，也分为压入式和穿入式两种。压入式框扇密封条如图 5-13a 所示，穿入式框扇密封条如图 5-13（b）所示。

3）纱窗固定密封条。纱窗固定密封条用于纱窗压嵌固定和密封，如图 5-14 所示。

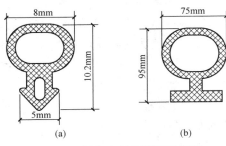

图 5-13　框扇密封条断面示意图
（a）压入式；（b）穿入式

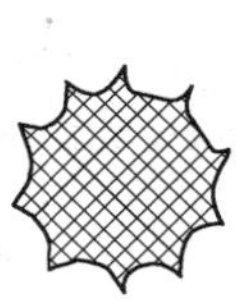

图 5-14　纱窗固定密封条
断面示意图

（3）弹性隔垫条（块）。安装玻璃前要先在塑钢门窗扇料槽内放入弹性隔垫条（块）。单层玻璃在下扇料槽内设计两块圆形或方形弹性隔垫条（块）（见图 5-15），双层玻璃在上下扇料槽内设计特制隔垫条（块）将双层玻璃隔开固定（见图 5-16）。塑料垫可做成硬质贴合软层或半软质 PVC 垫条（块）。

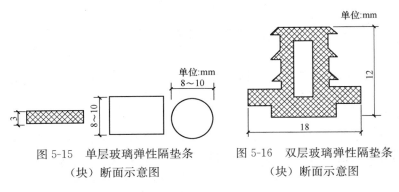

图 5-15　单层玻璃弹性隔垫条
（块）断面示意图

图 5-16　双层玻璃弹性隔垫条
（块）断面示意图

（4）封盖与封边。封盖与封边在塑钢门窗结构中起到防尘、防水和美观的作用，由于塑钢门窗的结构不同，所需的封盖与封边的截面形状也各异。如图 5-17 所示为扇封盖，如图 5-18 所示为轨道封边，如图 5-19 所示为门窗封边断面形式示意图。

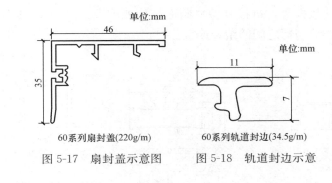

图 5-17　扇封盖示意图　　图 5-18　轨道封边示意

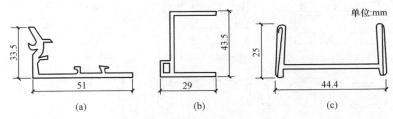

图 5-19　门窗封边断面形式示意图

（a）推拉门窗封边断面（0.28kg/m）；（b）门扇四周封边断面（0.28kg/m）；

（c）门扇贴地处封边断面（0.25kg/m）

（5）压条。压条起到固定塑钢门窗玻璃、隔板的作用，也起到密封作用，由于塑钢门窗玻璃分单层、双层，隔块有多种，所以压条也有多种，如图 5-20 所示。

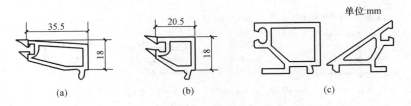

图 5-20　压条的多种形式

（a）60 系列平开单玻压条（270g/m）；（b）60 系列双玻压条（200g/m）；

（c）50 系列玻璃压条

（6）拼接异型材。拼接异型材有拼接柱、拼接条、直角连接框和转角连接框等，拼接异型材断面结构如图 5-21 所示，其作用是窗与窗、窗与门之间的组合连接。

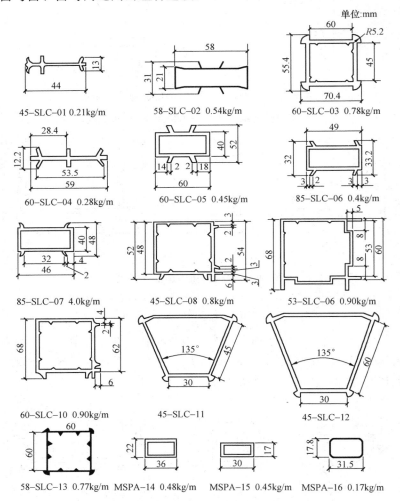

单位:mm

45-SLC-01 0.21kg/m   58-SLC-02 0.54kg/m   60-SLC-03 0.78kg/m

60-SLC-04 0.28kg/m   60-SLC-05 0.45kg/m   85-SLC-06 0.4kg/m

85-SLC-07 4.0kg/m   45-SLC-08 0.8kg/m   53-SLC-06 0.90kg/m

60-SLC-10 0.90kg/m   45-SLC-11   45-SLC-12

58-SLC-13 0.77kg/m MSPA-14 0.48kg/m   MSPA-15 0.45kg/m   MSPA-16 0.17kg/m

图 5-21　塑钢门窗拼接异型材断面结构示意图

（7）毛条。毛条用于推拉门窗接缝密封、门窗导槽内侧与导轨密封以及纱扇与玻璃接缝密封。毛条是用尼龙材料制成的毛刷和毡垫合成的，装于推拉扇封边条和导槽内侧卡槽内，毛条断面示意图如图 5-22 所示。

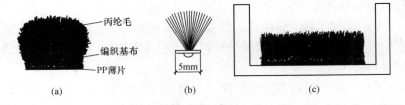

图 5-22　毛条断面示意图
(a) 密封毛条断面；(b) 推拉窗搭接缝毛条断面；
(c) 特形毛条安装位置

7. 塑钢门窗五金配件

塑钢门窗的五金配件包括铰链、风撑、开关执手、锁闭器、门锁、滚轮等。塑钢门窗的五金配件要求防锈、防腐，有一定的强度，打开使用灵活，关闭紧密，使用耐久或与塑钢门窗寿命相同。

(1) 五金配件品种介绍。

1) 开关执手。开关执手分为单动（多为尼龙材料）和联动（多为铜、铝合金）两种，后者用于尺寸较大的窗，可使窗扇关闭时减小变形、增加密封性。开关执手如图 5-23 (a)所示。

2) 铰链。铰链有合页式（多为不锈钢材料，用于平开门窗）、长脚合页式（多为不锈钢材料，用于平开门暗装）、插销式（多为铝合金或钢制喷塑）和四边杆式（铝合金或不锈钢制），可根据用途、档次来选用。铰链如图 5-23 (b)所示。

3) 滚轮。推拉门窗的滚轮有大轮和小轮两种，大轮滑动性能

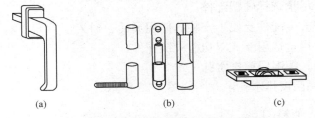

图 5-23　开关执手、铰链、滚轮示意图
(a) 开关执手；(b) 铰链；(c) 滚轮

好一些。滚轮的支架多为镀锌薄钢板，轮子多为尼龙或其他塑料制品。滚轮如图 5-23（c）所示。

4）风撑。对于插销式、铰链式平开窗，需要安装风撑以调整窗的开度并加以固定。风撑的材料多为铝或钢镀锌，对于四联式铰链可省去风撑。

5）门锁。门锁多为球形锁，可与木门、铝合金门通用。例如，内门可选用叶片插芯门锁，外门可选用外装双面门锁。推拉门半圆锁及插销锁是专用于推拉门关闭后锁住门扇的。

6）固定铁件。固定铁件用于门窗与洞口墙体之间的固定和连接。一般用 1.5mm 厚的普通钢板加工成型，表面应涂防锈漆。如图 5-24 所示为门窗框固定铁件。

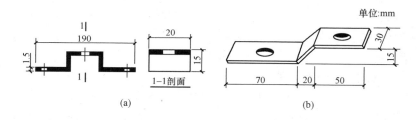

图 5-24　门窗框固定铁件
（a）双点固定；（b）单点固定

（2）五金配件的选择要点。

1）所有金属五金配件，如铰链、螺钉、开关执手、锁闭器等均应采用不锈钢制品，严禁采用普通钢材制品。

2）尽量选择硬塑配件。

3）五金配件要便于安装，使用灵活、耐久。

4）尽量选用欧式双功能铰链配件。

（四）塑钢门窗排水孔

塑钢门窗排水孔示意图如图 5-25 所示。

二、塑料门

（一）未增强 PVC 塑料门（JG/T 180）

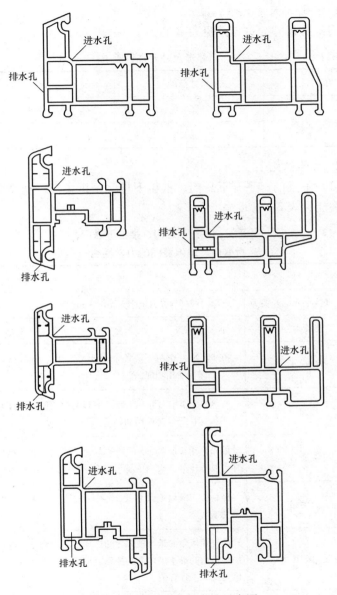

图 5-25 塑钢门窗排水孔示意图

1. 门外形尺寸允许偏差

门外形尺寸允许偏差见表5-11。

表5-11 门外形尺寸允许偏差 mm

项　目	尺寸范围	偏差值
宽度和高度	≤2000	±2.0
	>2000	±3.0

2. 力学性能

（1）平开门、平开下悬门、推拉下悬门、折叠门、地弹簧门的力学性能见表5-12。

表5-12 平开门、平开下悬门、推拉下悬门、折叠门、地弹簧门的力学性能

项　目	技术要求
锁紧器（执手）的开关力	不大于100N（力矩小为10N·m）
开关力	不大于80N
悬端吊重	在500N力作用下，残余变形不大于2mm，试件不损坏，仍保持使用功能
翘曲	在300N作用力下，允许有不影响使用的残余变形，试件不损坏，仍保持使用功能
开关疲劳	经不少于100 000次的开关试验，试件及五金配件不损坏，其固定处及玻璃压条不松脱，仍保持使用功能
大力关闭	经模拟7级风连续开关10次，试件不损坏，仍保持开关功能
焊接角破坏力	门框焊接角的最小破坏力的计算值不应小于3000N，门扇焊接角的最小破坏力的计算值不应小于6000N，且实测值均应大于计算值
垂直荷载强度	对门扇施加30kg荷载，门扇卸荷后的下垂量水应大于2mm

项　目	技术要求
软物撞击	无破损，开关功能正常
硬物抗击	无破损

注 1. 垂直荷载强度适用于平开门、地弹簧门。

　　2. 全玻门不检测软、硬物撞击性能。

（2）推拉门的力学性能见表 5-13。

表 5-13　　　　　　　　**推拉门的力学性能**

项　目	技术要求
开关力	不大于 100N
弯曲	在 300N 力作用下，允许有不影响使用的残余变形，试件不损坏，仍保持使用功能
扭曲	在 200N 作用下，试件不损坏，允许有不影响使用的残余变形
开关疲劳	经不少于 100 000 次的开关试验，试件及五金件不损坏，其固定处及玻璃压条不松脱
焊接角破坏力	门框焊接角最小破坏力的计算值不应小于 3000N，门扇焊接角最小破坏力的计算值不应小于 4000N，且实测值均应大于计算值
软物撞击	无破损，开关功能正常
硬物撞击	无破损

注 1. 无凸出把手的推拉门不做扭曲试验。

　　2. 全玻门不检测软、硬物撞击功能。

3. 性能分级

（1）抗风压性能分级见表 5-14。

表 5-14　　　　　　　　**抗风压性能分级**

分级	1	2	3	4	5
分级指标值 P_3（kPa）	$1.0 \leqslant$ $P_3 < 1.5$	$1.5 \leqslant$ $P_3 < 2.0$	$2.0 \leqslant$ $P_3 < 2.5$	$2.5 \leqslant$ $P_3 < 3.0$	$3.0 \leqslant$ $P_3 < 3.5$

分级	6	7	8	×·×
分级指标值 P_3（kPa）	$3.5{\leqslant}P_3{<}4.0$	$4.0{\leqslant}P_3{<}4.5$	$4.5{\leqslant}P_3{<}5.0$	$P_3{\geqslant}5.0$

注 表中×·×表示用≥5.0kPa的具体值，取代分级代号。

（2）保温性能分级见表 5-15。

表 5-15　　　　　　　　　　保温性能分级

分级	7	8	9	10
分级指标值 K [W/(m^2·K)]	$3.0{>}K{\geqslant}2.5$	$2.5{>}K{\geqslant}2.0$	$2.0{>}K{\geqslant}1.5$	$K{<}1.5$

（3）气密性能分级见表 5-16。

表 5-16　　　　　　　　　　气密性能分级

分级	3	4	5
单位缝长分级指标值 q_1[m^3/(m·h)]	$2.5{\geqslant}q_1{>}1.5$	$1.5{\geqslant}q_1{>}0.5$	$q_1{\leqslant}1.5$
单位面积分级指标值 q_2[m^3/(m^2·h)]	$7.5{\geqslant}q_2{>}4.5$	$4.5{\geqslant}q_2{>}1.5$	$q_2{\leqslant}1.5$

（4）水密性能分级见表 5-17。

表 5-17　　　　　　　　　　水密性能分级

分级	1	2	3	4	5	××××
分级指标值 ΔP（Pa）	$100{\leqslant}\Delta P{<}150$	$150{\leqslant}\Delta P{<}250$	$250{\leqslant}\Delta P{<}350$	$350{\leqslant}\Delta P{<}500$	$500{\leqslant}\Delta P{<}700$	$\Delta P{\geqslant}700$

注 表中××××表示用≥700Pa的具体值取代分级代号。

（5）空气隔声性能分级见表 5-18。

表 5-18　　　　　　　　　　空气隔声性能分级

分级	2	3	4	5	6
分级指标值（dB）	$25{\leqslant}R_w{<}30$	$30{\leqslant}R_w{<}35$	$35{\leqslant}R_w{<}40$	$40{\leqslant}R_w{<}45$	$R_w{\geqslant}45$

(二) 未增塑聚氯乙烯塑料窗 (JG/T 140)

1. 窗外形尺寸允许偏差

窗外形尺寸允许偏差见表 5-19。

表 5-19　　　　　　　　　窗外形尺寸允许偏差　　　　　　　　　mm

项 目	尺寸范围	偏差值
宽度和高度	≤1500	±2.0
	>1500	±3.0

2. 力学性能

(1) 平开窗、平开下悬窗、上悬窗、中悬窗、下悬窗的力学性能见表 5-20。

表 5-20　　　　　　　　平开窗、平开下悬窗、上悬窗、
中悬窗、下悬窗的力学性能

项 目	技 术 要 求			
锁紧器 (执手) 的开关力	不大于 80N (力矩不大于 10N·m)			
开关力	平合页	不大于 80N	摩擦铰链	不小于 30N 不大于 80N
悬端吊重	在 500N 力作用下,残余变形不大于 2mm,试件不损坏,仍保持使用功能			
翘曲	在 300N 作用力下,允许有不影响使用的残余变形,试件不损坏,仍保持使用功能			
开关疲劳	经不少于 10000 次的开关试验,试件及五金配件不损坏,其固定处及玻璃压条不松脱,仍保持使用功能			
大力关闭	经模拟 7 级风连续开关 10 次,试件不损坏,仍保持开关功能			
焊接角破坏力	窗框焊接角最小破坏力的计算值不应小于 2000N,窗扇焊接角最小破坏力的计算值不应小于 2500N,且实测值均应大于计算值			
窗撑试验	在 200N 力作用下,不允许位移,连接处型材不破裂			

项　目	技　术　要　求
开启限位装置 （制动器）受力	在 10N 力作用下开启 10 次，试件不损坏

注　大力关闭只检测平开窗和上悬窗。

（2）推拉窗的力学性能见表 5-21。

表 5-21　　　　　　　　　**推拉窗的力学性能**

项　目	技　术　要　求			
开关力	推拉窗	不大于 100N	上下推拉窗	不大于 135N
弯曲	在 300N 力作用下，允许有不影响使用的残余变形，试件不损坏，仍保持使用功能			
扭曲	在 200N 作用下，试件不损坏，允许有不影响使用的残余变形			
开关疲劳	经不少于 10 000 次的开关试验，试件及五金配件不损坏，其固定处及玻璃压条不松脱			
焊接角破坏力	窗框焊接角最小破坏力的计算值不应小于 2500N，窗扇焊接角最小破坏力的计算值不应小于 1400N，且实测值均应大于计算值			

注　没有凸出把手的推拉窗不做扭曲试验。

3. 性能分级

（1）抗风压性能分级见表 5-22。

表 5-22　　　　　　　　　**抗风压性能分级**

分级代号	1	2	3	4	5
分级指标值 （kPa）	$1.0 \leqslant P_3 < 1.5$	$1.5 \leqslant P_3 < 2.0$	$2.0 \leqslant P_3 < 2.5$	$2.5 \leqslant P_3 < 3.0$	$3.0 \leqslant P_3 < 3.5$
分级代号	6	7	8	× · ×	
分级指标值 （kPa）	$3.5 \leqslant P_3 < 4.0$	$4.0 \leqslant P_3 < 4.5$	$4.5 \leqslant P_3 < 5.0$	$P_3 \geqslant 5.0$	

注　表中× · ×表示用大于等于 5.0kPa 的具体值取代分级代。

（2）保温性能分级见表 5-23。

表 5-23　　　　　　　　　　　保温性能分级

分　级	7	8	9	10
分级指标值［W/(m²·K)］	3.0>K≥2.5	2.5>K≥2.0	2.0>K≥1.5	K<1.5

（3）气密性能分级见表 5-24。

表 5-24　　　　　　　　　　　气密性能分级

分　级	3	4	5
单位缝长分级指标值［m³/(m·h)］	2.5≥q_1>1.5	1.5≥q_1>0.5	q_1≤0.5
单位面积分级指标值［m³/(m²·h)］	7.5≥q_2>4.5	4.5≥q_2>1.5	q_2≤1.5

（4）水密性能分级见表 5-25。

表 5-25　　　　　　　　　　　水密性能分级

分级	1	2	3	4	5	××××
分级指标 （Pa）	100≤ΔP <150	150≤ΔP <250	250≤ΔP <350	350≤ΔP <500	500≤ΔP <700	ΔP≥700

注　表中××××表示用大于等于 700Pa 的具体值取代分级代号。

（5）空气隔声性能分级见表 5-26。

表 5-26　　　　　　　　　　　空气隔声性能分级

分　级	2	3	4	5	6
分级指标值 （dB）	25≤R_w<30	30≤R_w<35	35≤R_w<40	40≤R_w<45	45≤R_w

（6）采光性能分级见表 5-27。

表 5-27　　　　　　　　　　　采光性能分级

分　级	2	3	4	5	6
分级 指标值	0.20≤T_r<0.30	0.30≤T_r<0.40	0.40≤T_r<0.50	0.50≤T_r<0.60	T_r≥0.60

（三）PC 透明卷帘门

1. 特点及用途

PC 透明卷帘门由 PC 门片、不锈钢芯轴、底梁、消声导槽、卷轴、遥控器等部件组成，或与塑钢链片组合，组装方便，坚韧耐用。其集透光、挡风、防盗功能于一体，是现代都市大型商场、橱窗的首选，也是城市夜景工程的重要装饰。

2. 规格

品种款式多，根据需要可协议生产。

（四）全塑折叠门

1. 特点及用途

以聚氯乙烯为主要原料，配以一定量的防老化剂、阻燃剂、增塑剂、稳定剂等，经机械加工制成。质量轻、安装使用方便，推托轨迹直，自身体积小，遮蔽面积大。特别适宜于更衣间屏幕、浴室内门，大中型厅堂的临时隔断等。

2. 规格

产品主体是表面印花的聚氯乙烯异型板材，软件采用合成纤维布，以铝合金导轨及滑轮等作附件组合成折叠型活动门。

三、铝合金门窗

（一）铝合金门窗特点及分类

铝合金门窗是由铝合金型材作窗框构件，再与玻璃、密封件、连接件以及五金配件等组合装配而成。其特点是刚性强，强度高。质量轻，美观明快，密封和隔声性好，防腐蚀，启闭灵活轻便。适用于现代工业和民用住宅等中高档建筑。

门窗按其结构与启闭方式可分为推拉窗（门）、平开窗（门）、滑轴平开窗、带纱扇窗、固定窗、悬挂窗、立转窗（门）、百叶窗、纱窗等。

（二）铝合金门窗型材

1. 特点及用途

铝合金门窗型材是专门用作铝合金门窗的主要材料。结构新颖，刚性强，强度高，质量轻，密封性、隔声性好，美观耐用，防腐蚀，启闭轻便灵活，无噪声，适用于现代工业和民用住宅等中高档建筑。

铝合金门窗型材的标准及说明见表5-28。

表 5-28 　　　　　　　　　　**铝合金门窗型材的标准及说明**

类型标准号		说　　明
标准号		GB/5237《铝合金建筑型材》：该标准主要规定了型材的材料、尺寸精度等级及允许偏差、表面质量等方面的内容。型材的代号及断面尺寸尚无统一标准，现根据广东兴发铝型材集团公司及上海申川铝型材装潢总厂产品样本资料摘录于下，供参考
材料	牌	主要为 6063（旧代号为 LD31） 其次为 6061（旧代号为 LD30）
	供应状态	主要为 T5（旧代号为 RCS）—高温成型后进行快速冷却，并人工时效； 其他还有：F（旧代号为 R）—热挤压；T6（旧代号为 CS）—淬火人工时效；T4（旧代号为 CZ）—淬火自然时效（仅适用于 6061）
	表面质量	阳极氧化膜级别（数字表示最小平均膜厚，μm） AA10、AA15 级——用于一般场合 AA20、AA25 级——用于大气污染条件恶劣的环境或要求耐磨的场合； 氧化膜色泽：主要为银白色，其他还有古铜色等
用途		用于制造各种铝合金门窗、建筑配件、陈列橱柜、玻璃幕墙等
壁厚选用（参考）		一般情况下，建筑型材壁厚不宜低于以下规定值： 门结构型材—2.2mm；窗结构型材—1.4mm；幕墙、玻璃屋顶—3.0mm；其他型材—1.0mm
型材长度		一般为 1～6m

2. 规格

（1）38 系列平开窗用型材代号、用途及尺寸见表5-29，断面形状示意如图5-26所示。

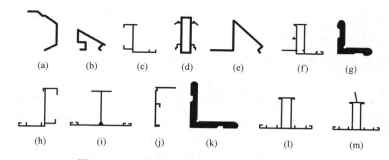

(a)　　(b)　　(c)　　(d)　　(e)　　　(f)　　　(g)

(h)　　　(i)　　　(j)　　　(k)　　　　(l)　　　　(m)

图 5-26　38 系列平开窗用型材断面形状示意图

表 5-29　　　　　38 系列平开窗用型材代号、用途及尺寸

产地	型材代号	用　途	断面尺寸（mm）			质量（g/m）	分图号
			宽度	高度	壁厚≥		
广 东	C100	拉手	34	25.4	2.36	372	(a)
	C101	玻璃嵌条	20	16	1	150	(b)
	C102	内窗框	48	38.5	1.5	625	(f)
	C103	外窗框	39.5	38.5	1.6	445	(c)
	C104	立柱	66.5	38.5	2	654	(i)
	C105	固定窗框	35	18	1.6	281	(j)
	C106	接角件	51	51	7.9	1775	(k)
	C107	接角件	40.8	40.8	8.7	1450	(g)
	C108	固定窗框	39.5	38.5	1.5	459	(h)
	C211	中接	35	22.4	1.5	448	(d)
	C215	玻璃嵌条	37	25	1	208	(e)
	C233	固定窗框	66.5	38.5	1.5	724	(l)
	C234	固定窗框	66.5	52.5	1.5	775	(m)
上 海	R207-1	玻璃嵌条	20	16	1	168	(b)
	R210	外窗框	39.5	38.5	1.6	436	(c)
	R211	立柱	66.5	38.5	2	697	(i)
	R212	拉手	35	25.2	2.2	328	(a)
	R213	接角件	62	62	7.5	2137	(g)

产地	型材代号	用　途	断面尺寸（mm）			质量（g/m）	分图号
			宽度	高度	壁厚≥		
上 海	R308	玻璃嵌条	37	26	1	232	(e)
	R410	固定窗框	39.5	38.5	1.5	464	(h)
	R411	固定窗框	34	18	1.5	234	(j)
	RC12	中接	35	22	1.5	472	(d)
	RC13	内窗框	48	38.5	1.5	614	(f)
	RC14	固定窗框	66.5	38.5	1.5	718	(l)

（2）55系列推拉窗用型材代号、用途及尺寸见表5-30，型材断面形状示意如图5-27所示。

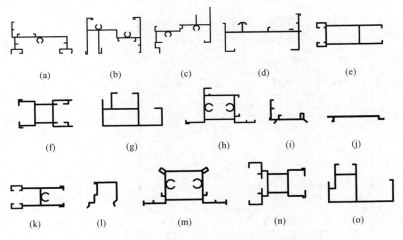

(a)　　　(b)　　　(c)　　　(d)　　　(e)

(f)　　　(g)　　　(h)　　　(i)　　　(j)

(k)　　　(l)　　　(m)　　　(n)　　　(o)

图 5-27　55 系列平开窗用型材断面形状示意图

表 5-30　　　　　　55 系列平开窗用型材代号、用途及尺寸

产地	型材代号	用　途	断面尺寸（mm）			质量（g/m）	分图号
			宽度	高度	壁厚≥		
广 东	D550	接框	58	33	1.3	559	(a)
	D551	上框	55	35	1.3	751	(b)
	D552	下框	55	48	1.3	666	(c)

产地	型材代号	用　途	断面尺寸（mm）			质量（g/m）	分图号
			宽度	高度	壁厚≥		
广东	D553	边框	55	30	1.3	526	(d)
	D554	上梃	40	19	1.3	489	(e)
	D555	下梃	55	19	1.3	596	(e)
	D556	边框	38	20	1.3	464	(f)
	D557	边框	40	25	1.3	493	(g)
	D559	边框	55	29.5	1.3	613	(h)
	D560	嵌座	26.5	19.5	1.3	221	(i)
	D561	玻璃嵌条	15.3	14.5	1	119	(l)
	D562	固定框	55	23.5	1.3	616	(m)
	D565	盖板条	26.5	4.4	1	83	(j)
	D566	内边框	40	30	1.3	532	(n)
	D567	拉手边框	55	35	1.3	653	(o)
上海	R440	上框	55	35	1.5	850	(b)
	R441	下框	55	38	1.5	800	(c)
	R442	边梃	55	30	1.5	685	(d)
	R443	接框	58	33	1.5	620	(a)
	R444	上梃	40	18	1.5	490	(k)
	R444-1	上梃	50	19	1.5	590	(k)
	R451	玻璃嵌条	14	14	0.8	100	(l)
	R4452	盖板条	26.5	4.4	0.8	77	(j)
	R453	嵌座	26.5	19.5	1.5	241	(i)
	RC55	固定框	55	23.5	1.5	680	(m)
	RC56	边框	55	29.5	1.5	680	(h)
	RC57	内边框	40	30	1.5	590	(n)
	RC258	边框	38	20	1.5	520	(f)
	RC59	拉手边框	55	35	1.5	790	(o)

（3）70 及 70B 系列推拉窗用型材代号、用途及尺寸见表 5-31
及断面形状示意如图 5-28 所示。

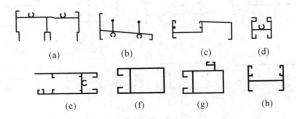

（a）　　　　（b）　　　　（c）　　　　（d）

（e）　　　　（f）　　　　（g）　　　　（h）

图 5-28　70 及 70B 系列推拉窗用型材断面形状示意

表 5-31　　　70 及 70B 系列推拉窗用型材代号、用途及尺寸

产地	型材代号	用　途	断面尺寸（mm）			质量（g/m）	分图号
			宽度	高度	壁厚≥		
广东（70B系列）	D771	上轨道	70	35	1.2	702	（a）
	D772	下轨道	70	35	1.2	594	（b）
	D773	侧框	70	22	1.2	489	（c）
	D774	上帽头	25	21.2	1.2	365	（d）
	D775	下帽头	55	21.2	1.2	564	（e）
	D776	边窗梃	40	24.2	1.2	456	（f）
	D777	中窗梃	40	32.9	1.2	540	（g）
	D778	碰口	35.6	25.4	1.4	400	（h）
	D784	上帽头	35	21.2	1.2	429	（d）
上海（70系列）	R714-1	上轨道	70	35	1.2	720	（a）
	R625	下轨道	70	35	1.2	592	（b）
	R626	侧框	70	22	1.2	511	（c）
	R717-1	上帽头	35	21.2	1.2	428	（d）
	R628	下帽头	55	21.2	1.2	565	（e）
	RC20-1	边窗梃	40	24.2	1.2	459	（f）
	RC21-1	中窗梃	40	33	1.2	541	（g）
	R219-1A	碰口	35.4	25	1.2	347	（h）

（4）90 系列推拉窗用型材代号、用途及尺寸见表 5-32，型材

断面形状如图 5-29 所示。

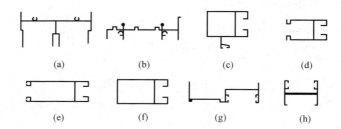

(a)　　　　　(b)　　　　　(c)　　　　　(d)

(e)　　　　　(f)　　　　　(g)　　　　　(h)

图 5-29　90 系列推拉窗用型材断面形状示意图

表 5-32　　　　　90 系列推拉窗用型材代号、用途及尺寸

产地	型材代号	用　途	断面尺寸（mm）			质量（g/m）	分图号
			宽度	高度	壁厚≥		
广东	D301	上轨	90	50.8	1.4	1104	(a)
	D302	下轨	88	31.8	1.4	877	(b)
	D307	侧竖	52.2	44.5	1.4	858	(c)
	D304	上横	50.8	28.2	1.4	650	(d)
	D305	下横	76.2	28.2	1.4	846	(e)
	D306	侧竖	64.9	31.8	1.4	823	(f)
	D303	侧框	90	27.4	1.4	700	(g)
	D308	碰口	44	31.8	3.2	629	(h)
	D318	碰口	44	31.8	1.8	532	(h)
上海	R214	上轨	90	50.8	1.3	966	(a)
	R215	下轨	88	31.8	1.3	756	(b)
	R216	侧框	90	27.4	1.3	635	(g)
	R217	上横	50.8	28.2	1.3	641	(d)
	R218	下横	76.2	28.2	1.3	814	(e)
	R219	碰口	44	31.8	1.3	460	(h)
	RC20	侧竖	64.9	31.8	1.3	765	(f)
	RC21	侧竖	52.2	44.5	1.3	780	(c)

（5）地弹簧门、无框门及卷帘门用型材代号、用途及尺寸见表5-33，其型材断面形状示意如图5-30所示。

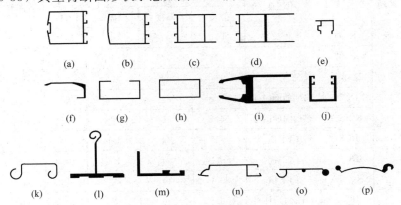

图 5-30　地弹簧门、无框门及卷帘门用型材断面形状示意图

表 5-33　地弹簧门、无框门及卷帘门用型材代号、用途及尺寸

产地	型材代号	用　途	断面尺寸（mm）			质量（g/m）	分图号
			宽度	高度	壁厚≥		
广东	F002	带槽曲面门柱	51.3	46	2	1138	(a)
	F012	带槽曲面门柱	51.3	46	1.6	880	(a)
	F003	曲面门柱	51.3	46	2	1085	(b)
	F013	曲面门柱	51.3	46	1.6	837	(b)
	F004	门上横	54	44	2	1141	(c)
	F014	门上横	54	44	1.5	912	(c)
	F005	门下横	81	44	2.9	1999	(d)
	F015	门下横	81	44	2.1	1512	(d)
	F006	门嵌条	14.8	13.5	1	140	(e)
	F208	开口长方管	76.2	44.5	1.5	772	(g)
	F301	推板拉手	101.6	41.3	4.75	1820	(f)
	F311	推板拉手	101.6	41.3	3.5	1500	(f)
	1520	长方管	76.2	44.5	1.4	893	(h)
	F105	玻璃门框	89	38.5	3.2	2480	(i)

产地	型材代号	用　途	断面尺寸（mm）			质量（g/m）	分图号
			宽度	高度	壁厚≥		
上海	R194	推板拉手	101	44	4	1616	(f)
	R307	门嵌条	15	14	1	160	(e)
	RA3-*	长方管	76	44	1.6	823	(h)
	RC22	带槽曲面门柱	50.8	46	1.6	956	(a)
	RC22A	带槽曲面门柱	50.8	46	2	1183	(a)
	RC31	门上横	51	44	1.6	977	(c)
	RC32	门下横	80.9	44	1.6	1083	(d)
	RC32A	门下横	80.9	44	2	1468	(d)
	RC33	曲面门柱	50.8	46	2	860	(b)
	RC33A	曲面门柱	50.8	46	2.5	1023	(b)
	R263	玻璃门框	89	38	3	2000	(i)
	R62	导轨	30	30	2	725	(j)
	R91	异型板	49.5	16.5	1.5	423	(k)
	R92	水切	60	54	2	1081	(l)
	R101	导轨	50	24	3	1054	(m)
	R300	卷帘板	80.5	15.6	1.5	51 7	(n)
	R301	卷帘板	59.5	12.3	2	514	(o)
	R303	卷帘板	52.5	10	1.6	465	(p)

*　型材代号"RA3-"后面应加注断面尺寸，即完整代号为 RA3-77×44×1.6。

（6）拉手用型材代号、用途及尺寸见表 5-34，型材断面形状如图 5-31 所示。

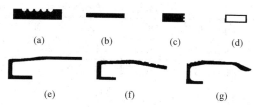

图 5-31　拉手用型材断面形状示意图

表 5-34　　　　拉手用型材代号、用途及尺寸

产地	型材代号	用途	断面尺寸（mm）			质量（g/m）	分图号
			宽度	高度	壁厚≥		
上海	R109	花板	62	12	—	1687	(a)
	R119-5A	底板	50	4	—	546	(b)
	R164	推挡拉手臂梗	29	12	—	940	(c)
	R164-1	推挡拉手臂梗	24	10	—	646	(c)
	RC48	三臂拉手	28	12	1.1	231	(d)
	R94-1A	推板拉手	120	34	5	2497	(e)
	R94-2	推板拉手	126	40	6	2774	(f)
	R176	推板拉手	100	38	3	1753	(g)

（7）窗帘轨（箱）用型材代号、用途及尺寸见表 5-35，断面形状示意如图 5-32 所示。

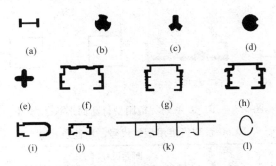

图 5-32　窗帘轨（箱）用型材断面形状示意图

表 5-35　　　　窗帘轨（箱）用型材代号、用途及尺寸

产地	型材代号	用途	断面尺寸（mm）			质量（g/m）	分图号
			宽度	高度	壁厚≥		
上海	R188	工字梗	17.5	7.5	1.2	111	(a)
	R354	转轴	$\phi6$	—	—	48	(b)
	R354-1	传动杆	$\phi6$	—	—	62	(c)
	R459	垂直帘传动杆	$\phi6$	—	—	57	(d)
	R690	转轴	$\phi6.7$	—	—	69	(e)
	R355-2	垂直帘导轨	44.5	30	1.5	542	(f)

产地	型材代号	用　途	断面尺寸（mm）			质量（g/m）	分图号
			宽度	高度	壁厚≥		
上海	R464	垂直帘外壳体	33.6	30	1	327	(g)
	R498	垂直帘横梁	46	30	1.5	614	(h)
	R501	小窗帘轨	17.8	9	0.8	100	(i)
	R205	窗帘轨	22.5	15.5	1.5	322	(j)
	R205A	窗帘轨	22.5	15.5	1.3	246	(j)
	R405	双轨板	10.5	15.5	1.2	599	(k)
	R425	C形窗帘轨	32	15	1.2	170	(l)

（8）RC60 系列货柜用型材代号、用途及尺寸见表 5-36。

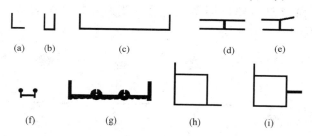

图 5-33　RC60 系列货柜用型材断面形状示意图

表 5-36　　　　**RC60 系列货柜用型材代号、用途及尺寸**

产地	型材代号	用　途	断面尺寸（mm）			质量（g/m）	分图号
			宽度	高度	壁厚≥		
上海	R3-4	等边角铝	10	10	1	62	(a)
	R6-16	嵌边	12	7	1	81	(b)
	R6-21	槽锅	100	13	1.5	504	(c)
	R10-1	移门下条	38	8.5	1.5	311	(d)
	R10-3	接缝条	20	7	1	101	(e)
	R89-1	双圆轨	13	9	1.6	165	(f)
	R209	裙带	100	22	2.5	1092	(g)
	RC60	柜台框管	38	38	1.2	395	(h)
	RC62	导轨形管	35	38	1.2	406	(i)

四、门窗五金

(一) 合页

1. 普通型合页（QB/T 3874）

普通型合页示意如图 5-34 所示。

用途：用于一般门窗、家具及箱盖等需要转动启合处。

规格：有三管四孔、五管六孔、五管八孔三种。其基本尺寸规格见表 5-37。

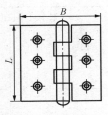

图 5-34 普通型
合页示意

表 5-37 普通型合页的基本尺寸规格

规格 (mm)	基本尺寸长度 L(mm)		宽度 B (mm)	厚度 t (mm)	配用木螺钉	
	Ⅰ组	Ⅱ组			直径×长度 (mm×mm)	数目
25	25	25	24	1.05	2.5×12	4
38	38	38	31	1.20	3×16	4
50	50	51	38	1.25	3×20	4
65	65	64	42	1.35	3×25	6
75	75	76	50	1.60	6×30	6
90	90	89	55	1.60	6×35	6
100	100	102	71	1.80	6×40	8
125	125	127	82	2.10	5×45	8
150	150	152	104	2.50	5×50	8

2. 轻型合页（QB/T 3875）

用途：与普通型合页相似，但页片窄而薄，用于轻便门窗、家具及箱盖上。

规格：有镀铜、镀锌和全铜等。其基本尺寸规格见表5-38。

表5-38　　　　　　　　轻型合页的基本尺寸规格

规格 (mm)	基本尺寸长度 L(mm)		宽度 B (mm)	厚度 t (mm)	配用木螺钉	
	Ⅰ组	Ⅱ组			直径×长度 (mm×mm)	数目
20	20	19	16	0.60	1.6×10	4
25	25	25	18	0.70	2×10	4
32	32	32	22	0.75	2.5×10	4
38	38	38	26	0.80	2.5×10	4
50	50	51	33	1.00	3×12	4
65	65	64	33	1.05	3×16	6
75	75	76	40	1.05	3×18	6
90	90	89	48	1.15	3×20	6
100	100	102	52	1.25	3×25	8

3. H型合页（QB/T 3877）

H型合页示意如图5-35所示。

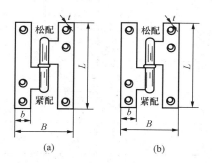

图5-35　H型合页

(a) 左合页；(b) 右合页

用途：也是一种抽芯合页，其中松配一片页板可取下。适用于经常拆卸而厚度较薄的门窗上。有右合页和左合页两种，前者适用于右内开门（或左外开门），后者适用于左内开门（或右外开门）。

规格：H型合页的基本尺寸规格见表5-39。

表 5-39

H 型合页的基本尺寸规格

页板基本尺寸（mm）				配用木螺钉	
长度 L	宽度 B	单页阔 b	厚度 t	直径×长度（mm×mm）	数目
80	50	14	2	4×25	6
95	55	14	2	4×25	6
110	55	15	2	4×30	6
140	60	15	2.5	4×40	8

4. T 型合页（QB/T 3878）

T 型合页示意如图 5-36 所示。

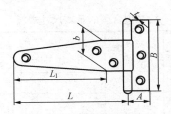

图 5-36　T 型合页示意

用途：用于较宽的大门、较重的箱盖、帐篷架及人字形折梯上。

规格：T 型合页的基本尺寸规格见表 5-40。

表 5-40　　　　　　**T 型合页的基本尺寸规格**

基本尺寸（长页长 L）（mm）		斜部长 L₁ (mm)	长页宽 b (mm)	短页长 B (mm)	短页宽 A (mm)	厚度 t (mm)	配用木螺钉	
Ⅰ组	Ⅱ组						直径×长度（mm×mm）	数目
75	76	66	26	63.5	20	1.35	3×25	6
100	102	91.5	26	63.5	20	1.35	3×25	6
125	127	117	28	70	22	1.52	4×30	7
150	152	142.5	28	70	22	1.52	4×30	7
200	203	193	32	73	24	1.80	4×35	8

5. 抽芯型合页（QB/T 3876）

抽芯型合页示意如图 5-37 所示。

图 5-37　抽芯型合页示意

用途：与普通型合页相似，只是合页的芯轴可以自由抽出，适用于需要经常拆卸的门窗上。

规格：抽芯型合页的基本尺寸规格见表 5-41。

表 5-41　　　　　　　抽芯型合页的基本尺寸规格

基本尺寸长度 L（mm）		宽度	厚度	配用木螺钉	
Ⅰ组	Ⅱ组	B（mm）	t（mm）	直径×长度(mm×mm)	数目
38	38	31	1.20	3×16	4
50	51	38	1.25	3×20	4
65	64	42	1.35	3×25	6
75	76	50	1.60	4×30	6
90	89	55	1.60	4×35	6
100	102	71	1.80	4×40	8

6. 方合页

方合页示意如图 5-38 所示。

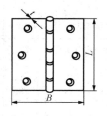

图 5-38　方合页示意

用途：合页板较宽、较厚，用于尺寸和质量较大的门窗和家具上。

规格：方合页的基本尺寸规格见表 5-42。

表 5-42   **方合页的基本尺寸规格**

规格	页板基本尺寸（mm）			配用木螺钉	
	长度 L	宽度 B	t	直径×长度(mm×mm)	数目
50	51	51	1.6	4×22	4
65	63.5	63.5	1.8	4×25	6
75	76	76	2	4.5×30	6
90	89	89	2.1	5×35	6
100	101.5	101.5	2.2	5×40	8

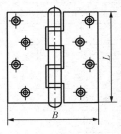

图 5-39 尼龙垫圈
合页示意

7. 尼龙垫圈合页

尼龙垫圈合页示意如图 5-39 所示。

用途：与普通型合页相似，但页片一般较宽且厚，两页片管脚间装有尼龙垫圈，使门扇转动轻便、灵活且无摩擦噪声，表面镀铬或古铜，较为美观，用于比较高级建筑物的门上。

规格：尼龙垫圈合页的基本尺寸规格见表 5-43。

表 5-43   **尼龙垫圈合页的基本尺寸规格**

页板基本尺寸（mm）			配用木螺钉	
长度 L	宽度 B	厚度 t	直径×长度（mm×mm）	数目
75	75	2	4.5×20	6
90	90	2.5	5×25	8
100	100	3	5×25	8

8. 弹簧合页

用途：用于公共场所及进出频繁的大门上，它能使门扇开启后自动并闭。单弹簧合页只能单向开启，双弹簧合页能内外双向开启。

规格：蝴蝶弹簧合页的尺寸规格见表 5-44。

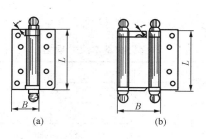

(a)　　　　　(b)

图 5-40　弹簧合页

（a）单弹簧合页；（b）双弹簧合页

表 5-44　　　　　　　　弹簧合页的基本尺寸规格

规　格	页板基本尺寸（mm）			配用木螺钉	
	长度 L	宽度 B	厚度 t	直径×长度（mm×mm）	数目
单弹簧合页					
75	76	46	1.8	3.5×25	8
100	101.5	49	1.8	3.5×25	8
125	127	57	2.0	4×30	8
150	152	64	2.0	4×30	10
200	203	71	2.4	4×40	10
双弹簧合页					
75	75	68	1.8	3.5×25	8
100	101.5	76	1.8	3.5×25	8
125	127	87	2.0	4×30	8
150	152	93.5	2.0	4×30	10
200	203	132	2.4	4×30	10
250	250	132	2.4	6×50	10

9. 空腹钢窗合页

空腹钢窗合页如图 5-41 所示。

用途：装在空腹钢窗上用于闭窗扇。

规格：页板基本尺寸为长度 L 为 40mm，56mm；宽度 B 为 41mm。

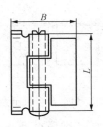

图 5-41 空腹钢窗合页示意

10. 暗合页

暗合页示意如图 5-42 所示。

用途：用于屏风、橱门上，当屏风展开、橱门关闭时看不见合页。

规格：长度为 40mm，70mm，90mm。

11. 门头合页

门头合页示意如图 5-43 所示。

图 5-42 暗合页示意 　　图 5-43 门头合页示意

用途：用于橱门上，关上门时合页不外露，使门扇美观。

规格：门头合页的基本尺寸规格见表 5-45。

表 5-45　　　　　　　　门头合页的基本尺寸规格

页板基本尺寸（mm）			配用木螺钉	
长度 L	宽度 B	厚度 t	直径×长度（mm×mm）	数目
70	15	3	3×16	4

12. 台合页

台合页示意如图 5-44 所示。

用途：用于能折叠的台板上，如折叠的圆台面、沙发、学校用活动课桌的台面等。

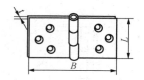

图 5-44　台合页示意

规格：台合页的基本尺寸规格见表 5-46。

表 5-46　　　　　　　　台合页的基本尺寸规格

页板基本尺寸（mm）			配用木螺钉	
长度 L	宽度 B	厚度 t	直径×长度（mm×mm）	数目
34	80	1.2	3×16	6
38	136	2	3.5×25	6

13. 蝴蝶弹簧合页

蝴蝶弹簧合页如图 5-45 所示。

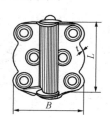

图 5-45　蝴蝶弹簧合页示意

用途：与单弹簧合页相似，用于轻便的纱窗、纱门及厕所等半截门上。

规格：蝴蝶弹簧合页的基本尺寸规格见表 5-47。

表 5-47　　　　　　　蝴蝶弹簧合页的基本尺寸规格

页板基本尺寸（mm）			配用木螺钉	
长度 L	宽度 B	厚度 t	直径×长度（mm×mm）	数目
70	72	1.2	4×30	6

14. 扇形合页

扇形合页示意如图 5-46 所示。

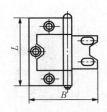

图 5-46　扇形合页示意

用途：用于安装在各种需要转动启闭的门窗上。

规格：扇形合页的基本尺寸规格见表 5-48。

表 5-48　　　　　　扇形合页的基本尺寸规格

页板基本尺寸（mm）			配用木螺钉	
长度 L	宽度 B	厚度 t	直径×长度（mm×mm）	数目
65（64）	60	1.6	4×25	5
120	70（67）	2	4.5×25	7

15. 脱卸合页

脱卸合页示意如图 5-47 所示。

用途：与双袖Ⅰ型合页相似，但页片较窄而薄，且多为小规格，用于需要脱卸轻便的门窗及家具上。

规格：脱卸合页的基本尺寸规格见表 5-49。

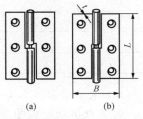

图 5-47　脱卸合页示意
（a）左合页；（b）右合页

表 5-49　　　　　　脱卸合页的基本尺寸规格

页板尺寸（mm）			配用木螺钉	
长度 L	宽度 B	厚度 t	直径×长度（mm×mm）	数目
50	39	1.2	3×20	4
65	44	1.2	3×25	6
75	50	1.5	3×30	6

16. 轴承合页

轴承合页示意如图 5-48 所示。

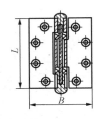

图 5-48 轴承合页示意

用途：页板轴中装有单列推力球轴承，使门扇转动轻便、灵活，用于重型或特殊的钢框包金属皮的门扇上。

规格：轴承合页的基本尺寸规格见表 5-50。

表 5-50　　　　　轴承合页的基本尺寸规格

页板基本尺寸（mm）			配用木螺钉	
长度 L	宽度 B	厚度 t	直径×长度（mm×mm）	数目
102	102	3.2	6×30	8
114	102	3.3	6×30	8
114	114	3.5	6×30	8
114	140	4.0	6×30	8

17. 自关合页

自关合页示意如图 5-49 所示。

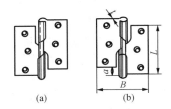

图 5-49　自关合页示意

（a）左合页；（b）右合页

用途：利用合页的斜面和门扇的质量而使门自动关闭，用于需要经常关闭的门上。

规格：有左合页和右合页两种，其尺寸规格见表 5-51。

表 5-51　　　　　　　　自关合页的基本尺寸规格

页板基本尺寸（mm）				配用螺钉	
长度 L	宽度 B	厚度 t	升高 a	直径×长度（mm×mm）	数目
75	70	2.7	12	4.5×30	6
100	80	3.0	13	4.5×40	8

18. 双袖型合页（QB/T 3879）

双袖型合页示意如图 5-50 所示。

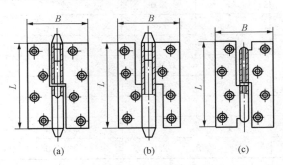

图 5-50　双袖型合页示意

（a）Ⅰ型；（b）Ⅱ型；（c）Ⅲ型

用途：用于一般门窗上，分为左、右合页两种。能使门窗自由打开、关闭和拆卸。

规格：双袖合页分为双袖Ⅰ型、双袖Ⅱ型和双袖Ⅲ型。其基本尺寸规格见表 5-52。

表 5-52　　　　　　　双袖型合页的基本尺寸规格

页板基本尺寸（mm）			配用木螺钉	
长度 L	宽度 B	厚度 t	直径×长度（mm×mm）	数目
双袖Ⅰ型合页				
76	60	1.5	3×20	6
100	70	1.5	3×25	8
125	85	1.8	4×30	8
150	95	2.0	4×40	8

页板基本尺寸（mm）			配用木螺钉	
长度 L	宽度 B	厚度 t	直径×长度（mm×mm）	数目
双袖Ⅱ型合页				
65	55	1.6	3×18	6
75	60	1.6	3×20	6
90	65	2.0	3×25	8
100	70	2.0	3×25	8
125	85	2.2	3×20	8
150	95	2.2	3×40	8
双袖Ⅲ型合页				
75	50	1.5	3×20	6
100	67	1.5	3×25	8
125	83	2.8	3×30	8
150	100	2.0	3×40	8

19. 翻窗合页

翻窗合页示意如图 5-51 所示。

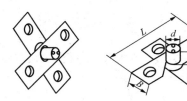

图 5-51　翻窗合页示意

用途：用于工厂、仓库、住宅、公共建筑物等的活动气窗上。

规格：翻窗合页的基本尺寸规格见表 5-53。

表 5-53　　　　　　　　翻窗合页的基本尺寸规格

页板基本尺寸（mm）			芯轴（mm）		配用木螺钉	
长度 L	宽度 B	厚度 t	直径 d	长度 l	直径×长度（mm×mm）	数目
50	19	2.7	9	12	3.5×18	8

页板基本尺寸（mm）			芯轴（mm）		配用木螺钉	
长度 L	宽度 B	厚度 t	直径 d	长度 l	直径×长度（mm×mm）	数目
65	19	2.7	9	12	3.5×18	8
75	19	2.7	9	12	4×25	8
90	19	3.0	9	12	4×25	8
100	19	3.0	9	12	4×25	8

20. 单旗合页

单旗合页示意如图 5-52 所示。

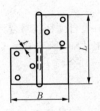

图 5-52　单旗合页示意

用途：用于双层窗上。

规格：单旗合页的规格见表 5-54。

表 5-54　　　　　　　　　　　　单旗合页的规格

分类	页板基本尺寸（mm）			配用木螺钉	
	长度 L	宽度 B	厚度 t	直径×长度（mm×mm）	数目
普通	120	67	1.8	4×30	6
	120	87	1.8	4×30	6
不锈钢	127	45	3	4×35	6
	127	50	3	4×35	6

21. 自弹杯状暗合页

自弹杯状暗合页示意如图 5-53 所示。

用途：用于板式家具的橱门与橱壁的连接，利用弹簧力，开启时，橱门立即旋转到 90°位置；关闭时，橱门不会自行开启，合页也不外露。由带底座的合页和基座两部分组成。基座装在橱壁上，

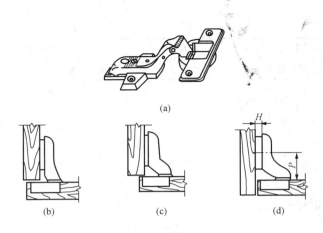

图 5-53　自弹杯状暗合页示意

（a）自弹杯状暗合页（直臂式）；（b）全遮盖式橱门用（直臂式暗合页）；

（c）半遮盖式橱门用（曲臂式暗合页）；（d）嵌式橱门用（大曲臂式暗合页）

带底座的合页装在橱门上。

规格：直臂式用于橱门全部遮盖住橱壁的场合；曲臂式用于橱门半盖遮住橱壁的场合；大曲臂式用于橱门嵌在橱壁内的场合。其规格见表 5-55。

表 5-55　　　　　　　自弹杯状暗合页的规格

带底座的合页（mm）				基　座（mm）			
型式	底座直径	合页总长	合页总宽	型式	中心距 P	底板厚 H	基座总长	基座总宽
直臂式	35	95	66	V 形、K 形	28	4	42	
曲臂式式	35	90	66					
大曲臂	35	93	66					

（二）拉手、执手

1. 铝合金门窗拉手（QB/T 3889）

铝合金门窗拉手如图 5-54 所示。

用途：用于铝合金门窗。

规格：铝合金门窗拉手外形尺见表 5-56。

图 5-54　铝合金门窗拉手

表 5-56　　　　　　　铝合金门窗拉手外形尺寸　　　　　　　　mm

名　称	外形长度系列
门用拉手	200，250，300，350，400，450，500，550，600，650，700，750，800，850，900，950，1000
窗用拉手	50，60，70，80，90，100，120，150

2. 锌合金拉手

锌合金拉手如图 5-55 所示。

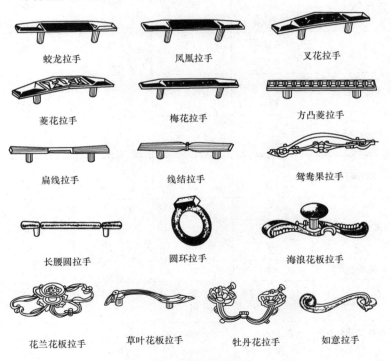

图 5-55　锌合金拉手

用途：装在橱门、抽屉、箱盖等器具上作拉启用。

规格：锌合金拉手外形尺寸见表 5-57。

表 5-57 锌合金拉手外形尺寸

拉手品种	主要尺寸（mm）			
	全长	宽度	高度	螺孔中心距
蛟龙拉手 凤凰拉手	165	16	24	100
	135	14	23.5	75
	115	12	23	75
菱花拉手 叉花拉手	170	16	23	100
	140	15	23	75
	100	14	23	65
梅花拉手	185	12	23.8	100
	150	12	23.5	100
	115	12	23.2	75
方凸菱拉手	146	12	22	100
	107	10.5	22	75
扁线拉手	160	15	22	100
	120	13	21	75
线结拉手	160	12	20	100
	120	11	19	75
鸳鸯果拉手	140	25	21	80
	117	24	21	70
长腰圆拉手	150	13.5	24	100
	130	12.5	22	90
	110	11.5	21	75
圆环拉手	50	45	25	15
海浪花拉手	120	30	27	—
	90	24	27	
花兰花板 拉手	120	68	23	—
	102	60	23	
草叶花板 拉手	150	32	28.5	100
	125	30	26.5	75

拉手品种	主要尺寸（mm）			
	全长	宽度	高度	螺孔中心距
牡丹花拉手	100	50	37	65
如意拉手	124	25	22	100
	99	23	21	75

注 每只拉手附 M4×28 镀锌螺钉和 4mm 镀锌垫圈各 2 只（或各 1 只）。

3. 玻璃大门拉手

玻璃大门拉手如图 5-56 所示。

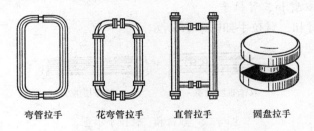

　弯管拉手　　　花弯管拉手　　　直管拉手　　　圆盘拉手

图 5-56　玻璃大门拉手

用途：安装在商场、大厦、俱乐部、银行等的玻璃大门上，作推拉门扇用。

规格：玻璃大门拉手的规格见表 5-58。

表 5-58　　　　　　　　　　玻璃大门拉手的规格

品种	代号	规格（mm×mm）	材料及表面处理
弯管拉手	MA113	管子全长×外径： 600×51，457×38，457×32， 300×32	不锈钢，表面抛光
花弯管拉手	MA112 MA123	管子全长×外径： 800×51，600×51，600×32， 457×38，457×32，350×32	不锈钢，表面抛光，环状花纹表面为金黄色；手柄部分也有用柚木、彩色大理石或有机玻璃制造

品种	代号	规格（mm×mm）	材料及表面处理
直管拉手	MA104	600×51，457×38457×32，300×32	不锈钢，表面抛光，环状花纹表面为金黄色；手柄部分也有用彩色大理石、柚木制造
	MA122	800×54，600×54600×42，457×42	
圆盘拉手（太阳拉手）	—	圆盘直径（mm）：160，180，200，220	不锈钢、黄铜，表面抛光；铝合金，表面喷塑（白色、红色等）；有机玻璃

4. 双臂和三臂拉手

双臂和三臂拉手如图 5-57 所示。

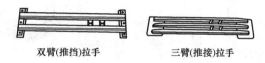

双臂(推挡)拉手　　　　三臂(推接)拉手

图 5-57　双臂和三臂拉手示意

用途：安装在进出比较频繁的大门上，作推拉门扇用，并起保护门上玻璃的作用。

规格：双臂和三臂拉手的规格见表 5-59。

表 5-59　　　　　　双臂和三臂拉手的规格

品种	规格（长度）(mm)	每副（2 只）配件	
		直径×长度（mm×mm）	数目
双臂拉手	500，550，600，650，700，750，800，850	4×25 木螺钉	12
三臂拉手	600，650，700，750，800，850，900，950，1000	6×25 双头螺柱，M6 螺母，6 垫圈	8

5. 方型大门拉手

方型大门拉手如图 5-58 所示。

用途：安装在大门或车门上，除便于拉启外，还兼做扶手及装

图 5-58 方型大门拉手

饰用。

规格：方型大门拉手的规格见表 5-60。

表 5-60 方型大门拉手的规格

规格（手柄长度）（mm）		250，300，350，400，450，500，550，600，650， 700，750，800，850，900，950，1000
配用 木螺钉	直径×长度（mm×mm）	4×25
	数目	16

6. 铁拉手

铁拉手如图 5-59 所示。

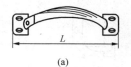 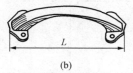

(a)   (b)   (c)

图 5-59 铁拉手

（a）普通式；（b）蝴蝶式；（c）香蕉式

用途：拉启门扇或抽屉用，香蕉式拉手也可做工具箱、仪表箱上的拎手。

规格：拉手的规格见表 5-61。

表 5-61 拉手的规格

品　种	规　格（全长） L（mm）	钉孔中心距 （mm）	配用木螺钉	
			直径×长度（mm×mm）	数目
普通式	75	65	3×16	4
	100	88	3.5×20	
	125	108	3.5×20	
	150	131	4×25	

品　种	规格（全长）L（mm）	钉孔中心距（mm）	配用木螺钉	
			直径×长度（mm×mm）	数目
蝴蝶式	75	65	3×16	4
	100	88	3.5×20	
	125	108	3.5×20	
香蕉式	90	60	3.5×25	2
	110	75		
	130	90		

7. 门锁用拉手和执手

门锁用拉手和执手的名称、造型代号和材料及表面处理代号见表 5-62、表 5-63。

表 5-62　　　　门锁用拉手和执手的名称、造型代号

名　称	造型代号	图　示
尖角弯执手 圆角覆板 （压铸暗螺钉）	J	
双角覆板 弯角弯执手 （压铸暗螺钉）	S	
弯角弯执 手圆角覆板 （冲压明螺钉）	W	
凹圆形执手 凹圆形覆圈 （冲压明螺钉）	A	
球形拉手	G	

名 称	造型代号	图 示
球形拉手	C	
球形拉手	O	

表 5-63 材料及表面处理代号

材料表面处理	低碳钢				铝合金		锌合金			黄铜
	皱漆	光漆	镀铬	镀铜	本色	电化	本色	光漆	镀铬	本色
代号	O	1	2	3	4	5	6	7	8	9

注 材料及表面处理代号，加注在各种锁型号之后，其中代号为 0 时省略。

（1）A 型执手和拉手。A 型执手和拉手的配锁名称及配锁代号见表 5-64。

表 5-64 A 型执手和拉手的配锁名称及配锁代号

名 称	配锁名称	配锁代号	图 样
通长拉手	弹子插芯门锁	$9421A_2$ $9423A_2$ $9425A_2$	
拉环执手	弹子插芯门锁	9471 9472 9477 9478	
双节执手	弹子插芯门锁	9405，9441，9442， 9443，9444，9445， 9446	

名　称	配锁名称	配锁代号	图　样
捺子拉手	弹子插芯门锁	9431，9432，9433， 9434，9435，9436，	
木门旋钮	弹子插芯门锁 弹子执手插芯门锁	941，9413，9415，9417， 9431，9433，9435，9441， 9443，9445	
钢门旋钮	弹子插芯门锁	9471，9477	

（2）J 型执手和拉手。J 型执手和拉手的配锁名称及配锁代号见表 5-65。

表 5-65　　　　J 型执手和拉手的配锁名称及配锁代号

名　称	配锁名称	配锁代号	图　样
单头捺子 拉手	弹子插芯门锁	9431 9433 9435	
双头捺子 拉手	弹子插芯门锁	9432 9434 8434 9436	
单头拉手	圆口弹子插芯门锁	可配 9417、9418 （不规定在锁的型号内）	

名　称	配锁名称	配锁代号	图　样
双头拉手	圆口弹子插芯门锁	可配 9417、9418 （不规定在锁的型号内）	
双扇门副 拉手	—	此拉手不规定在锁的型号	

（3）S 型执手和拉手。S 型执手和拉手的配锁名称及配锁代号见表 5-66。

表 5-66　　　　S 型执手和拉手的配锁名称及配锁代号

名　称	配锁名称	配锁代号	图　样
单头执手	弹子插芯门锁	$9141S_8$	
叶片锁执手	叶片插芯门锁	$9242S_8$ $9332S_8$ $9552S_8$	
防风执手	防风插芯门锁	$9405S_8$	

（4）W 型执手和拉手。W 型执手和拉手的配锁名称及配锁代号见表 5-67。

表 5-67　　　　　W 型执手和拉手的配锁名称及配锁代号

名　称	配锁名称	配锁代号	图　样
叶片锁执手	叶片插芯门锁	9242W$_4$ 9332W$_4$ 9552W$_4$	

8. 管子拉手

管子拉手如图 5-60 所示。

图 5-60　管子拉手

用途：安装在大门或车门上，除便于拉启外，还兼做扶手及装饰用。

规格：管子拉手的规格见表 5-68。

表 5-68　　　　　　　　管子拉手的规格

规格（管长）(mm)	管子外径 (mm)	管子厚度 (mm)	每副配用木螺钉	
			直径×长度 (mm×mm)	数目
250，300，350，400，450，500，550， 600，650，700，750，800，850， 900，950，1000	32	1.5	4×25	12

9. 梭子拉手

梭子拉手如图 5-61 所示。

用途：安装在一般房门或大门上，作推、拉门扇用。

规格：梭子拉手的规格见表 5-69。

图 5-61　梭子拉手

表 5-69

表 5-69   **梭子拉手的规格**

主要尺寸（mm）					每副（2只）拉手附镀锌木螺钉	
规格（总长）	管子外径	高度	桩脚底座直径	两桩脚中心距	直径×长度（mm×mm）	数目
200	19	65	51	60	3.5×18	12
350	25	69	51	210	3.5×18	12
450	25	69	51	310	3.5×18	12

注 拉手材料：管子为低碳钢；桩脚、梭头为灰铸铁，表面镀锌。

10. 底板拉手

底板拉手示意如图 5-62 所示。

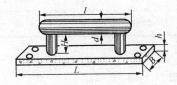

图 5-62   底板拉手示意

用途：安装在较大的门和内部弹簧门上，作拉启门扇用。

规格：底板拉手的规格见表 5-70。

表 5-70   **底板拉手的规格**

规格	底板尺寸（mm）			手柄尺寸（mm）			配用木螺钉	
	长度 L	宽度 B	高度 h	长度 l	直径 d	间距 H	直径×长度（mm×mm）	数目
150	150	42	6	116	14	97	3.5×20	
200	200	50	7	142	14	77	4×25	
250	250	58	8	185	17	32	4×25	4
300	300	66	8	230	17	32	4×25	

11. 圆柱拉手

圆柱拉手示意如图 5-63 所示。

用途：安装在橱门或抽屉上，作拉启用。

(a)   (b)

图 5-63 圆柱拉手示意

（a）圆柱拉手；（b）塑料圆柱拉手

规格：圆柱拉手的规格见表 5-71。

表 5-71   **圆柱拉手的规格**

品　名	制造材料	表面处理	圆柱拉手尺寸（mm）		镀锌半圆头螺钉（mm）
			直径	高度	
圆柱拉手	低碳钢	镀铬	35	22.5	M5×25，垫圈 5
塑料圆柱拉手	ABS	镀铬	40	20	M5×30

12. 蟹壳拉手

蟹壳拉手示意如图 5-64 所示。

(a)   (b)

图 5-64 蟹壳拉手示意

（a）普通型；（b）方型

用途：安装在抽屉上，作拉启抽屉用。

规格：蟹壳拉手的规格见表 5-72。

表 5-72   **蟹壳拉手的规格**

长　度（mm）		65（普通）	80（普通）	90（方型）
配用木螺钉（参考）	直径×长度（mm×mm）	3×16	3.5×20	3.5×20
	数目	3	3	4

13. 推板拉手

推板拉手示意如图 5-65 所示。

图 5-65　推板拉手示意

用途：安装在大门上，作推拉门扇用。

规格：推板拉手的规格见表 5-73。

表 5-73　　　　　　　　　推板拉手的规格

主要尺寸（mm）				每副配螺纹紧固件		材料及表面处理
长度	宽度	高度	螺孔中心距	直径×长度（mm×mm）	数目	
175	55	28	145	镀锌螺栓 M6×85，六角铜球螺母 M6，铜垫圈 6	各 4	铝合金：白色、金黄色、古铜色等；低碳钢：镀铬
200	100	38	170			
250	125	49	220			
300	100	40	270			

14. 执手

执手有普通式、纱窗、铝合金式、联动式、铝合金拉式等，如图 5-66 所示。

用途：在金属门窗上安装执手，以便控制门窗的开启和关闭，并在关闭门窗的同时，通过执手及其他附件的配合，牢固地将开启门窗扇锁紧在固定框上，以达到固定内、外框相对位置。

规格：执手分左右两种。材质有碳素钢、锌合金、不锈钢、铜质等。

15. 平开铝合金窗执手

平开铝合金窗执手有单头双向板扣型（DSK 型）、双头联动板扣型（SLK 型）、单动旋压型（DY 型）、单动板扣型（DK 型），如图 5-67 所示。

其品种及主要尺寸见表 5-74。

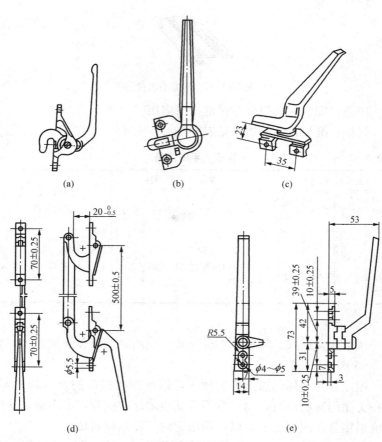

图 5-66 执手

(a) 普通式；(b) 纱窗式；(c) 铝合金式；

(d) 联动式；(e) 铝合金拉式

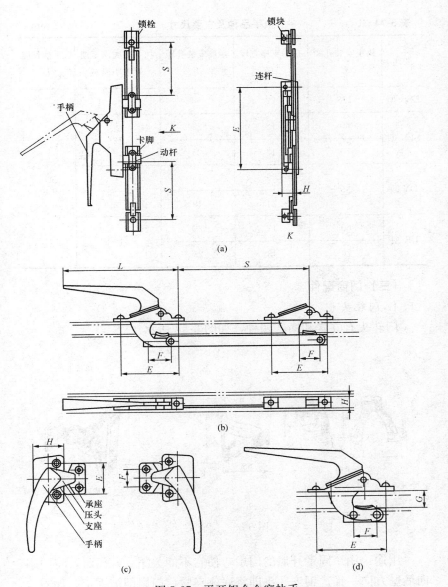

图 5-67　平开铝合金窗执手

（a）单头双向板扣型（DSK 型）；（b）双头联动板扣型（SLK 型）；

（c）单动旋压型（DY 型）；（d）单动板扣型（DK 型）

表 5-74　　　　　　　　　執手品種及主要尺寸　　　　　　　　　mm

型式	执手安装孔距 E	执手支座宽度 H	承座安装孔距 F	执手座底面至锁紧面距离 G	执手柄长度 L
DSK 型	128	22	—		
SLK 型	60	12	23	12	
	70	13	25		
DY 型	35	29	16		≥70
		24	19		
DK 型	60	12	23	12	
	70	13	25		

（三）门窗配件

1. 门轧头

门轧头有立式和横式两种，如图 5-68 所示。

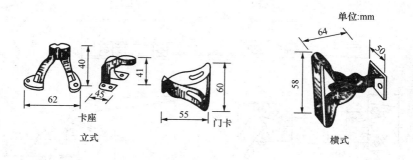

图 5-68　门轧头

　　用途：用来固定开启的门扇，使它不能关闭。开门时，将门扇向墙壁方向一推，钢皮轧头即将底座夹紧，门扇即被固定。如需关闭门扇时，只须将门扇用力一拉，即可使轧头与底座分开。装于一般门的中部或下部，底座安装方法同脚踏门钩。

规格：门轧头的尺寸规格见表5-75。

表5-75   门轧头的尺寸规格

形式	型号	尺寸(mm)	配用木螺钉			
			种类	直径×长度(mm×mm)	数目	使用部位
横式	901	见图	半圆头	4×40	2	轧头
立式	902		沉头	4×25	2（横式）3～4（立式）	底座

2. 磁力吸门器

用途：利用磁铁吸力，固定开启后的门扇，使之不能关闭。安装时，分横式安装和立式安装两种。吸盘座安装在门扇下部，球形磁性底座，横式安装在墙壁的踢脚板上，立式安装在靠近墙壁的地面上。

规格：磁力吸门器的尺寸规格见表5-76。

表5-76   磁力吸门器的尺寸规格

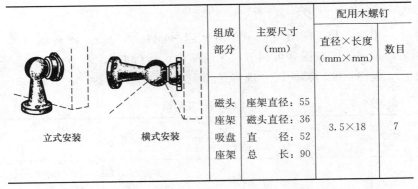

组成部分	主要尺寸(mm)	配用木螺钉	
		直径×长度(mm×mm)	数目
磁头座架吸盘座架	座架直径：55磁头直径：36直 径：52总 长：90	3.5×18	7

立式安装   横式安装

3. 安全链

用途：安装于房门上，使用时，把链条上的扣钮插在锁扣板中，可以使房门只能开启成10°左右的角度，防止室外陌生人趁开门之机突然闯进室内；也可在平时只让室内通风，不让自由进出用。若把扣钮从锁扣中取出，房门才能全部开启。

规格：安全链的规格见表 5-77。

表 5-77　　　　　　　　　　安全链的规格

	锁扣板全长（mm）	配木螺钉	
		直径×长度（mm×mm）	数目
	125	3.5×16	6
		5×25	2

4. 闭门器（QB/T 2698）

闭门器示意如图 5-69 所示。

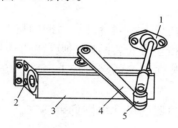

图 5-69　闭门器

1—连杆座；2—调节螺钉；3—壳体；4—摇臂；5—连杆

用途：装于门扇顶上，门窗开启后能自动关闭，内有缓冲油泵，关门速度较慢并可调节，无碰撞声，运行平稳。

规格：闭门器的尺寸规格见表 5-78。

表 5-78　　　　　　　　　　闭门器的尺寸规格

型号	适用范围			特　点
	门宽（mm）	门高（mm）	门重（kg）	
$B_3 P_D$	950	2100	40~56	多功能闭门器，可使门扇在不同角度、不同速度自动缓慢关闭。具有延时自动关闭功能，所需的关闭推力均衡一致，在门扇关闭的全过程中均无声响
$B_2 P_D$	800	1800	15~30	除不具备延时功能外，其他与 $B_3 P_D$ 相同

型号	适用范围			特 点
	门宽（mm）	门高（mm）	门重（kg）	
DCⅠ	600～900	1800～2000	15～25	多功能闭门器，自动闭门时有三
DCⅡ	950～1050	2100～2200	25～40	种速度，快—慢—快，速度可调
DCⅢ	1050～1200	2250～2400	35～60	节。启闭门扇运行平稳，无噪声
J75-1	780～880	≤2000	≤36	根据需要可调整节流阀，以控制
J75-2	700～900	≤2000	≤36	闭门速度。运行平稳，无噪声
J79-A	700～900	≤2100	≤45	

5. 地弹簧（落地闭门器）（QB/T 2697）

地弹簧如图 5-70 所示。

用途：埋于门扇下面的自动闭门器。当门扇向里或向外开启不到 90°时，能使门扇自动关闭；当门扇转到 90°位置时，可固定不动。关门速度可调节。门扇不需另装合页及定位器。

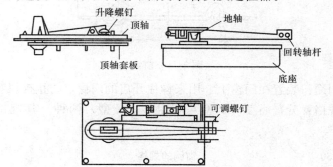

图 5-70　地弹簧示意

规格：地弹簧的尺寸规格见表 5-79。

表 5-79　　　　　　　　地弹簧的尺寸规格

型　号	外形尺寸	适用范围			
	长×宽×高 （mm×mm×mm）	门扇宽度 （mm）	门扇高度 （mm）	门扇厚度 （mm）	门扇质量 （kg）
D365 重型	294×171×60	700～1000	2000～2600	40～50	70～1013
D365 中型	290×150×45	750～850	2100～2400	45～50	40～55
D365 轻型	277×136×45	650～750	2000～2100	45～50	35～40

型　号	外形尺寸		适　用　范　围			
	长×宽×高 （mm×mm×mm）		门扇宽度 （mm）	门扇高度 （mm）	门扇厚度 （mm）	门扇质量 （kg）
785 轻型	312×93×52		600～800	1800～2200	40～50	60～100
260	245×125×413		600～800	1800～2200	40～50	60～100
639	275×135×42.5		600～800	1800～2200	40～50	40～100
635	295×170×55		700～800	2000～2400	50	80～150
841 全封闭型	295×150×46		700～1000	2000～2600	40～50	60～120
85A	300×152×46		≤1500	≤2800	≥25	≤100
785-1			≤1200	≤2000	≥25	70

6. 窗钩（QB/T 1106）

窗钩示意如图 5-71 所示。

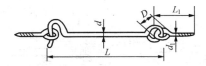

图 5-71　窗钩

用途：装置在门窗上，用来钩住开启的门窗，防止被风吹动。

规格：分普通型（P 型）和粗型（C 型）两种。其规格见表 5-80。

表 5-80　　　　　　　　　窗钩的规格

品　种	规格（mm）	钩身（mm）		羊眼（mm）		
		全长 L	直径 d	全长 L_1	圈外径 D	直径 d_1
普通窗钩	40	38	2.8			
	50	51	2.8	23	9	2.5
	65	64	2.8			
	75	76	3.2	29	11.5	3.2
	100	102	3.6			
	125	127	4	34	13.5	4
	150	152	4.4	38	14	

品　种	规格（mm）	钩身（mm）		羊眼（mm）		
		全长 L	直径 d	全长 L_1	圈外径 D	直径 d_1
普通窗钩	175	178	4.7	44	15	4.4
	200	203	5			
	250	254	5.4	45	17.5	5
	300	305	5.8	52	19	5.4
粗窗钩	75	76	4	34	13.5	4
	100	102	5	37	14.5	4.6
	125	127	5.4	41	16.5	5
	150	152	5.8	45	17.5	5

7. 灯钩

灯钩有双线式、鸡心式、瓶形式三种，如图 5-72 所示。

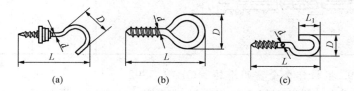

图 5-72　灯钩

（a）双线式；（b）鸡心式；（c）瓶形式

用途：用于吊挂灯具或其他物件。

规格：灯钩的规格见表 5-81。

表 5-81　　　　　　　　　　灯钩的规格　　　　　　　　　　mm

名称	规格	各部尺寸		
		长度 L	钩外径 D	直径 d
双线式	54	54	24.5	2.5
鸡心式	22	22	10.5	2.2
瓶形式	27.5	27.5	8.5	2.2

8. 铝合金窗帘架

用途：安装于窗扇上部作吊挂窗帘用，拉动一侧拉绳可移动窗帘，使其全部展开，或向一侧移动（固定式）或两侧移动（调节式）。

规格：按轨道断面形状可分方形（又称 U 形窗帘架）和圆形（又称 C 形窗帘架）两种；按轨道长度可否调节，可分固定式和调节式两种，其规格见表 5-82。

表 5-82　　　　　　　　　铝合金窗帘架的规格　　　　　　　　　mm

品　种	规格	轨道长度	安装距离范围
固定式	1.2，1.6，1.8，2.1，2.4，2.8，3.2，3.5，3.8，4.2，4.5	+0.05	—
调节式	1.5	—	1.0～1.8
	1.8		1.2～2.2
	2.4		1.9～2.6

9. 推拉铝合金窗用滑轮（QB/T 3892）

用途：安装在铝合金门窗下端两侧，使门窗在滑槽推拉灵活、轻便。

规格：按用途分为推拉铝合金门滑轮（代号 TML）和推拉铝合金窗滑轮（代号 TCL）；按结构形式分为可调型（代号 K）、固定型（代号 G），如图 5-73 所示。其规格见表 5-83。

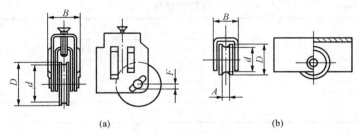

(a)　　　　　　　　　　　　(b)

图 5-73　推拉铝合金窗用滑轮

（a）可调型；（b）固定型

表 5-83　　　　　　推拉铝合金窗用滑轮的规格　　　　　mm

规格 D	底径 d	滚轮槽宽 A		外支架宽度 B		调节高度 F
		Ⅰ系列	Ⅱ系列	Ⅰ系列	Ⅱ系列	
20	16	8	—	16	6～16	
24	20	6.5		—	12～16	
30	26	4	3～9	13	12～20	
36	31	7		17	—	≥5
42	36	6	6～13	24	—	
45	38				—	

10. 玻璃移门滑轮

用途：安装在书柜、食品柜及其他橱柜推拉玻璃门下端两侧，使门在滑槽推拉灵活、轻便。

玻璃移门滑轮的规格见表 5-84。

表 5-84　　　　　　玻璃移门滑轮的规格　　　　　mm

名称	L	B_1	B_2	H	材料及处理
玻璃	77	7	5	23.5	
移门	62	7	5.5	18	铜镀铬
滑轮	50	6.5	4	17.5	

11. 百叶窗

用途：室内窗门常用的一种遮阳设施，同时还可以代替屏风作室内隔断，既美观文雅，且不占面积。

规格：竖条式：高 1000～4000mm，宽 800～5000mm；横条式：多种规格，如图 5-74 所示。

12. 碰珠

碰珠如图 5-75 所示。

用途：用于橱门及其他门上，当门扇关闭时，只需向关闭方向一推，门扇即被卡住。

规格：长度为 50、65、75、100mm。

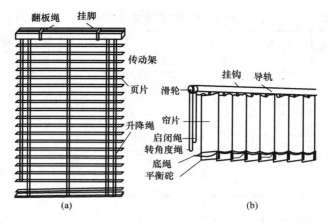

图 5-74　百叶窗

(a) 横条式；(b) 竖条式

图 5-75　碰珠

13. 门弹弓珠

门弹弓珠如图 5-76 所示。

用途：通常装在橱门下部，利用底座中的钢球（有弹簧顶住）嵌在关闭的橱门下部的扣板中，使其不会自行开启。如需开门，只要轻轻用力拉门即开。

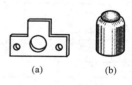

图 5-76　门弹弓珠

(a) 扣板；(b) 底座

规格：钢球直径为 6、8、10mm。

14. 门弹弓 （鼠尾弹簧）

门弹弓示意如图 5-77 所示。

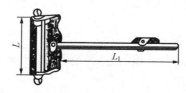

图 5-77　门弹弓示意

用途：装在门扇中部，使门扇在开启后能自动关闭。如门窗不须自动关闭，可将臂梗垂直放下。

规格：门弹弓的尺寸规格见表 5-85。

表 5-85　　　　　　　　　　门弹弓的尺寸规格

规　格	200	250	300	400	450
臂梗长度 L_1（mm）	203	254	305	406	457
合页页板长度 L（mm）		90		150	
配　用 木螺钉　直径×长度（mm×mm）		3.5×25		4×30	
数目			6		

15. 门底弹簧

门底弹簧如图 5-78 所示。

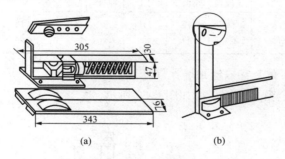

图 5-78　门底弹簧

（a）横式-204 型；（b）安装示意图

用途：功能相当于双面弹簧合页，可使门扇开启后自动关闭，不需另装合页，适合于弹簧木门。

规格：门底弹簧的尺寸规格见表 5-86。

表 5-86　　　　　　　　　　门底弹簧的尺寸规格

型　式	性　能　特　点
105 型（直式）	适用门型与 150 或 200mm 的双面弹簧合页相似
204 型（横式）	适用门型与 200 或 250mm 的双面弹簧合页相似，如不需门扇自动关闭时，把门扇开启到 90°即可

16. 脚踏门制

脚踏门制有薄钢板镀锌和铸铜合金抛光两种，如图 5-79 所示。

用途：装在弹簧门上，用来固定弹簧门扇，使它不能自动关闭。当门扇开启后，用脚把脚踏门制顶部向下一踏，即可使门扇固定不动。

规格：脚踏门制的尺寸规格见表 5-87。

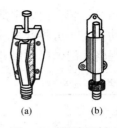

图 5-79　脚踏门制
（a）薄钢板镀锌；（b）铸铜合金抛光

表 5-87　　　　　　　脚踏门制的尺寸规格　　　　　　　　mm

品　　种	主要尺寸 L				配用木螺钉 L	
	底板长	底板宽	总长	伸长<	直径×长度	数目
薄钢板镀锌	60	45	110	20	3.5×18	4
铸铜合金抛光	128	63	162	30	3.5×22	3

17. 铝合金窗不锈钢滑撑（QB/T 3888）

铝合金窗不锈钢滑撑如图 5-80 所示。

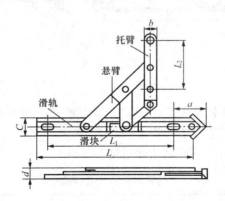

图 5-80　铝合金窗不锈钢滑撑

用途：用于铝合金上悬窗、平开窗上启闭、定位作用的装置。

规格：铝合金窗不锈钢滑撑的规格见表 5-88。

表 5-88 　　　　　　　　铝合金窗不锈钢滑撑尺寸规格

BH —— □ QB/T 3888
—— 规格
—— 不锈钢滑撑代号

规格 （mm）	长度 （mm）	滑轨安装 孔距 L_1 （mm）	托臂安装 孔距 L_2 （mm）	滑轨宽度 c（mm）	托臂悬臂 材料厚度 δ（mm）	高度 d（mm）	开启 角度
200	200	170	113		$\geqslant 2$	$\leqslant 13.5$	$60°\pm 2°$
250	250	215	147				
300	300	260	156	$18\sim 22$	$\geqslant 2.5$	$\leqslant 15.0$	
350	350	300	195				$85°\pm 3°$
400	400	360	205		$\geqslant 3$	$\leqslant 16.5$	
450	450	410	205				

18. 铝合金窗撑挡（QB/T 3887）

用途：用于平开铝合金窗扇启闭、定位用的装置。

规格：铝合金窗撑挡按形式分为五种。平开铝合金窗撑挡：外开启上撑挡，内开启下撑挡，外开启下撑挡；平开铝合金带纱窗撑挡：带纱窗上撑挡，带纱窗下撑挡，如图 5-81 所示。铝合金窗撑挡的标记代号及尺寸规格见表 5-89、表 5-90。

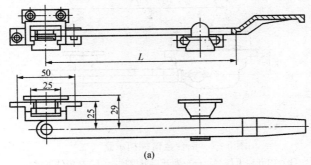

(a)

图 5-81　铝合金窗撑挡示意（一）

（a）外开启带窗纱上撑挡

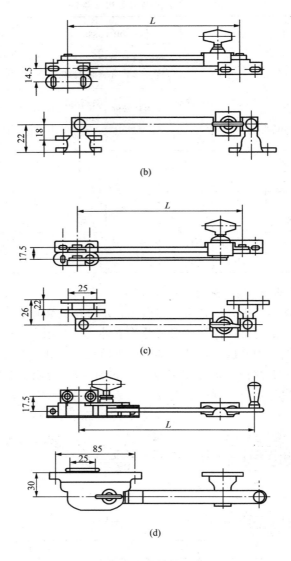

图 5-81　铝合金窗撑挡示意（二）

（b）内开启下撑挡；（c）外开启下撑挡；（d）带窗纱下撑挡

表 5-89				铝合金窗撑挡的标记代号			

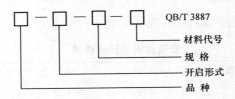

QB/T 3887
材料代号
规　格
开启形式
品　种

名称	平开窗			带纱窗			铜	不锈钢
	内开启	外开启	上撑挡	上撑挡	下撑挡			
					左开启	右开启		
代号	N	W	C	SC	Z	Y	T	G

表 5-90		铝合金窗撑挡的尺寸规格							mm

品　种		基本尺寸 L						安装孔距	
								壳体	拉搁脚
平开窗	上撑挡	—	260	—	300	—	—	50	25
	下撑挡	240	260	280	—	310		—	
带纱窗	上撑挡	—	260	—	300	—	320	50	
	下撑挡	240		280	—		320	85	

（四）插销

1. 普通型钢插销（QB/T 2032）

普通型钢插销示意如图 5-82 所示。

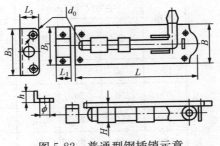

图 5-82　普通型钢插销示意

用途：插销的套圈与插板是铆固的，在一般门窗及橱柜门关闭时作固定用。

规格：普通型钢插销的规格见表 5-91。

表 5-91　　　　　　　普通型钢插销的规格

规格 (mm)	插板尺寸（mm）			配用木螺钉	
	长度 L	宽度 B	厚度 t	直径×长度（mm×mm）	数目
65 75	65 75	25		3×12	6
100 125 150 200 250 300	100 125 150 200 250 300	28	1.2	3×16 3×18	8
350 400 450 500 550 600	350 400 450 500 550 600	32	1.2	3×20	10

2. 暗插销

用途：安装在双扇门的一扇门上，用于固定关闭该扇门。插销嵌装在该扇门的侧面，双扇门关闭后，插销不外露。一般用铝合金制造。

规格：暗插销的规格见表 5-92。

表 5-92　　　　　　　暗插销的规格

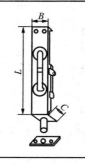

规格 (mm)	主要尺寸（mm）			配用木螺钉（参考）	
	长度 L	宽度 B	深度 C	直径×长度 （mm×mm）	数目
150	150	20	35	3.5×18	5
200	200	20	40	3.5×18	5
250	250	22	45	4×25	5
300	300	25	50	4×25	6

3. 铝合金门插销（QB/T 3885）

用途：安装在铝合金平开门、弹簧门上，作关闭后固定用。平板式门插销如图 5-83 所示。

规格：铝合金门插销的规格见表 5-93。

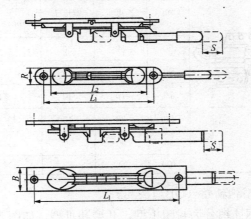

图 5-83　平板式门插销

表 5-93　　　　　　　　　铝合金门插销的规格　　　　　　　　　mm

产品标记代号

| | | | × | | QB/T 3885 |

孔距
宽度
材料代号
产品型式代号

产品形式	代号	材料名称	代号	行程 S	宽度 B	孔距 L_1		台阶 L_2	
						基本尺寸	极限偏差	基本尺寸	极限偏差
台阶式插销	T	锌合金	ZZn	>16	22	130	±0.20	110	±0.25
平板式插销	P	铜	ZH		25	150			

4. 翻窗插销

用途：适用于装在高处的通风气窗或翻窗上，在下面用绳拉插销即能使窗启闭。

规格：翻窗插销的规格见表 5-94。

表 5-94 **翻窗插销的规格**

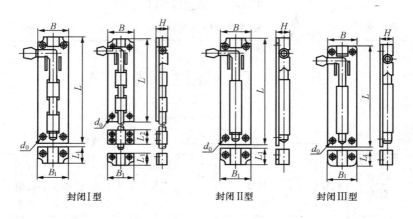

规格 （mm）	插板尺寸（mm）		配用木螺钉	
	长度 L	宽度 B	直径×长度 （mm×mm）	数目
50	50	30	3.5×18	
60	60	35	3.5×20	
70	70	40	4×22	6
80	80	45	4×22	
90	90	50	4×25	
100	100	55	4×25	

5. 封闭型钢插销（QB/T 2032）

封闭型钢插销分为封闭Ⅰ型、Ⅱ型和Ⅲ型，如图 5-84 所示。

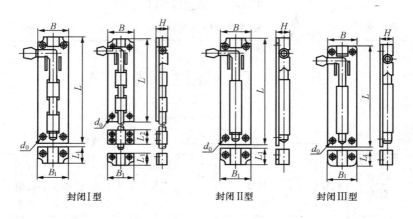

封闭Ⅰ型　　　　　封闭Ⅱ型　　　　封闭Ⅲ型

图 5-84　钢插销

用途：由于插板管部是用整个材料冲刷而成的，结构比较牢固，用于固定较高级或关闭密封要求较严格的门窗。

规格：封闭型钢插销分为封闭Ⅰ型、封闭Ⅱ型和封闭Ⅲ型。其规格见表 5-95。

表 5-95　　　　　　　　　　　封闭型钢插销的规格

品种	规格 （mm）	插板尺寸（mm）			配用木螺钉	
		长度 L	宽度 B	厚度 t	直径×长度 （mm×mm）	数目
封闭 Ⅰ型钢插销	40	40	25	1	3×12	6
	50	50				
	65	65				
	75	75	28.5	1.5	3.5×16	8
	100	100				
	125	125				
	150	150				
	200	200	37	1.3	4×18	10
	250	250				
	300	300				
	350	350				
	400	400				
	450	450				
	500	500				
	550	550				
	600	600				
封闭 Ⅱ型钢插销	40	40	25	1	3×12	6
	50	50				
	65	65				
	75	75	29	1.2	3.5×16	8
	100	100				
	125	125				
	150	150				
	200	200	36	1.4	4×18	
封闭 Ⅲ型钢插销	75	75	33	1.2	3.5×16	6
	100	100				

品种	规格 （mm）	插板尺寸（mm）			配用木螺钉	
		长度 L	宽度 B	厚度 t	直径×长度 （mm×mm）	数目
封闭 Ⅲ型钢插销	125	125	35	1.2	3.5×16	8
	150	150				
	200	200	40	1.4	4×18	10

6. 蝴蝶型钢插销（QB/T 2032）

用途：插销底板较短，宽度较大，销杆较粗，故联接强度较高，适合于门梃较窄的门扇上，横装在门扇上，当关门时作闩门之用。

规格：蝴蝶型钢插销的规格见表 5-96。

表 5-96   **蝴蝶型钢插销的规格**

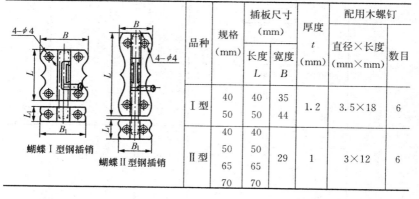

品种	规格 （mm）	插板尺寸 （mm）		厚度 t （mm）	配用木螺钉	
		长度 L	宽度 B		直径×长度 （mm×mm）	数目
Ⅰ型	40	40	35	1.2	3.5×18	6
	50	50	44			
Ⅱ型	40	40	29	1	3×12	6
	50	50				
	65	65				
	70	70				

蝴蝶Ⅰ型钢插销

蝴蝶Ⅱ型钢插销

（五）锁具

1. 单舌弹子门锁

单舌弹子门锁如图 5-85 所示。

用途：装在门扇上作锁闭门扇用。门扇锁闭后，室内用执手打开，室外用钥匙打开。室内保险机构的作用：门扇锁闭后，室外用钥匙也无法打开；或将锁舌保险在锁体内后，可使门扇自由推开。室外保险机构的作用：门扇锁闭后，室内用执手也无法打开。锁舌

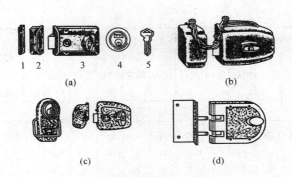

图 5-85　单舌弹子门锁

(a) 6140A 型锁；(b) 6162-2 型锁；(c) 6162-1A 型锁；(d) 6699 型锁

保险机构的作用：门扇锁闭后，锁舌便不能自由伸缩，阻止室外用异物拨动锁舌的方法打开门扇。具有锁体防卸性能的锁，门扇锁闭后，室内无法把锁体从门扇上拆卸下来。带拉环的锁，可以利用拉环推、拉门扇，门扇上可不另装拉手。带安全链的锁，可以利用安全链使门扇只能打开一个微小角度，阻止陌生人利用开门机会突然闯入室内。销式锁，室外无法用异物撬开锁舌，这种锁特别适用于移门上。一般锁都配以锁横头，适用于内开门上；如用于外开门上，应将锁横头换成锁扣板（锁扣板须另外购买）。

规格：单舌弹子门锁型号及尺寸见表 5-97。

表 5-97　　　　　　　　单舌弹子门锁型号及尺寸　　　　　　　　mm

型号	零件材料[①]			保险机构			防卸性能	锁体尺寸					适用门厚
	锁体	锁舌	钥匙	室内	宝外	锁舌		锁头中心距	宽度	高度	厚度	锁舌伸出长度	
普通弹子门锁													
6141	铁	铜	铝	有	无	无	无	60	90.5	65	27	13	35～55
双保险弹子门锁[②]													
1939-1	铁	铜	铜	有	有	无	无	60	90.5	65	27	13	35～55
6140A	铁	铜	铜	有	有	无	无	60	90	60	25	15	38～58
6140B	铁	锌	铝	有	有	无	无	60	90	60	25	15	38～58
6152	铁	锌	铝	有	有	无	无	60	90.5	65	27	13	35～55

型号	零件材料①			保险机构			防卸性能	锁体尺寸					适用门厚
	锁体	锁舌	钥匙	室内	宝外	锁舌		锁头中心距	宽度	高度	厚度	锁舌伸出长度	
三保险弹子门锁③													
6162-1	钢	铜	铜	有	有	有	有	60	90	70	29	17	35～55
6162-1A	钢	铜	铜	有	有	有	有	60	90	70	29	17	35～55
6162-2	钢	铜	铜	有	有	有	有	60	90	70	29	17	35～55
6163	锌	铜	铜	有	有	有	有	60	90	70	29	17	35～55
销式弹子门锁													
6699	锌	锌	铜		无	有	无	60	100	64.8	25.3	—	35～55

① 零件材料栏中，铁：灰铸铁；铜：铜合金；铝：铝合金；锌：锌合金；钢：低碳钢。

② 双保障弹子门锁，虽无锁舌保险机构，但是当门扇锁闭后和室外保险机构起作用时，尚具有锁舌保险机构作用。

③ 6162-1A 型、6163 型锁，锁头上带有拉环。6162-2 型锁，锁体上带有安全链。

2. 双舌弹子门锁

双舌弹子门锁如图 5-86 所示。

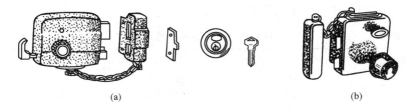

(a)   (b)

图 5-86　双舌弹子门锁

(a) 6685C 型锁；(b) 6669L 型锁

用途：装在门扇上作锁门用。门扇锁闭后，单（锁）头锁，室内用执手打开，室外用钥匙打开；双（锁）头锁，室内外均用钥匙打开。这类锁一般都具有室内保险机构、室外保险机构和锁体防卸性能。锁的方舌在门扇锁闭后即起锁舌保险作用。有些锁还带有安全链装置；或把方锁舌制成双开（复开）或三开形式，即用钥匙在锁头中旋转两次或三次后，可使锁舌伸出锁体外面两节或三节长度（但打开时，需要把钥匙在锁头中相反方向旋转两次或三次后，才能使方锁舌完全缩进锁体内）；或具有锁头防钻、方锁舌防锯等结构，以增强锁的安全性能。带有执手的锁（6669、6669L、6692等型号），可利用斜锁舌关门防风（这时须将方锁舌完全缩进锁体内），室内外均可利用旋转执手，操纵斜舌来启闭门扇。

规格：双舌弹子门锁型号及尺寸见表5-98。

表5-98　　　　　　　　双舌弹子门锁型号及尺寸　　　　　　　　mm

型号	锁头数目	锁头防钻结构	方舌防锯结构	安全链装置	方舌伸出		锁体尺寸				适用门厚
					节数	总长度	中心距	宽度	高度	厚度	
6669	单头	无	无	无	一节	18	45	77	55	25	35～55
6669L	单头	无	有	有	一节	18	60	91.5	55	25	35～55
6682	双头	无	无	无	三节	31.5	60	120	96	26	35～50
6685	单头	有	有	无	两节	25	60	100	80	26	35～55
6685C	单头	有	有	有	两节	25	60	100	80	26	35～55
6687	单头	有	有	无	两节	25	60	100	80	26	35～55
6687C	单头	有	有	有	两节	25	60	100	80	26	35～55
6688	双头	无	有	无	两节	25	60	100	80	26	35～50
6690	单头	无	无	无	两节	22	60	95	84	30	35～55
6690A	双头	无	有	有	两节	22	60	95	84	30	35～55
6692	双头	无	有	无	两节	22	60	95	84	30	35～55

注　制造材料：锁体、安全链 低碳钢；锁舌、钥匙铜合金。

3. 企口插锁的选用原则

企口插锁示意如图5-87所示。

门扇带有企口的称为企口门。它有左开、右开和内开、外开之

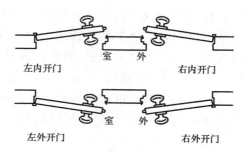

左内开门　　　　　　　　　右内开门

左外开门　　　　　　　　　右外开门

图 5-87　企口插锁

分。用于这种门上的企口（插）锁也有左、右之分，选用时必须根据门的开启方向来选择，否则会使锁体倒装，影响美观和使用。为了正确选用合适的企口锁，必须先弄清楚企口门的开启方向。定向方法：人站在室外，面向门，合页在门的左边的，为左开企口门；反之，则为右开企口门。企口锁的选用原则：左内开和右外开的企口门，应选用左企口锁（又称甲种企口锁）；右内开和左外开的企口门，应选用右企口锁（又称乙种企口锁）。

4. 家具移门锁

家具移门锁如图 5-88 所示。

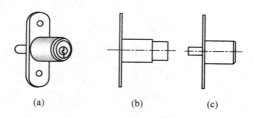

(a)　　　　　　(b)　　　　　　(c)

图 5-88　家具移门锁

（a）示意；（b）上锁前；（c）上锁后

用途：家具移门锁安装在移动式橱门上作锁门用。

规格：家具移门锁的规格见表 5-99。

表 5-99　　　　　　　　家具移门锁的规格　　　　　　　　　　mm

型　　式	锁　头	锁头直径	总高
610 型	叶片式	19	26

5. 玻璃橱门锁

玻璃橱门锁如图 5-89 所示。

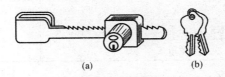

图 5-89　玻璃橱门锁

（a）锁；（b）钥匙

用途：玻璃橱门锁安装在展览橱、书橱等移动式玻璃橱门上，作锁门用。

规格：玻璃橱门锁的规格见表 5-100。

表 5-100　　　　　　玻璃橱门锁的规格　　　　　　mm

型　号	锁头形状和结构	锁头直径	齿条全长
801-1	圆形弹子式	18	120
801-2	椭圆形弹子式	17×21	120

6. 弹子抽屉锁（SC 206）

弹子抽屉锁有普通式、蟹钳式、斜舌式等，如图 5-90 所示。此外，弹子抽屉锁还可分为低锁头式、低锁头蟹钳式两种。

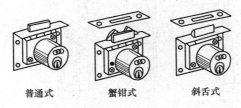

普通式　　　　蟹钳式　　　　斜舌式

图 5-90　弹子抽屉锁

用途：弹子抽屉锁用于锁抽屉，可代替橱门锁用。低锁头式锁适用于板壁较薄的抽屉上。蟹钳式锁的安全性较高。斜舌式锁在锁闭时不用钥匙，把抽屉推进去即被锁住。

规格：弹子抽屉锁的规格见表 5-101。

表 5-101

类型	主要尺寸			
	锁头直径	底板长	底板宽	总高度
普通式、蟹钳式、斜舌式	16，18，20，22，22.5	53	40.2	28
低锁头式、低锁头蟹钳式				24.6

7. 铝合金窗锁（QB/T 3890）

铝合金窗锁如图 5-91 所示。

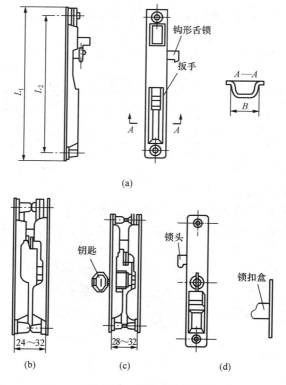

图 5-91　铝合金窗锁

（a）单面锁；（b）双面锁；（c）单开锁；（d）双开锁

用途：铝合金窗锁有两种形式：无锁头的窗锁有单面锁和双面锁；有锁头的窗锁有单开锁和双开锁。安装在铝合金窗上作锁窗用。

规格：铝合金窗锁的规格见表5-102。

表 5-102 　　　　　　　　　　**铝合金窗锁的规格**

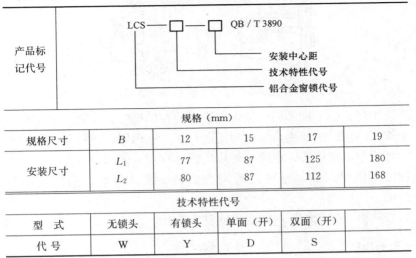

规格（mm）					
规格尺寸	B	12	15	17	19
安装尺寸	L_1	77	87	125	180
	L_2	80	87	112	168
技术特性代号					
型　式	无锁头	有锁头	单面（开）	双面（开）	
代　号	W	Y	D	S	

8. 铝合金门锁（QB/T 3891）

铝合金门锁的规格见表5-103。

表 5-103 　　　　　　　　　　**铝合金门锁的规格**

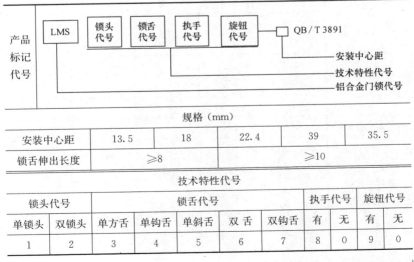

规格（mm）								
安装中心距	13.5		18		22.4		39	35.5
锁舌伸出长度	≥8				≥10			
技术特性代号								
锁头代号		锁舌代号					执手代号	旋钮代号
单锁头	双锁头	单方舌	单钩舌	单斜舌	双舌	双钩舌	有　无	有　无
1	2	3	4	5	6	7	8　0	9　0

9. 弹子插芯门锁（QB/T 2474）

弹子插芯门锁示意如图 5-92 所示。

图 5-92　弹子插芯门锁示意

用途：弹子插芯门锁锁体插嵌安装在门梃中，其附件组装在门上作锁门用。单锁头，室外用钥匙打开，室内用旋扭打开，多用于走廊门上；双锁头，室内、外均用钥匙打开，多用于外大门上。一般门选用平口锁，企口门选用企口锁，圆口门及弹簧门选用圆口锁。

规格：弹子插芯门锁的规格见表 5-104。

表 5-104　　　　　　　　　弹子插芯门锁　　　　　　　　　　mm

类型	型号	基本尺寸			
		中心距	锁方舌长	锁斜舌长	适用门厚
单方舌插芯门锁	9411 9412	56	12.5		38～45
	9417 9418	56.7	12		38～45
	9413 9414	56	12.5		38～45
	554	13.5	11		25～50
单斜舌插芯门锁	9427	50		12.5	38～50
单斜舌按钮插芯门锁	9421 A_2 9421 J_8	56	—	12	38～45
	9423 A_2 9425 A_2 9423 J_8 9425 J_8	56	—	12	38～45

类型	型号	基本尺寸			
		中心距	锁方舌长	锁斜舌长	适用门厚
移门插芯门锁	9481 9482	56	12.5	—	—
双舌插芯门锁	9441 A₂ 9442 A₂ 9441 J₈ 9442 J₈	56	12.5	—	38～45
双舌插芯门锁	9443 A₂ 9444 A₂ 9445 A₂ 9446 A₂	56	12.5	—	38～45
	9471 9472	56	9	—	26～32
双舌插芯门锁	251 252 204	50.5	—	—	32～40
		56	—	—	32～40
		56	—	—	42～55
双舌揿压 插芯门锁	205 206 206-2 9431 A₂ 9432 A₂ 9433 A₂ 9434 A₂	56	12.5	—	38～45
		56	12.5	—	38～45

10. 防风插芯门锁

防风插芯门锁示意如图 5-93 所示。

用途：防风插芯门锁安装在门上防风用，只要推门或拉门即可打开。

图 5-93 防风插芯门锁示意

规格：防风插芯门锁的规格见表 5-105。

表 5-105 防风插芯门锁的规格

型号	锁体尺寸（宽×高×厚） （mm×mm×mm）	适用范围
901	60×60×16	35～50mm 厚承受较大风力的各种木门
9405		35～50mm 厚的平口防风门

11. 密闭门锁

密闭门锁如图 5-94 所示。

图 5-94 密闭门锁示意

用途：密闭门锁用于各种要求隔声的密闭室门上，作锁门用。

规格：密闭门锁的规格见表 5-106。

表 5-106 密闭门锁的规格 mm×mm×mm

型号	锁体尺寸（宽×高×厚）	适用范围
400-1、400-2 400-3、400-4	115×112×20	60～120mm 厚的左内开、右内开、左外开、右外开的密闭门

12. 球形门锁

球形门锁示意如图 5-95 所示。

图 5-95　球形门锁示意

用途：球形门锁安装在门上作锁门用。锁的品种多，可以适应不同用途门的需要。锁的造型美观，用料考究，多用于较高级建筑物。

规格：球形门锁的规格见表 5-107。

表 5-107　　　　　　　　　球形门锁的规格　　　　　　　　mm

型号	基本尺寸			适用范围
	中心距	锁舌长度	适用门厚	
8691G				房间门
8693G				盥洗室门
8698G				通道或防风门
86910				房间门
86930				盥洗室、更衣室门
86980	70		35～50	通道防风门
8400AA4				通道防风门
8411AA4				更衣室门
8421AA4		12		盥洗室门
8430AA4				房间、办公室门
8433AA4				壁橱门
570	60、70、90、100		35～45	木门、铝合金门，配套系列有浴室锁、通道锁。可设计成组合门锁
571	—		30～45	
599	60、70		35～45	
840	60、70、90、100		32～45	木门、塑料门、铝合金门

型号	基本尺寸			适用范围
	中心距	锁舌长度	适用门厚	
按键式	60、70	11	32～60	铝合金门或配上特种调节器装于玻璃门上
575（大门锁）	70	方舌 15 斜舌 12	45～55	木门、铝合金门
574	60	25	35～52	

第六章　建筑小五金

一、钉类

1. 一般用途圆钢钉（YB/T 5002）

一般用途圆钢钉如图 6-1 所示。

图 6-1　一般用途圆钢钉

用途：钉固木竹器材。

规格：一般用途圆钢钉的规格见表 6-1。

表 6-1　　　　　　　　　一般用途圆钢钉的规格

钉长 (mm)	钉杆直径（mm）			每千只约重（kg）		
	重型	标准型	轻型	重型	标准型	轻型
10	1.10	1.00	0.90	0.079	0.062	0.045
13	1.20	1.10	1.00	0.120	0.097	0.080
16	1.40	1.20	1.10	0.207	0.142	0.119
20	1.60	1.40	1.20	0.324	0.242	0.177
25	1.80	1.60	1.40	0.511	0.395	0.302
30	2.00	1.80	1.60	0.758	0.60	0.473
35	2.20	2.00	1.80	1.06	0.86	0.70
40	2.50	2.20	2.00	1.56	1.19	0.99
45	2.80	2.50	2.20	2.22	1.73	1.34
50	3.10	2.80	2.50	3.02	2.42	1.92
60	3.40	3.10	2.80	4.35	3.56	2.90
70	3.70	3.40	3.10	5.94	5.00	4.15
80	4.10	3.70	3.40	8.30	6.75	5.71
90	4.50	4.10	3.70	11.3	9.35	7.63
100	5.00	4.50	4.10	15.5	12.50	10.40
110	5.50	5.00	4.50	20.9	17.00	13.70

钉长	钉杆直径（mm）			每千只约重（kg）		
（mm）	重型	标准型	轻型	重型	标准型	轻型
130	6.00	5.50	5.00	29.1	24.30	20.00
150	6.50	6.00	5.50	39.4	33.30	28.00
175	—	6.50	6.00	—	45.70	38.90
200	—	—	6.50	—	—	52.10

2. 扁头圆钢钉

扁头圆钢钉如图 6-2 所示。

图 6-2　扁头圆钢钉

用途：主要用于木模制造、钉地板及家具等需将钉帽埋入木材的场合。

规格：扁头圆钢钉的规格见表 6-2。

表 6-2　　　　　　　　　扁头圆钢钉的规格

钉长（mm）	35	40	50	60	80	90	100
钉杆直径（mm）	2	2.2	2.5	2.8	3.2	3.4	3.8
每千只约重（kg）	0.95	1.18	1.75	2.9	4.7	6.4	8.5

3. 盘头多线瓦楞螺钉

用途：主要用于把瓦楞钢皮或石棉瓦楞板固定在木质建筑物如屋顶、隔离壁等上。这种螺钉用手锤敲击头部，即可钉入，但旋出时仍需用螺钉旋具。

规格：盘头多线瓦楞螺钉的规格见表 6-3。

表 6-3　　　　　　　　盘头多线瓦楞螺钉的规格　　　　　　　mm

	公称直径 d	6		7	
	钉长 l	65	75	90	100

注　螺钉表面应全部镀锌钝化。

4. 瓦楞垫圈及羊毛毡垫圈（见图 6-3）

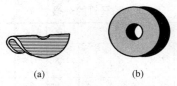

图 6-3　瓦楞垫圈及羊毛毡垫圈
（a）瓦楞垫圈；（b）羊毛毡垫圈

用途：瓦楞垫圈用于衬垫在瓦楞螺钉钉头下面，可增大钉头支承面积，降低钉头作用在瓦楞铁皮或石棉瓦楞板上的压力。羊毛毡垫圈用于衬垫在瓦楞垫圈下面，可起密封作用，防止雨水渗漏。

规格：瓦楞垫圈及羊毛毡垫圈的规格见表 6-4。

表 6-4　　　　　瓦楞垫圈及羊毛毡垫圈的规格

品名	公称直径	内径	外径	厚度
瓦楞垫圈	7	7	32	1.5
羊毛毡垫圈	6	6	30	3.2，4.8，6.4

5. 瓦钉

用途：专用于石棉瓦的钉固，使用时钉帽下应加垫圈防漏。

规格：瓦钉的规格见表 6-5。

表 6-5　　　　　瓦钉的规格

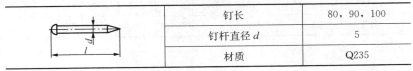

	钉长	80，90，100
	钉杆直径 d	5
	材质	Q235

6. 骑马钉

骑马钉如图 6-4 所示。

用途：又叫 U 形钉。主要用于钉固沙发弹簧、金属板网、金属丝网、刺丝或室内外挂线和木材装运加固等。

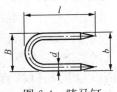

图 6-4　骑马钉

规格：骑马钉的规格见表 6-6。

表 6-6　　　　　　　　　　骑马钉的规格

钉长 l （mm）	10	11	12	13	15	16	20	25	30
钉杆直径 d （mm）	1.6	1.8	1.8	1.8	1.8	1.8	2.0	2.2	2.7
大端宽度 B （mm）	8.5	8.5	8.5	8.5	10	10	10.5/12	11/13	13.5/14.5
小端宽度 b （mm）	7	7	7	7	8	8	8.5	9	10.5
每千只约重 （kg）	0.37	—	—	—	0.56	—	0.89	1.36	2.19
材质	Q195，Q215，Q235								

7. 拼合用圆钢钉

拼合用圆钢钉如图 6-5 所示。

图 6-5　拼合用圆钢钉

用途：供制造木箱、家具、门扇、农具及其他需要拼合木板时作销钉用。规格以钉长和钉杆直径表示。

规格：拼合用圆钢钉的规格见表 6-7。

表 6-7　　　　　　　　　　拼合用圆钢钉的规格

钉长 （mm）	25	30	35	40	45	50	60
钉杆直径 （mm）	1.6	1.8	2	2.2	2.5	2.8	2.8
每千只约重 （kg）	0.36	0.55	0.79	1.08	1.52	2	2.4

8. 水泥钉

水泥钉如图 6-6 所示。

用途：用于在混凝土或砖结构墙上钉固制品的场合。

规格：分类杆钉（代号 T）和钉杆有拉丝（代号 ST）两种，ST 型仅用于钢薄板。规格以钉长和钉杆直径表示，其规格见表 6-8。

图 6-6　水泥钉

表 6-8　　　　　　　　　　水泥钉的规格

钉号	钉杆尺寸（mm）		1000 个钉约重（kg）	钉号	钉杆尺寸（mm）		1000 个钉约重（kg）
	长度 l	直径 d			长度 l	直径 d	
7	101.6	4.57	13.38	10	50.8	3.40	3.92
7	76.2	4.57	10.11	10	38.1	3.30	3.01
8	76.2	4.19	8.55	10	25.4	3.40	2.11
8	63.5	4.19	7.17	11	38.1	3.05	2.49
9	50.8	3.76	4.73	11	25.4	3.05	1.76
9	38.1	3.76	3.62	12	38.1	2.77	2.10
9	25.4	3.76	2.51	12	25.4	2.77	1.40

9. 木螺钉

木螺钉如图 6-7 所示。

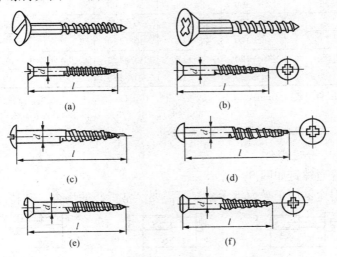

图 6-7　木螺钉

(a) 开槽沉头木螺钉；(b) 十字槽沉头木螺钉；
(c) 开槽圆头木螺钉；(c) 十字槽圆头木螺钉；(e) 开关
半沉头木螺钉；(f) 十字槽半沉头木螺钉

用途：用以在木质器具上紧固金属零件或其他物品，如铰链、插销、箱扣、门锁等。根据适用和需要，选择适当的形式，以沉头木螺钉应用最广。

规格：木螺钉的规格见表 6-9。

表 6-9   木螺钉的规格   mm

直径 d	开槽木螺钉钉长 l			十字槽木螺钉	
	沉头	圆头	半沉头	十字槽号	钉长 l
1.6	6～12	6～12	6～12	—	—
2	6～16	6～14	6～16	1	6～16
2.5	6～25	6～22	6～25	1	6～25
3	8～30	8～25	8～30	2	8～30
3.5	8～40	8～38	8～40	2	8～40
4	12～70	12～65	12～70	2	12～70
(4.5)	16～85	14～80	16～85	2	16～85
5	18～100	16～90	18～100	2	18～100
(5.5)	25～100	22～90	30～100	3	25～100
6	25～120	22～120	30～120	3	25～120
(7)	40～120	38～120	40～120	3	40～120
8	40～120	38～120	40～120	4	40～120
10	75～120	65～120	70～120	4	70～120

注   1. 钉长系列（mm）：6，8，10，12，14，16，18，20，(22)，25，30，(32)，35，(38)，40，45，50，(55)，60，(65)，70，(75)，80，(85)，90，100，120。
      2. 括号内的直径和长度，尽可能不采用。

10. 普通螺钉

普通螺钉如图 6-8 所示。

用途：用于受力不大，又不需要经常拆装的场合。其特点是一

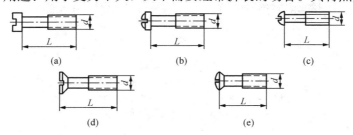

图 6-8   普通螺钉
(a) 圆柱头螺钉；(b) 球面圆柱头螺钉；(c) 半圆头螺钉；
(d) 沉头螺钉；(e) 半沉头螺钉

般不用螺母，而把螺钉直接旋入被连接件的螺纹孔中，使被连接件紧密地连接起来。

规格：螺钉规格见表 6-10。

表 6-10 螺钉规格 mm

螺纹规格 d	钉杆长度 L		系列尺寸 L
	圆柱头、半圆头、球面圆柱头	沉头、半沉头	
M1	1.5～5.0	2.0～5.0	
M1.2	1.5～5.0	2.5～6.0	
M1.4	1.5～5.0	2.5～6.0	
M1.6	2.0～6.0	3.0～8.0	
M2	2.0～8.0	3.0～10.0	1.5, 2.0, 2.5, 3.0,
M2.5	2.5～16.0	4.0～16.0	4.0, 5.0, 6.0, 8.0,
M3	3.0～22.0	4.0～22.0	10.0, 12.0, (14.0),
M4	4.0～25.0	6.0～25.0	36.0, (18.0), 20.0,
M5	5.0～28.0	8.0～28.0	(22.0), 25.0, (28.0),
M6	8.0～30.0	10.0～30.0	30.0, (32.0), 35.0,
M8	10.0～32.0	14.0～32.0	(38.0), 40.0, 45.0,
M10	12.0～38.0	18.0～40.0	50.0, 55.0, 60.0, 70,
M12	18.0～40.0	18.0～45.0	80
(M14)	25.0～40.0	22.0～45.0	
M16	30.0～45.0	25.0～50.0	
(M18)	35.0～50.0	30.0～55.0	
M20	40.0～55.0	35.0～60.0	

注 括号内尺寸尽量不采用。

11. 圆柱头内六角螺钉（GB/T 70.1）

圆柱头内六角螺钉如图 6-9 所示。

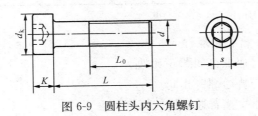

图 6-9 圆柱头内六角螺钉

用途：用于需把螺钉头埋入机件内，而紧固力又要求较大的场合。

规格：圆柱头内六角螺钉的规格见表 6-11。

表 6-11 　　　　　　　　　　**圆柱头内六角螺钉规格** 　　　　　　mm

螺纹规格 d	内六角扳手尺寸 S	螺钉长度 L		系列尺寸
		L/L_0	全长加工螺纹	
M1.6	1.5	(2.5～16)/15	15	
M2	1.5	(3～20)/16	16	
M2.5	2	(4～5)/17	20	
M3	5.5	(5～30)/18	20	
M4	3	(18～40)/12	8～16	
M5	4	(18～50)/14	10～16	
M6	5	(20～60)/16	10～18	
M8	6	(25～80)/20	12～22	8，10，12，14*，16，18*，20，22*，25，28*，30，35，40，45，50，55，60，65，70，75，80，85，90，95，100，110，120，130，140，150，160，170，180，190，200，210，220，230，240，250，260，280，300
M10	8	(30～100)/25	14～28	
M12	10	(40～130)/30	16～35	
M14*	12	(45～140)/35	20～40	
M16	12	(50～160)/40	22～45	
M18*	14	(55～180)/45	25～50	
M20	14	(60～220)/50	25～55	
M22*	17	(65～250)/55	28～60	
M24	17	(70～250)/60	28～65	
M27*	19	(75～260)/65	40～70	
M30	19	(80～300)/70	45～75	
M36	24	(95～300)/80	60～90	
M42	27	(110～300)/90	70～100	

注 加"*"号的尺寸尽可能不采用。

12. 十字槽普通螺钉

十字槽普通螺钉如图 6-10 所示。

用途：与普通螺钉相同。

规格：十字槽普通螺钉的规格见表 6-12。

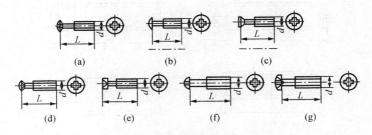

图 6-10 十字槽普通螺钉

（a）120°半沉头螺钉；（b）扁圆头螺钉；（c）沉头螺钉；

（d）半沉头螺钉；（e）圆柱头螺钉；（f）平圆头螺钉；

（g）球面圆柱头螺钉

表 6-12 十字槽普通螺钉规格 mm

螺纹规格 d	螺钉长度 L					采用螺钉旋具规格号	系列尺寸 L
	120°半沉头	沉头半沉头	平圆头	扁圆头	圆柱头、球面圆柱头		
M2	—	4～20			4～20	I	4，5，6，8，10，12，(14)，16，(18)，20，(28)，30，(32)，35，(38)，40，(45)，50，55，60，65，70，75，80
M2.5	—	5～35			—		
M3		50～40	6～40			II	
M4	6～65		8～50		8～60		
M5	8～50				8～80		
M6	8～50	10～50	8～50		8～80	III	
M8	12～65	14～65	12～65	12～50	12～80		
M10	16～80	18～80	16～80	—	16～80	IV	
M12	—	18～80	20～80		20～80		

注 括号内的尺寸尽可能不采用。

13. 紧固螺钉

用途：用于固定零部件的相对位置。

规格：有开槽锥端紧定螺钉、开槽平端紧定螺钉、开槽凹端紧定螺钉、开槽长圆柱端紧定螺钉，其规格见表 6-13～表 6-15，示意图如图 6-11 所示。

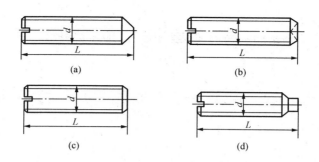

图 6-11 紧定螺钉规格示意图

(a) 开槽锥端紧定螺钉；(b) 开槽平端紧定螺钉；
(c) 开槽凹端紧定螺钉；(d) 开槽长圆柱端紧定螺钉

表 6-13 紧定螺钉规格 mm

螺纹规格 d	公称长度 l				长度系列 l
	锥端	平端	凹端	长圆柱端	
M1.2	2～6	2～6	—	—	2, 2.5, 3, 4, 5, 6, 8, 10, 12, (14), 16, 20, 25, 30, 35, 40, 45, 50, (55), 60
M1.6	2～8	2～8	2～8	2.5～8	
M2	3～10	2～10	2.5～10	3～10	
M2.5	3～12	2.5～12	3～12	4～12	
M3	4～16	3～16	3～16	5～15	
M4	5～20	4～20	4～20	6～20	
M5	8～25	5～25	5～25	8～25	
M6	8～30	6～30	6～30	8～30	
M8	10～40	8～40	8～40	10～40	
M10	12～50	10～50	10～50	12～50	
M12	14～60	12～60	12～60		

注 括号内尺寸尽量不采用。

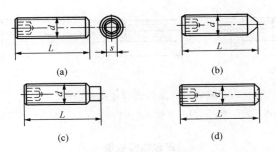

图 6-12 内六角紧定螺钉规格示意图

（a）内六角平端紧定螺钉；（b）内六角锥端紧定螺钉；

（c）内六角圆柱端紧定螺钉；（d）内六角凹端紧定螺钉

表 6-14　　　　　　　　内六角紧定螺钉规格　　　　　　　　mm

螺纹规格 d	公称长度 l				长度系列 l
	平端	锥端	圆柱端	凹端	
M1.6	2～8	2～8	2～8	2～8	
M2	2～10	2～10	2.5～10	2～10	
M2.5	2～12	2.5～12	3～12	2～12	
M3	2～16	2.5～16	4～16	2.5～16	
M4	2.5～20	3～20	5～20	3～20	
M5	3～25	4～25	6～25	4～25	2, 2.5, 3, 4, 5, 6, 8, 10, 12, 16, 20, 25, 30, 35, 40, 45, 50, 55, 60
M6	4～30	5～30	8～30	5～30	
M8	5～40	6～40	8～40	6～40	
M10	6～50	8～50	10～50	8～50	
M12	8～60	10～60	12～60	10～60	
M16	10～60	12～60	16～60	12～60	
M20	12～60	16～60	20～60	16～60	
M24	16～60	20～60	25～60	20～60	

注　括号内尺寸尽量不采用。

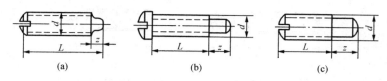

图 6-13　定位螺钉规格示意图

（a）开槽锥端定位螺钉；（b）开槽盘头定位螺钉；（c）内六角凹端紧定螺钉

表 6-15　　　　　　　　　　　　定位螺钉规格　　　　　　　　　　　　mm

螺纹规格 d	锥端		开槽盘头		圆柱端	
	锥端长度 z	钉杆全长 l	定位长度 z	螺纹长度 l	定位长度 z	螺纹长度 l
M1.6	—	—	1～1.5	1.5～3	1～1.5	1.5～3
M2	—	—	1～2	1.5～4	1～2	1.5～4
M2.5	—	—	1.2～2.5	2～5	1.2～2.5	2～5
M3	1.5	4～16	1.5～3	2.5～6	1.5～3	2.5～6
M4	2	4～20	2～4	3～8	2～4	3～8
M5	2.5	5～20	2.5～5	4～10	2.5～5	4～10

14. 圆柱头螺钉

用途：用于连接。

规格：圆柱头螺钉规格见表 6-16。

表 6-16　　　　　　　　　　圆柱头螺钉规格　　　　　　　　　　mm

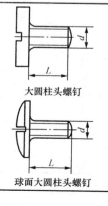

大圆柱头螺钉

球面大圆柱头螺钉

螺纹规格 d	螺杆长度 L	
	大圆柱头	球面大圆柱头
M2	2～20	3～6
M2.5	2～20	4～14
M3	2～20	5～30
M4	2～20	5～45
M5	2～20	5～60
M6	2～20	5～60
M8	2～20	10～18
M10	2～20	12～20

15. 滚花螺钉

用途：用于连接，适宜需经常做松紧动作的场合。

规格：滚花螺钉规格见表6-17。

表 6-17   **滚花螺钉规格**   mm

滚花平头螺钉

滚花小头螺钉

螺纹规格 d	螺杆长度 L	
	滚花平头	滚花小头
M2	—	4～40
M2.5	—	4～40
M3	8～20	4～40
M4	8～20	4～40
M5	—	4～40
M6	—	4～40

16. 油毡钉

用途：专用于修建房屋时，钉油毛毡用。使用时，在钉帽下要加油毛毡垫圈，防止钉孔处漏水，如图6-14所示。

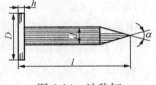

图 6-14 油毡钉

规格：油毡钉的规格见表6-18。

表 6-18   **油毡钉的规格**

规格（mm）	钉杆尺寸（mm）		100个钉质量约（kg）	规格（mm）	钉杆尺寸（mm）		100个钉质量约（kg）
	长度 l	直径 d			长度 l	直径 d	
15	15	2.5	0.58	25.40	25.40		1.47
20	20	2.8	1.00	28.58	28.58		1.65
25	25	3.2	1.50	31.75	31.75	3.06	1.83
30	30	3.4	2.00	38.10	38.10		2.20
19.05	19.05	3.06	1.10	44.45	44.45		2.57
22.23	22.23		1.28	50.80	50.80		2.93

17. 家具钉

家具钉用途：也称无头钉，如图6-15所示。专用于钉固木制家具或地板。

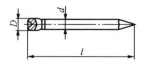

图 6-15　家具钉

规格：家具钉的规格见表 6-19。

表 6-19　　　　　　　　　家具钉的规格　　　　　　　　　mm

钉长 l	19	25	30	32	38	40	45	50	60	64	70	80	82	90	100	130
钉杆直径 d	1.2 1.5	1.5 1.6	1.6	1.6 1.8	1.8	1.8	1.8	2.1	2.3	2.4 2.8	2.5	2.8	3.0	3.0	3.4	4.1
钉帽直径 D	$1.3d \sim 1.4d$														
材质	Q195，Q235														

18. 橡皮钉

用途：由于钉杆直径较大，起拔阻力也较大，主要用于农具、家具、玩具的修理和钉固鞋跟。

规格：橡皮钉的规格见表 6-20。

表 6-20　　　　　　　　　橡皮钉的规格　　　　　　　　　mm

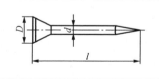

钉长 l	20	22
钉杆直径 d	2	2
钉帽直径 D	3.9	3.9
材质	Q215、Q235	

19. 吊环螺钉

用途：装在机器或大型零部件的顶盖或外壳上，便于起吊用。

规格：吊环螺钉规格见表 6-21。

表 6-21　　　　　　　　　吊环螺钉规格

螺纹规格 d （mm）	吊环内径 D_1 （mm）	钉杆长度 L （mm）	起吊质量（t） $\leqslant$
M8	20	16	0.16

螺纹规格 d (mm)	吊环内径 D_1 (mm)	钉杆长度 L (mm)	起吊质量（t） $\leqslant$
M10	24	20	0.25
M12	28	22	0.4
M16	34	28	0.63
M20	40	35	1
M24	48	40	1.6
M30	56	45	2.5
M36	67	55	4
M42	80	65	6.3
M48	95	70	8
M56	112	80	10
M64	125	90	16
M72×6	140	100	20
M80×6	160	115	25
M100×6	200	140	40

20. 瓦楞钉

用途：专用于固定屋面上的瓦楞铁皮，如图 6-16 所示。

规格：瓦楞钉的规格见表 6-22。

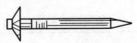

图 6-16　瓦楞钉

表 6-22　　　　　　　　　　　　瓦楞钉的规格　　　　　　　　　　　　mm

钉身直径	钉帽直径	长度（除帽）			
		38	44.5	50.8	63.5
		1000 个钉约重（kg）			
3.73	20	6.30	6.75	7.35	8.35
3.37	20	5.58	6.01	6.44	7.30
3.02	18	4.53	4.90	5.25	6.17
2.74	18	3.74	4.03	4.32	4.90
2.38	14	2.30	2.38	2.46	—

21. 包装钉

用途：用于钉固包装箱，如图 6-17 所示。

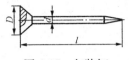

图 6-17　包装钉

规格：包装钉的规格见表 6-23。

表 6-23　　　　　　　　　　包装钉的规格　　　　　　　　　　mm

钉长 l	25	30	38	45	50	57	64	70	75	82	89	100
钉杆直径 d	1.6	1.8	2.0	2.0	2.4	2.4	2.8	2.8	3.4	3.4	3.4	—
钉帽直径 D	1.7d											
材质	Q215、Q235											

22. 鱼尾钉

鱼尾钉如图 6-18 所示。

用途：用于制造沙发、软坐垫、鞋、帐篷、纺织、皮革箱具、面粉筛、玩具、小型农具等，特点是钉尖锋利、连接牢固，以薄型应用较广。

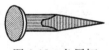

图 6-18　鱼尾钉

规格：鱼尾钉的规格见表 6-24。

表 6-24　　　　　　　　　　鱼尾钉的规格

种类	薄型（A 型）					厚型（B 型）					
全长（mm）	6	8	10	13	16	10	13	16	19	22	25
钉帽直径≥	2.2	2.5	2.6	2.7	3.1	3.7	4	4.2	4.5	5	5
钉帽厚度≥	0.2	0.25	0.30	0.35	0.40	0.45	0.50	0.55	0.60	0.65	0.65
卡颈尺寸≥	0.80	1.0	1.15	1.25	1.35	1.50	1.60	1.70	1.80	2.0	2.0
1000 个钉约重（g）	44	69	83	122	180	132	278	357	480	606	800
个/kg	22 700	14 400	12 000	8200	5550	7600	3600	2800	2100	1650	1250

23. 平杆型鞋钉

平杆型鞋钉如图 6-19 所示。

用途：用于钉制沙发、软坐垫等，特点是钉帽大、钉身粗、连接牢固。

规格：平杆型鞋钉的规格见表 6-25。

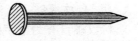

图 6-19　平杆型鞋钉

表 6-25　　　　　　平杆型鞋钉的规格

全长（mm）	10	13	16	19	25
钉帽直径（mm）	4	4.5	5	5.5	6
钉帽厚度（mm）	0.25	0.30	0.35	0.40	0.40
钉身末端宽度（mm）≤	0.80	0.90	0.95	1.05	1.15
钉尖角度（°）≈	30	30	30	35	35
每千约重（g）	102	185	333	455	556
个/kg	9800	5400	3000	2200	1800

24. 鞋钉

鞋钉如图 6-20 所示。

用途：用于鞋、体育用品、玩具、农具、木制家具等的制作和维修。

规格：鞋钉的规格见表 6-26。

图 6-20　鞋钉

表 6-26　　　　　　鞋钉的规格

规　格（全长）(mm)		10	13	16	19	22	25
钉帽直径（mm） ≥	普通型 P	3.10	3.40	3.90	4.40	4.70	4.90
	重型 Z	4.50	5.20	5.90	6.10	6.60	7.00
钉帽厚度（mm） ≥	普通型 P	0.24	0.30	0.34	0.40	0.44	0.44
	重型 Z	0.30	0.34	0.38	0.40	0.44	0.44
钉杆末端宽度（mm） ≤	普通型 P	0.74	0.84	0.94	1.04	1.14	1.24
	重型 Z	1.04	1.10	1.20	1.30	1.40	1.50
钉尖角度（°）<	P、Z	28	28	28	30	30	30
1000 个钉质量约（g）	普通型 P	91	152	244	345	435	526
	重型 Z	156	238	345	476	625	769
个/100g （≈）	普通型 P	1100	660	410	290	230	190
	重型 Z	640	420	290	210	160	130

25. 自攻螺钉

自攻螺钉有为十字槽盘头、十字槽沉头、十字槽半沉头、开槽盘头、开槽沉头和开槽半沉头六种，如图 6-21 所示。

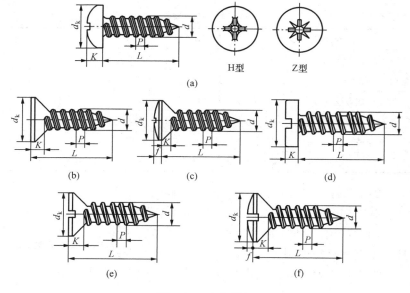

H型   Z型

(a)

(b)   (c)   (d)

(e)   (f)

图 6-21   自攻螺钉

（a）十字槽盘头；（b）十字槽沉头；（c）十字槽半沉头；（d）开槽盘头

（e）开槽沉头；（f）开槽半沉头

用途：用于薄金属制件与较厚金属制作之间的连接。

规格：十字槽自攻螺钉规格见表 6-27；开槽自攻螺钉规格见表 6-28。

表 6-27　　　　　　　　**十字槽自攻螺钉规格**　　　　　　mm

螺纹规格	螺纹外径 $d_1 \leqslant$	头部直径 d_k	头部高度 k	公称长度 l	十字槽盘头			十字槽沉头		十字槽半沉头	
					槽号	H形深度	Z形深度	H形深度	Z形深度	H形深度	Z形深度
ST2.2	2.24	3.8	1.1	4.5～16	0	1.2	1.2	1.2	1.2	1.5	1.4
ST2.9	2.90	5.5	1.7	6.5～19	1	1.8	1.75	2.1	2	2.2	2.1
ST3.5	3.53	7.3	2.35	9.5～25	2	1.9	1.9	2.4	2.2	2.75	2.7

螺纹规格	螺纹外径 $d_1 \leqslant$	头部直径 d_k	头部高度 k	公称长度 l	十字槽盘头		十字槽沉头		十字槽半沉头	
					槽号	H形深度	Z形深度	H形深度	Z形深度	H形深度	Z形深度
ST4.2	4.22	8.4	2.6	9.5～32	2	2.4	2.35	2.6	2.5	3.2	3.1
ST4.8	4.80	9.3	2.8	9.5～38	2	2.9	2.75	3.2	3.05	3.4	3.35
ST5.5	5.46	10.3	3	13～38	3	3.1	3	3.3	3.2	3.45	3.4
ST6.3	6.25	11.3	3.15	13～38	3	3.6	3.5	3.5	3.45	4	3.85
ST8	8.00	15.8	4.65	16～50	4	4.7	4.5	4.6	4.6	5.25	5.2
ST9.5	9.65	18.3	5.25	16～50	4	5.8	5.7	5.7	5.65	6	6.05

长度系列：4.5，6.5，9.5，13，16，19，22，25，32，38，45，50

表 6-28　　　　　　　　　　开槽自攻螺钉规格　　　　　　　　　　mm

螺纹规格	螺纹外径 $d_1 \leqslant$	开槽盘头			开槽沉头			开槽半沉头		
		头部直径 d_k	头部高度 k	公称长度 l	头部直径 d_k	头部高度 k	公称长度 l	头部直径 d_k	头部高度 k	公称长度 l
ST2.2	2.24	4	1.3	4.5～16	3.8	1.1	4.5～16	3.8	1.1	4.5～16
ST2.9	2.90	5.6	1.8	6.5～19	5.5	1.7	6.5～19	5.5	1.7	6.5～19
ST3.5	3.53	7	2.1	6.5～22	7.3	2.35	9.5～25	7.3	2.35	9.5～25
ST4.2	4.22	8	2.4	9.5～32	8.4	2.6	9.5～32	8.4	2.6	9.5～22
ST4.8	4.80	9.5	3	9.5～38	9.3	2.8	9.5～38	9.3	2.8	9.5～32
ST5.5	5.46	11	3.2	13～32	10.3	3	13～38	10.3	3	13～32
ST6.3	6.25	12	3.6	13～38	11.3	3.15	13～38	11.3	3.15	13～38
ST8	8.00	16	4.8	16～50	15.8	4.65	19～50	15.8	4.65	16～50
ST9.5	9.65	20	5.6	16～50	18.3	5.25	22～50	18.3	5.25	19～50

长度系列：4.5，6.5，9.5，13，16，19，22，25，32，38，45，50

26. 自钻自攻螺钉

自钻自攻螺钉有十字槽盘头、十字槽沉头、十字槽半沉头、六角法兰面四种，如图 6-22 所示。

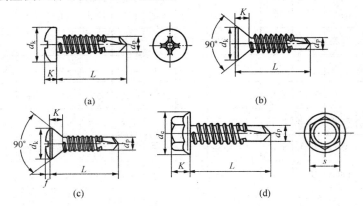

(a)

(b)

(c)

(d)

图 6-22　自钻自攻螺钉

（a）十字槽盘头（GB/T 15856.1）；（b）十字槽沉头
（GB/T 15856.2）；（c）十字槽半沉头（GB/T 15856.3）；
（d）六角法兰面（GB/T 15856.4）

用途：用于连接。连接时可将钻头和攻丝两道工序合并一次完成。

规格：自钻自攻螺钉规格见表 6-29。

表 6-29　　　　　　　　自钻自攻螺钉规格　　　　　　　　mm

自攻螺钉用螺纹规格	螺纹外径 $d_1 \leqslant$	公称长度 L	钻头直径 $d_p \approx$	钻削范围（板厚）
ST2.9	2.90	13～19	2.3	0.7～1.9
ST3.5	3.53	13～25	2.8	0.7～2.25
ST4.2	4.22	13～38	3.6	1.75～3
ST4.8	4.80	16～50	4.1	1.75～4.4
ST5.5	5.46	19～50	4.8	1.75～5.25
ST6.3	6.25	19～50	5.8	2～6
长度系列：13，16，19，22，25，32，38，45，50				

二、网类

1. 窗纱（GB/T 4285）

用途：用以制作纱窗、纱门、菜橱、菜罩、蝇拍、捕虫器等。塑料窗纱也可用做过滤器材，但工作温度不宜超过 50℃。

规格：窗纱网的规格见表 6-30。

表 6-30 窗纱网的规格

品种		每英寸目数		孔距（mm）		每匹宽度×每匹长度（m×m）
		经向	纬向	经向	纬向	
金属丝编织涂漆、涂塑、镀锌窗纱		12	14	1.8	1.8	1×25，1×30 0.914×30，0.914×48
		16	16	1.6	1.6	
		18	16	1.4	1.4	
		14	14	1.8	1.8	
		16	16	1.6	1.6	
玻璃纤维涂塑窗纱	4514 A	14	14	1.8	1.8	
	4514 B					
	4516	16	16	1.6	1.6	
塑料窗纱		16	16	1.6	1.6	

注 涂漆（镀锌、涂塑）窗纱还有 1.2m 宽度，15m 长度的规格。表中 14mm×16mm 是非标准的市场产品。

2. 点焊网

点焊网示意如图 6-23 所示。

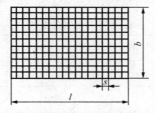

图 6-23　点焊网示意

用途：用于建筑业及防护栏栅等。

规格：点焊网的规格见表 6-31。

表 6-31　　　　　　　　　　　**点焊网的规格**　　　　　　　　　mm

网孔尺寸 s		丝径	网面尺寸		材质
经向	纬向		网长 l	网宽 b	
6.4	6.4	0.64～1.06	30 000	609，762，914，1000	Q195
9.5	9.5				
12.7	12.7	0.71～1.06			
19	19	1.06～1.65			
25.4	25.4	1.24～1.82			
25.4	12.7	1.24～1.47			
50.8	25.4	2.41			
50.8	50.8	1.82			

3. 正反捻六角网

正反捻六角网示意如图 6-24 所示。

图 6-24　正反捻六角网示意

用途：适用于石化、建筑业管道保温防护、围栏用。

规格：正反捻六角网的规格见表 6-32。

表 6-32　　　　　　　　　**正反捻六角网的规格**　　　　　　　　mm

网孔尺寸 S		10	13，16	19	25，32，38	76
丝径		0.5～0.8	0.5～1.0	0.5～1.2	0.5～1.4	0.6～1.4
网面尺寸	长	10 000～50 000				
	宽	300～2000				
材质		Q 215				

4. 六角网

六角网如图 6-25 所示。

用途：适用于建筑、保温、防护及围栏等，分为 XD（先镀锌后编织）及 XB 型（先编织后镀锌）。

规格：六角网的规格见表 6-33。

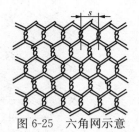

图 6-25 六角网示意

表 6-33　　　　　　　　　　　六角网的规格　　　　　　　　　　　mm

网孔尺寸 s	斜边差	丝　径	长　度	宽　度	材　质
12	≤3	0.40～0.70			
15	≤4	0.45～0.80			
18	≤4.5	0.50～0.90			热镀锌低碳钢丝、电镀锌低碳钢丝及一般用途低碳钢丝
22	≤5.5	0.50～1.20	15 000～50 000	610～2000	
27	≤7	0.55～1.20			
32	≤8				
44	≤9	0.70～1.40			
56	≤11				

5. 梯形网

梯形网示意如图 6-26 所示。

用途：作保温墙的加强网和石棉瓦中的加强网用。

规格：梯形网的规格见表 6-34。

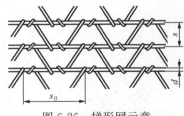

图 6-26 梯形网示意

表 6-34　　　　　　　　　　　梯形网的规格

网孔尺寸 s（mm）	绕缝箍距 s_0（mm）	绕丝抗拉强度（MPa）	直线丝径 d（mm）	直丝抗拉强度（MPa）	网面尺寸（mm）		材质
					长	宽	
13	42	≥539	0.7～1.2	≥833	1840	880	Q195,Q215
19			0.7～1.4				

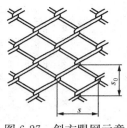

图 6-27　斜方眼网示意

6. 斜方眼网

斜方眼网示意如图 6-27 所示。

用途：用于建筑围栏及设备防护。

规格：斜方眼网的规格见表 6-35。

表 6-35　　　　　　　　　斜方眼网的规格　　　　　　　　　mm

线　　径		0.9	1.25		1.6		2.0			2.8				3.5				4.0		5	6	8
网孔尺寸	长节距 s	18	16	20	30	20	30	60	30	40	60	38	40	60	100	51	60	70	100	80	240		100	
	短节距 s_0	12	8	10	15	8	15	30	15	20	30	38	17	30	50	51	30	35	50	40	120	25	50	
网面尺寸	长度	1000～5000																					
	宽度	50～2000																					
材　　质		Q195　　Q215																					

7. 重型钢板网

重型钢板网示意如图 6-28 所示。

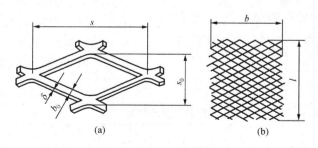

(a)　　　　　　　　　　(b)

图 6-28　重型钢板网

（a）截面；（b）示意图

用途：用于工矿设备的平台踏板，强度大、防滑性能好。

规格：重型钢板网的规格见表 6-36。

表 6-36 <center>重型钢板网的规格</center> mm

板 厚 δ		4		4.5		5			6			7		8	
网格尺寸	短节距 s_0	22	30	36	22	30	24	32	38	28	38	56	40	60	40	80
	长节距 s	60	80	100	60	80	60	80	100	—	100	150	100	150	100	200
	丝梗宽 b_0	4.5	5	6	5	6	6	6	7	7	7	7	8	8	9	10
网面尺寸	宽度 b	1500，1800，2000														
	长度 l	2000，5000														
材 质		Q195，Q215，Q235														

8. 铝板网

铝板网示意如图 6-29 所示。

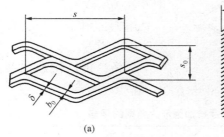

图 6-29　铝板网

（a）截面；（b）示意图

用途：适用于仪表、设备及建筑物的通风、防护、过滤及装饰。

规格：铝板网的规格见表 6-37。

表 6-37 <center>铝板网的规格</center> mm

种类	板厚 δ	短节距 s_0	长节距 s	丝梗宽 b_0	宽度 b	长度 l	材质
铝板网	0.3	1.1	3	0.4	≤500	500～2000	L2，L3
		1.5	4	0.5			
		3	6	0.6			
	0.4	1.5	4	0.5			
		2.3	6	0.6			
	0.5	3	8	0.7	≥400		
		5	10	0.8			
	1.0	4		1.1			
		5	12.5	1.2			

种类	板厚 δ	短节距 s_0	长节距 s	丝梗宽 b_0	宽度 b	长度 l	材质
人字形铝板网	0.4	1.7	6	0.5	≤400	500～2000	
		2.2	8	0.5			
	0.5	1.7	6	0.6	≤500		
		2.8	10	0.7			
		3.5	12.5	0.8			
	1.0	2.8	10	2.5	1000		
		3.5	12.5	3.1	2000		

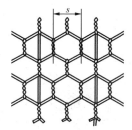

图 6-30 正反捻加强筋六角网示意

9. 正反捻加强筋六角网

正反捻加强筋六角网示意如图 6-30 所示。

用途：用于土建、管道保温及防护围栏等。

规格：正反捻加强筋六角网的规格见表 6-38。

表 6-38 正反捻加强筋六角网的规格

网孔尺寸 s（mm）	10	13	16	19	25	32，38	51，76
丝　径（mm）	0.45～0.70	0.45～0.80	0.45～0.90	0.45～100	0.45～1.20	0.55～1.40	0.60～1.40
加强筋根数（根）	1		2		3		4
网面尺寸（mm） 长	10 000～50 000						
宽	500～750		800～1200	1210～1500		1510～2000	
材　质	Q215						

10. 镀锌电焊网（QB/T 3897）

镀锌电焊网示意如图 6-31 所示。

用途：用于建筑、种植、养殖等行业的围栏。

规格：镀锌电焊网的规格见表 6-39。

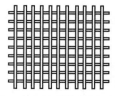

图 6-31 镀锌电焊网示意

表 6-39   镀锌电焊网的规格

网号	网孔尺寸 经×纬（mm×mm）	钢丝直径 d （mm）	网边露头长 C （mm）	网宽 B （m）	网长 L （m）
20×20	50.80×50.80				
10×20	25.40×50.80	1.80～2.50	≤2.5		
10×10	25.40×25.40				
04×10	12.70×25.40			0.914	30，30.48
06×06	19.05×19.05	1.00～1.80	≤2		
04×04	12.70×12.70				
03×03	9.53×9.53	0.50～0.90	≤1.5		
02×02	6.35×6.35				

钢丝直径（mm）	2.50	2.20	2.00	1.80	1.60	1.40	1.20
焊点抗拉力（N）＞	500	400	330	270	210	160	120
钢丝直径（mm）	1.00	0.90	0.80	0.70	0.60	0.55	0.50
焊点抗拉力（N）＞	80	65	50	40	30	25	20

11. 钢板网（QB/T 2959）

钢板网如图 6-32 所示。

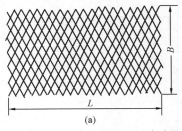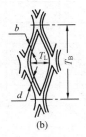

(a)   (b)

图 6-32　钢板网

（a）示意；（b）截面

T_L—短节距；T_B—长节距；d—板厚；b—丝梗宽；B—网面宽；L—网面长

用途：按不同的网格、网面尺寸，分别可用做混凝土钢筋、门窗防护层、养鸡场等的隔离网，机械设备的防护罩、工厂、仓库、工地等的隔离网，工业过滤设备，水泥船基体以及轮船、电站、码头、大型机械设备上用的平台，踏板等。

规格：钢板网的规格见表 6-40。

表 6-40　　　　　　　　　　钢板网的规格

| d | 网格尺寸（mm） | | | 网面尺寸（mm） | | 钢板网理论质量 |
	T_L	T_B	b	B	L	（kg/m²）
	5	12.5	1.11		1000	1.74
	10	25	0.96		600	0.75
	10	25	0.96	2000	1000	
	14	25	0.62		600	0.35
0.5	14	15	0.70		1000	0.39
	5	12.5	1.10	1000 或 2000	2000	1.73
	8	20			3000	1.08
	10	25	1.12		4000	0.88
	12	30	1.35		4000	0.88
	10	25	0.96	2000	600	1.20
	10	25	1.14		1000	1.43
0.8	10	25	1.12		4000	1.41
	12	30	1.35		4000	1.41
	15	40	1.68		4000	1.41
	10	25	1.10		600	1.73
	10	25	1.15		1000	1.81
1.0	10	25	1.12			1.76
	12	30	1.35		4000	1.77
	15	40	1.68			1.76
	10	25	1.13			2.13
	12	30	1.35	2000	4000	2.12
1.2	15	40	1.68			2.11
	18	50	2.03			2.12
	15	40	1.69			2.65
	18	50	2.03		4000 或 5000	2.66
1.5	22	60	2.47			2.64
	29	80	3.25			2.64

d	网格尺寸（mm）			网面尺寸（mm）		钢板网理论质量（kg/m²）
	T_L	T_B	b	B	L	
2.0	18	50	2.03	2000	4000 或 5000	3.54
	22	60	2.47			3.53
	29	80	3.26			
	36	100	4.05			
	44	120	4.95			
2.5	29	80	3.26			4.41
	36	100	4.05			4.42
2.5	44	120	4.95		4000 或 5000	4.42
3.0	36	100	4.05			5.30
	44	120	4.95			
	55	150	4.99		5000	4.27
	65	180	4.60		6400	3.33
4.0	22	60	4.5	1500 或 2000	2200	12.85
	30	80	5.0		2700	10.47
	38	100	6.0		2800	9.92
4.5	22	60	5.0		2000	16.05
	30	80	6.0		2200	14.13
	38	100			2800	11.16
5.0	24	60			1800	19.63
	32	80			2400	14.72
	38	100	7.0		2400	14.46
	56	150	6.0		4200	8.41
	76	200			5700	6.20
6.0	32	80	7.00		2000	20.60
	38	100			2400	17.35
	56	150			3600	11.78
	76	200	8.0		4200	9.92

d	网格尺寸（mm）			网面尺寸（mm）		钢板网理论质量（kg/m²）	
	T_L	T_B	b	B	L		
7.0	40	100	0.8		1500 或 2000	2200	21.98
	60	150				3400	14.65
	80	200	0.9			4000	12.36
8.0	40	100	0.8			2200	25.12
			0.9			2000	28.26
	60	150				3000	18.84
	80	200	10.0			3600	15.70

三、螺栓

用做紧固连接件，要求保证连接强度（有时还要求紧密性）。连接件分为三个精度等级，其代号为 A、B、C 级。A 级精度最高，用于要求配合精确、防止振动等重要零件的连接；B 级精度多用于受载较大且经常装拆、调整或承受变载的连接；C 级精度多用于一般的螺纹连接。小六角头螺栓适用于被连接件表面空间较小的场合。螺杆带孔和头部带孔、带槽的螺栓是为了防止松脱用的。

（一）螺栓连接件的强度级别

1. 螺栓连接件的常用材料

螺栓连接件的常用材料是中碳钢、低碳钢，如 Q235、10、35、45 号钢。对于承受变载、冲击和振动的螺栓连接，可用合金钢。对于需要防锈蚀、防磁、导电和耐高温等特殊用途的螺栓连接件，可用特种钢、铜合金和铝合金等材料。常用螺纹连接件材料的机械性能见表 6-41。

表 6-41 常用螺纹连接件材料的机械性能（GB 3077）

钢　号	Q215	Q235	35	45	40Cr
强度极限 σ_b（MPa）	335～410	375～460	530	600	980
屈服极限 σ_s（MPa）	185～215	205～235	315	355	785

注　螺栓直径 16mm≤d≤100mm。当 d 小时，应取偏高值。

2. 碳钢与合金钢紧定螺钉

紧定螺钉的强度级别见表6-42。

表6-42 　　　　　紧定螺钉的强度级别（GB 3098.3）

强度级别（标记）	14H	22H	33H	45H
硬度 HV_{min}	140	220	330	450
推荐材料	碳钢			合金钢

3. 碳钢与合金钢螺母

螺母的强度级别见表6-43，细牙螺母的强度级别见表6-44。

表6-43 　　　　　螺母的强度级别（GB 3098.2）

强度级别（标记）	4	5	6	8	9	10	12
抗拉强度极限 R_m（MPa）	410 (d＞M16)	520 (d≤M16)	600	800	900	1040	1150
推荐材料	易切削钢 或低碳钢		低碳钢 或中碳钢	中碳钢		合金钢	
相配螺栓的 性能等级	3.6 4.6 4.8	3.6 4.6 4.8 5.6 5.8	6.8	8.8	8.8 (d≥M16 ～M39) 9.8 (d＜M16)	10.9	12.9

注　硬度 $HRC_{max}30$。

表6-44 　　　　　细牙螺母的强度级别（GB 3098.4）

强度级别（标记）	6	8	10	12
抗拉强度极限 R_m（MPa）	600	800	1040	1150
推荐材料	低碳钢或中碳钢	中碳钢	合金钢	合金钢
相配螺栓的性能等级	≤6.8 (d≤M39)	8.8 (d≤M39) 9.8 (d≤M16)	10.9 (d≤M39)	12.9 (d≤M16)

4. 碳钢与合金钢螺栓连接件

螺栓的强度级别见表6-45。

表 6-45　　　　　　　　**螺栓的强度级别**（GB 3098.1）

强度级别	3.6	4.6	4.8	5.6	5.8	6.8	8.8	9.8	10.9	12.9
抗拉强度极限 R_m（MPa）	330	400	420	500	520	600	800	900	1040	1220
屈服极 R_e（MPa）	190	240	340	300	420	480	640	720	940	1100
硬度 HBS	90	109	113	134	140	181	232	269	312	365
推荐材料	低碳钢		低碳钢或中碳钢				中碳钢		合金钢	

注　螺栓强度级别代号以两组数字及一个圆点表示。如螺栓强度级别 6.8，表示小数点前的数值"6"为螺栓材料公称抗拉强度 σ_b＝600MPa，除以 100 而得；小数点后的数值"8"为螺栓材料的公称屈服强度 σ_s＝480MPa，除以 σ_b 后再乘以 10 而得。一般将 6.8 打在螺栓头顶面。

5. 不锈钢螺栓连接件

不锈钢螺栓连接件的强度级别见表 6-46。

表 6-46　　　　　**不锈钢螺栓连接件的强度级别**（GB 3098.6）

强度级别		50	70	80	50	70	80	45	60
螺纹直径 D(mm)≤		M39	M20	M20	—	—	—	M24	M24
抗拉强度 R_r(MPa)≥		500	700	800	500	700	800	450	600
屈服强度 R_a(MPa)≥		210	450	600	250	410	640	250	410
推荐材料	奥氏体	A1、A2、A4			—	—	—		
	马氏体	—	—	—	C1、C4		C3		
	铁素体	—	—	—				F1	
奥氏体 钢螺钉 的断裂 扭矩 T(N·m)≥	M1.6	0.15	0.2	0.27					
	M2	0.3	0.4	0.56					
	M2.5	0.6	0.9	1.2		—	—	—	
	M3	1.1	1.6	2.1					
	M4	2.7	3.8	4.9					
	M5	5.5	7.8	10					

注　1. 不锈钢螺栓连接件的强度级别表示通常将材料类别写出，例 A2-80，A2 为奥氏体钢，80 为强度级别（表示材料抗拉强度的1/10）。

　　　2. 铁素体 F1 钢产品螺纹公称直径 d≤24mm。

6. 有色金属螺栓连接件

有色金属螺栓连接件的强度级别见表 6-47。

表 6-47　　有色金属螺栓连接件的强度级别（GB/T 3098.10）

强度级别		螺纹直径 d（mm）	抗拉强度 $\sigma_b \geqslant$（MPa）	屈服强度 $\sigma_s \geqslant$（MPa）	推荐材料
铜和铜合金	CU1	≤39	240	160	T2
	CU2	≤6 >6～39	440 370	340 250	H63
	CU3	≤6 >6～39	440 370	340 250	H9658-2
	CU4	≤12 >12～39	470 400	340 200	QSn6.5-0.4
	CU5	≤39	590	540	QSi1-3
	CU6	>6～39	440	180	CuZn40Mn196
	CU7	>12～39	640	270	QAl10-4-4
铝和铝合金	AL1	≤10 >10～20	270 250	230 180	LF2
	AL2	≤14 >14～36	310 280	205 200	LF11，LF5
	AL3	≤6 >6～39	320 310	250 260	LF43
	AL4	≤10 >10～39	420 380	290 260	LY8，LD9
	AL5	≤39	460	380	—
	AL6		510	440	LC9

（二）螺栓规格尺寸

1. 六角头螺栓-C 级与六角头螺栓-全螺纹-C 级

六角头螺栓-C 级与六角头螺栓-全螺纹-C 级，如图 6-33 所示，其规格见表 6-48。

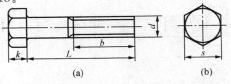

(a)　　　　　　　(b)

图 6-33　六角头螺栓-C 级与六角头螺栓-全螺纹 C 级

(a) 剖面；(b) 截面

表 6-48　　六角头螺栓-C 级与六角头螺栓-全螺纹-C 级规格　　　mm

螺纹规格 d	头部尺寸 k		螺杆长度 L		L 系列尺寸
	（公称）	最大	GB 5780—2000 部分螺纹	GB 5781—2000 全螺纹	
M5	3.5	8	25～50	10～50	
M6	4	10	30～60	12～60	
M8	5.3	13	40～80	16～80	6，8，10，12，16，20，25，30，35，40，45，50，（55），60，（65），70，80，90，100，110，120，130，140，150，160，180，200，220，240，260，280，300，320，340，360，380，400，420，440，460，480，500
M10	6.4	16	45～100	20～100	
M12	7.5	18	55～120	25～120	
M16	10	24	65～160	35～160	
M20	12.5	30	80～200	40～200	
M24	15	36	100～240	50～240	
M30	18.7	46	120～300	60～300	
M36	22.5	55	140～300	70～360	
M42	26	65	180～240	80～420	
M48	30	75	200～480	100～480	
M56	35	85	240～500	110～500	
M64	40	95	260～500	120～500	

注　尽可能不采用括号内的规格。

2. 六角头螺栓-A 级和 B 级与六角头螺栓-全螺纹-A 级和 B 级

六角头螺栓-A 级和 B 级与六角头螺栓-全螺纹-A 级和 B 级，如图 6-34 所示，其规格见表 6-49。

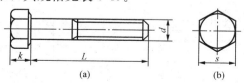

（a）　　　　　　　（b）

图 6-34　六角头螺栓-A 级和 B 级与六角头螺栓-全螺纹-A 级和 B 级

（a）剖面；（b）截面

表 6-49　　六角头螺栓-A 级和 B 级与六角头
螺栓-全螺纹-A 级和 B 级规格　　　　mm

螺纹规格 d	头部尺寸		螺杆长度 L		L 系列尺寸
	(公称) k	(公称) s	GB 5782 部分螺纹	GB 5783 全螺纹	
M3	2	5.5	20～30	6～30	
M4	2.8	7	25～40	8～40	
M5	3.5	8	25～50	10～50	
M6	4	10	30～60	12～60	
M8	5.3	13	35～80	16～80	20，25，30，35，40，45，50，55，60，(65)，70，80，90，100，110，120，130，140，150，160，180，200，220，240，260，280，300，320，340，360，380，400
M10	6.4	16	40～100	20～100	
M12	7.5	18	45～120	25～100	
M16	10	24	55～160	35～100	
M20	12.5	30	65～200	40～100	
M24	15	36	80～240	40～100	
M30	18.7	46	90～300	40～100	
M36	22.5	55	110～360	40～100	
M42	26	65	130～400	80～500	
M48	30	75	140～400	100～500	
M56	35	85	160～400	110～500	
M64	40	95	200～400	120～500	

注　尽可能不采用括号内的规格。

3. 六角头螺栓-细牙-A 级
和 B 级与六角头螺栓-细牙-全
螺纹-A 级和 B 级

六角头螺栓-细牙-A 级和
B 级与六角头螺栓-细牙-全螺
纹-级和 B 级，如图 6-35 所示，
其规格其见表 6-50。

图 6-35　六角头螺栓-细牙-A 级和
B 级与六角头螺栓-细牙-全
螺纹-级和 B 级

表 6-50 　　　　　　六角头螺栓-细牙-A 级和 B 级与六角头
　　　　　　　　　螺栓-细牙-全螺纹-A 级和 B 级规格　　　　mm

螺纹规格 $D \times p\ L$	螺杆长度 L		螺纹规格 $D \times p$	螺杆长度 L	
	GB 5785 部分螺纹	GB 5786 全螺纹		GB 5785 部分螺纹	GB 5786 全螺纹
M8×1	35～80	16～80	M30×2	90～300	40～200
M10×1	40～100	20～100	(M33×2)	100～320	65～340
M12×1	45～120	25～120	M36×3	110～300	40～200
(M14×1.5)	50～140	30～140	(M39×3)	120～380	80～380
M16×1.5	55～160	35～160	M42×3	130～400	90～400
(M18×1.5)	60～180	40～180	(M45×3)	130～400	90～400
(M20×1.5)	65～200	40～200	M48×3	140～400	100～400
(M20×2)	65～200	40～200	(M52×4)	150～400	100～400
(M22×2)	70～220	45～220	M56×4	160～400	120～400
(M24×2)	80～240	40～200	(M60×4)	160～400	120～400
M27×2	90～260	55～280	M64×4	200～400	130～400
L 系列尺寸	16、18、20、25、30、35、40、45、50、55、60、75、70、160、180、 200、220、240、260、280、300、320、340、380、400				

注　尽可能不采用括号内的规格。

4. 方头螺栓（C 级）

方头螺栓（GB/T 8）

小方头螺栓（GB/T 35）

用做紧固连接。方头螺栓如图 6-36 所示，其规格见表 6-51。

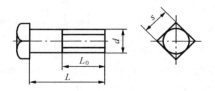

图 6-36　方头螺栓

表 6-51   **方头螺栓规格**   mm

螺纹规格 d	螺杆长度 L		宽度 s		L 系列尺寸
	方头	小方头	方头	小方头	
M5	—	10～60	—	8	
M6	—	10～75	—	10	
M8	—	10～85	—	12	
M10	20～100	12～100	17	14	10，12，（14），16，
M12	25～120	14～260	19	17	（18），20，（22），25，
（M14）	25～140	16～260	22	19	（28），30，32，35，
M16	30～160	—	24	22	（38），40，45，50，55，
（M18）	35～180	18～260	27	24	60，65，70，75，80，
M20	35～200	20～260	30	27	85，90，95，100，
（M22）	50～220	22～260	32	30	110，120，130，140，
M24	55～240	25～260	36	32	150，160，170，180，
（M27）	60～260	30～260	41	36	190，200，210，220，
M30	60～300	32～260	46	41	230，240，250，260，
M36	80～300	40～300	55	50	280，300
M42	80～300	45～300	65	55	
M48	110～300	55～300	75	65	

5. 双头螺栓

适用于结构上不能采用螺栓连接的场合，例如：被连接件之一太厚不宜制成通孔或需要经常拆装时，往往采用双头螺栓连接。双头螺栓如图 6-37 所示，其规格见表 6-52。

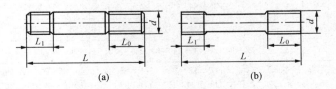

图 6-37 双头螺栓

（a）A 型；（b）B 型

A 型：无螺纹部分直径与螺纹外径相等；B 型：无螺纹部分直径小于螺纹外径。

表 6-52　　　　　　　　　　　双头螺栓规格　　　　　　　　　　mm

螺纹规格 d	螺纹长度 L_l				螺栓长度 L/标准螺栓长度 L_0				
	$1d$	$1.25d$	$1.5d$	$2d$	GB 897~900			GB 901	GB 953
M2			3	4	$(12{\sim}16)/6,(18{\sim}25)/10$			$(10{\sim}60)/10$	
M2.5			3.5	5	$(14{\sim}18)/8,(20{\sim}30)/11$			$(10{\sim}80)/11$	
M3			4.5	6	$(16{\sim}20)/6,(22{\sim}40)/12$			$(12{\sim}120)/12$	
M4			6	8	$(16{\sim}22)/8,(25{\sim}40)/14$			$(16{\sim}300)/14$	
M5	5	6	8	10	$(16{\sim}22)/10,(25{\sim}50)/16$			$(20{\sim}300)/16$	
M6	6	8	10	12	$(12{\sim}22)/10$	$(25{\sim}28)/14$	$(30{\sim}75)/16$	$(25{\sim}00)/16)$	
M8	8	10	12	16	$(20{\sim}22)/12$	$(25{\sim}28)/16$	$(30{\sim}90)/20$	$(32{\sim}300)/20$	$(100{\sim}600)/20$
M10	10	12	15	20	$(25{\sim}28)/14$	$(30{\sim}35)/16$	$(38{\sim}130)/25$	$(40{\sim}300)/25$	$(100{\sim}800)/25$
M12	12	15	18	24	$(25{\sim}30)/16$	$(32{\sim}40)/20$	$(45{\sim}180)/30$	$(50{\sim}300)/30$	$(150{\sim}1200)/30$
M14*	14	18	21	28	$(30{\sim}35)/18$	$(38{\sim}45)/25$	$(50{\sim}180)/35$	$(60{\sim}300)/35$	$(150{\sim}1200)/35$
M16	16	20	24	32	$(30{\sim}38)/20$	$(40{\sim}55)/30$	$(60{\sim}200)/40$	$(60{\sim}300)/40$	$(200{\sim}1500)/40$
M18*	18	22	27	36	$(35{\sim}40)/22$	$(45{\sim}60)/35$	$(60{\sim}200)/45$	$(60{\sim}300)/45$	$(200{\sim}1500)/45$
M20	20	25	30	40	$(35{\sim}40)/25$	$(45{\sim}65)/35$	$(70{\sim}200)/50$	$(70{\sim}300)/50$	$(260{\sim}1500)/50$
M22*	22	28	33	44	$(40{\sim}45)/30$	$(50{\sim}70)/40$	$(75{\sim}200)/55$	$(80{\sim}300)/55$	$(260{\sim}1800)/55$
M24	24	30	36	48	$(45{\sim}50)/30$	$(55{\sim}75)/45$	$(80{\sim}200)/60$	$(90{\sim}300)/60$	$(300{\sim}1800)/60$
M27*	27	35	40	54	$(50{\sim}60)/35$	$(65{\sim}80)/50$	$(90{\sim}200)/65$	$(100{\sim}300)/65$	$(300{\sim}2000)/65$
M30	30	38	45	60	$(60{\sim}65)/40$	$(70{\sim}90)/50$	$(95{\sim}250)/70$	$(120{\sim}400)/70$	$(350{\sim}2500)/70$
M36	36	45	54	72	$(65{\sim}75)/45$	$(80{\sim}110)/60$	$(120{\sim}300)/80$	$(140{\sim}500)/80$	$(350{\sim}2500)/80$
M42	42	50	63	84	$(70{\sim}80)/50$	$(85{\sim}120)/70$	$(130{\sim}300)/90$	$(140{\sim}500)/90$	$(500{\sim}2500)/90$
M48	48	60	72	96	$(80{\sim}90)/60$	$(95{\sim}140)/80$	$(150{\sim}300)/100$	$(150{\sim}500)/100$	$(500{\sim}2500)/100$

注　长度系列尺寸（mm）：20，22*，25，28*，30，32*，35，38*，40，45，50，55，60，65，70，75，80，85，90，95*，100，110，120，140，150，160，170，180，190，200，210*，220，230*，240*，250，260*，280，300，320，350，380，400，420，450，480，500，600，650，700，750，800，850，900，950，1000，1100，1200，1300，1400，1500，1600，1700，1800，1900，2000，2100，2200，2400，2500。加"*"号的尺寸尽可能不采用。

6. T形槽用螺栓

用于有 T 形槽的连接件上，如机床、机床附件等。可在只旋转螺母而不卸螺栓时即可将连接件拧紧或松脱。T 形槽用螺栓规格见表 6-53。

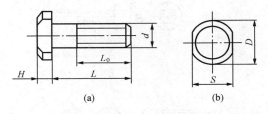

图 6-38 T 形槽用螺栓

（a）剖面；（b）截面

表 6-53   **T 形槽用螺栓规格**   mm

螺纹规格 d	T 形槽宽	头部尺寸			螺纹长度 L_0	螺杆长度 L	L 系列尺寸
		S	H	D			
M5	6	9	4	12	16	25～70	
M6	8	12	5	16	20	25～70	
M8	10	14	6	20	25	25～80	
M10	12	18	7	25	30	30～90	25, 30, 35, 40, 45, 50, (55), 60, (65), 70, (75), 80, 90, 100, (110), 120, (130), 140, (150), 160, 180, 200, 250, 300
M12	14	22	9	30	40	40～100	
M16	18	28	12	38	45	45～120	
M20	22	34	14	46	50	70～160	
M24	28	44	16	58	60	120～200	
M30	36	57	20	75	70	130～300	
M36	42	67	24	85	80	140～300	
M42	48	76	28	95	90	150～300	
M48	54	86	32	105	100	150～300	

注   尽可能不采用括号内的长度。

7. 方颈螺栓

用于铁木结构件的连接。方颈螺栓分半圆头方颈螺栓、大半圆头方颈螺栓和沉头方颈螺栓，如图 6-39 所示，其规格见表 6-54。

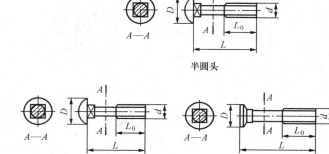

半圆头

大半圆头　　　　　　　　　　沉头

图 6-39　方颈螺栓

表 6-54　　　　　　　　　　方颈螺栓的规格　　　　　　　　　　mm

螺纹规格 d	头部直径 D		螺纹长度 (L)	螺杆长度 L		L 系列尺寸
	半圆头	大半圆头		半圆头	大半圆头	
M6	12	16	16	16～35	20～110	
M8	16	20	20	16～70	20～130	16，20，25，30，35，40，45，50，55，60，65，70，75，80，90，100，110，120，130，140，150，160，180，200
M10	20	24	25	25～120	30～160	
M12	24	30	30	30～160	35～200	
M（14）	28	32	35	40～180	40～200	
M16	32	38	40	45～180	40～200	
M20	40	46	50	60～200	55～200	
M24	—	54	60	—	75～200	

8. 带榫螺栓

主要用于连接铁木结构件。带榫螺栓分为半圆头、大半圆头、沉头三种，如图 6-40 所示，其规格见表 6-55。

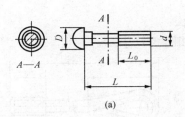

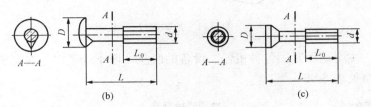

图 6-40　带榫螺栓

（a）半圆头；（b）大半圆头；（c）沉头

表 6-55　　　　　　　　　　带榫螺栓规格　　　　　　　　　　mm

螺纹规格 d	头部直径 D			螺纹长度（L_0） L	螺杆长度 L		
	半圆头	大半圆头	沉头		半圆头	大半圆头	沉头
M6	11	14	10.5	16	20～50	20～90	25～50
M8	14	18	14	20	20～60	20～100	30～60
M10	17	23	17	25	30～150	40～150	35～120
M12	21	28	21	30	35～150	40～200	40～140
(M14)	24	32	24	35	35～200	40～200	45～160
M16	28	35	28	40	50～200	40～200	45～200
M20	34	44	36	50	60～200	55～200	60～200
(M22)	—	99	40	55	—	—	65～200
M24	42	52	45	60	75～200	80～200	75～200

注　1. 螺杆长度系列尺寸除 16mm 外，其余尺寸均与方颈螺栓相同。

　　2. 尽可能不用括号内的尺寸。

9. 地脚螺栓

地脚螺栓如图 6-41 所示。

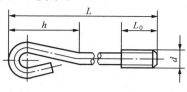

图 6-41   地脚螺栓

主要用做紧固各种机器、设备的底座，埋于地基中。地脚螺栓规格见表 6-56。

表 6-56 　　　　　　　　　　**地脚螺栓规格**　　　　　　　　　 mm

螺纹规格 d	螺纹长度 L_0	弯曲部长度 h	螺栓全长 L	L 系列尺寸
M6	20	41	80～160	
M8	20	46	120～220	
M10	30	65	160～300	
M12	40	82	160～400	
M16	50	93	220～500	80, 120, 160,
M20	60	127	300～630	220, 300, 400,
M24	70	139	300～800	500, 630, 800,
M30	80	192	400～1000	1000, 1250, 1500
M36	100	244	500～1000	
M42	120	261	630～1250	
M48	140	302	630～1500	

注　公差产品等级：C 级；螺纹公差：8g。

10. 胀管螺栓

（1）钢膨胀螺栓。主要用于结构上不能使用其他螺栓连接的场合。使用时利用此螺栓结构上的特点，通过膨胀来压紧被连接件，达到紧密连接的目的。钢膨胀螺栓分为Ⅰ型、Ⅱ型两种，其规格见表 6-57。

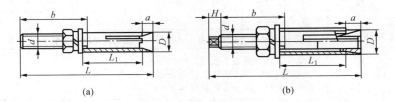

(a)　　　　　　　　　　　　　(b)

图 6-42　钢膨胀螺栓

（a）Ⅰ型；（b）Ⅱ型

表 6-57　　　　　　　　　　　钢膨胀螺栓规格　　　　　　　　　　mm

螺纹规格	胀管尺寸		方头高度（H）	安装尺寸 a（参考）	钻孔尺寸		Ⅰ型		Ⅱ型	
	直径 D	长度 L_1			直径	深度	螺纹长度 b	公称长度 L	螺纹长度 b	公称长度 L
M6	10	35	—	3	10.5	40	35	65，75，85	50	150，175，200
M8	12	45	—	3	12.5	50	40	80，90，100		
M10	14	55	8	3	14.5	60	50	95，110，125	52	150，200，250
M12	18	65	10	4	19	75	52	110，130，150	70	200，250，300
M16	22	90	13	4	23	100	70	150，175		

（2）塑料胀管。主要用作配合木螺钉使小型被连接件（如金属制品、电器等）固定安装在混凝土墙壁、天花板等上用的一种特殊连接件。塑料胀管分为甲型、乙型两种，其规格见表 6-58。

(a)　　　　　　　　　　　(b)

图 6-43　塑料胀管

（a）甲型；（b）乙型

表 6-58

类　型	甲　　型				乙　　型			
直径	6	8	10	12	6	8	10	12
长度	31	48	59	60	36	42	46	64
适用 木螺钉 直径	3.5，4	4，4.5	5，5.5	5.5，6	3.5，4	4，4.5	5，5.5	5.5，6
适用 木螺钉 长度	被连接件厚度＋胀管长度 ＋10				被连接件厚度＋胀管长度 ＋3			
钻孔 尺寸 直径	混凝土：等于或小于胀管直径 0.3； 加气混凝土：小于胀管直径 0.5～1； 硅酸盐砌块：小于胀管直径 0.3～0.5							
钻孔 尺寸 深度	大于胀管长度 10～12				大于胀管长度 3～5			

表 6-58 　　　　　　　　塑料胀管规格　　　　　　　　　mm

11. 活节螺栓

主要用于需紧固又有铰节的连接件。活节螺栓如图 6-44 所示，其规格见表 6-59。

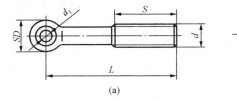

图 6-44　活节螺栓

（a）剖面；（b）截面

表 6-59 　　　　　　　　活节螺栓规格　　　　　　　　　mm

螺纹规格 d	节孔直径 d₁	球体直径 SD	节头宽度 B	螺纹长度 S	螺杆长度 L	L 系列尺寸
M5	4	10	6	16	25～50	20，25，30， 35，40，45， 50，55，60， 65，70，75， 80，85，90， 95，100，110， 120，130，140， 150，160，180， 200，220，240， 260，280，300
M6	5	12	8	20	30～60	
M8	6	14	10	25	35～80	
M10	8	18	12	30	40～120	
M12	10	20	14	40	50～140	
M16	12	28	18	45	60～180	
M20	16	34	22	50	70～200	
M24	20	42	26	60	85～260	
M30	25	52	34	70	100～300	
M36	30	64	40	80	120～300	

12. 焊接单头螺栓

用于有螺纹的一头用做拧紧和松脱，没有螺纹的一头焊在被连接的零件上。焊接单头螺栓如图 6-45 所示，其规格见表 6-60。

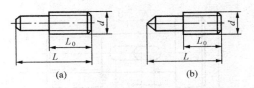

图 6-45　焊接单头螺栓

(a) A 型；(b) B 型

表 6-60　　　　　　　　　**焊接单头螺栓规格**　　　　　　　　mm

螺纹规格 d	螺纹长度 L_0		螺栓长度 L	L 系列尺寸
	标准	加长		
M6	16	25	16～200	
M8	20	30	20～200	
M10	25	40	25～250	16，20，25，30，35，40，45，50，55，60，65，70，75，80，(85)，90，(95)，100，(105)，110，(115)，120，130，140，150，160，170，180，190，200，210，220，230，240，250，260，280，300
M12	30	50	30～250	
(M14)	35	60	35～280	
M16	40	60	45～280	
(M18)	45	70	50～300	
M20	50	80	60～300	

注　括号内的尺寸尽量不采用。

13. 钢网架螺栓球节点用高强度螺栓

适用于钢网架螺栓球节点的连接。其产品等级除规定一般为 B 级，钢网架螺栓球节点用高强度螺栓的材料及机械性能见表 6-61。其规格尺寸见表 6-62。钢网架螺栓球节点用高强度螺栓如图 6-46 所示。

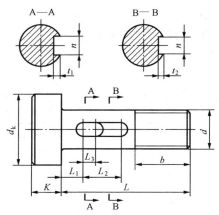

图 6-46　钢网架螺栓球节点用高强度螺栓示意

表 6-61　　钢网架螺栓球节点用高强度螺栓材料及机械性能 mm

螺纹规格 d	性能等级	推荐材料	抗拉强度 σ_b(MPa)	屈服强度 $\sigma_{0.2}$(MPa)	伸长率 δ_5(%)	收缩率 Ψ(%)
M12～M24	10.9S	20MnTiB、40Cr、35CrMo	1040～1240	≥940	≥10	≥42
M27～M36		35VB、40Cr、35CrMo				
M39～M64×4	9.8S	35CrMo、40Cr	900～1100	≥720		

注　性能等级中的 S 表示钢结构用螺栓。

表 6-62　　　　钢网架螺栓球节点用高强度螺栓规格尺寸 mm

螺纹规格 $d×P$ (mm)	b_{min}	d_{kmax}	K_N	L_N	L_{1N}	L_{2R}	L_3	n_{min}	t_{1min}	t_{2min}
M12×1.75	15	18	6.4	50	18	10	4	3	2.2	1.7
M14×2	17	21	7.5	54	18	10	4	3	2.2	1.7
M16×2	20	24	10	62	22	13	4	3	2.2	1.7
M20×2.5	25	30	12.5	73	21	16	4	5	2.7	2.2
M22×2.5	27	34	14	75	24	16	4	5	2.7	2.2
M24×3	30	36	15	82	24	18	4	5	2.7	2.2
M27×3	33	41	17	90	28	20	4	6	3.62	2.7
M30×3.5	37	46	18.7	98	28	24	4	6	3.62	2.7
M33×3.5	40	50	21	101	28	21	4	6	3.62	2.7
M36×4	44	55	22.5	125	43	26	4	8	4.62	3.62
M39×4	47	60	25	128	43	26	4	8	4.62	3.62
M42×4.5	50	65	26	136	43	30	4	8	4.62	3.62

螺纹规格 $d×P$（mm）	b_{min}	d_{kmax}	K_N	L_N	L_{1N}	L_{2R}	L_3	n_{min}	t_{1min}	t_{2min}
M45×4.5	55	70	28	145	48	30	4	8	4.62	3.62
M48×5	58	75	30	148	48	30	4	8	4.62	3.62
M52×5	62	80	33	162	18	38	4	8	4.62	3.62
M56×4	66	90	35	172	53	42	4	8	4.62	3.62
M60×4	70	95	38	196	S3	57	4	8	4.62	3.62
M64×4	74	100	40	205	58	57	4	8	4.62	3.62

注 下标中 N 表示名称；R 表示参考。

四、螺母

1. 六角形螺母

用途：与螺栓、螺柱、螺钉配合使用，连接坚固构件。C 级用于表面粗糙、对精度要求不高的连接。A 级用于螺纹直径小于等于 16mm；B 级用于螺纹直径大于 16mm，表面光洁，对精度要求较高的连接。开槽螺母用于螺杆末端带孔的螺栓，用开口销插入固定锁紧。六角形螺母型号与规格见表 6-63 与表 6-64。

表 6-63 六角形螺母型号

图 示	螺母品种	国家标准	螺纹规格范围
六角螺母	1 型六角螺母-C 级	GB/T 41	M5～M64
	1 型六角螺母-A 和 B 级	GB/T 6170	M1.6～M64
	1 六角螺母-细牙-A 和 B 级	GB/T 6171	M8×1～M64×4
	六角薄螺母-A 和 B 级-倒角	GB/T 6172.1	M1.6～M60
	六角薄螺母-细牙-A 和 B 级	GB/T 6173	M8×1～M64×4
	六角薄螺母-A 和 B 级-无倒角	GB/T 6174	M1.6～M10
	2 型六角螺母-A 和 B 级	GB/T 6175	M5～M36
六角开槽螺母	2 型六角螺母-细牙-A 和 B 级	GB/T 6176	M8×1～M64×4
	1 型六角开槽螺母-C 级	GB/T 6179	M5～M36
	1 型六角开槽螺母-A 和 B 级	GB/T 6178	M4～M36
	2 型六角开槽螺母-A 和 B 级	GB/T 6180	M4～M36
	六角开槽薄螺母-A 和 B 级	GB/T 6181	M5～M36

表 6-64　　　　　　　　　　　六角形螺母规格　　　　　　　　　mm

螺纹规格 d	扳手尺寸 s	螺母最大高度								
		六角螺母			六角开槽螺母				六角薄螺母		
		1型 C级	1型	2型	1型 C级	薄型	1型	2型	B级 无倒角	A和B级 有倒角
			A和B级			A和B级				
M1.6	3.2	—	1.3	—	—	—	—	—	1	1
M2	4	—	1.6	—	—	—	—	—	1.2	1.2
M2.5	5	—	2	—	—	—	—	—	1.6	1.6
M3	5.5	—	2.4	—	—	—	—	—	1.8	1.8
M4	7	—	3.2	—	—	—	5	—	2.2	2.2
M5	8	5.6	4.7	5.1	7.6	5.1	6.7	7.1	2.7	2.7
M6	10	6.4	5.2	5.7	8.9	5.7	7.7	8.2	3.2	3.2
M8	13	7.94	6.8	7.5	10.94	7.5	9.8	10.5	4	4
M10	16	9.54	8.4	9.3	13.54	9.3	12.4	13.3	5	5
M12	18	12.17	10.8	12	17.17	12	15.8	17	—	6
(M14)	21	13.9	12.8	14.1	18.9	14.1	17.8	19.1	—	7
M16	24	15.9	14.8	16.4	21.9	16.4	20.8	22.4	—	8
(M18)	27	16.9	15.8	—	—	—	—	—	—	9
M20	30	19	18	20.3	25	20.3	24	26.3	—	10
(M22)	34	20.2	19.4	—	—	—	—	—	—	11
M24	36	22.3	21.5	23.9	30.3	23.9	29.5	31.9	—	12
(M27)	41	24.7	23.8	—	—	—	—	—	—	13.5
M30	46	26.4	25.6	28.6	35.4	28.6	34.6	37.6	—	15
(M33)	50	29.5	28.7	—	—	—	—	—	—	16.5
M36	55	31.9	31	34.7	40.9	34.7	40	43.7	—	18
(M39)	60	34.3	33.4	—	—	—	—	—	—	19.5
M42	65	34.9	34	—	—	—	—	—	—	21
(M45)	70	36.9	36	—	—	—	—	—	—	22.5
M48	75	38.9	38	—	—	—	—	—	—	24
(M52)	80	42.9	42	—	—	—	—	—	—	26
M56	85	45.9	45	—	—	—	—	—	—	28
(M60)	90	48.9	48	—	—	—	—	—	—	30
M64	95	52.4	51	—	—	—	—	—	—	32

注　螺纹规格带括号的尽可能不采用。

2. 圆螺母

圆螺母如图 6-47 所示。

用来固定传动及转动零件的轴向位移。也常与止退垫圈配用，作为滚动轴承的轴向固定。又分为圆螺母（GB/T 812）和小圆螺母（GB/T 810）。圆螺母规格见表 6-65。

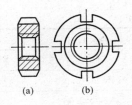

图 6-47　圆螺母
(a) 剖面；(b) 截面

表 6-65 　　　　　　　　　**圆螺母规格** 　　　　　　　　　mm

螺纹规格	外　径		厚　度	
$D \times P$	普通	小型	普通	小型
M10×1.00	22	20	8	6
M12×1.25	25	22		
M14×1.50	28	25		
M16×1.50	30	28		
M18×1.50	32	30		
M20×1.50	35	32		
M22×1.50	38	35	10	8
M24×1.50	42	38		
M25×1.50*	42	—		
M27×1.50	45	42		
M33×1.50	52	48		
M35×1.50*	52	—		
M36×1.50	55	52		
M39×1.50	58	55		
M40×1.50*	58			
M42×1.50	62	58		
M45×1.50	68	62		
M48×1.50	72	68	12	10
M50×1.50*	72	—		
M52×1.50	78	72		
M55×2.0*	78	—		

螺纹规格	外　径		厚　度	
$D \times P$	普通	小型	普通	小型
M56×2.0	85	78		
M60×2.0*	90	80		
M64×2	95	85	12	18
M65×2*	95	—		
M68×2	100	90		
M72×2	105	95		
M75×2*	105	—		
M76×2	110	100	15	
M80×2	115	105		
M85×2	120	110		12
M90×2	125	115		
M95×2	130	120		
M100×2	135	125	18	
M105×2	140	130		
M110×2	150	135		
M115×2	155	140		15
M120×2	160	145		
M125×2	165	150	22	
M130×2	170	160		
M140×2	180	170		
M150×2	200	180		
M160×3	210	195	26	18
M170×3	220	205		
M180×3	230	220		
M190×3	240	230	30	22
M200×3	250	240		

　＊　仅用于滚动轴承锁紧装置。

3. 方螺母（GB/T 39）

用途：与半圆头方颈螺栓配合，用在简单、粗糙的机件上。方螺母如图6-48所示，其规格见表6-66。

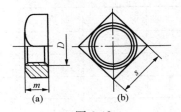

图 6-48

（a）剖面；（b）截面

表 6-66　　　　　　　　　　　方螺母规格　　　　　　　　　　mm

螺纹规格 D	厚度 m≤	宽度 s≤	螺纹规格 D	厚度 m≤	宽度 s≤
M3	2.4	5.5	(M14)	11	21
M4	3.2	7	M16	13	24
M5	4	8	(M18)	15	27
M6	5	10	M20	16	30
M8	6.5	13	(M22)	18	34
M10	8	16	M24	19	36
M12	10	18			

注　尽可能不采用带括号的规格。

4. 蝶形螺母（GB/T 62.1）

蝶形螺母如图6-49所示。

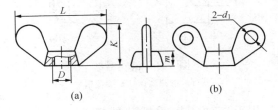

图 6-49　蝶形螺母

（a）A型；（b）B型

用途：用于经常拆装和受力不大的地方。蝶形螺母规格见表6-67。

表 6-67 　　　　　　　　蝶形螺母规格　　　　　　　　　mm

螺纹规格 $D \times P$	L	K	m	d_1
M3×0.5	20	8	3.5	3
M4×0.7	24	10	4	4
M5×0.8	28	12	5	4
M6×1	32	14	6	5
M8×1.25	40	18	8	6
M8×1	40	18	8	6
M10×1.5	48	22	10	7
M10×1.25	48	22	10	7
M12×1.75	58	27	12	8
M12×1.5	58	27	12	8
M16×2	72	32	14	10
M16×1.5	72	32	14	10

5. 滚花螺母（GB/T 806、GB/T 807）

滚花螺母分为滚花高螺母和滚花扁螺母两种，如图 6-50 所示。

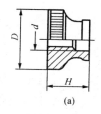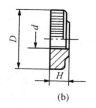

(a)　　　　　　　　　　(b)

图 6-50　滚花螺母

（a）滚花高；（b）滚花扁

用途：适用于在便于用手拆装的场合。滚花螺母规格见表6-68。

螺纹规格 d	滚花前直径 D	厚 度 H	
		高螺母	扁螺母
M1.4	6	—	2.0
M1.6	7	4.7	2.5
M2.0	8	5.0	2.5
M2.5	9	5.5	2.5
M3.0	11	7.0	3.0
M4.0	12	8.0	3.0
M5.0	16	10.0	4.0
M6.0	20	12.0	5.0
M8.0	24	16.0	6.0
M10.0	30	20.0	8.0

6. 盖形螺母（GB/T 923）

盖形螺母如图 6-51 所示。

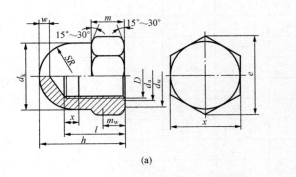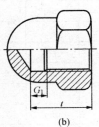

(a)   (b)

图 6-51   盖形螺母
(a) $D \leqslant 10$mm；(b) $D \geqslant 12$mm

用途：用于端部螺扣需要罩盖的地方。其主要尺寸见表 6-69。

表 6-69　　　　　　　　盖形螺母的主要尺寸　　　　　　　　mm

螺纹规格 D	第 1 系列	M4	M5	M6	M8	M10	M12
	第 2 系列	—	—	—	M8×1	M10×1	M12×1.5
	第 3 系列	—	—	—	—	M10×1.25	M12×1.25
$P^{①}$		0.7	0.8	1	1.25	1.5	1.75
d_a	max	4.6	5.75	6.75	8.75	10.8	13
	min	4	5	6	8	10	12
d_k	max	6.5	7.5	9.5	12.5	15	17
d_w	min	5.9	6.9	8.9	11.6	14.6	16.6
e	min	7.66	8.79	11.05	14.38	17.77	20.03
$x^{②}_{max}$	第 1 系列	1.4	1.6	2	2.5	3	—
	第 2 系列	—	—	—	2	2	—
	第 3 系列	—	—	—	—	2.5	—
$C^{③}_{1max}$	第 1 系列	—	—	—	—	—	6.4
	第 2 系列	—	—	—	—	—	5.6
	第 3 系列	—	—	—	—	—	4.9
h	max＝称	8	10	12	15	18	22
	min	7.64	9.64	11.57	14.57	17.57	21.48
m	max	3.2	4	5	6.5	8	10
	min	2.9	3.7	4.7	6.14	7.64	9.64
m_w	min	2.32	2.96	3.76	4.91	6.11	7.71
SR	≈	3.25	3.75	4.75	6.25	7.5	8.5
s	公称	7	8	10	13	16	18
	min	6.78	7.78	9.78	12.73	15.73	17.73
t	max	5.74	7.79	8.29	11.35	13.35	16.35
	min	5.26	7.21	7.71	10.65	12.65	15.65
w	min	2	2	2	2	2	3
螺纹规格 D	第 1 系列	(M14)	M16	(M8)	M20	(M22)	M24
	第 2 系列	(M14×1.5)	M16×1.5	(M18×1.5)	M20×2	(M22×1.5)	M24×2
	第 3 系列	—	—	(M18×2)	M20×1.5	(M22×2)	—

螺纹规格 D	第1系列	M4	M5	M6	M8	M10	M12
	第2系列	—	—	—	M8×1	M10×1	M12×1.5
	第3系列	—	—	—	—	M10×1.25	M12×1.25
$P^{①}$		2	2	2.5	2.5	2.5	3
d_a	max	15.1	17.3	19.5	21.6	23.7	25.9
	min	14	16	18	20	22	24
d_k	max	20	23	26	28	33	34
d_w	min	19.6	22.5	24.9	27.7	31.4	33.3
e	min	23.35	26.75	29.56	32.95	37.29	39.55
$x^{②}_{max}$	第1系列	—	—	—	—		—
	第2系列	—	—	—	—	—	—
	第3系列	—	—	—	—	—	—
$C^{③}_{1max}$	第1系列	7.3	7.3	9.3	9.3	9.3	10.7
	第2系列	5.6	5.6	5.6	7.3	5.6	7.3
	第3系列	—	—	7.3	5.6	7.3	—
h	max=称	25	28	32	34	39	42
	min	24.48	27.48	31	33	38	41
m	max	11	13	15	16	18	19
	min	10.3	12.3	14.3	14.9	16.9	17.7
m_w	min	8.24	9.84	11.44	11.92	13.52	14.16
SR	≈	10	11.5	13	14	16.5	17
s	公称	21	24	27	30	34	36
	min	20.67	23.67	26.16	29.16	33	35
t	max	18.35	21.42	25.42	26.42	29.42	31.5
	min	17.65	20.58	24.58	25.58	28.58	30.5
w	min	4	4	5	5	5	6

注 尽可能不采用括号内的规格；按螺纹规格第1~3系列，依次优先选用。

① P——粗牙螺纹螺距。

② 内螺纹的收尾 $x_{max}=2P$，适用于 $D \leqslant M10$。

③ 内螺纹的退刀槽 C_{1max}，适用于 $D > M10$。

五、其他建筑小五金

（一）铆钉

1. 半圆头铆钉

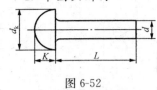

图 6-52

用途：用于锅炉、桥梁、容器等钢结构上铆接用。规格有半圆头铆钉（GB/T 867）和半圆头铆钉（粗制）（GB/T 863.1）两种，其主要尺寸见表 6-70。

表 6-70　　　　　半圆头铆钉的主要尺寸　　　　　mm

公称直径 d	头部尺寸		公称长度 l	
	直径 d_k	高度 K	精制	粗制
0.6	1.1	0.4	1～6	
0.8	1.4	0.5	1.5～8	
1	1.8	0.6	2～8	
1.4	2.5	0.8	3～12	
2	3.5	1.2	3～16	
2.5	4.6	1.6	5～20	
3	5.3	1.8	5～26	
4	7.1	2.4	7～50	
5	8.8	3	7～55	
6	11	3.6	8～60	—
8	14	4.8	16～65	—
10	17	6	16～85	—
12	21	8	20～90	20～90
16	29	10	26～110	26～110
20	35	14		32～150
24	43	17		52～180
30	53	21		55～180
36	62	25	—	58～200
l 系列尺寸	1、1.5、2、2.5、3、3.5、4、5、6、7、8、9、10、11、12、13、14、15、16、17、18、19、20、22、24、26、28、30、32、34、36、38、40、42、44、46、48、50、52、54、56、58、60、62、65、68、70、75、80、85、90、95、100、110、120、130、140、150、160、170、180、190、200			

2. 沉头铆钉

沉头铆钉如图 6-53 所示。

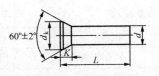

图 6-53　沉头铆钉

用途：用于表面不允许露出头部的铆接。规格有沉头铆钉（GB/T 869）和沉头铆钉（粗制）两种。其主要尺寸见表 6-71。

表 6-71　　　　　　　沉头铆钉的主要尺寸　　　　　　　mm

公称直径 d	头部尺寸		公称长度 l	
	直径 d_k	高度 K	精制	粗制
1	1.9	0.5	2～8	—
1.4	2.7	0.7	3～12	—
2	3.9	1	3.5～16	—
2.5	4.6	1.1	5～18	—
3	5.2	1.2	5～22	—
4	7	1.6	6～30	—
5	8.8	2	6～50	—
6	10.4	2.4	6～50	—
8	14	3.2	12～60	—
10	17.6	4	16～75	—
12	18.6	6	18～75	20～75
16	24.7	8	24～100	24～100
20	32	11	—	30～150
24	39	13	—	50～180
30	50	17	—	60～200
36	58	19	—	65～200

注　l 系列尺寸见表 6-71。

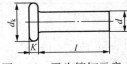

图 6-54　平头铆钉示意

3. 平头铆钉

用途：用于打包钢带及箍圈等扁薄件的铆接。其主要尺寸见表 6-72。

表 6-72   **平头铆钉的主要尺寸**

公称直径 d	2	2.5	3	4	5	6	8	10
头部直径 d_k	4	5	6	8	10	12	16	20
头部高度 K	1	1.2	1.4	1.8	2	2.4	2.8	3.2
公称长度 l	4～8	5～10	6～14	8～22	10～26	12～30	16～30	20～30
l 系列尺寸	4、5、6、7、8、9、10、11、12、13、14、15、16、17、18、19、20、22、24、26、28、30							

4. 标牌铆钉

标牌铆钉如图 6-55 所示。

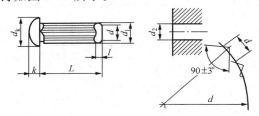

图 6-55　标牌铆钉示意

用途：用于固定设备标牌。标牌铆钉规格见表 6-73。

表 6-73   **标牌铆钉规格**   mm

d_N	d_{kmax}	k_{min}	d_{1min}	d_{max}	L_N	l	P
(1.6)	3.2	1.2	1.75	1.56	3～6	1	0.72
2	3.74	1.4	2.15	1.96	3～8	1	0.72
2.5	4.84	1.8	2.65	2.46	3～10	1	0.72
3	5.54	2.0	3.15	2.96	4～12	1	0.72
4	7.39	2.6	4.15	3.96	6～18	1.5	0.84
5	9.09	3.2	5.15	4.96	8～20	1.5	0.92
L 系列尺寸	3，4，5，6，8，10，12，15，18，20						

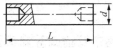

图 6-56　无头铆钉示意

5. 无头铆钉

无头铆钉示意如图 6-56 所示。

用途：用于连接。无头铆钉规格见表 6-74。

表 6-74		无头铆钉规格			mm
直径 d_N	长度 L	直径 d_N	长度 L	直径 d_N	长度 L
1.4	6～12	3.0	8～30	6.0	16～60
2.0	6～20	4.0	8～50	8.0	18～60
2.5	6～20	5.0	12～50	10.0	20～60

6. 特种钢钉（水泥钉）

特种钢钉（水泥钉）如图 6-57 所示。

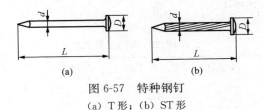

图 6-57　特种钢钉

（a）T 形；（b）ST 形

用途：由人工用榔头等工具直接打入低标号混凝土、矿渣砌块、砖砌体、砂浆层和薄钢板等，把需要固定的构件进行固定。其特点是具有很高的强度和良好的韧性。适用于建筑、安装等行业以及家庭装修。T 形为光杆钉可用于钉混凝土、砖砌体等；ST 形为杆部有拉丝，仅用于钉薄钢板。特种钢钉（水泥钉）规格见表 6-75。

表 6-75			特种钢钉（水泥钉）规格				mm
代　号	D	L	D	代　号	D	L	D
T20×20	$\phi 2.0$	20	$\phi 4$	T45×60 T45×80	$\phi 4.5$	60 80	$\phi 9.0$
T26×25 T26×35	$\phi 2.6$	25 35	$\phi 5.3$	T52×100 T52×120	$\phi 5.2$	100 120	$\phi 10.5$
T30×30 T30×40	$\phi 3.0$	30 40	$\phi 6.0$	T37×25 T37×30 T37×40 T37×50 T37×60	$\phi 3.7$	25 30 40 50 60	$\phi 7.5$
T37×30 T37×40 T37×50 T37×60	$\phi 3.7$	30 40 50 60	$\phi 7.5$	T45×60 T45×80	$\phi 4.5$	60 80	$\phi 9.0$

(二) 挡圈

1. 孔用弹性挡圈

孔用弹性挡圈如图 6-58 所示。

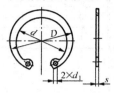

图 6-58　孔用弹性挡圈

用途：固定装在孔内的零件，以防止零件退出孔外。A 型用板材冲压制成，B 型用线材冲切制成。规格有孔用弹性挡圈-A 型（GB/T 893.1）和孔用弹性挡圈-B 型（GB/T 893.2）两种，主要尺寸见表 6-76。

表 6-76		孔用弹性挡圈的主要尺寸		mm
孔径 d_0	外径 D	内径 d	厚度 S	钳孔 d_1
8	8.7	7	0.6	1
9	9.8	8	0.6	1
10	10.8	8.3	0.8	1.5
11	11.8	9.2	0.8	1.5
12	13	10.4	0.8	1.5
13	14.1	11.5	0.8	1.7
14	15.1	11.9	1	1.7
15	16.2	13	1	1.7
16	17.3	14.1	1	1.7
17	18.3	15.1	1	1.7
18	19.5	16.3	1	1.7
19	20.5	16.7	1	2
20	21.5	17.7	1	2
21	22.5	18.7	1	2
22	23.5	19.7	1	2
24	25.9	21.7	1.2	2
25	26.9	22.1	1.2	2
26	27.9	23.7	1.2	2
28	30.1	25.7	1.2	2

孔径 d_0	外径 D	内径 d	厚度 S	钳孔 d_1
30	32.1	27.3	1.2	2
31	33.4	28.6	1.2	2.5
32	34.4	29.6	1.2	2.5
34	36.5	31.1	1.5	2.5
35	37.8	32.4	1.5	2.5
36	38.8	33.4	1.5	2.5
37	39.8	34.4	1.5	2.5
38	40.8	35.4	1.5	2.5
40	43.5	37.3	1.5	2.5
42	45.5	39.3	1.5	3
45	48.5	41.5	1.5	3
(47)[1]	50.5	43.5	1.5	3
48	51.5	44.5	1.5	3
50	54.2	47.5	2	3
52	56.2	49.5	2	3
55	59.2	52.2	2	3
56	60.2	52.4	2	3
58	62.2	54.4	2	3
60	64.2	56.4	2	3
62	66.2	58.4	2	3
63	67.2	59.4	2	3
65	69.2	61.4	2.5	3
68	72.5	63.9	2.5	3
70	74.5	65.9	2.5	3
72	76.5	67.9	2.5	3
75	79.5	70.1	2.5	3
78	82.5	73.1	2.5	3
80	85.5	75.3	2.5	3

孔径 d_0	外径 D	内径 d	厚度 S	钳孔 d_1
82	87.5	77.3	2.5	3
85	90.5	80.3	2.5	3
88	93.5	82.6	2.5	3
90	95.5	84.5	2.5	3
92	97.5	86.0	2.5	3
95	100.5	88.9	2.5	3
98	103.5	92	2.5	3
100	105.5	93.9	2.5	3
102	108	95.9	3	4
105	112	99.6	3	4
108	115	101.8	3	4
110	117	103.8	3	4
112	119	105.1	3	4
115	122	108	3	4
120	127	113	3	4
125	132	117	3	4
130	137	121	3	4
135	142	126	3	4
140	147	131	3	4
145	152	135.7	3	4
150	158	141.2	3	4
155	164	146.6	3	4
160	169	151.6	3	4
165	174.5	156.8	3	4
170	179.5	161	3	4
175	184.5	165.5	3	4
180	189.5	170.2	3	4
185	194.5	175.3	3	4

孔径 d_0	外径 D	内径 d	厚度 S	钳孔 d_1
190	199.5	180	3	4
195	204.5	184.9	3	4
200	209.5	189.7	3	4

① 尽量不选用。

注 A 型孔径 d_0 为 8~200mm；B 型孔径 d_0 为 20~200mm。

2. 轴用弹性挡圈

用途：用于固定安装在轴上的零件的位置，防止零件退出轴外。A 型用板材冲压制造，B 型用线材冲切制造。规格有轴用弹性挡圈-A 型（GB/T 894.1）和轴用弹性挡圈-B 型（GB/T 894.2）两种，主要尺寸见表 6-77。

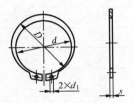

图 6-59 轴用弹性挡圈

表 6-77　　轴用弹性挡圈的主要尺寸　　　　mm

轴径 d_0	内径 d	外径 D	厚度 s	钳孔 d_1
3	2.7	3.9	0.4	1
4	3.7	5	0.4	1
5	4.7	6.4	0.6	1
6	5.6	7.6	0.6	1.2
7	6.5	8.48	0.6	1.2
8	7.4	9.38	0.8	1.2
9	8.4	10.56	0.8	1.2
10	9.3	11.5	1	1.5
11	10.2	12.5	1	1.5
12	11	13.6	1	1.5
13	11.9	14.7	1	1.7
14	12.9	15.7	11	1.7
15	13.9	16.8	1	1.7
16	14.7	18.2	1	1.7

轴径 d_0	内径 d	外径 D	厚度 s	钳孔 d_1
17	15.7	19.4	1	1.7
18	16.5	20.2	1	1.7
19	17.5	21.2	1	2
20	18.5	22.5	1	2
21	19.5	23.5	1	2
22	20.5	24.5	1	2
24	22.2	27.2	1.2	2
25	23.2	28.2	1.2	2
26	24.2	29.2	1.2	2
28	25.9	31.3	1.2	2
29	26.9	32.5	1.2	2
30	27.9	33.5	1.2	2
32	29.6	35.5	1.2	2.5
34	31.5	38	1.5	2.5
35	32.2	39	1.5	2.5
36	33.2	40	1.5	2.5
37	34 2	41	1.5	2.5
38	35.2	42 7	1.5	2.5
40	36.5	44	1.5	2.5
42	38.5	46	1.5	3
45	41.5	49	1.5	3
48	44.5	52	1.5	3
50	45.8	54	2	3
52	47.8	56	2	3
55	50.8	59	2	3
56	51.8	61	2	3
58	53.8	63	2	3
60	55.8	65	2	3

轴径 d_0	内径 d	外径 D	厚度 s	钳孔 d_1
62	57.8	67	2	3
63	58.8	68	2.5	3
65	60.8	70	2.5	3
68	63.5	73	2.5	3
70	66.5	75	2.5	3
72	67.5	77	2.5	3
75	70.5	80	2.5	3
78	73.5	83	2.5	3
80	74.5	85	2.5	3
82	76.5	87	2.5	3
85	79.5	90	2.5	3
88	82.5	93	2.5	3
90	84.5	96	2.5	3
95	89.5	103.3	2.5	3
100	94.5	108.5	2.5	3
105	98	114	3	3
110	103	120	3	4
115	108	126	3	4
120	113	131	3	4
125	118	137	3	4
130	123	142	3	4
135	128	148	3	4
140	133	153	3	4
145	138	158	3	4
150	142	162	3	4
155	146	167	3	4
160	151	172	3	4
165	155.5	177.1	3	4

轴径 d_0	内径 d	外径 D	厚度 s	钳孔 d_1
170	160.5	182	3	4
175	165.5	187.5	3	4
180	170.5	193	3	4
185	175.5	198.3	3	4
190	180.5	203.3	3	4
195	185.5	209	3	4
200	190.5	214	3	4

注 A 型轴径 d_0 为 3~200mm；B 型轴径为 20~200mm。

3. 锁紧挡圈

锁紧挡圈如图 6-60 所示。

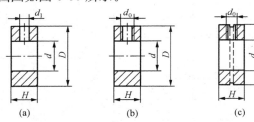

(a)   (b)   (c)

图 6-60　锁紧挡圈

(a) 锥销锁紧挡圈；(b) 螺钉锁紧挡圈；(c) 带锁圈的螺钉锁紧挡圈

用于在轴上固定螺钉和销钉。其主要尺寸规格见表 6-78。

表 6-78   **锁紧挡圈的主要尺寸**   mm

公称直径 d	8	10	12	14	15	16	17	18	20	22	25	28	30	32	35	40	45	50	55	60	65	70
H	10				12						14				16		18			20		
D	20	22	25	28	30		32		35	38	42	45	48	52	56	62	70	80	85	90	95	100
d_1	3				4						5				6			8			10	
D_0	M5				M6						M8				M10							
圆锥销尺寸 GB/T 117	3×22		3×25	4×28	4×32				4×35	5×40	5×45		6×50	6×55	6×60	6×70	6×80	8×90			10×100	

公称直径 d	8	10	12	14	15	16	17	18	20	22	25	28	30	32	35	40	45	50	55	60	65	70
螺钉尺寸 GB/T 71	M5×8			M6×10							M8×12				M10×6			M10×20				
锁圈尺寸 GB/T 921	15	17	20	23	25		27		30	32	35	38	41	44	47	54	62	71	76	81	86	91

公称直径 d	75	80	85	90	95	100	105	110	115	120	130	140	150	160	170	180	190	200
H	22			25			30											
D	110	115	120	125	130	135	140	150	155	160	170	180	200	210	220	230	240	250
d_1	10				12													
D_0	M12																	
圆锥销尺寸 GB/T 117	10×120					10×130	10×140	10×150		12×160		12×180		12×180				
螺钉尺寸 GB/T 7	M12×25													M12×30				
锁圈尺寸 GB/T 921	100	105	110	115	120	124	129	136	142	147	156	166	186	196	106	216	226	236

（三）垫圈

1. 平垫圈

平垫圈如图 6-61 所示。

用途：置于螺母与构件之间，保护构件表面避免在紧固时被螺母擦伤。常见平垫圈的品种及主要尺寸见表 6-79、表 6-80。

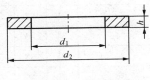

图 6-61　平垫圈

表 6-79 常见平垫圈的品种

垫圈名称	国家标准	规格范围（mm）
小垫圈-A 级	GB/T 848—2002	1.6～36
平垫圈-A 级	GB/T 97.1—2002	1.6～64
平垫圈-倒角型-A 级	GB/T 97.2—2002	5～64
平垫圈-C 级	GB/T 95—2002	5～36
大垫圈-A 和 C 级	GB/T 96.1—2002	A 级：3～36
	GB/T 96.2—2002	C 级：3～36
特大垫圈-C 级	GB/T 5287—2002	5～36

表 6-80 平垫圈的规格及主要尺寸   mm

公称尺寸 d（螺纹规格）	内 径 d_1 产品等级		外 径 d_2				厚 度 h			
	A 级	C 级	小垫圈	平垫圈	大垫圈	特大垫圈	小垫圈	平垫圈	大垫圈	特大垫圈
1.6	1.7	—	3.5	4	—	—	0.3	0.3		
2	2.2	—	4.5	5	—	—	0.3	0.3		
2.5	2.7	—	6	6	—	—	0.5	0.5		
3	3.2	—	5	7	9	—	0.5	0.5	0.8	
4	4.3	—	8	—	12	—	0.5	0.8	1	
5	5.3	5.5	9	10	15	18	1	1.1	1.2	2
6	6.4	6.6	11	12	18	22	1.6	1.6	1.6	2
8	8.4	9	15	16	24	28	1.6	1.6	2	3
10	10.5	11	18	20	30	34	1.6	2	2.5	3
12	13	13.5	20	24	37	44	2	2.5	3	4
14	15	15.5	24	28	44	50	2.5	2.5	3	4
16	17	17.5	28	30	50	56	2.5	3	3	5
20	21	22	34	37	60	72	3	3	4	6
24	25	26	39	44	72	85	4	4	5	6
30	31	33	50	56	92	105	4	4	5	6
36	37	39	60	66	110	125	5	5	8	8

2. 弹簧垫圈

用途：装在螺母和构件之间，防止螺母松动。有标准型弹簧垫圈（GB/T 93）、轻型弹簧垫圈（GB/T 859）和重型弹簧垫圈（GB/T 7244），其主要尺寸见表 6-81。

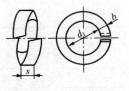

图 6-62　弹簧垫圈

表 6-81　　　　　　　　**弹簧垫圈主要尺寸规格**　　　　　　　　mm

螺纹直径		2	2.5	3	4	5	6	8	10	12	16	20	24	30	36	42	48
d_1		2.1	2.6	3.1	4.1	5.1	6.1	8.1	10.2	12.2	16.2	20.2	24.5	30.5	36.5	42.5	48.5
标准型	s	0.5	0.65	0.8	1.1	1.3	1.6	2.1	2.6	3.1	4.1	5	6	7.5	9	10.5	12
	b	0.5	0.65	0.8	1.1	1.3	1.6	2.1	2.6	3.1	4.1	5	6	7.5	9	10.5	12
轻型	s	—	—	0.6	0.8	1.1	1.3	1.6	2	2.5	3.2	4	5	6	—	—	—
	b	—	—	1	1.2	1.5	2	2.5	3	3.5	4.5	5.5	7	9	—	—	—
重型	s	—	—	—	—	—	1.8	2.4	3	3.5	4.8	6	7.1	9	10.8	—	—
	b	—	—	—	—	—	2.6	3.2	3.8	4.3	5.3	6.4	7.5	9.3	11.1	—	—

3. 弹性垫圈

弹性垫圈的类型如图 6-63 所示。

用途：起防松作用。弹性垫圈规格见表 6-82。

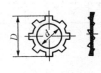

外齿弹性垫圈
（GB/T 861）

内齿弹性垫圈
（GB/T 862）

鞍形弹性垫圈
（GB/T 860）

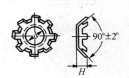

锥形弹性垫圈
（GB/T 956）

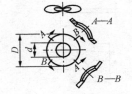

波形弹性垫圈
（GB/T 955）

图 6-63　弹簧垫圈

表 6-82　　　　　　　　　　　　弹性垫圈主要尺寸规格　　　　　　　　　　　mm

公称直径	内径 d					外径 D				锥形厚度 H
	外齿	内齿	鞍形	锥形	波形	外齿	内齿	鞍形	波形	
2	2.2	2.2	—	—		5	4.5	—	—	
2.5	2.7	2.7	—	—		6	5.5	—	—	
3	3.2	3.2	3.2	—		7	6		1.5	
4	4.2	4.2	4.2	4.2		9	8	9	1.7	
5	5.2	5.3	5.2	5.3		10	9	10	2.2	
6	6.2	6.4	6.2	6.4		12	11.5	12.5	2.7	
8	8.2	8.4	8.2	8.4		15	15.5	17	3.6	
100	10.2	10.5	10.2	10.5		18	18	21	4.4	
12	12.3	—	12.3	13		22	—	24	5.4	
(14)	14.3	—		15		24	—	28	—	
16	16.3	—		17		27	—	30		
(18)	18.3	—		19		30	—	34	—	
20	20.5	—		21		33	—	37		
(22)	—			23		—		39		
24	—			25		—		44		
(27)	—			28		—		50		
30	—			31		—		56	—	

注　括号内的尺寸尽量不采用。

4. 止动垫圈

止动垫圈的类型如图 6-64 所示。

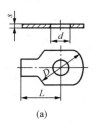 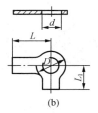

(a)　　　　　　　　　　　　　(b)

图 6-64　止动垫圈

(a) 单耳止动垫圈（GB/T 854）；(b) 双耳止动垫圈（GB/T 855）

用途：防止螺母松动。止动垫圈的规格见表 6-83。

表 6-83 止动垫圈的规格 mm

螺纹大径	内径 d	厚度 s	外径 D		长度	
			单耳	双耳	L	L₁
2.5	2.7		8	5	10	4
3.0	3.2	0.4	10	5	12	5
4.0	4.2		14	8	14	7
5.0	5.3		17	9	16	8
6.0	6.4	0.5	19	11	18	9
8.0	8.4		22	14	20	11
10.0	10.5		26	17	22	13
12.0	13.0		32	22	28	16
(14.0)	15.0		32	22	28	16
16.0	17.0		40	27	32	20
(18.0)	19.0	1.0	45	32	36	22
20.0	21.0		45	32	36	22
(22.0)	23.0		50	34	42	25
24.0	25.0		50	34	42	25
(27.0)	28.0		58	41	48	30
30.0	31.0		63	46	52	32
36.0	37.0	1.5	75	55	62	38
42.0	43.0		88	65	70	44
48.0	50.0		100	75	80	50

注 括号内的尺寸尽量不采用。

5. **圆螺母用止动垫圈** （GB/T 858）

圆螺母用止动垫圈如图 6-65 所示。

用途：配合圆螺母防止螺母松动的一种专用垫圈，主要用于制有外螺纹的轴或紧定套上，做固定轴上零件或紧定套上的轴承用。圆螺母用止动垫圈规格见表 6-84。

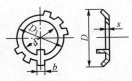

图 6-65 圆螺母用止动垫圈

表 6-84 **圆螺母用止动垫圈规格** mm

螺纹大径	内径 d	外径 D_1	齿外径 D	齿宽 b	厚度 s
10	10.5	16	25		
12	12.5	19	28	3.8	
14	14.5	20	32		
16	16.5	22	34		
18	18.5	24	35		1.0
20	20.5	27	38		
22	22.5	30	42	4.8	
24	24.5	34	45		
25*	25.5	34	45		
27	27.5	37	48		
30	30.5	40	52		
33	33.5	43	56		
35*	35.5	43	56		
36	36.5	46	60		
39	39.5	49	62	5.7	
40*	40.5	49	62		
42	42.5	53	66		
45	45.5	59	72		
48	48.5	61	76		
50*	50.5	61	76		
52	52.5	67	82		
55*	56.0	67	82		1.5
56	57.0	74	90	7.7	
60	61.0	79	94		
64	65.0	84	100		
65*	66.0	84	100		
68	69.0	88	105		
72	73.0	93	110		
75	76.0	93	110		
76	77.0	98	115	9.6	
80	81.0	103	120		
85	86.0	108	125		

螺纹大径	内径 d	外径 D_1	齿外径 D	齿宽 b	厚度 s
90	91.0	112	130		
95	96.0	117	135	11.6	
100	101.0	122	140		
105	106.0	127	145		
110	111.0	135	156		2
115	116.0	140	160		
120	121.0	145	166	13.5	
125	126.0	150	170		
130	131.0	155	176		
140	141.0	165	186		
150	151.0	180	206		
160	161.0	190	216		
170	171.0	200	226	15.6	2.5
180	181.0	210	236		
190	191.0	220	246		
200	201.0	230	256		

* 直径, 仅用于滚动轴承锁紧装置。

注 垫圈的螺纹大径是指配合使用的螺纹公称直径。

(四) 销

1. 圆柱销 (GB/T 119、GB/T 120)

圆柱销的类型如图 6-66 所示。

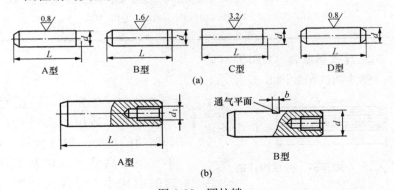

图 6-66 圆柱销

(a) 普通圆柱销；(b) 内螺纹圆柱销

用途：用来固定零件之间的相对位置，靠过盈固定在孔中。普通圆柱销规格见表 6-85。内螺纹圆柱销规格见表 6-86。

表 6-85 **普通圆柱销规格**（GB/T 119） mm

d（公称）	0.6	0.8	1	1.2	1.5	2	2.5	3	4
L	2～6	2～8	4～10	4～12	4～16	6～20	6～24	8～30	8～40
d（公称）	6	8	10	12	16	20	25	30	40
L	12～60	14～80	18～95	22～140	26～180	35～200	50～200	60～200	80～200
系列尺寸 L	2，3，4，5，6，8，10，12，14，16，18，20，22，24，26，28，30，32，35，40，45，50，55，60，65，70，75，80，85，90，95，100，120，140，160，180，200								

表 6-86 **内螺纹圆柱销规格**（GB/T 120） mm

d（公称）	6	8	10	12	16	20	25	30	40	50
L	M4	M5	M6	M6	M8	M10	M16	M20	M20	M24
d（公称）	1					1.5			2	
L	16～60	18～80	22～100	26～120	30～160	40～200	50～200	60～200	90～200	100～200
系列尺寸 L	16，18，20，22，24，26，28，30，32，35，40，45，50，55，60，65，70，75，80，85，90，95，100，120，140，160，180，20									

2. 弹性圆柱销（GB/T 879）

弹性圆柱销如图 6-67 所示。

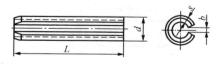

图 6-67 弹性圆柱销

用途：有弹性，装配后不易松脱，适用于具有冲击和振动的场合。但刚性较差，不宜用于高精度定位及不穿透的销孔中。弹性圆柱销规格见表 6-87。

表 6-87　　　　　　　　　　**弹性圆柱销规格**　　　　　　　　　　mm

直径 d		壁厚	增宽	长度	最小剪切载荷
公称	最大	s	b	l	（双剪）（kN）
1	1.3	0.2	1	4～20	0.70
1.5	1.8	0.3	1	4～20	1.58
2	2.3	0.4	1	4～30	2.80
2.5	2.8	0.5	1	4～30	4.38
3	3.4	0.5	1.4	4～40	6.32
4	4.5	0.8	1.6	4～50	11.24
5	5.5	1	1.6	5～80	17.54
6	6.6	1	2	10～100	26.4
8	8.6	1.5	2	10～120	42.70
10	10.6	2	2	10～160	70.16
12	12.7	2	2.4	10～180	104.1
16	16.7	3	2.4	10～200	171.0
20	20.8	4	3.5	10～200	280.6
25	25.8	4.5	3.5	14～200	438.5
30	30.8	5	3.5	14～200	631.4

注　长度系列尺寸（m）为 4，5，6，8，10，12，14，16，18，20，22，24，26，
　　28，30，32，35，40，45，50，55，60，65，70，75，80，85，90，95，100，
　　120，140，160，180，200。

3. 圆锥销（GB/T 117、GB/T 118、GB/T 877）

圆锥销的类型如图 6-68 所示。

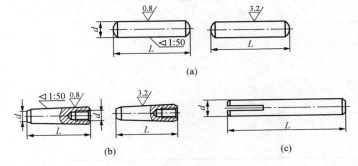

图 6-68　圆锥销

（a）普通圆锥销（GB/T 117）；（b）内螺纹圆锥销（GB/T 118）；

（c）开尾圆锥销（GB/T 877）

用途：用于零件的定位、固定，也可传递动力。圆锥销的尺寸规格见表 6-88。

表 6-88 **圆锥销的尺寸规格** mm

d（公称直径）	圆锥销 L	内螺纹圆锥销		开尾圆锥销 L	L 系列尺寸
		d_1	L		
0.6	4～8	—	—	—	
0.8	5～12	—	—	—	
1	6～16	—	—	—	
1.2	6～20	—	—	—	
1.5	8～24	—	—	—	
2	10～35	—	—	—	
2.5	10～35	—	—	—	
3	12～45	—	—	30～55	2，3，4，5，6，8，10，12，14，16，18，20，22，24，26，28，30，32，35，40，45，50，55，60，65，70，75，80，85，90，95，100，120，140
4	14～55	—	—	35～60	
5	18～60	—	—	40～80	
6	22～90	M4	16～60	50～100	
8	22～120	M5	18～85	60～120	
10	26～160	M6	22～100	70～160	
12	32～180	M8	26～120	80～200	
16	40～200	M10	32～160	100～200	
20	45～200	M12	45～200	—	
25	50～200	M16	50～200	—	
30	55～200	M20	60～200	—	
40	60～200	M20	80～200	—	
50	65～200	M24	120～200	—	

4. 开口销（GB/T 91）

开口销示意如图 6-69 所示。

图 6-69　开口销示意

用途：用于常需装拆的零件上。开口销的尺寸规格见表 6-89。

表 6-89　　　　　　　　　开口销的尺寸规格　　　　　　　　　mm

开口销公称直径	开口销直径 d	伸出长度 $a\leqslant$	销身长度 L	开口销公称直径	开口销直径 d	伸出长度 $a\leqslant$	销身长度 L
0.6	0.5	1.6	4～12	4	3.7	4	18～80
0.8	0.7	1.6	5～16	5	4.6	4	22～100
1	0.9	1.6	6～20	6.3	5.9	4	30～120
1.2	1	2.5	8～26	8	7.5	4	40～160
1.6	1.4	2.5	8～32	10	9.5	6.3	45～200
2	1.8	2.5	10～40	13	12.4	6.3	70～200
2.5	2.3	2.5	12～50	16	15.4	6.3	112～280
3.2	2.9	3.2	14～65	20	19.3	6.3	160～280
L 系列尺寸	4，5，6，8，10，12，14，16，18，20，22，24，26，28，30，32，36，40，45，50，55，60，65，75，80，85，90，95，100，120，140，160，180，200						

5. 螺纹销（GB/T 881、GB/T 878）

螺纹销的类型如图 6-70 所示。

螺纹销的尺寸规格见表 6-90。

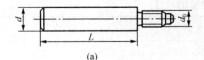

(a)

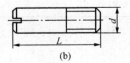

(b)

图 6-70　螺纹销

（a）螺纹锥销（GB/T 881）；（b）螺纹圆柱销（GB/T 878）

表 6-90 　　　　　**螺纹销的尺寸规格**　　　　　　　mm

直径 d	长度 L	锥销螺纹直径 d_0	直径 d	长度 L	锥销螺纹直径 d_0
5	40～50	M5	20	120～220	M16
6	45～60	M6	25	140～250	M20
8	55～75	M8	30	160～280	M24
10	65～100	M10	40	190～360	M30
12	85～140	M12	50	220～400	M36
16	100～160	M16			
L 系列尺寸	40，45，50，55，60，75，85，100，120，140，160，190，220，250，280，320，360，400				

6. 销轴（GB/T 882）

用途：用于铁路和开口销承受交变横向力的场合，推荐采用表 6-91规定的下一档较大的开口销及相应的孔径。其规格尺寸见表 6-91。

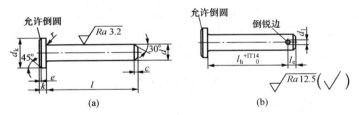

图 6-71　销轴

（a）A 型（无开口销孔）；（b）B 型①②（带开口销孔）

① 其余尺寸、角度和表面粗糙度值见 A 型。

② 某些情况下，不能按 $l—l_e$ 计算 l_h 尺寸，所需要的尺寸应在标记中注明，但不允许尺寸小于表 6-91 规定的数值。

表 6-91　　　　　　　　　　　　**销轴的尺寸**

d h11[①]	3	4	5	6	8	10	12	14	16	18
d_k h14	5	6	8	10	14	18	20	22	25	28
d H13[②]	0.8	1	1.2	1.6	2	3.2	3.2	4	4	5
C_{max}	1	1	2	2	2	2	3	3	3	3

$e\approx$	0.5	0.5	1	1	1	1	1.6	1.6	1.6	1.6
k jsl4	1	1	1.6	2	3	4	4	4	4.5	5
l_{emin}	1.6	2.2	2.9	3.2	3.5	4.5	5.5	6	6	7
r	0.6	0.6	0.6	0.6	0.6	0.6	0.6	0.6	0.6	1
l③长度系列	6～30	8～40	10～50	12～60	16～80	20～100	22～120	26～140	32～160	35～180

d_h11①	20	22	24	27	30	33	36	40
d_k h14	30	33	36	40	44	47	50	55
d H13②	5	5	6.3	6.3	8	8	8	8
C_{max}	4	4	4	4	4	4	4	4
$e\approx$	2	2	2	2	2	2	2	2
k jsl4	5	5.5	6	6	8	8	8	8
l_{emin}	8	8	9	9	10	10	10	10
r	1	1	1	1	1	1	1	1
l③长度系列	40～200	45～200	50～200	55～200	60～200	65～200	70～200	80～200

d h11①	45	50	55	60	70	80	90	100
d_k h14	60	66	72	78	90	100	110	120
d, H13②	10	10	10	10	13	13	13	13
C_{max}	4	4	6	6	6	6	6	6
$e\approx$	2	2	3	3	3	3	3	3
k jsl4	9	9	11	12	13	13	13	13
l_{emin}	12	12	14	14	16	16	16	16
r	1	1	1	1	1	1	1	1
l③长度系列	90～200	100～200	120～200	120～200	140～200	150～200	180～200	200

① 其他公差，如 a11、c11、f8 应由供需双方协议。

② 孔径 d_1 等于开口销的公称规格（见 GB/T 91）。

③ 6～32mm，按 2mm 递增；35～100mm，按 5mm 递增；100mm 以上按 20mm 递增。

第七章 龙骨、吊顶与隔板

一、龙骨

1. 特点、用途及分类

特点：自重轻、刚度大、防火、防震以及加工安装简便等。

用途：适用于做工业建筑和民用住宅等室内隔墙和吊顶的骨架。

分类：分类方法见表7-1。

表 7-1 龙骨分类

按适用场合分类	墙体龙内和吊顶龙骨
按断面形状分类	U形、C形、CH形、T形、H形、V形和L形

2. 墙体轻钢龙骨（GB/T 11981）

（1）墙体轻钢龙骨的尺寸规格。见表7-2。

表 7-2　　　　　墙体轻钢龙骨的尺寸规格　　　　　mm

名称	横截面形状	规格尺寸						用　途
		Q50		Q75		Q100		
		A	B	A	B	A	B	
横龙骨	U形	52	40	77	40	102	40	用做墙体横向（沿顶、沿地）使用的龙骨，一般常与建筑结构相连接固定
竖龙骨	C形	50	45	75	45	100	45	用做墙体竖向使用的龙骨，而且其端部与横龙骨连接
通贯龙骨	U形	20	12	38	12	38	12	用于横向贯穿于竖龙骨之间的龙骨，以加强龙骨骨架的承载力、刚度

（2）墙体轻钢龙骨配件。墙体轻钢龙骨配件名称、质量及用途见表 7-3。

表 7-3　　　　　　　墙体轻钢龙骨配件名称、质量及用途

名　称	代　号	图　　示	质量（kg）	用　　　途
支撑卡	C50-4		0.041	竖龙骨加强卡覆面板材与龙骨固定时起辅助支撑作用
	C75-4		0.021	
	C100-4		0.026	
	QC50-1			
	QC70-1		0.013	
	QC75-1		—	
卡托	C50-5		0.024	竖龙骨开口面与横撑连接
	C75-5		0.035	
	C100-5		0.048	
	QC70-3		—	
角托	C50-6		0.017	竖龙骨背面与横撑连接
	C75-6		0.031	
	C100-6		0.048	
	QC70-2		—	
通贯横撑连接件	C50-6		0.016	通贯横撑连接件
	C75-7		—	
	C100-7		0.049	
	QC-2		0.025	
—			—	

名 称	代 号	图 示	质量（kg）	用 途
加强龙骨 固定件	C50-8		0.037	加强龙骨与主体结构 连接
	C75-8		0.106	
	C100-8		0.106	
竖龙骨 接插	QC70-4		—	在局部情况下，有些龙 骨长度不够，可以用它 接长
金属护角	—		—	保护石膏板墙柱易磨损 的边角
金属护角	QC-4		~0.12	保护石膏板墙柱易磨损 的边角
金属包边 （镶边条）	—		—	为使墙体边角的石膏板与 其他相邻部位的交接处取得 整齐的效果，将此条固定于 石膏板的侧边和端部
	QC-5		~0.25	
减振条	QC-3		~0.05	—
嵌缝条	QC-6		0.15	—
踢脚板卡	QU-1		0.01	—

3. 轻钢吊顶龙骨（GB/T 11981）

（1）轻钢吊顶龙骨规格尺寸、代号及适用范围，见表 7-4。

表 7-4　　　　　轻钢吊顶龙骨规格尺寸、代号及适用范围

名称	横截面形状	规格尺寸（mm）								备　注
		D38		D45		D50		D60		
		A	B	A	B	A	B	A	B	
承载龙骨	U 形	38	—	45	—	50	—	60	—	承载龙骨、覆面龙骨的尺寸 B 没有明确规定，L 形龙骨的尺寸 A 和 B 没有明确规定
覆面龙骨	C 形	38	—	45	—	50	—	60	—	
L 形龙骨	L 形	—	—	—	—	—	—	—	—	

规格	名称	代号	标记	质量（kg/m）	长度（m）	适用范围
D38 D50 D60 （UC 38 50 60）	承载龙骨（主龙骨）	UC38	DU38×12×1.2	0.56	3	UC38 用于吊点距离 900～1200mm，不上人吊顶；UC50 用于吊点距离 900～1200mm，上人吊顶，承载龙骨承受 800N 检修荷载。UC60 用于吊点距离 1500mm，上人吊顶，承载龙骨可承受 1000N 检修荷载
		UC50	DU50×15×1.5	0.92	2	
		UC60	DC60×30×1.5	1.53	2	
	覆面龙骨	U25	DC25×19×0.5	0.132	3.4	
		U50	DC50×19×0.5	0.41	3.4	
	L 形龙骨（异形龙骨）	L35	DL15×35×1.2	0.46	3	
D60 （CS 60）	承载龙骨（主龙骨）	CS60	DC60×27×1.5	1.366	—	吊点间距 1000～1200mm，上人吊顶，上人检修时 800～1000N 集中活荷载

规格	名称	代号	标记	质量 (kg/m)	长度 (m)	适用范围
D60 (C60)	承载龙骨 （主龙骨）	C60	DC60×27×0.63	0.61	—	吊点间距 1100～ 1250mm 不上人吊顶， 中距≤1100mm
D 型 (U 型)	承载龙骨 （大龙骨）	BD	DU45×15×1.2	—	—	吊顶间距 900～ 1200mm，不上人吊顶， 中距<1200mm
	覆面龙骨 （中龙骨）	UZ	DC60×19×0.5	—	—	
D 型 (U 型)	覆面龙骨 （小龙骨）	UX	DC725×19×0.5	—	—	吊顶间距 900～ 1200mm，不上人吊顶， 中距<1200mm
D 型 (U 型)	承载龙骨 （大龙骨）	SD	DC60×30×1.5	—	—	吊顶间距 1200～ 1500mm，上人吊顶， 上人检修可承受 800～ 1000N 集中活荷载，中 距<1200mm
	覆面龙骨 （中龙骨）	UZ	DC50×19×0.5	—	—	
	覆面龙骨 （小龙骨）	UX	DC25×9×0.5	—	—	

（2）轻钢吊顶龙骨配件。轻钢吊顶龙骨配件规格及尺寸见表 7-5。

表 7-5　　　　轻钢吊顶龙骨配件规格及尺寸

名　称	图　示	质量(kg)	厚度(mm)	适用规格及尺寸
吊件 （主龙骨吊件）		0.062	3	D38 (UC38)

名　称	图　示	质量(kg)	厚度(mm)	适用规格及尺寸
吊件 （主龙骨吊件）		0.013 8 0.016 9	3	D50(UC50) D60(UC60)
		0.091	2	D60(UC60)
挂件 （龙骨吊件）		0.04		D60(UC60)
		0.024	0.75	D50(UC50)
		0.02		D38(UC38)
挂件 （龙骨吊件）		0.025		D60(UC60)
		0.015		D50(UC50)
		0.013	0.75	D38(UC38)
挂插件 （龙骨支托）		0.0135	0.75	通用
挂插件 （龙骨支托）		0.009	0.75	通用

名　称	图　示	质量(kg)	厚度(mm)	适用规格及尺寸
覆面龙骨 连接件 （连接件）		0.08	0.5	通用
覆面龙骨 连接件 （连接件）		0.02	0.5	通用
承载龙骨 连接件 （龙骨连接件）		0.019	1.2	L：100 H：60
		0.06		L：100 H：50
		0.03		L：82 H：39
		0.101	1.2	L：100 H：56
		0.067		L：100 H：47
		0.041		L：82 H：35.6

4. 铝合金吊顶龙骨

（1）铝合金吊顶龙骨的型号及适用范围见表 7-6。

表 7-6　　　　铝合金吊顶龙骨的型号及特性

型号	名称	厂内 代号	断面尺寸 $A×B$（mm）	质量 (kg/m)	厚度 (mm)	适　用　范　围
LT形	承载龙骨 （主龙骨）	TC38 TC50 TC60	38×12 50×15 60×30	0.56 0.92 1.53	1.2 1.5 1.5	TC38 用于吊点间距 900～1200mm，不上人吊顶； TC50 用于吊点间距 900～1200mm，上人吊顶。承载龙骨承受 800N，检修载荷； TC60 用于吊顶间距 1500mm，上人吊顶。承载龙骨可承受 1000N，检修载荷
	龙骨	LT-23	23×32	0.2	1.2	
	横撑龙骨	LT-23	23	0.135	1.2	
	边龙骨	LT	18×32	0.15	1.2	
	异形龙骨	LT	20×18×32	0.25	1.2	

型号	名称	厂内代号	断面尺寸 $A \times B$ (mm)	质量 (kg/m)	厚度 (mm)	适 用 范 围
T形	承载龙骨（大龙骨）中龙骨	BD TZL	45×15 22×32	—	1.2 1.3	吊点间距 900～1200mm，不上人吊顶，中距<1200mm
	小龙骨	TXL	22.5×25	—	—	
	边墙龙骨	TIL	22×22	—	1	

（2）铝合金吊顶龙骨配件，见表7-7。

表 7-7 　　　　　　　　铝合金吊顶龙骨配件

名称	图　示	质量 (kg)	厚度 (mm)	适用规格或尺寸 (mm)
主龙骨吊件		0.138 0.169	3	TC60 TC50
		0.062	2	TC38
主龙骨连接件				TC60 L：100，H：60 TC50 L：100，H：50 TC38 L：82，H：39
LT-23 龙骨及 LT-异形龙骨吊钩		0.014 0.012	$\phi 3.5$ $\phi 3.0$	TC60 A：31，B：75 TC50 A：16，B：60 TC38 A：13，B：48

名称	图示	质量 （kg）	厚度 （mm）	适用规格或尺寸 （mm）
LT-异形 龙骨吊挂钩	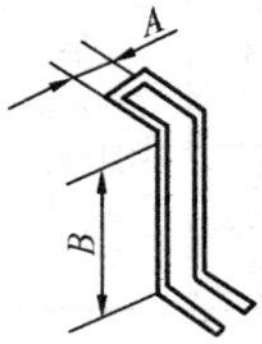	0.019	ϕ3.5	TC60 A：31，B：75
				TC50 A：16，B：65
				TC38 A：13，B：55
LT-23 龙 骨 及 LT 异 形 龙 骨 连 接件	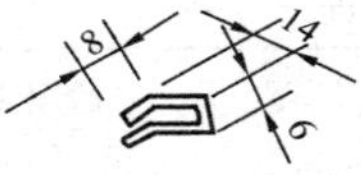	0.025	0.8	通用
LT-23 横 撑 龙 骨 连 接钩	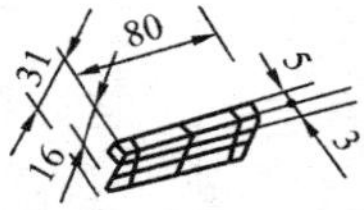	0.000 7	0.8	

二、吊顶

1. 金属中吊顶（QB/T 1516）

（1）金属中吊顶的分类，见表 7-8。

表 7-8　　　　　　　　金属中吊顶的分类

名称	代号	图　　示
条板形	T	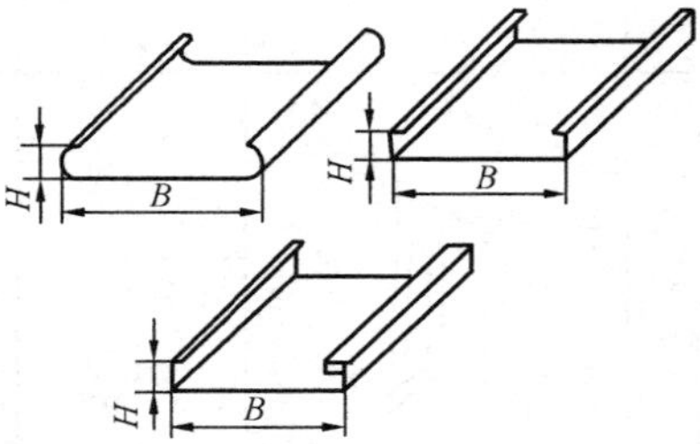

名称	代号	图　　示
块板形	K	
格栅形	G	

（2）块板型面板的尺寸规格，见表 7-9。

表 7-9　　　　　　　　块板型面板的尺寸规格

图　　示	$B \times A$（mm×mm）	
	基本尺寸	极限偏差
	400×400 500×500 600×600	0 −3
	400×400 500×500 600×600	0 −3

图　　示	B×A （mm×mm）	
	基本尺寸	极限偏差
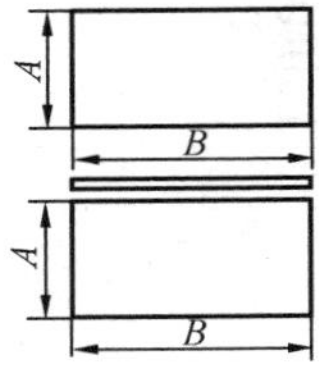	500×5000 600×1200	

（3）条板型面板的尺寸规格，见表 7-10。

表 7-10　　　　　　　　条板型面板的尺寸规格　　　　　　　　　mm

图　　示	B			H	L_{max}
	基本尺寸	极限偏差		极限偏差	
		一级品	合格品		
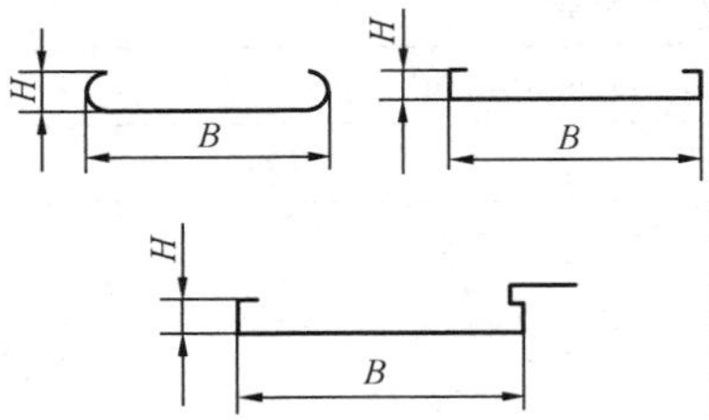	80 82 84 86	±0.7	±1.1	±0.9	6000

2. 条板吊顶

条板材料是由铝板、冷轧钢板、不锈钢板等材料加工成型。

特点：新颖别致、美观大方、立体感强。

用途：应用于大型建筑的吊顶装饰。

规格：条板宽度：90、120、150、200mm。

金属花型条板吊顶安装如图 7-1 所示，花型条板、类型示意如图 7-2 所示。

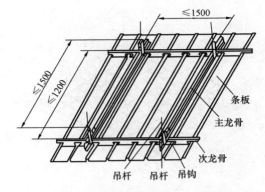

图 7-1　金属花型条板吊顶安装示意图

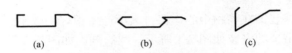

图 7-2　花型条板、类型示意图

（a）矩形；（b）菱形；（c）矩齿形

3. 格栅吊顶

格栅吊顶由铝格栅元件及 U 形龙骨组成。表面处理为喷塑，可获多种颜色。

特点：质轻、便于组装、拆卸、安装方便、省时省力、通风采光效果好。

用途：用于大型建筑物是当今集美观、装饰于一体的高档金属天棚。

规格：格栅规格为：50、90、110、150、183mm（此尺寸指小方格边长）。

格栅吊顶安装示意如图 7-3 所示。

4. 筒型吊顶

筒型吊顶的圆筒为 Q235 钢板制成。表面喷塑处理，可获各种颜色。

特点：螺栓连接，稳定性强，可任意组合，是一种新颖的吊顶型式。

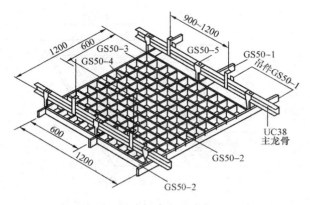

图 7-3　格栅吊顶安装示意图

用途：装饰在购物中心、银行大厅产生很好的效果。

筒型吊顶的安装如图 7-4 所示，圆筒剖面如图 7-5 所示。

图 7-4　筒型吊顶安装示意图

图 7-5　圆筒剖面图

规格：筒型吊顶尺寸见表 7-11。

表 7-11　　　　　　　　　筒型吊顶尺寸　　　　　　　　　　mm

项目	高度 H	外径 D	厚度 d
圆筒规格	60~100	150~200	0.5

5. 挂片吊顶

挂片吊顶是将小挂片挂到龙骨上。挂片表面处理有喷塑、阳极氧化两种。颜色多种。

特点：质量轻、便于拆卸。挂片可自由旋转，任意组合各种花型。在顶部天然采光和人工照明条件下，形成柔和的光线效果。挂片是用小弹簧卡子吊挂，当有风吹的情况下，可微微摆动，使室内装饰充满生气。

用途：应用于公共建筑设施的吊顶装饰。

规格：挂片有 6 种外形。

金属挂片吊顶安装示意如图 7-6 所示和金属挂片外形示意如图 7-7 所示。

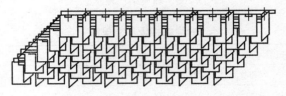

图 7-6　金属挂片吊顶安装示意

图 7-7　金属挂片外形示意

三、轻质复合墙板

1. 蜂巢结构板

蜂巢结构板是一种以纸、布、铝合金箔或其他材料，经过粘、压、加热等方法加工而成的新型建筑装饰材料。

特点：具有质轻、阻燃、刚性好、装饰适配性强等特点。其吸声、减振、隔热性能好，可制成各种型面且不会出现翘曲等变形，安装简便。

用途：广泛用于各种门、室内隔板、吊顶、内外墙暮装饰等，也用于各种隔间、操作间、轻质活动房的建造，以及桌面板、车厢板、船舱板、柜台板、缝纫机板、包装箱等。

蜂巢结构板示意如图 7-8 所示，蜂巢结构板尺寸规格见表 7-12。

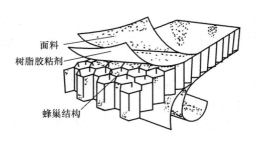

面料
树脂胶粘剂
蜂巢结构

图 7-8 蜂巢结构板示意

表 7-12   蜂巢结构板尺寸规格   mm

类别	长度	宽度	厚度
隔墙板	1800，2400，2700	900，1200	50～100
吊顶板	500，600，1800，2400，2700	500，600，900，1200	8、10、12
隔断	1200～2400	400～1200	15～60
墙裙	1000～1400	300～600	8～15
门扇	按国家标准或用户要求加工		
活动房	按用户要求加工生产		

2. 万力（UBS）板

万力建筑体系的基本构件是万力板（UBS 板）。UBS 板有单层、双层两种。单层 UBS 板是钢丝网中心夹以聚苯乙烯发泡板，然后在两侧加水泥砂浆或其他面层罩面构成的"单元"，可以做各种非承载的内隔墙、围护墙。双层 UBS 板是两侧钢丝网夹之聚苯乙烯发泡板，在其两层中心浇注钢筋混凝土或其他材料，在双层 UBS 板构造示意图在两层外侧用水泥砂浆或其他面层罩面构成的"单元"，可以做各种承重墙、梁、柱、屋面等。

UBS 板在工厂制造，现场拼装及浇注混凝土。

特点与用途：板的质量轻、强度高、不碎裂，具有良好的防水与防火性；抗震、隔声、隔热、易于剪裁和拼接，并可预先设置导线管、开关盒，而后浇注混凝土及表面喷抹水泥砂浆，形成完整的万力墙体，并可根据设计要求在外表面做各种墙面装饰。

单层 UBS 板构造示意如图 7-9 所示及双层 UBS 板构造示意如

图 7-10 所示。其尺寸规格见表 7-13。

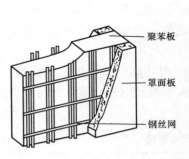

图 7-9 单层 UBS 板构造示意图

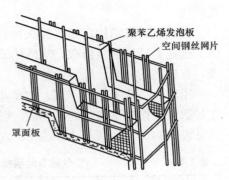

图 7-10 双层 UBS 板构造示意图

表 7-13　　　　　　万力（UBS）板尺寸规格　　　　　　　mm

长　度	宽　度	厚　度
最大长度 3600，模数 200	最大宽度 1200，模数 100	最大厚度 400；中间混凝土厚度为 60、100、160、250、300

3. 钢丝网节能墙板

钢丝网节能墙板示意如图 7-11 所示。

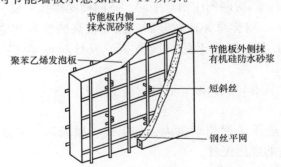

图 7-11　钢丝网节能墙板示意图

钢丝网节能墙板是由两片预先焊好的钢丝网中间夹之预制成型的聚苯乙烯发泡板，先后用钢丝从两侧斜插入聚苯板，最后将斜插定位钢丝焊接在钢丝网的径向丝上，由此完成一个组合体。这种产品有效地解决了泰柏板存在的中心夹心的聚苯乙烯发泡桁条窜位移动问题。

特点：具有结构稳定、经久耐用、防火、隔声、保温、抗震、施工迅速、减轻建筑荷载、降低建筑造价、增加建筑使用面积等优点，有较高的社会、经济效益。

用途：适合于作隔声板、护墙板、内外墙板、楼板及屋面板。尤其适合于作高层建筑的内外墙，可大大减轻结构自重，其尺寸规格见表 7-14。

表 7-14 　　　　　　　　　**钢丝网节能墙板尺寸规格** 　　　　　　　　mm

长　　度	宽　度	厚　　度	钢丝直径
2400，2700，3000，3300，3600	1200，1440	77（55）	$\phi2.8$
2400，2700，3000，3300，3600	1200	77（喷抹水泥砂浆后理论厚度 110）	$\phi2.8$

4. KT 板

KT 板是由平面钢丝网片、波形聚苯乙烯发泡板及平面单格条网组成。产品构成，5 条宽 240mm 的波形聚苯乙烯板，沿竖向以 6 条条网叠制，然后两侧用钢丝平网、条网横向焊接而成，焊点横向间距 120mm。这样总体比较坚固，强度较高的板与其他板材的主要区别在于 KT 板芯正弦曲线波板，板材断面厚 35mm，总焊线 60mm。

特点：具有轻质保温、不裂、易于防水、防火、易于剪裁与拼接等优点。

用途：适用于框架承重内、外隔墙、屋面板，是浴室、卫生间、实验室的理想板材。

KT 板结构示意如图 7-12 所示，KT 板尺寸规格见表 7-15。

表 7-15 　　　　　　　　　　　**KT 板尺寸规格** 　　　　　　　　　mm

长　　度	宽　度	厚　　度	钢丝直径
2400，2700，3000，3300，3600	1200	100（包括砂浆抹面）	$\phi2.8$

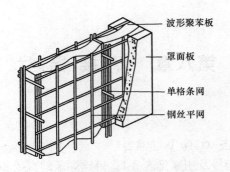

图 7-12　KT 板结构示意图

波形聚苯板

罩面板

单格条网

钢丝平网

第八章 焊 接 器 材

一、焊条

1. 铸铁焊条（GB/T 10044）

铸铁焊条型号及用途见表 8-1。铸铁焊条的直径和长度见表 8-2。

表 8-1 铸铁焊条型号及用途

型 号	药皮类型	焊接电流	主 要 用 途
EZFe-2	氧化型	交、直流	用于一般铸铁件缺陷的修补及长期使用的旧钢锭模。焊后不宜进行切削加工
EZFe-2	钛钙铁粉	交、直流	一般灰口铸铁件的焊补
EZC	石墨型	交、直流	工件预热至 400℃ 以上的一般灰铸铁件的焊补
EZCQ	石墨型	交、直流	焊补球墨铸铁件
EZNi-1	石墨型	交、直流	焊补重要的薄铸铁件和加工面
EZNiFe-1	石墨型	交、直流	用于重要灰铸铁及球墨铸铁的焊补。对含磷较高的铸铁件焊接，也有良好的效果
EZNiFeCu	石墨型	交、直流	
EZNiCu-1	石墨型	交、直流	适用于灰铸铁件的焊补。焊前可不进行预热，焊后可进行切削加工

注 1. EZ—铸铁用焊条。
　　2. 焊条主要尺寸（mm）。①冷拔焊芯直径为 2.5，3.2，4，5，6；长度为 200~500。②铸造焊芯直径为 4，5，6，8，10；长度为 350~500。

表 8-2 铸铁焊条的直径和长度 mm

焊芯类别	焊条直径		焊条长度	
	基本尺寸	极限偏差	基本尺寸	极限偏差
铸造焊芯	4.0	±0.3	350~400	±4.0
	5.0，6.0，8.0，1.0		350~500	
冷拔焊芯	2.5	±0.5	200~300	±2.0
	3.2，4.0，5.0		300~450	
	6.0		400~500	

注 允许以直径 3mm 的焊条代替直径 3.2mm 的焊条，以直径 5.8mm 的焊条代替直径 6.0mm 的焊条。

2. 堆焊焊条（GB/T 984）

堆焊焊条型号及用途见表 8-3。堆焊焊条的尺寸见表 8-4。

表 8-3　　　　　　　　　　　　**堆焊焊条型号及用途**

型　　号	药皮类型	焊接电流	堆硬层硬度 HRC≥	用　　　途
EDPMn2-15	低氢钠型	直流反接	22	低硬度常温堆焊及修复低碳、中碳和低合金钢零件的磨损表面。堆焊后可进行加工
EDPCrMo-A1-03	钛钙型	交、直流	22	用于受磨损的低碳钢、中碳钢或低合金钢机件表面，特别适用于矿山机械与农业机械的堆焊与修补之用
EDPMn3-15	低氢钠型	直流反接	28	用于堆焊受磨损的中、低碳钢或低合金钢的表面
EDPCuMo-A2-03	钛钙型	交、直流	30	用于受磨损的低、中碳钢或低合金钢机件表面，特别适宜于矿山机械与农业机械磨损件的堆焊与修补之用
EDPMn6-15	低氢钠型	直流反接	50	用于堆焊常温高硬度磨损机件表面
EDPCrMo-A3-03	钛钙型	交、直流	40	用于常温堆焊磨损的零件
EDPCrMo-A4-03	钛钙型	交、直流	50	用于单层或多层堆焊各种磨损的机件表面
EDPMn-A-16 EDPMn-B-16	低氢钾型	交、直流反接	(HB) ≥170	用于堆焊高锰钢表面的矿山机械或锰钢道岔
EDPCrMn-B-16	低氢钾型	交、直流反接	≥20	用于耐气蚀和高锰钢
EDD-D-15	低氢钠型	直流反接	≥55	用于中碳钢刀具毛坯上堆焊刀口，达到整体高速度，也可做刀具和工具的修复

続表

型　号	药皮类型	焊接电流	堆硬层硬度 HRC≥	用　　途
EDRCrMoWV-A1-03	钛钙型	交、直流	≥55	用于堆焊各种冷冲模及切削刀具,也可修复要求耐磨性能的机件
EDRCrW-15	低氢钠型	直流反接	48	用于铸、锻钢上堆焊热锻模
EDRCrMnM₆-15	低氢钠型	直流反接	40	
EDCr-A1-03	钛钙型	交、直流	40	为通用性表面堆焊焊条,多用于堆焊碳钢或合金钢的轴、阀门等
EDGr-A1-15	低氢钠型	直流反接	40	
EDCr-A2-15	低氢钠型	直流反接	37	多用于高压截止阀密封面
EBCr-B-03	钛钙型	交、直流	45	多用于碳钢或合金钢的轴、阀门等
EDGr-B-15	低氢钠型	直流反接	45	
EDCrNi-C-15	低氢钠型	直流反接	37	多用于高压阀门密封面
EDZCr-C-15	低氢钠型	直流反接	48	用于堆焊要求耐强烈磨损、耐腐蚀或耐气蚀的场合
EDCoCr-A-03	钛钙型	交、直流	40	用于堆焊在650℃时仍保持良好的耐磨性和一定的耐腐蚀性的场合
EDCoCr-B-03	钛钙型	交、直流	44	

注　1. ED-堆焊焊条。

2. 焊条主要尺寸(mm):焊芯直径为 3.2,4,5,6,7,8;焊芯长度为 300,350,400,450。

表 8-4　　　　　堆焊焊条的尺寸　　　　　　　　　　mm

类别	冷拔焊芯		铸造焊芯		复合焊芯		碳化钨管状	
	直径	长度	直径	长度	直径	长度	直径	长度
基本尺寸	2.0	230~300	3.2	230~350	3.2	230~350	2.5	230~350
	2.5						3.2	
	3.2	300~50	4.0		4.0		4.0	
	4.0		5.0		5.0		5.0	
	5.0	350~450	6.0	300~350	6.0	300~350	6.0	300~350
	6.0		8.0		8.0		8.0	
	8.0							
极限偏差	±0.08	±3.0	±0.5	±10	±0.5	±10	±10	±10

注　根据供需双方协议,也可生产其他尺寸的堆焊焊条。

3. 碳钢焊条（GB/T 5117）

碳钢焊条的型号按熔敷金属力学性能、药皮类型、焊接位置、电流类型、熔敷金属化学成分和焊后状态等进行划分。焊条型号由五部分组成：

（1）第一部分用字母 E 表示焊条。

（2）第二部分为字母 E 后面的紧邻两位数字，表示熔敷金属的最小抗拉强度代号，见表 8-5。

表 8-5　　　　碳钢焊条熔敷金属抗拉强度代号　　　　MPa

抗拉强度代号	43	50	55	57
最小抗拉强度	430	490	550	570

（3）第三部分为字母 E 后面的第三和第四两位数字，表示药皮类型、焊接位置和电流类型，见表 8-6。

表 8-6　　　　　　　　　碳钢焊条药皮类型代号

代号	药皮类型	焊接位置[a]	电源类型
03	钛型	全位置[b]	交流和直流正、反接
10	纤维素	全位置	直流反接
11	纤维素	全位置	交流和直流反接
12	金红石	全位置[b]	交流和直流正接

[a]　焊接位置见 GB/T 16672—1996，其中 PA 表示平焊；PB 表示平角焊；PC 表示横焊；PG 表示向下立焊。

[b]　此处"全位置"并不一定包含向下立焊，由制造商确定。

（4）第四部分为熔敷金属的化学成分分类代号，可为"无标记"或一字线"—"后的字母、数字或字母和数字的组合，见表 8-7。

（5）第五部分为熔敷金属的化学成分代号之后的焊后状态代号，其中"无标记"表示焊态，"P"表示热处理状态，"AP"表示焊态和焊后热处理两种状态均可。

表 8-7 碳钢焊条熔敷金属化学成分分类代号

分类代号	主要化学成分的名义含量（质量分数）（%）				
	Mn	Ni	Cr	MO	Cu
无标记、—1、—P1、—P2	1.0	—	—	—	—
—1M3	—	—	—	0.5	—
—3M2	1.5	—	—	0.4	—
—3M3	1.5	—	—	0.5	—
—N1	—	0.5	—	—	—
—N2	—	1.0	—	—	—
—N3	—	11.5	—	—	—
—3N3	1.5	1.5	—	—	—
—N5	—	2.5	—	—	—
—N7	—	3.5	—	—	—
—N13	—	6.5	—	—	—
—N2M3	—	1.0	—	0.5	—
—NC	—	0.5	—	—	0.4
—CC	—	—	0.5	—	0.4
—NCC	—	0.2	0.6	—	0.5
—NCC1	—	0.6	0.6	—	0.5
—NCC2	—	0.3	0.2	—	0.5
—G	其他成分				

除以上强制分类代号外，根据供需双方协商，可在型号后依次附加可选代号：①字母 u，表示在规定试验温度下，冲击吸收能量可以达到 47J 以上；②扩散氢代号 HX，其中 X 代表 15、10 或 5，分别表示每 100g 熔敷金属中扩散氢含量的最大值（mL）。

碳钢焊条的型号及性能见表 8-8。

表 8-8　　　　　　　　　碳钢焊条的型号及性能

型　号	药皮类型	焊接位置	机械性能		焊接电源
			抗拉强度 σ_b（MPa）	延伸率 δ（%）	
E4300	特殊型	平、立、仰、横焊	430	20	交、直流
E4301	钛铁矿型				
E4303	钛钙型				
E4310	高纤维素钠型				直流反接
E4311	高纤维素钾型				交、直流反接
E4312	高钛钠型			16	交、直流正接
E4313	高钛钾型				交、直流
E4315	低氢钠型			20	直流反接
E4316	低氢钾型				交、直流反接
E4320	氧化铁型	平焊、平角焊			交、直流反接
E4322		平角焊		不要求	交、直流正接
E4323	铁粉钛钙型	平焊、平、平角焊		20	交、直流反接
E4324	铁粉钛型			16	
E4327	铁粉氧化铁型	平焊	430	20	交、直流
		平角焊			交、直流正接
E4328		平、平角焊			交、直流反接
E5001	钛铁矿型	平、立、仰、横焊	490	20	交、直流
E5003	钛钙型				直流反接
E5010	高纤维素钠型				交、直流反接
E5011	高纤维素钾型			16	交、直流
E5014	铁粉钛型				直流反接
E5015	低氢钠型			20	交、直流反接
E5016	低氢钾型				
E5018	铁粉低氢钾型			16	直流反接
E5018M	铁粉低氢型				

| 型　　号 | 药皮类型 | 焊接位置 | 机械性能 | | 焊接电源 |
			抗拉强度 σ_b（MPa）	延伸率 δ（%）	
E5023	铁粉钛钙型	平、平角焊	490	16	直流反接
E5024	铁粉钛型			20	交或直流、反接
E5027	铁粉氧化铁型				交或直流正接
E5028	铁粉低氢型	平、仰、横、立、向下焊			交或直流反接
E5048					

4. 加强钢钢焊条（GB/T 5118）

加强钢钢焊条熔敷金属抗拉强度代号见表 8-9。加强钢钢焊条的类型及性能见表 8-10。

表 8-9　　　　　　加强钢钢焊条熔敷金属抗拉强度代号　　　　　　MPa

抗拉强度代号	50	52	55	62
最小抗拉强度	490	520	550	620

表 8-10　　　　　　　　加强钢钢焊条的类型及性能

型号	药皮类型	焊接位置	抗拉强度 R_m（MPa）⩾	断后伸长率 A（%）⩾	电流类型
E5003-X	钛钙型	平、立、仰、横焊	490	20	交流或直流正、反接
E5010-X	高纤维素钠型				直流反接
E5011-X	高纤维素钾型				交流或直流反接
E5015-X	低氢钠型			22	直流反接
E5016-X	低氢钾型				交流或直流反接
E5018-X	铁粉低氢型				
E5020X	高氧化铁型	平角焊		20	交流或直流正接
		平焊			交流或直流正、反接
E5027-X	铁粉氧化铁型	平角焊			交流或直流正接
		平焊			交流或直流正、反接

型号	药皮类型	焊接位置	抗拉强度 R_m (MPa) ≥	断后伸长率 A (%) ≥	电流类型
E5500-X	特殊型	平、立、仰、横焊	550	14	交流或直流
E5503-X	钛钙型				
E5510-X	高纤维素钠型			17	直流反接
E5511-X	高纤维素钾型				交流或直流反接
E5513-X	高钛钾型			14	交流或直流
E5515-X	低氢钠型			17	直流反接
E5516-X	低氢钾型			17	交流或直流反接
E5518-X	铁粉低氢型				
E5516-C3	低氢钾型			22	
E5518-C3	铁粉低氢型				
F6000-X	特殊型	平、立、仰、横焊	590	14	交流或直流正、反接
E6010-X	高纤维素钠型			15	直流反接
E6011-X	高纤维素钾型				交流或直流反接
E6013-X	高钛钾型			14	交流或直流反接
E6015-X	低氢钠型			15	直流反接
E6016-X	低氢钾型		590	15	交流或直流反接
E6018-X	铁粉低氢型				
E6018-M				22	
E7010-X	高纤维素钠型	平、立、仰、横焊	690	15	直流反接
E7011-X	高纤维素钾型				交流或直流反接
E7013-X	高钛钾型			13	交流或直流正、反接
E7015-X	低氢钠型			15	直流反接
E7016-X	低氢钾型				交流或直流反接
E7018-X	铁粉低氢型				
E7018-M				18	

型号	药皮类型	焊接位置	抗拉强度 Rm （MPa） ≥	断后伸长率 A （%） ≥	电流类型
E7515-X	低氢钠型	平、立、仰、横焊	740	13	直流反接
E7516-X	低氢钾型				交流或直流反接
E7518-X	铁粉低氢型				
E7518-M				18	
E8015-X	低氢钠型		780	13	直流反接
E8016-X	低氢钾型				交流或直流反接
E8018-X	铁粉低氢型				
E8515-X	低氢钠型		830	12	直流反接
E8516-X	低氢钾型				交流或直流反接
E8518-X	铁粉低氢型				
E8518-M				15	
E9015-X	低氢钠型			12	直流反接
E9016-X	低氢钾型				交流或直流反接
E9018-X	铁粉低氢型		880		
E10015-X	低氢钠型				直流反接
E10016-X	低氢钾型				交流或直流反接
E10018-X	铁粉低氢型		980		

注 后缀字母 X 代表熔敷金属化学成分分类代号。例：A—碳钼钢焊条；B—铬钼钢焊条；C—镍钢焊条；NM—镍钼钢焊条；D—锰钼钢焊条等。

5. 不锈钢电焊条 （GB/T 983）

不锈钢电焊条型号见表 8-11。

表 8-11

不锈钢电焊条型号

| 型　　号 | 药皮类型 | 焊接位置 | 机械性能 | | 焊接电流 |
			抗拉强度 σ_b（MPa）	延伸率 δ（％）	
FA10-16	钛钙型	平、立、仰、横焊	450	15	交或直流正、反接
E410-15	低氢型				直流反接
E430-16	钛钙型				交或直流正、反接
E430-15	低氢型				直流反接
E308L-16	钛钙型		510	30	交或直流正、反接
E308-16	钛钙型		550		
E308-15	低氢型				直流反接
E347-16	钛钙型		520	25	交或直流正、反接
E347-15	低氢型				直流反接
E318V-16	钛钙型		540		交或直流正、反接
E318V-15	低氢型				直流反接
E309-16	钛钙型		550		交或直流正、反接
E309-15	低氢型				直流反接
E309Mo-16	钛钙型				交或直流正、反接
E310-16	钛钙型				
E310-15	低氢型				直流反接
E310Mo-16	钛钙型			25	交或直流正、反接
E16-25MoN-16	钛钙型		610	30	交或直流正、反接
E16-25MoN-15	低氢型				直流交接

注　1. E—焊条。如有特殊要求的化学成分，则用该成分的元素符号标注在数字后面；另用字母 L 和 H 分别表示较低，较高碳含量；R 表示碳、磷、硅含量均较低。

　　2. 焊条尺寸（mm）：直径为 2，2.5，3.2，4，5，6，7，8；长度为 200，250，300，350，400，450。

6. 铜及铜合金焊条（GB/T 3670）

焊芯直径 3.2、4、5mm；焊条长度为 350mm。

铜及铜合金焊条牌号及用途见表 8-12。

表 8-12 铜及铜合金焊条牌号及用途

牌号	型号	药皮类型	焊接电源	焊芯材质	主 要 用 途
T107	TCu	低氢型	直流	纯铜	焊接铜零件，也可用于堆焊耐海水腐蚀碳钢零件
T207	TCuSi-B	低氢型	直流	硅青铜	焊接铜、硅青铜和黄铜零件，或堆焊化工机械、管道内衬
T227	TCuSn-B	低氢型	直流	锡磷青铜	用于铜、黄铜、青铜、铸铁及钢零件；广泛用于堆焊锡磷青铜轴衬、船舶堆进器叶片等
T237	TCuAl-C	低氢型	直流	铝锰青铜	用于铝青铜及其他铜合金焊接，也适用于铜合金与铜的焊接
T307	TCuNi-B	低氢型	直流	铜镍合金	焊接导电铜排、铜热交换器等，或堆焊耐海水腐蚀铜零件以及焊接有耐腐蚀要求的镍基合金

7. 铝及铝合金焊条（GB/T 3669）

焊芯直径 3.2、4、5mm；焊条长度为 345～355mm。

铝及铝合金焊条牌号及用途见表 8-13。

表 8-13 铝及铝合金焊条牌号及用途

牌号	型号	药皮类型	焊接电源	焊芯材质	主 要 用 途
L109	TAl	盐基型	直流	纯铝	焊接纯铝板，纯铝容器
L209	TAlSi	盐基型	直流	铝硅合金	焊接铝板，铝硅铸件，一般铝合金、锻铝、硬铝（铝镁合金除外）
L309	TAlMn	盐基型	直流	铝锰合金	焊接铝锰合金，纯铝、其他铝合金

8. 镍及镍合金焊条（GB/T 13814）

（1）镍及镍合金焊条尺寸及夹持端长度，见表 8-14。

表 8-14　　　　　　　　镍及镍合金焊条尺寸及夹持端长度　　　　　　　　mm

焊条直长	2.0	2.5	3.2	4.0	5.0
焊条长度	230～300			250～350	
夹持端长度	10～20			15～25	

（2）镍及镍合金焊条熔敷金属力学性能，见表 8-15。

表 8-15　　　　　　　　　镍及镍合金焊条熔敷金属力学性能

焊条型号	化学成分代号	屈服强度[①] R_{eL} (MPa)	抗拉强度 R_m (MPa)	伸长率 A（％）
		$\geqslant$		
镍				
ENi2061	NiTi3	200	410	18
ENi2061A	NiNbTi			
镍 铜				
ENi4060	NiCu30Mn3Ti	200	480	27
ENi4061	NiCu27Mn3NbTi			
镍 铬				
ENi6082	NiCr20Mn3Nb	360	600	22
ENi6231	NiCr22W14Mo	350	620	18
镍 铬 铁				
ENi6025	NiCr25Fe10A1Y	400	690	12
ENi6062	NiCr15Fe8Nb	360	550	27
ENi6093	NiCr15Fe8NbMo	360	650	18
ENi6094	NiCr14Fe4NbMo			
ENi6095	NiCr15Fe8NbMoW			
ENi6133	NiCr16Fel2NbMo	360	550	27
ENi6152	NiCr30Fe9Nb			
ENi6182	NiCr15Fe6Mn			
ENi6333	NiCr25Fe16CoNbW	360	550	18
ENi6701	NiCr36Fe7Nb	450	650	8
ENi6702	NiCr28Fe6W			
ENi6704	NiCr25Fe10A13YC	400	690	12
ENi8025	NiCr29Fe30Mo	240	550	22
ENi8165	NiCr25Fe30Mo			

焊条型号	化学成分代号	屈服强度[①]R_{eL} （MPa）	抗拉强度 R_m （MPa）	伸长率 A（%）
			$\geqslant$	
镍 钼				
ENi1001 ENi1004	NiMo28Fe5 NiMo25Cr5Fe5	400	690	22
ENi008 ENi1009	NiMo19WCr NiMo20WCu	360	650	22
ENn062	NiMo24Cr8Fe6	360	550	18
ENn066	NiMo28	400	690	22
ENi1067	NiMo30Cr	350	690	22
ENi1069	NiMo28Fe4Cr	360	550	20
镍 铬 钼				
ENi6002	NiCr22Fe18Mo	380	650	18
ENi6012	NiCr22M09	410	650	22
ENi6022 ENi6024	NiCr21M013W3 NiCr26M014	350	690	22
ENi6030	NiCr29M05Fe15W2	350	585	22
ENi6059	NiCr23Mo16	350	690	22
ENi6200 ENi6275 ENi6276	NiCr23Mo16Cu2 NiCr16Mo16Fe5W3 NiCr15Mo15Fe6W4	400	690	22
ENi6205 ENi6452	NiCr25Mo16 NiCr19Mo15	350	690	22
ENi6455	NiCr16Mo15Ti	300	690	22
ENi6620	NiCr14Mo7Fe	350	620	32
ENi6625	NiCr22Mo9Nb	420	760	27
ENi6627	NiCr21MoFeNb	400	650	32
ENi6650	NiCr20Fe14Mo11WN	420	660	30
ENi6686	NiCr21Mo16W4	350	690	27
ENi6985	NiCr22Mo7Fe19	350	620	22
镍 铬 钴 钼				
ENi6117	NiCr22Co12Mo	400	620	22

① 屈服发生不明显时，应采用 0.2% 的屈服强度（$R_p0.2$）。

（3）镍及镍合金焊条熔敷金属化学成分，见表 8-16。

表 8-16　镍及镍合金焊条熔敷金属化学成分

焊条型号	化学成分代号	C	Mn	Fe	Si	Cu	Ni①	类别	Co	Al	Ti	Cr	Nb②	Mo	V	W	S	P	其他③
ENi2061	NiTi3	0.10	0.7	0.7	1.2	0.2	≥92.0	镍	—	1.0	1.0~4.0	—	—	—	—	—	0.015	0.020	—
ENi2061A	NiNbTi	0.06	2.5	4.5	1.5	—		镍	—	0.5	1.5	—	2.5	—	—	—		0.015	—
ENi4060	NiCu30Mn3Ti	0.15	4.0	2.5	1.5	27.0~34.0	≥62.0	镍铜	—	1.0	1.0	—	—	—	—	—	0.015	0.020	—
ENi4061	NiCu27Mn3NbTi				1.3	24.0~33.0		镍铜	—		1.5	—	3.0	—	—	—			—
ENi6082	NiCr20Mn3Nb	0.10	2.0~6.0	4.0	0.8	0.5	≥63.0	镍铬	—	—	0.5	18.0~22.0	1.5~3.0	2.0	—	—	0.015	0.020	—
ENi6231	NiCr22W14Mo	0.05~0.10	0.3~1.0	3.0	0.3~0.7	0.5	≥45.0	镍铬	5.0	0.5	0.1	20.0~24.0	—	1.0~3.0	—	13.0~15.0			—

焊条型号	化学成分代号	化学成分（质量分数）（%）															
		C	Mn	Fe	Si	Cu	Ni①	Co	Al	Ti	Cr	Nb②	Mo	V	W	S	P	其他③
ENi6025	NiCr25Fe10AlY	0.10~0.25	0.5	8.0~11.0	0.8	—	≥55.0	—	1.5~2.2	0.3	24.0~26.0	—	—	—	—	—	—	Y0.15
ENi6062	NiCr15Fe8Nb	0.08	3.5	11.0	0.8	—	≥62.0	—	—	—	13.0~17.0	0.5~4.0	—	—	—	—	—	—
Ni6093	NiCr15Fe8NbNo	0.20	1.0~5.0	12.0	1.0	0.5	≥60.0	—	—	—	13.0~17.0	1.0~3.5	1.0~3.5	—	—	—	—	—
ENi6094	NiCr14Fe4NbMo	0.15	1.0~4.5	12.0	0.8	0.5	≥55.0	—	—	—	12.0~17.0	0.5~3.0	2.5~5.5	—	1.5	—	—	—
ENi6095	NiCr15Fe8NbNoW	0.20	1.0~3.5	12.0	0.8	0.5	≥55.0	—	—	—	13.0~17.0	1.0~3.5	1.0~3.5	—	1.5~3.5	0.015	0.020	—
ENi6133	NiCr16Fe12NbMo	0.10	1.0~3.5	12.0			≥62.0	—	—	—	13.0~17.0	0.5~3.0	0.5~2.5	—	3.5	—	—	—
ENi6152	NiCr30Fe9Nb	0.05	5.0	7.0~12.0			≥50.0	—	0.5	0.5	28.0~31.5	1.0~2.5	0.5	—	—	—	—	—

焊条型号	化学成分代号	化学成分（质量分数）(%)															
		C	Mn	Fe	Si	Cu	Ni①	Co	Al	Ti	Cr	Nb②	Mo	V	W	S	P	其他③
ENi6182	NiCr15Fe6Mn	0.10	5.0~10.0	10.0	1.0	0.5	≥60.0	—	—	1.0	13.0~17.0	1.0~3.5	—	—	—	0.015	0.020	Ta0.3
ENi6333	NiCr25Fe16CoNbW	0.10	1.2~2.0	≥16.0	0.8~1.2	0.5	44.0~47.0	2.5~3.5	—	—	24.0~26.0	—	2.5~3.5	—	2.5~3.5	0.015	0.020	—
ENi6701	NiCr36Fe7Nb	0.35~0.50	0.5~2.0	7.0	0.5~2.0	—	42.0~48.0	—	—	—	33.0~39.0	0.8~1.8	—	—	—	0.015	0.020	—
ENi6702	NiCr28Fe6W	0.35~0.50	0.5~1.5	6.0	0.5~2.0	—	47.0~50.0	—	—	—	27.0~30.0	—	—	—	4.0~5.5	0.015	0.020	—
ENi6704	NiCr25Fe10A13YC	0.15~0.30	0.5	8.0~11.0	0.8	—	≥55.0	—	1.8~2.8	0.3	24.0~26.0	—	—	—	—	0.015	0.020	Y0.15
ENi8025	NiCr29Fe30Mo	0.06	1.0~3.0	30.0	0.7	1.5~3.0	35.0~40.0	—	1.0	1.0	27.0~31.0	1.0	2.5~4.5	—	—	0.015	0.020	—
ENi8165	NiCr25Fe30Mo	0.03	1.0~3.0	30.0	0.7	1.5~3.0	37.0~42.0	—	1.0	1.0	23.0~27.0	—	3.5~7.5	—	—	0.015	0.020	—

镍铬铁

焊条型号	化学成分代号	C	Mn	Fe	Si	Cu	Ni①	Co	Al	Ti	Cr	Nb②	Mo	V	W	S	P	其他③
ENi1001	NiMo28Fe5	0.07	1.0	4.0~7.0	1.0	0.5	≥55.0	2.5	—	—	1.0	—	26.0~30.0	0.6	1.0	0.015	0.020	—
ENi1004	NiMo25Cr5Fe5	0.12	1.0	4.0~7.0	1.0	0.5	≥60.0	—	—	—	2.5~5.5	—	23.0~27.0	0.6	1.0	0.015	0.020	—
Ni1008	NiMo19WCr	0.10	1.5	10.0	0.8	0.5	≥60.0	—	—	—	0.5~3.5	—	17.0~20.0	—	2.0~4.0	0.015	0.020	—
ENi1009	NiMo20WCu	0.10	1.5	7.0	0.8	0.3~1.3	≥62.0	—	—	—	—	—	18.0~22.0	—	2.0~4.0	0.015	0.020	—
ENi1062	NiMo24Cr8Fe6	0.02	1.0	4.0~7.0	0.7	—	≥60.0	—	—	—	6.0~9.0	—	22.0~26.0	—	—	0.015	0.020	—
ENi1066	NiMo28	0.02	2.0	2.2	0.2	0.5	≥64.5	—	—	—	1.0	—	26.0~30.0	—	1.0	0.015	0.020	—
ENi106	NiMo30Cr	0.02	2.0	1.0~3.0	0.2	0.5	≥62.0	3.0	—	—	1.0~3.0	—	27.0~32.0	—	3.0	0.015	0.020	—
ENi1069	NiMo28Fe4Cr	0.02	1.0	2.0~5.0	0.7	—	≥65.0	1.0	0.5	—	0.5~1.5	—	26.0~30.0	—	—	0.015	0.020	—

化学成分（质量分数）（%）

镍 钼

焊条型号	化学成分代号	化学成分（质量分数）（%）																
		C	Mn	Fe	Si	Cu	Ni①	Co	Al	Ti	Cr	Nb②	Mo	V	W	S	P	其他③
ENi6002	NiCr22Fe18Mo	0.05~0.15	1.0	17.0~20.0	1.0	0.5	≥45.0	0.5~2.5	—	—	20.0~23.0	—	8.0~10.0	—	0.2~1.0	—	—	—
ENi6012	NiCr22Mo9	0.03	1.0	3.5	0.7	0.5	≥58.0	—	0.4	0.4	20.0~23.0	1.5	8.5~10.5	—	—	—	—	—
ENi6022	NiCr21Mo13W3	0.02	1.0	2.0~6.0	0.2	0.5	≥49.0	2.5	—	—	20.0~25.5	—	12.5~14.5	0.4	2.5~3.5	—	—	—
ENi6024	NiCr25Mo14	0.02	0.5	1.5	0.2	0.5	≥55.0	—	—	—	25.0~27.0	—	13.5~15.0	—	—	—	—	—
ENi6030	NiCr29Mo5Fe15W2	0.03	1.5	13.0~17.0	1.0	1.0~2.4	≥36.0	5.0	—	—	28.0~31.5	0.3~1.5	4.0~6.0	—	1.5~4.0	—	—	—
ENi6059	NiCr23Mo16	0.02	1.0	1.5	0.2	—	≥56.0	—	—	—	22.0~24.0	—	15.0~16.5	—	—	—	—	—

（Ni① 镍　Cr 铬　Mo 钼）

焊条型号	化学成分代号	化学成分（质量分数）(%)																
		C	Mn	Fe	Si	Cu	Ni①	Co	Al	Ti	Cr	Nb②	Mo	V	W	S	P	其他③
ENi6200	NiCr23Mo16Cu2	0.02	1.0	3.0	0.2	1.3~1.9	≥45.0	2.0	—	—	20.0~24.0	—	15.0~17.0	—	—	—	—	—
ENi6205	NiCr25Mo16	0.02	0.5	5.0	0.2	2.0	≥50.0	—	0.4	—	22.0~27.0	—	13.5~16.5	—	—	—	—	—
ENi6275	NiCr15Mo16Fe5W3	0.10	1.0	4.0~7.0	1.0	0.5	≥50.0	2.5	—	—	14.5~16.5	—	15.0~18.0	0.4	3.0~4.5	—	—	—
ENi6276	NiCr15Mo15Fe6W4	0.02	1.0	4.0~7.0	0.2	0.5	≥50.0	2.5	—	—	14.5~16.5	—	15.0~17.0	0.4	3.0~4.5	—	—	—
ENi6452	NiCr19Mo15	0.025	2.0	1.5	0.4	0.5	≥56.0	—	—	—	18.0~20.0	0.4	14.0~16.0	0.4	—	—	—	—
ENi6455	NiCr16Mo15Ti	0.02	1.5	3.0	0.2	0.5	≥56.0	2.0	—	0.7	14.0~18.0	—	14.0~17.0	—	0.5	—	—	—
ENi6620	NiCr14Mo7Fe	0.10	2.0~4.0	10.0	1.0	0.5	≥55.0	—	—	—	12.0~17.0	0.5~2.0	5.0~9.0	—	1.0~2.0	—	—	—

焊条型号	化学成分代号	化学成分（质量分数）（%）																
		C	Mn	Fe	Si	Cu	Ni①	Co	Al	Ti	Cr	Nb②	Mo	V	W	S	P	其他③
ENi6625	NiCr22Mo9Nb	0.10	2.0	7.0	0.8	0.5	≥55.0	—	—	—	20.0~23.0	3.0~4.2	8.0~10.0	—	—	0.015	0.020	—
ENi6627	NiCr21MoFeNb	0.03	2.2	5.0	0.7	0.5	≥57.0	—	—	—	20.5~22.5	1.0~2.8	8.8~10.0	—	0.5	0.015	0.020	—
ENi6650	NiCr20Fe14Mo11WN	0.03	0.7	12.0~15.0	0.6	0.5	≥44.0	1.0	—	—	19.0~22.0	0.3	10.0~13.0	—	1.0~2.0	0.02	0.020	No.15
ENi6686	NiCr21Mo16W4	0.02	1.0	5.0	0.3	0.5	≥49.0	—	—	0.3	3.0~4.2	1.0	15.0~17.0	—	3.0~4.4	0.015	0.020	—
ENi6985	NiCr22Mo7Fe19	0.02	1.0	18.0~21.0	1.0	1.5~2.5	≥45.0	5.0	—	—	21.0~23.5	1.0	6.0~8.0	—	1.5	0.015	0.020	—
镍铬钴钼																		
ENi6117	NiCr22Co12Mo	0.05~0.15	3.0	5.0	1.0	0.5	≥45.0	9.0~15.0	1.5	0.6	20.0~26.0	1.0	8.0~10.0	—	—	0.015	0.050	—

注 除 Ni 外所有单值元素均为最大值。
① 除非另有规定，ω(Co) 应低于 ω(Ni) 1%，也可供需双方协商，要求较低的 Co 含量。
② Ta 含量应低于该含量的 20%。
③ 未规定数值的元素总质量分数不应超过 0.5%。

9. 有色金属焊条（GB/T 3669）

有色金属焊条型号见表 8-17。

表 8-17 有色金属焊条型号

型号	抗拉强度（MPa）	延伸率δ（%）	用　途
ECu	170	20	用于脱氧铜、无氧铜及韧性（电解）铜的焊接。也可用于这些材料的修补和堆焊，以及碳钢和铸铁上的堆焊。用脱氧铜可得到机械和冶金上无缺陷焊缝
ECuSi-A ECuSi-B	250 270	22 20	用于焊接铜—硅合金 ECuSi 焊条，偶尔用于铜、异种金属和某些铁基金属的焊接，硅基铜焊接金属很少用做堆焊承受截面，但常用于经受腐蚀的区域堆焊
ECuSn-A ECuSn-B	250 270	15 12	ECuSn 焊条用于连接类似成分的磷青铜。它们也用于连接黄铜。如果焊缝金属对于特定的应用具有满意的导电性和耐腐蚀性，也可用于焊接铜 ECuSn-B 焊条具有较高的锡含量，因而焊缝金属比 ECuSn-A 焊缝金属具有更高的硬度及拉伸和屈服强度
ECuNiA ECuNi-B	270 350	20 20	ECuNi 类焊条用于锻造的或铸造的 70/30、80/20 和 90/10 铜镍合金的焊接，也用于焊接铜—镍包覆钢的包覆，通常不需预热
ECuAl-A₂ ECuAl-B ECuAl-C ECuAlNi ECuMnAlNi	410 450 390 490 520	20 10 15 13 15	用在连接类似成分的铝青铜、高强度铜—锌合金、硅青铜、锰青铜、某些镍基合金、多数黑色金属与合金及异种金属的连接。ECuAl-B 焊条用于修补铝青铜和其他铜合金铸件；ECuAl-B 焊接金属也用于高强度耐磨和耐腐蚀承受面的堆焊；ECuAlNi 焊条用于铸造和锻造的镍—铝青铜材料的连接或修补。这些焊接金属也可用于在盐和微水中需高耐腐蚀、耐浸蚀或气蚀的应用中；ECuMnAlNi 焊条用于铸造或锻造的锰—镍铝青铜材料的连接或修补。具有耐蚀性
TAl TAlSi TAlMn	64 118 118	— — —	TAl 用于纯铝及要求不高的铝合金工件焊接。TAlSi 用于铝、铝硅合金板材、铸件、一般铝合金及硬铝的焊接。不宜焊镁合金。TAlMn 除用于焊接铝锰合金外，也可用于焊接纯铝及其他铝合金

注　焊条尺寸（mm）：

1. 铜基焊条　直径为 2.5，3.2，4，5，6；长度为 300，350。
2. 铝基焊条　直径为 3.2，4，5，6；长度为 345，350，355。

二、焊丝

1. 金属焊丝

金属焊丝的型号见表8-18。

表8-18 金属焊丝的型号

类别	牌　号	主　要　用　途
低碳钢焊丝	H08，H08A	适用于碳素钢和普通低碳钢的自动焊接
	H08Mn，H08MnA	适用于要求较高的工件的气焊
	H15Mn	适用于高强度工件的气焊
	H15	适用于中等强度工件的气焊
不锈钢焊丝	HOCr18Ni9	用于奥氏体不锈钢件的焊接
	H1Cr18Ni9Nb	用于焊补铬18镍11铌等结构和工件
	HCr18Ni11Mo	用于焊补铬18镍12钼2钛和铬18镍12钼3钛

注 低碳钢焊丝直径（mm）：0.4，0.6，0.8，1，1.2，1.6，2，2.5，3，3.2，4.5，6，6.5，7，8，9；不锈钢焊丝直径：1.5～2.0mm。

2. 铸铁焊丝（GB/T 10044）

铸铁焊丝根据熔敷金属或本身的化学成分及用途划分型号。

对于填充焊丝，字母 R 表示填充焊丝，字母 Z 表示用于铸铁焊接，"RZ"后面用焊丝的主要化学元素或熔敷金属类型代号表示，再细分时用数字表示。

对于气体保护焊焊丝，字母 ER 表示气体保护焊焊丝，字母 Z 表示用于铸铁焊接，在字母 ERZ 后面用焊丝主要化学元素符号或熔敷金属类型代号表示。

对于药芯焊丝，字母 ET 表示药芯焊丝，ET 后面的数字 3 表示药芯焊丝为自保护类型，3 后面的 Z 表示用于铸铁焊接，ET3Z 后用焊丝熔敷金属的主要化学元素符号或金属类型代号表示。

牌号：HS401，HS402。

焊丝尺寸（mm）：直径（或边长）为 3，4，5，6，8，10，12；长度为 250～400，300～550，400～600，400～600，450～

600，450～600，550～650。

焊丝截面有圆形与方形两种。

3. 碳钢药芯焊丝（GB/T 10045）

碳钢药芯焊丝根据熔敷金属的力学性能、焊接位置及焊丝类别特点（包括保护类型、电流类型、渣系特点等）划分型号。

碳钢药芯焊丝型号的表示方法为 E×××T-×ML，字母 E 表示焊丝，字母 T 表示药芯焊丝，型号中的×符号按排列顺序分别说明如下：E 后面的前两个符号××表示熔敷金属的力学性能；E 后面的第三个符号×表示推荐的焊接位置，数字 0 表示平焊和横焊位置，数字 1 表示全位置；短划后面的符号×表示焊丝的类别特点；字母 M 表示保护气体为 $75\%\sim80\%Ar+CO_2$，无字母 M 时表示保护气体为 CO_2 或为自保护类型；字母 L 表示熔敷金属的冲击性能在 $-40℃$ 时，其 V 形缺口冲击功不小于 27J，当无字母时表示焊丝熔敷金属的冲击性能符合一般要求。

（1）碳钢药芯焊丝熔敷金属的力学性能见表 8-19。

表 8-19　　　　　碳钢药芯焊丝熔敷金属的力学性能

型　　号	抗拉强度 R_m（MPa）	屈服强表 R_p 或 $R_{p0.2}$（MPa）	伸长率（A%）	V 型缺口冲击功	
				试验温度（℃）	冲击功（J）
E50×T-1，E50×T-1M[①]	480	400	22	-20	27
E50×T-2，E50×T-2M[②]	480	—	22	—	—
E50×T-3[②]	480	—	—	—	—
E50×T-4	480	400	—	—	—
E50×T-5，E50×T-5M[①]	480	400	22	-30	27
E50×T-6[①]	480	400	22	-30	27
E50×T-7	480	400	22	—	—
E50×T-8[①]	480	400	22	-30	27
E50×T-9，E50×T-9[①]	480	400	22	-30	27
E50×T-10[②]	480	—	—	—	—
E50×T-11	480	400	20		

型号	抗拉强度 R_m（MPa）	屈服强度 R_p或 $R_{p0.2}$（MPa）	伸长率（A%）	V型缺口冲击功	
				试验温度（℃）	冲击功（J）
E50×T-12，E50×T-12①	480～620	400	—	−30	27
E50×T-13②	415	—	—		
E50×T-13②	480	—	—		
E50×T-14②	480		22		
E43×T-G	415	330	22		
E50×T-G	480	400	22		
E43×T-GS②	415				
E50×T-GS②	480				

① 表中所列单值均为最小值。

② 这些型号主要用于单焊道而不用于多焊道。因为只规定了抗拉强度，所以只要求做横向拉伸和纵向辊筒弯曲（缠绕式导向弯曲）试验。

（2）碳钢药芯焊丝焊接位置、保护类型、极性和适用性要求，见表 8-20。

表 8-20　　碳钢药芯焊丝焊接位置、保护类型、极性和适用性要求

型　号	焊接位置①	外加保护气②	极性③	适用性④
E500T-1	H，F	CO_2	DCEP	M
E500T-1M	H，F	75%～80%Ar＋CO_2	DCEP	M
E501T-1	H，E，VU，OH	CO_2	DCEP	M
E501T-1M	H，F，VU，OH	75%～80%Ar＋CO_2	DCEP	M
E500T-2	H，F	CO_2	DCEP	S
E500T-2M	H，F	75%～80%Ar＋CO_2	DCEP	S
E50lT-2	H，E，VU，OH	CO_2	DCEP	S
E501T-2M	H，E，VU，OH	75%～80%Ar＋CO_2	DCEP	S
E500T-3	H，F	无	DCEP	S
E500T-4	H，F	无	DCEP	M
E500T-5	H，F	CO_2	DCEP	M

型 号	焊接位置①	外加保护气②	极性③	适用性④
E500T-5M	H，F	775%～80%Ar+CO_2	DCEP	M
E50lT-5	H，E，VU，OH	CO_2	DCEP 或 DCEN⑤	M
E501T-5M	H，E，VU，OH	75%～80%Ar+CO_2	DCEP 或 DCEN⑤	M
E500T-6	H，F	无	DCEP	M
E500T-7	H，F	无	DCEP	M
E501T-7	H，F，VU，OH	无	DCEP	M
E500T-8	H，F	无	DCEP	M
E501T-8	H，F，VU，OH	无	DCEP	M
E500T-9	H，F	CO_2	DCEP	M
E500T-9M	H，F	775%～80%Ar+CO_2	DCEP	M
E501T-9	H，E，VU，OH	CO_2	DCEP	M
E501T-9M	H，E，VU，OH	75%～80%Ar+CO_2	DCEP	M
E500T-10	H，F	无	DCEP	S
E500T-11	H，F	无	DCEP	M
E501T-11	H，F，VU，OH	无	DCEP	M
E500T-12	H，F	CO_2	DCEP	M
E500T-12M	H，F	75%～80%Ar+CO_2	DCEP	M
E501T-12	H，E，VU，OH	CO_2	DCEP	M
E501T-12M	H，E，VU，OH	75%～80%Ar+CO_2	DCEP	M
E431T-13	H，E，VD，OH	无	DCEP	S
E501T-13	H，E，VD，OH	无	DCEP	S
E501T-14	H，E，VD，OH	无	DCEP	S
EXX0T-G	H，F	—	—	M
EXX1T-G	H,F,VD 或 VU,OH	—	—	M
EXX0T-GS	H，F	—	—	S
EXX1T-GS	H,F,VD 或 VU,OH	—	—	S

① H 为横焊；F 为平焊；OH 为仰焊；VD 为立向下焊；VU 为立向上焊。
② 对于使用外加保护气的焊丝（EXXXT-1，EXXXT-1M，EXXXT-2，EXXXT-2M，EXXXT-5，EXXXT-5M，EXXXT-9，EXXXT-9M 和 EXXXT-12，EXXXT-12M)，其金属的性能随保护气类型不同而变化。用户在未向焊丝制造商咨询前不应使用其他保护气。
③ DCEP 为直流电源，焊丝接正极；DCEN 为直流电源，焊丝接负极。
④ M 为单道和多道焊，S 为单道焊。
⑤ ES01T-5 和 ES01T-5M 型焊丝可在 DCEN 极性下使用改善不适当位置的焊接性，推荐的极性请咨询制造商。

（3）碳钢药芯焊丝缠绕的质量要求，见表 8-21。

表 8-21　　　　　碳钢药芯焊丝缠绕的质量要求

供货形式	包装尺寸[1]（mm）	焊丝净重[2]（kg）
带内撑焊丝卷	200（内径） 300（内径）	5 或 10 10、15、20 或 25
焊丝盘	100（外径） 200（外径） 300（外径）	1 5 15 或 20
焊丝盘	350（外径） 435（外径） 560（外径） 760（外径）	25 50 或 60 110 300
焊丝筒	400 500 600	由供需双方协商

① 可由供需双方协商采用表中规定以外的尺寸和质量。

② 净重的误差应是规定质量的±4％。

4. 埋弧焊用碳钢焊丝（GB/T 5293）

埋弧焊用碳钢焊丝的型号根据焊丝焊剂组合的熔敷金属力学性能、热处理状态进行划分。焊丝焊剂组合的型号 F×××-H××A 编制方法如下：字母 F 表示焊剂；第一个×符号表示焊丝焊剂组合的熔敷金属抗拉强度的最小值；第二个×符号表示试件的热处理状态，用字母 A 表示焊态，用字母 P 表示焊后热处理状态；第三个×符号表示熔敷金属冲击吸收功不小于 27J 时的最低试验温度；短划后的四位符号表示焊丝的牌号。如果需要标注扩散氢含量，可选用附加代号 H×表示。

（1）埋弧焊用碳钢焊丝直径及其极限偏差，见表 8-22。

表 8-22 埋弧焊用碳钢焊丝直径及其极限偏差 mm

直径	1.6，2.0，2.5	3.2，4.0，5.0，6.0
极限偏差	0 −0.10	0 −0.12

注 根据供需双方协议，可生产其他尺寸的焊丝。

（2）埋弧焊用碳钢焊丝参考焊接规范，见表 8-23。

表 8-23 埋弧焊用碳钢焊丝参考焊接规范

焊丝规格 （mm）	焊接电流 （A）	电弧电压 （V）	电流 种类	焊接速度 （m/h）	道间温度 （℃）	焊丝伸 出长度 （mm）
1.6	350			18		
2.0	400			20		13～19
2.5	450			21		19～32
3.2	500	20	30±2	直流或 交流	23	±1.5	135～165	22～35
4.0	550			25		
5.0	600			26		215～38
6.0	650			27		

（3）埋弧焊用碳钢焊丝包装尺寸及净质量要求见表 8-24。

表 8-24 埋弧焊用碳钢焊丝包装尺寸及净质量要求

焊丝尺寸 （mm）	焊丝净质量 （kg）	轴内径 （mm）	盘最大宽度 （mm）	盘最大外径 （mm）
1.6～6.0	10，25，30	带焊丝盘305±3	65，120	445，430
2.5～6.0	45，70，90	供需双方协议确定	125	800
1.6～6.0	不带焊丝盘装按供需双方协议			
1.6～6.0	桶装按供需双方协议			

5. 埋弧焊用低合金钢焊丝（GB/T 12470）

（1）埋弧焊用低合金钢焊丝直径及其极限偏差，见表 8-25。

表 8-25　　　　　　　　埋弧焊用低合金钢焊丝直径及其极限偏差　　　　　　　　mm

公称直径	极限偏差	
	普通精度	较高精度
1.6，2.0，2.5，3.0	−0.10	−0.06
3.2，4.0，5.0，6.0，6.4	−0.12	−0.08

注　根据供需双方协议，可生产使用其他尺寸的焊丝。

（2）埋弧焊用低合金钢焊丝焊接及热处理规范，见表 8-26。

表 8-26　　　　　　　　埋弧焊用低合金钢焊丝焊接及热处理规范

焊丝规格 （mm）	焊接电流 （A）	电弧电压 （V）	电流种类	焊接速度 （m/h）	焊丝伸出长度 （mm）	道间温度 （℃）	焊后热处理温度 （℃）
1.6	250~350	26~29	直流或交流	18	13~19	150±15	620±15
2.0	300~400			18	13~19		
2.5	350~450			22	19~32		
3.0	400~500	27~30		23			
3.2	425~525			23	25~38		
4.0	475~575			25			
5.0	550~650			25			
6.0	625~725	28~31		29	32~44		
6.4	700~800	28.32		31	38~50		

注　1. 当熔敷金属含 Cr1.00%~1.50%、Mo0.40%~0.65% 时，预热及道间温度为
　　　150℃±15℃，焊后热处理温度为 690℃±15℃。
　　2. 当熔敷金属含 Cr1.75%~2.25%、Mo0.40%~0.65%、Cr2.00%~2.50%、
　　　Mo0.90%~1.20% 时，预热及道间温度为 205℃±15℃，焊后热处理温度为
　　　690℃±15℃。
　　3. 当熔敷金属含 Cx0.60% 以下，Ni0.40%~0.80%、Mo0.25% 以下；Ti+V+
　　　Zr0.03% 以下；Cr0.65% 以下、Ni2.00%~2.80%、Mo0.30%~0.80%；
　　　Cr0.65% 以下、Ni1.5%~2.25%、Mo0.60% 以下时，预热及道间温度为
　　　150℃±15℃，焊后热处理温度为 690℃±15℃。
　　（1）仲裁试验时，应采用直流反接施焊。
　　（2）试件装炉时的炉温不得高于 315℃，然后以不高于 220℃/h 的升温速度加
　　　热到规定温度，保温 1h。保温后以不高于 195℃/h 的冷却速度将炉冷至
　　　315℃ 以下任一温度出炉，然后空冷至室温。
　　（3）根据供需双方协议，也可采用其他热处理规范。

（3）埋弧焊用低合金钢焊丝包装尺寸及净质量要求，见表8-27。

表8-27　　　　埋弧焊用低合金钢焊丝包装尺寸及净质量要求

焊丝尺寸（mm）	焊丝净质量（kg）	轴内径（mm）	盘最大宽度（mm）	盘最大外径（mm）
1.6～6.4	10，12，15，20，25，30	带焊丝盘 300±15	供需双方协议	
2.5～6.4	45，70，90，100	带焊丝盘 610±10	125	800
1.6～6.4	不带焊丝盘装按供需双方协议			
1.6～6.4	桶装按供需双方协议			

注　焊丝包装质量偏差应不大于±2%。

6. 埋弧焊用不锈钢焊丝（GB/T 17854）

（1）埋弧焊用不锈钢焊丝直径及其极限偏差，见表8-28。

表8-28　　　　埋弧焊用不锈钢焊丝直径及其极限偏差　　　　mm

直径	1.6，2.0，2.5	3.2，4.0，5.0，6.0
极限偏差	0 −0.10	0 −0.12

注　根据供需双方协议，可生产其他尺寸的焊丝。

（2）埋弧焊用不锈钢焊丝参考焊接规范，见表8-29。

表8-29　　　　　　埋弧焊用不锈钢焊丝参考焊接规范

焊丝直径（mm）	焊接电流（A）	焊接电压（V）	电流种类	焊接速度（m/h）	焊丝伸出长度（mm）
3.2	500	±20	30±2	交流或直流	23	±1.5	22～35
4.0	550				25		25～38

（3）埋弧焊用不锈钢焊丝包装尺寸及净质量要求，见表8-30。

表8-30　　　　　埋弧焊用不锈钢焊丝包装尺寸及净质量要求

焊丝尺寸（mm）	焊丝净质量（kg）	轴内径（mm）	盘最大宽度（mm）	盘最大外径（mm）
1.6～6.0	10，25，30	带焊丝盘 305±3	65，120	445，430
2.5～6.0	45，70，90	供需双方协议确定	125	800
1.6～6.0	不带焊丝盘装按供需双方协议			
1.6～6.0	桶装按供需双方协议			

7. 低合金钢药芯焊丝 (GB/T 17493)

低合金钢药芯焊丝按药芯类型分为非金属粉型药芯焊丝和金属粉型药芯焊丝。非金属粉型药芯焊丝按化学成分分为钼钢、铬钼钢、镍钢、锰钼钢和其他低合金钢五类。金属粉型药芯焊丝按化学成分分为铬钼钢、镍钢、锰钼钢和其他低合金钢四类。

非金属粉型药芯焊丝型号按熔敷金属的抗拉强度和化学成分、焊接位置、药芯类型和保护气体进行划分。金属粉型药芯焊丝型号按熔敷金属的抗拉强度和化学成分进行划分。

非金属粉型药芯焊丝型号的表示方法为 $E×××T×-××$ $(-JH×)$。其中，字母 E 表示焊丝，字母 T 表示非金属粉型药芯焊丝，其他符号按排列顺序分别说明如下：E 后面的前两个符号 $××$ 表示熔敷金属的最低抗拉强度；E 后面的第三个 $×$ 符号表示推荐的焊接位置；T 后面的 $×$ 符号表示药芯类型及电流种类；短划后面的第一个 $×$ 符号表示熔敷金属化学成分代号；短划后面的第二个 $×$ 符号表示保护气体类型，用字母 C 表示 CO_2 气体，用字母 M 表示 $Ar+$ $(20\%～25\%)$ CO_2 混合气体，该位置没有符号出现时表示不采用保护气体或为自保护类型；更低温度的冲击性能（可选附加代号）以型号中出现的第二个短划及字母 J 表示；熔敷金属扩散氢含量（可选附加代号）以出现的第二个短划及字母 J 后面的 $H×$ 表示，$×$ 符号表示扩散氢含量最大值。

金属粉型药芯焊丝型号的表示方法为 $E××C-×$ $(-H×)$。其中，字母 E 表示焊丝，字母 C 表示金属粉型药芯焊丝，其他符号按排列顺序分别说明如下：E 后面的前两个符号 $××$ 表示熔敷金属的最低抗拉强度；短划后面的 $×$ 符号表示熔敷金属化学成分代号；熔敷金属扩散氢含量（可选附加代号）以出现的第二个短划及符号 $H×$ 表示，X 符号表示扩散氢含量最大值。

低合金钢药芯焊丝药芯类型、保护气体及电流种类，见表8-31。

表 8-31　低合金钢药芯焊丝药芯类型、保护气体及电流种类

焊丝类型	药芯类型	药芯特点	型号	焊接位置	保护气体	电流种类
非金属粉型	1	金红石型、熔滴呈喷射过渡	E××0T1-×C	平、横	CO_2	直接反流
			E××0T1-×M	平、横	Ar+(20%~25%)CO_2	
			E××1T1-×C	平、横、仰、立向上	CO_2	
			E××1T1-×M	平、横、仰、立向上	Ar+(20%~25%)CO_2	
	4	强脱硫、自保护型、熔滴呈粗滴过渡	E××0T4-×	平、横	—	
	5	氧化钙—氟化物型、熔滴呈粗滴过渡	E××0T5×C	平、横	CO_2	直接反流或正接 b
			E××0T5×M	平、横	Ar+(20%~25%)CO_2	
			E××1T5-×C	平、横、仰、立向上	CO_2	
			E××1T5-×M	平、横、仰、立向上	Ar+(20%~25%)CO_2	
非金属粉型	6	自保护型、熔滴呈喷射过渡	E××0T5-×	平、横	—	直接反流
	7	强脱硫、自保护型、熔滴呈喷射过渡	E××0T7-×	平、横		直接反流
			E××1T7-×	平、横、仰、立向上		
	8	自保护型、熔滴呈喷射过渡	E××0T8-×	平、横	—	
			E××1T8-×	平、横、仰、立向上		

焊丝	药芯类型	药芯特点	型号	焊接位置	保护气体	电流种类
非金属粉型	11	自保护型，熔滴呈喷射过渡	E××0T11-×	平、横	—	直接反流
			E××1T11-×	平、横、仰、立向上	—	直接反流
	X^c	c	E××0T×-G	平、横		C^c
			E××1T×-G	平、横、仰、立 向上或向下		
			E××0T×-GC	平、横	CO₂	
			E××1T×-GC	平、横、仰、立 向上或向下	CO₂	
			E××0T×-GM	平、横	Ar+(20%~25%) CO₂	
			E××1T×-GM	平、横、仰、立 向上或向下	Ar+(20%~25%) CO₂	
	G	不规定	E××0TG-×	平、横	不规定	不规定
			E××1TG-×	平、横、仰、立 向上或向下	不规定	不规定
			E××0TG-G	平、横	不规定	不规定
			E××1TG-G	平、横、仰、立 向上或向下	不规定	不规定

焊丝类型 药芯类型	药芯特点	型号	焊接位置	保护气体	电流种类
金属粉型	主要为纯金属和合金。熔渣极少，熔滴呈喷射过渡	E××C-B2, -B2L E××C-B3, -B3L E××C-B6, -B8 E××C-Ni1, -Ni2, -Ni3 E××C-D2	不规定	Ar+(1%~5%)CO_2	不规定
		E××C-B9 E××C-K3, -K4 E××C-W2		Ar+(5%~25%) CO_2	
	不规定	E××C-G		不规定	

注：1. 为保证焊缝金属性能，应采用表中规定的保护气体。如供需双方协商也可采用其他保护气体。

2. 某些 E××1-×C、-×M 焊丝，为改善立焊和仰焊的焊接性，焊丝制造厂也可能推荐采用直接正接。

3. 可以是上述任一种药芯类型，其药芯特点及电流种类符合该类药芯焊丝相对应的规定。

低合金钢药芯焊丝包装尺寸及净质量，见表 8-32。

表 8-32　　　　　　　低合金钢药芯焊丝包装尺寸及净质量

包装形式		尺寸（mm）	净质量（kg）
卷装（无支架）		由供需双方商定	
卷装（有支架）	内径	170	5、6、7
		300	10、15、20、25、30
盘装	外径	100	0.5、1.0
		200	4、5、7
		270、300	10、15、20
		350	20、25
		560	100
		610	150
		760	250、350、450
桶装	外径	400	由供需双方商定
		500	
		600	150、300

有支架焊丝卷的包装尺寸

焊丝净质量（kg）	芯轴内径（mm）	绕至最大宽度（mm）
5、6、7	170±3	75
10、15	300±3	65 或 120
20、25、30	300±3	120

注　根据供需双方协议，可包装其他净质量的焊丝。

8. 气体保护电弧焊用碳钢、低合金钢焊丝（GB/T 8110）

焊丝按化学成分分为碳钢、碳钼钢、铬钼钢、镍钢、锰钼钢和其他低合金钢六类。焊丝型号按化学成分和采用熔化极气体保护电弧焊时熔敷金属的力学性能进行划分。

焊丝型号由三部分组成：第一部分用字母 ER 表示气体保护电弧焊用碳钢、低合金钢焊丝；第二部分用两位数字表示焊丝熔敷金属的最低抗拉强度；第三部分为短划后的字母或数字，表示焊丝化学成分代号。根据供需双方协商，可在型号后附加扩散氢代号 H×，其中×代表 15、10 或 5。

（1）气体保护电弧焊用碳钢、低合金钢焊丝直径及其允许偏差，见表 8-33。

表 8-33　　　　气体保护电弧焊用碳钢、低合金钢焊丝
　　　　　　　　直径及其允许偏差　　　　　　　　　　　mm

包装形式	焊丝直径	允许偏差
直条	1.2、1.6、2.0、2.4、2.5	+0.01 −0.04
	3.0、3.2、4.0、4.8	+0.01 −0.07
焊丝卷	0.8、0.9、1.0、1.2、1.4、1.6、2.0、2.4、2.5	+0.01 −0.04
	2.8、3.0、3.2	+0.01 −0.07
焊丝桶	0.9、1.0、1.2、1.4、1.6、2.0、2.4、2.5	+0.01 −0.04
	2.8、3.0、3.2	+0.0 −0.07
焊丝盘	0.5、0.6	+0.01 −0.03
	0.8、0.9、1.0、1.2、1.4、1.6、2.0、2.4、2.5	+0.01 −0.04
	2.8、3.0、3.2	+0.01 −0.07

注　根据供需双方协议，可生产其他尺寸及偏差的焊丝。

（2）气体保护电弧焊用碳钢、低合金钢焊丝包装尺寸及净质量要求，见表 8-34。

表 8-34 **气体保护电弧焊用碳钢、低合金钢焊丝**
包装尺寸及净质量要求

包装形式		尺寸（mm）	净质量（kg）
直条		—	1.2、5、10、20
无支架焊丝卷		供需双方协商确定	
有支架焊丝卷	内净	170	6
		300	10、15、20、25、30
焊丝盘	外径	10	0.5、0.7、1.0
		200	4.5、5.0、5.5、7
		270、300	10、15、20
		350	20、25
		560	100
		610	150
		760	250、350、450
焊丝桶	外径	400	供需双方协商确定
		500	
		600	150、300
有支架焊丝的标准尺寸和净质量			
焊丝净质量（kg）	芯轴内径（mm）		绕至最大宽度（mm）
6	170±3		75
10、15	300±3		65 或 120
20、25、30	300±3		120

注 根据供需双方协议，可包装其他净质量的焊丝。

9. 不锈钢药芯焊丝（GB/T 17853）

焊丝根据熔敷金属化学成分、焊接位置、保护气体及焊接电流类型划分型号。在焊丝型号表示方法中，字母 E 表示焊丝；字母 R 表示填充焊丝，后面的三四位数字表示焊丝熔敷金属化学成分分类代号，如有特殊要求的化学成分，将其元素符号附加在数字后面，或者用字母 L 表示碳含量较低、H 表示碳含量较高、K 表示焊丝应用于低温环境；最后用字母 T 表示药芯焊丝，之后用一位数字表示焊接位置，0表示焊丝适用于平焊或横焊位置焊接，1表示焊丝适用于全位置焊接；"－"后面的数字表示保护气体及焊接电流类型。

（1）不锈钢药芯焊丝保护气体、电流类型及焊接方法，见表8-35。

表 8-35　　　　不锈钢药芯焊丝保护气体、电流类型及焊接方法

型号	保护气体	电流类型	焊接方法
E×××T×-1	CO_2		FCAW
E×××T×-3	无（白保护）	直流反接	
E×××T×-4	75%～80%AJ+CO_2		
E×××T1-5	100%Ar	直流正接	GTAW
E×××T×-G	不规定	不规定	FCAW
E×××T1-G			GTAW

注　FCAW为药芯焊丝电弧焊，GTAW为钨极惰性气体保护焊。

（2）不锈钢药芯焊丝熔敷金属的拉伸性能，见表8-36。

表 8-36　　　　不锈钢药芯焊丝熔敷金属的拉伸性能

型号	抗拉强度 R_m（MPa）	伸等 A（%）	热处理
E307T×-×	590	30	
E308T×-×	550		
E308LT×-×	520		
E308HT×-×	550	35	
E308MOT×-×			
E308LMOT×-×	520		
E309T×-×	550		
E309LNbT×-×	520		
E309LT×-×			
E309MOT×-×	550	25	
E309LMOT×-×	520		
E309LNiMOT×-×			
E310T×-×	550		

型号	抗拉强度 R_m（MPa）	伸等 A（%）	热处理
E312T×-×	660	22	
E316T×-×	520	30	
E316L×-×	485		
E317LT×-×	520	20	
E347T×-×		25	
E409T×-×	450	15	
E410T×-×	520	20	①
E410NiMOT×-×	760	15	②
E410NiTiT×-×			
E430T×-×	450		③
E502T×-×	415	20	④
E505T×-×			
E308HMOT0-3	550	30	
E316LKT0-3	485		
E2209TO-×	690	20	
E2553TO-×	760	15	
E×××T×-G		不规定	
R308LT1-5	520	35	
R309LT1-5			
R316LT1-5	485	30	
R347T1-5	520		

① 加热到 7300～760℃保温 1h 后，以不超过 55℃/h 的速度随炉冷至 315℃，出炉空冷至室温。

② 加热到 595～620℃保温 1h 后，出炉空冷至室温。

③ 加热到 760～790℃保温 4h 后，以不超过 55℃/h 的速度随炉冷至 590℃，出炉空冷至室温。

④ 加热到 840～870℃保温 2h 后，以不超过 55℃/h 的速度随炉冷至 590℃，出炉空冷至室温。

（3）不锈钢药芯焊丝包装尺寸及净质量，见表 8-37。

表 8-37　　　　　　不锈钢药芯焊丝包装尺寸及净质量

供货形式	包装尺寸（mm）	绕丝净质量（kg）
卷装焊丝	200	5 或 10
	300	10、15、20 或 25
	570	25、40 或 50
盘装焊丝	100	1
	200	10
	300	15
	350	25
	435	50 或 60
	560	110
	760	300

注　绕丝净质量的误差应是±4%。

10. 铝及铝合金焊丝（GB/T 10858）

焊丝按化学成分分为铝、铝铜、铝锰、铝硅、铝镁五类。焊丝型号按化学成分进行划分。焊丝型号由三部分组成：第一部分为字母 SA1，表示铝及铝合金焊丝；第二部分为四位数字，表示焊丝型号；第三部分为可选部分，表示化学成分代号。

（1）圆形铝及铝合金焊丝的直径及其允许偏差，见表 8-38。

表 8-38　　　　　圆形铝及铝合金焊丝的直径及其允许偏差

包装形式	焊丝直径	允许偏差
直条[a]	1.6、1.8、2.0、2.4、2.5、2.8、	±0.1
焊丝卷[b]	3.0、3.2、4.0、4.8、5.0、6.0、6.4	
直径 100mm 和 200mm 焊丝盘	0.8、0.9、1.0、1.2、1.4、1.6	$+0.01$ -0.04
直径 270mm 和 300mm 焊丝盘	0.8、0.9、1.0、1.2、1.4、1.6、 2.0、2.4、2.5、2.8、3.0、3.2	

注　根据供需双方协议，可生产其他尺寸、偏差的焊丝。

a　铸造直条填充丝不规定直径偏差。

b　当用于手工填充丝时，其直径允许偏差为±0.1。

直条铝及铝合金焊丝长度为 500～1000mm，允许偏差为±5mm。

（2）扁平铝及铝合金焊丝的尺寸，见表 8-39。

表 8-39

表 8-39　　　　　　　　扁平铝及铝合金焊丝的尺寸　　　　　　　　mm

当量直径	厚度	宽度	当量直径	厚度	宽度
1.6	1.2	1.8	4.0	2.9	4.4
2.0	1.5	2.1	4.8	3.6	5.3
2.4	1.8	2.7	5.0	3.8	5.2
2.5	1.9	2.6	6.4	4.8	7.1
3.2	2.4	3.6			

注　扁平铝及铝合金焊丝长度为 500～1000mm，允许偏差为±5mm。

（3）铝及铝合金焊丝包装尺寸及净质量要求，见表 8-40。

表 8-40　　　　　铝及铝合金焊丝包装尺寸及净质量要求

包装形式	尺寸（mm）	净质量（kg）
直条	—	2.5、5、10、25
焊丝卷	a	10、15、20、25
焊丝盘	100	0.3、0.5
	200	2.0、2.5
	270、300	5～12

注　根据供需双方协议，可包装其他净质量的焊丝。

a　焊丝卷尺由供需双方协商确定。

11. 铜及铜合金焊丝（GB/T 9460）

焊丝按化学成分分为铜、黄铜、青铜、白铜四类。焊丝型号按化学成分进行划分。焊丝型号由三部分组成：第一部分为字母 SCu，表示铜及铜合金焊丝；第二部分为四位数字，表示焊丝型号；第三部分为可选部分，表示化学成分代号。

（1）铜及铜合金焊丝的直径及其允许偏差，见表 8-41。

表 8-41　　　　铜及铜合金焊丝的直径及其允许偏差

包装形式	焊丝直径	允许偏差
直条[a]	1.6、1.8、2.0、2.4、2.5、2.8、	±0.1
焊丝卷[b]	3.0、3.2、4.0、4.8、5.0、6.0、6.4	
直径 100mm 和 200mm 焊丝盘	0.8、0.9、1.0、1.2、1.4、1.6	±0.01 −0.04
直径 270mm 和 300mm 焊丝盘	0.5、0.8、0.9、1.0、1.2、1.4、 1.6、2.0、2.4、2.5、2.8、3.0、3.2	

注　根据供需双方协议，可生产其他尺寸、偏差的焊丝。

a　当用于手工填充丝时，其直径允许偏差为±0.1。

b　直条铜及铜合金焊丝长度为 500～1000mm，允许偏差为±5mm。

（2）铜及铜合金焊丝包装尺寸及净质量要求，见表 8-42。

表 8-42　　　　铜及铜合金焊丝包装尺寸及净质量要求

包装形式	尺寸（mm）	净质量（kg）
直条	—	2.5、5、10、25、50
焊丝卷	a	10、15、20、25、50
焊丝盘	100	1.0
	200	4.5、5.0
	270、300	10、12.5、15

注　根据供需双方协议，可包装其他净质量的焊丝。

a　焊丝卷尺寸由供需双方协商确定。

12. 镍及镍合金焊丝（GB/T 15620）

焊丝按化学成分分为镍、镍铜、镍铬、镍铬铁、镍钼、镍铬钼、镍铬钴、镍铬钨八类。焊丝型号按化学成分进行划分。焊丝型号由三部分组成：第一部分为字母 SNi，表示镍及镍合金焊丝；第二部分为四位数字，表示焊丝型号；第三部分为可选部分，表示化学成分代号。

（1）镍及镍合金焊丝的直径及其允许偏差，见表 8-43。

表 8-43　　　　镍及镍合金焊丝的直径及其允许偏差

包装形式	焊丝直径	允许偏差
直条a	1.6、1.8、2.0、2.4、2.5、2.8、	±0.1
焊丝卷b	3.0、3.2、4.0、4.8、5.0、6.0、6.4	
直径 100mm 和 200mm 焊丝盘	0.8、0.9、1.0、1.2、1.4、1.6	±0.01 −0.04
直径 270mm 和 300mm 焊丝盘	0.5、0.8、0.9、1.0、1.2、1.4、1.6、2.0、2.4、2.5、2.8、3.0、3.2	

注　根据供需双方协议，可生产其他尺寸、偏差和包装形式的焊丝。

a　当用于手工填充丝时，其直径允许偏差为±0.1。

b　直条铜及铜合金焊丝长度为 500～1000mm，允许偏差为±5mm。

（2）镍及镍合金焊丝包装尺寸及净质量要求，见表 8-44。

表 8-44　　　　　　　镍及镍合金焊丝包装尺寸及净质量要求

包装形式	尺寸（mm）	净质量（kg）
直条	—	2.5、5、10、25
焊丝卷	a	10、15、20、25
焊丝盘规格	100	0.3、0.5、1.0
	200	2.0、2.5
	270、300	5～12

注　根据供需双方协议，可包装其他净质量的焊丝。

a　焊丝卷尺寸由供需双方协商确定。

13. 镁合金焊丝（YS/T 696）

（1）镁合金焊丝分类、牌号和规格，见表 8-45。

表 8-45　　　　　　　　镁合金焊丝分类、牌号和规格

牌号	分类	规　格		
		直径（mm）	长度（mm）	质量（kg）
A731S AZ61S	直条形	3.0、4.0、5.0、6.0	1000	—
	卷状	1.0～1.5，>1.5～4.0，>4.0～6.0	—	5、10、15
	盘装	0.5～1.5，>1.5～4.0，>4.0～8.0	—	5、10、15 20、25、30

注　经供需双方协商，可提供其他牌号及规格的镁合金焊丝，并在合同中注明。允许
　　供应横截面为圆形或方形的直条状焊丝。

（2）镁合金焊丝的直径及允许偏差，见表 8-46。

表 8-46　　　　　　　镁合金焊丝的直径及允许偏差　　　　　　　　　mm

直径	允许偏差	
	A 级	B 级
0.50～1.50	±0.05	±0.15
>1.50～4.00	±0.10	±0.20
>4.00～8.00	±0.15	±0.25

注　1. 直条状镁合金焊丝长度偏差应为＋5mm。

　　2. 镁合金焊丝的质量及允许偏差：5kg 允许偏差为±0.05mm；10、15kg 允许偏
　　　　差为±0.10mm；20、25、30kg 允许偏差为±0.15mm。

　　3. 直条状镁合金焊丝每捆（箱）5、10kg。

三、焊剂

1. **碳素钢埋弧焊用焊剂（GB/T 5293）**

（1）型号表示方法。焊剂的型号根据埋弧焊焊缝金属的力学性能划分。焊剂型号的表示方法如下：

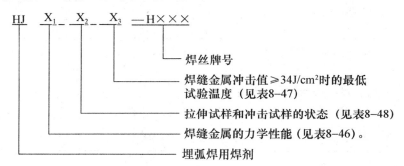

满足如下技术要求的焊剂才能在焊剂包装或焊剂使用说明书上标记出"符合 GB/T 5293 $HJX_1X_2X_3$——H×××"。

（2）焊缝金属拉伸力学性能。各种型号焊剂焊缝金属的拉伸力学性能应符合表 8-47 的规定。

表 8-47　　　焊缝金属拉伸力学性能要求——第一位数字含义

焊剂型号	抗拉强度（MPa）	屈服强度（MPa）	伸长率（%）
$HJ3X_2X_3$——H×××	412~550	≥304	≥22.0
$HJ4X_2X_3$——H×××		≥330	
$HJ5X_2X_3$——H×××	480~5647	≥400	

（3）焊缝金属的冲击值。各种型号焊剂焊缝金属的冲击值应符合表 8-48、表 8-49 的规定。

表 8-48　　　焊缝金属冲击值要求——第三位数字的含义

焊剂型号	试验温度（℃）	冲击值（J/cm²）
HJX_1X_20——H×××		无要求
HJX_1X_21——H×××	0	
HJX_1X_22——H×××	−20	≥34
HJX_1X_23——H×××	−30	
HJX_1X_24——H×××	−40	
HJX_1X_25——H×××	−50	
HJX_1X_26——H×××	−60	

表 8-49　　　　　　　　　　**试样状态——第二位数字的含义**

焊剂型号	试样状态	焊剂型号	试样状态
HJX$_1$0K$_2$——H×××	焊态	HJX$_1$1K$_3$——H×××	焊后热处理状态

（4）焊接试板射线探伤。焊接试板应达到 GB/T 3323《金属熔化焊焊接头射线照片》的 I 极标准。

（5）焊剂颗粒度。焊剂颗粒度一般分为两种：一种是普通颗粒度，粒度为 40～8 目；另一种是细颗粒度，粒度为 60～14 目。进行颗粒度检验时，对于普通颗粒度的焊剂，颗粒度小于 40 目的不得大于 5%；颗粒度大于 8 目的不得大于 20%。对于细颗粒度的焊剂，颗粒度小于 60 目的不得大于 5%；颗粒度大于 14 目的不得大于 2%。若需方要求提供其他颗粒度焊剂时，由供需双方协商确定颗粒度要求。

（6）焊剂含水量。出厂焊剂中水的质量分数不得大于 0.10%。

（7）焊剂机械夹杂物。焊剂中机械夹杂物（碳粒、铁屑、原材料颗粒、铁合金凝珠及其他杂物）的质量分数不得大于 0.30%。

（8）焊剂的焊接工艺性能按规定的工艺参数进行焊接时，焊道与焊道之间及焊道与母材之间均熔合良好，平滑过渡没有明显咬边；渣壳脱离容易；焊道表面成形良好。

（9）焊剂的硫、磷含量焊剂的硫质量分数不得大于 0.060%；磷含量不得大于 0.080%。若需方要求提供硫、磷含量更低的焊剂时，由供需双方协商确定硫、磷含量要求。

2. 低合金钢埋弧焊用焊丝和焊剂（GB/T 12470）

（1）型号。完整的焊丝-焊剂型号示例如下：

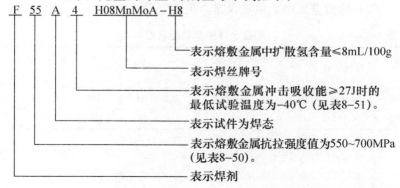

（2）熔敷金属力学性能，见表 8-50、表 8-51。

表 8-50 熔敷金属拉伸强度

焊剂型号	抗拉强度 σ_b（MPa）	屈服强度 $\sigma_{0.2}$或 σ_a（MPa）	伸长率 δ_S（%）
F48××-H×××	480～660	400	22
F55××-H×××	550～700	470	20
F62××-H×××	620～760	540	17
1769××-H×××	690～830	610	16
F76××-H×××	760～900	680	15
F83××-H×××	830～970	740	14

注 表中单值均为最小值。

表 8-51 熔敷金属冲击吸收能量

焊剂型号	冲击吸收能量 A_{kV}（J）	试验温度（℃）
F×××0-H×××		0
F×××2-H×××		−20
F×××3-H×××		−30
F×××4-H×××		−40
F×××5-H×××	≥27	−50
F×××6-H×××		−60
F×××7-H×××		−70
F×××10-H×××		−100
F×××Z-H×××	不要求	

（3）熔敷金属中扩散氢含量，见表 8-52。

表 8-52 熔敷金属中扩散氢含量

焊剂型号	扩散氢含量（mL/100g）	焊剂型号	扩散氢含量（mL/100g）
F××××-H×××-H16	16.0	F××××-H×××-H4	4.0
F××××-H×××-H8	8.0	F××××-H×××-H12	2.0

注 1. 表中单值均为最大值。

2. 此分类代号为可选择的附加性代号。

3. 如标注熔敷金属扩散氢含量代号时，应注明采用的测定方法。

（4）焊丝尺寸，见表 8-53。

表 8-53 **焊丝尺寸** mm

直 径	1.6，2.0，2.5，3.0，3.2，4.0，5.0，6.0，6.4

注 根据供需双方协议，也可生产使用其他尺寸的焊丝。

3. 铜基钎料（GB/T 6418）

铜基钎料主要用于钎焊铜和铜合金，也钎焊钢件及硬质合金刀具，钎焊时必须配用钎焊熔剂（铜磷钎料钎焊紫铜除外）。铜基钎料的分类及钎料的规格见表 8-54 及表 8-55 和各种铜基钎料的主要用途见表 8-56。

表 8-54 **铜基钎料的分类**

分类	钎料型号	分类	钎料型号
高铜钎料	BCu87	铜磷钎料	BCu95P
	BCu99		BCu94P
	BCu100-A		BCu93P-A
	BCu100-B		BCu93P-B
	BCu100（P）		BCu92P
	BCu99Ag		BCu92PAg
	BCu97Ni（B）		BCu91PAg
铜锌钎料	BCu48ZnNi（Si）		BCu89PAg
	BCu54Zn		BCu88PAg
	BCu57ZnMnCo		BCu87PAg
	BCu58ZnMn		BCu80AgP
	BCu58ZnFeSn(Ni)(Mn)(Si)		BCu76AgP
	BCu59Zn（Sn）（Si）（Mn）		BCu75AgP
	BCu60Zn（Sn）		BCu80SnPAg
	BCu60ZnSn（Si）		BCu87PSn（Si）
	BCu60Zn（Si）		BCu86SnP
	BCu60Zn（Si）（Mn）		BCu86SnPNi
			BCu92PSb
其他钎料	BCu94Sn（P）	其他钎料	BCu92AlNi（Mn）
	BCu88Sn（P）		BCu92Al
	BCu98Sn（Si）（Mn）		BCu89AlFe
	BCu97SiMn		BCu74MnAlFeNi
	BCu96SiMn		BCu84MnNi

表 8-55

铜基钎料的规格

mm

类型	厚度	宽度
带状钎料	0.05～2.0	1～200
	直径	长度
棒状钎料	1，1.5，2，2.5，3，4，5	450，500，750，1000
丝状钎料	无首先直径	
其他钎料	由供需双方协商	

表 8-56 各种铜基钎料的主要用途

牌　号	主　要　用　途
BCu	主要用于还原性气体、惰性气体和真空条件下，钎焊碳钢、低合金钢、不锈钢和镍、钨、钼及其合金制件
BCu54Zn（H62、H103、H102、H101）	H62 用于受力大的铜、镍、钢制件钎焊 Hl103 延性差，用于不受冲击和弯曲的铜及其合金制件 Hl102 性脆，用于不受冲击和弯曲的、含铜量大于 69% 的铜合金制件钎焊 Hl101 性脆，用于黄铜制件钎焊
BCu58ZnMn（Hl105）	由于 Mn 提高了钎料的强度、延伸性和对硬质合金的润湿能力，所以，广泛用于硬质合金刀具、横具和矿山工具钎焊
BCu48ZnNi-R	用于有一定耐高温要求的低碳钢、铸铁、镍合金制件钎焊，也可用于硬质合金工具的钎焊
BCu92PSb（H203）	用于电机与仪表工业中不受冲击载荷的铜和黄铜件的钎焊
BCu80Pag	银提高了钎料的延伸性和导电性，用于电冰箱、空调器电机和行业中，要求较高的部件钎焊
BCu80PSnAg	用于要求钎焊温度较低的铜及其合金的钎焊，若要进一步提高接头导电性，可改用 HlAgCu70-5 或 HlCuP6-3
HlCuGe10.5	HlCuGe10.5、HlCuGe12 和 HlCuGe8 主要用于铜、可代合金、钼的真空制件的钎焊
HlCuNi30-2-0.2	600℃ 以下接受不锈钢强度，主要用于不锈钢件钎焊。若要降低焊接温度，可改用 HlCuZ 钎料。若用火焰钎，需要改善工艺性时，可改用 HlCuZa 钎料
HlCu4	用气体保护焊不锈钢，钎焊马氏体不锈钢时，可将淬火处理与钎焊工序合并进行。接头工作温度高达 538℃

4. 铝基钎料（GB/T 13815）

铝基钎料主要用于火焰钎焊、炉中钎焊、盐炉钎焊和真空钎焊中。以硅合金为基础，根据不同的工艺要求，加入铜、锌、镁、锗等元素，组成不同牌号的铝基钎料。可满足不同的钎焊方法、不同铝合金工件钎焊的需要。铝基钎料的分类见表 8-57，规格见表 8-58，特性和用途见表 8-59。

表 8-57   **铝基钎料的分类**

分类	钎料型号	分类	钎料型号
铝硅	BAl95Si	铝硅铜	BAl86SiCu
	BAl92Si	铝硅镁	BAl89SiMg
	BAl90Si		BAal89SiMg（Bi）
	BAl88Si		BAl89Si（Mg）
铝硅锌	BAl87SiZn		BAl88Si（Mg）
	BAl85SiZn		BAl87SiMg

表 8-58   **铝基钎料的规格**   mm

类型	厚 度	宽度	长度
条状钎料	4	5	350
	5	20	
带状钎料	0.1, 0.15, 0.2	—	≥500
丝状钎料	直径：1.0, 1.5, 2.0, 2.5, 3.0, 1.0		450
粉状钎料	粒度：0.08～0.315		

表 8-59   **铝基钎料的特性和用途**

钎料牌号	熔化温度范围（℃）	特点和用途
HLAlSi7.5	577～613	流动性差，对铝的溶浊小，制成片状用于炉中钎焊和浸粘钎焊
HLAlSi10	577～591	制成片状用于炉中钎焊和浸粘钎焊，钎焊温度经 HLAl-Si7.5 低

钎料牌号	熔化温度范围（℃）	特点和用途
HLAlSi12	577～582	是一种通用钎料，适用于各种钎焊方法，具有极好的流动性和抗腐蚀性
HLAlSiCu10	521～583	适用于各种钎方法。钎料的结晶温度间隔较大，易于控制钎料流动
AL12SiSrLa	572～597	铈、镧的变质作用使钎焊接头延性优于用 HLAl-Si 钎料钎焊的接头延性
HL403	516～560	适用于火焰钎焊。熔化温度较低，容易操作，钎焊接头的抗腐蚀性低于铝硅钎料
HL401	525～535	适用于火焰钎焊。熔化温度低，容易操作，钎料脆，接头抗腐蚀性比用铝硅钎料钎焊的低
F62	480～500	用于钎焊固相线温度低的铝合金，如 LH11、钎焊接头的抗腐蚀性低于铝硅钎料
A160GeSi	440～460	铝基钎料中熔点最低的一种，适用于火焰钎焊、性脆、价高
HLAlSiMg7.5-1.5	559～607	真空钎焊用片状钎料，根据不同钎焊温度要求选用
HLAlSiMg10-1.5	559～579	
HLAlSiMg12-1.5	559～569	真空钎焊用片状、丝状钎料，钎焊温度比 HLAl-SiMg7.5-1.5 和 HLAlSiMg10-1.5 钎料低

5. 银基钎料（GB/T 10046）

银基钎料主要用于气体火焰钎焊、炉中钎焊或浸粘钎焊、电阻钎焊、感应钎焊和电弧钎焊等，可钎焊大部分黑色和有色金属（熔点低的铝、镁除外）一般必须配用银钎焊溶剂。银基钎料的分类见表 8-60，规格见表 8-61 及钎料的主要特性和用途见表 8-62。

表 8-60　　　　　　　　　银基钎料的分类

分　类	钎料型号	分　类	钎料型号
银　铜	BAg72Cu		BAg30CuZnSn
银　锰	BAg85Mn		BAg34CuZnSn
银铜锂	BAg72CuLi		BAg38CuZnSn
银铜锌	BAg5CuZn（Si）	银铜锌锡	BAg40CuZnSn
	BAg12CuZn（Si）		BAg45CuZnSn
	BAg20CuZn（Si）		BAg55CuZnSn
	BAg25CuZn		BAg56CuZnSn
	BAg30CuZn		BAg60CuZnSn
	BAg35CuZn	银铜锌镉	BAg20CuZnCd
	BAg44CuZn		BAg21CuZnCdSi
	BAg45CuZn		BAg25CuZnCd
	BAg50CuZn		BAg30CuZnCd
	BAg60CuZn		BAg35CuZnCd
	BAg63CuZn		BAg40CuZnCd
	BAg65CuZn		BAg45CdZnCu
	BAg70CuZn		BAg50CdZnCu
银铜锡	BAg60CuZn		BAg40CuZnCdNi
银铜镍	BAg56CuZn		BAg50ZnCdCuNi
银铜锌镍	BAg25ZnSn	银铜锌铟	BAg40CuZnIn
银铜锌铟	BAg34CuZnIn	银铜锌镍	BAg54CuZnNi
	BAg30CuZnIn	银铜锡镍	BAg25ZnCuSnNi
	BAg56CuInNi	银铜锌镍锰	BAg25ZnCuMnNi
银铜锌镍	BAg40CuZnNi	银铜锌镍	BAg27ZnCuMnNi
	BAg49ZnCuNi		BAg49ZnCuMnNi

表 8-61　　　　　　　　　　　　　　　银基钎料的规格　　　　　　　　　　　　mm

类型	厚度	宽度
带状钎料	0.05～2.0	1～200
	直径	长度
棒状钎料	1，1.5，2，2.5，3，5	450，500，750，1000
丝状钎料	无首选直径	
其他钎料	由供需双方协商	

表 8-62　　　　　　　　　　　　　　钎料主要特性和用途

牌　号	主　要　特　点　及　用　途
GAg72Cu	不含易挥发元素，对铜、镍润湿性好，导电性好。用于铜、镍真空和还原性气氛中钎焊
BAg72CuLi	锂有自钎剂作用，可提高对钢、不锈钢的润湿能力。适用保护气氛中沉淀硬化不锈钢和1Cr18Ni9Ti 的薄件钎焊。接头工作温度达 428℃。若沉淀硬化热处理与钎焊同时进行时，改用 BAg92CuLi 效果更佳
BAg10CuZn	含 Ag 少，便宜。钎焊温度高，接头延伸性差。用于要求不高的铜、铜合金及钢件钎焊
BAg25CuZn	含 Ag 较低，有较好的润湿和填隙能力。用于随动荷、工作表面平滑、强度较高的工件，在电子、食品工业中应用较多
BAg45CuZn	性能和作用与 BAg25CuZn 相似，但熔点稍低。接头性能较优越，要求较高时选用
BAg50CuZn	与 BAg45CuZn 相似，但结晶区间扩大了。适用钎焊间隙不均匀或要求圆角较大的零件
BAg60CuZn	不含挥发性元素。用于电子器件保护气氛和真空钎焊与 BAg50Cu 配合可进行分步焊，BAg50Cu 用于前步，BAg60CuSn 用于后步
BAg40CuZnCd	熔化温度是银基钎料中最低的，钎焊工艺性能很好。常用于铜、铜合金、不锈钢的钎焊，尤其适宜要求焊接温度低材料，如铍青铜、铬青铜、调质钢的钎焊，焊接要注意通风

牌　号	主　要　特　点　及　用　途
BAg50CuZnCd	与 BAg40CuZnCd 和 BAg45CuZnCd 相比，钎料加工性能较好，熔化温度稍高，用途相似
BAg35CuZnCd	结晶温度区间较宽，适用于间隙均匀性较差的焊缝钎焊，但加热速度应快，以免钎料在熔化和填隙产生偏析
BAg50CuZnCdNi	Ni 提高抗蚀性，防止了不锈钢焊接接头的界面腐蚀。Ni 还提高了对硬质合金的润湿能力，适用于硬质合金钎焊
BAg40CuZnSnNi	取代 BAg35CuZnCd，可以用于火焰、高频钎焊，可以焊接接头间隙不均匀的确焊缝
BAg56CuZnSn	用锡取代镉，减小毒性，可代替 BAg50CuZnCd，钎料、钎焊铜、铜合金、钢和不锈钢等，但工艺性稍差
BAg85Mn（HL320）	银基合金中高温性能最好的一种，可以用于工作温度 427℃以下的零件，但对不锈钢接头有焊缝腐蚀倾向
BAg70CuTi2.5（TY-3） BAg70 CuTi4.5（TY-8）	这类银、铜、钛合金对 75 氧化铝陶瓷、95 氧化铝陶瓷、镁、橄榄石瓷、滑石瓷、氧化铝、氮化硅、碳化硅、无氧铜、可伐合金、钼、铌等均有良好的润湿性。因此可以不用金属化处理，直接进行陶瓷钎焊及陶瓷与金属的钎焊

6. 锡基钎料

锡铅合金是应用最早的一种软钎料。含锡量在 61.9％时，形成锡铅低熔点共晶，熔点 183℃。随着含铅量的增加，强度提高，在共晶成分附近强度更高。锡在低温下发生锡疫现象，因此锡基钎料不宜在低温工作的接头钎焊。铅有一定的毒性，不宜钎焊食品用具。在锡铅合金基础上，加入微量元素，可以提高液态钎料的抗氧化能力，适用于波峰焊和浸沾焊。加入锌、锑、铜的锡基钎料，有较高的抗蚀性、抗蠕变性，焊件能承受较高的工作温度。这种钎料可制成丝、棒、带状供货，也可制成活性松香芯焊丝。松香芯焊丝常用的牌号有 HH50G、HH60G 等。

锡基钎料的牌号和用途见表 8-63。

表 8-63 锡基钎料的牌号和用途

牌 号	熔点（℃）		用 途
	固相线	液相线	
HLSn90Pb，料 604	183	220	钣金件钎焊、机械零件、食品盒钎焊
HLSn60Pb，料 600	183	193	印制电路板波峰焊、浸焊、电器钎焊
HLSn50Pb，料 613	183	210	电器、散热器、钣金件钎焊
HLSn40Pb2，料 603	183	235	电子产品、散热器、钣金件钎焊
HLSn30Pb2，料 602	183	256	电线防腐套、散热器、食品盒钎焊
HLSn18Pb60-2，料 601	244	277	灯泡基底，散热器、钣金件、耐热电器元件钎焊
HLSn5.5Pb9-6	295	305	灯泡、钣金件、汽车车壳外表面涂饰
HLSn25Pb73-2	—	265	电线防腐套、钣金件钎焊
HLSn55Pb45	183	200	电子、机电产品钎焊

7. 铅基钎料

铅基钎料耐热性比锡基钎料好，可以钎焊铜和黄铜接头。HLAgPh97 抗拉强度达 30MPa，工作温度在 200℃ 时仍然有 11.3MPa，可钎焊在较高温度环境中的器件。在铅银合金中加入锡，可以提高钎料的润湿能力，加 Sb 可以代替 Ag 的作用。铅基钎料的牌号和熔化温度见表 8-64。

表 8-64 铅基钎料的成分和熔化温度

钎料牌号	熔化温度（℃）	
	液相线	固相线
HLAgPb97	300	305
HLAgPb92-5.5	295	305
HLAgPb83.5-15-1.5	265	270
HLAgPb65-30-5	225	235
Pb90AgIn	290	294

8. 镉基钎料

镉基钎料是软钎料中耐热性最好的一种，具有良好的抗腐蚀能力。这种钎料含银量不宜过高，超过 5%时熔化温度将迅速提高，结晶区间变宽。镉基钎料用于钎焊铜及铜合金时，加热时间要尽量缩短，以免在钎缝界面生成铜镉脆化物相，使接头强度大为降低。镉基钎料的成分、特性和用途见表 8-65。

表 8-65　　　　　　镉基钎料的成分、特性和用途

钎料牌号	熔化温度（℃）	抗拉强度（MPa）	用　　途
HLAgCd96-1	234～240	110	用于较高温度的铜墙铁臂及铜合金零件，如散热器等件
Cd84ZnAgNi	360～380	147	用于 300℃以上工作的铜合金零件
Cd82ZnAg Cd79ZnAg HL508	270～280 270～285 320～360	— 200 —	用途同上，但加锌可减少液态氧化

四、电焊工具

1. 等压式焊割两用炬（JB/T 7947）

等压式焊割两用炬如图 8-1 所示。

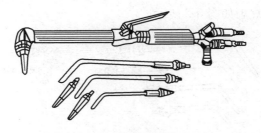

图 8-1　等压式焊割两用炬

利用氧气和中压乙炔做热源进行焊接、预热或切割低碳钢，适用于焊接切割任务不多的场合。等压式焊割两用炬规格见表 8-66。

表 8-66　　　　　　　　**等压式焊割两用炬规格**

型号	应用方式	焊割嘴号	焊割嘴孔径（mm）	适用低碳钢厚度（mm）	气体压力（MPa）		焊割炬总长度（mm）
					氧气	乙炔	
HG02-12/100	焊接	1	0.6	0.5～12	0.2	0.02	550
		2	1.4		0.3	0.04	
		3	2.2		0.4	0.06	
	切割	1	0.7	3～100	0.2	0.04	
		2	1.1		0.3	0.05	
		3	1.6		0.5	0.06	
HG02-20/200	焊接	1	0.6	0.5～20	0.2	0.02	600
		2	1.4		0.3	0.04	
		3	2.2		0.4	0.06	
		4	3.0		0.6	0.08	
	切割	1	0.7	3～200	0.2	0.04	
		2	1.1		0.3	0.05	
		3	1.6		0.5	0.06	
		4	1.8		0.5	0.06	
		5	2.2		0.65	0.07	

2. 等压式焊炬

等压式焊炬如图 8-2 所示。

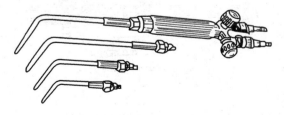

图 8-2　等压式焊炬

利用氧气和中压乙炔做热源，焊接或预热金属。等压式焊炬规格见表 8-67。

表 8-67   等压式焊炬规格

型 号	焊嘴号	焊嘴孔径 (mm)	焊接厚度（低碳钢）(mm)	气体压力（MPa）		焊炬总长度 (mm)
				氧气	乙炔	
H02-12	1	0.6	0.5～1.2	0.20	0.02	500
	2	1.0		0.25	0.03	
	3	1.4		0.30	0.04	
	4	1.8		0.35	0.05	
	5	2.2		0.40	0.06	
H02-20	1	0.6	0.5～20	0.20	0.02	600
	2	1.0		0.25	0.03	
	3	1.4		0.30	0.04	
	4	1.8		0.35	0.05	
	5	2.2		0.40	0.06	
	6	2.6		0.50	0.07	
	7	3.0		0.60	0.08	

3. 等压式割炬

等压式割炬如图 8-3 所示。

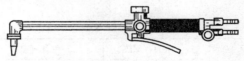

图 8-3   等压式割炬

利用氧气和中压乙炔做热源，以高压氧气作切割气流切割低碳钢。等压式割炬规格见表 8-68。

表 8-68   等压式割炬规格

型 号	割嘴号	割嘴孔径 (mm)	切割厚度（低碳钢）(mm)	气体压力（MPa）		割炬总长度 (mm)
				氧气	乙炔	
G02-100	1	0.7	3～100	0.20	0.04	550
	2	0.9		0.25	0.04	
	3	1.1		0.30	0.05	
	4	1.3		0.40	0.05	
	5	1.6		0.50	0.06	

型 号	割嘴号	割嘴孔径 （mm）	切割厚度 （低碳钢） （mm）	气体压力（MPa）		割炬总长度 （mm）
				氧气	乙炔	
	1	0.7		0.20	0.04	
	2	0.9		0.25	0.04	
	3	1.1		0.30	0.05	
	4	1.3		0.40	0.05	
G02-300	5	1.6	3～300	0.50	0.06	650
	6	1.8		0.50	0.06	
	7	2.2		0.65	0.07	
	8	2.6		0.80	0.08	
	9	3.0		1.00	0.09	

4. 等压式割嘴

用于氧气及中压乙炔的自动或半自动切割机。等压式割嘴规格见表 8-69。

表 8-69　　　　　　　　　等压式割嘴规格

割嘴号	切割钢板厚度 （mm）	气体压力（MPa）		气体耗量		切割速度 （mm/min）
		氧气	乙炔	氧气（m³/h）	乙炔（L/h）	
1	5～15	≥0.3	>0.03	2.5～3	350～400	450～550
2	15～30	≥0.35	>0.03	3.5～4.5	450～500	350～450
3	30～50	≥0.45	>0.03	5.5～6.5	450～500	250～350
4	50～100	≥0.6	>0.05	9～11	500～600	230～250
5	100～150	≥0.7	>0.05	10～13	500～600	200～230
6	150～200	≥0.8	>0.05	13～16	600～700	170～200
7	200～250	≥0.9	>0.05	16～23	800～900	150～170
8	250～300	≥1.0	>0.05	25～30	900～1000	90～150
9	300～350	≥1.1	>0.05	—	1000～1300	70～90
10	350～400	≥1.3	>0.05	—	1300～1600	50～70
11	400～450	≥1.5	>0.05	—		50～65

5. 等压式快速割嘴

等压式快速割嘴如图 8-4 所示。

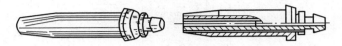

图 8-4　等压式快速割嘴

用于火焰切割机械及普通手工割炬，可与 JB/T 7947、JB/T 6970 规定的割炬配套使用。等压式快速割嘴型号规格见表 8-70、表 8-71。

表 8-70　　　　　　　　等压式快速割嘴型号（JB/T 7950）

型　号	品种代号	加工方法	切割氧压力（MPa）	燃气
GK1-1～7	1	电铸法	0.7	乙炔
GK2-1～7	2			
GK3-1～7	3			液化石油气
GK4-1～7	4			
GK1-1A～7A	1		0.5	乙炔
GK2-1A～7A	2			
GK3-1A～7A	3			液化石油气
GK4-1A～7A	4			
GKJ1-1-6 GKJ1-7A	1	机械加工法	0.7	乙炔
GKJ2-1～7	2			
GKJ3-1～7	3			液化石油气
GKJ4-1～7	4			
GKJ1-1A～7A	1		0.5	乙炔
GKJ2-1A～7A	2			
GKJ3-1A～7A	3			液化石油气
GKJ4-1A～7A	4			

表 8-71   **割嘴规格**

割嘴规格号	割嘴喉部直径 (mm)	切割厚度 (mm)	切割速度 (mm/min)	气体压力（MPa）			切口宽 (mm)
				氧气	乙炔	液化油气	
1	0.6	5～10	750～600				≤1
2	0.8	10～20	600～450		0.025	0.03	≤1.5
3	1.0	20～40	450～380				≤2
4	1.25	40～60	380～320	0.7			≤2.3
5	1.5	60～100	320～250		0.03	0.035	≤3.4
5	1.75	100～150	250～160				≤4
7	2.0	150～180	160～130		0.035	0.04	≤4.5
1A	0.6	5～10	560～450				≤1
2A	0.8	10～20	450～340		0.025	0.03	≤1.5
3A	1.0	20～40	340～250	0.5			≤2
4A	1.25	40～60	250～210		0.03	0.035	≤2.3
5A	1.5	60～100	210～180				≤3.4

6. 射吸式焊炬（JB/T 6969）

射吸式焊炬如图 8-5 所示。

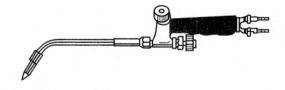

图 8-5　射吸式焊炬

利用氧气和低压（或中压）乙炔做热源，进行焊接或预热被焊金属。射吸式焊炬规格见表 8-72。

表 8-72		射吸式焊炬规格				mm
型号	焊接低碳钢厚度	氧气工作压力（MPa）	乙炔使用压力（MPa）	可换焊嘴数（个）	焊嘴孔径	焊炬总长度
H01-2	0.5～2	0.1，0.125，0.15，0.2，0.25			0.5，0.6，0.7，0.8，0.9	300
H01-6	2～6	0.2，0.25，0.3，0.35，0.4	0.001～0.1	5	0.9，1.0，1.1，1.2，1.3	400
H01-12	6～12	0.4，0.45，0.5，0.6，0.7			1.4，1.6，1.8，2.0，2.2	500
H01-20	12～20	0.6，0.65，0.7，0.75，0.8			2.4，2.6，2.8，3.0，3.2	600

7. 射吸式割炬

射吸式割炬如图 8-6 所示。

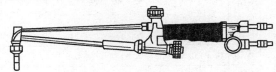

图 8-6　射吸式割炬

利用氧气及低压（或中压）乙炔做热源，以高压氧气做切割气流，对低碳钢进行切割。射吸式割炬规格见表 8-73。

表 8-73		射吸式割炬规格				
型号	切割低碳钢厚度（mm）	氧气工作压力（MP）	乙炔使用压力（MPa）	可换割嘴数（个）	割嘴切割氧孔径（mm）	焊炬总长度（mm）
G01-30	3～30	0.2，0.25，0.3		3	0.7，0.9，1.1	500
G01-100	10～100	0.3，0.4，0.5	0.001～0.1		1.0，1.3，1.6	550
G01-300	100～300	0.5，0.65，0.8，1.0		4	1.8，2.2，2.6，3.0	650

8. 射吸式焊割两用炬

射吸式焊割两用炬如图 8-7 所示。

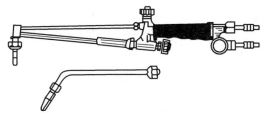

图 8-7　射吸式焊割两用炬

利用氧气及低压（或中压）乙炔做热源，进行焊接、预热或切割低碳钢，适用于使用次数不多，但要经常交替焊接和气割的场合，射吸式焊割两用炬规格见表 8-74。

表 8-74　　　　　　　　射吸式焊割两用炬规格

型号	应用方式	适用低碳钢厚度（mm）	气体压力（MPa）		焊割嘴数（个）	焊割嘴孔径范围（mm）	焊割炬长度（mm）
			氧气	乙炔			
HG01-3/50A	焊接	0.5～0.3	0.2～0.4	0.001～0.1	5	0.6～1.0	400
	切割	3～50	0.2～0.6	0.001～0.1	2	0.6～1.0	
HG01-6/60	焊接	1～6	0.2～0.4	0.001～0.1	5	0.9～1.3	500
	切割	3～60	0.2～0.4	0.001～0.1	4	0.7～1.3	
HG01-12/200	焊接	6～12	0.4～0.7	0.001～0.1	5	1.4～2.2	550
	切割	10～200	0.3～0.7	0.001～0.1	4	1.0～2.3	

图 8-8　便携式微型焊炬

9. 便携式微型焊炬

便携式微型焊炬如图 8-8 所示。

由焊炬、氧气瓶、丁烷气瓶、压力表和回火防止器等部件组成，其中两个气瓶固定于手提架中，便于携带外出进行现场焊接之用。便携式微型焊炬规格见表 8-75。

表 8-75　　　　　　　　　便携式微型焊炬规格

型　号	焊嘴号	氧气工作压力 （MPa）	丁烷气工作压力 （MPa）	焰芯长度 （mm）	焊接厚度 （mm）
H03-BB-1.2	1	0.05～0.25	0.02～0.25	≥5	0.2～0.5
	2			≥7	0.5～0.8
	3			≥10	0.8～1.2
H03-BC-3	1	0.1～0.3	0.02～ 0.35	≥6	0.5～3
	2			≥8	
	3			≥11	

注　上海产品 HPJ-Ⅱ 型焊炬为分体式，相当于行业标准中的 H03-BC-3。其一次充气后连续工作时间为 4h，总质量为 3.9kg。

10. 快速接头

快速接头分为氧气和乙炔两种，如图 8-9 所示。

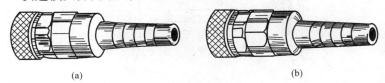

(a)　　　　　　　　　　　　　　　　(b)

图 8-9　快速接头

(a) 氧气；(b) 乙炔

　　用于各种气焊、气割工具与氧气、乙炔胶管之间的一种快速连接件。其装拆迅速，使用方便，密封性好，节约气源。由阳接头（与工具尾端连接）和进气接头（与气体胶管连接）两部分组成。氧气、乙炔快速接头规格见表 8-76。

表 8-76　　　　　　　　氧气、乙炔快速接头规格

品种	型号	进气接头连接处外径 （mm）	连接状况总长度 （mm）	气体工作压力 （MPa）	总质量 （g）	适用气体
氧气快速接头	JYJ-75 Ⅰ	10.5	80	≤1	66	氧气或空气等其他中性气体
	JYJ-75 Ⅱ		86		73.5	
乙炔快速接头	JRJ-75 Ⅰ	10.5	80	≤0.15	66	乙炔或丙烷、煤气等可燃气体
	JRJ-75 Ⅱ		86		73.5	

11. 焊工锤（QB/T 1290.7）

焊工锤分为 A 型、B 型和 C 型三种，如图 8-10 所示。用于电焊加工中除锈、除焊渣。

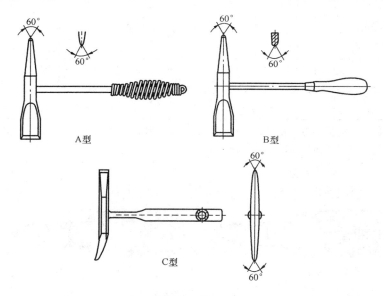

A型

B型

C型

图 8-10　焊工锤

图 8-11　电焊钳

12. 电焊钳

电焊钳如图 8-11 所示。

夹持电焊条进行焊条电弧焊接，规格见表 8-77。

表 8-77　　　　　　　　　　电焊钳规格

规格	额定焊接电流 （A）	负载持续率 （%）	工作电压 （V≈）	适用焊条直径 （mm）	能接电缆截面积 （mm²）	温升 （℃≤）
160 (150)	160 (150)	60	26	2.0～4.0	≥25	35
250	250	60	30	2.5～5.0	≥35	40

规格	额定焊接电流 （A）	负载持续率 （％）	工作电压 （V≈）	适用焊条直径 （mm）	能接电缆截面积 （mm²）	温升 （℃≤）
315 (300)	315 (300)	60	32	3.2~5.0	≥35	40
400	400	60	36	3.2~6.0	≥50	45
500	500	60	40	4.0~（8.0）	≥70	45

注 括号中的数值为非推荐数值。

13. 金属粉末喷焊炬

金属粉末喷焊炬如图 8-12 所示。

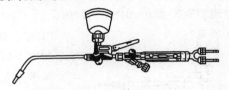

图 8-12　金属粉末喷焊炬

用氧乙炔焰和一特殊的送粉机构将喷焊或喷涂合金粉末喷射在工件表面，以完成喷涂工艺。金属粉末喷焊炬规格见表 8-78。

表 8-78　　　　　　　　　　金属粉末喷焊炬规格

型号	喷焊嘴		用气压力（MPa）		送粉量 （kg/h）	总长度 （mm）
	号	孔径（mm）	氧	乙炔		
SPH-1/h	1	0.9	0.20	≥0.05	0.4~1.0	430
	2	1.1	0.25			
	3	1.3	0.30			
SPH-2/h	1	1.6	0.3	>0.5	1.0~2.0	470
	2	1.9	0.35			
	3	2.2	0.40			
SPH-4/h	1	2.6	0.4	>0.5	2.0~4.0	630
	2	2.8	0.45			
	3	3.0	0.5			

型号	喷焊嘴		用气压力（MPa）		送粉量	总长度
	号	孔径（mm）	氧	乙炔	（kg/h）	（mm）
SPH-C	1	1.5×5	0.5			
	2	1.5×7	0.6	>0.5	4.5～6	730
	3	1.5×9	0.7			
SPH-D	1	1×10	0.5	>0.5	8～12	730
	2	1.2×10	0.6			780

注 合金粉末粒度小于等于 150 目。

14. QH 系列金属粉末喷焊炬

QH 系列金属粉末喷焊炬如图 8-13 所示。

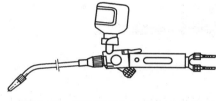

用氧乙炔焰和一特殊的送粉机构将喷焊或喷涂合金粉末喷射在工件表面，以完成喷涂工艺。QH 系列金属粉末喷焊炬规格见表 8-79。

图 8-13　QH 系列金属粉末喷焊炬

表 8-79　　　　　　　QH 系列金属粉末喷焊炬规格

型号	嘴号	嘴孔径（mm）	使用气体压力（MPa）		送粉量（kg/h）	总长度（mm）	总质量（kg）
			氧气	乙炔			
QH-1/h	1	0.9	0.20		0.4～0.6		
	2	1.1	0.25		0.6～0.8	430	0.55
	3	1.3	0.30		0.8～1.0		
QH-2/h	1	1.6	0.30	0.05 ～ 0.10	1.0～1.4		
	2	1.9	0.35		1.4～1.7	470	0.59
	3	2.2	0.40		1.7～2.0		
QH-4/h	1	2.6	0.40		2.0～3.0		
	2	2.8	0.45		3.0～3.5	580	0.75
	3	3.0	0.50		3.5～4.0		

15. SPH-E200 型火焰粉末喷枪

SPH-E200 型火焰粉末喷枪如图 8-14 所示。

利用氧乙炔焰和特殊的送粉机构，将一种喷焊或喷涂用合金粉末喷涂在工件表面上。SPH-E200 型火焰粉末喷枪规格见表 8-80。

图 8-14　SPH-E200 型火焰粉末喷枪

表 8-80　　　　　　　SPH-E200 型火焰粉末喷枪规格

项　目	参　数
喷枪质量（kg）	2.3
形式	手持、固定
带粉气体	氧气，流量 1300L/h
气体压力	氧气压力 0.5～0.6MPa；流量 1200L/h
	乙炔压力 0.05MPa 以上；流量 950L/h
焰芯长度（mm）	7
火焰气体混合方式	射吸式
送粉方式	射吸式
粉口最大抽吸力（kPa）	14
最大出粉量（ks/h）	7（镍基合金粉）
粉末附着率	氧化铝粉末：38%～42%（涂层质量/总用粉量×100）

16. 气焊眼镜

气焊眼镜如图 8-15 所示。

保护气焊工人的眼睛，不致受强光照射和避免熔渣溅入眼内。有深绿色和浅绿色两种镜片。

图 8-15　气焊眼镜

17. 焊接面罩（GB/T 3609.1）

焊接面罩的类型如图 8-16 所示。

手持式　　　　头戴式　　　　头盔式

图 8-16　焊接面罩

用于保护电焊工人的头部及眼睛，不受电弧紫外线及飞溅熔渣的灼伤。焊接面罩规格见表 8-81。

表 8-81　　　　　　　　　　　　焊接面罩规格

品种	外形尺寸（mm）			观察窗尺寸	（除去附件后）
	长度	宽度	深度	（mm）	质量（g≤）
手持式、头戴式 安全帽与面罩组合式	310 230	210	120	90×40	500

图 8-17　焊接滤光片

18. 焊接滤光片（GB/T 3609.2）

焊接滤光片如图 8-17 所示。

装在焊接面罩上以保护眼睛。焊接滤光片规格见表 8-82。

表 8-82　　　　　　　　　　　　焊接滤光片规格

规格尺寸 （mm）	单镜片：长方形（包括单片眼罩）长×宽≥108×50，厚度≤3.8； 双镜片：圆镜片直径≥φ50，不规则镜片水平基准长度≥45、垂直 ≥40 高度、厚度≤3.2					
颜色	按滤光片的颜色为混合色，其透射比最大值的波长应在 500～ 620mm；左右眼滤光片的色差应满足 GB 14866—2006 中（5.6.3a） 的要求					
滤光片遮光号	1.2、1.4、 1.7、2	3、4	5、6	7、8	9、10、11	12、13	14
适用电弧范围	防侧光与 杂散光	辅助工	≤30A	30～75A	75～200A	200～ 400A	≥400A

第九章 水 暖 器 材

一、阀门

1. 管道阀门型号（JB/T 308）

用途：阀门的种类很多，有着不同的用途，不同作用要选用不同种类的阀门。阀体用可锻铸铁、灰铸铁、铜合金等制成。内部结构的封面，根据用途不同，可由橡胶、聚四乙烯、铜合金、灰铸铁等材料制成。

型号：阀门型号举例：

（1）J11T-6K 截止阀：内螺纹连接，直通式，铜合金密封面，公称压力为 PN0.6MPa，阀体材料为可锻铸铁。

（2）Z44W-10K 闸阀：法兰连接，明杆，平行式刚性双闸板，由阀体直接加工的密封面，公称压力为 PN1.6MPa，阀体材料为可锻铸铁。

（3）A47H-16C 安全阀：法兰连接，不封闭，带扳手弹簧微启式，合金钢密封面，公称压力为 PN1.6 MPa，阀体材料为碳素钢。

阀门名称命名方法：阀门名称按传动方式、连接形式、结构形式、衬里材料和类型命名。

下列内容在阀门的名称命名中予以省略：

1）连接形式中的法兰。

2）结构形式中，闸阀的"明杆""弹性""刚性"和"单闸板"；截止阀和节流阀的"直通式"；球阀的"浮动"和"直通式"；蝶阀的"中线式"，隔膜阀的"屋脊式"；旋塞阀的"填料"和"直通式"；止回阀的"直通式"和"单瓣式"，安全阀的"不封闭"。

3）阀座密封面材料。

阀门型号含义见表 9-1。阀门结构形式代号见表 9-2。

表 9-1

阀门型号含义

汉语拼音字母表示阀门类型	数字表示传动方式	数字表示连接方法	数字表示结构形式	汉语拼音字母表示阀座密封面或衬里材料	数字表示公称压力 (MPa)	汉语拼音字母表示阀体材料
J 截止阀	0 电磁动	1 内螺纹	（详见表 9-2）	T 铜合金		Z 灰铸铁
Z 闸阀	1 电磁—液动	2 外螺纹		X 橡胶		K 可锻铸铁
Q 球阀	2 电—液动	4 法兰		N 尼龙塑料		Q 球墨铸铁
X 旋塞阀	3 蜗轮	6 焊接		F 氟塑料		T 铜及铜合金
D 蝶阀	4 正齿轮	7 对夹		B 锡基轴承合金		C 碳素钢
G 隔膜阀	5 伞齿轮	8 卡箍		H 合金钢		I 铬钼钢
L 节流阀	6 气动	9 卡套		D 渗氮钢		P18-8 系不锈钢
A 安全阀	7 液动			Y 硬质合金		RMo2Ti 不锈钢
Y 减压阀	8 气—液动			J 衬胶		V 铬钼钒钢
S 疏水阀	9 电动			Q 衬铅		HCrB 系不锈钢
H 止回阀和底阀				P 渗硼钢		L 铝合金
U 柱塞阀				W 阀体直接加工的密封面		A 钛及钛合金
P 排污阀				C 搪瓷		S 塑料
				G 玻璃		
				S 塑料		
				E18-8 系不锈钢		
				RMo2Ti 不锈钢		

表 9-2

阀门结构形式代号

类别 ＼ 代号	0	1	2	3	4	5	6	7	8	9
截止阀 节流阀	直通式	—	—	角式	直流式	平衡直通式	平衡角式	—	—	—
闸阀	明杆楔式单闸板	明杆楔式闸板	明杆平行式单闸板	明杆平行式双闸板	暗杆楔式单闸板	暗杆楔式双闸板	—	暗杆平行式双闸板	—	明杆楔式弹性闸板
球阀	浮动直通式	—	—	浮动 L 形三通式	浮动 T 形三通式	浮动四通式	固定直通式	—	—	—
旋塞阀	—	—	填料直通式	填料 T 形三通式	填料四通式	—	油封直通式	油封 T 形三通式	—	—
蝶阀	垂直板式	—	斜板式	—	—	—	—	—	—	杠杆式
隔膜阀	屋脊式	—	截止式	—	—	—	闸板式	—	—	—
止回阀 底阀	升降直通式	升降立式	升降角式	旋启单瓣式	旋启多瓣式	旋启双瓣式	—	—	—	—
安全阀	弹簧封闭微启式	弹簧封闭全启式	弹簧不封闭带扳手双弹簧微启式	弹簧封闭带扳手全启式	弹簧不封闭带扳手微启式	弹簧不封闭带控制机构全启式	弹簧不封闭带扳手微启式	弹簧不封闭带扳手全启式	脉冲式	弹簧封闭带散热片全启式
减压阀	薄膜式	弹簧薄膜式	活塞式	波纹管式	杠杆式	—	—	—	—	—
疏水阀	浮球式	—	—	—	钟形浮子式	—	双金属	脉冲式	热动力式 J	—

2. 闸阀（GB/T 8464）

闸阀的类型如图 9-1 所示。

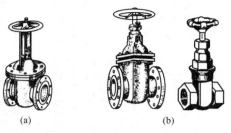

图 9-1 闸阀

（a）明杆平行式双闸板闸阀；（b）暗杆楔式单闸板闸阀

闸阀装于管路上做启闭（主要是全开、全关）管路及设备中介质用。其中，暗杆闸阀的阀杆不做升降运动，适用于高度受限制的地方；明杆闸阀的阀杆做升降运动，只能用于高度不受限制的地方。闸阀规格见表 9-3。

表 9-3　　　　闸 阀 规 格

名　　称	型　号	公称通径 （mm）	公称 压力 （MPa）	适用介质	适用温度 （℃）≤
楔式双闸板闸阀	Z42W-1	300～500	0.1	煤　气	100
锥齿轮传动楔式双闸版闸阀	Z542W-1	600～1000	0.1		
电动楔式双闸板闸阀	Z942W-1	600～1400	0.1		
电动暗杆楔式双闸板闸阀	Z94.6T-2.5	1 600～1800	0.25	水	100
电动暗杆楔式闸阀	Z945T-6	1 200～1400	0.6		
楔式闸阀	Z41T-10	50～450		蒸汽、水	200
楔式闸阀	Z41W-10	50～450		油　品	100
电动楔式闸阀	Z941T-10	100～450		蒸汽、水	200
平行式双闸板闸阀	Z44T-10	50～400	1.0		
平行式双闸板闸阀	Z44W-10	50～400		油　品	100
液动楔式闸阀	Z741T-10	100～600		水	
电动平行式双闸板闸阀	Z944T-10	100～400		蒸汽、水	200

名　称	型　号	公称通径 (mm)	公称压力 (MPa)	适用介质	适用温度 (℃) ≤
电动平行式双闸板闸阀	Z944W-10	100～400	1.0	油品	100
暗杆楔式闸阀	Z45T-10	50～700		水	
暗杆楔式闸阀	Z45W-10	50～450		油品	
直齿圆柱齿轮传动暗杆楔式闸阀	Z445T-10	800～1000		水	
电动暗杆楔式闸阀	Z945T-10	100～1000			
电动暗杆楔式闸阀	Z945W-10	100～450		油品	
楔式闸阀	Z40H-16C	200～400	1.6	油品、蒸汽、水	350
电动楔式闸阀	Z940H-16C	200～400			
气动楔式闸阀	Z640H-16C	200～500			
楔式闸阀	Z40H-16Q	65～200			
电动楔式闸阀	Z940H-16Q	65～200			
楔式闸阀	Z40W-16P	200～300		硝酸类	100
楔式闸阀	Z40W-16R	200～300		醋酸类	
楔式闸阀	Z40Y-16I	200～400		油品	550
楔式闸阀	及0H-25	50～400	2.5	油品、蒸汽、水	350
电动楔式闸阀	Z940H-25	50～400			
气动楔式闸阀	Z640H-25	50～400			
楔式闸阀	Z40H-25Q	50～200			
电动楔式闸阀	Z940H-25Q	50～200			
锥齿轮传动楔式双闸板闸阀	Z542H-25	300～500		蒸汽、水	300
电动楔式双闸板闸阀	Z942H-25	300～800			
承插焊楔式闸阀	Z61Y-40	15～40	4.0	油品、蒸汽、水	425
楔式闸阀	Z41H-40	15～40			
楔式闸阀	Z40H-40	50～250			
直齿圆柱齿轮传动楔式闸阀	Z440H-40	300～400			

名　　称	型　号	公称通径 （mm）	公称 压力 （MPa)	适用介质	适用温度 （℃）≤
电动楔式闸阀	Z940H-40	50～400	4.0	油品、 蒸汽、 水	425
气功楔式闸阀	Z640H-40	50～400			
楔式闸阀	Z40H-40Q	50～200			350
电动楔式闸阀	Z940H-40Q	50～200			
楔式闸阀	Z40Y-40P	200～250		硝酸类	100
直齿圆柱齿轮传动楔式闸阀	Z440Y-40I	300～500		油品	550
楔式闸阀	Z40Y-40I	50～250			
电动楔式闸阀	Z940Y-641	300～500	6.4	油　品	550
楔式闸阀	Z40Y-641	50～250			
楔式闸阀	Z40H-64	50～250	6.4	油品、 蒸汽、 水	425
直齿圆柱齿轮传动楔式闸阀	ZA40H-64	300～400			
电动楔式闸阀	Z940H-64	50～800			
楔式闸阀	Z40Y-100	50～200	10.0	油品、 蒸汽、 水	450
直齿圆柱齿轮传动楔式闸阀	Z440Y-100	250～300			
电动楔式闸阀	Z940Y-100	50～300			
承插焊楔式闸阀	Z61Y-160	15～40	16.0	油　品	
楔式闸阀	Z41H-160	15～40			
楔式闸阀	Z40Y-160	50～200			
电动楔式闸阀	Z940Y-160	50～300			
楔式闸阀	Z40Y-160I	50～200			550
电动楔式闸阀	Z940Y-160I	50～200			

3. 截止阀（GB/T 8464）

截止阀（法兰连接）如图 9-2 所示。

截止阀装于管路或设备上，用以启闭管路中的介质，是应用比较广泛的一种阀。截止阀规格见表 9-4。

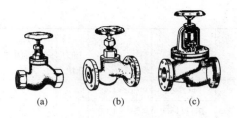

(a)   (b)   (c)

图 9-2　截止阀（法兰连接）

（a）内螺纹截止阀；（b）DN≤50；（c）DN≤65

表 9-4　　　　　　　　　　　　　　截 止 阀 规 格

名　　称	型　　号	公称通径 （mm）	公称 压力 （MPa）	适用介质	适用温度 （℃）≤
外螺纹截止阀	J21W-25K	6	2.5	氨、氨液	−40～ +150
外螺纹角式截止阀	J24W-25K	6			
外螺纹截止阀	J21B-25K	10～25			
外螺纹角式截止阀	J24B-25K	10～25			
截止阀	J41B-25Z	32～200			
角式截止阀	J44B-25Z	32～50			
波纹管式截止阀	WJ41W-25P	25～150		硝酸类	100
直流式截止阀	J45W-25P	25～100			
外螺纹截止阀	J21W-40P	6～25	4.0	硝酸类	100
外螺纹截止阀	J21W-40R	6～25		醋酸类	
外螺纹角式截止阀	J24W-40P	6～25		硝酸类	
外螺纹角式截止阀	J24W-40R	6～25		醋酸类	
承插焊截止阀	J61Y-40	10～25		油品、蒸汽、水	100
截止阀	J41H-40	10～150			
截止阀	J41W-40P	32～150		硝酸类	
截止阀	J41W-40R	32～150		醋酸类	
电动截止阀	J941H-40	50～150		油品、蒸汽、水	425
截止阀	J41H-40Q	32～150			350
角式截止阀	J44H-40	32～50			425

名　　称	型　号	公称通径（mm）	公称压力（MPa）	适用介质	适用温度（℃）≤
截止阀	J41H-64	50～100	6.4	油品、蒸汽、水	425
电动截止阀	J941H-64	50～100			
截止阀	J41H-100	10～100	10.0		450
电动截止阀	J941H-100	50～100			
角式截止阀	J44H-100	32～50			
承插焊截止阀	J61Y-160	15～40	16.0	油品	450
截止阀	J41H-160	15～40			
截止阀	J41Y-160I	15～40			550
外螺纹截止阀	J21W-160	6、10			200
外螺纹截止阀	J21W-40	6、10	4.0	油品	200
卡套截止阀	JQ1W-40	6、10			
卡套截止阀	J91H-40	15～25		油品、蒸汽、水	425
卡套角式截止阀	J94W-40	6、10		油品	200
卡套角式截止阀	J94H-40	15～25		油品、蒸汽、水	425
外螺纹截止阀	J21H-40	15～25		油品、蒸汽、水	425
外螺纹角式截止阀	J24W-40	6、10		油品	200
外螺纹角式截止阀	J24H-40	15～25		油品、蒸汽、水	425
内螺纹截止阀	J11W-16	15～65	1.6	油品	100
内螺纹截止阀	J11T-16	15～65		蒸汽、水	200
截止阀	J41W-16	25～150		油品	100
截止阀	J41T-16	25～150		蒸汽、水	200
截止阀	J41W-16P	80～150		硝酸类	100
截止阀	J41W-16R	80～150		醋酸类	
衬胶直流式截止阀	J45J-6	40～150	0.6	酸、碱类	50
衬铅直流式截止阀	J45Q-6	25～150		硫酸类	100
焊接波纹管式截止阀	WJ61W-6P	10～25		硝酸类	
波纹管式截止阀	WJ41W-6P	32～50			

4. 旋塞阀（铁制：GB/T 12240；钢制：GB/T 22130）

旋塞阀的类型如图 9-3 所示。

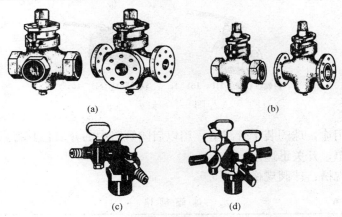

(a)　　　　　　　　　　　　(b)

(c)　　　　　　　　　(d)

图 9-3　旋塞阀

(a) 三通旋塞阀；(b) 直通旋塞阀；(c) 双叉煤气用旋塞阀；

(d) 四叉煤气用旋塞阀

旋塞阀装于管路中，用以启闭管路中的介质。三通旋塞阀还具有分配、换向作用。旋塞阀规格见表 9-5。

表 9-5　　　　　　　　　　旋 塞 阀 规 格

名　　称	型　号	公称通径 （mm）	公称压力 （MPa）	适用介质	适用温度 （℃）≤
内螺纹旋塞阀	X13W-10T	15～50		水	
内螺纹旋塞阀	X13W-10	15～50		油品	
内螺纹旋塞阀	X13T-10	15～50	1.0	水	
旋塞阀	X43W-10	25～80		油品	100
旋塞阀	X4-3T-10	25～80		水	
油封 T 形三通式旋塞阀	X48W-10	25～100		油品	
油封旋塞阀	X4TW-16	25～150	1.6		
旋塞阀	X43W-16I	50～125		含砂油品	580
旋塞阀	X43W-6	100～150	0.6	油　品	100
T 形三通式旋塞阀	X44W-6	25～100			

5. 球阀 (GB/T 8464)

球阀的类型如图 9-4 所示。

内螺纹联接(Q11F—16)　　　法兰联接(Q41—16)

图 9-4　球阀

用途：球阀装于管路上，用以启闭管路中的介质，其特点是结构简单，开关迅速。

规格：球阀规格见表 9-6。

表 9-6　　　　　　　　　　　　球 阀 规 格

名　称	型　号	公称通径 (mm)	公称压力 (MPa)	适用介质	适用温度 (℃) ≤
内螺纹球阀	Q11F-16	15～65		油品、水	
球阀	Q41F-16	32～150		油品、水	
电动球阀	Q941F-16	50～150	1.6	油品、水	100
球阀	Q41F-16P	100～150		硝酸类	
球阀	Q41F-16R	100～150		醋酸类	
L形三通式球阀	Q44F-16Q	15～150		油品、水	
T形三通式球阀	Q45F-16Q	15～150		油品、水	
蜗轮转动固定式球阀	Q347F-25	200～500		油品、水	
气动固定式球阀	Q647F-25	200～500	2.5	油品、水	150
电动固定式球阀	Q947F-25	200～500		油品、水	
外螺纹球阀	Q21F-40	10～25		油品、水	
外螺纹球阀	Q21F-40P	10～25		硝酸类	100
外螺纹球阀	Q21F-40R	10～25		醋酸类	—
球阀	Q41F-40Q	32～100	4.0	油品、水	150
球阀	Q41F-40P	32～200		硝酸类	100
球阀	Q41F-40R	32～200		醋酸类	
气动球阀	Q641F-40Q	50～100		油品、水	150
电动球阀	Q941F-40Q	50～100		油品、水	

名　称	型　号	公称通径 （mm）	公称压力 （MPa）	适用介质	适用温度 （℃）≤
球阀	Q41N-64	50～100			
气动球阀	Q641N-64	50～100			
电动球阀	Q941N-64	50～100			
气动固定式球阀	Q647F-64	125～200			
电动固定式球阀	Q947F-64	125～500	6.4	油品、 天然气	80
电—液动固定式球阀	Q247F-64	125～500			
气—液动固定式球阀	Q847F-64	125～500			
气—液动焊接固定式球阀	Q867F-64	400～700			
电—液动焊接固定式球阀	Q267F-64	400～700			

6. 止回阀（GB/T 8464）

止回阀的类型如图 9-5 所示。

(a)　　　　　　　　　　　　(b)

图 9-5　止回阀

（a）升降式；（b）旋启式

用途：止回阀用于管路或设备上，以阻止管路、设备中介质倒流。

规格：止回阀规格见表 9-7。

表 9-7　　　　　　　　　**止 回 阀 规 格**

名　称	型　号	公称通径 （mm）	公称压力 （MPa）	适用介质	适用温度 （℃）≤
内螺纹升降式底阀	H12X-2.5	50～80			
升降式底阀	H42X-2.5	50～300			
旋启双瓣式底阀	H46X-2.5	350～500	0.25	水	50
旋启多瓣式底阀	H45X-2.5	1600～1800			
旋启多瓣式底阀	H45X-6	1200～1400	0.6		

名　称	型　号	公称通径 （mm）	公称压力 （MPa）	适用介质	适用温度 （℃）≤
旋启多瓣式底阀	H45X-10	700～1000	1.0	水	50
旋启式止回阀	H44X-10	50～600			
旋启式止回阀	H44Y-10	50～600		蒸汽、水	200
旋启式止回阀	H44W-10	50～450		油类	100
内螺纹升降式止回阀	H11T-16	15～65	1.6	蒸汽、水	200
内螺纹升降式止回阀	H11W16	15～65		油类	100
升降式止回阀	H41T-16	25～150		蒸汽、水	200
升降式止回阀	H41W-16	25～150		油类	100
升降式止回阀	H41W-16P	80～150		硝酸类	100
升降式止回阀	H41W-16R	80～150		醋酸类	100
外螺纹升降式止回阀	H21B-25K	15～25	2.5	氨、氨液	40～150
升降式止回阀	H41B-25Z	32～50			
旋启式止回阀	H44H-25	200～500	2.5	油类、蒸汽、水	350
升降式止回阀	H41H-40	10～150	4.0		425
升降式止回阀	H41H-40Q	32～150			350
旋启式止回阀	H44H-40	50～400			425
旋启式止回阀	H44Y-40I	50～250		油类	550
旋启式止回阀	H44W-40P	200～400		硝酸类	100
外螺纹升降式止回阀	H21W-40P	15～25			
升降式止回阀	H41W-40P	32～150			
升降式止回阀	H41W-40R	32～150		醋酸类	
升降式止回阀	H41H-64	50～100	6.4	油类、蒸汽、水	425
旋启式止回阀	H44H-64	50～500		油类	
旋启式止回阀	H44Y-64 I				550

名　　称	型　号	公称通径（mm）	公称压力（MPa）	适用介质	适用温度（℃）≤
升降式止回阀	H41H-100	10～100	10.0	油类、蒸汽、水	450
旋启式止回阀	H44H-100	50～200			
旋启式止回阀	H44H-160	50～300	16.0	油类、水	
旋启式止回阀	H44Y-160I	50～200		油类	550
升降式止回阀	H41H-160	15～40			450
承插焊升降式止回阀	H61Y-160	15～40			

7. 疏水阀（GB/T 22654）

疏水阀的类型如图 9-6 所示。

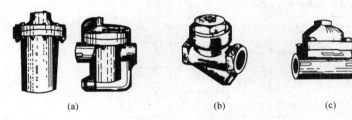

(a)　　　　　　　　　　(b)　　　　　　　　(c)

图 9-6　疏水阀

(a) 内螺纹钟形浮子式；(b) 内螺纹热动力（圆盘式）；
(c) 内螺纹双金属片式

用途：疏水阀装于蒸汽管路或加热器、散热器等蒸汽设备上，能自动排除管路或设备中的冷凝水，并能防止蒸汽泄漏。

规格：疏水阀规格见表 9-8。

表 9-8　　　　　　　　　　疏水阀规格

名　　称	型　号	公称压力 PN（MPa）	允许背压（指出口压力与进口压力之比）（%≤）	适用温度（℃）≤	公称通径 DN（mm）
承插焊热动力式疏水阀	S69H-40	4.0	50	425	15～40
热动力式疏水阀	S49Y-160I	16.0	50	550	15～25

名　　称	型　　号	公称压力 PN （MPa）	允许背压 （指出口压力与进口 压力之比）（%≤）	适用温度 （℃）≤	公称通径 DN（mm）
承插焊热动力式疏水阀	S69Y-160I	16.0	50	550	15～25
热动力式疏水阀	S49H-64	6.4	50	425	10～25
热动力式疏水阀	S49Y-100	10.0	50	450	15～25
承插焊热动力式疏水阀	S69Y-100	10.0	50	450	15～25
内螺纹钟形浮子式疏水阀	S15H-16	1.6	80	200	15～50
双金属片式疏水阀	S47H-16	1.6	50	200	15～50
双金属片式疏水阀	S47H-25	2.5	50	350	15～50
内螺纹脉冲式疏水阀	S18H-25	2.5	25	350	15～50
内螺纹热动力式疏水阀	S19H-16	1.6	50	200	15～50
热动力式疏水阀	S49H-16	1.6	50	200	15～50
内螺纹热动力式疏水阀	S19H-40	4.0	50	425	15～50
热动力式疏水阀	S49H-40	4.0	50	425	15～50
浮球式疏水阀	S41H-16	1.6	80	200	15～50
浮球式疏水阀	S41H-16C	1.6	80	350	15～80
浮球式疏水阀	S41H-25	2.5	80	350	15～80
浮球式疏水阀	S41H-40	4.0	80	425	15～50
浮球式疏水阀	S41H-64	6.4	80	425	15～50
浮球式疏水阀	S41H-160	16.0	80	550	15～50
浮桶式疏水阀	S43H-6	0.6	80	200	15～50
浮桶式疏水阀	S43H-10	1.0	80	200	15～50

8. 减压阀（GB/T 12244）

减压阀如图 9-7 所示。

用途：用在蒸汽或空气管路上，能够自动将管路中介质的压力降到规定数值，并保持恒压。

规格：减压阀规格见表9-9。

图9-7 减压阀

表9-9　　　　　　　　　　　减压阀规格

型　号	公称通径 DN（mm）	公称压力 PN（MPa）	适用介质	适用温度（℃）≤	出口压力（MPa）
Y44T-10	20～50	1.0	蒸汽、空气	180	0.05～0.4
Y43X-16	25～300	1.6	空气、水	70	0.05～1.0
Y43H-16	20～300		蒸汽	200	
Y43H-25	25～300			350	
Y42X-25	25～100	2.5	空气、水	70	0.1～1.6
Y43X-25	25～200		水		
Y43H-40	25～200		蒸汽	400	
Y42X-40	25～80	4.0	空气、水	70	0.1～2.5
Y43X-40	20～80		水		
Y43H-64	25～100	6.4	蒸汽	450	0.1～3.0
Y42X-64	25～50		空气、水	70	

9. 安全阀

安全阀（GB/T 12241）如图9-8所示。

图9-8　安全阀

用途：安全阀是设备和管路的自动保险装置，用于锅炉、容器等有压设备和管路上。当介质压力超过规定数值时，自动开启，以排除过剩介质压力；而当压力恢复到规定数值时能自动关闭。

规格：安全阀规格见表9-10。

表 9-10　　　　　　　　　　　　安全阀规格

型　号	公称通径 DN (mm)	公称压力 PN (MPa)	密封压力 范围 (MPa)	适用介质	适用温度 (℃) ≤
A27W-10T	15～20	1.0	0.4～1.0	空气	120
A27H-10K	10～40		0.1～1.0	空气、蒸汽、水	
A47H-16	40～100			空气、蒸汽、水	200
A21H-16C	10～25			空气、氨气、水、氨液	
A21W-16P				硝酸等	
A41H-16C	32～80	1.6	0.1～1.6	空气、氨气、水、氨液、油类	300
A41W-16P				硝酸等	200
A47H-16C	40～80			空气、蒸汽、水	350
A43H-16C	80～100			空气、蒸汽	
A40H-16C	50～150		0.1～1.6	油类、空气	450
A40Y-161					550
A42H-16C	40～200	1.6	0.06～1.6		300
A42W-16P				硝酸等	200
A44H-16C	50～150		0.1～1.6	油类、空气	300
A48H-16C				空气、蒸汽	350
A21H-40	15～25		1.6～4.0	空气、氨气、水、氨液	200
A21W-40P				硝酸等	
A41H-40	32～80		1.3～4.0	空气、氨气、水、氨液、油类	300
A41W-40P			1.6～4.0	硝酸等	200
A47H-40	40～80		1.3～4.0	空气、蒸汽	350
A43H-40	80～100	4.0			
A40H-40	50～150		0.6～4.0	油类、空气	450
A40Y-40I					550
A42H-40	40～150		1.3～4.0		300
A42W-40P			1.6～4.0	硝酸等	200
A44H-40	50～150		1.3～4.0	油类、空气	300
A48H-40				空气、蒸汽	350

型　号	公称通径 DN （mm）	公称压力 PN （MPa）	密封压力 范围 （MPa）	适用介质	适用温度 （℃） ≤
A41H-100	32～50		3.2～10.0	空气、水、油类	300
A40H-100	50～100				450
A40Y-100I	50～100		1.6～ —8.0	油类、空气	550
A40Y-100P	50～100	10.0			600
A42H-100	40～100			氮氢气、油类、空气	
A44H-100	50～100		3.2～ 10.0	油类、空气	300
A48H-100	50～100			空气、蒸汽	350
A41H-160	15、32			空气、氮氢气、水、油类	200
A40H-160	50～80				450
A40Y-160I	50～80		10.0～ 16.0	油类、空气	550
A40Y-160P	50～80	16.0			600
A42H-160	15、32 ～80			氮氢气、油类、空气	—
A41H-320	15、32	32.0	16.0～ 32.0	空气、氮氢气、水、油类	—
A42H-320	32～50			氮氢气、油类、空气	—

10. 排水阀

用途：用于排水。

规格：排水阀规格见表9-11。

表9-11　　　　　　　　　　　排水阀规格

类　型	示　意　图	用途	公称通径 DN(mm)
浴缸排水阀	 普通式　　　提拉式	装于浴缸下面，用以排去浴缸内存水。由落水、溢水、三通、连接管等零件组成	普通式：32、40； 提拉式：40

类　型	示　意　图	用途	公称通径 DN(mm)
洗面器排水阀（JC/T 761、762—1996）	**普通式、横式（P形）** **普通式、直式（S形）**	排放面盆、水斗内存水用的通道，并有防止臭气回升作用。由落水头子、锁紧螺母、存水弯、法兰罩、连接螺母、橡皮塞和瓜子链等零件组成	有横式、直式两种，又分普通式和提拉式两种。制造材料有铜合金、尼龙6、尼龙 1010 等；公称通径 DN 为 32mm，橡皮塞直径为 29mm
地板落水	**普通式　两用式**	装于浴室、盥洗室等室内地面上，用于排放地面积水。两用式中间有一活络孔盖，如取出活络孔盖，可供插入洗衣机的排水管，以便排放洗衣机内存水	普通式：50、80、100；两用式：50

11. 卫生洁具及暖气管道用直角阀（QB 2759）

卫生洁具及暖气管道用直角阀如图 9-9 所示。

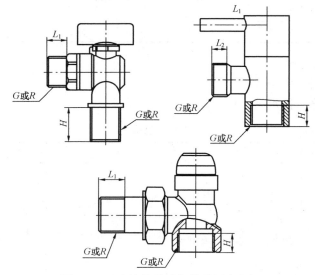

图 9-9　卫生洁具及暖气管道用直角阀

用途：暖气直角式截止阀装于室内暖气设备（散热器）上，作为开关及调节流量的设备。

规格：卫生洁具及暖气管道用直角阀规格见表9-12。

表 9-12 卫生洁具及暖气管道用直角阀规格

产品类型	代号	公称尺寸（mm）	公称压力（MPa）	介质	适应温度（℃）≤
卫生洁具直角阀	JW	15、20	1.0	冷、热水	90
暖气管道直角阀	JN	15、20、25	1.65	暖气	150

12. 铁制和铜制螺纹连接阀门（GB/T 1047）

（1）内螺纹连接止回阀。内螺纹连接止回阀的类型如图9-10所示。

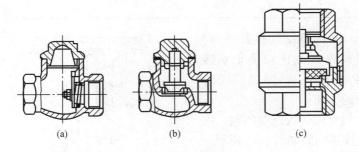

图 9-10　内螺纹连接止回阀
(a) 旋启式；(b) 升降式；(c) 升降方式

用途：铁制和铜制螺纹连接阀的公称尺寸按 GB/T 1047 的规定且不大于 ND100，优先选用的 DN 数值有 DN6、DN10、DN15、DN20、DN25、DN32、DN40、DN50、DN65、DN80、DN100。

铁制和铜制螺纹连接阀门的公称压力按 GB/T 1047 的规定，从 PN2.5、PN6、PN10、PN16、PN25、PN40、PN63、PN100 系列中选择，并且灰铸铁阀公称压力不大于 PN16、可锻铸铁阀门公称压力不在于 PN25、球墨铸铁和铜合金阀门公称压力不大于 PN40。

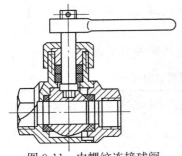

图 9-11　内螺纹连接球阀

（2）内螺纹连接球阀。内螺纹连接球阀如图 9-11 所示。

用途：内螺纹连接球阀装于水暖管路上，用以启闭管路中的介质。其特点是结构简单，开关迅速。

规格：内螺纹连接球阀规格见表 9-13。

表 9-13　　　　　　　　　内螺纹连接球阀规格

名　　称	公称压力 PN（MPa）	公称通径 DN（mm）	公称通径 DN 系列（mm）
铁制球阀	1.6	15～50	6，8，10，15，20，25，32，40，50
铜制球阀	1.0	6～50	
	1.6	6～50	

（3）内螺纹连接截止阀。内螺纹连接截止阀装于水暖管路或设备上，用以启闭管路中的介质。

（4）内螺纹连接闸阀。内螺纹连接闸阀如图 9-12 所示。

用途：内螺纹连接闸阀装于水暖管路或设备上，用于启闭管路中的工作介质。

规格：内螺纹连接闸阀规格见表 9-14。

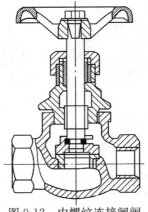

图 9-12　内螺纹连接闸阀

表 9-14　　　　　　　　　内螺纹连接闸阀规格　　　　　　　　　mm

一、螺纹连接阀门阀体头部扳口对边的最小尺寸			
公称尺寸 D_n	铜合金材料	可锻铸铁与球墨铸铁材料	灰铸铁材料
8	17.5	—	—
10	21	—	—

公称尺寸 D_n	铜合金材料	可锻铸铁与球墨铸铁材料	灰铸铁材料
15	25	37	30
20	31	33	36
25	38	41	46
32	47	51	55
40	54	58	62
50	66	71	75
65	83	88	82
80	96	102	105
100	124	128	131

二、螺纹连接阀门阀体通道最小直径

公称尺寸 D_n	阀体通道最小直径	公称尺寸 D_n	阀体通道最小直径
8	6	40	28
10	6	50	36
15	9	65	49
20	12.5	80	57
25	17	100	75
32	23	—	—

三、铁制螺纹连接阀门阀体最小壁厚

公称尺寸 D_n	灰铸铁	可锻铸铁		球墨铸铁 4	
	PN10	PN10	PN16	PN16	NP25
15	4	3	3	3	4
20	4.5	3	3.5	3.5	4.5
25	5	3.5	4	4	5
32	5.5	4	4.5	4.5	5.5
40	6	4.5	5	5	6
50	6	5	5.5	5.5	6.5
65	6.5	6	6	6	7
80	7	6.5	6.5	6.5	7.5
100	7.5	6.5	7.5	7	8

四、铜制螺纹连接阀门阀体最小壁厚

公称尺寸 D_n	PN10	PN16	NP20	NP25	NP40
6	1.4	1.6	1.6	1.7	2.0
8	1.4	1.6	1.6	1.7	2.0
10	1.4	1.6	1.7	1.8	2.1
15	1.6	1.8	1.8	1.9	2.4
20	1.6	1.8	2.0	2.1	2.6
25	1.7	1.9	2.1	2.4	3.0
32	1.7	1.9	2.4	2.6	3.4
40	1.8	2.0	2.5	2.8	3.7
50	2.0	2.2	2.8	3.2	4.3
65	2.8	3.0	3.0	3.5	5.1
80	3.0	3.4	3.5	4.1	5.7
100	3.6	4.0	4.0	4.5	6.4

五、螺纹连接阀门阀杆最小直径

公称尺寸 D_n	PN10、PN16	PN20		PN25		PN40	
	闸阀和截止阀	闸阀	截止阀	闸阀	截止阀	闸阀	截止阀
8	5.5	5.5	6.0	6.0	6.0	6.5	6.5
10	5.5	5.5	6.0	6.0	6.0	6.5	6.5
15	6.0	6.0	6.5	6.5	6.5	7.5	7.5
20	6.5	6.5	7.0	7.0	7.0	8.0	8.0
25	7.5	7.5	8.0	8.0	8.0	9.5	9.5
32	8.5	8.5	9.5	9.5	9.5	11.0	11.0
40	9.5	9.5	10.5	10.5	10.5	12.0	12.0
50	10.5	10.5	11.0	11.0	12.0	12.5	14.0
65	12.0	12.5	12.5	12.5	13.5	14.0	15.5
80	13.5	13.5	14.0	14.0	15.0	16.0	17.5
100	15.0	15.0	15.5	15.5	16.5	17.5	19.0

二、散热器

1. 铸铁散热器（GB 19913）

铸铁散热器如图 9-13 所示。

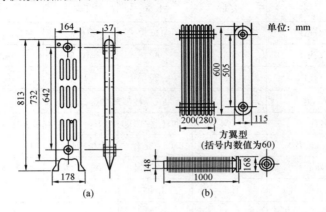

图 9-13　铸铁散热器

(a) 柱型；(b) 翼型

适用于工厂、机关办公楼、学校、医院及居民住宅的热水或蒸汽采暖系统，其规格见表 9-15。

表 9-15　　　　　　　　　　铸铁散热器的规格

种　类	翼型散热器			
名　　称	长翼型		圆翼型	
	大 60	小 60	D50	D50
质量（kg/片）	28	19.3	34.0	38.2
水容量（kg/片）	8.42	5.66	1.96	4.42
质量（kg/片）	28	19.3	34.0	38.2
水容量（kg/片）	8.42	5.66	1.96	4.42
散热面积（m²/片）	1.0	0.8	1.3	2.0
工作压力（MPa）	0.33	0.33	0.40	0.40

种　类	翼型散热器			
名　称	长翼型		圆翼型	
	大 60	小 60	D50	D50
宽（cm）	11.5	11.5	16.8	16.8
高（cm）	60	60	16.8	16.8
长（cm）	28	20	100	100

种　类	柱型散热器			
名称	二柱（M-132）	四柱（813）	四柱（V60）	五柱（813）
质量（kg/片）	6.6	8.05（足片）	8.0（足片）	10.0（足片）
质量（kg/片）	6.6	7.25（中片）	7.3（中片）	9.0（中片）
水容量（kg/片）	1.30	1.40	0.80	1.56
散热面积（m²/片）	0.24	0.28	0.24	0.37
工作压力（MPa）	0.40			
长（cm）	8.0	5.7	5.7	4.7
宽（cm）	13.2	16.4	14.6	20.8
高（cm）	58.4	81.3（足片）	76.0（足片）	81.3（足片）
高（cm）	58.4	73.2（中片）	69.0（中片）	73.2（中片）

2. 钢制散热器（GB 29039）

钢制散热器如图 9-14 所示。

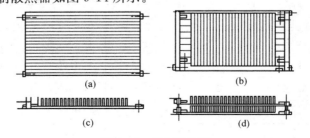

图 9-14　钢制散热器

（a）正面；（b）背面；（c）单板带对流片；（d）双板带对流片

钢制散热器的规格见表 9-16。

表 9-16 钢制散热器的规格

名　称	工作压力 （kPa）	散热面积 （m²/片）	质量 （kg/片）	长 （cm）	宽 （cm）	高 （cm）
钢串片加罩散热器	1000～1200	2.576	15.8	100	8.0	15.0
钢串片加简易罩散热器	1000～1200	2.576	14.8	100	8.0	15.0
		2.48	9.0		6.0	
		3.34	10.5		8.0	24.0
		5.23	15.8		10.0	
单板板式散热器	500	1.295	12.9	100	—	60
单板带对流片板式散热器		2.158	15.15		—	
单板扁管散热器	600	1.295	12.9	100	—	41.6
单板带对流片扁管散热器		2.153	15.15		—	
单板扁管散热器		1.135	15.1		—	52.0
单板带对流片扁管散热器		4.56	23.0		—	
单板扁管散热器		1.355	18.1		—	62.4
单板带对流片扁管散热器		5.45	27.4		—	

3. 灰铸铁柱型散热器（JB/T 3）

灰铸铁柱型散热器如图 9-15 所示。

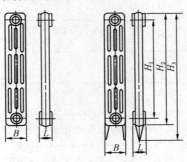

图 9-15　灰铸铁柱型散热器

灰铸铁柱型散热器适用于工业、民用建筑中以热水、蒸汽为热媒的采暖，规格见表 9-17。

表 9-17　　　　　　　　　灰铸铁柱型散热器的规格

项　　目		参　数　值				
		TZ2-5 -5（8）	TZ4-3 -5（8）	TZ4-5 -5（8）	TZ4-6 -5（8）	TZ4-9 -5（8）
中片高度 H（mm）		582	382	582	682	982
足片高度 H_2（mm）		660	460	660	760	1060
长度 L（mm）		80	60	60	60	60
宽度 B（mm）		132	143	143	143	164
同侧进出 VI 中心距 H_1（mm）		500	300	500	600	900
散热面积（m²/片）		0.24	0.13	0.20	0.235	0.44
每片散热量 Q（ΔT＝64.5℃）（W）		130	62	115	130	187
工作压力 （MPa）	热水 ≥HT100	≤0.5				
	热水 ≥HT150	≤0.8				
	蒸汽 ≥HT100	≤0.2				
	蒸汽 ≥HT150	≤0.2				
试验压力（MPa）	≥HT100	0.75				
	≥HT150	1.2				
单片质量（kg）		中片 足片	中片 足片	中片 足片	中片 足片	中片 足片
		6.2　6.7	3.4　4.1	4.9　5.6	6.0　6.7	11.5　12.2

4. 灰铸铁翼型散热器（JB/T 4）

灰铸铁翼型散热器适用于工业、民用建筑中以热水、蒸汽为热媒的采暖，如图 9-16 所示，其规格见表 9-18。

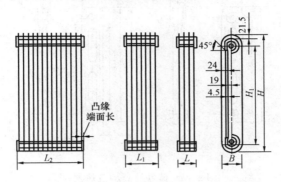

图 9-16　灰铸铁翼型散热器

表 9-18　　　　　　　　　　灰铸铁翼型散热器的规格

项　　目			参　数　值					
			TY0.8/3-5(7)	TY1.4/3-5(7)	TY2.8/3-5(7)	TY0.8/5-5(7)	TY1.4/5-5(7)	TY2.8/5-5(7)
高度 H(mm)			388			588		
长度(mm)		L	80			80		
		L_1	140			140		
		L_2	280			280		
宽度 B(mm)			95			95		
同侧进出口中心距 H_1(mm)			300			500		
散热面积(m²/片)			0.2	0.34	0.73	0.26	0.50	1.00
每片散热量 Q($\Delta t=64.5℃$)(W)			88	144	296	127	216	430
工作压力(MPa)	热水	HT150	≤0.5					
		>HT150	≤0.7					
	蒸汽	≥HT150	≤0.2					
试验压力(MPa)		HT150	0.75					
		>HT150	1.05					
单片质量(kg)			4.3	6.8	13.0	6.0	10.0	20.0

5. 灰铸铁柱翼型散热器（JB/T 3047）

灰铸铁柱翼型散热器如图 9-17 所示。

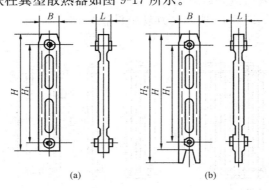

图 9-17　铸铁柱翼型散热器
（a）中片；（b）足片

灰铸铁柱翼型散热器适用于工业、民用建筑中以热水、蒸汽为热媒的采暖。

（1）灰铸铁柱翼型散热器的规格和性能见表 9-19。

表 9-19　　　　灰铸铁柱翼型散热器的规格和性能

项　目			参　数　值							
			YZY1 -B/3- 5(8)	TZY1 -B/5- 5(8)	TZY1 -B/6- 5(8)	TZY1 -B/- 5(8)	TZY2 -B/3- 5(8)	TZY2 -B/5- 5(8)	TZY2 -B/6- 5(8)	TZY2 -B/9- 5(8)
中片高度 H(mm)			≤400	≤600	≤700	≤1000	≤400	≤600	≤700	≤1000
足片高度 H_2(mm)			≤480	≤680	≤780	≤1080	≤480	≤680	≤780	≤1080
长度 L(mm)			70							
宽度 B(mm)			10、120							
同侧进出口中心距 H_1(mm)			300	500	600	900	300	500	600	900
散热面积(m²/片)			$\frac{0.17}{0.176}$	$\frac{0.26}{0.27}$	$\frac{0.31}{0.32}$	$\frac{0.57}{0.59}$	$\frac{0.18}{0.19}$	$\frac{0.28}{0.29}$	$\frac{0.33}{0.34}$	$\frac{0.62}{0.64}$
工作压力 (MPa)	热水	HT100	≤0.5							
		HT150	≤0.8							
	蒸汽	HT100	≤0.2							
		HT150	≤0.2							

项　　目		参　　数　　值							
		YZY1-B/3-5(8)	TZY1-B/5-5(8)	TZY1-B/6-5(8)	TZY1-B/-5(8)	TZY2-B/3-5(8)	TZY2-B/5-5(8)	TZY2-B/6-5(8)	TZY2-B/9-5(8)
试验压力 (MPa)	HT100	0.75							
	HT150	1.2							

注　表中散热面积与散热器宽度 B 有关，B 为 100 或 120mm。

（2）灰铸铁柱翼型散热器的散热量见表 9-20。

表 9-20　　　　　　　　　灰铸铁柱翼型散热器的散热量

型　　号	每片散热量（热媒为热水 $\Delta T = 64.5℃$）		
	合格品	一等品	优等品
TFZY1-B/3-5(8)	85/89	88/92	92/95
TZY1-B/5-5(8)	120/124	124/129	129/134
TZY1-B/6-5(8)	139/145	145/150	150/156
TZY1-B/9-5(8)	194/202	202/210	210/218
TZY2-B/3-5(8)	87/92	90/95	93/99
TZY2-B/5-5(8)	122/129	126/133	131/139
TZY2-B/6-5(8)	142/150	147/156	153/161
TZY2-B/9-5(8)	198/209	206/217	214/226

注　表中散热面积与散热器宽度 B 有关，B 为 100 或 120mm。

（3）灰铸铁柱翼型散热器的质量见表 9-21。

表 9-21　　　　　　　　　灰铸铁柱翼型散热器的质量

型　　号	合格品		一等品		优等品	
	中片	足片	中片	足片	中片	足片
TZY1-B/3-5(8)	3.4/3.5	4.0/4.1	3.3/3.4	3.9/4.0	3.2/3.3	3.8/3.9
TZY1-B/5-5(8)	5.5/5.9	6.1/6.5	5.1/5.4	5.7/6.0	4.9/5.1	5.5/5.7
TZY1-B/6-5(8)	6.3/6.8	6.9/7.4	5.9/6.3	6.5/6.9	5.6/5.9	6.2/6.5

型　号	合格品		一等品		优等品	
	中片	足片	中片	足片	中片	足片
TZY1-B/9-5(8)	9.2/10.1	9.8/10.7	8.5/9.2	9.1/9.8	8.0/8.5	8.6/9.1
TZY2-B/3-5(8)	3.5/3.6	4.1/4.2	3.4/3.5	4.0/4.1	3.3/3.4	3.9/4.0
TZY2-B/5-5(8)	5.7/6.1	6.3/6.7	5.3/5.6	5.9/6.2	5.0/5.3	5.6/5.9
TZY2-B/6-5(8)	6.5/7.0	7.1/7.6	6.1/6.5	6.6/7.1	5.8/6.1	6.4/6.7
TZY2-B/9-5(8)	9.5/10.4	10.1/11.0	8.8/9.5	9.4/10.1	8.3/8.8	8.9/9.4

注　表中质量与散热器宽度 B 有关，B 为 100 或 120mm。

6. 钢制柱型散热器（JB/T 1）

适用于工业和民用建筑中以热水为热媒的采暖系统，如图 9-18 所示。其规格见表 9-22。

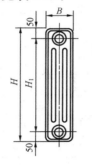

图 9-18　钢制柱型散热器

表 9-22　　　　　　　　　钢制柱型散热器的规格

项　　目	参　数　值											
高度 H（mm）	400			600			700			1000		
同侧进出口中心距 H_1（mm）	300			500			600			900		
宽度 B（mm）	120	140	160	120	140	160	120	140	160	120	140	160
每片最小散热量 Q（w）（$\triangle T=64.5$℃）	56	63	71	83	93	100	95	106	118	130	160	189
组装片数/片	3～20 整组出厂											

项　　目		参　数　值
工作压力 （MPa）	材料厚度（mm）	≤0.6
	1.2	≤0.8
	1.5	
试验压力 （MPa）	材料厚度（mm）	0.9
	1.2	1.2
	1.5	

7. 钢制板型散热器（JG 2）

钢制板型散热器如图 9-19 所示。

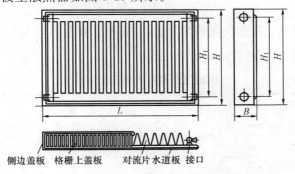

侧边盖板　格栅上盖板　对流片水道板　接口

图 9-19　钢制板型散热器

适用于民用住宅和工业建筑中热水采暖散热器，其规格见表 9-23。

表 9-23　　　　　　　　　钢制板型散热器的规格

H（cm）	H_1（cm）	L（km）	对流片厚度（mm）
20～60	14～55	≤100	0.35～0.80
70～98	64～90	>100	0.35～0.80
散热量/kW（L=100cm，H=60cm，ΔT=64.5℃）			
单板带对流片散热器		≥1.3	
双板带双对流片散热器		≥2.31	
水道板厚度（mm）		工作压力（kPa）	
≥1.0		≤400	
≥1.2		≥600	
对水质要求	水温≤120℃，热水 pH 为 10～12，氯离子含量≤300mg/L，溶解氧 0.1mg/L，其他水质指标应符合 GB/T1576 的规定		

注　试验压力应为工作压力的 1.5 倍，散热器没有渗漏。

8. 钢制闭式串片散热器 （JB/T 3012.1）

钢制闭式串片散热器如图 9-20 所示。

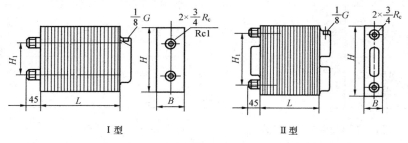

Ⅰ型　　　　　　　　　　　　　　Ⅱ型

图 9-20　钢制闭式串片散热器

适用于工业和民用住宅，热媒采用水和蒸汽。其规格见表 9-24。

表 9-24　　　　　　　　　钢制闭式串片散热器的规格

项　目	参　数　值		
高度 H （mm）	150	240	300
宽度 B （mm）	80	100	80
同侧进出口中心距 H_1 （mm）	70	120	220
最小散热量 Q/W $L=100$ （mm） $\Delta T=64.5℃$	697	980	1172
长度 （mm）	400、600、800、1000、1200、1400		
工作压力 （MPa）	≤1.0		
试验压力 （MPa）	1.5		
主要生产厂	北京市散热器厂、南京市散热器厂、吉林金星配件厂、山东高密兴华总公司采暖设备厂、河南沈邱建筑材料厂		

9. 钢制翅片管对流散热器 （JB/T 3012.2）

钢制翅片管对流散热器如图 9-21 所示。

适用于工业、民用建筑中以热水和蒸汽为热媒的采暖，其规格

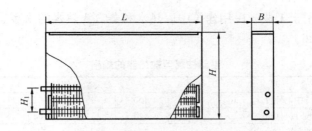

图 9-21　钢制翅片管对流散热器

见表 9-25。

表 9-25　　　　　　　　钢制翅片管对流散热器的规格

项　　目	参　数　值		
同侧进出口中心距 H_1（mm）	180	200	300
高度 H（mm）	480	500	600
宽度 B（mm）	120	140	140
管径 DN（mm）	20	25	25
每米最小散热量（热媒为热水，$\Delta T=64.5℃$）（W）	1500	1650	2100
长度 L（mm）	400～2000（以 100 为一档）		

10. 铝制柱翼型散热器（JB 143）

铝制柱翼型散热器如图 9-22 所示。

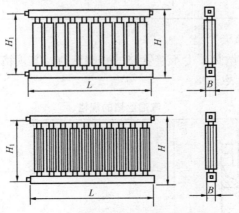

图 9-22　铝制柱翼型散热器

适用于工业、民用建筑中以热水和蒸汽为热媒的采暖。其规格见表 9-26。

表 9-26   **铝制柱翼型散热器的规格**

项　　　目	参　　数　　值				
同侧进出口中心距 H_1（mm）	300	400	500	600	700
高度 H（mm）	340	440	540	640	740
宽度①B（mm）	50/60				
组合长度 L（mm）	400~2000				
散热量②Q （$\triangle t=64.5℃$）（W/m）	800/850	1070/1140	1280/1360	1450/1520	1600/1680

① 宽度以散热器外形最大宽度为准。

② 为散热器长度 $L=1000$（mm），表面涂非金属涂料时的标准散热量。

三、散热器配件

1. 汽泡对丝

汽泡对丝主要用于连接铸铁制的散热器，其规格见表 9-27。

表 9-27   **汽泡对丝的规格**

	管螺纹 G（in）	L（mm）	
	$1\frac{1}{2}$	32	36

2. 汽泡丝堵

主要用于散热器上不接管路的一端密封。其规格有正丝堵和反丝堵两种，见表 9-28。

表 9-28   **汽泡丝堵的规格**

	管螺纹 G（in）	L（mm）
	$1\frac{1}{2}$	33

3. 汽泡衬芯

主要用于连接铸铁散热器与管路。其规格有正丝衬芯和反丝衬芯两种，见表 9-29。

表 9-29　　　　　　　　　　汽泡衬芯的规格

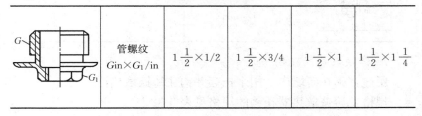

管螺纹 $Gin \times G_1/in$	$1\frac{1}{2} \times 1/2$	$1\frac{1}{2} \times 3/4$	$1\frac{1}{2} \times 1$	$1\frac{1}{2} \times 1\frac{1}{4}$

4. 暖气疏水阀

直角式暖气疏水阀如图 9-23 所示。

主要装在散热器上，用来排除设备内部的冷凝水，阻止蒸汽泄漏。规格：公称直径为 15、20mm。

5. 暖气直角式截止阀

装于室内暖气设备（散热器）上，作为开关及调节流量设备，其规格见表 9-30。

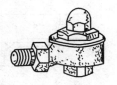

图 9-23　直角式暖气疏水阀

表 9-30　　　　　　　　暖气直角式截止阀的规格

公称压力 P_N（MPa）	适应温度（℃）≤	公称直径 DN（mm）	传　动　螺　纹		管螺纹（in）
			外螺纹	内螺纹	
1.0	225	15	Tr12×3-8C	Tr12×3-8H	1/2
1.0	225	20	Tr14×3-8C	Tr14×3-8H	3/4
1.0	225	25	Tr16×4-8C	Tr16×4-8H	1

6. 放气旋塞

用途：用于散热器内的气体排放。

规格：汽泡丝堵的规格见表 9-31。

表 9-31　　　　　　　　　　　　**汽泡丝堵的规格**

	管螺纹 G（in）	6	10
	L（mm）	42	45

7. 铸铁散热器托钩

用途：砌在砖墙内，用来托起并钩住铸铁散热器。

规格：铸铁散热器托钩的规格见表 9-32。

表 9-32　　　　　　　　　　　**铸铁散热器托钩的规格**

	铸铁散热器类型	圆翼型	M132	四柱	五柱
	L（mm）	228	246	262	284

第十章　建筑消防器材

1. 消防水带

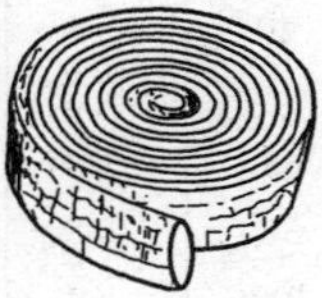

消防水带如图 10-1 所示。

用途：主要供消防灭火时输水用。

规格：公称直径（mm）为 $\phi25$，$\phi40$，$\phi50$，$\phi65$，$\phi80$，$\phi90$，$\phi100$。

流量：$0.2\sim1$L/s；有效射程：$6\sim15$m。消防水带规格见表 10-1。

图 10-1　消防水带

表 10-1　　　　　　　　消防水带规格

品　种						
消防水带			其他水带			
无衬里消防水带 （GB 4580）		无衬里消防水带 （GB 6246）	衬胶水带 （内胶出水管）		涂塑水带 （涂塑出水管）	
棉消防水带	麻（亚麻、苎麻）消防水带	衬胶水带	—		7102 型	7551 型
—	—	8、10、13、16 型	8 型		工业用	农业用
公称口径（mm）	25	40　　50	65	80	90	100
基本尺寸（mm）	25	38　　51	63.5	76	89	102
折副（mm）	42	64　　84	103	124	144	164

公称口径 (mm)	工作压力 (MPa)	单位质量 (kg/m)	公称口径 (mm)	工作压力 (MPa)	单位质量 (kg/m)	公称口径 (mm)	工作压力 (MPa)	单位质量 (kg/m)
棉消防水带			衬胶水带			衬胶水带		
40*	0.8	0.22				40	1.6	0.28
50	0.8	0.29	65*	0.8	0.33	50	1.6	0.38
65	0.8	0.35	25	1.0	—	65	1.6	0.48
80	0.8	0.43	40	1.0	—	80	1.6	0.60
100	0.4	0.56	50	1.0	0.30	7102 型涂塑水带		
麻消防水带			65	1.0	0.37	50	0.8	0.40
40	1.0	0.23	80	1.0	0.48	65	0.8	0.53
50	1.0	0.30	25	1.3	—	80	0.8	0.65
65	1.0	0.37	40	1.3	—	7551 型涂塑水带		
80	1.0	0.45	50	1.3	0.34			
90*	0.6	0.57	65	1.3	0.43	50	0.6	0.35
衬胶水带			80	1.3	0.56	65	0.6	0.42
50*	0.8	0.26	90*	1.3	0.66	80	0.6	0.58
			25	1.6	0.18	100	0.6	—

注 1. 衬胶水带的型号：工作压力 0.8MPa 为 8 型，1.0MPa 为 10 型，1.3MPa 为 13 型，1.6MPa 为 16 型。

2. 带 * 符号的规格未列入现行国家标准中。

3. 各种水带长度一般为 20m，也允许以 20m 的整数倍供应。

2. 接口

用途：用于水带、水枪、消火栓等之间的连接。

规格：接口类型及型号规格见表 10-2。

水带接口　　　　　　管牙接口　　　　　异径接口 KJ 型

图 10-2　接口分类（一）

吸水管同型接口

闷盖

进水口闷盖

英式雌×内扣式
（异径接口K×型）

英式雄×内扣式
（异径接口K××型）

吸水管接口

图 10-2　接口分类（二）

表 10-2　　　　　　　　　　　接口类型及型号规格

名　称	型号	公称压力 （MPa）	进水口径 （mm）	出水口径 （mm）
水带接口	KD25	1.6	25	18
	KD40		40	34
	KD50		50	44
	KD65		65	57
	KD80		80	71
管牙接口	KY25	1.6	25	18
	KY40		40	34
	KY50		50	44
	KY65		65	57
	KY80		80	71
异径接口	KJ25/40	1.6	40	25
	KJ25/50		50	25
	KJ40/50		50	40
	KJ40/65		65	40
	KJ50/65		65	50
	KJ50/80		80	50
	KJ65/80		80	65
异径接口	KX50 KXX50	1.6	50	25
	K×65 K××65		65	40

名　　称	型号	公称压力 （MPa）	进水口径 （mm）	出水口径 （mm）
吸水管接口	KG90 KG100	0.6	90 100	—
吸水管同 型接口	KT100	1	100	—
内螺纹固 定接口	KN25 KN40 KN50 KN65 KN80	1.6	25 40 50 65 80	65
出水口闷盖	KM25 KM40 KM50 KM65 KM80	1.6	25 40 50 65 80	

3. 灭火器

灭火器的类型如图 10-3 所示。

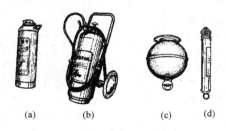

（a）　　　（b）　　　（c）　（d）

图 10-3　灭火器

（a）手提式；（b）推车式；（c）悬挂式；（d）灭火棒

灭火器类型规格见表 10-3。

表 10-3 **灭火器类型规格**

名称	型号	药剂装量 （kg）	有效射程 （m）	喷射时间 （s）	用途及特点
			手 提 式		
泡沫灭火器	MP6 MP8 MP10	6.2 8.3 9.55	6 10 10	40 50 60	用于扑灭油类、可燃液体（不溶解于水）以及普通物质的起初火灾，但不宜用于扑灭电气及珍贵物品的火灾
酸碱灭火器	MS8 MS10	8.3 9.5	10 10	40 50	适用于扑灭竹、木、纸张、棉、毛、革等可燃物质的起初火灾，但不宜用于扑灭油类、忌水和忌酸物质及电气的火灾
清水灭火器	MS9	9	10	60	适用于扑灭竹、木、纸张、棉、毛、革等可燃物质的起初火灾，但不宜用于扑灭油脂、带电设备的火灾
二氧化碳灭火器	MT2 MT3 MT5 MT7	2 3 5 7	1.5 1.5 2 2.2	8 8 10 10	适用于扑救电器、精密仪器、机器设备、珍贵文物、图书档案以及其他忌水物质的起初火灾，但不宜用于扑救钠、钾、铝、镁及铝镁合金等的火灾
			推 车 式		
四氯化碳灭火器	ML2 ML3 ML5	2 3 5	7 8 8	30 40 60	适用于扑救电器设备、小范围的汽油、丙酮等的初起火灾。但不宜用于扑救钾、钠和镁、铝粉等失火引起的火灾，以免发生爆炸。也不宜用于扑灭电石、乙炔气等火灾，以免生成光气一类有毒气体

名称	型号	药剂装量 （kg）	有效射程 （m）	喷射时间 （s）	用途及特点
干粉灭火器	MF1	1	2.5	6	适用于扑救油类、可燃气体、电器和遇水燃烧的物质起初火灾，但不宜用于扑救竹、木、棉等固体物质的火灾
	MF2	2	2.5	8	
	MF3	3	2.5	8	
	MF4	4	4	9	
	MF5	5	4	9	
	MF6	6	4	10	
	MF8	8	5	12	
	MF10	10	5	12	
1211 灭火器 1211 灭火器	MY05	0.5	2	6	适用于扑救油类、有机溶液、精密仪器、电器设备、文物档案等起初火灾，但不宜用于扑救钠、钾、铝及镁等金属燃烧引起的火灾
	MY1	1	2.5	8	
	MY2	2	3.5	8	
	MY3	3	3	8	
	MY4	4	4.5	10	
	MY5	5	5	10	
	MY6	6	5	10	
泡沫灭火器	MP65	65	15	170	适用于扑救油类、石油产品等的火灾
	MP100	100	16	175	
	MP13G	130	18	180	
干粉灭火器	MFT25	25	8	12	用于扑救化工车间、加油站、配电室等处的火灾
	MFT35	35	8	16	
	MFT50	50	9	20	
1211 灭火器	MYT10	10	7	25	适用于扑救加油站、油泵房、油槽及贵重设备的火灾
	MYT20	20	7	25	
	MYT25	25	7	25	
	MYT40	40	7	25	

名称	型号	药剂装量 （kg）	有效射程 （m）	喷射时间 （s）	用途及特点
自动灭火式					
1211 自 动灭火器	MYZ2	2	4	5.3	适用于中、小型油库，隧 道，仓库，电力控制系统及文 史档案的火灾，有悬挂式、固 定式、无管路式、组合式等类 型
	MYZ4	4	5	10.7	
	MYZ6	6	6	17	
	MYZ8	8	8	22	
	MYZ10	10	12	28	
	ZY40A	40	30	100	
	ZYW60	60	30	150	
二氧化碳 自动灭火器	ZT275	275	10	110s	适用于保护昂贵物品设备、 仪器、仪表及图书档案等
组合式 1301 自动 灭火器	ZS 系列	0.364 kg/m³	30	100～ 200	适用于保护高价值设备及珍 贵文物资料等

4. 消火栓

消火栓的种类如图 10-4 所示。

(SN型)室内消火栓　　(SS型)地上式　　(SA型)地下式

图 10-4　消火栓

用途：消防水源的专用开关设备。装在街道两旁、公共场所、工业企业、仓库等的供水管路上。室内消火栓装在室内管路上，室外消火栓装在室外管路上，地上式可露出地面，地下式则应埋于地下。

规格：消火栓类型及型号规格见表 10-4。

表 10-4 　　　　　　　　　**消火栓类型及型号规格**

名　称	型　号	公称压力（MPa）	进水口		出水口	
			形式	公称通径（mm）	形式	公称通径（mm）
室内消火栓	SN25	1.6	管螺纹	25	内扣式	KN25
	SN40	1.6		40		KN40
	SN50	1.6		50		KN50
	SN65	1.6		65		KN65
	SNS50	1.6		80		2-KN50
	SNS65	1.6		80		2-KN65
室外地上式消火栓	SS100	1.0	承插法兰	100	内扣式	2-KN65、100
	SS150	1.0		100	外螺纹式	2-KN65
室外地下式消火栓	SX100-1.0	1.0	承插法兰	100	专用连接器	100
	SX100-1.6	1.6		100		100
	SX65-1.0	1.0	承插法兰	100	内扣式	2-KN65
	SX65-1.6	1.6		100	内扣式	2-KN65
	SX100×65-1.0	1.0	承插法兰	100	内扣式	KN65
	SX100×65-1.6	1.6		100	外螺纹式	100
地上式水泵接合器	SQ100	1.6	法兰	100	内扣式	2-KW65
	SQ150	1.6		150		2-KWS80
墙壁式水泵接合器	SQB100	1.6	法兰	100	内扣式	2-KWS55
	SOB150	1.6		150		2-KWS80
地下式水泵接合器	SQX100	1.6	法兰	100	内扣式	2-KWS65
	SQX150	1.6		150		2-KWS80

5. 水枪

水枪的种类如图 10-5 所示。

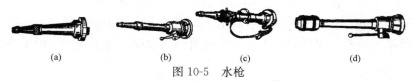

(a)　　　　　　　　　(b)　　　　　　　(c)　　　　　　　　　(d)

图 10-5　水枪

（a）直流水枪；（b）直流开关水枪；（c）直流开花水枪；（d）直流喷雾水枪

用途：装在水带出水口处，起射水作用。直流水枪射出水流为实心水柱。开关水枪可控制水流大小。开花水枪可射出实心水柱或伞状开花水帘。

规格：喷雾水枪可射出实心水柱或雾状水流。水枪类型及型号规格见表 10-5。

表 10-5 水枪类型及型号规格

名　称	型　号	进水口径（mm）	进口压力（MPa）	射程（m）	外形尺寸（mm）		
					长	宽	高
直流水枪	QZ16	50	0.588	≥31	98	96	304
	QZ19	65			111	111	337
新型直流水枪	QZ16A	50	0.6	>35	95	95	390
	QZ19A	65		>38	110	110	120
直流开花水枪	QZH16	50	0.6	>30	115	100	325
	QZH19	65		>35	111	111	438
高压喷雾枪	QWG20	20	3	>12	—	—	—
直流喷雾水枪	QZW16	65	0.6	喷雾射程 >2×10	168	111	465
	QZW19	65		>2.5×10	168	111	465
雾化水枪喷头	QW48	连接螺纹 M48×2	0.6	开花射程 >11	93	93	140
直流开关水枪	QZG16	50	0.6	≥31	150	98	440
	QZG19	65			160	111	465
带架水枪	QJ32	65×65	0.883	45	—	—	—
多用水枪	QD50	50	0.2~0.7	≥25	—	—	—
	QD65	65					
自卫多用水枪	QDZ16	65	0.2~0.7	>28	—	—	—
	QDZ19			>30			
干粉枪	MFTQ16	—	1.5	≥10	—	—	—

图 10-6　滤水器

6. 滤水器

滤水器如图 10-6 所示。

用途：用以阻止水源中的石子、杂草等吸入水管内，保障水泵正常运转。

规格：滤水器类型及型号规格见表 10-6。

表 10-6　　　　滤水器类型及型号规格

型号	公称口径（mm）	外形尺寸（长×宽×高，mm×mm×mm）		螺纹（mm）	工作压力（MPa）
		外径	高		
FLF100	100	230	290	M125×6	≤0.4

注　型号中 FLF 表示滤水器。

7. 分水器、集水器

分水器、集水器如图 10-7 所示。

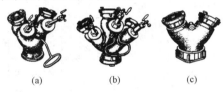

(a)　　　　(b)　　　　(c)

图 10-7　分水器、集水器

(a) 二分水器；(b) 三分水器；(c) 集水器

用途：分水器用以将单股进水水流分成两股或三股水流出水。每股水流出口处都装有阀门。接口形式为内扣式。集水器用以将两股进水水流汇集成一股出水水流。

规格：分水器型号规格见表 10-7。集水器型号规格见表 10-8。

表 10-7　　　　分水器型号规格

型号	进水口公称通径		出水口公称通径		公称压力（MPa）	开启力≤（N）
	(mm)	接口型式	(mm)	接口型式		
FF65	65	内扣式管牙接口	50×2	内扣式牙接口	1.6	200
FF80	80		65×2			
FFS65	65		50×2			
FFS80	80		65×1、65×3			

表 10-8　　　　　　　　　集水器型号规格

型　　号	进水口		出水口		公称压力（MPa）			公称压力（MPa）
	接口型式	公称通径（mm）	个数（代号）	接口型式	公称通径（mm）	连接尺寸（mm）	
FJ100-2B-1 FJ100-2B-1.6	管牙接口	65	2（2B）	螺纹式接口	100	M125×6	1，1.6
FJ125-3B-1 FJ125-3B-1.6			3（3B）		125	M150×6	
FJ150-4B-1 FJ150-4B-1.6			4（4B）		150	M170×6	
FJ125B-2B1-1 FJ125B-2B1-1.6	管牙接口	80	2（2B1）	螺纹式接口	125	M150×6	1，1.6
FJ150-3B1-1 FJ150-3B1-1.6			3（3B1）		150	M170×6	

8. 火灾探测器

火灾探测器的类型如图 10-8 所示。

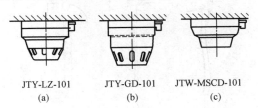

JTY-LZ-101　　　　JTY-GD-101　　　JTW-MSCD-101
　　(a)　　　　　　　　　(b)　　　　　　　　(c)

图 10-8　火灾探测器

(a) 离子感烟；(b) 光电感烟；(c) 差定温

用途：用于火灾发生时引起的烟雾、温度变化达到预定值时，探测器便发出报警信号。适合各类大型建筑物火灾探测与报警。

规格：火灾探测器类型及规格见表 10-9。

表 10-9　　　　　　　　　　火灾探测器的类型及规格

名　称	型　号	使用环境	灵敏度	工作电压
离子感烟火灾探测器	JTY-LZ-101	温　度：－ 20 ～ +50℃ 湿度：40℃ 时达 95% 风速：<5m/s	Ⅰ级：用于禁烟场所 Ⅱ级：用于卧室等少烟场所 Ⅲ级：用于会议室等场所	直流 24V
光电感烟火灾探测器	JTY-GD-101			
差定温火灾探测器	JTW-MSCD-101			
离子感烟火灾探测器	JTY-LZ-D	报警电压（V）		19，24
光电感烟火灾探测器	JTY-GD	报警电压（V）		19
电子感温火灾探测器	JTW-Z（CD）	报警电压（V）		14
红外光感探测器	JTYHS	工作电压（V）		24

9. 消防斧

消防斧的种类如图 10-9 所示。

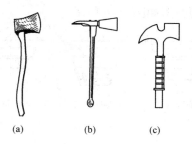

图 10-9　消防斧
（a）消防平斧；（b）消防尖斧；（c）消防腰斧

用途：扑灭火灾时，拆除障碍物用。

规格：消防斧型号见表 10-10。

表 10-10 消防斧型号

品　种	型　号	外形尺寸（mm）	斧重（kg）
消防平斧 （GA 138—1996）	GFP610	610×164×24	1.1～1.8
	GFP710	710×172×25	1.1～1.8
	GFP810	810×180×26	1.1～1.8
	GF910	910×188×27	2.5～3.5
消防尖斧 （GA 138—1996）	GFJ715	715×300×44	1.8～2.0
	GFJ815	815×330×53	2.5～3.5
消防腰斧	GF285	285×160×25	0.8～1.0
	GF325	325×120×25	0.9～1.1

10．封闭式玻璃球吊顶型喷头

用途：用于高层、地下建筑物，连接湿式自动喷水灭火系统，起探测、启动水流、喷水灭火作用。封闭式玻璃球吊顶型喷头如图10-10 所示。

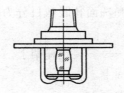

图 10-10　封闭式玻璃
球吊顶型喷头

规格：喷头型号见表 10-11。

表 10-11　　　　封闭式玻璃球吊顶型喷头型号

型　号	喷口直径 （mm）	喷头指标		使用环境温度 （℃）
		温度级别	玻璃球颜色	
BBd15	10 15 20	57	橙	38
		68	红	49
		79	黄	60
		93	绿	74

第十一章　卫生洁具及配件

一、洗面池及配件

1. 洗面池（GB/T 6952）

洗面池的种类如图 11-1 所示。

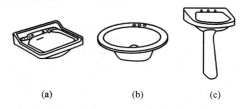

(a)　　　　　(b)　　　　　(c)

图 11-1　洗面池
(a) 托架式；(b) 台式；(c) 立柱式

洗面器按安装方式和洗面孔眼数目分为以下几类。

(1) 按安装方式分。

托架式（普通式）——安装在托架上。

台式——安装在台面上。

立柱式——安装在地面上。

(2) 按洗面器孔眼数目分。

单孔式——安装一只水嘴或安装单手柄（混合）水嘴。

双孔式——安装放冷、热水用水嘴各一副，或双手轮（或单手柄）冷热水（混合）水嘴各一副，其中两水嘴中心孔距分 100mm 和 200mm 两种。

三孔式——（习称暗式）安装双手轮（或单手柄）放冷热水（混合）水嘴各一副，混合体在洗面器下面。

用途：配上洗面器水嘴等附件，安装在卫生间内，供洗手、洗脸用。

规格：洗面器型号和主要尺寸见表 11-1、表 11-2。

表 11-1　　洗面器型号规格

形　式	普　通　式					台　式		立柱式		
产　地	唐　山					上　海		上　海		
型　号	14 号	16 号	18 号	20 号	22 号	L-610	L-616	L-605	L-609	L-621

表 11-2　　常见洗面器主要尺寸　　mm

长度	350	400	450	510	560	510	590	600	630	520
宽度	260	310	310	300	410	440	500	530	530	430
高度	200	210	200	250	270	170	200	240	250	220
总高度	—	—	—	—	—	—	—	830	830	780

2. 洗面器水嘴（QB/T 1334）

洗面器水嘴如图 11-2 所示。

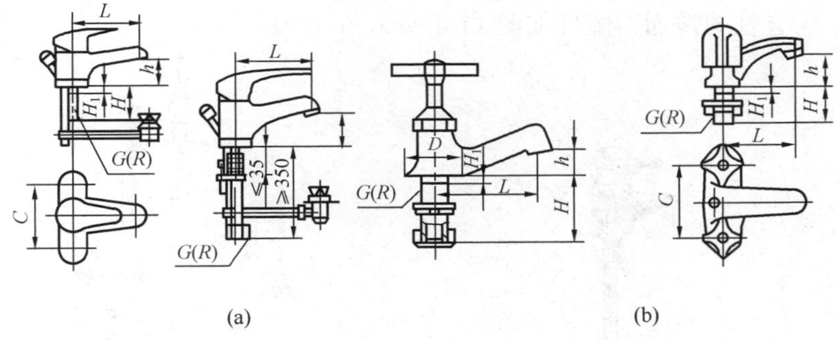

图 11-2　洗面器水嘴

（a）台式明装单控；（b）台式明装双控

装于洗面器上，用以开关冷、热水。在水嘴手柄上标有“冷”“热”字样，或嵌有蓝红标志，通常以冷热水嘴各一只为一组。其规格见表 11-3。

表 11-3　　洗面器水嘴规格

最大 H(mm)	最小 H_1(mm)	最小 D(mm)	最小 L(mm)	最小 h(mm)	C(mm)
48	8	40	65	25	100,150,200

公称直径(mm)	管螺纹代号(kPa)	管螺纹(in)	适用水温(℃)
15mm	600	1/2	≤100

3. 洗面器单手柄水嘴

洗面器单手柄水嘴如图 11-3 所示。

用途：装在陶瓷面盆上，用以开关冷、热水和排放盆内存水。其特点是冷热水均用一个手柄控制和从一个水嘴中流出，并可调节水温。手柄向上提起再向左旋，可出热水；如果右旋，即出冷水；手柄向下撤，则停止出水；拉起提拉手柄，可排放盆内存水；撤下提拉手柄，即停止排水。

规格：MG12（北京产品）。公称通径 DN：15mm；公称压力 PN：0.6MPa；适用温度：≤100℃。

4. 立柱式洗面器配件

立柱式洗面器配件如图 11-4 所示。

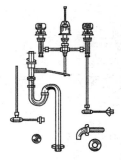

图 11-3　洗面器单手柄水嘴　　　图 11-4　立柱式洗面器配件

用途：专供装在立柱式洗面器上，用以开关冷、热水和排放盆内存水。其特点是冷、热水均从一个水嘴中流出，并可调节水温。撤下金属拉杆即可排放盆内存水；拉起拉杆，则停止排水。附有存水弯，可防止排水管内臭气回升。

规格：80-1 型（上海产品），公称通径 DN：15mm。公称压力 PN：0.6MPa。适用温度：≤100℃。

5. 洗面器排水阀

洗面器排水阀如图 11-5 所示。

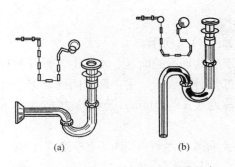

图 11-5　洗面器排水阀

(a) 普通式：横式（P形）；(b) 普通式：直式（S形）

用途：排放面盆、水斗内存水用的通道，并有防止臭水回升作用。由落水头子、锁紧螺母、存水弯、法兰罩、连接螺母、橡皮塞、瓜子链等零件组成。

规格：有横式、直式两种，又分为普通式和提拉式两种。制造材料有铜合金、尼龙 6、尼龙 1010 等；公称通径 DN 为 32mm，橡皮塞直径为 29mm。

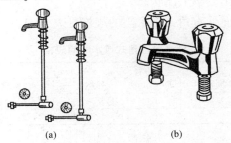

图 11-6　水嘴

(a) 普通式；(b) 混合式

6. 普通式水嘴和混合式水嘴

用途：专供装在台式洗面器上，用以开关冷、热水和排放盆内存水，分普通式和混合式两种。普通式的冷热水分别从两个水嘴流出。混合式的特点：冷、热水均从一个水嘴流出，并可调节水温。

规格：普通式—15M7 型；混合式—7103 型。公称通径 DN：15mm。公称压力 PN：0.6MPa。适用温度：≤100℃。

7. 弹簧水嘴

弹簧水嘴如图 11-7 所示。

用途：装于公共场所的面盆、水斗上，做开关自来水用。揿下水嘴手柄，即打开通路放水，手松即关闭通路停水。

规格：公称通径 DN15mm。公称压力 PN：0.6MPa。适用温度：≤100℃。

8. 洁面器直角式进水阀（QB/T 2759）

图 11-7　弹簧水嘴　　　图 11-8　洁面器直角式进水阀

用途：装在通向洗面器水嘴的管路上，用以控制水嘴的给水，以利于设备维护。平时直角截止阀处于开启状态，若水嘴或洗面器需进行维修，则处于关闭状态。

规格：洁面器直角式进水阀的规格见表 11-4。

表 11-4　　　　　　　**洁面器直角式进水阀的规格**

名称	公称压力 PN（MPa）	公称直径 DN（mm）	传动螺纹		管螺纹 （in）
			外螺纹	内螺纹	
铜质截止阀	0.6	15	Tr18×3-8C	Tr18×3-8H	1/2
可锻铸件截止阀	0.6	15	Tr12×3-8C	Tr12×3-8H	1/2

二、浴缸、淋浴器配件

1. 浴缸

浴缸如图 11-9 所示。

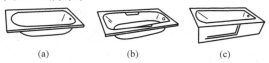

图 11-9　浴缸

（a）普通；（b）扶手；（c）裙板

用途：安装在卫生间内，配上浴缸水嘴等附件，供洗澡用。

规格：按制造材料分，有铸铁浴缸、钢板浴缸、玻璃钢浴缸、压克力浴缸、塑料浴缸。

按结构分，有普通浴缸（TYP型）、扶手浴缸（GYF-5扶型）、裙板浴缸。

按色彩分，有白色浴缸、彩色浴缸（青、蓝、骨、杏、灰、黑、紫、红）等。

浴缸的型号规格见表11-5。

表11-5 浴缸的型号规格

名 称	型 号	尺 寸（mm）			产地
		长	宽	高	
搪瓷浴缸 （钢板）	—	1680 1520	780 780	420 420	
搪瓷浴缸 （铸铁）	—	1200 1400	650 700	360 380	浙江省
搪瓷浴缸 （铸铁）	—	1520 1680	740 750	410 430	
普通浴缸	TYP-10B	1000	650	305	上海市
	TYP-11B	1100	650	305	
	TYP-12B	1200	650	315	
	TYP-13B	1300	650	315	
	TYB-14B	1400	700	330	
	TYB-15B	1500	750	350	
	TYB-16B	1600	750	350	
	TYB-17B	1700	750	370	
	TYB-18B	1800	800	390	
扶手浴缸	GYF-5扶	1520	780	350	上海市
裙板浴缸	8701型	1520	780	350	上海市
搁手浴缸	8801型	1520	780	380	上海市

名　称	型　号	尺　寸（mm）			产地
		长	宽	高	
玻璃钢 浴缸	—	1600	760	420	—
		1580	690	370	
		1500	730	435	
		1400	700	400	
		1400	680	435	
		1200	730	450	
		1080	600	380	
		1080	600	360	
		1700	760	380	

注 1. 玻璃钢具有质轻、耐久、绝缘、抗冻、耐腐蚀、强度高等特点，因此建筑制
品得到了广泛应用。

2. 常用玻璃钢有环氧玻璃钢（使用温度 90～100℃），酚醛玻璃钢（使用温度＜
120℃），呋喃玻璃钢（使用温度＜180℃）。

3. 搪瓷浴缸符合（ZBY 26001 规定）玻璃纤维增强塑料浴缸符合 GB 7191 规定。

2. 浴缸水嘴（QB/T 1334）

浴缸水嘴的类型如图 11-10 所示。

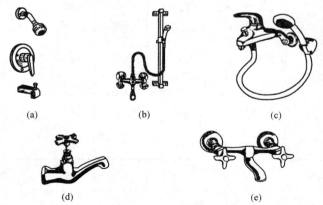

图 11-10　浴缸水嘴

（a）暗三联式（入墙式）；（b）明三联式（移动式）；（c）单手柄明
三联式（插座式）；（d）普通式；（e）明双联式

用途：装于浴缸上，用以开冷、热水。在水嘴手柄上标有"冷""热"字样（或嵌有蓝、红色标志）单手柄浴缸水嘴是用一个手柄开关冷、热水，并可调节水温。带淋浴器的可放水进行淋浴。适用温度≤100℃。

规格：浴缸水嘴品种规格见表 11-6。

表 11-6　　　　　　　　　　浴缸水嘴品种规格

品　种	结　构　特　点	公称通径 D_n（mm）	公称压力 PN（MPa）
普通式	由冷、热水嘴各一只组成一组	15，20	
明双联式	由两个手轮合用一个出水嘴组成	15	
单手柄式	与三联式不同处，用一个手轮开关冷、热水和调节水温	15	0.6
明（暗）三联式	比双联式多一个淋浴器装置	15	

3. 淋浴水嘴（QB/T 1334）

淋浴水嘴如图 11-11 所示。

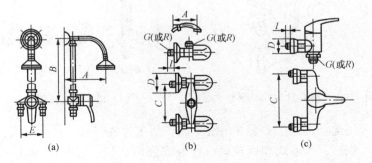

图 11-11　淋浴水嘴

（a）壁式明装单控；（b）壁式明装双控；（c）壁式明装单控

用途：用于公共浴室或各类卫生间做淋浴的水源开关。

规格：淋浴水嘴的规格见表 11-7。

表 11-7　　　　　　　　　　淋浴水嘴的规格

公称压力 (MPa)	适用温度 (℃)≤	公称直径 D_N (mm)	螺纹尺寸 (in)	A_{min} (mm)		B (mm)	C (mm)	D (mm)	E_{min} (mm)
				非移动喷头	移动喷头				
0.6	100	15	1/2	395	120	1015	100 150 200	45	95

4. 浴缸自动控制混合水嘴

浴缸自动控制混合水嘴如图 11-12 所示。

用途：适用于控制和调节浴缸所用水的温度。

规格：公称直径：15mm。

5. 浴缸长落水

浴缸长落水如图 11-13 所示。

提拉式

普通式

图 11-12　浴缸自动控制混合水嘴　　　　图 11-13　浴缸长落水

用途：适用于安装在浴缸下面，便于排放存水。

规格：普通式和提拉式。普通式公称直径：32、40mm；提拉式公称直径：40mm。

6. 脚踏阀门（CJ/T 319）

脚踏阀门如图 11-14 所示。

适用于安装在供水管道终端，调节和控制供水。其规格见表 11-8。

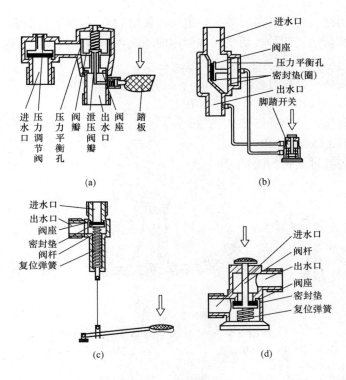

图 11-14　脚踏阀门

(a) 一体式液压复位脚踏阀；(b) 分体式液压复位脚踏阀；
(c) 分体式弹簧复位脚踏阀；(d) 一体式弹簧复位脚踏阀

表 11-8　　　　　　　　　脚踏阀门的规格

种类	小便冲洗脚踏阀	大便冲洗脚踏阀	洗脸盆脚踏阀	洗涤用脚踏阀		脚踏淋浴阀	
						单	双
公称直径（mm）	15	15 或 20	15	20	15	15	
工作压力（kPa）	50	100~150	50	50		50~100	
额定流量（mL/s）	100	1200	150	300~400	150~200	150	100×2
适用水温（℃）	0~75						

注　在进水压力为 350kPa，脚踏阀全开时。最大流量≤额定流量的一半。

7. 沐浴喷头

沐浴喷头如图 11-15 所示。

用途：用于淋浴时喷水，也可以做防暑降温的喷水设备，有固定式和活络式两种。活络式在使用时喷头可以自动转动，变换喷水方向。

规格：公称直径DN（mm）×莲蓬直径（mm）：15×40，15×60，15×75，15×80，15×100。

规格：公称通径DN：15mm。

8.浴缸排水阀

浴缸排水阀如图11-16所示。

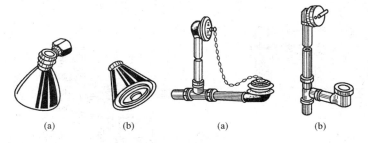

| (a) | (b) | (a) | (b) |

图 11-15　沐浴喷头　　　　图 11-16　浴缸排水阀
（a）活络式；（b）固定式　　（a）普通式；（b）提拉式

用途：装于浴缸下面，用以排去浴缸内存水。由落水、溢水、三通、连接管等组成。

规格：公称通径DN：普通式32mm，42mm；提拉式42mm。

三、大便器及配件

1.坐便器

坐便器的类型如图11-17所示。

按坐便器冲洗原理分，有冲落式、虹吸式、喷射虹吸式、漩涡虹吸式（连体式）。

按配用低水箱结构分，有挂箱式：低水箱位于坐便器后上方，两者之间需用角尺弯管连接起来；坐箱式：低水箱直接装在坐便器后上方；连体式：低水箱与坐便器连成一个整体。

用途：配上低水箱、坐便器等附件，安装在卫生间内，供大小

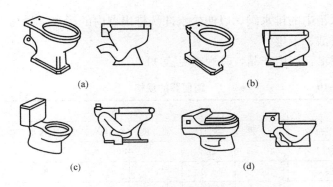

图 11-17　坐便器

(a) 冲落式；(b) 虹吸式；(c) 喷射虹吸式；(d) 漩涡虹吸式

便用，便后可以打开低水箱中排水阀，放水冲洗污水、污物，使其保持清洁、卫生。

规格：坐便器的分类及型号规格见表 11-9。

表 11-9　　　　　　　坐便器的分类及型号规格

产地	型号	形式	坐便器主要尺寸（mm）			
			长度	宽度	高度	连低水箱总高度
唐山	福州式 3 号	挂箱冲落式	460	350	390	—
上海	C-02	坐箱虹吸式	740	365	380	830
	C-04	坐箱喷射虹吸式	730	510	355	735
	C-03	连体漩涡虹吸式	740	520	400	530

2. 蹲便器

蹲便器如图 11-18 所示。

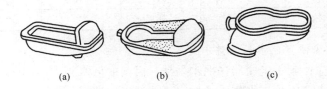

图 11-18　蹲便器

(a) 和丰式（1 号）；(b) 踏板式；(c) 水平蹲式

用途：安装在卫生间内，供人们蹲着进行大小便用，便后需拉开高水箱中的排水阀，以便放水冲洗排出器内的污水、污物，使其保持清洁、卫生。

规格：唐山产品，其规格见表 11-10。

表 11-10　　　　　　　　　　蹲便器的规格　　　　　　　　　　mm

型　号	主　要　尺　寸			
	长　度	宽　度	高　度	进水口端面至排水口中心距
和丰式（1号）	610	280	400	430
踏板式	600	430	285	55
水平蹲式	550	320	275	55

3. 水箱

水箱如图 11-19 所示。

用途：分高水箱、低水箱两种。高水箱高挂于蹲便器上部，低水箱位于坐便器后上部。水箱内经常储存一定容量的清水，供人们大

图 11-19　水箱

小便后利用箱内存水冲洗蹲便器、坐便器，使污水、污物排入排污管中，保持清洁、卫生。

规格：水箱型号规格见表 11-11。

表 11-11　　　　　　　　　　水箱型号规格　　　　　　　　　　mm

品　种	型　号	长度	宽度	高度
高水箱	1号	420	240	280
低水箱	壁挂式12号	480	215	330
低水箱	坐箱式	510	250	360

4. 坐便器低水箱配件

用途：装于坐便器（抽水马桶）后面的低水箱中，用于水箱的自动进水、停止进水和手动放水（冲洗坐便器）。由扳手、进水阀、浮球、排水阀、角尺弯、马桶卡等零件组成。按排水阀结构分，有直通式、翻版式、繁球式、虹吸式等。

规格：公称压力 PN：0.6MPa。排水阀公称通径 DN：50mm。

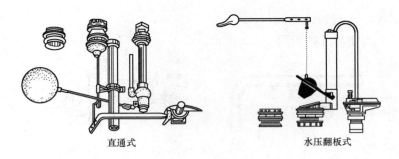

直通式　　　　　　　　水压翻板式

图 11-20

5. 低水箱进水阀

低水箱进水阀如图 11-21 所示。

用途：低水箱中的自动排水机构。当水箱中的水位低于规定位置时，即自动打开，让水进入水箱；当水位达到规定位置时，即自动关闭，停止进水。

规格：公称通径 DN：15mm；公称压力 PN：0.6MPa。

6. 低水箱排水阀

低水箱排水阀如图 11-22 所示。

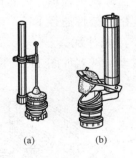

(a)　　　　　(b)

图 11-21　低水箱
　　　　进水阀

图 11-22　低水箱排水阀
(a) 直通式；(b) 翻板式

用途：控制低水箱中放水通路。提起水阀便放水冲洗坐便器；放水后自动落下，关闭放水通路。按结构分直通式、翻板式、翻球式等。

规格：公称通径 DN：50mm。

7. 大便冲洗阀

大便冲洗阀如图 11-23 所示。

图 11-23　大便冲洗阀

（a）钢管和法兰罩；（b）阀体

用途：放水冲洗坐便器用的一种半自动阀门，可代替低水箱用。由阀体、铜管、法兰罩、马桶卡等零件组成，可分开供应。

规格：阀体公称通径 DN：25mm。铜管外径：32mm。

8. 高水箱配件

高水箱配件如图 11-24 所示。

用途：装于蹲便器的高水箱中，用于自动进水和手动放水。由拉手、浮球阀、浮球、排水阀、冲洗管、黑套等零件组成。

规格：公称通径 DN：32mm。有直通式和翻板式两种。

9. 自动冲洗器

自动冲洗器如图 11-25 所示。

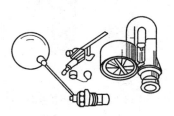

图 11-24　高水
箱配件

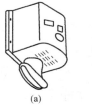

图 11-25　自动冲洗器

（a）槽式；（b）立式、挂式

用途：适用于自动冲洗便器。

规格：其规格见表 11-12。

表 11-12 自动冲洗器的规格

种类	进水口外径	灵敏度（s）	控制距离（cm）	公称压力（kPa）
立式、挂式自动冲洗器	G¾	0.25	35～40	20～800
槽式自动冲洗器	G¾	0.10	50～55	20～800

10. 自落水进水阀

自落水进水阀如图 11-26 所示。

用途：小便槽上自落高水箱的进水开关，装在水箱内部，用以控制进水量的大小和自动落水间隔时间。

规格：公称通径 DN：15mm。公称压力 PN：0.6MPa。

11. 高水箱排水阀

高水箱排水阀如图 11-27 所示。

图 11-26　自落水进水阀　　　图 11-27　高水箱排水阀

用途：用于控制高水箱中放水通路的启闭。当向上提起时，即可打开通路，放水冲洗蹲便器；水放完后，可自动落下，关闭通路。

规格：公称通径 DN：32mm。

12. 浮球阀

浮球阀如图 11-28 所示。

用途：用做高水箱、水塔等储水器中进水部分的自动开关设备。当水箱中的水位低于规定位置时，即自动打开，让水进入水箱。当水位达到规定位置时，即自动关闭，停止进水。

图 11-28　浮球阀

规格：公称通径 DN（mm）：15，20，25，32，40，50，65，

80，100（高水箱中一般使用 DN15，供应时不带浮球）。

四、小便器及配件

1. 小便器

小便器如图 11-29 所示。

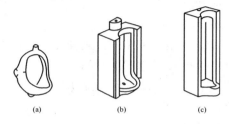

图 11-29　小便器
(a) 斗式（平面式）；(b) 壁挂式；(c) 立式

用途：装在公共场所的男用卫生间内，供小便使用。

规格：小便器的规格见表 11-13。

表 11-13　　　　　　　　　　　　小便器的规格　　　　　　　　　　　　mm

品　　种	宽度	深度	高度
斗　　式	340	270	490
壁挂式	300	310	615
立　　式	410	360	850 或 1000

2. 小便器落水

小便器落水如图 11-30 所示。

图 11-30　小便器落水

用途：装于斗式小便器下部，用以排泄污水和防止臭气回升。有直式（S 形）和横式（P 形）两种。以直式应用较广大。

规格：公称通径 DN：40mm。制造材料：铅合金、塑料、铜镀铬。

3. 立式小便器铜器

立式小便器铜器如图 11-31 所示。

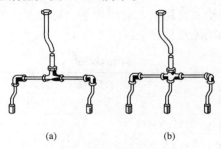

图 11-31　立式小便器铜器

(a) 双联；(b) 三联

用途：装于水箱与立式小便器之间，用以连接管路和放水冲洗便斗。

规格：按连接小便器的数目分为单联、双联、三联。

4. 小便器配件

小便器配件如图 11-32 所示。

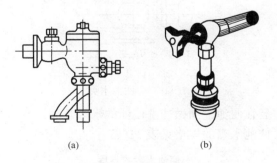

图 11-32　小便器配件

(a) 手揿式；(b) 手开式

用途：装于小便器上面冲洗小便池用。手揿式用手揿揿钮，就开始放水；手离开揿钮，就停止放水。手开式用手旋开阀门，就开始放水；关闭阀门，才停止放水。

规格：公称通径 DN：15mm；公称压力 PN0.6MPa。

5. 脚踏阀

用途：装于自来水管路上，或装于不使用手启闭的供水管路上或蹲、坐便器的给水管路上，启闭用水，冲洗便器或洗手等。

规格：脚踏阀的规格见表 11-14。

表 11-14　　　　　　　　　　脚踏阀的规格

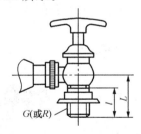

型号、名称	公称直径 （mm）	公称压力 （MPa）	工作温度 （℃）≤
可锻铸铁踏阀	15	0.6	50
TF-Ⅱ型踏阀	15，20，25	0.6	50
踏阀	15	0.6	50
全铜踏阀	15	0.6	50

6. 便池水嘴（QB/T 1334）

便池水嘴如图 11-33 所示。

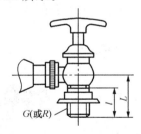

G(或R)

图 11-33　便池水嘴

用途：装在便池上面做冲洗便池的水源开关。

规格：便池水嘴的规格见表 11-15。

表 11-15　　　　　　　　　　便池水嘴的规格

公称直径 DN （mm）	公称压力 PN （MPa）	螺纹尺寸 （in）	l_{min} （mm）	L （mm）	使用介质
15	0.6	1/2	25	48～108	冷水

7. 小便器自动冲洗阀

小便器自动冲洗阀如图 11-34 所示。

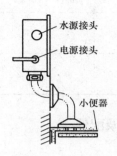

水源接头
电源接头
小便器

图 11-34　小便器自动冲洗阀

用途：该产品采用红外感应技术，性能稳定可靠，使用时，分人到冲水和人离冲水两种，具有卫生、节水、方便等特点。

规格：（广州水暖器材总厂产品）小便器自动冲洗阀的规格见表 11-16。

表 11-16　　　　　　　　　小便器自动冲洗阀的规格

型号	放水阀		排水口	公称压力（MPa）	使用介质	工作距离（m）
	G（in）	D_N（mm）	D_N（mm）			
G-7021	1/2	15	50	0.5	冷水	0.6

8. 小便器鸭嘴

小便器鸭嘴如图 11-35 所示。

用途：装于立式小便器铜器下部，用于喷水冲洗立式小便斗。

规格：公称通径 DN：20mm。

9. 小便器自动冲洗器

用途：装在冲洗管与自动冲洗水箱之内，自动定时排水冲洗便器。

图 11-35　小便器鸭嘴

规格：（北京水暖器材一厂产品）小便器自动冲洗器的规格见表 11-17。

表 11-17　　　　　　　小便器自动冲洗器的规格

型号	D_N	D	d	H	H_1
	（mm）	（in）	（mm）	（mm）	（mm）
0201-32	32	G1¼	32	205	40
0201-50	50	G2	50	294	50

五、其他卫生洁具及配件

1. 水槽

用途：装在厨房内或公共场所的卫生间内，供洗涤蔬菜、食物、衣物及其他物品用。分单槽式和双槽式。

单槽式　　　　　　　　双槽式

图 11-36　水槽

规格：唐山产品，其型号规格见表 11-18。

表 11-18　　　　　　　　水槽的型号规格　　　　　　　　mm

型　号	1 号	2 号	3 号	4 号	5 号	6 号	7 号	8 号
长度	610	610	510	610	410	610	510	410
宽度	460	410	360	410	310	460	360	310
高度	200	200	200	150	200	150	150	150

注　表列为单槽式规格，双槽式常用规格长×宽×高（mm）：780×460×210

图 11-37　水槽水嘴

2. 水槽水嘴

水槽水嘴如图 11-37 所示。

用途：装在水槽上，供开关自来水用。

规格：公称通径 DN：15mm。公称压力 PN：0.6MPa。

3. 化验水嘴（QB/T 1334）

化验水嘴如图 11-38 所示。

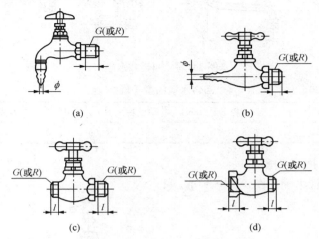

图 11-38　化验水嘴

(a) 化验弯水嘴；(b) 化验直水嘴；

(c) A 型化验接管水嘴；(d) B 型化验接管水嘴

用途：常用于化验水盆上，套上胶套放水冲洗试管、药瓶、量杯等。

规格：化验水嘴的型号规格见表 11-19。

表 **11-19**　　　　　　　　　化验水嘴的型号规格

公称直径 D_N（mm）	螺纹尺寸代号（in）	螺纹有效长度（mm）		ϕ（mm）
		圆柱管螺纹	圆锥管螺纹	
15	1/2	10	11.4	12

4. 回转式水嘴

回转式水嘴如图 11-39 所示。

用途：装在家具槽、洗菜盆等处的自来水管路上，做放水开关用。

规格：回转水槽的型号规格见表 11-20。

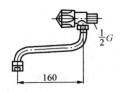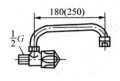

图 11-39　回转式水嘴

表 11-20　　　　　　　　　回转水槽的型号规格

型号	公称直径 D_N（mm）	公称压力 P_N（MPa）	工作温度（℃）
G-0851	15，20	0.59	≤50

5. 接管水嘴

接管水嘴如图 11-40 所示。

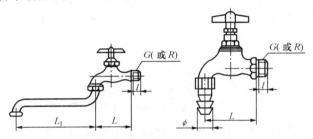

图 11-40　接管水嘴

用途：装于自来水管路上做放水用。可连接输水胶管，把水输送到较远的地方。

规格：回转水槽的型号规格见表 11-21。

表 11-21　　　　　　　　　回转水槽的型号规格

公称压力 P_N（MPa）	适应温度（℃）≤	公称直径 D_N（mm）	管螺纹（in）	螺纹有效长度 l_{min}（mm） 圆柱管螺纹	螺纹有效长度 l_{min}（mm） 圆锥管螺纹	L_{1min}（mm）	L_{min}（mm）	ϕ（mm）
0.6	50	15	1/2	10	11.4	170	55	15
		20	3/4	12	12.7		70	21
		25	1	14	14.5		80	28

6. 单联、双联、三联化验水嘴

单联、双联、三联化验水嘴如图 11-41 所示。

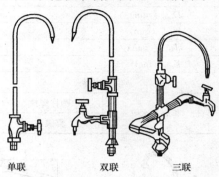

单联　　　　双联　　　　三联

图 11-41　单联、双联、三联化验水嘴

用途：装于实验室的化验盆上，作为放水开关设备。

规格：公称通径 DN：15mm。公称压力 PN：0.6MPa。单联：一个鹅颈水嘴；双联：一个鹅颈水嘴，一个弯嘴化验水嘴；三联：一个鹅颈水嘴，两个弯嘴化验水嘴。总高度：单联＞450mm；双联、三联：650mm。

7. 洗涤水嘴

洗涤水嘴如图 11-42 所示。

用途：用于卫生间与陶瓷洗涤器配套做洗涤水源开关，供洗涤者使用。

规格：洗涤水槽的型号规格见表 11-22。

表 11-22　　　　　　　　洗涤水槽的型号规格

项　目	指　标
公称压力 P_N（MPa）	0.6
适应温度（℃）≤	100
公称直径 D_N（mm）	15
管螺纹（in）	1/2
C_{min}（mm）	100、150、200
L_{min}（mm）	170

项 目			指 标
D_{min}（mm）			45
H_{min}（mm）			48
H_{1min}（mm）			8
E_{min}（mm）			25
l_{min}（mm）	混合水嘴		15
	非混合水嘴	圆柱螺纹	12.7
		锥螺纹	14.5

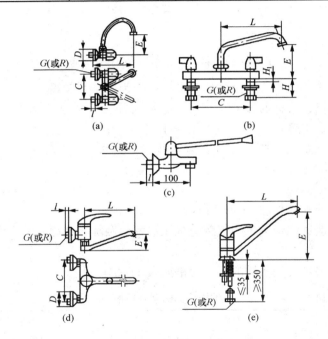

图 11-42　洗涤水嘴

（a）壁式明装双近期；（b）台式明装双控；（c）壁式明装单控；

（d）壁式明装单控；（e）双式明装单控

8. 电热烘手器

电热烘手器如图 11-43 所示。

用途：装于卫生间或公共场所的洗手处，用以烘干洗手的手，

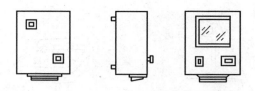

图 11-43　电热烘手器

无交叉感染。

规格：电热烘手器的型号规格见表 11-23。

表 11-23　　　　　　　　电热烘手器的型号规格

功率（W）	电压（V）	出风口温度（℃）
200	220	50～70

9. 全自动洗手器

用途：其采用了红外线技术，集光、电、机于一体。当手靠近水嘴时，通过自动红外线控制探头，可自动放水，手离开即自动停水。使用方便、卫生、经济。适用于大宾馆、学校、医院、公厕等场所。

规格：全自动洗手器的型号规格见表 11-24。

表 11-24　　　　　　　　全自动洗手器的型号规格

	进水口径（mm）	工作灵敏度（s）	控制距离（mm）	电源电压（V）	工作水压（MPa）
	26.75（G3/4″）	1/10	≤120	170～253	0.02～0.8

10. 人体感应晶体管自动水龙头

人体感应晶体管自动水龙头如图 11-44 所示。

用途：人体感应晶体管自动水龙头的自动装置，是利用晶体管元件组成，它可以控制水龙头（即电磁阀）自动开关。当洗手时只要把手伸向水龙头，水就会自动流下。当人体或手离开水龙头后，水流就自动停止。适用于医院、饭店、旅馆及各类公共建筑。

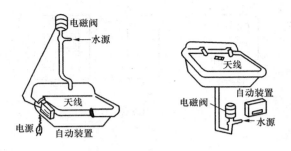

图 11-44　人体感应晶体管自动水龙头

规格：人体感应晶体管自动水龙头的型号规格见表 11-25。

表 11-25　　　　人体感应晶体管自动水龙头的型号规格

型　　号	电源电压（V）	静态耗电（W）	水管管径（in）	电磁阀吸力（N）
JZS-1	220	1.5	1	≥50
JZS-3/4	220	1.5	3/4	≥40
JZS-1/2	220	1.5	1/2	≥40

11. 感应温控水嘴（QB/T 4000）

感应温控水嘴安装示意图如图 11-45 所示。

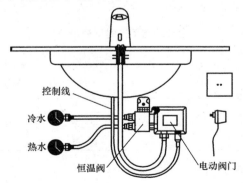

图 11-45　感应温控水嘴安装示意图

用途：适用于安装在宾馆、医院等场所的盥洗间、洗手间、浴室等处。

（1）感应温控水嘴的分类见表 11-26。

表 11-26　　　　　　　感应温控水嘴的分类

按控温类型分类	按使用场合分类	按结构形式分类	按使用压力分类
恒温式	淋浴	分体式	普通水源
恒压式	洗涤	一体式	低水压
恒温恒压式	面盆净身器	—	—
—	其他	—	—

（2）使用性能要求见表 11-27。

表 11-27　　　　　　　感应温控水嘴使用性能要求

项　目	要　　求
控制距离误差	≤±15%
水嘴打开时间（s）	≤1.0
水嘴关闭时间（s）	≤2.0
交流整机功耗（W）	待机状态：≤3.0；工作状态：≤5.0
直流整机功耗（m·W）	待机状态：≤0.3
相邻两机最小间距（cm）	洗涤水嘴和面盆水嘴之间：50；淋浴水嘴之间：80
强度试验	水压 900kPa 时，阀体及其他各部位无变形、无渗漏
密封性试验	水压在 500kPa 和 600kPa 时出水口和其他各部位无渗漏
流量（L/mm） （不带附件）	1）普通供水水压的水嘴在动态压力（300±5）kPa，出水温度（38±2）℃时，淋浴器、洗涤、面盆等水嘴 7.2～38； 2）低水压供水的水嘴在动态压力（10±5）kPa，出水温度（38±2）℃时，面盆水嘴 4.8～16；淋浴器和洗涤水嘴 6.0～16
出水温度稳定性（℃）	出水温度与设定温度偏差≤2.0
安全性	1）水嘴出水温度≤49℃； 2）冷水关闭后的前（5±0.5）s 内，水嘴出水量≤0.2L，出水温度≤49℃； 3）冷水关闭后的前（5±0.5）s 内，水嘴出水量＞0.2L，出水温度≤42℃，随后 30s 内的出水量≤0.3L； 4）冷水恢复供应后，混合水出水温度与设定温度偏差≤2.0℃

第十二章　给排水管材与管件

一、管材与管件的通用标准

管道工程系统由管子、管件及附件等组成。为了使其具有互换性和通用性，便于管子、管件和附件（阀门）的组织生产、设计和施工，国家或行业制定了统一规定的标准，如公称通径、公称压力等。

1. 公称通径

公称通径是指能使管子、管件及阀门等相互连接在一起而规定的标准通径。它是就内径而言的标准，近似于内径而不是实际内径。公称通径用符号 DN 表示，单位为毫米（mm）。例如，DN100 表明管子公称通径为 100mm。《管道元件的公称通径》GB/T 1047—1995 中规定，公称通径 3～4000mm 共有 6、10、15、20、25、40、50、80、100、150、200、250、300、400、450、500、600、700、800、900、1000、1100、1200、1300、1400、1500、1600mm 27 种规格。

阀门和铸铁管的内径通常与公称通径相等。钢管的实际内径和外径与公称通径一般都不相等，但其内径都接近公称通径。例如，公称通径 DN100 的低压流体输送用焊接钢管，外径 D 为 114mm，内径 d 为 106mm。因为低压流体输送用焊接钢管常用英制管螺纹连接，所以管径也常用英寸为单位。有一个公称通径就有一个相应的管螺纹，这样就简化了管子及管路附件的规格。焊接钢管分为螺旋管和直管，规格用外径×壁厚来表示。

由于生产工艺不同，无缝钢管分为热轧和冷拔两种，而且每一种外径的管子又有多种不同的壁厚。因此，无缝钢管的规格也是用外径×壁厚来表示的。

管道公称通径与相应的管螺纹、无缝钢管的对应规格见表 12-1。

表 12-1   **管径规格对照表**

公称通径 （mm）	相应管螺纹 （in）	相应无缝钢管 （外径×壁厚） （mm）	公称通径 （mm）	相应管螺纹 （in）	相应无缝钢管 （外径×壁厚） （mm×mm）
10	3/8	18×2.5	125	5	133×4.5
15	1/2	22×3	150	6	159×4.5
20	3/4	25×3	200	—	219×6
25	1	32×3.5	250	—	273×8
32	5/4	38×3.5	300	—	325×8
40	3/2	45×3.5	350	—	377×9
50	2	57×3.5	400	—	426×9
70	5/2	76×4	450	—	480×10
80	3	89×4	500	—	530×10
100	4	108×4	600	—	630×10

注   1in＝25.4mm。

2. 公称压力

管道及附件输送的介质是有压力的，不同压力的介质需用不同强度标准的管道及附件来输送。为了使生产部门能生产出不同要求的管材，设计和使用部门能正确选用管材，于是便规定了一系列的压力等级，这些压力称为公称压力。

公称压力用符号 PN 表示，单位为 MPa。《管道元件公称压力》GB/T 1048 中规定，公称压力由 0.05～335MPa，共有 30 个级别，其中管道工程常用的公称压力标准有 0.25、0.40、0.60、1.0、1.6、2.5、4.0、6.3、10、16、20、32MPa。按照现行规定，低压管道的公称压力分为 0.1、0.25、0.60、1.0、1.6MPa 五个压力级别，中压管道的公称压力分为 2.5、4.0、6.4、10MPa 四个压力级别，公称压力大于 10MPa 的为高压管道。

工作压力是指管道在正常运行情况下所输送的工作介质的压力，用符号 p 表示。介质最高工作温度数值除以 10 所得的整数值，可标注在 p 的右下角。例如，介质最高工作温度为 250℃，工作压力为 1.0MPa，用 $p_{251.0}$ 表示。工作的介质具有温度，温度升高会降低材料的机械强度，因此管道及其附件的最高工作压力随介质温度的升高而降低。

铸铁管道及附件的公称压力、试验压力、工作压力和碳素结构钢管道及附件的公称压力、试验压力和工作压力见 12-2、表 12-3。

表 12-2　铸铁管道及附件的公称压力、试验压力和工作压力

公称压力 PN（MPa）	试验压力（用低于 100℃的水）p_s（MPa）	介质工作温度（℃）			
		<120	200	250	300
		最大工作压力 p（MPa）			
		p_{12}	p_{20}	p_{25}	p_{30}
0.1	0.2	0.1	0.1	0.1	0.1
0.25	0.4	0.25	0.25	0.2	0.2
0.4	0.6	0.4	0.38	0.36	0.32
0.6	0.9	0.6	0.55	0.5	0.5
1.0	1.5	1.0	0.9	0.8	0.8
1.6	2.4	1.6	1.5	1.4	1.3
2.5	3.8	2.5	2.3	2.1	2.0

表 12-3　碳素结构钢管道及附件的公称压力、试验压力和工作压力

公称压力 PN（MPa）	试验压力（用低于 100℃的水）p_s（MPa）	介质工作温度（℃）						
		200	250	300	350	400	425	450
		最大工作压力 p（MPa）						
0.1	0.2	0.1	0.1	0.1	0.07	0.06	0.06	0.05
0.25	0.4	0.25	0.23	0.2	0.18	0.16	0.14	0.11
0.4	0.6	0.4	0.37	0.33	0.29	0.26	0.23	0.18
0.6	0.9	0.6	0.55	0.5	0.44	0.38	0.35	0.27
1.0	1.5	1.0	0.92	0.82	0.73	0.64	0.58	0.45
1.6	2.4	1.6	1.5	1.8	1.2	1.0	0.9	0.7
2.5	3.8	2.54	2.3	2.0	1.3	1.6	1.4	1.1
4.0	6.0	4.0	3.7	3.3	3.0	2.8	2.3	1.8
6.4	9.6	6.4	5.9	5.2	4.7	4.1	3.7	2.9

二、金属管材

(一) 铸铁管

1. 连续铸铁管（GB/T 3422）

（1）连续铸铁直管的直径、壁厚和质量及规格尺寸、试验压力分别见表 12-4～表 12-6。

表 12-4   **连续铸铁直管直径、壁厚和质量**

| 公称直径 DN (mm) | 管子总质量（kg/节） | | | | | | | | | 外径 D_w (mm) | 壁厚δ (mm) | | |
| | 有效长度 400mm | | | 有效长度 500mm | | | 有效长度 600mm | | | | | | |
	LA级	A级	B级	LA级	A级	B级	LA级	A级	B级		LA级	A级	B级
75	75.1	75.1	75.1	92.2	92.2	92.2	—	—	—	93.0	9.0	9.0	9.0
100	97.1	97.1	97.1	119	119	119	—	—	—	118.0	9.0	9.0	9.0
150	142	145	155	174	178	191	207	211	227	169.0	9.0	9.2	10.0
200	191	208	224	235	256	276	279	304	328	220.0	9.2	10.1	11.0
250	260	282	305	319	347	376	378	412	446	271.6	10.0	11.0	12.0
300	333	363	393	409	447	484	486	531	575	322.8	10.8	11.9	13.0
350	418	452	490	514	557	604	609	662	718	374.0	11I7	12.8	14.0
400	510	556	600	627	685	739	743	813	878	425.6	12.5	13.8	15.0
450	608	665	718	747	819	884	887	973	1050	476.8	13.3	14.7	16.0
500	722	785	848	887	966	1040	1050	1150	1240	528.0	14.2	15.6	17.0
600	963	1050	1140	1180	1290	1400	1400	1530	1660	630.8	15.8	17.4	19.0
700	1240	1360	1460	1530	1670	1800	1810	1980	2140	733.0	17.5	19.3	21.0
800	1560	1700	1830	1910	2080	2250	2270	2470	2690	836.0	19.2	21.1	23.0
900	1900	2070	2240	2340	2550	2760	2770	3020	3280	939.0	20.8	22.9	25.0
1000	2290	2500	2700	2810	3070	3320	3330	3640	3940	1041.0	22.5	24.8	27.0
1100	2720	2960	3190	3330	3630	3930	3950	4300	4660	1144.0	24.2	26.6	29.0
1200	3170	3450	3730	3880	4230	4580	4590	5010	5430	1246.0	25.8	28.4	31.0

注   1. 质量按密度 7.20t/m³ 计算得出。

      2. 标记示例：公称直径 500mm，壁厚为 A 级，有效长度为 5m 的连续铸铁直管。

表 12-5 连续铸铁承口尺寸

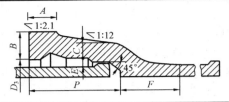

公称直径 DN（mm）	承口内径 D_n（mm）	各 部 尺 寸 （mm）						
		A	B	C	E	F	P	止口
75	113.0	36	26	12	10	75	90	9
100	138.0	36	26	12	10	75	95	10
150	189.0	36	26	12	10	75	100	10
200	240.0	38	28	13	10	75	100	11
250	293.6	38	32	15	11	83	105	12
300	344.8	38	33	16	11	85	105	13
350	396.0	40	34	17	11	87	110	13
400	447.6	40	36	18	11	89	110	14
450	498.8	40	37	19	11	91	115	14
500	552.0	40	40	21	12	97	115	15
600	654.8	42	44	23	12	101	120	16
700	757.0	42	48	26	12	106	125	17
800	860.0	45	51	28	12	111	130	18
900	963.0	45	56	31	12	115	135	19
1000	1067.0	50	60	33	13	121	140	21
1100	1170.0	50	64	36	13	126	145	22
1200	1272.0	52	68	38	13	130	150	23

表 12-6 连续铸铁管试验压力

公称直径 DN（mm）	试验压力 p（MPa）		
	LA 级	A 级	B 级
≤450	2.0	2.5	3.0
≥500	1.5	2.0	2.5

2. 排水铸铁管

排水铸铁双承直管规格及排水铸铁承插口直管规格见表 12-7、表 12-8。

表 12-7　　　　　　　　　排水铸铁双承直管规格

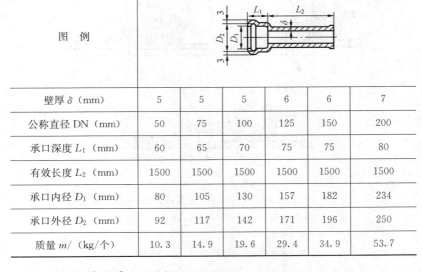

公称直径 DN（mm）	50	75	100	125	150	200
有效长度 L_1（mm）	1500	1500	1500	1500	1500	1500
承口深度 L_2（mm）	60	65	70	75	75	80
质量 m/（kg/个）	11.2	16.5	21.2	31.7	37.6	57.9
备　　注	承口尺寸与承插口直管相同					

表 12-8　　　　　　　　　排水铸铁承插口直管规格

壁厚 δ（mm）	5	5	5	6	6	7
公称直径 DN（mm）	50	75	100	125	150	200
承口深度 L_1（mm）	60	65	70	75	75	80
有效长度 L_2（mm）	1500	1500	1500	1500	1500	1500
承口内径 D_1（mm）	80	105	130	157	182	234
承口外径 D_2（mm）	92	117	142	171	196	250
质量 m/（kg/个）	10.3	14.9	19.6	29.4	34.9	53.7

3. 球墨铸铁管（GB/T 13295）

球墨铸铁管的尺寸规格见表 12-9。

表 12-9 球墨铸铁管的尺寸规格

公称直径 (mm)	壁厚 (mm)	制造方法	技术性能	每根总质量（kg）			
				4m	5m	5.5m	6m
100	6.1	离心铸造	试验水压力 ≥3.5MPa	64.5	80.0	87.5	—
150	6.3			98.5	121.0	133.0	—
200	6.4			133.0	163.0	179.0	—
250	6.8			175.0	215.0	235.0	—
300	7.2			222.0	273.0	298.0	—
350	7.7			277.0	340.0	371.0	—
400	8.1			331.0	407.0	445.0	—
500	8.5	连续铸造	试验水压力 3.0MPa	—	—	—	650.0
600	10			—	—	—	905.0
700	11			—	—	—	1160.0
800	12			—	—	—	1440.0
900	13			—	—	—	1760.0
1000	14.5			—	—	—	2180.0
1200	17			—	—	—	3060.0

注 球墨铸铁管适用于输送给水和煤气等压力流体。

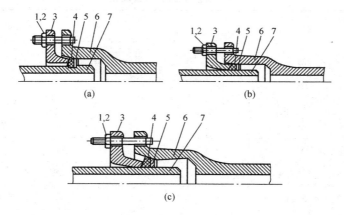

(a) (b)

(c)

图 12-1 各类型铸铁管接口简图

（a）N 型接口；（b）N1 型接口；（c）X 型接口

1—螺栓；2—螺母；3—压兰；4—胶圈；

5—支承环；6—管体承口；7—管体插口

4. 灰铸铁管件（GB/T 3420）

（1）灰口铸铁管件异型管件承插口尺寸及质量，见表 12-10。

表 12-10

异型管件承插口尺寸及质量

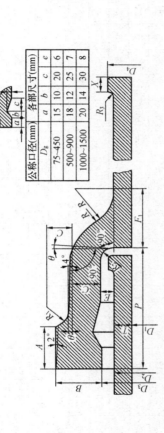

小表：

公称口径(mm) D_g	各部尺寸(mm) a	b	c	e
75~450	15	10	20	6
500~900	18	12	25	7
1000~1500	20	14	30	8

公称直径	管厚	内径	外径	承口尺寸 mm								插口尺寸						质量 kg	
DN	T	D_1	D_2	D_3	A	B	C	P	E	F_1	R	D_4	R_3	X	r	R_1	R_2	承口凸部	插口凸部
75	10	73	93	113	36	28	14	90	10	41.6	24	103	5	15	4	14	10	6.83	0.17
100	10	98	118	138	36	28	14	95	10	41.6	24	128	5	15	4	14	10	8.49	0.21
(125)	10.5	122	143	163	36	28	14	95	10	41.6	24	153	5	15	4	14	10	9.85	0.25
150	11	147	169	189	36	28	14	100	10	41.6	24	179	5	15	4	14	10	11.70	0.30

续表

公称直径	管厚	内径	外径	承口尺寸								插口尺寸						质量	
mm																		kg	
DN	T	D_1	D_2	D_3	A	B	C	P	E	F_1	R	D_4	R_3	X	r	R_1	R_2	承口凸部	插口凸部
200	12	196	220	240	38	30	15	100	10	43.3	25	230	5	15	4	15	10	15.90	0.38
250	13	245.6	271.6	293.6	38	32	16.5	105	11	47.6	27.5	281.6	5	20	4	16.5	11	21.98	0.63
300	14	294.8	322.8	344.8	38	33	17.5	105	11	49.4	28.5	332.8	5	20	4	17.5	11	26.94	0.74
(350)	15	344	374	396	40	34	19	110	11	52	30	384	5	20	4	19	11	34.07	0.86
400	16	393.6	425.6	447.6	40	36	20	110	11	53.7	31	435.6	5	25	5	20	11	40.67	1.46
(450)	17	442.8	476.8	498.8	40	37	21	115	11	55.4	32	486.8	5	25	5	21	11	48.69	1.64
500	18	492	528	552	40	38	22.5	115	12	59.8	34.5	540	6	25	5	22.5	12	57.08	1.81
600	20	590.8	630.8	654.8	42	41	25	120	12	64.1	37	642.8	6	25	5	25	12	77.39	2.16
700	22	689	733	757	42	44.5	27.5	125	12	68.4	39.5	745	6	25	5	27.5	12	101.5	2.51
800	24	788	836	860	45	48	30	130	12	72.7	42	848	6	25	5	30	12	130.3	2.86
900	26	887	939	963	45	51.5	32.5	135	12	77.1	44.5	951	6	25	5	32.5	12	163.0	3.21
1000	28	985	1041	1067	50	55	35	140	13	83.1	48	1053	6	25	6	35	13	202.8	3.55
1200	32	1182	1246	1272	52	62	40	150	13	91.8	53	1258	6	25	6	40	13	294.5	4.25
1500	38	1478	1554	1580	57	72.5	47.5	165	13	104.8	60.5	1566	6	25	6	47.5	13	474.4	4.29

注 公称直径 DN 中不带括号为第一系列，优先采用；带括号为第二系列，不推荐使用。以下各表相同。

（2）N 型、N₁ 型和 X 型接口尺寸，见表 12-11。

表 12-11　N 型、N₁ 型和 X 型接口尺寸

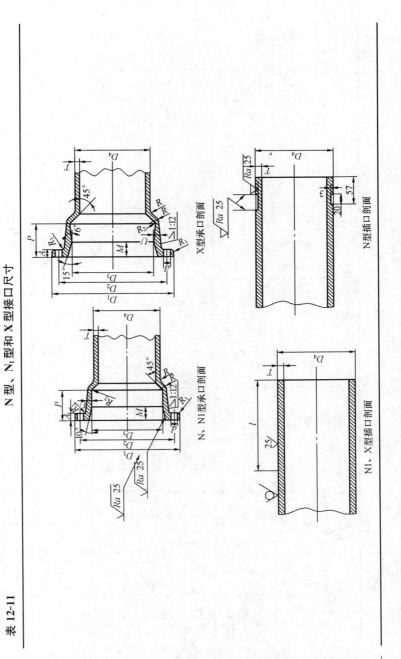

N型，N₁型接口各部尺寸

公称直径 DN	承口法兰盘的外径 D_1	螺孔中心圆直径 D_2	承口内径 D_3	插口外径 D_4	A	U	P	M	R	R_1	R_2	l	螺栓孔	
													d	N（个）
100	250	210	138	118	19	12	95	45	24	6	10	180	22	4
150	300	262	189	169	20	12	100	45	24	6	10	180	22	6
200	350	312	240	220	21	13	100	45	25	6	10	190	22	6
250	408	366	293.6	271.6	22	15	100	45	27.5	7	11	190	22	6
300	466	420	344.8	322.8	23	16	100	45	28.5	7	11	190	22	8
350	516	474	396	374	24	17	100	45	30	7	11	200	22	10
400	570	526	447.6	425.6	25	18	100	45	31	7	11	200	22	10
450	624	586	498.8	476.8	26	19	100	45	32	8	11	200	22	12
500	674	632	552	528	27	21	110	50	34.5	8	12	200	24	14
600	792	740	654.8	630.8	28	23	110	50	37	8	12	200	24	16

X型接口各部尺寸

公称直径 DN	承口法兰盘的外径 D_1	螺孔中心圆直径 D_2	承口内径 D_3	插口外径 D_4	A	U	P	M	R	R_1	R_2	l	螺栓孔 d	螺栓孔 N（个）
100	262	209	126	118	19	14	95	50	24	6	6	180	23	4
150	313	260	177	169	20	14	100	50	24	6	6	180	23	6
200	366	313	228	220	21	15	100	50	25	6	6	190	23	6
250	418	365	279.6	271.6	22	15	100	50	27.5	7	7	190	23	6
300	471	418	330.8	322.8	23	16	100	50	28.5	7	7	190	23	8
350	524	471	382	374	24	17	100	50	30	7	7	200	23	10
400	578	525	433.6	425.6	25	18	100	50	31	7	7	200	23	12
450	638	586	484.8	476.8	26	19	100.	50	32	8	8	200	23	12
500	682	629	536	528	27	21	110	55	34.5	8	8	200	24	14
600	792	740	638.8	630.8	28	23	110	55	37	8	8	200	24	16

5. 柔性机械接口灰铸铁管（GB/T 6483）

(1) N型胶圈机械接口型式及尺寸，见表 12-12。

表 12-12 N 型胶圈机械接口尺寸

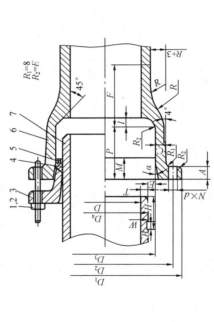

1—螺母；2—螺栓；3—压兰；4—胶圈；5—支承圈；6—管体承口；7—管体插口

公称直径 DN	承口内径 D_3	承口法盘外径 D_1	螺孔中心圆 D_2	尺 寸 (mm)											螺栓孔	
				A	C	P	l	F	R	α	M	B	W	H	d	N（个）
100	138	250	210	19	12	95	10	75	32	10°	45	20	3	57	23	4
150	189	300	262	20	12	100	10	76	32	10°	45	20	3	57	23	6
200	240	350	312	21	13	100	11	77	33	10°	45	20	3	57	23	6
250	293.6	408	366	22	15	100	12	83	37	10°	45	20	3	57	23	6
300	344.8	466	420	23	16	100	13	85	38	10°	45	20	3	57	23	8
350	396	516	474	24	17	100	13	87	39	10°	45	20	3	57	23	10
400	447.6	570	526	25	18	100	14	89	40	10°	45	20	3	57	23	10
450	498.8	624	586	26	19	100	14	91	41	10°	45	20	3	57	23	12
500	552	674	632	27	21	100	15	97	45	10°	45	20	3	57	24	14
600	654.8	792	740	28	23	110	16	101	47	10°	45	20	3	57	24	16

（2）N1 型胶圈机械接口型式及尺寸，见表 12-13。

表 12-13　　　　　　　N1 型胶圈机械接口形式及尺寸

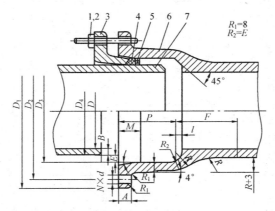

1—螺母；2—螺栓；3—压兰；4—胶圈；5—支承圈；6—管体承口；7—管体插口

公称直径 DN	尺　寸（mm）											螺栓孔	
	承口内径 D_3	承口法兰外径 D_1	螺孔中心圆 D_2	A	C	P	l	F	R	α	M	d	N（个）
100	126	262	209	19	14	95	10	75	32	15°	50	23	4
150	177	313	260	20	14	100	10	75	32	15°	50	23	6
200	228	366	313	21	15	100	11	77	33	15°	50	23	6
250	279.0	418	365	22	15	100	12	83	37	15°	50	23	6
300	330.8	471	418	23	16	100	13	85	38	15°	50	23	8
350	382	524	471	24	17	100	13	87	39	15°	50	23	10
400	433.6	578	525	25	18	100	14	89	40	15°	50	23	12
450	484.8	638	586	26	19	100	14	91	41	15°	50	23	12
500	536	682	629	27	21	100	15	97	45	15°	55	24	14
600	638.8	792	740	28	23	110	16	101	47	15°	55	24	16

（3）X 型胶圈机械接口型式及尺寸，见表 12-14。

表 12-14

X 型胶圈机械接口形式及尺寸

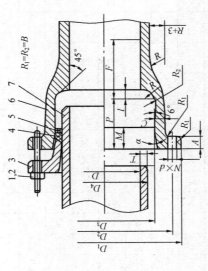

1—螺母；2—螺栓；3—压兰；4—胶圈；5—支承圈；6—管体承口；7—管体插口

公称直径 D_1 (mm)	外径 D_2 (mm)	壁厚 T (mm)			承口尺寸 (mm)								质量 (kg)				有效长度 L (mm)						橡胶圈工作直径 D_0 (mm)
													承口凸部	直部			5000 总质量 (kg)			6000 总质量 (kg)			
		LA级	A级	B级	D_3	D_4	D_5	A	C	P	F	R		LA级	A级	B级	LA级	A级	B级	LA级	A级	B级	
75	93.0	9.0	9.0	9	115	101	169	36	14	90	70	25	6.69	17.1	17.1	17.1	92	92	92	109	109	109	116.0
100	118.0	9.0	9.0	9	140	126	194	36	14	95	70	25	8.28	22.2	22.2	22.2	119	119	119	141	141	141	141.0
150	169.0	9.0	9.0	10	191	177	245	36	14	100	70	25	11.4	32.6	33.3	36.0	174	178	191	207	211	227	193.0
200	220.0	9.2	10.1	11	242	228	300	38	15	100	71	26	15.5	43.9	48.0	52.0	235	255	275	279	308	327	244.5
250	271.6	10.0	11.0	12	294	280	376	38	15	105	73	26	19.9	59.2	64.8	70.5	316	344	372	375	409	443	297.0
300	322.8	10.8	11.9	13	345	331	411	38	16	105	75	27	24.4	76.2	83.7	91.1	405	443	480	482	527	571	348.5
400	425.6	12.5	13.8	15	448	434	520	40	18	110	78	29	36.5	116.8	128.5	139.3	620	679	733	737	808	872	452.0
500	528.0	14.2	15.6	17	550	536	629	40	19	115	82	30	50.1	165.0	180.8	196.5	875	954	1033	1040	1135	1229	556.0
600	630.8	15.8	17.4	19	653	639	737	42	20	120	84	31	65.0	219.8	241.4	262.9	1165	1273	1380	1384	1514	1643	659.5

注 1. 计算质量时，铸铁密度采用 7.20kg/m³。承口质量为近似值。

2. 总质量=直部 1m 质量×有效长度+承口凸部质量（计算结果，保留整数）。

3. 胶圈工作直径 $D_0=1.01D_3$（计算结果取整到 0.5mm）。

（4）梯唇型胶圈机械接口铸铁管尺寸和质量，见表 12-15。

表 12-15　　梯唇型胶圈机械接口铸铁管尺寸和质量

公称直径 D_1 (mm)	外径 D_2 (mm)	壁厚 T (mm)			承口尺寸 (mm)								承口凸部	质量 (kg) 直部理论质量 (kg/m)			有效长度 L (mm) 总质量 (kg)						橡胶圈工作直径 D_0 (mm)
																	5000			6000			
		LA级	A级	B级	D_3	D_4	D_5	A	C	P	F	R		LA级	A级	B级	LA级	A级	B级	LA级	A级	B级	
75	93.0	9.0	9.0	9	115	101	169	36	14	90	70	25	6.69	17.1	17.1	17.1	92	92	92	109	109	109	116.0
100	118.0	9.0	9.0	9	140	126	194	36	14	95	70	25	8.28	22.2	22.2	22.2	119	119	119	141	141	141	141.0
150	169.0	9.0	9.2	10	191	177	245	36	14	100	70	25	11.4	32.6	33.3	36.0	174	178	191	207	211	227	193.0
200	220.0	9.2	10.1	11	242	228	300	38	15	100	71	26	15.5	43.9	48.0	52.0	235	255	275	279	308	327	244.5
250	271.6	10.0	10.8	12	294	280	376	38	15	105	75	26	19.9	59.2	64.8	70.5	316	344	372	375	409	443	297.0
300	322.8	10.8	11.9	13	345	331	411	38	16	105	75	27	24.4	76.2	83.7	91.1	405	443	480	482	527	571	348.5
400	425.6	12.5	13.8	15	448	434	520	40	18	110	78	29	36.5	116.8	128.5	139.3	620	679	733	737	808	872	452.0
500	528.0	14.2	15.6	17	550	536	629	40	19	115	82	30	50.1	165.0	180.8	196.5	875	954	1033	1040	1135	1229	556.0
600	630.8	15.8	17.4	19	653	639	737	42	20	120	88	31	65.0	219.8	241.4	262.9	1165	1273	1380	1384	1514	1643	659.5

注：1. 计算质量时，铸铁密度取 7.20kg/dm³。承口质量为近似值。

2. 总质量＝直部理论质量×有效长度＋承口凸部质量（计算结果，保留整数）。

3. 胶圈工作直径 $D_0=1.01D_3$（计算结果取整到 0.5mm）。

(5) 柔性机械接口灰铸铁管直管的壁厚、质量和长度，见表12-16。

表12-16 直管的壁厚、质量及长度

公称直径 DN (mm)	外径 D₂ (mm)	壁厚 T (mm)			质量 (kg)				总质量 (kg) 有效长度 L (mm)								
		LA级	A级	B级	承口凸部质量	直部 (m)			4000			5000			6000		
						LA级	A级	B级	LA级	A级	B级	LA级	A级	B级	LA级	A级	B级
100	118.0	9.0	9.0	9.0	11.5	22.2	22.2	22.2	100	100	100	123	123	123	145	145	145
150	169.0	9.0	9.2	10.0	15.5	32.6	33.3	36.0	146	149	160	179	182	196	211	215	232
200	220.0	9.2	10.1	11.0	20.6	43.9	48.0	52.0	196	213	229	240	261	281	284	309	333
250	271.6	10.0	11.0	12.0	29.2	59.2	64.8	70.5	266	288	311	325	353	382	384	418	454
300	322.8	10.8	11.9	13.0	36.2	76.2	83.7	91.1	341	371	401	417	455	492	493	538	583
350	374.0	11.7	12.8	14.0	42.7	95.9	104.6	114.0	426	461	499	522	566	613	618	670	723
400	425.6	12.5	13.8	15.0	52.5	116.8	128.5	139.3	520	567	670	637	695	809	753	824	883
450	476.8	13.3	14.7	16.0	62.1	139.4	153.7	166.8	620	677	729	759	831	896	899	984	1060
500	528.0	14.2	15.6	17.0	74.0	165.0	180.8	196.5	734	797	860	899	978	1060	1070	1160	1250
600	630.8	15.8	17.4	19.0	100.6	219.8	241.4	262.9	980	1070	1150	1200	1310	1420	1420	1550	1680

注 1. 计算质量时，铸铁密度采用 7.20kg/dm³。承口质量为近似值。

2. 总质量＝直部 1m 质量×有效长度＋承口凸部质量（计算结果，四舍五入，保留三位有效数字）。

（6）铸铁管的标准长度应符合表12-17中有效长度的规定，同一批订货，同一口径管，只能供应一种定尺。供应短尺铸铁管时，其质量不大于订货质量的10%（不包括截取试样的铸铁管），允许缩短长度应符合表12-17的规定。

表 12-17　　　　　　　　铸铁管允许缩短长度　　　　　　　　　mm

标准长度	允许缩短长度			
4000	500	1000	—	—
5000、6000	500	1000	1500	2000

（7）压兰的型式、尺寸及允许偏差，见表12-18～表12-21。

表 12-18　　　　　　　N 型胶圈机械接口压兰的型式和尺寸

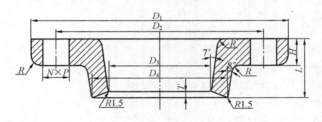

公称直径 DN	外径 D (mm)	尺寸（mm）								螺栓孔		质量 (kg)
		D_1	D_2	D_3	D_4	H	L	R	T	ϕ/mm	N（个）	
100	118	250	210	132	145	19	55	8	4	23	4	6
150	169	300	262	173	196	20	55	8	4	23	6	7
200	220	350	312	224	247	21	55	8	4	23	6	10
250	271.6	408	366	276	299	22	55	8	4	23	6	12
300	322.8	466	420	327	350	23	55	8	4	23	8	16
350	374	516	474	380	404	24	55	8	4	23	10	18
400	425.6	570	526	431	455	25	55	8	4	23	10	21
450	476.8	624	586	482	506	26	55	8	4	23	12	24
500	528	674	632	534	558	27	55	8	4	24	14	27
600	630.8	792	740	636	660	28	55	8	4	24	16	36

表 12-19 **X型胶圈机械接口压兰的型式和尺寸**

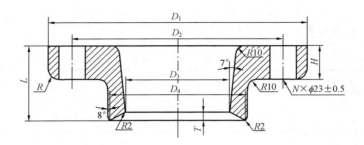

公称直径 DN	外径 D (mm)	尺寸（mm）									螺栓孔		质量 (kg)
		D_1	D_2	D_3	D_4	H	L	R	T		ϕ/mm	N（个）	
100	118	262	209	122	143	19	55	8	4		23	4	6
150	169	313	260	173	194	20	55	8	4		23	6	7
200	220	366	313	224	245	21	55	8	4		23	6	10
250	271.6	418	365	276	297	22	55	8	4		23	6	12
300	322.8	471	418	327	348	23	55	8	4		23	8	16
350	374	524	471	380	402	24	55	8	4		23	10	18
400	425.6	578	525	431	453	25	55	8	4		23	10	21
450	476.8	638	586	482	504	26	55	8	4		23	12	24
500	528	682	629	534	556	27	55	8	4		24	14	27
600	630.8	792	740	636	658	28	55	8	4		24	16	36

表 12-20 压兰及压兰上法法盘尺寸允许偏差

压兰尺寸允许偏差（mm）					
公称直径 DN	小端内径 允许偏差	小端椭圆 度，不大于	长度允许 偏差	插入部分壁 厚允许偏差	锥度 允许偏差
≤300	+2 −0	1	±5%	+0 −0.5	+0 −1
≥350	+3 −0	1.5			
压兰上法兰盘尺寸允许偏差（mm）					
厚度允许偏差	±1		直径允许偏差		±3

6. 建筑排水用以柔性接口承插式铸铁管（CJ/T 178）

（1）接口型式，如图 12-2 所示。

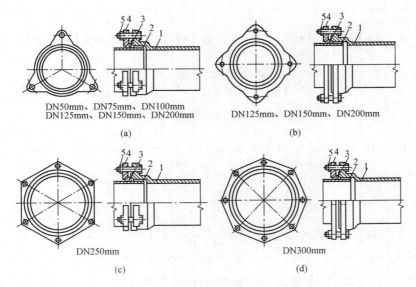

DN50mm、DN75mm、DN100mm
DN125mm、DN150mm、DN200mm

（a）

DN125mm、DN150mm、DN200mm

（b）

DN250mm

（c）

DN300mm

（d）

图 12-2　承插式铸铁管接口形式示意图

（a）3 耳接口型式；（b）4 耳接口型式

（c）6 耳接口型式；（d）8 耳接口型式

1—承口；2—插口；3—橡胶密封圈；4—法兰压盖；5—螺栓螺母

（2）直管及管件插口的型式及尺寸，见表 12-21。

表 12-21　　　　　直管及管件插口的型式及尺寸　　　　　mm

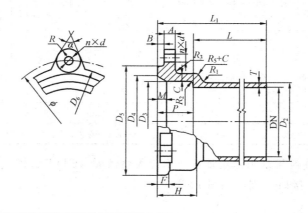

公称直径 DN	插口外径 D_2	承口内径 D_3	D_4	D_5	ϕ	C	H	A	T	M	B	F	P	R_1	R_2	R_3	R	$n×d$	α
50	61	67	78	94	108	6	44	16	5.5	5.5	4	14	38	8	5	7	13	3×10	60°
75	86	92	103	117	137	6	45	17	5.5	5.5	4	16	39	8	5	7	14	3×12	60°
100	111	117	128	143	166	6	46	18	5.5	5.5	4	16	40	8	5	7	15	3×14	60°
125	137	145	159	173	205	7	48	20	6.0	7.0	5	16	40	10	6	8	2	3×14 4×14	90°
150	162	170	184	199	227	7	48	24	6.0	7.0	5	18	42	10	6	8	20	3×16 4×16	90°
200	214	224	244	258	284	8	58	27	7.0	10	6	18	50	10	6	8	22	3×16 4×16	90°
250	268	290	310	335	370	12	69	28	9.0	10	6	25	58	12	8	10	25	6×20	90°
300	320	352	378	396	4.4	14	78	30	10	13	6	28	68	15	8	10	25	8×20	90°

（3）壁厚、长度和质量，见表 12-22。

表 12-22　　　　　　　壁厚、长度和质量

公称直径 DN (mm)	外径 D_2 (mm)	壁厚 T (mm)	承口凸部质量 (kg)	直部单位质量 (kg/m)	理论质量（kg）			
					有效长 L (mm)			总长度 L_1 (mm)
					500	1000	1500	1830
50	61	5.5	0.94	6.90	4.35	7.84	11.29	13.30
75	86	5.5	1.20	10.82	6.21	11.22	16.24	19.16
100	111	5.5	1.56	12.12	8.15	14.72	21.25	25.19
125	137	6.0	2.64	17.78	11.53	20.42	29.41	34.43
150	162	6.0	3.20	21.17	13.79	24.37	34.96	41.05
200	214	7.0	4.40	32.78	20.75	37.18	53.57	62.75
250	268	9.0	—	52.73	26.36	52.73	79.09	96.5
300	320	10.0	—	70.10	35.05	70.10	115.15	128.28

7. 建筑排水用卡箍式铸铁管（CJ/T 177）

建筑排水用卡箍式铸铁管的尺寸、外形及质量见表 12-23。

表 12-23　　　　建筑排水用卡箍式铸铁管尺寸、外形及质量

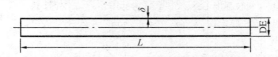

公称直径 (mm)	外径 (mm)		壁　厚（mm）				直管单位质量 (kg/m)
			直管		管件		
DN	DE	外径公差	δ	公差	δ	公差	
50	58	+2.0 −1.0	3.5	−0.5	4.2	−0.7	13.0
75	83		3.5	−0.5	4.2	−0.7	18.9
100	110		3.5	−0.5	4.2	−0.7	25.2
125	135	±2.0	4.0	−0.5	4.7	−1.0	35.4
150	160		4.0	−0.5	5.3	−1.3	42.2
200	210		5.0	-1.0	6.0	−1.5	69.3
250	274	+2.0 −2.5	5.5	−1.0	7.0	−1.5	99.8
300	326		6.0	−1.0	8.0	−1.5	129.7

(二) 钢管

1. 结构用无缝钢管（GB/T 8162）

本标准适用于机械结构、一般工程结构用无缝钢管。钢管采用热轧（挤压、扩）或冷拔（轧）无缝方法制造。需方指定某一种方法制造时，应在合同中注明。

热轧（挤压、扩）钢管应以热轧状态或热处理状态交货。要求热处理状态交货时，应在合同中注明。冷拔（轧）钢管应以热处理状态交货。根据需方要求，并在合同中注明，也可以冷拔（轧）状态交货。

钢管通常长度为 3～12.5m。外径和壁厚应符合 GB/T 17395 规格，见表 12-24）。

优质碳素结构钢、低合金高强度结构钢和牌号为 Q235、Q275 钢管的力学性能见表 12-24，合金钢钢管的力学性能见表 12-25。

表 12-24　　　优质碳素结构钢、低合金高强度结构钢和牌号为 Q235、Q275 钢管的力学性能

牌号	质量等级	机拉强度 R_m（MPa）	下屈服强度 R_{eL}[①]（MPa）			断后伸长率 A（%）	冲击试验	
			壁厚（mm）				温度（℃）	吸收能量 A_{KV}（J）
			≤16	>16～30	>30			
			不小于					不小于
10	—	≥335	205	195	185	24	—	—
15	—	≥375	225	215	205	22	—	—
20	—	≥410	245	235	225	20	—	—
25	—	≥450	275	265	255	18	—	—
35	—	≥510	305	295	285	17	—	—
45	—	≥590	335	325	315	14	—	—
20Mn	—	≥450	275	265	255	20	—	—
25Mn	—	≥490	295	285	275	18	—	—
Q235	A	375～500	235	225	215	25	—	27
	B						+20	
	C						0	
	D						20	

牌号	质量等级	机拉强度 R_m（MPa）	下屈服强度 R_{eL}[①]（MPa） 壁厚（mm）			断后伸长率 A（%）	冲击试验 温度（℃）	吸收能量 A_{KV}（J）
			≤16	>16～30	>30			
			不小于					不小于
Q275	A	415～540	275	265	255	22	—	—
	B						+20	27
	C						0	
	D						−20	
Q295	A	390～570	295	275	255	22	—	—
	B						+20	34
Q345	A	470～630	345	325	295	20	—	—
	B						+20	34
	C						0	
	D					21	−20	
	F						−40	27
Q390	A	490～650	390	370	350	18	—	—
	B						+20	34
	C						0	
	D					19	−20	
	F						−40	27
Q420	A	520～680	420	400	380	18	—	—
	B						+20	34
	C						0	
	D					19	−20	
	E						−40	27
Q460	C	550～720	460	440	420	17	0	34
	D						−20	
	F						−40	27

① 拉伸试验时，如不能测定屈服强度，可测定规定非比例延伸强度 $R_{p0.2}$ 代替 R_{eL}。

表 12-25　　合金钢钢管的力学性能

序号	牌号	推荐的热处理制度①					拉伸性能			钢管退火或高温回火交货状态布氏硬度 HB(W)
		淬火(正火)			回火		抗拉强度 R_m (MPa)	下屈服强度⑥ R_{eL} (MPa)	断后伸长率 A (%)	
		温度(℃)		冷却剂	温度 (℃)	冷却剂				
		第一次	第二次							
							不小于			不大于
1	40Mn2	840	—	水、油	540	水、油	885	735	12	217
2	45Mn2	840	—	水、油	550	水、油	885	735	10	217
3	27SiMn	920	—	水	450	水、油	980	835	12	217
4	40MnB②	850	—	油	500	水、油	980	785	10	207
5	45MnB②	840	—	油	500	水、油	1030	835	9	217
6	20Mn2B②③	880	—	油	200	水、空	980	785	10	187
7	20Cr③⑤	880	800	水、油	200	水、空	835	540	10	179
							785	490	10	179
8	30Cr	860	—	油	500	水、油	885	685	11	187
9	35Cr	860	—	油	500	水、油	930	735	11	207
10	40Cr	850	—	油	520	水、油	980	785	9	207
11	45Cr	840	—	油	520	水、油	1030	835	9	217
12	50Cr	830	—	油	520	水、油	1080	930	9	229
13	38CrSi	900	—	油	600	水、油	980	835	12	255
14	12CrMo	900	—	空	650	空	410	265	24	179
15	15CrMo	900	—	空	650	空	440	295	22	179
16	20CrMo④⑤	880	—	水、油	500	水、油	885	685	11	197
							845	635	12	197
17	35CrMo	850	—	油	550	水、油	980	835	12	229
18	42CrMo	850	—	油	560	水、油	1080	930	12	217
19	12CrMoV	970	—	空	750	空	440	225	22	241
20	12Cr1MoV	970	—	空	750	空	490	245	22	179
21	38CrMoAl③	940	—	水、油	640	水、油	980	835	12	229
							930	785	14	229

序号	牌号	推荐的热处理制度①					拉伸性能			钢管退火或高温回火交货状态布氏硬度HB(W)
		淬火（正火）			回火		抗拉强度 R_m (MPa)	下屈服强度⑥ R_{eL} (MPa)	断后伸长率 A (%)	
		温度（℃）		冷却剂	温度（℃）	冷却剂				
		第一次	第二次							
							不小于			不大于
22	50CrVA	860	—	油	500	水、油	1275	1130	10	255
23	20CrMn	850	—	油	200	水、空	930	735	10	187
24	20CrMnSi⑨	880	—	油	480	水、油	785	635	12	207
25	30CrMnSi③⑤	880	—	油	520	水、油	1080	885	8	229
							980	835	10	229
26	35CrMnSiA⑨	880	—	油	230	水、空	1620	—	9	229
27	20CrMnTi④⑤	880	870	油	200	水、空	1080	835	10	217
28	30CrMnTi④⑤	880	850	油	200	水、空	1470	—	9	229
29	12CrNi2	860	780	水、油	200	水、空	785	590	12	207
30	12CrNi3	860	780	油	200	水、空	930	685	11	217
31	12Cr2N14	860	780	油	200	水、空	1080	835	10	269
32	40CrNiMoA	850	—	油	600	水、油	980	835	12	269
33	45CrNiMoVA	860	—	油	460	油	1470	1325	7	269

① 表中所列热处理温度允许调整范围：淬火±20℃，低温回火±30℃，高温回火±50℃。

② 含硼钢在淬火前可先正火，正火温度应不高于其淬火温度。

③ 按需方指定的一组数据交货；当需方未指定时，可按其中任一组数据交货。

④ 含铬锰钛钢第一次淬火可用正火代替。

⑤ 于280℃～320℃等温淬火。

⑥ 拉伸试验时，如不能测定屈服强度，可测定规定非比例延伸强度 $R_{p0.2}$ 代替 R_{eL}。

  2. 流体输送用不锈钢焊接钢管（GB/T 21835、GB/T 12771）

  流体输送用不锈钢焊接钢管主要用于腐蚀性流体的输送和腐蚀性气氛下工作的中、低压流体管道。

  （1）钢管的力学性能，见表12-26。

表 12-26　　　　　　钢管的力学性能 (GB/T 12771)

新牌号	旧牌号	规定非比例延伸强度 $R_{p0.2}$ (MPa)	抗拉强度 R_m (MPa)	断后伸长率 A (%) 热处理状态	非热处理状态
		$\geqslant$			
12Cr18Ni9	1Cr18Ni9	210	520		
06Cr19Ni10	0Cr18Ni9	210	520		
022Cr19Ni10	00Cr19Ni10	180	480		
06Cr25Ni20	0Cr25Ni20	210	520	35	25
06Cr17Ni12Mo2	0Cr17Ni12Mo2	210	520		
022Cr17Ni12Mo2	00Cr17Ni14Mo2	180	180		
06Cr18Ni11Ti	0Cr18Ni10Ti	210	520		
06Cr18Ni11Nb	0Cr18Ni11Nb	210	520		
022Cr18Ti	00Cr17	180	360		—
019Cr19Mo2NbTi	00Cr18Mo2	240	410	20	—
06Cr13Al	0Cr13Al	177	410		—
022Cr11Ni	—	275	400	18	—
022Cr12Ni	—	275	400	18	—
06Cr13	0Cr13	210	410	20	

（2）钢的密度和理论质量计算公式见表 12-27。

表 12-27　　　钢的密度和理论质量计算公式 (GB/T 12771)

新牌号	旧牌号	密度/(kg/dm³)	换算后的公式
12Cr18Ni9	1Cr18Ni9	7.93	$W=0.02491S\,(D-\delta)$
06Cr19Ni10	0Cr18Ni9		
022Cr19Ni10	00Cr19Ni10	7.90	$W=0.02482S\,(D-\delta)$
06Cr18Ni11Ti	0Cr18Ni10Ti	8.03	$W=0.02523S\,(D-\delta)$
06Cr25Ni20	0Cr25Ni20	7.98	$W=0.02507S\,(D-\delta)$
06Cr17Ni12Mo2	0Cr17Ni12Mo2	8.00	$W=0.02513S\,(D-\delta)$
022Cr17Ni12Mo2	00Cr17Ni14Mo2		
06Cr18Ni11Nb	0Cr18Ni11Nb	8.03	$W=0.02523S\,(D-\delta)$
022Cr18Ti	00Cr17	7.70	$W=0.02419S\,(D-\delta)$
022Cr11Ti	—		
06Cr13Al	0Cr13Al		
019Cr19Mo2NbTi	00Cr18Mo2	7.75	$W=0.02435S\,(D-\delta)$
022Cr12Ni	—		
06Cr13	0Cr13		

（3）流体输送用不锈钢焊接钢管的尺寸规定见表 12-28。

表 12-28　流体输送用不锈钢焊接钢管的尺寸（GB/T 21835）

单位：mm

外径			壁厚																									
系列1	系列2	系列3	0.3	0.4	0.5	0.6	0.7	0.8	0.9	1.0	1.2	1.4	1.5	1.6	1.8	2.0	2.2(2.3)	2.5(2.6)	2.8(2.9)	3.0	3.2	3.5(3.6)	4.0	4.2	4.5(4.6)	4.8	5.0	5.5(5.6)	6.0
	8		★	★	★	★	★	★	★	★	★																		
		9.5	★	★	★	★	★	★	★	★	★																		
	10		★	★	★	★	★	★	★	★	★	★																	
10.2				★	★	★	★	★	★	★	★	★																	
	12		★	★	★	★	★	★	★	★	★	★	★	★	★	★													
	12.7			★	★	★	★	★	★	★	★	★	★	★	★	★													
13.5					★	★	★	★	★	★	★	★	★	★	★	★													
		14			★	★	★	★	★	★	★	★	★	★	★	★	★	★	★	★	★	★							
		15			★	★	★	★	★	★	★	★	★	★	★	★	★	★	★	★	★	★							
	16				★	★	★	★	★	★	★	★	★	★	★	★	★	★	★	★	★	★							
17.2					★	★	★	★	★	★	★	★	★	★	★	★	★	★	★	★	★	★							
		18			★	★	★	★	★	★	★	★	★	★	★	★	★	★	★	★	★	★							
	19				★	★	★	★	★	★	★	★	★	★	★	★	★	★	★	★	★	★							
		19.5			★	★	★	★	★	★	★	★	★	★	★	★	★	★	★	★	★	★							

外径			壁厚																										
系列1	系列2	系列3	0.3	0.4	0.5	0.6	0.7	0.8	0.9	1.0	1.2	1.4	1.5	1.6	1.8	2.0	2.2(2.3)	2.5(2.6)	2.8(2.9)	3.0	3.2	3.5(3.6)	4.0	4.2	4.5(4.6)	4.8	5.0	5.5(5.6)	6.0
	20		★	★	★	★	★	★	★	★	★	★	★	★	★	★	★	★	★	★	★	★							
21.3			★	★	★	★	★	★	★	★	★	★	★	★	★	★	★	★	★	★	★	★	★	★					
		22	★	★	★	★	★	★	★	★	★	★	★	★	★	★	★	★	★	★	★	★	★	★					
	25		★	★	★	★	★	★	★	★	★	★	★	★	★	★	★	★	★	★	★	★	★	★					
		25.4	★	★	★	★	★	★	★	★	★	★	★	★	★	★	★	★	★	★	★	★	★	★					
26.9			★	★	★	★	★	★	★	★	★	★	★	★	★	★	★	★	★	★	★	★	★	★					
		28	★	★	★	★	★	★	★	★	★	★	★	★	★	★	★	★	★	★	★	★	★	★	★				
		30	★	★	★	★	★	★	★	★	★	★	★	★	★	★	★	★	★	★	★	★	★	★	★				
	31.8		★	★	★	★	★	★	★	★	★	★	★	★	★	★	★	★	★	★	★	★	★	★	★				
	32					★	★	★	★	★	★	★	★	★	★	★	★	★	★	★	★	★	★	★	★				
33.7								★	★	★	★	★	★	★	★	★	★	★	★	★	★	★	★	★	★	★	★		
		35						★	★	★	★	★	★	★	★	★	★	★	★	★	★	★	★	★	★	★	★		
		36						★	★	★	★	★	★	★	★	★	★	★	★	★	★	★	★	★	★	★	★		
	38							★	★	★	★	★	★	★	★	★	★	★	★	★	★	★	★	★	★	★	★		

外径			壁厚																				
系列1	系列2	系列3	6.5 (6.3)	7.0 (7.1)	7.5	8.0	8.5	9.0 (8.8)	9.5	10	11	12 (12.5)	14 (14.2)	15	16	17 (17.5)	18	20	22 (22.2)	24	25	26	28
	8	9.5																					
	10																						
10.2																							
	12																						
	12.7																						
13.5																							
		14																					
		15																					
	16																						
17.2																							
		18																					
	19																						
		19.5																					

外径			壁　厚																			
系列1	系列2	系列3	6.5(6.3)	7.0(7.1)	7.5	8.0	8.5	9.0(8.8)	9.5	10	11	12(12.5)	14(14.2)	15	16	17(17.5)	18	20	22(22.2)	24	25	26	28
21.3																							
	20																						
		22																					
	25																						
		25.4																					
26.9																							
		28																					
		30																					
	31.8																						
	32																						
33.7																							
		35																					
		36																					
	38																						

外径			壁厚																									
系列1	系列2	系列3	0.3	0.4	0.5	0.6	0.7	0.8	0.9	1.0	1.2	1.4	1.5	1.6	1.8	2.0	2.2(2.3)	2.5(2.6)	2.8(2.9)	3.0	3.2	3.5(3.6)	4.0	4.2	4.5(4.6)	4.8	5.0	5.5(5.6)	6.0
	40						★	★	★	★	★	★	★	★	★	★	★	★	★	★	★	★	★	★	★	★	★	★	
42.4							★	★	★	★	★	★	★	★	★	★	★	★	★	★	★	★	★	★	★	★	★	★	
	44.5							★	★	★	★	★	★	★	★	★	★	★	★	★	★	★	★	★	★	★	★	★	
48.3								★	★	★	★	★	★	★	★	★	★	★	★	★	★	★	★	★	★	★	★	★	★
50.8									★	★	★	★	★	★	★	★	★	★	★	★	★	★	★	★	★	★	★	★	★
	54								★	★	★	★	★	★	★	★	★	★	★	★	★	★	★	★	★	★	★	★	★
57										★	★	★	★	★	★	★	★	★	★	★	★	★	★	★	★	★	★	★	★
60.3										★	★	★	★	★	★	★	★	★	★	★	★	★	★	★	★	★	★	★	★
	63										★	★	★	★	★	★	★	★	★	★	★	★	★	★	★	★	★	★	★
63.5											★	★	★	★	★	★	★	★	★	★	★	★	★	★	★	★	★	★	★
70												★	★	★	★	★	★	★	★	★	★	★	★	★	★	★	★	★	★
76.1												★	★	★	★	★	★	★	★	★	★	★	★	★	★	★	★	★	★
	80													★	★	★	★	★	★	★	★	★	★	★	★	★	★	★	★
	82.5													★	★	★	★	★	★	★	★	★	★	★	★	★	★	★	★

外径			壁厚																										
系列1	系列2	系列3	0.3	0.4	0.5	0.6	0.7	0.8	0.9	1.0	1.2	1.4	1.5	1.6	1.8	2.0	2.2(2.3)	2.5(2.6)	2.8(2.9)	3.0	3.2	3.5(3.6)	4.0	4.2	4.5(4.6)	4.8	5.0	5.5(5.6)	6.0
88.9											★	★	★	★	★	★	★	★	★	★	★	★	★	★	★	★	★	★	★
	101.6										★	★	★	★	★	★	★	★	★	★	★	★	★	★	★	★	★	★	★
		102									★	★	★	★	★	★	★	★	★	★	★	★	★	★	★	★	★	★	★
		108												★	★	★	★	★	★	★	★	★	★	★	★	★	★	★	★
114.3														★	★	★	★	★	★	★	★	★	★	★	★	★	★	★	★
		125												★	★	★	★	★	★	★	★	★	★	★	★	★	★	★	★
		133												★	★	★	★	★	★	★	★	★	★	★	★	★	★	★	★
139.7														★	★	★	★	★	★	★	★	★	★	★	★	★	★	★	★
		141.3												★	★	★	★	★	★	★	★	★	★	★	★	★	★	★	★
		154												★	★	★	★	★	★	★	★	★	★	★	★	★	★	★	★
		159												★	★	★	★	★	★	★	★	★	★	★	★	★	★	★	★
168.3														★	★	★	★	★	★	★	★	★	★	★	★	★	★	★	★
		193.7												★	★	★	★	★	★	★	★	★	★	★	★	★	★	★	★
219.1														★	★	★	★	★	★	★	★	★	★	★	★	★	★	★	★
		250												★	★	★	★	★	★	★	★	★	★	★	★	★	★	★	★

外径			壁厚																			
系列1	系列2	系列3	6.5 (6.3)	7.0 (7.1)	7.5	8.0	8.5	9.0 (8.8)	9.5	10	11	12 (12.5)	14 (14.2)	15	16	17 (17.5)	18	20	22 (22.2)	24	25	26	28
		40																					
42.4																							
		44.5																					
48.3																							
	50.8																						
		54																					
	57																						
60.3																							
		63																					
		70																					
76.1			★	★	★	★																	
		80	★	★	★	★																	
	82.5		★	★	★	★																	
88.9																							

外径			壁　厚																			
系列1	系列2	系列3	6.5 (6.3)	7.0 (7.1)	7.5	8.0	8.5	9.0 (8.8)	9.5	10	11	12 (12.5)	14 (14.2)	15	16	17 (17.5)	18	20	22 (22.2)	24	25	26	28
	101.6		★	★	★	★																	
		102	★	★	★	★																	
		108	★	★	★	★																	
114.3			★	★	★	★																	
		125	★	★	★	★	★	★	★	★													
		133	★	★	★	★	★	★	★	★													
139.7			★	★	★	★	★	★	★	★													
		141.3	★	★	★	★	★	★	★	★	★	★											
		154	★	★	★	★	★	★	★	★	★	★											
		159	★	★	★	★	★	★	★	★	★	★											
168.3			★	★	★	★	★	★	★	★	★	★											
	193.7		★	★	★	★	★	★	★	★	★	★											
219.1			★	★	★	★	★	★	★	★	★	★	★										
		250	★	★	★	★	★	★	★	★	★	★	★										

外径			壁厚																											
系列1	系列2	系列3	0.3	0.4	0.5	0.6	0.7	0.8	0.9	1.0	1.2	1.4	1.5	1.6	1.8	2.0	2.2 (2.3)	2.5 (2.6)(2.9)	2.8	3.0	3.2	3.5 (3.6)	4.0	4.2	4.5 (4.6)	4.8	5.0	5.5 (5.6)	6.0
273.1																★	★	★	★	★	★	★	★	★	★	★	★	★	★
323.9																		★	★	★	★	★	★	★	★	★	★	★	★
3556																		★	★	★	★	★	★	★	★	★	★	★	★
	377																	★	★	★	★	★	★	★	★	★	★	★	★
	400																	★	★	★	★	★	★	★	★	★	★	★	★
406.4	426																	★	★	★	★	★	★	★	★	★	★	★	★
	450																		★	★	★	★	★	★	★	★	★	★	★
457																			★	★	★	★	★	★	★	★	★	★	★
	500																		★	★	★	★	★	★	★	★	★	★	★
508																			★	★	★	★	★	★	★	★	★	★	★
	530																		★	★	★	★	★	★	★	★	★	★	★
	550																		★	★	★	★	★	★	★	★	★	★	★
	558.8																		★	★	★	★	★	★	★	★	★	★	★

外径			壁 厚																								
系列1	系列2	系列3	0.3	0.4	0.5	0.6	0.7	0.8	0.9	1.0	1.2	1.4	1.5	1.6	1.8	2.0	2.2(2.3)	2.5(2.6)	2.8(2.9)	3.0	3.2	3.5(3.6)	4.0	4.2	4.5(4.6)	4.8 5.0	5.5(5.6) 6.0
	600																			★	★	★	★	★	★	★ ★	★ ★
610																				★	★	★	★	★	★	★ ★	★ ★
	630																			★	★	★	★	★	★	★ ★	★ ★
	660																			★	★	★	★	★	★	★ ★	★ ★
711																				★	★	★	★	★	★	★ ★	★ ★
762																				★	★	★	★	★	★	★ ★	★ ★
813																				★	★	★	★	★	★	★ ★	★ ★
	864																			★	★	★	★	★	★	★ ★	★ ★
914																				★	★	★	★	★	★	★ ★	★ ★
	965																			★	★	★	★	★	★	★ ★	★ ★
1016																				★	★	★	★	★	★	★ ★	★ ★
1067																				★	★	★	★	★	★	★ ★	★ ★
1118																				★	★	★	★	★	★	★ ★	★ ★
	1168																			★	★	★	★	★	★	★ ★	★ ★

续表

外径			壁厚																				
系列1	系列2	系列3	6.5(6.3)	7.0(7.1)	7.5	8.0	8.5	9.0(8.8)	9.5	10	11	12(12.5)	14(14.2)	15	16	17(17.5)	18	20	22(22.2)	24	25	26	28
273.1			★	★	★	★	★	★	★	★	★	★	★										
323.9			★	★	★	★	★	★	★	★	★	★	★	★									
355.6			★	★	★	★	★	★	★	★	★	★	★	★	★								
		377	★	★	★	★	★	★	★	★	★	★	★	★	★	★							
		400	★	★	★	★	★	★	★	★	★	★	★	★	★	★	★						
406.4			★	★	★	★	★	★	★	★	★	★	★	★	★	★	★	★					
		426	★	★	★	★	★	★	★	★	★	★	★	★	★	★	★	★	★				
		450	★	★	★	★	★	★	★	★	★	★	★	★	★	★	★	★	★	★			
457			★	★	★	★	★	★	★	★	★	★	★	★	★	★	★	★	★	★	★		
		500	★	★	★	★	★	★	★	★	★	★	★	★	★	★	★	★	★	★	★	★	
508			★	★	★	★	★	★	★	★	★	★	★	★	★	★	★	★	★	★	★	★	★
		530	★	★	★	★	★	★	★	★	★	★	★	★	★	★	★	★	★	★	★	★	★
		550	★	★	★	★	★	★	★	★	★	★	★	★	★	★	★	★	★	★	★	★	★
558.8			★	★	★	★	★	★	★	★	★	★	★	★	★	★	★	★	★	★	★	★	★

外径			壁厚																				
系列1	系列2	系列3	6.5(6.3)	7.0(7.1)	7.5	8.0	8.5	9.0(8.8)	9.5	10	11	12	14(12.5)(14.2)	15	16	17(17.5)	18	20	22(22.2)	24	25	26	28
		600	★	★	★	★	★	★	★	★	★	★	★	★	★	★	★	★	★	★	★	★	★
	610		★	★	★	★	★	★	★	★	★	★	★	★	★	★	★	★	★	★	★	★	★
		630	★	★	★	★	★	★	★	★	★	★	★	★	★	★	★	★	★	★	★	★	★
		660	★	★	★	★	★	★	★	★	★	★	★	★	★	★	★	★	★	★	★	★	★
711			★	★	★	★	★	★	★	★	★	★	★	★	★	★	★	★	★	★	★	★	★
	762		★	★	★	★	★	★	★	★	★	★	★	★	★	★	★	★	★	★	★	★	★
813			★	★	★	★	★	★	★	★	★	★	★	★	★	★	★	★	★	★	★	★	★
		864	★	★	★	★	★	★	★	★	★	★	★	★	★	★	★	★	★	★	★	★	★
914			★	★	★	★	★	★	★	★	★	★	★	★	★	★	★	★	★	★	★	★	★
	965		★	★	★	★	★	★	★	★	★	★	★	★	★	★	★	★	★	★	★	★	★
1016			★	★	★	★	★	★	★	★	★	★	★	★	★	★	★	★	★	★	★	★	★
1067			★	★	★	★	★	★	★	★	★	★	★	★	★	★	★	★	★	★	★	★	★
1118			★	★	★	★	★	★	★	★	★	★	★	★	★	★	★	★	★	★	★	★	★
	1168		★	★	★	★	★	★	★	★	★	★	★	★	★	★	★	★	★	★	★	★	★

外径 / 壁厚（第一部分）

外径 系列1 系列2 系列3	0.3	0.4	0.5	0.6	0.7	0.8	0.9	1.0	1.2	1.4	1.5	1.6	1.8	2.0	2.2 (2.3)	2.5 (2.6)	2.8 (2.9)	3.0	3.2	3.5 (3.6)	4.0	4.2	4.5 (4.6)	4.8	5.0	5.5 (5.6)	6.0
1219			★	★	★	★	★	★	★	★	★	★	★	★	★	★	★	★	★								
1321			★	★	★	★	★	★	★	★	★	★	★	★	★	★	★	★	★	★							
1422		★	★	★	★	★	★	★	★	★	★	★	★	★	★	★	★	★	★	★	★	★					
1524		★	★	★	★	★	★	★	★	★	★	★	★	★	★	★	★	★	★	★	★	★	★				
1626		★	★	★	★	★	★	★	★	★	★	★	★	★	★	★	★	★	★	★	★	★	★	★	★		
1727		★	★	★	★	★	★	★	★	★	★	★	★	★	★	★	★	★	★	★	★	★	★	★	★	★	
1829		★	★	★	★	★	★	★	★	★	★	★	★	★	★	★	★	★	★	★	★	★	★	★	★	★	★

外径 / 壁厚（第二部分）

外径 系列1 系列2 系列3	6.5 (6.3)	7.0 (7.1)	7.5	8.0	8.5	9.0 (8.8)	9.5	10	11	12 (12.5)	14 (14.2)	15	16	17 (17.5)	18	20	22 (22.2)	24	25	26	28
1219	★	★	★	★	★	★	★	★	★	★	★	★	★	★	★	★	★	★	★	★	★
1321	★	★	★	★	★	★	★	★	★	★	★	★	★	★	★	★	★	★	★	★	★
1422	★	★	★	★	★	★	★	★	★	★	★	★	★	★	★	★	★	★	★	★	★
1524	★	★	★	★	★	★	★	★	★	★	★	★	★	★	★	★	★	★	★	★	★
1626	★	★	★	★	★	★	★	★	★	★	★	★	★	★	★	★	★	★	★	★	★
1727	★	★	★	★	★	★	★	★	★	★	★	★	★	★	★	★	★	★	★	★	★
1829	★	★	★	★	★	★	★	★	★	★	★	★	★	★	★	★	★	★	★	★	★

注：
1. 表中★表示常用规格；括号内的尺寸为英制规格换算成的公制规格。
2. 钢管按供货状态分为四类：焊接状态（H）、热处理状态（T）、冷拔（轧）状态（WC）、磨（抛）光状态（SP）。
3. 钢管的通常长度为3～9m。

（4）允许偏差见表12-29、表22-30。

表 12-29   流体输送用不锈钢焊接钢管的
外径允许偏差（GB/T 12771）

类　别	外径 D（mm）	允许偏差（mm）	
		较高级（A）	普通级（B）
焊接状态	全部尺寸	$\pm0.5\%$ 或 $D\pm0.20$，两者取较大值	$\pm0.75\%D$ 或 ±0.30 两者取较大值
热处理状态	<40	±0.20	±0.30
	$\geqslant40\sim<65$	±0.30	±0.40
	$\geqslant65\sim<90$	±0.40	±0.50
	$\geqslant90\sim<168.3$	±0.8	±1.00
	$\geqslant168.3\sim<325$	$\pm0.75\%D$	$\pm1.0\%D$
	$\geqslant325\sim<610$	$\pm0.6\%D$	$\pm1.0\%D$
	$\geqslant610$	$\pm0.6\%D$	$\pm0.7\%D$ 或 ±1.00，两者取较大值
冷拔（轧）状态磨抛光状态	<40	±0.15	±0.20
	$\geqslant40\sim<60$	±0.20	±0.30
	$\geqslant60\sim<100$	±0.30	±0.40
	$\geqslant100\sim<200$	$\pm0.4\%D$	$\pm0.5\%D$
	$\geqslant200$	$\pm0.4\%D$	$\pm0.75\%D$

表 12-30   流体输送用不锈钢焊接钢管
的壁厚允许偏差（GB/T 12771）

壁　厚 S（mm）	壁厚允许偏差（mm）
$\leqslant0.5$	±0.10
$>0.5\sim1.0$	±0.15
$>1.0\sim2.0$	±0.20
$>2.0\sim4.0$	±0.30
>4.0	$\pm10\%S$

3. 输送流体用无缝钢管（GB/T 8163）

（1）钢管的弯曲度，见表12-31。

表 12-31　　　　　　　　　**钢管的弯曲度**

钢管公称壁厚（mm）	弯曲度（mm/m）
≤15	≤1.5
>15～30	≤2.0
>30 或外径≥351	≤3.0

注　钢管的全长弯曲度应不大于钢管总长度的 1.5‰。

（2）钢管外径和壁厚的允许偏差，见表 12-32～表 12-34。

表 12-32　　　　　　　　**钢管的外径允许偏差**

钢管种类	允许偏差（mm）
热轧（挤压、扩）钢管	±1%D 或±0.50，取其中较大者
冷拔（轧）钢管	±1%D 或±0.30，取其中较大者

表 12-33　　　　　**热轧（挤压、扩）钢管壁厚允许偏差**

钢管种类	钢管公称外径	S/D	允许偏差
热轧（挤压）钢管	≤102	—	±12.5%S 或±0.40，取其中较大者
	>102	≤0.05	±15%S±0.40，取其中较大者
		>0.05～0.10	±12.5%S 或±0.40，取其中较大者
		>0.10	$+12.5\%S$ $-10\%S$
热扩钢管		—	±15%S

表 12-34　　　　　**冷拔（轧）钢管壁厚允许偏差**　　　　　　mm

钢管种类	钢管公称壁厚	允许偏差
冷拔（轧）	≤3	$^{+15\%S}_{-10\%S}$或±0.15，取其中较大者
	>3	$+12.5\%S$ $-10\%S$

注　1. 圆度和壁厚不均根据需方要求，经供需双方协商，并在合同中注明，钢管的圆度和壁厚分别不超过外径和壁厚公差的 80%。

　　2. 端头外形外径不大于 60mm 的钢管，管端切斜应不超过 1.5mm；外径大于 60mm 的钢管，管端切斜应不超过钢管外径的 2.5%，但最大应不超过 6mm。钢管的端头切口毛刺应予以清除。

　　3. 质量交货钢管的理论质量与实际质量的偏差应符合单支钢管：±10%；每批最小为 10t 的钢管：±7.5%。钢管理论质量的计算取钢的密度为 7.85kg/dm³。

（3）技术要求。钢的牌号和化学成分：钢管由 10、20、Q295、Q345、Q390、Q420、Q460 牌号的钢制造。牌号为 10、20 钢的化学成分（熔炼分析）应符合 GB/T 699 的 2.2.2。牌号为 Q295、Q345、Q390、Q420 和 Q460 钢的化学成分（熔炼分析）应符合 GB/T 1591 的 2.2.3，其中质量等级为 A、B、C 级钢的磷、硫含量均不大于 0.03％（质量分数）。力学性能见表 12-35。

表 12-35　　　　　　　　　钢管的力学性能

牌号	质量等级	拉伸性能					冲击试验	
		抗拉强度 R_m（MPa）	下屈服强度①R_{eL}（MPa）			断后伸长率 A（％）	温度（℃）	吸收能量 KV_2（J）
			壁厚（mm）					
			≤16	>16～30	>30			
			≥					≥
10	—	335～475	205	195	185	24	—	—
20	—	410～530	245	285	225	20	—	—
Q295	A	390～570	295	275	255	22	—	—
	B						+20	34
Q345	A	470～630	345	325	295	20	—	—
	B						+20	34
	C						0	
	D					21	−20	
	E						−40	27
Q390	A	490～650	390	370	350	18	—	—
	B						+20	34
	C						0	
	D					19	−20	
	E						−40	27
Q420	A	520～680	420	400	380	18	—	—
	B						+20	34
	C						0	
	D					19	−20	
	E						−40	27
Q460	C	550～720	460	440	420	17	0	34
	D						−20	
	E						−40	27

① 拉伸试验时，如不能测定屈服强度，可测定规定非比例延伸强度 $R_{p0.2}$ 代替 R_{eL}。

4. 给水衬塑复合钢管（CJ/T 136）

标记示例：

SP-CR-（PE-RT）——DN100 表示公称通径为 100mm 热水用内衬耐热聚乙烯的复合钢管。

（1）衬塑复合钢管的塑层厚度和允许偏差，见表 12-36。

表 12-36　　　　　　　塑层厚度和允许偏差　　　　　　　mm

公称通径 DN	内衬塑料层		法兰面衬塑层		外覆塑层最小厚度
	厚度	允许偏差	厚度	允许偏差	
15	1.5	+0.2 −0.2	1.0	−0.5	0.5
20					0.6
25					0.7
32					0.8
40					1.0
50					1.1
65					1.1
80	2.0		1.5		1.2
100					1.3
125					1.4
150	2.5		2.0		1.5
200					2.0
250	3.0	−0.5	2.5		
300					
350	3.5		3.0		2.2
400					
450					
500					2.5

注　1. 公称通径公制与英制对照见 CJ/T 136 附录 A。

　　2. 衬塑钢管定长度一般为 6m，其全长允许偏差为 ±20mm。

（2）外观。衬塑钢管内外表面应光滑、不允许有气泡、裂纹、脱皮、伤痕、凹陷、色泽不均及分解变色线。衬塑钢管形状应是直管，两端截面与管轴线成垂直状态。

（3）性能。

1）结合强度：冷水用衬塑钢管的钢与内衬塑之间结合强度应不小于 0.3MPa。热水用衬塑钢管的钢与内衬塑之间结合强度应不小于 1.0MPa。

2）弯曲性能：公称通径不大于 50mm 衬塑钢管经弯曲后不发生裂痕，钢与内外塑层之间不发生离层现象。

3）压扁性能：公称通径大于 50mm 的衬塑钢管经压扁后不发生裂痕，钢与内外塑层之间不发生离层现象。

4）卫生性能：输送饮用水衬塑钢管的内衬塑料管卫生性能应符合 GB/T 17219 的要求，也可按卫生部门要求执行卫法监发（2001）161 号规范。

5）耐冷热循环性能：用于输送热水的衬塑钢管试件经三个周期冷热循环试验，衬塑层无变形裂纹等缺陷，其结合强度不低于 1）的规定值。

6）外覆塑层剥离强度：要求剥离强度应不小于 0.35MPa。

5. 低压液体输送用焊接钢管（GB/T 3091）

（1）质量。

1）钢管的理论质量按如下公式计算（钢的密度取 7.85kg/dm³）。

$$W = 0.0246615 (D - t) t \tag{12-1}$$

式中　W——钢管的单位长度理论质量，kg/m；

　　　　D——钢管的外径，mm；

　　　　t——钢管的壁厚，mm。

2）钢管镀锌后单位长度理论质量按如下公式计算

$$W' = cW \tag{12-2}$$

式中　W'——钢管镀锌后的单位长度理论质量，kg/m；

　　　　W——钢管镀锌前的单位长度理论质量，kg/m；

　　　　c——镀锌层的质量系数，见表 12-37。

3）以理论质量交货的钢管，每批或单根钢管的理论质量与实际质量的允许偏差应为 ±7.5%。

（2）低压流体输送用焊接钢管镀锌层的质量系数见表 12-37。

表 12-37　　　　低压流体输送用焊接钢管镀锌层的质量系数

壁厚（mm）	0.5	0.6	0.8	1.0	1.2	1.4	1.6	1.8	2.0	2.3	2.6
系数 c	1.255	1.112	1.159	1.127	1.106	1.091	1.080	1.071	1.064	1.055	1.049
壁厚（mm）	2.9	3.2	3.6	4.0	4.5	5.0	5.4	5.6	6.3	7.1	8.0
系数 c	1.044	1.040	1.035	1.032	1.028	1.025	0.024	1.023	1.020	1.018	1.016
壁厚（mm）	8.8	10	11	12.5	14.2	16	17.5	20			
系数 c	1.014	1.013	1.012	1.010	1.009	1.008	1.009	1.006			

（3）钢管外径和壁厚的允许偏差，见表 12-38。

表 12-38　　　　　　　　钢管外径和壁厚的允许偏差　　　　　　　　　　mm

外　径	外径允许偏差		壁厚允许偏差
	管体	管端 （距管端 100mm 范围内）	
$D \leqslant 48.3$	±0.5	—	
$48.3 < D \leqslant 273.1$	±1%D	—	
$273.1 < D \leqslant 508$	±0.75%D	+2.4 −0.8	±10%t
$D > 508$	±1%D 或±10.0， 两者取较小值	+3.2 −0.8	

（4）技术要求。

1）钢的牌号和化学成分见表中牌号 Q195、Q215A、Q215B、Q235A、Q235B 和 GB/T 1591 中牌号 Q295A、Q295B、Q345A、Q345B 的 2.2.3。

2）钢管的力学性能见表 12-39。

表 12-39　　　　　　　　　　　　钢管的力学性能

牌号[①]	下屈服强度 R_{eL} (MPa) $\geqslant$		抗拉强度 R_m(MPa)$\geqslant$	断后伸长率 A（%）$\geqslant$	
	$t\leqslant16$mm	$t>16$mm		D $\leqslant168.3$mm	D >168.3mm
Q195	195	185	315	15	20
Q215A、Q215B	215	205	335		
Q235A、Q285B	235	225	370		
Q295A、Q295B	295	275	390	13	18
Q345A、Q345B	345	325	470		

① 其他牌号的力学性能要求由供需双方协商确定。

6. 钢塑复合压力管（CJ/T 183）

（1）分类和标记。按用途和公称压力分类见表 12-40。

表 12-40　　　　　　　　　　　　复合管品种分类

用途	用途代号	塑料代号	长期工作温度 T_0（℃）	公称压力 PN（MPa）			
				1.25	1.60	2.00	2.50
				最大允许工作压力 p_0（MPa）			
冷水、饮用水	L	PE	$\leqslant40$	1.25	1.60	2.00	2.50
热水、供暖	R	RE-RT；PE-X；PPR	$\leqslant80$	1.00	1.25	1.60	2.00
燃气	Q	PE	$\leqslant40$	0.50	0.60	0.80	1.00
特种流体[①]	T	PE	$\leqslant40$	1.25	1.60	2.00	2.50
		PE-RT；PE-X；PPR	$\leqslant80$	1.00	1.25	1.60	2.00
排水	P	PE	$\leqslant65$[②]	1.25	1.60	2.00	2.50
保护套管	B	PE；PE-RT；PE-X	—	—	—	—	—

注　在输送管内产生相变流体时，在管道系统中因相变产生的膨胀力不应超过最大允许工作压力或者在管道系统中采取防止相变的措施。

① 指和复合管所采用塑料所接触传输介质抗化学药品性能相一致的特种流体。

② 瞬时排水温度不超过 95℃。

标记示例：一种按本标准生产的由焊接钢管和交联聚乙烯复合，公称外径 75mm，壁厚 5.5mm，最大允许工作压力 1.6MPa，热水、供暖输送用复合管标记为 PSP-R-（PE-x）·75×5.5-1.6·CJ/T 183。

（2）外观和颜色要求。

外观：复合管外表面应色泽均匀，无明显划伤、气泡，无针眼、脱皮和其他影响使用的缺陷。复合管内表面应平滑，无斑点、异味、异物，无针眼，无裂纹。

颜色：复合管根据用途不同，外层宜采用如下颜色：

1）冷水、饮用水用复合管：白色或黑色，黑色管上应有蓝色色条。

2）热水、供暖用复合管：白色或黑色，黑色管上应有橙红色色条。

3）燃气用复合管：黄色或黑色，黑色管上应有黄色色条。

4）特种流体用复合管：白色或黑色，黑色管上应有红色色条。

5）排水用复合管：白色或黑色。

6）保护套管用复合管：白色或黑色。

（3）复合管规格尺寸见表 12-41。

表 12-41　　　　　　　　　　复合管规格尺寸　　　　　　　　　　mm

公称外径 d_n	最小平均外径 $d_{em,min}$	最大平均外径 $d_{em,max}$	公称压力 PN（MPa）									
			1.25					1.6				
			内层聚乙（丙）烯最小厚度	钢带最小厚度	外层聚乙（丙）烯最小厚度	管壁厚	管壁厚偏差	内层聚乙（丙）烯最小厚度	钢带最小厚度	外层聚乙（丙）烯最小厚度	管壁厚	管壁厚偏差
16	16.0	16.3	—	—	—	—	—	—	—	—	—	—
20	20.0	20.3	—	—	—	—	—	—	—	—	—	—
25	25.0	25.3	—	—	—	—	—	1.0	0.2	0.6	2.5	+0.4 −0.2
32	32.0	32.3	—	—	—	—	—	1.2	0.3	0.7	3.0	+0.4 −0.2

公称外径 d_n	最小平均外径 $d_{em,min}$	最大平均外径 $d_{em,max}$	公称压力 PN（MPa）									
			1.25					1.6				
			内层聚乙（丙）烯最小厚度	钢带最小厚度	外层聚乙（丙）烯最小厚度	管壁厚	管壁厚偏差	内层聚乙（丙）烯最小厚度	钢带最小厚度	外层聚乙（丙）烯最小厚度	管壁厚	管壁厚偏差
40	40.0	40.4	—	—	—	—	—	1.3	0.3	0.8	3.5	+0.5 −0.2
50	50.0	50.5	1.4	0.3	1.0	3.5	+0.5 −0.2	1.4	0.4	1.1	4.0	+0.8 −0.2
63	63.0	63.6	1.6	0.4	1.1	4.0	+0.7 −0.2	1.6	0.5	1.2	4.5	+0.9 −0.2
75	75.0	75.7	1.6	0.5	1.1	4.0	+0.7 −0.2	1.7	0.6	1.4	5.0	+1.0 −0.2
90	90.0	90.8	1.7	0.6	1.2	4.5	+0.8 −0.2	1.8	0.7	1.5	5.5	+1.2 −0.2
100	100.0	100.8	1.7	0.6	1.2	5.0	+0.8 −0.2	—	—	—	—	—
110	110.0	110.9	1.8	0.7	1.3	5.0	+0.9 −0.2	1.9	0.8	1.7	6.0	+1.4 −0.2
160	160.0	161.6	1.8	1.0	1.5	5.5	+1.0 −0.2	1.9	1.3	1.7	6.5	+1.6 −0.2
200	200.0	202.0	1.8	1.3	1.7	6.0	+1.2 −0.2	2.0	1.7	1.7	7.0	+1.8 −0.2
250	250.0	252.4	1.8	1.6	1.9	6.5	+1.4 −0.2	2.0	2.1	1.9	8.0	+2.2 −0.2
315	315.0	317.6	1.8	2.0	1.9	7.0	+1.6 −0.2	2.0	2.7	1.9	8.5	+2.4 −0.2

公称外径 d_n	最小平均外径 $d_{em,min}$	最大平均外径 $d_{em,max}$	公称压力 PN（MPa）									
			1.25					1.6				
			内层聚乙（丙）烯最小厚度	钢带最小厚度	外层聚乙（丙）烯最小厚度	管壁厚	管壁厚偏差	内层聚乙（丙）烯最小厚度	钢带最小厚度	外层聚乙（丙）烯最小厚度	管壁厚	管壁厚偏差
400	400.0	403.0	1.8	2.6	2.0	7.5	+1.8 −0.2	2.0	3.4	2.0	9.5	+2.8 −0.2
16	16.0	16.3	0.8	0.2	0.4	2.0	+0.4 −0.2	0.8	0.3	0.4	2.0	+0.4 −0.2
20	20.0	20.3	0.8	0.2	0.4	2.0	+0.4 −0.2	0.8	0.3	0.4	2.0	+0.4 −0.2
25	25.0	25.3	1.0	0.3	0.6	2.5	+0.4 −0.2	1.0	0.4	0.6	2.5	+0.4 −0.2
32	32.0	32.3	1.2	0.3	0.7	3.0	+0.4 −0.2	1.2	0.4	0.7	3.0	+0.4 −0.2
40	40.0	40.4	1.3	0.4	0.8	3.5	+0.5 −0.2	1.3	0.5	0.8	3.5	+0.5 −0.2
50	50.0	50.5	1.4	0.5	1.5	4.5	+0.8 −0.2	14	0.6	1.5	4.5	+0.8 −0.2
63	63.0	63.6	1.7	0.6	1.7	5.0	+0.9 −0.2	—	—	—	—	—
75	75.0	75.7	1.9	0.6	1.9	5.5	+1.0 −0.2	—	—	—	—	—
90	90.0	90.8	2.0	0.8	2.0	6.0	+1.2 −0.2	—	—	—	—	—
100	100.0	100.8	—					—				
110	110.0	110.9	2.0	1.0	2.2	6.5	+1.4 −0.2	—	—	—	—	—

公称外径 d_n	最小平均外径 $d_{em,min}$	最大平均外径 $d_{em,max}$	公称压力 PN（MPa）									
			1.25					1.6				
			内层聚乙（丙）烯最小厚度	钢带最小厚度	外层聚乙（丙）烯最小厚度	管壁厚	管壁厚偏差	内层聚乙（丙）烯最小厚度	钢带最小厚度	外层聚乙（丙）烯最小厚度	管壁厚	管壁厚偏差
160	160.0	161.6	2.0	1.6	2.2	7.0	+1.6 −0.2	—	—	—	—	—
200	200.0	202.0	2.0	2.0	2.2	7.5	+1.8 −0.2	—	—	—	—	—
250	250.0	252.4	2.0	2.6	2.3	8.5	+2.2 −0.2	—	—	—	—	—
315	315.0	317.6	2.0	3.3	2.3	9.0	+2.4 −0.2	—	—	—	—	—
400	400.0	403.0	2.0	4.3	2.3	10.0	+2.8 −0.2	—	—	—	—	—

注 1. 复合管公称外径 d，符合 GB/T 4217 的规定。

2. 复合管按直管交货，标准长度为 4、5、6、9、12m，长度允许偏差为 ± 20mm。当用户对复合管长度提出特殊要求时，也可由供需双方商定。

（4）物理力学性能。

1）复合管按短期静液压强度试验的规定，进行表 12-42 所规定要求的短期静液压强度试验时，应无破裂及其他渗漏现象，各系列复合管的最大允许工作压力应符合表 12-40 给出的要求。

表 12-42 复合管静液压强度试验要求

用途符号	试验温度（℃）	静液压力（MPa）	试验时间（h）
L．T．P	80±2	公称压力×2	165
R	95±2	公称压力×2	165
Q	80±2	公称压力×2	165

2）复合管按爆破强度试验的规定进行爆破强度试验时，其最小爆破压力应符合表 12-43 给出的要求。

表 12-43　　　　　　　　　复合管爆破强度试验要求

公称压力 PN（MPa）	公称外径 d_0（mm）														
	16	20	25	32	40	50	63	75	90	110	160	200	250	315	400
	最小爆破压力 p_b（MPa）														
1.25	—			≥3.75											
1.6	—			≥4.8											
2.0	≥6.0														
2.5	7.5					—									

3）复合管按受压开裂稳定性试验的规定进行试验时，应无裂纹和开裂现象。

4）黏结性能。

a. 复合管按剥离强度试验的规定进行试验时，剥离强度值应不小于 100N/25mm。

b. 复合管按层间黏结强度试验的规定进行试验时，内层和外层的聚乙（丙）烯与钢层之间应无分离和缝隙现象。

5）复合管按钢管焊缝强度试验的规定进行试验时，钢管对接焊缝或钢带的任何地方应无撕裂现象。

6）特种流体中煤矿用复合管按表面电阻试验的规定进行试验时，根据复合管的用途不同，其表面电阻要求如下：

a. 排水、供水用管：外壁表面电阻算术平均值应不大于 $10^9 \Omega$。

b. 正压风管：外壁表面电阻算术平均值应不大于 $10^8 \Omega$。

c. 负压风管：外壁表面电阻算术平均值应不大于 $10^6 \Omega$。

d. 抽放气体用管：外壁表面电阻算术平均值应不大于 $10^6 \Omega$。

7）特种流体中煤矿用复合管按无水乙醇喷灯燃烧试验的规定进行试验时，复合管的无水乙醇喷灯燃烧要求如下：

a. 6 根试样的有焰燃烧时间的算术平均值小于等于 3s，任何一条试样的有焰燃烧时间应不大于 10s。

b. 6 根试样的无焰燃烧时间的算术平均值小于等于 20s，任何一条试样的无焰燃烧时间应不大于 60s。

8）通信电缆、光缆保护套管用复合管按静摩擦系数试验的规定进行试验时，静摩擦系数应不大于 0.35。

9）在用户有要求时，电力电缆保护套管用复合管按 0.1MPa 水压下保持 15min 的规定进行试验时，接头处应无渗漏。通信电缆、光缆保护套管用复合管按在室温下，充满水加压，按 0.05MPa 保持 24h 的规定进行试验时，接头处应无渗漏。

10）电力电缆保护套管用复合管按氧指数试验的规定进行试验时，氧指数应不小于 26。

11）排水、保护套管用复合管环刚度按环刚度试验的规定进行试验时，三个试样的试验结果的算术平均值要求如下：

a. 排水用复合管环刚度算术平均值应不小于 $4kN/m^2$。

b. 通信电缆、光缆保护套管用复合管环刚度算术平均值应不小于 $6.3kN/m^2$。

c. 电力电缆保护套管用复合管环刚度算术平均值应不小于 $8kN/m^2$。

12）排水用复合管按燃烧毒性指数试验的规定进行试验时，燃烧毒性指数值应不大于 1。

（5）卫生性能生活饮用水用复合管按卫生性能试验的规定进行试验时，其卫生性能应符合 GB/T 17219 的规定。

（6）耐化学性能特种流体中工业废水、腐蚀性流体用复合管按耐化学性能试验的规定，进行表 12-44 给出要求的试验时，试样内外层应无龟裂、变黏、异状等现象。

表 12-44　　　　　耐化学性能

化学药品种类	质量变化(mg/cm^2)	化学药品种类	质量变化(mg/cm^2)
10%氯化钠溶液	±0.2	40%氢氧化钠溶液	±0.1
30%硝酸	±0.1	95%(体积分数)乙醇	±1.1
40%硝酸	±0.3		

（7）耐气体组分性能燃气用复合管按耐化学性能试验的规定进行试验时，耐气体组分性能应符合 GB 15558.1 的规定。

（8）交联度采用交联聚乙烯生产的复合管按交联度的测定规定进行试验时，电子束交联方式其交联度应不小于60％；硅烷交联方式其交联度应不小于65％。

7. 不锈钢复合管（GB/T 18704）

不锈钢复合管主要适用以市政设施、车船制造、道桥护栏、建筑装饰、钢结构网架、医疗器械、家具、一般机械部件等不锈钢复合管。

不锈钢复合管尺寸规格见表 12-45、表 12-46。允许偏差见表 12-47。

表 12-45　　　　　　　不锈钢复合圆管的尺寸规格

外径 （mm）	总壁厚（mm）																		
	0.6	0.8	1.0	1.2	1.4	1.5	1.6	1.8	2.0	2.2	2.5	3.0	3.5	4.0	4.5	5.0	6.0	7.0	8.0
12.7	★	★	★	★	★	★	★	★	★	—	—	—	—	—	—	—	—	—	—
15.9	★	★	★	★	★	★	★	★	★	—	—	—	—	—	—	—	—	—	—
19.1	★	★	★	★	★	★	★	★	★	—	—	—	—	—	—	—	—	—	—
22.2	★	★	★	★	★	★	★	★	★	—	—	—	—	—	—	—	—	—	—
25.4	★	★	★	★	★	★	★	★	★	★	★	—	—	—	—	—	—	—	—
31.8	★	★	★	★	★	★	★	★	★	—	—	—	—	—	—	—	—	—	—
38.1	—	★	★	★	★	★	★	★	★	—	—	—	—	—	—	—	—	—	—
42.4	—	★	★	★	★	★	★	★	★	—	—	—	—	—	—	—	—	—	—
48.3	—	★	★	★	★	★	★	★	★	—	—	—	—	—	—	—	—	—	—
50.8	—	★	★	★	★	★	★	★	★	—	—	—	—	—	—	—	—	—	—
57.0	—	★	★	★	★	★	★	★	★	★	★	—	—	—	—	—	—	—	—
63.5	—	—	★	★	★	★	★	★	★	★	—	—	—	—	—	—	—	—	—
76.3	—	—	★	★	★	★	★	★	★	★	★	—	—	—	—	—	—	—	—
80.0	—	—	—	★	★	★	★	★	★	★	★	—	—	—	—	—	—	—	—
89.0	—	—	—	—	—	—	—	—	—	★	★	★	★	—	—	—	—	—	—
102	—	—	—	—	—	—	—	—	—	—	★	★	★	—	—	—	—	—	—
108	—	—	—	—	—	—	—	—	—	—	—	★	★	★	—	—	—	—	—

外径 (mm)	总 壁 厚（mm）																		
	0.6	0.8	1.0	1.2	1.4	1.5	1.6	1.8	2.0	2.2	2.5	3.0	3.5	4.0	4.5	5.0	6.0	7.0	8.0
114	—	—	—	—	—	—	—	—	—	—	—	—	★	★	★	—	—	—	—
127	—	—	—	—	—	—	—	—	—	—	—	—	★	★	★	—	—	—	—
133	—	—	—	—	—	—	—	—	—	—	—	—	★	★	★	—	—	—	—
141	—	—	—	—	—	—	—	—	—	—	—	—	★	★	★	★	—	—	—
159	—	—	—	—	—	—	—	—	—	—	—	—	—	★	★	★	—	—	—
165	—	—	—	—	—	—	—	—	—	—	—	—	—	★	★	★	—	—	—
180	—	—	—	—	—	—	—	—	—	—	—	—	—	—	★	★	★	—	—
219	—	—	—	—	—	—	—	—	—	—	—	—	—	—	★	★	★	★	★

注 表中★表示有产品，复合管的总壁厚也可根据用户需要，基材为 0.4～0.8mm，覆材为 0.1～0.8mm 复合的管材。

表 12-46　不锈钢复合方管、复合矩形管尺寸规格（公称尺寸）

外径	总 壁 厚																		
	0.6	0.8	1.0	1.2	1.4	1.5	1.6	1.8	2.0	2.2	2.5	3.0	3.5	4.0	4.5	5.0	6.0	7.0	8.0
方　管																			
15×15	★	★	★	★	★	★	★	★	★	—	—	—	—	—	—	—	—	—	—
20×20	★	★	★	★	★	★	★	★	★	—	—	—	—	—	—	—	—	—	—
25×25	★	★	★	★	★	★	★	★	★	★	★	—	—	—	—	—	—	—	—
30×30	—	—	★	★	★	★	★	★	★	★	★	★	—	—	—	—	—	—	—
40×40	—	—	★	★	★	★	★	★	★	★	★	—	—	—	—	—	—	—	—
50×50	—	—	—	★	★	★	★	★	★	★	★	★	—	—	—	—	—	—	—
60×60	—	—	—	—	★	★	★	★	★	★	★	★	★	—	—	—	—	—	—
70×70	—	—	—	—	—	—	—	—	—	—	—	★	★	★	—	—	—	—	—
80×80	—	—	—	—	—	—	—	—	—	—	—	★	★	★	—	—	—	—	—
85×85	—	—	—	—	—	—	—	—	—	—	—	★	★	★	—	—	—	—	—
90×90	—	—	—	—	—	—	—	—	—	—	—	★	★	★	—	—	—	—	—
100×100	—	—	—	—	—	—	—	—	—	—	—	★	★	★	—	—	—	—	—
110×110	—	—	—	—	—	—	—	—	—	—	—	★	★	—	—	—	—	—	—
125×125	—	—	—	—	—	—	—	—	—	—	—	—	★	★	★	★	—	—	—
130×130	—	—	—	—	—	—	—	—	—	—	—	—	★	★	★	★	—	—	—
140×140	—	—	—	—	—	—	—	—	—	—	—	—	—	★	★	★	★	—	—
170×170	—	—	—	—	—	—	—	—	—	—	—	—	—	—	—	★	★	★	★

外径	总壁厚																		
	0.6	0.8	1.0	1.2	1.4	1.5	1.6	1.8	2.0	2.2	2.5	3.0	3.5	4.0	4.5	5.0	6.0	7.0	8.0
矩 形 管																			
20×10	★	★	★	★	★	★	★	★	─	─	─	─	─	─	─	─	─	─	─
25×15	★	★	★	★	★	★	★	★	─	─	─	─	─	─	─	─	─	─	─
40×20	─	─	★	★	★	★	★	★	★	★	★	─	─	─	─	─	─	─	─
50×30	─	─	★	★	★	★	★	★	★	★	★	─	─	─	─	─	─	─	─
70×30	─	─	─	★	★	★	★	★	★	★	★	─	─	─	─	─	─	─	─
80×40	─	─	★	★	★	★	★	★	★	★	★	★	─	─	─	─	─	─	─
90×30	─	─	─	★	★	★	★	★	★	★	★	★	─	─	─	─	─	─	─
100×40	─	─	─	─	─	─	─	─	─	─	★	★	★	─	─	─	─	─	─
110×50	─	─	─	─	─	─	─	─	─	─	★	★	★	─	─	─	─	─	─
120×40	─	─	─	─	─	─	─	─	─	─	★	★	★	─	─	─	─	─	─
120×60	─	─	─	─	─	─	─	─	─	─	─	★	★	★	─	─	─	─	─
130×50	─	─	─	─	─	─	─	─	─	─	─	★	★	★	─	─	─	─	─
130×70	─	─	─	─	─	─	─	─	─	─	─	★	★	★	─	─	─	─	─
140×60	─	─	─	─	─	─	─	─	─	─	─	★	★	★	─	─	─	─	─
140×80	─	─	─	─	─	─	─	─	─	─	─	★	★	★	─	─	─	─	─
150×50	─	─	─	─	─	─	─	─	─	─	─	★	★	★	─	─	─	─	─
150×70	─	─	─	─	─	─	─	─	─	─	─	★	★	★	★	─	─	─	─
160×40	─	─	─	─	─	─	─	─	─	─	─	★	★	─	─	─	─	─	─
160×60	─	─	─	─	─	─	─	─	─	─	─	★	★	★	★	─	─	─	─
160×90	─	─	─	─	─	─	─	─	─	─	─	─	★	★	★	─	─	─	─
170×50	─	─	─	─	─	─	─	─	─	─	─	★	★	★	─	─	─	─	─
170×80	─	─	─	─	─	─	─	─	─	─	─	─	★	★	★	─	─	─	─
180×70	─	─	─	─	─	─	─	─	─	─	─	─	★	★	★	─	─	─	─
180×80	─	─	─	─	─	─	─	─	─	─	─	─	★	★	★	─	─	─	─
180×100	─	─	─	─	─	─	─	─	─	─	─	─	★	★	★	★	─	─	─
190×60	─	─	─	─	─	─	─	─	─	─	─	─	★	★	─	─	─	─	─
190×70	─	─	─	─	─	─	─	─	─	─	─	─	★	★	★	─	─	─	─
190×90	─	─	─	─	─	─	─	─	─	─	─	─	★	★	★	★	─	─	─
200×60	─	─	─	─	─	─	─	─	─	─	─	─	★	★	─	─	─	─	─
200×80	─	─	─	─	─	─	─	─	─	─	─	─	★	★	★	★	─	─	─
200×140	─	─	─	─	─	─	─	─	─	─	─	─	─	─	★	★	★	★	★

注　表中★表示有产品，复合管的总壁厚也可根据用户需要，基材为 0.4～0.8mm，覆材为 0.1～0.8mm 复合的管材。

表 12-47　　　　　　　　不锈钢复合圆管外径允许偏差　　　　　　　　mm

表面交货状态	公称外径 D	允许偏差	表面交货状态	公称外径 D	允许偏差
未抛光、喷砂状态	≤25	±0.25	磨光、抛光状态	>40～50	±0.25
	>25～50	±0.30		>50～60	±0.28
	>50	±1.0%D		>60～70	±0.30
磨光、抛光状态	≤25	±0.20		>70～80	±0.35
	>25～40	±0.22		>80	±0.5%D

8. 建筑结构用冷弯矩形钢管 (JG/T 178)

建筑结构用冷弯矩形钢管的规格尺寸及偏差见第二章。

三、塑料管材

1. 塑料管道的特性及种类

热塑性塑料管材具有良好的抗压、抗冲击性能。其密度小，为钢管的 $1/8～1/5$，故便于搬运、装卸、施工，可节省大量的施工费用。它耐酸、碱、盐，具有良好的耐蚀性，适用于化工、电镀、制药等工艺管道。

热塑性塑料管材具有优越的电气绝缘性，广泛应用于电信、电力、通风、煤气等场合。热塑性塑料管材热导率小。其热导率仅为金属管的 $1/200～1/150$，可适用于热水（或冷冻水）的保温输送。内壁相对光滑，对介质的流动阻力极小，可减少管壁结垢现象。施工简捷、方便。

目前的塑料管材种类很多，应用较广，塑料管材的种类及性能应用见表 12-48，塑料管的种类及基本特点见表 12-49。

表 12-48　　　　　　　　塑料管材的种类及性能应用

种　类	性　　能	应　　用
(UPVC) 硬聚氯乙烯	密度为钢铁的 $1/5$，线胀系数为普通钢的 5～6 倍，热导率是钢铁的 $1/200$；耐热性能较差（长期使用的介质温度一般不宜超过 60℃），而电气绝缘性能良好；其力学性能、抗冲击性能较普通碳素钢差，尤其是强度、刚度、韧度等力学性能受到温度和时间的较大制约。其主要成分是以聚氯乙烯为主要原料，配以添加剂，以热塑工艺通过制管机挤压而成	在常温下（或低于 50℃），对除强氧化剂以外的各种浓度酸类、碱类、盐类均具有良好的耐蚀性。常用于建筑给排水、化工、石油、制药等行业。规格有 $\phi40mm \times 2.0mm$、$\phi50mm \times 2.0mm$、$\phi75mm \times 2.3mm$、$\phi110mm \times 3.2mm$、$\phi160mm \times 4.0mm$、$\phi200mm \times 4.4mm$ 等，供货长度为 4～6m/根

种 类	性 能	应 用
PPR 无规共 聚聚丙 烯管	具有极佳的节能保温效果，输送水温一般为95℃，最高可达120℃；热导率仅为钢管的1/100；耐腐蚀，寿命长，送水噪声小，施工工艺简便；管材、管件均采用同一材料进行热熔焊接，施工速度快，永久密封无渗漏；但是较金属管硬度低、刚度差，在5℃以下有一定的脆性，线胀系数较大，长期受紫外线照射易老化分解	主要用于冷热水管、采暖管道、空调设备配管，以及生产给水、纯净水、化工和医药等工艺管道
(PE) 聚乙 烯管	质量轻，仅为镀锌钢管的1/8；保温性能好，热导率仅为镀锌钢管的1/150；抗冲击性能强，是UPVC的5倍；工作条件在70～120℃；常温下使用，工作压力可达0.4MPa。其主要成分由低密度的聚乙烯树脂加入添加剂，经挤压成型而得	常用于给水管和燃气管
(PAP) 铝塑 复合 管	耐温、耐压、耐腐蚀，不结污垢，不透氧，保温性能好，管道不结露，抗静电、阻燃；可弯曲不反弹，可成卷供应；接头少渗漏机会少；既可明装，也可暗埋；施工安装简便，施工费用低；质量轻，运输、储存方便。其主要构成是由内外层为特种高密度聚乙烯，中间层为铝合金层经氩弧焊对接而成，各层再用特种胶黏合，成为复合管材	主要用于建筑用冷热水管、采暖空调管、燃气管道、压缩空气管、特殊工业管及电磁波隔断管

表 12-49　　　　　　　塑料管的种类及基本特点

种类	耐温耐压性能				优　缺　点	
	软化温度(℃)	工作压力P(MPa)	长期使用温度(℃)	短期使用温度(℃)	优　点	缺　点
(UPVC) 硬聚氯 乙烯	90	1.6	≤40	—	耐蚀力强、易于黏合、价廉、质坚硬	有其单体和添加剂渗出，不适用热水输送，接头黏合要求高、固化时间长

种类	耐温耐压性能				优　缺　点	
	软化温度(℃)	工作压力 P(MPa)	长期使用温度(℃)	短期使用温度(℃)	优　点	缺　点
(ABS)丙烯腈-丁二烯-苯乙烯管	94	1.0	≤60	≤80	强度大，耐冲击	耐紫外线性能差、黏接固化时间长
(HDPE)高密度聚乙烯	121	热水1.0冷水1.6	≤60	≤80	韧性好、疲劳强度和耐温性能均较好，质轻、可挠性和抗冲击性能好	熔接需要电力、机械连接，连接件大
(PB)聚丁烯	124	热水1.0冷水1.6~2.S	≤90	≤95	耐温性能好，良好的抗拉抗压强度、耐冲击、低蠕变、高柔韧性	原材料依赖进口，价高
(CPVC)氯化聚氯乙烯	125	冷水1.0热水0.6	≤90	≤95	耐温性能最好、抗老化性能好	价高，仅适用于热水系统
(PEX)交联聚乙烯	133	95℃1.0常温1.6	≤90	≤95	耐温性能好，抗蠕变性能好	只能用金属件连接，不能回收重复利用
(PEX-A1-PEX)铝塑复合管	133	1.0	≤60	≤90	易弯曲成形、完全消除氧渗透、线胀系数小	管壁厚薄均匀性差
(PP-R)改性聚丙烯	140	常温2.0	≤60	≤90	耐温性能好	在同等压力和介质的条件下，管壁最厚

2. 硬聚氯乙烯（UPVC）管

硬聚氯乙烯（UPVC）管分为软和硬两种。其规格分别见表 12-50、表 12-51。

表 12-50　　　　　　软聚氯乙烯管的规格（SG 79）

外径 D_w (mm)	重　型			轻　型		
	壁厚 δ (mm)	近似质量 m		壁厚 δ (mm)	近似质量 m	
		kg（m）	kg（根）		kg（m）	kg（根）
10	1.5	0.06	0.24	—	—	—
12	1.5	0.07	0.28	—	—	—
16	2.0	0.13	0.53	—	—	—
20	2.0	0.17	0.68	—	—	—
25	2.5	0.27	1.07	1.5	0.17	0.68
32	2.5	0.35	1.40	1.5	0.22	0.88
40	3.0	0.52	2.10	2.0	0.36	1.44
50	3.5	0.77	3.09	2.0	0.45	1.80
63	4.0	1.11	4.47	2.5	0.71	2.84
75	4.0	1.34	5.38	2.5	0.85	3.40
90	4.5	1.82	7.30	3.0	1.23	4.92
110	5.5	2.71	10.90	3.5	1.75	7.00
125	6.0	3.35	13.50	4.0	2.29	9.16
140	7.0	4.38	17.60	4.5	2.88	11.50
160	8.0	5.72	23.00	5.0	3.65	14.60
180	9.0	7.26	29.20	5.5	4.52	18.10
200	10.0	9.00	36.00	6.0	5.48	21.90
225	—	—	—	7.0	7.20	28.80
250	—	—	—	7.5	8.56	34.20
280	—	—	—	8.5	10.90	43.60
315	—	—	—	9.5	13.70	54.80
355	—	—	—	10.5	17.00	68.00
400	—	—	—	12.0	21.90	87.60

注　每根管长度为 4m。

表 12-51 硬聚氯乙烯管的规格（SG-84）

外径 D_w （mm）	重　型			轻　型		
	壁厚 δ （mm）	近似质量 m		壁厚 δ/mm	近似质量 m	
		kg（m）	kg（根）		kg（m）	kg（根）
16	2.0	0.13	0.53	—	—	—
20	2.0	0.17	0.68	—	—	—
25	2.5	0.27	1.07	1.5	0.17	0.68
32	2.5	0.35	1.40	1.5	0.22	0.88
40	3.0	0.52	2.10	2.0	0.36	1.44
50	3.5	0.77	3.09	2.0	0.45	1.80
63	4.0	1.11	4.47	2.5	0.71	2.84
75	4.0	1.34	5.38	2.5	0.85	3.40
90	4.5	1.82	7.30	3.0	1.23	4.92
110	5.5	2.71	10.90	3.5	1.75	7.00
125	6.0	3.35	13.50	4.0	2.29	9.16
140	7.0	4.38	17.60	4.5	2.88	11.50
160	8.0	5.72	23.00	5.0	3.65	14.60
180	9.0	7.26	29.20	5.5	4.52	18.10
200	10.0	9.00	36.00	6.0	5.48	21.90
225	—	—	—	7.0	7.20	28.80
250	—	—	—	7.5	8.56	34.20
280	—	—	—	8.5	10.90	43.60
315	—	—	—	9.5	13.70	54.80
355	—	—	—	10.5	17.00	68.00
400	—	—	—	12.0	21.90	87.60

注　每根管长度为4m。

3. 给水用硬聚氯乙烯（PVC-C）管材

（1）给水用硬聚氯乙烯（PVC-C）管材（GB/T 10002.1）公称压力等级和规格尺寸见表12-52和表12-53。

表 12-52　　　　給水用硬聚氯乙烯（PVC-C）管材公称
压力等级和规格尺寸（一）

公称外径 d_n (mm)	管材 S 系列 SDR 系列和公称压力						
	S16 SDR33 PN0.63	S12.5 SDR26 PN0.8	S10 SDR21 PN1.0	S8 SDR17 PN1.25	S6.3 SDR13.6 PN1.6	S5 SDR11 PN2.0	S4 SDR9 PN2.5
	公称壁厚 e_n (mm)						
20	—	—	—	—	—	2.0	2.3
250					2.0	2.3	2.8
32	—	—	—	2.0	2.4	2.9	3.6
40	—	—	2.0	2.4	3.0	3.7	4.5
50	—	2.0	2.4	3.0	3.7	4.6	5.6
63	2.0	2.5	3.0	3.8	4.7	5.8	7.1
75	2.3	2.9	3.6	4.5	5.6	6.9	8.4
90	2.8	3.5	4.3	5.4	6.7	8.2	10.1

注　公称壁厚（e_n）根据设计应力（σ_s）10MPa 确定，最小壁厚不小于 2.0mm。

表 12-53　　　　給水用硬聚氯乙烯（PVC-C）管材公称
压力等级和规格尺寸（二）

公称外径 d_n (mm)	管材 S 系列 SDR 系列和公称压力						
	S20 SDR41 PN0.63	S16 SDR33 PN0.8	S12.5 SDR26 PN1.0	S10 SDR21 PN1.25	S8 SDR17 PN1.6	S6.3 SDR13.6 PN2.0	S5 SDR11 PN2.5
	公称壁厚 e_n (mm)						
110	2.7	3.4	4.2	5.3	6.6	8.1	10.0
125	3.1	3.9	4.8	6.0	7.4	9.2	11.4
140	3.5	4.3	5.4	6.7	8.3	10.3	12.7
160	4.0	4.9	6.2	7.7	9.5	11.8	14.6
180	4.4	5.5	6.9	8.6	10.7	13.3	16.4
200	4.9	6.2	7.7	9.6	11.9	14.7	18.2
225	5.5	6.9	8.6	10.8	13.4	16.6	—

公称外径 d_n (mm)	管材 S 系列 SDR 系列和公称压力						
	S20 SDR41 PN0.63	S16 SDR33 PN0.8	S12.5 SDR26 PN1.0	S10 SDR21 PN1.25	S8 SDR17 PN1.6	S6.3 SDR13.6 PN2.0	S5 SDR11 PN2.5
	公称壁厚 e_n (mm)						
250	6.2	7.7	9.6	11.9	14.8	18.4	—
280	6.9	8.6	10.7	13.4	16.6	20.6	—
315	7.7	9.7	12.1	15.0	18.7	23.2	—
355	8.7	10.9	13.6	16.9	21.1	26.1	—
400	9.8	12.3	15.3	19.1	23.7	29.4	—
450	11.0	13.8	17.2	21.5	26.7	33.1	—
500	12.3	15.0	19.1	23.9	29.7	36.8	—
560	13.7	17.2	21.4	26.7	—	—	—
630	15.4	19.3	24.1	30.0	—	—	—
710	17.4	21.8	27.2	—	—	—	—
800	19.6	24.5	30.6	—	—	—	—
900	22.0	27.6	—	—	—	—	—
1000	24.5	30.6	—	—	—	—	—

（2）技术要求。

1）外观。管材内外表面应光滑，无明显划痕、凹陷、可见杂质和其他影响达到本部分要求的表面缺陷。管材端面应切割平整并与轴线垂直。

2）颜色。管材颜色色泽应均匀一致。

3）不透光性。管材应不透光。

4）管材尺寸。管材长度一般为 4、6m，也可由供需双方协商确定。长度不允许负偏差。

管材弯曲度见表 12-54。平均外径及偏差和圆度应符合表 12-55 的规定，PN0.63、PN0.8 的管材不要求圆度。

表 12-54 管材弯曲度

公称外径 d_n (mm)	≤32	40～200	≥225
变曲度（%）	不规定	≤1.0	≤0.5

表 12-55 平均外径及偏差和圆度 mm

平均外径 d_{em}		不圆度	平均外径 d_{em}		圆度
公称外径 d_n	允许偏差		公称外径 d_n	允许偏差	
20	+0.3 0	1.2	225	+0.7 0	4.5
25	+0.3 0	1.2	250	+0.7 0	5.0
32	+0.3 0	1.3	280	+0.9 0	6.8
40	+0.3 0	1.4	315	+1.0 0	7.6
50	+0.3 0	1.4	355	+1.1 0	8.6
63	+0.3 0	1.5	400	+1.2 0	9.6
75	+0.3 0	1.6	450	+1.4 0	10.8
90	+0.3 0	1.8	500	+1.5 0	12.0
110	+0.4 0	2.2	560	+1.7 0	13.5
125	+0.4 0	2.5	630	+1.9 0	15.2
140	+0.5 0	2.8	710	+2.0 0	17.1
160	+0.5 0	3.2	800	+2.0 0	19.2
180	+0.6 0	3.6	900	+2.0 0	21.6
200	+0.6 0	4.0	1000	+2.0 0	24.0

4. 建筑排水用硬聚氯乙烯（PVC-U）管材（GB/T 5836.1）

（1）外观。管材内外壁应光滑，不允许有气泡、裂口和明显的痕纹、凹陷、色泽不均匀及分解变色线。管材两端面应切割平整并与轴线垂直。

（2）颜色。管材一般为灰色或白色。

（3）规格尺寸。管材平均外径、壁厚见表 12-56。

管材长度 L 一般为 4m 或 6m，其他长度由供需双方协商确定，管材长度不允许有负偏差。

表 12-56　　　　　　　管材平均外径、壁厚　　　　　　mm

公称外径	平均外径		壁　　厚	
d_n	最小平均外径 $d_{em,min}$	最大平均外径 $d_{em,max}$	最小壁厚 e_{min}	最大壁厚 e_{max}
32	32.0	32.2	2.0	2.4
40	40.0	40.2	2.0	2.4
50	50.0	50.2	2.0	2.4
75	75.0	75.3	2.3	2.7
90	90.0	90.3	3.0	3.5
110	110.0	110.3	3.2	3.8
125	125.0	125.3	3.2	3.8
160	160.0	160.4	4.0	4.6
200	200.0	200.5	4.9	5.6
250	250.0	250.5	6.2	7.0
315	315.0	315.6	7.8	8.6

（4）管材圆度应不大于 $0.024d$。圆度的测定应在管材出厂前进行。

（5）管材弯曲度应不大于 0.50%。

（6）胶粘剂粘接型管材承口尺寸和弹性密封圈连接型管材承口尺寸见表 12-57。

注：倒角 α，当管材需要进行倒角时，倒角方向与管材轴线夹角 α 应在 15°～45°（见表 12-57 和表 12-58）。倒角后管端所保留的壁厚应不小于最小壁厚 e_{min} 的 1/3；管材承口壁厚 e_2 不宜小于同规格管材壁厚的 0.75 倍。

表 12-57 **胶粘剂粘接型管材承口尺寸** mm

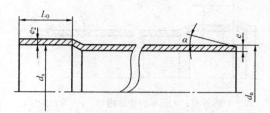

d_n—公称外径；d_s—承口中部内径；e—管材壁厚；
e_2—承口壁厚；L_0—承口深度；α—倒角

胶粘剂粘接型管材承口示意图

公称外径	承口中部平均内径		承口深度
d_n	$d_{em,min}$	$d_{em,max}$	$L_{0,min}$
32	32.1	32.4	22
40	40.1	40.4	25
50	50.1	50.4	25
75	75.2	75.5	40
90	90.2	90.5	46
110	110.2	110.6	48
125	125.2	125.7	51
160	160.3	160.8	58
200	200.4	200.9	60
250	250.4	250.9	60
315	315.5	316.0	60

表 12-58　　　　　　弹性密封圈连接型管材承口尺寸　　　　　　mm

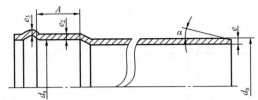

d_n—公称外径；d_s—承口中部内径；e—管材壁厚；

e_2—承口壁厚；e_3—密封圈槽壁厚；A—承口配合深度；α—倒角

注：管材承口壁 e_2 不宜小于同规格管材壁厚的 0.9 倍，

密封圈槽壁厚 e_3 不宜小于同规格管材壁厚的 0.75 倍。

弹性密封圈连接型管材承口示意图

公称外径 d_n	承口端部平均内径 $d_{em,min}$	承口配合深度 A_{min}	公称外径 d_n	承口端部平均内径 $d_{em,min}$	承口配合深度 A_{min}
32	32.3	16	125	125.4	35
40	40.3	18	160	160.5	42
50	50.3	20	200	200.6	50
75	75.4	25	250	250.8	55
90	90.4	28	315	316.0	62
110	110.4	32			

（7）管材的物理力学性能，见表 12-59。

表 12-59　　　　　　　　管材物理力学性能

项　目	要　求	项　目	要　求
密度（kg/m³）	1350～1550	二氯甲烷浸渍试验	表面变化不劣于 4L
维卡软化温度(VST)(℃)	≥79	拉伸屈服强度（MPa）	≥40
纵向回缩率（%）	≤5	落锤冲击试验 TIR	TIR≤10%

5. 冷热水用氯化聚氯乙烯（PVC-C）管道系统用管材（GB/T 18993.2）

（1）管系列 S 值的选择。管材按不同的材料及使用条件级别（见 GB/T 18993.1）和设计压力选择对应的 S 值，见表 12-60。

表 12-60　　　　　　　　**PVC-C 管材管系列 S 值的选择**

设计压力 p_D（MPa）	管系列 S 值	
	级别 1 $\sigma_D=4.38$MPa	级别 2 $\sigma_D=4.16$MPa
0.6	6.3	6.3
0.8	5	5
1.0	4	4

（2）技术要求。

1）外观。管材的内外表面应光滑、平整、色泽均匀、无凹陷、气泡及其他影响性能的表面缺陷，管材不应含有明显的杂质。管材端面应切割平整并与管材的轴线垂直。

2）不透光性。管材应不透光。

（3）规格及尺寸。管材的平均外径以及与管系列 S 对应的公称壁厚 e_n 见表 12-61。管材的长度一般为 4m，也可根据用户的要求由供需双方协商决定，允许偏差为长度的 $^{+0.4}_{\ 0}$%。管材圆度的最大值见表 12-62。管材壁厚的偏差见表 12-63，同一截面的壁厚偏差应小于等于 14%。

表 12-61　　　　　　　　**管材系列和规格尺寸**　　　　　　　　mm

公称外径	平均外径		管系列		
			S6.3	S5	S4
d_n	$d_{em,min}$	$d_{em,max}$	公称壁厚 e_n		
20	20.0	20.2	2.0* （1.5）	2.0* （1.9）	2.3
25	25.0	25.2	2.0* （1.9）	2.3	2.8
32	32.0	32.2	2.4	2.9	3.6
40	40.0	40.2	3.0	3.7	4.5
50	50.0	50.2	3.7	4.6	5.6
63	63.0	63.3	4.7	5.8	7.1
75	75.0	75.3	5.6	6.8	8.4
90	90.0	90.3	6.7	8.2	10.1
110	110.0	110.4	8.1	10.0	12.3
125	125.0	125.4	9.2	11.4	14.0
140	140.0	140.5	10.3	12.7	15.7
160	160.0	160.5	11.8	14.6	17.9

*　考虑到刚度要求，带 "＊" 的最小壁厚为 2.0mm，计算液压试验压力时使用括号中的壁厚。

注　用于输送饮用水管材的卫生性能应符合 GB/T 17219 的规定。

表 12-62		圆度的最大值	mm
公称外径 d_n	圆度的最大值	公称外径 d_n	圆度的最大值
20	1.2	75	1.6
25	1.2	90	1.8
32	1.3	110	2.2
40	1.4	125	2.5
50	1.4	140	2.8
63	1.5	160	3.2

表 12-63		壁厚的偏差	mm
公称壁厚 e_n	允许偏差	公称壁厚 e_n	允许偏差
$1.0 < e_n \leqslant 2.0$	$+0.4$ 0	$10.0 < e_n \leqslant 11.0$	$+1.3$ 0
$2.0 < e_n \leqslant 3.0$	$+0.5$ 0	$11.0 < e_n \leqslant 12.0$	$+1.4$ 0
$3.0 < e_n \leqslant 4.0$	$+0.6$ 0	$12.0 < e_n \leqslant 13.0$	$+1.5$ 0
$4.0 < e_n \leqslant 5.0$	$+0.7$ 0	$13.0 < e_n \leqslant 14.0$	$+1.6$ 0
$5.0 < e_n \leqslant 6.0$	$+0.8$ 0	$14.0 < e_n \leqslant 15.0$	$+1.7$ 0
$6.0 < e_n \leqslant 7.0$	$+0.9$ 0	$15.0 < e_n \leqslant 16.0$	$+1.8$ 0
$7.0 < e_n \leqslant 8.0$	$+1.0$ 0	$16.0 < e_n \leqslant 17.0$	$+1.9$ 0
$8.0 < e_n \leqslant 9.0$	$+1.1$ 0	$17.0 < e_n \leqslant 18.0$	$+2.0$ 0
$9.0 < e_n \leqslant 10.0$	$+1.2$ 0		

（4）物理性能，见表12-64。

表 12-64	物 理 性 能
项　　目	要　　求
密度（kg/m³）	1450～1650
维卡软化温度（℃）	$\geqslant 110$
纵向回缩率（％）	$\leqslant 5$

（5）力学性能，见表12-65。

表12-65　　　　　　　　力　学　性　能

项　目	试验参数			要求
	试验温度 (℃)	试验时间 (h)	静液压应力 (MPa)	
静液压试验	20	1	43.0	无破裂 无泄漏
	95	165	5.6	
	95	1000	4.6	
静液压状态下的 热稳定性试验	95	8760	3.6	无破裂 无泄漏
落锤冲击试验（0℃），TIR				≤10%
拉伸屈服强度（MPa）				≥50

（6）系统适应性。管材与符合 GB/T 18993.3 规定的管件连接后应通过内压和热循环两项组合试验，见表12-66 和表12-67。

表12-66　　　　　　　　热循环试验

最高试验温度（℃）	最低试验温度（℃）	试验压力（MPa）	循环次数	要求
90	20	P_D	5000	无破裂、无渗漏

注　1. 一次循环的时间为30^{+2}_0min，包括15^{+1}_0min 最高试验温度和15^{+1}_0min 最低试验温度。

　　2. P_D值按表12-59 的规定。

表12-67　　　　　　　　内　压　试　验

管系列 S 值	试验温度（℃）	试验压力（MPa）	试验时间（h）	要求
S6.3	80	1.2	3000	无破裂 无渗漏
S5	80	1.59	3000	
S4	80	1.99	3000	

6. 给水用抗冲改性聚氯乙烯（PVCM）管材（CJ/T 272）

本管材适用于一定压力下输送水温低于等于 45℃ 的饮用水和一般用途水。其规格尺寸见表12-68。

表 12-68　　　　　　　　　管材规格尺寸

S、SDR 系列及公称压力（MPa）	公称外径 d_n（mm）								
	20	25	32	40	50	63	75	90	110
	公称壁厚 e_n（mm）								
S25，SDR51，PN0.63	—	—	—	—	—	—	—	2.0	2.2
S20，SDR41，PN0.8	—	—	—	—	—	—	2.0	2.2	2.7
S16，SDR33，PN1.0	—	—	—	—	—	2.0	2.3	2.8	3.4
S12.5，SDR26，PN1.25	—	—	—	—	2.0	2.5	2.9	3.5	4.2
S10，SDR21，PN1.6	2.0	2.0	2.0	2.0	2.4	3.0	3.6	4.3	5.3
S8，SDR17，PN2.0	—	—	—	2.4	3.0	3.8	4.5	5.4	6.6

S、SDR 系列及公称压力（MPa）	公称外径 d_n（mm）								
	125	140	160	180	200	225	250	280	315
	公称壁厚 e_n（mm）								
S25，SDR51，PN0.63	2.5	2.8	3.2	3.6	3.9	4.4	4.9	5.5	6.2
S20，SDR41，PN0.8	3.1	3.5	4.0	4.4	4.9	5.5	6.2	6.9	7.7
S16，SDR33，PN1.0	3.9	4.3	4.9	5.5	6.2	6.9	7.7	8.6	9.7
S12.5，SDR26，PN1.25	4.8	5.4	6.2	6.9	7.7	8.6	9.6	10.7	12.1
S10.SDR21，PN1.6	6.0	6.7	7.7	8.6	9.6	10.8	11.9	13.4	15.0
S8.SDR17，PN2.0	7.4	8.3	9.5	10.7	11.9	13.4	14.8	16.6	18.7

S、SDR 系列及公称压力（MPa）	公称外径 d_n（mm）							
	355	400	450	500	560	630	710	800
	公称壁厚 e_n（mm）							
S25，SDR51，PN0.63	7.0	7.9	8.8	9.8	11.0	12.3	13.9	15.7
S20，SDR41，PN0.8	8.7	9.8	11.0	12.3	13.7	15.4	17.4	19.6
S16，SDR33，PN1.0	10.9	12.3	13.8	15.3	17.2	19.3	21.8	24.5
S12.5，SDR26，PN1.25	13.6	15.3	17.2	19.1	21.4	24.1	27.2	30.6
S10，SDR21，PN1.6	16.9	19.1	21.5	23.9	26.7	30.0	33.9	38.1
S8，SDR17，PN2.0	21.1	23.7	26.7	29.7	33.2	37.4	42.1	47.4

注　公称壁厚的确定依据是最小要求强度（MRS）24.5MPa、设计应力16MPa。

7. 给水用丙烯酸共聚聚氯乙烯管材（CJ/T 218）

本标准适用于长期输送水温低于等于 45℃ 的水，其规格尺寸见表 12-69。

表 12-69　　　　　　　　　　　　　　**管材规格尺寸**

S、SDR 系列及公称压力（MPa）	公称外径 d_n（mm）								
	20	25	32	40	50	63	75	90	110
	公称壁厚 e_n（mm）								
S16，SDR33，PN0.63	—	—	—	—	—	2.0	2.3	2.8	2.7
S12.5，SDR26，PN0.8	—	—	—	—	2.0	2.5	2.9	3.5	3.4
S10，SDR21，PN1.0	—	—	—	2.0	2.4	3.0	3.6	4.3	4.2
S8，SDR17，PN2.0	—	—	2.0	2.4	3.0	3.6	4.5	5.4	5.3
S6.3，SDR13.6，PN1.6	—	2.0	2.4	3.0	3.7	4.7	5.6	6.7	6.6
S5，SDR11，PN2.0	2.0	2.3	2.9	3.7	4.6	5.8	6.9	8.2	8.1
S4，SDR9，PN2.5	2.3	2.8	3.6	4.5	5.6	7.1	8.4	10.1	10.0

S、SDR 系列及公称压力（MPa）	公称外径 d_n（mm）						
	125	160	200	250	315	355	400
	公称壁厚 e_n（mm）						
S16，SDR33，PN0.63	3.1	4.0	4.9	6.2	7.7	8.7	9.8
S12.5，SDR26，PN0.8	3.9	4.9	6.2	7.7	9.7	10.9	12.3
S10，SDR21，PN1.0	4.8	6.2	7.7	9.6	12.1	13.6	15.3
S8.SDR17，PN2.0	6.0	7.7	9.6	11.9	15.0	16.9	19.1
S6.3，SDR13.6，PN1.6	7.4	9.5	11.9	14.8	18.7	21.1	23.7
S5，SDR11，PN2.0	9.2	11.8	14.7	18.4	23.2	26.1	29.4
S4，SDR9，PN2.5	11.4	14.6	18.2	—	—	—	—

注　管材最小壁厚≥2.0mm。

8. 建筑物内污、废水（高、低温）用氯化聚氯乙烯（PVC-C）管材（GB/T 24452）

本标准适用于安装在建筑物内排高温或低温污水和废水，不适用于埋地管网，其规格尺寸见表 12-70。

表 12-70　　　　　　　　　　　管材规格尺寸

公称外径（mm）	平均外径和极限偏差（mm）	壁厚和极限偏差（mm）
32	$32^{+0.2}_{0}$	
40	$40^{+0.2}_{0}$	
50	$50^{+0.2}_{0}$	$1.8^{+0.4}_{0}$
75	$75^{+0.3}_{0}$	
90	$90^{+0.3}_{0}$	
110	$110^{+0.3}_{0}$	$2.2^{+0.5}_{0}$
125	$125^{+0.3}_{0}$	$2.5^{+0.5}_{0}$
160	$160^{+0.4}_{0}$	$3.2^{+0.6}_{0}$

9. 埋地用硬聚氯乙烯（PVCU）加筋管材（QB/T 2782）

本标准适用于埋在室外地下（市政工程、公共建筑室外、住宅小区）用做排污、排水及排气，通信线缆穿线管材；还可用于低压输水灌溉（系统工作压力≤200kPa，公称直径≤300mm）。在符合材料的耐化学性和耐温性的情况下，也适用于工业排水排污工程。

加筋管材的结构外形和连接方式如图 12-3 所示。

埋地用硬聚氯乙烯（PVCU）加筋管材的规格尺寸见表 12-71。

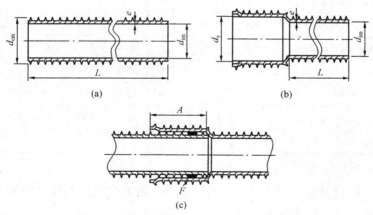

图 12-3　埋地用硬聚氯乙烯（PVCU）
加筋管材结构外形和连接方式
（a）直管管材；（b）承口管材；（c）连接方式示意图

管材分级见表 12-72。

表 12-71   **管材规格尺寸**

公称内径（mm）	平均内径（mm）	壁厚（mm）	承口深度（mm）
150	≥145	≥1.3	≥85
225	≥220	≥1.7	≥115
300	≥294	≥2.0	≥145
400	≥392	≥2.5	≥175
500	≥490	≥3.0	≥185
600	≥588	≥3.5	≥220
800	≥785	≥4.5	≥290
1000	≥982	≥5.0	≥330

表 12-72   **管 材 分 级**

级别	环刚度（kN/m²）	级别	环刚度（kN/m²）
SN4	≥4.0	（SN12.5）	（≥12.5）
（SN6.3）	（≥6.3）	SN16	≥16.0
SN8	≥8.0		

注　括号内为非首选。

10. 给水用聚乙烯（PE）管材（GB/T 13663）

（1）产品规格。管材按照期望使用寿命 50 年设计。输送 20℃ 的水，C 最小可采用 $C_{min}=1.25$。可根据设计应力 σ_s：在规定应用条件下的允许应力 MRS 除以系数 C，圆整到优先数 R20 系列中下一个较小值时：$\sigma_s=$［MRS］$/C$ 式计算得到不同等级材料的设计应力的最大允许值，见表 12-73。

表 12-73   **不同等级材料设计应力的最大允许值**

材料的等级	设计应力的最大允许值 σ_s（MPa）
PE63	5
PE80	6.3
PE100	8

管材的公称压力（PN）与设计应力 σ_s、标准尺寸比（SDR）之间的关系为

$$PN = 20\sigma_s / (SDR - 1)$$

式中　PN 与 σ_s 的单位均为兆帕（MPa）。

使用 PE63、PE80 和 PE100 等级材料制造的管材，按照选定的公称压力，采用表 12-73 中的设计应力而确定的公称外径和壁厚应分别符合表 12-74～表 12-76 的规定。管道系统的设计和使用方可以采用较大的总使用（设计）系数 C，此时可选用较高公称压力等级的管材。

表 12-74　　**PE63 级聚乙烯管材公称压力和规格尺寸**

公称外径 d_n（mm）	公称壁厚 e_n（mm）				
	标准尺寸比				
	SDR33	SDR26	SDR17.6	SDR13.6	SDR11
	公称压力（MPa）				
	0.32	0.4	0.6	0.8	1.0
16	—	—	—	—	2.3
20	—	—	—	2.3	2.3
25	—	—	2.3	2.3	2.3
32	—	—	2.3	2.4	2.9
40	—	2.3	2.3	3.0	3.7
50	—	2.3	2.9	3.7	4.6
63	2.3	2.5	3.6	4.7	15.8
75	2.3	2.9	4.3	5.6	6.8
90	2.8	3.5	5.1	6.7	8.2
110	3.4	4.2	6.3	8.1	10.0
125	3.9	4.8	7.1	9.2	11.4
140	4.3	5.4	8.0	10.8	12.7
160	4.9	6.2	9.1	11.8	14.6
180	5.5	6.9	10.2	13.3	16.4
200	6.2	7.7	11.4	14.7	18.2

公称外径 d_n（mm）	公称壁厚 e_n（mm）				
	标准尺寸比				
	SDR33	SDR26	SDR17.6	SDR13.6	SDR11
	公称压力（MPa）				
	0.32	0.4	0.6	0.8	1.0
225	6.9	8.6	12.8	16.6	20.5
250	7.7	9.6	14.2	18.4	22.7
280	8.6	10.7	15.9	20.6	25.4
315	9.7	12.1	17.9	23.2	28.6
355	10.9	13.6	20.1	26.1	32.2
400	12.3	15.3	22.7	29.4	36.3
450	13.8	17.2	25.5	33.1	40.9
500	15.3	19.1	28.3	36.8	45.4
560	17.2	21.4	31.7	41.2	50.8
630	19.3	24.1	35.7	46.3	57.2
710	21.8	27.2	40.2	52.2	—
800	24.5	30.6	45.3	58.8	—
900	27.6	34.4	51.0	—	—
1000	30.6	38.2	56.6	—	—

表 12-75   **PE80 级聚乙烯管材公称压力和规格尺寸**

公称外径 d_n（mm）	公称壁厚 e_n（mm）				
	标准尺寸比				
	SDR33	SDR21	SDR17	SDR13.6	SDR11
	公称压力（MPa）				
	0.4	0.6	0.8	1.0	1.25
16	—	—	—	—	—
20	—	—	—	—	—
25	—	—	—	—	2.3
32	—	—	—	—	3.0

公称外径 d_n（mm）	公称壁厚 e_n（mm）				
	标准尺寸比				
	SDR33	SDR21	SDR17	SDR13.6	SDR11
	公称压力（MPa）				
	0.4	0.6	0.8	1.0	1.25
40	—	—	—	—	3.7
50	—	—	—	—	4.6
63	—	—	—	4.7	5.8
75	—	—	4.5	5.6	6.8
90	—	4.3	5.4	6.7	8.2
110	—	5.3	6.6	8.1	10.0
125	—	6.0	7.4	9.2	11.4
140	4.3	6.7	8.3	10.3	12.7
160	4.9	7.7	9.5	11.8	14.6
180	5.5	8.6	10.7	13.3	16.4
200	6.2	9.6	11.9	14.7	18.2
225	6.9	10.8	13.4	16.6	20.5
250	7.7	11.9	14.8	18.4	22.7
280	8.6	13.4	16.6	20.6	25.4
315	9.7	15.0	18.7	23.2	28.6
355	10.9	16.9	21.1	26.1	32.2
400	12.3	19.1	23.7	29.4	36.3
450	13.8	21.5	26.7	33.1	40.9
500	15.3	23.9	29.7	36.8	45.4
560	17.2	26.7	33.2	41.2	50.8
630	19.3	30.0	37.4	46.3	57.2
710	21.8	33.9	42.1	52.2	—
800	24.5	38.1	47.4	58.8	—
900	27.6	42.9	53.3	—	—
1000	30.6	47.7	59.3	—	—

表 12-76　　　　　**PE100 级聚乙烯管材公称压力和规格尺寸**

公称外径 d_n (mm)	公称壁厚 e_n (mm)				
	标准尺寸比				
	SDR26	SDR21	SDR17	SDR13.6	SDR11
	公称压力 (MPa)				
	0.6	0.8	1.0	1.25	1.6
32	—	—	—	—	3.0
40	—	—	—	—	3.7
50	—	—	—	—	4.6
63	—	—	—	4.7	5.8
75	—	—	4.5	5.6	6.8
90	—	4.3	5.4	6.7	8.2
110	4.2	5.3	6.6	8.1	10.0
125	4.8	6.0	7.4	9.2	11.4
140	5.4	6.7	8.3	10.3	12.7
160	6.2	7.7	9.5	11.8	14.6
180	6.9	8.6	10.7	13.3	16.4
200	7.7	9.6	11.9	14.7	18.2
225	8.6	10.8	13.4	16.6	20.5
250	9.6	11.9	14.8	18.4	22.7
280	10.7	13.4	16.6	20.6	25.4
315	12.1	15.0	18.7	23.2	28.6
355	13.6	16.9	21.1	26.1	32.2
400	15.3	19.1	23.7	29.4	36.3
450	17.2	21.5	26.7	33.1	40.9
500	19.1	23.9	29.7	36.8	45.4
560	21.4	26.7	33.2	41.2	50.8

公称外径 d_n （mm）	公称壁厚 e_n （mm）				
	标准尺寸比				
	SDR26	SDR21	SDR17	SDR13.6	SDR11
	公称压力 （MPa）				
	0.6	0.8	1.0	1.25	1.6
630	24.1	30.0	37.4	46.3	57.2
710	27.2	33.9	42.1	52.2	—
800	30.6	38.1	47.4	58.8	—
900	34.4	42.9	53.3	—	—
1000	38.2	47.7	59.3	—	—

聚乙烯管道系统对温度的压力折减。当聚乙烯管道系统在 20℃ 以上温度连续使用时，最大工作压力（MOP）应按下式计算：

$$MOP = PN \times f_1$$

式中　f_1——折减系数在表 12-77 中查取。

对某一材料，只要依据 GB/T 18252 的分析，认为较小的折减是可行的，则可以使用比表 12-77 中数值高的压力折减系数。

表 12-77　　50 年寿命要求，40℃ 以下温度的压力折减系数

温度（℃）	20	30	40
压力折减系数 f_1	1.0	0.87	0.74

（2）技术要求。

1）颜色。市政饮用水管材的颜色为蓝色或黑色，黑色管上应有共挤出蓝色色条。色条沿管材纵向至少有三条。其他用途水管可以为蓝色或黑色。暴露在阳光下的敷设管道（如地上管道）必须是黑色。

2）外观管材的内外表面应清洁、光滑，不允许有气泡、明显的划伤、凹陷、杂质、颜色不均等缺陷。管端头应切割平整，并与管轴线垂直。

3）管材尺寸。直管长度一般为 6、9、12m，也可由供需双方商定。长度的极限偏差为长度的 $+0.4\%$，-0.2%。管材的平均外径见表 12-78。对于精公差的管材采用等级 B，标准公差管材采用等级 A。采用等级 B 或等级 A 由供需双方商定。无明确要求时，应视为采用等级 A。管材的最小壁厚 $e_{y,min}$ 等于公称壁厚 e_n。管材任一点的壁厚公差见表 12-79。

表 12-78 　　　　平　均　外　径 　　　　mm

公称外径 d_n	最小平均外径 $d_{em,min}$	最大平均外径 $d_{em,max}$		公称外径 d_n	最小平均外径 $d_{em,min}$	最大平均外径 $d_{em,max}$	
		等级 A	等级 B			等级 A	等级 B
16	16.0	16.3	16.3	50	50.0	50.5	50.3
20	20.0	20.3	20.3	63	63.0	63.6	63.4
25	25.0	25.3	25.3	75	75.0	75.7	75.5
32	32.0	32.3	32.3	90	90.0	90.9	90.6
40	40.0	40.4	40.3	110	110.0	111.0	110.7
125	125.0	126.2	125.8	400	400.0	403.6	402.4
140	140.0	141.3	140.9	450	450.0	454.1	452.7
160	160.0	161.5	161.0	500	500.0	504.5	503.0
180	180.0	181.7	181.1	560	560.0	565.0	563.4
200	200.0	201.8	201.2	630	630.0	635.7	633.8
225	225.0	227.1	226.4	710	710.0	716.4	714.0
250	250.0	252.3	251.5	800	800.0	807.2	804.2
280	280.0	282.6	281.7	900	900.0	908.1	904.0
315	315.0	317.9	316.9	1000	1000.0	1009.0	1004.0
355	355.0	358.2	357.2				

表 12-79　　　　　　　　　　　　　任一点的壁厚公差　　　　　　　　　　　　　mm

最小壁厚 $e_{y,min}$		公差	最小壁厚 $e_{y,min}$		公差	最小壁厚 $e_{y,min}$		公差
>	≤	t_y	>	≤	t_y	>	≤	t_y
2.0	3.0	0.5	9.3	10.0	1.5	16.0	16.5	3.2
3.0	4.0	0.6	10.0	10.6	1.6	16.5	17.0	3.3
4.0	4.6	0.7	10.6	11.3	1.7	17.0	17.5	3.4
4.6	5.3	0.8	11.3	12.0	1.8	17.5	18.0	3.5
5.3	6.0	0.9	12.0	12.6	1.9	18.0	18.5	3.6
6.0	6.6	1.0	12.6	13.3	2.0	18.5	19.0	3.7
6.6	7.3	1.1	13.3	14.0	2.1	19.0	19.5	3.8
7.3	8.0	1.2	14.0	14.6	2.2	19.5	20.0	3.9
8.0	8.6	1.3	14.6	15.3	2.3	20.0	20.5	4.0
8.6	9.3	1.4	15.3	16.0	2.4	20.5	21.0	4.1
21.0	21.5	4.2	34.5	35.0	6.9	48.0	48.5	9.6
21.5	22.0	4.3	35.0	35.5	7.0	48.5	49.0	9.7
22.0	22.5	4.4	35.5	36.0	7.1	49.0	49.5	9.8
22.5	23.0	4.5	36.0	36.5	7.2	49.5	50.0	9.9
23.0	23.5	4.6	36.5	37.0	7.3	50.0	50.5	10.0
23.5	24.0	4.7	37.0	37.5	7.4	50.5	51.0	10.1
24.0	24.5	4.8	37.5	38.0	7.5	51.0	51.5	10.2
24.5	25.0	4.9	38.0	38.5	7.6	51.5	52.0	10.3
25.0	25.5	5.0	38.5	39.0	7.7	52.0	52.5	10.4
25.5	26.0	5.1	39.0	39.5	7.8	52.5	53.0	10.5
26.0	26.5	5.2	39.5	40.0	7.9	53.0	53.5	10.6
26.5	27.0	5.3	40.0	40.5	8.0	53.5	54.0	10.7
27.0	27.5	5.4	40.5	41.0	8.1	54.0	54.5	10.8
27.5	28.0	5.5	41.0	41.5	8.2	54.5	55.0	10.9
28.0	28.5	5.6	41.5	42.0	8.3	55.0	55.5	11.0
28.5	29.0	5.7	42.0	42.5	8.4	55.5	56.0	11.1
29.0	29.5	5.8	42.5	43.0	8.5	56.0	56.5	11.2
29.5	30.0	5.9	43.0	43.5	8.6	56.5	57.0	11.3
30.0	30.5	6.0	43.5	44.0	8.7	57.0	57.5	11.4
30.5	31.0	6.1	44.0	44.5	8.8	57.5	58.0	11.5
31.0	31.5	6.2	44.5	45.0	8.9	58.0	58.5	11.6
31.5	32.0	6.3	45.0	45.5	9.0	58.5	59.0	11.7
32.0	32.5	6.4	45.5	46.0	9.1	59.0	59.5	11.8
32.5	33.0	6.5	46.0	46.5	9.2	59.5	60.0	11.9
33.0	33.5	6.6	46.5	47.0	9.3	60.0	60.5	12.0
33.5	34.0	6.7	47.0	47.5	9.4	60.5	61.0	12.1
34.0	34.5	6.8	47.5	48.0	9.5	61.0	61.5	12.2

实用建筑五金手册

4）管材的静液压强度，见表 12-80。

表 12-80   管材的静液压强度

序号	项目	环向应力（MPa）			要求
		PE63	PE80	PE100	
1	20℃静液压强度（100h）	8.0	9.0	12.4	不破裂，不渗漏
2	80℃液压强度（165h）①	3.5	4.6	5.5	不破裂，不渗漏
3	80℃静液压强度（1000h）	3.2	4.0	5.0	不破裂，不渗漏

① 80℃静液压强度（165h）试验只考虑脆性破坏。如果在要求的时间（165h）内发生韧性破坏，则按表 12-81 选择较低的破坏应力和相应的最小破坏时间重新试验。

表 12-81   80℃时静液压强度（165h）再实验要求

PE63		PE80		PE100	
应力（MPa）	最小破坏时间（h）	应力（MPa）	最小破坏时间（h）	应力（MPa）	最小破坏时间（h）
3.4	285	4.5	219	5.4	233
3.3	538	4.4	283	5.3	332
3.2	1000	4.3	394	5.2	476
—	—	4.2	533	5.1	688
—	—	4.1	727	5.0	1000
		4.0	1000	—	—

5）物理性能。管材的物理性能见表 12-82。当在混配料中加入回用料挤管时，对管材测定的熔体流动速率（MFR）（5kg，190℃）与对混配料测定值的差，不应超过 25%。

6）卫生性能。用于饮用水输配的管材卫生性能应符合 GB/T 17219 的规定。

表 12-82   管材的物理性能

序号	项目	要求
1	断裂伸长率（%）	≥350
2	纵向回缩率（110℃）（%）	≤3

序号	项　　目		要　　求
3	氧化诱导时间（200℃）（min）		≥20
4	耐候性^① （管材累计接受 ≥3.5GJ/m² 老化能量后）	80℃静液压强度（165h）， 试验条件同表12-81	不破裂，不渗漏
		断裂伸长率（%）	≥350
		氧化诱导时间（200℃）（min）	≥10

① 表示仅适用于蓝色管材。

11. 燃气用埋地聚乙烯（PE）管道系统用管材（GB 15558.1）

（1）平均外径、圆度及其公差。管材的平均外径 d_{em}、圆度及其公差应符合表 12-83 的规定。对于标准管材采用等级 A，精公差采用等级 B。允许管材端口处的平均外径小于表 12-83 的规定，但不应小于距管材末端大于 $1.5d$。或 300mm（取两者之中较小者）处测量值的 98.5%。

表 12-83　　　　　　　　　管材平均外径和圆度　　　　　　　　　　mm

公称外径 d_n	最小平均外径 $d_{em,min}$	最大平均外径 $d_{em,min}$		最大圆度^①	
		等级 A	等级 B	等级 K^②	等级 N
16	16.0	—	16.3	1.2	1.2
20	20.0	—	20.3	1.2	1.2
25	25.0	—	25.3	1.5	1.2
32	32.0	—	32.3	2.0	1.2
40	40.0	—	40.4	2.4	1.4
50	50.0	—	50.4	3.0	1.4
63	63.0	—	63.4	3.8	1.5
75	75.0	—	75.5	—	1.6
90	90.0	—	90.6	—	1.8
110	110.0	—	110.7	—	2.2
125	125.0	—	125.8	—	2.5
140	140.0	—	140.9	—	2.8

公称外径 d_n	最小平均外径 $d_{em,min}$	最大平均外径 $d_{em,min}$		最大圆度[1]	
		等级 A	等级 B	等级 K[2]	等级 N
160	160.0	—	161.0	—	3.2
180	180.0	—	181.1	—	3.6
200	200.0	—	201.2	—	4.0
225	225.0	—	226.4	—	4.5
250	250.0	—	251.5	—	5.0
280	280.0	282.6	281.7	—	9.8
315	315.0	317.9	316.9	—	11.1
355	355.0	358.2	357.2	—	12.5
400	400.0	403.6	402.4	—	14.0
450	450.0	454.1	452.7	—	15.6
500	500.0	504.5	503.0	—	17.5
560	560.0	565.0	563.4	—	19.6
630	630.0	635.7	633.8	—	22.1

① 应按 GB/T 8806 在生产地点测量圆度。
② 对于盘卷管, $d_n \leqslant 63mm$ 时适用等级 K, $d_n \geqslant 75mm$ 时最大圆度应由供需双方协商确定。

（2）壁厚和公差，见表 12-84 和表 12-85。

表 12-84　　常用 SDR17.6 和 SDR11 管材最小壁厚　　　mm

公称外径 d_n	最小壁厚 $e_{y,min}$		公称外径 d_n	最小壁厚 $e_{y,min}$	
	SDR17.6	SDR11		SDR17.6	SDR11
16	2.3	3.0	180	10.3	16.4
20	2.3	3.0	200	11.4	18.2
25	2.3	3.0	225	12.8	20.5
32	2.3	3.0	250	14.2	22.7
40	2.3	3.7	280	15.9	25.4
50	2.9	4.6	315	17.9	28.6
63	3.6	5.8	355	20.2	32.3
75	4.3	6.8	400	22.8	36.4
90	5.2	8.2	450	25.6	40.9
110	6.3	10.0	500	28.4	45.5
115	7.1	11.4	560	31.9	50.9
140	8.0	12.7	630	35.8	57.3
160	9.1	14.6			

表 12-85　　　　　　管材任一点壁厚公差　　　　　　mm

最小壁厚 $e_{y,min}$		允许正偏差	最小壁厚 $e_{y,min}$		允许正偏差
>	≤		>	≤	
2.0	3.0	0.4	30.0	31.0	3.2
3.0	4.0	0.5	31.0	32.0	3.3
4.0	5.0	0.6	32.0	33.0	3.4
5.0	6.0	0.7	33.0	34.0	3.5
6.0	7.0	0.8	34.0	35.0	3.6
7.0	8.0	0.9	35.0	36.0	3.7
8.0	9.0	1.0	36.0	37.0	3.8
9.0	10.0	1.1	37.0	38.0	3.9
10.0	11.0	1.2	38.0	39.0	4.0
11.0	12.0	1.3	39.0	40.0	4.1
12.0	13.0	1.4	40.0	41.0	4.2
13.0	14.0	1.5	41.0	42.0	4.3
14.0	15.0	1.6	42.0	43.0	4.4
15.0	16.0	1.7	43.0	44.0	4.5
16.0	17.0	1.8	44.0	45.0	4.6
17.0	18.0	1.9	45.0	46.0	4.7
18.0	19.0	2.0	46.0	47.0	4.8
19.0	20.0	2.1	47.0	48.0	4.9
20.0	21.0	2.2	48.0	49.0	5.0
21.0	22.0	2.3	49.0	50.0	5.1
22.0	23.0	2.4	50.0	51.0	5.2
23.0	24.0	2.5	51.0	52.0	5.3
24.0	25.0	2.6	52.0	53.0	5.4
25.0	26.0	2.7	53.0	54.0	5.5
26.0	27.0	2.8	54.0	55.0	5.6
27.0	28.0	2.9	55.0	56.0	5.7
28.0	29.0	3.0	56.0	57.0	5.8
29.0	30.0	3.1	57.0	58.0	5.9

(3) 力学性能，见表 12-86 和表 12-87。

表 12-86　　　　　　　　　　管材的力学性能

序号	性　能	单位	要　求	试验参数
1	静液压强度 (HS)	h	破坏时间≥100	20℃（环应力） PE80　　PE100 9.0MPa　12.4MPa
			破坏时间≥165	80℃（环应力） PE80　　　PE100 4.5MPa[①]　5.4MPa[①]
			破坏时间≥1000	80℃（环应力） PE80　　　PE100 4.0MPa　5.0MPa
2	断裂伸长率	%	≥350	
3	耐候性（仅适用于非黑色管材）		气候老化后，以下性能应满足要求： 热稳定性（见表 12-86）[②] HS（16511/80℃）（本表） 断裂伸长率（本表）	$E≥3.5GJ/m^2$
4	耐快速裂纹扩展（RCP）[③]炉			
	全尺寸（FS）试验： $d_n≥250mm$ 或	MPa	全尺寸试验的临界压力 $p_{c,FS}≥1.5×MOP$	0℃
	S4 试验：适用于所有直径	MPa	S4 试验的临界压力 $P_{c,S1}≥MOP/2.4-0.072$[④]	0℃
5	耐慢速裂纹增长 $e_n＞5mm$	h	165	80℃，0.8MPa（试验压力）[⑤] 80℃，0.92MPa（试验压力）[⑥]

[①] 仅考虑脆性破坏。如果在 165h 前发生韧性破坏，则按表 12-85 选择较低的应力和相应的最小破坏时间重新试验。

[②] 热稳定性试验，试验前应去除外表面 0.2mm 厚的材料。

[③] RCP 试验适合于在以下条件下使用的 PE 管材：
——最大工作压力 MOP＞0.01MPa，$d_n≥250mm$ 的输配系统；
——最大工作压力 MOP＞0.4MPa，$d_n≥90mm$ 的输配系统。
对于恶劣的工作条件（如温度在 0℃ 以下），也建议做 RCP 试验。

[④] 如果 S4 试验结果不符合要求，可以按照全尺寸试验重新进行测试，以全尺寸试验结果为最终依据。

[⑤] PE80，SDR11 试验参数。

[⑥] PE100，SDR11 试验参数。

表 12-87　　　静液压强度（80℃）（应力/最小破坏时间关系）

PE80		PE80	
环应力（MPa）	最小破坏时间（h）	环应力（MPa）	最小破坏时间（h）
4.5	165	5.4	165
4.4	233	5.3	256
4.3	331	5.2	399
4.2	474	5.1	629
4.1	685	5.0	1000
4.0	1000	—	—

（4）管材的物理性能，见表 12-88。

表 12-88　　　　　　管材的物理性能

项　目	单　位	性能要求	试验参数
热稳定性（氧化诱导时间）	min	＞20	200℃
熔体质量流动速率（MFR）	g/10mm	加工前后 MFR 变化小于 20%	190℃，5kg
回缩率	%	≤3	110℃

12. 冷热水用交联聚乙烯管道系统用管材（GB/T 18992.2）

（1）按使用条件级别分类。管材的使用条件级别分为级别 1、级别 2、级别 4、级别 5 四个级别，见 GB/T 18992.1。管材按使用条件级别和设计压力选择对应的管系列 S 值，见表 12-89。

表 12-89　　　　　　管系列 S 的选择

设计压力 p_D（MPa）	级别 1 σ_D=3.85MPa	级别 2 σ_D=3.54MPa	级别 4 σ_D=4.00MPa	级别 5 σ_D=3.24MPa
	管系列 S			
0.4	6.3	6.3	6.3	6.3
0.6	6.3	5	6.3	5
0.8	4	4	5	4
1.0	3.2	3.2	4	3.2

（2）技术要求。

1）外观。管材的内外表面应该光滑、平整、干净，不能有可能影响产品性能的明显划痕、凹陷、气泡等缺陷；管壁应无可见的杂质，管材表面颜色应均匀一致，不允许有明显色差；管材端面应切割平整，并与管材的轴线垂直。

2）不透光性。明装有遮光要求的管材应不透光。

3）管材规格尺寸。管材的规格见表12-90。

表 12-90   **管材规格**   mm

| 公称外径 d_n | 平均外径 | | 最小壁厚 e_{min}（数值等于 e_n） | | | |
| | $d_{em,min}$ | $d_{den,max}$ | 管 系 列 | | | |
			S6.3	S5	S4	S3.2
16	16.0	16.3	1.8[①]	1.8[①]	1.8	2.2
20	20.0	20.3	1.9[①]	1.9	2.3	2.8
25	25.0	25.3	1.9	2.3	2.8	3.5
32	32.0	32.3	2.4	2.9	3.6	4.4
40	40.0	40.4	3.0	3.7	4.5	5.5
50	50.0	50.5	3.7	4.6	5.6	6.9
63	63.0	63.6	4.7	5.8	7.1	8.6
75	75.0	75.7	5.6	6.8	8.4	10.3
90	90.0	90.9	6.7	8.2	10.1	12.3
110	110.0	111.0	8.1	10.0	12.3	15.1
125	125.0	126.2	9.2	11.4	14.0	17.1
140	140.0	141.3	10.3	12.7	15.7	19.2
160	160.0	161.5	11.8	14.6	17.9	21.9

① 考虑到刚性与连接的要求，该厚度不按管系列计算。

管材壁厚和公差：对一定使用条件级别、设计压力和公称尺寸的管材，选择最小壁厚 e_{min} 时，应使其所对应的管系列 S 管材壁厚 e_{min}（数值等于 e_n）应满足表12-89中对应管系列 S 的相关要求。厚度 e 的公差应符合表12-91的要求。

确定管材壁厚偏差时应考虑管件的类型。

注：交联聚乙烯管材的壁厚值不包括阻隔层的厚度。

表 12-91　　　　　　　　　　壁厚偏差　　　　　　　　　　mm

最小壁厚 e_{min} 的范围	偏差[①]	最小壁厚 e_{min} 的范围	偏差[①]
$1.0 < e_{min} \leqslant 2.0$	0.3	$12.0 < e_{min} \leqslant 13.0$	1.4
$2.0 < e_{min} \leqslant 3.0$	0.4	$13.0 < e_{min} \leqslant 14.0$	1.5
$3.0 < e_{min} \leqslant 4.0$	0.5	$14.0 < e_{min} \leqslant 15.0$	1.6
$4.0 < e_{min} \leqslant 5.0$	0.6	$15.0 < e_{min} \leqslant 16.0$	1.7
$5.0 < e_{min} \leqslant 6.0$	0.7	$16.0 < e_{min} \leqslant 17.0$	1.8
$6.0 < e_{min} \leqslant 7.0$	0.8	$17.0 < e_{min} \leqslant 18.0$	0.9
$7.0 < e_{min} \leqslant 8.0$	0.9	$18.0 < e_{min} \leqslant 19.0$	2.0
$8.0 < e_{min} \leqslant 9.0$	1.0	$19.0 < e_{min} \leqslant 20.0$	2.1
$9.0 < e_{min} \leqslant 10.0$	1.1	$20.0 < e_{min} \leqslant 21.0$	2.2
$10 < e_{min} \leqslant 11.0$	1.2	$21.0 < e_{min} \leqslant 22.0$	2.3
$11.0 < e_{min} \leqslant 12.0$	1.3		

① 偏差表示为 $^{+x}_{0}$ mm，其中 x 为表中所给值。

4）管材的力学性能见表 12-92。管材的物理和化学性能见表 12-93。

表 12-92　　　　　　　　　管材的力学性能

项目	要求	试验参数		
		静液压应力 （MPa）	试验温度 （℃）	试验时间 （h）
耐静液压	无渗漏、无破裂	12.0	20	1
		4.8	95	1
		4.7	95	22
		4.6	95	165
		4.4	95	1000

表 12-93　　　　　　　　管材的物理和化学性能

项目	要求	试验参数		
		参数		数值
纵向回缩率	≤3%	温度		120℃
		试验时间	e_n≤8mm	1h
			8mm<e_n≤16mm	2h
			e_n>16mm	4h
		试样数量		3
静液压状态下的热稳定性	无破裂无渗漏	静液压应力		2.5MPa
		试验温度		110℃
		试验时间		8760h
		试样数量		1
并联度	过氧化物交联	≥70%		
	硅烷交联	≥65%		
	电子束交联	≥60%		
	偶氮交联	≥60%		

5）管材的卫生性能。输送生活饮用水的管材卫生性能应符合 GB/T 17219 的规定。

6）系统适用性。管材与管件连接后应通过静液压、热循环、循环压力冲击、耐拉拔、弯曲、真空六种系统适用性试验。

按表 12-94 规定的参数进行静液压试验，试验中管材、管件以及连接处应无破裂、无渗漏。

表 12-94　　　　　　　　静液压试验条件

管系列	试验温度（℃）	试验压力（MPa）	试验时间（h）	试样数量
S6.3	20	1.5p_D	1	
	95	0.70	1000	
S5	20	1.5p_D	1	
	95	0.88	1000	
S4	20	1.5p_D	1	3
	95	1.10	1000	
S3.2	20	1.5p_D	1	
	95	1.38	1000	

按表 12-95 规定的条件进行热循环试验，试验中管材、管件以及连接处应无破裂、无渗漏。

表 12-95 **热循环试验条件**

项　目	级别 1	级别 2	级别 4	级别 5
最高设计温度 T_{max}（℃）	80	80	70	90
最高试验温度（℃）	90	90	80	95
最低试验温度（℃）	20	20	20	20
试验压力（MPa）	p_D	p_D	p_D	p_D
循环次数	5000	5000	5000	5000
每次循环的时间（min）	30^{+2}_{0}（冷热水各 15^{+1}_{0}）			
试样数量	1			

按表 12-96 规定的条件进行循环压力冲击试验，试验中管材、管件以及连接处应无破裂、无渗漏。

表 12-96 **循环压力冲击试验条件**

最高试验压力（MPa）	最低试验压力（MPa）	试验温度（℃）	循环次数	循环频率（次/min）	试样数量
1.5 ± 0.05	0.1 ± 0.05	23 ± 2	10000	$\geqslant30$	1

按表 12-97 规定的试验条件，将管材与等径或异径直通管件连接而成的组件施加恒定的轴向拉力，并保持一定的时间，试验过程中管材与管件连接处应不发生相对轴向移动。

表 12-97 **耐拉拔试验条件**

温度（℃）	系统设计压力（MPa）	轴向拉力（N）	试验时间（h）
23 ± 2	所有压力等级	$1.178d_n^{+2}$①	1
95	0.4	$0.314d_n^{+2}$	1
95	0.6	$0.471d_n^{+2}$	1
95	0.8	$0.628d_n^{+2}$	1
95	1.0	$0.785d_n^{+2}$	1

注　1. 对各种设计压力的管道系统均应按表中的规定进行（23 ± 2）℃的拉拔试验，同时根据管道系统的设计压力选取对应的轴向拉力进行拉拔试验，试件数量为 3 个。级别 1、2、4，也可以按 $T_{max}+10$℃进行试验。

　　2. 仲裁试验时，级别 5 按本表进行，级别 1、2、4 按 $T_{max}+10$℃进行试验。

① 表示 d_n 为管材的公称外径（mm）。

按表 12-98 规定的条件进行弯曲试验，试验中管材、管件以及连接处应无破裂、无渗漏。仅当管材公称直径大于等于 32mm 时做此试验。

表 12-98 弯曲试验条件

项　目		级别 1	级别 2	级别 4	级别 5
最高设计温度 T_{max} （℃）		80	80	70	90
管材材料的设计应力 σ_{DP} （MPa）		3.85	3.54	4.00	3.24
试验温度 （℃）		20	20	20	20
试验时间 （h）		1	1	1	1
管材材料的静液压应力 σ_P （MPa）		12	12	12	12
试验压力 （MPa）	设计压力 p_D 为				
	0.4MPa	1.58[①]	1.58[①]	1.58[①]	1.58
	0.6MPa	1.87	2.04	1.80	2.23
	0.8MPa	2.50	2.72	2.40	2.97
	1.0MPa	3.12	3.39	3.00	3.71
试样数量		3			

① 表示该值按 20℃，1MPa，50 年计算。

13. 冷热水用聚丙烯管道系统用管材 （GB/T 18742.2）

（1）外观。管材的色泽应基本一致。管材的内外表面应光滑、平整，无凹陷、气泡和其他影响性能的表面缺陷。管材不应含有可见杂质。管材端面应切割平整并与轴线垂直。

（2）不透光性。管材应不透光。

（3）规格及尺寸。管材规格用管系列 S、公称外径 d_n×公称壁厚 e_n 表示。

例：管系列 S5、公称外径为 32mm、公称壁厚为 2.9mm；

　　表示为 S5　d_n32×e_n2.9mm；

管材的管系列和规格尺寸见表 12-99。

表 12-99　　　　　　　　　管材的管系列和规格尺寸　　　　　　　　　mm

公称外径 d_n	平均外径		管 系 列				
			S5	S4	S3.2	S2.5	S2
	$d_{em,min}$	$d_{em,max}$	公称壁厚 e_n①				
12	12.0	12.3	—	—	—	2.0	2.4
16	16.0	16.3	—	2.0	2.2	2.7	3.3
20	20.0	20.3	2.0	2.3	2.8	3.4	4.1
25	25.0	25.3	2.3	2.8	3.5	4.2	5.1
32	32.0	32.3	2.9	3.6	4.4	5.4	6.5
40	40.0	40.4	3.7	4.5	5.5	6.7	8.1
50	50.0	50.5	4.6	5.6	6.9	8.3	10.1
63	63.0	63.6	5.8	7.1	8.6	10.5	12.7
75	75.0	75.7	6.8	8.4	10.3	12.5	15.1
90	90.0	90.9	8.2	10.1	12.3	15.0	18.1
110	110.0	111.0	10.0	12.3	15.1	18.3	22.1
125	125.0	126.2	11.4	14.0	17.1	20.8	25.1
140	140.0	141.3	12.7	15.7	19.2	23.3	28.1
160	160.0	161.5	14.6	17.9	21.9	26.6	32.1

① 表示不包括阻隔层厚度。

　　管材的长度一般为 4m 或 6m，管材长度不允许有负偏差。管材同一截面壁厚的偏差见表 12-100。管材的物理力学和化学性能见表 12-101。管材的卫生性能应符合 GB/T 17219 的规定。系统适用性：管材与符合 GB/T 18742.3 规定的管件连接后应通过内压和热循环两项组合试验。

表 12-100　　　　　　　　　　壁厚的偏差　　　　　　　　　　mm

公称壁厚 e_n	允许偏差	公称壁厚 e_n	允许偏差	公称壁厚 e_n	允许偏差
$1.0 < e_n \leqslant 2.0$	+0.30	$3.0 < e_n \leqslant 4.0$	+0.50	$5.0 < e_n \leqslant 6.0$	+0.70
$2.0 < e_n \leqslant 3.0$	+0.40	$4.0 < e_n \leqslant 5.0$	+0.60	$6.0 < e_n \leqslant 7.0$	+0.80

公称壁厚 e_n	允许偏差	公称壁厚 e_n	允许偏差	公称壁厚 e_n	允许偏差
$7.0 < e_n \leqslant 8.0$	$^{+0.9}_{\ \ 0}$	$16.0 < e_n \leqslant 17.0$	$^{+1.8}_{\ \ 0}$	$25.0 < e_n \leqslant 26.0$	$^{+2.7}_{\ \ 0}$
$8.0 < e_n \leqslant 9.0$	$^{+1.0}_{\ \ 0}$	$17.0 < e_n \leqslant 18.0$	$^{+1.9}_{\ \ 0}$	$26.0 < e_n \leqslant 27.0$	$^{+2.8}_{\ \ 0}$
$9.0 < e_n \leqslant 10.0$	$^{+1.1}_{\ \ 0}$	$18.0 < e_n \leqslant 19.0$	$^{+2.0}_{\ \ 0}$	$27.0 < e_n \leqslant 28.0$	$^{+2.9}_{\ \ 0}$
$10.0 < e_n \leqslant 11.0$	$^{+1.2}_{\ \ 0}$	$19.0 < e_n \leqslant 20.0$	$^{+2.1}_{\ \ 0}$	$28.0 < e_n \leqslant 29.0$	$^{+3.0}_{\ \ 0}$
$11.0 < e_n \leqslant 12.0$	$^{+1.3}_{\ \ 0}$	$20.0 < e_n \leqslant 21.0$	$^{+2.2}_{\ \ 0}$	$29.0 < e_n \leqslant 30.0$	$^{+3.1}_{\ \ 0}$
$12.0 < e_n \leqslant 13.0$	$^{+1.4}_{\ \ 0}$	$21.0 < e_n \leqslant 22.0$	$^{+2.3}_{\ \ 0}$	$30.0 < e_n \leqslant 31.0$	$^{+3.2}_{\ \ 0}$
$13.0 < e_n \leqslant 14.0$	$^{+1.5}_{\ \ 0}$	$22.0 < e_n \leqslant 23.0$	$^{+2.4}_{\ \ 0}$	$31.0 < e_n \leqslant 32.0$	$^{+3.3}_{\ \ 0}$
$14.0 < e_n \leqslant 15.0$	$^{+1.6}_{\ \ 0}$	$23.0 < e_n \leqslant 24.0$	$^{+2.5}_{\ \ 0}$	$32.0 < e_n \leqslant 33.0$	$^{+3.4}_{\ \ 0}$
$15.0 < e_n \leqslant 16.0$	$^{+1.7}_{\ \ 0}$	$24.0 < e_n \leqslant 25.0$	$^{+2.6}_{\ \ 0}$		

表 12-101 管材的物理力学和化学性能

项目	材料	试验参数			试样数量	指标
		试验温度（℃）	试验时间（h）	静液压应力（MPa）		
纵向回缩率	PP-H	150 ± 2	$e_n \leqslant 8mm$：1 $8mm < e_n$ $\leqslant 16rnm$：2 $e_n > 16mm$：4	—	3	$\leqslant 2\%$
	PP-B	150 ± 2		—		
	PP-R	135 ± 2		—		

项目	材料	试验参数			试样数量	指标
		试验温度（℃）	试验时间（h）	静液压应力（MPa）		
简支梁冲击试验	PP-H	23±2			10	破损率小于试样的10%
	PP-B	0±2	一			
	PP-R	0±2				
静液压试验	PP-H	20	1	21.0	3	无破裂无渗漏
		95	22	5.0		
		95	165	4.2		
		95	1000	3.5		
	PP-B	20	1	16.0	3	
		95	22	3.4		
		95	165	3.0		
		95	1000	2.6		
	PP-R	20	1	16.0	3	
		95	22	4.2		
		95	165	3.8		
		95	1000	3.5		
熔体质量流动速率 MFR/（230℃/2.16kg）/（g/10min）					3	变化率小于等于原料的30%
静液压状态下热稳定性试验	PP-H	110	8760	1.9	1	无破裂无渗漏
	PP-B			1.4		
	PP-R			1.9		

14. 冷热水用聚丁烯（PB）管道系统用管材（GB/T 19473.3）

（1）外观。管材的内外表面应光滑、平整、清洁，不应有可能影响产品性能的明显划痕、凹陷、气泡等缺陷。管材表面颜色应均匀一致，不允许有明显色差。管材端面应切割平整。

（2）小透光性。给水用管材应不透光。

（3）规格尺寸。管材的平均外径和最小壁厚应符合表 12-102

的要求，但对于熔接连接的管材，最小壁厚为 1.9mm。聚丁烯管材的壁厚值不包括阻隔层的厚度。管材任一点的壁厚偏差应符合表 12-103 的规定。

表 12-102　　　　　　　**管材规格（类别 A）**　　　　　　　mm

公称外径	平均外径		公称壁厚 e_n					
d_n	$d_{em,min}$	$d_{em,max}$	S10	S8	S6.3	S5	S4	S3.2
12	12.0	12.3	1.3	1.3	1.3	1.3	1.4	1.7
16	16.0	16.3	1.3	1.3	1.3	1.5	1.8	2.2
20	20.0	20.3	1.3	1.3	1.5	1.9	2.3	2.8
25	25.0	25.3	1.3	1.5	1.9	2.3	2.8	3.5
32	32.0	32.3	1.6	1.9	2.4	2.9	3.6	4.4
40	40.0	40.4	2.0	2.4	3.0	3.7	4.5	5.5
50	50.0	50.5	2.4	3.0	3.7	4.6	5.6	6.9
63	63.0	63.6	3.0	3.8	4.7	5.8	7.1	8.6
75	75.0	75.7	3.6	4.5	5.6	6.8	8.4	10.3
90	90.0	90.9	4.3	5.4	6.7	8.2	10.1	12.3
110	110.0	111.0	5.3	6.6	8.1	10.0	12.3	15.1
125	125.0	126.2	6.0	7.4	9.2	11.4	14.0	17.1
140	140.0	141.3	6.7	8.3	10.3	12.7	15.7	19.2
160	160.0	161.5	7.7	9.5	11.8	14.6	17.9	21.9

表 12-103　　　　　　　**任一点壁厚的偏差**　　　　　　　mm

公称壁厚 e_n			允许偏差	公称壁厚 e_n			允许偏差
>	e_{min}	≤		>	e_{min}	≤	
1.0		2.0	0.3 0	4.0		5.0	0.6 0
2.0		3.0	0.4 0	5.0		6.0	0.7 0
3.0		4.0	0.5 0	6.0		7.0	0.8 0

公称壁厚 e_n		允许偏差	公称壁厚 e_n		允许偏差
>	e_{min} ⩽		>	e_{min} ⩽	
7.0	8.0	0.9 0	15.0	16.0	1.7 0
8.0	9.0	1.0 0	16.0	17.0	1.8 0
9.0	10.0	1.1 0	17.0	18.0	1.9 0
10.0	11.0	1.2 0	18.0	19.0	2.0 0
11.0	12.0	1.3 0	19.0	20.0	2.1 0
12.0	13.0	1.4 0	20.0	21.0	2.2 0
13.0	14.0	1.5 0	21.0	22.0	2.3 0
14.0	15.0	1.6 0			

（4）管材的力学性能，见表 12-104。

表 12-104　　　　　　管材的力学性能

项 目	要 求	试验参数		
		静液压应力（MPa）	试验温度（℃）	试验时间（h）
耐静液压	无渗漏、无破裂	15.5	20	1
		6.5	95	22
		6.2	95	165
		6.0	95	1000

（5）管材的物理和化学性能，见表 12-105。

表 12-105　　　　　　　　管材的物理和化学性能

项　目	要　求	试验参数	
		参数	数值
纵向回缩率	≤2%	温度	110℃
		试验时间　e_n≤8mm	1h
		试验时间　8mm<e_n≤16mm	2h
		试验时间　e_n>16mm	4h
静液压状态下的热稳定性	无破裂无渗漏	静液压应力	2.4MPa
		试验温度	110℃
		试验时间	8760h
		试样数量	1
熔体质量流动速率 MFR	与对原料测定值之差，不应超过 0.3g/10min	质量	5kg
		试验温度	190℃

（6）管材的卫生性能。给水用管材卫生性能应符合 GB/T 17219 的规定。

（7）系统适用性。管材与所配管件连接后，根据连接方式，按照表 12-106 的要求，应通过耐内压、弯曲、耐拉拔、热循环、压力循环、耐真空等系统适用性试验。

表 12-106　　　　　　　　系统适用性试验

系统适用性试验项目	热熔承插连接 SW	电熔焊连接 EF	机械连接 M
耐内压试验	Y	Y	Y
弯曲试验	N	N	Y
耐拉拔试验	N	N	Y
热循环试验	Y	Y	Y
循环压力冲击试验	N	N	Y
真空试验	N	N	Y

注　Y—需要试验；N—不需要试验。

1）耐内压试验按表 12-107 规定的参数进行静液压试验，试验中管材、管件以及连接处应无破裂，无渗漏。

表 12-107 耐内压试验条件

管系列	试验温度（℃）	试验压力（MPa）	试验时间（h）	试样数量
S10	95	0.55	1000	
S8	95	0.71	1000	
S6.3	95	0.95	1000	3
S5	95	1.19	1000	
S4 S3.2	95	1.39	1000	

2）按表 12-108 规定的条件进行弯曲试验，试验中管材、管件以及连接处应无破裂，无渗漏。仅当管材公称直径大于等于 32mm 时做此试验。

表 12-108 弯曲试验条件

管系列	试验温度（℃）	试验压力（MPa）	试验时间（h）	试样数量
S10	20	1.42	1	
S8	20	1.85	1	
S6.3	20	2.46	1	3
S5	20	3.08	1	
S4 S3.2	20	3.60	1	

3）耐拉拔试验。按表 12-109 规定的试验条件，将管材与等径或异径直通管件连接而成的组件施加恒定的轴向拉力，并保持规定的时间，试验过程中管材与管件连接处应不发生松脱。

表 12-109 耐拉拔试验条件

温度（℃）	系统设计压力（MPa）	轴向拉力（N）	试验时间（h）
23±2	所有压力等级	$1.178d_{n}^{+2①}$	1
95	0.4	$0.314d_{n}^{+2}$	1
95	0.6	$0.471d_{n}^{+2}$	1

温度（℃）	系统设计压力（MPa）	轴向拉力（N）	试验时间（h）
95	0.8	$0.628d_n^{+2}$	1
95	1.0	$0.785d_n^{+2}$	1

注　1. 对各种设计压力的管道系统均应按表中的规定进行（23±2）℃的拉拔试验，同时根据管道系统的设计压力选取对应的轴向拉力进行拉拔试验，试件数量为 3 个。级别 1、2、4 也可以按 $T_{max}+10$℃进行试验。

　　2. 仲裁试验时，级别 5 按本表进行，级别 1、2、4 按 $T_{max}+10$℃进行试验。

　　3. 较高压力下的试验结果也可适用于较低压力下的应用级别。

①　表示 d_n 为管材的公称外径（mm）。

　　4）按表 12-110 规定的条件进行热循环试验，试验中管材、管件以及连接处应无破裂、无渗漏。

表 12-110　　　　　　　　　热循环试验条件

项　　目	级别 1	级别 2	级别 4	级别 5
最高试验温度（℃）	90	90	80	95
最低试验温度（℃）	20	20	20	20
试验压力（MPa）	p_D	p_D	p_D	p_D
循环次数	5000	5000	5000	5000
每次循环的时间（min）	30_0^{+2}（冷热水各15_0^{+1}）			
试样数量	1			

注　较高温度、较高压力下的试验结果也可适用于较低温度或较低压力下的应用级别。

　　15. 建筑用硬聚氯乙烯（PVC-U）雨落水管材（QB/T 2480）

　　建筑用硬聚氯乙烯（PVC-U）雨落水管材的规格尺寸及偏差见表 12-111 和表 12-112。

表 12-111　　矩形管材的规格尺寸及偏差　　　　mm

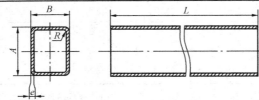

规格	基本尺寸及偏差		壁厚 e		转角半径 R	长度 L	
	A	B	基本尺寸	偏差		基本尺寸	偏差
63×42	63.0^{+3}_{0}	42.0^{+3}_{0}	1.6	$^{+0.2}_{0}$	4.6	3000 4000 5000 6000	$+0.4\% \sim -0.2\%$
75×50	75.0^{+4}_{0}	50.0^{+4}_{0}	1.8	$^{+0.2}_{0}$	5.3		
110×73	110.0^{+4}_{0}	73.0^{+4}_{0}	2.0	$^{+0.2}_{0}$	5.5		
125×83	125.0^{+4}_{0}	83.0^{+4}_{0}	2.4	$^{+0.2}_{0}$	6.4		
160×107	160.0^{+5}_{0}	107.0^{+5}_{0}	3.0	$^{+0.3}_{0}$	7.0		
110×83	110.0^{+4}_{0}	83.0^{+4}_{0}	2.0	$^{+0.2}_{0}$	5.5		
125×94	125.0^{+4}_{0}	94.0^{+4}_{0}	2.4	$^{+0.2}_{0}$	6.4		
160×120	160.0^{+5}_{0}	120.0^{+5}_{0}	3.0	$^{+0.3}_{0}$	7.0		

表 12-112　　圆形管材的规格尺寸及偏差　　　　mm

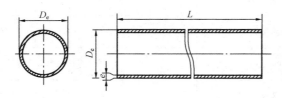

公称外径 D_e	允许偏差	壁厚 e		长度 L	
		基本尺寸	偏差	基本尺寸	偏差
50	50.0^{+3}_{0}	1.8	$^{+0.3}_{0}$	3000 4000 5000 6000	$+0.4\% \sim -0.2\%$

公称外径 D_e	允许偏差	壁厚 e		长度 L	
		基本尺寸	偏差	基本尺寸	偏差
75	75.0^{+3}_{0}	1.9	$^{+0.4}_{0}$		
110	110.0^{+3}_{0}	2.1	$^{+0.4}_{0}$	3000 4000 5000 6000	$+0.4\%\sim$ -0.2%
125	125.0^{+4}_{0}	2.3	$^{+0.5}_{0}$		
160	160.0^{+5}_{0}	2.8	$^{+0.5}_{0}$		

16. 无缝铜水管和铜气管（GB/T 18033）

（1）产品分类。管材的牌号、状态、规格应符合表 12-113 的规定。标记示例：产品标记按产品名称、牌号、状态、规格和标准编号的顺序表示。标记示例如下：

示例 1：

用 TP2 制造、供应状态为硬态、外径为 108mm，壁厚为 1.5mm，长度为 5800mm 的圆形铜管标记为

铜管 TP2Y　$\phi108\times1.5\times5800$　GB/T 18033

示例 2：

用 TU2 制造、供应状态为软态、外径为 22mm、壁厚为 0.9mm、长度大于 15000mm 的圆形铜盘管标记为

铜盘管 TU2　M　$\phi2\times0.9\times15000$　GB/T 18033

表 12-113 　　　　　　　　**管材的牌号、状态和规格**

牌号	状态	种类	规　格（mm）		
			外径	壁厚	长度
TP2 TU2	硬（Y）	直管	6～325	0.6～8	≤6000
	半硬（Y2）		6～159		
	软（M）		6～108		
	软（M）	盘管	≤28		≥15000

（2）管材的化学成分应符合 GB/T 5231 中 TP2 和 TU2 的规定。

（3）尺寸及尺寸允许偏差。管材的尺寸系列应符合表 12-114 的规定。

表 12-114

管材的尺寸系列

| 公称尺寸 DN (mm) | 公称外径 (mm) | 壁厚 (mm) | | | 理论质量 (kg/m) | | | 最大工作压力 p (MPa) | | | | | | | | |
| | | A 型 | B 型 | C 型 | A 型 | B 型 | C 型 | 硬态 (Y) | | | 半硬态 (Y2) | | | 软态 (U) | | |
								A 型	B 型	C 型	A 型	B 型	C 型	A 型	B 型	C 型
4	6	1.0	0.8	0.6	0.140	0.117	0.091	24.00	18.80	13.7	19.23	14.9	10.9	15.8	12.3	8.95
6	8	1.0	0.8	0.6	0.197	0.162	0.125	17.50	13.70	10.0	13.89	10.9	7.98	11.4	8.95	6.57
8	10	1.0	0.8	0.6	0.253	0.207	0.158	13.70	10.70	7.94	10.87	8.55	6.30	8.95	7.04	5.19
10	12	1.2	0.8	0.6	0.364	0.252	0.192	13.67	8.87	6.65	1.87	7.04	5.21	8.96	5.80	4.29
15	15	1.2	1.0	0.7	0.465	0.393	0.281	10.79	8.87	6.11	8.55	7.04	4.85	7.04	5.80	3.99
—	18	1.2	1.0	0.8	0.566	0.477	0.386	8.87	7.31	5.81	7.04	5.81	4.61	5.80	4.79	3.80
20	22	1.5	1.2	0.9	0.864	0.701	0.535	9.08	7.19	5.32	7.21	5.70	4.22	5.18	4.70	3.48
25	28	1.5	1.2	0.9	1.116	0.903	0.685	7.05	5.59	4.62	5.60	4.44	3.30	4.61	3.65	2.72
32	35	2.0	1.5	1.2	1.854	1.411	1.140	7.54	5.54	4.44	5.98	4.44	3.52	4.93	3.65	2.90
40	42	2.0	1.5	1.2	2.247	1.706	1.375	6.23	4.63	3.68	4.95	3.68	2.92	4.08	3.03	2.41
50	54	2.5	2.0	1.2	3.616	2.921	1.780	6.06	4.81	2.85	4.81	3.77	2.26	3.96	3.14	1.86
65	67	2.5	2.0	1.5	4.529	3.652	2.759	4.85	3.85	2.87	3.85	3.06	2.27	3.17	3.05	1.88

公称尺寸 DN (mm)	公称外径 (mm)	壁厚 (mm)			理论质量 (kg/m)			最大工作压力 p (MPa)								
								硬态 (Y)			半硬态 (Y2)			软态 (U)		
		A型	B型	C型	A型	B型	C型	A型	B型	C型	A型	B型	C型	A型	B型	C型
—	76	2.5	2.0	1.5	5.161	4.157	3.140	4.26	3.38	2.52	3.38	2.69	2.00	2.80	2.68	1.65
80	89	2.5	2.0	1.5	6.074	4.887	3.696	3.62	2.88	2.15	2.87	2.29	1.71	2.36	2.28	1.41
100	108	3.5	2.5	1.5	10.274	7.408	4.487	4.19	2.97	1.77	3.33	2.36	1.40	2.74	1.94	1.16
125	133	3.5	2.5	1.5	12.731	9.164	5.540	3.38	2.40	1.43	2.68	1.91	1.14	—	—	—
150	159	4.0	3.5	2.0	17.415	15.287	8.820	3.23	2.82	1.60	2.56	2.24	1.27	—	—	—
200	219	6.0	5.0	4.0	35.898	30.055	24.156	3.53	2.93	2.33	—	—	—	—	—	—
250	267	7.0	5.5	4.5	51.122	40.399	33.180	3.37	2.64	2.15	—	—	—	—	—	—
—	273	7.5	5.8	5.0	55.932	43.531	37.640	3.54	2.16	1.53	—	—	—	—	—	—
300	325	8.0	6.5	5.5	71.234	58.151	49.359	3.16	2.56	2.16	—	—	—	—	—	—

注：
1. 最大计算工作压力 p，是指工作条件为 65℃时，硬态（Y）允许应力为 63MPa；半硬态（Y2）允许应力为 50MPa；软态（M）允许应力为 41.2MPa。
2. 加工铜的密度值取 8.94g/cm³，作为计算每米铜管质量的依据。
3. 客户需要其他规格尺寸的管材，供需双方协商解决。

壁厚不大于3.5mm的管材壁厚允许偏差为±10％，壁厚大于3.5mm的管材壁厚允许偏差为±15％。管材的外径允许偏差应符合表12-115的规定。长度不大于6000mm的管材长度允许偏差为＋10mm，盘管长度应比预定长度稍长（＋300mm）。直管长度为定尺长度、倍尺长度时，应加入锯切分段时的锯切量，每一锯切量为5mm。

表 12-115　　　　　管材的外径允许偏差　　　　　　　mm

外　径	外径允许偏差		
	适用于平均外径	适用任意外径①	
	所有状态②	硬态（Y）	半硬态（Y2）
6～18	±0.04	±0.04	±0.09
＞18～28	±0.05	±0.06	±0.10
＞28～54	±0.06	±0.07	±0.11
＞54～76	±0.07	±0.10	±0.15
＞76～89	±0.07	±0.15	±0.20
＞89～108	±0.07	±0.20	±0.30
＞108～133	±0.20	±0.70	±0.40
＞133～159	±0.20	±0.70	±0.40
＞159～219	±0.40	±1.50	—
＞219～325	±0.60	±1.50	—

①　包括圆度偏差。

②　软态管材外径公差仅适用平均外径公差。

外径不大于ϕ108mm的硬态和半硬态直管的直度应符合表12-116的规定，外径大于ϕ108mm管材的直线度，由供需双方协商确定。直管的端部应锯切平整，切口在不使管材长度超出允许偏差的条件下，允许有不超出表12-117规定的切斜度。

表 12-116 　　　　　　　　　　管材的直线度

长　度	直线度≤
≤6000mm	任意 3000mm 不超过 12mm

表 12-117 　　　　　　　　　管材端部的切斜度　　　　　　　　mm

公称外径	切斜度≤
≤16	0.40
>16	外径的 2.5%

（4）管材的室温纵向力学性能，见表 12-118。

表 12-118 　　　　　　　　管材的室温纵向力学性能

牌号	状态	公称外径	抗拉强度 R_m（NPa）≥	伸长率 A（%）≥	维氏硬度 HV5
TP2 TU2	Y	≤100	315	—	>100
		>100	295		
	Y2	≤67	250	30	75~100
		>67~159	250	20	
	M	≤108	205	40	40~75

注　维氏硬度仅供选择性试验。

（5）工艺性能。扩口（压扁）试验：外径不大于 54mm 的软态和半硬态管材进行扩口试验时，顶锥为 45°，扩口率为 30%。外径大于 54mm 的管材可用压扁试验代替扩口试验。压扁后软态管材的内壁间距等于壁厚；半硬态的内壁间距等于 3 倍壁厚。扩口（压扁）试验后管材不应出现肉眼可见的裂纹或破损。

弯曲试验：对外径不大于 28mm 的硬态管，应按表 12-119 规定的弯曲半径进行弯曲试验，弯曲角为 90°，用专用工具弯曲，试验后管材应无肉眼可见的裂纹或破损等缺陷。

表 12-119　　　　　　　　　弯曲试验的弯曲半径　　　　　　　　　mm

公称外径	弯心半径	中心轴半径	公称外径	弯心半径	中心轴半径
6	27	30	15	48	55
8	31	35	18	61	70
10	35	40	22	79	90
12	39	45	28	106	120

17. 空调与制冷设备用无缝铜管（GB/T 17791）

（1）管材的牌号、状态、规格应符合表 12-120 的规定。

表 12-120　　　　　　　　管材的牌号、状态和规格

牌　号	状　态	种　类	规　格（mm）		
			外径	壁厚	长度
TU1 TU2 T2 TP1 TP2	软（M） 轻软（M2） 半硬（Y2） 硬（Y）	直管	3～30	0.25～2.0	400～10000
		盘管		0.25～2.0	—

（2）盘卷内外直径应符合表 12-121 的规定。

表 12-121　　　　　　　　　盘卷内外直径　　　　　　　　　mm

类型	最小内径	最大外径	卷　高	外　径
水平盘管	560	1150	≥200	—
蚊香形盘管	—	—	—	≤1100

（3）管材的尺寸及尺寸允许偏差。管材的尺寸及尺寸允许偏差应符合表 12-122 的规定。直管的不定尺长度为 400～10000mm，管材的定尺或倍尺长度应在不定尺范围内，倍尺长度应加入锯切分段时的锯切量，每一锯切量为 5mm，直管定尺长度允许偏差应符合表 12-123 的规定。

表 12-122　　　　　　　管材的尺寸及尺寸允许偏差　　　　　　　　mm

平均外径		壁　厚				
尺寸范围	允许偏差（±）	0.25～0.4	>0.4～0.6	>0.6～0.8	>0.8～1.5	>1.5～2.0
		允许偏差（±）				
3～15	0.05	0.03	0.04	0.05	0.06	0.07
>15～20	0.05	0.04	0.05	0.06	0.07	0.09
>20～30	0.07	—	0.05	0.07	0.09	0.10

表 12-123　　　　　　　直管定尺长度允许偏差　　　　　　　　mm

长　度	允许偏差	长　度	允许偏差
400～600	+2 0	>1800～4000	+5 0
>600～1800	+3 0	>4000～10 000	+8 0

　　管材端部应锯切平整，允许有轻微的毛刺，直管切斜不大于 2mm。半硬和硬状态直管的直线度应符合表 12-124 的规定。壁厚不小于 0.4mm 硬态或半硬态直管的圆度应符合表 12-125 的规定。

表 12-124　　　　　　　直管的直线度　　　　　　　　mm

长　度	直 线 度	长　度	直 线 度
400～1000	≤3	>2000～2500	≤8
>1000～2000	≤5	>2500～3000	≤12

注　长度大于 3000mm 的管子，全长中任意部位每 3000mm 的最大弯曲度为 12mm。

表 12-125　　　　　　　直管的圆度

壁厚/外径	圆度（mm）≤
0.01～0.03	公称外径的 1.5%
>0.03～0.05	公称外径的 1.0%
>0.05～0.10	公称外径的 0.8%（最小值 0.05）
>0.10	公称外径的 0.7%（最小值 0.05）

（4）管材的室温力学性能，见表 12-126。

表 12-126　　　　管材的室温力学性能

牌　号	状　态	抗拉强度 R_m（MPa）	规定非比例延伸强度 $R_{p0.2}$（MPa）	断后伸长率 A（％）
TU1、TU2、T2、TP1、TP2	软（M）	≥205	35～80	≥40
	轻软（M2）	≥205	40～90	≥40
	半硬（Y2）	≥250	≥120	≥15
	硬（Y）	≥315	≥250	—

（5）工艺性能。

扩口试验：轻软状态、软状态的管材进行扩口试验时，扩口试验从管材的端部切取适当的长度做试样，采用冲锥 60°，其结果应符合表 12-127 的规定，其他状态的管材进行该项试验时，试样应按软状态工艺进行退火后再测试。

压扁试验：轻软状态、软状态的管材应进行压扁试验时，压扁后两壁间的距离等于壁厚，试样不应产生肉眼可见的裂纹和裂口。

表 12-127　　　　管材的扩口试验

外径（mm）	扩口率（％）	结　果
＞19	30	试样不应产生肉眼可见的裂纹和裂口
≤19	40	

四、常用管件

在管道工程中，常用管件按其材料可分为无缝钢管管件、焊接钢管管件、可锻铸铁管管件、给水铸铁管管件、排水铸铁管管件、高压管件、碳钢管管件、特殊管接头及塑料管管件。

1. 无缝钢管管件

无缝钢管管件多数在现场制作。目前使用的成形产品主要有压制弯头、异径管和三通。

冲压弯头是管道工程中大量使用的管件，有冲压无缝弯头、冲压焊接弯头。冲压无缝弯头是用优质碳素钢（10、20号）或不锈耐酸钢无缝管，在特制模具内压制成形的。它分为90°和45°两种，其中最常用的是90°弯头。公称压力有4、6.4、10MPa三种。弯曲半径有1、1.5、2DN三种，其使用温度$t \leqslant 200℃$。冲压焊接弯头是用优质碳素钢（10、20号）的两块瓦冲压成形后焊接制成。它分90°和45°两种。用于公称压力$\leqslant 4MPa$，温度$\leqslant 200℃$的管道上。冲压异径管有同心和偏心两种。按公称压力有$\leqslant 4$、6.4、10MPa三种。最小规格为DN25×15，最大规格为DN4003×50。冲压异径管适用于$PN < 10MPa$的管道上。

冲压三通由无缝钢管加工冲压而成，分等径三通和异径三通两种。冲压异径三通的最大规格为DN350×300，冲压三通适用于公称压力为1.6～10MPa的管道上。

2. 焊接钢管管件

焊接钢管所用的管件有不镀锌和镀锌两种，适用于公称压力1.6MPa、温度$t \leqslant 175℃$的热水采暖、低压蒸汽采暖、室内给水管道、热水管道的连接。通常采用KT38-8可锻铸铁制造，管件上的螺纹除锁紧螺母及通丝外接头必须采用圆柱管螺纹外，一般都采用圆锥管螺纹。要求较高时也可采用钢制的管件。

焊接钢管管件有管接头、内接头、三通、四通、弯头、补芯、异径管箍、锁母、活接头、丝堵、管帽等。钢制管接头（钢束结）可以焊接，主要用于焊接设备上的管接头，也可以用来连接两根公称直径相同的管子。可用于工作压力为2～2.6MPa的管道上，可用圆钢或无缝钢管车制而成。

3. 可锻铸铁管管件

可锻铸铁管制成的管件种类繁多，主要特点是一般带有厚边，碳素钢制成的不带厚边，其制品均为螺纹连接，所承压在1.0MPa之内，碳素钢制品可承压则大于1.0MPa。可锻铸铁管制品有镀锌和不镀锌两种。常用的可锻铸铁制成的管件种类及用途见表12-128。

表 12-128　　　常用的可锻铸铁制成的管件种类及用途

图　　例	管件名称	用　　途
	管接头 （管箍）	管接头又称管箍、外接头，用于直线连接两根直径相同的管子
同心　　偏心	异径管接头 （大小头）	有同心和偏心两种：同心的用于直线连接两根直径不同的管子；偏心的用来连接同一管底标高的两根不同直径的管子
	弯　头 （90°弯头）	连接两根同径管子或管件，又使管道改变 90°方向
	异径弯头 （异径 90°弯头）	既能变径，又能使管道作 90°转向
	45°弯头 （135°弯头）	45°弯头又称 135°弯头，连接两根同径管子或管件，又使管道改变 45°方向
	三　通 （丁字弯）	管道分支用，三个方向管子直径相同
直三通　　斜三通	异径三通	有异径直三通和斜三通，用于管道分支变径时用，直通管径大，分支管径小
	四　通 （十字接头）	四通又称十字接头，管道呈十字形分支，四个方向管子直径均相同
	异径四通	管道呈十字形分支，管子直径有两种，其中相对的两管直径相同

图　例	管件名称	用　途
	内外螺母 （补心）	内外螺母又称补心，用于管子由大变小或由小变大的连接处
	六角内接头 （外螺纹、内接头）	当安装距离很短时，用来连接直径相同的内螺纹管件或阀门
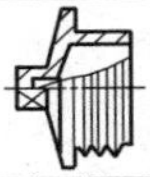	外方堵头 （丝堵、管堵）	用于堵塞配件的端头或堵塞管道的预留口
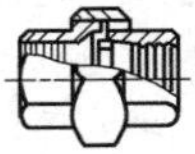	活接头 （由任）	活接头又称由任，装在直管上经常需要拆卸的地方
	锁紧螺母 （抱母）	用于锁紧外接头或其他管件，常与长丝、管箍配套使用，可代替活接头
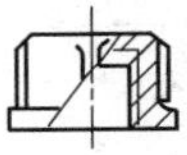	管　帽 （管子盖）	管帽又称管子盖，用于封闭管道的末端

4. 给、排水铸铁管管件

给水铸铁管管件与排水铸铁管管件的说明见表 12-129。

表 12-129　　　给水铸铁管管件及排水铸铁管管件说明

图　例	名称	说　明
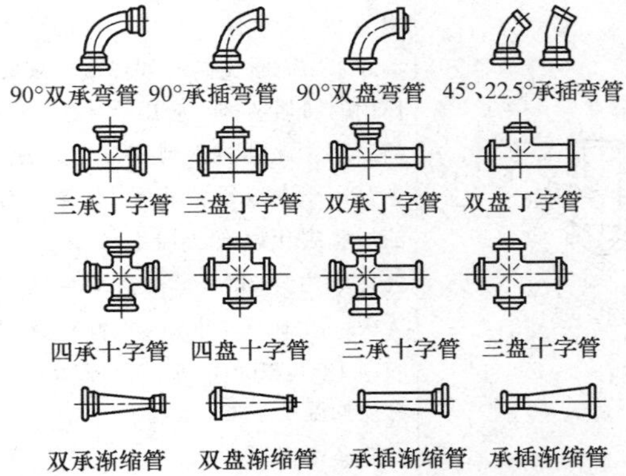 90°双承弯管　90°承插弯管　90°双盘弯管　45°、22.5°承插弯管 三承丁字管　三盘丁字管　双承丁字管　双盘丁字管 四承十字管　四盘十字管　三承十字管　三盘十字管 双承渐缩管　双盘渐缩管　承插渐缩管　承插渐缩管	给水铸铁管管件	如左图所示，给水铸铁管管件有弯管、套管、异径管、短管、丁字管、十字管、渐缩管以及各种型号的异形管件，其连接形式有法兰式和承插式。这些管件通常制成承插、双承、多承、单盘、双盘和多盘等形式

图　　例	名称	说　　明
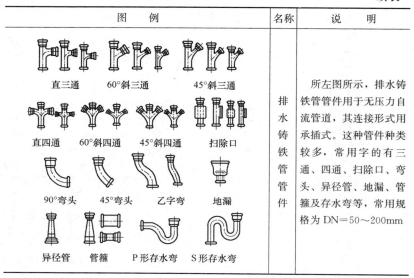 直三通　　60°斜三通　　45°斜三通 直四通　　60°斜四通　　45°斜四通　　扫除口 90°弯头　　45°弯头　　乙字弯　　地漏 异径管　　管箍　　P形存水弯　　S形存水弯	排水铸铁管管件	所左图所示，排水铸铁管管件用于无压力自流管道，其连接形式用承插式。这种管件种类较多，常用字的有三通、四通、扫除口、弯头、异径管、地漏、管箍及存水弯等，常用规格为 DN＝50～200mm

5. 高压管件

高压管件有三通、弯头、异径管、高压螺纹管丝头、活接头等，其用途说明见表 12-130。

表 12-130　　　　　　　　高压管件作用说明

图　　例	用　途　说　明
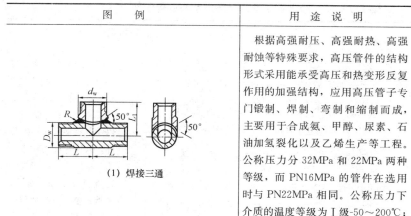 (1) 焊接三通	根据高强耐压、高强耐热、高强耐蚀等特殊要求，高压管件的结构形式采用能承受高压和热变形反复作用的加强结构，应用高压管子专门锻制、焊制、弯制和缩制而成，主要用于合成氨、甲醇、尿素、石油加氢裂化以及乙烯生产等工程。公称压力分 32MPa 和 22MPa 两种等级，而 PN16MPa 的管件在选用时与 PN22MPa 相同。公称压力下介质的温度等级为Ⅰ级-50～200℃；Ⅱ级 201～400℃

图　　例	用　途　说　明

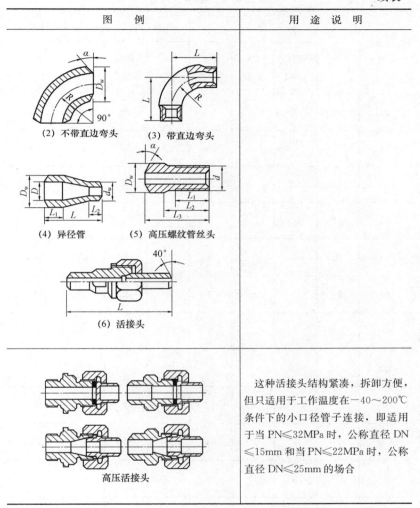

（2）不带直边弯头　　（3）带直边弯头

（4）异径管　　（5）高压螺纹管丝头

（6）活接头

高压活接头

　　这种活接头结构紧凑，拆卸方便，但只适用于工作温度在 $-40\sim200℃$ 条件下的小口径管子连接，即适用于当 $PN\leqslant32MPa$ 时，公称直径 $DN\leqslant15mm$ 和当 $PN\leqslant22MPa$ 时，公称直径 $DN\leqslant25mm$ 的场合

　　6. 碳钢管管件

　　碳钢管一般分为两种管件，一种是用优质碳素钢或不锈耐酸钢经特制模具压制成形，另一种是用可锻铸铁又称玛钢或软钢铸造而成。压制弯头有 45°、90°和 180°三种，常用的是 90°的弯头，弯曲半径有 1.5mm 和 1mm 两种。常用规格、尺寸见表 12-131。

表 12-131 **90°压制弯头规格、尺寸** mm

公称直径 DN	外径 D	壁厚 δ			结构长度 L		弯曲半径 R	
		PN 40 级	PN 60 级	PN 100 级	R= 1DN	R= 1.5DN	R= 1DN	R= 1.5DN
25	32	3	—	4.5	25	38	25	38
32	38	3	—	4.5	32	48	32	48
40	45	3.5	—	5	40	60	40	60
50	57	3.5	—	5	50	75	50	75
65	76	4	—	6	65	100	65	100
80	89	4	—	6	80	120	80	120
100	108	4	6	8	100	150	100	150
125	133	4.5	7	10	125	190	125	190
150	159	5	8	12	150	225	150	225
200	219	7	10	14	200	300	200	300
250	273	8	11	16	250	375	250	375
300	325	9	12	20	300	450	300	450
350	377	10	14	22	350	525	350	525
400	426	11	16	—	400	600	400	600

7. 特殊管接头

特殊管接头的类型及说明见表12-132。

表 12-132   **特殊管接头的类型及说明**

类型	图例	说明
可曲挠性橡胶管接头		如左图所示，可曲挠性橡胶管接头是用耐热橡胶、尼龙帘布作内衬，硬质钢丝作骨架制成的。它分单球形和双球形两种。K-XT型可曲挠单球形橡胶管接头的工作压力有 0.8、1.2、2.0MPa 三种；K-ST 型可曲挠双球形橡胶管接头的工作压力为 1.0MPa。它们的适用温度为－20～115℃。橡胶管接头的最大允许偏转角度：单球形的为 $\alpha_1 + \alpha_2 \leqslant 15°$，双球形的为以 $\alpha_1 + \alpha_2 \leqslant 45°$。这种橡胶管接头具有许多优点：刚性大，弹性好，可承受较高的压力；由于金属法兰和橡胶有机地装配，因而可作 360°旋转；它适应大的伸缩变形，安装灵活方便，能连接不在同一轴心的管子，能补偿因温度差而引起的伸缩，还能防止因构筑物不均匀下沉引起的对管道和机器设备的损害；吸振能力好，能降低噪声；耐老化，耐腐蚀，使用寿命长。这种橡胶管接头是一种广泛应用的软性管道接头，适用于压缩空气、水、热水、海水、弱酸水溶液等介质输送管道的振动、沉降、曲挠、伸缩接口。如在设备的进出口管道上安装橡胶管接头，其缓冲、减振、消声效果非常显著
金属波纹管		金属波纹管可用于压力测量敏感元件、导管的密闭性挠性连接、两种介质的隔离器、液体膨胀补偿等方面。此种管件一般用黄铜、锡磷青铜、铁青铜、不锈钢等材质制作。单层金属波纹管主要用于高层建筑压力供水管在建筑物沉降处的密闭性挠性连接，如左图所示（外径×壁厚）22mm×7.5mm～200mm×51mm 各种规格

类型	图　例	说　明
卡套螺纹管接头	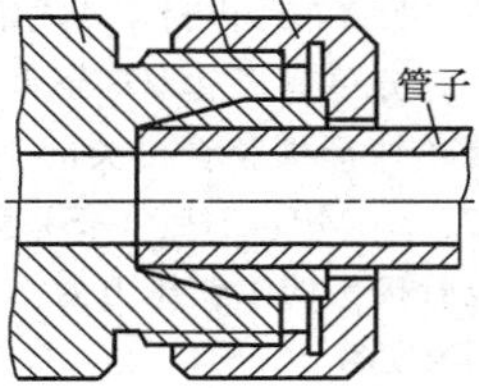 螺纹接头件 卡套 活动接头螺母　管子	卡套螺纹管接头的主要结构如左图所示。它由螺纹管接头体 1、卡套 2 和活动接头螺母 3 构成。接管组装时，直接将管子 4 插入整个螺纹管接头体内，然后拧紧螺母，此时卡套前端由于被接头体的斜面压缩，其端部刃口棱边吃进管子，将管子牢固地卡住，因而接头体的斜面与管子表面完全被金属密封。同时，卡套的后部也被螺母的斜面压缩而变形，能吸收振动。这种管接头密封性好，拆装方便，表面美观，适用于钢管、铜管、铝塑管、尼龙管等的连接。它是我国近年来引进工程中应用的一种不用焊接、螺纹加工的一种新型管接头
球形伸缩接头	—	球形伸缩接头的材质为灰口铸铁，最大规格为 DN600，工作压力 ≤0.7MPa。它主要用于压力供水管道的直线段上做温度引起的伸缩补偿，也用于抗振、扭转补偿，其允许扭转角一般为 3°～4°
球形管接头	—	球形管接头的主体材料是碳钢，密封材料是金属塑料密封圈。最大工作压力：当工作温度低于等于 300℃ 时 ≤1.3MPa；当工作温度低于等于 120℃ 时为 2.5MPa。金属折角小于等于 30°，轴向扭转角为 360°。球形管接头主要用于热力管道上的热胀冷缩补偿装置，也可用于压力供水管道上作伸缩和扭转补偿接头
伸缩法兰接头	—	伸缩法兰接头当管道有位移时，能让管道自由伸缩。它常用于水下敷设直管有位移的接口。结构、形状与单向填料函式补偿器相似

8. 建筑排水用卡箍式铸铁管件（CJ/T 177）

（1）管件的尺寸、外形及质量，见表12-133～表12-158。

表12-133　　　　　　　　　　最小直管段长度

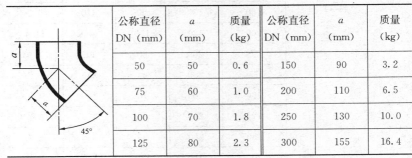

管件

不锈钢卡箍　　直管

公称赞直径 DN	密封区 l （mm）	公称赞直径 DN	密封区 l （mm）
50	30	150	50
75	35	200	60
100	40	250	70
125	45	300	80

表12-134　　　　　　　　　　45°弯头尺寸和质量

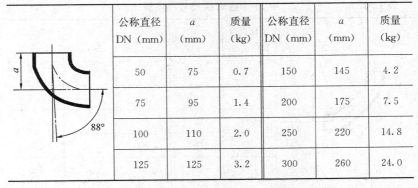

公称直径 DN（mm）	a （mm）	质量 （kg）	公称直径 DN（mm）	a （mm）	质量 （kg）
50	50	0.6	150	90	3.2
75	60	1.0	200	110	6.5
100	70	1.8	250	130	10.0
125	80	2.3	300	155	16.4

表12-135　　　　　　　　　　88°弯头尺寸和质量

公称直径 DN（mm）	a （mm）	质量 （kg）	公称直径 DN（mm）	a （mm）	质量 （kg）
50	75	0.7	150	145	4.2
75	95	1.4	200	175	7.5
100	110	2.0	250	220	14.8
125	125	3.2	300	260	24.0

表 12-136　　　　　　　　　　**乙字弯头尺寸和质量**

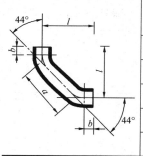

公称直径 DN（mm）	a（mm）	b（mm）	l（mm）	质量（kg）
50	65	50	165	0.9
75	65	65	190	1.7
100	65	70	205	2.8
125	65	80	225	3.6
150	65	90	245	5.3
200	65	110	285	8.9
50	130	50	230	1.4
75	130	65	260	2.4
100	130	70	270	3.4
125	130	80	290	4.8
150	130	90	310	6.9
200	130	110	350	11.4
50	200	50	300	1.9
75	200	65	330	3.2
100	200	70	340	4.4
125	200	80	360	6.2
150	200	90	380	8.7
200	200	110	420	14.1

表 12-137　　　　　　　　**88°小半径弯头尺寸和质量**

公称直径 DN（mm）	a（mm）	b（mm）	l（mm）	质量（kg）
50	100	50	120	1.2
75	125	60	150	2.0
100	140	70	170	3.3
125	160	80	195	4.6
150	180	90	219	7.0

表 12-138 　　　　　　　　　**88°大半径弯头尺寸和质量**

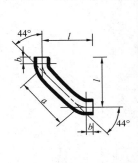

公称直径 DN(mm)	a (mm)	b (mm)	l (mm)	质量 (kg)
50	250	50	230	1.7
75	310	60	280	3.5
100	312	70	291	4.8
125	321	80	308	6.8
150	333	90	325	9.8

表 12-139 　　　　　　　　　**88°鸭脚支撑弯头尺寸和质量**

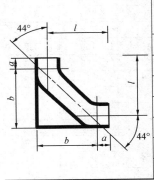

公称直径 DN(mm)	a (mm)	b (mm)	l (mm)	质量 (kg)
75	60	150	150	4.1
100	70	170	170	5.3
125	80	195	195	7.8
150	90	219	219	10.0
200	110	240	240	18.5
250	130	280	280	22.7
300	155	320	320	52.2

注　88°鸭脚支撑弯头，排水落差较大，立管转横管时安装鸭脚支撑弯头。

表 12-140 　　　　　　　　　**88°长短弯头尺寸和质量**

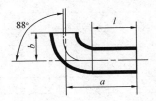

公称直径 DN（mm）	a（mm）	b（mm）	l（mm）	质量（kg）
100	250	110	140	4.6

表 12-141 　　　　　45°三通尺寸和质量

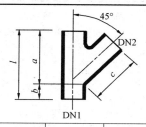

公称直径（mm）		l（mm）	a（mm）	b（mm）	c（mm）	质量（kg）
DN1	DN2					
50	50	160	115	45	115	1.3
70	50	180	135	45	135	1.9
75	75	215	155	60	155	2.4
100	50	190	150	40	150	2.5
100	75	220	170	60	170	3.6
100	100	260	190	70	190	4.3
125	50	200	160	40	160	3.2
125	75	235	190	45	190	4.3
125	100	270	210	60	210	5.0
125	125	305	230	75	230	6.1
150	50	230	180	50	180	3.7
150	75	250	200	50	200	6.0
150	100	280	225	55	225	6.5
150	125	320	240	60	240	8.1
150	150	355	265	90	265	9.3
200	75	255	195	60	195	8.3
200	100	300	230	70	230	9.1
200	125	335	275	60	275	11.9
200	150	375	300	75	300	11.6
200	200	455	340	115	340	16.3
250	100	320	245	75	345	15.4
250	150	405	325	80	325	20.2
250	200	470	380	90	380	24.8
250	250	560	430	130	430	31.5
300	100	350	275	75	275	22.0
300	150	415	335	80	335	26.0
300	200	485	395	90	395	34.0
300	300	660	505	155	505	50.1

表 12-142 **88°三通尺寸和质量**

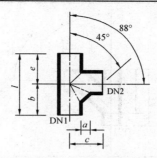

公称直径（mm）		*l*（mm）	*a*（mm）	*b*（mm）	*c*（mm）	*e*（mm）	质量（kg）
DN1	DN2						
50	50	145	20.0	79	80	66	1.1
75	50	155	22.0	83	90	73	1.6
75	75	185	22.0	98	95	83	1.8
100	50	170	22.0	94	105	76	2.7
100	75	190	22.0	102	115	88	2.5
100	100	220	22.0	115	115	105	3.6
125	50	180	25.0	98	120	82	3.0
125	75	205	25.0	109	125	96	3.6
125	100	235	25.0	125	130	110	4.0
125	125	260	25.0	137	135	123	4.6
150	50	200	27.5	100	140	100	3.7
150	75	220	27.5	120	140	100	4.0
150	100	245	27.5	130	145	115	5.2
150	125	275	27.5	147	150	128	6.2
150	150	300	27.5	156	155	142	6.3
200	100	270	32.5	147	175	126	8.0
200	125	295	32.5	156	180	139	9.8
200	150	325	32.5	173	185	152	10.7
200	200	360	32.5	180	200	180	12.8
250	250	450	38.0	225	230	225	19.8
300	300	530	42.0	265	271	265	32.0

表 12-143   **88°TY 三通尺寸和质量**

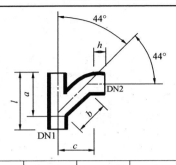

公称直径（mm）		a（mm）	b（mm）	c（mm）	h（mm）	l（mm）	质量（kg）
DN1	DN2						
50	50	115	115	102	40	160	1.4
75	50	135	135	116	40	180	2.2
75	75	155	155	139	45	215	3.2
100	50	150	150	127	40	180	2.3
100	75	170	170	150	45	220	3.8
100	100	190	190	174	50	260	4.1
150	50	205	205	185	40	230	5.4
150	75	215	215	190	45	260	6.4
150	100	225	225	198	50	280	7.5
150	150	265	265	244	60	355	12.1
200	75	245	245	212	45	285	9.2
200	100	260	260	223	50	300	11.4
200	150	300	300	269	60	375	16.8
200	200	340	340	315	70	455	23.4
250	100	290	290	260	50	330	17.0
250	150	340	340	305	60	385	23.5
250	200	380	380	343	70	470	31.0
250	250	430	430	401	80	560	41.8
300	100	310	310	275	50	345	23.6
300	150	370	370	340	60	400	30.1
300	200	420	420	390	70	495	30.2
300	250	465	465	426	80	580	52.4
300	300	505	505	473	95	600	67.6

表 12-144   **88°直角四通尺寸和质量**

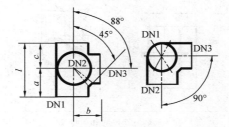

公称直径 DN（mm）	l（mm）	a（mm）	b（mm）	c（mm）	质量（kg）
100×100×100	220	115	115	105	3.6
125×100×100	235	125	130	110	4.4
150×100×100	245	130	145	115	6.1

表 12-145   **88°四通通尺寸和质量**

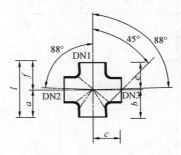

公称直径（mm）			l	a	b	c	e	f	质量
DN1	DN2	DN3	（mm）	（mm）	（mm）	（mm）	（mm）	（mm）	（kg）
100	50	50	170	94	94	105	76	75	2.2
100	75	75	190	102	102	110	88	88	2.7
100	100	100	220	115	115	115	105	105	3.2
150	100	50	245	130	104	145	141	115	5.0
150	100	75	245	130	112	145	133	115	6.0
150	100	100	245	130	130	145	115	115	5.7

表 12-146	承重短管及其支架尺寸和质量

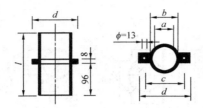

承重短管尺寸和质量

公称直径 DN（mm）	d（mm）	l（mm）	质量（kg）
50	87	200	1.3
75	111	200	2.0
100	145	200	2.3
125	170	200	3.0
150	195	200	4.0
200	245	200	6.0
250	309	250	10.0
300	361	250	14.0

承重短管支架尺寸和质量

公称直径 DN（mm）	a（mm）	b（mm）	c（mm）	d（mm）	质量（kg）
50	63	93	148	195	0.7
75	86	113	170	215	1.0
100	113	147	202	250	1.3
125	138	171	225	275	1.5
150	163	196	310	300	2.0
200	213	250	395	360	3.5
250	279	344	395	445	8.0
300	330	392	448	500	10.0

表 12-147			P 型存水弯尺寸和质量			

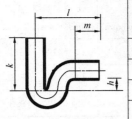

公称直径 DN（mm）	h （mm）	k （mm）	m （mm）	l （mm）	质量 （kg）
50	50	223	75	180	4.6
75	50	223	100	225	6.3
100	50	250	120	300	10.5
150	50	280	130	430	16.1

表 12-148			S 型存水弯尺寸和质量			

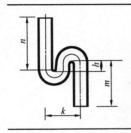

公称直径 DN（mm）	h （mm）	n （mm）	m （mm）	k （mm）	质量 （kg）
50	50	223	160	140	3.2
75	50	223	210	196	6.2
100	50	250	240	240	12.0
150	50	280	270	340	23.0

表 12-149			H 管尺寸和质量			

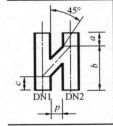

公称直径（mm）		a （mm）	b （mm）	c （mm）	p （mm）	质量 （kg）
DN1	DN2					
100	75	40	140	40	100	6.5
100	100	40	140	40	100	7.8
150	75	40	210	50	100	9.9
150	100	40	210	50	100	10.9

表 12-150			小 H 透气管尺寸和质量				

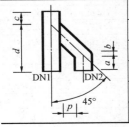

公称直径（mm）		a （mm）	b （mm）	c （mm）	d （mm）	p （mm）	质量 （kg）
DN1	DN2						
100	75	40	42	40	140	100	5.8
100	100	40	42	40	140	100	7.0
150	75	40	42	40	200	100	9.1
150	100	40	42	40	200	100	10.0

表 12-151　　　　　　　　**小 H 透气管尺寸和质量**

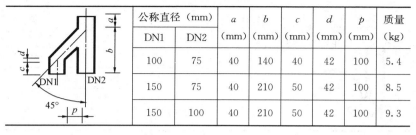

公称直径（mm）		a	b	c	d	p	质量
DN1	DN2	（mm）	（mm）	（mm）	（mm）	（mm）	（kg）
100	75	40	140	40	42	100	5.4
150	75	40	210	50	42	100	8.5
150	100	40	210	50	42	100	9.3

表 12-152　　　　　　　　**防虹吸存水弯尺寸和质量**

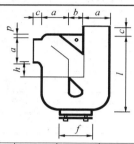

公称直径 DN（mm）	a（mm）	b（mm）	c（mm）	p mm	f（mm）	h mm	l（mm）	质量（kg）
50	58	58	30	20	98	50	231	4.1
75	83	60	35	20	108	50	261	6.3
100	110	62	40	20	130	50	345	8.7

表 12-153　　　　　　　　**检查口尺寸和质量**

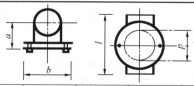

公称直径 DN（mm）	a（mm）	b（mm）	p（mm）	l（mm）	质量（kg）
50	59	105	53	175	2.1
75	69	125	73	205	2.9
100	84	159	100	250	4.4
150	104	159	100	300	6.8
200	135	159	100	350	11.8
250	170	330	200	400	32.5
300	195	380	200	450	46.0

表 12-154 直式清扫口尺寸和质量

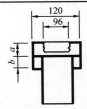

公称直径 DN（mm）	a（mm）	b（mm）	c（mm）	f（mm）	质量（kg）
50	35	40	16	20	0.8
75	40	40	18	20	1.3
100	45	40	20	20	2.0
150	50	40	20	20	3.2

表 12-155 横式清扫口尺寸和质量

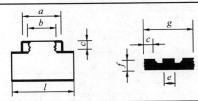

公称直径 DN（mm）	a（mm）	b（mm）	c（mm）	e（mm）	f（mm）	g mm	l（mm）	质量（kg）
50	63	46	20	16	18	46	162	1.3
75	89	71	20	18	18	71	196	2.2
100	120	96	20	20	18	96	225	3.3
150	120	96	20	20	18	96	320	7.3
200	120	96	20	20	18	96	360	15.3

表 12-156 大小接头尺寸和质量

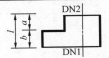

公称直径（mm）		l（mm）	a（mm）	b（mm）	质量（kg）
DN1	DN2				
75	50	75	35	40	0.6
100	50	80	35	45	0.9
100	75	85	40	45	1.0

公称直径（mm）		*l*（mm）	*a*（mm）	*b*（mm）	质量（kg）
DN1	DN2				
125	50	85	35	50	1.4
125	75	90	40	50	1.6
125	100	95	45	50	1.7
150	50	95	35	60	2.0
150	75	100	45	55	2.1
150	100	105	45	60	2.2
150	125	110	50	60	2.4
200	100	115	45	70	3.1
200	125	125	55	70	3.2
200	150	125	55	70	3.4
250	150	135	60	75	6.8
250	200	145	70	75	7.0
300	150	150	60	90	10.7
300	200	160	70	90	11.4
300	250	170	80	90	12.4

表 12-157   **堵头尺寸和质量**

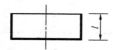

公称直径 DN（mm）	*l*（mm）	质量（kg）	公称直径 DN（mm）	*l*（mm）	质量（kg）
50	30	0.3	150	50	1.7
75	35	0.5	200	60	3.1
100	40	0.8	250	70	6.0
125	45	1.1	300	80	9.5

表 12-158　　　　　　　　　　透气帽尺寸和质量

公称直径 DN（mm）	a (mm)	b (mm)	c (mm)	l (mm)	质量 (kg)
75	36	70	97	90	0.9
100	36	90	124	90	2.4
150	36	140	176	90	2.8

（2）不锈钢卡箍及橡胶密封圈，见表 12-159～表 12-163。

表 12-159　　　　　　钢带型不锈钢卡箍规格尺寸

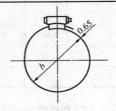

mm

公称直径 DN	a	b		公称直径 DN	a	b	
		最小	最大			最小	最大
50	54	50	76	150	76	159	182
75	54	76	101	200	101	209	233
100	54	101	127	250	101	265	298
125	76	131	157	300	101	320	352

表 12-160　　　　　　拉锁型不锈钢卡箍规格尺寸

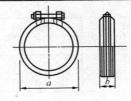

mm

公称直径 DN	a	b	公称直径 DN	a	b
50	70	39	125	152	54
75	95	39	150	177	54
100	122	39	200	238	63

表 12-161　　　　　　　　　　**加强型不锈钢卡箍规格尺寸**

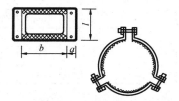

mm

公称直径 DN	a	b	l	公称直径 DN	a	b	l
50	23	74	84	150	23	174	108
75	23	99	84	200	23	224	141
100	23	124	84	250	27	294	141
125	23	149	108	300	27	346	141

表 12-162　　　　　　　　　　**钢带型橡胶密封圈规格尺寸**

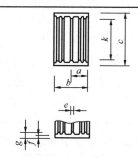

mm

公称直径 DN	a	b	c	k	e	f	g
50	27	54	57	50	2.5	2.4	4.5
75	27	54	82	74	2.5	2.4	4.5
100	27	54	109	101	3	2.4	4.5
125	37.5	75	134	125	4	2.4	4.5
150	37.5	75	159	150	4	2.4	4.5
200	50	100	208	198	5	2.4	4.5
250	50	100	272	248	5	2.4	4.5
300	50	100	324	298	5	3	5

表 12-163　　　　　　**拉锁型橡胶密封圈规格尺寸**

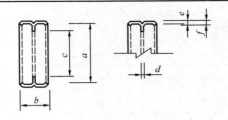

mm

公称直径 DN	a	b	c	d	e	f
50	68	38	50	2.5	2.8	4.5
75	93	38	74	2.5	2.8	4.5
100	120	38	104	3	3	4.8
125	150	53	125	4	3	4.8
150	175	53	150	4	3	4.8
200	236	62	198	5	4	5

9. 建筑排水用以柔性接口承插式铸铁管件（CJ/T 178）
管件的形状、尺寸和质量，见表 12-164～表 12-187。

表 12-164　　　　　　**套件的形状、尺寸、质量**

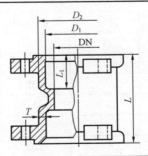

公称直径 N (mm)	尺寸（mm）					质量 (kg)
	T	L	L_1	D_1	D_2	
500	5.5	100	38	67	78	1.9
75	5.5	100	38	92	103	2.7
100	5.5	100	38	117	128	3.4

公称直径 N	尺寸（mm）					质量
（mm）	T	L	L_1	D_1	D_2	（kg）
125	6.0	150	40	145	159	6.1
150	6.0	150	42	170	184	7.7
200	7.0	150	50	224	244	10.7
250	9.0	200	68	281	305	21.5
300	10.0	200	68	336	364	30.0

表 12-165　　　　　　异形套筒的形状、尺寸、质量

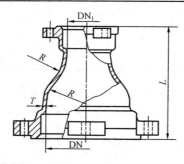

公称直径（mm）		尺寸（mm）			质量
DN	DN₁	T	L	R	（kg）
75	50	5.5	165	45	2.9
100	50	5.5	200	56	4.5
	75	5.5	200	56	4.6
125	50	6.0	190	68.5	4.8
	75	6.0	210	68.5	5.2
	100	6.0	230	68.5	5.5
150	50	6.0	205	81	5.8
	75	6.0	220	81	6.7
	100	6.0	250	81	8.3
	125	6.0	280	81	9.8

公称直径（mm）		尺寸（mm）			质量
DN	DN₁	T	L	R	(kg)
200	100	7.0	270	107	12.3
	125	7.0	285	107	13.5
	150	7.0	300	107	14.4
250	150	9.0	330	100	20.6
	200	9.0	360	120	27.5
300	200	10.0	415	145	33.5
	250	10.0	450	160	38.2

表 12-166   立管检查口形状、尺寸、质量

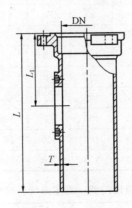

公称直径	尺寸（mm）			质量	公称直径	尺寸（mm）			质量
DN（mm）	T	L	L_1	(kg)	DN（mm）	T	L	L_1	(kg)
50	5.5	250	119	2.6	150	6.0	380	150	12.4
75	5.5	280	129	4.3	200	7.0	410	170	20.7
100	5.5	310	140	6.9	250	9.0	470	210	31.8
125	6.0	355	145	8.5	300	10.0	515	235	46.3

表 12-167 检查口门座形状、尺寸

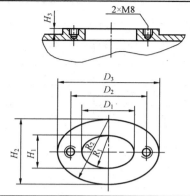

公称直径 DN	尺寸（mm）							
（mm）	D_1	D_2	D_3	H_1	H_2	H_3	R_1	R_2
50	50	70	90	30	60	8.0	30	60
75	65	86	110	45	65	10.0	45	65
100	75	102.5	130	60	85	11.0	60	85
125	80	112.5	145	50	95	12.0	50	95
150	80	112.5	145	50	95	12.0	50	95
200	90	125	160	70	108	14.0	70	108
250	100	140	180	100	145	16.0	90	123
300	120	160	200	120	170	18.0	110	140

表 12-168 　　　　　　检查口门盖、螺塞形状、尺寸

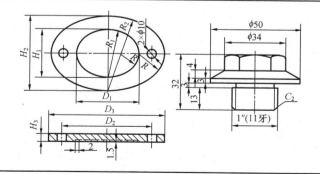

公称直径DN （mm）	尺寸（mm）							
	D_1	D_2	D_3	H_1	H_2	H_3	R_1	R_2
50	50	70	90	30	60	8.5	35	60
75	65	86	110	45	65	6.5	42.5	72
100	75	102.5	130	55	85	6.5	55	85
125	80	112.5	145	50	95	7.0	50	95
150	80	112.5	145	50	95	7.0	50	95
200	90	125	160	70	108	7.0	70	108
250	100	140	180	100	145	16.0	90	123
300	120	160	200	120	170	18.0	110	140

表 12-169　　　　　　**45°弯头形状、尺寸、质量**

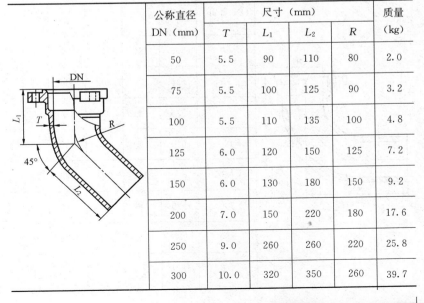

公称直径 DN（mm）	尺寸（mm）				质量 （kg）
	T	L_1	L_2	R	
50	5.5	90	110	80	2.0
75	5.5	100	125	90	3.2
100	5.5	110	135	100	4.8
125	6.0	120	150	125	7.2
150	6.0	130	180	150	9.2
200	7.0	150	220	180	17.6
250	9.0	260	260	220	25.8
300	10.0	320	350	260	39.7

表 12-170　　　　　**90°弯头形状、尺寸、质量**

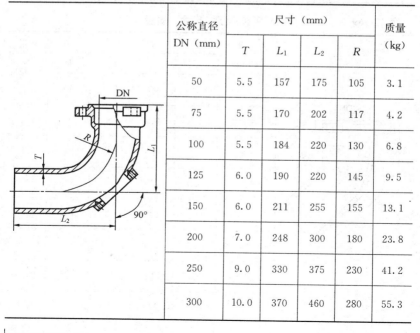

公称直径 DN（mm）	尺寸（mm）				质量（kg）
	T	L_1	L_2	R	
50	5.5	157	175	105	2.9
75	5.5	170	202	117	4.5
100	5.5	184	220	130	6.8
125	6.0	185	220	142	9.1
150	6.0	211	255	155	11.3
200	7.0	248	300	180	20.5
250	9.0	375	330	230	38.7
300	10.0	460	370	280	53.5

表 12-171　　　　　**90°门弯形状、尺寸、质量**

公称直径 DN（mm）	尺寸（mm）				质量（kg）
	T	L_1	L_2	R	
50	5.5	157	175	105	3.1
75	5.5	170	202	117	4.2
100	5.5	184	220	130	6.8
125	6.0	190	220	145	9.5
150	6.0	211	255	155	13.1
200	7.0	248	300	180	23.8
250	9.0	330	375	230	41.2
300	10.0	370	460	280	55.3

表 12-172　　　　　**P 型存水弯形状、尺寸、质量**

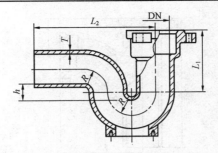

公称直径	尺寸（mm）					质量
DN（mm）	T	L_1	L_2	h	R	（kg）
50	5.0	100	230	50	50	4.4
75	6.0	115	295	51	63	7.3
100	6.0	157	357	51	75.5	10.0
125	6.0	184	422	52	88.5	16.0
150	6.0	210	480	50	100	21.5

表 12-173　　　　　**S 型存水弯形状、尺寸、质量**

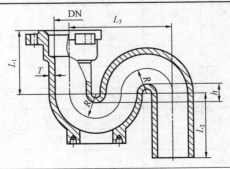

公称直径	尺寸（mm）						质量
DN（mm）	T	L_1	L_2	L_3	h	R	（kg）
50	5.5	100	100	200	50	50	4.5
75	5.5	115	150	252	51	63	7.7
100	5.5	157	175	302	51	75.5	12.3

表 12-174		TY 型三通形状、尺寸、质量				

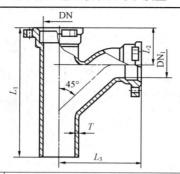

公称直径（mm）		尺寸（mm）				质量
DN	DN$_1$	T	L_1	L_2	L_3	（kg）
50	50	5.5	289	87	158	4.4
75	50	5.5	300	95	174	6.2
	75	5.5	340	94	198	7.4
100	50	5.5	305	92	185	7.4
	75	5.5	345	92	208	9.4
	100	5.5	385	105	232	11.0
125	75	6.0	360	99	222	11.5
	100	6.0	375	99	243	13.6
	125	6.0	400	120	270	16.2
150	50	6.0	325	96	206	13.9
	75	6.0	375	125	230	15.7
	100	6.0	423	130	256	17.2
	125	6.0	465	112	309	20.0
	150	6.0	490	134	298	21.9
200	50	6.0	336	110	227	12.5
	75	7.0	372	111	237	17.5
	100	7.0	432	130	280	23.6
	125	7.0	480	145	309	26.0
	150	7.0	515	155	323	31.5
	200	7.0	610	172	370	40.5

公称直径（mm）		尺寸（mm）				质量
DN	DN₁	T	L₁	L₂	L₃	（kg）
250	150	9.0	526	155	323	55.6
	200	9.0	565	205	350	68.3
	250	9.0	650	195	435	83.5
300	200	10.0	655	270	385	98.7
	250	10.0	675	250	455	110.2
	300	10.0	855	250	540	128.6

表 12-175　　　　Y 形三通形状、尺寸、质量

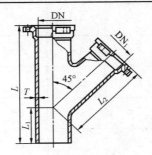

公称直径（mm）		尺寸（mm）				质量
DN	DN₁	T	L	L₁	L₂	（kg）
50	50	5.5	280	113	150	4.3
75	50	5.5	300	106	192	5.9
	75	5.5	330	120	210	6.1
100	50	5.5	305	100	209	7.3
	75	5.5	340	146	228	9.0
	100	5.5	385	145	240	11.0
125	75	6.0	365	108	247	11.2
	100	6.0	405	129	285	12.8
	125	6.0	450	148	300	14.0

公称直径（mm）		尺寸（mm）				质量
DN	DN$_1$	T	L	L$_1$	L$_2$	（kg）
150	50	6.0	380	80	265	14.2
	75	7.0	382	93	278	14.8
	100	6.0	420	112	291	17.0
	125	6.0	420	170	295	18.0
	150	6.0	520	154	366	22.8
200	75	7.0	470	90	410	22.7
	100	7.0	444	98	342	24.6
	125	7.0	485	118	355	27.0
	150	7.0	560	135	427	31.1
	210	7.0	660	190	470	38.3
250	100	9.0	505	115	400	50.2
	150	9.0	600	145	435	58.9
	200	9.0	680	195	475	69.8
	250	9.0	685	145	525	80.0
300	150	10.0	700	190	435	88.4
	200	10.0	710	180	475	97.6
	250	10.0	750	170	580	110.0
	300	10.0	845	165	685	121.7

表 12-176   **倒 Y 形三通形状、尺寸、质量**

公称直径(mm)		公称直径 (mm)				质量
DN	DN₁	T	L	L_1	L_2	(kg)
50	50	5.5	280	76	166	4.4
75	50	5.5	300	65	196	5.8
	75	5.5	350	84	210	7.4
100	75	5.5	340	70	230	8.3
	100	5.5	370	87	250	9.6
125	100	6.0	410	84	264	12.9
	125	6.0	450	100	278	15.0
150	50	6.0	360	50	240	15.2
	100	6.0	420	74	300	15.5
	125	6.0	460	90	320	18.2
	150	6.0	510	111	365	21.3
200	100	7.0	444	55	350	23.8
	125	7.0	485	77	365	27.5
	150	7.0	620	90	408	31.5
	200	7.0	680	131	470	40.5

表 12-177   **Y 形四通形状、尺寸、质量**

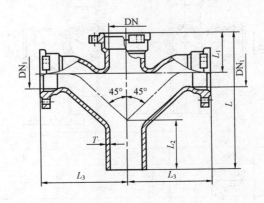

公称直径（mm）		公称直径（mm）					质量
DN	DN	T	L	L₁	L₂	L₃	（kg）
50	50	5.5	298	87	115	158	6.8
75	50	5.5	300	95	106	174	8.6
	75	5.5	340	94	130	198	10.5
100	50	5.5	305	90	100	185	10.2
	75	5.5	345	92	122	208	11.6
	100	5.5	385	94	145	232	16.3
125	100	6.0	388	105	129	243	20.7
	125	6.0	423	103	148	270	26.6
150	50	6.0	325	100	110	206	16.6
	100	6.0	423	130	121	256	21.2
	125	6.0	465	112	141	298	32.2
	150	6.0	500	134	157	309	34.4
200	100	7.0	432	130	108	280	30.6
	125	7.0	480	145	124	309	39.1
	150	7.0	610	155	145	323	51.0
	200	7.0	610	172	185	370	60.6

表 12-178   **90°四通形状、尺寸、质量**

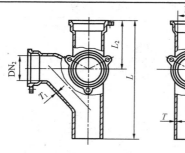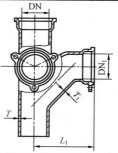

公称直径（mm）			尺寸（mm）					质量（kg）
DN	DN₁	DN₂	T	T₁	L	L₁	L₂	
100	100	100	5.5	5.5	385	232	105	14.3
125	50	75	6.0	5.5	360	222	99	13.9
125	75	50	6.0	5.5	360	222	99	13.9

表 12-179　　**Y 形四通形状、尺寸、质量**

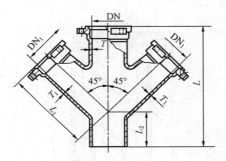

公称直径（mm）		尺寸（mm）					质量（kg）
DN	DN₁	T	T_1	L	L_1	L_2	
50	50	5.5	5.5	280	150	113	5.8
75	50	5.5	5.5	300	192	196	7.6
	75	5.5	5.5	330	210	120	9.5
100	50	5.5	5.5	305	209	100	9.7
	75	5.5	5.5	340	228	116	10.5
	100	5.5	5.5	385	240	145	12.5
125	75	6.0	5.5	365	255	100	13.8
	100	6.0	5.5	405	285	125	16.7
	125	6.0	6.0	450	300	150	18.7
150	75	6.0	5.5	382	278	95	19.8
	100	6.0	5.5	420	291	112	24.2
	125	6.0	6.0	450	320	135	25.9
	150	6.0	6.0	520	366	154	27.8
200	75	7.0	5.5	470	410	90	27.5
	100	7.0	5.5	540	420	90	30.8
	150	7.0	6.0	541	429	135	42.9
	200	7.0	7.0	660	470	190	55.0

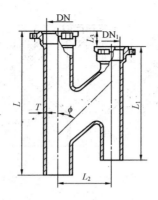

公称直径（mm）		尺寸（mm）						质量（kg）
DN	DN$_1$	T	L	L$_1$	L$_2$	L$_3$	ϕ（°）	
75	50	5.5	425	320	180	130	30	9.1
100	50	5.5	445	320	215	145	30	11.0
	75	5.5	470	365	215	150	30	15.7
	100	5.5	390	340	215	195	45	12.9
125	50	6.0	460	320	215	160	30	12.7
	75	6.0	480	365	215	160	30	17.0
	100	6.0	540	430	215	180	30	20.8
	125	6.0	460	400	215	245	45	21.0
150	50	6.0	520	320	215	206	30	18.6
	75	6.0	520	365	215	205	30	20.5
	100	6.0	570	430	215	215	30	24.4
	125	6.0	630	495	240	230	30	29.6
	150	6.0	500	435	240	265	45	26.0
200	100	7.0	605	430	240	250	30	36.0
	150	7.0	780	550	240	312	30	52.0
	200	7.0	610	550	240	340	45	44.0

表 12-181　　　　　　**H 管（b）形状、尺寸、质量**

公称直径(mm)		尺寸（mm）				质量
DN	DN1	T	T_1	L	L_1	(kg)
75	75	5.5	5.5	380	180	8.5
100	75	5.5	5.5	395	215	10.1
	100	5.5	5.5	470	215	13.5
125	75	6.0	5.5	480	215	18.2
	100	6.0	5.5	480	215	20.8
	125	6.0	6.0	520	215	22.4
150	75	6.0	5.5	490	215	24.4
	100	6.0	5.5	490	215	24.6
	125	6.0	5.5	520	240	29.6

表 12-182　　　　　**弯曲管（乙字管）形状、尺寸、质量**

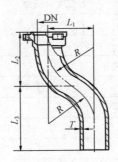

公称直径 DN	尺寸（mm）					质量（kg）
(mm)	T	T_1	L_2	L_3	R	
50	5.5	130	165	190	130	3.6
75	5.5	140	174	210	140	4.9
100	5.5	140	175	220	140	6.7
125	6.0	140	189	240	150	11.0
150	6.0	150	185	240	150	13.9
200	7.0	160	207	258	160	22.1

表 12-183　　　　　　　*y* 管（a）、（b）形状、尺寸、质量

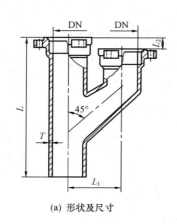

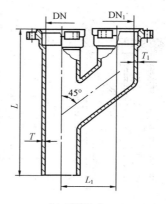

(a) 形状及尺寸　　　　　　　　　　(b) 形状尺寸

（1）*y* 管（a）形状、尺寸、质量

公称口径 DN (mm)	尺寸（mm）				质量 (kg)
	T	L	L_1	L_2	
150	6.0	570	240	40	28.1

（2）*y* 管（b）形状、尺寸、质量

公称口径 DN（mm）		尺寸（mm）				质量 (kg)
DN	DN1	T	T_1	L	L_1	
75	75	5.5	5.5	380	180	7.8
100	75	5.5	5.5	395	215	9.4
	100	5.5	5.5	470	215	14.9
125	75	6.0	5.5	480	215	18.5
	100	6.0	5.5	480	215	19.6
	125	6.0	6.0	520	215	21.0
150	75	6.0	5.5	490	215	25.0
	100	6.0	5.5	490	215	26.2
	125	6.0	6.0	520	240	27.8

表 12-184　　　　h 管形状、尺寸、质量

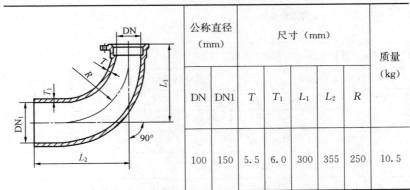

公称直径	尺寸（mm）			质量
DN（mm）	T	L	L_1	（kg）
100	5.5	470	215	14.0
125	6.0	520	215	19.2
150	6.0	520	240	26.1

表 12-185　　　　变形弯头形状、尺寸、质量

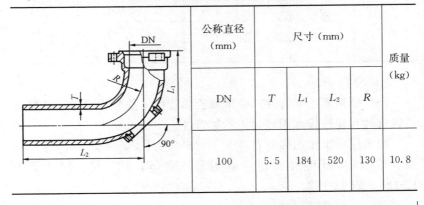

公称直径（mm）		尺寸（mm）						质量（kg）
DN	DN1	T	T_1	L_1	L_2	R		
100	150	5.5	6.0	300	355	250		10.5

表 12-186　　　　90°加长门弯形状、尺寸、质量

公称直径（mm）	尺寸（mm）				质量（kg）
DN	T	L_1	L_2	R	
100	5.5	184	520	130	10.8

表 12-187　　　TY 型加长三通 (a)、(b) 形状、尺寸、质量

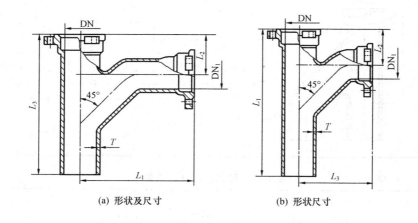

(a) 形状及尺寸　　　　　　　　(b) 形状尺寸

（1）TY 型加长三通 (a) 形状、尺寸、质量

| 公称口径 DN（mm） | | 尺寸（mm） | | | | 质量 |
DN	DN₁	T	L₁	L₂	L₃	（kg）
100	75	5.6	340	90	480	12.4
	100	5.5	385	105	500	14.6

（2）TY 型加长三通 (b) 形状、尺寸、质量

| 公称口径 DN（mm） | | 尺寸（mm） | | | | 质量 |
DN	DN₁	T	L₁	L₂	L₃	（kg）
100	50	5.5	600	90	185	11.27
	75	5.5	600	90	208	13.67
	100	5.5	670	105	232	14.74

10. 塑料管件

（1）硬聚氯乙烯管件。硬聚氯乙烯管件一般分为给水用硬聚氯乙烯管件和建筑排水用硬聚氯乙烯管件。

给水用硬聚氯乙烯管件主要有 45°弯头、90°弯头、45°等径三通（顺水）、90°等径三通、90°异径三通等，其规格、尺寸见表 12-188～表 12-192。

表 12-188　　　给水用硬聚氯乙烯 45°弯头的规格、尺寸　　　　　　　mm

图　　例	公称直径 DN	D	L	L_1
	20	27	23	18
	25	33	26	20
	32	39	32	25
	40	48	38	28
	50	58	45	34
	63	72	53	40
	75	85	62	45
	90	111	74	55
	110	122	88	65

表 12-189　　　给水用硬聚氯乙烯 90°弯头的规格、尺寸　　　　　　　mm

图　　例	公称直径 DN	L	L_1
	16	28	16.2
	20	29	18
	25	34	20
	32	43	25
	40	50	28
	50	61	34
	63	72	40
	75	85	45
	90	103	55
	110	123	65

表 12-190　给水用硬聚氯乙烯 45°等径三通（顺水）的规格、尺寸　　mm

图　例	公称直径 DN	Z_1	Z_2
	20	6	27
	25	7	34.5
	32	8	42
	40	10	51
	50	12	63
	63	14	79
	75	17	94
	90	20	112
	110	24	132
	140	30	175
	160	35	200
	200	44	248

表 12-191　　给水用硬聚氯乙烯 90°等径三通的规格、尺寸　　　mm

图　例	公称直径 DN	L	L_1
	16	53	16.2
	20	62	18
	25	68	20
	32	83	25
	40	110	28
	50	121	34
	63	149	40
	75	167	45
	90	203	55
	110	243	65

表 12-192　　给水用硬聚氯乙烯 90°异径三通的规格、尺寸　　　　　　mm

规　格	L	L_1	L_2
20×16	—	—	—
25×20	—	—	—
63×40	40	28	124
63×50	40	28	124
32×20	25	18	76
32×25	—	—	—
40×20	—	—	—
40×25	28	20	87
40×32	—	—	—
50×20	34	18	91
50×25	34	20	96
50×32	34	25	102
50×40	—	—	—
63×20	—	—	—
63×25	40	20	108
63×32	40	25	114
75×32	—	—	—
75×40	45	28	138
75×50	—	—	—
75×63	45	40	160
90×40	—	—	—
90×50	55	34	166
90×63	—	—	—
90×75	55	45	203
110×25	—	—	—
110×32	—	—	—
110×40	—	—	—
110×50	65	34	187

硬聚氯乙烯排水用管箍、弯头规格尺寸见表 12-193。硬聚氯乙烯排水清扫口规格尺寸见表 12-194。硬聚氯乙烯排水用丁字管规格尺寸见表 12-195。

表 12-193　　　　硬聚氯乙烯排水用管箍、弯头规格尺寸

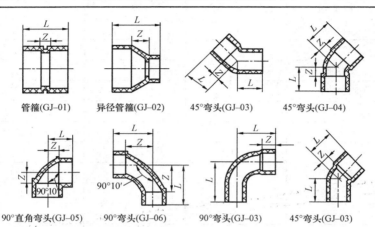

管箍(GJ-01)　　异径管箍(GJ-02)　　45°弯头(GJ-03)　　45°弯头(GJ-04)

90°直角弯头(GJ-05)　　90°弯头(GJ-06)　　90°弯头(GJ-03)　　45°弯头(GJ-03)

管件名称	产品编号	公称直径 DN（mm）	质量 （kg/个）	各部尺寸（mm）	
				L	Z
管箍	GJ-01	50	0.075	84	14
		75	0.156	95	15
		100	0.233	120	20
异径管箍	GJ-02	75×50	0.120	100	25
		100×50	0.255	105	30
		100×75	0.285	120	30
		125×100	0.366	140	35
45°弯头	GJ-03	50	—	43	18
		75	0.205	65	25
		100	0.354	75	25
45°弯头	GJ-04	50	0.088	40	15
		75	—	65	25
		100	—	85	30

管件名称	产品编号	公称直径 DN（mm）	质量 （kg/个）	各部尺寸（mm）	
				L	Z
90°直角弯头	GJ-05	50	—	58	33
90°弯头	GJ-06	50	—	91	66
		75	—	140	100
		100	—	160	110
90°弯头	GJ-3	50	0.16	105	70
45°弯头		50		55	20

表 12-194　　　　硬聚氯乙烯排水清扫口规格尺寸

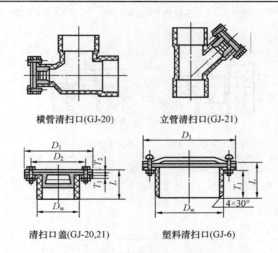

横管清扫口(GJ-20)　　　　立管清扫口(GJ-21)

清扫口盖(GJ-20,21)　　　　塑料清扫口(GJ-6)

产品编号	公称直径 DN（mm）	质量 （kg/个）	各部尺寸（mm）					
			L	T_1	T_2	D_w	D_1	D_2
GJ-20, GJ-21	75	—	55	5	5	83.8	115	130
	100	—	60	5	5	114.2	145	150
GJ-6	75	0.648	525	35	—	83.8	130	
	100	1.112	52	35	—	114.2	1690	—

表 12-195　　硬聚氯乙烯排水用丁字管规格尺寸

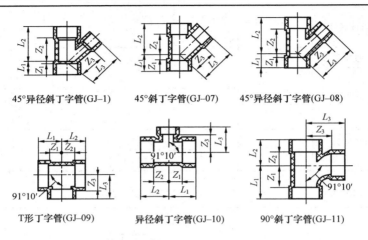

45°异径斜丁字管(GJ-1)　　45°斜丁字管(GJ-07)　　45°异径斜丁字管(GJ-08)

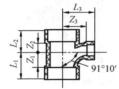

T形丁字管(GJ-09)　　异径斜丁字管(GJ-10)　　90°斜丁字管(GJ-11)

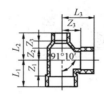

90°异径丁字管(GJ-12)　　平口丁字管(GJ-13)

管件名称	产品编号	公称直径 DN（mm）	质量（kg/个）	各部尺寸（mm）					
				L_1	L_2	L_3	Z_1	Z_2	Z_3
GJ-1	45°异径斜丁字管	75×50	—	50	135	130	10	95	95
GJ-07	45°斜丁字管	50	0.231	55	115	120	20	80	85
		75	0.444	65	145	150	25	105	110
		100	0.810	80	190	190	30	140	140
GJ-08	45°异径斜丁字管	75×50	0.338	43	126	123	3	86	98
		100×50	0.625	60	150	150	10	100	115
		100×75	0.795	69	168	172	19	118	132
GJ-09	T形丁字管	50	0.160	60	60	60	35	35	35
		75	0.360	88	88	68	40	40	40

管件名称	产品编号	公称直径DN（mm）	质量（kg/个）	各部尺寸（mm）					
				L_1	L_2	L_3	Z_1	Z_2	Z_3
GJ-10	异径斜丁字管	75×50	0.356	100	100	100	60	60	65
GJ-11	90°斜丁字管	50	—	—	—	—	—	—	—
		75	—	—	—	—	—	—	—
		100	0.814	140	100	100	90	50	90
GJ-12	90°异径丁字管	100×50	—	116	82	115	66	32	110
		100×75	—	150	83	150	100	33	30
GJ-13	平口丁字管	100×50	0.600	120	120	—	70	55	26
		100×75		130	130	—	55	64	95

（2）聚丙烯管管件。聚丙烯管管件为一次注塑成型，规格齐全，美观价廉，安全可靠。管件的耐压等级比管道高一个等级。同时，用于与金属管道及水嘴、金属阀门连接的塑料管件，在连接端均带有耐腐蚀的金属内外螺纹嵌件。常用聚丙烯管件的用途见表12-196。

表 12-196 　　　　　　　　**常用聚丙烯管件的用途**

管件名称	用途
直通	连接两段同径管子
法兰	管段与金属设备接口的连接件
绕曲管	用于管道热补偿
45°、90°弯头	用于管道转弯，两端均与管道热熔连接
90°承口内螺纹弯头	带金属内螺纹嵌件的管端与金属管或水嘴连接，另一端热熔连接
90°承口外螺纹弯头	金属配件的一端与阀门、水嘴连接，弯头带有固定支座，可牢固地固定于墙上
承口外螺纹三通接头	带外螺纹嵌件的一端可与用水器或金属螺纹阀（内螺纹）相连接，管件其余两端与聚丙烯管热熔连接

管 件 名 称	用　　途
承口内螺纹 三通接头	用于与金属管端螺纹连接，其余两端与聚丙烯管热熔连接
承口内螺纹接头	用于一端与金属配件连接，一端与聚丙烯管热熔连接
承口外螺纹接头	用于一端与金属螺纹阀连接，另一端热熔连接

（3）聚乙烯（PE）管件。聚乙烯管件包括电热聚乙烯管件、注塑聚乙烯管件和对接聚乙烯管件。

1）注塑聚乙烯。注塑聚乙烯变径管规格、尺寸见表 12-197。

注塑聚乙烯三通规格、尺寸见表 12-198。

注塑聚乙烯 90°弯头规格、尺寸见表 12-199。

表 12-197　　　　注塑聚乙烯变径管规格、尺寸　　　　mm

图　　例	公称直径 DN	L	L_1
	0×32	120	55
	50×40	120	55
	63×32	135	55
	63×40	130	60
	63×50	140	60
	90×40	180	78
	90×50	175	78
	90×63	165	78
	110×63	180	80
	110×90	180	85
	160×90	242	103
	160×110	225	95
	200×110	150	30
	200×160	168	30
	250×200	140	32

表 12-198

表 12-198　　　　　　　　注塑聚乙烯三通规格、尺寸

图　例	公称直径 DN	L_1	L_2	D	H
	32	140	45	32	70
	40	156	50	40	78
	50	185	60	50	95
	63	210	62	63	105
	90	280	78	90	140
	110	310	80	110	155

表 12-199　　　　　　　　注塑聚乙烯 90°弯头规格、尺寸

图　例	公称直径 DN	L	L_1
	32	70	45
	40	78	50
	50	100	62
	63	105	65
	90	140	78
	110	155	80

2) 对接聚乙烯。对接聚乙烯三通规格、尺寸见表 12-200。对接聚乙烯 45°弯头规格、尺寸见表 12-201。对接聚乙烯 90°弯头规格、尺寸见表 12-202。

表 12-200　　　　　　　　对接聚乙烯三通规格、尺寸　　　　　　　　mm

图　例	公称直径 DN		L	Z
	普通型	110	310	155
		160	440	220
		200	560	280
		250	610	305
	加长型	110	550	275
		160	660	330
		200	700	370
		250	750	415

表 12-201　　　　　　　对接聚乙烯 **45°弯头规格、尺寸**　　　　　　　mm

两节		公称直径 DN		90	110	160	200	250
		Z	普通型	150	150	205	265	285
			加长型	—	265	315	335	355
三节		公称直径 DN		110		160	200	250
		普通型	L	110		150	195	250
			Z	125		170	220	230
		公称直径 DN		110		160	200	250
		加长型	L	115		155	200	250
			Z	240		280	290	300

表 12-202　　　　　　　对接聚乙烯 **90°弯头规格、尺寸**　　　　　　　mm

三节		公称直径 DN		110	160	200	250
		普通型	L	160	220	285	340
			Z	205	285	365	410
		公称直径 DN		110	160	200	250
		加长型	L	165	220	285	340
			Z	330	390	435	470
四节		公称直径 DN		110	160	200	250
		普通型	L	130	175	225	285
			Z	255	342	440	512
		公称直径 DN		110	160	200	250
		加长型	L	128	175	225	285
			Z	350	425	480	540

11. 建筑用铜管管件

（1）常见种类和用途，见表 12-203。

表 12-203　　　　　　　**特殊管接头的类型和用途**

种类	用途
套管接头	适用于公称通径相同的轴管连接

种类	用途
异径接头	适用于公称通径不同的轴管连接
90°弯头	适用于公称通径相同的铜管连接；B 型一端为铜管，另一端为承口式管件
45°弯头	同上
180°弯头	A 型、B 型的连接对象与 90°弯头相同，C 型适用于连接两个承口式管件
三通接头	适用于三根公称通径相同的铜管连接，从主管路一侧接出一条支管路
异径三通接头	与三通接头相似
管帽	适用于封闭管路

（2）套管接头、弯头、三通和管子盖。套管接头、弯头、三通和管子盖的规格尺寸见表 12-204。

表 12-204　套管接头、弯头、三通和管子盖的规格尺寸　　　　mm

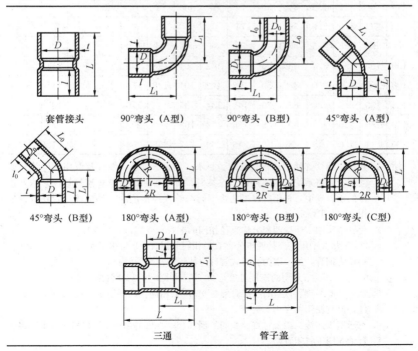

套管接头　　　90°弯头（A型）　　　90°弯头（B型）　　　45°弯头（A型）

45°弯头（B型）　　180°弯头（A型）　　180°弯头（B型）　　180°弯头（C型）

三通　　　　　　　　管子盖

公称直径 DN	配用铜管外径 DW	公称压力		承口长度	插口长度	套管接头	45°弯头		90°弯头		180°弯头			通接头	管子盖
		PN 1.0	PN 1.6												
		壁厚													
		t	t	l	l_0	L	L_1	L_0	L_1	L_0	L	R	L_1	L
6	8	0.75	0.75	8	10	20	12	14	16	18	25.5	13.5	15	10
8	10	0.75	0.75	9	11	22	15	17	17	19	28.5	14.5	17	12
10	12	0.75	0.75	10	12	24	17	19	18	20	34	18	19	13
15	16	0.75	0.75	12	14	28	22	24	22	24	39	19	24	16
20	22	0.75	0.75	17	19	38	31	33	31	33	62	34	32	22
25	28	1.0	1.0	20	22	44	37	39	38	40	79	45	37	24
32	35	1.0	1.0	24	26	52	46	48	46	48	93.5	52	43	28
40	45	1.0	1.5	30	32	64	57	59	58	60	120	68	55	34
50	55	1.0	1.5	34	36	74	67	69	72	74	143.5	82	63	38
65	70	1.5	2.0	34	36	74	75	77	84	86			71	—
80	85	1.5	2.5	38	40	82	84	86	98	100			88	—
100	105	2.0	3.0	48	50	102	102	104	128	130			111	—
100	(108)	2.0	3.0	48	50	102	102	104	128	130			111	—
125	133	2.5	4.0	68	70	142	134	136	168	170			139	—
150	159	3.0	4.5	80	83	166	159	162	200	203			171	—
200	211	4.0	6.0	105	108	216	209	212	255	258			218	—

注 1. 建筑用铜管管件用作输送冷水、热水、制冷、供热、燃气及医用气体等介质的铜管管路系统中的连接件。连接时，将铜管（或插口式铜管管件）插入管件的承口端中，再用钎焊工艺将铜管与管件焊接成为一件整体。管件材料采用 T2 或 T3 铜。

2. 套管接头用于连接两根公称直径相同的铜管（或插口式管件）。

3. 90°弯头 A 型用于连接两根公称直径相同的铜管，B 型用于连接公称直径相同，一端为铜管，另一端为承口式管件，使管路作 90°转弯。

4. 45°弯头 A 型、B 型的连接对象与 90°弯头相同，但它使管路作 45°转弯。

5. 180°弯头 A 型、B 型的连接对象与 90°弯头相同，C 型用于连接两个承口式管件，但它使管路作 180°转弯。

6. 三通用于连接三根公称直径相同的铜管，以便从主管路一侧接另一条支管路。

7. 管子盖用于封闭管路。

（3）异径接头和异径三通。异径接头和异径三通的规格尺寸见表 12-205。

表 12-205 　　　　异径接头和异径三通的规格尺寸

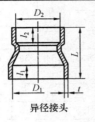

异径接头

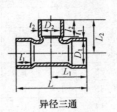

异径三通

mm

公称直径 DN1/ DN2	配用铜管外径 DW1/ DW2	公称压力				承口长度		异径接头	异径三通接头	
		PN1.0		PN1.6						
		壁厚				l_1	l_2	L	L_1	L_2
		t_1	t_2	t_1	t_2					
8/6	10/8	0.75	0.75	0.75	0.75	9	8	25	17	13
10/6	12/8	0.75	0.75	0.75	0.75	10	8	—	19	15
10/8	12/10	0.75	0.75	0.75	0.75	10	9	25	—	—
15/8	16/10	0.75	0.75	0.75	0.75	12	9	30	24	19
15/10	16/12	0.75	0.75	0.75	0.75	12	10	36	24	20
20/10	22/12	0.75	0.75	0.75	0.75	17	10	40	—	—
20/15	22/16	0.75	0.75	0.75	0.75	17	12	46	32	25
25/15	28/16	1.0	0.75	1.0	0.75	20	12	48	37	28
25/20	28/22	1.0	0.75	1.0	0.75	20	17	48	37	34
32/15	35/16	1.0	0.75	1.0	0.75	24	12	52	39	32
32/20	35/22	1.0	0.75	1.0	0.75	24	17	56	39	38
32/25	35/28	1.0	1.0	1.0	1.0	24	20	56	39	39
40/15	44/16	1.0	0.75	1.5	0.75	30	12	—	55	37
40/20	44/22	1.0	0.75	1.5	0.75	30	17	64	55	40
40/25	44/28	1.0	1.0	1.5	1.0	30	20	66	55	42
40/32	44/35	1.0	1.0	1.5	1.0	30	24	66	55	44
50/20	55/22	1.0	0.75	1.5	0.75	34	17	—	63	48
50/25	55/28	1.0	1.0	1.5	1.0	34	20	70	63	50

公称直径 DN1/ DN2	配用铜管外径 DW1/ DW2	公称压力				承口长度		异径接头	异径三通接头	
		PN1.0		PN1.6						
		壁厚				l_1	l_2	L	L_1	L_2
		t_1	t_2	t_1	t_2					
50/32	55/35	1.0	1.0	1.5	1.0	34	24	70	63	54
50/40	55/44	1.0	1.0	1.5	1.5	34	30	75	63	60
65/25	70/28	1.5	1.0	2.0	1.0	34	20	—	71	58
65/32	70/35	1.5	1.0	2.0	1.0	34	24	75	71	62
65/40	70/44	1.5	1.0	2.0	1.5	34	30	82	71	68
65/50	70/55	1.5	1.0	2.0	1.5	34	34	82	71	71
80/32	85/35	1.5	1.0	2.5	1.0	38	24	—	88	69
80/40	85/44	1.5	1.0	2.5	1.5	38	30	92	88	75
80/50	85/55	1.5	1.0	2.5	1.5	38	34	98	88	79
80/65	85/70	1.5	1.5	2.5	2.0	38	34	92	88	79
100/50	105/55	2.0	1.0	3.0	1.5	48	34	112	111	89
100/50	(108/55)	2.0	1.0	3.0	1.5	48	34	112	111	89
100/65	105/70	2.0	1.5	3.0	2.0	48	34	112	111	89
100/65	(108/70)	2.0	1.5	3.0	2.0	48	34	112	111	89
100/80	105/85	2.0	1.5	3.0	2.5	48	38	116	111	93
100/80	(108/85)	2.0	1.5	3.0	2.5	48	38	116	111	93
125/80	133/85	2.5	1.5	4.0	2.5	68	38	150	139	107
125/100	133/105	2.5	2.0	4.0	3.0	68	48	160	139	117
125/100	(133/108)	2.5	2.0	4.0	3.0	68	48	160	139	117
150/100	159/105	3.0	2.0	4.5	3.0	80	48	178	171	131
150/100	(159/108)	3.0	2.0	4.5	3.0	80	48	178	171	131
150/125	1.59/133	3.0	2.5	4.5	4.0	80	68	194	171	151
200/100	219/105	4.0	2.0	6.0	3.0	105	48	—	218	163
200/100	(219/108)	4.0	2.0	6.0	3.0	105	48	—	218	163
200/125	219/133	4.0	2.5	6.0	4.0	105	68	238	218	183
200/150	219/159	4.0	3.0	6.0	4.5	105	80	245	218	195

注 1. 管件材料采用 T2 或 T3 铜。

2. 异径接头用于连接两根公称直径不同的铜管，并使管路的直径缩小。

3. 异径三通用途与三通相似，但从支管路接出的铜管的公称通径小于从主管路接出的铜管的公称直径。

12. 不锈钢和铜螺纹管路连接件（QB/T 1109）

（1）弯头、接头、管堵、管子盖、三通和四通。弯头、接头、管堵、管子盖、三通和四通的规格尺寸见表12-206。

表 12-206　　弯头、接头、管堵、管子盖、三通和四通的规格尺寸

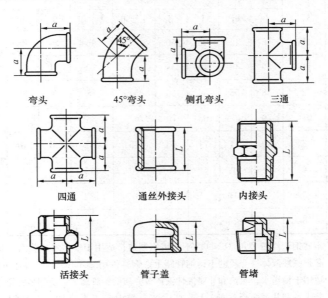

公称直径 DN (mm)	管螺纹尺寸 (in)	a (mm)				L (mm)					
		弯头、三通四通45°弯头、侧孔弯头		通丝外接头		内接头	活接头	管子盖		管堵
		I	II	I	II	I、II	I、II	I	II	I、II
6	1/8	19	—	17	—	21	38	13	14	13
8	1/4	21	20	25	26	28	42	17	15	16
10	3/8	25	23	26	29	29	45	18	17	18
15	1/2	28	26	34	34	36	48	22	19	22
20	3/4	33	31	36	38	41	52	25	22	26
25	1	38	35	42	44	46.5	58	28	25	29

公称直径 DN (mm)	管螺纹尺寸 (in)	a (mm)		L (mm)							
		弯头、三通四通 45°弯头、侧孔弯头		通丝外接头		内接头	活接头	管子盖		管堵
		I	II	I	II	I、II	I、II	I	II	I、II
32	1¼	45	42	48	50	54	65	30	28	33
40	1½	50	48	48	54	54	70	31	31	34
50	2	58	55	56	60	65.5	78	36	35	40
65	2½	70	65	65	70	76.5	85	41	38	46
80	3	80	74	71	75	85	95	45	40	50
100	4	—	90		85	90	116	—	—	57
125	5	—	110		95	107	132	—	—	62
150	6	—	125		105	119	146	—	—	71

注 1. 不锈钢管件用 ZGCr18Ni9Ti 不锈铸钢制造，适用于输送水、蒸汽、非强酸和非强碱性液体等介质的不锈钢管路上；铜管件用 ZCuZn40Pb2 铸造黄铜制造，适用于输送水、蒸汽和非腐蚀性液体等介质的铜管路上。适用公称压力（PN）分 I 系和 II 系两个系列。I 系列 PN≤3.4MPa，II 系列 PN≤1.6MPa。

2. 侧孔弯头用于连接三根公称直径相同并互相垂直的管子；其余管件的用途参见"可锻铸铁管路连接件"相应管件的用途。

（2）异径外接头和内外接头。异径外接头和内外接头的规格尺寸见表 12-207。

表 12-207 异径外接头和内外接头的规格尺寸

异径外接头　　　　　　内外接头

公称直径 DN1×DN2	管螺纹尺寸 $d_1×d_2$ (in)	全长 L（mm）			
		异径外接头		内外接头	
		Ⅰ	Ⅱ	Ⅰ	Ⅱ
8×6	1/4×1/8	27	—	17	—
10×8	3/8×1/4	30	29	17.5	—
15×10	1/2×3/8	36	36	21	—
20×10	3/4×3/8	39	39	24.5	—
20×15	3/4×1/2	39	39	24.5	—
25×15	1×1/2	45	43	27.5	—
25×20	1×3/4	45	43	27.5	—
32×20	1¼×3/4	50	49	32.5	—
32×25	1¼×1	50	49	32.5	—
40×25	1½×1	55	53	32.5	—
40×32	1½×1¼	55	53	32.5	—
50×32	2×1¼	65	59	40	39
50×40	2×1½	65	59	40	39
65×40	2½×1½	74	65	46.5	44
65×50	2¼×2	74	65	46.5	44
80×50	3×2	80	72	51.5	48
80×65	3×2½	80	72	51.5	48
100×65	4×2½	—	85	—	56
100×80	4×3	—	85	—	56

注 1. 不锈钢管件用 ZGCr18Ni9Ti 制造；铜管件用 ZCuZn40Pb2 制造。

2. 适用公称压力（PN）分Ⅰ系和Ⅱ系两个系列。Ⅰ系列 PN≤3.4MPa，Ⅱ系列 PN≤1.6MPa。

3. 异径外接头用来连接两根公称直径不同的管子，使管路直径缩小。

4. 内外接头外螺纹一端配合外接头与大通径管子或内螺纹管件连接；内螺纹一端直接与小通径管子连接，使管路直径缩小。

13. 金属软管

金属软管的品种及用途见表 12-208。

表 12-208　　　　　　　　金属软管的品种及用途

品　种	直径（mm）	压力（MPa）	用途
高层建筑用金属软管	$\phi 32 \sim \phi 400$	0.6、1.0、2.5	高层建筑
高层建筑用泵连软管	$\phi 50 \sim \phi 400$	0.6、1.0、2.5	高层建筑
不锈钢波纹水管	$\phi 15 \sim \phi 25$	1.2～1.8	排水、排污管道
空调用金属软管	$\phi 15 \sim \phi 25$	1.2、5.0	中央空调
不锈钢消防软管	$\phi 20$	1.4	建筑消防系统
燃气用波纹连接管	$\phi 8 \sim \phi 20$	0.6～2.5	燃气灶具

注　金属软管工作温度为－196～420℃。

第十三章 电工器材

一、基础知识

1. 绝缘电线型号及颜色

（1）绝缘电线型号中字母代号及含义。绝缘电线型号中字母代号及含义见表 13-1。

表 13-1　　　　　　　　　绝缘电线型号中字母代号及含义

分类或用途		绝　缘		护　套		派　生	
符号	含义	符号	含义	符号	含义	符号	含义
A	安装线缆	V	聚氯乙烯	V	聚氯乙烯	P	屏蔽
B	布电线	F	氟塑料	H	橡胶套	R	软
F	飞机用低压线	Y	聚乙烯	B	编织套	S	双绞
Y	一般工业移动电器用线	X	橡胶	L	蜡克	B	平行
T	天线	ST	天然丝	N	尼龙套	D	带形
HR	电话软线	SE	双丝包	SK	尼龙丝	T	特种
HP	配线	VZ	阻燃聚氯乙烯	VZ	阻燃聚氯乙烯	P₁	缠绕屏蔽
I	电影用电缆	R	辐照聚乙烯	ZR	具有阻燃性	W	耐气候、耐油
SB	无线电装置用电缆	B	聚丙烯				

（2）绝缘电线颜色识别标志。识别标志主要有颜色、文字、字母或符号。电线用标志识别颜色色谱共 12 种，具体为白色、红色、黑色、黄色、蓝色、绿色、橙色、灰色、棕色、青绿色、紫色、粉红色。

接地线芯或类似保护目的用线芯，都必须采用绿黄组合颜色作为识别标志，其他线芯则不允许使用。多芯电缆中的绿黄组合颜色线芯应置放在缆芯的最外层。

塑料和橡胶绝缘电力电缆采用颜色识别：2 芯者颜色应为红、浅蓝（或蓝）色，3 芯者颜色应为红、黄、绿色，4 芯者颜色为红、黄、绿用于主线芯，浅蓝色用于中性线芯。

2. 电气常用图形符号

电气工程平面图常用图形符号见表 13-2。

表 13-2　　　　　　　电气工程平面图常用图形符号

符　号	说　明	符　号	说　明
	单相插座		带保护接点插座及带接地插孔的单相插座
	暗装		暗装
	密闭（防水）		密闭（防水）
	防爆		防爆
	带接地插孔的三相插座		单极开关
	带接地插孔的三相插座暗装		暗装
	密闭（防水）		密闭（防水）
	防爆		防爆
	双极开关		三极开关
	暗装		暗装
	密闭（防水）		密闭（防水）

符　号	说　明	符　号	说　明
	防爆		防爆
	带熔断器的插座		电信插座的一般符号 注：可用文字或符号加以区别 　如：TP—电话、 TX—电传 TV—电视、 M—传声器、 ＊—扬声器（符号表示）、FM—调频
	开关一般符号		
	单极拉线开关	(a)	一般或保护型按钮盒 （a）示出一个按钮 （b）示出两个按钮
	单极双控拉线开关	(b)	
	单极限时开关		钥匙开关
	多拉开关（如用于不同照度）		定时开关
	中间开关 等效电路图	5	荧光灯一般符号 发光体一般符号 示例：三管荧光灯 示例：五管荧光灯
	调光器		气体放电灯的辅助设备 仅用于辅助设备与光源不在一起时
	灯的一般符号		自带电源的事故照明灯

符　号	说　明	符　号	说　明
⊗	投光灯一般符号	✕	在专用电路上的事故照明灯
⊗→	聚光灯	⌒	分线盒的一般符号 注：可加注 $\frac{A-B}{C}D$ 　A——编号； 　B——容量； 　C——线序； 　D——用户数
⊗↗	泛光灯		
⟶✕	示出配线的照明引出线位置	⌒	室内分线盒
⟶◁	在墙上的照明引出线（示出来自左边的配线）	⌒	室外分线盒
▯	鼓形控制器	⬆	分线箱
▮	自动开关箱	▯	壁盒分线箱
●	避雷针	⊟	刀开关箱
▱	电源自动切换箱（屏）	▮	带熔断器的刀开关箱
▭	电阻箱	t	限时装置 定时器
◍	深照明灯	⊞	组合开关箱

符 号	说 明	符 号	说 明
 ⬡	广照型灯（配照型灯）	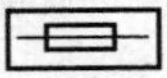 ▭	熔断器箱
 ⊗	防水防尘灯	⊖	安全灯
●	球形灯	⊖	壁灯
 ⊙	局部照明灯	◖	天棚灯
 ⊖	矿山灯	 ⊗	花灯
 ◎	隔爆灯	 ⌒○	弯灯

3. 低压电器常见使用类别

低压电器常见使用类别见表 13-3。

表 13-3 低压电器常见使用类别

使用类别	典型用途	有关产品标准
AC-1	无感或微感负载、电阻炉	GB 14048.4
AC-2	绕线转子电动机的起动、分断	
AC-3	笼型感应电动机的起动、运转中分断	
AC-4	笼型感应电动机的起动、反接制动与反向运转、点动	
AC-5a	放电灯的通断	
AC-5b	白炽灯的通断	
AC-6a	变压器的通断	

使用类别	典型用途	有关产品标准
AC-6b	电容器组的通断	
AC-7a	家用电器和类似用途的低感负载	
AC-7b	家用电动机负载	
AC-8a	具有手动复位过载脱扣器的密封制冷压缩机中的电动机控制	GB 14048.4
AC-8b	具有自动复位过载脱扣器的密封制冷压缩机中的电动机控制	
AC-12	控制电阻性负载和光电耦合隔离的固态负载	
AC-13	控制具有变压器隔离的固态负载	
AC-14	控制小型电磁铁负载（≤72V·A）	GB 14048.5
AC-15	控制电磁铁负载（＞72V·A）	
AC-20A/B	在空载条件下闭合和断开	
AC-21A/B	通断电阻性负载，包括适当的过负载	
AC-22A/B	通断电阻和电感混合负载，包括适当的过负载	GB 14048.3
AC-23A/B	通断电动机负载或其他高电感负载	
AC-31A/B	无感或微感负载	
AC-33A/B	电动机负载或包含电动机、电阻负载和30%以下白炽灯负载的混合负载	GB/T 14048.11
AC-35A/B	放电灯负载	
AC-36A/B	白炽灯负载	
AC-140	控制小电磁负载，承载电流小于0.2A，例如：接触器式继电器	GB/T 14048.10
交流和直流	A 短路情况下，选择性保护无人为短延时，无额定短时耐受电流	
	B 短路情况下，选择性保护有人为短延时（可调节）。断路器具有额定短时耐受电流	GB 14048.2

続表

使用类别		典型用途	有关产品标准
直流	DC-1	无感或微感负载、电阻炉	GB 14048.4
	DC-3	并激电动机的起动、反接制动或反向运转、点动、电动机在动态中分断	
	DC-5	串激电动机的起动、反接制动或反向运转、点动、电动机在动态中分断	
	DC-6	白炽灯的通断	
	DC-12	控制电阻性负载和光电耦合隔离的固态负载	GB 14048.5
	DC-13	控制电磁铁负载	
	DC-14	控制电路中具有经济电阻的电磁铁负载	
	DC-20A/B	在空载条件下闭合和断开	
	DC-21A/B	通断电阻性负载，包括适当的过负载	GB 14048.3
	DC-22A/B	通断电阻和电感混合负载，包括适当的过负载（如并激电动机）	
	DC-23A/B	通断高电感负载（如串激电动机）	
	DC-31A/B	电阻负载	GB/T 14048.11
	DC-33A/B	电动机负载或包含电动机的混合负载	
	DC-35A/B	白炽灯负载	

注　1. 反接制动与反向运转意指当电动机正在运转时通过反接电动机原来的连接方式，使电动机迅速停止或反转。

　　2. 点动意指在短时间内激励电动机一次或重复多次，以此使被驱动机械获得小的移动。

　　3. AC-3 使用类别可用于不频繁的点动或在有限的时间内反接制动，例如机械的移动。在有限的时间内操作次数不超过 1min 内 5 次或 10min 内 10 次。

4. 低压电器产品型号派生代号

低压电器产品型号派生代号见表 13-4。

表 13-4	低压电器产品型号派生代号
派生代号	代表意义
A、B、C、D、E等	结构设计稍有改进或变化
C	插入式、抽屉式
D	达标验证攻关
E	电子式
J	交流、防溅式、较高通断能力型、节电型
Z	直流、防震、正向、重任务、自动复位、组合式、中性接线柱式
W	失压、无极性、外销用、无灭弧装置
N	可逆、逆向
S	三相、双线圈、防水式、手动复位、三个电源、有锁柱机构、塑料熔管式、保持式
P	单相、电压的、防滴式、电磁复位、两个电源、电动机操作
K	开启式
H	保护式、带缓冲装置
M	灭磁、母线式、密封式
Q	防尘式、手车式、柜式
L	电流的、折板式、漏电保护、单独安装式
F	高返回、带分励脱扣、多纵缝灭弧结构式、防护盖式
X	限流
G	高电感、高通断能力型
TH	湿热带产品代号
TA	干热带产品代号

5. 低压电器常用量的代号、符号及名称

低压电器常用量的代号、符号及名称见表 13-5。

表 13-5 　　　　　　　低压电器常用量的代号、符号及名称

代号和符号	量名称	代号和符号	量名称
U_n	额定电压	I_{th_1}	短时工作的额定电流
U_e	额定工作电压	I_{th_2}	持续电流（8h 工作制下）
U_i	额定绝缘电压（有效值）	I_{cs}	额定运行短路分断能力
U_c	额定控制电路电压	I_{cu}	额定极限短路分断能力
U_s	额定控制电源电压	I_{cw}	额定短时耐受电流
U_{er}	额定转子工作电压	I_{cn}	额定短时分断电流
U_{es}	额定定子工作电压	I_{cm}	额定短路接通能力
U_{ir}	额定转子绝缘电压	I_{er}	额定转子工作电流
U_{is}	额定定子绝缘电压	I_{es}	额定定子工作电流
U_{imp}	额定冲击耐受电压	I_{ter}	转子发热电流
I	额定接通电流	I_{tes}	定子发热电流
I_n	额定电流	$T_{0.95}$	达到稳定值的 95％时的时间常数（m8）
I_c	额定工作电流	CTI	相比漏电起痕指数
I_{th}	约定自由空气发热电流	AC 或 a. c	交流
I_{the}	约定封闭发热电流	DC 或 d. c	直流

6. 低压电器外壳防护等级

低压电器外壳防护等级见表 13-6。

表 13-6 　　　　　　　　低压电器外壳防护等级

第一位表征数字及其数后补充字母	第二位表征数字								
	0	1	2	3	4	5	6	7	8
	防护等级 IP								
0	W00	—	—	—	—	—	—	—	—
0A	IP0A0	IP0A1	—	—	—	—	—	—	—
1	IP10	IP11	IP12	—	—	—	—	—	—

第一位表征数字及其数后补充字母	第二位表征数字								
	0	1	2	3	4	5	6	7	8
	防护等级 IP								
1B	IP1B0	IP1B1	IP1B2	—	—	—	—	—	—
2	IP20	IP21	IP22	IP23	—	—	—	—	—
2C	IP2C0	IP2C1	IP2C2	IP2C3	—	—	—	—	—
3	IP30	IP31	IP32	IP33	IP34	—	—	—	—
4	IP40	IP41	IP42	IP43	—	—	—	—	—
5	IP50	—	—	—	IP54	IP55	—	—	—
6	IP60	—	—	—	—	IP65	IP66	IP67	IP68

二、电线

1. 通用绝缘电线

通用绝缘电线的产品规格见表 13-7。通用绝缘电线的型号、名称及使用场所见表 13-8。

表 13-7　　　　　　　通用绝缘电线的产品规格

型　　号	额定电压 (U_0/U)[①] (V)	芯数	标称截面积 (mm²)
BXF	300/500	1	0.75~240
BLXF	300/500	1	2.5~240
BXY	300/500	1	0.75~240
BLXY	300/500	1	2.5~240
BX	300/500	1	0.75~630
BLX	300/500	1	2.5~630
BXR	300/500	1	0.75~400
245IEC04(YYY)	450/750	1	0.5~95
245IEC06(YYY)	300/500	1	0.5~1
227IEC05(BV)	300/500	1	0.5~1
227IEC01(BV)	450/750	1	1.5~400
BLV	450/750	1	2.5~400
227IEC07(BV-90)	300/500	1	0.5~2.5

型　号	额定电压(U_0/U)①(V)	芯数	标称截面积(mm²)
BVR	450/750	1	2.5～70
2271EC10(BVV)	300/500	2～5	1.5～35
BVV	300/500	1	0.75～10
BLVV	300/500	1	2.5～10
BWB	300/500	2、3	0.75～10
BLVVB	300/500	2、3	2.5～10
AV	300/300	1	0.08～0.4
AV-90	300/300	1	0.08～0.4
NLYV	—	1	4～95
NLYV-H	—	1	4～95
NLYV-Y	—	1	4～95
NLYY	—	1	4～95
NLVV	—	1	4～95
NLVV-Y	—	1	4～95
BVF	300/500	1	0.75～6
BY	300/500	1	0.06～2.5

①　指相电压/线电压。

表 13-8　　　通用绝缘电线的型号、名称及使用场所

型　号	产品名称	敷设场合要求	导体长期允许工作温度(℃)
BXF	铜芯橡胶绝缘氯丁或其他合成胶护套电线	适用于户内明敷和户外寒冷地区	65
BLXF	铝芯橡胶绝缘氯丁或其他合成胶护套电线		
BXY	铜芯橡胶绝缘黑色聚乙烯护套电线		
BLXY	铝芯橡胶绝缘黑色聚乙烯护套电线		
BX	铜芯橡胶绝缘棉纱或其他纤维编织电线	固定敷设，可明敷暗敷	
BLX	铝芯橡胶绝缘棉纱或其他纤维编织电线		
BXR	铜芯橡胶绝缘棉纱或其他纤维编织软电线	室内安装要求较柔软时使用	

型 号	产品名称	敷设场合要求	导体长期允许工作温度（℃）
245IEC04（YYY）245IEC06（YYY）	铜芯聚乙烯乙酸乙酯橡胶或其他合成弹性体绝缘电线	固定敷设于高温环境等场合	110
227IEC0105（BV）	铜芯聚氯乙烯绝缘电线	固定敷设，可用于室内明敷、穿管等场合	70
BLV	铝芯聚氯乙烯绝缘电线		
227IEC07（BV-90）	铜芯耐热 90′E 聚氯乙烯绝缘电线	固定敷设于高温环境场合，其他同上	90
BVR	铜芯聚氯乙烯绝缘软电线	固定敷设于要求柔软的场合	
227IEC10（BVV）	铜芯聚氯乙烯绝缘聚氯乙烯护套圆形电线	固定敷设于要求机械防护较高、潮湿等场合；可明敷或暗敷设	70
BVV	铜芯聚氯乙烯绝缘聚氯乙烯护套圆形电线铝芯聚氯乙烯绝缘聚氯乙烯护		
BLVV	套圆形电线		
BVVB	铜芯聚氯乙烯绝缘聚氯乙烯护套扁形电线		
BLVVB	铝芯聚氯乙烯绝缘聚氯乙烯护套扁形电线		
AV	铜芯聚氯乙烯绝缘安装电线	电气、仪表、电子设备等用的硬接线	
AV-90	铜芯耐热 90% 聚氯乙烯绝缘安装电线	敷设于高温环境等场合，其他同上	90

型　号	产品名称	敷设场合要求	导体长期允许工作温度（℃）
NLYV	农用直埋铝芯聚乙烯绝缘聚氯乙烯护套电线	一般地区	
NLYV-H	农用直埋铝芯聚乙烯绝缘耐寒聚氯乙烯护套电线	一般及耐寒地区	
NLYV-Y	农用直埋铝芯聚乙烯绝缘防蚁聚氯乙烯护套电线	白蚁活动地区	70
NLYY	农用直埋铝芯聚乙烯绝缘聚乙烯护套电线	一般及耐寒地区	
NLVV	农用直埋铝芯聚氯乙烯绝缘聚氯乙烯护套电线	一般及耐寒地区	
NLVV-Y	农用直埋铝芯聚乙烯绝缘防蚁聚氯乙烯护套电线	白蚁活动地区	
BVF	铝芯丁腈聚氯乙烯绝缘聚氯乙烯绝缘电线	交流 500V 及以下的电器等装置连接线	65
BY	铜芯聚乙烯绝缘电线	用于移动式无线电装置连接，绝缘电阻较高，可用于高频场合和低温−60℃场合	70

2. 通用绝缘软电线

通电绝缘软电线的产品规格见表 13-9。通用绝缘软电线的型号、名称使用场所见表 13-10。

表 13-9　　　　　　　通电绝缘软电线的产品规格

型　号	额定电压 $(U_0/U)^{①}$（V）	芯数	标称截面积（mm²）
RXS	300/300	2	0.3～4
245IEC51(RX)	300/300	2～3	0.75～1.5

型　号	额定电压 $(U_0/U)^{①}(V)$	芯数	标称截面积（mm²）
RX	300/300	2～3	0.3～0.2.5～4
RXH	300/300	1	0.3～4
245IEC03（YG）	300/500	1	0.5～16
245IEC05（YRYY）	450/750	1	0.5～95
245IEC07（YRYY）	300/500	1	0.5～1
227IEC06（RV）	300/500	1	0.5～1
227IEC02（RV）	450/750	1	1.5～240
227IEC42（RVB）	300/300	2	0.5～0.75
RVS	300/300	2	0.5～0.75
227IEC52（RW）	300/300	2～3	0.5～0.75
227IEC53（RVV）	300/500	2～5	0.75～2.5
227IEC08（RV-90）	300/500	1	0.5～2.5
RFB	300/300	2	0.12～2.5
RFS	300/300	2	0.12～2.5
AVR	300/300	1	0.08～0.4
AVRB	300/300	2	0.12～0.4
AVRS	300/300	2	0.12～0.4
AVVR	300/300	2 3～24	0.08～0.4 0.12～0.4
AVR-90	300/300	1	0.08～0.4
227IEC41（RTPVR）	300/300	1	—
227IEC43（SVR）	300/300	1	0.5～0.75
227IEC71f（TVVB）	300/500 450/750	6、9、12、24 4、5、6、9、12 4、5	0.75～1 1.5～2.5 4～25

①　指相电压/线电压。

表 13-10　　　　　　　通用绝缘软电线的型号、名称使用场所

型　号	产品名称	敷设场合要求	导体长期允许工作温度（℃）
RXS	铜芯橡胶绝缘编织双绞软电线		65
245IEC51（RX）	铜芯橡胶绝缘总编织圆形软电线	适用于电热电器、家用电器、灯头线等使用要求柔软的地方	60
RXH	铜芯橡胶绝缘橡胶护套总编织圆形软电线		65
245IEC03（YG）	铜芯耐热硅橡胶绝缘电缆		180
245IEC05（YRYY） 245IEC07（YRYY）	铜芯聚乙烯—乙酸乙烯酯橡胶或其他合成弹性体绝缘软电线	要求高温等场合	110
227IEC02（RV）	铜芯聚氯乙烯绝缘连接软电线		
227IEC06（RV）	铜芯聚氯乙烯绝缘连接软电线		
227IEC42（RVB）	铜芯聚氯乙烯绝缘扁形连接软电线	用于中轻型移动电器、仪器仪表、家用电器、动力照明等要求柔软的地方	70
RVS	铜芯聚氯乙烯绝缘绞型连接软电线		
227IEC52（RVV） 227IEC53（RVV）	铜芯聚氯乙烯绝缘聚氯乙烯护套圆形连接软电缆（轻型、普通型）		
227IEC08（RV-90）	铜芯耐热 90℃聚氯乙烯绝缘连接软电线	用于要求耐热场合	90

型　号	产品名称	敷设场合要求	导体长期允许工作温度(℃)
RFB	铜芯丁腈聚氯乙烯复合物绝缘扁形软电线	适用于小型家用电器、灯头线等使用要求柔软的地方	70
RRS	铜芯丁腈聚氯乙烯复合物绝缘绞型软电线		
AVR	铜芯聚氯乙烯绝缘安装软电线	用于仪器仪表电子设备等内部用软线	
AVRB	铜芯聚氯乙烯绝缘扁形安装软电线		
VRS	铜芯聚氯乙烯绝缘绞型安装软电线	轻型电器设备、控制系统等柔软场合使	
AVVR	铜芯聚氯乙烯绝缘聚氯乙烯护套安装软电缆	用电源或控制信号连接线	
AVR-90	铜芯耐热 90℃ 聚氯乙烯绝缘安装软电线	用于耐热场合	90
227IEC41(RTPVR)	扁形铜皮软线	用于电话听筒用线	
227IEC43(SVR)	户内装饰照明回路用软线	用于户内装饰与照明等	
227IEC71f (TVB)	扁形聚氯乙烯护套电梯电缆和绕性连接用软电缆	用于自由悬挂长度不超过 35m 及移动速度不超过 1.6m/s 的电梯和升降机	70
227IEC74(RVVYP) 227IEC75(RVVY)	耐油聚氯乙烯护套屏蔽软电缆、耐油聚氯乙烯护套非屏蔽软电缆	用于包括机床和起重设备等制造加工机械各部件之间的内部连接	

3. 常用绝缘电线

常用绝缘电线的型号及主要用途见表 13-11。

表 13-11　　　　　　　　　　常用绝缘电线的型号及主要用途

类　别	型　号	名　称	截面范围 （mm^2）	主要用途
聚氯乙烯 塑料绝 缘电线	BV	铜芯聚氯乙烯绝缘电线	0.03～185	适用于交流额定电压 500V 及以下或直流 1000V 及以下的电器设 备或照明装置。可以明 敷、暗敷，护套线，还可以 直接埋在地里
	BLV	铝芯聚氯乙烯绝缘电线	1.5～185	
	BVV	铜芯聚氯乙烯绝缘聚氯 乙烯护套电线	0.75～10	
	BLVV	铝芯聚氯乙烯绝缘聚氯 乙烯护套电线	1.5～10	
	BVR	铜芯聚氯乙烯绝缘软线	0.75～50	同 BV 型，安装时要求 柔软用
	BV-105	铜芯耐热 105℃聚氯乙 烯绝缘电线	0.03～185	同 BV 型，用于高温 场所
	BLV-105	铝芯耐热 105℃聚氯乙 烯绝缘电线	1.5～185	同 BV-105 型
聚氯乙烯 绝缘软线	RV	铜芯聚氯乙烯绝缘软线	0.012～6	适用于交流额定电压 250V 及以下日用电器、 无线电设备和照明灯头 接线
	RVB	铜芯聚氯乙烯绝缘平型 软线	0.12～2.5	
	RVS	铜芯聚氯乙烯绝缘绞型 软线	0.12～2.5	
	RVV	铜芯聚氯乙烯绝缘聚氯 乙烯护套软线	0.12～6	适用于交流额定电压 500V 及以下移动电动工 具及电器
	RV-105	铜芯耐热聚氯乙烯绝缘 软线	0.012～6	同 BV 型，供高温场 所用
橡皮绝缘 电线	BX	铜芯橡皮线	0.75～500	适用于交流额定电压 500V 及以下或直流电压 1000V 及以下的电气设 备、仪表及照明装置固定 敷设用
	BLX	铝芯橡皮线	2.5～630	
	BXR	铜芯橡皮软线	0.75～400	
	RXS	棉纱编织橡皮绝缘绞型 软线	0.2～2	用于室内、干燥场所， 连接交流额定电压为 250V 及以下的日用电器
	RX	棉纱总编织橡皮绝缘 软线	0.2～2	

4. 聚氯乙烯塑料绝缘电线

(1) BLV、BV、BLV-105、BV-105 型一芯及二芯平行电线。
BLV、BV、BLV-105、BV-105 型一芯及二芯平行电线尺寸见表 13-12。

表 13-12　　BLV、BV、BLV-105、BV-105 型一芯及二芯平行电线尺寸

标称截面 (mm²)	导线根数/线径 (mm)	一芯			二芯		
		电线外径 (mm)	质量（kg/km）		电线外径 (mm)	质量（kg/km）	
			BLV	BV		BLV	BV
0.03	1/0.2	0.8	—	0.78	0.8×1.6	—	1.6
0.06	1/0.3	1.0	—	1.43	1.0×2.0	—	2.9
0.12	1/0.4	1.1	—	2.04	1.1×2.2	—	4.2
0.2	1/0.5	1.4	—	3.35	1.4×2.8	—	6.7
0.3	1/0.6	1.5	—	4.32	1.5×3.0	—	8.7
0.4	1/0.7	1.7	—	5.42	1.7×3.4	—	10.9
0.5	1/0.8	2.0	—	7.37	2.0×4.0	—	14.8
0.75	1/0.97	2.4	6.2	10.8	2.4×4.8	12.4	21.6
1.0	1/1.13	2.6	7.4	13.6	2.6×5.2	14.7	27.1
1.5	1/1.37	3.3	11.7	20.9	3.3×6.6	23.4	41.8
2.5	1/1.76	3.7	15.6	30.7	3.7×7.4	31.2	61.3
4.0	1/2.24	4.2	21.4	45.8	4.2×8.4	42.7	91.5
6.0	1/2.73	4.8	28.3	64.5	4.8×9.6	56.5	129
10	7/1.33	6.6	52.4	114.1	6.6×13.2	104.8	229
16	7/1.7	7.8	76.2	177	—	—	—
25	7/2.12	9.6	117	275	—	—	—
35	7/2.5	10.9	153	375	—	—	—
50	19/1.83	13.2	215	530	—	—	—
70	19/2.14	14.7	276	699	—	—	—
95	19/2.5	17.3	380	968	—	—	—
120	37/2.0	18.1	444	1183	—	—	—
150	37/2.24	20.2	568	1485	—	—	—
185	37/2.5	22.2	688	1830	—	—	—

注　生产厂家有西安、重庆、天津、广州、南昆、南宁电线厂，合肥、沈阳、湘潭电缆厂，武汉电线电缆总厂等。

（2）BV、BV-105 型 2 芯及 3 芯绞型电线。BV、BV-105 型 2 芯及 3 芯绞型电线尺寸见表 13-13。

表 13-13　　BV、BV-105 型 2 芯及 3 芯绞型电线尺寸

标称截面 （mm²）	导线根数/线径 （mm）	电线外径（mm）		质量（kg/km）	
		2 芯	3 芯	2 芯	3 芯
0.03	1/0.2	1.6	1.7	1.5	2.3
0.06	1/0.3	2.0	2.1	2.8	4.3
0.12	1/0.4	2.2	2.4	4.3	6.4
0.2	1/0.5	2.9	3.1	7.0	10.5
0.3	1/0.6	3.0	3.3	9.0	13.5
0.4	1/0.7	3.4	3.6	11.1	16.7
0.5	1/0.8	4.0	4.3	15.2	22.8
0.75	1/0.97	4.8	5.1	21.1	31.5

（3）BVR 型电线。BVR 型电线的尺寸规格见表 13-14。

表 13-14　　　　BVR 型电线的尺寸规格

标称截面 （mm²）	导线根数/线径 （mm）	电线外径 （mm）	质量 （kg/km）
0.75	7/0.37	2.50	10
1.0	7/0.43	2.70	14.2
1.5	7/0.52	3.50	22.3
2.5	19/0.41	4.00	33.2
4.0	19/0.52	4.60	50
6.0	19/0.64	5.30	71
10	49/0.52	7.40	126
16	49/0.64	8.50	193
25	98/0.58	11.10	296.6
35	133/0.58	12.20	385
50	133/0.68	14.30	535

（4）BVV 型、BLVV 型 1 芯、2 芯及 3 芯平型护套电线。BVV 型、BLVV 型 1 芯、2 芯及 3 芯平型护套电线的尺寸规格见表 13-15。

表 13-15　BVV 型、BLVV 型 1 芯、2 芯及 3 芯平型护套电线的尺寸规格

标称截面 （mm²）	导线根数/线径 （mm）	电线外径（mm）		
		1 芯	2 芯	3 芯
0.75	1/0.97	3.9	3.9×6.3	4.2×8.9
1.0	1/1.13	4.1	4.1×6.7	4.3×9.5
1.5	1/1.37	4.4	4.4×7.2	4.6×10.2
2.5	1/1.76	4.8	4.8×8.1	5.0×11.5
4	1/2.21	5.3	5.3×9.1	5.5×13.1
6	1/2.73	6.5	6.5×11.3	7.0×16.5
10	1/1.33	8.4	8.4×14.5	8.8×21.1

标称截面 （mm²）	BVV 型			BLVV 型		
	质量（kg/km）			质量（kg/km）		
	1 芯	2 芯	3 芯	1 芯	2 芯	3 芯
0.75	19	34	48	14.5	24.6	34.6
1.0	22	40	53	16	28	39
1.5	23	51	74	19	33	47
2.5	38	72	106	24	42	61
4	54	106	153	30	56	81
6	81	158	231	45	84	123
10	132	254	376	71	132	193

5. 聚氯乙烯绝缘软线

（1）RV、RV-105 型聚氯乙烯绝缘软线。RV、RV-105 型聚氯乙烯绝缘软线的尺寸规格见表 13-16。

表 13-16　　　　RV、RV-105 型聚氯乙烯绝缘软线的尺寸规格

标称截面 (mm²)	导线根数/线径 (mm)	电线外径 (mm)	质量/ (kg/km)	标称截面 (mm²)	导线根数/线径 (mm)	电线外径 (mm)	质量 (kg/km)
0.012	7/0.05	0.7	0.65	0.75	42/0.15	2.7	11.8
0.03	7/0.07	0.9	1.0	1	32/0.20	2.9	14.6
0.06	7/0.10	1.2	1.8	1.5	48/0.20	3.2	20.0
0.12	7/0.15	1.4	2.6	2	64/0.20	4.1	28.6
0.2	12/0.15	1.6	3.8	2.5	77/0.20	4.5	35.1
0.3	16/0.15	1.9	5.3	4	77/0.26	5.3	52.9
0.4	23/0.15	2.1	6.8	6	77/0.32	6.7	77.6
0.5	28/0.15	2.2	8.0				

（2）RVV 型电线。RVV 型电线的尺寸规格见表 13-17。

表 13-17　　　　　　　　RVV 型电线的尺寸规格

标称截面 (mm²)	导线根数/线径 (mm)	绝缘厚度 (mm)	电线外径（mm）					
			2 芯桶圆	2 芯圆	3 芯	4 芯	5 芯	6、7 芯
0.12	7/0.15	0.4	3.1×4.5	4.5	4.7	5.1	5.0	5.5
0.2	12/0.15	0.4	3.3×4.9	4.9	5.1	5.5	5.5	6.0
0.3	16/0.15	0.5	3.6×5.5	5.5	5.8	6.3	6.4	7.0
0.4	23/0.15	0.5	3.9×5.9	5.9	6.3	6.8	7.0	7.6
0.5	28/0.15	0.5	4.0×6.2	6.2	6.5	7.1	7.3	7.0
0.75	42/0.15	0.6	4.5×7.2	7.2	7.6	8.3	9.1	9.9
1	32/0.20	0.6	4.6×7.5	7.5	7.9	9.1	9.5	10.4
1.5	48/0.20	0.6	5.0×8.2	8.2	9.1	9.0	10.4	11.4
2	64/0.20	0.8	6.3×10.3	10.3	11.0	12.0	12.8	14.4
2.5	77/0.20	0.8	6.7×11.2	11.2	11.9	13.1	14.3	15.7
4	77/0.26	0.8	7.5×12.9	12.9	14.1	15.5	—	—
6	77/0.32	1.0	9.4×16.1	16.1	17.1	18.9	—	—

标称截面	电线外径（mm）						线芯直流电阻 20℃ (Q/km) ≤	
（mm²）	10 芯	12 芯	14 芯	16 芯	19 芯	24 芯	铜芯	镀锡铜芯
0.12	6.8	7.0	7.4	7.8	8.6	10.2	148	157
0.2	7.6	7.8	8.7	9.1	9.6	11.4	86.6	91.7
0.3	9.3	9.6	10.1	10.6	11.2	13.8	64.0	68.7
0.4	10.1	10.4	11.0	11.6	12.2	15.1	45.2	47.3
0.5	10.6	10.9	11.5	12.1	12.8	15.7	37.1	39.3
0.75	12.9	13.4	14.2	14.9	15.7	18.9	24.8	26.2
1	13.7	14.1	14.9	15.7	16.6	19.9	18.2	19.3
1.5	15.0	15.5	16.3	17.3	18.2	21.9	12.1	12.9
2	—	—	—	—	—	—	9.14	9.67
2.5	—	—	—	—	—	—	7.59	8.04
4	—	—	—	—	—	—	4.49	4.75
6	—	—	—	—	—	—	2.97	3.14

（3）RVS、RVB 型铜芯聚氯乙烯软线。RVS、RVB 型铜芯聚氯乙烯软线的尺寸规格见表 13-18。

表 13-18　　RVS、RVB 型铜芯聚氯乙烯软线的尺寸规格

标准截面	导线股数×根数/	电线外径（mm）		质量（kg/km）	
（mm²）	线径（mm）	RVS	RVB	RVS	RVB
0.12	2×7/0.15	3.2	1.6×3.2	6.8	6.4
0.2	2×12/0.15	4.0	2.0×4.0	10.8	10.5
0.3	2×16/0.15	4.2	2.1×4.2	12.4	12.3
0.4	2×23/0.15	4.6	2.3×4.6	16.1	15.6
0.5	2×28/0.15	4.8	2.4×4.8	18.6	19.9
0.75	2×42/0.15	5.8	2.9×5.8	26.9	25.9
1.0	2×32/0.20	6.2	3.1×6.2	33.0	31.7
1.5	2×48/0.20	6.8	3.4×6.8	44.7	42.9
2.0	2×64/0.20	8.2	4.1×8.2	59.9	57.5
2.5	2×77/0.20	9.0	4.5×9.0	73.3	70.4

6. 橡皮绝缘电线

(1) BXR 型电线。BXR 型电线的尺寸规格见表 13-19。

表 13-19 BXR 型电线的尺寸规格

标称截面 （mm²）	导线根数/线径 （mm）	绝缘厚度 （mm）	电线外径 （mm）	质量 （kg/km）
0.75	7/0.37	1.0	4.5	23.4
1	7/0.43	1.0	4.7	27.1
1.5	7/0.52	1.0	5.0	33.4
2.5	19/0.41	1.0	5.6	46.0
4	19/0.52	1.0	6.2	63.8
6	19/0.64	1.0	6.8	87.1
10	19/0.82	1.2	8.2	137
16	49/0.64	1.2	10.1	212
25	98/0.58	1.4	12.6	335
35	133/0.58	1.4	13.8	430
50	133/0.68	1.6	15.8	583
70	189/0.68	1.6	18.4	802
95	259/0.68	1.8	21.4	1074
120	259/0.76	1.8	22.2	1335
150	336/0.74	2.0	24.9	1715
185	427/0.74	2.2	27.3	2134
240	427/0.85	2.4	30.8	2780
300	513/0.85	2.6	34.6	3360
400	703/0.85	2.8	38.8	4470

(2) RXS 型电线。RXS 型电线的尺寸规格见表 13-20。

表 13-20　　　　　　　　RXS 型电线的尺寸规格

标称截面 （mm²）	导线根数/ 线径（mm）	电线外径 （mm）	质量 （kg/km）	标称截面 （mm²）	导线根数/ 线径（mm）	电线外径 （mm）	质量 （kg/km）
0.2	12/0.15	5.8	16	0.75	42/0.15	7.8	39
0.3	16/0.15	5.9	18	1.0	32/0.2	7.9	44
0.4	23/0.15	6.3	22	1.2	38/0.2	8.5	49
0.5	28/0.15	6.4	24	1.5	48/0.2	8.7	57
0.6	34/0.15	6.6	27	2.0	64/0.2	9.5	70
0.7	40/0.15	7.7	36				

（3）BLX、BX 型电线。BLX、BX 型电线的尺寸规格见表 13-21。

表 13-21　　　　　　　BLX、BX 型电线的尺寸规格

标称截面 （mm²）	导线根数/线径 （mm）	电线外径 （mm）	质量（kg/km）	
			BLX	BX
0.75	1/0.97	4.4	—	22.0
1	1/1.13	4.5	—	25.4
1.5	1/1.37	4.8	—	31.2
2.5	1/1.76	5.2	27.4	42.4
4	1/2.24	5.8	33.6	58.0
6	1/2.73	6.3	43.2	79.4
10	7/1.33	8.1	73.6	135
16	7/1.70	9.4	100	200
25	7/2.12	11.2	148	302
35	7/2.50	12.4	188	403
50	19/1.83	14.7	256	569
70	19/2.12	16.4	323	742
95	19/2.50	19.5	437	1020
120	37/2.00	20.2	520	1260
150	37/2.24	22.3	544	1561
185	37/2.50	24.7	787	1949

实用建筑五金手册

标称截面 (mm²)	导线根数/线径 (mm)	电线外径 (mm)	质量 (kg/km)	
			BLX	BX
240	61/2.24	27.9	1029	2530
300	61/2.50	30.8	1383	3106
400	61/2.85	34.5	1830	4091
500	91/2.62	38.2	—	—
630	127/2.5	42.5	—	—

注 表列外径、质量均为单芯线的数据。

7. 铜及铝母线

（1）铜母线。铜母线的尺寸规格见表 13-22。

表 13-22　　　　　铜母线的尺寸规格

宽度 (mm)	厚度 (mm)									
	4	4.5	5	5.6	6.3	7.1	8.1	9	10	11.2
	截面积 (mm²)									
16	—	—	—	—	—	—	—	—	—	179.2
18	—	—	—	—	—	—	—	—	—	201.6
20	—	—	—	—	—	—	—	—	200	224
22.4	—	—	—	—	—	—	—	—	224	250
25	—	—	—	—	—	—	200	225	250	280
28	—	—	—	—	—	—	224	252	280	313.6
31.5	—	—	—	—	198.5	223.7	252	283.5	315	352.8
35.5	—	—	177.5	198.8	223.7	252.1	284	319.5	355	397.6
40	160	180	200	224	252	284	320	360	400	448
45	180	202.5	225	252	283.5	319.5	360	405	450	504
50	200	225	250	280	315	355	400	450	500	560
56	224	252	280	313.6	352.8	397.6	448	504	560	627.2
63	252	283.5	315	352.8	396.9	447.3	504	567	630	705.6
71	284	319.5	355	397.6	447.3	504.1	568	639	710	795.2
80	320	360	400	448	5.04	568	640	720	800	896
90	360	405	450	504	567	639	720	810	900	1008
100	400	450	500	560	630	710	800	900	1000	1120
112	—	—	—	—	—	795.2	896	1008	1120	1254.4
125	—	—	—	—	—	887.5	1000	1125	1250	—

宽度 （mm）	厚度（mm）								
	12.5	14	16	18	20	22.4	25	28	31.5
	截面积（mm²）								
16	200	224	256	—	—	—	—	—	—
18	225	252	288	—	—	—	—	—	—
20	250	280	320	360	400	—	—	—	—
22.4	280	313.6	358.4	403.2	448	—	—	—	—
25	312.5	350	400	450	500	560	625	—	—
28	350	392	448	504	560	627.2	700	—	—
31.5	393.8	441	504	567	630	705.6	787.5	882	992.3
35.5	443.8	497	568	639	710	795.2	887.5	994	1118.3
40	500	560	640	720	800	996	1000	1120	1260
45	562.5	630	720	810	900	—	—	—	—
50	625	700	800	900	1000	—	—	—	—
56	700	781	896	1008	1120	—	—	—	—
63	787.5	882	1008	1134	1260	—	—	—	—
71	887.5	994	1136	—	—	—	—	—	—
80	1000	—	—	—	—	—	—	—	—
90	1125	—	—	—	—	—	—	—	—
100	1250	—	—	—	—	—	—	—	—
112	1400	—	—	—	—	—	—	—	—
125	—	—	—	—	—	—	—	—	—

（2）铝母线。铝母线的尺寸规格见表 13-23。

表 13-23　　　　　　　　　　铝母线的尺寸规格

宽度 (mm)	厚度（mm）									
	4	4.5	5	5.6	6.3	7.1	8	9	10	11.2
	截面积（mm²）									
16	64	72	80	89.6	100.8	113.6	128	144	160	
18	72	81	90	100.8	113.1	127.8	144	162	180	
20	80	90	100	112	126	142	160	180	200	224
22.4	89.6	100.8	112	125.4	141.1	159	179.2	201.6	224	250.9
25	100	112.5	125	140	157.5	177.5	200	225	250	280
28	112	126	140	156.8	176.4	198.8	224	252	280	313.6
31.5	126	141.8	157.5	176.4	198.5	223.7	252	283.5	315	352.8
35.5	142	159.8	177.5	198.8	223.7	252.1	284	319.5	365	337.6
40	160	180	200	224	252	281	320	360	400	448
45	180	202.5	225	252	283.5	319.5	360	405	450	504
50	200	225	250	280	315	355	400	450	500	560
56	224	252	280	313.6	352.8	397.6	448	504	560	627.2
63	252	283.5	315	352.8	396.9	447.3	504	567	630	705.6
71	—	—	355	391.6	447.3	504.1	568	639	710	795.2
80	—	—	400	448	504	568	640	720	800	896
90	—	—	450	504	567	639	720	810	900	1008
100	—	—	500	560	630	710	800	900	1000	1120
112	—	—	—	705.6	795.2	896	1008	1120	1254.4
125	—	—	—	—	787.5	887.5	1000	1125	1250	1400

宽度 （mm）	厚度（mm）								
	12.5	14	16	18	20	22.4	25	28	31.5
	截面积（mm²）								
16	—	—	—	—	—	—	—	—	—
18	—	—	—	—	—	—	—	—	—
20	250	—	—	—	—	—	—	—	—
22.4	280	—	—	—	—	—	—	—	—
25	312.5	350	400	—	—	—	—	—	—
28	350	392	448	—	—	—	—	—	—
31.5	393.8	441	504	567	630	705.6	787.5	882	992.3
35.5	443.8	497	568	639	710	795.2	887.5	994	1118.3
40	500	560	640	720	800	896	1000	1120	1260
45	562.5	630	720	810	900	—	—	—	—
50	625	700	800	900	1000	—	—	—	—
56	700	784	896	1008	1120	—	—	—	—
63	787.5	882	1008	1134	1260	—	—	—	—
71	887.5	994	1136	—	—	—	—	—	—
80	1000	1120	1280	—	—	—	—	—	—
90	1125	1260	1440	—	—	—	—	—	—
100	1250	1400	1600	—	—	—	—	—	—
112	1400	—	—	—	—	—	—	—	—
125	1562.2	—	—	—	—	—	—	—	—

8. 铝绞线及钢芯铝线

（1）常用架空绞线。常用架空绞线的名称及主要用途见表13-24。

表 13-24　　　　常用架空绞线的名称及主要用途

名　称	型　号	截面范围（mm）	主要用途
裸铝绞线	LJ	10～600	供高低压架空输配电线路用
钢芯铝绞线	LGJ	10～400	供须提高拉力强度的架空输电线路用
轻型钢芯铝绞线	LGJJ	150～700	
加强型钢芯铝绞线	LGJQ	150～400	

（2）轻型钢芯铝绞线（LGJQ 型）。轻型钢芯铝绞线（LGJQ 型）的尺寸规格见表13-25。

表 13-25　　　　轻型钢芯铝绞线（LGJQ 型）的尺寸规格

标称截面（mm²）	结构尺寸［导线根数/线径（mm）］		电线外径（mm）	直流电阻 20℃（Ω/km）	参考质量（kg/km）	拉断力（N）	制造长度（m）
	铝	钢					
150	24/2.76	7/1.8	16.44	0.207	537	41 500	1500
185	24/3.06	7/2.0	18.24	0.168	661	51 100	1500
240	24/3.67	7/2.4	21.88	0.117	951	71 200	1500
300	54/2.65	7/2.6	23.7	0.099 7	1116	86 300	1000
300（1）	24/3.98	7/2.6	23.72	0.099 4	1117	83 600	1000
400	54/3.06	7/3.0	27.36	0.074 8	1487	110 800	1000
400（1）	24/4.60	7/3.0	27.4	0.074 4	1491	107 300	1000
500	54/3.36	19/2.0	30.16	0.062	1795	138 700	1000
600	54/3.70	19/2.2	33.2	0.051 1	2175	162 500	1000
700	54/4.04	19/2.4	36.24	0.042 9	2592	193 600	1000

（3）加强型钢芯铝绞线（LGJJ 型）。加强型钢芯铝绞线（LGJJ 型）的尺寸规格见表13-26。

表 13-26   加强型钢芯铝绞线（LGJJ 型）的尺寸规格

标称截面（mm²）	结构尺寸［导线根数/直径（mm）］		电线外径（mm）	直流电阻20℃（Ω/km）	参考质量（kg/km）	拉断力（N）	制造长度（m）
	铝	钢					
150	30/2.5	7/2.5	17.5	0.202	677	61 700	1500
185	30/2.8	7/2.8	19.6	0.161	850	72 000	1500
240	30/3.2	7/3.2	22.4	0.123	1110	94 100	1500
300	30/3.67	19/2.2	25.68	0.093 7	1446	125 000	1000
400	30/4.17	19/2.5	29.13	0.072 6	1868	161 400	1000

（4）裸铝绞线（LJ 型）。裸铝绞线（LJ 型）的尺寸规格见表 13-27。

表 13-27   裸铝绞线（LJ 型）的尺寸规格

标称截面（mm²）	实际截面（mm²）	根数/直径（mm）	计算直径（mm）	直流电阻20℃（Ω/km）	参考质量（kg/km）	拉断力（N）	制造长度（m）
10	10.1	3/2.07	4.46	2.896	27.6	1630	4500
16	15.89	7/1.7	5.10	1.847	43.5	2570	4500
25	24.71	7/2.12	6.36	1.188	67.6	4000	4000
35	34.36	7/2.5	7.5	0.854	94.0	5550	4000
50	49.48	7/3.0	9.0	0.593	135	7500	3500
70	69.29	7/3.55	10.65	0.424	190	9900	2500
95	93.27	19/2.5	12.5	0.317	257	15 100	2000
95（1）	94.23	7/4.14	12.42	0.311	258	13 400	2000
120	116.99	19/2.8	14.00	0.253	323	17 800	1500
150	148.07	19/3.15	15.75	0.20	409	22 500	1250
185	182.8	19/3.5	17.5	0.162	504	27 800	1000
240	236.38	19/3.98	19.9	0.125	652	33 700	1000
300	297.57	37/3.2	22.4	0.099 6	822	45 200	1000
400	397.83	37/3.7	25.9	0.074 5	1099	56 700	800
500	498.07	37/4.14	28.98	0.059 5	1376	71 000	600
600	603.78	61/3.55	31.95	0.049 1	1669	81 500	500

（5）钢芯铝绞线（LGJ 型）。钢芯铝绞线（LGJ 型）的尺寸规格见表 13-28。

表 13-28　　　　　　钢芯铝绞线（LGJ 型）的尺寸规格

标称截面（mm²）	结构尺寸［导线根数/线径（mm）］		电线外径（mm）	直流电阻20℃（Ω/km）	参考质量（kg/km）	拉断力（N）	制造长度（m）
	铝	钢					
10	6/1.5	1/1.5	4.5	2.774	42.9	3670	1500
16	6/1.8	1/1.8	5.4	1.926	61.7	5300	1500
25	6/2.2	1/2.2	6.6	1.289	92.2	7900	1500
35	6/2.8	1/2.8	8.4	0.796	149	11 900	1000
50	6/3.2	1/3.2	9.6	0.609	195	15 500	1000
70	6/3.8	1/3.8	11.4	0.432	275	21 300	1000
95	28/2.07	7/1.8	13.68	0.315	401	34 900	1500
95（1）	7/4.14	7/1.8	13.68	0.312	398	33 100	1500
120	28/2.3	7/2.0	15.2	0.255	495	43 100	1500
120（1）	7/4.6	7/2.0	15.2	0.253	492	40 900	1500
150	28/2.53	7/2.2	16.72	0.211	599	50 800	1500
185	28/2.88	7/2.5	19.02	0.163	774	65 700	1500
240	28/3.22	7/2.8	21.28	0.13	969	78 600	1500
300	28/3.8	19/2.0	25.2	0.093 5	1348	111 200	1000
400	28/4.17	19/2.2	27.68	0.077 8	1626	134 300	1000

三、电器与电料

1. 安装式交流电流表和电压表

安装式交流电流表和电压表类型如图 13-1 所示。

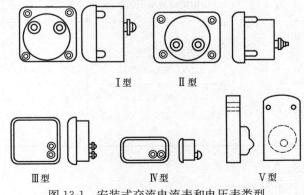

图 13-1　安装式交流电流表和电压表类型

用途：适合于固定安装在控制盘、控制屏、开关板及电气设备面板上，用来测量交流电路中的电流和电压。

规格：安装式交流电流表和电压表的型号及规格尺寸见表13-29。

表13-29　安装式交流电流表和电压表的型号及规格尺寸

名称	型号	准确度（级）	量程范围（A 或 V）	外形尺寸（mm×mm×mm）	连接方式
方形电流表	1T1-A	1.5	0.5，1，2，3，5，10，20，30，50，75，100，150，200（A）	160×160×95	直接接入
			5～10kA 与电流互感器一次侧额定电流范围相同		配电流互感器接入
方形电压表	1T1-V	1.5	15，30，50，75，150，250，300，450，500，600（V）	160×160×95	直接接入
			3.6，7.2，12，18，42，150，300，460kV		配电压互感器接入
矩形电流表	44L1-A	1.5	0.5，1，2，3，5，10，20（A）	100×80×57	直接接入
	59L1-A		5～10kA 与电流互感器一次侧额定电流范围相同	120×100×47.5	配电流互感器接入
	59L4-A			120×100×56	
矩形电压表	44L1-V	1.5	10，15，20，30，50，75，100，150，250，300，450，500，600（V）	100×80×57	直接接入
	59L1-V			120×100×47.5	
	59L4-V		450V，600V，3.6，7.2，12，18，42，150，300，460（kV）	120×100×56	配电流互感器接入

2. 电能表

电能表如图13-2所示。

图 13-2　电能表

(a) 单相；(b) 三相

　　用途：单相电能表用来测量单相交流电路耗用的有功电能。三相电能表用来测量三相四线电路或三相三线电路耗用的有功电能。

　　规格：电能表的型号及规格尺寸见表 13-30。

表 13-30　　　　　　　　　电度表的型号及规格尺寸

名　称	型　号	准确度（级）	额定电流（A）	额定电压（V）	外形尺寸（mm×mm×mm）
单相电能表	DD5	2.0	3，5，10	220	152×110×107
	DD5b		1，3，5		—
	DD10		2.5，5，10，15，20		144×107×111
	DD18-2		1，3，5		156×103×98
	DD20		2，5，10		157×107×105
	DD28		1，2，5，10，20，40		157×110×105
	DD28		2 (4)		52×21×37
三相四线有功电能表	DT6	2.0	5，10，15	380/220	236×156×115
	DT8		5，10，20，25		252×156×128
			40，80		260×165×132
	DT10		5		247×156×124
	DT18-2		5，10，20，30，60		294×166×107

　　3. 熔断器

　　RM10 无填料闭管式如图 13-3 所示。

　　用途：熔断器主要作短路保护用。当通过熔断器的电流大于规定值时，以其自身产生的热量使熔体熔化而自动分断电路。

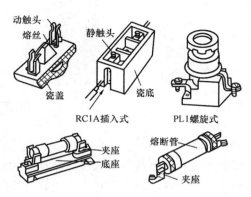

图 13-3　RM10 无填料闭管式

规格：熔断器的型号及规格尺寸见表 13-31。

表 13-31　　　　　　　　熔断器的型号及规格尺寸

名称	型号	额定电流（A）	熔体额定电流（A）	外形尺寸（mm×mm×mm）（长×宽×高）
插入式熔断器	RC1A	5	1，2，3，5	50×25×43
		10	2，4，6，10	62×30×52
		15	6，10，15	77×38×53
		30	20，25，30	95×42×60
		60	40，50，60	124×50×70
		100	80，100	160×58×80
		200	120，150，200	240×64×105
螺旋式熔断器	RL1	15	2，4，5，6，10，15	62×38×61.3
		60	20,25,30,35,40.50,60	78×55×77
		100	60，80，100	120×82×110
		200	100，125，150，200	156×108×116

名称	型号	额定电流 （A）	熔体额定电流 （A）	外形尺寸（mm×mm×mm） （长×宽×高）
无填料 封闭管 式熔 断器	RM10	15	6，10，15	（500V 时）：173×18×34
		60	15，20，25，35，45，60	175×18×41
		100	60，80，100	245×25×63.5
		200	100，125，160，200	270×25×73
		350	200，225，260，300，350	345×40×96
		600	350，430，500，600	472×50×112
		1000	600，700，850，1000	—

4. 熔丝

（1）常用低压圆形保险铅丝。常用低压圆形保险铅丝的尺寸及质量见表 13-32。

表 13-32　　　常用低压圆形保险铅丝的尺寸及质量

额定电流 （A）	熔断电流 （A）	直径 （mm）	每卷质量 （kg）	每卷近似长度 （m）	线规号 S. W. G.
0.25	0.5	0.08	0.125	2183	44
0.5	1.0	0.15	0.25	1241	38
0.75	1.5	0.2	0.25	698	36
0.80	1.6	0.22	0.25	577	35
0.90	1.8	0.25	0.25	447	33
1.0	2.0	0.28	0.25	356	32
1.05	2.1	0.29	0.25	331	31
1.1	2.2	0.32	0.5	546	30
1.25	2.5	0.35	0.5	456	29
1.35	2.7	0.36	0.5	431	28
1.5	3.0	0.40	0.5	349	27

额定电流 （A）	熔断电流 （A）	直径 （mm）	每卷质量 （kg）	每卷近似长度 （m）	线规号 S. W. G.
1. 85	3. 7	0. 46	0. 5	364	26
2. 0	4. 0	0. 52	0. 5	206. 6	25
2. 25	4. 5	0. 54	0. 5	191. 6	24
2. 5	5. 0	0. 6	0. 5	155	23
3. 0	6. 0	0. 71	0. 5	111	22
3. 75	7. 5	0. 81	0. 5	85. 2	21
5. 0	10. 0	0. 98	0. 5	58. 2	20
6. 0	12. 0	1. 02	0. 5	54	19
7. 5	15. 0	1. 25	0. 5	36	18
10. 0	20. 0	1. 51	0. 5	24. 5	17
11. 0	22. 0	1. 67	0. 5	20	16
12. 5	25	1. 75	0. 5	18. 2	15
15	30	1. 98	0. 5	14. 2	14
20	40	2. 4	0. 5	9. 7	13
25	50	2. 78	0. 5	7. 2	12
27. 5	55	2. 95	0. 5	6. 4	11
30	60	3. 14	0. 5	5. 6	10
40	80	3. 81	0. 5	3. 8	9
45	90	4. 12	0. 5	3. 3	8
50	100	4. 44	0. 5	2. 8	7
60	120	4. 91	0. 5	2. 3	6
70	140	5. 24	0. 5	2. 0	4

注 表列铅丝的成分为铅≥98%，锑为 0.3%～1.5%，杂质总和≤1.5%。

（2）低压扁形保险铅丝。低压扁形保险铅丝的尺寸及质量见表13-33。

表 13-33　　　　　　低压扁形保险铅丝的尺寸及质量

额定电流 （A）	熔断电流 （A）	每卷质量 （kg）	额定电流 （A）	熔断电流 （A）	每卷质量 （kg）
5.0	10		40	80	
7.5	15		45	90	
10.0	20		50	100	
12.5	25		60	120	
15.0	30	1.0	75	150	1.0
20.0	40		100	200	
25	50		125	250	
30	60		150	300	
35	70		200	400	
37.5	75		250	500	

5. 电流互感器

JQG-0.5 系列电流互感器如图 13-4 所示。

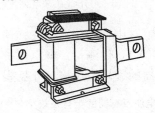

图 13-4　JQG-0.5 系列

用途：在大电流的交流电路中，应用电流互感器将大电流转换成较小的电流（我国规定为5A），供测量或继电保护用。

规格：电流互感器的型号及规格尺寸见表13-34。

表 13-34 电流互感器的型号及规格尺寸

型号名称	准确级次额定电压	额定电流比	质量（kg/个）	外形尺寸（mm×mm×mm）
LQG-0.5 电流互感器	0.5 / 500 (V)	7.5/5、 10/5、 15/5、20/5、25/5	1.7	130×115×105
		30/5、 40/5、50/5、75/5、100/5	1.7	130×120×105
		150/5、 200/5、 250/5、300/5、 400/5、 500/5、600/5	1.7	112×170×105
			2.0	112×210×105

6. 电压互感器

JDG-0.5 系列如图 13-5 所示。

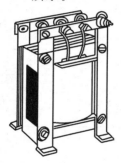

图 13-5　JDG-0.5 系列

用途：在高交流电路中，利用电压互感器将高压转变为较低的电压（我国规定为 100V），供测量、继电保护或指示用。

规格：电压互感器的型号及规格尺寸见表 13-35。

表 13-35 电压互感器的型号及规格尺寸

型号名称	额定电压（V）		准确容量（W）	
	一次	二次	0.5 级	1 级
JDG-0.5 电压互感器	220	100	25	40
	380	100	25	40
	500	100	25	40

型号 名称	准确容量（W）	最大容量	质量	外形尺寸
	2 级	（W）	（kg/个）	（m×m×m）
JDG-0.5 电压互感器	100	200	8	132×153 ×192
	100	200	8	
	100	200	8	

7. 节电开关

节电开关的型号及适用范围见表13-36。

表 13-36　　　　节电开关的型号及适用范围

名称	型号	性能及说明	适用范围
1. 节电 自动控制 器	JDK-1	（1）具有"时—光"双重自动控制送电、断电功能 （2）时控周期："通""断"两个时域可在24h内任选 （3）光控范围：50lx以下	适用于工矿、机关、学校等单位对供电线路进行定时供电和光线强弱供电之用
2. 自动 关灯器	ZG-1	（1）电源电压：220V （2）输出触点电流：0.24A （3）延时时间：10s～15min	适用于厕所、走廊等公共场所开灯后延时自动关灯之用
3. 路灯 自动控制 器	LK-J	（1）电源电压：220V （2）光控范围：50lx以下 （3）额定电流：15A（相当于100W灯泡30盏） （4）工作时间：24h以上不限 （5）外形尺寸（mm）：175×125×90 （6）质量：1.2kg	本控制器是天黑自动开灯、天亮自动关灯的装置，并能根据天气晴、阴来调整开灯时间。适用于厂矿、街道、航标等单位使用
4. 定时 自熄开关	GNA-40J	（1）延时时间：3min （2）控制容器：电压250V，电流4A （3）控制形式：一组常开 （4）工作性能：连续工作	本定时开关是利用空气阻尼作用实现延时动作的器件。当按下开关按钮时即接通电灯，经过预定时间后电灯即自动熄火，适用于各种建筑、公用设施及其他场所照明的延时控制

5. 白炽灯变光开关		（1）额定电压为 220V，额定电流不超过 0.25A （2）在 40℃ 的环境中，配用 60w 灯泡连续工作 6h，开关无封固剂外溢或其他不正常现象 （3）开关内装二极管耐压≥400V	适用于室内 60W 以下白炽灯及电烙铁等设备调光之用
6. 电致发光板	JK-60A	（1）额定电压：110～250V； （2）频率：50～2000Hz； （3）在额定条件下，消耗功率为 2～3mw/cm²，寿命为 5000h 以上，击穿电压为 400～450V； （4）规格有 12×4、12×15、14×20、15×9cm²，并可根据使用要求制作成不大于 18×27cm² 的各种平面图形字符的发光屏	适用于要求亮度不高、节电的场所，主要用于字符显示、图像显示、仪表刻度照明、暗室照明、坑道路标指示、影剧院排号显示等

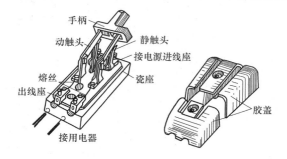

图 13-6　HK 系列开启式负荷开关

8. 胶壳闸刀开关

用途：适用于交流频率 50Hz、电压 380V、电流 60A 及以下的线路中，主要作为一般照明等回路的控制开关用。开启式负荷开关还具有短路保护作用。

规格：胶壳闸刀开关的型号及规格尺寸见表 13-37。

表 13-37　　　　　　胶壳闸刀开关的型号及规格尺寸

型号	额定电流 (A)	额定电压 (V)	极数	外形尺寸 (mm×mm×mm)
HK1	15	220	2	158×50×57
	30			175×57×63
	60			213×67×75
	15	380	3	171×76×60
	30			202×92×69
	60			224×108×80
HK2	10	250	2	133×55×58
	15			166×62×66
	30			189×62×64
	15	500	3	191×84×65
	30			226×100×78
	10			280×130×93

9. 铁壳开关

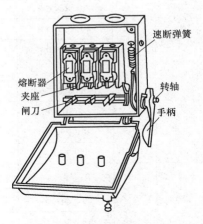

速断弹簧

熔断器
夹座
闸刀

转轴

手柄

图 13-7　HH 系列封闭式负荷开关

用途：常用的 HH 系列封闭式负荷开关主要用于各种配电设备中供手动不频繁接通和分断带负载的电路，以及作为线路末端的短路保护之用。交流 50Hz、380V 及以下等级的封闭式负荷开关还可作为交流电动机（380V、15kW 以下）的不频繁接通和分断。

规格：铁壳开关的型号及规格尺寸见表 13-38。

表 13-38   **铁壳开关的型号及规格尺寸**

型 号	额定电流 （A）	额定电压 （V）	极数	熔体额定电流 （A）	外形尺寸 （mm×mm×mm）
HH3	10	250	2	3，5，10	172×122×100
	15			6.10，15	172×122×100
	20			10，15，20	225×150×115
	30			20，25，30	225×150×115
	60			40，50，60	357×238×130
	100			80，100	440×290×245
	200			120，150，200	525×290×270
HH3	10	500	3	4，6，10	181×160×112
	15			6，10，15	242×216×118
	20			10.15，20	242×216×118
	30			20，25，30	242×216×118
	60			40，50，60	270×228×140
	100			80，100	357×308×200
	200			125，150，200	440×360×245
	400			300，350，400	525×360×270
HH4	15	220	2	6，10，15	270×177×90
	30			20，25，30	302×196×100
	60			40，50，60	403×240×130
HH4	15	380	2	6，10，15	290×226×91
	30			20，25，30	322×252×101
	60			40，50，60	433×310×131

四、照明开关与插座

1. 开关

开关的型号及规格见表 13-39。

表 13-39　　　　　　　　　　开关的型号及规格

名　称	型　号	规　格	图　例
AP86 系列开关			
单位单极开关	AP86K11-10	250V10A	
单位双联开关	AP86K12-10		
两位单极开关	AP86K21-10	250V10A	
两位双联开关	AP86K22-10		
三位单极开关	AP86K31-10	250V10A	
三位双联开关	AP86K32-10		
四位单极开关	AP86K41-10	250V10A	
四位双联开关	AP86K42-10		
带指示器单位单极开关	AP86K11D10	250V10A	
带指示器单位双联开关	AP86K12D10		
带指示器两位单极开关	AP86K21D10	250V10A	
带指示器两位双联开关	AP86K22D10		
电铃开关	AP86KL-10	250V10A	
带指示器电铃开关	AP86KLD10	250V10A	
带电铃开关《请勿打扰》显示板	AP86KQ-10	250V10A	

名　　称	型　　号	规　　格	图　　例
调光开关①	AP86KT-1	250V100W	
调光开关①	AP86KT-2	250V400W	
调光开关①	AP86KT-3	250V600W	
调光开关①	AP86KT-6	250V1000W	
带指示器高速开关②	AP86KTSD100	250V100W	
带指示器延时开关③	AP86KYD60	250V60W	
触摸延时开关③	AP86KYC60	250V60W	
单位单级拉线开关	AP86K11-6L	250V6A	
单位双联拉线开关	AP86K12-6L		
两位单级拉线开关	AP86K21-6L	250V6A	
两位双联拉线开关	AP86K22-6L		
H86 系列开关			
单位单极开关	H86K11-10	10A250V	
单位双联开关	H86K12-10		
两位单极开关	H86K21-10	10A250V	
两位双联开关	H86K22-10		
三位单极开关	H86K31-10	10A250V	
三位双联开关	H86K32-10		
四位单极开关	H86K41-10	10A250V	
四位双联开关	H86K42-10		

名　　称	型　号	规　格	图　例
五位单极开关	H86K51-10	10A250V	
五位双联开关	H86K52-10		
六位单极开关	H146K61-10	10A250V	
六位双联开关	H146K62-10		
八位单极开关	H172K81-10	10A250V	
八位双联开关	H172K82-10		
带指示器单位单极开关	H86K11D10	10A250V	
带指示器单位双联开关	H86K12D10		
带指示器两位单极开关	H86K21D10	10A250V	
带指示器两位双联开关	H86K22D10		
带指示器三位单极开关	H186K31D10	10A250V	
带指示器三位双联开关	H86K32D10		
带指示器四位单极开关	H86K4lD10	10A250V	
带指示器四位双联开关	H86K42D10		
带指示器五位单极开关	H146K51D10	10A250V	
带指示器五位双联开关	H146K52D10		
带指示器七位单极开关	H172K71D10	10A250V	
带指示器七位双联开关	H172K72D10		
电铃开关	H86KL1-6	6A250V	
带指示器电铃开关	H86KL1D6	6A250V	

名　称	型　号	规　格	图　例
带指示器延时开关①	H86KYD100	100A250V	
带指示器延时开关②	H86KYD500 主单元	500A250V	
带指示器延时开关②	H86KYD500 副单元		
调光开关	H86KT150	250V、150VA	
调光开关	H86KT250	250V、150VA	
调速开关	H86KTS150	250V、150VA	
调速开关	H86KTS250	250V、250VA	
带开关调光开关	H86KT11K150	250V、150VA	
带开关调光开关	H86KT11K250	250V、250VA	
带开关调速开关	H186KTS11K150	250V、150VA	
带开关调速开关	H86KTS11K250	250V、250VA	
带指示器光电节能 钥匙开关③	H86KJYD20 I	20A250V	
两位调速开关	H146K2TS150	250V、2×150VA	
两位调速开关	H146K2TS250	250V、2×250VA	
双音门铃	H146YML	250V	
带电铃开关"请勿 打扰"显示板	H86KQ-6 I	电铃 250V～6A 显示 250V～	
带电铃开关"请勿 打扰"显示板	H86KQ-6 II	电铃 250V～6A 显示 12V～	
"请勿打扰""请即 清理"显示板	H86QC I	显示 250V～	
"请勿打扰""请即 清理"显示板	H86QC II	显示 12V～	

名　　称	型　号	规　格	图　例
带电铃开关 "请勿打扰""请即 清理"显示板	H146KQC6 Ⅰ	电铃 250V～6A 显示 250V～	
	H146KQC6 Ⅱ	电铃 250V～6A 显示 12V～	

① 适用于白炽灯；

② 适用于吊扇无级调速；

③ 适用于额定功率 15～60W 的白炽灯。

2. 插座

插座的型号及规格见表 13-40。

表 13-40　　　　　　插座的型号及规格

铝　　称	型　号	规　格	图　例
AP86 系列插座			
两极双用插座	AP86Z12T10	250V10A	
带保护门两极双用插座	AP86Z12AT10		
两位两极双用插座	AP86Z22T10	250V10A	
带保护门两位两极双用插座	AP86Z22AT10		
两极带接地插座	AP86Z13-10	250V10A	
带保护门两极带接地插座	AP86Z13A10		
两位两极双用两极带接地插座	AP86Z223-10	250V10A	
带保护门两位两极双用两极带 接地插座	AP86Z223A10		
三位两极双用两极带接地插座	AP86Z332-10	250V10A	
带保护门三位两极双用两极带 接地插座	AP86Z332A10		
带开关两极双用插座①	AP86Z12KT10	250V10A	
带开关，保护门两极双用 插座①	AP86Z12KAT10		

铝　　称	型　　号	规　格	图　例
两位带开关两极双用插座[①]	AP86Z22KT10	250V10A	
两位带开关，保护门两极双用插座[①]	AP86Z22KAT10		
带开关，两极带接地插座[①]	AP86Z13K10	250V10A	
带开关，保护门两极带接地插座[①]	AP86Z13AK10		
带开关，两位两极双用两极带接地插座[①]	AP86Z223K10	250V10A	
带开关，保护门两位两极双用两极带接地插座[①]	AP86Z223AK10		
带指示器，两极双用插座	AP86Z12TD10	250V10A	
带指示器，保护门两极双用插座	AP86Z12ATD10		
带指示器，两位两极双用插座	AP86Z22TD10	250V10A	
带指示器，保护门两位两极双用插座	AP86Z22ATD10		
带指示器，两极带接地插座	AP86Z13D10	250V10A	
带指示器，保护门两极带接地插座	AP86Z13AD10		
带指示器，两位两极双用两极带接地插座	AP86Z223D10	250V10A	
带指示器，保护门两位两级双用两极带接地插座	AP86Z223AD10		
两位两极带接地插座	AP146Z23-10	250V10A	
带保护门，两位两极带接地插座	AP146Z23A10		
三位二极双用二极带接地插座	AP146Z323-10	250V10A	
带保护门，三位二极双用二极带接地插座	AP146Z323A10		

铝　　称	型　　号	规　格	图　例
三位两极带接地两极双用插座	AP146Z332-10	250V10A	
三位带保护门两极带接地，两极双用插座	AP146Z332A10		
四位二极双用二极带接地插座	AP146Z423-10	250V10A	
四位带保护门二极双用二极带接地插座	AP146Z423A10		
三位带拉线开关二级双用，二极带接地插座①	AP146Z223K6L	250V6A	
二位带保护门带拉线开关，二级双用二级带接地插座①	AP146Z223AK6L		
二位带开关二极双用二极带接地插座①	AP146Z223K10	250V10A	
二位带开关，保护门二级双用二极带接地插座①	AP146Z223AK10		
三位三极带接地二极双用二极带接地插座	AP146Z3423-$\frac{10}{16}$	250V10A 380V16A	
二极带接地插座	AP86Z13-16	250V16A	
带保护门二极带接地插座	AP86Z13A16		
二位二极带接地插座	AP146Z23-16	250V16A	
二位带保护门二极带接地插座	AP146Z23A16		
二极带接地插座	AP86Z13-32	250V30A	
三极带接地插座	AP86Z14-16	380V16A	
	AP86Z14-25	380V25 A	

铝　　称	型　　号	规　格	图　例
电视插座	AP86ZTV	75Ω	
两位电视插座	AP86Z2TV	75Ω	
电话出线座②	AP86ZD	—	
刮须插座	AP146ZX22D	220V110V 输出功率 20W	
安装面板	AP86ZB	—	
安装面板	AP146ZB	—	
高级"叮咚"双音门铃	AP146YML	250V	
四芯电话插座③	AP86ZDTN4	—	
带拉线索开关二极带接地插座①	AP86Z13K6L	6A250V	
带拉线开关，保护门二极带接地插座①	AP86Z13AK6L		
高级"叮咚"双音门铃	A146YML	250V	

铝　　称	型　号	规　格	图　例
H86 系列插座			
两极双用插座	H86Z12T10	10A250V	
带保护门两极双用插座	H86Z12TA10		
带开关两极双用插座	H86Z12TK10	10A250V	
带开关、保护门两极双用插座	H86Z12TAK10		
带开关两极双用插座④	H86Z12TK12-10		
带开关、保护门两极双用插座④	H86Z12TAK12-10		
带指示器两极双用插座	H86Z12TD10	10A250V	
带指示器、保护门两极双用插座	H86Z12TAD10		
带开关、指示器两极双用插座	H86Z12TKD10	10A250V	
带开关、指示器、保护门两极双用插座	H86Z12TAKD10		
带开关、指示器两极双用插座④	H86Z12TK12D10		
带开关、指示器、保护门两极双用插座④	H86Z12TAK12D10		
两位两极双用插座	H86Z22T10	10A250V	
两位带保护门两极双用插座	H86Z22TA10		
两位带开关两极双用插座	H86Z22TK10	10A250V	
两位带开关、保护门两极双用插座	H86Z22TAK10		
两位带开关两极双用插座④	H86Z22TK12-10		
两位带开关、保护门两极双用插座④	H86Z22TAK12-10		

铝　　称	型　号	规　格	图　例
两位带指示器两极双用插座	H86Z22TD10	10A250V	
两位带指示器保护门两极双用插座	H86Z22TAD10		
两位带开关两极双用插座⑤	H86Z22TK21-10	10A250V	
两位带开关、保护门两极双用插座⑤	H86Z22TAK21-10		
两位带开关两极双用插座⑥	H86Z22TK22-10		
两位带开关、保护门两极双用插座⑥	H86Z22TAK22-10		
两位带开关、指示器两极双用插座	H86Z22TKD10	10A250V	
两位带开关、指示器两极双用插座	H86Z22TAKD10		
两极带接地插座	H86Z13-10	10A250V	
带保护门两极带接地插座	H86Z13A10		
两极带接地插座	H86Z13-16	16A250V	
带保护门两极带接地插座	H86Z13A16		
两极带接地插座	H86Z13-20	20A250V	
	H86Z13-32	32A250V	
带开关两极带接地插座	H86Z13K10	10A250V	
带开关、保护门两极带接地插座	H86Z13AK10		
带开关两极带接地插座④	H86Z13K12-10		
带开关、保护门两极带接地插座④	H86Z13AK12-10		
带指示器两极带接地插座	H86Z13D10	10A250V	
带指示器、保护门两极接地插座	H86Z13AD10		

铝　　称	型　　号	规　格	图　例
带开关、指示器两极带接地插座	H86Z13KD10	10A250V	
带开关指示器保护门两极带接地插座	H86Z13KAD10		
带开关、指示器两极带接地插座④	H86Z13K12D10		
带开关指示器保护门两极带接地插座④	H86Z13AK12D10		
两位两极双用两极带接地插座	H86Z223-10	10A250V	
两位带保护门两极双用两极带接地插座	H86Z223A10		
两位带开关两极双用两极带接地插座	H86Z223K10	10A250V	
两位带开关、保护门两极双用两极带接地插座	H86Z223AK10		
两位带开关两极双用两极带接地插座④	H86Z223K12-10		
两位带开关、保护门两极双用两极带接地插座④	H86Z223AK12-10		
三极带接地插座	H86Z14-16	16A380V	
	H86Z14-25	25A380V	
两位两极带接地插座	H146Z23-10	10A250V	
两位带保护门两极带接地插座	H146Z23A10		
三位两极双用两极带接地插座	H146Z323-10	10A250V	
三位带保护门、两极双用、两极带接地插座	H146Z323A10		

铝　　称	型　号	规　格	图　例
三位两极带接地、两极双用插座	H146Z332-10	10A250V	
三位带保护门、两极带接地、两极双用插座	H146Z332A10		
四位两极双用两极带接地插座	H146Z423-10	10A250V	
四位带保护门两极双用两极带接地插座	H146Z423A10		
两位带开关、两极双用两极带接地插座	H146Z223K10	10A250V	
两位带开关、保护门两极双用两极带接地插座	H146Z223AK10		
两位带开关两极带接地插座	H146Z23K21-10	10A250V	
两位带开关、保护门两极带接地插座	H146Z23AK21-10		
两位带开关、指示器两极带接地插座	H146Z23K21D10	10A250V	
两位带开关、指示器保护门、两极带接地插座	H146Z23AK21D10		
刮须电源插座	H146Z22X	输出100V～240V～20VA	
带熔断器两极带接地插座	H86Z13R10	10A250V	
带熔断器、保护门两极接地插座	H86Z13AR10		
带熔断器两极带接地插座	H86Z13R16	16A250V	
带熔断器、保护门两极接地插座	H86Z13AR16		

铝　称	型　号	规　格	图　例
两位带熔断器两极带接地插座	H146Z23R16	16A250V	
两位带熔断器、保护门、两极带接地插座	H146Z23AR16		
两位带熔断器、两极双用两极带接地插座	H146Z223R10/16	16A⑦250V	
两位带熔断器、保护门两极双用、两极带接地插座	H146Z223AR10/16		
带保护门两极带接地插座	H86Z13A5B⑧	5A250V	
带保护门两极带接地插座	H86Z13A15B⑧	15A250V	
两极带接地插座	H86Z13-15B⑧	15A250V	
带开关两极带接地插座	H86Z13K15B⑧	15A250V	
	H86Z13AK15B⑧		
电视插座	H86ZTV Ⅱ	—	
电视串接插座（1分支）	H86Z1TVF7		
电视串接插座（1分支）	H86Z1TVF12		
电视串接插座（1分支）	H86Z1TVF16		
两位电视插座⑨	H86Z2TV	—	
电视串联插座（2分支）	H86Z2TVF	—	
电话出线座	H86ZD Ⅰ	—	
六线电话插座	H86ZDTN6Ⅱ	—	
六线电话插座	H86ZDTN6/2	两芯	
六线电话插座	H86ZDTN6/4	两芯	

铝　　称	型　　号	规　格	图　例
H86 安装面板	H86ZB	—	⬜
H146 安装面板	H146ZB	—	⬜

① 开关与插座分体，可连接使用也可单独使用。

② 电话线从孔中软护套进出，背面设有压片，固定电话线不易拉脱。

③ 采用国际通用形式，使用方便，话机可移动使用，插座板带有防尘盖。

④ 带单位双联开关。

⑤ 带两位单极开关。

⑥ 带两位双联开关。

⑦ 两极双用插座为 10A，两极带接地插座为 16A。

⑧ 外贸出口产品，可用于进口家电配用，符合 BS 标准。

⑨ FM、TV 用户插座。

五、灯具

1. 荧光灯管

圆柱形荧光灯管如图 13-8 所示。

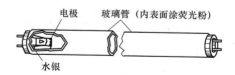

图 13-8　圆柱形荧光灯管

用途：用于办公室、居室、高级服饰店、画廊、博物馆、产品展示间、花卉店及饭店和其他需要高显色性灯光的场所。

规格：荧光灯管的型号及规格尺寸见表 13-41。

表 13-41　　　　　　　　　荧光灯管的型号及规格尺寸

型号	额定电压（V）	功率（W）	工作电压（V）	工作电流（A）	光通量（lm）	平均寿命（h）	外形尺寸（mm）直径 D	外形尺寸（mm）全长 L
YZ4RR	220	4	35	0.11	70	700	16	150
YZ6RR		6	55	0.14	160			226
YZ8RR		8	60	0.15	250	1500		302
YZ10RR		10	45	0.25	410		26	345
YZ15RR		15	51	0.33	580	3000	34.1	451
YZ20RR		20	57	0.37	930			604
YZ30RR		30	81	0.405	1550		38.5	909
YZ40RR		40	103	0.45	2400	5000		1215
YZ65RR		65	110	0.67	4170		—	1514.2
YZ80RR		80	99	0.87	4725	3000	—	1514.2
YZ85RR		85	120	0.80	5225		40.5	1778.0
YZ100RR		100	—	1.50	5000	2000	38.0	1215
YZ125RR		125	149±15	0.94	6250		40.5	2389.1

注　RR 为日光色。表中所列功率为灯管本身的耗电量。

环形荧光灯管如图 13-9 所示。

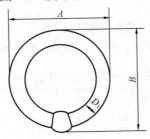

图 13-9　环形荧光灯管

用途：用于宾馆、酒店、商场、居室及局部照明。

规格：荧光灯管的型号及规格尺寸见表 13-42。

表 13-42 荧光灯管的型号及规格尺寸

型号	功率 (W)	电压 (V)	光通量 (lm)	发光颜色	最大外形尺寸（mm）		
					A	B	D_1
YH20RR			890	日光色			
YH20RL	20	61	1005	冷白色	—	151	36
YH20RN			1005	暖白色			
YH30RR			1560	日光色			
YHt30RL	30	81	1835	冷白色	—	247	33
YH30RN			1835	暖白色			
YH40RR			2225	日光色			
YH40RL	40	110	2560	冷白色	247.7	247.7	34.1
YH40RN			2580	暖白色			

2. 节能荧光灯

节能荧光灯的类型如图 13-10 所示。

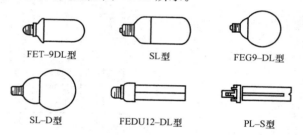

FET–9DL型   SL型   FEG9–DL型

SL–D型   FEDU12–DL型   PL–S型

图 13-10 节能荧光灯的类型

用途：用于宾馆、酒店、商场、居室、公园及局部照明。

规格：节能荧光灯的型号及规格尺寸见表 13-43。

表 13-43 节能荧光灯的型号及规格尺寸

型　号	功率 (W)	电源电压 (V)	光通量 (lm)	平均寿命 (h)	灯头型号	直径 (mm)	全长 (mm)
日光色（色温 6500K）							
FET9-DL	9	220	360	4000	E27	67	132
日光色（色温 6500K）							
FEG9-DL	9	220	360	4000	E27	87	132

型 号	功率 （W）	电源电压 （V）	光通量 （lm）	平均寿命 （h）	灯头型号	直径 （mm）	全长 （mm）
日光色（色温 6500K）							
SL-D18W	18	220	800	8000	E27	115.7	175.3
日光色（色温 6500K）							
FEDU12-DL	12	220	600	5000	E27	48	170
晶莹透明圆筒型，暖白色（色温 2700K）							
SL-P9W	9	220	400	8000	E27	64.4	155
SL-P13W	13	220	600	8000	E27	64.4	165
SL-P18W	18	220	900	8000	E27	64.4	175
SL-P25W	25	220	1200	8000	E27	64.4	185
晶莹透明圆筒型，日光色（色温 5000K）							
SL-P9W	9	220	375	8000	E27	64.4	155
SL-P13W	13	220	575	8000	E27	64.4	165
SL-P18W	18	220	850	8000	E27	64.4	175
SL-P25W	25	220	1100	8000	E27	64.4	185
晶莹透明圆筒型，冷日光色（色温 6500K）							
SL-P9W	9	220	350	8000	E27	64.4	155
SL-P13W	13	220	550	8000	E27	64.4	165
SL-P18W	18	220	800	8000	E27	64.4	175
SL-P25W	25	220	1050	8000	E27	64.4	185
乳白色圆筒型，暖白色（色温 2700K）							
SL-C9W	9	220	350	8000	E27	64.4	155
SL-C13W	13	220	550	8000	E27	64.4	165
SL-C18W	18	220	800	8000	E27	64.4	175
SL-C25W	25	220	1200	8000	E27	64.4	185
色温 2700K							
PL-S7W/82	7	220	400	8000	G23	28	135
PL-S9W/82	9	220	570	8000	G23	28	167
PL-S11W/82	11	220	880	8000	G23	28	236
色温 4000K							
PL-S7W/84	7	220	400	8000	G23	28	135
PL-S9W/84	9	220	570	8000	G23	28	167
PL-S11W/84	11	220	880	8000	G23	28	236

型　　号	功率 （W）	电源电压 （V）	光通量 （lm）	平均寿命 （h）	灯头型号	直径 （mm）	全长 （mm）
色温 5000K							
PL-S7W/85	7	220	400	8000	G23	28	135
PL-S9W/85	9	220	570	8000	G23	28	167
PL-S11W/85	11	220	880	8000	G23	28	236

3. 高压钠灯

高压钠灯的类型如图 13-11 所示。

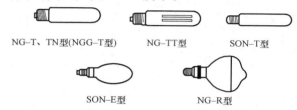

图 13-11　高压钠灯的类型

用途：用于室内外、广场、车站、码头及工地等照明。

规格：高压钠灯的型号及规格尺寸见表 13-44。

表 13-44　　　　　高压钠灯的型号及规格尺寸

灯泡型号	功率 （W）	电源电压 （V）	光通量 （lm）	平均寿命 （h）	灯头型号	直径 （mm）	全长 （mm）
NG35T	35	220	2250	16 000	E27	39	155
NG50T	50	220	3600	18 000	E27	39	155
NG70T	70	220	6000	18 000	E27	39	155
NG100T1	100	220	8500	18 000	E27	39	180
NG100T2	100	220	8500	18 000	E40	49	210
NG110T	110	220	10 000	16 000	E27	39	180
NG150T1	150	220	16 000	18 000	E40	49	210
NG150T2	150	220	16 000	18 000	E27	39	180
NG215T	215	220	23 000	16 000	E40	49	259
NG250T	250	220	28 000	18 000	E40	49	259
NG360T	360	220	40 000	16 000	E40	49	287
NG400T	400	220	48 000	18 000	E40	49	287
NG1000T1	1000	220	130 000	18 000	E40	67	385
NG1000T2	1000	380	120 000	16 000	E40	67	385

灯泡型号	功率 （W）	电源电压 （V）	光通量 （lm）	平均寿命 （h）	灯头型号	直径 （mm）	全长 （mm）
NG100TN	100	220	6800	12 000	E27	39	180
NG110TN	110	220	8000	12 000	E27	39	180
NG150TN	150	220	12 800	20 000	E27	39	180
NG215TN	215	220	19 200	20 000	E40	49	252
NG250TN	250	220	23 300	20 000	E40	49	252
NG360TN	360	220	32 600	20 000	E40	49	280
NG400TN	400	220	39 200	20 000	E40	49	280
NG1000TN	1000	220	96 200	20 000	E40	62	375
NGG150T	150	220	12 250	12 000	E40	49	211
NGG250T	250	220	21 000	12 000	E40	49	259
NGG400T	400	220	35 000	12 000	E40	49	287
NG70TT	70	220	5880	32 000	E40	47	205
NG100TT	100	220	8300	32 000	E40	47	205
NG110TT	110	220	9800	32 000	E40	47	205
NG150TT	150	220	15 600	48 000	E40	47	205
NG215TT	215	220	21 800	32 000	E40	47	252
NG250TT	250	220	26 600	48 000	E40	47	252
NG360TT	360	220	38 000	32 000	E40	47	280
NG400TT	400	220	45 600	48 000	E40	47	280
NG70R	70	220	4900	9000	E27	125	180
NG100R	100	220	7000	9000	E27	125	180
NG110R	110	220	8000	9000	E27	125	180
NG150R	150	220	12 000	16 000	E40	180	292
NG215R	215	220	2000	16 000	E40	180	292
NG250R	250	220	23 000	16 000	E40	180	292
SON-T50	50	220	3600	—	E27	38	156
SON-T70	70	220	6000	—	E27	38	156
SON-T150	150	220	16 000	—	E40	48	211
SON-T250	250	220	28 000	—	E40	48	257
SON-T400	400	220	48 000	—	E40	48	283
SON-T1000	1000	220	130 000	—	E40	67	390
SON-T100PLUS	100	220	10 500	—	E40	48	211

灯泡型号	功率 (W)	电源电压 (V)	光通量 (lm)	平均寿命 (h)	灯头型号	直径 (mm)	全长 (mm)
SON-E50	50	220	3500	—	E27	71	156
SON-E70	70	220	5600	—	E27	71	156
SON-E150	150	220	14 500	—	E40	91	226
SON-E250	250	220	27 000	—	E40	91	226
SON-E400	400	220	48 000	—	E40	122	290
SON-E1000	1000	220	130 000	—	E40	166	400
SON-E100PLUS	100	220	1000	—	E40	76	186

4. 高光效金属卤化灯

高光效金属卤化灯如图 13-12 所示。

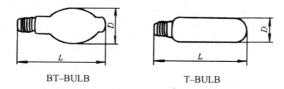

BT-BULB　　　　　T-BULB

图 13-12　高光效金属卤化灯的类型

高光效金属卤化灯的型号及规格见表 13-45。

表 13-45　　　　　高光效金属卤化灯的型号及规格

灯泡 型号	功率 (W)	电源电压 (V)	工作电压 (V)	工作电流 (A)	光通量 (lm)	平均 寿命 (h)	色温 (K)	灯头 型号	全长 (mm) D	L
BT-BULB										
ZJD150	150	220	115	1.50	11 500	10 000	4300	E27	80	190
ZJD175	175	220	130	1.50	14 000	10 000	4300	E40	90	222
ZJD250	250	220	135	2.15	20 500	10 000	4300	E40	90	222
ZJD400	400	220	135	3.25	3000	10 000	4000	E40	120	290
ZJD1000	1000	220	265	4.10	110 000	10 000	3900	E40	180	396
ZJD1500	1500	220	270	6.20	155 000	3000	3600	E40	180	396

灯泡型号	功率(W)	电源电压(V)	工作电压(V)	工作电流(A)	光通量(lm)	平均寿命(h)	色温(K)	灯头型号	全长(mm) D	L
T-BULB										
ZJD175	175	220	130	1.50	14 000	8000	4300	E40	45	190
ZJD250	250	220	135	2.15	20 500	89 000	4300	E40	45	190
ZJD400	400	220	135	3.25	3000	8000	4000	E40	65	257
ZJD1000	1000	220	265	4.10	110 000	8000	3900	E40	75	330

镇　流　器						
灯泡功率(W)	电源电压(V)	频率(Hz)	电流(A)	温升(℃)	功率因数 cosφ	电容器(μF)
175	220	50	1.10	80	0.85	13
250	220	50	1.45	80	0.85	18
400	220	50	2.40	80	0.85	26
1000	220	50	5.50	80	0.85	30

5. 射灯

射灯的名称及规格尺寸见表13-46。

表 13-46　　　　　　　　射灯的名称及规格尺寸

名　称	产品编号	规格(mm)
筒形万向射灯	MS101(K-213)	135×130×φ52，100W，1kg
筒形万向射灯	MS1 02	168×170×φ103，100W，1kg
筒形万向射灯	MS103(K-315)	180×150×φ103，100W，1kg
球形万向射灯	MS104	280×φ200，100W，2kg
筒形路轨射灯	MS201	150×φ103，100W，1.2kg
筒形路轨射灯	MS202	150×φ103，100W，1.2kg
喇叭形路轨射灯	MS203	178×φ150，100W，1.5kg
喇叭形路轨射灯	MS204	178×φ150，100W，1.5kg
筒形路轨射灯	MS205	150×φ103，100W，1.5kg
大头路轨射灯	MS206	178×φ138，100W，1.8kg

名　称	产品编号	规格（mm）
筒形路轨射灯	MS207	150×φ103，100W，1.4kg
球形路轨射灯	MS208	280×φ200，100W，2kg
万向球射灯	MS301（K-215）	110×φ180，100W，1kg
筒形射灯	MS302（K-116）	150×φ138，100W，1kg
万向球射灯	MS303	170×φ172，100W，1.5kg
筒形射灯	MS304	170×φ172，100W，1.5kg
筒形射灯	MS401	200×φ260，100W，4kg
筒形射灯	MS402	260×φ280，100W，4kg

6. 台灯

台灯的名称及规格尺寸见表 13-47。

表 13-47　　　　　台灯的名称及规格尺寸

名　称	产品编号	规格（mm）
景泰蓝花瓶台灯	TD11	H440，φ250，60W×1，1kg
景泰蓝花瓶台灯	TD12	H460，φ250，J60W×1，1kg
全铜台灯	TD9	H400，φ300，60W×1，3.5kg
调光全铜台灯	TD10	H480，φ350，60W×1，1.5kg
小型书写台灯	BT451/E27	H390，L170×W145，φ170
普及型多功能床头灯	BT456-A/E27	H161，L60，φ137，W50
无级调光型床头灯	BT456-B/E27	—
舒乐风扇台灯	BT460-F/E27	H440，L163×W154，φ180
普及型书写台灯	BT461/E27	H400，L172×W176
有级调光书写台灯	—	H400，L172×W176
无级调光书写台灯	—	H400，L172×W176
书写台灯	BT478/E27	H440，$L_1$170，$L_2$172
折叠台灯	BT507/E14	H200，L170
琴灯（801 型）（全铜）	BTl5	φ265，H405，40W×1，2kg

名 称	产品编号	规格（mm）
雅室台灯（圆柱形）	BT564	ϕ222，H350，40W×1，1kg
多功能调节台灯	BT484	ϕ260，H340，25W×1，1.5kg
办公台灯（全铜）	BT16	ϕ265，H370，40W×1，2kg
宫廷台灯	BT517	ϕ380，H510，40W×1，1kg
柱形大理石台灯	BT446	—
金管台灯	BT442-B	—
喜庆艺术台灯	BT483	ϕ450，H580，40W×1

7. 落地灯

落地灯名称及规格尺寸见表 13-48。

表 13-48　　　　　落地灯名称及规格尺寸

名 称	产品编号	规格（mm）
摇臂落地灯	LD30-A	H1570，ϕ480，60W×1，9.5kg
金管落地灯	LD29	H1585，ϕ420，100W×1，8kg
刻花玻璃片落地灯	LD26	H1550，ϕ510，60W×1，14kg
双管落地灯	LD32	H1200，ϕ360，60W×1，11.5kg
雅室落地灯（圆柱式）	LD46	H1200，ϕ260，60WN 2，5kg
双罩摇臂落地灯	LD31	H1480，ϕ340，60W×1，9.5kg
古铜双头金属落地灯	CH7021	H1620，ϕ390，40W×2，6.5kg
坐地摇臂灯	CH7022	H1600，ϕ400，40W×1，5kg
木杆落地灯	CH7031	H1550，ϕ400，40W×1，5.8kg
八角罩双头金管落地灯	CH7035	H1620，ϕ390，40W×2，6.3kg

8. 壁灯

壁灯的名称及规格尺寸见表 13-49。

表 13-49　　　　　　　　　壁灯的名称及规格尺寸

名　　　称	产品编号	规格(mm)			
		宽度	长度	高度	直径
挂片壁灯(双叉)	JXB97-2	484	340	242	—
螺旋罩壁灯(单叉)	JXB86-1	100	325	180	
螺旋罩壁灯(双叉)	JXB86-2	295	325	325	—
螺旋罩壁灯(三叉)	JXB86-3	210	375	210	
单节摇臂壁灯(双叉)	JXB515-2	100	320	370	
摇臂床头壁灯(单叉)	JXB308-A	560	300	560	
摇臂床头壁灯(全铜)(单叉)	JXB308-B	460	300	460	
水晶棒直筒壁灯(单叉)	IXB113-1	180	460	245	
水晶棒直筒壁灯(双叉)	JXB113-2	455	460	275	
单管壁灯	JXB4-1	73	335	103	
双管壁灯	JXB4-2	154	335	103	
玉柱罩壁灯(单叉)	JXB98-1	175	220	278	
玉柱罩壁灯(双叉)	JXB98-2	440	220	245	
单联闪光壁灯	JXB340-1	125	250	190	
管状壁灯(单节)	JXB302-1	400	95	170	
管状镜前灯	JXB312	1200	80	120	
圆球床头灯	JXB135	140	140	180	
走道壁灯	JXB304	100	125	55	
波纹花网座壁灯(单叉)	JXB70-1	165	240	228	—
波纹花网座壁灯(双叉)	JXB70-2	425	240	203	
波纹罩门壁灯(双叉)	JXB73-2	575	390	300	—
波纹罩门壁灯(单叉)	JXB72-1	360	590	480	
喜庆艺术摇臂壁灯(单叉)	JXB439-1	400	370	520	
喜庆艺术壁灯(双叉)	JXB439-2	400	370	210	
双叉金棒纱罩壁灯	JXB307	595	270	245	
蜡烛壁灯	CH2048	220	290	400	—
	2X40WE14				

名　称	产品编号	规格（mm）			
		宽度	长度	高度	直径
皇冠水晶壁灯	CH2031 2X40WE14	215	215	220	—
单头玉花壁灯	BBB101 1-60	130	500	280	—
	BBB102 2-60	374	500	230	—
双头玉花壁灯	BBB102 3-60	390	608	280	—
单头橄榄壁灯	BKD105 2-40	340	650	260	—
	BBB106 2-40	102	570	340	—
双头橄榄壁灯	BBB107 1-60	515	570	275	—
斜橄榄壁	BKB108 2-60	400	375	230	—
单头鼓形壁灯	BKB109 2-60	720	600	415	—
双头鼓形壁灯	BKB110 3-60	488	480	287	—
杯形壁灯	BKB111 2-40	120	400	240	—
环纹杯壁灯	BKB111 1-60	300	400	210	—
花边杯壁灯	BKB112 2-60	135	400	235	—
单头长杯壁灯	BBB113 1-60	120	233	230	—

名　　称	产品编号	规格(mm)			
		宽度	长度	高度	直径
单头菠萝壁灯	BBB113 1-40	120	233	230	—
双头菠萝壁灯	BBB113 2-40	300	233	203	—
白菜壁灯	BBB114 2-60	420	450	265	—
碗罩壁灯	BKB115 2-60	546	300	237	—
	BKB116 2-60	815	645	450	—
单头圆顶罩壁灯	BBB117 1-60	230	180	280	—
双头圆顶罩壁灯	BBB117 2-60	490	180	280	—
单头菱形壁灯	BBB118 1-40	184	250	215	—
双头菱形壁灯	BBB118 2-40	380	250	260	—
单头笙形壁灯	BBB119 1-60	120	175	360	—
双头笙形壁灯	BBB120 2-60	268	350	155	—
螺口筒壁灯	BMB121 1-60	98	225	140	—
	BMB122 2-60	400	140	140	—

名　　称	产品编号	规格（mm）			
		宽度	长度	高度	直径
单头双筒壁灯	BBB123	130	350	110	—
	1-40				
双头方筒壁灯	BBB124	295	350	110	—
	2-40				
单头切口球壁灯	BBB128	150	226	225	—
	1-40				
	BBB128	200	254	250	—
	1-60				
双头切口球壁灯	BBB129	390	231	210	—
	2-40				
	BBB129	440	231	235	—
	2-60				
单头圆筒壁灯	BBB130	112	383	201	—
	1-40		434		
	BBB130	137	434	214	—
	1-40		484		
双头圆筒壁灯	BBB130	319	434	214	—
	2-40		484		
	BBB130	344	534	226	—
	4-60		579		
单头圆筒壁灯	BBB131	112	360	198	—
	1-40		410		
	BBB131	137	410	211	—
	1-40		460		
	BBB131	162	510	223	—
	2-60		560		

名　　称	产品编号	规格（mm）			
		宽度	长度	高度	直径
双头圆筒壁灯	BBB131 2-40	294	360 410	198	—
	BBB131 4-60	319	410 460	211	—
单头圆筒壁灯	BBB132 1-40	80	288	132	—
	BBB132 1-40	94	340	139	—
	BBB132 1-60	104	390	144	—
双头圆筒壁灯	BBB132 4-40	180	288	132	—
	BBB132 4-40	208	340	139	—
	BBB132 4-40	228	390	144	—
单头圆筒壁灯	BBB133 1-25	67	382	101	
玻璃管壁灯	BBB135 2-100	118	550	123	
矩形壁灯	BMG136 1-250	208	272	725	
投光壁灯	BKB137 1-250	112	190	200	
单头圆筒壁灯	BBB134 1-40	80	321 219 270	97	

名　称	产品编号	规格(mm)			
		宽度	长度	高度	直径
烛式壁灯	BKB138	320	400	186	
	2-25				
火炬壁灯	BBB139	140	588	175	—
	1-60				
	BBB139	375	635	280	—
	2-60				
	BBB139	570	827	335	—
	3-60				
花篮壁灯	BKB140	700	500	400	
	3-100				
玻璃片壁灯	BD47	280	100	—	—
	BD48	—	112	—	250
壁灯(古典式)	BD50	270	580	320	—
玻璃片壁灯	BD35	180	240	100	—
	BD60	170	155	95	—
	BD31	210	240	100	—
蝴蝶形玻璃片壁灯	BD51	280	246	150	—
扇形玻璃片壁灯	BD34-2	385	240	190	—
带开关信号壁灯	BD23B	110	80	110	—
单头摇臂壁灯	BD25-1B	250	300	—	—
筒形射壁灯	BD30	110	300	—	—
扇形壁灯	BD22-2	230	55	—	—
玻璃片壁灯	BD54-3	320	230	—	—
双头摇臂壁灯	BD25-2B	600	300	—	—
中玉兰罩单头壁灯	BD5	120	293	143	—
平顶喷砂花瓶罩双头壁灯	BD6-2	320	278	138	—
奶白杯形罩单头壁灯	BD6	120	293	143	—

名　称	产品编号	规格（mm）			
		宽度	长度	高度	直径
双火笙形壁灯	GAB106 2-40	140	2007	372	—
单火橄榄壁灯	GAB107 1-40	—	330	200	—
双火橄榄壁灯	GAB108 2-40	300	370	200	—
单火橄榄壁灯	BXG107 1-40	—	330	200	—
单火玉兰壁灯	GAB101 1-60	120	440	177	—
	GAB102 2-60	230	440	155	—
	GAB103 3-60	295	440	185	—

9. 吸顶灯

吸顶灯的名称及规格尺寸见表 13-50。

表 13-50　　　　　吸顶灯的名称及规格尺寸

名　称	产品编号	规格（mm）			
		宽度	长度	高度	直径
螺旋吸顶灯	XD64-24	—	—	3500	1350
卷丝吸顶灯	XD101-4	320（方）	350	—	—
	XD-9	450（方）	330	—	—
滴水珠吸顶灯	XD-4A	1000（方）	560	—	—
	XD-4B	600（方）	290	—	—
	XD108	250（方）	235	—	—
玻璃片吸顶灯	XD97	180（方）	250	—	—

名　　称	产品编号	规格（mm）			
		宽度	长度	高度	直径
水晶珠组合吸顶灯	XD81-5	320（方）	300	—	—
水晶珠吸顶灯	XD81-4	320（方）	1800	—	—
水晶珠螺旋吸顶灯	XD77-25	630（方）	1800	—	—
钻石罩吸顶灯	XD83-5	—	—	500	1000
玻璃条吸顶灯	XD89-9	450	400	—	—
	XD61-5	450	400	—	—
	XD79-9	—	—	420	530
	XD56-7	—	—	420	530
茶色玻璃片吸顶灯	XD44-9	600	450	—	—
龙吐珠吸顶灯	XD62-7	700	300	—	—
玻璃珠（水晶珠）吸顶灯	XD52	500	500	600	—
喷砂玻璃片吸顶灯	XD107-5	370（方）	300	—	—
照片吸顶灯	XD10-9	180（方）	280	—	—
茶色玻璃片吸顶灯	XD37-9	450（方）	350	—	—
玻璃条组合吸顶灯	XD20-5	500（方）	200	—	—
晶菱罩顶灯	XD82-4	450（方）	290	—	—
喷砂圆球罩吸顶灯	XD13-4	440（方）	210	—	—
龙珠泡吸顶灯	XD23-3	460	220	—	—
车花方罩吸顶灯	XD21-4	480（方）	300	—	—
扁方罩吸顶灯	XD12-4C	450（方）	198	—	—
七叉透明蘑菇罩吸顶灯	JXD520-7	—	790	380	—
圆球吸顶灯（4×8）	JXD1-1	204	—	240	—
圆球吸顶灯（5×10）	JXD1-2	254	—	295	—
茶色圆球吸顶灯	JXD138-2	200	—	280	—
透明圆球吸顶灯	JXD133-1	200	—	275	—
	JXD133-2	250	—	325	—
九联闪光吸顶灯	JXD406-9	600	600	205	—

名　　称	产品编号	规格(mm)			
		宽度	长度	高度	直径
单联闪光吸顶灯	JXD401-1	170	170	205	—
ф350 圆盘吸顶灯	JXD225	350	—	90	—
瓜纹盆形吸顶灯	JXD92	370	—	145	—
反射型吸顶灯	JXD135	500	—	175	—
半隐藏式吸顶灯（全铜）	JXD510	250	250	180	—
单联刻花玻璃塑方吸顶灯	JXD86-1	270	270	115	—
双联刻花玻璃塑方吸顶灯	JXD86-2	300	600	120	—
四联刻花玻璃塑方吸顶灯	JXD86-4	600	600	120	—
荧光组合吸顶灯（1×3×6）	JXD44-1	258	498	116	—
刻花玻璃片荧光吸顶灯	JXD411-2×15	300	570	176	—
圆形刻花玻璃片吸顶灯	XD411-2×20	302	662	176	—
	JXD98-L618	610	—	220	—
伞形刻花玻璃片吸顶灯（环管）	JXD131-0	450	—	280	—
伞形刻花玻璃片吸顶灯	JXD-131	450	—	280	—
伞形茶色刻花玻璃片吸顶灯	JXD131-2	450	—	280	—
双罩吸顶灯	JXD51	340	—	200	—
四叶吸顶灯	JXD197	395	395	220	—
斜面茶色玻璃片吸顶灯	JXD518	300	300	150	—
多联方形吸顶灯	2X07A7	443	900	—	—
	4-100				
	3X07A7	443	1357	—	—
	6-100				
	4X07A7	900	900	—	—
	8-100				
	6X07A7	900	1357	—	—
	12-100				

名　称	产品编号	规格(mm)			
		宽度	长度	高度	直径
圆筒吸顶灯	X10A	—	—	257	140
	1-100				
单联狭长方吸顶灯	X08A	952	328	240	—
	3-100				
双联狭长方吸顶灯	2X08A	952	620	240	—
	6-100				
浅半圆吸顶灯	X09A4	—	—	210	200
	1-60				
	X09A6	—	—	173	295
	1-100				
	X09A8	—	—	183	395
	1-150				
	X09A10	—	—	193	560
	2-60				
橄榄吸顶灯	5X13A	—	—	280	820
	5-60				
	6X13A	—	—	255	920
	6-60				
	7X13A	—	—	240	1100
	7-60				
盘形吸顶灯	X11A	—	—	290	800
	4-100				
	X12A	—	—	256	960
	4-100				
木框吸顶灯	X18A	215	395	120	—
	1-100				

名　　称	产品编号	规格（mm）			
		宽度	长度	高度	直径
晶体片组合吸顶灯	X16A10 4-60	500	500	396	—
	X17A12 8-60	600	600	396	—
一层晶体筒组合吸顶灯	X21A 4-60	790	790	390	—
三层晶体筒组合吸顶灯	X19A 1-60	1800	1800	725	—
	X19A 9-200	1800	1800	725	—
斜边圆吸顶灯	X01B6 1-100	—	—	110	300
尖扁圆吸顶灯	X02A5 1-60	—	—	115	250
	X02A6 1-100	—	—	138	300
	X02A7 1-100	—	—	168	350
圆扁圆吸顶灯	X03A5 1-60	—	—	125	250
	X03A6 1-100	—	—	145	300
	X03A7 1-100	—	—	170	350
高边扁圆吸顶灯	X03B5 1-100	—	—	475	250
	X03B6 1-100	—	—	165	300
	X03B7 3-100	—	—	225	3350

名　称	产品编号	规格（mm）			
		宽度	长度	高度	直径
浅扁圆吸顶灯	X03C6	—	—	100	250
	1-60				
	X03C6	—	—	100	300
	1-60				
防水圆球吸顶灯	X04A4	—	—	243	200
	1-60				
	X04A5	—	—	283	250
	1-100				
长方形吸顶灯	X05A5	160	260	88	—
	1-60				
	X05A8	248	390	118	—
	1-100				
方形吸顶灯	X06A5	340	340	125	—
	1-100				
	X06A7	474	474	144	—
	2-100				
多联方形吸顶灯	3X07A5	343	1057	—	—
	3-100				
	4X07A5	700	700	—	—
	4-100				
	6X07A5	700	1057	—	—
	6-100				

10. 吊灯

吊灯的名称及规格尺寸见表 13-51。

表 13-51 　　　　　　　吊灯的名称及规格尺寸　　　　　　　mm

名　称	产品编号	规　格			
		宽度	长度	高度	直径
六叉波纹罩吊灯	JDD47-6	—	—	910	920
七叉波纹罩吊灯	JDD48-7	—	—	955	915
七叉中波纹罩吊灯	JDD50-7	—	—	1320	1470
十一叉花罩水晶吊灯	JDD52-11	—	—	900	1330
五叉玉柱罩吊灯	JDD73-5	—	—	760	720
八叉水晶棒直筒吊灯	JDD83-8	—	—	975	900
七叉松花罩吊灯	JDD87-7	—	—	970	940
四叉金棒纱罩吊灯	JDD423-4	—	—	660	800
三叉石榴罩吊灯	JDD145-3	—	—	610	885
五叉石榴罩吊灯	JDD145-5	—	—	610	885
三叉绣球罩吊灯	JDD147-3	—	—	500	520
五叉绣球罩吊灯	JDD147-5	—	—	500	615
三叉飞云吊灯	JDD146-3	—	—	500	550
直筒罩吊灯	JDD57	—	—	800	90
直筒纱罩吊灯	JDD154	—	—	800	340
三叉蜡烛吊灯	1DD106	—	—	650	340
七叉反射吊灯	JDD197-6	—	—	300	570
七叉茶色罩吊灯	JDD72-2	—	—	950	925
十二叉皇冠吊灯	JDD133-12	—	—	1100	1800
金管螺旋吊灯	JDD420	—	—	2090	600
晶珠大吊灯	JDD410	—	—	3150	564
六十八火金烛吊灯	JDD488-68	—	—	1200	1200
开型吊灯(金铜)	JDD500	—	—	1900	1200
茶色罩吊灯	JDD450	—	—	750	520
玻璃丝网吊灯	JDD482	—	—	700	540
双罩吊灯	JDD114	—	—	600	340
升降式双罩吊灯	JDD114-A	—	—	728～1728	340
升降式锥形吊灯	JDD239	—	—	760～1760	480
刻花玻璃片吊灯	JDD424	—	—	700	520

名　称	产品编号	规　格			
		宽度	长度	高度	直径
吊链灯明月罩	D01A7	—	—	240	350
	1-150				
吊链灯花篮罩	D01B7	—	—	240	355
	1-150				
吊链灯飞鸽罩	D01C7	—	—	245	355
	1-150				
吊链灯五星罩	D01D7	—	—	220	360
	1-150				
吊链灯水晶罩	D01E7	—	—	174	360
	1-150				
吊链灯棱形罩	D01F7	—	—	430	342
	1-200				
五火伞形单吊灯	D02A12	—	—	750	600
	5-60				
单火纱罩吊灯	D03A8	—	—	835	400
	1-100				
透明波型吊灯	D0386	—	—	800	300
	1-100				
橄榄罩吊灯	9D08A	—	—	1000	840
	9-60				
玉兰花吊灯	5D09A6	—	—	1500	520
	5-60				
	7D09A6	—	—	2000	690
	7-60				
	9D09A6	—	—	2000	800
	9-60				

名　称	产品编号	规　格			
		宽度	长度	高度	直径
枫叶罩吊灯	D04A8	—	—	750	420
	1-100				
	D05B7	—	—	780	350
	1-100				
	D05C6	—	—	790	300
	1-100				
束腰罩吊灯	D05C9	—	—	850	450
	1-150				
切口圆球吊杆灯	D07A4	—	—	800	200
	1-60				
切口圆球吊杆灯	D17A5	—	—	800	250
	1-100				
三火圆球吊杆	3D07A4	—	—	850	280
	3-600				
三火平口橄榄吊灯	3D07B	—	—	800	250
	3-100				
五火乌纱冰柱罩吊灯	5D15	—	—	600	520
	5-60				
	7D15	—	—	750	520
	7-60				
六火乌纱白菜罩吊灯	6D27	—	—	650	600
	6-60				
乌纱石榴罩吊灯	5D24	—	—	500	350
	5-60				
乌纱花棱灯笼罩吊灯	4D17	—	—		360
	4-60				

名　称	产品编号	规　　格			
		宽度	长度	高度	直径
乌纱罩罗纹吊灯	4D14	—	—	810	500
	4-60				
束腰罩吊灯	5D10A5	—	—	1075	600
	5-60				
五火碗罩花吊灯	5D10B	—	—	1075	600
	5-60				
十九火玉兰大吊灯	19D38A	—	—	1690	1186
	19-100				
十一火玉兰吊灯	11D38A	—	—	1120	930
	11-100				
五火纱罩吊灯	5D30	—	—	800	680
	5-60				
三火水球圆球环吊灯	3D25-1	—	—	700	300
	2-25				
	5D25-1	—	—	700	300
	5-25				
鸡心罩吊灯	6D39A	—	—	900	700
	6-100				
	11D39A	—	—	1500	900
	11-100				
	16D39A	—	—	1500	900
	16-100				
	19D39A	—	—	1500	900
	19-100				
三火枫叶罩吊灯	3D04A8	—	—	850	650
	3-100				
单火圆球吊灯	D19	—	—	1200	350
	1-150				
五火纱罩吊灯	5D10C	—	—	1075	600
	5-60				

名　称	产品编号	规　格			
		宽度	长度	高度	直径
玉兰罩花灯	HBB201-1 5-60	—	720	1500	—
	HBB201-1 9-60	—	930	2000	—
	HBB202 36-60	—	1940	2350	—
	HBB203-1 3-60	—	800	800	—
	HBB203-2 5-60	—	800	800	—
橄榄罩花灯	HKB204-1 3-40	—	680	800	—
	HKB204-2 5-40	—	680	800	—
	HKB204-3 7-40	—	760	800	—
	HKB204-4 9-40	—	760	800	—
	HKB205-1 3-40	—	810	800	—
	HKB205-4 9-40	—	810	800	—
斜橄榄罩花灯	HKB206-1 3-40	—	1000	300	—
	HKB206-2 5-40	—	1000	300	—

名　称	产品编号	规　格			
		宽度	长度	高度	直径
杯形罩花灯	HKB207 6-40	—	835	1000	—
	HKB208-1 6-60	—	890	1200	—
	HKB208-2 8-60	—	869	1200	—
锥形罩花灯	HBB209 6-60	—	940	1000	—
菱锥形罩花灯	HBB210 606D	—	940	1200	—
晶坯罩花灯	HK8211 13-100	—	2000	2500	—
	HKB-212 26-100	—	3750	4800	—
盖形罩花灯	HBB213 6-100	—	820	1500	—
	HBB213 8-100	—	820	1500	—
白菜罩花灯	HBB214 10-60	—	1500	1690	—
荷花罩花灯	HKB215 18-60	—	1800	1700	—
	HKD216-1 5-40	—	946	1200	—
	HKB216-3 7-40	—	946	1200	—
花篮罩花灯	HKB217 9-100	—	1500	2000	—

名　　称	产品编号	规　　格			
		宽度	长度	高度	直径
圆筒罩花灯	HBB218	—	400	1313	—
	40×2				
尖扁圆罩花灯	HBB225	—	940	1100	—
	6-40				
束腰罩花灯	HBB226-1	—	850	—	—
	3-60				
	HBB226-2	—	850	—	—
	5-60				
碗罩花灯	HKB227	—	870	1075	—
	3-60				
	HKB227	—	870	1075	—
	5-60				
八角罩组合花灯	HKB230	—	2600	2650	—
	37-100				
筒形组合吊灯	HKB232a	—	152	690	—
	1-100				
筒形吊灯	PKB19b	—	—	800	120
	1-100				
	PKB19c	—	—	800	120
	1-100				
筒形组合吊灯	PBB20b	—	—	500～1000	720
	8-40				
	PBB20b	—	—	500～1000	1200
	9-40				
	PBB20b	—	—	500～1000	2400
	20-40				
	PBB20b	—	—	500～1000	3000
	30-40				

名　称	产品编号	规　格			
		宽度	长度	高度	直径
五叉斜口罩吊灯	JDDH9-5	—	960	1120	—
	5-60				
六叉斜口罩吊灯	JDDH11-6		960	1120	—
	6-60				
十叉斜口罩吊灯	JDDH12-10		1260	1080	—
	10-60				
五叉圆球吊灯	JDD15-10		1000	1120	
	5-60				
十叉圆球吊灯	JDD15-10	—	1200	1080	—
	10-60				
五叉圆球吊灯	JDD16-5	—	940	1230	—
	5-60				
三叉圆球吊灯	JDD16-3		680	1120	—
	3-60				
	JDD16-38		455	660	—
	3-40				
十五叉斜口罩花饰吊灯	JDDH25-15	—	1400	1100	—
	15-60				
十五叉圆球吊灯	JDDH25-15	—	1400	1160	—
	15-60				
六叉波纹罩花饰吊灯	JDDH47	—	900	820	—
	6-60				
六叉波纹罩花饰吊灯	JDDH47		900	820	—
	6-60				
花篮吊灯	JDD51	—	800	500	—
	1-60				
松花罩水晶吊灯	JDDH52	—	1326	920	—
	11-100				

名　　称	产品编号	规　　格			
		宽度	长度	高度	直径
三叉蘑菇罩吊灯	JDD53-3	—	650	720	—
	3-60				
十五叉蘑菇罩吊灯	JDD53-15	—	1300	1230	—
	15-60				
三叉直筒罩吊顶	JDD54-3	—	650	720	—
	10-60				
十五叉直筒罩吊顶	JDD54-15	—	1300	1230	—
	15-60				
梅花吊灯	JDD55-5	—	600	560	—
	6-15				
拉丝竹节罩吊灯	JDD56-3	—	360	560	—
	3-25				
直筒罩吊灯	JDD57	—	90	735	—
	1-60				
三叉圆球吊灯	JDD58-3	—	680	520	—
	3-60				
棱形罩吊链灯	JDDH59	—	300	600	—
	1-60				
三月吊灯	JDD60-3	—	895	655	—
	3-60				
圆桂片吊灯	JDD70	—	160	600	—
	1-60				
茶色罩吊灯	JDD72-7	—	910	975	—
	7-60				
玉柱罩吊灯	JDD74-5	—	700	830	—
	5-60				
方形桂片吊灯	JDD75	—	480	880	—
	5-60				

名　称	产品编号	规　格			
		宽度	长度	高度	直径
圆形桂片吊灯	JDD76	—	600	880	—
	5-60				
三叉菠萝罩吊灯	JDD78A-3	—	350	540	—
	3-25				
	JDD78-3	—	640	640	—
	3-25				
三叉花竹吊灯	JDD79-3	—	480	510	—
	3-25				
花篮罩吊灯	JDD80	—	765	800	—
	5-100				
六叉螺纹罩吊灯	JDD82-6	—	580	740	—
	6-60				
水晶直筒吊灯	JDD83-8	—	900	950	—
	8-100				
三叉中菠萝吊灯	JDD84-3	—	420	800	—
	3-60				
方棱吊灯	JDD85	—	530	670	—
	3-150				
珍珠罩吊灯	JDD91-4	—	300	650	—
	1-40				
	JDD91-B	—	300	650	—
	1-40				
乳白色玻璃罩吊灯	JDD92-A	—	280	650	—
	1-40				
棱晶罩吊灯	JDD94	—	325	550	—
	1-40				
葵花罩吊灯	JDD95	—	300	650	—
	1-40				

名　称	产品编号	规　格			
		宽度	长度	高度	直径
玉鳞罩吊灯	JDD96 1-60	—	360	600	—
菊花罩吊灯	JDD97 1-60	—	360	600	—
三叉孔雀翎吊灯	JDD98 3-25	—	570	665	—
十叉花篮罩吊灯	JDD99 10-60	—	1800	1690	—
玻璃棱晶八角大宫灯	JDD101 20-100	—	1400	3000	—
	JDD102 17-100	—	1523	2780	—
	JDD103 20-60,24-100	—	2616	6036	—
长方形玻璃片吊灯	JDD104 10-100	—	2068	3120	—

11. 路灯

路灯的名称及规格尺寸见表 13-52。

表 13-52　　　　　　路灯的名称及规格尺寸　　　　　　mm

名　称	产品编号	规格
玉兰罩柱子灯	JTY9-1	100W×1
玉兰罩柱子灯	JTY9-5	100W×5
玉兰罩柱子灯	JTY9-7	100W×7
圆球罩广场灯	JTY21-9	500×4
高压水银路灯	JTY23-125	470×125×120×260
高压水银路灯	JTY23-250	550×300×260×360